Fundamentos de

Oceanografia

Tradução da 7ª edição norte-americana

Fundamentos de

Oceanografia

Tradução da 7ª edição norte-americana

Tom Garrison

Orange Coast College
University of Southern California

Tradução: Noveritis do Brasil

Revisão Técnica:
Elisabete de Santis Braga

Professora Titular da Universidade de São Paulo. Mestre em Oceanografia Física com especialização na área de Oceanografia Química e Doutora em Oceanografia Biológica – títulos obtidos na USP, sendo o doutorado realizado com especialização em Oceanografia Química na Université de Bretagne Occidentale, França. Possui Pós-doutoramentos em Oceanografia Química na França, Espanha e Guiana Francesa. Pesquisadora do Instituto Oceanográfico da USP desde 1985 e Professora de Oceanografia Química – especialista em biogeoquímica marinha – há 28 anos.

NATIONAL GEOGRAPHIC LEARNING | CENGAGE Learning

Austrália • Brasil • México • Cingapura • Reino Unido • Estados Unidos

NATIONAL GEOGRAPHIC LEARNING | CENGAGE Learning

Fundamentos de Oceanografia – Tradução da 7ª edição norte-americana

Tom Garrison

2ª edição brasileira

Gerente editorial: Noelma Brocanelli

Editora de desenvolvimento: Gisela Carnicelli

Supervisora de produção gráfica: Fabiana Alencar Albuquerque

Editora de aquisições: Guacira Simonelli

Assistente editorial: Joelma Andrade

Especialista em Direitos Autorais: Jenis Oh

Título original: Essentials of Oceanography – 7th edition

ISBN 13: 978-1-285-75386-7
ISBN 10: 1-285-75386-0

Tradução: Noveritis do Brasil

Revisão técnica: Elisabete de Santis Braga

Copidesque: Nelson Barbosa

Revisão: Fábio Gonçalves e Monalisa Neves

Diagramação: PC Editorial Ltda.

Designer da capa original: Jeanne Calabrese

Adaptação da capa para a edição brasileira: BuonoDisegno

Imagem da capa: © TINO SORIANO/ National Geographic Creative

ISBN-13: 978-85-221-2421-3
ISBN-10: 85-221-2421-3

Cengage Learning
Condomínio E-Business Park
Rua Werner Siemens, 111 – Prédio 11 – Torre A – Conjunto 12
Lapa de Baixo – CEP 05069-900 – São Paulo – SP
Tel.: (11) 3665-9900 – Fax: (11) 3665-9901
SAC: 0800 11 19 39

Para suas soluções de curso e aprendizado, visite **www.cengage.com.br**

Dados Internacionais de Catalogação na Publicação (CIP)

G242f Garrison, Tom.
Fundamentos de oceanografia / Tom Garrison. - 2. ed. - São Paulo, SP : Cengage Learning, 2021.
480 p. : il. ; 28 cm.

Inclui índice, glossário e apêndice.
1. reimpr. da 2. ed. brasileira de 2015.
Tradução de: Essentials of oceanography (7. ed.).
ISBN 978-85-221-2421-3

1. Oceanografia - Compêndios. 2. Ciências marinhas. I. Título.

CDU 551.46
CDD 551.46

Índice para catálogo sistemático:
1. Oceanografia 551.46
(Bibliotecária responsável: Sabrina Leal Araujo - CRB 10/1507)

Impresso no Brasil.
Printed in Brazil.
1. reimpr. – 2021

Para minha família e meus alunos,
minha esperança para o futuro

Sobre o Autor

Hank Schellengerhaut, Orange Coast College PR department

Tom Garrison (Ph.D, University of Soulthern California) é professor emérito do Departamento de Ciências do Mar na Orange Coast College, em Costa Mesa, Califórnia, que oferece um dos maiores cursos de graduação de Ciências Marinhas dos Estados Unidos. Dr. Garrison também detém um cargo de professor adjunto na University of Soulthern California. Foi nomeado o Educador Destaque em Ciências do Mar pela de National Marine Technology Society, é membro fundador da COSEE, escreve regularmente para uma coluna da revista *Oceanography* e já escreveu para a *National Geographic*. Foi vencedor do prestigioso prêmio da Salgo-Noren Fundation por Excelência no Ensino Universitário. Foi um dos concorrentes ao Prêmio Emmy como escritor e consultor científico pela série de televisão *Oceanus*, da PBS, e escritor e consultor científico pela série de televisão sobre oceanografia, *The Endless Voyage*, encerrada em 2003. Seus livros sobre oceanografia e ciências do mar são os mais vendidos no mercado voltado para publicações dirigidas ao ensino superior. Em 2009, o corpo docente da OCC selecionou Dr. Garrison como o primeiro Professor Emérito da instituição e em 2010 ele foi homenageado pela Association of Community College Trustees como o professor universitário destaque na comunidade no oeste da América do Norte.

Seu interesse pelo oceano esteve presente desde cedo. Seu pai era almirante da Marinha dos Estados Unidos, por isso era difícil evitar o assunto! Teve sorte de encontrar professores que apoiaram e incentivaram seu interesse. Os anos como estudante e oficial da marinha naval deram sequência à ênfase em Ciências do Mar; a pós-graduação e os 42 anos de ensino permitiram que ele passasse seu entusiasmo oceânico para mais de 65 mil alunos. Embora tenha se aposentado de seu cargo de professor em período integral em 2011, ele continua a acompanhar a equipe e os alunos da OCC regularmente.

Dr. Garrison viaja muito e mais recentemente atuou como palestrante convidado na Universidade de Hong Kong, na University of Tasmania (Austrália) e na National University of Singapore. É casado com uma senhora impressionantemente compreensiva por mais de 47 anos, tem uma filha que leciona em uma escola pública, um genro dedicado, duas netas incrivelmente fofas e um neto recém-nascido, e um filho que, junto de sua esposa fashionista, trabalha em uma marca internacional. Ele vive com a família em Newport Beach, Califórnia, nos Estados Unidos.

Sumário Resumido

Sumário

Prefácio para Alunos e Professores

Sétima Edição

Meu objetivo ao escrever este livro foi produzir um texto que aprimoraria o interesse dos meus alunos sobre o oceano. Os alunos trazem um entusiasmo natural ao seu estudo deste assunto, um entusiasmo que será amplamente aprimorado por nossa parceria com a National Geographic Society. O acesso a 125 anos de recursos arquivísticos tornam este texto National Geographic Learning exclusivamente atrativo. Até mesmo o leitor mais indiferente ficará interessado ao ler histórias sobre ondas enormes, fotos da lula gigante, relatos de exploração sob as melhores e as piores circunstâncias, evidências de que grandes partes da superfície do planeta se movem lentamente, notícias sobre os ataques passados que a Terra sofreu pelos asteroides, microfotografias de diatomáceas brilhantes e dados que indicam a importância econômica dos frutos do mar e dos materiais marinhos. Se é preciso um espetáculo para que alguém se interesse pelo estudo de uma ciência, a Oceanografia ganha com folga!

Entretanto, no fim, é a sutileza que triunfa. O estudo do oceano nos traz de volta o encantamento que sentimos, na infância, quando entramos em contato com o mundo natural pela primeira vez. Há tanto para dizer. A história do oceano é uma história de mudança e de oportunidade – sua história está escrita nas rochas, na água e nos genes de milhões de organismos que evoluíram aqui.

Meus alunos estão envolvidos neste livro desde o início – na verdade, foi um pedido deles para que houvesse um texto fácil de ler, envolvente e completo que deu início ao projeto há muito tempo. Nos anos que tenho escrito livros didáticos, meu entusiasmo pelo conhecimento oceânico só aumentou (se é que isso é possível), forçando meus pacientes revisores e editores a eliminarem um número excessivo de pontos de exclamação. Mas o brilho está nesse entusiasmo. Um aluno ao ler o manuscrito final de uma edição mais antiga comentou: "Até que enfim, um livro didático que não soa como um manual de instruções". Excelente!

Como aconteceu com suas edições anteriores, esta nova edição é projetada para os alunos que estão curiosos sobre o maior recurso da Terra, mas que têm pouco histórico formal em ciências. Como anteriormente, um grande número de alunos participou juntamente com cientistas marinhos profissionais do processo de escrita e revisão. Atendi suas recomendações, assim como as de professores que adotaram as edições anteriores deste livro. Espero sinceramente que o trabalho resultante reflita precisamente o estado atual de nossa área de estudo diante do rápido avanço das ciências.

O Plano do Livro

Esta nova edição é fundamentada em edições anteriores. Os recursos da National Geographic foram essenciais ao foco do livro nos *processos* de ciência e exploração. Décadas de arte original, cartas e mapas, diários de exploradores, compilações de dados, coleções de artefatos e fotografias históricas foram peneiradas e incluídas quando apropriado. A experiência foi emocionante. Na realidade, a equipe da National Geographic em Washington, D.C. foi *muito* paciente ao tolerar este autor cujas palavras quase sempre eram "uau!"

A Oceanografia (também chamada de *Ciências do Mar*) é amplamente interdisciplinar. Como sempre em meus livros, as conexões entre as disciplinas são enfatizadas por completo. As Ciências do Mar se estendem por diversos campos de estudo, integrando e unificando o trabalho de especialistas. Por exemplo, um geólogo, que estuda a composição dos sedimentos marinhos no assoalho oceânico, deve conhecer a biologia e o histórico de vida dos organismos existentes na água; os fatores químicos que afetam as carapaças e os esqueletos das criaturas, à medida que descem para o assoalho; a física com relação à fixação de partículas, densidade da água e correntes oceânicas, e o tempo e a geologia que servem como base para o estudo da área. Este livro foi organizado de modo a estabelecer essas relações desde o princípio. Os leitores são convidados a verem as conexões entre Astronomia, Economia, Física, Química, História, Meteorologia, Geologia e Ecologia – áreas que já estudaram separadamente.

O plano do livro é simples: como toda a matéria da terra, exceto o hidrogênio e uma parte do hélio, foi gerada nas estrelas, nossa história do oceano começa com as estrelas. A história das Ciências do Mar continua (com informações históricas adicionais pinceladas nos últimos capítulos). As teorias da estrutura da Terra e das placas tectônicas são apresentadas, em seguida, como uma base sobre a qual pode-se construir a explicação das feições de fundo principais que se seguem. Uma pesquisa sobre a física e a química dos oceanos nos prepara para discussões sobre a circulação atmosférica, oceanografia física clássica e processos litorâneos. Nossa percepção sobre a biologia marinha se inicia com uma visão geral dos problemas e dos benefícios da vida no mar, prossegue com uma discussão a respeito da produção e do consumo de alimentos e termina com uma pesquisa ecológica sobre organismos marinhos. O último capítulo faz um levantamento dos recursos marinhos e das preocupações ambientais, e sugere enfaticamente que nossas taxas atuais de crescimento econômico e de degradação ambiental são insustentáveis.

Este ícone ◎ aparece quando nossa discussão se volta para o tópico da mudança climática global. A Oceanografia é central para uma compreensão deste conjunto de ideias interessantes e controversas, de modo que as áreas que têm se expandido têm sido enfatizadas e claramente acentuadas nesta edição.

Remadores trocam de lado em uma corrida de canoa polinésia no oceano aberto, um dos esportes oceânicos que mais demandam esforço físico.

©Newport Aquatic Center

Organização e Pedagogia

Uma ampla visão das ciências marinhas é apresentada em 15 capítulos, sendo cada um independente (ou quase) para permitir que o instrutor siga os capítulos na ordem que achar mais apropriada. Cada capítulo começa com uma lista de **quatro ou cinco conceitos mais importantes** destacados por uma pequena ilustração. Uma foto envolvente de abertura do capítulo e sua legenda estimula o apetite pelo material por vir. Os capítulos muitas vezes incluem **"Relatos de um explorador da National Geographic"**. Estas caixas de texto destacam as experiências dos exploradores National Geographic, homens e mulheres cuja pesquisa tem sido apoiada pela National Geographic Society. Eles estão entre os melhores cientistas em suas respectivas áreas e suas descobertas expandiram significativamente nosso entendimento sobre as Ciências do Mar.

Aprender sobre o oceano envolve um contato direto e geralmente é muito divertido.

©Gregory Matthew Allen

Os capítulos são escritos em um **estilo envolvente**. Os termos são definidos e os princípios desenvolvidos de maneira simples. Algumas das ideias mais complexas são inicialmente esboçadas em pinceladas amplas; então, os mesmos conceitos são discutidos novamente em maior profundidade após o leitor ter uma visão clara da situação no geral. Quando adequado aos seus significados, as derivações das palavras são mostradas. As **medidas** são dadas tanto no sistema métrico (SI) quanto no norte-americano. A pedido de muitos dos meus alunos, as unidades são escritas por extenso (isto é, eu escrevo *quilômetros* em vez de *km*) para evitar ambiguidade e para facilitar a leitura.

Modifiquei o programa de ilustração para incorporar os itens da National Geographic Society. Os mapas, cartas,

©John Wilson Cramer IV

Sim, é um grande oceano. E esta é só a parte de cima!

quadros e fotografias retirados dos arquivos da Society aprimoraram e muito o programa visual para aumentar a clareza e a precisão. **Títulos e subtítulos** são escritos como frases completas para ajudar na clareza, com os títulos principais numerados sequencialmente. Um conjunto de **Breves Revisões** conclui as principais seções de cada capítulo (as respostas às questões são fornecidas na página do livro no site da Cengage).

Também para concluir cada capítulo há uma seção **Perguntas dos alunos**. Estas perguntas são aquelas que os alunos me fizeram ao longo dos anos. Este material é uma extensão importante dos capítulos e ocasionalmente contém palavras-chave e ilustrações. Cada capítulo termina com uma coleção de materiais de estudo para os alunos, começando com o **Panorama Geral do Capítulo**, uma revisão narrativa do capítulo recém-concluído. Importantes **termos e conceitos para se lembrar** são listados a seguir; eles também são definidos em um extenso **glossário** ao final do livro. **Perguntas para estudo** também estão incluídas em cada capítulo; escrever as respostas para essas perguntas irá firmar sua compreensão sobre os conceitos apresentados.

Os **apêndices** irão ajudá-lo a dominar as medidas e conversões, o tempo geológico, a datação absoluta e relativa, a latitude e a longitude, e as projeções cartográficas. Caso você queira fazer parte do trabalho de nossa vida, o último apêndice discute os **trabalhos nas Ciências do Mar**.

O livro foi completamente **testado pelos alunos**. Não precisa se sentir intimidado pelos conceitos – este material foi dominado por alunos como você. Leia lentamente e siga etapa por etapa pelas partes que tiver algum problema. Seus antecessores descobriram que as ideias apresentadas neste livro são úteis, inspiradoras e aplicáveis em suas vidas. O melhor de tudo é que eles descobriram que o assunto é *interessante*!

Agradecimentos

Há muitos, muitos anos, Jack Carey, o grande mestre da publicação de livros didáticos universitários, quis a primeira edição deste livro. Suas sugestões foram combinadas com aquelas de mais de 1.400 graduandos e 175 revisores para contribuir com minha compreensão continuamente em crescimento das ciências marinhas. Donald Lovejoy, Stanley Ulanski, Richard Yuretich, Ronald Johnson, John Mylroie, e Steve Lund da minha *alma mater*, a University of Southern California, merecem reconhecimento especial por muitos anos de orientação paciente. Para esta edição, dependi especialmente do aconselhamento dos especialistas David Evans, Amanda Julson, Hilary Sanders Lackey, Stephen Lebsack, Jennifer Lewis, Richard Miller, Dana Newton e Amy Wagner.

Meus colegas de longo sofrimento no departamento Dennis Kelly, Karen Baker, Erik Bender, Robert Profeta, Robert Ellis e Steven Hatosy mais uma vez devem receber medalhas por me aturarem, por terem respondido centenas de perguntas e por serem tão tolerantes durante o longo período de gestação do livro. Obrigado também ao nosso reitor, Robert Mendoza, e ao nosso colega presidente, Dennis Harkins, por apoiarem este projeto e encorajarem nosso corpo docente a lecionar, realizar pesquisas e estar envolvido em serviços comunitários. Nossos antigos e atuais assistentes do departamento de ensino merecem ser lembrados também, sobretudo Timothy Heuer, Peter Hernandez, Kevin-Dan Williams e Velvet Park.

Outra coleção de medalhas de ouro deve ser entregue à minha família por ter sido paciente (bem, *relativamente* paciente) durante aqueles anos de dias e noites quando o papai estava enfiado em sua caverna escura e repleta de referências, atirando ossos de galinha pela porta e ouvindo gravações *realmente* altas de Telemann e Bach, trabalhando de novo até tarde no Livro. Obrigado, Marsha, Jeanne, Greg, Grace, Sarah, John, Dinara e Alem, por seu amor e compreensão.

As pessoas que forneceram fotografias e desenhos realizaram milagres para obter as notáveis imagens destas páginas. Só para mencionar alguns: Gerald Können permitiu que usássemos sua imagem extraordinária de um arco-íris quebrado para ilustrar o índice de refração da água do mar; Gerald Kuhn enviou clássicos tirados por seu falecido colega da SIO Francis Shepard, Vincent Courtillot da Universidade de Paris contribuiu com a impressionante foto do Rift de Aden; Catherine Devine da Cornell forneceu gráficos do lapso do tempo da propagação do *tsunami*; Robert Headland do Scott Polar Research Institute em Cambridge buscou impressões de temas polares; Charles Hollister da Woods Hole gentilmente forneceu fotos de seus livros importantes; Andreas Rechnitzer e Don Walsh relembraram seus dias emocionantes em *Trieste;* e Bruce Hall, Pat Mason, Ron Romanoski, Ted Delaca, William Cochlan, Christopher Ralling, Mark McMahon, John Shelton, Alistair Black, Howard Spero, Eric Bender, Ken-ichi Inoue e Norman Cole contribuíram com lindos slides; Seran Gibbard forneceu as imagens da mais alta resolução já feitas da superfície de Titã; e Michael Malin nos enviou imagens realmente lindas da erosão em Marte. Herbert Kawainui Kane novamente nos permitiu reimprimir suas ilustrações maravilhosas dos temas havaianos. Deborah Day e Cindy Clark do Instituto Scripps, Jutta Voss-Diestelkamp do Instituto Alfred Wegener em Bremerhaven, e David Taylor do Centro para Pesquisas Marinhas em Greenwich foram a fundo em seus arquivos mais uma vez. Don Dixon, William Hartmann, Ron Miller e William Kaufmann forneceram ilustrações; Dan Burton enviou fotos; e Andrew Goodwillie imprimiu cartas personalizadas. Bryndís Brandsdóttir do Instituto de Ciências da Universidade da Islândia pacientemente me apresentou ao afrouxamento da entrada (boca) do Rift Thingvellir. Wim van Egmond contribuiu com impressionantes microfotografias de diátomáceas e copépodes. Kim Fulton-Bennett do MBARI encontrou fotos extraordinariamente lindas de delicados animais pelágicos. Peter Ramsay da Marine GeoSolutions Ltd., África do Sul, enviou imagens do sonar lateral de ponta. Michael Boss gentilmente compartilhou suas imagens do Almirante Zheng. Seu impressionante *beochuan*. Bill Haxby de Lamont forneceu digitalizações verdadeiramente lindas do leito marinho. Karen Riedel ajudou com imagens do núcleo DSDP. James Ingle ofereceu-me uma mesa em Stanford sempre que precisei. NOAA, JOI, NASA, USGS, o Instituto Smithsonian, a Real Sociedade Geográfica, a Marinha dos EUA e a Guarda Costeira dos EUA nos ajudaram inúmeras vezes, assim como organizações privadas como Alcoa Aluminum, Cunard, Shell Oil, The Maersk Line, Grumman Aviation, Breitling SA, CNN, Associated Press, Mobile Edge e *Los Angeles Times*. A equipe do Woods Hole também foi generosa, sobretudo Robin Hurst, Jack Cook, Larry Madin e Ruth Curry. Muito obrigado aos pesquisadores da WHOI, Philip Richardson, William Schmitz, Susumu Honjo, Doug Webb, James Broda, Albert Bradley, John Waterbury e Kathy Patterson, que forneceram fotografias, diagramas e aconselhamento. As pessoas com perícia especializada também estiveram dispostas a ajudar: Hank Brandli processou as imagens digitais das tempestades; Peter Sloss do Centro Nacional de Dados Geofísicos ajudou-me a selecionar as imagens geradas por computador do leito marinho; Steven Grand da Universidade do Texas forneceu uma imagem de placa profunda descendente; Hans-Peter Bunge de Princeton pacientemente explicou a dinâmica do núcleo do manto; Michael Gentry novamente vasculhou os arquivos do Centro Espacial Johnson para imagens da Terra; Jurrie van der Woulde da JPL e

Uma vila pesqueira na Nova Escócia, Canadá. Os frutos do mar estão frescos; as rochas ao fundo estão dentre as mais antigas da América do Norte.

Um técnico marinho monta um sensor. A maioria dos dados oceanográficos são coletados por sensores remotos como este.

Um turista fotografa o estibordo de um dracar Viking. Estibordo é o lado direito de uma embarcação.

Gene Feldman da NASA ajudaram com as imagens dos oceanos daqui e de outros lugares; John Maxtone-Graham do Seaport Museum de Nova York acharam uma imagem de um vagalhão para mim; Ed Ricketts Jr. contribuiu com um retrato de seu pai; e o professor Lynton Land da Universidade do Texas enviou uma foto rara de uma corrente de turbidez. Michael Latz do Instituto Scripps me ensinou sobre luminescência. Thomas Maher, vice-reitor aposentado e amigo, levou meu filho e eu para uma inspeção pessoal da Corrente do Golfo e de outras maravilhas fluidas. Dr. Wyss Yim da Universidade de Hong Kong ofereceu sugestões e referências (bem como hospitalidade eterna e *dim sum*), e o Dr. Shouye Yang da Universidade de Tongji, em Xangai, graciosamente me mostrou sua pesquisa e compartilhou seus planos para a expansão da China na área da Oceanografia. Tommi Lahtonen enviou imagens de um redemoinho norueguês. Kim Fulton-Bennett do MBARI compartilhou algumas fotos extraordinárias de organismos pelágicos. Neil Holbrook na Universidade da Tasmânia, na Austrália, me ensinou sobre o arenito de Hawkesbury em Sydney e gaitas de fole simultaneamente. Dave Sandwell do Scripps compartilhou suas impressionantes imagens geradas por satélite do leito marinho. Rick Grigg da Universidade do Havaí me encorajou a enfrentar algumas partes difíceis da física das ondas. Dr. Wilhelm Weinrebe do GEOMAR em Kiel, Alemanha, dispôs para uso algumas imagens batimétricas de resolução e clareza sem precedentes. Ulrke Schulte-Rahde da L-3 Communications enviou imagens das últimas instalações do sonar de varredura lateral. Steve Hatosy do UCI forneceu treinamento em microbiologia marinha. Ruth Curry do WHOI corrigiu meu entendimento sobre circulação oceânica. A equipe do The Viking Ship Museum e do The *Fram* Museum, em Oslo, foram gentis em permitir meu acesso aos seus magníficos navios. Liping Zhou fez contribuições empolgantes da Universidade Peking, Pequim. Adam Spitzer da Universidade Técnica Nanyang, e Pavel Tkalich e Soo Chin Liew da Universidade Nacional, ambas de Singapura, foram anfitriões gentis e pacientes. Gray Williams forneceu uma base doméstica ocasional (e bem-vindas cervejas geladas) no magnífico Instituto Swire de Ciências Marinhas situado na Universidade de Hong Kong. Sem sua inestimável boa vontade, um projeto como este jamais seria possível.

A equipe da National Geographic foi compreensiva em nossas necessidades e prazos. Wesley Della Volla, Jen Shook e Anna Kistin facilitaram nossas comunicações com os Exploradores e voluntários da National Geographic. A equipe do arquivo de fotos e imagens, liderada por Bill Bonner, abriu o portal mágico e permitiu o acesso irrestrito deste oceanógrafo-escritor sobrecarregado. Maureen Flynn e James McClelland da National Geographic Maps forneceram atualizações de muitos dos espetaculares mapas e gráficos da National Geographic que estão no texto.

A equipe da Cengage Learning fez os milagres de sempre. O cargo foi liderado por Jake Warde, cuja paciência, compreensão e comportamento à prova de pânico foram um modelo e inspiração constantes. O texto foi originalmente publicado por Mary Arbogast, uma boa amiga e a melhor editora de textos no braço da galáxia Órion, e então copidescados por Sheila Higgins, que me salvou de muitos erros. Christina Ciaramella trabalhou incansavelmente para me auxiliar na pesquisa e nas permissões para as fotos, e Dan Fitzgerald e Carol Samet foram os responsáveis pela produção. Kellie Petruzzelli e Stefanie Beeck mantiveram o mundo digital alinhado para o site do livro. A incrível Yolanda Cossio e meu editor sempre otimista, Aileen Berg, nos mantiveram correndo sempre na mesma direção. Quanta habilidade!

Meu eterno muito obrigado a todos.

Uma Meta e um Presente

A meta para todo esse esforço: *possibilitar que você tenha uma perspectiva oceânica.* "Perspectiva" significa poder ver as coisas em termos de importância relativa ou das relações que estabelecem entre si. Uma perspectiva oceânica nos ajuda a ver este planeta, que tem o nome errado, de uma maneira diferente e auxilia no planejamento do futuro que daremos a ele. Você verá que a água, os continentes, os leitos marinhos, a luz do Sol, as tempestades, as algas marinhas e a sociedade estão relacionados de maneiras sutis e belas.

O maior presente do oceano para a humanidade é intelectual – o desafio constante que sua massa incansável nos presenteia. Deixe-se levar por este livro e a aula que ele acompanha. Dê-se tempo para refletir: "A meditação e a água estão casadas para sempre", escreveu Herman Melville em *Moby Dick*. Faça perguntas aos seus instrutores e professores, leia algumas das referências, tente responder as perguntas ao final dos capítulos.

Seja otimista. Tenha prazer pelo mundo natural. Comunique-me quando encontrar erros ou se tiver algum comentário. Acima de tudo, *aproveite*!

Tom Garrison
Orange Coast College
University of Southern California
tomgarrison@sbcglobal.net

A embarcação francesa de pesquisa *Astrolabe* e o quebra-gelo australiano *Aurora Australis* são reparados em Hobart, Tasmânia, durante o inverno antártico.

©Tom Garrison

© Colin Monteath/Minden Pictures

Ventos de oito nós sobre o Oceano Antártico, ao longo de Cabo Horn, no Chile.

©Zak Noyle/A-Frame

Lixo no surfe em Java, sudeste da Indonésia. Moradores jogam seu lixo em rios que o levam para o mar.

1 Terra e Oceano

CONCEITOS-CHAVE

Ciência é um processo sistemático de fazer perguntas sobre o mundo observável, reuni-las e, então, estudar as informações. OER/NOAA

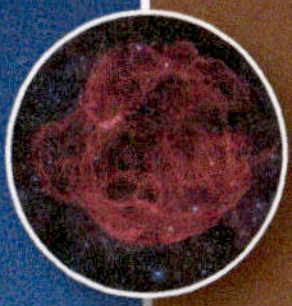

A massa observável do universo consiste principalmente de átomos de hidrogênio. Os elementos pesados que vemos ao nosso redor foram construídos nas estrelas. NASA Images

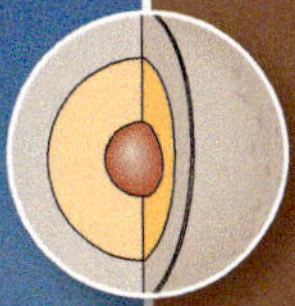

A Terra apresenta uma densidade estratificada – isto é, quando a Terra foi formada, a gravidade puxou os materiais mais pesados (ferro, níquel) para seu centro, enquanto os minerais mais leves subiram para a superfície. A primeira superfície sólida da Terra foi formada há cerca de 4,6 bilhões de anos. © Cengage Learning

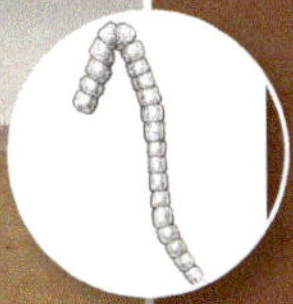

A vida provavelmente foi originada no oceano, logo após ele ter sido formado. © Cengage Learning

A água, mesmo na forma líquida, parece estar presente em outros lugares no nosso sistema solar. Tom Garrison

Estrelas próximas brilham sobre uma calma praia da Argentina nesta composição fotográfica (obs by computer). A Terra, seu oceano e todos os seus habitantes foram formados por energias inimagináveis em enormes períodos de tempo. Nossa história começa aqui, com as estrelas. © Luis Argerich/Stocktrek Images/Corbis

1.1 A Terra É um Planeta Oceano

Pense em Oceanografia como a história do oceano. Neste primeiro capítulo, o personagem principal – o oceano mundial – é apresentado em pinceladas gerais. Iniciaremos nossa investigação do oceano com uma visão geral do processo científico e, em seguida, relataremos a longa e surpreendente história de sua formação.

Imagine, por um momento, que você nunca tenha visto este lugar – esse planeta oceano – equivocadamente chamado Terra. Em se tratando de planetas, você certamente o acharia simplesmente lindo e excepcionalmente raro. Todavia, o sol aquecer sua superfície não é tão raro – existem bilhões de estrelas semelhantes em nossa galáxia. Os átomos que compõem a Terra também não são raros – todos os tipos de átomos conhecidos aqui são encontrados em quantidade infinita no universo ao redor. A água que faz nosso planeta brilhar com azul reluzente a uma certa distância não é única – há muito mais água em planetas vizinhos. A ocorrência das estações sazonais, da atmosfera fluida, do nascer e do pôr do sol todos os dias, do solo rochoso, das mudanças com o passar do tempo – nada disso é exclusivo do nosso planeta.

O que *é* realmente extraordinário é a feliz combinação de circunstâncias. A órbita de nosso planeta é aproximadamente circular em torno de uma estrela estável. A Terra é suficientemente grande para manter uma atmosfera, mas não tão grande a ponto de dominar por completo sua gravidade. Seus arredores são tranquilos – as supernovas não secaram sua superfície devido à radiação. Nosso planeta gera calor suficiente para reciclar seu interior e gerar matérias-primas da atmosfera e do oceano, mas não chega a ser tão quente a ponto de que a lava preencha vastas planícies ou calcine moléculas complexas. O melhor de tudo é que nossa distância do Sol permite que a abundante água da superfície da Terra exista no estado líquido. A Terra é, portanto, um planeta oceano **(Figura 1.1)**.

O **oceano**[1] pode ser definido como um imenso corpo de água salina que ocupa as depressões da superfície da Terra. Mais de 97% da água na superfície da Terra ou próximo dela pertencem ao oceano; cerca de 2,5% estão na forma de gelo sobre a terra, água subterrânea e água de lagos e rios. Se toda a água da superfície da Terra fosse reunida em uma esfera, seu diâmetro mediria apenas 1.380 quilômetros (860 milhas) **(Figura 1.2)**.

Tradicionalmente, dividimos o oceano em compartimentos artificiais chamados *oceanos* e *mares*, utilizando os limites dos continentes e de linhas imaginárias, a exemplo do Equador. Na verdade, o oceano possui poucas divisões naturais definidas, sendo simplesmente uma imensa massa de água. Os oceanos Atlântico e Pacífico, os mares Mediterrâneo e Báltico, assim chamados por conveniência, constituem, na realidade, nada mais que feições passageiras de um único **oceano mundial**. Neste livro, refiro-me ao oceano *como uma única entidade*, com características sutilmente distintas em locais diferentes, mas com pouquíssimas divisões naturais. Essa visão enfatiza a interdependência entre oceano e terra, vida e água, circulação atmosférica e oceânica, ambientes naturais e construídos pelo homem.

O oceano possui poucas divisões naturais, sendo simplesmente uma imensa massa de água. Os oceanos Atlântico e Pacífico, os mares Mediterrâneo e Báltico, assim chamados por conveniência, constituem, na realidade, apenas feições passageiras de um único oceano.

Tom Garrison

Figura 1.1 Os habitantes disfrutam de um oceano único na Terra. A maior parte do planeta é coberta por água na forma líquida, que modera a temperatura e influencia drasticamente o clima, alimenta a vida e fornece recursos naturais fundamentais.

Em uma escala *humana*, o oceano é impressionantemente grande – cobre 331 milhões de quilômetros quadrados (128 milhões de milhas quadradas) da superfície da Terra.[2] A profundidade média do oceano é de cerca de 3.682 metros (12.081 pés); o volume da água do mar é de 1,3 bilhão de quilômetros cúbicos (312 milhões de milhas cúbicas); e a temperatura média de 3,9 °C (39 °F) é fresca. Sua massa atinge um valor impressionante de 1,41 bilhão de *bilhões* de toneladas. Se a superfície da Terra fosse nivelada como uma bola lisa, o oceano atingiria uma profundidade de 2.686 metros (8.810 pés). A elevação média da Terra é de apenas 840 metros (2.772 pés), porém a profundidade média do oceano é cerca de quatro vezes e meia maior! A zona costeira abriga a maioria das cidades mais populosas do mundo – quase metade dos 7 bilhões de habitantes do planeta vivem a 240 quilômetros (150 milhas) do litoral.

Em uma escala *planetária*, no entanto, o tamanho do oceano é insignificante. Sua profundidade média é uma pequena fração do raio da Terra – a camada de tinta azul que representa a área do oceano em um globo de papel de 24 cm é proporcionalmente mais espessa que a sua profundidade média. O oceano corresponde a pouco mais de 0,02% da massa da Terra ou 0,13% de seu volume. Existe muito mais água contida no interior quente da Terra do que em seu oceano e em sua atmosfera. Algumas características dos oceanos no planeta estão resumidas na **Figura 1.3** e na **Tabela 1.1**.

---

[1] Quando um novo termo importante for introduzido e definido, estará em negrito. Esses termos são listados ao final do capítulo e têm sua definição apresentada no Glossário.

[2] Em todo o livro, as medidas métricas do Sistema Internacional de Medidas precedem as medidas norte-americanas. Para uma revisão rápida das unidades SI e suas abreviações, consultar o Apêndice 1.

BREVE REVISÃO

Antes de passar para a próxima seção, verifique seu entendimento de algumas das ideias importantes apresentadas até agora:

1. Por que digo que há apenas *um* oceano no planeta? E quanto aos oceanos Pacífico e Atlântico, os "Sete Mares"?
2. O que é maior: a profundidade média do oceano ou a altura média dos continentes acima do nível do mar?
3. A maior parte da água da Terra está no oceano?

Para verificar suas respostas, acesse a página deste livro no site da Cengage.

1.2 Os Cientistas Marinhos Utilizam a Lógica da Ciência para Estudar o Oceano

Ciências do Mar (ou **Oceanografia**) é o processo de descoberta de princípios unificadores nos dados obtidos do oceano, suas formas de vida associadas e as áreas de terra que o limitam. As Ciências do Mar baseiam-se em várias disciplinas, integrando as áreas de Geologia, Física, Biologia, Química e Engenharia, pois todas se aplicam ao oceano e seus arredores. Quase todos os cientistas marinhos especializam-se em uma área de pesquisa, mas também precisam estar familiarizados com as especialidades de áreas afins e devem incentivar a ligação entre elas.

- Os *geólogos marinhos* preocupam-se com questões como a composição do interior da Terra, a mobilidade da crosta, as características dos sedimentos do fundo do mar e a história do oceano, dos continentes e do clima da Terra. Parte de seu trabalho atinge áreas de grande preocupação científica e pública, incluindo a previsão de terremotos e a distribuição de recursos naturais valiosos.
- Os *oceanógrafos físicos* observam e estudam a dinâmica das ondas, as correntes marinhas e a interação oceano-atmosfera.
- Os *oceanógrafos químicos* estudam os sólidos e os gases dissolvidos no oceano e a sua relação com a geologia e a biologia do oceano como um todo.
- Os *especialistas em clima* investigam o papel do oceano na mudança climática da Terra. Suas previsões das tendências climáticas a longo prazo tornam-se cada vez mais importantes, uma vez que os poluentes afetam cada vez mais a atmosfera terrestre.
- Os *biólogos marinhos* trabalham com a natureza e a distribuição de organismos marinhos, o impacto dos poluentes oceânicos e atmosféricos nos organismos, o isolamento de medicamentos para combater doenças retiradas de espécies marinhas e a produção pesqueira.
- Os *engenheiros navais* projetam e constroem plataformas de petróleo, navios, portos e outras estruturas que permitem fazer uso do oceano com sabedoria.

Outros especialistas marinhos estudam as técnicas de previsão do tempo, formas de aumentar a segurança da navegação,

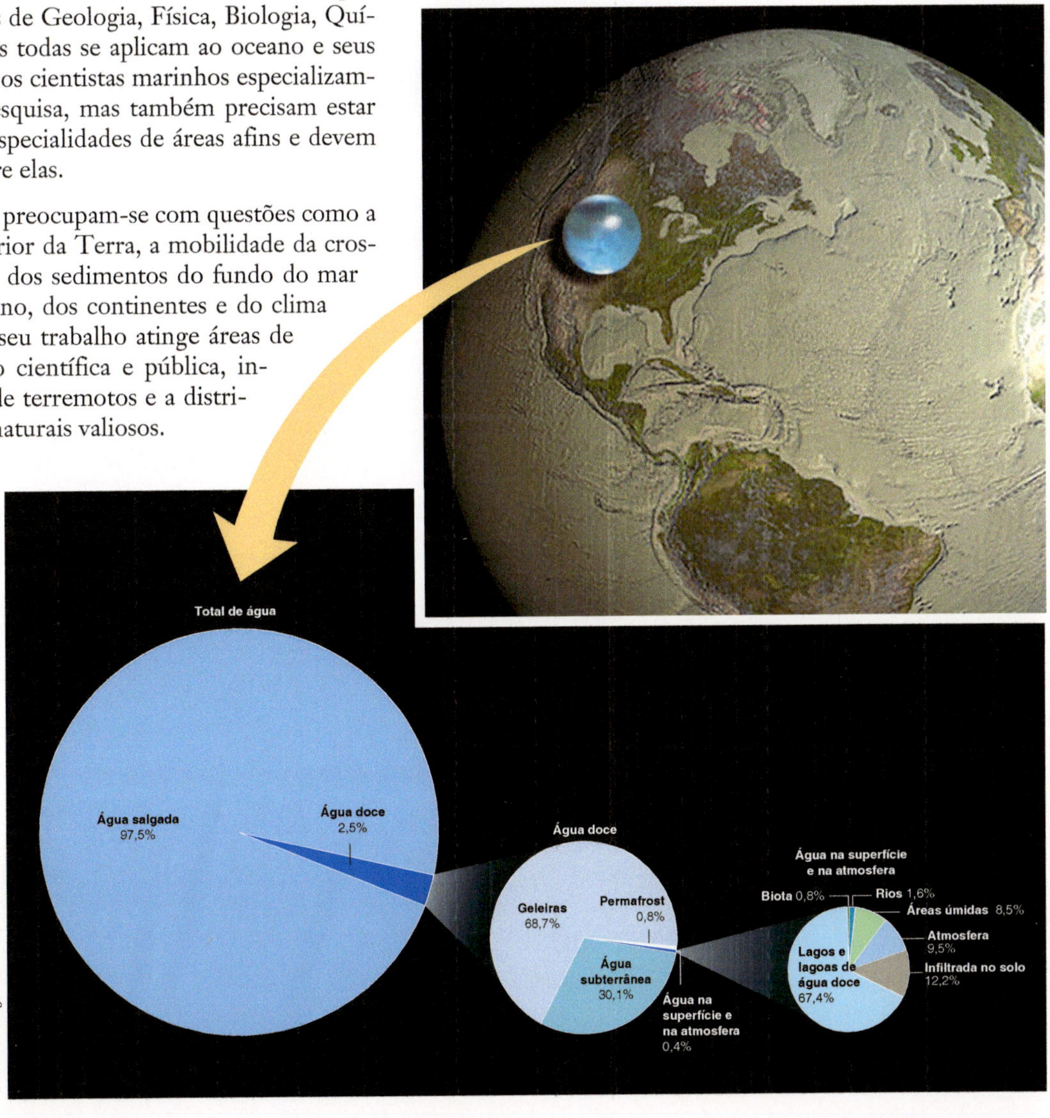

Figura 1.2 A quantidade relativa de água, considerando vários locais na superfície da Terra ou próximo dela. Mais de 97% da água estão no oceano. Se toda a água da superfície da Terra fosse reunida em uma esfera, seu diâmetro mediria apenas 1.380 quilômetros (860 milhas).

FIGURA DESTAQUE 1.3 Aspectos Notáveis do Planeta

Mauna Kea, Havaí
A montanha mais alta do mundo, com 9.800 metros (32.000 pés) contados a partir do leito oceânico

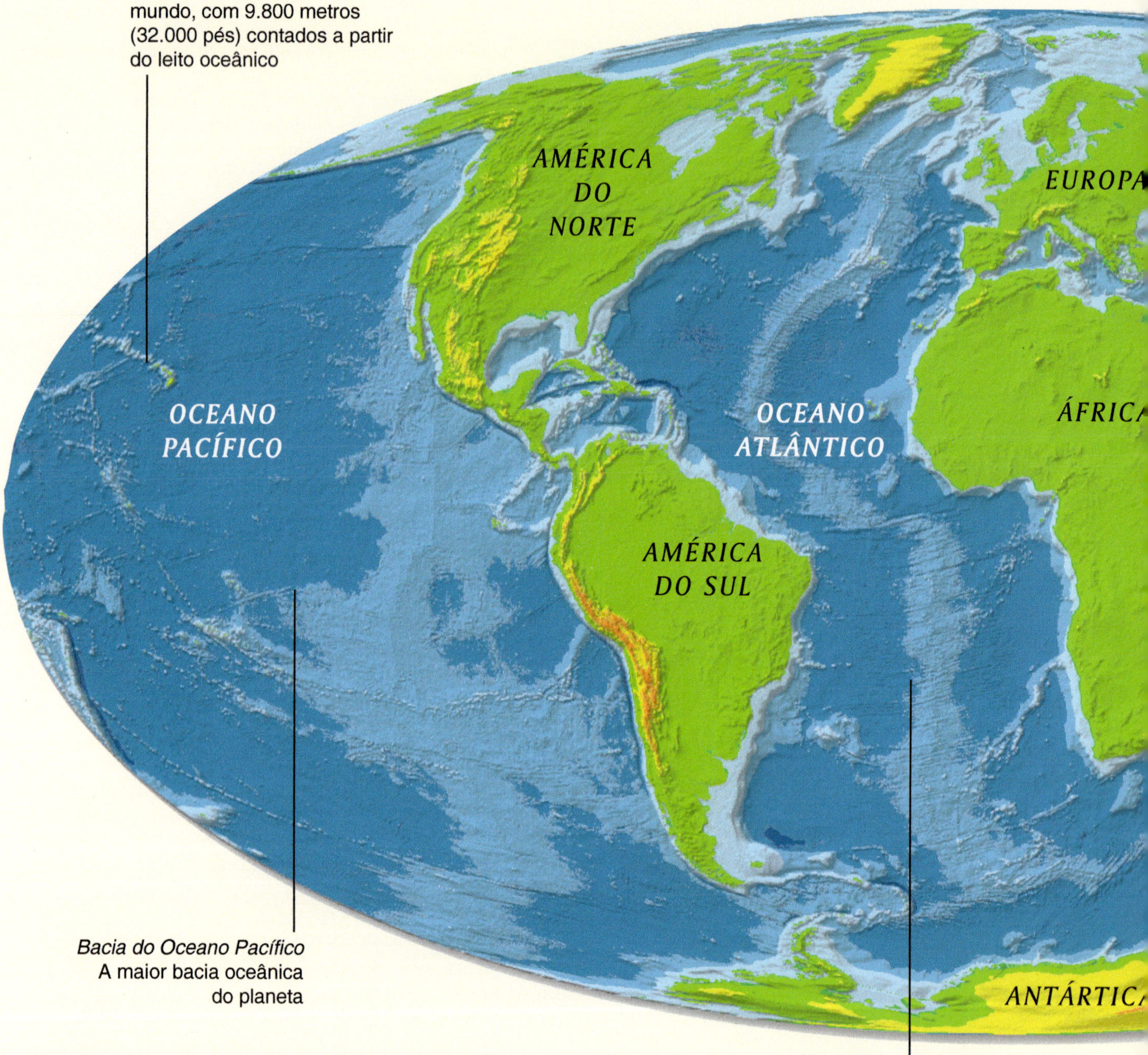

Bacia do Oceano Pacífico
A maior bacia oceânica do planeta

Cadeia Meso-Atlântica
cadeia de montanhas submersas mais longa do mundo, com 19.700 quilômetros (12.240 milhas) de extensão

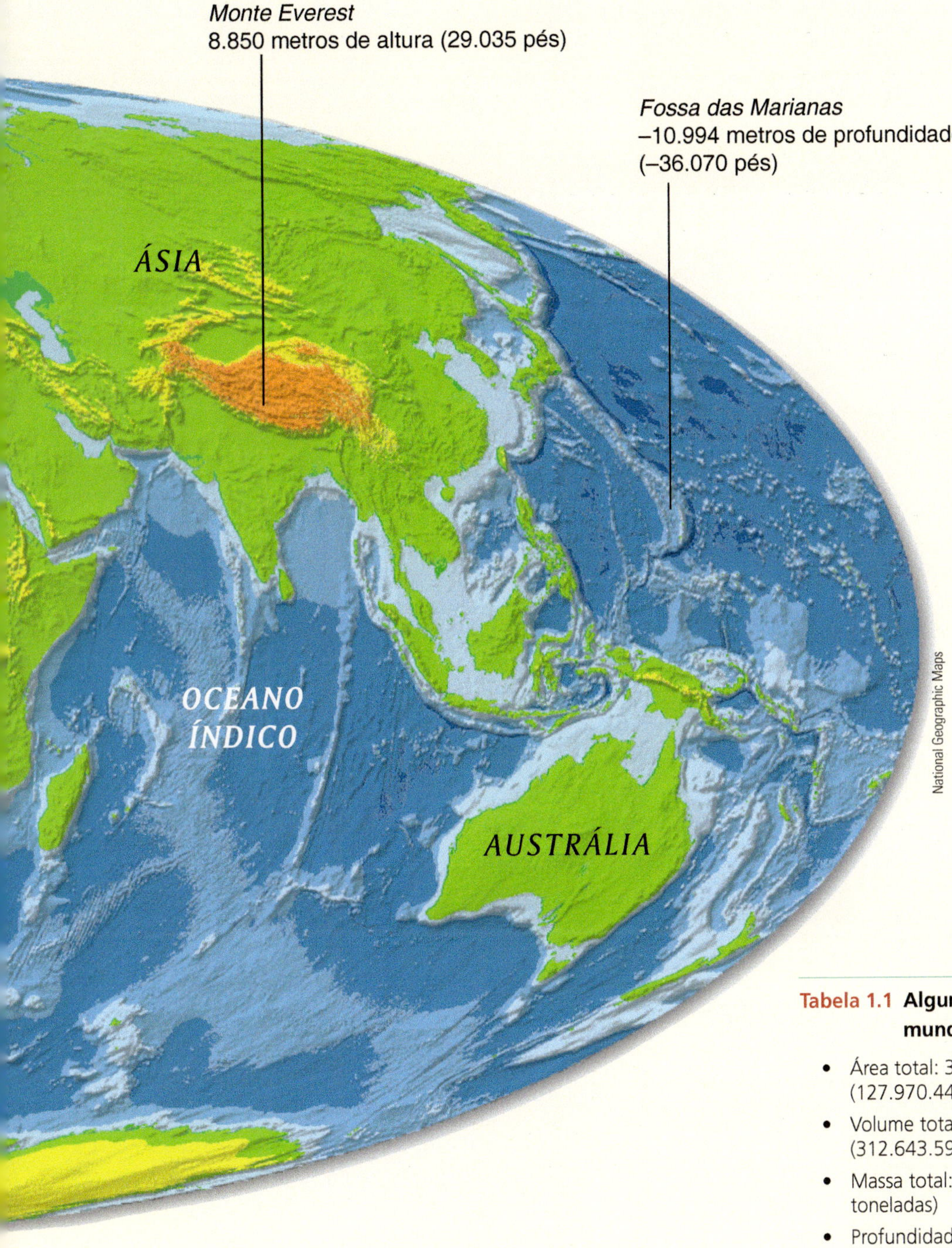

A profundidade média do oceano é quatro vezes e meia maior que a elevação média da Terra. A Terra é verdadeiramente um planeta oceano.

PENSANDO ALÉM DA IMAGEM

Dada a predominância de água na superfície da Terra, por que você acha que existem terras secas nos continentes?

Tabela 1.1 Algumas estatísticas sobre o oceano mundial

- Área total: 331.441.932 quilômetros quadrados (127.970.445 milhas quadradas)
- Volume total: 1.303.155.354 quilômetros cúbicos (312.643.596 milhas cúbicas)
- Massa total: 1,41 x10^{18} toneladas (1,55 x10^{18} de toneladas)
- Profundidade média: 3.682 metros (12.081 pés)
- Maior profundidade: 10.994 metros (36.070 pés)
- Espessura mediana da crosta terrestre: 6,5 quilômetros (4,04 milhas)
- Temperatura média: 3,9 °C (39,0 °F)
- Salinidade média: 34,482 gramas por quilo (0,56 onça por libra); 3,4%
- Elevação média da Terra: 840 metros (2.772 pés)
- Idade: 4,5 bilhões de anos
- Futuro: incerto

métodos para gerar eletricidade, e muito mais. A **Figura 1.4** mostra cientistas marinhos em ação.[3]

Tom Garrison

(a) Uma pesquisadora prepara-se para analisar uma amostra de plâncton no Swire Institute of Marine Science da Universidade de Hong Kong.

Courtesia Ingrid Burke e Stephen Hatosy

(b) O estudo tranquilo e profundo vem antes de um experimento ser iniciado e após os dados serem obtidos. Um aluno trabalha com uma lanterna em um relatório laboratorial durante a falta de energia na Moorea Research Station da Universidade da Califórnia, no Pacífico Sul.

Figura 1.4 Estudar Ciências do Mar às vezes é inquietante, às vezes é rotineiro, mas sempre é interessante.

Atualmente, os cientistas marinhos questionam aspectos críticos sobre a origem do oceano, a idade de suas bacias e a natureza das formas de vida que abriga. Temos sorte de viver em uma época em que o estudo científico é capaz de responder algumas dessas questões. **Ciência** é um *processo* sistemático de fazer perguntas sobre o mundo observável, reunindo-as para, então, estudar as informações obtidas (os dados), porém as informações por si só não são ciência. A ciência *interpreta* informações brutas ao construir uma explicação geral compatível com essas informações.

Os cientistas sempre formulam uma pergunta que demonstra um desejo de compreender algo que foi observado ou medido. Então, elabora uma explicação experimental para aquela observação ou medição. Essa explicação é frequentemente chamada de **hipótese de trabalho**, uma especulação sobre o mundo natural que pode ser testada e verificada, ou refutada por novas observações e experimentos controlados. (Um **experimento** é um teste que simplifica a observação na natureza ou no laboratório por meio da manipulação ou do controle das condições sob as quais as observações são feitas.) Uma hipótese consistentemente apoiada por meio de observação ou de experimentos é levada ao *status* de **teoria**, um relato que explica as observações. As maiores idealizações, conhecidas como **leis**, resumem as observações experimentais. Leis são princípios que explicam os eventos da natureza que, segundo a observação, ocorrem com uniformidade invariável quando submetidos às mesmas condições. Uma lei *resume* as observações, normalmente como uma expressão matemática ou verbal concisa; uma teoria fornece uma *explicação* para as observações. *Uma não é "mais verdadeira" que a outra; tanto uma lei quanto uma teoria podem ser consideradas relatos de fatos.*

Teorias podem mudar à medida que o nosso conhecimento e poder de observação mudam. Toda compreensão científica é provisória.

As teorias e as leis da ciência não surgem completamente formadas ou todas de uma única vez. O pensamento científico avança como uma cadeia contínua de questionamentos, testes e adequações teóricas associadas às observações. Uma teoria se fortalece quando novos fatos a comprovam. Caso contrário, ela é modificada ou procura-se obter nova explicação (portanto, a ciência se "autocorrige"). O poder da ciência está na capacidade de operar o processo *em reverso* – ou seja, no uso de uma teoria ou lei para fazer previsões e antecipar novos fatos a serem observados.

Esse procedimento, denominado **método científico**, é um processo organizado que confirma ou rejeita teorias. O método científico baseia-se no pressuposto de que a natureza "joga limpo" – isto é, que as leis que regem um fenômeno natural não se modificam por capricho, à medida que melhoram nossas capacidades de questionamento e de observação. Acreditamos que as respostas aos nossos questionamentos sobre a natureza são, *em última análise, reconhecíveis*.

Não existe um único método científico. Alguns pesquisadores observam, descrevem e relatam sobre algum tema e deixam para outros o desenvolvimento das hipóteses. Os cientistas não adotam um único método; o método geral que utilizam é a atitude crítica sobre o que está sendo *mostrado*, e não sobre o que está sendo *falado*, e o emprego de uma abordagem lógica para a solução do problema. O processo é rotativo e colaborativo – novas teorias e leis sempre sugerem novos questionamentos.

Você já ouviu falar do método científico antes, mas pode ter pensado que o pensamento científico estava além de seu interesse ou capacidade. Isto pode estar bem longe da verdade – você utiliza a lógica científica muitas vezes ao dia. Considere, nesta linha de pensamento, se, ainda hoje, você tentar dar a partida em seu carro, e topar apenas com silêncio. Seus primeiros pensamentos (após a frustração ter diminuído) provavelmente seriam:

[3] Gostaria de se juntar a nós? O Apêndice 6 discute carreiras em Ciências do Mar.

Figura 1.5 Não existe um "método científico" único. Em uma visão bastante simplista, uma série lógica de etapas representa o *processo* da ciência. Uma progressão das suposições racionais retomadas por dados (informações) leva a uma solução para um problema específico. Na verdade, não há uma única maneira de aplicar a lógica científica a qual possa ser usada em todas as situações.

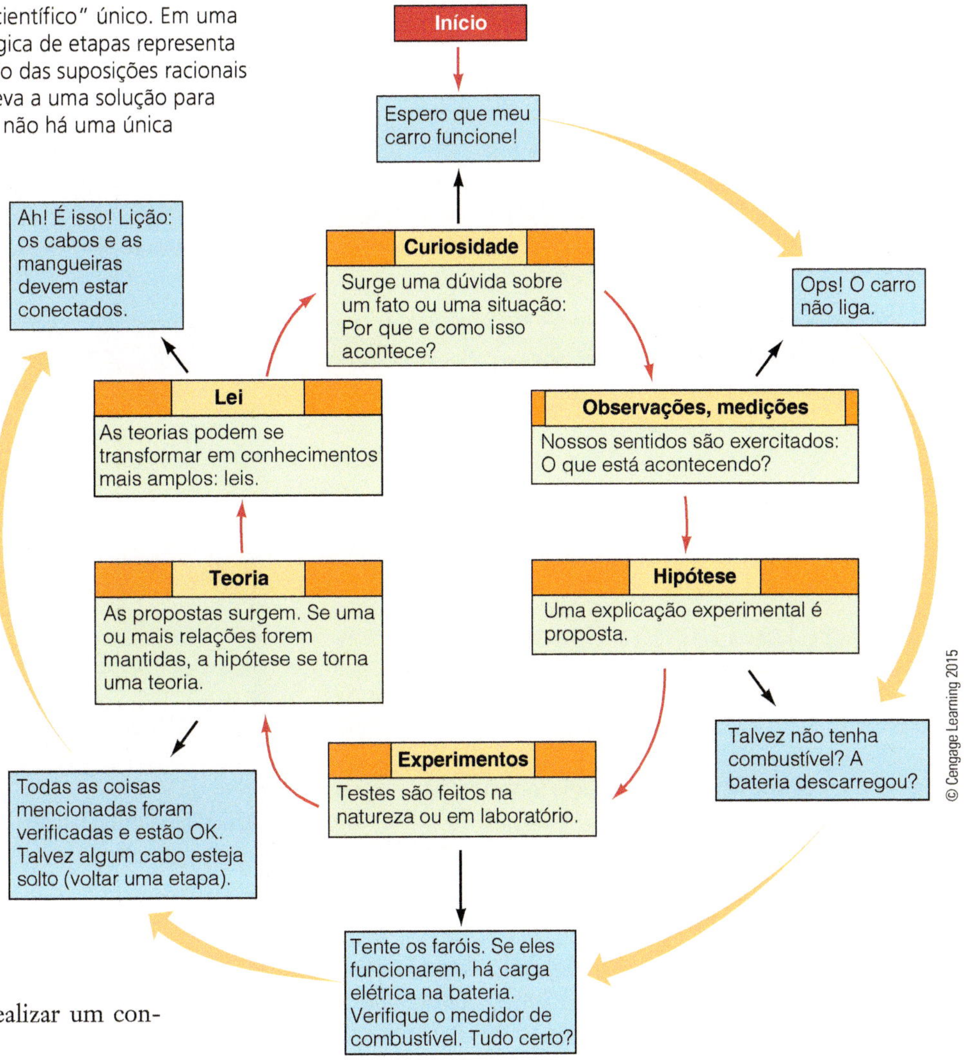

PENSANDO ALÉM DA IMAGEM

O que há de errado com essa afirmação: "Vou ao mesmo barbeiro há 25 anos e estou ficando careca. Devem estar usando alguma coisa no meu couro cabeludo que está me fazendo perder cabelo"?

1. Poxa! O carro não liga!
2. *Por que* o carro não liga? (O segundo pensamento – *por que* – é uma parte poderosa da filosofia ocidental. Sua implicação: O carro não liga por uma *razão*, e essa razão é *reconhecível*.)

Você começa imediatamente a realizar um conjunto de experimentos mentais:

3. Você sabe que carros precisam de eletricidade para funcionar. Você liga os faróis. Eles funcionam. Há bateria. O problema não é a falta de eletricidade ou o descarregamento da bateria.
4. Carros precisam de ar para misturar com o combustível no motor. Tem ar? Você está respirando. Ar? Sim. O problema não é a falta de ar.
5. Carros precisam de combustível. Há combustível? Você liga a ignição. O medidor de combustível registra três quartos cheios. (Você também se lembra de uma notinha de combustível de ontem em seu bolso.) Sim, há combustível.
6. Carros precisam de todas essas coisas *simultaneamente* para dar a partida. Você abre o capô para verificar se há cabos soltos ou mangueiras interrompendo o fluxo. *Aha!* Um cabo está solto.
7. Você coloca o cabo de volta em seu lugar.
8. O carro liga! A ciência vence! A pergunta "por que" foi respondida!

Ou você pode seguir uma linha alternativa de pensamento: Você pode pensar que os espíritos que dão a partida em seu carro se voltaram contra você. Se você perder sua fé, seu poder sobre o carro será reduzido e você por certo praticamente nunca mais será capaz de dirigir. Talvez, se você chacoalhar as chaves sobre o capô do carro, os espíritos voltem a lhe ser favoráveis e o carro ligue, mas você definitivamente não conseguirá consertar nada sozinho – essas coisas estão além do seu poder. Sua relação com o carro acabou. (Essa linha de raciocínio não é muito produtiva!)

Apesar de muito eficazes em suas conclusões e descobertas, nada nunca é comprovado como *absolutamente verdadeiro* pelo método científico, e nem descobertas científicas realmente se aplicam somente ao mundo natural. As teorias podem mudar conforme nosso conhecimento e capacidade de observação mudam; portanto, todo o entendimento científico é experimental. *A ciência não é um processo democrático nem um concurso de popularidade.* Como podemos perceber nos atuais debates pungentes sobre a mudança climática global ou até mesmo a evolução, conclusões acerca do mundo natural que alcançamos por meio do processo científico podem nem sempre ser confortáveis, facilmente compreendidas ou imediatamente aceitas. Contudo, se essas conclusões correspondem de forma consistente às observações feitas, elas podem ser consideradas verdadeiras.

Este livro apresenta alguns resultados do processo científico aplicado ao oceano mundial. Exibe fatos, interpretação de fatos, exemplos, histórias e algumas descobertas cruciais que levaram a nossa compreensão atual do oceano e o planeta em que se formou. À medida que os resultados da ciência se modificam, as ideias apresentadas em livros como este também se modificam.

BREVE REVISÃO

Antes de passar para a próxima seção, verifique seu entendimento de algumas das ideias importantes apresentadas até agora:

4. O método científico pode ser aplicado em especulações sobre o mundo natural que não esteja sujeito a testes ou observações?
5. O que é a natureza da "verdade" na ciência? Algo pode ser comprovado como *absolutamente* verdadeiro?
6. E se, no momento em que você agita as chaves, os cabos sob o capô fossem empurrados por uma brisa e voltam para os seus lugares? E se o carro ligasse quando você tentasse novamente? Percebe como começa uma superstição?

Para verificar suas respostas, acesse a página deste livro no site da Cengage.

1.3 Estrelas Deram Origem aos Mares

Para compreender o oceano, precisamos compreender como ele foi formado e evoluiu ao longo do tempo. Como o oceano mundial é a maior feição da superfície terrestre, não deve ser surpresa o fato de acreditarmos que a origem do oceano está ligada à origem da Terra. A origem da Terra está ligada à origem do sistema solar e das galáxias.

A formação da Terra e do oceano é uma longa e maravilhosa história – que só recentemente começamos a conhecer. À medida que prosseguir com a leitura deste capítulo, você pode ficar surpreso ao descobrir que a maioria dos átomos que compõem a Terra, seu oceano e seus habitantes se originou nas estrelas há bilhões de anos-luz. As estrelas passam suas vidas trocando hidrogênio e hélio por elementos mais pesados. Quando morrem, algumas lançam esses elementos no espaço em explosões cataclísmicas. O Sol e os planetas, incluindo a Terra, se condensaram a partir de uma nuvem de poeira e gases enriquecida por fragmentos reciclados de estrelas que explodiram.

Nosso oceano, no entanto, não veio diretamente dessa nuvem. A maior parte do oceano formou-se posteriormente, à medida que o vapor d'água preso nas camadas externas da Terra aflorou na superfície por meio de uma atividade vulcânica no início da formação do planeta. O vapor resfriou e condensou para formar o oceano. Os cometas podem ter liberado mais água para a nova superfície do planeta. Logo em seguida, a vida se originou no oceano, desenvolvendo-se e florescendo com o sustento do oceano por mais de 3 bilhões de anos antes de se aventurar sobre os continentes inóspitos.

Estrelas se Formaram no Início da História do Universo

Evidentemente, o universo teve um início. O ***big bang***, como esse evento geralmente é chamado, ocorreu há cerca de 13,7 bilhões de anos. Acredita-se que toda a massa e a energia do universo se concentraram em um ponto geométrico no princípio do tempo e do espaço, o momento em que o universo começou a se expandir. Não se sabe o que deu início a essa expansão, mas ela continua a acontecer e provavelmente continuará por bilhões de anos, talvez para sempre.

© Larry Landolfi/Science Source

Figura 1.6 Parte de nossa galáxia, a "Via Láctea" brilha intensamente nesta imagem expressiva. A "nossa casa" está localizada em um braço espiral de nossa galáxia, um pouco mais da metade para fora de seu centro.

No início, o universo era extremamente quente, mas como foi se expandindo, acabou esfriando. Quase 1 milhão de anos após o *big bang*, as temperaturas já haviam diminuído o suficiente para que a energia e as partículas que predominavam até aquele momento formassem átomos. A maior parte desses átomos era de hidrogênio, e continua a ser a forma de matéria mais abundante no universo. Aproximadamente 1 bilhão de anos após o *big bang*, essa matéria começou a se transformar nas primeiras galáxias e estrelas.

Estrelas e Planetas Encontram-se no Interior de Galáxias

Uma **galáxia** é um gigantesco aglomerado de estrelas, poeira, gás e outros fragmentos em forma de espiral agrupados pela gravidade. Nossa galáxia (**Figura 1.6**) chama-se **Via Láctea** (do grego *galaktos*, que significa "leite").[4]

As **estrelas** que formam uma galáxia são imensas esferas de gases incandescentes. Geralmente, estão misturadas com nuvens difusas de gás e fragmentos. Nas galáxias em espiral, a exemplo da Via Láctea, as estrelas estão distribuídas em braços curvos que partem do centro da galáxia. Nossa localização na Via Láctea contém muitas estrelas, mas, como as distâncias no interior de uma galáxia são enormes, a estrela

[4] As origens das palavras às vezes são incluídas no texto, pois podem ser úteis e interessantes.

Figura 1.7 Um filamento de gás quente entrou em erupção a partir da superfície do nosso Sol em setembro de 2012. Como todas as estrelas normais, o Sol é alimentado por fusão nuclear – a fusão de pequenos átomos para formar átomos maiores. Essas reações violentas geram calor, luz, matéria e radiação, que são emitidos das estrelas no espaço. A Terra inteira poderia facilmente se encaixar sob o arco de fogo desse filamento. NASA Images

mais próxima do Sol fica a cerca de 42 trilhões de quilômetros (26 trilhões de milhas) de distância. Os astrônomos afirmam que talvez exista 100 bilhões de galáxias no universo e 100 bilhões de estrelas em cada uma delas. Imagine mais estrelas na Via Láctea do que grãos de areia em uma praia!

Nosso Sol é uma estrela típica **(Figura 1.7)**. O Sol e sua família de planetas, chamada **sistema solar**, estão localizados a cerca de três quartos de distância do centro da galáxia, em um braço espiral. Orbitamos o núcleo brilhante da galáxia e são necessários cerca de 230 milhões de anos para completar uma volta – mesmo movendo-se a quase 280 quilômetros por segundo (meio milhão de milhas por hora). A Terra já completou aproximadamente vinte voltas à galáxia desde que o oceano se formou.

As Estrelas Formam Elementos Pesados a Partir de Elementos Mais Leves

Como veremos, a maior parte das substâncias da Terra e do oceano foi formada pelas estrelas. As estrelas se formam em **nebulosas** – nuvens grandes e difusas de poeira e gás das galáxias. Com o auxílio de telescópios e satélites com sensoriamento infravermelho, os astrônomos observaram essas nuvens em nossa galáxia e em outras também. Eles viram estrelas em diferentes estágios de desenvolvimento e demonstraram a sequência em que esses estágios ocorrem. A **teoria da condensação**, criada com base nessa demonstração, explica como se acredita que as estrelas e os planetas são formados.

A vida de uma estrela começa quando a área difusa de uma nebulosa giratória passa a se encolher e aquecer sob a influência de sua fraca força de gravidade. Gradualmente, essa esfera com formato de nuvem achata-se e condensa-se no centro, em um amontoado de gases chamado *protoestrela* (*protos*, "primeira"). O diâmetro original de uma protoestrela pode ser muitas vezes maior que o diâmetro do sistema solar, mas a energia gravitacional faz que se contraia, e essa compressão aumenta sua temperatura interna. Quando a protoestrela atinge uma temperatura de cerca de 10 milhões de graus Celsius (18 milhões de graus Fahrenheit), a fusão nuclear começa. Isto é, os átomos de hidrogênio começam a fundir-se para formar hélio, um processo que libera ainda mais energia. Essa liberação rápida de energia, que marca a transição de *protoestrela* à *estrela*, interrompe o encolhimento da jovem estrela. (O processo é mostrado na metade superior da **Figura 1.8**).

Após o início das reações da fusão, a estrela se torna estável – não se contrai nem se expande, e queima seu combustível de hidrogênio em uma taxa constante. Durante uma vida longa e produtiva, a estrela converte uma grande porcentagem de seu hidrogênio em átomos tão pesados quanto o carbono ou o oxigênio.

Essa fase estável não dura para sempre, contudo. A história de vida e morte de uma estrela depende de sua massa ini-

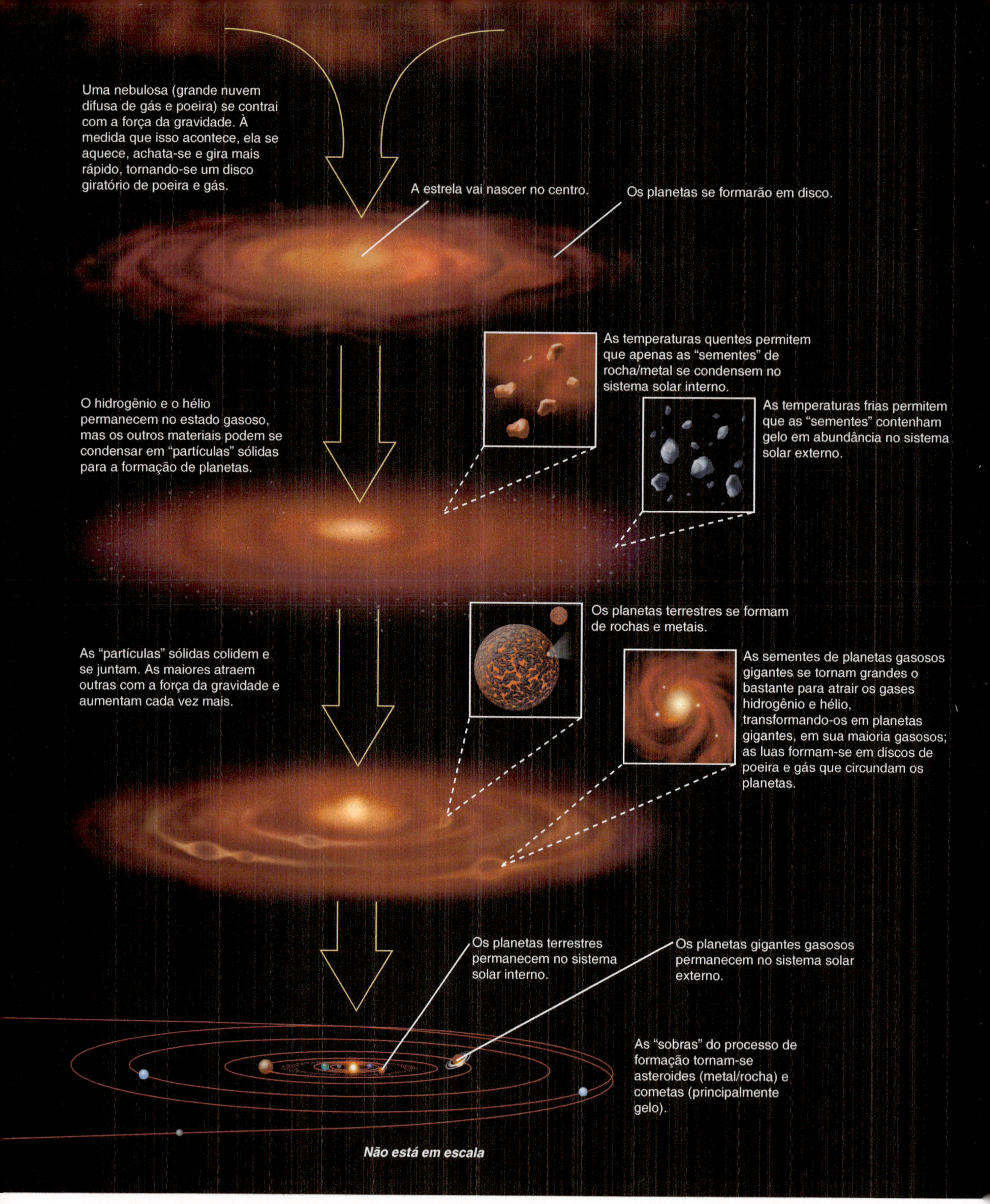

Figura 1.8 A origem de um sistema solar no braço espiral de uma galáxia. Nosso Sol e sua família de planetas foram formados desse modo há mais de 5 bilhões de anos. JPL-CalTech/T. Pyle (SSC)/NASA Images

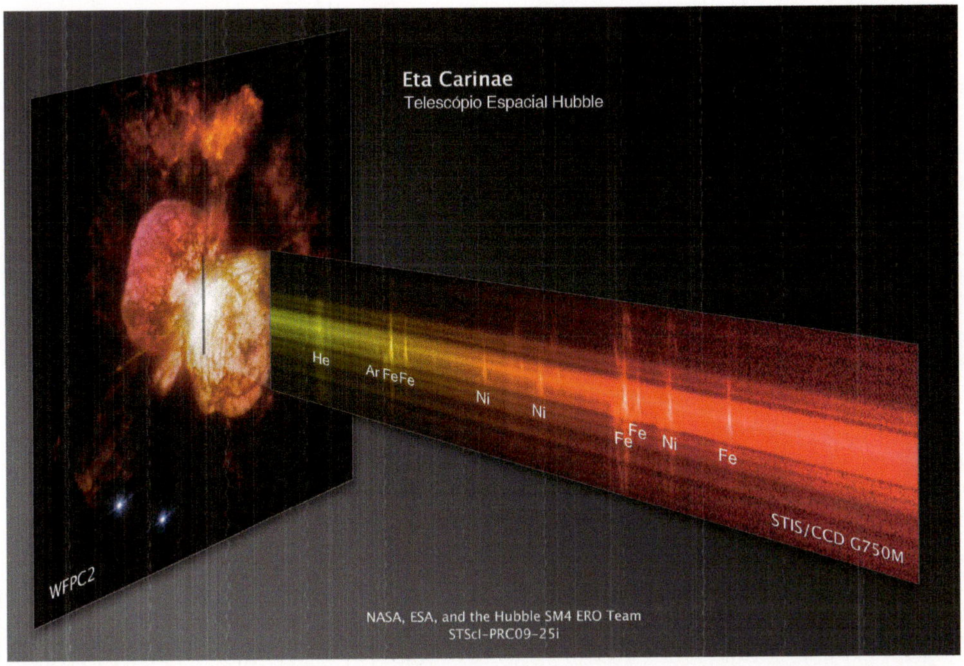

NASA Images

Figura 1.9 A dispersão de elementos pesados. A luz dessa enorme estrela em explosão atingiu a Terra há cerca de 160 anos. Um espectro de sua luz (a faixa que se estende à direita) mostra evidências de ferro (Fe) e nitrogênio (N) em sua atmosfera destruída. No futuro distante é possível que alguns desses elementos possam ser varridos para um novo sistema solar.

PENSANDO ALÉM DA IMAGEM

Por que você acha que um livro didático sobre Oceanografia começa com uma discussão sobre a origem dos elementos químicos pesados?

cial. Quando uma estrela de massa média (como nosso Sol) começa a consumir átomos de carbono e oxigênio, sua perda de energia aumenta levemente e seu corpo incha, alcançando um estágio corretamente chamado de *gigante vermelha* pelos astrônomos. Essa gigante, que está morrendo, pulsa lentamente, incinerando seus planetas e expelindo cascas concêntricas de gás luminescente enriquecido com elementos pesados. Porém, a maior parte da reserva de carbono e oxigênio fica presa para sempre na brasa que está arrefecendo no coração da estrela.

As estrelas com massa muito maior que a do Sol têm vidas mais curtas, porém mais fascinantes. Elas também fundem hidrogênio para formar átomos tão pesados como o carbono ou o oxigênio; mas, como são maiores e mais quentes, suas reações nucleares internas consomem hidrogênio em uma taxa muito maior. Além disso, as temperaturas mais altas no núcleo permitem a formação de átomos – que atingem até a massa do ferro.

A fase de extinção de uma estrela gigante inicia-se quando o seu núcleo – com o esgotamento do hidrogênio – entra em colapso. Essa compressão rápida provoca o aumento excessivo da temperatura interna. Quando o material que está sendo reduzido não pode mais ser comprimido, a energia da compressão é convertida em uma expansão cataclísmica chamada **supernova** (*nova*, "nova" [estrela]). A liberação explosiva de energia em uma supernova é tão repentina que a estrela se parte em pequenos pedaços e a massa é expelida praticamente na velocidade da luz. A explosão dura apenas 30 segundos, mas, nesse curto espaço de tempo, as forças nucleares que separam os núcleos atômicos individuais são superadas e átomos mais pesados que o ferro se formam. O ouro dos anéis, o mercúrio dos termômetros e o urânio das usinas nucleares foram criados durante uma explosão breve e violenta como essa. Os átomos produzidos por uma estrela, durante milhões de anos de fusão sistemática, *e* os átomos pesados, gerados em poucos momentos de caos inimaginável, são lançados ao espaço **(Figura 1.9)**. Cada elemento químico mais pesado que o hidrogênio – que corresponde à maior parte dos átomos que formam os planetas, o oceano e as criaturas vivas – foi produzido pelas estrelas.

Cada elemento químico mais pesado que o hidrogênio – que corresponde à maior parte dos átomos que formam os planetas, o oceano e as criaturas vivas – foi produzido pelas estrelas.

Os Sistemas Solares São Formados por Acreção

A Terra e seu oceano foram formados como resultado indireto da explosão de uma supernova. A nuvem fina, ou **nebulosa solar**, que deu origem a nosso Sol e a seus planetas foi provavelmente atingida por uma onda de choque e por parte dos fragmentos de uma supernova em expansão. Na verdade, a turbulência do encontro pode ter causado o início da condensação de nosso sistema solar. A nebulosa solar foi afetada de duas maneiras importantes: primeira, a onda de choque fez a massa em condensação girar; segunda, a nebulosa absorveu alguns dos átomos mais pesados dos fragmentos da passagem da supernova. Em outras palavras, uma estrela imensa teve que viver sua vida (desenvolvendo elementos nesse processo) e depois sofreu desintegração por explosão para devolver elementos pesados ao berçário nebular de poeira e gás de onde surgiu o sistema solar. Os planetas são feitos, em sua maioria, da matéria reunida em uma estrela (ou estrelas) que desapareceu há bilhões de anos. Também somos feitos dessa poeira estelar. Nossos ossos e cérebros são compostos por átomos antigos, construídos por meio da fusão estelar muito antes da existência do sistema solar.

Há aproximadamente 5 bilhões de anos, a nebulosa solar era uma massa giratória em forma de disco, contendo cer-

(a) Um artista imagina nosso sistema solar em sua infância. O Sol recentemente começou a brilhar, e os planetas estão se formando no disco de poeira circundante.

NASA/JPL-Caltech

(b) A acreção dos planetas ocorre quando partículas pequenas se aglutinam em grandes massas.

Figura 1.10 Construção do planeta em progresso. Parte superior: NASA/JPL-Caltech/ESA/CXC/Univ. of Ariz. / Univ. of Szeged

ca de 75% de hidrogênio, 23% de hélio e 2% de outros materiais (incluindo elementos mais pesados, gases, poeira e gelo). Como uma patinadora que gira mais rápido à medida que traz os braços para perto do corpo, a nebulosa girava mais rápido à medida que se condensava. O material concentrado perto de seu núcleo tornou-se o **protossol**. Grande parte do material externo transformou-se em **planetas**, ou seja, corpos menores sem luz própria que giram na órbita de uma estrela.

Observe a Figura 1.8 novamente. Os novos planetas são formados no disco de poeira e os fragmentos envolvem o jovem Sol por meio de um processo conhecido como **acreção** – a aglutinação de pequenas partículas em grandes massas **(Figura 1.10)**. As aglutinações maiores com gravidade mais forte atraíam a maior parte da matéria em condensação. Os planetas mais distantes em nosso sistema solar – Júpiter, Saturno, Urano e Netuno – provavelmente foram os primeiros a se formar. Esses planetas gigantes são compostos, em sua maioria, por metano e amônia na forma de gelo, porque esses gases podem congelar apenas em temperaturas muito baixas. Perto do protossol, onde as temperaturas eram mais altas, os primeiros materiais a se solidificar foram substâncias com ponto de ebulição alto, principalmente metais e certos minerais rochosos. O planeta Mercúrio, o mais próximo do Sol, é formado basicamente por ferro, que permanece sólido em altas temperaturas (alto ponto de fusão). Nas regiões um pouco mais distantes e frias, o magnésio, o silício, a água e o oxigênio se condensaram. O metano e a amônia acumularam-se nas zonas externas gélidas. A formação, na Terra, de água, de compostos de silício e oxigênio e de metais resultou de sua posição intermediária naquela nuvem aglutinante.

O período de acreção durou talvez de 30 a 50 milhões de anos. O protossol tornou-se uma estrela – nosso Sol – quando sua temperatura interna alcançou nível suficiente para fundir os átomos de hidrogênio em hélio. A violência dessas reações nucleares criou um vento solar de radiação que varreu os planetas internos, limpando a área do excesso de partículas e encerrando o período de acreção rápida. Gases como esses que agora vemos em planetas externos gigantes podem já ter circundado os planetas internos, porém essa onda de energia solar e partículas os eliminou.

Esse processo provavelmente não é raro. Enquanto escrevo isto, 839 planetas (em 662 sistemas planetários, incluindo 125 sistemas planetários múltiplos) foram identificados. Estimativas da frequência dos sistemas sugerem veementemente que mais de 50% das estrelas como o Sol abrigam pelo menos um planeta. Mais deles são descobertos todos os meses.

BREVE REVISÃO

Antes de passar para a próxima seção, verifique seu entendimento de algumas das ideias importantes apresentadas até agora:

7. A pesquisa científica pode se aprofundar mais no passado, indo além do *big bang*?
8. Qual elemento compõe a maior parte da massa detectável no universo?
9. Destaque os principais pontos da teoria da condensação na formação das estrelas e dos planetas.
10. Descreva a vida de uma estrela comum.
11. Como se acredita que os elementos mais pesados (urânio ou ouro) foram formados?

Para verificar suas respostas, acesse a página deste livro no site da Cengage.

1.4 Terra, Oceano e Atmosfera Agrupados em Camadas Ordenadas pela Densidade

A jovem Terra, formada pela acreção de partículas frias, por certo era quimicamente homogênea por completo. Então, no meio da fase de acreção, a superfície da Terra foi aquecida pelo impacto de asteroides, cometas e outros fragmentos em queda. Esse calor, combinado com a compressão gravitacional e o calor proveniente do decaimento de elementos radioativos acumulados no interior do planeta recém-agregado, fez que a Terra se fundisse parcialmente. A gravidade puxou a maior parte do ferro e do níquel para dentro para formar o núcleo do planeta. O ferro que estava afundando liberou enormes quantidades de energia gravitacional que, por meio de atrito, aqueceu a Terra ainda mais. Ao mesmo tempo, um amontoado de minerais mais leves – silício, magnésio, alumínio e compostos contendo oxigênio – subiu em direção à superfície, formando a crosta terrestre **(Figura 1.11)**. Esse processo importante, chamado de **estratificação da densidade**, possivelmente durou 100 milhões de anos.[5]

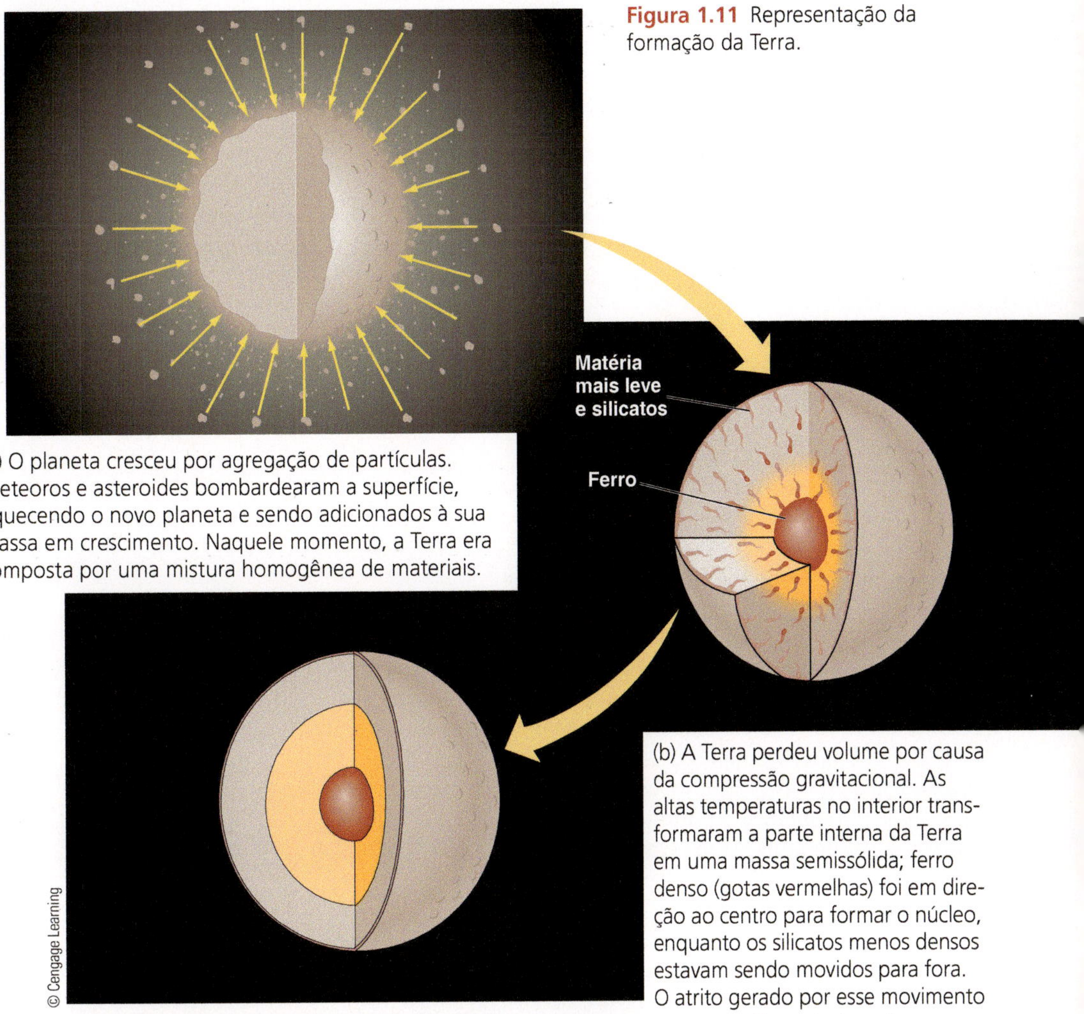

Figura 1.11 Representação da formação da Terra.

(a) O planeta cresceu por agregação de partículas. Meteoros e asteroides bombardearam a superfície, aquecendo o novo planeta e sendo adicionados à sua massa em crescimento. Naquele momento, a Terra era composta por uma mistura homogênea de materiais.

(b) A Terra perdeu volume por causa da compressão gravitacional. As altas temperaturas no interior transformaram a parte interna da Terra em uma massa semissólida; ferro denso (gotas vermelhas) foi em direção ao centro para formar o núcleo, enquanto os silicatos menos densos estavam sendo movidos para fora. O atrito gerado por esse movimento aqueceu a Terra ainda mais.

(c) O resultado da *estratificação da densidade* é evidente na formação dos núcleos internos e externos, do manto e da crosta.

Então, a Terra começou a esfriar. Acredita-se que sua primeira superfície tenha sido formada há cerca de 4,6 bilhões de anos. Essa superfície não permaneceu intacta por muito tempo. Logo após sua formação, um corpo planetário um pouco maior que Marte colidiu na jovem Terra e a partiu. O núcleo metálico atingiu o núcleo da Terra e uniu-se a ele, enquanto a maior parte do manto rochoso foi ejetada para formar um anel de fragmentos em torno da Terra. Os fragmentos começaram a condensar logo em seguida e tornaram-se a Lua. A Lua recém-formada, ainda incandescente devido ao calor gerado pela energia cinética dos objetos em queda, é ilustrada na **Figura 1.12**. Um cataclismo semelhante poderia acontecer nos dias de hoje? A questão é abordada no Capítulo 12.

A radiação do jovem e energético Sol eliminou a camada mais externa de gases de nosso planeta, sua primeira atmosfera; mas logo outros gases que estavam presos dentro do planeta em formação subiram para a superfície e formaram uma segunda atmosfera. Essa ventilação vulcânica de substâncias voláteis – incluindo vapor d'água – chama-se **degaseificação** **(Figura 1.13a)**. Conforme o vapor quente ascendia, ele se condensava formando nuvens na alta atmosfera fria. Embora a maior parte da água da Terra estivesse presente na nebulosa solar durante a fase de acreção, pesquisas recentes sugerem que uma barragem de cometas ou asteroides gelados atingiu o sistema solar colidindo com a Terra e também pode ter contribuído com uma parte da massa de água acumulada, que formaria o futuro oceano **(Figura 1.13b)**.

A superfície da Terra era tão quente que a água na forma líquida não se acumulava; além disso, a luz do Sol não atravessava as nuvens espessas. (Há 4,4 bilhões de anos, um visitante do espaço que se aproximasse veria apenas uma esfera envolta em vapor, coberta por nuvens iluminadas por relâmpagos.) Após milhões de anos, as nuvens mais altas resfriaram o suficiente para que parte da água liberada na forma de vapor formasse gotículas. Chuvas quentes caíram na Terra apenas para se transformarem mais uma vez em nuvens. Assim que a superfície resfriou, a água se acumulou em bacias e começou a dissolver os minerais das rochas. Parte da água evaporou, resfriou e caiu novamente, mas os minerais permaneceram. O oceano mundial salgado começava a se formar gradualmente.

Essas chuvas fortes podem ter durado quase 20 milhões de anos. Grandes quantidades de vapor d'água e outros gases continuaram a escapar pelas ventilações vulcânicas durante aquela época e continuaram assim por milhões de anos. O oceano ficava mais profundo. As evidências sugerem que a espessura da crosta terrestre aumentava também, talvez, em parte, como resultado da reação química com os compostos dos oceanos.

Qual era a temperatura do jovem oceano? A temperatura da superfície terrestre tem flutuado desde a formação do oceano, mas a dimensão dessa flutuação é outro ponto controverso. Para o primeiro quarto de bilhões de anos caóticos, os mares teriam sido quentes e a precipitação quase constante, mas essa condição não persistiu. As variações de tempe-

[5] **Densidade** é uma expressão do peso relativo de uma substância; é definida como a massa por unidade de volume, normalmente expressa em gramas por centímetro cúbico (g/cm^3). A densidade da água pura é de 1 g/cm^3. Uma rocha de granito é aproximadamente 2,7 vezes mais densa, a 2,7 g/cm^3.

Figura 1.12 Mil anos após a colisão de um corpo do tamanho de Marte com a Terra, nossa Lua (em primeiro plano) foi formada. Nesta ilustração, o céu é dominado por uma Terra quente e vermelha, recentemente remodelada e fundida pelo impacto. O anel de fragmentos eventualmente irá cair na Terra ou ser capturado pela Lua em fusão, ainda em crescimento.

Ron Miller

ratura eram comuns. Alguns cientistas, por exemplo, acreditam que a produção de energia inicial pelo Sol era cerca de 30% menor do que é hoje. O oceano deve ter congelado. Porém, as diferenças na quantidade e na composição (e, até mesmo, no formato) das partículas e dos gases vulcânicos na atmosfera da Terra possibilitaram que o calor fosse mantido e aparentemente permitiu que a superfície do oceano permanecesse totalmente líquida pelos próximos bilhões de anos. Períodos mais gelados se seguiram, possivelmente congelando o oceano a uma profundidade considerável (mesmo no equador) entre 800 e 550 milhões de anos atrás. Embora atualmente estejamos incertos dos detalhes, os cientistas estão certos de que a mudança climática – muitas vezes uma mudança climática *drástica* – foi sempre característica da Terra desde o início.[6]

A composição da atmosfera primitiva foi bem diferente da existente hoje. Os geoquímicos acreditam que ela possa ter sido rica em dióxido de carbono, nitrogênio e vapor d'água, com traços de amônia e metano. Tendo início há cerca de 3,5 bilhões de anos, essa mistura começou a sofrer uma alteração gradual, chegando a sua composição atual, sobretudo no conteúdo em nitrogênio e oxigênio. No início, essa mudança foi realizada pelo dióxido de carbono, que se dissolvia na água do mar e formava ácido carbônico, para depois associar-se às rochas da crosta. A quebra química do vapor d'água pela intensa luz solar na atmosfera também teve um importante papel. Então, quase 1,5 bilhão de anos depois, os ancestrais dos vegetais verdes de hoje produziram – por meio da fotossíntese – oxigênio suficiente para oxidar minerais dissolvidos no oceano e nos sedimentos de superfície. O oxigênio começou a se acumular na atmosfera. (Esse monumental evento na história da Terra é chamado de *grande oxigenação*. Você vai ler a respeito no Capítulo 12.)

BREVE REVISÃO

Antes de passar para a próxima seção, verifique seu entendimento de algumas das ideias importantes apresentadas até agora:

12. O que é estratificação da densidade?

13. Qual é a idade da Terra? Como sabemos?

14. Como a Lua foi formada?

15. O oceano mundial é uma feição relativamente nova da Terra ou integra a maior parte da história da Terra?

16. A atmosfera atual da Terra é semelhante ou diferente de sua primeira atmosfera?

Para verificar suas respostas, acesse a página deste livro no site da Cengage.

1.5 A Vida Provavelmente Originou-se no Oceano

A vida como a conhecemos seria inconcebível sem grandes quantidades de água. A água tem a habilidade de reter calor, moderar a temperatura, dissolver muitas substâncias químicas e ressuspender nutrientes e resíduos. Essas características a tornam um estágio móvel para as reações bioquímicas complexas que deram origem à vida na Terra e permitiram que ela prosperasse.

A vida na Terra é formada por agrupamentos de alguns tipos básicos de compostos de carbono. Mas de onde vieram esses compostos de carbono? Existe o consenso cada vez maior de que a maior parte dos materiais orgânicos (isto é, que contêm carbono) nesses compostos foi transportada para a Terra por cometas, asteroides, meteoros e partículas de poeira interplanetária que caíram em nosso planeta durante seu nascimento. O jovem oceano era um caldo ralo de compostos orgânicos e inorgânicos em solução.

Em experimentos laboratoriais, as misturas de compostos dissolvidos e gases, tidos como semelhantes àqueles existentes na atmosfera primitiva da Terra, foram expostos à luz, ao calor e às descargas elétricas. Essas misturas energizadas produziram açúcares simples e um pouco de aminoácidos biologicamente importantes. Elas também produziram pequenas proteínas e nucleotídeos (componentes das moléculas que transmitem a informação genética entre gerações). A principal condição química parece ser a ausência (ou quase) de oxigênio livre, um composto que pode romper qualquer molécula grande vulnerável.

Houve formação de *vida* nesses experimentos? Não. Os compostos que se formaram foram apenas blocos cons-

[6] Você saberá mais sobre o tópico específico da mudança climática atual nos Capítulos 7, 8 e 15.

Figura 1.13 Fontes do oceano.

PENSANDO ALÉM DA IMAGEM

Você acha que o volume do oceano esteve aumentando, diminuindo ou permanece praticamente o mesmo durante longos períodos de tempo?

(a) Degaseificação. Gases vulcânicos emitidos por fissuras acrescentam vapor d'água, dióxido de carbono, nitrogênio e outros gases à atmosfera. O vulcanismo foi o principal fator nas alterações da atmosfera primitiva da Terra; posteriormente, a ação de bactérias e de vegetais fotossintetizantes foi outro fator.

(b) Os cometas podem ter liberado parte da água da superfície terrestre. O bombardeamento intenso sofrido pela Terra primitiva por grandes corpos – cometas e asteroides – provavelmente durou até aproximadamente 3,8 bilhões de anos atrás. A montagem abaixo mostra uma fotografia do núcleo do cometa Hartley 2 tirada pela missão espacial *EPOXI* em novembro de 2010. Dióxido de carbono congelado e gelo podem ser vistos saindo em jatos de sua superfície.

William K. Hartmann, Ph.D

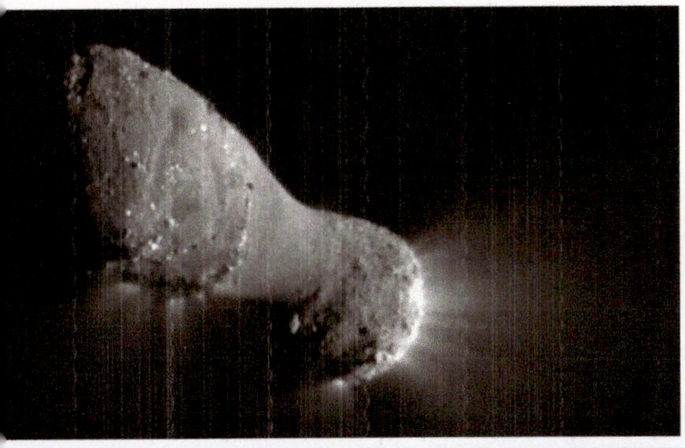

NASA/JPL-CalTech/UMD

© Don Dixon/cosmographica.com

Imagem cortesia do New Zealand American Submarine Ring of Fire de 2007 Exploration, NOAA Vents Program, Institute of Geological & Nuclear Sciences and NOAA-OE

Figura 1.14 Um ambiente propício à biossíntese? A luz solar fraca e as condições instáveis da superfície da Terra podem ter favorecido a origem da vida em superfícies minerais próximas às chaminés das fontes hidrotermais localizadas nas profundezas do oceano, como essa mostrada aqui.

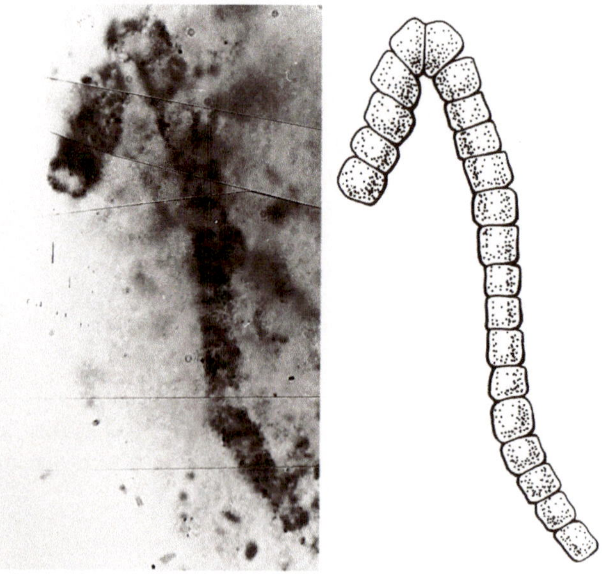

Photo by Department of Earth & Space Sciences/UCLA

© Cengage Learning

Figura 1.15 Fóssil de um organismo do tipo bactéria (reconstrução de um artista) que realizava a fotossíntese e liberava oxigênio na atmosfera. Entre os fósseis mais antigos já descobertos, esse filamento microscópico do noroeste da Austrália tem aproximadamente 3,5 bilhões de anos.

trutores da vida. Mas os experimentos realmente mostram algo sobre as características gerais e a uniformidade da vida na Terra. O fato desses compostos fundamentais poderem ser sintetizados com tanta facilidade e estarem presentes em praticamente todas as formas de vida não é coincidência. Eles são "favorecidos" pelas leis da física e pela composição química do planeta. O experimento também enfatiza o papel especial da água nos processos da vida. O fato de que toda forma de vida, das águas-vivas às ervas daninhas do deserto, depende de água salgada em suas células para dissolver e transportar substâncias químicas é certamente significativo. Isso sugere enfaticamente que moléculas simples, autorreplicantes – vivas –, surgiram em algum lugar do oceano primitivo. Também sugere, de modo marcante, que toda a vida na Terra possui origem e ancestralidade comuns.

É quase certo que a vida na Terra evoluiu no oceano; as células de todas as formas de vida ainda são banhadas por fluidos salinos.

As primeiras etapas na evolução dos organismos vivos realizadas a partir de simples blocos construtores orgânicos, um processo conhecido como **biossíntese**, ainda constituem especulações. Como observado anteriormente, os cientistas planetários sugerem que o Sol era fraco em sua juventude. Talvez a bruma atmosférica da Terra fosse opaca o suficiente para bloquear a radiação ultravioleta, o que teria prejudicado a formação de moléculas complexas (e, portanto, da vida) na superfície do oceano. As primeiras moléculas vivas podem ter surgido a grandes profundidades em argilas ou cristais de pirita, em fontes ricas em minerais, no leito oceânico (Figura 1.14).

Uma biossíntese semelhante parece improvável de ocorrer nos dias de hoje. Os seres vivos alteraram as condições do oceano e da atmosfera, e essas alterações não são favoráveis a nenhuma nova origem de vida. Por um lado, as plantas verdes encheram a atmosfera de oxigênio. Por outro, parte desse oxigênio (como o ozônio) agora impede que a maioria dos comprimentos de onda de luz perigosos atinja a superfície do oceano. E, por fim, os milhares de minúsculos organismos que existem hoje certamente consumiriam com prazer qualquer molécula orgânica grande como alimento.

Há quanto tempo a vida pode ter começado? Os fósseis mais antigos já encontrados, no noroeste da Austrália, têm entre 3,4 e 3,5 bilhões de anos (Figura 1.15). São restos de organismos do tipo bactérias razoavelmente complexas, o que indica que a vida deve ter se originado bem antes disso, provavelmente apenas algumas centenas de milhões de anos após a formação de um oceano estável. As evidências de um início ainda mais antigo foram encontradas na forma de resíduos à base de carbono em algumas das rochas mais antigas da Terra, da Ilha Akilia, próxima à Groenlândia (consulte **Um olhar mais atento 1.1**). Essas partículas de carbono de 3,85 bilhões de anos carregam uma pegada química que muitos pesquisadores acreditam que só pode ter vindo de um organismo vivo. A vida e a Terra se desenvolveram juntas; uma influenciando muito a outra.

BREVE REVISÃO

Antes de passar para a próxima seção, verifique seu entendimento de algumas das ideias importantes apresentadas até agora:

17. Os átomos e as moléculas básicas que compõem os seres vivos são diferentes das moléculas que compõem a matéria sem vida? Onde os átomos dos seres vivos foram formados?

UM OLHAR MAIS ATENTO 1.1

Como Sabemos a Idade da Terra e do Oceano?

As estimativas de idade apresentadas neste capítulo (e naqueles que se seguem) são derivadas de dados obtidos por muitos pesquisadores utilizando fontes e técnicas diferentes. Uma das fontes são os meteoritos, pedaços de rocha e metal formados na mesma época que o Sol e os planetas a partir da mesma nuvem. Muitos caíram na Terra em períodos mais recentes. Sabemos, pelos sinais de radiação nesses objetos, quanto tempo se passou desde que foram formados. Essas informações, juntamente com a taxa de decaimento radioativo dos átomos instáveis presentes em meteoritos, rochas lunares e rochas mais antigas da Terra, permitem que os astrônomos estimem com precisão razoável há quanto tempo esses objetos foram formados.[7]

Os vestígios da superfície primitiva da Terra são raros porque (como você irá descobrir no Capítulo 3) quase todo o material daquela época foi reciclado no interior de nosso planeta. Em 2008, os geólogos que exploravam a costa oriental da Hudson Bay, ao norte de Quebec, encontraram rochas cinza-esverdeadas que pareciam ter uma idade bem avançada. Aquelas rochas foram datadas como tendo aproximadamente 3,9 bilhões de anos. Pequenos grãos de zircônio **(Figura A)** encontrados em rochas similares na Austrália são ainda mais antigos; alguns deles parecem ter 4,35 bilhões de anos (e, portanto, devem ter se formado logo após o impacto da Lua em formação). Inclusões de quartzo aprisionado nos zircônios à medida que foram cristalizadas sugerem que elas estavam no material derretido rico em água e sílica – evidência de que a Terra primitiva resfriou relativamente rápido após a Lua ter sido formada e manteve grandes quantidades de água na superfície. Outras rochas canadenses contêm partículas de carbono de 3,85 bilhões de anos que carregam uma pegada química que muitos pesquisadores acreditam que só pode ter vindo de um organismo vivo.

NASA

Figura A Pequenos grãos de zircônio encontrados em rochas na Austrália parecem ter 4,35 bilhões de anos.

Com relação à idade do próprio universo, em abril de 2002 os astrônomos obtiveram medidas muito precisas de sua taxa de expansão. Fazendo um cálculo retroativo, descobriram que o universo teria iniciado sua expansão há 13,7 bilhões de anos.

A propósito, independentemente da opinião espantosamente persistente, de fato nenhuma evidência apoia a tese de que a Terra tenha entre 6.000 e 10.000 anos de idade.

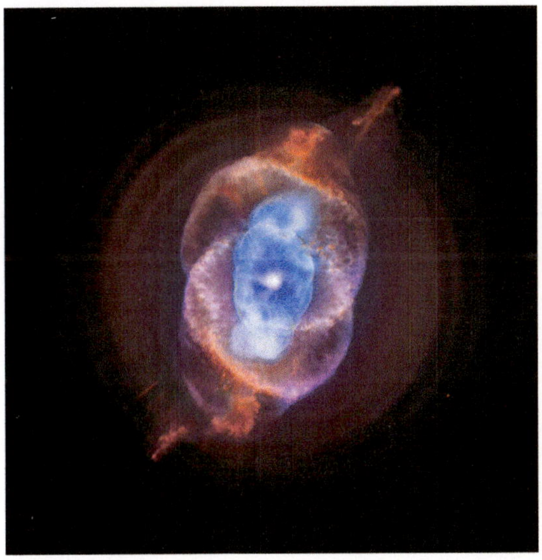

NASA, ESA, HEIL e The Hubble Heritage Team (SYSal/AURA)

Figura 1.16 O fim de um sistema solar? Esse gás brilhante nesta linda nebulosa outrora formou as camadas externas de uma estrela como o Sol que explodiu há apenas 15.000 anos. As alças internas estão sendo ejetadas por um forte vento de partículas de uma estrela central remanescente. Se planetas orbitaram essa estrela, seus fragmentos destruídos estão contidos nos filamentos que correm no lado externo e em sua margem. Talvez em 5 bilhões de anos contados a partir de agora, observadores a 5.000 anos-luz de distância teriam uma visão semelhante ao nosso Sol no final de sua vida.

PENSANDO ALÉM DA IMAGEM

Pense na longa história dos átomos de nossos olhos, os quais permitem que você leia e compreenda essa frase. Agora pense como será seu futuro. Você pode começar a sentir algo chamado "tempo geológico".

18. De quando é a evidência mais antiga de vida na Terra? Em que essas estimativas são fundamentadas?

19. A atmosfera da Terra era rica em oxigênio quando a vida foi originada aqui?

Para verificar suas respostas, acesse a página deste livro no site da Cengage.

1.6 Qual Será o Futuro da Terra?

Nossos descendentes ainda poderão aproveitar outros 5 bilhões de anos de vida na Terra como a conhecemos hoje. Porém o nosso Sol, como qualquer outra estrela, começará a se extinguir. Ele não tem massa suficiente para tornar-se uma supernova, mas, após um período de resfriamento de 1 bilhão de anos, a fase de gigante vermelho reenergizado irá consumir os planetas mais próximos. Sua atmosfera se expandirá a um raio maior que a órbita da Terra. O oceano e a atmosfera, toda evidência de vida, a crosta e, possivelmente, o planeta inteiro serão reciclados em átomos e lançados no espaço por ondas de colisão (como na **Figura 1.16**). Nossos sucessores, se houver algum, terão morrido ou fugido para mundos mais seguros. Uma vez esgotado o combustível e sua energia exaurida, o Sol resfriará, transformando-se em uma

[7] Para informações sobre a datação radiométrica, consulte o Apêndice 3.

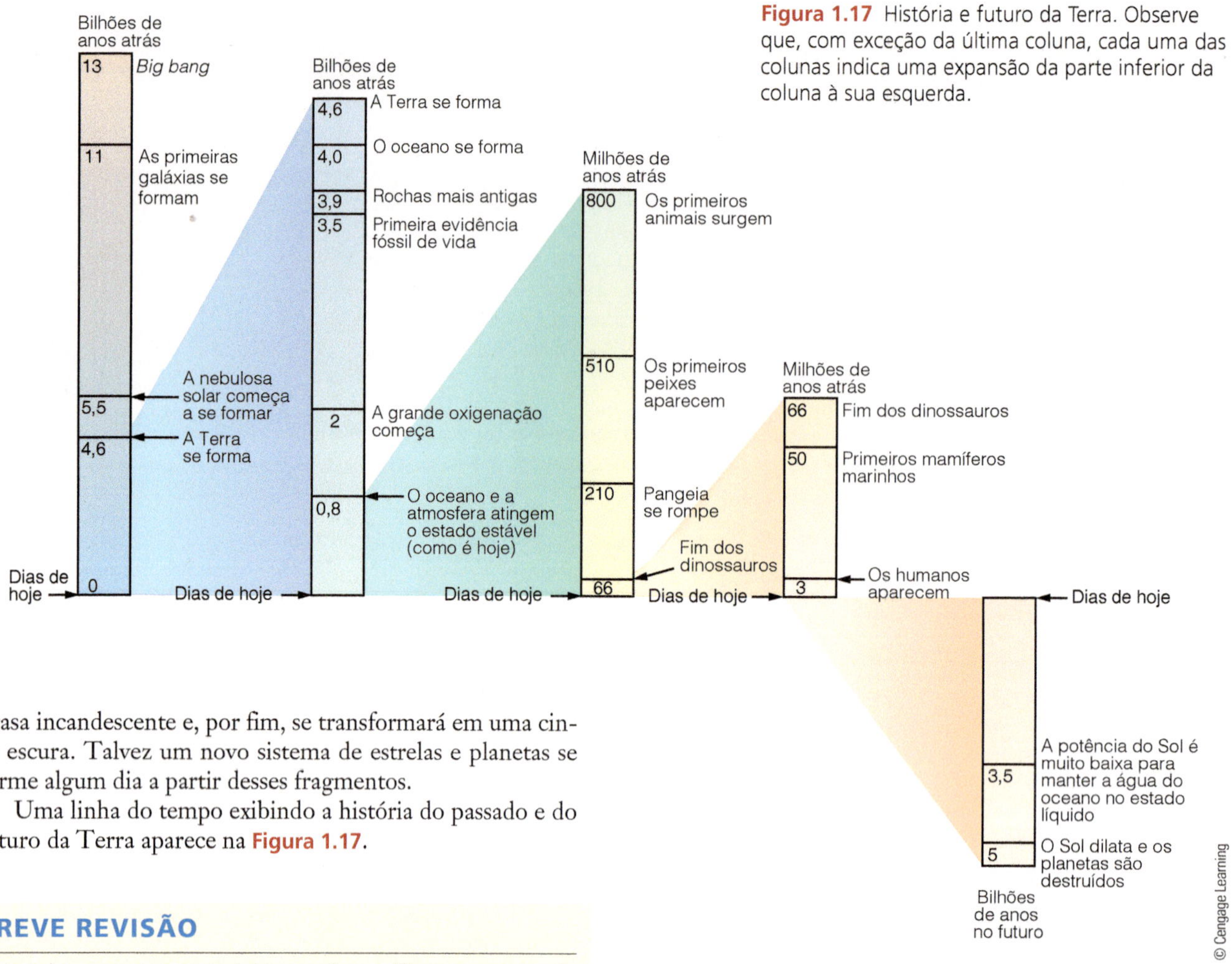

Figura 1.17 História e futuro da Terra. Observe que, com exceção da última coluna, cada uma das colunas indica uma expansão da parte inferior da coluna à sua esquerda.

brasa incandescente e, por fim, se transformará em uma cinza escura. Talvez um novo sistema de estrelas e planetas se forme algum dia a partir desses fragmentos.

Uma linha do tempo exibindo a história do passado e do futuro da Terra aparece na **Figura 1.17**.

BREVE REVISÃO

Antes de passar para a próxima seção, verifique seu entendimento de algumas das ideias importantes apresentadas até agora:

20. As partículas que compõem os átomos de seu corpo existem por quase toda a idade do universo.

Para verificar sua resposta, acesse a página deste livro no site da Cengage.

1.7 Há Outros Oceanos nos Demais Planetas?

Os planetas com líquido na superfície ou próximo a ela podem não ser tão raros como se acreditava. A própria água não é escassa. No sistema solar, por exemplo, Júpiter possui centenas de vezes mais água que a Terra, quase toda em forma de gelo. Em 1998, o gelo foi descoberto em crateras profundas próximas ao polo sul de nossa Lua, e alguns lugares em Marte são conhecidos por terem uma camada de gelo imediatamente abaixo da camada da superfície de areia fundida. Os astrônomos também localizaram moléculas de água flutuando livremente no espaço. Mas não se espera encontrar água no estado *líquido*.

Considere as condições necessárias para que um oceano imenso e permanente de água no estado líquido se forme em um planeta. Um oceano em um planeta deve mover-se em uma órbita quase circular em torno de uma estrela estável. A distância entre o planeta e a estrela deve ser suficiente para oferecer um ambiente com temperatura adequada para que a água esteja no estado líquido. Diferentemente da maioria das estrelas, o Sol de um planeta com água não pode ser uma estrela dupla ou múltipla, ou o ano orbital teria períodos irregulares de calor e frio intensos. Na acreção dos materiais que formaram o planeta, deve haver água e substâncias capazes de formar uma crosta sólida. O planeta tem tamanho suficiente para que sua gravidade evite que a atmosfera e o oceano se percam para o espaço.

Embora seja um pouco prematuro considerar a "Oceanografia comparativa" como uma escolha de carreira, os pesquisadores têm cada vez mais certeza de que a água em estado líquido existe (ou existiu recentemente) em pelo menos quatro outros corpos do nosso sistema solar. Vamos começar a conferi-los e diferenciá-los.

As Luas Externas do Nosso Sistema Solar

A espaçonave *Galileo* passou perto de Europa – uma Lua de Júpiter – no início de 1997. As fotos enviadas à Terra revelaram uma crosta de gelo fragmentada cobrindo o que parece ser uma mistura semiderretida de gelo e água. *Galileo* também detectou um campo magnético próprio, o sinal de um oceano de água na forma líquida e salgada abaixo do gelo.

O volume desse oceano é impressionante. Embora Europa seja ligeiramente menor que nossa Lua, a profundidade de seu oceano chega a cerca de 160 quilômetros (100 milhas).

Cassini Imaging Team, SSI, JPL, ESA, NASA

Figura 1.18 Fontes de gelo disparadas da superfície da Lua de Saturno, Encélado.

NASA Images

Figura 1.19 Em setembro de 2012, o *Curiosity*, veículo de exploração remota (*rover*) enviado a Marte, fotografou um afloramento de rocha lisa fraturado contendo superfícies abrasadas pela ação de cascalhos impulsionados pela água. Alguns pedaços de cascalhos à esquerda da imagem apresentam formatos característicos da ação da turbulência no fluxo da corrente, evidência da presença de água outrora em Marte.

A quantidade de água em seu oceano é quase 40 vezes a da Terra! Provavelmente, o oceano de Europa se mantém líquido com o calor que escapa de seu interior e também pelo atrito gravitacional das forças das marés geradas diretamente por Júpiter. Apesar de a superfície do gelo ter quase 8 quilômetros (5 milhas) de espessura e ser tão fria quanto a superfície de Júpiter, o interior líquido do oceano, preso no fundo das bacias rochosas, pode ter calor suficiente para abrigar vida. Nenhum continente emerge nesse mar estranho. Uma missão para explorar a superfície de Europa está sendo planejada.

Ganimedes, a maior Lua de Júpiter, foi pesquisada pela *Galileo* em maio de 2000; fotografias mostraram estruturas notavelmente semelhantes às de Europa. Mais uma vez, os dados do magnetômetro sugeriram a existência de um oceano salgado sob uma crosta gelada em movimento.

Em novembro de 2005, a espaçonave *Cassini* voou próximo à parte de trás da Lua de Saturno, Encélado. A partir desse ponto de observação, as câmeras da *Cassini* detectaram fontes de cristais de gelo disparadas de aberturas na pequena superfície da Lua (**Figura 1.18**). O aquecimento relativo das plumas e a detecção das moléculas de metano e dióxido de carbono acompanhantes sugerem um oceano de água na forma líquida mais incrustado.

Marte

Europa e Ganimedes – e possivelmente Encélado – podem ter oceanos de gelo atualmente, porém Marte, um vizinho bem mais próximo, pode ter tido um oceano em um passado distante. Um oceano pode ter ocupado os lugares mais baixos do Hemisfério Norte de Marte entre 3,2 bilhões de anos e 1,2 bilhão de anos atrás, quando as condições eram mais quentes. Os modelos atuais sugerem que, no início de sua história, Marte tinha uma atmosfera espessa, rica em dióxido de carbono, muito parecida com a atmosfera primitiva da Terra. O dióxido de carbono é um gás "de efeito estufa" – ele aprisiona o calor do Sol como os painéis de vidro de uma estufa. A atmosfera manteve Marte aquecido e permitiu que a água fluísse livremente. Em setembro de 2012, uma câmera a bordo do *Curiosity* (veículo de exploração remota – rover) enviou fotos da superfície de Marte mostrando claras evidências de que já houve água fluindo lá. A **Figura 1.19** mostra um afloramento de rocha lisa fraturada do leito aquático com superfícies abrasadas por cascalhos de rocha impulsionados pela água. Alguns pedaços de cascalho à esquerda da imagem mostram os formatos arredondados característicos da ação da turbulência no fluxo corrente.

Onde está a água agora? Durante os éons (unidade de tempo geológico composta por eras), as rochas da superfície marciana absorveram o dióxido de carbono e a atmosfera ficou mais fina e gelada. O oceano desapareceu, sua água se ligou às rochas ou congelou abaixo da superfície do planeta. Marte tornou-se muito mais frio nos últimos bilhões de anos, talvez pela perda dos gases de efeito estufa na atmosfera. Se uma grande quantidade de água está presente hoje, a maior parte dela provavelmente se encontra nos polos. Em setembro de 2008, um módulo instalado na sonda *Phoenix* escavou o permafrost sob a camada fina de sedimento ao norte da planície ártica de Marte.

Pode haver bolsões de água hoje? Em agosto de 2011, a NASA liberou fotografias da *Mars Reconnaissance Orbiter*, que mostrou evidências claras de fluxo recente de água. Esses sulcos no solo produzidos pelo escoamento de água (ravinas) escurecem na primavera (à medida que o gelo derrete e a água escoa?) e parecem bem jovens.

Titã

Um oceano deve consistir em água no estado líquido? Hidrocarbonetos em fase líquida foram observados na superfície fria de Titã, a maior Lua de Saturno. Em 1999, os cientistas que utilizam o enorme Telescópio W. M. Keck no Havaí detectaram uma matéria orgânica fria, escura, que absorve infravermelho, circundando uma área brilhante quase do tamanho da Austrália. Ao final de 2004, a incansável *Cassini* fotografou o que parece ser um oceano líquido frio de metano, etano e outros hidrocarbonetos, com ilhas, baías e penínsulas (**Figura 1.20**). No início de janeiro de 2005, *Cassini* liberou uma pequena sonda (chamada *Huygens* em homenagem ao astrônomo holandês que descobriu esta Lua) para viajar para Titã. Suas câmeras fotografaram canais de drenagem e outros detalhes continentais e, então, ela pousou suavemente em uma superfície sólida.

relato de um explorador da national geographic 1.1

Kevin Hand

O DR. KEVIN HAND discute a vida em ambientes extremos, alguns dos quais poderiam imitar as condições de outros planetas.

Estávamos indo para lá para estudar os micróbios que vivem nas rochas. Originalmente, ninguém pensava que poderia existir vida em um ambiente tão rigoroso, seco e frio, mas nos anos 1970, o Dr. Imre Friedmann, agora na Universidade de Washington, em Seattle, herdou uma amostra de rocha da Antártica que mais tarde o levou a criar a área de estudos das comunidades microbianas criptoendolíticas (*cryptoendolith*, que significa dentro dos poros das rochas). Friedmann descobriu comunidades complexas de líquens (fungos e algas) e cianobactérias que prosperam nas rochas de arenito dos Vales Secos. Ainda há muito para ser compreendido sobre como essas comunidades vivem, morrem e, por fim, modificam a configuração geológica em torno delas. Temos trabalhado em instrumentos especialmente desenvolvidos que nos ajudariam a estudar essas formas de vida em campo. A ideia foi levar os instrumentos até as rochas, e não levar as rochas ao laboratório.

Estudar os micróbios é complicado nesse sentido: se você mudar o ambiente, eles provavelmente vão mudar o que estão fazendo. Sendo assim, estudar a vida no laboratório geralmente diz uma coisa enquanto, na realidade, os pequenos organismos podem estar fazendo algo bem diferente em seu próprio ambiente. Junto com o aprofundamento de nossa compreensão do que torna essas formas de vida momentâneas, a NASA também está interessada em ver como nossos instrumentos de campo vão se sair. A implementação extremamente necessária ficaria para os próximos módulos robóticos, um caso em que todos os nossos instrumentos são enviados para um campo distante sem ninguém por perto para pressionar o botão de reinicialização caso algo dê errado. Pelo menos dois de nossos instrumentos foram propostos para o Mars Rover 2009. Nenhum foi selecionado, mas certamente tentaremos novamente da próxima vez.

Fonte: Disponível em: <http://www.spaceref.com/news/viewsr.html?pid515358>

Planeta recém-descoberto Gliese 581e.

Dana Berry/National Geographic Image Collection

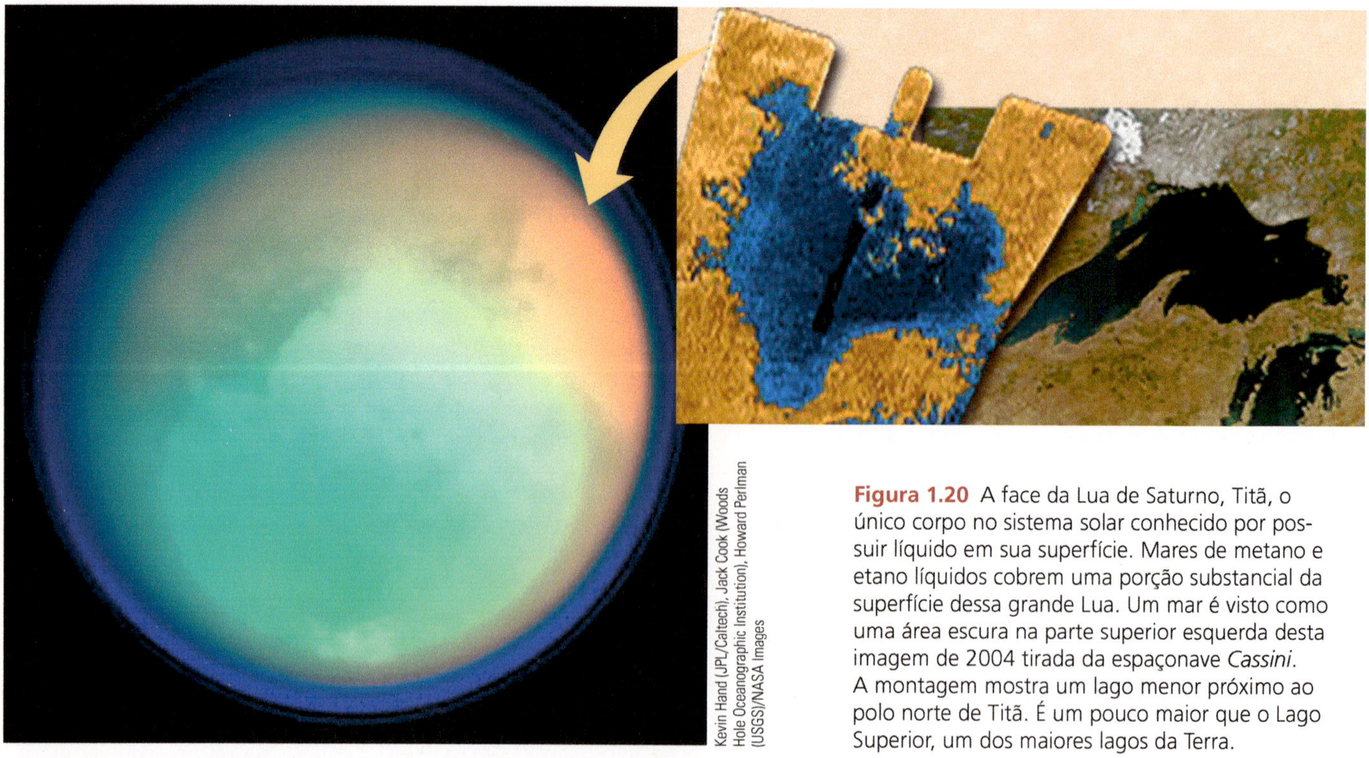

NASA Images

Kevin Hand (JPL/Caltech), Jack Cook (Woods Hole Oceanographic Institution), Howard Perlman (USGS)/NASA Images

Figura 1.20 A face da Lua de Saturno, Titã, o único corpo no sistema solar conhecido por possuir líquido em sua superfície. Mares de metano e etano líquidos cobrem uma porção substancial da superfície dessa grande Lua. Um mar é visto como uma área escura na parte superior esquerda desta imagem de 2004 tirada da espaçonave *Cassini*. A montagem mostra um lago menor próximo ao polo norte de Titã. É um pouco maior que o Lago Superior, um dos maiores lagos da Terra.

European Southern Observatory, L. Calçada, N. Risinger (skysurvey.org)

Figura 1.21 A vista do vizinho. Um planeta recém-descoberto orbita a Alpha Centauri B. Sua companheira, Alpha Centauri A, é a estrela mais próxima do nosso Sol (mostrado na parte superior direita). Aproximadamente 900 planetas foram descobertos orbitando estrelas próximas. Alguns podem conter oceanos? Vida?

Planetas Extrassolares

Como observado anteriormente, talvez metade de todas as estrelas como o Sol têm planetas em órbita em torno delas (Figura 1.21).[8] A maioria desses planetas foi descoberta pela observação do caminho oscilante que uma estrela faz pelo espaço quando influenciada pela gravidade de um imenso planeta acompanhante. Uma dessas foi diretamente capturada em imagem em 2010, mas seu grande tamanho e a órbita distante sugerem que é um corpo como Júpiter, desprovido de água líquida. Planetas menores e mais frios com atmosferas contendo vapor d'água e metano foram encontrados em torno de duas estrelas mais próximas do Sol. Como ocorre nos blocos formadores da vida, pesquisadores utilizando o telescópio espacial infravermelho Spitzer detectaram, em dezembro de 2005, os precursores gasosos de compostos bioquímicos comuns na Terra na época de sua formação, em torno de uma estrela há cerca de 375 anos-luz de distância. Muitos gases orgânicos podem constituir um componente comum na acreção de sistemas solares?

Vida e Oceanos?

A presença de oxigênio pode ser uma pista para a existência – ou existência passada – da vida? Isso poderia apontar para um oceano em um planeta ou Lua? Como CO_2 faz parte da composição "normal" da atmosfera de um planeta terrestre, uma grande quantidade de oxigênio atmosférico seria inesperada – afinal de contas, o oxigênio é um dos gases mais reativos conhecidos. Qualquer oxigênio em uma atmosfera é passível de reagir com outros materiais. As rochas avermelhadas e com cor de ferrugem típicas de Marte quase certamente resultaram da oxidação (enferrujamento) de minerais que contêm ferro. Se um planeta é descoberto com grandes quantidades de oxigênio livre, algo provavelmente está reabastecendo aquele oxigênio.

Esse "algo" provavelmente é a vida. A ação de organismos fotossintetizantes (incluindo as plantas) produz excesso de oxigênio. Sem fotossíntese, a atmosfera terrestre teria de tudo, mas não conteria oxigênio livre. Como observado neste capítulo, a vida – pelo menos na Terra – quase certamente originou-se no oceano. Se a atmosfera de planetas distantes contém quantidades significativas de oxigênio, os oceanos e a vida podem ser possíveis. Os cientistas estão próximos de tecnologias que lhes permitirão detectar assinaturas químicas nas atmosferas de planetas que orbitam outras estrelas.

Fiquem ligados!

BREVE REVISÃO

Antes de passar para a próxima seção, verifique seu entendimento de algumas das ideias importantes apresentadas até agora:

21. Onde você procuraria por água em nosso sistema solar?

22. Se encontrássemos vida em outro lugar, esperaríamos que sua química e seu aspecto fossem semelhantes à vida na Terra?

Para verificar suas respostas, acesse a página deste livro no site da Cengage.

[8] Dados obtidos em 2011 pelo telescópio Kepler sugerem que mais de 50 bilhões de planetas orbitam estrelas em nossa própria galáxia, a Via Láctea!

Perguntas dos Alunos[9]

1. O senhor escreveu que "nada nunca é comprovado como *absolutamente verdadeiro* pelo método científico". De que adianta, então? Não podemos depender do processo da ciência?

Um filósofo da ciência descreveu a verdade como um líquido: ela flui em torno de ideias e é difícil de agarrar. O avanço progressivo de nosso entendimento sobre a natureza está sujeito às limitações inerentes às nossas observações. Conforme se tornam mais precisas, também nossas conclusões sobre o mundo natural tornam-se mais precisas. Mas, como as observações (e suas interpretações) nunca são perfeitas, a verdade nunca pode ser absoluta. Na década de 1920, por exemplo, os astrônomos acreditavam que o universo se limitava à Via Láctea. As observações feitas com um grande telescópio, em Mount Wilson, na Califórnia, por Harlow Shapley e Edwin Hubble, permitiram medir objetos mais distantes. Foram descobertas muitas outras galáxias, "como grãos de areia em uma praia", segundo as palavras de Shapley. Então, a verdade foi modificada.

Aprendemos com a experiência. Dependemos do pressuposto implícito de que a natureza "joga limpo", ou seja, ela é consistente e não altera as regras por capricho, à medida que nossa capacidade de observação se desenvolve. O que aprendemos até agora tem valor prático e estético inestimável, e só estamos explorando a superfície.

2. Qual é a diferença entre uma lei e uma teoria? As pessoas às vezes dizem: "É só uma teoria..." para dar uma ideia.

Uma *teoria* é uma síntese de um grande e importante conjunto de informações sobre um grupo de fenômenos naturais relacionados. Uma *lei* refere-se a um conjunto de observações que podem ser resumidas em uma expressão matemática (ou verbal) curta. Uma não é "mais verdadeira" que a outra; ambas podem ser confirmações de fatos.

3. Parece que a vida surgiu na Terra logo após a formação de uma superfície estável. Poderia haver vida em outros planetas?

Não existe evidência, direta ou indireta, de vida em outros planetas em nosso sistema solar ou no universo. Ainda assim, parece um tanto limitado presumir que a vida só surgiu aqui. A formação de moléculas orgânicas a partir de simples substâncias químicas recebendo energia dos raios, calor, luz ultravioleta e outras fontes pode ser bem comum e o aumento da complexidade nesses compostos pode ser um fenômeno universal.

[9] Cada capítulo encerra com algumas perguntas feitas ao autor por alunos após as aulas ou um exercício de leitura. Essas perguntas e suas respectivas respostas podem ser interessantes para você também.

4. A vida em outros planetas seria parecida com a vida na Terra?

Os organismos em outros lugares podem ser bem diferentes. Lembre-se de que a vida na Terra provavelmente surgiu no oceano e que todas as formas de vida que aqui habitam contêm uma espécie de pequeno oceano dentro de seus corpos. Em um planeta sem água, os organismos certamente seriam muito diferentes.

Por exemplo, em um planeta hipotético com um oceano de amônia, a vida não teria uma estrutura de células envolvidas por membranas de lipídios. As membranas de lipídios são as camadas de moléculas de gordura que mantêm o interior de uma célula separado do ambiente, e a amônia evita sua formação. Sem essas membranas, as células que conhecemos não existiriam. Apesar desse argumento, a vida não precisa estar confinada a planetas com água. Outras formas de vida podem existir, com base em outras "infusões".

5. As supernovas parecem muito importantes. Alguém já viu uma supernova?

Elas existem, certamente; todos os elementos pesados que compõem você e seus arredores foram construídos nelas. Ocasionalmente, elas são visíveis a olho nu. A luz da explosão de uma estrela atingiu a Terra em abril ou no início de maio do ano 1054. Sua posição foi registrada por astrônomos chineses e árabes; o brilho foi tão intenso que pôde ser visto à luz do dia por 23 dias. Em seu máximo, foi mais brilhante do que qualquer coisa no céu à noite, e diz-se que causou pontos cegos nos olhos daqueles que o vislumbraram por um tempo maior que um relance. Os astrônomos recentemente descobriram um remanescente intensamente denso de uma nova girando no centro de uma nebulosa existente. Essa estrela tem 19 quilômetros (12 milhas) de extensão e gira a uma velocidade de 30,2 vezes por segundo!

Explosões mais impressionantes são possíveis. Explosões intensas de raios gama e raios X de uma imensa supernova (uma hipernova) podem esterilizar tudo na parte de um braço espiral de uma galáxia – nada vivo com base em água e proteínas sobreviveria. A radiação emitida pela desintegração de uma estrela como um Sol seria menos catastrófica. Os astrônomos detectaram explosões de raios gama desde a década de 1960, mas apenas em 2003 uma explosão dessas foi associada diretamente à primeira luz de uma hipernova. Felizmente, esse evento ocorreu em uma galáxia distante. (Este é um assunto para se tratar tomando uma xícara de café!)

Centenas de novas distantes são visíveis com o uso de grandes telescópios a qualquer momento que você quiser ver.

Termos e Conceitos para se Lembrar

acreção
big bang
biossíntese
ciência
Ciências do Mar
degaseificação
densidade
estratificação da densidade
estrela
experimentos
galáxia
hipótese de trabalho
leis
método científico
nebulosa
nebulosa solar
oceano
oceano mundial (ou global)
Oceanografia
planeta
protossol
sistema solar
supernova
teoria
teoria da condensação
Via Láctea

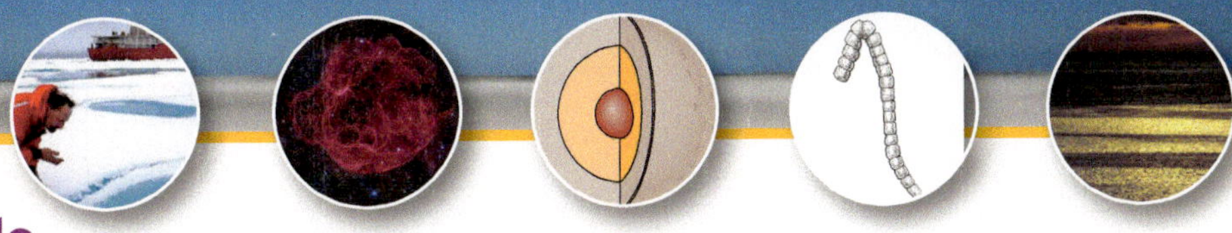

Panorama Geral do Capítulo

Neste capítulo, você aprendeu que a Terra é um planeta-água, possivelmente um dos poucos na galáxia. O oceano que cobre 71% de sua superfície tem muita influência sobre a crosta e a atmosfera. O oceano domina a Terra e sua profundidade média é cerca de quatro vezes e meia a altura média dos continentes acima do nível do mar. É quase certo que a vida na Terra evoluiu no oceano; as células de todas as formas de vida ainda são banhadas por fluidos salinos.

Aprendemos muito sobre nosso planeta por meio do método científico, um *processo* sistemático de fazer e responder perguntas sobre o mundo natural. As Ciências do Mar aplicam o método científico no estudo do oceano, do planeta do qual faz parte e dos organismos vivos que dele dependem.

A maior parte dos átomos que compõem a Terra e seus habitantes se formou nas estrelas. Elas se formam nos braços espirais de poeira das galáxias e passam a vida transformando hidrogênio e hélio em elementos mais pesados. Quando morrem, algumas lançam esses elementos no espaço em explosões cataclísmicas. O Sol e os planetas, incluindo a Terra, provavelmente se condensaram de uma nuvem de poeira e gás enriquecida por fragmentos remanescentes de estrelas que explodiram. A Terra se formou pela acreção de partículas frias há aproximadamente 4,6 bilhões de anos.

O calor de fragmentos em queda e do decaimento radioativo derreteu parcialmente o planeta, e a estratificação da densidade ocorreu quando os materiais pesados afundaram para seu centro e os materiais mais leves migraram para a superfície. Nossa Lua se formou dos fragmentos lançados pela Terra quando um corpo celeste maior que Marte a atingiu.

O oceano se formou mais tarde, conforme o vapor d'água preso nas camadas externas da Terra aflorou na superfície por meio da atividade vulcânica durante a juventude do planeta. Os cometas também podem ter contribuído para aumentar o volume de água na Terra. A vida originou-se no oceano logo após sua formação – a vida e a Terra se desenvolveram juntas. Não se conhece nenhum outro planeta com oceano semelhante, mas existe água em abundância em nuvens interestelares e não é impossível imaginar que outros planetas contenham água.

No próximo capítulo, você aprenderá que a ciência e a exploração passaram de mão em mão. Uma viagem por necessidade evoluiu na viagem para descoberta científica e geográfica. A transição da Oceanografia para o *status* de ciência foi efetivada quando o relatório da viagem do *Challenger* foi terminada, em 1895. Rapidamente se deu o surgimento das grandes instituições oceanográficas, e essas instituições e suas agências fundadoras marcam hoje nosso caminho para o futuro.

Perguntas de Estudo

1. Por que nos referimos a apenas um oceano mundial? E sobre os oceanos Atlântico e Pacífico, ou os mares Báltico e Mediterrâneo?
2. O que é maior: a profundidade média dos oceanos ou a elevação média dos continentes?
3. O método científico pode ser aplicado a especulações sobre o mundo natural que não está ao alcance de testes ou observações?
4. Quais são as principais especialidades nas Ciências do Mar?
5. De onde vieram os elementos pesados da Terra?
6. De onde veio a água da superfície da Terra?
7. Considerando o que deve ter acontecido para formá-los, você acha que planetas contendo oceanos são relativamente abundantes na galáxia? Se sim, explique o porquê.
8. A terra teve três atmosferas distintas. De onde veio cada uma delas e quais eram seus principais constituintes e qual a origem de cada uma?
9. Qual é a idade da Terra? Quando surgiu a vida? No que estas estimativas estão fundamentadas?
10. Como se acredita que a Lua foi formada?
11. O que é biossíntese? Onde e quando os pesquisadores pensam que ela pode ter ocorrido em nosso planeta? Poderia acontecer novamente numa "tarde" dessas?
12. Os biólogos marinhos às vezes dizem que todas as formas de vida da Terra, mesmo os lagartos do deserto e as plantas alpinas, são marinhas. Consegue dizer por quê?
13. Como sabemos o que aconteceu tanto tempo atrás?
14. O que é estratificação da densidade? O que ela tem a ver com a estrutura atual da Terra?
15. Outros planetas ou Luas em nosso sistema solar mostram evidências de oceanos?

2 Uma História das Ciências Marinhas

CONCEITOS-CHAVE

O oceano não impediu a dispersão da humanidade. Herbert Kane/National Geographic Creative

As navegações – viagens marítimas – evoluíram como uma forma de maximizar o acesso aos recursos. Dana Berry/National Geographic Image Collection

As primeiras expedições exploratórias mundiais foram feitas pelo almirante chinês Zheng He, no início de 1405. Dana Berry/National Geographic Image Collection

As expedições do capitão James Cook foram as primeiras a aplicar os princípios da investigação científica no oceano. SuperStock, Inc./SuperStock

A viagem do HMS *Challenger* (1872-1876) foi a primeira grande expedição dedicada exclusivamente à pesquisa. Royal Geographical Society, London, UK/Bridgeman Art Library

A Oceanografia moderna é guiada por consórcios de instituições e governos. Tom Garrison

Um artista imagina a descoberta polinésia da Nova Zelândia, uma demonstração bem-sucedida da tecnologia de materiais, construção naval, habilidades marítimas e conhecimento profundo do oceano. ©National Geographic Creative

2.1 A Compreensão do Oceano Começou com Viagens Marítimas para Comércio e Exploração

Demorou um longo tempo para os humanos apreciarem a constituição do mundo, mas somos inquietos e muito curiosos, e apesar do grande tamanho do oceano, já povoamos quase todos os lugares habitáveis. Esse fato ficou bem demonstrado quando os exploradores europeus começaram a "descobrir" o mundo, somente para encontrar povos nativos em praticamente todo lugar! O oceano claramente não impediu a dispersão da humanidade. O início da história das Ciências do Mar está intimamente associado à história das **navegações**.

Figura 2.1 Povos aptos a usar barcos para se moverem ao longo da costa e explorar terrenos ricos em pesca tinham vantagens nutricionais e estratégicas sobre concorrentes que não tinham acesso ao mar.

Os Povos Primitivos Viajavam pelo Oceano por Razões Econômicas

O transporte oceânico oferece às pessoas os benefícios da mobilidade e um maior acesso a fontes de alimentos. Qualquer cultura costeira, com habilidade para construir balsas ou pequenos barcos, certamente teria mais vantagens econômicas e nutricionais sobre competidores menos habilidosos (Figura 2.1). Recursos comestíveis à beira-mar (peixes, mariscos etc.) são capturados por caçadores-coletores há mais de 150.000 anos – a primeira evidência de pilhagem marinha por nossos ancestrais pré-humanos foi encontrada na África do Sul.

A primeira evidência direta de **navegação**, viagens marítimas com objetivo específico, está nos registros de comércio no Mar Mediterrâneo. Os egípcios organizaram o comércio em barcos no Rio Nilo, mas os primeiros comerciantes regulares no oceano provavelmente foram os cretenses ou os fenícios, que herdaram a supremacia marítima no Mediterrâneo após as civilizações cretenses terem sido destruídas por terremotos e instabilidade política, por volta de 1200 a.C. Como eram marinheiros habilidosos, os fenícios transportaram suas mercadorias passando pelo Estreito de Gibraltar em direção a mercados distantes como a Grã-Bretanha e a costa oeste da África. Um feito extraordinário, considerando que utilizavam embarcações muito simples.

> As Ciências do Mar, o estudo organizado do oceano, começaram com os estudos técnicos dos navegadores.

Os gregos começaram a exploração do Mar Mediterrâneo para o Oceano Atlântico entre 900 e 700 a.C. (Figura 2.2). Os primeiros navegadores gregos observaram uma corrente em sentido norte-sul, além da região de Gibraltar. Como acreditavam que apenas os rios possuíam correntes, concluíram que essa grande massa de água, tão ampla que não era possível ver a outra margem, fazia parte de um rio imenso. O nome grego para esse rio foi *okeanos*. Nosso *oceano* mundial é derivado de ***oceanus***, uma variação latina dessa raiz. Os navegadores fenícios se sentiram muito à vontade nesse "rio", uma vez que os gregos raramente se aventuravam para longe da costa.

À medida que seguiam com o comércio, os primeiros navegantes começaram a registrar informações para tornar as viagens mais fáceis e seguras – a localização de rochas em um porto, pontos de referência em Terra e o tempo de navegação entre eles, a direção das correntes. Os primeiros **cartógrafos** (que desenham cartas) foram provavelmente comerciantes do Mediterrâneo que faziam viagens de rotina entre as áreas de produção e os pontos de comercialização. Suas primeiras cartas (em torno de 800 a.C.) foram desenhadas para lembrar as especificações evidentes ao longo da rota. As **cartas** de hoje são representações gráficas que ilustram principalmente as informações sobre a água e relacionadas a ela. (Os *mapas* representam principalmente áreas terrestres.) Para saber mais sobre mapas e cartas, consulte o Apêndice 4.

No início das navegações, outros povos também viajavam pelo oceano. Os chineses começaram a desenvolver um vasto sistema hidroviário nos rios, alguns dos quais se interligavam ao Oceano Pacífico, para que o transporte de longa distância fosse mais prático. Os povos polinésios deslocavam-se facilmente entre as ilhas ao longo das costas do Sudeste Asiático e da Indonésia desde 3000 a.C. e foram começando a se assentar nas ilhas da região central do Pacífico. Embora nenhuma dessas civilizações mantivesse contato entre si, cada uma delas desenvolveu métodos de elaboração de cartas e de navegação. Todos esses primeiros navegadores tinham muita habilidade para identificar a direção por meio das estrelas e também pela posição do Sol nascente e poente.

A curiosidade e o comércio encorajaram povos aventureiros a realizar viagens ainda mais ambiciosas. Porém essas viagens somente eram possíveis com a coordenação dada pela direção astronômica (e o conhecimento do formato e tamanho da Terra), tecnologia de construção naval avançada, cartas com representações precisas (não apenas com descrições escritas) e, talvez o mais importante, uma compreensão cada vez maior do oceano em si. As Ciências do Mar o estudo

Figura 2.2 Um artista reconstrói o mais antigo navio cargueiro grego conhecido. Utilizada para comércio por volta de 390 a.C., a embarcação de madeira embainhada com chumbo é mostrada atracada na ilha de Rodhes. Os marujos estão carregando-a com ânforas de óleo para transportar para o continente. Um birreme grego (embarcação antiga fenícia) – um navio de guerra – é visto a distância.

organizado do oceano, começaram com os estudos técnicos dos navegadores.

O Estudo Sistemático do Oceano Começou na Biblioteca de Alexandria

O progresso em Ciências do Mar aplicadas começou na **Biblioteca de Alexandria**, no Egito. Fundada no século III a.C., por ordem de Alexandre, o Grande, ela continha o maior acervo de escritos antigos da história. A biblioteca e o museu adjacente poderiam ser considerados a primeira universidade do mundo. Os pesquisadores lá estudavam e trabalhavam, e alunos vinham de todas as regiões do Mediterrâneo. Registros escritos de todo tipo – características de nações, comércio, belezas naturais, realizações artísticas, pontos turísticos, oportunidades de investimento e outros itens de interesse para os navegadores – eram abrigados em volta de seus frondosos pátios. Quando algum navio adentrava o porto, os livros (na verdade, rolos de pergaminho) eram obrigatoriamente retirados e copiados; *as cópias* eram devolvidas ao proprietário, e os originais, mantidos na biblioteca. As caravanas que chegavam por terra também eram inspecionadas. Os manuscritos que descreviam a costa do Mediterrâneo eram de grande interesse. Os comerciantes perceberam rapidamente os benefícios competitivos dessas informações.

O tamanho e o formato da Terra foram conhecidos por volta de 230 a.C., mais de 1.700 anos antes das viagens de Colombo.

As Ciências do Mar, todavia, eram apenas uma das muitas áreas de pesquisa da biblioteca. Por 600 anos, ela foi o maior repositório de sabedoria de todos os tipos e a instituição de aprendizado superior mais influente do mundo antigo. Esse foi, talvez, o primeiro exemplo de cooperação entre uma universidade e a comunidade comercial, uma parceria que gera dividendos tanto para a ciência quanto para os negócios desde então.

Eratóstenes Calculou Precisamente o Tamanho e o Formato da Terra

O segundo bibliotecário em Alexandria (de 235 a 192 a.C.) foi o astrônomo, filósofo e poeta grego **Eratóstenes de Cirene**. Esse homem notável foi o primeiro a calcular a circunferência da Terra. O grego Pitágoras já havia percebido que a Terra era esférica no século VI a.C., mas Eratóstenes foi o primeiro a estimar seu tamanho real.

Eratóstenes ouvira de mercadores que haviam retornado de Siena (atual Assuã, onde se localiza a grande represa do Nilo) que ao meio-dia do dia mais longo do ano, os raios do Sol batiam a prumo na água de um poço vertical profundo. Em Alexandria, ele observou que uma coluna vertical produzia uma sombra pequena nesse mesmo dia. Então, mediu o ângulo da sombra e descobriu que era de pouco mais que 7°, aproximadamente 1/50 de uma circunferência. Concluiu corretamente que o Sol está a uma grande distância da Terra, o que significa que os raios alcançavam Siena e Alexandria em linhas essencialmente paralelas. Se o Sol estivesse perpendicularmente acima de Siena, mas não de Alexandria, então a superfície da Terra deveria ser curva. Mas qual é a *circunferência* da Terra?

Ao estudar os relatos dos mercadores de caravanas de camelos, ele estimou a distância entre Alexandria e Siena em aproximadamente 785 quilômetros (491 milhas). Assim, Eratóstenes tinha então a informação necessária para deduzir a circunferência da Terra por meio da geometria. A Figura 2.3 apresenta seu método. Acredita-se que o tamanho preciso das unidades de comprimento (estádio) empregadas por Eratóstenes tenha sido de 555 metros (607 jardas), e os historiadores estimam que seus cálculos, feitos por volta de 230 a.C., apresentam uma diferença de apenas 8% do valor real. Em poucos séculos, a maioria das pessoas no Ocidente que tinha contato com a biblioteca ou com os estudiosos que a frequentavam conhecia o tamanho aproximado da Terra.

A cartografia então se desenvolveu. As primeiras cartas manipuláveis que representavam uma superfície esférica em uma folha plana foram desenvolvidas pelos estudiosos de Alexandria. Os sistemas de latitude e longitude, as linhas imaginárias que dividem a superfície da Terra, foram criados por Eratóstenes. As linhas de **latitude** foram desenhadas paralelas ao Equador, e as de **longitude**, de polo a polo (Figura 2.4). Ele posicionou as linhas em marcos proeminentes e lugares importantes para criar uma grade simples, embora irregular.

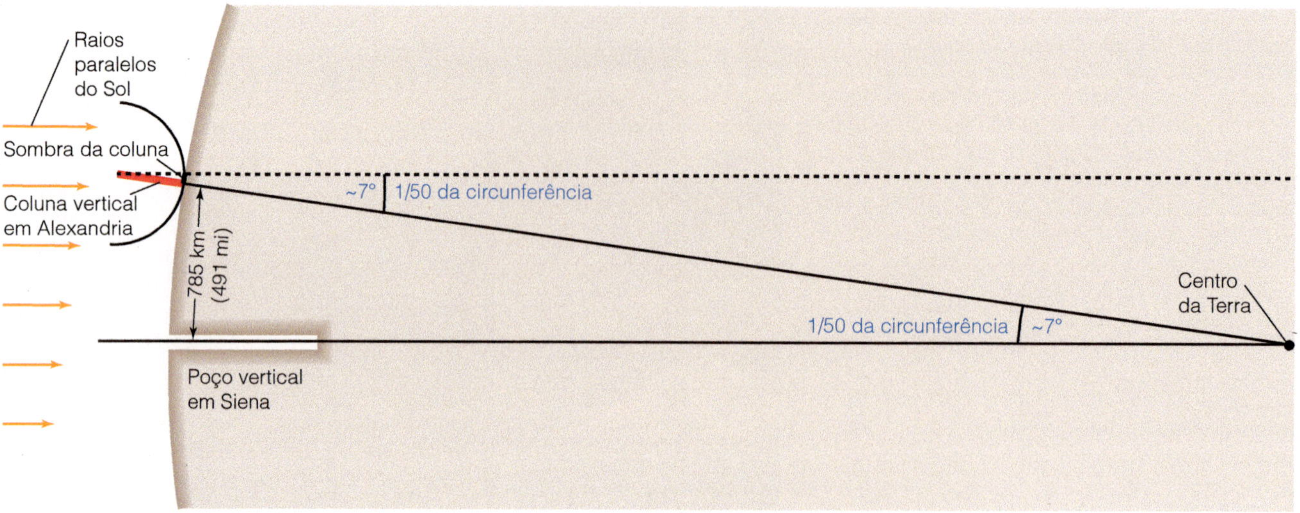

Figura 2.3 O diagrama mostra o método usado por Eratóstenes para calcular a circunferência da Terra. Como descrito no texto, ele usou uma razão geométrica simples com base nas suposições de que a Terra é esférica e de que o Sol está muito distante. Com esse método, conseguiu calcular a circunferência da Terra apenas 8% diferente do valor real. Esse conhecimento estava disponível mais de 1.700 anos antes de Colombo iniciar suas viagens. (O diagrama não está representado em escala.)

PENSANDO ALÉM DA IMAGEM

Como teria sido a estimativa de Eratóstenes se o Sol realmente estivesse mais próximo da Terra?

Nossa grade regular atual de latitude e longitude foi criada por Hiparco (165-127 a.C.), um bibliotecário que dividiu a superfície da Terra em 360 graus. Um outro estudioso egípcio-grego, Cláudio Ptolomeu (90-168 d.C), *orientou* as cartas ao colocar o leste à direita e o norte na parte superior. A divisão do arco de graus em minutos e segundos, proposta por Ptolomeu, ainda é utilizada pelos navegadores. Latitude e longitude são explicadas em **Um olhar mais atento 2.1**.

Ptolomeu também tentou fazer uma "melhoria" da estimativa surpreendentemente precisa que Eratóstenes fez da circunferência da Terra. Infelizmente, Ptolomeu dependia de cálculos imprecisos dos efeitos da refração atmosférica.

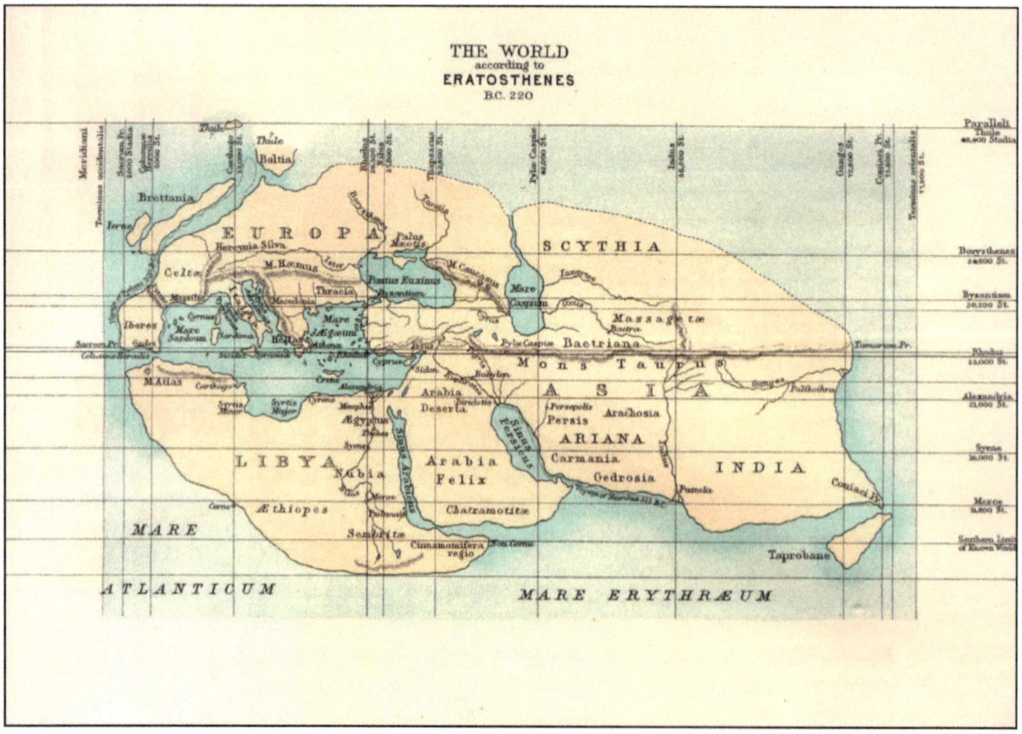

Figura 2.4 O mundo, de acordo com uma carta do século III a.C. Eratóstenes desenhou linhas de latitude e longitude nos lugares importantes, em vez de distribuí-las em intervalos regulares como é feito atualmente. A percepção alexandrina do mundo é refletida no tamanho dos continentes e pela posição central de Alexandria, na foz do Nilo. Essa representação foi publicada no primeiro volume do relatório da expedição do navio *Challenger Report*. (A expedição HMS *Challenger* é discutida mais detalhadamente ao final deste capítulo.)

UM OLHAR MAIS ATENTO 2.1

Latitude e Longitude

Uma esfera não possui lados, nem começo nem fim, o que devemos então usar como sistema de referência para o posicionamento e a navegação? Essa pergunta foi abordada com êxito por geógrafos na Biblioteca de Alexandria, no Egito. No século III a.C., Eratóstenes desenhou linhas de latitude e longitude em lugares importantes (veja a Figura 2.4). A percepção alexandrina do mundo está refletida no tamanho dos continentes e na posição central de Alexandria.

Um outro estudioso da escola de Alexandria dividiu a Terra em uma grade ordenada com base em 360 partes, ou graus (*degre*, "grau"). O Equador foi um ponto de divisão natural para a grade norte-sul (latitude), mas não havia ponto de divisão natural para a grade leste-oeste (longitude). Como era de esperar, Alexandria foi arbitrariamente selecionada como a primeira "longitude zero", e uma grade regular definiu o leste e o oeste daquela cidade.

O esquema geral resistiu muito tempo, mas houve controvérsias. Embora a utilização do Equador como "latitude zero" nunca tenha sido questionada, cada país navegador desejava o prestígio de ter a longitude do mundo centrada em sua capital. Por séculos, as nações marítimas emitiram cartas com suas próprias longitudes "zero". Após muita discórdia política, as nações concordaram, em 1884, que o Meridiano de Greenwich, próximo a Londres, seria a "longitude zero" do mundo **(Figuras A–D)**. Dada a precisão da posição conhecida daquele meridiano, além da longa história e sucesso da navegação e cronometragem britânica, Greenwich foi uma excelente escolha.

A latitude é medida como um ângulo formado entre uma linha do centro da Terra até o Equador e uma linha do centro da Terra até o ponto de medição.

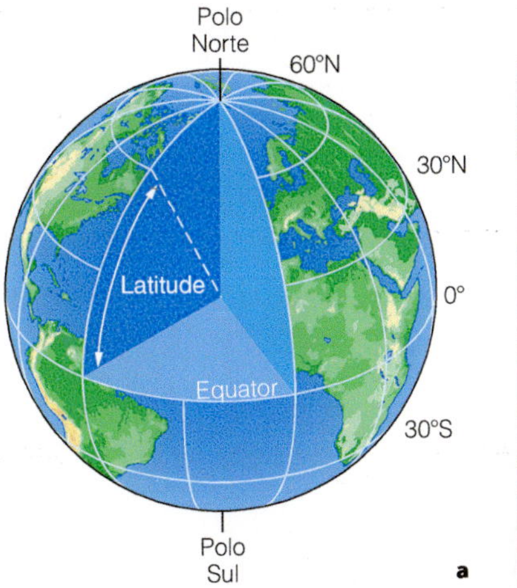

a

A longitude é medida como um ângulo formado entre uma linha do centro da Terra até o ponto de medição e uma linha do centro da Terra até o meridiano principal (ou Greenwich), que é uma linha desenhada do Polo Norte ao Polo Sul, passando por Greenwich, Inglaterra.

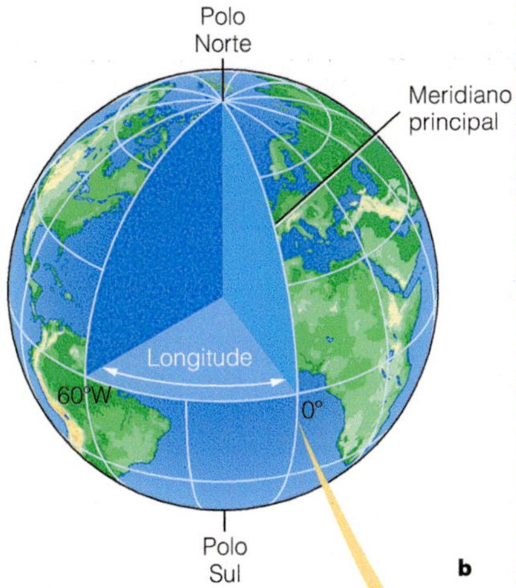

b

As linhas de latitude sempre têm a mesma distância entre si, mas a distância entre duas linhas de longitude varia com a latitude.

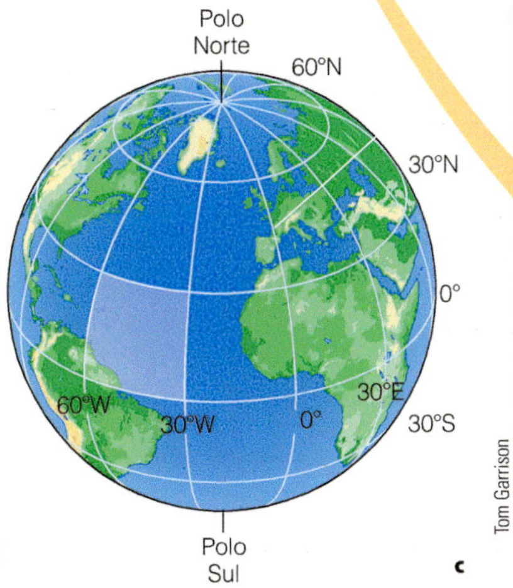

c

© Cengage Learning

Tom Garrison

d

Um turista se posiciona com um pé em cada lado da linha de longitude zero no ponto em que ela sai no Observatório de Greenwich, na Inglaterra.

Ele divulgou uma estimativa do tamanho da Terra que era pequena demais – aproximadamente 70% do valor real. Esse erro, juntamente com o fato de exagerar o tamanho da Ásia, reduziu muito a largura aparente da parte desconhecida do mundo entre o Oriente e a Europa. Mais de 1.500 anos depois, esses erros permitiram que Colombo convencesse as pessoas de que ele poderia chegar à Ásia navegando pelo oeste.

Embora tenha resistido ao fim do império de Alexandre, o Grande, a Biblioteca de Alexandria não sobreviveu ao período subsequente de domínio romano. A última bibliotecária foi Hipátia, a primeira matemática, filosofa e cientista a se tornar famosa. Em Alexandria, ela era símbolo da ciência e do conhecimento, conceitos que os primeiros cristãos identificavam com práticas pagãs. A missão da biblioteca, como foi personificada por sua última responsável, contrariava os governantes e cidadãos de Alexandria. Após anos de crescentes tensões, em 415 a.C. uma multidão assassinou Hipátia brutalmente e queimou a biblioteca com todo seu conteúdo. Grande parte da comunidade de estudiosos se dispersou, e Alexandria deixou de ser o centro do saber do mundo antigo. A perda acadêmica foi incalculável e o comércio também sofreu, porque os proprietários de navios não tinham mais um local onde pudessem atualizar as cartas náuticas e a informação de que tanto passaram a depender. Hoje, da biblioteca, restam apenas ruínas de um depósito subterrâneo e o piso de poucas salas de estudo (**Figura 2.5**). Nunca saberemos o tamanho verdadeiro e a influência dessa coleção de mais de 700.000 pergaminhos insubstituíveis.

O desenvolvimento intelectual ocidental reduziu durante a apropriadamente chamada Idade das Trevas, que se seguiu à queda do Império Romano, em 476 d.C. Durante quase mil anos, até o início do Renascimento, na Europa, grande parte do progresso em medicina, astronomia, filosofia, matemática e demais áreas vitais do conhecimento foi difundida pelos árabes ou importada por eles da Ásia. Por exemplo, os árabes utilizavam a bússola inventada pelos chineses (mostrada mais adiante, na Figura 2.11) para navegar com caravanas pelos mares de areia, e a compreensão que tinham dos ventos periódicos do Oceano Índico – as monções – permitiu que um navegador árabe guiasse Vasco da Gama do leste da África para a Índia em 1498.

Mas estou me adiantando. Anteriormente, no auge da Idade das Trevas, os *vikings* invadiram e exploraram terras ao sul e a oeste. Do outro lado do mundo, os polinésios prosseguiam com algumas das viagens mais extraordinárias da história.

BREVE REVISÃO

Antes de passar para a próxima seção, verifique seu entendimento de algumas das ideias importantes apresentadas até agora:

1. Quais vantagens uma cultura obteria se pudesse utilizar o oceano como meio de transporte e fonte de recursos?
2. Em que sentido a cultura da Biblioteca de Alexandria foi incomparável em seu tempo? Como o tamanho e o formato da Terra foram calculados lá?

Para verificar suas respostas, acesse a página deste livro no site da Cengage.

Mohsen Allam/Egypt Today

Figura 2.5 O local exato da Biblioteca de Alexandria tinha sido perdido para a posterioridade até o início da década de 1980. Em 2004, um teatro e 13 salas de estudo foram descobertos em escavações. A base de uma das salas é mostrada aqui.

2.2 As Navegações Expandiram os Horizontes Humanos

Como um escritor observou, é difícil diferenciar as verdadeiras navegações de alguns passeios de barco que deram terrivelmente errado! A descoberta acidental era comum no começo da história das Ciências do Mar, e seus praticantes mais dedicados foram os polinésios e os *vikings*, civilizações que não tinham contato entre si (mas estavam atuando na mesma época).

Na história da migração humana, nenhuma saga de navegação é mais inspiradora que a da colonização da **Polinésia**, os povos das ilhas do Pacífico central e oriental. Era necessário profundo conhecimento do mar para aquelas viagens, e a história dos polinésios é o ponto alto na cronologia das Ciências do Mar no que tange às viagens pelo mar.

Os polinésios constituem um dos povos da Oceania que habitaram algumas das 10.000 ilhas dispersas por quase 26 milhões de quilômetros quadrados (10 milhões de milhas quadradas) da região de mar aberto do Oceano Pacífico. Entre 1000 e 900 a.C., o chamado berço da Polinésia – Tonga, Samoa, as ilhas Marquesas e as ilhas da Sociedade – foi povoado.

Durante um período longo e evidentemente próspero, os polinésios espalharam-se de ilha em ilha até que as mais acessíveis foram colonizadas. No final, porém, a superpopulação e a escassez de recursos tornaram-se um problema. Questões políticas, rivalidade entre tribos e antagonismo religioso abalaram a sociedade. Grupos de pessoas seguiram em todas as direções a partir das ilhas "natal", durante o período de dispersão intensa. Entre 300 e 600 d.C. os polinésios colonizaram com êxito quase todas as ilhas habitáveis na vasta área triangular mostrada na **Figura 2.6**. A ilha de Páscoa foi encontrada, apesar dos ventos e das correntes dominantes, e as remotas ilhas do Havaí foram descobertas e ocupadas. Esses foram os últimos lugares da Terra a serem povoados. Uma evidência cada vez maior sugere enfaticamente que esses notáveis viajantes chegaram à América do Sul por volta de 1000 a.C.

Por que essas viagens arriscadas para territórios desconhecidos aconteceram? O desentendimento religioso pode ter sido o estímulo mais forte para a colonização. Se o povo

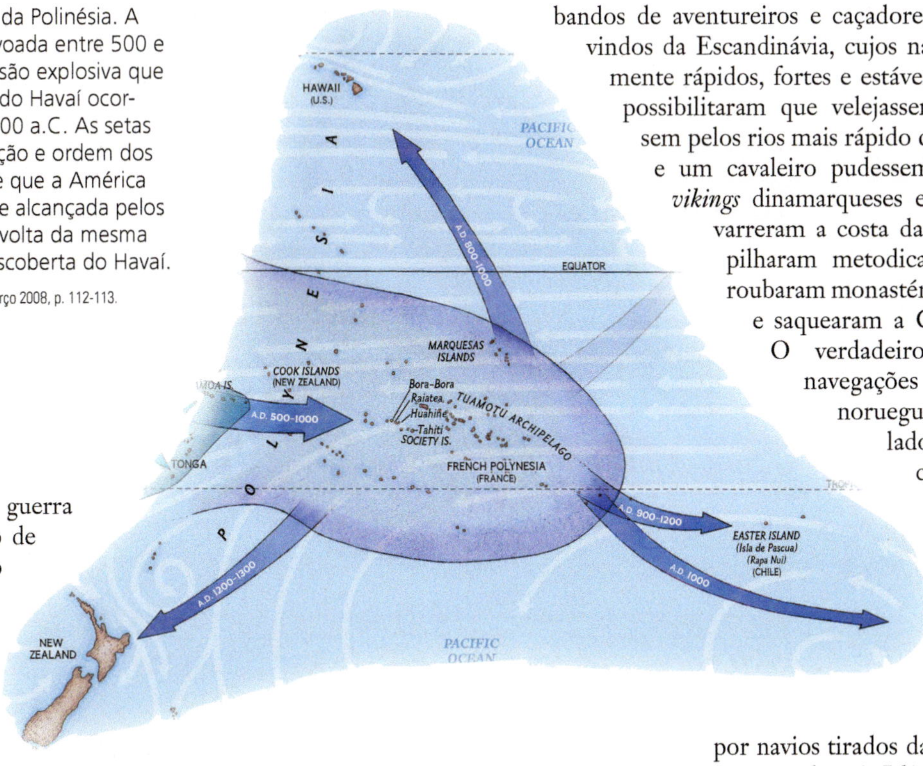

Figura 2.6 O triângulo da Polinésia. A Polinésia Central foi povoada entre 500 e 1000 a.C., mas a dispersão explosiva que levou ao assentamento do Havaí ocorreu por volta de 800-1000 a.C. As setas mostram a possível direção e ordem dos assentamentos. Observe que a América do Sul foi provavelmente alcançada pelos viajantes polinésios por volta da mesma época que fizeram a descoberta do Havaí.

Fonte: *Revista National Geographic*, março 2008, p. 112-113.

derrotado em uma guerra religiosa fosse banido de sua terra natal sob pena de morte, a única esperança de sobrevivência seria chegar a um novo lugar, distante e hospitaleiro, em grandes navios veleiros de casco duplo, alguns capazes de transportar até 100 pessoas (veja o primeiro capítulo).

Naquele período difícil, os polinésios praticaram e aperfeiçoaram seus conhecimentos de navegação marítima. Para um navegador habilidoso, uma mudança no ritmo do conjunto de ondas batendo no casco podia indicar uma ilha fora do alcance da visão, além do horizonte. As rotas de voo das aves ao anoitecer poderiam sugerir a direção de terra firme. A posição das estrelas contava histórias, assim como as nuvens sobre uma ilha fora do alcance da visão. O cheiro da água, a temperatura, a salinidade ou a cor apresentavam informações – assim como a direção do vento em relação ao Sol e o tipo de vida marinha que se agrupava em torno do barco. As cores do nascer e do pôr do sol, a tonalidade da lua – cada tom tinha um significado, cada detalhe tinha sido passado, em rituais, de pai para filho. As maiores mentes polinésias eram os navegadores, e alcançar o Havaí foi sua maior realização **(Figura 2.7)**.

De todas as ilhas colonizadas pelos polinésios, o Havaí é a mais distante, em um oceano cujas estrelas-guia eram completamente desconhecidas para os navegadores do sul. As ilhas do Havaí são isoladas ao norte do Pacífico e, ainda assim, alguns povos afortunados e bem informados colonizaram o Havaí em algum período entre 800 e 1000 d.C. Imagine quando se aproximaram das grandes ilhas do Havaí, o primeiro acesso ilimitado à água doce, a primeira Terra firme, após meses de incerteza!

Em um período em que os navegadores de outras civilizações velejavam perto das linhas de costa mapeadas, os polinésios procuravam sustento, libertação e esperança em mar aberto. O grande conhecimento que tinham dos oceanos os protegia.

Enquanto isso, do outro lado do mundo, a Idade das Trevas foi periodicamente pontuada pelas invasões dos **vikings**, bandos de aventureiros e caçadores de tesouros vindos da Escandinávia, cujos navios notavelmente rápidos, fortes e estáveis **(Figura 2.8)** possibilitaram que velejassem ou remassem pelos rios mais rápido que um cavalo e um cavaleiro pudessem fazê-lo. Os *vikings* dinamarqueses e noruegueses varreram a costa da Europa; eles pilharam metodicamente Paris, roubaram monastérios na Irlanda e saquearam a Grã-Bretanha. O verdadeiro gênio das navegações dos *vikings* noruegueses foi revelado quando eles começaram a olhar para o oeste. A Islândia e a Groenlândia foram descobertas por navios tirados da rota durante tempestades. A Islândia foi colonizada por volta de 850 d.C.; e a Groenlândia, por volta de 996 d.C. Em uma viagem inicial da Noruega para a Groenlândia em 986, um viajante habitual chamado Bjarni Herjulfsson foi soprado para longe de seu objetivo por ventos não favoráveis. Por cerca de cinco dias ele navegou por toda a costa de uma nova terra (que era, na realidade, a América do Norte) sem atracar ou fazer cartas. Seus relatórios esboçados estimularam uma febre imobiliária; Leif, filho de Eric, O Vermelho, comprou o navio de Bjarni e retornou. Seu grupo descobriu lagos repletos de salmão, vinhas e uvas, e forragem para o gado no que provavelmente era a ponta nordeste da Terra Nova. Com um pouco de exagero de publicidade, ele chamou o lugar de Vinland ("terra do vinho").

Em 1000 d.C., os noruegueses colonizaram a América do Norte **(Figura 2.9)**. Os assentamentos eram modestos e, em princípio, as relações com os nativos foram incentivadas. Diferente dos espanhóis que atracaram no Novo Mundo 500 anos mais tarde, os colonizadores noruegueses tentaram cooperar com os nativos, para aprender com eles e tentar ajudá-los com base em um pacto mútuo de assistência. Infelizmente, desentendimentos aconteceram, batalhas foram travadas e o clima do norte do Atlântico ficou sério. A colônia teve que ser abandonada em 1020. Os noruegueses estavam em desvantagem em número de homens, armas e mercadorias para comércio, para tornar essa colônia um sucesso.

A conexão oceanográfica dos *vikings* está em seus impressionantes navios. Navios como o visto na Figura 2.8 eram as embarcações mais rápidas da Europa, que alcançavam as maiores distâncias e que estavam muito à frente de seu tempo. As travessias pelo oceano nesses navios eram relativamente seguras, e frotas podiam ser construídas a um custo razoável. Seu *design* básico foi adaptado para viagens mais longas, iatismo, transferência de cargas e até mesmo uso cerimonial.

Herbert Kane/National Geographic Creative

Figura 2.7 *"Calmo e corajoso no meio de uma tempestade, o navegador Ru, de braços estendidos, pede ao deus do Mar Tangaroa para afastar as nuvens para que ele possa ver sua estrela-guia e estabelecer uma rota em sua direção [Havaí]." – Herbert Kauai Kane*

©Tom Garrison

Figura 2.8 O navio *Oseborg*, um longo navio *viking* em impressionante estado de conservação, foi construído por volta de 820 a.C. e escavado em 1880 de um montículo à margem do fiorde de Oslo. Robusto e desenvolvido para uma viagem rápida pelo mar aberto, o navio tem 22 metros (72 pés) de comprimento e 5,25 metros (17 pés) de largura. Remadores sentavam-se em bancos soltos ou baús, e orifícios para os remos podiam ser cobertos por pequenos discos, de modo que a água não pudesse entrar quando o navio inclinasse durante a navegação. Cargas, armas e suprimentos eram armazenados sob as placas móveis do convés, e uma tenda de lona podia ser içada contra o mau tempo.

©Sissee Brimberg/National Geographic Creative

Figura 2.9 Arqueólogos documentam um posto *viking* avançado ao sul da Islândia, um dos inúmeros assentamentos *viking* que foram descobertos em terras costeiras ao redor do Atlântico Norte.

BREVE REVISÃO

Antes de passar para a próxima seção, verifique seu entendimento de algumas das ideias importantes apresentadas até agora:

3. Quais foram os estímulos para a colonização polinésia? Como as viagens mais longas foram realizadas?

4. O que estimulou os *vikings* a expandirem sua exploração para o oeste? Onde eles puderam explorar suas descobertas?

Para verificar suas respostas, acesse a página deste livro no site da Cengage.

2.3 Os Chineses Empenharam-se em Viagens Organizadas em Busca de Descobertas

A amplitude das contribuições chinesas anteriores ao conhecimento oceanográfico, geológico e geográfico somente agora está sendo esclarecida. Em 1086, o filósofo chinês Shen Kuo deduziu que a Terra já era bem antiga, e que havia sido moldada por depósito sedimentar, formação rochosa, sublevação da crosta terrestre e erosão ao longo de grandes intervalos de tempo **(Figura 2.10)**. (Deve-se observar que até o início do século XIX, a maioria dos cientistas da Europa Ocidental acreditava erroneamente que a Terra tinha entre 6.000 e 10.000 anos.)

Posteriormente, a construção naval e as buscas remotas começaram a ocupar os soberanos chineses. Enquanto a Idade das Trevas distraía os europeus, os **navegadores chineses** tornavam-se cada vez mais habilidosos, e suas embarcações, maiores e mais adequadas para navegação. Eles então começaram a explorar o outro lado do mundo. Entre 1405 e 1433, o almirante Zheng He (pronuncia-se "jung huh") comandou a maior frota que o mundo já conheceu. Pelo menos 317 navios e 27.500 homens empreenderam sete missões para explorar o Oceano Índico, a Indonésia e ao redor da ponta da África no Atlântico. Seu objetivo era exibir a riqueza e o poder da jovem Dinastia Ming e mostrar bondade para com o povo de lugares distantes. O maior navio da frota, com nove mastros e 134 metros (440 pés) de comprimento **(Figura 2.11)**, era um imenso navio com tesouros, carregando objetos feitos com o material mais precioso e as melhores técnicas artísticas. A missão da frota não era acumular tais tesouros, mas, sim, doá-los! De fato, o objetivo principal dessas expedições era convencer todas as nações com as quais a frota estabelecia contato de que a China era o único estado verdadeiramente civilizado e que não tinha necessidade de novos conhecimentos ou de assistência.

Muitas inovações técnicas foram necessárias para tornar possível uma empreitada tão ambiciosa. Além de inventar a

> As primeiras expedições exploratórias mundiais foram iniciadas durante a Dinastia Ming, pelo almirante chinês Zheng He, em 1403.

Pintura de Li Kung-Lin mostrando as camadas da Terra

Figura 2.10 Um quadro do artista chinês do século XI, Li Kung-Lin, mostrando um arco anticlinal, um penhasco exposto formado por camadas de rocha na forma de arco. Os filósofos chineses perceberam que a Terra era antiga e que havia sido moldada por sedimentação, formação de rochas, sublevação da crosta terrestre e erosão ao longo de grandes intervalos de tempo. Seus congêneres europeus não fizeram essa descoberta até por volta de 1800.

PENSANDO ALÉM DA IMAGEM

Por que você acha que os chineses tiveram melhor ideia da idade da Terra que seus contemporâneos europeus?

Hongnian Zhang/National Geographic Creative

a

Gregory A. Harlin/National Geographic Creative

b

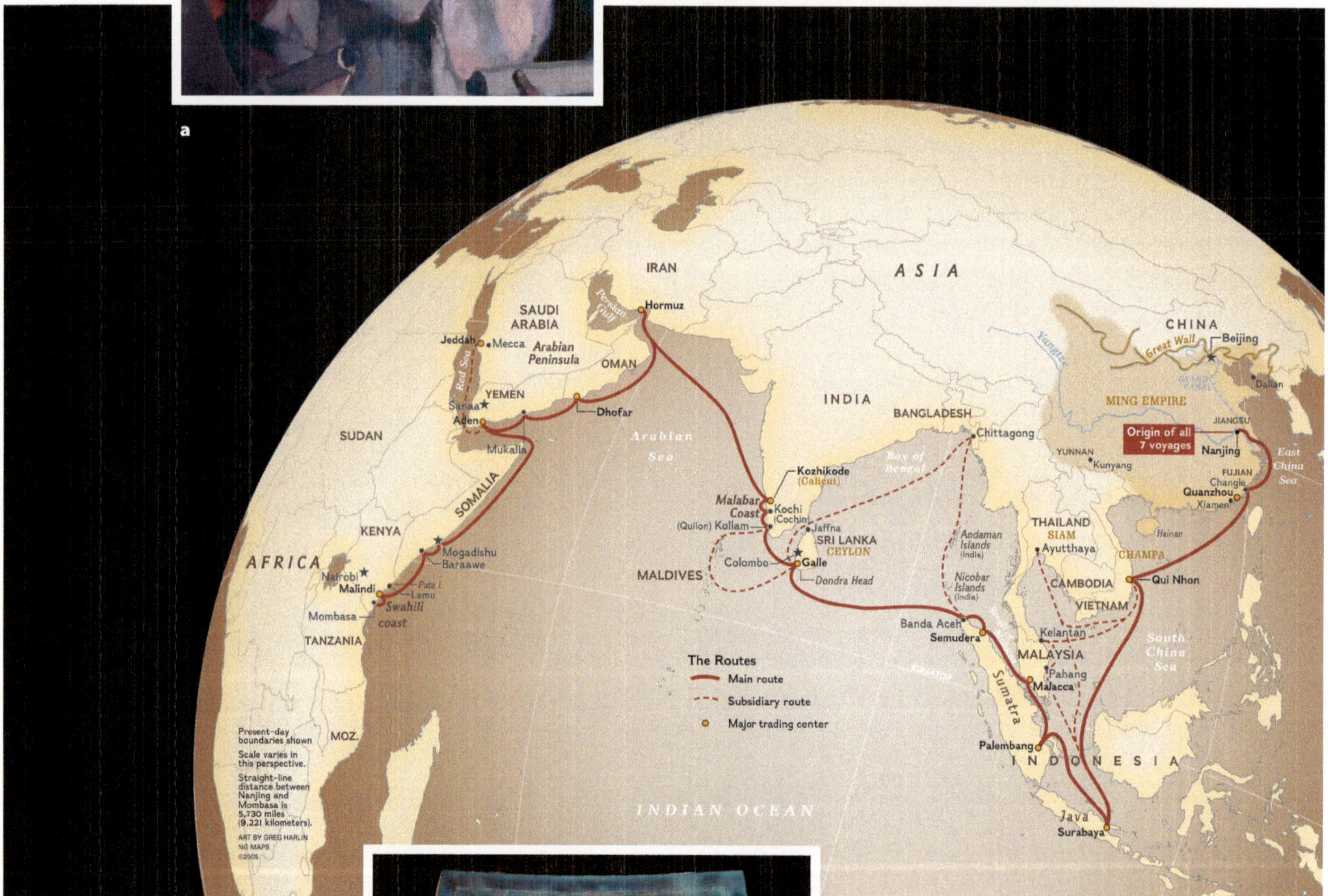

c

National Geographic Maps/National Geographic Image Collection

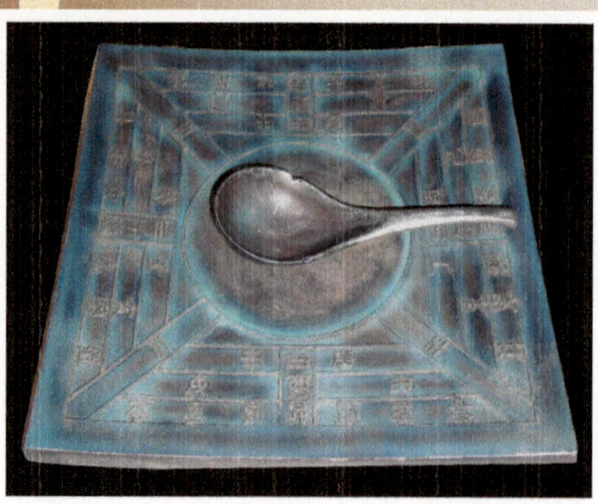

Tom Garrison

d

Figura 2.11 As explorações do almirante chinês Zheng He. (a) A finalidade da imensa frota chinesa era mostrar bondade ao povo de lugares distantes e avisar que interferir em assuntos chineses não era uma ideia sábia. A frota velejou pelos oceanos Pacífico e Índico entre 1405 e 1433. Ao final dessas viagens, Zheng (visto aqui) escreveu: "Atravessamos mais de cem mil li (64.000 quilômetros ou 40.000 milhas) de imensos espaços marítimos e contemplamos no oceano ondas tão grandes quanto montanhas elevando-se para o céu e vislumbramos regiões bárbaras distantes encobertas por uma transparência azul de vapores claros, enquanto nossas velas desfraldavam grandiosamente como nuvens dia e noite".[1]
(b) Pelo menos dez navios do tipo que Vasco da Gama ou Cristóvão Colombo usariam mais tarde caberiam no convés principal do navio de tesouros de 4.600 metros quadrados (50.000 pés quadrados). O leme de um desses grandes navios tinha 11 metros (36 pés) de altura – tão comprido quanto a nau *Niña*, de Cristóvão Colombo!
(c) As navegações de Zheng He, 1405-1433.
(d) Uma bússola chinesa da era de exploração Ming. A "colher" magnetizada descansa em um prato de bronze de cerca de 25 centímetros (10 polegadas) quadrados. O cabo da "colher" sempre aponta para o sul e não para o norte. O prato traz caracteres chineses que denotam as oito direções principais.

PENSANDO ALÉM DA IMAGEM

Após atingir tão alta sofisticação tecnológica, o que você acha que teria levado o imperador Ming a ordenar a desmontagem desses navios enormes e o fim da exploração?

bússola, os chineses inventaram o leme central, os compartimentos à prova d'água e as velas sofisticadas em mastros múltiplos, todos essencialmente importantes para a operação bem-sucedida de grandes veleiros. Até os europeus adotarem o leme, por volta de 1100, costumava ser difícil a navegação a longa distância em um navio ocidental grande o suficiente para ser estável em mares bravios. Os primeiros comerciantes do Mediterrâneo e, posteriormente, os polinésios e os *vikings* utilizavam lemes especializados mantidos do lado direito (a palavra *steer-board* deu origem à palavra *starboard*, que significa estibordo) de seus barcos. Embora esse sistema tenha funcionado bem em águas protegidas, a pequena área do leme (e a posição exposta do timoneiro) dificultou manter uma rota em longos trechos do oceano. O leme submerso e montado ao centro resolveu esse problema. Do mesmo modo, dividir o navio em compartimentos separados abaixo da linha da água significava que a inundação provocada por dano no casco poderia ser confinada a uma área relativamente pequena do navio, e a embarcação poderia ser reparada e salva do naufrágio, o que desde então tem influenciado drasticamente no sucesso de qualquer navegação. Os chineses equiparam as velas trapezoidais ou triangulares com sarrafos (pedaços de bambu inseridos em bainhas alinhavadas ao longo da largura da vela) e as distribuíram em mastros múltiplos. As velas pareciam venezianas cobertas com tecido. Os marinheiros chineses não precisavam subir nos mastros para desenrolar as velas a cada mudança de vento; tudo podia ser feito a partir do convés, com guinchos e cabos. O formato das velas tornava a navegação mais fácil em rotas delimitadas.

Talvez o mais impressionante de tudo tenha sido que a frota chinesa pôde ficar ao mar por quase quatro meses e percorrer pelo menos 8.000 quilômetros (5.000 milhas) sem reabastecer suas provisões. Eles destilavam água salgada para obter água doce, cultivavam vegetais frescos a bordo, mantinham cabines de luxo para embaixadores estrangeiros e coletavam e catalogavam grande número de artefatos culturais e espécimes científicas.

Apesar de apreciar esses avanços, os chineses abandonaram a exploração oceânica intencionalmente em 1433. Houve uma mudança na política, e o custo do sistema de "tributo reverso" foi considerado alto demais. Menos de um século depois, era considerado crime ir para o mar saindo da China em um navio com mastros múltiplos! Ao todo, até o fim do século XX, os chineses deram poucas contribuições para a compreensão do oceano. Ainda assim, sua tecnologia de navegação infiltrou-se no Ocidente, tornando possíveis as descobertas subsequentes.

BREVE REVISÃO

Antes de passar para a próxima seção, verifique seu entendimento de algumas das ideias importantes apresentadas até agora:

5. Quais inovações os chineses trouxeram para a geologia e a exploração oceânica? Por que suas inacreditáveis explorações foram subitamente descontinuadas?

Para verificar sua resposta, acesse a página deste livro no site da Cengage.

2.4 O Infante Dom Henrique Lançou a Era dos Descobrimentos Europeus

Logo após o feito dos polinésios e dos chineses, os europeus renascentistas saíram para explorar o mundo pelo mar. Eles, no entanto, não realizaram essas explorações por puro prazer; toda viagem tinha um objetivo material. Há algum tempo, o comércio entre o Oriente e o Ocidente dependia das rotas árduas e inseguras, pela Ásia central e pelos desertos da Arábia. Esse comércio foi interrompido em 1453, quando os turcos tomaram Constantinopla, e foi necessária a busca de uma rota alternativa feita pelo mar.

Um europeu visionário, que imaginava que a exploração oceânica seria a chave para grandes riquezas e negócios bem-sucedidos, foi o **Infante D. Henrique, o Navegador**, terceiro filho da família real de Portugal (**Figura 2.12**). Ele fundou um centro, em Sagres, para estudo das Ciências do Mar e da navegação "por todas as vias aquáticas". Embora ele pessoalmente não tenha viajado muito (foi ao mar apenas duas vezes em toda sua vida), capitães patrocinados por ele realizaram explorações de 1451 a 1470, compilando cartas detalhadas sempre que viajavam. Os desbravadores de Dom Henrique impelidos para o sul rumo ao desconhecido abriram a costa oeste da África para o comércio. Ele enviava navios pequenos e fáceis de manobrar, projetados para viagens de descoberta e operados por uma tripulação bem treinada. Para navegar, seus marinheiros utilizavam a **bússola** – instrumento (inventado na China, no século IV a.C.) que aponta para o polo magnético (norte). Embora os comerciantes árabes tivessem trazido a bússola da China no século XII, os navegadores ainda a consideravam uma ferramenta mágica.

[1] VIVIANO. China's Great Armada, *National Geographic*, v. 208, n. 1, julho 2005.

relato de um explorador da national geographic 2.1

©Rebecca Hale/National Geographic Creative

A DRA. KATY CROFF BELL é uma oceanógrafa que usa a tecnologia para explorar as profundezas do oceano.

"Utilizo tecnologia avançada de robótica e de telepresença para explorar todos os aspectos do oceano profundo, inclusive os enigmas arqueológicos que jazem no fundo do mar."

Desde 1999, ela participou ou liderou mais de 25 projetos oceanográficos e arqueológicos. Das muitas expedições, Bell e sua equipe descobriram inúmeros naufrágios datados do período Clássico (aproximadamente 450 a.C.) até o século XX. "Para entender como os povos utilizaram o mar durante a história, primeiro precisamos criar um mapa de todos os sítios arqueológicos submersos que pudermos encontrar", declara Bell. "Então podemos começar a ver para onde estavam indo, o que estavam comercializando e com quem tinham conexão, ao longo do tempo e por mares distantes."

O trabalho atual de Bell envolve a utilização da tecnologia de telepresença em projetos de exploração oceânica para ciências e educação remotas. Ela é cientista chefe do Nautilus Exploration Program, trabalhando com uma grande equipe, a Corps of Exploration, para usar seus veículos subaquáticos robóticos e tecnologia de telepresença para compartilhar a exploração com todo o mundo, a partir do navio de exploração (E/V) *Nautilus*. "Uma das partes mais emocionantes do meu trabalho é poder compartilhar todas as nossas descobertas com todo o mundo no momento em que elas acontecem", afirma Bell, "assim podemos construir uma comunidade de exploradores em todo o mundo."

Para explorar com Bell e a Corps of Exploration, acesse www.explorationnow.org.

© Ralph White/Corbis

Dave G. Houser/Corbis

Figura 2.12 Infante Dom Henrique de Portugal, o Navegador, olha para o oeste em seu monumento em Portugal. Em meados de 1400, Henrique estabeleceu um centro, em Sagres, para estudo das Ciências do Mar e da navegação "por todas as vias aquáticas".

Eles ocultavam a bússola em uma caixa especial (predecessora da atual bitácula) e a consultavam longe da vista da tripulação. Os alunos de Henrique sabiam que a Terra era redonda, mas, por causa dos erros divulgados por Cláudio Ptolomeu, estavam equivocados na estimativa de seu tamanho.

Um capitão (e vendedor habilidoso), **Cristóvão Colombo**, "descobriu" o Novo Mundo quase por acaso. Os americanos nativos ocupavam o continente havia cerca de 11.000 anos, e os *vikings* noruegueses já haviam realizado muitas viagens a uma colônia ativa no continente, 500 anos antes de

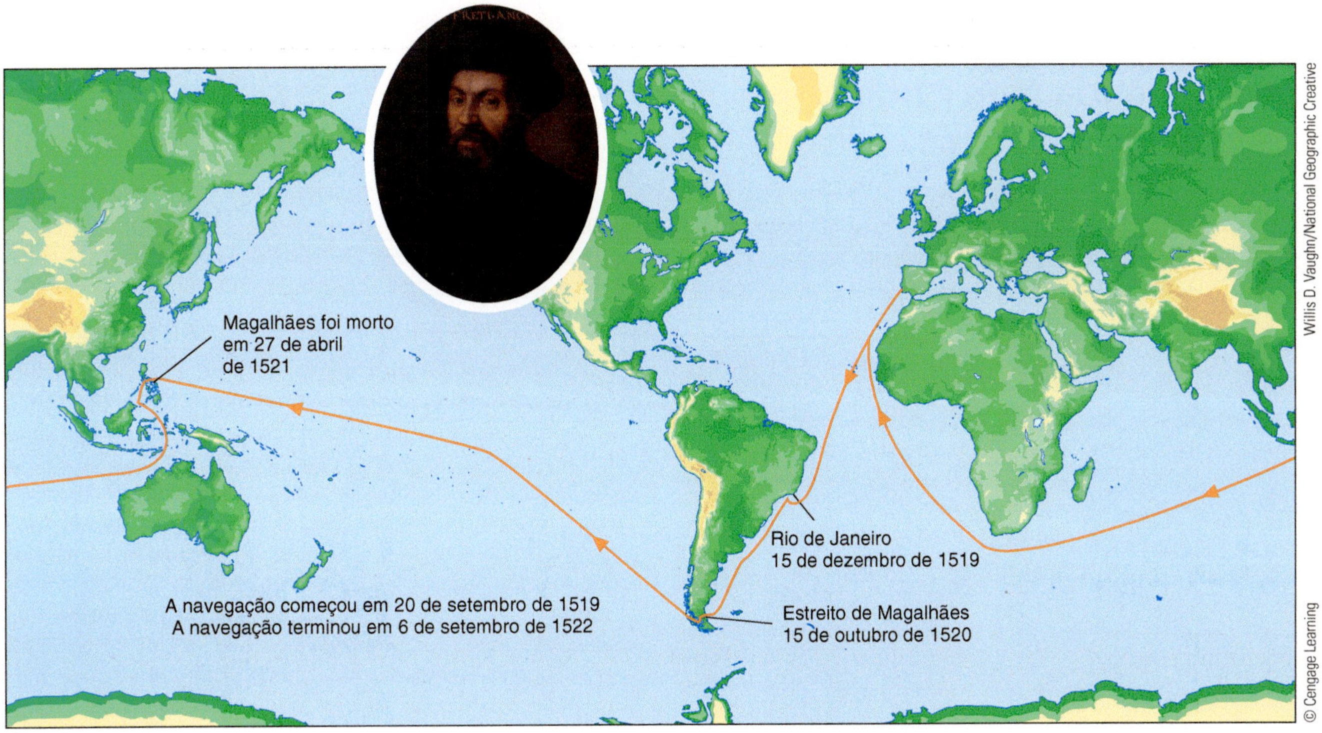

Figura 2.13 Fernão de Magalhães, explorador português a serviço da Espanha, cuja expedição foi a primeira a circunavegar o mundo, como mostra o trajeto de sua expedição. Ele não sobreviveu à viagem; somente 18 dos 260 marinheiros conseguiram retornar após três anos de viagens perigosas.

sua chegada impetuosa; ainda assim, Colombo ficou com o crédito. Por quê? Porque os presentes interessantes, as histórias exageradas, as cartas imprecisas e as promessas de grandes riquezas estimularam a imaginação das cortes reais. Colombo transformou a América do Norte em um evento de mídia sem nunca ao menos tê-la visto!

Colombo não estava tentando descobrir novas terras. Sua intenção era descobrir uma rota marítima para as terras ricas e fabulosas do Oriente, famosas mais de 200 anos antes nas viagens terrestres de Marco Polo. Como "Almirante de la Mar Océana", Colombo tinha interesse financeiro nas rotas comerciais que desbravava. Além de ter familiaridade com o trabalho do infante D. Henrique, ele, como todos os demais navegadores contemporâneos competentes, sabia que a Terra era esférica. Ao navegar para oeste, ele acreditava que poderia alcançar seu destino no oriente, cuja latitude pensava conhecer. Devido ao seu pensamento firme e à dependência dos dados de Ptolomeu, Colombo fez uma estimativa do tamanho da Terra *menor* que qualquer outro navegador da história moderna; ele concluiu que ela tinha apenas a metade do tamanho real!

Como era de esperar, Colombo confundiu o Novo Mundo com seu objetivo: Índia ou Japão. Ele acreditou que a ausência de cidades prósperas e habitantes bem vestidos resultava da chegada à costa em uma latitude muito ao norte ou ao sul daquela desejada. Ele realizou mais três viagens ao Novo Mundo, mas foi para o túmulo acreditando que tinha encontrado ilhas da costa asiática. Nunca vira a América do Norte e jamais percebera o tamanho e a configuração dos continentes cujo futuro ele tinha mudado tão profundamente.

Outros exploradores vieram em seguida e o erro de Colombo foi rapidamente corrigido. As cartas náuticas elaboradas em 1507 já incluíram o Novo Mundo. Essas cartas talvez tenham levado **Fernão de Magalhães** (Figura 2.13), navegador português a serviço da Espanha, a acreditar que poderia abrir uma rota ocidental para o Oriente. Infelizmente, os autores das cartas estimaram que o tamanho das Américas e do Oceano Pacífico era bem menor que o real. Magalhães foi morto nas Filipinas e seus homens decidiram continuar a navegar a oeste ao redor do mundo sob o comando de Juan Sebastián Elcano. Apenas 18 dos 260 marinheiros da tripulação original sobreviveram e voltaram para a Espanha três anos depois de terem partido, porém tinham comprovado que era possível circunavegar o globo.

O retorno da expedição de Magalhães à Espanha, em 1522, marca o fim da Era dos Descobrimentos Europeus. Um período desagradável de exploração dos recursos naturais e humanos nas Américas ocorreu em seguida. Destruíram-se os impérios nativos, e objetos de valor cultural inestimável foram derretidos e transformados em moedas para custear a ambição e as guerras europeias.

BREVE REVISÃO

Antes de passar para a próxima seção, verifique seu entendimento de algumas das ideias importantes apresentadas até agora:

6. Se não era um navegador nem um cientista, por que o infante Dom Henrique de Portugal é considerado uma figura importante na exploração marinha?

7. Quais foram os principais estímulos das viagens europeias de exploração durante a Era dos Descobrimentos?

Para verificar suas respostas, acesse a página deste livro no site da Cengage.

2.5 A Navegação Combinada com a Ciência para Aprimorar os Estudos Oceânicos

O poder naval britânico cresceu após a Era dos Descobrimentos para competir com as aspirações coloniais da França e da Espanha. Os navios exigiam suprimentos e locais confiáveis para reparos, principalmente em áreas remotas. As grandes potências mandaram expedições para estabelecer locais apropriados, de preferência habitados por nativos amistosos que pudessem fornecer provisões, a meio mundo de distância. Os franceses enviaram o almirante de Bougainville ao Pacífico Sul, em meados de 1760. Em 1768, a área que reivindicou para a França, hoje a Polinésia Francesa, abriu a região para as nações europeias. Os ingleses logo seguiram o mesmo caminho.

O Capitão James Cook Foi o Primeiro Cientista Marinho

A Oceanografia Científica começa com a saída do navio HMS *Endeavour* do porto de Plymouth, em 1768, sob o competente comando de **James Cook**, da Marinha Real Britânica **(Figura 2.14)**. James Cook era um líder inteligente e paciente, além de habilidoso navegador, cartógrafo, escritor, artista, diplomata, marinheiro, cientista e dietista. A principal razão da viagem era garantir a presença britânica nos Mares do Sul, mas a expedição também tinha vários objetivos científicos. Primeiro, Cook transportou vários membros da Sociedade Real (um grupo de pesquisa científica) ao Taiti para observar o trânsito de Vênus no disco solar. Suas medições verificaram os cálculos das órbitas planetárias feitos anteriormente por Edmund Halley (posteriormente famoso pelo cometa), além de fazerem outras medições.

Em seguida, Cook seguiu para o sul, em território desconhecido em busca de um continente hipotético, que alguns filósofos acreditavam existir e que equilibraria a massa terrestre do Hemisfério Norte. Cook e sua tripulação encontraram e cartografaram a Nova Zelândia, mapearam a Grande Barreira de Corais da Austrália, marcaram a posição de inúmeras pequenas ilhas, registraram a história natural e o povoamento humano desses locais distantes e iniciaram relações amigáveis com muitos chefes. Cook sobreviveu a uma

SuperStock, Inc./SuperStock

a

© National Geographic Creative

b

Figura 2.14 A embarcação HMS *Endeavour* e o capitão James Cook, da Marinha Real Britânica. (a) Neste quadro de 1776, de Nathaniel Dance, Cook é visto como um capitão maduro e autoconfiante que por duas vezes deu a volta no globo, penetrou a região Antártica e cartografou os litorais da Terra Nova até a Nova Zelândia. (b) Uma embarcação HMS *Endeavour*. As linhas toscas, porém robustas do transportador de carvão modificado são claramente evidentes, assim como as divisões apertadas que os exploradores e a equipe tinham que tolerar. Um olhar atento irá revelar o capitão Cook em conferência com um dos naturalistas em sua cabina, à direita.

epidemia de disenteria, contraída enquanto estava atracado em Batávia (Jacarta), e voltou para a Inglaterra, completando uma viagem ao redor do mundo em 1771. Sua exigência quanto a limpeza e ventilação e o fato de os mantimentos incluírem agrião, chucrute e extrato de frutas cítricas evitaram que os marinheiros contraíssem escorbuto – doença causada pela falta de vitamina C que durante séculos dizimou muitas tripulações em longas viagens.

O almirantado ficou muito impressionado. Cook foi promovido ao posto de comandante e, em 1772, recebeu o comando dos navios *Resolution* e *Adventure*, em que embarcou em uma das maiores navegações da história científica. Nessa segunda navegação ele cartografou Tonga e a ilha de Páscoa, e descobriu a Nova Caledônia no Pacífico e a Geórgia do Sul no Atlântico. Foi o primeiro a circunavegar o mundo em altas latitudes. Embora tenha chegado à latitude 71°S, ele nunca chegou à Antártica. Retornou novamente à Inglaterra em 1775.

Elevado ao posto de capitão, James Cook partiu, em 1776, em sua terceira e última expedição, com o *Resolution* e o *Discovery*. Sua missão era encontrar uma passagem a noroeste, em torno do Canadá e do Alasca, ou uma passagem a nordeste, acima da Sibéria. Ele "descobriu" as ilhas do Havaí (os havaianos estavam lá para recebê-lo, claro) e cartografou a costa oeste da América do Norte. Após procurar, sem sucesso, uma passagem no topo do globo terrestre, ele retomou a rota para o Havaí para abastecer os navios e retornar à Inglaterra. Em 14 de fevereiro de 1779, após um jantar de despedida com o chefe da ilha do Havaí, Cook e seus marinheiros se prepararam para retornar ao *Resolution*, ancorado na Baía de Kealakekua. De algum modo, os ingleses deixaram os havaianos furiosos e foram perseguidos pela multidão. Cook, entre outros, foi morto no tumulto.

> O capitão James Cook merece ser considerado cientista e explorador em razão da precisão, meticulosidade e perfeição de suas descrições.

Cook merece ser considerado cientista e explorador em razão da precisão, da meticulosidade e da perfeição de suas descrições. Ele e os cientistas a bordo coletaram amostras de representantes da vida marinha, de plantas e animais terrestres, do leito oceânico e de formações geológicas; eles também reportaram as características dessas amostras em seus diários de bordo e periódicos. O senso de navegação de James Cook era notável, e as cartas náuticas que ele fez do Oceano Pacífico eram tão precisas que foram usadas pelos Aliados nas invasões das ilhas do Pacífico, durante a Segunda Guerra Mundial. Ele teceu conclusões exatas, não exagerou nas descobertas e criou relações diplomáticas amistosas com muitos povos nativos. Cook registrou e interpretou com sucesso eventos da história natural, da antropologia e da Oceanografia. Ao contrário de muitos capitães da época, ele se preocupava com a tripulação. Era um escritor ponderado e objetivo. Esse primeiro cientista marinho pacificamente alterou o mapa do mundo mais vezes que qualquer outro explorador ou cientista da história.

A Determinação Precisa da Longitude Foi a Chave para a Exploração e o Mapeamento Oceânicos

Como Cook (ou Colombo, ou qualquer outro explorador) sabia onde estava? A menos que os exploradores pudessem registrar a posição precisamente em uma carta, a exploração era essencialmente inútil. Eles não poderiam encontrar o caminho de volta para casa, e nem eles nem ninguém poderiam voltar para as terras que descobriram.

À noite, Colombo e seus antecessores europeus usavam as estrelas para encontrar a latitude e, consequentemente, sabiam sua posição ao norte ou ao sul de sua origem. Você pode fazer isso também. Se estiver no Hemisfério Norte, pegue um transferidor simples e meça o ângulo entre o horizonte, seu olho e a estrela polar do norte. O transferidor marca valores aproximados em graus de latitude. Para encontrar as Índias, por exemplo, Colombo rumou para o sul em direção a uma linha de latitude e ao atingi-la seguiu para o oeste. Mas para determinar um local com precisão é necessário *tanto* a latitude *quanto* a posição leste-oeste da longitude.

É possível encontrar a longitude com um relógio. Primeiro, determine o meio-dia local observando o caminho da sombra de um eixo vertical – ele é mais curto ao meio-dia – e ajuste seu relógio de acordo. Após percorrer alguma distância para o oeste, você perceberá que o meio-dia, de acordo com seu *relógio*, não marca mais a hora quando a sombra do *eixo* se torna mais curta em sua nova localização. Se o meio-dia do "relógio" ocorre 3 horas antes do meio-dia do "eixo" é só usar matemática simples para calcular quão distante do oeste você está partindo do ponto de onde você veio. A Terra gira para o leste, fazendo uma rotação de 360° em 24 horas, portanto sua velocidade de rotação é 15° por hora (360°/24 horas = 15°/hora). A diferença de três horas entre o meio-dia do "relógio" e o meio-dia do "eixo" o coloca 45° a oeste do seu ponto de origem (3 × 15° = 45°). Quanto mais preciso for o relógio (e a medição da sombra do eixo), mais precisa é sua estimativa da posição a oeste.

O método de tempo descrito anteriormente funcionaria em teoria, mas na época de Colombo – e ainda por muitos anos – nenhum relógio era tão preciso para fazer esse cálculo prático após alguns dias no mar. Na verdade, eles eram regidos por pêndulos, que não têm efeito em um navio balançando nas ondas.

A solução para o problema da longitude foi inventar um relógio exato que funcionasse a uma velocidade constante sob qualquer circunstância, mesmo nas condições instáveis de um navio no mar. Em 1728, John Harrison, um marceneiro de Yorkshire, começou a trabalhar em um relógio que seria preciso o suficiente para determinar a longitude. Seu novo relógio radical, chamado de **cronômetro**, era regido não por um pêndulo, mas sim por um mecanismo de impulso por mola. Sua primeira versão foi testada no mar em 1736, e Harrison recebeu £ 500 como encorajamento para continuar seus esforços. Nos 25 anos seguintes, ele construiu mais três relógios, culminando em 1760 com seu Número Quatro **(Figura 2.15)**, talvez o cronômetro mais famoso do mundo.

Um teste do Número Quatro no mar foi iniciado no navio HMS *Deptford*, em 1761. Harrison, muito idoso e doente para acompanhar o cronômetro, enviou seu filho e colaborador para cuidar do instrumento. O *Deptford* cruzou o Atlântico da Inglaterra para a Jamaica e fez uma atracagem quase perfeita. Levando em conta uma taxa de erro conhecida do

Figura 2.15 O cronômetro Número Quatro, que venceu um prêmio de £ 20.000 oferecido pelo Comitê Britânico da Longitude por determinar a posição após meses ao mar. Com tamanho aproximado de um despertador de corda moderno, ele funciona e está em exposição no Museu Marítimo Nacional em Greenwich, Inglaterra.

Figura 2.16 Matthew Fontaine Maury, compilador de ventos e correntes. Maury foi, talvez, a primeira pessoa para quem a Oceanografia foi uma ocupação em tempo integral.

relógio considerado – sua "velocidade de ida" foi de 2 2/3 segundos por dia –, descobriu-se que o relógio estava apenas 5 segundos atrasado. Isso teria significado um erro de longitude de somente 2,3 quilômetros (1,4 milhas), uma conquista impressionante considerando os padrões atuais de navegação a longa distância.

Os cronômetros de Harrison estão em exposição no Museu Marítimo Nacional Britânico em Greenwich, leste de Londres. Greenwich é um local ideal para um museu; em 1884, o meridiano de Greenwich, uma linha de longitude localizada no observatório naval, tornou-se a "longitude zero" para o mundo todo (consulte novamente **Um olhar mais atento 2.1**). Nem mesmo com a escolha de Alexandria por Eratóstenes como a "longitude zero" as nações ocidentais reconheceram uma base comum para posicionamento.

Matthew Maury Descobriu os Padrões Mundiais dos Ventos e das Correntes Oceânicas

Possivelmente, a primeira pessoa a ter um contrato de trabalho oceanográfico em período integral tenha sido **Matthew Maury** (Figura 2.16), nascido na Virgínia e oficial da marinha dos Estados Unidos, ficou interessado em explorar ventos e correntes para fins comerciais e navais. Após ficar paralítico em um acidente de carruagem, em 1842, Maury foi encarregado do Depósito de Cartas e Instrumentos da marinha. Lá estudou um tesouro imenso, mas negligenciado, de registros de bordo, com as muitas leituras regulares de temperatura e direção do vento. Em 1847, Maury já tinha reunido grande parte dessa informação em cartas coerentes de ventos e correntes. Ele começou a editá-las gratuitamente para os marinheiros em troca dos registros de suas novas viagens.

Matthew Maury talvez tenha sido a primeira pessoa a ocupar-se do estudo sistemático do oceano em tempo integral.

Pouco a pouco, as imagens dos ventos e das correntes de todo o planeta começaram a surgir. O próprio Matthew Maury era um compilador, não um cientista, e tinha grande interesse em promover o comércio marítimo. Sua compreensão sobre as correntes foi construída com base no trabalho de **Benjamin Franklin**. Quase 100 anos antes, Franklin percebeu o fato peculiar de que os navios mais rápidos nem sempre eram de fato os mais rápidos; ou seja, a velocidade do casco nem sempre estava correlacionada com o tempo de ida e volta de uma jornada até a Europa. O primo de Benjamin Franklin, um mercador de Nantucket chamado Tim Folger, percebeu a perplexidade da observação de Franklin e lhe deu o rascunho de uma carta da "Corrente do Golfo" em que ele (Folger) estava trabalhando. Ao permanecer na corrente, no lado externo, e acrescentar sua velocidade à do próprio navio e, ao evitá-la no retorno, os capitães podiam atravessar o Atlântico com mais rapidez. Franklin foi o primeiro a publicar, em 1769, a primeira carta de correntes (Figura 2.17).

Matthew Maury, entretanto, foi o primeiro a perceber o padrão global de ventos e correntes de superfície. Com base em suas análises, ele produziu um conjunto de indicações para velejar por grandes distâncias com mais eficiência. As direções da navegação de Maury rapidamente chamaram atenção do mundo inteiro: ele havia reduzido a viagem de embarcações que viajavam da costa leste norte-americana ao Rio de Janeiro para 10 dias; e à Austrália, para 20. Seu trabalho ficou famoso em 1849, durante a corrida do ouro

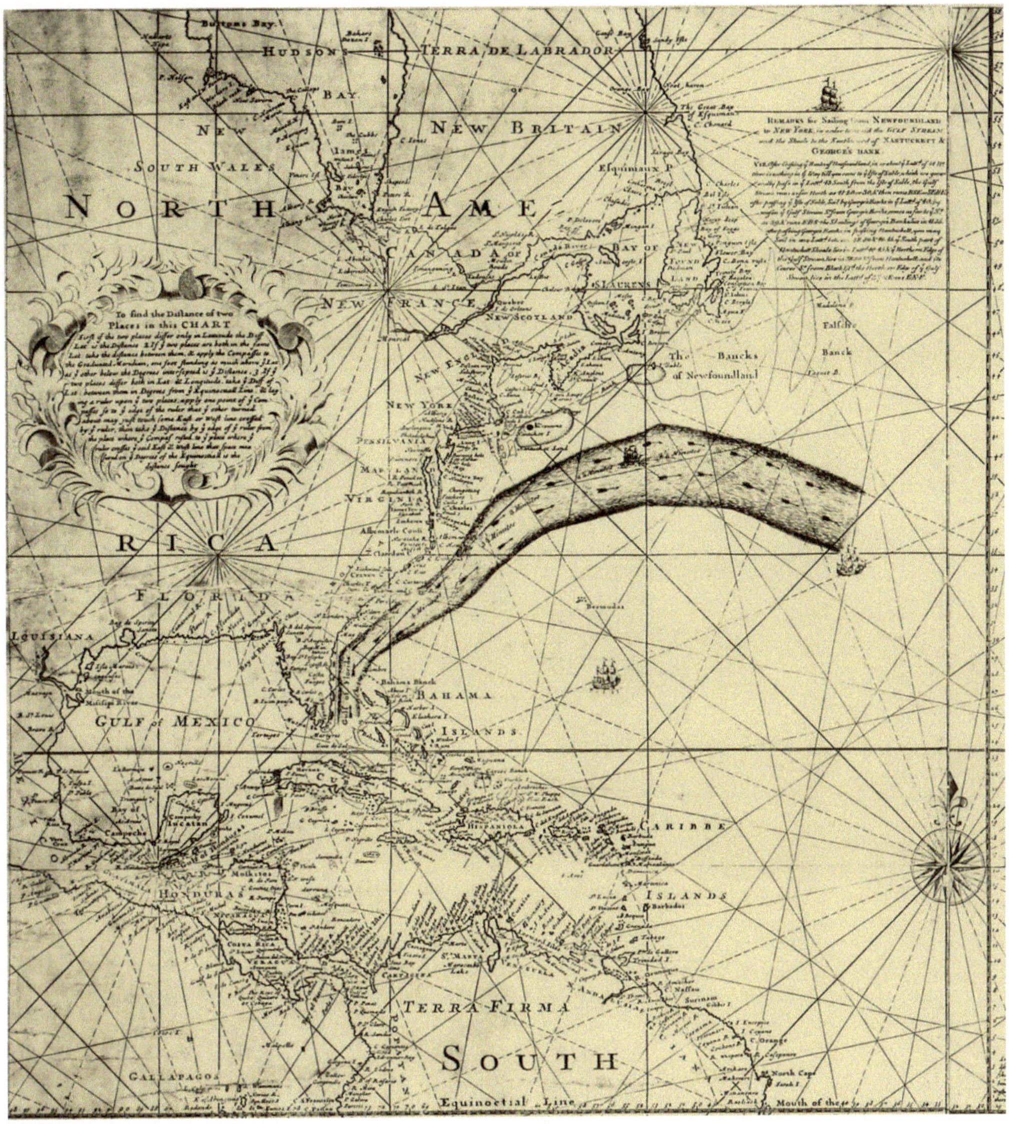

Figura 2.17 Carta do sistema da Corrente do Golfo por Benjamin Franklin em 1769. Seu primo, Timothy Folger, descobriu que os baleeiros ianques aprenderam a tirar vantagem da Corrente do Golfo. Outros navegantes, principalmente os armadores ingleses, demoravam mais para aprender. Folger, que era um capitão, escreveu que os baleeiros de Nantucket "ao cruzar o Golfo, às vezes encontravam e conversavam com aqueles barcos de trânsito ingleses que estavam ao meio e à proa. Nós os informávamos que eles estavam na trajetória de uma corrente que estava contra eles com velocidade de três milhas por hora e aconselhávamos prudência para atravessá-la, mas eles eram muito sábios para serem aconselhados por simples pescadores norte-americanos".

Library of Congress

na Califórnia – suas indicações possibilitaram a economia de 30 dias na viagem em torno do Cabo Horn para a Califórnia. As cartas norte-americanas utilizadas ainda trazem a inscrição "Com base nas pesquisas de M. F. M. durante seu serviço como tenente na Marinha dos Estados Unidos da América". Sua obra principal, *The physical geography of the seas*, livro em que explicou suas descobertas, foi publicada em 1855.

Matthew Maury, considerado por muitos o pai da Oceanografia Física, foi o primeiro homem a realizar um estudo sistemático do oceano como profissão em tempo integral.

A Expedição *Challenger* Foi Organizada desde o Princípio como uma Expedição Científica

A primeira expedição completamente voltada para as Ciências do Mar foi concebida por um professor de história natural da Universidade de Edimburgo, na Escócia, Charles Wyville Thomson, e seu aluno canadense John Murray. Estimulados por sua própria curiosidade e pela inspiração da viagem de Charles Darwin no navio HMS *Beagle*, eles convenceram a Sociedade Real e o governo britânico a fornecerem um navio da Marinha Real e uma equipe treinada para uma prolongada e árdua viagem de exploração pelos oceanos do mundo. Thomson e Murray até cunharam uma palavra para sua iniciativa: *Oceanografia*. Embora o termo, literalmente, refira-se apenas a registros ou cartas, passou a significar ciência do oceano. A administração do primeiro ministro Gladstone e a Sociedade Real concordaram com a iniciativa, desde que uma parte de qualquer ganho financeiro resultante das descobertas fosse direcionada para a Coroa. Depois de tudo acertado, os cientistas fizeram os planos da expedição.

O navio HMS *Challenger*, uma corveta a vapor de 2.306 toneladas, partiu em 21 de dezembro de 1872 em uma viagem de quatro anos ao redor do mundo, cobrindo 127.600 quilômetros (79.300 milhas). Embora o capitão fosse oficial da Marinha Real, o grupo de seis cientistas determinava o curso da viagem. O navio HMS *Challenger* e sua trajetória são mostrados na **Figura 2.18**.

Uma importante missão da **expedição *Challenger*** era investigar o argumento do professor de Edimburgo, Edward Forbes, de que a vida abaixo de 549 metros (1.800 pés) era impossível em decorrência da alta pressão e da ausência de luz. O guincho de bordo movido a vapor realizou a amos-

Figura 2.18 A viagem do navio HMS *Challenger*.

(a) O ten. Pelham Aldrich, primeiro-tenente do navio HMS *Challenger*, manteve um diário de bordo detalhado da expedição *Challenger*. Com precisão e bom humor, ele manteve esse registro independentemente do clima, e teve a paciência e a habilidade de incluir aquarelas dos eventos mais emocionantes. Esta é uma parte da primeira página de seu diário.

a

(b) Trajetória do navio HMS *Challenger* de dezembro de 1872 a maio de 1876. A expedição *Challenger* continua sendo o maior levantamento oceanográfico contínuo já registrado.

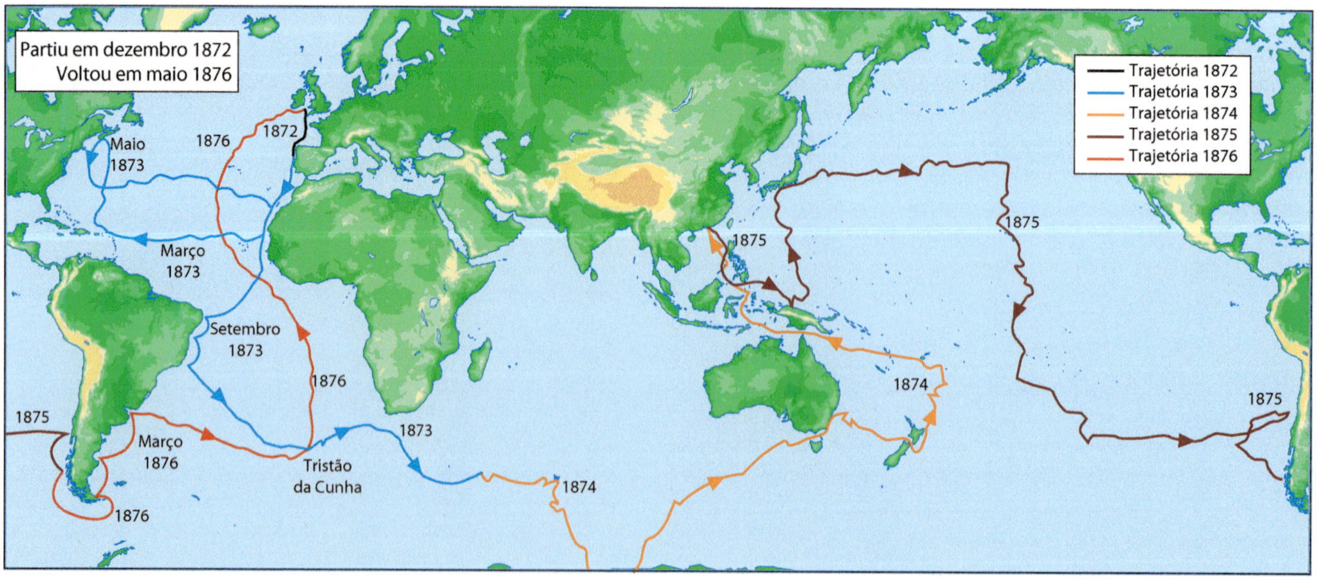

b

Figura 2.19 Cientistas investigam espécimes no laboratório de zoologia a bordo do navio HMS *Challenger*.

©Mary Evans/Science Source

tragem profunda de até 8.185 metros (26.850 pés) e amostras foram coletadas ao largo da costa das Filipinas. Com a coleta de 492 amostras profundas (sondagens) com pegadores de fundo e redes mecânicas em 362 estações (incluindo 133 dragagens), conseguiram provar que Forbes estava completamente errado. A cada içada, animais desconhecidos eram espalhados pelo convés; no total, os biólogos da equipe descobriram 4.717 novas espécies! A **Figura 2.19** mostra um dos laboratórios biológicos do *Challenger*.

Os cientistas também fizeram medições de salinidade, temperatura e densidade da água durante essas sondagens. Cada registro contribuiu para uma imagem crescente da estrutura física do oceano profundo. A tripulação completou pelo menos 151 coletas com redes de arrasto e armazenou 77 amostras de água do mar para análise mais detalhada em terra. A expedição coletou novas informações sobre correntes oceânicas, meteorologia e distribuição de sedimentos, e também confeccionou cartas de locais e perfis de recifes de corais. Milhares de espécimens foram levados aos museus britânicos para estudo. Nódulos de manganês e massas marrons de sedimentos ricos em minerais foram descobertos no leito oceânico, o que despertou o interesse da mineração do fundo do mar. O trabalho foi doloroso e repetitivo – um quarto de uma equipe de 269 membros chegou a desertar!

Apesar do trabalho penoso, a primeira investigação oceanográfica pura foi um sucesso sem igual. A descoberta de vida nas profundezas do oceano estimulou o início da Biologia marinha. O escopo, a precisão, a perfeição e a apresentação atraente dos relatórios redigidos pelos pesquisadores tornaram essa expedição o ponto alto da publicação científica. O *Challenger Report*, o registro da expedição, foi publicado entre 1880 e 1895 por *Sir* John Murray em uma coleção bem escrita e maravilhosamente ilustrada de 50 volumes. Ele ainda é utilizado atualmente. Na verdade, foi o *Report* de 50 volumes, ao invés da viagem, que forneceu a base para o início da Oceanografia. O resultado financeiro da expedição indicou que a pesquisa pura era um bom investimento, então o governo britânico obteve lucros rápidos com a exploração dos depósitos minerais recentemente descobertos nas ilhas. A expedição *Challenger* ainda é considerada a mais longa expedição oceanográfica científica contínua da história.

BREVE REVISÃO

Antes de passar para a próxima seção, verifique seu entendimento de algumas das ideias importantes apresentadas até agora:

8. O capitão James Cook ficou conhecido como o primeiro cientista marinho. Como isso pode ser justificado?

9. Por que determinar a longitude é tão importante? Por que é mais difícil que determinar a latitude? Como esse problema foi resolvido?

10. Quais foram as contribuições de Matthew Maury para as Ciências do Mar? E as de Benjamin Franklin?

11. Qual foi a primeira expedição oceanográfica puramente científica e quais são algumas de suas realizações?

Para verificar suas respostas, acesse a página deste livro no site da Cengage.

2.6 A Oceanografia Contemporânea Faz Uso da Tecnologia Moderna

No século XX, as viagens oceanográficas tornaram-se cada vez mais tecnicamente ambiciosas e caras. Os cientistas-exploradores procuravam e investigavam locais anteriormente de difícil acesso. Embora o leito oceânico profundo tenha sido alcançado, foi o proibido oceano polar que chamou a atenção, em primeiro lugar.

A Oceanografia moderna começou com os esforços pioneiros de Fridtjof Nansen. Nansen bravamente permitiu que seu navio especialmente projetado, *Fram*, ficasse aprisionado no gelo ártico, onde ele e sua equipe de 13 pessoas ficaram à deriva por quase quatro anos (1893-1896), explorando a 85°57' N, um recorde para a época. A deriva de 1.650 quilômetros (1.025 milhas) do *Fram* provou que o continente Ártico não existia. Os estudos de Nansen da deriva, das condições meteorológicas e oceanográficas, da vida em altas altitudes, e das técnicas de sondagem e amostragem profundas são os fundamentos da ciência polar moderna. Em 1910, Roald Amundsen, um aluno de Nansen, partiu em uma pequena embarcação robusta para a costa da Antártica, o primeiro trecho de uma jornada bem-sucedida até o Polo Sul.

Novos Navios para Novas Tarefas

Em 1925, a **expedição *Meteor*** da Alemanha, que navegou no Atlântico Sul durante dois anos, utilizou equipamentos eletrônicos e ópticos modernos para a investigação oceanográfica. Sua inovação mais importante foi o uso de um **ecobatímetro** (ecossonda), dispositivo que emite ondas sonoras até o fundo do oceano para estudar sua profundidade e seu contorno **(Figura 2.20)**. O ecobatímetro revelou aos cientistas da *Meteor* um perfil variado e extremamente irregular do fundo oceânico, ao invés de um perfil plano, como imaginavam.

Em outubro de 1951, um novo navio HMS *Challenger* começou uma viagem de dois anos que faria medições precisas da profundidade nos oceanos Atlântico, Pacífico e Índico, e também no Mar Mediterrâneo. Com o uso de ecobatímetros, as medições que a tripulação do primeiro *Challenger* levava quase quatro horas para completar podiam agora ser realizadas em poucos segundos. Os cientistas da *Challenger II* descobriram a parte mais profunda da fossa mais profunda do oceano e deram-lhe o nome Depressão Challenger, em homenagem à sua famosa predecessora. Em 1960, o tenente da Marinha norte-americana Don Walsh e Jacques Piccard desceram a Depressão Challenger no *Trieste*, um batiscafo suíço semelhante a um dirigível.[2]

Em 1968, o navio de perfuração *Glomar Challenger* partiu para testar uma hipótese controversa sobre a história do leito oceânico. Ele tinha capacidade para perfurar o assoalho marinho a mais de 6.000 metros (20.000 pés) de profundidade e recolher amostras de sedimentos. Essas perfurações longas e reveladoras confirmaram evidências da expansão do leito oceânico e das placas tectônicas. (Magníficos detalhes são apresentados no Capítulo 3.) Em 1985, atividades de perfuração do oceano profundo foram realizadas pelo navio *JOIDES Resolution*, um navio maior e com tecnologia mais avançada. Em outubro de 2003, a responsabilidade por esse tipo de perfuração foi transferida para o Programa Integrado de Perfuração Oceânica (Integrated Ocean Dilling Program – IODP), um consórcio internacional de pesquisa que já está operando o sucessor do *JOIDES Resolution*, um navio ainda maior, o navio de pesquisa R/V *Chikyu* ("Terra") **(Figura 2.21)**. Esse navio japonês, que iniciou as operações em 2007, contém equipamentos capazes de recolher testemunhos com até 11 quilômetros (7 milhas) de comprimento! Ele possui equipamento para controlar qualquer fluxo de óleo ou gás, o que significa que pode perfurar as bacias sedimentares nas margens continentais, consideradas inseguras para o *JOIDES Resolution*. Esse navio custou US$ 500 milhões e abriga um dos laboratórios geológicos mais bem equipados já utilizados em embarcações.

A Marinha dos Estados Unidos opera cinco navios de pesquisa oceanográfica, sendo o USNS *Bruce C. Heezen* o mais novo deles. Os navios dessa classe cruzam o oceano mundial para mapear o fundo oceânico, coletar amostras de água, realizar testes acústicos, e lançar e recuperar conjuntos de instrumentos. Em 2010, o novo *Okeanos Explorer* **(Figura 2.22)**, o único navio de pesquisa que possui um veículo passível de ser operado remotamente (*remotely operated vehicle* – ROV), da **National Oceanic and Atmospheric Administration – NOAA**), uniu-se a esses navios.

[2] Mais detalhes sobre essa aventura angustiante podem ser encontrados no Capítulo 4.

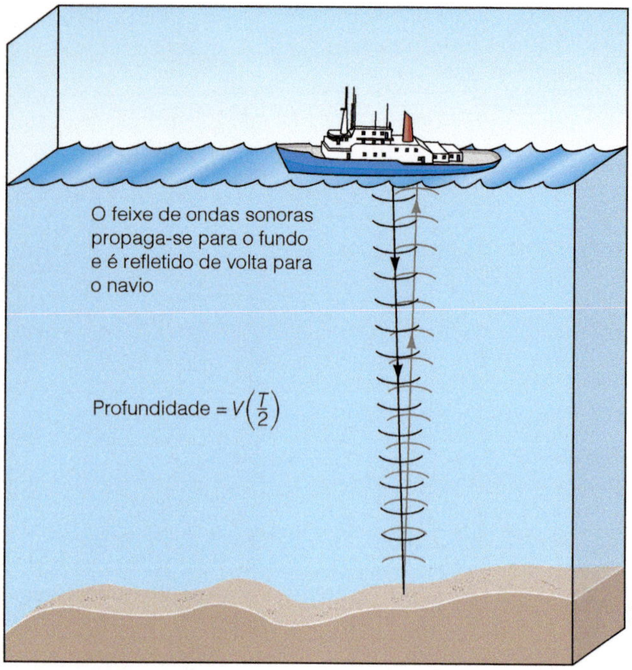

Figura 2.20 Ecobatímetros avaliam o contorno do fundo oceânico emitindo ondas sonoras que alcançam o fundo e medindo o tempo de retorno para o navio. Com os dados do tempo total (ida e volta) e da velocidade da onda, é possível calcular a profundidade. Essa técnica foi inicialmente usada em larga escala pelo navio de pesquisa alemão *Meteor*, na década de 1920.

PENSANDO ALÉM DA IMAGEM

Você consegue pensar em alguns fatores que podem afetar a precisão de um ecobatímetro?

Surgem Instituições Oceanográficas para Supervisionar Complexos Projetos de Pesquisa

A demanda científica da Oceanografia tornou-se maior que a capacidade de qualquer viagem. As instituições oceanográficas, as agências e os consórcios evoluíram em parte para garantir a continuidade do esforço. O primeiro desses órgãos foi fundado pelo príncipe Albert I de Mônaco, que criou no principado o laboratório e museu oceanográfico em 1906. O ex-aluno mais famoso do Institut Océanographique de Albert é Jacques Cousteau, coinventor, em 1943, do scuba, sistema de respiração subaquática. Mônaco também se tornou a sede do International Hydrographic Bureau, fundado em 1921 como uma associação de nações marítimas. Essa agência publicou uma das primeiras cartas gerais do oceano apresentando contornos do fundo.

Nos Estados Unidos, as três instituições oceanográficas mais proeminentes são: a Woods Hole Oceanographic Institution, em Cape Cod, fundada em 1930 (associada ao Massa-

Figura 2.21 Um modelo do navio de pesquisa *Chikyu* ("Terra"), embarcação líder do Programa Integrado de Perfuração Oceânica, que conta com 18 países participantes. O *Chikyu* é 45% mais comprido e tem 2,4 vezes a massa do *JOIDES Resolution*, o navio que ele substituiu. Danificado no tsunami de 2011, o navio foi reparado e está em operação novamente.

chusetts Institute of Technology e ao Marine Biological Laboratory, fundado em 1888); a Scripps Institution of Oceanography, fundada em La Jolla, Califórnia, e associada à Universidade da Califórnia, em 1912 (Figura 2.23a e b); e o Lamont-Doherty Earth Observatory, da Universidade de Columbia, fundado em 1949.

A China está expandindo rapidamente suas habilidades de pesquisa oceânica. Parte de seu esforço está concentrada na Universidade do Oceano da China, em Qingdao, uma instituição de cerca de 19.000 alunos de graduação e pós-graduação dedicada quase exclusivamente às Ciências do Mar (Figura 2.23c).

O governo dos Estados Unidos incentiva a pesquisa oceanográfica. No Ministério da Marinha existem: o Office of Naval Research, o Office of Oceanographer of the Navy, o Naval Oceanic and Atmospheric Research Laboratory e o Naval Ocean Systems Center. Essas agências são responsáveis pela pesquisa oceanográfica relacionada à defesa nacional. A **Administração Oceânica e Atmosférica Nacional (National Oceanic and Atmospheric Administration – NOAA)**, criada dentro do Ministério do Comércio, em 1970, busca facilitar o uso comercial dos oceanos. A NOAA inclui o National Ocean Service, o National Weather Service, o National Marine Fisheries Service e o Office of Sea Grant.

Os consórcios internacionais estão desempenhando um papel cada vez maior na pesquisa marinha. O IODP foi citado anteriormente e existem outros. Por exemplo, os Estados Unidos e o Canadá cooperam na Iniciativa para Observatórios no Oceano (Ocean Observatories Initiative – OOI) da Fundação Nacional da Ciência. No projeto *Neptune*, a rede do observatório de 900 quilômetros (560 milhas) de cabeamento subaquático agora liga 130 instrumentos e 400 sensores à internet, fornecendo monitoramento contínuo de parte do sistema do noroeste do Oceano Pacífico. O Censo da Vida Marinha, uma vasta empreitada de dez anos, com 2.700 pesquisadores em mais de 80 países, concluiu seu relatório científico em outubro de 2010. Os resultados desses esforços serão discutidos nos próximos capítulos.

Dispositivos Robóticos Estão se Tornando Mais Eficientes

Os ROVs estão revolucionando as Ciências do Mar. Os sistemas de telepresença agora estão sendo aperfeiçoados e permitem que os operadores a bordo do navio ou em terra "sintam" as texturas da superfície e as forças que estão sendo aplicadas em grandes profundidades e distâncias por uma mão robótica. Alguns robôs são autônomos – não são presos ao navio e operam sozinhos, realizando instruções neles programadas antes de serem liberados. Dentre eles, o mais habilidoso é o HROV *Nereus*, o veículo de mergulho mais profundo em operação no momento (Figura 2.24). Em maio de 2009, o *Nereus* atingiu a fossa oceânica mais profunda do mundo, a uma profundidade de 10.902 metros (35.768 pés).

A habilidade dos robôs controlados remotamente para coletar amostras e manipular equipamentos em condições

Figura 2.22 O navio *Okeanos Explorer*, do NOAA, o mais moderno de uma série de navios de pesquisa oceanográfica que percorrem o mundo e o único do tipo que contém um exclusivo veículo controlado remotamente (ROV).

a

b

c

Figura 2.23 (a) Woods Hole Oceanographic Institution, localizada em Woods Hole, Massachusetts. As Ciências do Mar tornaram-se parte importante dessa pequena comunidade pesqueira, em Cape Cod, desde que Spencer Fullerton Baird, então secretário assistente do Institution Smithsonian, estabeleceu a U.S. Comission of Fish and Fisheries, em 1871. O Marine Biological Laboratory foi fundado em 1888; o Oceanographic Institution, em 1930. Os edifícios do instituto vistos aqui cercam a calma Eel Pond.
(b) Scripps Institution of Oceanography, La Jolla, Califórnia. Com início em 1892 como um laboratório portátil em uma tenda, o Scripps foi fundado por William Ritter, um biólogo da Universidade da Califórnia. Seus primeiros edifícios permanentes foram erguidos em 1905 em um local adquirido com fundos doados pelo filantropo proprietário de um jornal E. W. Scripps e sua irmã, Ellen.
(c) Universidade do Oceano em Qingdao, China. Esta é a maior instituição do mundo dedicada exclusivamente à educação e pesquisa em Ciências do Mar.
Fotos: Tom Garrison

que vão além da capacidade que os humanos podem suportar foi amplamente observada no verão de 2010, durante o derramamento de óleo da plataforma *Horizon*, no Golfo do México. Operados por técnicos, às vezes a centenas de milhas do local do derramamento, os robôs foram os olhos e a energia para girar válvulas, elevar tubulações, colocar as tampas no lugar e mitigar o que teria sido uma tragédia ainda maior. A **Figura 2.25** ilustra um desses robôs em ação.

Os Satélites Tornaram-se Ferramentas Importantes na Exploração Oceânica

A NASA (National Aeronautics and Space Administration), organizada em 1958, tornou-se uma instituição importante que contribui com as Ciências do Mar. Por quatro meses em 1978, o *Seasat*, da NASA, o primeiro satélite oceanográfico, emitiu dados oceanográficos para a Terra. Contribuições mais recentes vêm sendo realizadas por satélites que enviam sinais de radar sobre a superfície do

Woods Hole Oceanographic Institution

Figura 2.24 HROV *Nereus* em posição de lançamento. Como um veículo híbrido operado remotamente (HROV – Hydric Remotely Operated Vehicle), o *Nereus* pode agir autonomamente ou sob orientação de operadores humanos a bordo do navio ou em terra. O *Nereus* é atualmente o veículo que atinge a maior profundidade, alcançando 11.000 metros (36.000 pés).

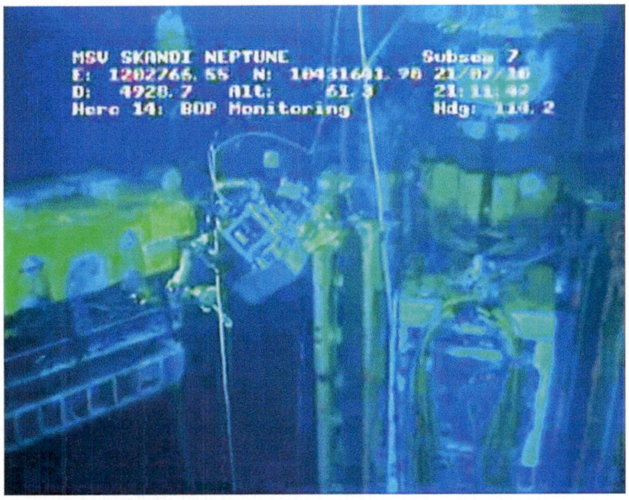

REUTERS/Handout

Figura 2.25 *Skandi Neptune*, um veículo operado remotamente (ROV) trabalha próximo da plataforma *Horizon,* poço que se rompeu no Golfo do México em 21 de julho de 2010.

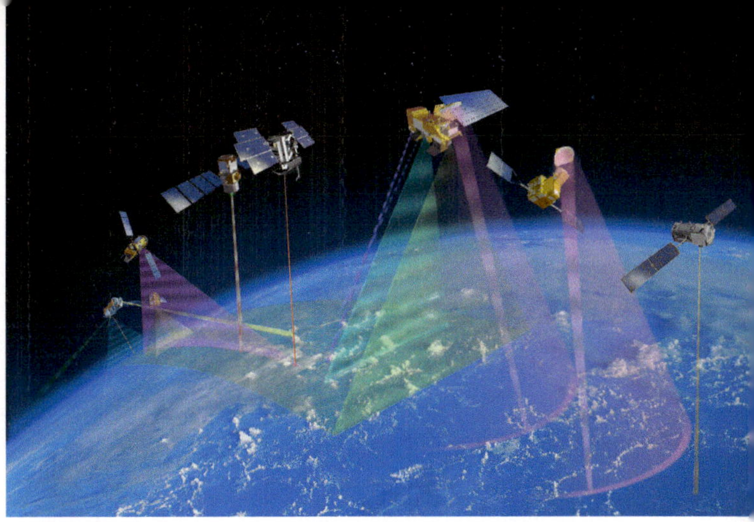

NASA

Figura 2.26 "A-Train" da NASA, uma constelação de satélites que orbitam a Terra enfileirados utilizando o mesmo trajeto. Eles são separados por alguns minutos de distância para que suas observações coletivas possam ser usadas para construir imagens tridimensionais da atmosfera da Terra, superfície do oceano e topografia terrestre.

mar para determinar a altura das ondas, variações no contorno e na temperatura da superfície do mar, além de outras informações que interessem aos cientistas marinhos.

O primeiro de uma nova geração de satélites oceanográficos foi lançado em 1992, em esforço conjunto da NASA e do Centre National d'Études Spatiales (Agência Espacial da França). O equipamento principal do ***TOPEX/Poseidon***, nome do projeto, é um satélite que está a 1.336 quilômetros (835 milhas) acima da Terra, em uma órbita que permite cobrir 95% da área livre de gelo do oceano, a cada dez dias. O *TOPography EXperiment* do satélite utiliza um dispositivo de posicionamento que permite determinar sua posição em até 1 centímetro (1/2 polegada) do centro da Terra! O radar a bordo pode então determinar a altura da superfície do oceano com extrema exatidão. Outros experimentos do programa, que durou cinco anos, incluam detectar o vapor de água sobre o oceano, indicar a localização precisa das correntes e determinar a velocidade e a direção dos ventos.

Jason-1, satélite da sequência ambiciosa da NASA, logo em seguida ao *TOPEX/Poseidon*, foi lançado em dezembro de 2001. Ele está um minuto e 370 quilômetros acima do TOPEX/*Poseidon*, em órbita semelhante, e sua tarefa principal é monitorar a interação climática global entre o mar e a atmosfera. Sua missão de cinco anos foi estendida.

O ***AQUA***, um dos três satélites da NASA da geração seguinte de satélites de observação da Terra, foi lançado em órbita polar em 4 de maio de 2002. É o equipamento mais importante de um projeto assim chamado por causa da grande quantidade de informações que serão coletadas sobre o ciclo da água, incluindo evaporação dos oceanos, vapor de água na atmosfera, fitoplâncton e matéria orgânica dissolvida nos oceanos e temperaturas do ar, da água e do solo. O *AQUA* voa em formação com as irmãs *TERRA*, *AURA*, *PARASOL*, e o *CloudSat* para monitorar a Terra e o ar (Figura 2.26).

Um sistema de satélites pode ser usado todo dia? O Departamento de Defesa dos Estados Unidos construiu o **Sistema de Posicionamento Global (Global Position System – GPS)**, uma constelação de 24 satélites (21 ativos e três sobressalentes) em órbita a 17.000 quilômetros (10.600 milhas) acima da Terra. Os satélites estão separados de modo que pelo menos quatro deles estejam sobre o horizonte, de cada ponto da Terra. Cada um contém um computador, um relógio atômico e um rádio transmissor. Em Terra, cada receptor GPS possui um computador que calcula sua própria localização geográfica com informações fornecidas por, pelo menos, três dos satélites. Os dados de latitude e longitude recebidos têm precisão de menos de um metro (39,37 polegadas), dependendo do tipo de equipamento. Os receptores GPS portáteis podem ser adquiridos por menos de US$ 70 – a maioria dos "smartphones" contém essa tecnologia. O uso do GPS para navegação e posicionamento revolucionou a coleta de dados no mar.

A Oceanografia por satélite é uma conquista importante, e as descobertas realizadas com seu uso serão abordadas nos próximos capítulos.

BREVE REVISÃO

Antes de passar para a próxima seção, verifique seu entendimento de algumas das ideias importantes apresentadas até agora:

12. Por que as condições oceanográficas nos polos da Terra interessam aos cientistas?

13. Em que sentido o ecobatímetro representa uma melhoria na realização de sondagens? Qual expedição utilizou um ecobatímetro pela primeira vez? Você pode pensar em algumas coisas que podem fazer a ecossondagem dar falsas informações?

14. O que estimulou o surgimento das instituições oceanográficas?

15. Os satélites orbitam no espaço. Como um satélite pode realizar uma pesquisa oceanográfica?

16. Que papel a área de pesquisa desempenha na Oceanografia Moderna?

Para verificar suas respostas, acesse a página deste livro no site da Cengage.

Perguntas dos Alunos

1. Qual é a evidência mais antiga de viagem pelo oceano?

Os pesquisadores em 2010 levantaram a possibilidade de que nossos ancestrais pré-humanos eram capazes de navegar pelos mares! Ferramentas de pedra que datam de pelo menos 130.000 anos foram encontradas em Creta, uma ilha do Mediterrâneo que foi separada do continente há pelo menos cinco milhões de anos. Aqueles que fizeram as ferramentas certamente chegaram de barco. As ferramentas assemelham-se a artefatos da tecnologia de pedra conhecida por ter sido originada com as populações pré-humanas na África. (Acredita-se que os humanos modernos, *Homo sapiens*, migraram da África há cerca de 60.000 anos.)

Parece que temos *mesmo* uma afinidade duradoura pelo mar!

2. Se a Biblioteca de Alexandria tinha tanto poder e tanto valor para o aprendizado e para o discurso inteligente, por que foi tão fácil virar o sentimento local contra sua missão? Os cidadãos de Alexandria não apreciavam essa instituição?

Talvez ela fosse um alvo fácil de destruição porque não há registro de nenhum dos estudiosos explicando ou divulgando as descobertas monumentais que foram feitas lá. A pesquisa científica era privilégio de poucos, e, exceto pela informação econômica disponível aos mercadores, as conquistas intelectuais dos pesquisadores tinham pouco valor prático. Como Carl Sagan escreveu: "A ciência nunca captou a imaginação da multidão. Não era possível equilibrar a estagnação, o pessimismo ou a renúncia servil ao misticismo. Quando, finalmente, a multidão destruiu a Biblioteca, não havia ninguém para impedir".[3]

3. Colombo descobriu a América do Norte?

Não, ele *nunca viu* a América do Norte.

4. Se Cristóvão Colombo não conseguiu realizar a circunavegação e Fernão de Magalhães morreu sem completá-la, quem foi o primeiro capitão a realizar esse feito?

Sir Francis Drake, da Inglaterra, foi o primeiro capitão a dar a volta ao mundo em seu navio. Sua expedição começou em 1577 e durou três anos. Na região leste do Pacífico, ele atacou mercadores espanhóis e capturou uma fortuna em ouro, prata, moedas e pedras preciosas. Foi o primeiro europeu a avistar a costa oeste do que agora é o Canadá e reivindicou a Califórnia para a rainha Elizabeth I. Ficou 68 dias navegando pelo Pacífico e, ao retornar à Inglaterra, realizou negociações no comércio de especiarias com vários chefes de Estado; alguns desses acordos têm efeito ainda hoje! Em 26 de setembro de 1580, ele retornou à Inglaterra, estava muito rico, recebeu da rainha o título de Cavaleiro e, em 1588, ajudou a derrotar a armada espanhola.

Pouco se sabia sobre suas explorações até recentemente. O comércio e as informações geográficas que ele levou para a Inglaterra foram considerados tão valiosos que receberam a mais alta classificação de segurança; desse modo, poucas pessoas viram ou se beneficiaram deles!

5. Qual foi a motivação de James Cook para suas viagens extraordinárias?

Pode-se dizer simplesmente que, como oficial da Marinha Real, foi obrigado. Entretanto, Beaglehole, Hough e outros biógrafos sugerem que a história é mais complexa. Como um homem relativamente sem estudo se torna líder de uma das primeiras expedições científicas oceanográficas? Cook apresentava atributos normais de uma pessoa de sucesso – inteligência, força de caráter, conhecer a pessoa certa na hora certa, saúde, concentração, sorte –, mas também tinha uma curiosidade intelectual e uma tolerância rara (para a época) e respeito por outras culturas. Como Hough (1994) escreve: "Cook destacou-se como um diamante em meio a bijuterias ..."[4] Não foi surpresa o fato de os lordes do almirantado o escolherem para liderar a aventura.

6. Como os navegantes modernos encontram sua posição no mar?

De modo bem simples. Eles pressionam alguns botões em uma caixa pequena e leem sua latitude e longitude diretamente na tela. Isso é feito por análise de radiotransmissões de satélites. Por apenas o equivalente a US$ 70, você pode comprar um receptor pequeno e portátil capaz de receber sinais GPS via satélite. A maioria dos *smartphones* também possui um chip GPS. O sistema GPS tem precisão de um metro (três pés) e pode até mostrar-lhe o caminho para chegar à sua casa (ou a qualquer outro lugar)! Nenhum desses métodos é tão divertido quanto o antigo método do sextante e cronômetro, mas acredito que qualquer um dos exploradores mencionados neste capítulo ficaria impressionado com nossas ferramentas modernas.

7. Você escreveu que o futuro da Oceanografia está nas grandes instituições. Há lugar para a iniciativa individual em Ciências do Mar?

Sempre. Toda aventura começa com uma pessoa sentada calmamente, alimentando uma ideia. A ideia pode parecer maluca em princípio, ou até mesmo impossível de provar ou contestar, mas a ideia não vai embora. O indivíduo compartilha a ideia com os colegas. Se um consenso de pesquisa for alcançado, planos são feitos, subvenções são propostas e financiadas, os dados fluem. Porém, o caminho sempre começa com uma pessoa e sua ideia.

---

[3] SAGAN, C. *Cosmos*. Random House, 1980. Consulte, principalmente, as p. 331-45.

[4] HOUGH, Richard. *Captain James Cook*: a biography. W. W. Norton & Company, 1997.

Panorama Geral do Capítulo

Neste capítulo, você aprendeu que a ciência e a exploração ocorreram lado a lado. A viagem por necessidade evoluiu para a viagem de descoberta científica e geográfica. A transição para a Oceanografia Científica se completou quando o *Challenger Report* foi terminado, em 1895. O surgimento das grandes instituições oceanográficas rapidamente se seguiu, e essas instituições e suas agências fundadoras marcam hoje nosso caminho para o futuro.

No próximo capítulo, você aprenderá como a exploração científica descobriu as camadas internas da Terra – camadas essas que são formadas por densidade estratificada. Você descobrirá que essas camadas são mais pesadas e quentes à medida que a profundidade aumenta, e também como podemos saber o que tem dentro do nosso planeta apesar de nunca termos estado abaixo da camada mais externa. Como verá, os terremotos e vulcões de hoje, e o movimento lento dos continentes são remanescentes de nosso distante passado cosmológico.

Termos e Conceitos para se Lembrar

National Oceanic and Atmospheric Administration (NOAA)
AQUA
Biblioteca de Alexandria
bússola
carta
cartógrafo
Colombo, Cristóvão
Cook, James
cronômetro
ecobatímetro (ecossonda)
Eratóstenes de Cirene
expedição *Challenger*
expedição *Meteor*
Franklin, Benjamin
Infante Dom Henrique, o Navegador
Jason-1
latitude
longitude
Magalhães, Fernão de
Maury, Matthew
navegação
navegadores chineses
oceanus
Polinésia
Sistema de Posicionamento Global (GPS)
TOPEX/Poseidon
vikings

Perguntas de Estudo

1. Como você convenceria uma criança de 10 anos de idade de que a Terra é redonda? Qual evidência uma criança daria de que ela é plana? Como você pretende contestar essas colocações?
2. De que maneira o sucesso nas navegações contribuiu às Ciências do Mar?
3. De que modo a Biblioteca de Alexandria contribuiu ao desenvolvimento das ciências marinhas? O que aconteceu com a maioria das informações acumuladas lá? Por que você acha que os moradores de Alexandria se tornaram hostis aos bibliotecários e às muitas conquistas da biblioteca?
4. Como Eratóstenes calculou o tamanho aproximado da Terra? Quais de suas suposições foram as "mais duvidosas"?
5. Qual era a semelhança entre as embarcações para longa distância dos *vikings* e as dos polinésios? Qual era a diferença?
6. Se Colombo não descobriu a América do Norte, quem o fez?
7. Quais foram as contribuições do capitão James Cook? Ele merece ser lembrado mais como um explorador ou como um cientista marinho?
8. Qual foi a primeira expedição oceanográfica puramente científica e quais são algumas de suas realizações?
9. Quem possivelmente foi a primeira pessoa a adotar o estudo sistemático do oceano como uma ocupação em tempo integral? Suas contribuições são consideradas importantes?
10. Que norte-americano ficou famoso ao publicar a primeira imagem de uma corrente oceânica? Qual foi sua motivação para estudar as correntes?
11. Faça um breve esboço dos principais desenvolvimentos nas Ciências do Mar desde 1900. Qual é o maior destaque dessa história: os indivíduos, as expedições ou as instituições?
12. O que é um ecobatímetro ou ecossonda?
13. Como um satélite no espaço pode estudar o oceano? Ele está lá em cima e o oceano aqui embaixo...
14. Em sua opinião, qual será o futuro das Ciências do Mar?

3 A Estrutura da Terra e as Placas Tectônicas

CONCEITOS-CHAVE

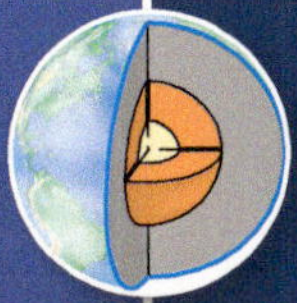

O interior da Terra é feito de camadas e essas camadas estão dispostas por densidade. © Cengage Learning

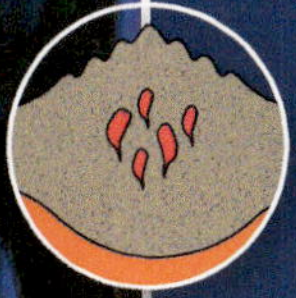

Os continentes elevam-se acima do nível do mar porque flutuam em uma densa camada deformável sob eles. © Cengage Learning

A superfície frágil da Terra é fraturada em aproximadamente doze "placas", semelhantes a telhas. © Cengage Learning

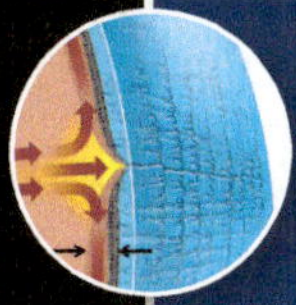

O movimento do material subterrâneo em que essas placas flutuam as move umas em relação às outras. © Cengage Learning

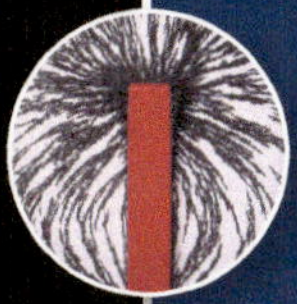

Evidências convincentes do movimento das placas são registradas em campos magnéticos no fundo oceânico. Cordelia Molloy/Science Source

Lava derretida explode à medida que se encontra com o oceano na orla da ilha do Havaí. © National Geographic Creative

3.1 Partes da Superfície da Terra Parecem Já Ter Sido Unidas Algum Dia

Em alguns lugares, os continentes parecem se encaixar, como as peças de um quebra-cabeça, caso o oceano entre eles fosse removido. Em 1620, Francis Bacon também escreveu sobre uma "certa correspondência" entre as linhas de costa de cada lado do Atlântico Sul. A **Figura 3.1a** mostra esse impressionante aspecto. Os continentes podem, de algum modo, ter sido unidos no passado?

Enquanto sondavam os limites submersos dos continentes, cientistas marinhos descobriram que o fundo do oceano nas imediações da costa quase sempre se inclina gradualmente conforme se afasta em direção ao mar até uma determinada distância, para depois, abruptamente, mergulhar para o leito oceânico mais profundo. Eles perceberam que esses limites continentais semelhantes a prateleiras eram extensões dos próprios continentes. Onde tinham obtido medidas, os pesquisadores descobriram que o encaixe entre a América do Sul e a África, muito semelhantes na linha de costa, era ainda mais preciso ao longo dos limites submersos dos continentes. Em um estudo anterior usando computação gráfica, os pesquisadores geraram uma visualização do melhor encaixe considerando esses limites submersos **(Figura 3.1b)**.

> Um encaixe tão preciso certamente não poderia ter ocorrido por acaso.

Um encaixe tão preciso certamente *não* poderia ter ocorrido ao acaso.

A chave para esse curioso quebra-cabeça foi revelada 50 anos atrás por **Alfred Wegener**, um dedicado meteorologista e explorador polar alemão **(Figura 3.2)**. Em uma palestra de 1912, ele propôs a surpreendente e original teoria da **deriva continental**. Wegener sugeriu que todos os continentes do planeta já estiveram unidos em único supercontinente cercado por um oceano. Ele chamou essa massa de terra de **Pangeia** (*pan*, "todo"; *gaea*, "Terra, terreno"), e o oceano circundante de **Pantalassa** (*pan*, "todo"; *talassa*, "oceano"). Wegener considerou que, cerca de 200 milhões de anos atrás, Pangeia havia se partido em pedaços. E, desde então, afirmou, esses pedaços se moveram até atingir suas posições atuais, onde ainda continuam a se mover.

É claro que a evidência de Wegener incluía o encaixe aparente da linha de costa dos continentes através do Atlântico Norte e Sul, mas ele também comentou sobre o alinhamento das cordilheiras, cuja idade, composição e estrutura eram similares em ambos os lados do Atlântico. A descoberta do carvão, o remanescente fossilizado das plantas tropicais, feita por *Sir* Ernest Shackleton em 1908, na glacial região Antártica, não fugiu à sua atenção. Wegener também estava ciente da descoberta feita por Eduard Suess em 1885, das similaridades dos fósseis encontrados nesses continentes separados, sobretudo os fósseis de 1 metro de comprimento (3,3 pés de comprimento) do réptil *Mesosaurus* e da samambaia com semente *Glossopteris* **(Figura 3.3)**.

Wegener não foi o primeiro cientista a reunir os continentes de acordo com a geologia e a geometria (essa honra, provavelmente é do geógrafo francês Antonio Snider-Pellegrini, no ano 1858), mas Wegener *foi* o primeiro a propor um mecanismo para explicar a suposta deriva. Ele acreditava que os continentes pesados foram lançados para o Equador com a rotação da Terra pelo efeito centrífugo. Essa inércia, juntamente com o arrasto das marés sobre os continentes, resultante dos efeitos do Sol e da Lua combinados, seria responsável pelo fenômeno da deriva dos continentes, pensou ele.

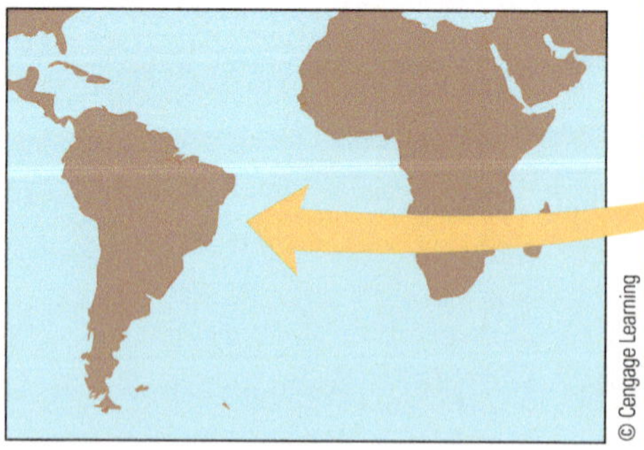

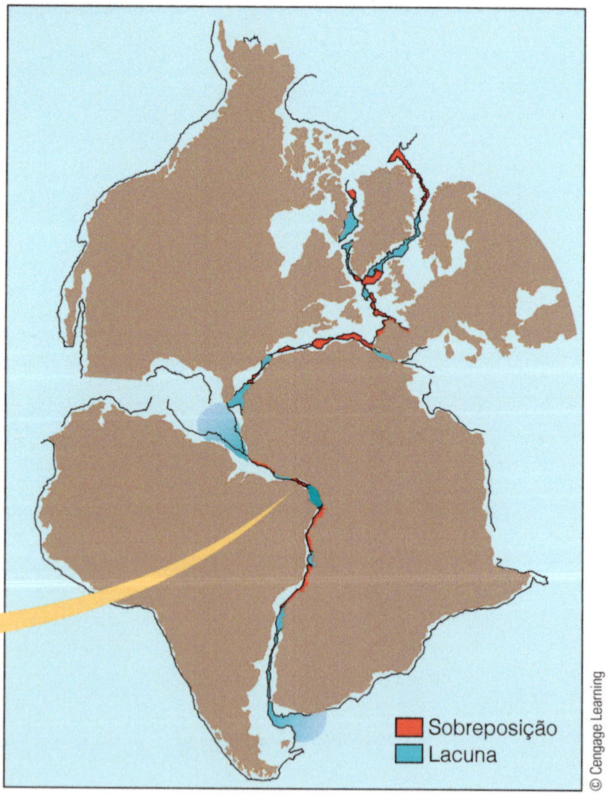

Figura 3.1 Linhas de costa correspondentes de cada lado do Atlântico Sul.

(a) Na época em que cartas precisas tornaram-se disponíveis, no final dos anos 1700, observadores notaram a impressionante coincidência do formato das costas do Atlântico da África e da América do Sul.

(b) O encaixe dos continentes pelo Atlântico a uma profundidade de aproximadamente 137 metros (450 pés), como calculado por *Sir* Edward Bullard, da Universidade de Cambridge, na década de 1960. Observe, sobretudo, a relação entre a África e a América do Sul. Esse primeiro gráfico feito por computador foi um forte estímulo para a revolução tectônica.

Figura 3.2 Alfred Wegener estuda seu diário, no início do que seria sua última expedição para a Groenlândia, em 1930. Seu notável livro, *The origin of continents and oceans,* foi publicado em 1915. Nele, ele destaca as evidências interdisciplinares para sua teoria da deriva continental. Um ano antes de essa foto ser tirada, Wegener escreveu: "É como se estivéssemos reencaixando os pedaços rasgados de um jornal ao combinar suas bordas e verificar se as linhas de impressão se encaixam, sem problemas. Se sim, não há nada a fazer, além de concluir que as peças ficavam, de fato, unidas dessa forma".

Wegener foi repudiado como um excêntrico. Seus depreciadores alegaram, com alguma justificativa, que ele selecionou cuidadosamente somente os dados que apoiavam sua hipótese, ignorando as evidências contrárias. Onde, por exemplo, estavam os rastros e as pistas no fundo oceânico antigo que os continentes migratórios deixaram? Porém, alguns geólogos ficaram do lado de Wegener. Esses entusiastas estavam hesitantes em adotar a teoria da força centrífuga, contudo eram incapazes de propor uma fonte de energia alternativa que pudesse mover os imensos continentes graníticos.

A maior barreira para a aceitação da deriva continental estava na visão que os geólogos tinham a respeito do manto da Terra. As evidências disponíveis pareciam sugerir que um manto profundo e sólido sustentava a crosta e as montanhas *mecanicamente* de baixo para cima. A deriva seria impossível

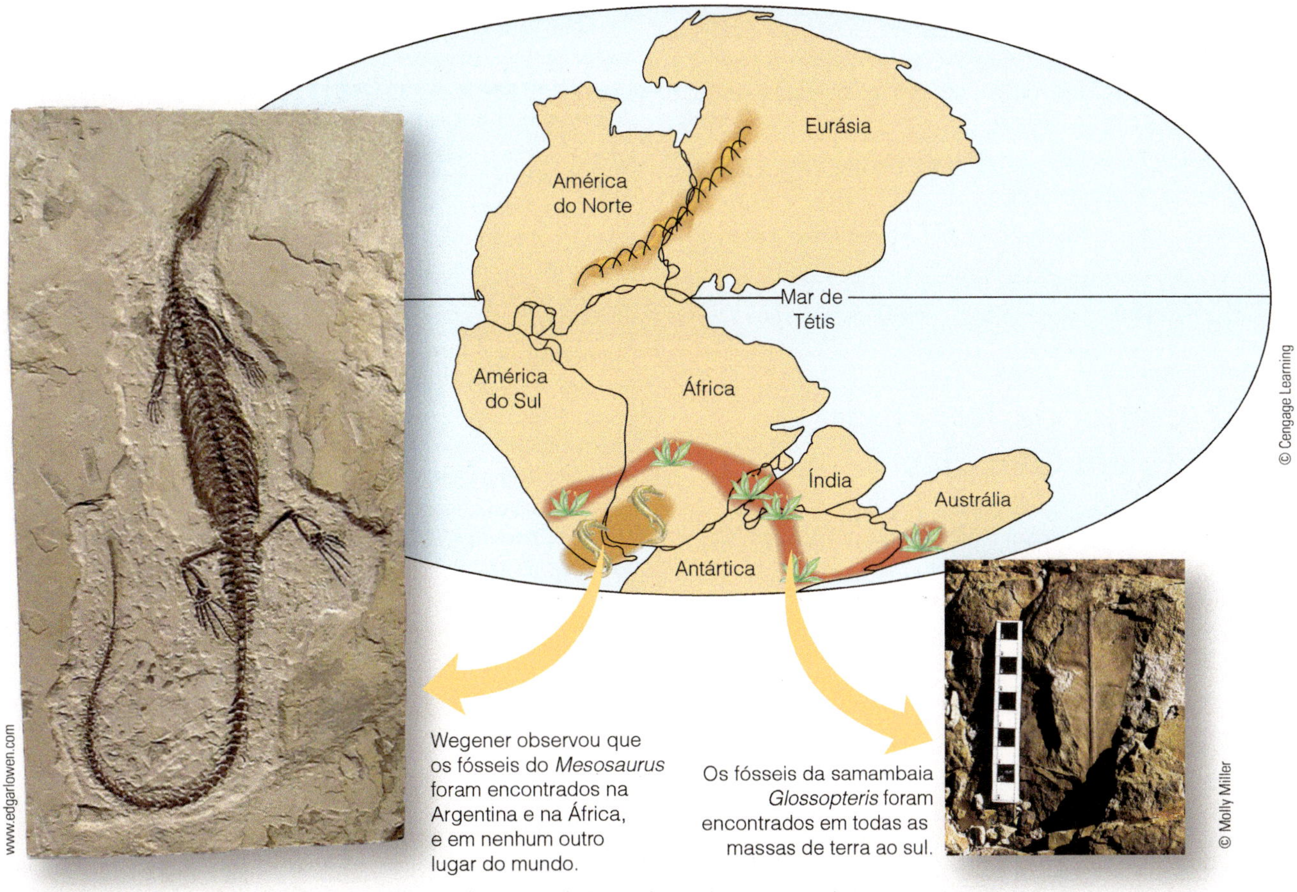

Figura 3.3 As cordilheiras na Escandinávia, Escócia e América do Norte agora estão separadas pelo Atlântico, mas são notavelmente semelhantes tanto em idade quanto em composição. Fósseis do réptil *Mesosaurus* foram encontrados apenas na Argentina e na África. A semente da samambaia *Glossopteris* foi encontrada em todas as massas de terra do sul. Se os continentes já foram unidos, como mostrado aqui, essas cordilheiras e esse conjunto de fósseis teriam formado cadeias contínuas.

com esse tipo de embasamento subterrâneo rígido. Alguns poucos geólogos que pesquisavam ondas sísmicas foram sensíveis à ideia, pois perceberam que o manto superior reagia às ondas dos terremotos como se ele fosse uma massa deformável, e não um sólido rígido. Talvez essa camada se assemelhasse a uma barra de ferro aquecida em uma forja de ferreiro; ela poderia se deformar com a pressão e até fluir lentamente. Entretanto, renomados geólogos descartaram essa interpretação alegando que as montanhas, sem um embasamento rígido, iriam simplesmente desmoronar ou afundar. Em 1926, os adeptos da deriva retrataram-se completamente. Quando Wegener morreu, em uma expedição pela Groenlândia em 1930, sua teoria já estava obscurecida.

Isso significa que os continentes não se movem? Para responder essa pergunta, precisamos investigar a estrutura interna da Terra.

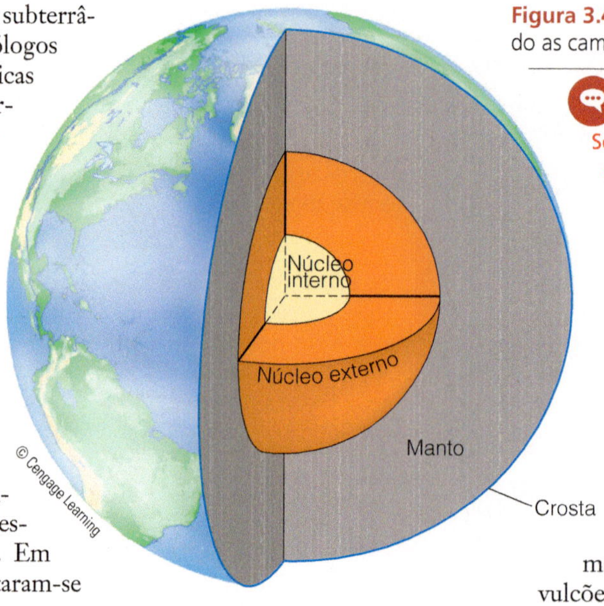

Figura 3.4 Corte transversal da Terra mostrando as camadas internas.

PENSANDO ALÉM DA IMAGEM

Sem consultar o texto adiante, você conseguiria pensar em um modo pelo qual os cientistas poderiam ter chegado à conclusão de que a parte interna da Terra está dividida em camadas?

BREVE REVISÃO

Antes de passar para a próxima seção, verifique seu entendimento de algumas das ideias importantes apresentadas até agora:

1. Qual força Wegener acreditava ser responsável pelo movimento dos continentes?
2. Quais foram as maiores objeções à hipótese de Wegener?

Para verificar suas respostas, acesse a página deste livro no site da Cengage.

3.2 O Interior da Terra Está Dividido em Camadas

Os pesquisadores descobriram que o interior da Terra está *dividido em camadas* – semelhantes ao interior de uma cebola (como na **Figura 3.4**). Como visto no Capítulo 2, a Terra foi formada por acreção de uma nuvem de poeira, gás, gelo e fragmentos estelares. Posteriormente, a gravidade selecionou os componentes por densidade, separando a Terra nas camadas que observamos hoje (veja novamente a Figura 1.11). Como cada camada mais profunda é mais densa que a camada de cima, dizemos que a Terra possui a **densidade estratificada**. Lembre-se, **densidade** é uma expressão do peso relativo de uma substância; é definida como a massa por unidade de volume, normalmente expressa em gramas por centímetro cúbico (g/cm^3).[1]

Forças poderosas agindo com essas camadas, e entre elas, constituem as principais características da superfície terrestre. Essas forças determinam as delimitações e as localizações dos continentes e leitos oceânicos. Elas constroem e destroem montanhas e leitos marinhos, elevam ilhas, alimentam vulcões, formam fossas profundas e, com a ação dos terremotos, influenciam a vida de milhões de pessoas. Poucas descobertas nas Ciências do Mar têm sido tão empolgantes para geólogos quanto os recentes avanços no entendimento de como essas forças internas funcionam.

A constituição das camadas, suas propriedades e as forças que as influenciam devem sua compreensão ao estudo de ondas de choque associadas aos terremotos distantes.

Pulsos de energia de baixa frequência gerados por forças que causam os terremotos – **ondas sísmicas** – podem se espalhar rapidamente no interior da Terra em todas as direções e, posteriormente, retornar para a superfície. A análise das ondas sísmicas pode fornecer informações a respeito da natureza do interior da Terra, tanto quanto uma pequena batida em um melão pode informar se está ou não maduro para seu possível comprador.

Na última sexta-feira de março de 1964, a leste de Anchorage, no Alasca, ocorreu um dos maiores terremotos já registrados, atingindo 144 quilômetros (90 milhas). A liberação de energia rompeu a superfície da Terra por 800 quilômetros (500 milhas) entre o pequeno porto de Córdoba, a leste, e a Ilha Kodiak, a oeste. Em alguns lugares, a movimentação vertical da crosta foi de 3,7 metros (12 pés); uma pequena ilha foi erguida a 12 metros (38 pés). A movimentação horizontal provocou o maior dano: 65.000 quilômetros quadrados (25.000 milhas quadradas) de terra bruscamente movida para oeste. 4 minutos e meio de tremores violentos, Anchorage moveu-se 2 metros (6,6 pés) para o lado; a cidade de Seward moveu-se 14 metros (46 pés)! Mais de 75% dos estabelecimentos comerciais do estado foram destruídos e milhares de pessoas perderam suas casas. Os danos excederam US$ 750 milhões, e, considerando a magnitude e violência do terremoto, constatou-se que surpreendentemente apenas 115 vidas foram perdidas.

Estações de pesquisas geológicas localizadas em diversos pontos do globo registraram ondas sísmicas extraordinariamente fortes que chegaram do Alasca. Apesar de serem transmitidas através da terra, as ondas eram tão poderosas que muitos **sismógrafos**, instrumentos que percebem e registram terremotos, foram danificados.

Em 1900, o geólogo inglês Richard Oldham foi o primeiro a identificar ondas sísmicas de terremotos distantes emergindo do interior da Terra. Se a Terra fosse perfeitamente

[1] A densidade da água pura é de 1 g/cm^3. A rocha de granito é aproximadamente 2,7 vezes mais densa a 2,7 g/cm^3.

UM OLHAR MAIS ATENTO 3.1

Até que Profundidade da Terra os Seres Humanos Alcançaram?

Aprendemos sobre a estrutura interna da Terra ao detectar e analisar as vibrações que provêm de seu interior. Você pode se perguntar até que profundidade as pessoas já alcançaram – até que distância sob a superfície da Terra os seres humanos já se aventuraram?

Garimpeiros trabalhando na mina Tau Tona ("grande leão"), na região Witwatersrand, na África do Sul, estão escavando minério a 3.900 metros (12.800 pés ou 2,43 milhas) abaixo da superfície. A temperatura da rocha a essa profundidade é de 55 °C (131 °F). Os mineradores trabalham em duplas, um escavando a rocha e o outro apontando ar refrigerado em seu parceiro. Após um determinado período, eles trocam de lugar. Os planos são de avançar em direção a uma mina próxima, a Mponeng, para atingir uma profundidade de 4.500 metros (14.800 pés) nos próximos anos.

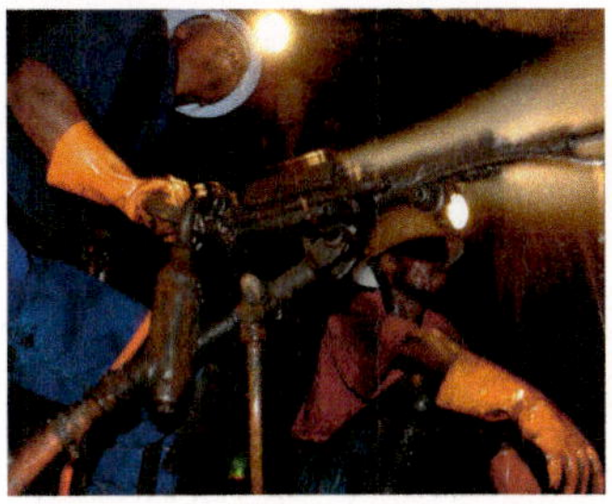

Naashon Zalk/Bloomberg/Getty Images

Figura A Mineradores perfuram a mina Mponeng, da Anglo Gold Ashanti, na África do Sul. A superfície do minério fica a uma profundidade de 3,9 quilômetros (2,43 milhas).

homogênea, as ondas sísmicas viajariam a velocidades constantes partindo de um terremoto, e seus trajetos pelo interior seriam em linha reta **(Figura 3.5a)**. No entanto, as investigações de Oldham mostravam que as ondas sísmicas estavam chegando *antes* do esperado nos sismógrafos mais afastados do terremoto. Isso significava que as ondas deviam estar viajando *mais rápido* à medida que se infiltravam na Terra. Elas também devem ter sido refratadas – desviadas para trás na direção da superfície **(Figura 3.5b)**.[2] Oldham concluiu que as ondas estavam sendo influenciadas pela passagem por áreas da Terra com densidade e propriedades elásticas diferentes daquelas vistas na superfície. Esse raciocínio mostrou que a Terra não é homogênea e que suas propriedades variam com a profundidade.

> A temperatura do núcleo da Terra é aproximadamente a mesma da superfície do Sol.

Os sismógrafos mais sensíveis em operação na década de 1960 permitiram que os pesquisadores estudassem as maneiras como as ondas sísmicas ricocheteavam devido às transições bruscas entre as camadas internas da Terra **(Figura 3.5c)**. Os avanços tecnológicos continuaram e recentes análises computadorizadas de ondas sísmicas contribuíram para o entendimento da composição, da espessura e da estrutura das camadas internas da Terra.

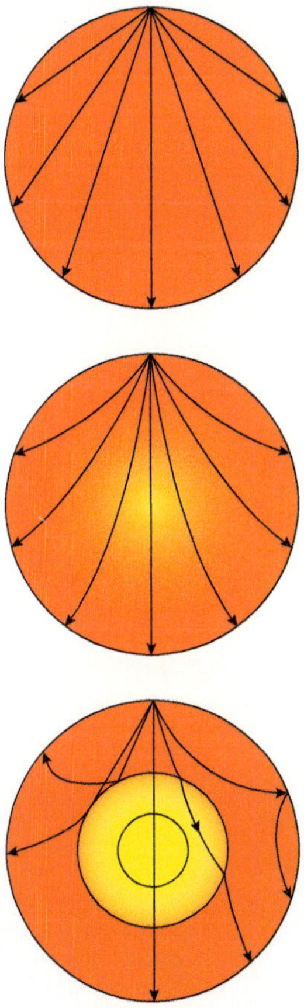

© Cengage Learning 2015

Figura 3.5 Possíveis trajetos a serem percorridos pelas ondas sísmicas na Terra.

(a) Se a Terra fosse completamente uniforme (homogênea), as ondas sísmicas se irradiariam do local de um terremoto em linhas retas.

(b) Se a densidade, ou rigidez, da Terra eventualmente ampliasse com a profundidade, a velocidade das ondas sísmicas aumentaria com a profundidade e as ondas se curvariam suavemente em direção à superfície.

(c) Se a Terra fosse dividida por diferentes camadas, algumas ondas sísmicas seriam refletidas nos limites das camadas, enquanto outras se curvariam. Evidências sísmicas mostram que a Terra é dividida em camadas.

[2] O princípio da *refração* é explicado e ilustrado na Figura 6.25.

Cada Camada Interna da Terra Possui Características Exclusivas

Cada camada existente no interior da Terra possui diferentes características físicas e químicas. Uma classificação do interior da Terra considera a composição química de suas diferentes camadas. A camada superior é leve, frágil e apropriadamente chamada de **crosta**. A crosta existente abaixo dos oceanos difere em espessura, composição e idade daquela dos continentes. A fina **crosta oceânica** é basicamente constituída por **basalto**, uma rocha pesada e escura composta, em sua maior parte, por oxigênio, silício, magnésio e ferro. No entanto, o material mais comum na espessa **crosta continental** é o **granito**, uma rocha muito comum composta principalmente por oxigênio, silício e alumínio. Acredita-se que o **manto**, a camada sob a crosta, consiste principalmente em oxigênio, ferro, magnésio e silício. A maior parte da Terra é o manto – representa 68% da massa da Terra e 83% de seu volume. Os **núcleos** externo e interno, que são formados principalmente por ferro e níquel, se situam abaixo do manto, no centro da Terra.

A constituição química não é o único critério importante que pode ser utilizado para distinguir as camadas. As diferentes condições de temperatura e pressão ocorrem em diversas profundidades, e essas condições influenciam as propriedades físicas dos materiais. O comportamento de uma rocha é determinado por três fatores: temperatura, pressão e a taxa em que uma força de deformação (tensão) é aplicada. Para dividir a parte interna do planeta, os geólogos utilizam outra classificação com base nas propriedades *físicas* e não *químicas*. Elas são mostradas na **Figura 3.6.**

- A **litosfera** (*lithos*, "rocha") – camada externa fria e rígida da Terra – tem 70 a 200 quilômetros (44–125 milhas) de espessura, é composta por crostas continentais e oceânicas *e* é a porção superior fria e rígida do manto.
- A **astenosfera** (*asthenes*, "fraco") é a camada quente, parcialmente derretida, de fluxo lento, da parte superior do manto abaixo da litosfera, e estende-se a uma profundidade de cerca de 350 a 650 quilômetros (220–400 milhas).
- O **manto inferior** estende-se até o núcleo. A astenosfera e o manto abaixo dela (o manto inferior) apresentam composição química similar. Apesar de mais quente, o manto abaixo da astenosfera não derrete em decorrência da pressão que aumenta rapidamente. Consequentemente, é mais denso e flui bem mais devagar.
- O **núcleo** tem duas partes. O núcleo externo é um líquido viscoso bem denso, quase tão corrente quanto a água. O núcleo interno é um sólido e é ainda mais denso – cerca de 16 g/cm^3, quase seis vezes a densidade da rocha de granito. Ambas as partes são extremamente quentes, com uma temperatura média de aproximadamente 5.500 °C (9.900 °F). Evidências recentes indicam que o núcleo interno pode chegar à temperatura de 6.600 °C (12.000 °F) em sua parte central, sendo mais quente que a superfície do Sol! Curiosamente, o núcleo interno sólido também apresenta rotação para o leste a uma velocidade ligeiramente mais rápida que a velocidade do manto.

A Figura 3.6 mostra, em detalhes, a litosfera e a astenosfera. *Observe que o rígido sanduíche de crosta e manto superior – a litosfera – flutua na (e é sustentado pela) astenosfera, mais densa e plástica.* Observe também que a estrutura da litosfera oceânica difere da litosfera continental. Como a espessa e granítica crosta continental não é excepcionalmente densa, ela pode se projetar para acima do nível do mar. Por sua vez, a fina e densa crosta oceânica basáltica quase sempre está submersa.

Elementos Radioativos Geram Calor Dentro da Terra

O interior da Terra é quente. A fonte principal desse calor é o **decaimento radioativo**, um processo que gera calor quando as formas instáveis de elementos químicos são transformadas em novos elementos. Como visto no Capítulo 1, o decaimento radioativo na recém-formada Terra liberou calor que contribuiu para a fusão da massa original. A maior parte do ferro fundido afundou em direção do núcleo, liberando enormes quantidades de energia. Quase todo calor gerado da formação do núcleo tem sido dissipado até o presente, mas elementos radioativos presentes nos núcleos e no manto da Terra continuam a decair e a produzir novo calor. Atualmente, a maior liberação de calor radioativo ocorre na crosta e no manto superior, ao invés de ocorrer nas camadas mais profundas. Parte desse calor viaja para a superfície por meio da **condução**, um processo análogo à lenta migração do calor no cabo de uma frigideira. Outra parcela também chega à astenosfera, por **convecção**. A convecção ocorre quando um fluido é aquecido, expande-se, torna-se menos denso e sobe. (A convecção também causa a subida do ar sobre um radiador quente; veja a Figura 7.8.)

Mesmo após 4,6 bilhões de anos, o calor continua a fluir do interior da Terra. O calor alimenta a construção de montanhas e vulcões, causa terremotos, move continentes e modela as bacias oceânicas.

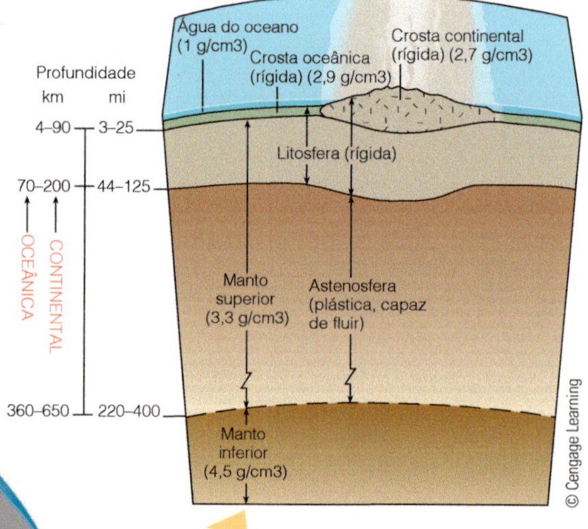

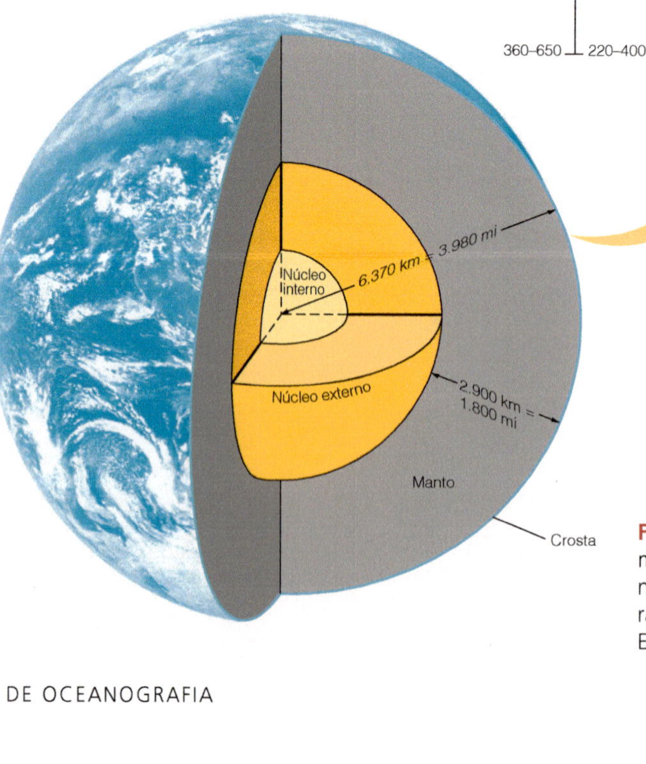

Figura 3.6 Corte transversal da Terra mostrando as camadas internas. Observe, no corte ampliado, a relação entre litosfera e astenosfera, e entre crosta e manto. Essa representação não está em escala.

Os Continentes Estão Acima do Oceano por Causa do Equilíbrio Isostático

Por que grandes regiões de crosta continental se elevam acima do nível do mar? Se a astenosfera é quente, não rígida e plástica, por que as montanhas não afundam em decorrência de sua massa e desaparecem? Olhar a parte expandida da Figura 3.6 novamente ajudará a explicar a situação. As regiões montanhosas dos continentes têm "raízes" que se estendem até o interior da astenosfera. A crosta continental e o restante da litosfera "flutuam" na astenosfera, que é mais densa. Essa situação está relacionada à flutuabilidade, o mesmo princípio que explica por que os navios flutuam.

Flutuabilidade é a capacidade que um objeto tem de flutuar em um fluido devido ao deslocamento de um volume de fluido cujo peso é igual ao peso do próprio objeto que está flutuando. *Um navio de ferro flutua porque desloca um volume de água igual, em peso, à sua própria massa somada àquela de sua carga.* Um navio cargueiro vazio desloca um volume de água menor que o deslocado pelo mesmo navio quando totalmente carregado (**Figura 3.7**). A água que sustenta o navio não é *forte* no sentido mecânico – a água não sustenta um navio da mesma forma que uma ponte de ferro sustenta um carro. A flutuabilidade, e não a força mecânica, sustenta o navio e sua carga.

(a) Um navio afunda até que desloque um volume de água com peso igual à do navio e de sua carga.

(b) Os *icebergs* afundam na água para que a mesma proporção de seu volume (cerca de 90%) fique submersa. Quanto mais pesado o *iceberg*, maior é seu volume. O pico do grande *iceberg* é mais alto, mas ele também se estende a uma profundidade maior que o iceberg menor.

(c) Continentes são apoiados de uma maneira semelhante.

Figura 3.7 O princípio da flutuação.

PENSANDO ALÉM DA IMAGEM

O ferro é mais pesado que a água. Como um navio feito de ferro flutua?

Qualquer parte de um continente que se projeta acima do nível do mar é sustentada da mesma maneira. Considere o continente que abriga o Monte Everest, a montanha mais alta da Terra, a 8,84 quilômetros (29.007 pés) acima do nível do mar.[3] O Monte Everest e seus picos vizinhos não são suportados pela força *mecânica* dos materiais do interior da Terra; nada em nosso mundo é tão forte. Por um longo período, e sob um peso gigantesco da camada da crosta situada acima, a astenosfera se comportou como um fluido denso, viscoso e com lenta movimentação. *As montanhas do continente flutuam acima do nível do mar porque a litosfera afunda gradualmente na astenosfera, que apresenta comportamento plástico, até deslocar um volume da astenosfera igual, em massa, ao total das massas das montanhas.* As montanhas estão a uma grande altitude, quase em equilíbrio com suas bases subterrâneas, porém suscetíveis de subir ou cair de acordo com o que a erosão ou a tensão da crosta determinarem. As regiões mais baixas são sustentadas por raízes mais superficiais. Em uma versão em câmera lenta de um navio flutuando na água, todos os continentes encontram-se em **equilíbrio isostático**.

O que acontece quando uma montanha é erodida? Quase da mesma forma como um navio flutua quando a carga é removida, a crosta da Terra se elevará em resposta à redução de peso. Montanhas antigas, que foram submetidas a processos erosivos atuantes durante milhões de anos, frequentemente expõem rochas que constituíam suas profundas raízes. Esse tipo de reajuste isostático resulta no afinamento da crosta continental abaixo das regiões montanhosas e na subsidência sob as áreas onde ocorre deposição de sedimentos. Esse processo é mostrado na **Figura 3.8**.

Diferente da astenosfera, em que a litosfera flutua, as rochas da crosta não podem fluir lentamente nas temperaturas normalmente encontradas na superfície. Um navio reage a qualquer alteração no peso com uma pequena alteração correspondente na posição vertical na água, porém uma área do continente ou do leito oceânico não pode reagir a qualquer pequena alteração de peso porque a rocha subjacente *não* é líquida, a deformação não ocorre rapidamente e os limites do continente ou do leito oceânico estão mecanicamente ligados às massas da crosta adjacente. Quando a força de soerguimento ou subsidência excede a resistência mecânica da rocha adjacente, ela sofre uma fratura ao longo de um plano de fra-

[3] O Everest tem uma história surpreendente. Se ficou curioso, consulte a foto de abertura do Capítulo 5.

gilidade – uma **falha**. Os fragmentos da crosta adjacente se moverão verticalmente uns em relação aos outros. Esse ajuste repentino da crosta às forças isostáticas por meio de fraturas, ou falhas, é uma das causas dos terremotos.

BREVE REVISÃO

Antes de passar para a próxima seção, verifique seu entendimento de algumas das ideias importantes apresentadas até agora:

3. O que queremos dizer quando afirmamos que algo é denso?

4. Como a densidade é expressa (unidades)?

5. Como as ondas sísmicas podem ser usadas para "ver" a Terra por dentro?

6. Relacione as camadas internas da Terra segundo suas características físicas.

7. Qual é a relação entre crosta e litosfera? E entre litosfera e astenosfera?

8. Por que o interior da Terra ainda é quente? Ele já não deveria ter esfriado?

9. Como os continentes são suportados acima do nível do mar?

Para verificar suas respostas, acesse a página deste livro no site da Cengage.

3.3 A Ideia de Wegener é Transformada

O conceito de Wegener sobre a deriva continental se recusou a morrer – aqueles continentes perfeitamente encaixados forneceram um assombroso lembrete de Wegener a qualquer um que olhasse para uma carta do Atlântico.

Em 1935, um cientista japonês, Kiyoo Wadati, especulou que os terremotos e os vulcões próximos ao Japão podem estar associados à deriva continental. Em 1940, o sismólogo Hugo Benioff traçou os locais dos terremotos profundos nos limites do Pacífico. Suas cartas revelaram a verdadeira extensão do **Anel de Fogo do Pacífico**, um círculo de intensa atividade geológica circundando grande parte do Oceano Pacífico. Os sismógrafos estavam começando a revelar um padrão para os terremotos e vulcões no mundo todo. Os terremotos profundos não ocorriam aleatoriamente na superfície da Terra, mas estavam concentrados em zonas que se estendiam em linhas ao longo da crosta da Terra.

Benioff, Wadati e outros imaginavam o que poderia causar um padrão tão ordenado de terremotos. Muitas das linhas correspondem ao sistema mundial de dorsais oceânicas, e as primeiras foram traçadas em 1925 por oceanógrafos a bordo do navio de pesquisa *Meteor*, que trabalhava no meio do Atlântico Norte. Os aplicados sismógrafos de Benioff também começaram a obter fortes evidências de uma camada parcialmente fundida e não rígida, localizada no manto superior. Os continentes poderiam, de alguma forma, deslizar sobre essa camada?

Outras informações, aparentemente não relacionadas, foram se acumulando. A **datação radiométrica** das rochas foi aperfeiçoada após a Segunda Guerra Mundial (veja o Apên-

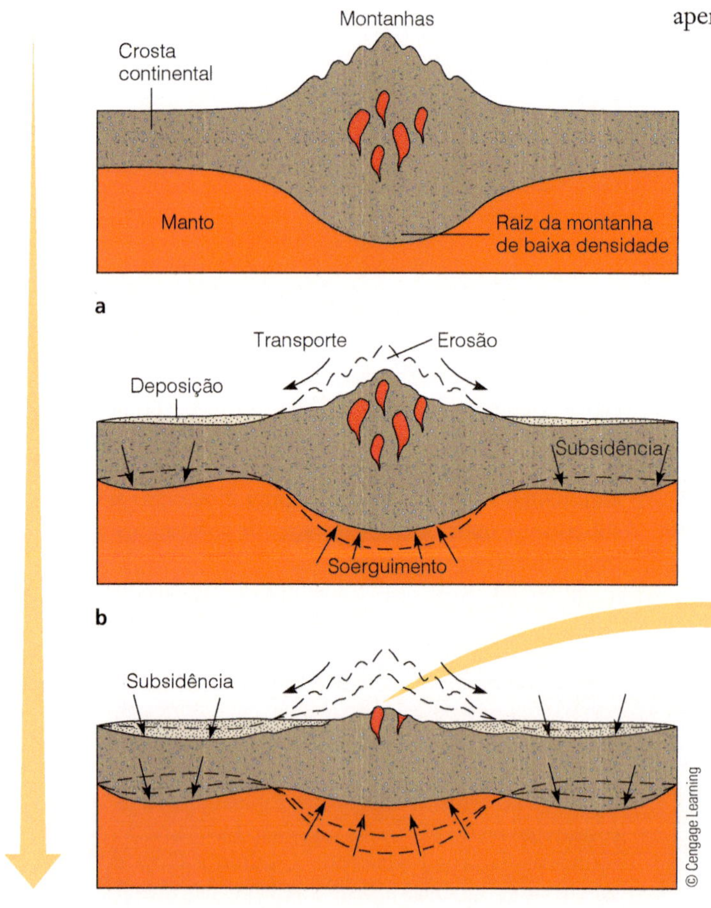

Figura 3.8 A erosão e o reajuste isostático podem fazer que a crosta continental se torne mais delgada em regiões montanhosas. À medida que as montanhas são erodidas ao longo do tempo (a-c), o soerguimento isostático faz que as raízes se elevem. (O mesmo acontece quando um navio é descarregado ou um *iceberg* derrete.) Outra erosão expõe as rochas que antes estavam incorporadas profundamente nos picos, por vezes expondo as estruturas antes enterradas, como o Half-Dome, no Yosemite Valley (d).

dice 3). Essa técnica se baseou na descoberta de que elementos radioativos instáveis naturalmente perdem partículas dos seus núcleos e se transformam em elementos estáveis. O decaimento radioativo ocorre em uma taxa constante, e, uma vez medida a proporção entre átomos radioativos e estáveis em uma dada amostra, pode-se determinar a idade da rocha. Para a surpresa de muitos geólogos, a idade máxima do leito oceânico e de seus sedimentos sobrejacentes foi radiometricamente datada em menos de 200 milhões de anos, apenas cerca de 4% da idade da Terra. Os centros dos continentes são *bem* mais velhos; algumas partes da crosta continental têm mais de 4 bilhões de anos, cerca de 90% da idade da Terra. *Por que a crosta oceânica era tão jovem?*

A atenção voltou-se rapidamente para os leitos oceânicos profundos, onde os **ecobatímetros**, instrumentos que medem a profundidade emitindo pulsos de ondas sonoras de alta frequência (veja novamente a Figura 2.20), revelavam complexos perfis. Em especial, os cientistas a bordo da embarcação de pesquisa do fundo do mar do Geological Observatory, *Vema* (uma escuna de três mastros transformada), inventaram técnicas de pesquisa profundas durante sua viagem. Após a Segunda Guerra Mundial, eles sondaram o fundo com ecobatímetros potentes e fizeram observações abaixo dos sedimentos pela reflexão de ondas de pressão geradas por explosivos de profundidade excedentes da Marinha lançados cautelosamente ao mar. O formato geral da Dorsal Mesoatlântica foi lentamente revelado. A conformidade da dorsal com os litorais de cada lado do Atlântico chocou muita gente. Os sedimentos do leito oceânico mostraram-se mais espessos ao limite do Atlântico e mais finos próximo a essa dorsal meso-oceânica.

Os estudos do manto continuavam. Os primeiros acessos à Rede Mundial de Sismógrafos Padronizados, iniciados em 1961, começaram a fornecer informações a respeito das ondas sísmicas refletidas e refratadas nas camadas internas do planeta. Essas informações possibilitaram constatar a existência de uma camada localizada no manto superior que causava redução na velocidade das ondas sísmicas. Esse achado sugere enfaticamente que essa camada era plástica. Possivelmente, a litosfera estaria isostaticamente equilibrada nessa camada deformável, e talvez os continentes pudessem nela se mover *caso* uma fonte de energia apropriada estivesse presente.

> Em 1965, as ideias da deriva continental e da expansão do fundo oceânico foram integradas ao conceito de subdução das placas tectônicas.

BREVE REVISÃO

Antes de passar para a próxima seção, verifique seu entendimento de algumas das ideias importantes apresentadas até agora:

10. Como um gráfico cuidadoso dos locais do terremoto afetou a discussão da teoria da deriva continental (como foi inicialmente chamada)? E o que você acha do encaixe de continentes semelhante a um quebra-cabeça em torno do Atlântico?

11. Como uma compreensão sobre o decaimento radioativo e a datação radiométrica influenciou o debate?

Para verificar suas respostas, acesse a página deste livro no site da Cengage.

3.4 O Avanço: Da Expansão do Fundo Oceânico para as Placas Tectônicas

Em 1960, Harry Hess, da Universidade de Princeton, e Robert Dietz, do Institution of Oceanography Scripps, propuseram uma ideia radicalmente inovadora para explicar as características do fundo oceânico e o ajuste das margens dos continentes. Eles sugeriram que um novo assoalho oceânico se desenvolve na Dorsal Mesoatlântica (e nas outras cordilheiras oceânicas recentemente descobertas) e se expande a partir de sua linha de origem. Os continentes seriam empurrados pelas mesmas forças que causam o crescimento do oceano. Esse movimento poderia ser resultado das **correntes de convecção**, lentos fluxos de material que circulam no interior do manto **(Figura 3.9a)**.

A nova teoria sobre a **expansão do fundo oceânico** esclareceu muitas das dúvidas existentes. Se as dorsais meso-oceânicas eram **centros de expansão** e fontes de um novo assoalho oceânico que se eleva a partir da astenosfera, elas deveriam ser quentes. E eram. Se a nova crosta oceânica se resfriasse à medida que se afastasse do centro de expansão, ela deveria reduzir seu volume e se tornar mais densa, aumentando a profundidade da coluna de água nas áreas mais distantes do centro de expansão. E assim era. Os sedimentos presentes nas bordas da bacia oceânica deveriam ser mais espessos que aqueles localizados perto dos centros de expansão. Além disso, esses sedimentos eram muito antigos.

Isso significava que a Terra estava em contínua expansão? Como não havia evidências que demonstrassem que a Terra havia aumentado de tamanho, a *criação* de uma nova crosta a partir de centros de expansão deveria ser equilibrada com a *destruição* da crosta em algum outro lugar. Posteriormente, pesquisadores descobriram que a crosta mergulha no manto ao longo das margens do Pacífico. O processo é conhecido como **subducção**, e essas áreas são chamadas de **zonas de subducção** (ou zonas de Wadati-Benioff, em homenagem a seus descobridores). As zonas dos terremotos concentrados foram encontradas nas regiões de formação da crosta (centros de expansão) e de destruição da crosta (zonas de subducção).

Em 1965, as ideias da deriva continental e da expansão do fundo oceânico foram integradas ao conceito de subducção de **placas tectônicas** (o termo *arquiteto* tem a mesma raiz), principalmente pelo trabalho de **John Tuzo Wilson**, um geofísico da Universidade de Toronto. De acordo com essa teoria, a camada exterior da Terra é formada por cerca de uma dúzia de grandes **placas** litosféricas que flutuam sobre a astenosfera. Quando aquecidas pelo manto, a plástica astenosfera se expande, torna-se menos densa e ascende **(Figura 3.9b)**. Ela vira-se para o lado quando atinge a litosfera, elevando e rachando a crosta para formar as bordas da placa. O recém-formado par de placas (uma de cada lado do centro de expansão) desliza para as dorsais inchadas – elas divergem do centro de expansão. Um novo leito oceânico se forma na área de divergência. As grandes placas são constituídas por crostas continentais e oceânicas. As placas principais aglomeram-se como enormes placas de gelo em um lago aquecido. O movimento das placas é lento, quando se consideram as referências humanas, e chega a 5 centímetros (2 polegadas) por ano. As placas interagem em fronteiras convergentes, divergentes, ou que se movem para os lados, às vezes umas forçando as outras para baixo da superfície ou franzindo-se em montanhas.

O movimento das placas é, aparentemente, causado pela combinação de duas forças que agem de maneira proporcionalmente igual:

- O empuxo para fora do novo leito marinho formado em centros de expansão: as placas deslizam das dorsais elevadas.
- A puxada para baixo de uma borda com maior densidade da placa descendente.

A pesquisa mostraria que as placas da superfície relativamente fria e sólida da Terra – sua litosfera – flutuam e se movem independentemente umas das outras sobre uma camada mais quente e parcialmente derretida – astenofera, localizada diretamente abaixo. Sabemos que *por meio da grande expansão do tempo geológico, esse lento movimento reconstituia a superfície da Terra, expande e separa continentes, e cria e destrói bacias oceânicas*. Os continentes menos densos, antigos continentes graníticos, projetam-se sobre as placas litosféricas, flutuando no lento movimento da astenosfera, situada abaixo. Esse processo tem progredido desde que a primeira crosta terrestre resfriou e se solidificou.[4]

A **Figura 3.10** apresenta uma visão geral do sistema tectônico. Literal e figurativamente, tudo se encaixa; um resfriamento, encolhimento ou enrugamento como o de uma uva passa não é mais necessário para explicar as características da superfície terrestre. Essa compreensão do século XX da constante mudança da natureza da Terra deu um novo significado para o alerta do historiador Will Durant: "A civilização existe por consentimento geológico, sujeito à mudança sem aviso prévio".[5]

As Placas Interagem em Seus Limites

A **Figura 3.11** é um gráfico de cerca de 10.000 terremotos. Observe o estranho padrão que eles formam – quase como se a litosfera da Terra fosse dividida em diversas partes!

[4] Como sabemos a idade das rochas? O Apêndice 3 explica o processo.

[5] Will Durant: *A História da Filosofia*. Simon & Schuster, 1926.

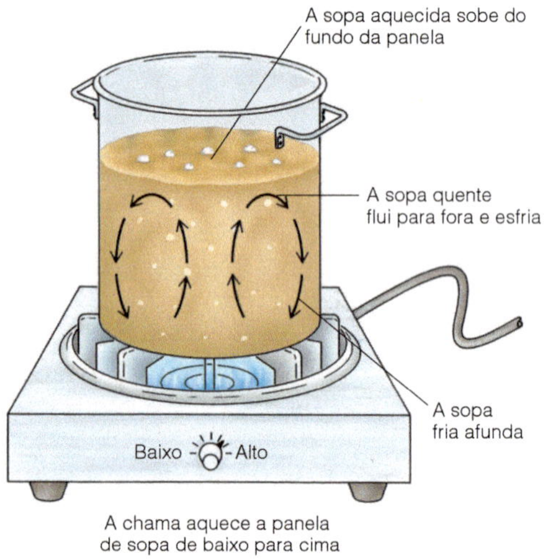

(a) Uma corrente de convecção é formada a partir do fundo da panela quando a sopa é aquecida.

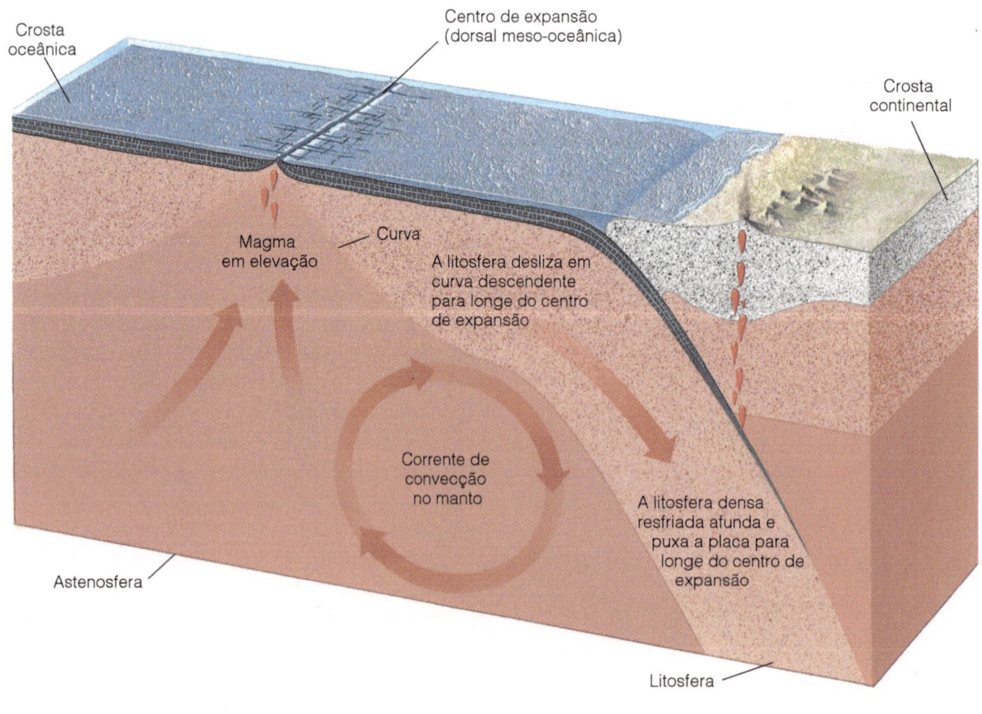

(b) Placas tectônicas correspondem às camadas superficiais frias das correntes de convecção no manto superior. A nova litosfera é mostrada movendo-se na curva descendente, para longe do centro de expansão onde foi formada. O movimento da placa é provocado pelo deslizamento das placas dorsais elevadas ao longo do centro de expansão e por seu afundamento pela gravidade, em direção ao manto.

Figura 3.9 Convecção.

De Thompson/Turk, EARTH (com Earth Science CourseMate com eBook, Virtual Field Trips in Geology, v. 1. Printed Access Card), 1E. © Cengage Learning

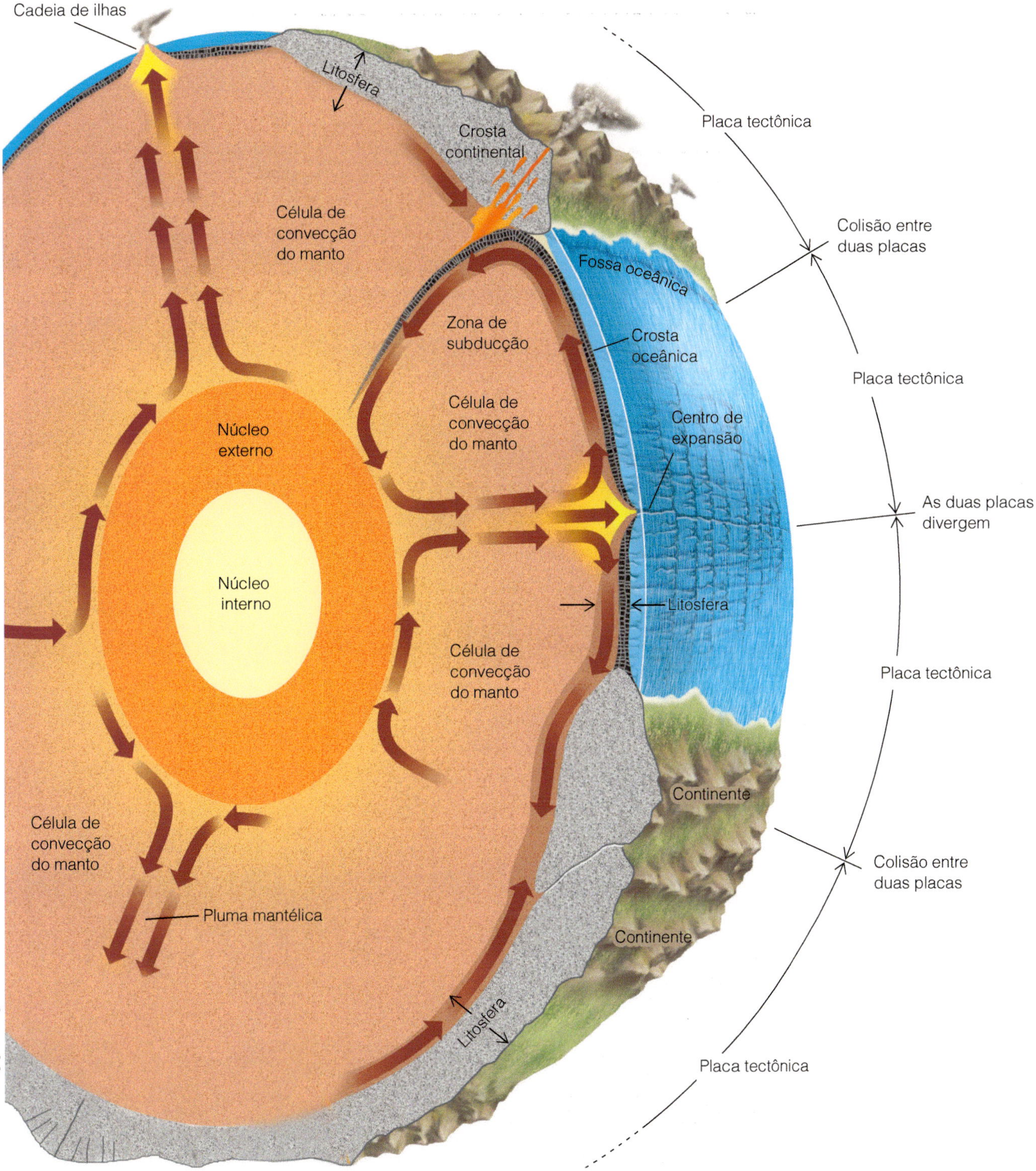

Figura 3.10 O sistema tectônico é alimentado pelo calor. Algumas partes do manto são mais aquecidas que outras e as correntes de convecção se formam quando o material aquecido do manto sobe e o material resfriado desce. Acima do manto flui a litosfera fria e rígida, que é fragmentada em placas. O movimento da placa é alimentado pela gravidade: as placas deslizam para baixo das dorsais nos lugares de sua formação; suas bordas frias com maior densidade são puxadas de volta para o manto. As placas afastam-se umas das outras (juntamente com as dorsais oceânicas), vão de encontro entre si (nas zonas de subducção ou nas áreas de construção montanhosa) ou passam umas pelas outras (como na Falha de San Andreas, na Califórnia). As menores correntes de convecção localizadas formam plumas cilíndricas que sobem para a superfície para formar pontos de calor (como as ilhas do Havaí). Observe que todo o manto parece estar envolvido em correntes de convecção térmicas.

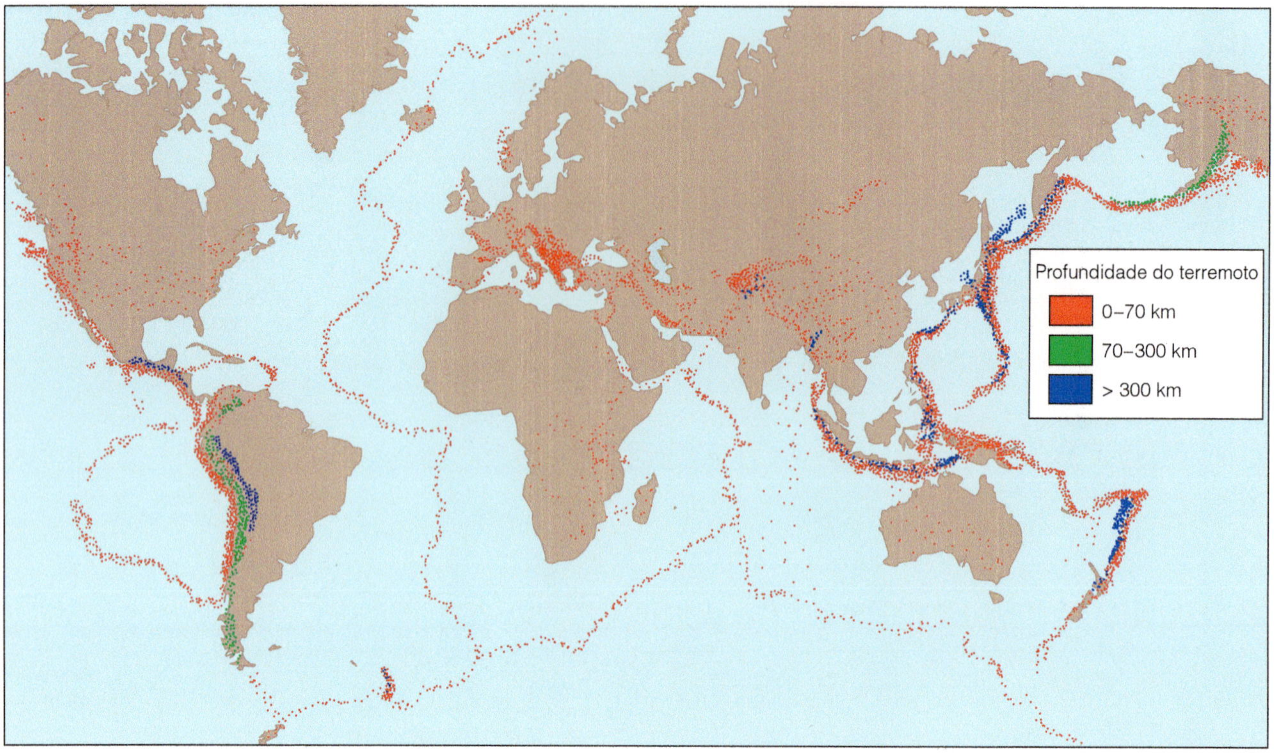

Figura 3.11 Eventos sísmicos pelo mundo, de janeiro de 1977 a dezembro de 1986. As localizações de cerca de 10.000 terremotos estão em vermelho, verde e azul para representar as profundidades de 0 a 70 quilômetros, 70 a 300 quilômetros, e abaixo de 300 quilômetros, respectivamente.

PENSANDO ALÉM DA IMAGEM

Observe o padrão das profundidades do terremoto ao longo da costa oeste da América do Sul. Sem consultar o texto adiante, você conseguiria dizer por que os terremotos ocorrem a profundidades maiores em distâncias maiores a partir do Oceano Pacífico?

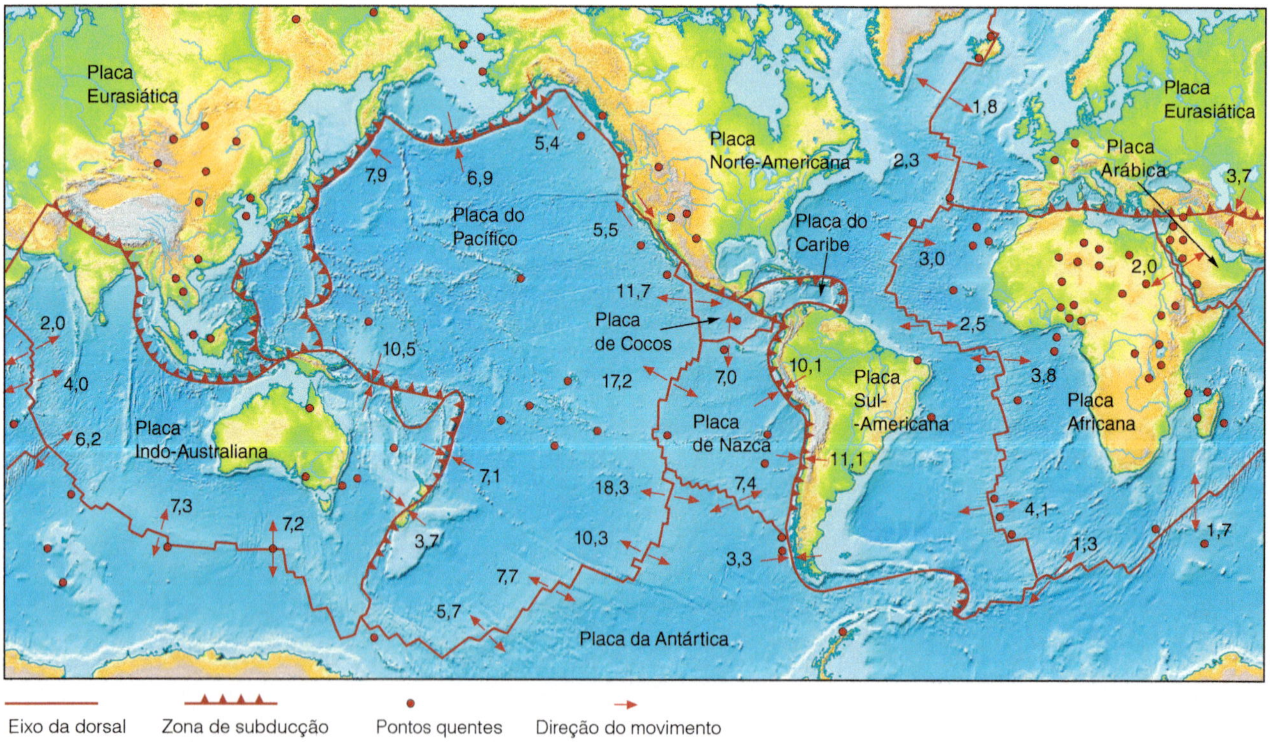

Figura 3.12 Principais placas litosféricas, mostrando as direções do movimento relativo e a localização dos principais pontos quentes. Observe a correspondência entre os limites das placas e a localização dos terremotos (compare esta figura com a Figura 3.11). A maioria dos milhões de terremotos e eventos vulcânicos que ocorrem todos os anos está localizada ao longo das fronteiras das placas.

relato de um explorador da national geographic 3.1

©Emory Kristof/National Geographic Creative

O DR. ROBERT BALLARD relata uma expedição a uma dorsal meso-oceânica.

Às 12h13 alcançamos o ponto mais profundo de nosso mergulho: 9.100 pés. A pressão do lado de fora de nossa esfera agora é maior que duas toneladas por polegada quadrada.

Sem problemas. *Alvin* foi construído para operar com segurança até uma profundidade de 12.000 pés, uma esfera idêntica foi testada a 22.500 pés sem falhas.

Nosso primeiro encontro com uma feição tectônica aconteceu quase no fim desse nosso primeiro mergulho. À medida que atravessamos a dorsal íngreme que divide a depressão central, vimos uma falha, ou fratura, com algumas polegadas de largura passando pelo sul do eixo do vale fendido.

A fenda corta transversalmente um fluxo de lava, dividindo a rocha coesa. Nós a seguimos por cerca de umas cem jardas antes de perdê-la em uma pilha de fragmentos de lava. Novas e intactas efusões de lava foram vistas apenas em uma faixa estreita ao longo do eixo central. Em outro lugar, seria como se imensa distensão, rachadura e trituração tivessem ocorrido e remodelado o assoalho da rocha.

Fissuras como aquelas que havíamos encontrado no mesmo eixo do limite da placa são pouco mais que brechas. Enquanto prosseguíamos, seja a leste ou a oeste da região central, cruzamos com outras cada vez maiores. Elas variavam para fissuras grandes, que se dilataram ou abriram atingindo cerca de 20 a 30 pés, com falhas verticais formando taludes às vezes chegando a mais de 1.000 pés.

Muitos de nós acreditavam que as fissuras poderiam ser um bom lugar para procurar por atividade de fontes termais e possíveis depósitos de minerais. Alguns geólogos têm uma teoria de que a água do mar percorre ou é filtrada por essas rachaduras profundas, sendo aquecida pelo magma quente em algum lugar mais profundo e, então, volta para a superfície transportando minerais dissolvidos. À medida que a água esfria, os minerais podem ser depositados em camadas em torno de aberturas no assoalho.

Fonte: *National Geographic*, maio de 1975, p. 604–615

Alvin, o versátil submersível de grande profundidade, desce para outra viagem de exploração.

Equipe de Pesquisa de montanhas submarinas; a Equipe IFE; e NOAA/OAR/OER

As placas litosféricas e suas margens são mostradas na **Figura 3.12**. As placas flutuam sobre a astenosfera densa e plástica, movendo-se livremente umas em relação às outras.

As placas interagem com as placas vizinhas ao longo dos limites adjacentes. Na **Figura 3.13**, o movimento da placa A para a esquerda (oeste) requer que este deslize ao longo dos limites norte e sul das placas adjacentes. Uma sobreposição é produzida na frente (a oeste) e um espaço é criado na parte de trás (a leste). Diferentes pontos nas margens da placa A sofrem separação e extensão, convergência e compressão, e movimento transversal (cisalhamento).

Os três tipos de limites de placas que resultam dessas interações são:

- Limites de placa divergente (duas placas afastam-se uma da outra).
- Limites de placa convergente (duas placas movem-se uma em direção à outra e interagem).
- Limites de placa transversal (ou transformante) (duas placas deslizam lateralmente, uma passando pela outra.

Veja esses limites na Figura 3.13d.

As Bacias Oceânicas Formam-se nos Limites de Placas Divergentes

Imagine o efeito que uma pluma subindo do manto aquecido pode ter sobre a crosta continental sobrejacente. Empurrada para baixo, a crosta continental relativamente quebradiça arquearia e fraturaria. Os pedaços quebrados seriam afastados pela astenosfera divergente, e os espaços entre os blocos da crosta continental seriam preenchidos pela crosta oceânica recém-formada (e relativamente densa). Assim que a placa quebrada é separada nesse novo centro de expansão, a rocha derretida, chamada **magma**, seria elevada em fraturas da crosta. (O magma é chamado de *lava* quando encontrado acima do solo.) Uma parte do magma se solidificaria em fraturas; a outra parte entraria em erupção nos vulcões. Um ***rift valley*** seria formado **(Figura 3.14)**.

O rift da África Oriental, um dos sistemas de *rift valley* mais novos e maiores da Terra, foi formado dessa maneira. Ele estende-se da Etiópia até Moçambique a uma distância de quase 3.000 quilômetros (1.700 milhas). Depressões longas e lineares foram parcialmente enchidas com água para formar grandes lagos de água doce. Ao norte, o *rift* amplia-se para formar o Mar Vermelho e o Golfo de Áden. Entre os lagos de água doce ao sul e os golfos ao norte, a água do mar está escoando pela crosta fraturada para encher pequenas depressões – a primeira evidência de uma futura bacia oceânica no centro da África Oriental.

O Oceano Atlântico teve uma juventude semelhante. Como o *rift* da África Oriental, o centro de expansão da Dorsal Mesoatlântica é um **limite de placas divergentes,** uma linha ao longo da qual duas placas estão se afastando e onde há formação de crosta oceânica. O crescimento do Atlântico

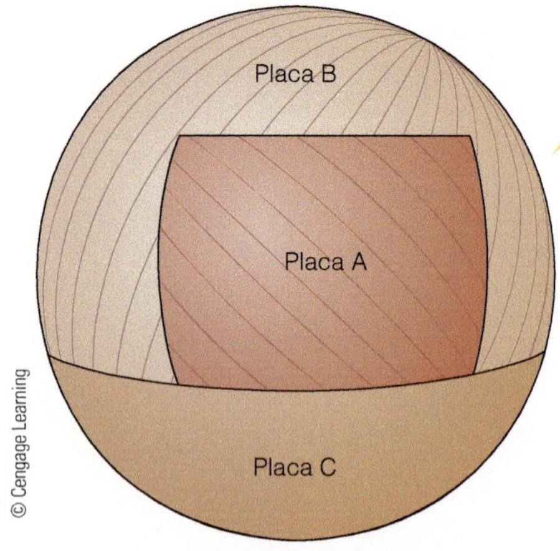

(a) Imagine uma esfera composta por três placas tectônicas.

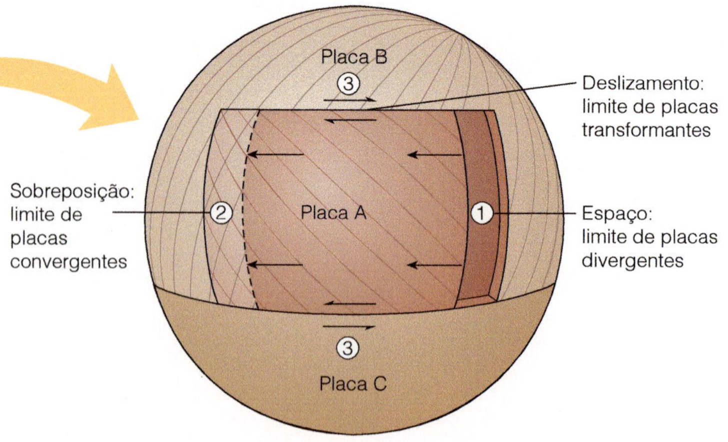

(b) Limites de placas em ação. À medida que a placa A move-se para a esquerda (oeste), um espaço é formado atrás dela ① e uma sobreposição com a placa B é formada na frente ②. O deslizamento ocorre junto com as partes superior e inferior ③. As margens da placa A sofrem três tipos de interação: Em ①, a extensão característica dos limites divergentes; em ②, a compressão característica dos limites convergentes; e em ③, o cisalhamento característico dos limites transformantes entre placas.

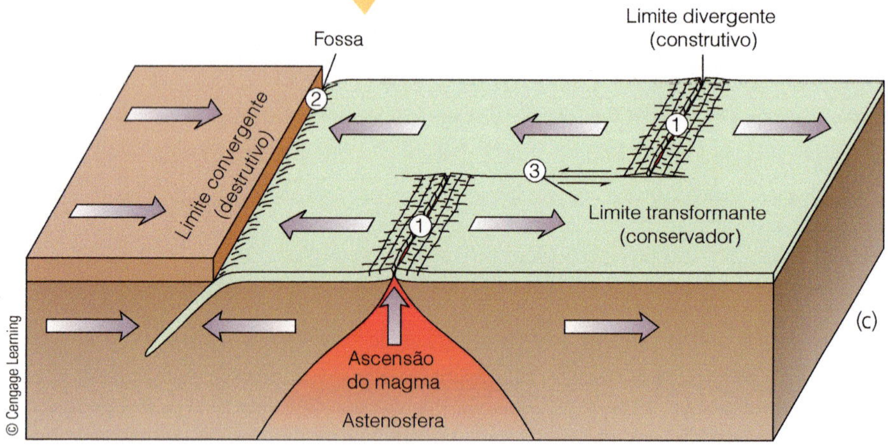

(c) Limites de placas na superfície de uma esfera. A margem divergente ①, a convergente ② e a transformante ③ são compatíveis com as margens da placa A em (b).

Figura 3.13 Limite de placas em ação.

começou há cerca de 210 milhões de anos, quando o aquecimento fez a astenosfera expandir e subir, soerguendo e fraturando a litosfera mais leve e sólida, logo acima. A **Figura 3.15** mostra o Atlântico, uma grande bacia oceânica nova que se formou entre as placas divergentes, quando o *rift* tornou-se profundo o suficiente para acumular a água. Uma longa dorsal meso-oceânica dividida por um *rift valley* central atravessa o leito oceânico aproximadamente equidistante das linhas de costa tanto no Atlântico Norte quanto no Atlântico Sul, terminando ao norte da Islândia.

A divergência da placa não está restrita à África Oriental ou ao Atlântico, nem foi limitada aos últimos 200 milhões de anos. Como também pode ser visto na Figura 3.13d, a Dorsal Mesoatlântica tem equivalentes nos oceanos Pacífico e Índico. O leito do Pacífico, por exemplo, diverge ao longo da Dorsal do Leste-Pacífico e da Dorsal Pacífico-Antártica, centros de expansão que formam os limites leste e sul da grande Placa do Pacífico. Na África Oriental, os *rift valleys* foram formados há relativamente pouco tempo, à medida que a divergência da placa começou a separar outro continente. Como ocorreu no Mar Vermelho, o oceano irá invadir quando o *rift* começar a se tornar mais profundo.

A **Figura 3.16** mostra como a divergência formou outras bacias oceânicas (e usa a Pangeia de Wegener como modelo). Cerca de 20 quilômetros cúbicos (4,8 milhas cúbicas) de novas crostas oceânicas são formadas a cada ano.

Os Arcos Insulares São Formados, os Continentes Colidem e a Crosta é Reciclada nos Limites de Placas Convergentes

Como a Terra não está aumentando de tamanho, a divergência em um local deve ser compensada pela convergência em outro. A crosta oceânica é destruída nos **limites de placas**

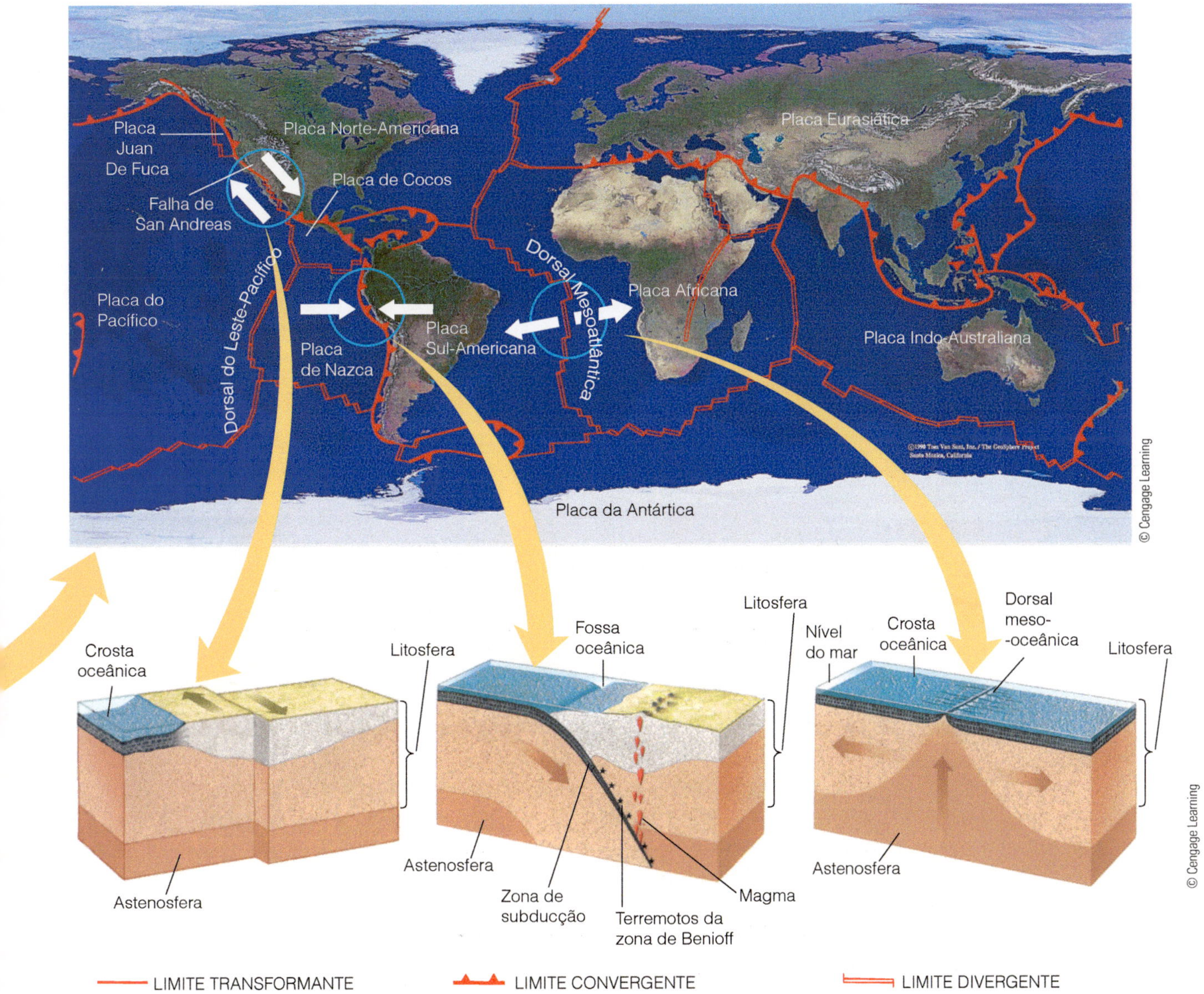

(d) O movimento lateral nos limites *transformantes* provoca cisalhamento, a compressão nos limites *convergentes* produz encurvamento e encurtamento, e a extensão dos limites *divergentes* provoca divisão e formação de *rifts*.

convergentes, regiões onde a atividade geológica é violenta em decorrência do encontro delas.

A **Convergência Oceano–Continente** da América do Sul, que está na Placa Sul-Americana que se move para oeste, encontra a Placa de Nazca do Pacífico à medida que esta se move para leste. A relativamente espessa e leve litosfera continental da América do Sul sobrepõe-se à litosfera oceânica, mais densa, da Placa de Nazca, que sofre subducção ao longo da profunda fossa que margeia a costa da América do Sul. A **Figura 3.17** apresenta uma secção transversal dessas placas.

Parte da crosta oceânica e de seus sedimentos irá derreter assim que a placa mergulhar e sua temperatura subir. Os componentes voláteis – sobretudo água e dióxido de carbono – são expulsos e sobem para a placa original. Isso, por sua vez, reduz a temperatura de fusão do manto circundante, formando um magma rico em gases dissolvidos. Em alguns locais, esse magma aflora até as camadas sobrejacentes à superfície e causa erupções vulcânicas. Os altos volumes de gás contidos nesse material fundido podem ser liberados explosivamente como o magma próximo à superfície. Os violentos vulcões das montanhas dos Andes da América Central e América do Sul são produtos dessa atividade, assim como os inúmeros terremotos da região. Os vulcões das Cascatas, na América do Norte, incluindo o Monte Santa Helena, resultam de processos similares.

A maior parte da crosta que sofreu subducção mistura-se com o manto. Como mostrado na Figura 3.17c e 3.17d, parte dela continua descendo através do manto, chegando a atingir o limite núcleo-manto a 2.800 quilômetros (1.700 milhas) abaixo da superfície! A subducção entre duas placas oceânicas convergentes foi responsável pelo grande terremoto do Alasca de 1964 e pelo devastador terremoto que gerou o tsunami no Oceano Índico, em 2004. A convergência (e a

Figura 3.14 Um modelo para a formação de um novo limite de placa: o rompimento da Pangea e a formação do Oceano Atlântico.

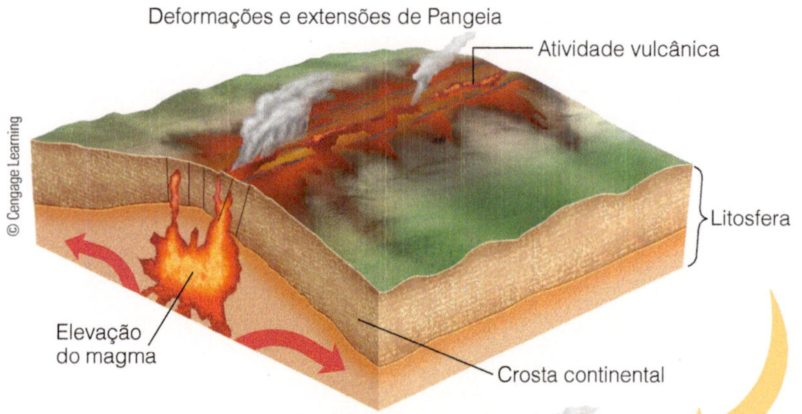

(a) À medida que a litosfera começa a rachar, um *rift* formado sob o continente e o magma derretido começam a subir para formar um novo leito oceânico basáltico.

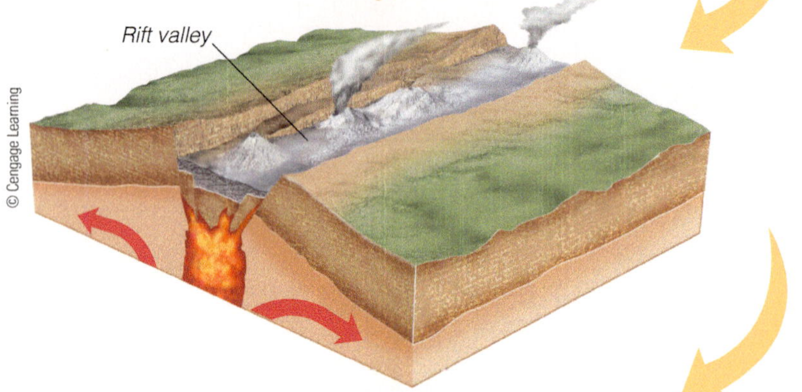

(b) Como o *rift* continuou se abrindo, os dois novos continentes foram separados pela bacia oceânica que se formava. Vulcões e terremotos ocorrem ao longo da área do *rift* ativo, localizado ao longo de toda a dorsal meso-oceânica (Mesoatlântica). O *rift valley* da África Oriental, apesar de ainda não submerso, atualmente encontra-se em estágio semelhante.

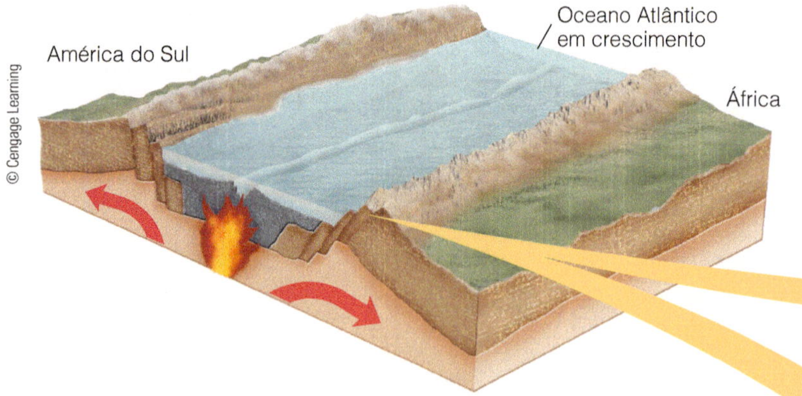

(c) Uma nova bacia oceânica forma-se abaixo de um novo oceano.

(Vá para a Figura 4.22 para ver outro exemplo de configuração em dente de serra de uma dorsal meso-oceânica.)

(d) O Mar Vermelho está, atualmente, em situação semelhante. Observe a configuração, na forma de dente de serra, dos picos no horizonte e sua semelhança com o diagrama.

V. Courtillot

divergência) entre placas é mais rápida no Pacífico que no Atlântico e, em alguns locais, alcança a taxa de 18 centímetros (7 polegadas) por ano. Agora você já sabe como se forma o Anel de Fogo do Pacífico.

Convergência Oceano–Oceano No exemplo anterior, a crosta continental encontrou a crosta oceânica. O que acontece quando ocorre a convergência entre duas placas *oceânicas*? Uma delas, normalmente, será mais antiga e, como consequência, mais fria e densa que a outra. Graças à ação da gravidade, a placa mais pesada irá deslizar por baixo da placa mais leve e mergulhar na astenosfera. O fundo oceânico é distorcido nessas áreas, formando fossas profundas, as maiores profundidades dos oceanos. Mais uma vez, a temperatura

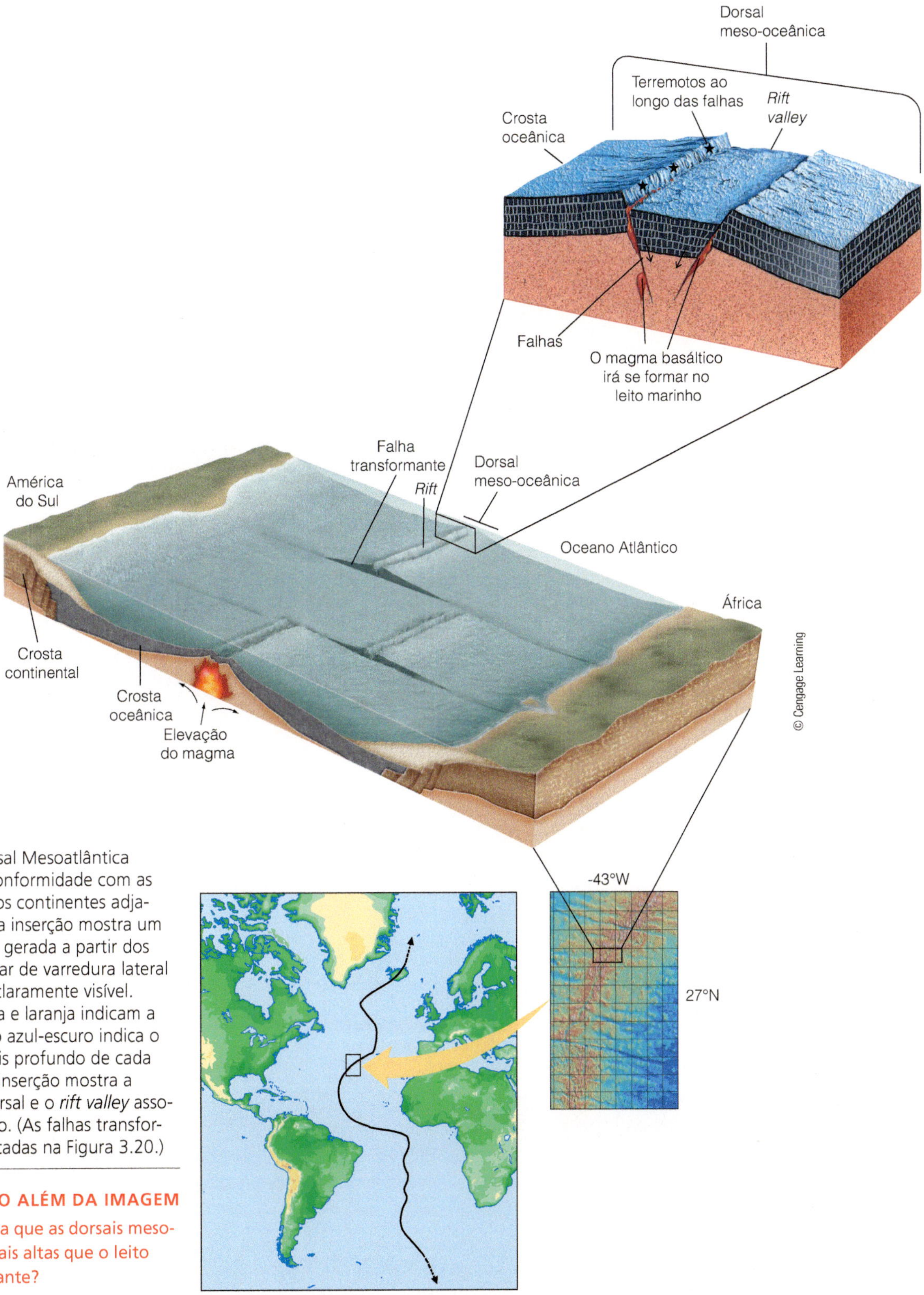

Figura 3.15 Dorsal Mesoatlântica mostrando sua conformidade com as linhas de costa dos continentes adjacentes. A primeira inserção mostra um detalhe da dorsal gerada a partir dos dados de um sonar de varredura lateral – o *rift* central é claramente visível. As cores vermelha e laranja indicam a crista da dorsal; o azul-escuro indica o leito marinho mais profundo de cada lado. A segunda inserção mostra a localização da dorsal e o *rift valley* associado no Atlântico. (As falhas transformantes são explicadas na Figura 3.20.)

PENSANDO ALÉM DA IMAGEM
Por que você acha que as dorsais meso-oceânicas são mais altas que o leito marinho circundante?

> "A civilização existe por consentimento geológico, sujeito a mudança sem prévio aviso."
>
> Will Durant

da placa descendente sobe e a água e o dióxido de carbono aprisionados na rocha fundida da placa que sofreu subducção afloram até atingir o manto superior, diminuindo o seu ponto de fusão. Como anteriormente, esse fluido fundido de magma e material que sofreu subducção forma um magma relativamente leve responsável pela alimentação de poderosos vulcões que emergem do fundo do mar e não de um continente. Esses vulcões aparecem em padrões de curvas na crosta oceânica de origem; quando afloram acima do nível do mar, formam arcos insulares curvos **(Figura 3.18)**.

As margens convergentes são grandes "fábricas de continentes", nas quais os materiais da superfície descem e são aquecidos, comprimidos, parcialmente liquefeitos, separados, misturados com os materiais circundantes, e reciclados de volta à superfície. A crosta continental ligeiramente leve é o principal produto e é produzida a uma taxa de aproximadamente um quilômetro cúbico (0,24 milha cúbica) ao ano.

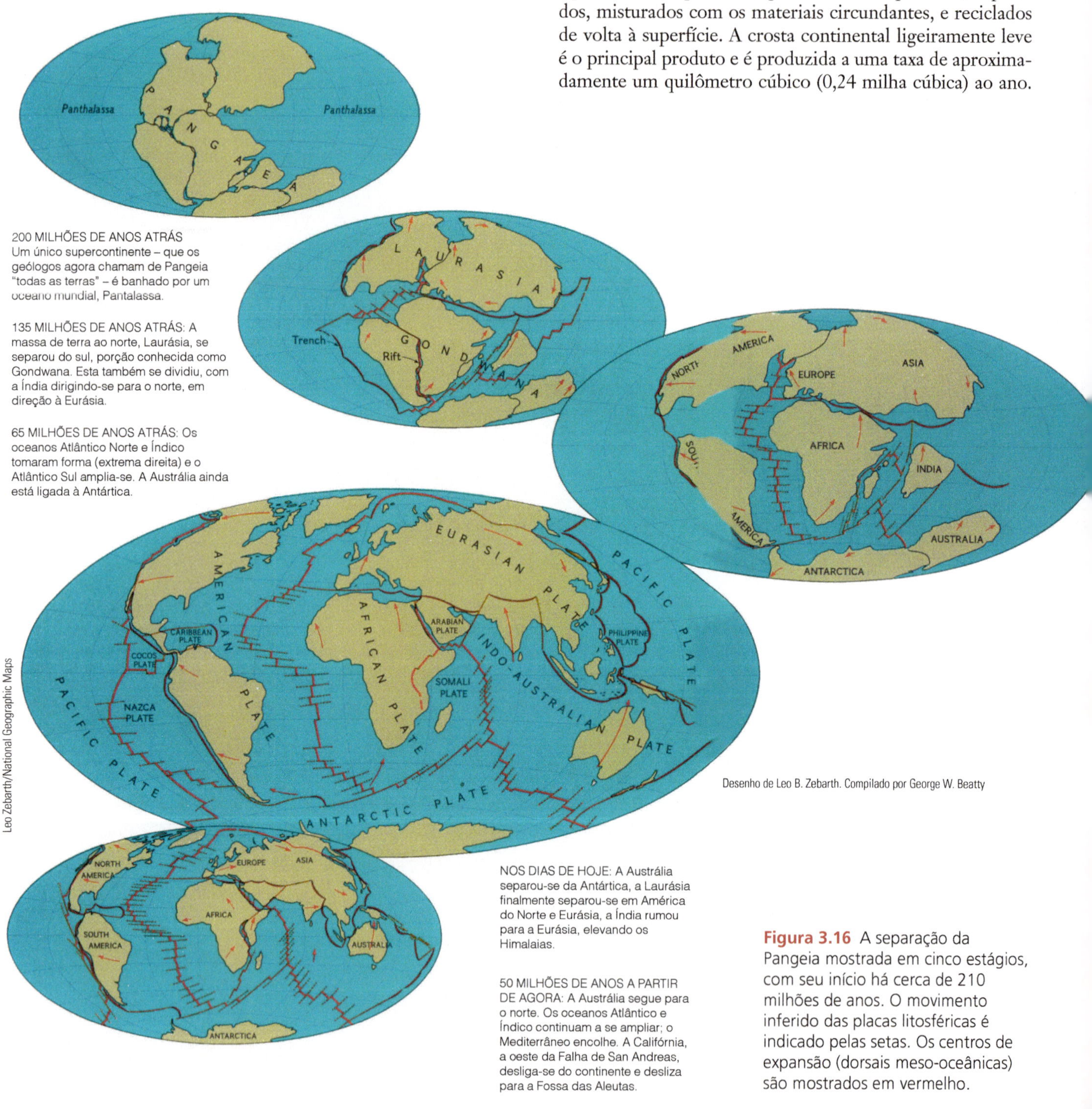

200 MILHÕES DE ANOS ATRÁS
Um único supercontinente – que os geólogos agora chamam de Pangeia "todas as terras" – é banhado por um oceano mundial, Pantalassa.

135 MILHÕES DE ANOS ATRÁS: A massa de terra ao norte, Laurásia, se separou do sul, porção conhecida como Gondwana. Esta também se dividiu, com a Índia dirigindo-se para o norte, em direção à Eurásia.

65 MILHÕES DE ANOS ATRÁS: Os oceanos Atlântico Norte e Índico tomaram forma (extrema direita) e o Atlântico Sul amplia-se. A Austrália ainda está ligada à Antártica.

NOS DIAS DE HOJE: A Austrália separou-se da Antártica, a Laurásia finalmente separou-se em América do Norte e Eurásia, a Índia rumou para a Eurásia, elevando os Himalaias.

50 MILHÕES DE ANOS A PARTIR DE AGORA: A Austrália segue para o norte. Os oceanos Atlântico e Índico continuam a se ampliar; o Mediterrâneo encolhe. A Califórnia, a oeste da Falha de San Andreas, desliga-se do continente e desliza para a Fossa das Aleutas.

Leo Zebarth/National Geographic Maps

Desenho de Leo B. Zebarth. Compilado por George W. Beatty

Figura 3.16 A separação da Pangeia mostrada em cinco estágios, com seu início há cerca de 210 milhões de anos. O movimento inferido das placas litosféricas é indicado pelas setas. Os centros de expansão (dorsais meso-oceânicas) são mostrados em vermelho.

Figura 3.17 Subducção.

PENSANDO ALÉM DA IMAGEM

O que acha que acontece com estas placas quando elas afundam?

Patrick Taschler

(b) Um vulcão dos Andes em plena explosão em 2006. O vulcão Tungurahua, de 5.000 metros de altura (16.400 pés de altura), localizado no Equador, fica ativo aproximadamente a cada 90 anos.

© Cengage Learning

(a) Uma secção transversal da costa oeste da América do Sul mostra o encontro das placas continental e oceânica. ① A placa oceânica em subducção aquece à medida que desce e, seu deslizamento para baixo é impulsionado pela gravidade. ② Começando a uma profundidade de cerca de 100 quilômetros (60 milhas), o calor leva a água e outros componentes voláteis do sedimento da placa subduccionada e seus sedimentos sobrejacentes para o manto sobrejacente, reduzindo o ponto de fusão. ③ As massas do material fundido elevam-se e ficam "sob a placa" da crosta continental. ④ O calor do material que está subindo derrete a crosta continental e ⑤ se mistura com ela. Uma parte dessa mistura solidifica-se no próprio local ⑥, mas a outra parte pode subir para a superfície e alimentar os vulcões dos Andes ⑦.

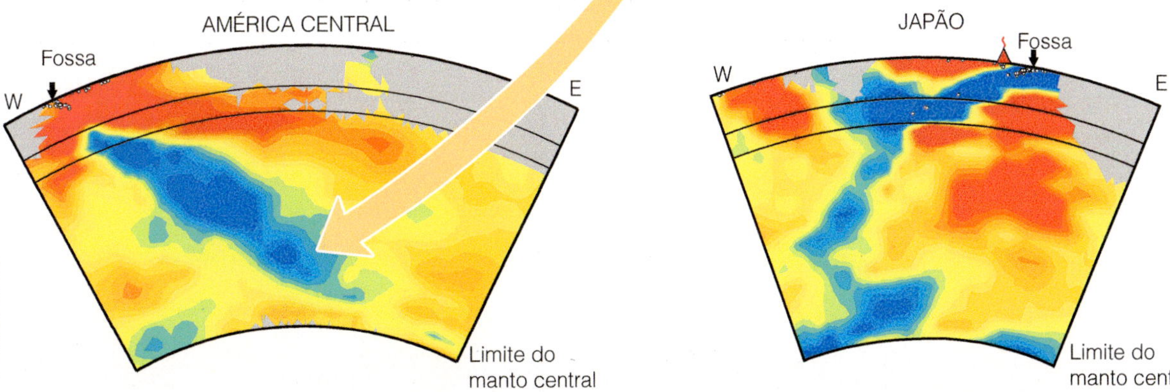

© Cengage Learning

© Cengage Learning

(c) (d)

Camadas verticais através do manto da Terra, sob a América Central e o Japão, mostrando a distribuição de material mais quente (vermelho) e mais frio (azul). A configuração do material mais frio sugere que as placas em subducção sob ambas as áreas penetraram o limite do manto central, que está a uma profundidade de cerca de 2.900 quilômetros (1.800 milhas).

Figura 3.18 A formação dos arcos insulares.

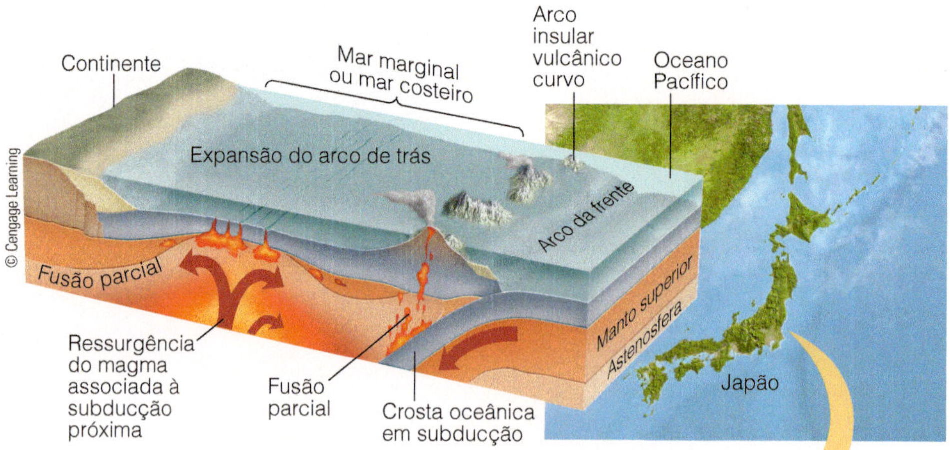

(a) A formação de um arco insular ao longo de uma fossa à medida que há a convergência entre duas placas oceânicas. As ilhas vulcânicas formam massas de magma que afloram no leito oceânico. As ilhas japonesas foram formadas dessa maneira.

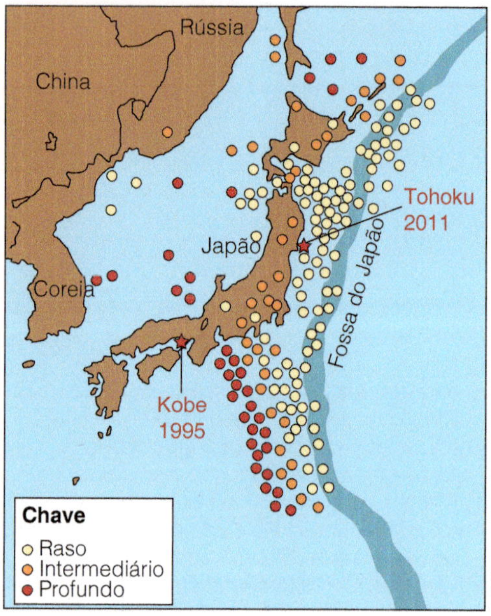

(b) A distribuição de terremotos rasos, intermediários e profundos em uma parte do Anel de Fogo do Pacífico, nas imediações da Fossa do Japão. Observe que terremotos ocorrem apenas em um dos lados da fossa, onde a placa subduz. Os locais dos catastróficos terremotos de Kobe, em 1995, e de Tohoku, em 2011, estão marcados.

Alguns geofísicos acreditam que toda a crosta continental da Terra deve ter se originado a partir de rochas graníticas produzidas dessa forma. Os arcos insulares podem ter se unido para formar massas continentais cada vez maiores.

Convergência Continente–Continente Duas placas carregando a crosta continental também podem convergir. Como ambas as placas têm aproximadamente a mesma densidade, a borda de nenhuma das placas é subduccionada; por outro lado, ambas são comprimidas, dobradas e soerguidas para formar as montanhas, como é mostrado na Figura 3.19. Essas montanhas – as maiores feições de terra do planeta – são compostas por fragmentos de rochas sedimentares originalmente formadas de sedimentos do leito marinho. O exemplo mais espetacular dessa colisão, entre as Placas Indo-Australiana e Eurasiática, por volta de 45 milhões de anos atrás, formou os Himalaias. O altivo topo do Monte Everest é constituído por rochas formadas de sedimentos depositados em um mar raso, há muito tempo!

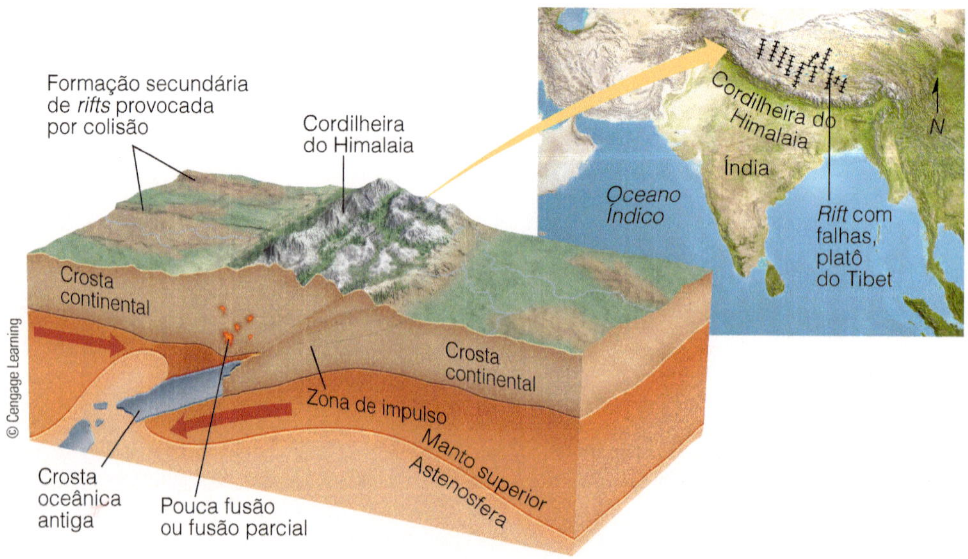

Figura 3.19 Secção transversal pelo platô do Himalaia mostrando a convergência de duas placas continentais. Nenhuma das placas é densa o suficiente para ser subduccionada; em vez disso, sua compressão e dobra soerguem as bordas da placa para formar a cordilheira do Himalaia. Observe a imensa "raiz" de apoio sob a montanha emergente que é necessária para o equilíbrio isostático.

Fraturas e Deslizamentos da Crosta nos Limites de Placas Transformantes

Lembre-se, o movimento das placas litosféricas sobre o manto está ocorrendo na superfície de uma esfera, não em um plano. O eixo da expansão não é uma linha suavemente curva, mas um traço irregular abruptamente compensado por inúmeras falhas. Essas características são chamadas de **falhas transformantes** (**Figura 3.20**; veja também essas características nas dorsais meso-oceânicas da Figura 3.15). As falhas transformantes são chamadas assim pelo fato de que o movimento relativo da placa é alterado, ou transformado, junto a elas. Abordaremos as falhas transformantes mais detalhadamente no Capítulo 4, em nossa discussão sobre o sistema da dorsal meso-oceânica (veja, por exemplo, a Figura 4.19), porém o conceito é importante em nossa discussão sobre limites de placa porque as placas litosféricas cisalham lateralmente, passando uma pela outra nos **limites de placas transformantes**. A crosta não é produzida nem destruída nesse tipo de junção.

Figura 3.20 Falhas transformantes.
(a) As falhas transformantes (laranja) são formadas porque o eixo da expansão do leito oceânico na superfície de uma esfera não pode seguir uma linha suavemente curva.
O movimento de duas placas litosféricas divergentes (setas) rotaciona em torno de um eixo imaginário que se estende pela Terra.
(b) Um longo limite de placa transformante, que inclui a Falha de San Andreas, na Califórnia. Observe os limites de compensação de placa causados pela divergência em uma esfera.
(c) Falha de San Andreas, na Califórnia, uma falha transformante. O traço da falha é claramente visível sob a seta nesta fotografia tirada ao sul de São Francisco.

PENSANDO ALÉM DA IMAGEM

A figura (c) é um pouco pequena, mas talvez você consiga ver a diferença acentuada entre o terreno e a vegetação a oeste (esquerda) da Falha de San Andreas e a leste (direita). Por que você acha que existe esta diferença?

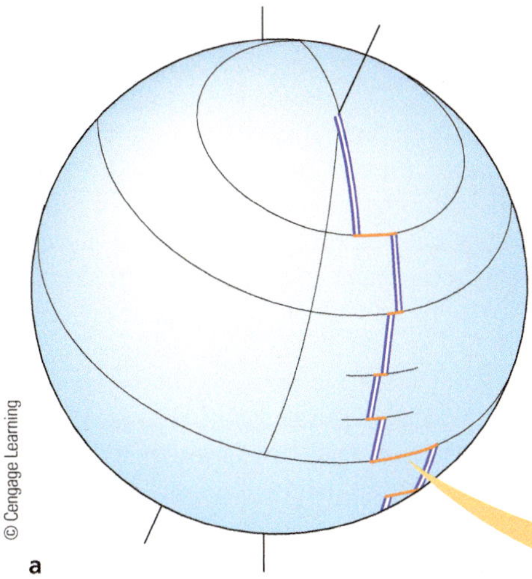

a

b

c

O potencial para terremotos nos limites de placas transformantes pode ser enorme à medida que as bordas das placas deslizam passando uma pela outra. O limite a leste da Placa do Pacífico configura um grande sistema de falhas transformantes. Como mostrado na Figura 3.20, a Falha de San Andreas, na Califórnia, é simplesmente a mais famosa das muitas falhas existentes na junção entre as placas do Pacífico e Norte-Americana. A Placa do Pacífico move-se constantemente, mas seu movimento é armazenado elasticamente no limite da Placa Norte-Americana até que o atrito seja superado. Nesse momento, a Placa do Pacífico movimenta-se abruptamente para noroeste ao longo de toda sua borda compartilhada com a Placa Norte-Americana, em uma área que inclui os maiores agrupamentos populacionais da Califórnia. Essas movimentações bruscas causam os famosos terremotos da Califórnia. Por causa desse movimento, a porção oeste da Califórnia está se movendo gradualmente para norte ao longo da América do Norte; daqui a mais ou menos 50 milhões de anos, ela encontrará a Fossa das Aleutas.

Ocorrem, assim, dois tipos de divergências de placas:

- Crosta oceânica divergente (como na Mesoatlântica).
- Crosta continental divergente (como no *rift valley* da África Oriental).

E há três tipos de convergências de placas:

- Crosta oceânica em direção à crosta continental (costa oeste da América do Sul).
- Crosta oceânica em direção à crosta oceânica (norte do Pacífico).
- Crosta continental em direção à crosta continental (Cordilheira do Himalaia).

Os limites transformantes marcam os locais onde as placas da crosta se movem paralelamente uma em relação à outra (Falha de San Andreas).

Cada um desses movimentos produz uma topografia característica, e cada zona apresenta riscos potenciais para os seres humanos ali instalados.

BREVE REVISÃO

Antes de passar para a próxima seção, verifique seu entendimento de algumas das ideias importantes apresentadas até agora:

12. Quais foram os principais critérios que Hess e Wilson trouxeram para a discussão?

13. Você consegue fazer um simples esboço da ação da crosta terrestre descrita pela teoria das placas tectônicas?

14. Quais tipos de limites existem entre as placas? Pode dizer o que acontece em cada um? Dê exemplos.

15. A qual velocidade as placas se movem?

16. O que provoca os terremotos e vulcões?

Para verificar suas respostas, acesse a página deste livro no site da Cengage.

3.5 Confirmação das Placas Tectônicas

A teoria das placas tectônicas teve o mesmo efeito na geologia que a teoria da evolução teve na biologia. Em cada caso, um conjunto de fatos aparentemente não relacionados foi reunido por uma forte ideia central. Como veremos nesta seção, muitas descobertas contribuíram com nossa atual compreensão das placas tectônicas, porém a evidência mais convincente está presa nos leitos das próprias bacias oceânicas jovens.

Uma História do Movimento da Placa Foi Capturada em Campos Magnéticos Residuais

O campo magnético persistente da Terra é causado pelo movimento de um metal fundido no núcleo externo. Uma agulha de bússola aponta para o Polo Norte magnético, uma vez que ela está alinhada com o campo magnético da Terra **(Figura 3.21)**. Minúsculas partículas de minerais magnéticos carregando ferro, chamadas magnetitas, ocorrem naturalmente no magma basáltico. Quando esse magma é eliminado nas dorsais meso-oceânicas, ele resfria para formar rocha sólida. Os minerais magnéticos agem como agulhas de bússola em miniatura. À medida que resfriam para formar um novo assoalho oceânico, os campos magnéticos dos minerais magnéticos alinham-se ao campo magnético da Terra. Desse modo, a orientação do campo magnético da Terra naquele determinado momento torna-se congelada na rocha assim que ela solidifica. Nenhuma mudança futura na intensidade ou direção do campo magnético da Terra alterará significativamente a orientação magnética armazenada nas rochas sólidas. A **Figura 3.22** mostra o processo. O campo magnético "fóssil", ou remanescente, de uma rocha é conhecido como **paleomagnetismo** (*palaios*, "antigo").

Um **magnetômetro** mede a quantidade e a direção do magnetismo residual em uma amostra de rocha. No fim dos anos 1950, geofísicos rebocaram magnetômetros sensíveis logo acima do assoalho oceânico para detectar o fraco magnetismo congelado nas rochas. Quando colocados em cartas, os dados revelaram um padrão de faixas magnéticas simétricas em ambos os lados dos centros de expansão **(Figura 3.23)**. Os minerais magnetizados presentes nas rochas de algumas faixas são adicionados à orientação magnética atual da Terra, melhorando a força do campo magnético, porém o magnetismo nas rochas em faixas adjacentes o enfraquece. O que causaria tal padrão?

Em 1963, os geólogos Drummond Matthews, Frederick Vine e Lawrence Morley propuseram uma perspicaz interpretação. Eles sabiam que padrões magnéticos semelhantes tinham sido encontrados nos fluxos de lava constituídos por camadas na terra que haviam sido datados de maneira independente, por diferentes meios. Eles também sabiam que o campo magnético da Terra se inverte em intervalos irregulares de algumas centenas de milhares de anos. Em um momento de inversão, a agulha magnética da bússola apontaria para o sul e não para o norte, e qualquer partícula de material magnético resfriado existente no leito oceânico basáltico em um centro de expansão estaria sendo impressa com o campo invertido. As faixas magnéticas alternantes representam rochas com polaridade magnética também alternante – uma banda com polaridade normal (magnetizada na mesma direção que o campo magnético atual) e a banda seguinte com polaridade reversa (oposta da direção atual). Esses pesquisadores perceberam que o padrão de alternância entre campos magnéticos fortes e fracos era simétrico porque as rochas recém-magnetizadas provenientes da dorsal são separadas e afastadas da dorsal pelo movimento das placas **(Figura 3.24)**.

Em 1974, os cientistas compilaram cartas que mostravam a orientação paleomagnética – e a idade – dos leitos marinhos do leste do Pacífico e do Atlântico por volta dos últimos 200 milhões de anos (Figura 3.24). As placas tectônicas explicam

Figura 3.21 Magnetismo da Terra.

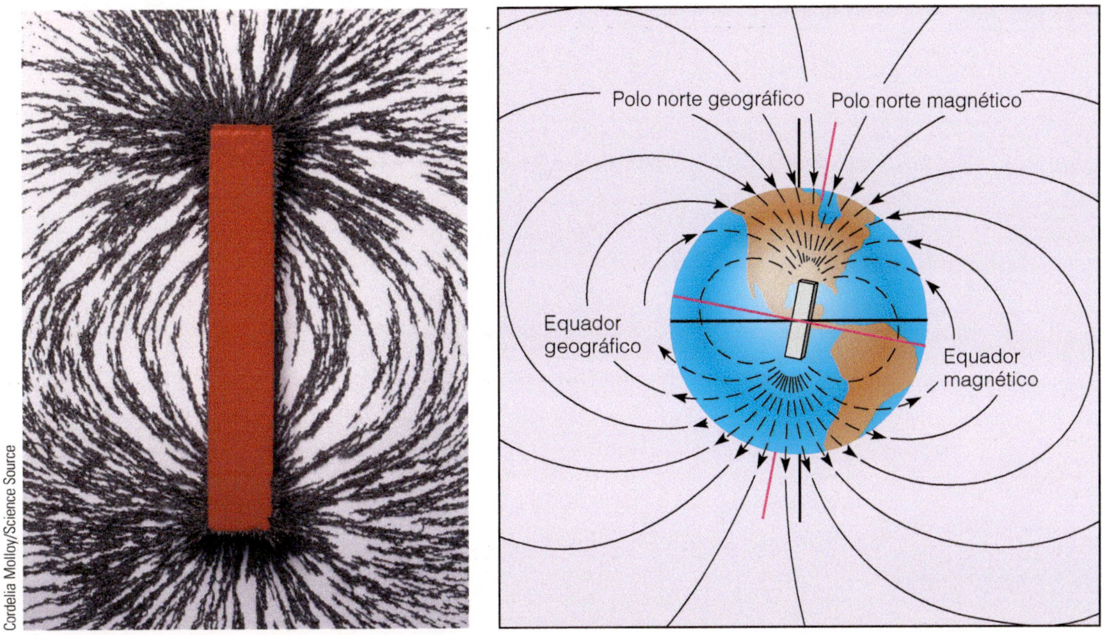

Cordelia Molloy/Science Source

(a) O padrão do campo magnético de um imã simples é revelado por preenchimentos de limalhas de ferro que se alinham ao longo das linhas da força magnética.

(b) Acredita-se que o campo magnético da Terra surge de movimentos fluidos e correntes elétricas no núcleo externo. A possível fonte de energia é o calor do núcleo interno sólido, que provoca correntes de convecção no núcleo externo. Essas correntes de fluxo de ferro líquido, acopladas com a rotação da Terra, formam o campo magnético em um processo análogo à maneira como o gerador de uma usina produz eletricidade. O eixo do campo magnético da Terra apresenta inclinação aproximada de 11° a partir do eixo dos polos Norte e Sul geográficos. As agulhas da bússola apontam para o norte magnético, não para o norte geográfico (verdadeiro).

com perfeição esses padrões, e os padrões em si constituem um dos argumentos mais convincentes de todos para a teoria.

Os dados paleomagnéticos recentemente foram usados para medir as taxas de expansão, para calibrar a escala do tempo geológico, e para reconstruir continentes. O paleomagnetismo tem estado dentre as especialidades mais produtivas da geologia nas últimas três décadas, e outras linhas de investigação paleomagnética também esclareceram o processo das placas tectônicas.

O Movimento da Placa sobre Plumas Mantélicas e Pontos Quentes Fornece Evidência de Placas Tectônicas

As **plumas mantélicas** são colunas do tamanho de um continente formadas por manto superaquecido e originárias do limite do manto central. A maior pluma conhecida, chamada de **superpluma**, está agora elevando toda a África. Suas bordas relativamente agudas estendem-se da Escócia ao Oceano Índico, e da Dorsal Mesoatlântica ao Mar Vermelho. Como visto anteriormente, o centro da África está se fraturando e expandindo, e o que eventualmente será um novo leito marinho está se formando rapidamente nos *rift valleys* da África Oriental.

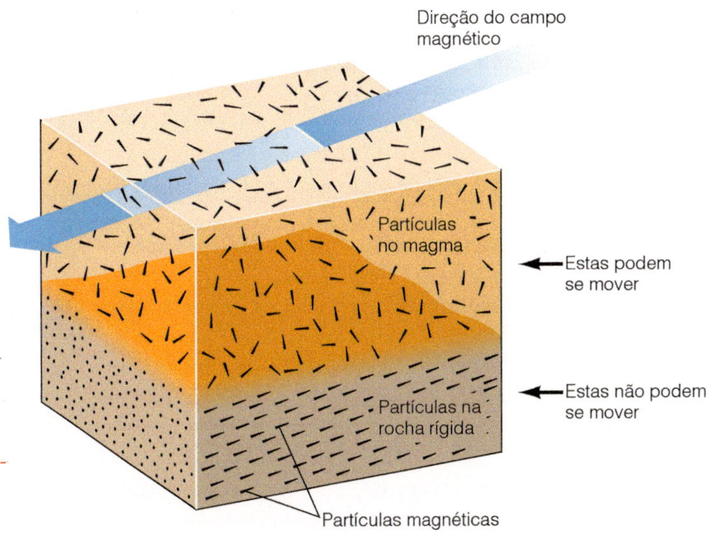

Figura 3.22 Partículas de magnetita contendo ferro ocorrem naturalmente no magma basáltico. À medida que essa rocha se forma no novo leito marinho, as partículas magnéticas esfriam, "registrando" sua orientação magnética ao campo magnético prevalecente da Terra. Se o campo magnético da Terra mudar de direção posteriormente, as partículas "aprisionadas" não responderão, mas as partículas magnéticas presentes em qualquer novo magma (quente) superior se orientarão de acordo com a nova direção do campo.

PENSANDO ALÉM DA IMAGEM

Se o continente gira à medida que se move ao longo do tempo (veja a Figura 3.16, por exemplo), as partículas magnéticas seriam registradas nas rochas que ainda estariam apontando para o norte (ou para o sul)?

Figura 3.23 Quando os cientistas realizaram um levantamento do campo magnético da Dorsal Mesoatlântica, um centro de expansão, encontraram bandas de campos magnéticos registrados nas rochas.

As rochas derretidas em formação no centro de expansão assumiram a polaridade do planeta assim que esfriaram. A divergência constante da dorsal lentamente moveu as bandas em ambas as direções para longe do centro. Sempre que o campo magnético se invertia, a polaridade das rochas recém-formadas mudava, criando bandas simétricas de polaridade oposta. A última inversão ocorreu há cerca de 700.000 anos. Fonte: *National Geographic Magazine*, outubro de 1967, p. 565.

Plumas e superplumas são condutores de calor do núcleo. A pesquisa atual sugere que o calor na astenosfera que alimenta as placas tectônicas seja reposto a partir do núcleo pelas superplumas. Na realidade, em um passado não tão distante, o calor da superpluma pode ter sido responsável por alguns dos eventos mais drásticos na superfície da Terra. Ocorreu uma enorme efusão do interior da Terra em grande parte do que hoje é a Índia há cerca de 65 milhões anos. O subcontinente indiano foi inundado por mais de 1 milhão de quilômetros cúbicos de lava! As pilhas de lava são conhecidas como Armadilhas de Deccan. Se distribuída por igual, essa série cataclísmica de erupções teria coberto a superfície da Terra com uma camada de lava de 3 metros (10 pés) de espessura! Megaerupções semelhantes aconteceram há cerca de 17 milhões de anos no atual Noroeste Pacífico, junto aos Estados Unidos, e há 248 milhões de anos, na Sibéria. Os efeitos tóxicos na atmosfera dessas tremendas sublevações levaram a uma das maiores extinções em massa da história da Terra.

Os **pontos quentes** consistem em uma das expressões de plumas de magma da superfície surgindo de fontes relativamente fixas de calor no manto. Os pontos quentes nem sempre estão localizados nos limites das placas, e ainda não se sabe por que sua fonte de calor é localizada nem o que a mantém fixa em um determinado local. À medida que as placas litosféricas deslizam sobre esses locais fixos, elas enfraquecem por baixo em razão do calor e magma ascendentes. Um vulcão pode ser formado sobre o ponto quente, porém como a placa está se movendo, ele é levado para longe de sua fonte de magma após alguns milhões de anos e se torna inativo. Ele é substituído no ponto quente por um novo vulcão a uma curta distância. O resultado desse processo é uma cadeia de vulcões e arquipélagos vulcânicos.

A **Figura 3.25** mostra a mais famosa dessas cadeias “alinhadas”, que se estende dos antigos vulcões erodidos dos montes submarinos Emperor até a ilha do Havaí, ainda em crescimento. Na verdade, a repentina dobra na cadeia foi causada por uma mudança na direção do movimento da Placa do Pacífico, do norte para mais a oeste, há cerca de 40 milhões de anos. A próxima ilha do Havaí que passará a existir – já chamada de Loihi – está sendo construída no leito oceânico no extremo sudeste da cadeia. Agora, Loihi se encontra cerca de 1.000 metros (3.300 pés) abaixo da superfície do mar e deverá aflorar em 30.000 anos.

Há outros pontos quentes no Pacífico. Os arquipélagos formados por sua atividade, semelhante ao modelo havaiano, indicam que estão posicionados na mesma placa litosférica. As cadeias de vulcões submarinos no Atlântico, centralizadas na Dorsal Mesoatlântica, sugerem que um processo semelhante está em operação lá. Os pontos quentes podem existir abaixo da crosta continental também; acredita-se que o Parque Nacional de Yellowstone esteja sobre um enorme ponto quente sob a Placa Norte-Americana, em movimentação para oeste. Veja novamente a Figura 3.12 para localizar os pontos quentes no mundo. A configuração e a extensão dessas cadeias de vulcões e locais geotérmicos são consistentes com a teoria das placas tectônicas.

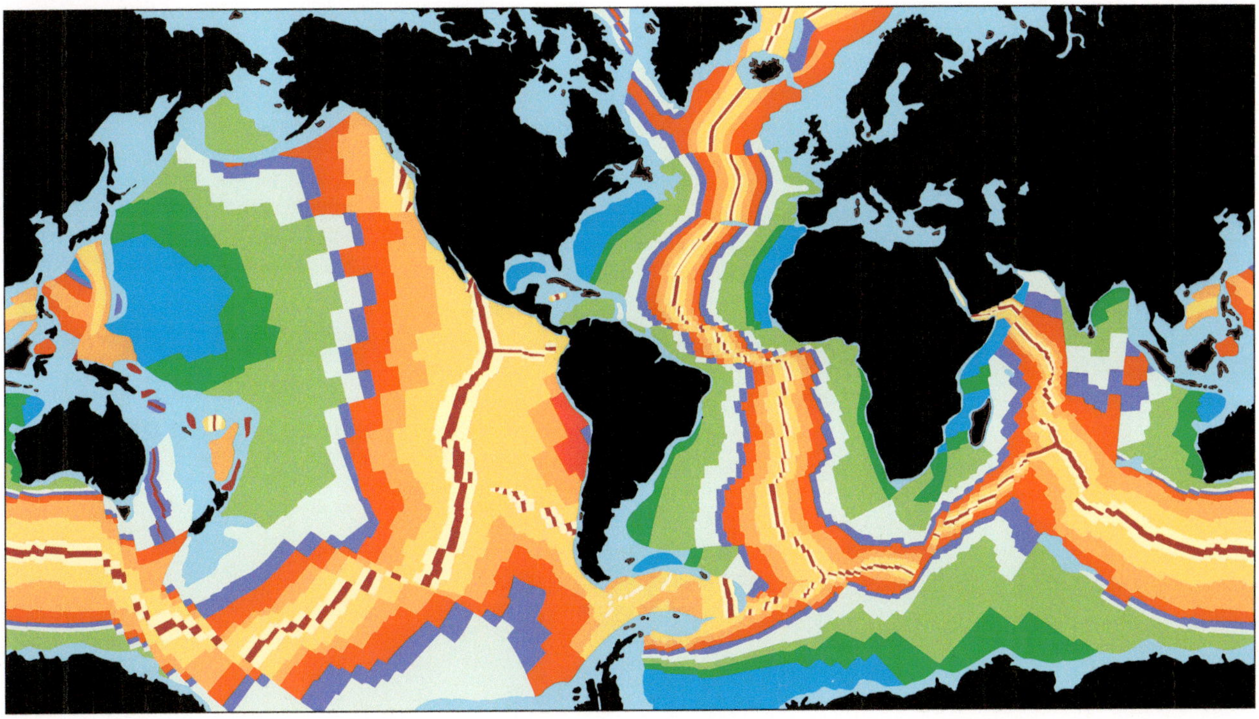

- Pleistoceno até os dias de hoje (0-1,6 Ma)
- Plioceno (1,6-5 Ma)
- Mioceno (5-24 Ma)
- Oligoceno (24-37 Ma)
- Eoceno (37-58 Ma)
- Paleoceno (58-66 Ma)
- Cretáceo Superior (66-88 Ma)
- Cretáceo Médio (88-118 Ma)
- Cretáceo Inferior (118-144 Ma)
- Jurássico Superior (144-161 Ma)

Ma = mega-annum, milhões de anos atrás

Figura 3.24 A idade dos leitos oceânicos. As cores representam uma expressão do leito oceânico em expansão ao longo dos últimos 200 milhões de anos, como revelado pelos padrões paleomagnéticos. Observe, sobretudo, a simetria relativa da bacia do Atlântico em contraste com o Pacífico assimétrico, onde o centro de expansão está localizado próximo à margem leste e cruza a costa da Califórnia.

A Idade e Distribuição dos Sedimentos, as Dorsais Oceânicas e os Terrenos São Explicados pelas Placas Tectônicas

Se as bacias oceânicas são genuinamente antigas, e se os processos que produzem os sedimentos estão em operação pela maior parte ou por todo o período de tempo, tanto a espessura quanto a idade dos sedimentos no leito oceânico devem ser grandes. Mas não são. As jovens dorsais em expansão são quase livres de sedimentos, e as bordas mais antigas das bacias suportam camadas de sedimentos de 15 a 20 vezes mais finas que a idade do próprio oceano poderia sugerir. Os sedimentos mais antigos das bacias oceânicas raramente têm mais de 180 milhões de anos. O motivo é que esses sedimentos são subduccionados em uma borda da placa de origem.

A localização e a configuração das dorsais oceânicas são evidências claras de eventos passados. A natureza vulcânica das ilhas das dorsais, como a Islândia, o formato das falhas longitudinais dividindo os topos das colinas, e a submersão do leito marinho à medida que a crosta oceânica resfria e se desloca para fora são todos consistentes com a teoria das placas tectônicas. A distribuição das falhas transformantes e das zonas de fratura ao longo das dorsais oceânicas (características que você aprenderá no Capítulo 4) também comprova a teoria das placas tectônicas, como as observações geológicas no local feitas por pesquisadores em submersíveis que atingem grandes profundidades.

Platôs continentais e oceânicos flutuantes (pequenos fragmentos submersos de continentes), arcos insulares e fragmentos de rocha granítica e sedimentos podem ser transportados junto com uma placa e arrastados para um continente quando esta sofre subducção. Esse processo é similar ao que acontece quando se raspa o tampo de uma mesa com uma faca para remover pedaços de cera solidificada de uma vela. A cera se acumula e se enruga na lâmina da faca da mesma forma que as massas de Terra e os sedimentos do oceano se acumulam junto à face de um continente, conforme a litosfera alcança o limite de placa. Platôs, segmentos isolados de leito oceânico, dorsais oceânicas, antigos arcos insulares e partes da crosta continental que são espremidos e cisalhados na face de um continente são chamados **terrenos**. A espessura e a baixa densidade dos terrenos impedem sua subducção. A Figura 3.26 apresenta uma descrição simplificada de terreno de acumulação.

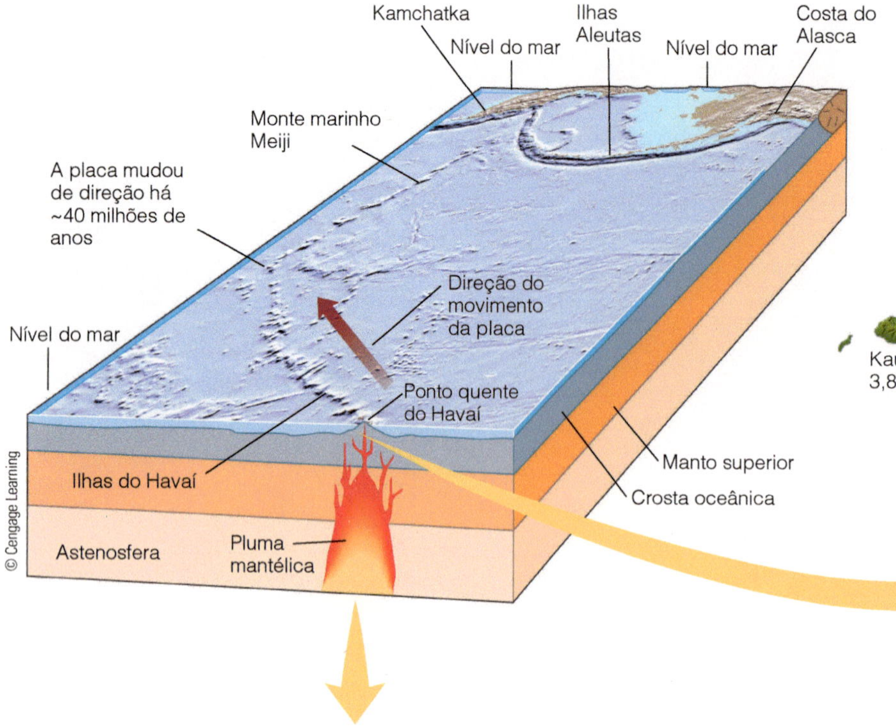

(b) Formação de um arquipélago vulcânico causada pelo movimento da placa oceânica sobre uma pluma mantélica fixa e um ponto quente. A idade das ilhas aumenta à medida que se desloca para a parte superior esquerda. Novas ilhas irão continuar a se formar sobre o ponto quente. Nesse exemplo, que mostra a formação das ilhas havaianas, Loihi é uma ilha em formação.

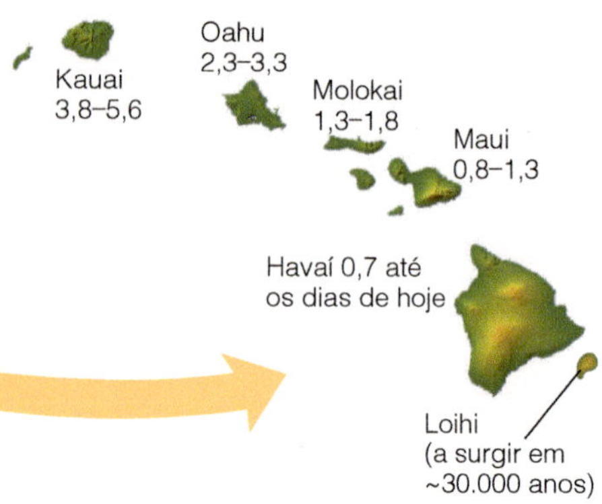

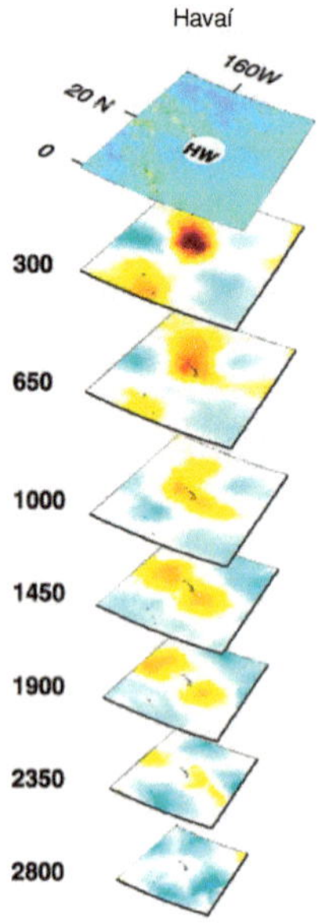

(a) Imagem de uma pluma mantélica fatiada em camadas individuais pelo limite do manto central. Os mapas das perturbações da velocidade da onda do terremoto em diferentes profundidades sob as ilhas do Havaí mostram uma vasta área de temperatura incomumente alta (áreas em vermelho e amarelo) que se estende do limite do manto central (cerca de 2.800 quilômetros da superfície). Essa área de alta temperatura é uma pluma mantélica. A atividade sobre essa pluma alimenta os vulcões do Havaí, e acredita-se que plumas como essa trazem à astenosfera parte do calor necessário para alimentar as placas tectônicas. (A posição das ilhas do Havaí é mostrada em cada fatia para orientação, mas, certamente, as ilhas estão apenas na superfície da Terra.)

Figura 3.25 A formação do Havaí.

Esses terrenos são incrivelmente comuns. A Nova Inglaterra, boa parte do Noroeste Pacífico da América do Norte e quase todo o Alasca aparentam ser compostos por esse tipo de material costurado e suturado, alguns deles certamente vindos de milhares de quilômetros de distância! Por exemplo, a ilha de Vancouver, a oeste do Canadá, pode ter se movido para o norte em torno de 3.500 quilômetros (2.200 milhas) nos últimos 75 milhões de anos. Curiosamente, os terrenos também podem conter fragmentos de crosta oceânica densa. Aproximadamente 0,001% da litosfera oceânica não foi subduccionada, mas sim *obduccionada* – arrastada – das bordas dos continentes **(Figura 3.27)**.

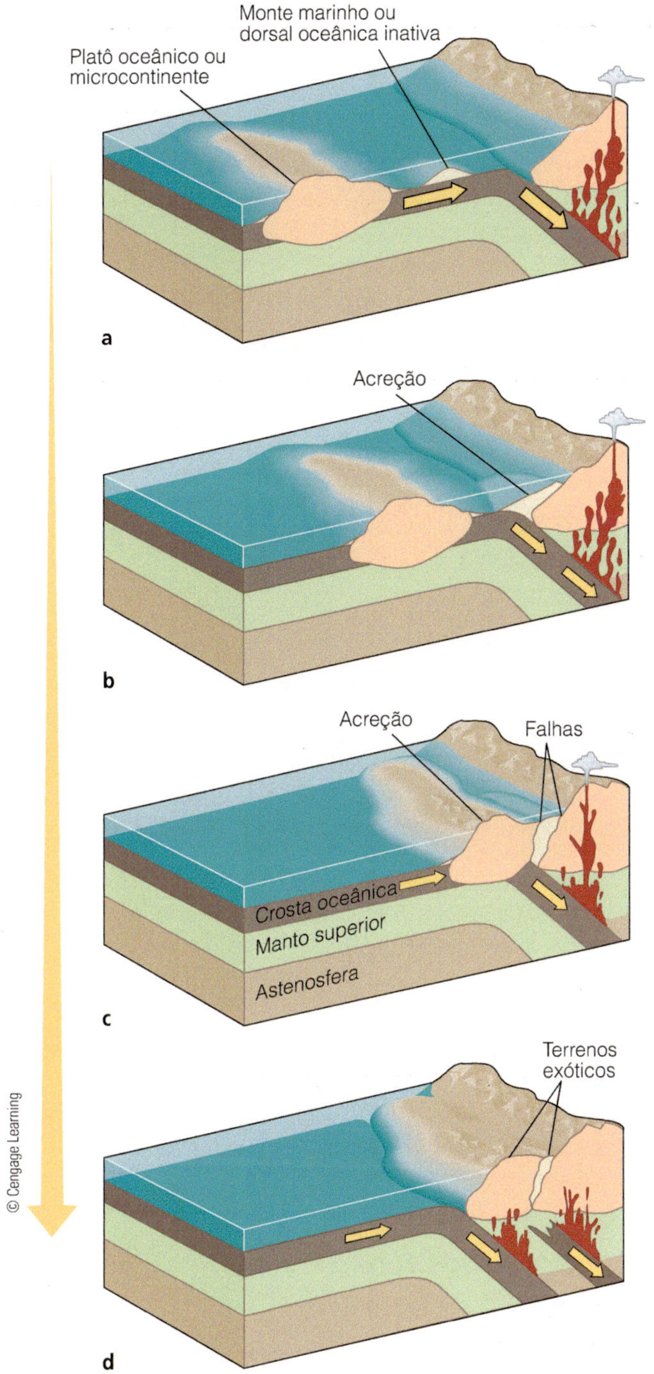

Figura 3.26 Formação de um terreno. Platôs oceânicos normalmente compostos por rochas de baixa densidade não são subduccionados para a fossa com a placa oceânica. Em vez disso, eles são "arrastados", provocando soerguimento e a construção de montanhas à medida que atingem um continente (a-d). Apesar de raras, porções de litosfera oceânica subduccionada também podem ser arrastadas (obduccionadas) às bordas dos continentes. Elas podem conter depósitos ricos em minérios.

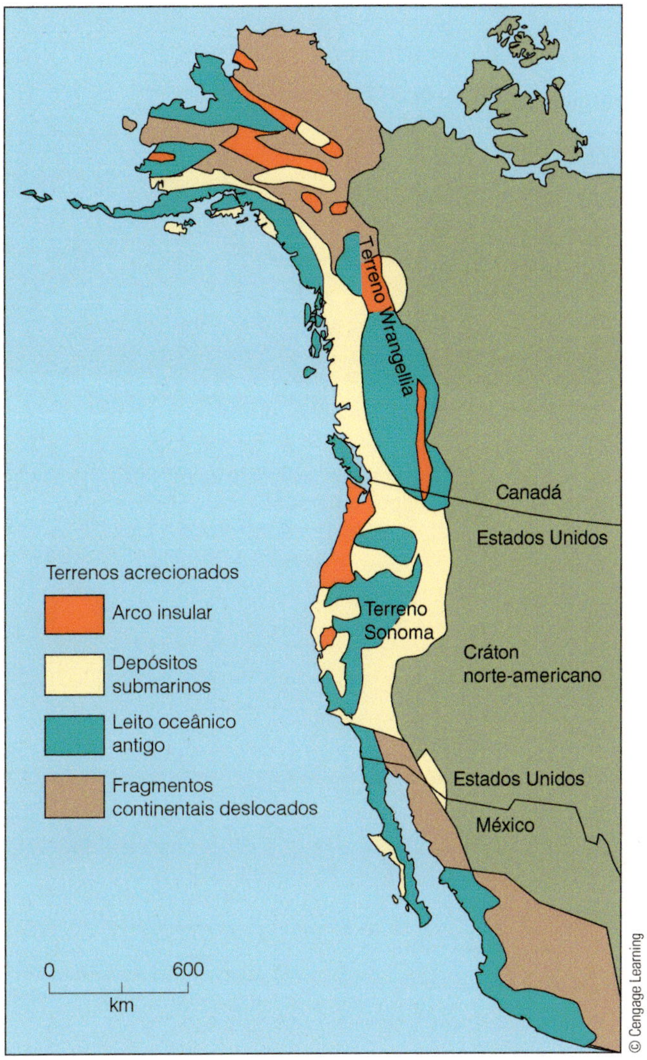

(a) Os fragmentos que compreendem o extremo oeste dos Estados Unidos têm diferentes histórias e origens. Alguns se moveram milhares de quilômetros para serem arrastados para o núcleo da América do Norte, como sua placa transportadora subduccionada.

(b) As forças que envolvem a formação de terrenos podem ser imaginadas com esta foto de uma rocha dobrada exposta por um corte na estrada, na Califórnia central.

Figura 3.27 Terrenos da América do Norte.

PENSANDO ALÉM DA IMAGEM

Você vive em um terreno?

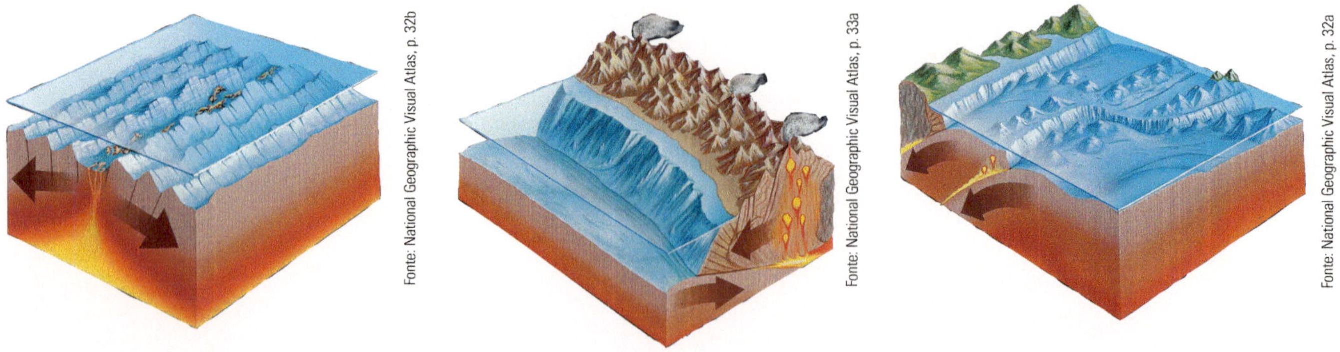

(a) Expansão ao longo de um limite divergente.

(b) Subducção quando as placas convergem.

(c) Construção de um terreno na borda de um continente.

Figura 3.28 O Ciclo de Wilson recebeu esse nome em homenagem ao autor da síntese das placas tectônicas, John Tuzo Wilson. Em longos períodos de tempo, os leitos oceânicos são formados e destruídos. Montanhas são erodidas, sedimentos são subduccionados e continentes são reconstruídos. O oceano mundial move-se de bacia em bacia. Uma revisão desse processo é apresentada aqui.

BREVE REVISÃO

Antes de passar para a próxima seção, verifique seu entendimento de algumas das ideias importantes apresentadas até agora:

17. O campo magnético da Terra é uma constante? Ou seja, uma agulha de bússola sempre aponta para o norte?

18. Como o campo magnético da Terra pode ter sido "congelado" nas rochas durante sua formação?

19. Você pode explicar os alinhamentos magnéticos similares aos vistos no sul da Islândia (Figura 3.27)?

20. Como a longa cadeia de vulcões do Havaí poderia confirmar a teoria das placas tectônicas?

21. A Terra tem 4.600 milhões de anos e o oceano é quase tão antigo quanto. Por que o leito oceânico mais antigo acaba sendo tão jovem – raramente com mais de 200 milhões de anos?

22. Você vive em um terreno?

Para verificar suas respostas, acesse a página deste livro no site da Cengage.

3.6 Os Cientistas Ainda Têm Muito a Aprender sobre o Processo Tectônico

A teoria das placas tectônicas revela muito sobre a natureza da superfície da Terra. A **Figura 3.28** resume a atividade tectônica presente na superfície.

Caso você considere que os geofísicos dispõem de todas as respostas, não se esqueça de considerar, no entanto, alguns dos problemas ainda não resolvidos pela teoria:

- Por que as longas *linhas* na astenosfera possuem materiais mais quentes que as áreas adjacentes?
- A densidade crescente da borda principal de uma placa subduccionada é mais importante que o deslizamento da placa da dorsal meso-oceânica expandida para fazer a placa se mover?
- Por que as plumas mantélicas se formam? (Ou antes, elas se formam mesmo?) O que provoca uma superpluma? Quanto tempo ela dura?
- Em qual distância as placas afundam? Evidências recentes sugerem que a maior parte do material atravessa todo o manto, alcançando o bordão limite do núcleo externo, mas os pesquisadores discordam dessa interpretação.
- A formação de um novo leito marinho sempre foi uma característica da superfície da Terra? Uma crosta anteriormente fina se tornou mais espessa com o passar do tempo, permitindo que a dinâmica das placas ocorresse como o descrito?
- Existem evidências de que o movimento tectônico antecedeu à quebra da Pangeia. O processo continuará indeterminadamente ou ocorrem ciclos dentro de outros ciclos?
- Quando as placas tectônicas começaram a existir **(Figura 3.29)**?

Apesar de ainda haver muito a aprender, as placas tectônicas ainda constituem uma poderosa teoria unificadora e preditiva. Descobertas e contribuições feitas pelos pesquisadores mencionados neste capítulo, além de centenas de outros, nasceram da intuição de Alfred Wegener. Nosso entendimento do processo irá evoluir à medida que mais dados fiquem disponíveis, mas parece haver pouca chance de os geólogos algum dia voltarem para a visualização dominante pré-1960, de uma crosta estável e imóvel.

A teoria das placas tectônicas mostra-nos uma imagem de uma Terra dinamicamente cíclica, com a superfície sempre mutável e com um único *oceano mundial*, que muda de forma e troca de posição conforme as placas se movem lentamente.

A configuração das bacias oceânicas (discutida no próximo capítulo) é o resultado das atividades das placas tectônicas. A variedade dessas características fará mais sentido agora que você já dispõe de informações para compreender a teoria.

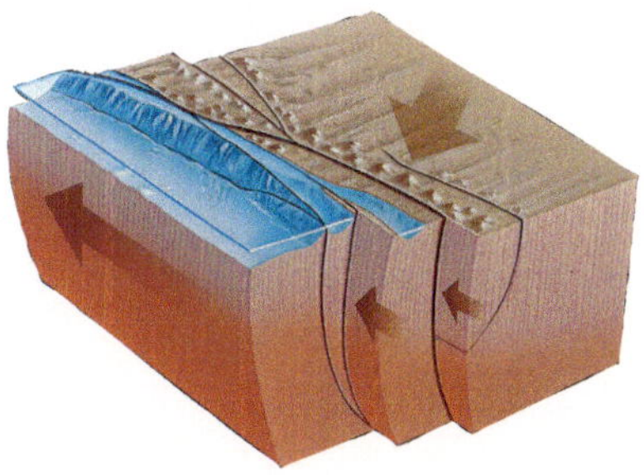

Fonte: National Geographic Visual Atlas, p. 33a

(d) Falhas transversais à medida que as placas deslizam, passando uma pela outra.

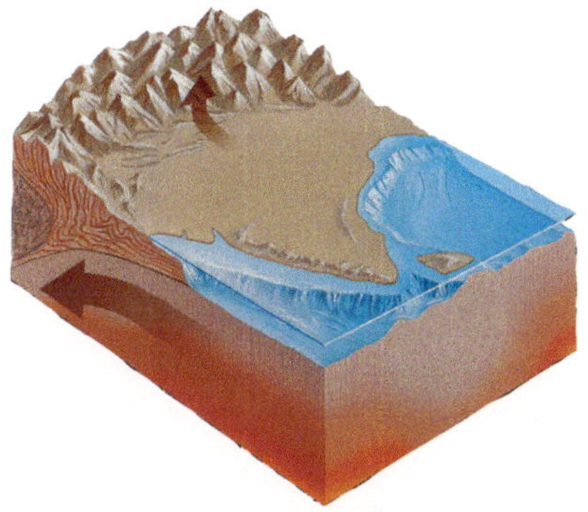

Fonte: National Geographic Visual Atlas, p. 33b

(e) Soerguimento quando as partes continentais da placa colidem.

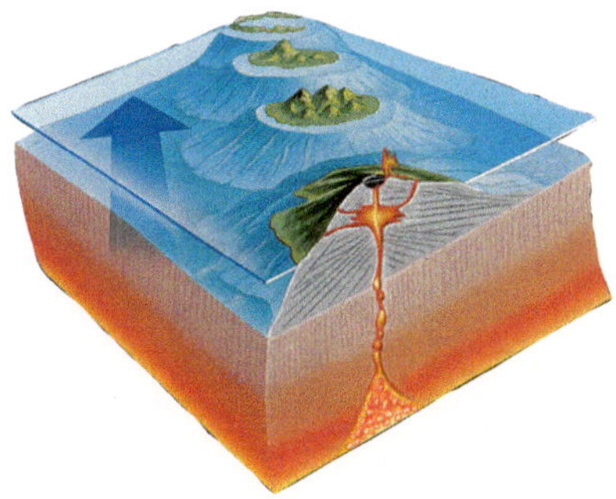

Fonte: National Geographic Visual Atlas, p. 32a

(f) Pontos quentes podem produzir arquipélagos vulcânicos.

Steve Richardson, Department of Geological Sciences, University of Cape Town, South Africa

Figura 3.29 A primeira evidência de rochas crustais misturadas ao manto em zonas de subducção – uma assinatura das placas tectônicas – foi encontrada em minúsculas inclusões minerais em diamantes como este. A mais antiga dessas evidências é datada de entre 3 e 3,2 bilhões de anos atrás, marcando a origem do Ciclo de Wilson.

BREVE REVISÃO

Antes de passar para a próxima seção, verifique seu entendimento de algumas das ideias importantes apresentadas até agora:

23. Você pode sugerir áreas para futuras pesquisas sobre as placas tectônicas?

24. Em sua opinião, como um melhor entendimento das placas tectônicas revolucionou a geologia?

Para verificar suas respostas, acesse a página deste livro no site da Cengage.

Perguntas dos Alunos

1. Qual é a diferença entre crosta e litosfera? E entre litosfera e astenosfera?

A litosfera inclui a crosta (oceânica e continental) e a rígida parte superior do manto abaixo da astenosfera. A velocidade das ondas sísmicas na crosta difere muito daquela observada no manto. Isso sugere a existência de diferenças na composição química, na estrutura cristalina ou, talvez, em ambas. A litosfera e a astenosfera têm diferentes características físicas: a litosfera geralmente é rígida; já a astenosfera é capaz de movimentar-se lentamente. A astenosfera e a litosfera também transmitem ondas sísmicas em velocidades diferentes.

2. Quais são os elementos mais abundantes na Terra?

Você pode ficar surpreso em saber que o oxigênio representa cerca de 46% da massa da crosta terrestre. Em uma base de átomo para átomo, a proporção é ainda mais impressionante: de cada 100 átomos da crosta terrestre, 62 são de oxigênio. A maior parte do oxigênio não está presente como o elemento gasoso, mas sim combinada com outros átomos em óxidos e outros compostos. A maioria das rochas crustais e dos minerais conhecidos é composta por óxidos de alumínio, silício e ferro (a ferrugem, por exemplo, é óxido de ferro).

Na Terra como um todo, o ferro é o elemento mais abundante, compondo 35% da massa do planeta, e o oxigênio representa 30% no geral. Lembre-se do que aprendeu no Capítulo 1: a maior parte da massa do universo é de gás hidrogênio. Oxigênio e ferro são abundantes na Terra apenas porque as reações de fusão nas estrelas podem transformar elementos leves, como o hidrogênio, em elementos pesados.

3. Como os geólogos determinam a localização e a magnitude de um terremoto?

Os geólogos utilizam a diferença do tempo na chegada de ondas sísmicas em seus instrumentos para determinar a distância de um terremoto. São necessários pelo menos três sismógrafos em locais bem distantes um do outro para determinar a posição do local.

A força das ondas, ajustada à distância, é usada para calcular a magnitude de um terremoto. A magnitude do terremoto geralmente é expressa na **escala Richter**. Cada etapa completa na escala Richter representa uma mudança de 10 vezes na amplitude da onda da superfície e uma mudança de 32 vezes na liberação da energia. Dessa forma, um terremoto com uma magnitude 6,5 na escala Richter libera, aproximadamente, 32 vezes mais energia que um terremoto com magnitude 5,5, e cerca de mil vezes mais energia que um tremor de magnitude 4,5. As pessoas só percebem um terremoto quando a magnitude é igual ou superior a 3,2 na escala Richter, mas a energia associada a um tremor de magnitude 6 pode provocar uma destruição significativa.

A energia liberada pelo terremoto de 1964 no Alasca foi mais que um bilhão de vezes maior do que a energia liberada pelos menores terremotos sentidos pelos humanos. A liberação de energia foi igual a quase duas vezes a energia contida na produção mundial de carvão e de petróleo de um ano inteiro. Magnitudes na escala Richter muito fracas ou muito intensas nem sempre podem ser registradas com precisão. A magnitude do terremoto do Alasca foi inicialmente calculada entre 8,3 e 8,6 graus da escala Richter, mas uma nova avaliação apontou uma magnitude extraordinária de 9,2. Durante dez dias após o terremoto, a Terra vibrou como o badalo de um enorme sino.

4. Os grandes terremotos são comuns?

A cada dois dias ocorre, em algum lugar no mundo, um terremoto de magnitude de 6 a 6,9 graus na escala Richter – o que aproximadamente equivale ao tremor que atingiu Northridge e o resto do sul da Califórnia em janeiro de 1994, ou Kobe, no Japão, em janeiro de 1995. Cerca de uma ou duas vezes por mês, em média, ocorre um tremor de 7 a 7,9 em algum lugar. Há cerca de um terremoto de 8 a 9 – semelhante em magnitude ao terremoto de 1964 no Alasca ou ao tremor de 1812, em Nova Madrid – ao ano.

Tremores com a intensidade de Kobe e de Northridge são moderados. Entretanto, muitas vidas e propriedades podem ser perdidas quando esses terremotos ocorrem em áreas povoadas. A estimativa dos danos provocados pelo terremoto de Northridge ultrapassou os US$ 40 bilhões. Em Kobe, mais de 5.000 pessoas morreram e mais de 26.000 ficaram feridas. Alguns dos 56.000 edifícios foram destruídos; estima-se que os custos com a reconstrução ultrapassaram US$ 400 bilhões.

O mais intenso terremoto, com magnitude de 9 em Tohoku, no Japão, e o tsunami associado de março de 2011 estão entre os maiores desastres naturais dos tempos modernos. Mais de 20.000 pessoas morreram e 144.000 estruturas foram destruídas (junto com uma estimativa de 230.000 carros e caminhões). Atualmente, estima-se que os danos às propriedades ultrapassaram um quarto de trilhão de dólares.

5. O movimento da placa é uma característica nova da Terra?

Não, diversas linhas de evidência sugerem que podemos estar no meio do sexto ou sétimo maior ciclo tectônico desde que o movimento tectônico começou, há cerca de 3 bilhões de anos. Megacontinentes como a Pangeia aparentam ter se formado, separado, movido e reagrupado muitas vezes desde que a crosta da Terra se solidificou.

Você já pensou por que o Rio Mississippi está no local onde se encontra? Ele flui ao longo de uma "costura" produzida quando a Pangeia foi reunida. A tensão nessa costura gerou um dos maiores terremotos já sentidos na América do Norte: o grande terremoto de Nova Madrid (Missouri), em 1812, teve uma magnitude de cerca de 8 na ainda não inventada escala Richter. O devastador tremor (e mais dois que o sucederam) pôde ser sentido em todo o leste dos Estados Unidos.

Termos e Conceitos para se Lembrar

Anel de Fogo do Pacífico
astenosfera
basalto
centro de expansão
condução
convecção
corrente de convecção
crosta
crosta continental
crosta oceânica
datação radiométrica
decaimento radioativo
densidade
densidade estratificada
deriva continental
ecobatímetros
equilíbrio isostático
escala Richter
expansão do fundo oceânico
falha
falhas transformantes
flutuabilidade
granito
limite de placas convergentes
limite de placas divergentes
limite de placas transformantes
litosfera
magma
magnetômetro
manto
manto inferior
núcleo
onda sísmica
paleomagnetismo
Pangeia
Pantalassa
placa
placas tectônicas
plumas mantélicas
ponto quente
rift valley
sismógrafo
subducção
superpluma
terreno
Wegener, Alfred
Wilson, John Tuzo
zona de subducção

Panorama Geral do Capítulo

Neste capítulo, você aprendeu que a Terra é composta por camadas esféricas concêntricas, com a camada menos densa do lado externo e a mais densa no núcleo. As camadas podem ser classificadas, de acordo com sua composição química, em crosta, manto e núcleo, ou, conforme suas propriedades físicas, em litosfera, astenosfera, manto e núcleo. Geólogos confirmaram a existência de propriedades básicas das camadas internas por meio de análises das ondas sísmicas geradas pelas forças que causam grandes terremotos.

A teoria das placas tectônicas explica a distribuição não aleatória dos locais dos terremotos, o curioso encaixe semelhante a um jogo de quebra-cabeça dos continentes e os padrões do magnetismo nas rochas da superfície. A teoria das placas tectônicas sugere que a superfície da Terra não é um arranjo estático de continentes e oceano, mas um mosaico dinâmico de placas litosféricas que se empurram. As placas convergiram, divergiram e deslizaram, passando uma pela outra desde que a crosta da Terra se solidificou e resfriou, e como resultado das lentas correntes de convecção geradas pelo calor presente na astenosfera. As crostas continentais e oceânicas são geradas por forças tectônicas, e a maioria das características, tanto dos continentes como do leito oceânico, é determinada pelos movimentos das placas. As placas tectônicas explicam por que nosso velho planeta tem leitos marinhos surpreendentemente jovens; o mais velho deles foi originado na mesma época que os dinossauros mais antigos, o que corresponde a apenas 1/23 da idade da Terra.

No próximo capítulo, você aprenderá sobre as características do leito marinho, cujo processo lento de movimento de placa foi feito e refeito no nosso planeta. Os continentes são velhos; os leitos oceânicos, jovens. O leito marinho carrega as marcas de viagens e forças ainda não compreendidas. Escondidos de nossa visão até períodos recentes, os contornos e os materiais do leito marinho possuem suas próprias histórias para contar.

Perguntas de Estudo

1. Em quais pontos Wegener estava correto? E em quais estava errado?
2. Como as camadas internas da Terra são classificadas?
3. Como a crosta diferencia-se da litosfera?
4. Onde estão as rochas mais jovens no leito marinho? E as mais velhas? Por quê?
5. Os terremotos mais violentos estariam associados aos centros de expansão ou às zonas de subducção? Por quê?
6. Descreva o mecanismo que alimenta o movimento das placas litosféricas.
7. Por que se acredita que a evidência paleomagnética esteja no "centro" do argumento das placas tectônicas? Você pode pensar em alguma objeção à interpretação de Matthews/Vine/Morley sobre os dados paleomagnéticos?
8. Qual evidência biológica apoia a teoria das placas tectônicas?
9. Qual evidência você pode citar que apoia a teoria das placas tectônicas? Quais perguntas continuam sem respostas? De qual lado você ficaria em um debate?
10. Por que os continentes são aproximadamente 20 vezes mais velhos que as bacias oceânicas mais velhas?

4 Bacias Oceânicas

CONCEITOS-CHAVE

As forças tectônicas moldam o leito oceânico. © Cengage Learning

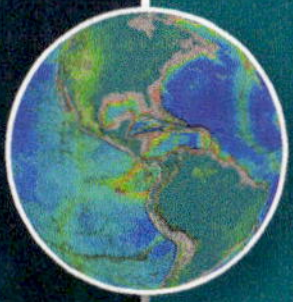

O assoalho oceânico está dividido em margens continentais e bacias oceânicas profundas. © Cengage Learning

As margens continentais são prolongamentos dos continentes adjacentes em direção ao mar e são normalmente constituídas por granito; as bacias oceânicas profundas possuem características diferentes e normalmente são compostas por basalto. © Gary Hincks/National Geographic Creative

O sistema de cordilheiras meso-oceânicas é talvez a feição mais proeminente da Terra. © Cengage Learning

A maior parte da água do oceano mundial circula através da crosta quente do oceano nas cordilheiras há cada 10 milhões de anos. © Cengage Learning

Exploradores investigam uma bacia oceânica. O fundo do mar representa 70,8% da superfície sólida da Terra e atinge a profundidade de 10.920 metros (35.818 pés) muito mais profundo que a altura do Monte Everest. © Brian J. Skerry/National Geographic Creative

4.1 O Assoalho Oceânico é Mapeado por Batimetria

Mars Reconnaissance Orbiter, uma nave espacial robô em órbita, mapeou quase toda a superfície de nossos planetas vizinhos com uma resolução que revelaria uma mesa de jantar sobre a areia. Não havia oceanos e nem tempestades para prejudicar o campo visual.

O mapeamento da Terra é mais complicado, pois a água e as nuvens escondem mais de três quartos da superfície. Até recentemente, sabíamos mais sobre os relevos da Lua e dos planetas internos do Sistema Solar do que conhecemos do nosso próprio planeta. Graças à batimetria moderna, nossa visão está sendo esclarecida.

A exploração e estudo do relevo do fundo oceânico é chamada **batimetria** (*bati*, "profundo"; *metria*, "medida"). Os estudos batimétricos mais antigos conhecidos foram realizados no Mar Mediterrâneo por um grego chamado Posidonius, em 85 a.C. Ele e sua tripulação lançaram quase 2 quilômetros de corda com uma pedra amarrada à ponta para alcançar o fundo. A tecnologia batimétrica não se desenvolveu muito até James Clark Ross obter sondagens de 4.893 metros (16.054 pés) no Atlântico Sul, em 1818. Na década de 1870, os pesquisadores da expedição HMS *Challenger* adicionaram como inovação um guincho movido a vapor para erguer o cabo e um peso, mas o método era o mesmo **(Figura 4.1)**. A tripulação do *Challenger* realizou 492 sondagens de fundo e confirmou a descoberta anterior de Matthew Maury, a Cordilheira Mesoatlântica.

Figura 4.1 Marinheiros manuseando o guincho movido a vapor a bordo do HMS *Challenger*. O guincho foi utilizado para baixar um peso na extremidade do cabo até o fundo marinho para determinar a profundidade do oceano. O trabalho foi difícil e repetitivo – um quarto de uma equipe de 269 membros chegou a desistir durante uma jornada de quatro anos e meio! Essa ilustração é do *Challenger Report* (1880).

PENSANDO ALÉM DA IMAGEM

Apenas 144 dos 216 integrantes originais da tripulação voltaram com o navio. O que você imagina que a tripulação encontrou de tão difícil na viagem?

Scripps Institution of Oceanography

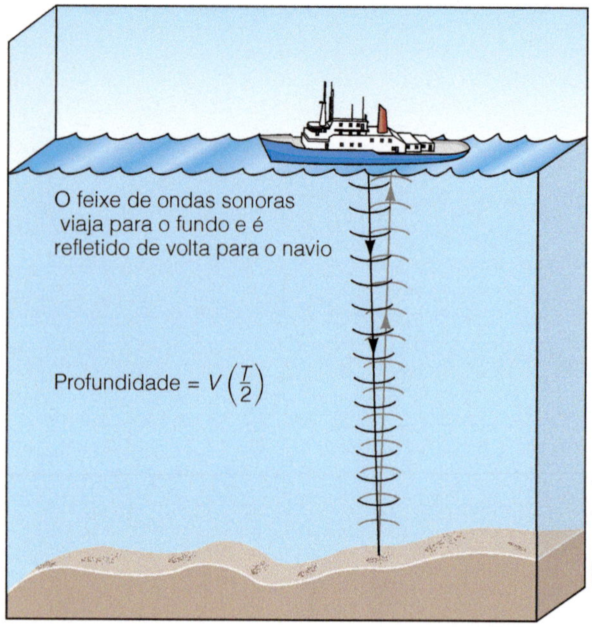

© Cengage Learning

(a) A precisão de um ecobatímetro pode ser afetada pelas condições da água e pelo relevo de fundo. Os pulsos da energia do som, ou *pings*, da sonda se espalham em um cone estreito quando partem do navio. Quando a profundidade é grande, os sons refletem de uma grande área vinda do fundo do mar, escondendo, assim, muitos detalhes.

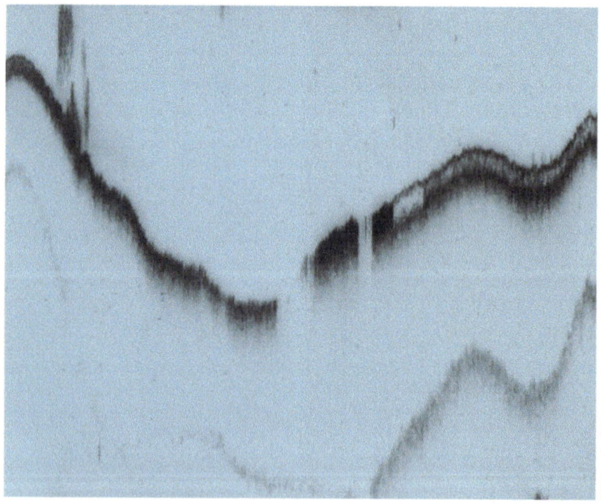

Robert Profeta

(b) Registro do sinal de uma sonda. Um pulso sonoro reflete no assoalho marinho e retorna ao navio. O período de tempo fornece a medida de profundidade. Por exemplo, leva cerca de 2 segundos para um pulso de som chegar ao fundo e retornar ao navio quando a profundidade da água é de 1.500 metros (4.900 pés). O relevo de fundo vai sendo revelado à medida que o navio segue um curso regular. Nesse percurso, o eixo horizontal representa o curso do navio, e o eixo vertical representa a profundidade da coluna d'água. O navio passou sobre um pequeno cânion submarino.

Figura 4.2 Ecobatímetro.

Ecobatímetros Ecoam o Som do Assoalho Oceânico

O naufrágio do RMS *Titanic* em 1912 estimulou a pesquisa que pôs fim à técnica lenta e árdua de utilizar o peso na ponta de um cabo. Em abril de 1914, um ex-funcionário de Thomas Edison havia desenvolvido um "Detector de *icebergs* e uma Ecossonda". O detector emitia um forte impulso sonoro sob a água e aguardava o eco emitido pela parte submersa de um *iceberg*. Era fácil direcionar o feixe para sentir a distância até o fundo. Poderia levar o dia todo para baixar e levantar o cabo com o peso, mas os ecobatímetros poderiam realizar vários registros em um minuto.

Em junho de 1922, um ecobatímetro baseado em seus desenhos concluiu o primeiro perfil contínuo da bacia oceânica a bordo do USS *Stewart*, um navio da Marinha dos Estados Unidos. Ao utilizar um ecobatímetro mais aperfeiçoado, o navio alemão *Meteor* realizou 14 perfis no Oceano Atlântico, entre 1925 e 1927. O contorno da Cordilheira Mesoatlântica foi então revelado, e a coincidência entre a linha de costa dos dois lados do Atlântico estimulou as discussões que possibilitaram o entendimento atual sobre placas tectônicas.

A ecobatimetria não foi perfeita. A posição exata do navio não era sempre precisa. Como a velocidade do som varia conforme a temperatura, a pressão e a salinidade da água, essas variações provocaram pequenas inadequações nas leituras da profundidade. Imagens simples da sonda de profundidade (como as da **Figura 4.2**) também não foram capazes de determinar detalhes minuciosos de que os oceanógrafos precisavam para explorar o relevo do assoalho oceânico. Mesmo assim, os pesquisadores que utilizam os dados do ecobatímetro concluíram meticulosamente as primeiras cartas mais amplas do assoalho oceânico até 1959. (Uma parte de um dos mapas desenhados à mão com belíssimos detalhes é exibida na Figura 4.18a.)

Desde então, duas novas técnicas – possíveis com o uso de sensores aprimorados e computadores rápidos – foram aperfeiçoadas para minimizar as imprecisões e a velocidade do processo de batimetria. Os sistemas de ecobatimetria multifeixe e altimetria por satélite (bem como outros sistemas) têm sido utilizados para estudar as feições do fundo oceânico, conforme discutido neste capítulo. Qualquer um deles é com certeza um aprimoramento diante do processo de descer pedras em cabos!

Os Sistemas Multifeixe Combinam Vários Ecobatímetros

Como a ecossonda, no sistema multifeixes a onda sonora reflete no assoalho para medir a profundidade do oceano. Mas, ao contrário de uma ecossonda simples, esse sistema pode ter até 121 feixes irradiando do casco do navio. Abrindo-se

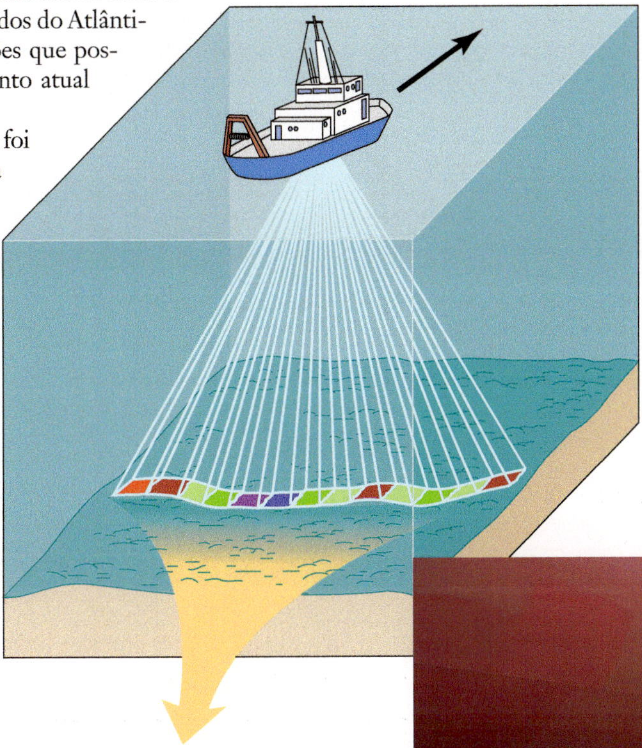

© Cengage Learning

(a) Uma ecossonda com multifeixe emprega aproximadamente 121 feixes irradiando do casco de um navio. Abrindo-se em leque, posicionado em ângulo reto em relação à direção de curso do navio, eles cobrem um arco de 120° e medem uma área de fundo 3,4 vezes maior que a profundidade. Tipicamente, um pulso (ou *ping*) é emitido a cada 10 segundos. Um equipamento receptor registra o som refletido apenas em faixas estreitas que correspondem ao pulso de saída. Portanto, um sistema multifeixe é menos susceptível ao erro de relevo do que um dispositivo de feixe único, como o exibido na Figura 4.2.

©L-3 Elak Nautik

(b) Um transdutor multifeixe montado em um navio de pesquisa.

Andrew Goodwillie/Scripps Institute of Oceanography

Figura 4.3 Coleta de dados com o sistema multifeixe.

(c) Um registro multifeixe de um fragmento de fundo oceânico próximo à elevação do Pacífico Leste (East Pacific Rise), ao sul da ponta de Baja Califórnia, México. A cobertura irregular reflete o percurso do navio ao longo da área. Análises detalhadas requerem um padrão de ida e vinda cuidadoso. O processamento computadorizado dos dados oferece imagens extraordinariamente detalhadas, tais como aquelas nas Figuras 4.4e, 4.11 e 4.15b.

Figura 4.4 Mapeando o assoalho oceânico do espaço.

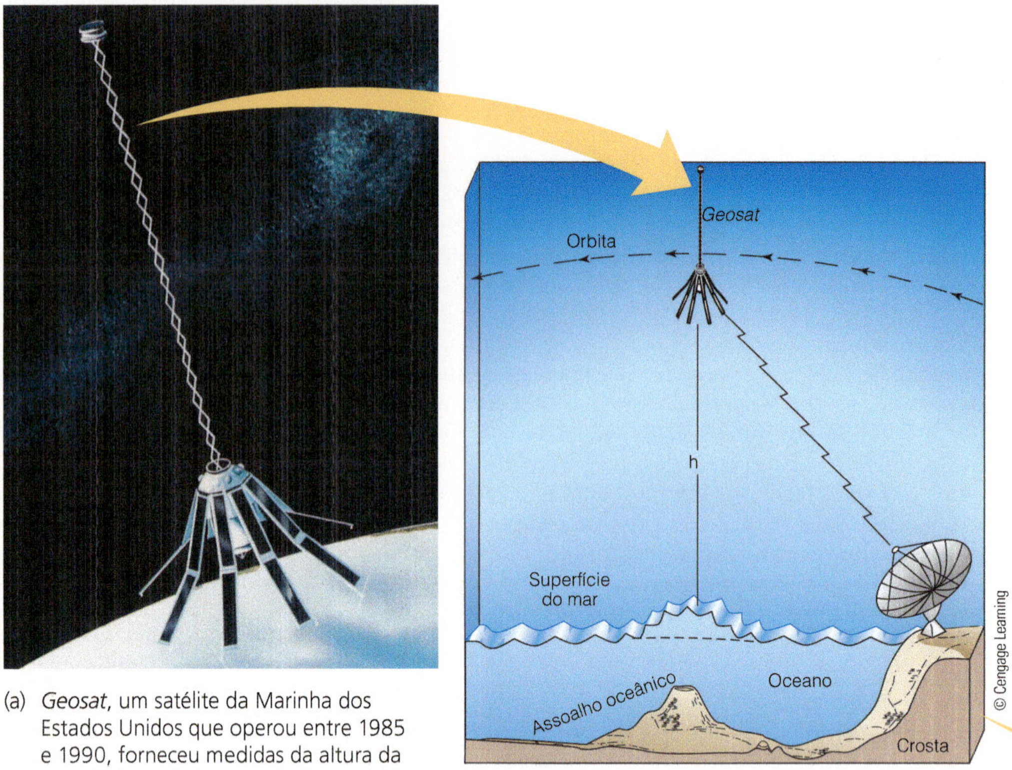

(a) *Geosat*, um satélite da Marinha dos Estados Unidos que operou entre 1985 e 1990, forneceu medidas da altura da superfície oceânica a partir da sua órbita. Movendo-se acima da superfície oceânica a 7 quilômetros (4 milhas) por segundo, o *Geosat* enviou 1.000 pulsos de energia radar para o oceano por segundo. A precisão da altura foi de 0,03 metros (1 polegada)! Outros satélites o substituíram.

(b) Distorção da superfície oceânica acima de uma feição do assoalho oceânico ocorre quando uma atração extragravitacional da feição do fundo "puxa" água em sua direção a partir das laterais, acumulando água sobre si.

em leque, em ângulo reto em relação à direção seguida, os feixes cobrem um arco de 120° (Figura 4.3a). Normalmente, um impulso sonoro é emitido em direção ao assoalho a cada 10 segundos. Um equipamento receptor registra o som refletido apenas em estreitas faixas que correspondem ao pulso de saída. A observação sucessiva constrói uma faixa de cobertura contínua abaixo da embarcação. Ao "cortar a grama" – mover o navio em um padrão de movimentos para cobrir uma área de modo similar ao que seria feito para cortar a grama –, os pesquisadores podem fazer um mapa completo da área (Figura 4.3b). O processamento extensivo pode formar imagens detalhadas, incluindo as apresentadas nas Figuras 4.11 e 4.12. Menos de 220 navios de pesquisa no mundo estão equipados com sistemas multifeixes (também conhecidos como *multibeams*). Na velocidade atual, seriam necessários mais de 125 anos para mapear todo o assoalho oceânico.

O satélite *Geosat,* da Marinha dos Estados Unidos, mediu sua distância até a superfície do oceano com precisão de 3 cm (1 polegada) empregando aproximadamente 1.000 pulsos por segundo!

Os Satélites Podem Ser Utilizados para Mapear o Relevo do Assoalho Oceânico

Não é possível medir a profundidade do oceano diretamente por satélite, mas apenas pequenas variações na elevação da superfície da água. O satélite *Geosat*, da Marinha dos Estados Unidos, empregando aproximadamente 1.000 pulsos por segundo (Figura 4.4a), mediu sua distância até a superfície do oceano com precisão de 3 cm! Uma vez tendo sido possível determinar a posição correta do satélite, a altura média da superfície do oceano foi calculada com grande exatidão.

Independentemente das ondas, ou marés ou correntes, os pesquisadores constataram que a superfície oceânica pode variar da forma plana ideal (elipsoide) em até 200 metros (600 pés). O motivo é que a força da gravidade varia através da superfície da Terra dependendo da proximidade (ou distância) das partes maciças da Terra. As montanhas, ou cordilheiras, "puxam" a água em sua direção, formando uma "colina" de água sobre si mesmas (Figura 4.4b). Por exemplo, um vulcão submarino com altura de 2.000 metros (6.600 pés) acima do assoalho oceânico e um raio de 20 km (32 milhas) produziria o aumento de 2 m (6,6 metros) na superfície da água. (Essa elevação não pode ser vista a olho nu porque a inclinação da superfície é muito gradual.) As grandes formações no assoalho oceânico são incrivel e precisamente reproduzidas nas leves irregularidades permanentes da superfície do mar (Figure 4.4d)!

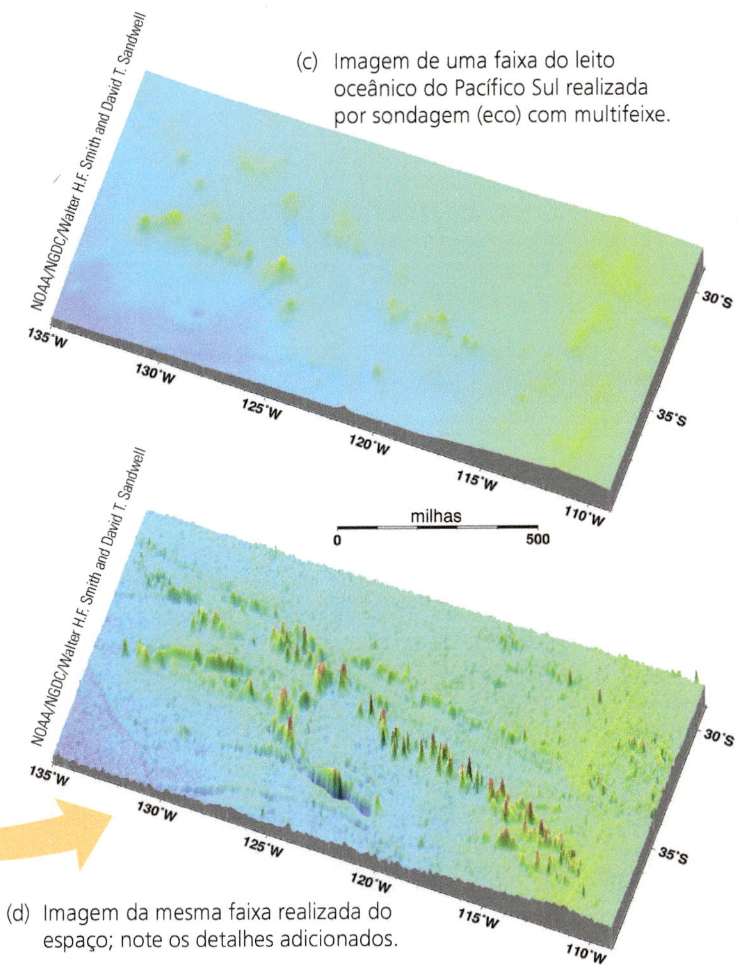

(c) Imagem de uma faixa do leito oceânico do Pacífico Sul realizada por sondagem (eco) com multifeixe.

(d) Imagem da mesma faixa realizada do espaço; note os detalhes adicionados.

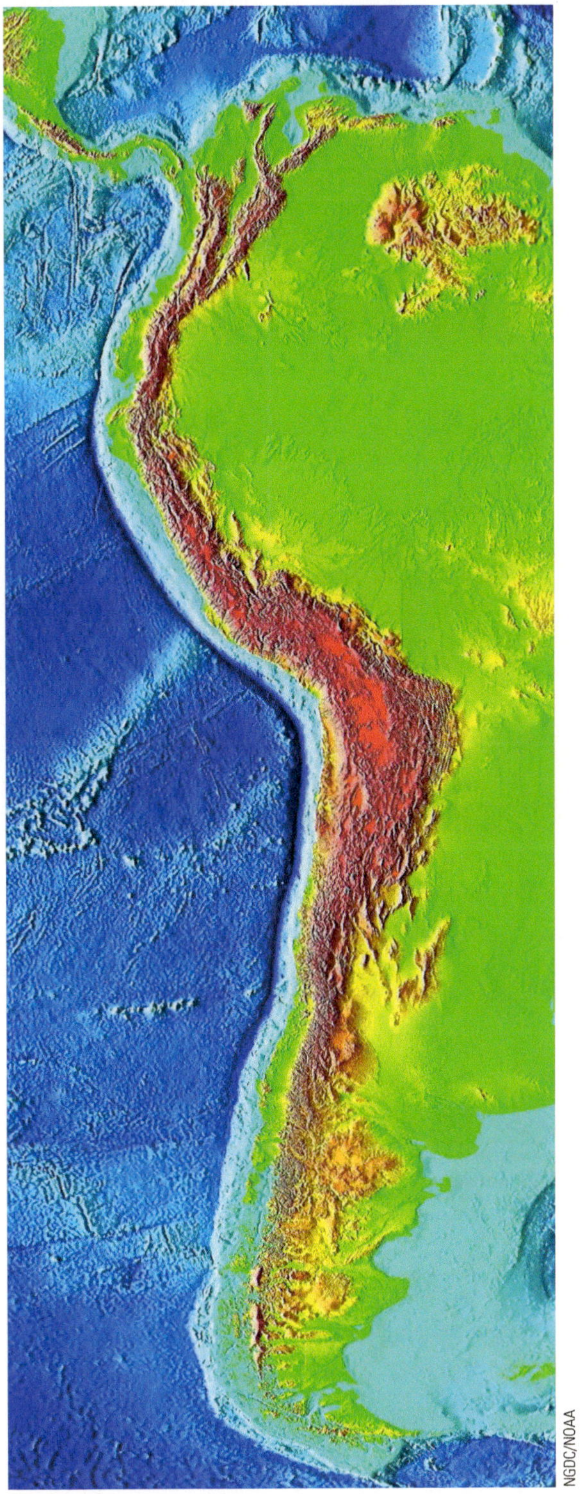

(e) América do Sul vista por altimetria via satélite. Observe as altas montanhas dos Andes, a Cordilheira Peru-Chile percorrendo a costa oeste do continente, as falhas de transformação e zonas de fraturas da Cordilheira do Chile (abaixo, à esquerda), e a larga plataforma continental na borda passiva (à direita) da parte sul do continente.

O *Geosat* e seus sucessores, o TOPEX/*Poseidon*, *Jason-1* e *Jason-2*, permitiram o rápido mapeamento do assoalho oceânico a partir do espaço. Centenas de feições foram descobertas pelos dados por eles fornecidos.

Os Robôs Descem para Observar os Detalhes

Pequenos robôs submersíveis foram notícia durante o vazamento de óleo no Golfo do México durante o verão de 2010. Esses dispositivos ágeis são capazes de manipular válvulas, levantar e reposicionar equipamentos e agir como olhos remotos para aqueles responsáveis pelas decisões. Os cientistas utilizam dispositivos semelhantes para sondar as formações geológicas submersas, examinar navios naufragados, e medir as propriedades da água **(Figura 4.5)**.

Talvez a tecnologia mais inovadora a ser incorporada nesses dispositivos seja a *telepresença*, a extensão dos sentidos de uma pessoa mediante manipuladores remotos. O cientista pode usar um capacete com pequenos monitores e fones de ouvido estéreo e colocar sua mão em luvas especiais equipadas com unidades de sensibilidade tátil. Os movimentos de sua cabeça e mãos seriam reproduzidos pelo robô no fundo oceânico, e as sensações "sentidas" pelo robô seriam transferidas para o cientista por meio dos monitores, fones de ouvido e luvas. Ele teria então a sensação de estar no fundo do oceano e poderia colher amostras, manipular ferramentas,

relato de um explorador da national geographic 4.1

©Mark Thiessen/National Geographic Creative

A Dra. SYLVIA EARLE discute sobre Sir John Murray e os desenvolvimentos modernos em uma exploração da bacia oceânica.

Eu imagino o que John Murray, que navegou no HMS *Challenger* entre 1872 e 1876, editou os mais de 50 publicações que resultaram daquela grande viagem exploratória e recebeu a medalha da Royal Geographic Society's Founders em 1895, pensaria, o que aconteceria se ele pudesse ter embarcado em um navio de pesquisa oceânica do século XXI.

O que mais o impressionaria? A capacidade de definir exatamente no oceano os pontos onde ele estava, usando dados de feixe de satélites do alto do céu? A capacidade de ouvir as vozes e ver as imagens de um cientista do outro lado do mundo e comparar observações em tempo real? Ou ligar para sua família a milhas de distância, ver seus rostos e saber o que está acontecendo mesmo estando longe de casa?

Com certeza ele adoraria os mapas, não em papel, mas em grandes e iluminadas telas, retratando as grandes cordilheiras que se curvam como ossos gigantes dentro das bacias oceânicas; dos montes oceânicos, vales e planícies amplas que abrigam a maioria da água da Terra – e a maior parte da vida da Terra.

Murray foi o primeiro a notar a existência da Cordilheira Mesoatlântica e as fossas oceânicas, mas ele não sabia, e não poderia saber, das placas tectônicas, os processos subjacentes que causam a movimentação dos continentes, redução ou expansão dos oceanos.

Ele não sabia, e não poderia saber das fontes hidrotermais da Mesoatlântica e quimiossíntese como um mecanismo para manter as comunidades de vida no fundo do oceano. Ainda não existia tecnologia para levar observadores a milhas de profundidade para registrar o que havia lá embaixo – e trazê-los de volta à superfície em segurança.

Ele ficaria surpreso ao saber que os humanos andaram na Lua e que agora habitam uma estação no espaço, vivem debaixo d'água, e viajam através de continentes e oceanos em horas em vez de meses ou anos.

***Fonte*: Observações para a Royal Geographic Society, 6 de junho de 2011, a premiação da Dra. Earle com a medalha de patrono da Royal Geographical Society do Reino Unido.**

Uma seção externa de recife de barreira, Austrália. Imagem/Corbis

Image/Corbis

ou apenas explorar. Outros pesquisadores poderiam assistir ou participar a distância via link de dados em alta velocidade.

BREVE REVISÃO

Antes de passar para a próxima seção, verifique seu entendimento de algumas das ideias importantes apresentadas até agora:

1. Como era realizada a batimetria antigamente? Como os cientistas a fazem agora?
2. Os ecobatímetros (ou ecossondas) refletem o som do assoalho oceânico para medir a profundidade. Como funciona?
3. Os satélites orbitam no espaço. Como um satélite pode realizar uma pesquisa oceanográfica? Por que a superfície do oceano se "amontoa" sobre montanhas e cordilheiras?

Para verificar suas respostas, acesse a página deste livro no site da Cengage.

4.2 A Topografia do Fundo Oceânico Varia com a Localização

A maioria das pessoas acha que uma bacia oceânica se parece com uma banheira gigantesca. Eles imaginam que os continentes terminam logo depois da zona de surfe e que o ponto mais profundo do oceano fica próximo ao seu centro. Como mostra a **Figura 4.6**, os estudos batimétricos provam que isso não é verdade.

Por quê? Como visto no capítulo anterior, a teoria das placas tectônicas sugere que a superfície da Terra não é um conjunto estático de continentes e oceanos, mas sim, um mosaico dinâmico de placas litosféricas. A litosfera continental, mais leve, flutua em equilíbrio isostático acima do nível da litosfera das bacias oceânicas, mais pesada. A alta densidade do assoalho oceânico explica parcialmente por que mais da metade da superfície sólida da Terra situa-se a, pelo menos, 3.000 m (10.000 pés) abaixo do nível do mar **(Figura 4.7)**.

A **Figura 4.8** demonstra a transição entre as rochas graníticas grosseiras (e menos densas) dos continentes e o basalto

Mountains in the Sea Research Team; the IFE Crew; and NOAA/OAR/OER

Mountains in the Sea Research Team; the IFE Crew; and NOAA/OAR/OER

(b) Operado pelo Mystic Aquarium's Institute for Exploration em conjunto com a University of Rhode Island e a National Oceanic and Atmospheric Administration, o ROV *Hercules* é fotografado do ROV *Argo*, um trenó lentamente rebocado por uma nave mãe. *Hercules* é rebocado pelo *Argo* por um cabo de 30 metros (100 pés). O *Argo* foi utilizado para descobrir os restos do RMS *Titanic*, em 1985. ROV, veículo operado remotamente.

(a) O HROV *Nereus*, nomeado em homenagem ao deus grego do mar que podia adquirir qualquer forma, é capaz de operar em dois modos: nado livre (autônomo) e preso. Em qualquer dos modos, *Nereus* pode trabalhar até 36 horas nos locais mais profundos do oceano. Em 31 de maio de 2009, *Nereus* atingiu com sucesso a parte mais profunda do oceano – uma profundidade de 10.920 metros (6,8 milhas), na fossa das Marianas, no Pacífico oeste. HROV [*hybrid remotely operated vehicle*] veículo híbrido operado remotamente.

Figura 4.5 Sensibilidade remota é o caminho para o futuro.

PENSANDO ALÉM DA IMAGEM

Quais vantagens (se há alguma) um humano em um submarino poderia trazer para uma pesquisa que um robô equipado com telepresença não poderia oferecer?

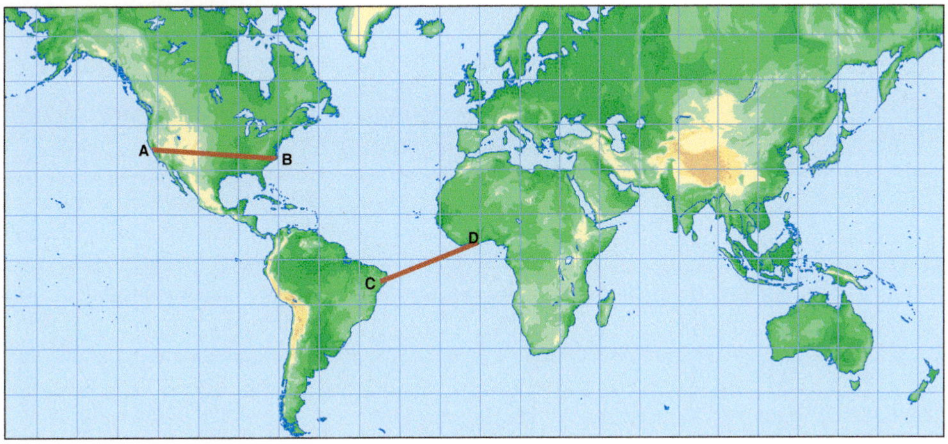

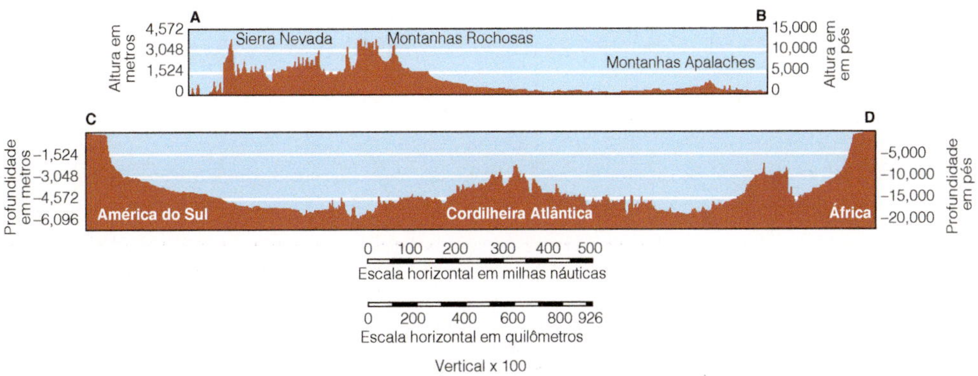

Figura 4.6 Cortes transversais da bacia do Oceano Atlântico e da área continental dos Estados Unidos mostram uma série de elevações. A escala vertical exagerada é 100:1. Embora a profundidade seja claramente maior que a altura média dos continentes, o relevo geral é semelhante.

© Cengage Learning

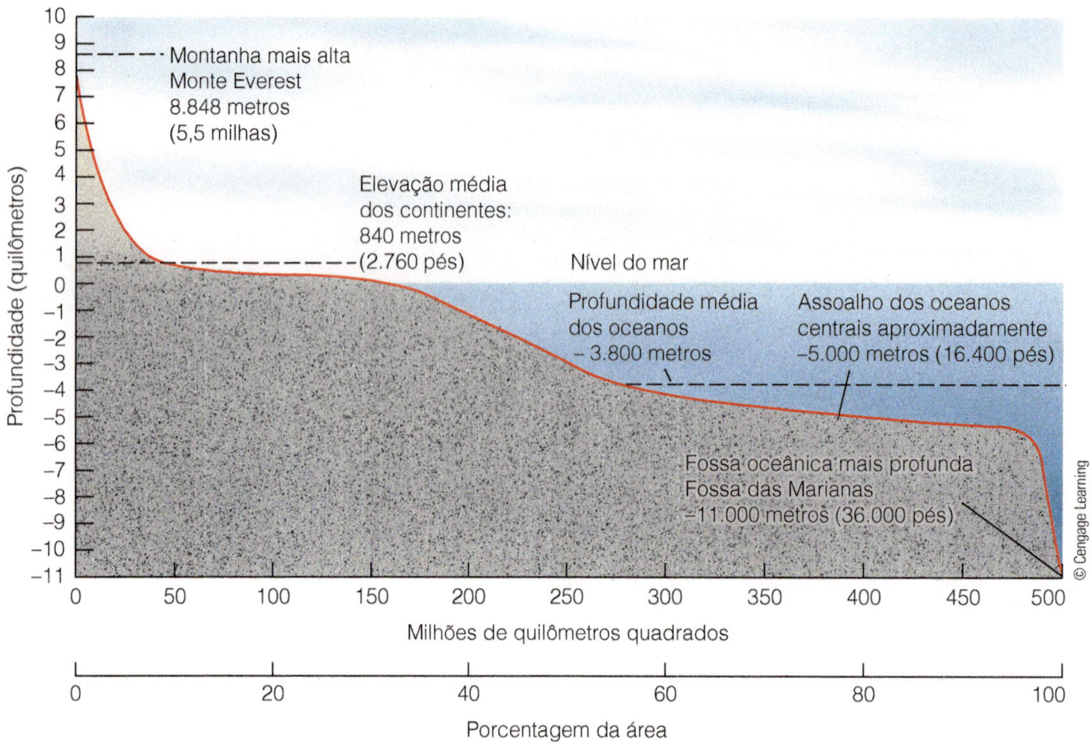

Figura 4.7 O gráfico descreve a distribuição das elevações e depressões da Terra. A curva não representa um perfil terra-mar do planeta Terra, mostra apenas uma área da superfície da Terra com alguma altitude ou depressão abaixo do nível do mar. Observe que mais da metade da superfície terrestre sólida está, pelo menos, 3.000 metros (10.000 pés) abaixo do nível do mar. A profundidade média do oceano é muito maior do que a elevação média dos continentes: a profundidade média do oceano mundial (3.796 metros, ou 12.451 pés) é muito maior do que a altura média dos continentes (840 metros ou 2.760 pés).

relativamente fino (e mais denso) do assoalho oceânico. Perto da costa, as feições do assoalho oceânico são semelhantes àquelas dos continentes adjacentes, porque compartilham o mesmo embasamento granítico. A transição para basalto marca a *verdadeira*, *sólida* borda do continente e divide os assoalhos oceânicos em duas grandes províncias. A extensão rasa e submersa de um continente é denominada **margem continental**. O assoalho oceânico além da margem continental é propriamente denominado **bacia oceânica**.

BREVE REVISÃO

Antes de passar para a próxima seção, verifique seu entendimento de algumas das ideias importantes apresentadas até agora:

4. Como você caracterizaria a forma geral de uma bacia oceânica?
5. Se fosse possível caminhar no assoalho oceânico, a transição do granito ao basalto marcaria a borda sólida do continente e dividiria os assoalhos oceânicos em duas principais províncias. Quais são elas?
6. Qual a diferença entre a margem continental e a bacia oceânica profunda?

Para verificar suas respostas, acesse a página deste livro no site da Cengage.

4.3 A Margem Continental Pode Ser Ativa ou Passiva

No Capítulo 3, vimos que as placas litosféricas podem juntar-se, divergir ou deslizar umas em relação às outras. Como se pode presumir, as bordas submersas dos continentes – margens continentais – são influenciadas por essa atividade tectônica. As margens continentais próximas de placas divergentes são denominadas **margens passivas**, porque apresentam relativamente pouca atividade vulcânica ou terremotos. Como elas circundam o Atlântico, as margens passivas são às vezes chamadas de margens do *tipo Atlântico*. As margens continentais próximas de placas convergentes (ou próximas de áreas onde deslizam umas em relação às outras) são denominadas **margens ativas**, porque apresentam atividade vulcânica e terremotos. Como as margens ativas predominam no Oceano Pacífico, são também chamadas margens do *tipo Pacífico*.

A **Figura 4.9** exibe margens ativas e passivas a oeste e a leste da América do Sul. Observe que as margens ativas coincidem com os limites das placas, o que não acontece com as margens passivas. Estas ocorrem em outras regiões, não só no Atlântico, mas as margens ativas estão, na maioria, confinadas ao Pacífico.

As margens continentais possuem três principais divisões: uma rasa, plataforma continental, próxima à costa; um talude mais acentuado, em direção ao mar; e uma capa de sedimentos – a ascensão continental – que mistura as margens continentais com as bacias oceânicas profundas.

As Plataformas Continentais São Extensões dos Continentes em Direção ao Mar

A extensão rasa e submersa de um continente é denominada **plataforma continental**. Abaixo da plataforma continental, situa-se a crosta continental granítica, que apresenta características mais parecidas com as do continente adjacente do que com as do assoalho oceânico. A plataforma continental pode conter montanhas, depressões, rochas sedimentares e depósitos de petróleo e minerais semelhantes aos do continente. A área ocupada pelas plataformas continentais corresponde a 7,4% da área do oceano.

A **Figura 4.10** mostra uma plataforma continental de margem passiva, característica das bordas do Oceano Atlântico. A plataforma estende-se a partir da costa em uma inclinação suave, aproximadamente 1,7 metro por quilômetro (0,1°, ou aproximadamente 9 pés por milha), muito mais gradual do que a inclinação de um estacionamento bem drenado. As plataformas ao longo do Oceano Atlântico frequentemente atingem 350 quilômetros de largura e terminam em profundidade de quase 140 metros, onde se inicia uma região mais íngreme.

As plataformas de margem passiva do Oceano Atlântico se formaram à medida que os fragmentos da Pangeia se afastaram, com a expansão do assoalho oceânico. A litosfera continental, que sofreu adelgaçamento durante o início da fase *rift*, resfriava e se contraía conforme se afastava do centro de expansão, submergindo a borda construtiva dos continentes e formando as plataformas.

A maior parte do material que compõe uma plataforma resulta da erosão da massa continental adjacente. Os rios também contribuem, transportando imensas quantidades de sedimentos para a costa **(Figura 4.11)**. O peso desse sedimento afunda isostaticamente as bordas continentais e provoca deposição e acúmulo e consequente espessamento. O sedimento depositado na parte externa de uma plataforma pode ter 15 quilômetros de espessura e 150 milhões de anos.

A largura de uma plataforma geralmente é determinada pela sua proximidade ao limite da placa. É possível observar, na Figura 4.9, que a plataforma de margem passiva (leste da América do Sul) é ampla, enquanto a de margem ativa (oeste da América do Sul) é bem mais estreita. A plataforma continental mais larga, com 1.280 quilômetros, está ao norte da Sibéria, na região do Oceano Ártico. A largura da plataforma depende da tectônica das placas e também dos processos marinhos: o movimento rápido das correntes marinhas pode às vezes evitar o acúmulo de sedimentos.

As plataformas das margens do Pacífico não são normalmente tão amplas e planas quanto as plataformas do Atlântico. Um exemplo é a plataforma na costa oeste da América do Sul, onde o talude íngreme da Cordilheira dos Andes continua ininterruptamente até as profundezas da Fossa do Peru-Chile (veja a Figura 4.4e). A plataforma de margem ativa apresenta topografia mais variada que a de margem passiva: as características de uma plataforma continental de margem ativa geralmente são determinadas por falha, vulcanismo e deformação tectônica, mais que por sedimentação **(Figura 4.12)**.

As plataformas continentais vêm sendo alvo de intensa exploração de recursos naturais. Como são margens submersas dos continentes, qualquer depósito de petróleo ou mineral existente ao longo da costa provavelmente continua mar adentro. A profundidade das plataformas, geralmente com média de 75 metros, possibilita atividades de mineração e perfuração. Muitas técnicas utilizadas para encontrar e explorar recursos naturais em terra também podem ser empregadas nas plataformas continentais. O desenvolvimento desses recursos exige pesquisa científica intensa, e o nosso entendimento sobre a geologia das plataformas foi beneficiado pelos resultados das pesquisas de prospecção de petróleo e gás natural. A **Figura 4.13** sugere a extensão da pesquisa.

Em razão do suave declive, as plataformas continentais são influenciadas pelas mudanças do nível do mar. Há aproximadamente 18.000 anos – no auge da última **era glacial** (período da glaciação) –, calotas polares imensas cobriram grandes áreas dos continentes. A água que formou essas camadas de gelo veio do oceano, e o nível do mar caiu cerca de 125 metros (410 pés) abaixo do atual **(Figura 4.14)**.[1] As plataformas continentais foram quase totalmente expostas, e a área da superfície dos continentes ficou cerca de 18% maior do que a atual. Rios e ondas provocaram a erosão dos sedimentos que se acumularam durante os períodos em que o nível do mar estava alto e transportaram os sedimentos mais grossos para a região mais externa das plataformas. Com o derretimento das calotas polares, o nível do mar aumentou e os sedimentos começaram a se acumular novamente nas plataformas. O Capítulo 11 aborda outros aspectos sobre a história e os efeitos das mudanças no nível do mar na discussão sobre costas; questões ambientais serão abordadas no Capítulo 15.

Os Taludes Continentais Conectam as Plataformas ao Assoalho Oceânico

O **talude continental** é a transição entre a plataforma continental que afunda suavemente e o assoalho oceânico profundo. Os taludes continentais são formados por sedimentos que são transportados até a borda da plataforma, deslizam e se acumulam. Em margens ativas, eles podem conter sedimentos marinhos resultantes do processo de subducção de uma placa que afundou. A inclinação de um talude continental é aproximadamente 4° (70 metros por quilômetro, ou 370 pés por milha), levemente mais íngreme do que o talude de estrada mais íngreme permitido no sistema de estradas interestadual. A Figura 4.10b indica que mesmo a mais acentuada dessas pistas não é tão íngreme: um talude de 25° é a inclinação máxima já descoberta. Em geral, o talude continental de margens ativas é mais íngreme que o de margens passivas. Taludes continentais têm em média 20 quilômetros de largura (12 milhas) e terminam na elevação continental, em geral na profundidade de aproximadamente 3.700 metros (12.000 pés). O fundo do talude continental é a verdadeira borda do continente.

A **quebra da plataforma** marca a transição abrupta entre a plataforma e o talude continental. Nessa região, a profun-

[1] Observe que o nível do mar esteve consideravelmente abaixo de sua posição atual por quase 250.000 anos. Considere as implicações para as civilizações costeiras. Durante o período entre 18.000 e 8.000 anos atrás, o nível do mar subiu mais de 100 metros (330 metros) a uma taxa de aproximadamente 1 centímetro (1/2 polegada) por ano – acima de 0,5 metro na escala de tempo de uma vida humana. Isso pode ter gerado as lendárias inundações comuns a muitas religiões? E quais serão as implicações de uma futura elevação?

FIGURA DESTAQUE 4.8 **Características Principais**

Cânions submarinos, cortados por rios quando o nível do mar está mais baixo, levam materiais de erosão da terra para o assoalho oceânico. Esses sedimentos, mais as conchas de trilhões de criaturas microscópicas das águas superficiais, cobrem o terreno áspero do assoalho oceânico com vastas planícies abissais planas. As cordilheiras formadas pela expansão do assoalho oceânico criam novas crostas oceânicas a partir do material do manto derretido que emerge através de fendas tectônicas na parte central da cordilheira e se resfria, formando novas rochas. Células de convecção profundas, no manto, então forçam a crosta a se mover em ambos os lados da cordilheira em expansão. Os pontos quentes (*hot spots*) estacionários dentro do manto criam linhas retas de vulcões e cadeias de ilhas conforme a crosta se move sobre eles. A crosta oceânica é destruída quando subduzida – empurrada e puxada para baixo sob outra placa e novamente derretida no manto. Conforme é forçada para baixo, a crosta oceânica cria fossas no fundo do oceano, os locais mais fundos do oceano. Um pouco do material derretido escapa de volta para a superfície em arcos de ilhas vulcânicas formadas do outro lado das fossas. (A escala vertical foi enormemente exagerada para enfatizar os relevos da bacia.)

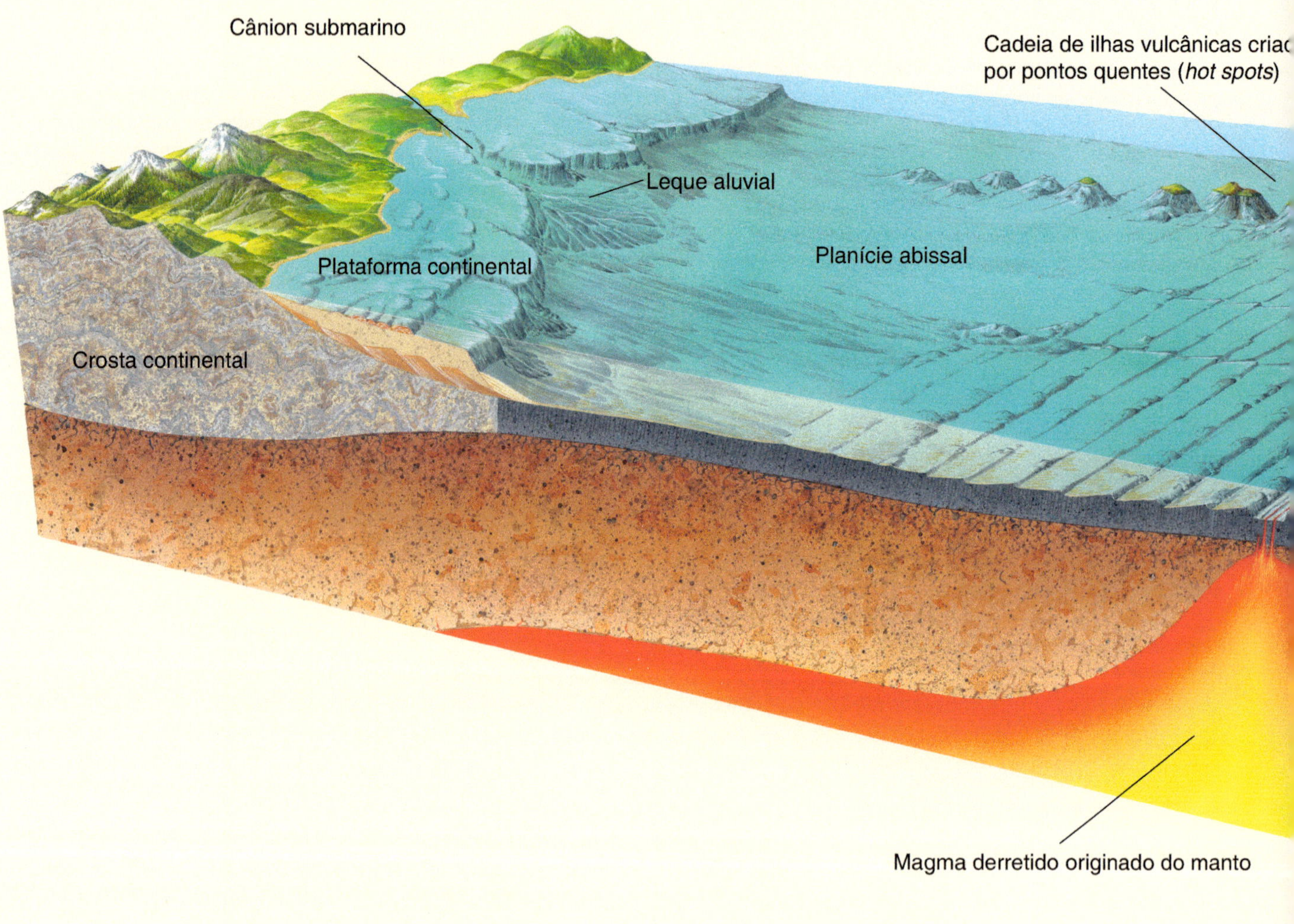

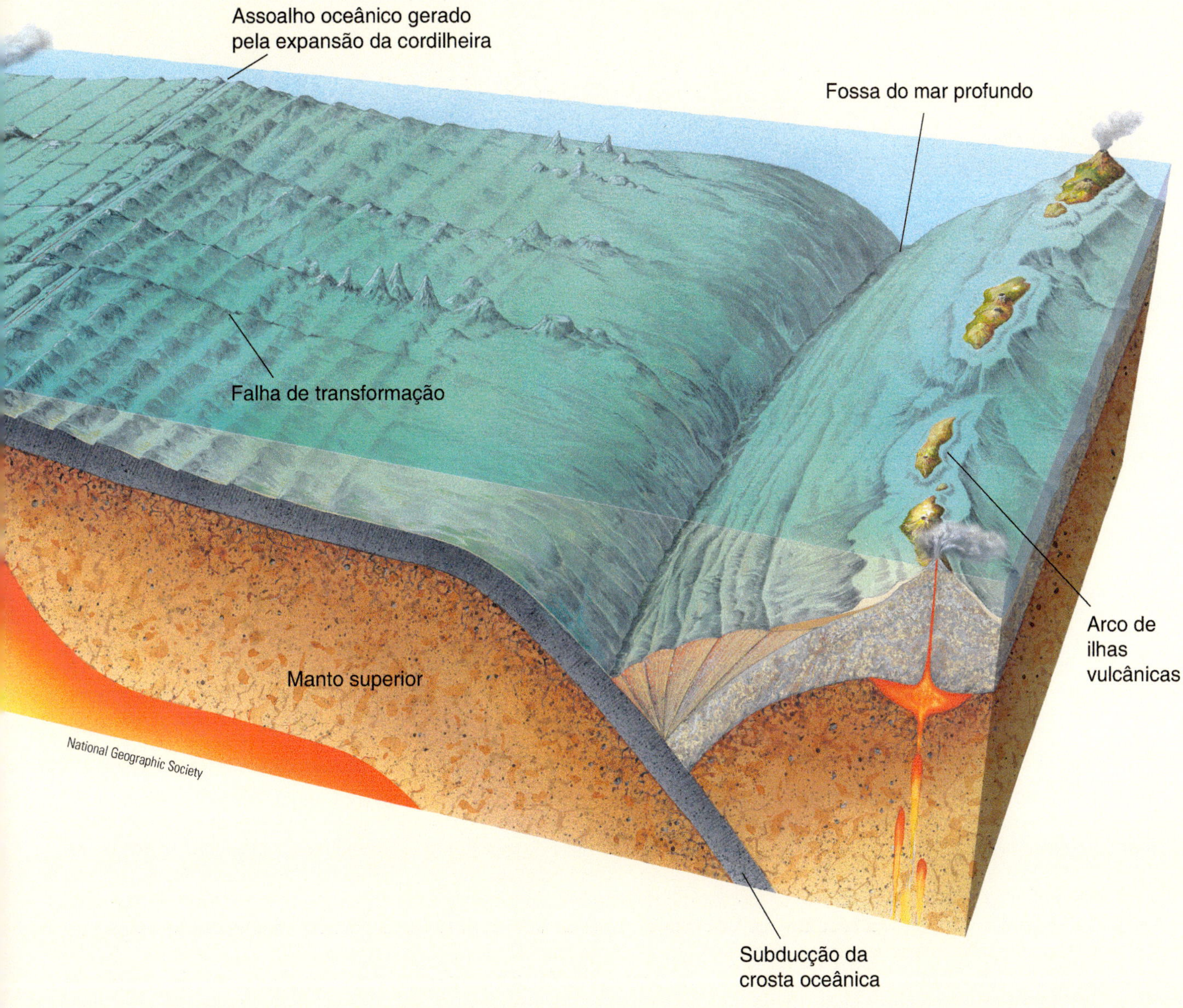
Assoalho oceânico gerado
pela expansão da cordilheira
Fossa do mar profundo
Falha de transformação
Arco de
ilhas
vulcânicas
Manto superior
National Geographic Society
Subducção da
crosta oceânica

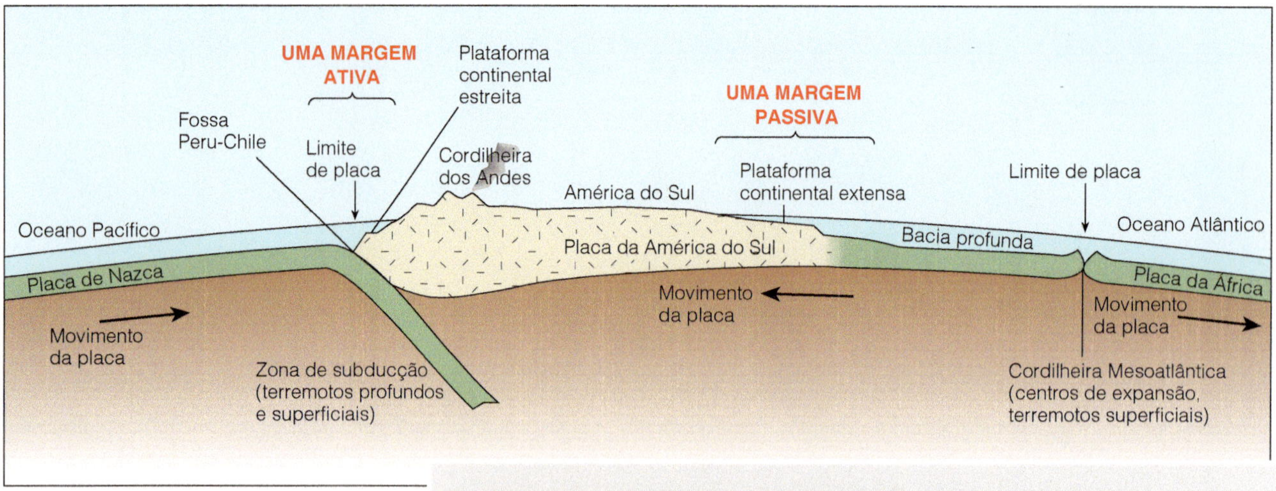

© Cengage Learning

(a) Margens continentais típicas com bordas tectonicamente ativas (tipo Pacífica) e tectonicamente passivas (tipo Atlântica) de um continente em movimento. (A escala vertical foi aumentada de forma exagerada.)

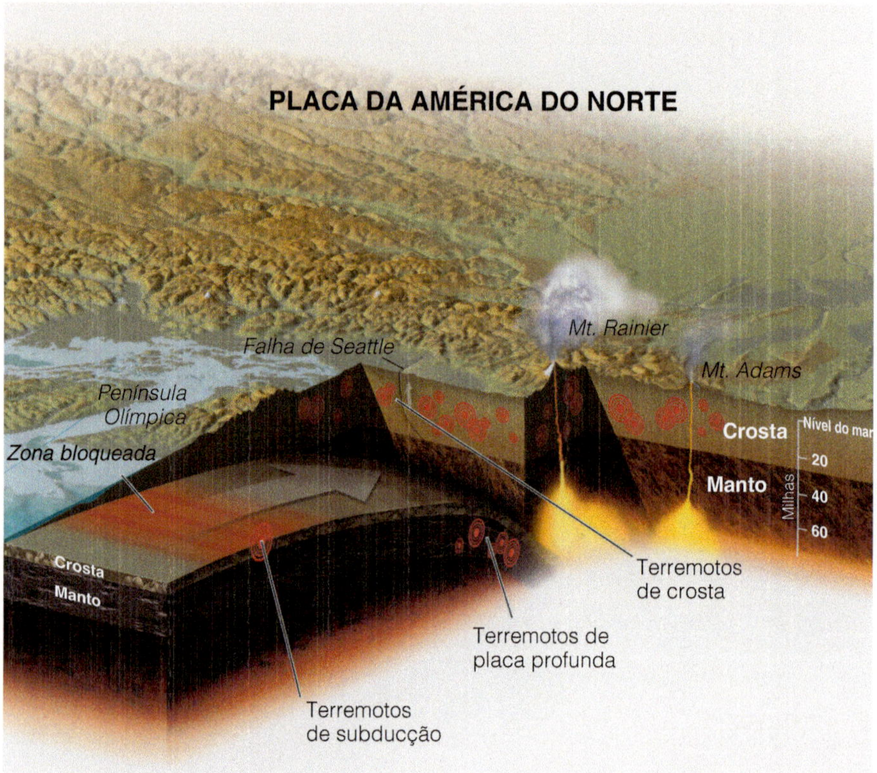

Fonte: National Geographic Magazine, May 1998 p. 24

(b) Subducção e terremotos em uma margem ativa, neste caso, o noroeste americano do Pacífico.

Figura 4.9 Margens ativa e passiva.

didade da coluna de água é surpreendentemente constante – cerca de 140 metros (460 pés) em todo o mundo –, mas há exceções. O grande peso do gelo na Antártica, por exemplo, comprimiu isostaticamente aquele continente, e a profundidade da água no talude é de 300 a 400 metros (1.000 – 1.300 pés). O talude na Groenlândia é comprimido de forma semelhante.

Os Cânions Submarinos Formam-se na Junção entre a Plataforma Continental e o Talude Continental

Os **cânions submarinos** cortam a plataforma e o talude continental e geralmente terminam no assoalho oceânico na forma de um leque sedimentar **(Figura 4.15a)**. Mais de cem cânions submarinos atravessam a borda de quase todas as plataformas continentais da Terra. Em geral, eles se dispõem em ângulo reto com a costa (e borda da plataforma), às vezes começando bem próximo dela. O Cânion do Congo, na verdade, se estende pelo continente africano como um estuário profundo junto à foz do Rio Congo. Essas feições inexplicáveis podem ser enormes. Na verdade, cânions submarinos com tamanho e perfil semelhantes aos do Grand Canyon, no Arizona, já foram descobertos.

O Cânion Hudson, grande cânion típico de margem passiva, é exibido na **Figura 4.15b**. Assim como muitos cânions submarinos, o Cânion Hudson está localizado ao largo da foz de um rio ou córrego – neste caso, Rio Hudson, em Nova York. Por causa da sua similaridade aos cânions em terra, os cânions submarinos parecem ter sido criados por erosão, portanto geólogos marinhos inicialmente pensaram que os cânions tinham sido cravados nas plataformas por erosão fluvial, em tempos em que o nível do mar era mais baixo. Porém, a maioria dos pesquisadores concorda que o nível do mar nunca esteve mais de 200 metros abaixo do nível atual nos últimos 600 milhões de anos. A erosão fluvial pode ser responsável pelo formato das partes mais elevadas dos cânions. Entretanto, pelo fato de os cânions registrarem profundidades que ultrapassam 3.000 quilômetros (10.000 pés) abaixo do nível do mar, a erosão fluvial não poderia ter desempenhado um papel direto na formação das áreas mais profundas.

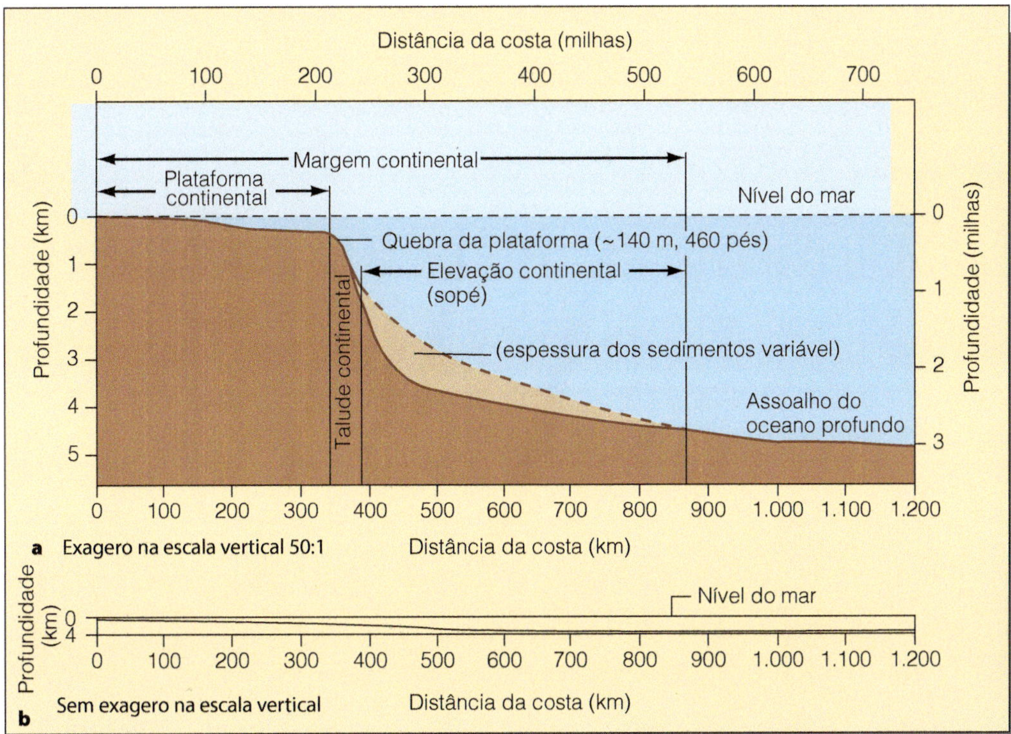

© Cengage Learning

Figura 4.10 Feições de uma margem continental passiva.

O que causou a formação dos cânions submarinos? Às vezes, deslizamentos locais ou a liquefação de sedimentos resultantes de terremotos provocam uma abrasiva avalanche de sedimentos. Esses movimentos de massas de sedimentos, chamados **correntes de turbidez**, ocorrem quando a turbulência mistura os sedimentos na coluna de água que está acima de um monte submarino. A água repleta de sedimentos é mais densa que a água do entorno; assim, o fluido espesso e lamoso desce o monte em velocidade de até 27 km/h.

Qual é a conexão entre as correntes de turbidez e os cânions submarinos? Os sedimentos podem despencar continuamente na forma de cascatas nos cânions (**Figura 4.16**), mas os terremotos podem agitar enormes massas de rochas e areia soltas, erodindo o cânion mais profundamente. Muitos geólogos acreditam que o cânion é formado por correntes abrasivas de turbidez mergulhando nos cânions. Dessa forma, os cânions podem apresentar profundidades muito além do alcance de rios, mesmo durante os baixos níveis do mar, nas eras glaciais.

A Elevação Continental Surge Conforme os Sedimentos se Acumulam na Base do Talude Continental

Ao longo das margens passivas, a crosta oceânica, na base do talude continental, é coberta por uma camada de sedimentos chamada **elevação continental** (ou sopé) (veja a Figura 4.10). Os sedimentos da plataforma fluem lentamente para o assoalho oceânico ao longo de todo o talude, porém a maior parte dos sedimentos que forma a elevação continental é transportada por correntes de turbidez. A extensão da elevação varia de 100 a 1.000

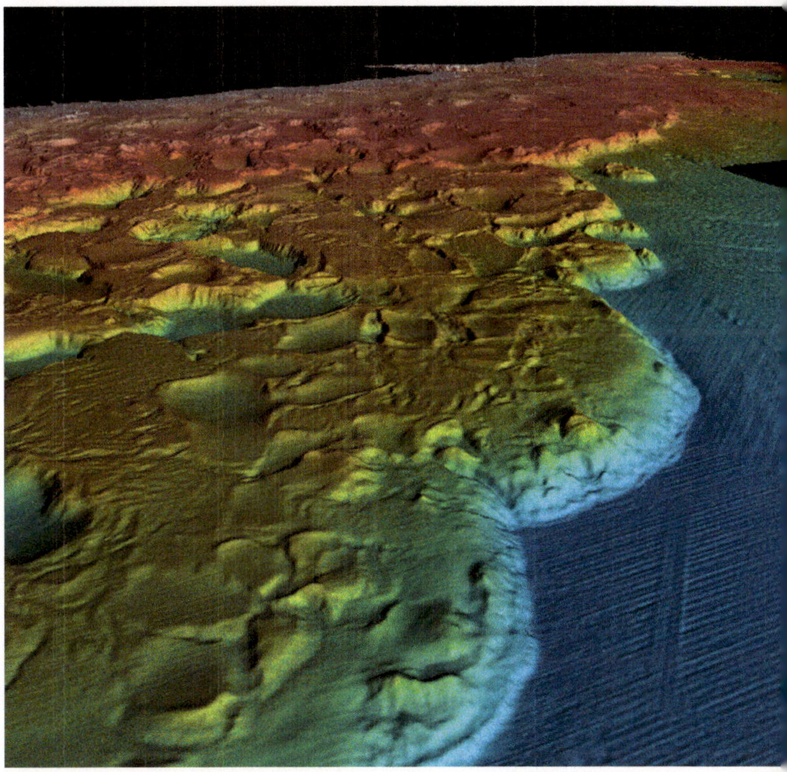

William Haxby/Lamont-Doherty Earth Observatory of Columbia

Figura 4.11 A plataforma continental ao longo da borda do Golfo do México (olhando para o leste). Sedimentos carregados pelo Mississippi se sobrepuseram aos antigos depósitos de sal. O peso dos sedimentos faz com que domos de sal se formem e se dissolvam, deixando marcas de poças na plataforma continental.

Figura 4.12 A complexa plataforma continental ao largo do sul da Califórnia, típica de uma margem ativa. Compare com a Figura 4.11. Projeto de mapeamento do assoalho oceânico do Pacífico da USGS. USGS Pacific Sea-Floor Mapping Project

PENSANDO ALÉM DA IMAGEM

Qual conexão pode existir entre este complexo assoalho oceânico e a formação de terrenos (consulte o Capítulo 3)?

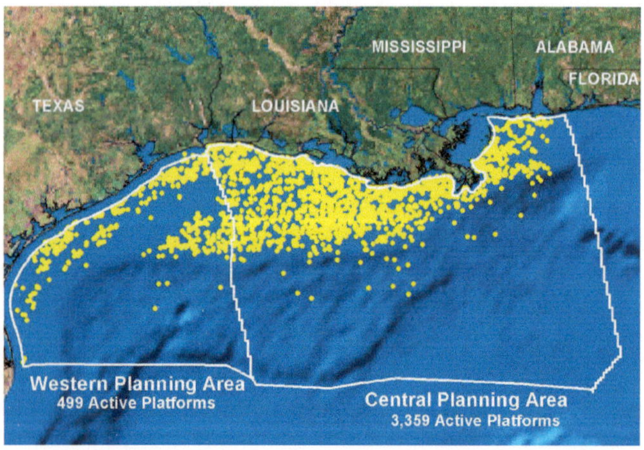

Expedition to Deep Slope 2006, NOAA-OER

(a) Aproximadamente 4.000 plataformas ativas de perfuração de óleo e gás estavam em funcionamento nas costas do Texas, Louisiana, Mississippi e Alabama, em 2009. Os perigos inerentes à exploração desses recursos ficaram mais claros com o dano em uma plataforma de perfuração de óleo em alto-mar (e subsequentemente liberação de óleo no Golfo do México) no verão de 2010. (Mais informações sobre esse assunto podem ser obtidas no Capítulo 15.)

Nick Smyth/Alamy

(b) Plataforma *Brent Bravo* resiste a uma tempestade no Atlântico Norte. O campo de óleo Brent fica na plataforma continental sob 140 metros (460 pés) de água do mar entre a Escócia e Noruega.

Figura 4.13 A demanda por produtos petrolíferos tem afetado as plataformas continentais.

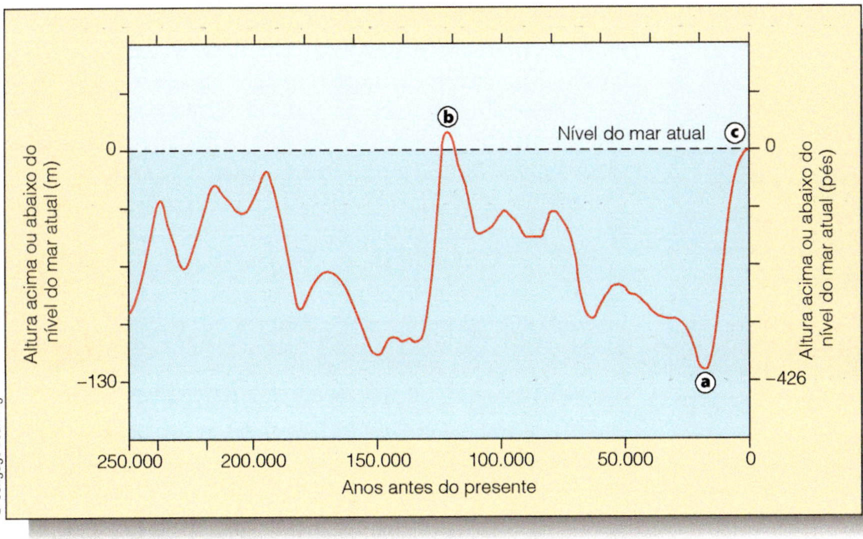

Figura 4.14 Alterações no nível do mar nos últimos 250.000 anos, traçadas com dados obtidos de *cores* dos assoalhos oceânicos.
A elevação e redução do nível do mar se deve em grande parte ao vaivém de eras glaciais – períodos de aumento e redução de glaciação, respectivamente. A água formada pela glaciação na era glacial veio do oceano, o que causou a redução do nível do mar. O ponto (**a**) indica uma plataforma baixa com 125 metros (410 pés) no clímax da última era glacial, há aproximadamente 18.000 anos. O ponto (**b**) indica uma plataforma alta com +6 metros (+19,7 pés) no clímax da última era interglacial, há aproximadamente 120.000 anos. O ponto (**c**) exibe o nível do mar atual. O nível do mar continua a aumentar conforme emergimos da última era glacial e entramos em um período de aceleração do aquecimento global. Para mais detalhes dos últimos 20.000 anos, consulte a Figura 11.2.

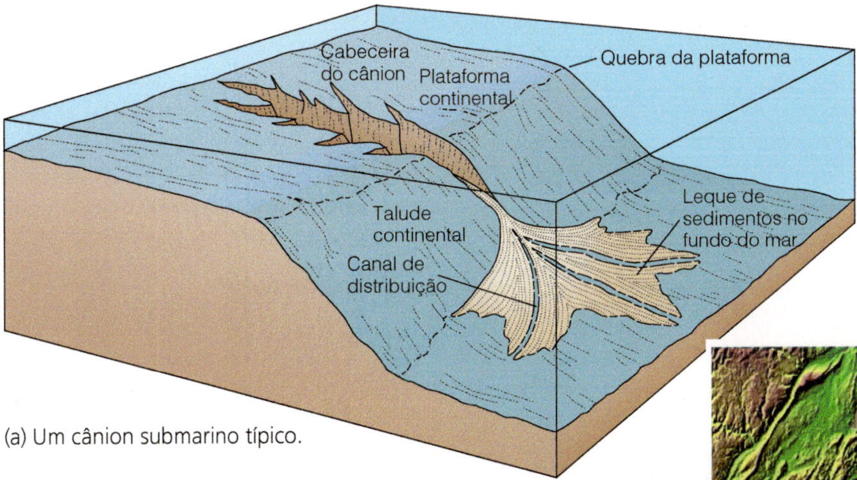

(a) Um cânion submarino típico.

(b) Uma imagem obtida por multifeixe do Cânion Hudson, ao leste de Nova Jersey. A plataforma é ampla nessa área. O cânion pode ser visto cruzando a junção plataforma-talude e então continuando em direção ao plano abissal em direção sudeste. A topologia submarina foi aumentada em cinco vezes em relação à topografia do terreno. A linha preta fina marca o nível do mar.

Figure 4.15 Cânions submarinos.

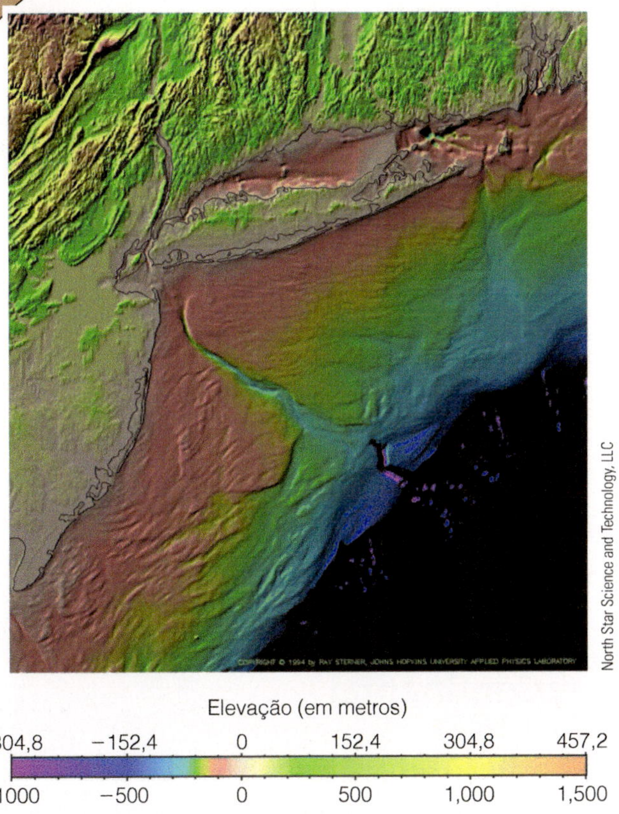

quilômetros (63-630 milhas), e sua inclinação é gradual – aproximadamente 1/8 da inclinação do talude continental. Uma das elevações continentais mais extensas e espessas do mundo formou-se na Baía de Bengala, na foz do Rio Ganges--Brahmaputra, que apresenta a maior carga de sedimentos entre os maiores rios do mundo.

U.S. Department of the Navy

Figura 4.16 Uma avalanche de sedimentos na cabeceira do cânion submarino San Lucas (na costa da Baixa Califórnia, México), que pode estar erodindo o desfiladeiro estreito juntamente com correntes de turbidez ocasionais. Aproximadamente 100.000 metros cúbicos (131.000 jardas cúbicas) de areia deslizam desse cânion todo ano.

BREVE REVISÃO

Antes de passar para a próxima seção, verifique seu entendimento de algumas das ideias importantes apresentadas até agora:

7. Quais são as feições das margens continentais?
8. Em que uma margem tectônica ativa difere de uma margem tectônica passiva?
9. Qual a diferença das larguras das plataformas continentais de margens ativas e de margens passivas?
10. Como é a variação do nível do mar com o tempo? O nível do mar está anormalmente alto ou baixo atualmente?
11. O que são cânions submarinos? Onde eles são encontrados, e como eles são formados?
12. Onde devemos procurar por uma elevação continental? O que forma uma elevação continental?

Para verificar suas respostas, acesse a página deste livro no site da Cengage.

4.4 A Topografia das Bacias Oceânicas Profundas Difere Daquela da Margem Continental

Longe das margens dos continentes, a estrutura do assoalho oceânico é bem diferente. O assoalho é coberto por sedimentos com até 5 quilômetros de espessura (3 milhas), que cobrem as rochas basálticas. As bacias oceânicas profundas constituem mais da metade da superfície da Terra.

O assoalho oceânico profundo é formado principalmente de sistemas de cadeias e planícies adjacentes cobertas por sedimentos. As bacias profundas podem ter limite com fossas ou massas de sedimentos. A extensão plana é interrompida por ilhas, colinas, vulcões extintos e ativos, e zonas de expansão ativas. Os sedimentos no assoalho oceânico refletem a história dos continentes próximos, a produtividade biológica da água sobreposta e a idade das próprias bacias.

> Poderiam as águas do Atlântico serem removidas para expor esta grande feição marinha... [isso] mostraria um quadro mais imponente, robusto, da superfície irregular das cordilheiras. As verdadeiras vigas da Terra, solidificada com as fundações dos oceanos, seriam trazidas à luz. Matthew Maury, *The physical geography of the sea*

Cordilheiras Oceânicas ao Redor do Mundo

Se o oceano evaporasse, sistemas de cordilheiras oceânicas seriam as feições mais extraordinárias e evidentes da Terra. Uma **cordilheira oceânica** é uma cadeia de montanhas de rocha basáltica jovem no centro de expansão ativo de um oceano. Estendendo-se por aproximadamente 65.000 quilômetros (40.000 milhas), mais de uma vez e meia a circunferência da Terra, as cordilheiras oceânicas circundam o globo como a costura de uma bola de *baseball* (Figura 4.17a). Essas cadeias, que geralmente não possuem sedimentos, atingem quase 2 quilômetros acima do assoalho. Em certas regiões, projetam-se acima da superfície e formam ilhas, como a Islândia, o arquipélago dos Açores e a Ilha de Páscoa. As cordilheiras oceânicas e as estruturas a elas relacionadas correspondem a 22% da área de superfície sólida do mundo (toda a área acima do nível do mar corresponde a 29%). Embora essas feições sejam geralmente chamadas cordilheiras meso-oceânicas, menos de 60% de sua extensão localiza-se no centro das bacias oceânicas.

Como vimos na discussão sobre placas tectônicas, as zonas de *rift* associadas às cordilheiras oceânicas são centros de expansão de novo assoalho oceânico onde as placas litosféricas divergem. As cordilheiras são mais largas nas regiões onde são mais ativas. As rochas mais jovens situam-se no centro ativo da dorsal e envelhecem à medida que dele se afastam. Com o resfriamento da litosfera, elas se contraem e sofrem subsidência. As cordilheiras com expansão lenta apresentam perfil mais íngreme que as de expansão rápida, porque o assoalho com divergência lenta resfria e se contrai próximo ao centro de expansão. A Figura 4.17b exibe esses perfis diferentes de cordilheiras.

A Figura 4.18a, um lindo mapa batimétrico do Atlântico Norte feito à mão, mostra claramente a grande extensão da Cordilheira Mesoatlântica, uma cordilheira oceânica típica. A Figura 4.18b, uma imagem de ecossonda multifeixe, apresenta uma visão detalhada do *rift* central jovem.

Como pode ser observado na Figura 4.18, a Cordilheira Mesoatlântica não corre em linha reta. Ela é definida em intervalos mais ou menos regulares por falhas de transformação. A *falha* é uma fratura na litosfera onde ocorreu o movimento, e as **falhas de transformação** são fraturas onde as placas litosféricas apresentam deslizamento

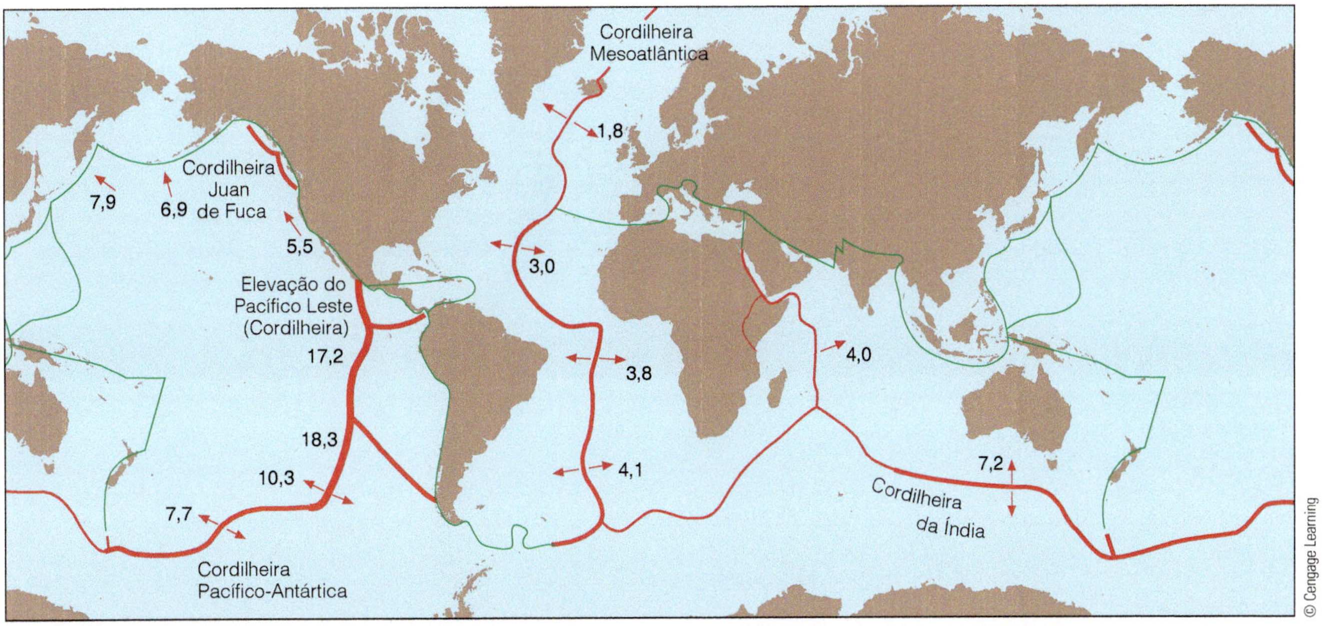

(a) O sistema de cordilheira oceânica (colorido) se estende por 65.000 quilômetros (40.000 milhas) ao redor da Terra. Se o oceano evaporasse, esse sistema de cordilheira seria a feição mais extraordinária e evidente da Terra. A espessura das linhas vermelhas indica a taxa de expansão de algumas das seções de expansão mais rápida, e os números indicam as taxas de expansão em centímetros por ano. (Linhas verdes indicam zonas de subducção.) A Cordilheira do Pacífico Leste normalmente se expande seis vezes mais rapidamente do que a Cordilheira Mesoatlântica.

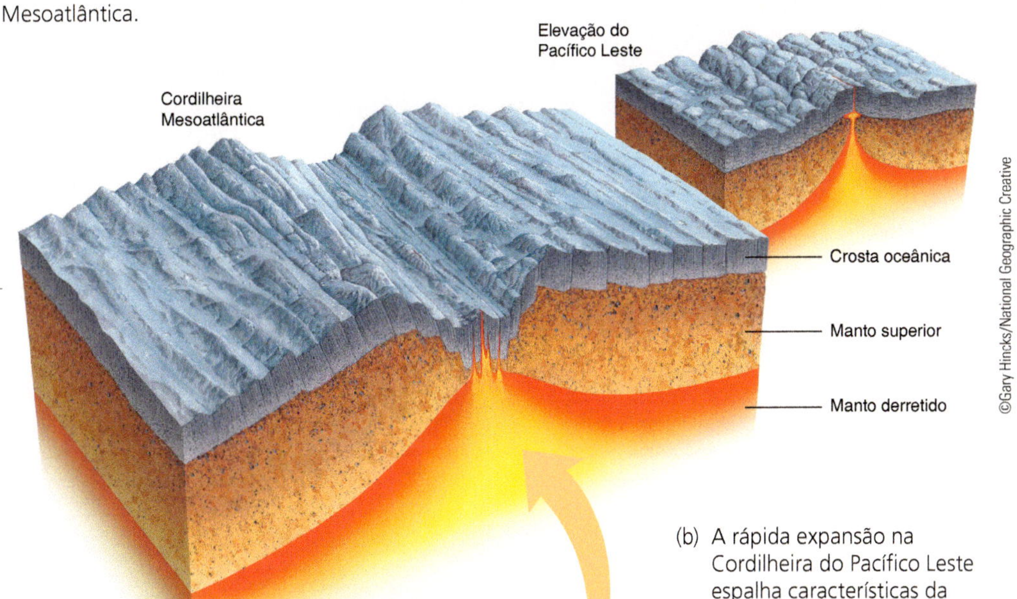

Figura 4.17 O sistema de cordilheiras oceânicas.

PENSANDO ALÉM DA IMAGEM

Por que a taxa de expansão afeta o contorno do *rift* central?

(b) A rápida expansão na Cordilheira do Pacífico Leste espalha características da cordilheira sobre uma área maior. A expansão mais lenta sobre a cordilheira Mesoatlântica concentra as feições em uma área menor com contornos mais realçados e um *rift* central pronunciado. A expansão relativamente lenta da cordilheira é exibida em mais detalhes na Figura 4.18.

William Haxby, Lamont-Doherty Earth Observatory of Columbia University

(a) O belo mapa feito à mão por Heinrich Berann de uma parte do assoalho do Oceano Atlântico apresenta algumas feições principais: cordilheira meso--oceânica, falhas de transformação, zonas de fratura, cânions e montes submarinos, talude continental, fossas e planícies abissais. Profundidade em metros. O mapa tem escala vertical exagerada.

Figura 4.18 Cordilheira Mesoatlântica.

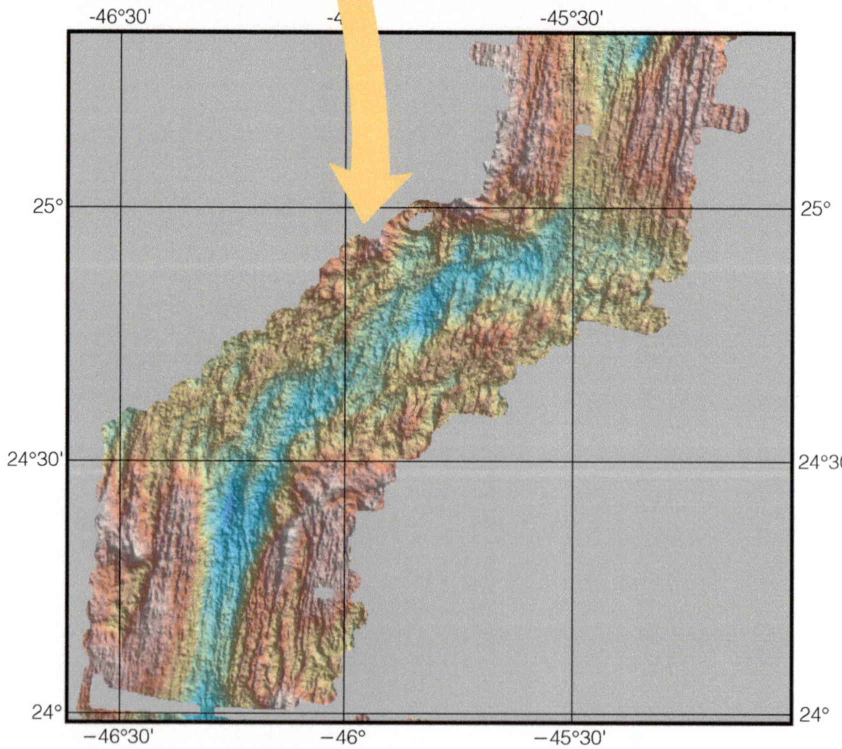

William Haxby, Lamont-Doherty Earth Observatory of Columbia University

(b) A fina estrutura na porção central da Cordilheira Mesoatlântica, entre a Flórida e o oeste da África. O vale central em depressão (o centro em expansão, exibido em azul) é claramente visível nesta imagem de ecossonda com multifeixe gerada por computador.

Figura 4.19 Zonas de falhas de transformação e de placa de fratura em uma cordilheira oceânica. Zonas de falha de transformação são fraturas onde as placas litosféricas deslizam horizontalmente umas sobre as outras. Falhas de transformação são regiões ativas das zonas de fratura. Para revisão desse processo em maior escala, veja a Figura 3.20.

PENSANDO ALÉM DA IMAGEM

Como a famosa Falha de San Andreas, na Califórnia, se relaciona com as falhas de transformação e zonas de fratura?

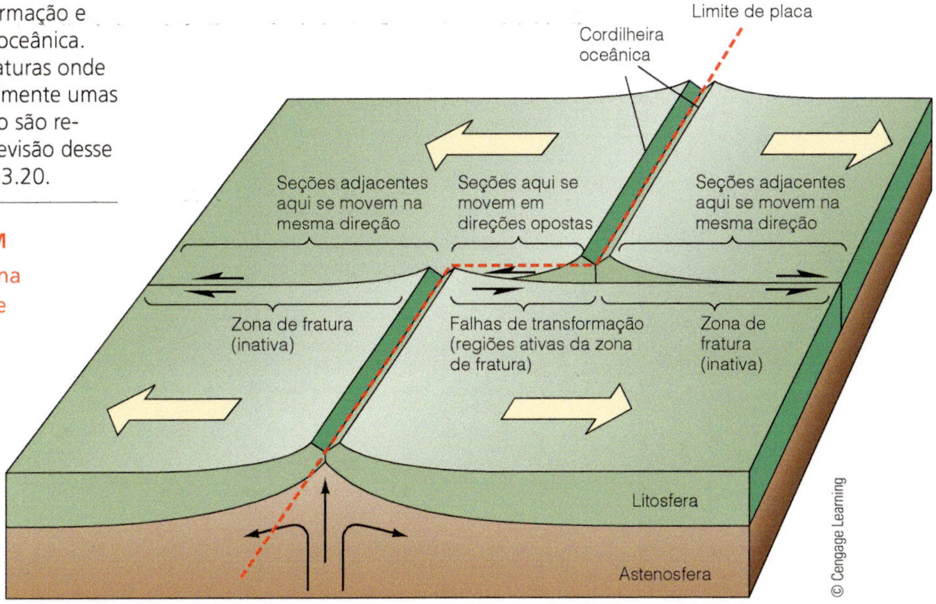

Figura 4.20 Chaminé de uma fonte hidrotermal descoberta em uma profundidade de cerca de 2.800 metros (9.200 pés) na Cordilheira do Pacífico Leste.

horizontal (Figura 4.19). Conforme observado nas Figuras 3.15 e 3.20, quando os segmentos de um sistema de cordilheira estão equilibrados, a falha que conecta o eixo da cordilheira é uma falha de transformação. Os terremotos superficiais são comuns ao longo de falhas de transformação. Como o assoalho do oceano não pode se expandir uniformemente na superfície de uma esfera, a divergência das placas na Terra é irregular e assimétrica, resultando em falhas de transformação e zonas de fratura.

Falhas de transformação são regiões ativas das **zonas de fratura**. Estendendo-se para fora do eixo da dorsal, essas zonas são áreas sem atividade sísmica que apresentam evidências da atividade anterior de falhas de transformação. Enquanto os segmentos das placas litosféricas, em ambos os lados de uma falha de transformação, movem-se em direções opostas, os segmentos adjacentes aos segmentos externos de uma zona de fratura movem-se na mesma direção, como mostra a Figura 4.19.

As Fontes Hidrotermais São Fontes Termais Localizadas nas Cordilheiras Oceânicas Ativas

Uma das feições naturais mais interessantes das bacias oceânicas são as **fontes hidrotermais**. Em 1977, Robert Ballard e J. F. Grassle, da Woods Hole Oceanographic Institution, descobriram fontes termais em cordilheiras oceânicas. Ao mergulhar no Alvin, a 3 quilômetros (1,9 milhas) de profundidade, na região próxima às Ilhas Galápagos, na Cordilheira do Pacífico Leste (uma cordilheira oceânica), eles encontraram chaminés rochosas de até 20 metros (66 pés) de altura, das quais saía água escura, com muitos minerais, a 350 °C (660 °F) (Figura 4.20). Apenas a ação da grande pressão dessa profundidade evitava o escape da água para fora da área da chaminé. Essas fumarolas negras, como foram chamadas, fascina-

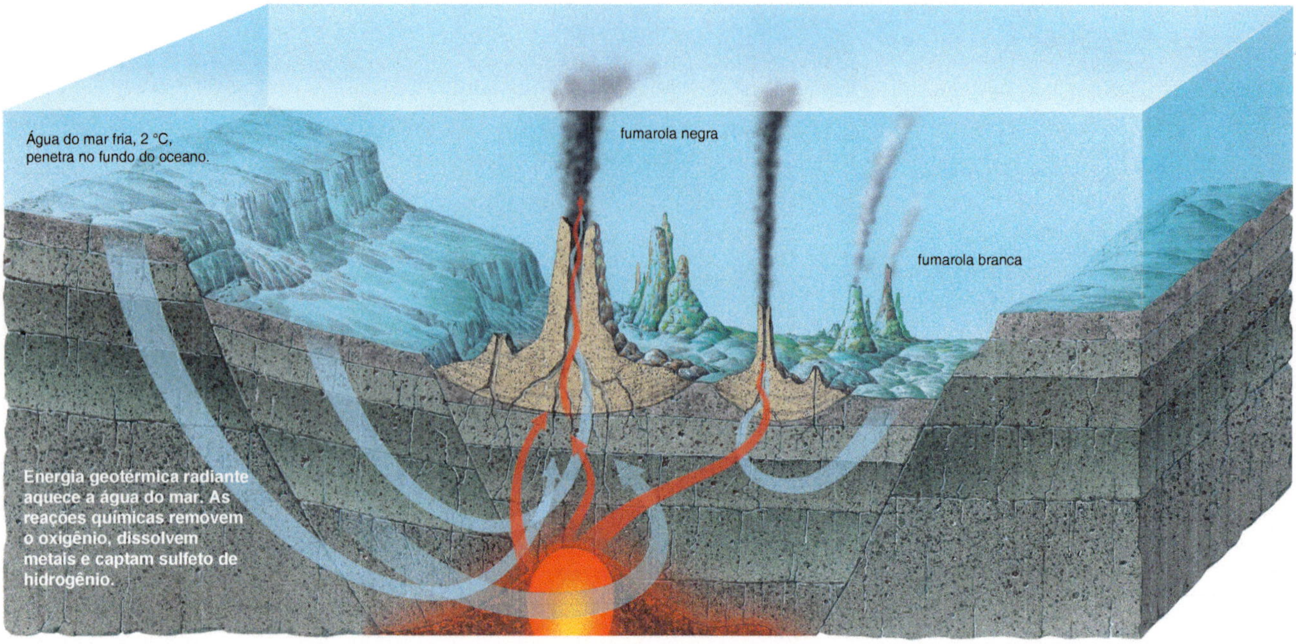

©National Geographic Creative

Figura 4.21 Corte transversal da parte central de uma dorsal meso-oceânica – semelhante ao exibido nas Figuras 4.18b e 4.22 – que mostra a origem das fontes hidrotermais. A água fria (setas azuis) aquece à medida que desce em direção à câmara de magma, lixiviando enxofre, ferro, cobre, zinco e outros materiais das rochas adjacentes. A água aquecida (setas vermelhas), ao retornar para a superfície, transporta esses elementos e os libera nas fontes hidrotermais do assoalho oceânico. As regiões no entorno dessas fontes abrigam comunidades de organismos incomuns (veja o Capítulo 14).

(Continuação da Figura 3.14)

©Tom Garrison

ram os geólogos marinhos. Acredita-se que a água penetra as fissuras e rachaduras no assoalho, até que entra em contato com rochas muito quentes, associadas à expansão ativa do assoalho. Então, a água superaquecida e quimicamente ativa dissolve os minerais e transporta gases, e escapa pelas fontes por convecção **(Figura 4.21)**. Conforme observaremos no Capítulo 6, esse contato entre água e rochas tem grandes implicações para a química do oceano.

Desde a primeira descoberta, já foram encontradas fontes hidrotermais na Cordilheira Mesoatlântica, a leste da Flórida, no Mar de Cortez, a leste e a sul da Baixa Califórnia, e na Cordilheira Juan de Fuca, na costa dos estados de Washington e Oregon. Hoje, os cientistas acreditam que as fontes hidrotermais podem ser comuns nas cordilheiras oceânicas, principalmente em zonas de expansão rápida do assoalho oceânico.

Na Islândia, essas fontes podem ser vistas em terra! O território da Islândia resulta de partes de uma cordilheira meso-oceânica acima do nível do mar. A **Figura 4.22** apresenta uma vista extraordinária do *rift* central daquela cordilheira (semelhante àquele visto como contorno em azul na Figura 4.18b). O *rift* surge de um lago à esquerda e segue para a direita, e apresenta muitas fontes hidrotermais visíveis como jatos de vapor. Observe as colinas paralelas ao *rift*, na área mais distante. A expansão da crosta nessas áreas é, em média, de 10 centímetros por ano.

Nem todas as fontes formam chaminés de depósitos minerais – algumas são apenas rachaduras no assoalho, montes porosos ou grandes segmentos do assoalho por onde a água quente, carregada de minerais, jorra para cima. Há fontes mais frias que se formam quando a água quente se mistura com a água fria do fundo do oceano, antes de chegar à superfície. A temperatura da água nas proximidades das fontes hidrotermais é, em média, de 8 °C a 16 °C (46 °F-61 °F), muito mais quente do que o normal para a água do fundo do oceano, que normalmente fica em torno de 3 °C a 4 °C (37 °F-39 °F). Estudaremos as comunidades incomuns de animais marinhos que populam essas fontes no Capítulo 14.

Acredita-se que um volume de água igual ao do oceano mundial circule na crosta oceânica quente nos centros de expansão a cada 10 milhões de anos! A água que flui de fontes e nascentes do assoalho é mais ácida, enriquecida com metais, e apresenta maior concentração de gases dissolvidos que a água do mar. O calor e as substâncias químicas liberadas por essas estruturas podem ter um papel importante na composição química da água do mar e da atmosfera, e também na formação de depósitos minerais.

Acredita-se que um volume de água igual ao do oceano mundial circule na crosta oceânica quente nos centros de expansão a cada 10 milhões de anos.

Figura 4.22 A Cordilheira Mesoatlântica (Dorsal Mesoatlântica) surge na superfície, a sudoeste da Islândia. O *rift* central (semelhante ao observado como contorno azul na Figura 4.18b) é o vale observado a média distância. Observe os montes paralelos ao *rift* e o vapor liberado pelas fontes hidrotermais. Se essa parte do *rift* estivesse submersa, as fumarolas seriam fontes hidrotermais semelhantes à observada na Figura 4.20. Reykjavik, a maior cidade da Islândia, recebe água quente para uso doméstico, aquecimento e também eletricidade geotérmica gerada nesse vale.

PENSANDO ALÉM DA IMAGEM

Por que o vapor geotermal não pode ser produzido na costa leste dos Estados Unidos?

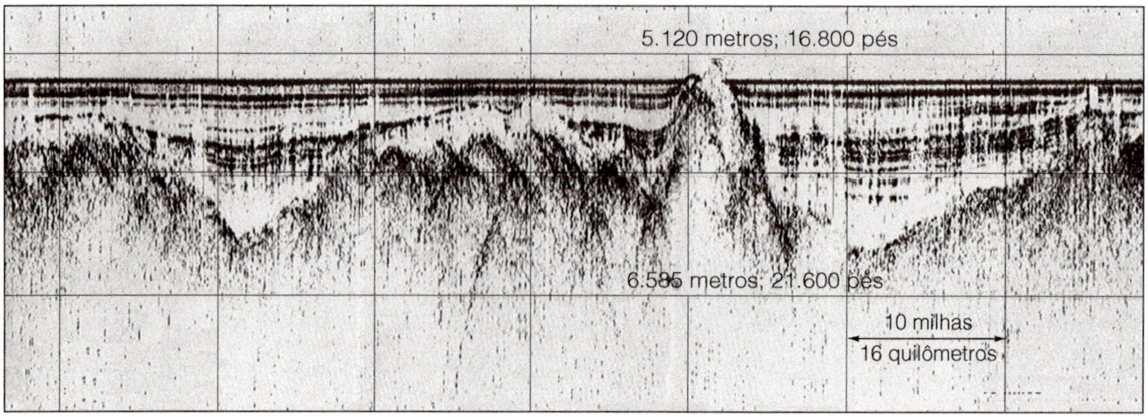

Charles D. Hollister/WHOI

Figura 4.23 Os sedimentos profundos e planos da Planície Abissal da Madeira, no Atlântico Norte, encobrem montanhas de 100 milhões de anos. Observe um monte submarino isolado que emerge do sedimento. Esta imagem foi gerada por um sonar potente.

Planície Abissal e Montanhas Abissais Cobrem a Maior Parte da Superfície da Terra

Um quarto da superfície da Terra consiste em planícies e colinas abissais. *Abissal* é um adjetivo derivado da palavra grega *ábyssos* e significa "sem fundo". Embora isso não seja literalmente verdade, podemos observar como o termo passou a ser utilizado a partir da Expedição *Challenger*, que exaustivamente investigou essas áreas tão profundas.

As **planícies abissais** são regiões planas e cobertas de sedimentos do assoalho oceânico, encontradas nas bordas dos oceanos. São mais comuns no Atlântico, menos comuns no Índico e raras no Pacífico ativo, onde as fossas periféricas retêm os sedimentos que fluem dos continentes. Elas se situam entre a margem continental e as cordilheiras oceânicas, entre 3.700 e 5.500 metros (12.000–18.000 pés) abaixo da superfície (veja Figura 4.18a). A Planície Abissal das Ilhas Canárias tem uma área de aproximadamente 900.000 quilômetros quadrados.

As planícies abissais são extraordinariamente planas. Uma pesquisa realizada em 1947 com o Atlantis, da Woods Hole Oceanographic Institution, descobriu que a profundidade de uma grande planície abissal no Atlântico varia apenas poucos metros em toda sua extensão. Esse nivelamento é causado pelo efeito do alisamento das camadas de sedimento, que geralmente excedem 1.000 metros de espessura. A maior parte dos sedimentos que cobre as planícies abissais parece ser de origem terrígena ou de águas rasas e não deriva da atividade biológica do oceano acima. Parte desses sedimentos pode ter sido transportada pelos ventos ou por correntes de turbidez. Essas camadas mascaram irregularidades na crosta oceânica subjacente, mas uma ecossonda potente consegue "enxergar" através delas e revelar a topografia complexa do assoalho da bacia basáltica **(Figura 4.23)**. A ampla camada basáltica da Cordilheira Mesoatlântica se estende abaixo desse manto de sedimentos por quase a mesma distância dos limites do talude continental.

Os sedimentos das planícies abissais não apresentam espessura suficiente para cobrir o assoalho basáltico subjacente próximo dos limites das cadeias oceânicas. Nessas regiões, existem as **colinas abissais** – pequenos vulcões extintos, cobertos de sedimentos ou de intrusão de rochas magmáticas – geralmente com menos de 200 metros (650 pés) de altura (pode-se ver um deles na Figura 4.23). Essas colinas estão associadas à expansão do assoalho oceânico e se formam quando a crosta recém-formada se afasta do centro de uma dorsal, estende-se e quebra. Alguns blocos afundam e formam vales, outros permanecem altos, como colinas. A lava em erupção nas cordilheiras flui ao longo das fraturas e as cobre. Isso ajuda a explicar por que as colinas abissais ocorrem paralelamente à cordilheira oceânica e por que são mais abundantes em áreas onde a taxa de expansão é mais rápida. Planícies e colinas abissais ocupam praticamente quase toda a área do assoalho oceânico profundo que não faz parte do sistema de cordilheiras oceânicas. Elas são as formas de relevo mais comuns da Terra.

Montes Submarinos Vulcânicos e Guyots Formados Acima do Assoalho Oceânico

O assoalho oceânico é dotado de milhares de formações vulcânicas que não se projetam acima da superfície do oceano. Essas formações são chamadas de **montes submarinos**. Os montes submarinos são circulares ou elípticos, com mais de 1 quilômetro (0,6 milhas) de altura, com taludes relativamente inclinados de 20° a 25°. (Montanhas abissais, por outro lado, são muito mais abundantes, com menos de 1 quilômetro de altura, e não tão inclinadas.) Os montes submarinos podem se apresentar isolados ou em grupos de 10 a 100. Embora muitos se formem em pontos quentes, acredita-se que a maioria seja composta por vulcões inativos submersos, formados em centros de expansão **(Figura 4.24)**. O movimento da litosfera, ao se afastar dos centros de expansão, transportou-os para a posição atual. Aproximadamente 10.000 montes submarinos devem existir no Pacífico, quase metade do total mundial.

Guyots são montes submarinos que antigamente se encontravam perto da superfície do mar ou a alcançavam. Geralmente, ocorrem na região centro-oeste do Pacífico. O topo achatado sugere que sofreram a erosão das ondas quando se encontravam próximo do nível do mar. Seu topo em forma plana submergiu muito para que a erosão causada pelas ondas continuasse desgastando-os. Como os montes submarinos, os guyots se formaram perto de centros de expansão e deles se afastaram à medida que o assoalho se expandia e resfriava.

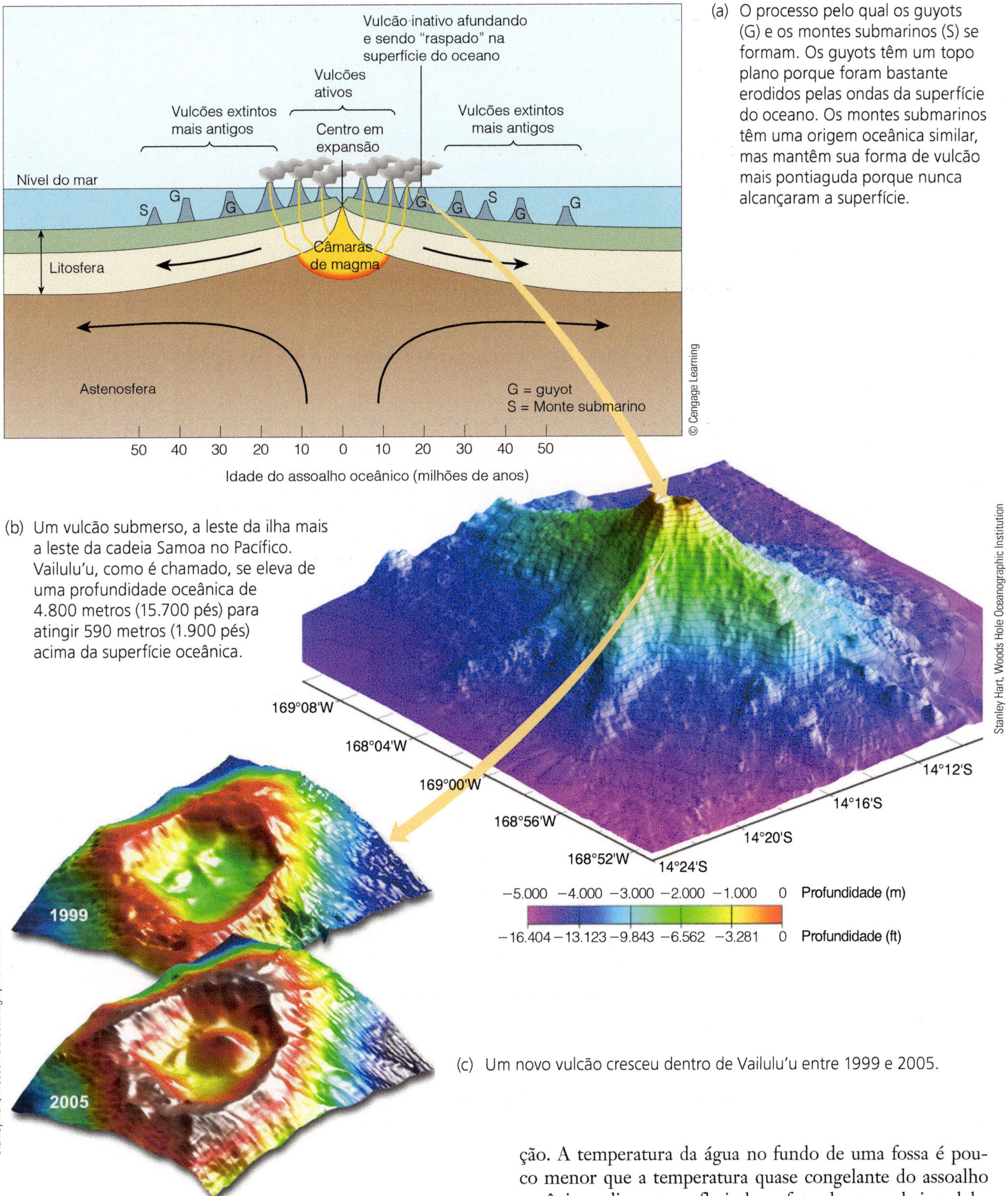

(a) O processo pelo qual os guyots (G) e os montes submarinos (S) se formam. Os guyots têm um topo plano porque foram bastante erodidos pelas ondas da superfície do oceano. Os montes submarinos têm uma origem oceânica similar, mas mantêm sua forma de vulcão mais pontiaguda porque nunca alcançaram a superfície.

(b) Um vulcão submerso, a leste da ilha mais a leste da cadeia Samoa no Pacífico. Vailulu'u, como é chamado, se eleva de uma profundidade oceânica de 4.800 metros (15.700 pés) para atingir 590 metros (1.900 pés) acima da superfície oceânica.

(c) Um novo vulcão cresceu dentro de Vailulu'u entre 1999 e 2005.

Figura 4.24 Vulcões e montes submarinos.

Fossas e Arcos de Ilhas Formados nas Zonas de Subducção

A **fossa** é uma depressão em forma de arco no assoalho oceânico profundo. Esse tipo de depressão, com fundo plano, ocorre onde uma placa oceânica convergente sofre subducção. A temperatura da água no fundo de uma fossa é pouco menor que a temperatura quase congelante do assoalho oceânico adjacente, refletindo o fato de que, abaixo dela, situa-se a crosta oceânica antiga relativamente fria, que está afundando em direção ao manto superior.

As fossas (e os arcos de ilhas com vulcões ativos a elas associados) estão entre as regiões de maior atividade geológica da Terra. Os grandes terremotos e tsunamis (ondas gigantescas que serão abordadas no Capítulo 9) geralmente têm origem nesses locais. A Figura 4.25 mostra a distribuição das maiores fossas. A maioria está localizada nas bordas das placas ativas do Pacífico.

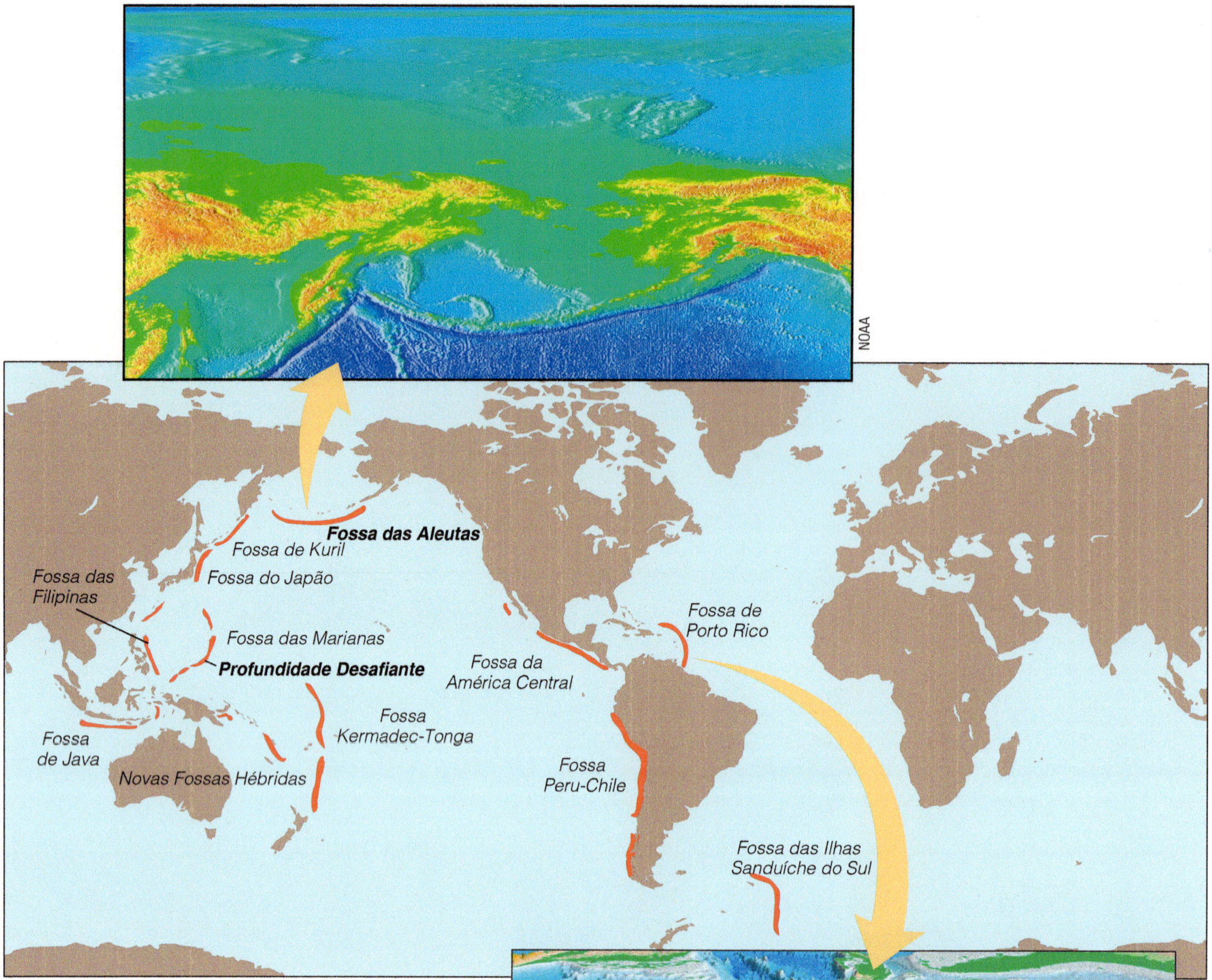

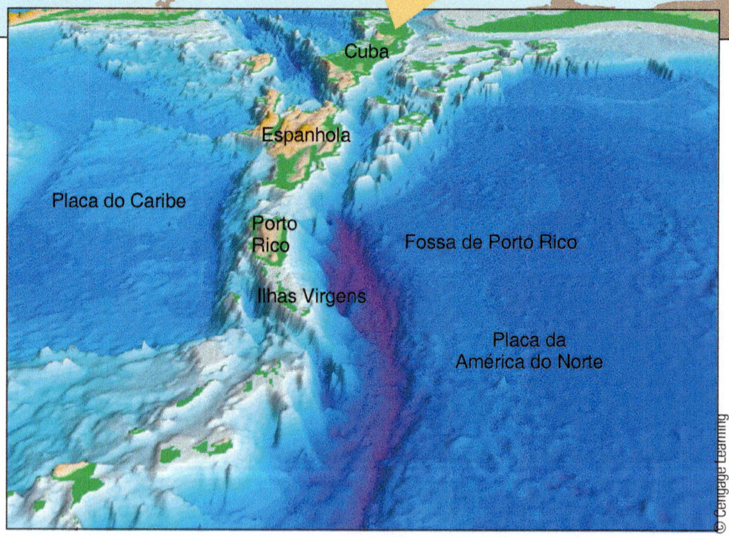

Figura 4.25 Fossas oceânicas do mundo. Observe suas prevalências no Pacífico ativo.

PENSANDO ALÉM DA IMAGEM

Qual é a conexão entre essas fossas e o "Anel de Fogo do Pacífico", sobre o qual você aprendeu no Capítulo 3?

As fossas oceânicas são as regiões mais profundas na crosta terrestre, apresentam de 3 a 6 quilômetros (1,9 a 3,7 milhas) de profundidade abaixo do assoalho da bacia adjacente. A maior profundidade do oceano está na Fossa das Marianas, no oeste do Oceano Pacífico, onde o fundo do oceano está 11.022 metros (36.163 pés) abaixo do nível do mar, 20% mais profundo do que a altura do Monte Everest. A Fossa das Marianas tem aproximadamente 70 quilômetros (44 milhas) de largura e 2.550 quilômetros (1.600 milhas) de comprimento, dimensões típicas dessas estruturas.

As fossas são cadeias curvas de entalhes em forma de "V". A curvatura resulta da geometria proveniente da interação entre as placas em uma superfície esférica. Os lados convexos dessas curvas normalmente estão direcionados para o oceano aberto (veja novamente a Figura 4.17). As paredes da fossa no lado insular da depressão são mais íngremes que os lados voltados para o mar aberto, indicando a direção de subducção das placas. As paredes das fossas se tornam mais inclinadas com a profundidade, normalmente atingindo ângulos de 10° a 16° antes de se tornar um assoalho plano sustentado por uma camada espessa de sedimento. (Partes da parede côncava da Fossa Kermadec-Tonga são as mais inclinadas do mundo, com 45°.) Nas regiões de fossas, não existe talude continental, porque o sedimento que nele se formaria desce para o fundo da fossa.

Arcos de ilhas são cadeias de ilhas vulcânicas e montes submarinos geralmente paralelos às bordas côncavas das fossas submarinas. Vimos no Capítulo 3 que as fossas e os arcos de ilhas são formados por atividades tectônicas e vulcânicas associadas à subducção. As placas litosféricas descendentes contêm materiais que sofrem derretimento à medida que a placa afunda no manto. Esses materiais chegam à superfície como magma e lava que formam cadeias de ilhas por trás das fossas. As Ilhas Aleutas, a maior parte das ilhas do Caribe e as Ilhas Marianas são arcos de ilhas. (Veja a Figura 3.18 para revisar os processos envolvidos em sua construção.)

BREVE REVISÃO

Antes de passar para a próxima seção, verifique seu entendimento de algumas das ideias importantes apresentadas até agora:

13. Quais são as características típicas das bacias oceânicas?

14. Qual é a extensão do sistema dorsal meso-oceânico? As cordilheiras meso-oceânicas estão sempre no meio do oceano?

15. Desenhe uma seção transversal através de uma Cordilheira meso-oceânica. Onde estão localizadas as fontes hidrotérmicas? Onde o novo leito oceânico está sendo formado?

16. O que são as zonas de fratura? O que causa as quebras laterais?

17. O que são planícies abissais? O que as torna exclusivas?

18. Por que as planícies abissais são relativamente raras no Pacífico?

19. Como se formam os guyots? Qual é a importância das linhas de guyots e dos montes submarinos para decifrar as placas tectônicas?

20. Como as fossas oceânicas são formadas? Qual é a relação dos terremotos com sua formação?

21. Por que as fossas e os arcos de ilhas são curvados? Onde a descida é mais acentuada, na parte inferior no lado convexo do arco ou no lado côncavo? Por que a maioria das fossas estão no oeste do Oceano Pacífico?

Para verificar suas respostas, acesse a página deste livro no site da Cengage.

4.5 A Grande Viagem

Pesquisadores na National Oceanic and Atmospheric Administration geraram um mapa do assoalho oceânico com base nas observações de satélite quanto à forma da superfície oceânica (Figura 4.26). O gráfico exibe todas as características discutidas neste capítulo. Essas características – e uma compreensão básica dos motivos geológicos para sua existência – ajudarão a relembrar a natureza e história dramática do assoalho oceânico, que já discutimos nos últimos dois capítulos.

BREVE REVISÃO

Antes de passar para a próxima seção, verifique seu entendimento de algumas das ideias importantes apresentadas até agora:

22. Como você acha que gráficos como "A grande viagem" (Figura 4.26) auxiliaram sua compreensão sobre os processos geológicos?

Para verificar sua resposta, acesse a página deste livro no site da Cengage.

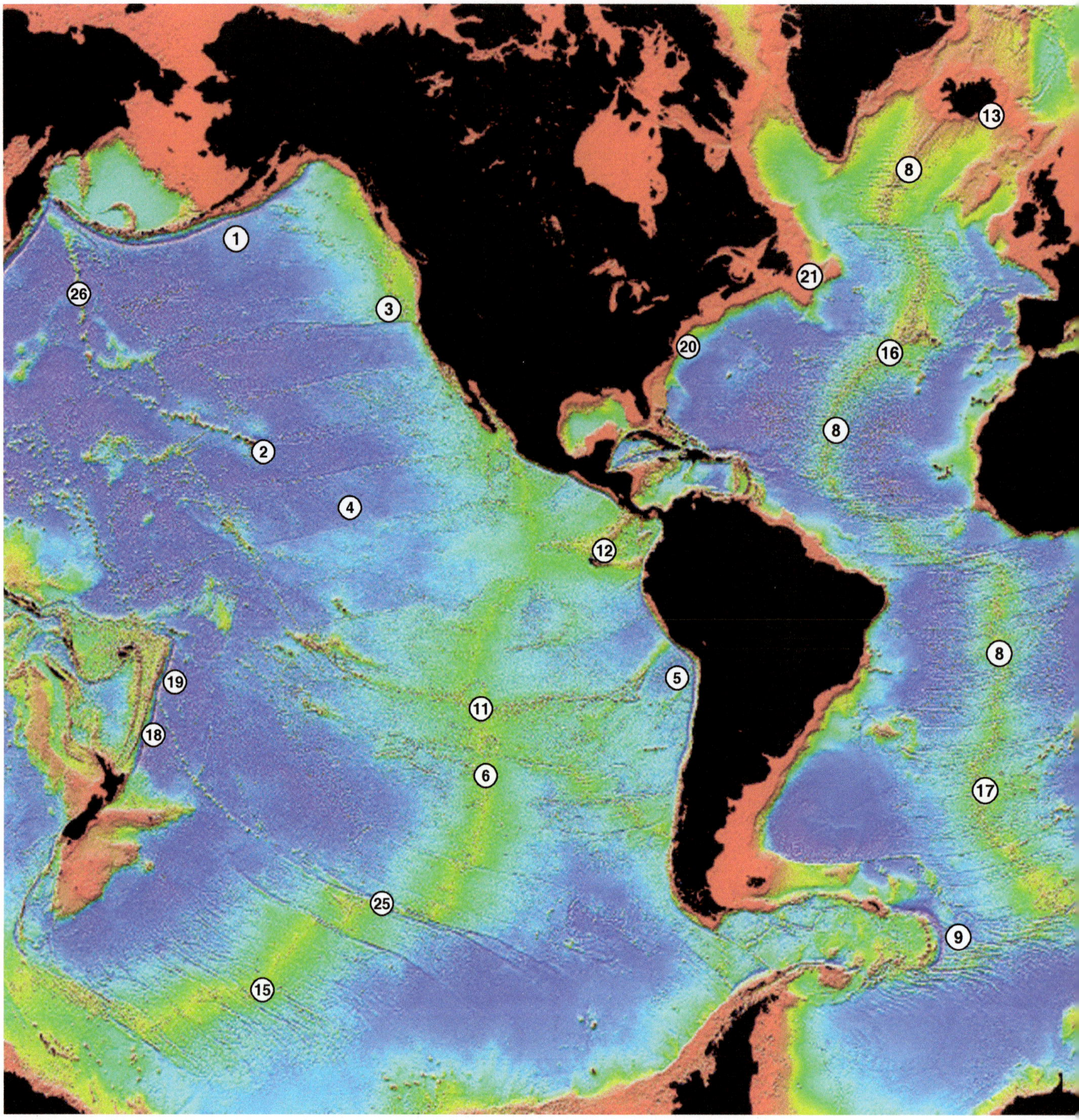

Figura 4.26 Uma proeza tecnológica: um mapa que exibe todas as características discutidas neste capítulo, derivado dos dados fornecidos pelo National Geophysical Data Center, obtidos a partir de satélites e sensores a bordo de navios. Essas feições – e uma compreensão básica dos motivos geológicos para sua existência – ajudarão a relembrar a natureza e a história dramática do assoalho oceânico que já discutimos nos últimos dois capítulos.

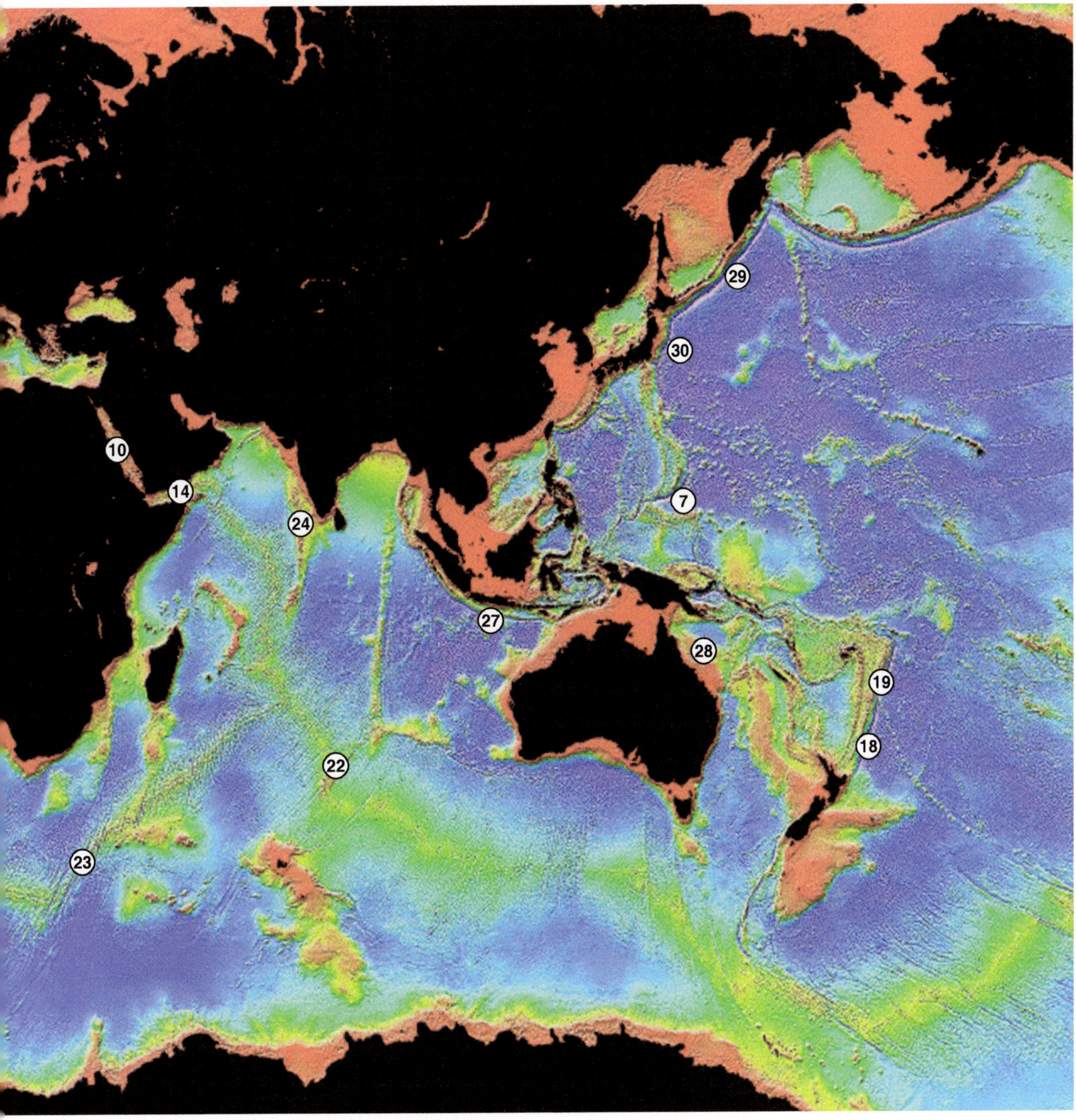

David Sandwell and Walter Smith, NGDC/SIO

Principais feições:
(1) Fossa das Ilhas Aleutas
(2) Ilhas do Havaí
(3) Cordilheira Juan de Fuca
(4) Zona de fratura de Clipperton
(5) Fossa do Peru-Chile
(6) Cordilheira do Pacífico Leste
(7) Fossa das Marianas, desafiadoramente profunda
(8) Cordilheira Mesoatlântica
(9) Fossa das Ilhas Sanduíche do Sul
(10) Mar Vermelho
(11) Ilha de Páscoa
(12) *Rift* de Galápagos
(13) Islândia
(14) Golfo de Aden
(15) Cordilheira Pacífico-Antártica
(16) Arquipélago dos Açores
(17) Tristan da Cunha
(18) Fossa de Kermadec
(19) Fossa de Tonga
(20) Planície Abissal Hatteras
(21) Grande Banco
(22) Cordilheira Mesoíndica
(23) Cordilheira Atlântico-Índico
(24) Ilhas Maldivas
(25) Zona de Fratura Eltanin
(26) Montes submarinos Emperor
(27) Fossa de Java
(28) Grande Barreira de Coral
(29) Fossa de Kuril
(30) Fossa do Japão

Perguntas dos Alunos

1. O oceano não deveria ser mais fundo no meio? Por que a Islândia é um dos únicos lugares onde a crosta oceânica está acima do nível do mar?

Entender *por que* existem as bacias oceânicas explica seu relevo. Uma bacia geralmente contém uma cordilheira em expansão mais alta que o leito adjacente. A crosta oceânica é delgada e densa. Por causa da isostasia, o assoalho oceânico apresenta menor elevação que os continentes mais altos, mais espessos e menos densos. A água cobriu primeiro as elevações mais baixas, submergindo quase todo o embasamento basáltico que hoje chamamos assoalho oceânico. Em áreas de expansão rápida do assoalho, ou em pontos quentes, os picos são ocasionalmente empurrados em direção à superfície do oceano pelo grande volume de material originário do manto que sobe em plumas. Grandes quantidades de magma então deram origem às cristas acima do nível do mar que formaram ilhas, como a Islândia. O arquipélago dos Açores é outro local da Cordilheira Mesoatlântica onde isso está ocorrendo.

2. Parece que as correntes de turbidez são importantes na formação dos cânions e na distribuição dos sedimentos profundos nas planícies abissais. Alguém já viu uma corrente de turbidez?

Sim, para surpresa geral. No final dos anos 1940, o geólogo holandês Philip Kuenen produziu correntes de turbidez em seu laboratório colocando água barrenta em uma calha com um fundo inclinado. Suas observações confirmaram relatórios do século XIX de que o lamacento Rio Reno continuava a fluir em uma corrente densa ao longo do leito do Lago Genebra, na Suíça. Nos anos 1960, Robert Dill e Francis Shepard observaram de um minissubmarino as cascatas de areia no cânion Scripps, e pesquisadores franceses recentemente fotografaram essas correntes no Mar Mediterrâneo.

3. Qual é a profundidade que uma pessoa pode mergulhar (sem um submarino, claro)?

O recorde de mergulho livre (sem equipamento de mergulho) foi de 214 metros (702 pés), pelo mergulhador austríaco Herbert Nitsch, em 2007. Nessa profundidade, seus pulmões praticamente colapsaram com a pressão. Com o uso de equipamento, o mergulhador sul-africano Nuno Gomes bateu o recorde de 318 metros (1.044 pés) e quase morreu na tentativa. Sua descida demorou 14 minutos. Se tiver escolha, vou de submarino!

4. A pressão no fundo de uma fossa deve ser esmagadora. Como os animais resistem a essa força?

No fundo da fossa mais profunda, a coluna de água exerce uma pressão de 1.086 bars (15.750 libras por polegada quadrada – aproximadamente 8 toneladas). Isso significa mais de mil vezes a média da pressão atmosférica no nível do mar. Nessa pressão, a densidade da água é elevada em 4,96%–95 litros de água profunda do Challenger contêm a mesma massa que 100 litros de água da superfície.

Agora pense em nossa situação como residentes de um oceano de ar. Do nível do mar ao topo da atmosfera, uma coluna de 1 centímetro quadrado de ar pesa 1,03 quilogramas (1 polegada quadrada pesa aproximadamente 15 libras). Se a palma da sua mão tem uma área de 12 polegadas quadradas, a força esperada puxando-a para baixo seria de aproximadamente 81 quilos (180 libras). Ela *parece* ter 81 quilos (180 libras)? Não.

Agora, imagine colocar a sua mão sobre uma jarra vazia, selando bem com a palma da sua mão. Se o ar for removido da jarra, sua mão será "sugada" para dentro da jarra.[2] Esse desequilíbrio não está presente nos animais da natureza – existe tanta pressão de ar *dentro* de seus pulmões empurrando para *fora* quanto há pressão de fora empurrando em seus pulmões para *dentro*. Se você fosse transportado instantaneamente para o espaço com vácuo, você explodiria. Se você fosse transportado para uma grande profundidade, você seria esmagado.

Portanto, animais marinhos vivendo nas profundezas estão em equilíbrio com a pressão ambiente, assim como nós estamos aqui no nível do mar.

5. A ação das ondas e das marés não tem interferência nos sinais de radar enviados pelos satélites para determinar a altura da superfície do oceano?

A altimetria por satélite é uma das técnicas oceanográficas mais sofisticadas que utilizam processamento em alta velocidade. Imagine a potência de processamento necessária para reduzir os dados gerados por mais de 1.000 pulsos de radar em órbita a cada segundo! Os programadores subtraem a altura prevista da maré das medições e então usam algoritmos para calcular a média e ignorar as cristas e vales das ondas. A superfície restante – com margem de erro de 2 centímetros (pouco menos de 1 polegada) – resulta das variações gravitacionais provocadas por relevos submersos. Ainda é necessário mais processamento para gerar imagens de gráfico como aquelas da Figura 4.4d ou 4.4e.

[2] De fato, claro, sua mão seria "empurrada". Não existe o "sugar".

Termos e Conceitos para se Lembrar

arco de ilhas
bacia oceânica
batimetria
colina abissal
cânion submarino
cordilheira oceânica
corrente de turbidez
elevação continental (ou sopé)
era do gelo ou glacial
falha de transformação
fonte hidrotermal ou hidrotérmica
fossa
guyot
margem ativa
margem continental
margem passiva
monte submarino
planície abissal
plataforma continental
quebra da plataforma
talude continental
zona de fratura

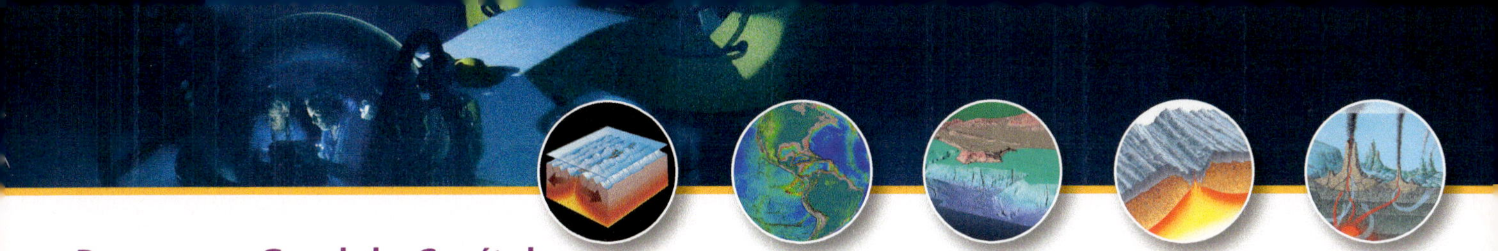

Panorama Geral do Capítulo

Neste capítulo você aprendeu como é difícil descobrir a forma do leito oceânico. Ainda hoje, os relevos da superfície de Marte são mais conhecidos do que os do nosso assoalho oceânico.

Sabemos que as características do assoalho oceânico resultam de uma combinação de atividade tectônica e processos de erosão e deposição. O assoalho oceânico pode ser dividido em duas regiões: margens continentais e bacias oceânicas profundas. A margem continental, a região relativamente rasa mais próxima da costa, compreende a plataforma continental e o talude continental. A margem continental apresenta a estrutura do continente adjacente, mas o assoalho oceânico profundo, distante da Terra, tem origem e história bem diferentes. O relevo do assoalho oceânico inclui as cordilheiras oceânicas, planícies abissais, fossas e cadeias de ilhas vulcânicas. Os processos de placas tectônicas, erosão e deposição de sedimentos formaram as margens continentais e as bacias oceânicas.

No próximo capítulo você aprenderá que quase todo o assoalho oceânico é coberto com sedimento. Exceto os centros de expansão, os amplos acostamentos dos sistemas de cordilheiras oceânicas são enterrados de acordo com sua idade – quanto mais antigo o leito oceânico, maior a carga de sedimento. Algumas crostas oceânicas próximas às bordas posteriores das placas podem ser cobertas por sedimentos com mais de 1.500 metros (5.000 pés) de espessura.

Os sedimentos são chamados de "memória do oceano". A memória, no entanto, não é longa. *Antes de continuar, você consegue imaginar por quê?*

Perguntas de Estudo

1. Por que as pessoas pensam que um oceano é mais fundo no meio? O que mudou suas opiniões? Como é realizada a batimetria moderna?
2. Desenhe um esboço de uma bacia oceânica. Nomeie as partes principais. O que é maior: a altura média dos continentes acima do nível do mar ou a média da profundidade do oceano?
3. O que sugere o fato de que as bordas dos continentes são constituídas por granito e as bacias oceânicas, por basalto?
4. Os termos *anteriores* e *posteriores* também são usados para descrever margens dos continentes. Qual relação você acha que essas palavras têm com *ativo* e *passivo*, ou *tipo Atlântico* e *tipo Pacífico*, usadas no texto?
5. Qual parte do leito oceânico é a mais rica em petróleo e gás natural? Por que você supõe que esteja lá e não em outro local?
6. Por que as planícies abissais são relativamente raras no Pacífico?
7. Responda esta pergunta se você já leu o Capítulo 3: Sua máquina do tempo foi programada para levá-lo a Frankfurt em uma noite de janeiro de 1912 para ouvir palestras de Wegener sobre deslocamento continental. Quais das ilustrações deste capítulo você levaria para animá-lo durante a palestra? Por que você selecionou essas ilustrações? (E coma um *wurst* e beba uma cerveja por mim!)

5 Sedimentos Oceânicos

CONCEITOS-CHAVE

Os sedimentos são acúmulos de material particulado solto (livre). Charles D. Hollister

A profundidade e a composição dos sedimentos nos revelam eventos recentes na parte superior das bacias oceânicas. NASA/BSFC, Orbimage, SeaWiFS

Os sedimentos mais abundantes são terrígenos (da terra) e biogênicos (de restos de seres vivos). © Susumu Nishinaga/Science Source

Os sedimentos marinhos emergiram e foram expostos sobre a terra. O Grand Canyon do Arizona é feito de sedimento marinho, assim como o topo da montanha mais alta do mundo. © Tom Garrison

Como os sedimentos marinhos normalmente sofrem subducção no leito oceânico onde estão localizados, os sedimentos mais antigos são relativamente jovens. © Cengage Learning

O cume elevado do Monte Everest – as rochas mais altas do mundo – consiste de calcário estratificado, no qual os restos fragmentados de organismos marinhos estão claramente presentes. Conforme as forças tectônicas continuam a elevar o Monte Everest alguns milímetros por ano, essas rochas vão sendo erodidas e transportadas para o norte do Oceano Índico, no sistema do Rio Ganges-Brahmaputra, para formar uma nova camada de sedimento oceânico e, talvez, algum dia, montanhas. Igor Plotnikov/Shutterstock.com

5.1 A Aparência dos Sedimentos Varia Muito

Os **sedimentos** são constituídos por partículas de matéria orgânica e inorgânica que se acumulam de maneira solta e não consolidada. As partículas têm origem na ação do intemperismo e da erosão de rochas, das atividades de organismos, de erupções vulcânicas, de processos químicos que ocorrem na água e até mesmo do espaço. A maior parte do assoalho oceânico é lentamente coberta por contínua chuva de sedimentos. As taxas de acumulação de sedimentos sobre o assoalho do mar profundo variam de poucos centímetros por ano até a espessura de uma moeda de dez centavos, a cada mil anos.

Os sedimentos marinhos apresentam uma variação muito ampla de tamanhos e tipos. A areia da praia é um tipo de sedimento, assim como a lama de uma baía calma e a mistura de silte e minúsculas conchas encontradas nas margens continentais. Sedimentos menos familiares são as argilas finas dos assoalhos do mar profundo, as vazas de origem biológica das planícies abissais e os nódulos e as camadas que se formam em torno de objetos duros no leito oceânico. A origem desses materiais – e a distribuição e o tamanho das partículas – depende de uma combinação de processos físicos e biológicos.

Qual é a aparência dos sedimentos? Depende de onde você olhar. A **Figura 5.1** exibe uma anêmona marinha na Cordilheira Mesoatlântica. O afloramento da rocha jovem possui poucos sedimentos. Por sua vez, o sedimento na **Figura 5.2** tem mais de 500 metros (1.600 pés) de espessura. Observe que a superfície do sedimento nem sempre é regular. Nos locais onde as correntes de fundo são rápidas e persistentes, elas podem formar leves ondulações, como no leito de um córrego.

A espessura de algumas camadas do sedimento no ambiente marinho pode ser muito grande, como demonstra a **Figura 5.3**, em um perfil sísmico da margem a leste de um monte submarino na Planície Abissal de Sohm, localizada ao sul da Nova Escócia. O sedimento no limite leste desse perfil possui espessura de mais de 1,8 quilômetro sobre a crosta oceânica.

A coloração dos sedimentos marinhos é muito diversa. Os sedimentos de origem biológica são claros, tendendo à cor creme, e os depósitos ricos em sílica se aproximam do cinza. Algumas argilas do oceano profundo – normalmente conhecidas como "argilas vermelhas", por causa da oxidação do ferro, que as transforma em óxido de ferro – podem variar de castanho-avermelhado a marrom-escuro. Outros tipos de argilas apresentam tons de verde ou cobre. Sedimentos provenientes de nódulos apresentam coloração de fuligem marrom-escura ou preta. Alguns tipos de sedimentos costeiros contêm matéria orgânica em decomposição e, como consequência, podem apresentar odor de gás sulfídrico, mas a maioria é inodora.

São poucas as áreas do leito marinho que não possuem cobertura sedimentar. A água nessas áreas não está completamente livre de sedimentos, mas por algum motivo eles não acumulam no fundo. As correntes intensas podem levar os sedimentos para longe, o assoalho oceânico pode ser muito jovem nessas áreas para que os sedimentos tenham tido tempo para acumular, ou a água quente que aflora do assoalho poroso pode dissolver esse material assim que se deposita.

B. Murton/Southampton Oceanography Centre/Science Source

Figura 5.1 Sedimento próximo ao topo da Cordilheira Mesoatlântica. Exibe uma anêmona-do-mar aderindo a afloramentos de rochas recém-formadas contendo apenas um pouco de sedimento.

Charles D. Hollister

Figura 5.2 Ondulações no sedimento sob a Corrente Circumpolar Antártica no norte da Passagem de Drake. A profundidade aqui é de 4.010 metros (13.153 pés).

PENSANDO ALÉM DA IMAGEM

Por que o sedimento na Figura 5.1 é muito escasso e a camada de sedimento na Figura 5.2 é muito espessa?

BREVE REVISÃO

Antes de passar para a próxima seção, verifique seu entendimento de algumas das ideias importantes apresentadas até agora:

1. O que é sedimento?
2. Por que são poucas as áreas do leito marinho que não possuem cobertura sedimentar?
3. O oceano tem mais de 4 bilhões de anos, por ora porém os sedimentos marinhos raramente têm mais do que 180 milhões de anos. Por quê?

Para verificar suas respostas, acesse a página deste livro no site da Cengage.

5.2 Os Sedimentos Podem Ser Classificados pelo Tamanho das Partículas

O tamanho das partículas frequentemente é utilizado para classificar os sedimentos. O esquema exibido na Tabela 5.1 foi primeiramente idealizado em 1898, e, com refinamentos, desde então tem sido utilizado por geólogos, cientistas do solo e oceanógrafos. Nessa classificação, as partículas mais grosseiras, com diâmetro superior a 256 milímetros (cerca de 10 polegadas), são chamadas de matacão. Embora blocos e seixos ocorram no oceano, a maioria dos sedimentos marinhos é constituída de partículas mais finas: **areia**, **silte** e **argila**. As partículas são definidas pelo seu tamanho.

> Por conseguir oferecer um registro das condições do passado, os sedimentos marinhos têm sido chamados de memória do oceano.

Geralmente, quanto menor a partícula, mais facilmente ela pode ser transportada por cursos de água, ondas e correntes. Visto que o sedimento é transportado, ele tende a ser classificado por tamanho; e os grãos maiores, que são movidos apenas por fluxo turbulento, tendem a não se deslocar para tão longe, ao passo que os grãos mais finos são rapidamente removidos. As argilas, partículas com menos de 0,004 milímetro de diâmetro, podem permanecer suspensas por longos períodos e podem ser transportadas a grandes distâncias por correntes oceânicas, antes de serem depositadas.

Uma camada de sedimento pode conter partículas de tamanhos semelhantes ou ser uma mistura de grãos de tamanhos variados. Os sedimentos compostos sobretudo por partículas de um mesmo tamanho são chamados de **sedimentos bem selecionados**. Sedimentos contendo uma mistura de tamanhos de partículas são **sedimentos mal selecionados**. A seleção é uma função da energia do ambiente – a exposição da área à ação de ondas, marés e correntes. Sedimentos bem selecionados ocorrem em ambientes em que a variação de energia é pequena. Sedimentos provenientes de mares profundos calmos são tipicamente bem selecionados (veja Figura 5.2). Sedimentos mal selecionados se formam em ambientes em que a energia apresenta um amplo espectro de variações. A mistura de cascalhos na base de um penhasco costeiro submetido a rápido processo de erosão é um bom exemplo de sedimento mal classificado.

BREVE REVISÃO

Antes de passar para a próxima seção, verifique seu entendimento de algumas das ideias importantes apresentadas até agora:

4. Que tipos de partículas compõem a maior parte dos sedimentos marinhos?

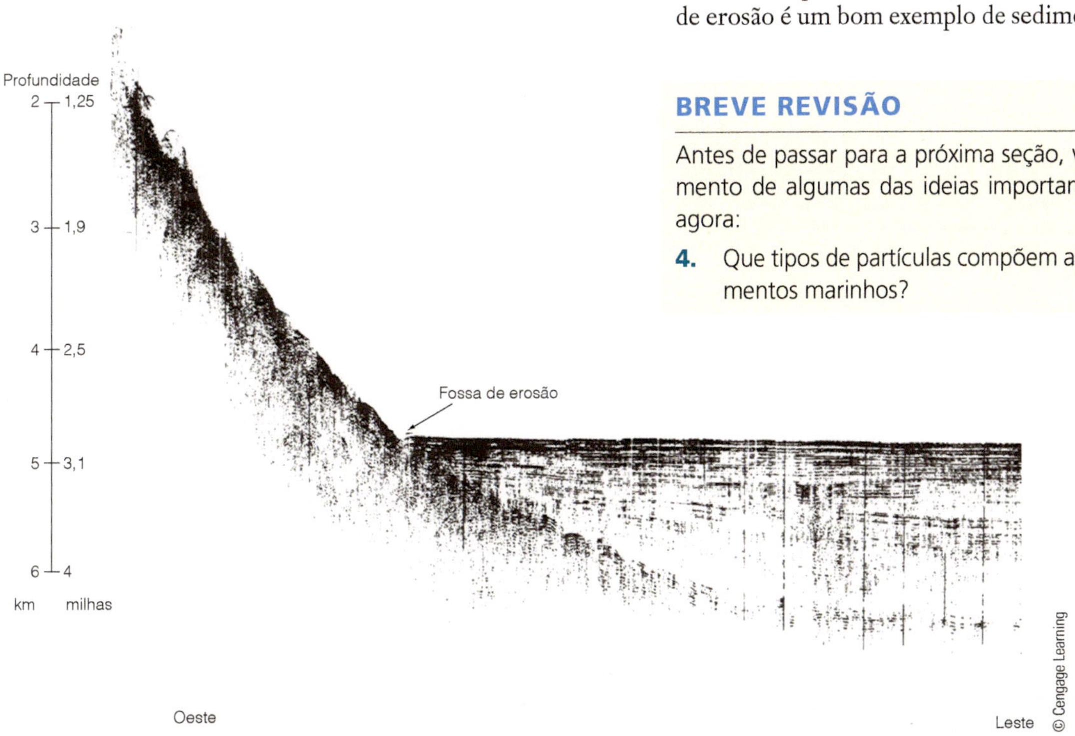

Figura 5.3 Os sedimentos profundos da Planície Abissal Sohm, no Atlântico Norte, ao sul de Nova Escócia, soterraram a base dessa montanha submarina. Esse perfil sísmico mostra a profundidade da camada dos sedimentos acima do embasamento geológico do monte submarino que está a mais de 1,8 quilômetro (1,1 milha). Observe a fossa de erosão – uma depressão ao longo do limite entre o monte submarino e o sedimento – causada por uma corrente de bordo, profunda e persistente nesta área. A escala vertical ampliada nesta figura corresponde a aproximadamente 12:1.

Tabela 5.1 Tamanhos de partículas e taxa de deposição no sedimento

Tipo de partícula	Diâmetro	Velocidade de sedimentação na água parada	Tempo de sedimentação 4 km (2,5 milhas)
Matacão	>256 mm (10 pol.)	–	–
Calhau	64–256 mm (>2½ pol.)	–	–
Seixo	4–64 mm (1/6–2½ pol.)	–	–
Grânulo	2-4 mm (1/12-1⁄6 pol.)	–	–
Areia	0,062-2 mm	2,5 cm/seg (1 pol./seg)	1,8 dia
Silte	0,004-0,062 mm	0,025 cm/seg (1/100 pol./seg)	6 meses
Argila	<0,004 mm	0,00025 cm/seg	50 anos[a]

[a] Apesar de o tempo de deposição teórico para partículas individuais de argila ser normalmente muito longo, sob certas circunstâncias as partículas de argila no oceano podem interagir quimicamente com a água do mar, agrupar e precipitar a uma taxa mais rápida. Pequenas partículas biogênicas são frequentemente comprimidas por organismos formando pelotas fecais, as quais podem se sedimentar mais rapidamente.

5. Quais partículas são mais facilmente transportadas pela água?
6. Qual a diferença entre os sedimentos bem selecionados e os mal selecionados?

Para verificar suas respostas, acesse a página deste livro no site da Cengage.

5.3 Os Sedimentos São Classificados por Fonte

Outra maneira de classificar sedimentos marinhos é com base em sua origem. A primeira proposta para tal classificação foi realizada por John Murray e A. F. Renard, em 1891, após um estudo detalhado dos sedimentos coletados durante a expedição *Challenger*. A Tabela 5.2 apresenta uma modificação recente de sua estruturação. O esquema classifica os sedimentos em quatro categorias a partir de suas fontes: terrígenos, biogênicos, hidrogênicos (também chamados autigênicos) e cosmogênicos.

Sedimentos Terrígenos Vêm da Terra

Sedimentos terrígenos (*Terri* deriva de "Terra", *genos*, "produzir") são os mais abundantes. Como o nome indica, são originários de erosão dos continentes ou de ilhas, erupções vulcânicas e poeira espalhada.

A rocha ígnea continental mais comum é o granito, a fonte do quartzo e da argila, os dois componentes mais comuns dos sedimentos terrígenos marinhos. O quartzo, um importante mineral no granito, é duro, relativamente insolúvel, muito durável e capaz de resistir a intensas ações do intemperismo e transporte. As areias de quartzo trazidas de terras adjacentes são importantes componentes dos sedimentos presentes ao longo das margens continentais. O feldspato, outro importante mineral existente no granito, combina, basicamente, com ácido carbônico (um ácido fraco que se forma quando o dióxido de carbono se dissolve na água) e água do mar para formar argila. Essas partículas minúsculas – um dos principais componentes dos solos – são carregadas para os oceanos pelos ventos, rios ou córregos. Em razão do tamanho reduzido, são facilmente transportadas pela plataforma continental para, lentamente, se depositarem nos assoalhos oceânicos dos mares profundos.

Tabela 5.2 Classificação dos sedimentos marinhos segundo a fonte das partículas

Tipo de sedimento	Fonte	Exemplos	Distribuição	Porcentagem da área do assoalho oceânico
Terrígenos	Erosão da terra, erupções vulcânicas e poeira transportada pelo vento	Areia quartzosa, argila e lama estuarina	Dominantes nas margens continentais, planícies abissais e fundos oceânicos polares	~45%
Biogênicos	Orgânico; acumulação de carapaças e partes duras de alguns organismos marinhos	Vazas calcárias e silicosas	Dominantes em assoalhos de mar profundo (vaza silicosa em profundidades maiores que 5 quilômetros)	~55%
Hidrogênicos (autigênicos)	Precipitação de minerais dissolvidos na água, em geral por bactérias	Nódulos de manganês e depósitos de fosforitos	Presentes com outros sedimentos mais dominantes	1%
Cosmogênicos	Poeira proveniente do espaço e detritos de meteoritos	Esferas de tectitos e nódulos vítreos	Misturados em pequenas proporções com sedimentos mais dominantes	1%

Fontes: Kennett, *Marine geology*, 1982; Weihaupt, *Exploration of the oceans*, 1979; Sverdrup, Johnson e Fleming, *The oceans*: their physics, chemistry, and general biology, 1942.

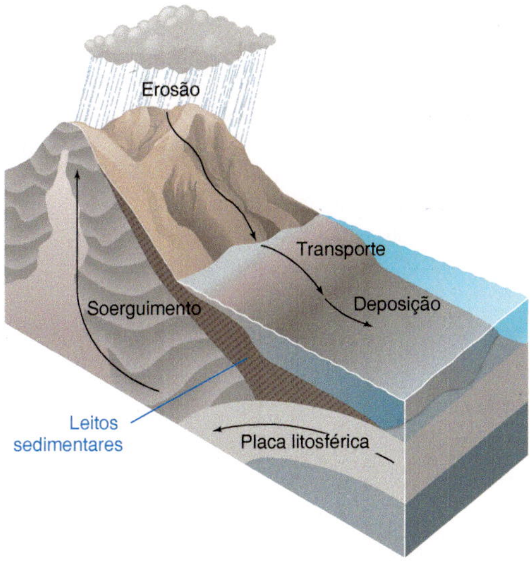

© Cengage Learning

Figura 5.4 Ciclo sedimentar simplificado. Em escala de tempo geológico, as montanhas são elevadas quando placas litosféricas (crustais) colidem, se fundem e sofrem subducção. Água e vento erodem as montanhas e transportam o sedimento resultante para o mar. Os sedimentos são depositados sobre o assoalho oceânico, acompanham a movimentação da placa e podem ser suspensos ou subduccionados. Esse material, eventualmente, pode ser novamente transformado em montanhas.

PENSANDO ALÉM DA IMAGEM

Pense por um momento sobre o Grand Canyon do Arizona, um antigo leito marinho elevado sendo erodido pelo Rio Colorado. Montanhas antigas erodidas e seus restos sedimentares formaram aquele leito oceânico. Você entende por que os cientistas usam a expressão "tempo profundo"?

Sedimentos terrígenos participam de um lento e gigantesco ciclo **(Figura 5.4)**. Ao longo de um grande intervalo de tempo geológico, as montanhas se elevam quando as placas tectônicas colidem, se fundem e sofrem subducção. As montanhas são erodidas. Os sedimentos resultantes são transportados para o mar pelo vento e pela água e se acumulam no assoalho oceânico. Como consequência, movimentam-se com o deslocamento das placas e podem ser soerguidos ou sofrer subducção. Esse material é transformado em montanhas. Então, o ciclo recomeça.

Embora as estimativas variem, parece que cerca de 15 bilhões de toneladas métricas (16,5 bilhões de toneladas) de sedimentos terrígenos são transportados dos rios para o mar a cada ano, com um adicional de 100 milhões de toneladas transportadas anualmente da terra para o oceano como poeira fina no ar e cinza vulcânica **(Figura 5.5)**.

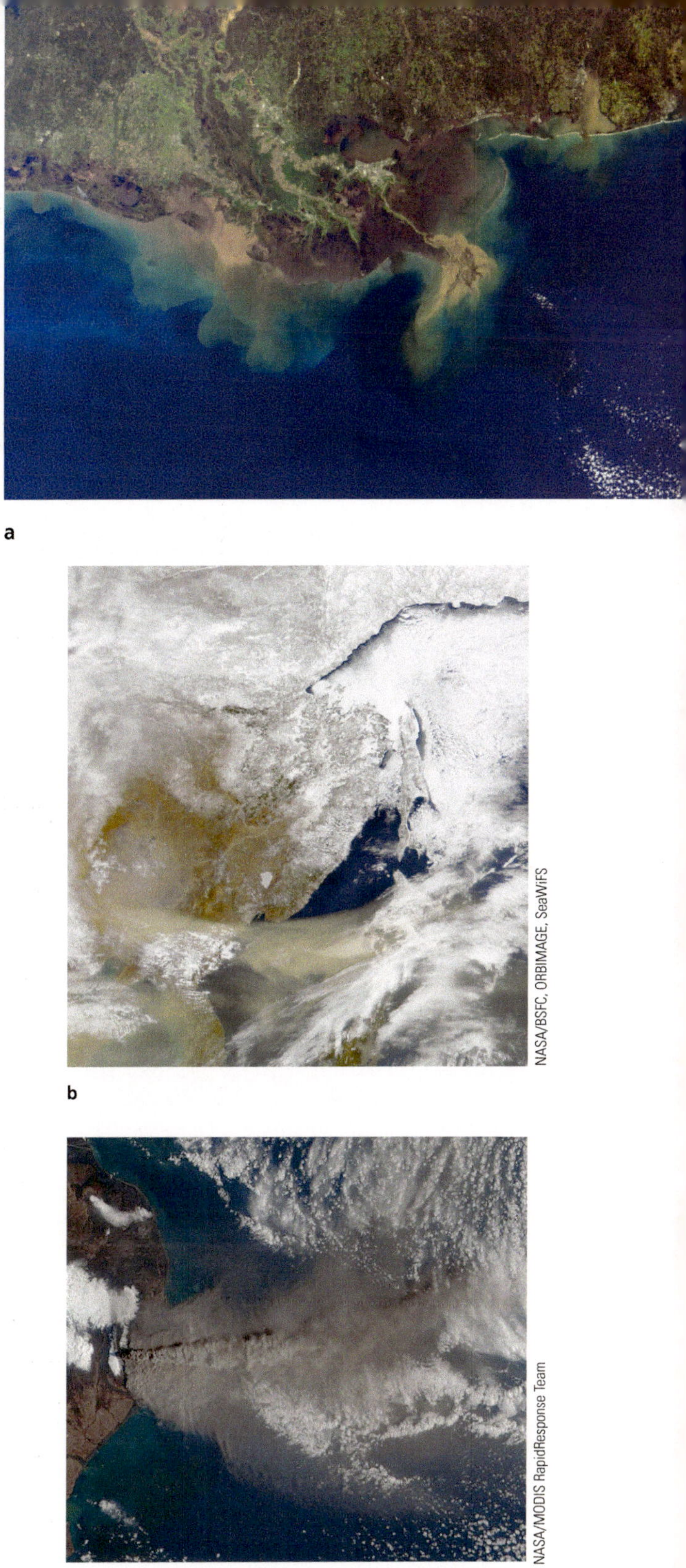

Liam Gumley/Space Science and Engineering Center, University of Wisconsin-Madison/MODIS Science Team/NASA

a

NASA/BSFC, ORBIMAGE, SeaWiFS

b

NASA/MODIS RapidResponse Team

c

Figura 5.5 Fontes de sedimentos terrígenos.
(a) Os rios se destacam como a principal fonte de sedimentos terrígenos. Esta foto, tirada do espaço, mostra a quantidade de sedimento introduzida pelo Rio Mississippi no Golfo do México.
(b) Poeira do Deserto de Gobi levada pelo vento, deslocando-se, para leste, em direção ao Pacífico, no dia 18 de março de 2002. As partículas se depositarão na superfície do oceano, se precipitarão lentamente até o fundo da coluna de água e caracterizarão depósitos de sedimentos terrígenos.
(c) A nuvem de cinza provocada pela erupção do Eyjafjallajökull, um vulcão na Islândia, em abril de 2010. O vento transportou cinzas da erupção por centenas de quilômetros e comprometeu muito a aviação na Europa. Grande parte das cinzas acabou no Atlântico Norte.

PENSANDO ALÉM DA IMAGEM

Onde você acha que os sedimentos terrígenos acabam na maioria das vezes – perto da costa ou longe da costa?

Sedimentos Biogênicos se Formam de Restos de Organismos Marinhos

Os **sedimentos biogênicos** (*bio* significa "vida"; *generare*, "produzir") correspondem ao segundo tipo de sedimento marinho mais abundante. Os compostos silicosos (que contêm silício) e calcários (que contêm carbonato de cálcio), originalmente introduzidos nos oceanos pelos rios ou dissolvidos nas cordilheiras oceânicas, são os principais componentes desses sedimentos de origem biológica. Tanto o material silicoso como o calcário foram extraídos da água do mar a partir da atividade de minúsculos vegetais e animais que constroem suas conchas e esqueletos de proteção. Alguns desses sedimentos derivam de conchas de moluscos maiores ou de animais coloniais fixos, tais como os corais, mas a maioria dos organismos que produzem sedimentos de origem biogênica deriva livre na água, como plâncton. Uma vez mortos, perdem a capacidade de flutuar; as estruturas duras afundam e se acumulam em camadas sobre o assoalho oceânico. Sedimentos biogênicos são mais abundantes onde a disponibilidade de nutrientes estimula alta produtividade biológica, geralmente perto de margens continentais e em áreas de ressurgências. Após milhões de anos, as moléculas orgânicas nesse tipo de sedimento podem originar depósitos de óleo e gás natural (veja o Capítulo 15 para mais detalhes).

Observe na Tabela 5.2 que sedimentos biogênicos são predominantes e cobrem a maior *área* do assoalho oceânico do que os terrígenos, embora estes sejam predominantes em termos de *volume* total.

Sedimentos Hidrogênicos Diretamente da Água do Mar

Os **sedimentos hidrogênicos** (*hydro* significa "água"; *generare*, "produzir") são minerais que precipitaram diretamente da água do mar. As fontes dos minerais dissolvidos são: rochas submersas e sedimentos, compostos lixiviados da crosta recém-formada nas dorsais oceânicas, material proveniente das fontes hidrotermais e substâncias que fluem para os oceanos pela descarga dos rios. Os sedimentos hidrogênicos mais importantes são os nódulos de manganês, presentes nos substratos de águas profundas, e os de fosforita, presentes ao longo de algumas porções de margens continentais. Sedimentos hidrogênicos são também chamados **sedimentos autigênicos** (*authis* significa "no lugar" ou "no local"), uma vez que são formados no mesmo local onde estão presentes.

Embora as taxas de acumulação sejam muito lentas, rápidas deposições de sedimentos hidrogênicos podem ocorrer, como no caso de um lago que seca rapidamente.

Sedimentos Cosmogênicos Vêm do Espaço

Os **sedimentos cosmogênicos** (*cosmos* significa "universo"; *generare*, "produzir"), de origem extraterrestre, são os menos abundantes. Esses sedimentos, tipicamente pouco representativos, raramente apresentam concentração maior do que poucas partes por milhão do total de sedimento de qualquer depósito. Os cientistas acreditam que sedimentos cosmogênicos provêm de duas fontes principais: poeira interplanetária, que constantemente atinge o topo da atmosfera, e raros impactos de grandes asteroides e cometas.

A poeira interplanetária é constituída de micrometeoroides com tamanho equivalente a silte e areia, a partir de asteroides e cometas ou de colisões entre asteroides. As partículas com tamanho de grão equivalente ao silte se depositam suave e lentamente na superfície da Terra; grãos maiores, no entanto, apresentam velocidade maior, são aquecidos pela fricção com a atmosfera e podem se fundir, chegando, algumas vezes, a incandescer como os meteoros que podem ser vistos no céu em uma noite escura. Apesar de boa parte desse material ser vaporizada, uma porção dele pode persistir na forma de esférulas cósmicas ricas em ferro. A maior parte dele se dissolve na água do mar antes de alcançar o assoalho oceânico. Entre 15.000 e 30.000 toneladas métricas (16.500-33.000 toneladas) de poeira interplanetária entram na atmosfera da Terra a cada ano.

As maiores concentrações de sedimentos cosmogênicos ocorrem quando grandes volumes de material extraterrestre chegam ao mesmo tempo. Felizmente, isso acontece apenas raramente, quando a Terra é atingida por um grande asteroide ou cometa. Existem poucos exemplos conhecidos, mas a maioria dos geólogos acredita que um impacto como o descrito no início deste capítulo teria espalhado grandes quantidades de detritos no espaço ao redor da Terra. Muitos deles cairiam de volta e seriam depositados em camadas. Constituintes cosmogênicos podem representar entre 10% e 20% do total desses sedimentos extraordinários!

Ocasionalmente, sedimentos cosmogênicos incluem partículas de vidro translúcidas e alongadas conhecidas como **microtectitos** (Figura 5.6).

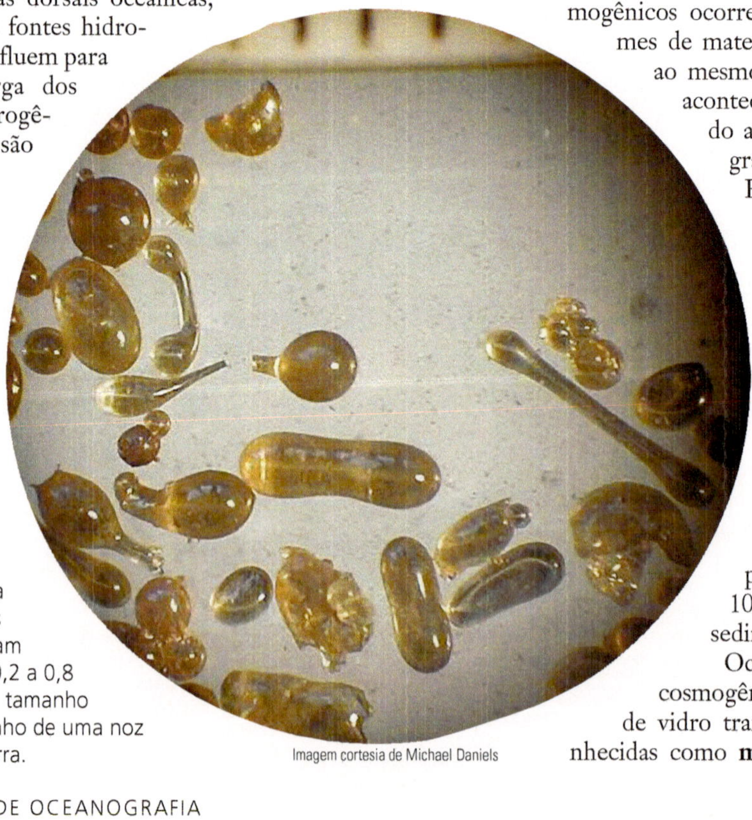

Figura 5.6 Microtectitos, partículas muito raras que iniciaram uma longa jornada quando um grande corpo se chocou com a Terra e ejetou material da crosta do planeta. Parte desse material viajou pelo espaço, entrou novamente na atmosfera terrestre, se fundiu e tomou forma arredondada ou de gota. Esses espécimes de vidro esculpido apresentam comprimento que varia de 0,2 a 0,8 milímetro. Poeira vítrea com tamanho de grão menor que o tamanho de uma noz também se depositou na Terra.

Imagem cortesia de Michael Daniels

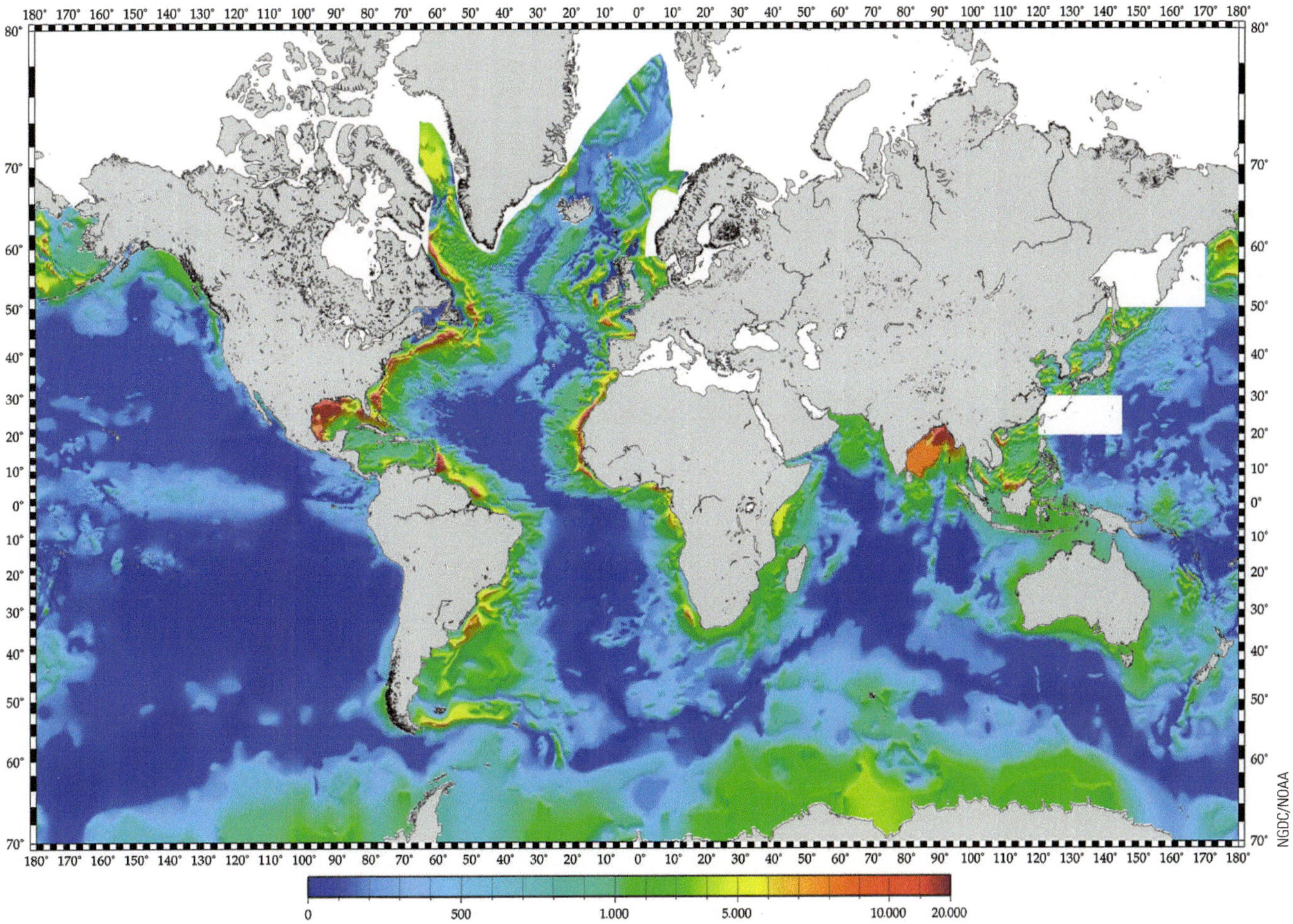

Figura 5.7 Espessura total em metros do sedimento do assoalho oceânico, com os depósitos mais finos em azul-escuro e os mais espessos em vermelho. Observe os abundantes depósitos ao longo do leste e costa do Golfo da América do Norte, no oceano do sul da China, e na Baía de Bengala, leste da Índia.

Acredita-se que os tectitos tenham sido formados a partir do impacto violento de grandes meteoros ou pequenos asteroides com a crosta da Terra. O impacto funde parte do material da crosta e o espalha pelo espaço; o material se funde novamente assim que lançado através da atmosfera, produzindo as variadas formas de gota de chuva exibidas na foto. Os tectitos não se dissolvem facilmente e, em geral, alcançam o assoalho oceânico. A maioria tem comprimento menor do que 1,5 milímetro (1/16 polegada).

Os Sedimentos Marinhos Normalmente Consistem em uma Combinação de Depósitos Terrígenos e Biogênicos

Sedimentos no assoalho oceânico raras vezes são originados de uma única fonte; a maioria dos depósitos sedimentares é uma mistura de partículas biogênicas e terrígenas, com um suplemento ocasional de partículas hidrogênicas e cosmogênicas. Os padrões e as composições das camadas de sedimentos no leito marinho são de grande interesse para pesquisadores que estudam as condições do oceano. Ambientes marinhos diferentes têm sedimentos característicos que preservam um registro das condições do passado e o presente desses ambientes. Geralmente, os sedimentos das margens continentais são diferentes, em termos de quantidade, características e composição, daqueles existentes nas bacias oceânicas mais profundas. Os sedimentos de margens continentais – chamados **sedimentos neríticos** (*neritos*, "da costa") – consistem, principalmente, de material terrígeno. Os assoalhos oceânicos profundos são cobertos por sedimentos mais finos que aqueles das margens continentais, e a maior parte do sedimento oceânico é de origem biogênica. Os sedimentos presentes no talude e no assoalho oceânico profundo são denominados **sedimentos pelágicos** (*pelagios*, "do mar").

A espessura média dos sedimentos marinhos em cada região oceânica é exibida na **Figura 5.7** e na **Tabela 5.3**. Observe que 72% do volume total de todos os sedimentos marinhos estão associados aos taludes e elevações continentais, que constituem apenas cerca de 12% da área do oceano. A **Figura 5.8** exibe a distribuição dos tipos de sedimentos marinhos ao redor do mundo. Marque esta página, pois será necessário consultar essas figuras conforme adiantamos nossa discussão.

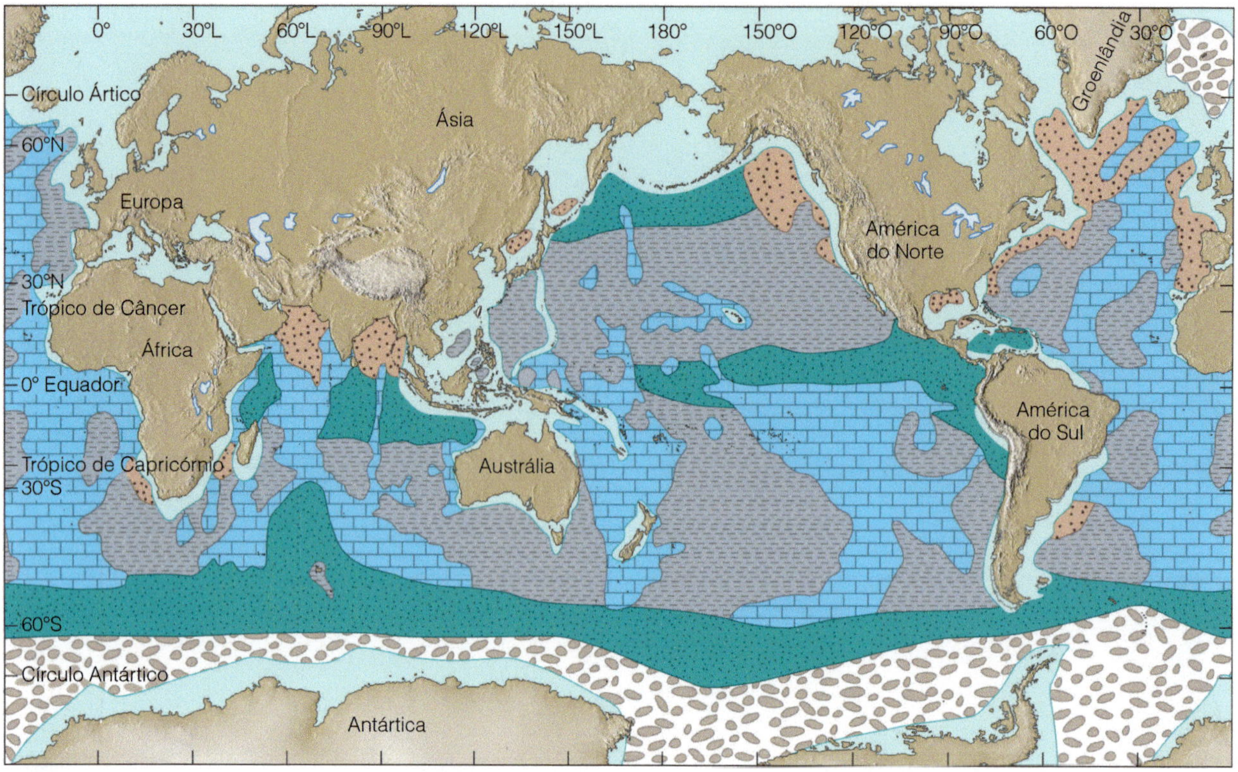

Vazas calcárias
Vazas silicosas
Argilas pelágicas
Sedimentos derivados da terra
Sedimentos glaciais marinhos
Depósitos de plataforma continental

(a) Padrão geral de sedimentos no assoalho oceânico.

(b) Um foraminífero, um animal parecido com a ameba.

1 mm

(c) Cocólitos, placas individuais de cocolitoforídeos, uma forma de alga planctônica. Por sua tendência a se dissolver, as vazas calcárias raramente ocorrem em profundidades abaixo de 4.500 metros (14.800 pés). Cocolitoforídeos são muito menores do que os outros organismos encontrados em vazas mostrados nestas figuras.

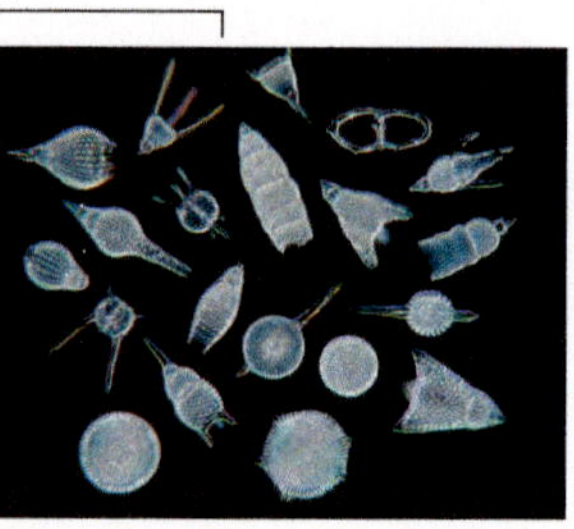

(d) Radiolários, outro componente da vaza silicosa.

(e) Carapaças de diatomáceas, algas unicelulares. Vazas de diatomáceas são mais comuns em altas latitudes.

Figura 5.8

Tabela 5.3 Distribuição e espessura média dos sedimentos marinhos

Região	Porcentagem da área oceânica	Porcentagem do volume total dos sedimentos marinhos	Espessura média
Plataformas continentais	9%	15%	2,5 km (1,6 mi)
Taludes continentais	6%	41%	9 km (5,6 mi)
Elevações continentais	6%	31%	8 km (5 mi)
Assoalho oceânico profundo	78%	13%	0,6 km (0,4 mi)

Fontes: Emery in Kennett, *Marine geology*, 1982 (Tabela 11-1); Weihaupt, *Exploration of the oceans*, 1979; Sverdrup, Johnson e Fleming, *The oceans*: their physics, chemistry, and general biology, 1942.

BREVE REVISÃO

Antes de passar para a próxima seção, verifique seu entendimento de algumas das ideias importantes apresentadas até agora:

7. Quais são os quatro principais tipos de sedimentos marinhos?
8. Qual tipo de sedimento é mais abundante?
9. Qual tipo de sedimento abrange a maior área do fundo do mar?
10. Qual tipo de sedimento é mais raro? De onde vem esse sedimento?
11. A maioria dos sedimentos é de um único tipo? (Isto é, depósitos terrígenos são feitos exclusivamente de sedimentos terrígenos?)
12. Qual a diferença entre sedimentos neríticos e pelágicos?

Para verificar suas respostas, acesse a página deste livro no site da Cengage.

5.4 Sedimentos Neríticos Sobrepõem as Margens Continentais

A maioria dos sedimentos terrígenos são neríticos; eles são erodidos da terra e levados para riachos, onde são transportados para o oceano. Correntes marinhas distribuem areia e partículas maiores ao longo da costa, enquanto a ação das ondas carrega silte e argila para águas mais profundas. Quando a água é muito profunda, onde a ação das ondas não se faz presente, o sedimento mais fino pode se depositar ou, ainda, continuar a ser transportado pela turbulência das correntes profundas em direção ao assoalho oceânico mais profundo. Em termos teóricos, tais processos promovem a classificação ordenada das partículas de acordo com os seus tamanhos, onde os grãos relativamente grandes são depositados perto da costa, e os grãos cujo tamanho é pequeno são depositados a maiores distâncias e perto da quebra da plataforma.

Caminhantes descendo o Rio Colorado no Grand Canyon do Arizona andaram por muitas e muitas camadas profundas de assoalhos oceânicos antigos.

Ocorrem exceções, no entanto. Os depósitos de plataformas estão sujeitos a novas modificações e erosão conforme o nível do mar flutua: partículas maiores são movidas para a borda da plataforma quando o nível do mar está baixo, como nos períodos de glaciação generalizada – eras glaciais. Sedimentos mal selecionados também podem ser encontrados em depósitos glaciais. Em regiões polares, geleiras e placas de gelo originam *icebergs*. À medida que derretem, as partículas transportadas, rochas, cascalho, areia e silte são distribuídos nas margens continentais das altas latitudes e no assoalho dos oceanos profundos **(Figura 5.9)**. Correntes de turbidez também podem interromper a maneira ordenada da seleção dos sedimentos nas margens continentais pelo transporte de partículas com tamanho grosseiro das áreas costeiras para depósitos no assoalho do mar profundo.

As eras glaciais têm outros efeitos na deposição de sedimentos. Observe nas Figuras 4.10 e 4.14 as plataformas continentais que são quase completamente expostas pelo baixo nível do mar durante os períodos de glaciação generalizada. Os rios carregam seus sedimentos direto para a borda da plataforma, e eles vão direto para o talude continental e leito oceânico profundo, na maioria das vezes via correntes de turbidez.

Entre as eras glaciais, quando as plataformas ficam cobertas pela água, a taxa de deposição sedimentar em plataformas continentais varia, mas quase sempre é maior que a taxa de deposição sedimentar no oceano profundo. Nas proximidades das desembocaduras de grandes rios, a taxa de acúmulo de sedimentos pode atingir 1 metro (cerca de 3 pés) a cada mil anos. Ao longo da costa leste dos Estados Unidos, entretanto, grandes rios formam estuários que aprisionam a maior parte do sedimento recebido. A plataforma continental do leste da América do Norte é, como consequência, constituída principalmente por sedimentos depositados durante o último período glacial, quando o nível do mar era mais baixo que o atual.

Os sedimentos neríticos quase sempre contêm material biológico além do material terrígeno. A produtividade biológica das águas costeiras normalmente é alta, e os sedimentos biogênicos – os esqueletos remanescentes dos seres vivos,

Mark Drinkwater/European Space Agency, ESTEC

Figura 5.9 Os pesquisadores suspensos sobre um *iceberg* coletam amostras de poeira e cascalho raspado de um continente próximo à geleira que deu origem ao *iceberg*. Quando o *iceberg* derreter, esse sedimento irá se depositar no leito oceânico a uma certa distância do continente de onde ele veio.

tanto no fundo como na coluna de água – se misturam com os sedimentos terrígenos e os diluem.

Sedimentos podem formar depósitos com grande espessura nas plataformas continentais. Em alguns casos, os sedimentos neríticos são submetidos a **litificação**: eles são convertidos em rocha sedimentar por compactação induzida por pressão ou por cimentação. Se esses sedimentos litificados são elevados para acima do nível do mar por forças tectônicas, podem formar montanhas ou platôs. O topo do Monte Everest, o pico mais alto do mundo, é constituído por rocha calcária marinha biogênica formada em águas rasas (uma rocha calcária). A maior parte do Platô do Colorado, com suas várias camadas empilhadas, foi formada por deposição sedimentar e litificação sob um mar continental raso, há 570 milhões de anos. O Rio Colorado recortou e expôs os acamamentos anteriormente soerguidos e formou o Grand Canyon. Caminhantes que descem da beira do cânion até o rio passam por espetaculares exemplos de depósitos sedimentares de plataformas continentais. Sua jornada leva-os ao fundo de um antigo assoalho oceânico!

BREVE REVISÃO

Antes de passar para a próxima seção, verifique seu entendimento de algumas das ideias importantes apresentadas até agora:

13. Os sedimentos neríticos geralmente são terrígenos ou biogênicos?

14. O que é litificação? Como é formada a rocha sedimentar?

15. Você consegue dar um exemplo de um sedimento litificado em terra?

Para verificar suas respostas, acesse a página deste livro no site da Cengage.

5.5 Sedimentos Pelágicos Variam em Composição e Espessura

A espessura dos sedimentos pelágicos é altamente variável. Quando feita a média, a espessura da camada de sedimentos do fundo do Oceano Atlântico é de aproximadamente 1 quilômetro (3.300 pés), e o assoalho do Pacífico apresenta uma espessura média de menos de 0,5 quilômetro (1.650 pés). Existem dois motivos para essa diferença. Primeiro, o Oceano Atlântico é alimentado por um maior número de rios carregados com sedimentos do que o Pacífico, mas a área do Atlântico é menor; portanto, recebe mais sedimento do que o Pacífico em relação ao seu tamanho. Segundo, no Oceano Pacífico, muitas fossas oceânicas aprisionam os sedimentos que se movem em direção ao centro da bacia. Além disso, a composição e espessura de sedimentos pelágicos também variam de acordo com o lugar, sendo mais espessas nas planícies abissais e mais delgadas (ou ausentes) nas cordilheiras oceânicas.

Turbiditos São Depositados no Leito Oceânico por Correntes de Turbidez

Misturas diluídas de sedimentos e água periodicamente diminui o talude continental, formando correntes de turbidez. Uma corrente de turbidez não é propulsionada pela água, mas sim pela gravidade (a água suspende as partículas, e a mistura formada é mais densa do que a água do mar ao redor). Conforme observado, acredita-se que a força erosiva das correntes de turbidez ajude a lapidar os cânions submarinos (veja a Figura 4.15 novamente). Essas avalanches submarinas de fluido espesso e lamoso podem alcançar a elevação continental e frequentemente continuar a se mover por uma planície abissal adjacente antes de cessar seu movimento. Os depósitos resultantes, chamados **turbiditos**, são constituídos por camadas de areia terrígena intercalada com sedimentos pelágicos mais finos, típicos de assoalho oceânico profundo. Cada camada distinta consiste de sedimento grosso no fundo com sedimento fino acima, e cada camada intercalada é o resultado do depósito de sedimento causado pela ocorrência de uma corrente de turbidez.

Argilas São os Mais Finos Sedimentos Terrígenos e Fáceis de Serem Transportados

Aproximadamente 38% do leito oceânico profundo são cobertos por argilas e outras partículas terrígenas finas. Como já visto, os sedimentos terrígenos mais finos são facilmente transportados pelo vento e por correntes de água. Partículas microscópicas originadas na água e minúsculas partículas de pó trazidas pelo vento e cinzas vulcânicas afundam lentamente em direção ao assoalho oceânico e originam argilas de coloração marrom, verde-oliva ou avermelhada. Como demonstra a Tabela 5.1, a velocidade do assentamento da partícula está relacionada ao tamanho desta, e, normalmente, partículas de argilas sedimentam muito vagarosamente. A acumulação de sedimentos terrígenos no assoalho oceânico é da ordem de 2 milímetros (1/8 polegada) a cada mil anos.

As Vazas São Formadas a Partir dos Restos das Partes Rígidas de Seres Vivos

Amostras do fundo oceânico obtidas em locais mais distantes do continente geralmente contêm maior proporção de sedimentos biogênicos do que aquelas localizadas perto das margens continentais. A razão não decorre da maior produtividade biológica existente em regiões mais distantes da Terra (normalmente, o oposto é verdadeiro), mas sim da existência de menos material terrígeno longe da costa; portanto, os depósitos pelágicos contêm maior quantidade de material biogênico.

Os sedimentos de mar profundo contendo ao menos 30% de material biogênico são chamados de **vazas** (com certeza um dos termos mais descritivos nas Ciências do Mar). As vazas receberam esse nome em razão da presença dominante de restos de organismos em sua constituição. Os organismos que contribuem, a partir dos seus restos, para a formação das vazas de mar profundo são pequenos, unicelulares, similares a vegetais e incluem os animais unicelulares que se alimentam deles. As carapaças duras e os restos de esqueletos dessas criaturas são compostos por sílica transparente ou carbonato de cálcio relativamente densos. Quando esses organismos morrem, suas carapaças se depositam lentamente no fundo, se misturam com finos sedimentos terrígenos como siltes e argilas, e acumulam-se como vaza. Os resíduos ricos em sílica originam a **vaza silicosa**, e o material contendo cálcio, a **vaza calcária**.

As vazas se acumulam lentamente, em uma taxa de aproximadamente 1 a 6 centímetros (½ a 2½ polegadas) a cada mil anos. Mas elas se acumulam 10 vezes mais rápido do que argilas terrígenas no oceano profundo. A acumulação de qualquer vaza, no entanto, depende de um delicado equilí-

Figura 5.10 Os famosos penhascos brancos de Dover são massas elevadas de cocolitoforídeos litificados. Esse material calcário foi depositado no leito oceânico cerca de 100 milhões de anos atrás, coberto por outros sedimentos, e transformado em calcário macio pelo calor e a pressão.

PENSANDO ALÉM DA IMAGEM

Você consegue pensar em outros lugares onde os sedimentos marinhos são soerguidos para formar áreas terrestres?

AM Corporation/Aflo Co. Ltd/Alamy

brio entre a abundância de organismos na superfície, a taxa de dissolução quando alcançam o fundo, e a taxa de acumulação de sedimentos terrígenos.

Vazas calcárias são formadas principalmente de carapaças de organismos similares às amebas **foraminíferos** (Figura 5.8b), pequenos moluscos planctônicos chamados pterópodos e algas microscópicas conhecidas como **cocolitoforídeos** (Figura 5.8c). Quando as condições são ideais, esses organismos geram volumes prodigiosos de sedimentos. Os restos de incontáveis cocolitoforídeos têm sido comprimidos e litificados para formar os impressionantes Penhascos Brancos de Dover, no sudeste da Inglaterra (Figura 5.10). Embora formadas em uma profundidade oceânica moderada há cerca de 100 milhões de anos, as forças tectônicas levantaram os penhascos calcários à sua posição proeminente atual.

Apesar de haver foraminíferos e cocolitoforídeos em praticamente toda superfície dos oceanos, vazas calcárias não se acumulam em qualquer lugar no assoalho oceânico. As carapaças são dissolvidas em grandes profundidades, uma vez que, nessa situação, a água do mar contém mais dióxido de carbono que as águas superficiais e, assim, se torna levemente ácida. Essa acidez, combinada com o aumento da solubilidade do carbonato de cálcio em águas frias e com a alta pressão, dissolve as carapaças mais rapidamente, conforme observado na Figura 6.19. Em determinada profundidade, chamada de **profundidade de compensação do carbonato de cálcio** (*calcium carbonate compensation depth* – CCD), a taxa de sedimentos calcários fornecida ao leito marinho é igual à taxa em que eles se dissolvem. Abaixo dessa profundidade, os minúsculos esqueletos de carbonato de cálcio se dissolvem no assoalho oceânico, e, assim, não há acúmulo de vazas calcárias. Sedimentos calcários dominam o assoalho oceânico quando a profundidade é inferior a aproximadamente 4.500 metros (14.800 pés), a CCD mais comum. Algumas vezes uma linha análoga à linha da neve em uma montanha terrestre pode ser observada nos picos submarinos: acima da linha, são observadas borrifos brancos de vaza calcária; abaixo dela não existe "neve" (Figura 5.11). Aproximadamente 48% da superfície das bacias oceânicas de mares profundos estão cobertas por vazas calcárias.

Vazas silicosas (que contêm silício) predominam em maiores profundidades e em regiões polares cujas águas são mais frias. Vazas silicosas são formadas pelas partes duras de outro tipo de animal semelhante às amebas, o belo e vítreo **radiolário** (Figura 5.8d), e de algas unicelulares chamadas **diatomáceas** (Figura 5.8e). Quando um radiolário ou uma diatomácea morre, as carapaças se dissolvem na água do mar mais lentamente que o carbonato de cálcio. A lenta dissolução em todas as profundidades, combinada com a alta produtividade de diatomáceas em águas superficiais, leva à formação de vazas silicosas. Vazas de diatomáceas são mais comuns nas bacias oceânicas em torno da Antártica, uma vez que fortes correntes oceânicas e ressurgências sazonais nessa área sustentam grandes populações de diatomáceas. Vazas de radiolários ocorrem em regiões equatoriais, principalmente nas zonas de ressurgências equatoriais a oeste da América do Sul (como mostra a Figura 5.8). Aproximadamente 14% da superfície do fundo do oceano são cobertos por vazas silicosas.

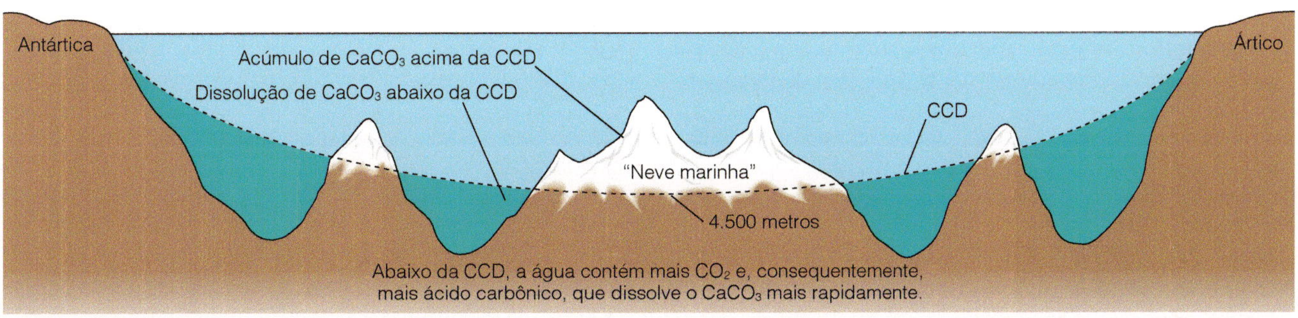

© Cengage Learning

Figura 5.11 A linha pontilhada mostra a profundidade de compensação (CCD) do carbonato de cálcio ($CaCO_3$). Nessa profundidade, geralmente em torno de 4.500 metros (14.800 pés), a taxa na qual ocorre o acúmulo dos sedimentos calcários é igual à taxa em que ocorre sua dissolução.

Figura 5.12 Nódulos de manganês.

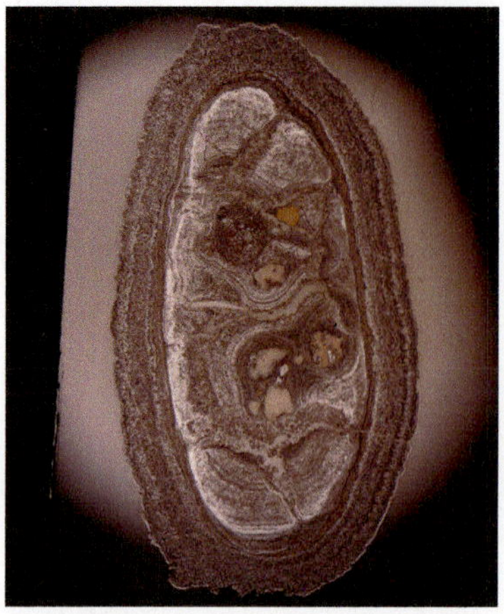

National Geographic Magazine Dec. 1981, p. 814

(a) Um nódulo de manganês rompido exibe camadas concêntricas de manganês e óxidos de ferro. Esse nódulo tem aproximadamente 7 centímetros (3 polegadas) de comprimento, um tamanho típico.

Institute of Oceanographic Sciences/NERC/Science Source

(b) Nódulos de manganês do tamanho de um limão cobrindo o Pacífico abissal. Descobertos durante a expedição do HMS *Challenger*, sua massa total no Pacífico foi estimada em 1,4 trilhão de toneladas métricas (1,5 tonelada).

Algumas vazas de mar profundo são soerguidas por processos geológicos e se tornam visíveis em terra. (Os Penhascos Brancos de Dover são depósitos parcialmente litificados compostos principalmente por foraminíferos e cocolitoforídeos.) Depósitos silicosos de granulometria fina denominados *terra de diatomáceas* são extraídos de outros depósitos. Esse material fóssil é um componente importante e valioso de tintas, filtros de piscinas, pastas não abrasivas para carros e pastas de dente.

Materiais Hidrogênicos Precipitam a Partir da Água do Mar

Os sedimentos hidrogênicos também se acumulam no assoalho oceânico. Eles estão associados a sedimentos terrígenos ou biogênicos e raramente formam sedimentos sozinhos. A maioria dos sedimentos hidrogênicos tem origem a partir de reações químicas que ocorrem em partículas do sedimento dominante.

Os sedimentos hidrogênicos mais conhecidos são os **nódulos** de manganês, descobertos pela dedicada equipe do HMS *Challenger*. Esses nódulos são compostos, principalmente, de óxidos de ferro e manganês, mas também contêm pequenas quantidades de cobalto, níquel, cromo, cobre, molibdênio e zinco. A formação deles ainda não foi completamente esclarecida por parte dos químicos marinhos, "crescendo" a uma taxa média de 1 a 10 milímetros (0,04–0,4 polegadas) a cada milhão de anos, uma das mais lentas reações químicas existentes na natureza. Embora muitos deles apresentem formas irregulares do tamanho de uma batata, alguns nódulos ultrapassam 1 metro (3,3 pés) de diâmetro. Os nódulos de manganês frequentemente se formam ao redor de núcleos como dentes de tubarões, pedaços de ossos, algas microscópicas e esqueletos de animais e pequenos cristais – como na secção transversal de um nódulo de manganês exibida na **Figura 5.12a**. A atividade bacteriana pode desempenhar um papel importante no desenvolvimento de um nódulo. É estimado que entre 20% e 50% do assoalho do Oceano Pacífico devem apresentar nódulos **(Figura 5.12b)**.

Por que esse pesado material amorfo não desaparece sob a constante chuva de sedimento acumulado? Possivelmente, a agitação constante das camadas inferiores de sedimentos promovida pelos seres que vivem ali mantém esse denso material na superfície, ou talvez lentas correntes marinhas em áreas de acúmulo de nódulos "soprem" o sedimento particulado para longe.

Por enquanto, o valor de mercado dos minerais presentes nos nódulos de manganês e fosforito não compensa o custo de exploração. Com o avanço das técnicas de mineração em mar profundo e o aumento do preço dos minerais, esses recursos minerais passarão a apresentar interesse comercial e serão explorados.

Depósitos de sulfetos metálicos com aparência de material quebradiço foram encontrados nas proximidades de fontes hidrotermais, nas cordilheiras oceânicas. Salmouras quentes, ricas em metais, jorrando das fontes hidrotermais encontram com a água fria, resfriam-se rapidamente e perdem os sulfetos de metais pesados através da precipitação. Os sulfetos de ferro e precipitados de manganês caem em mantas espessas ao redor das fontes. As crostas de cobalto das zonas de *rift* parecem estar associadas a esse fenômeno também. Essas áreas podem um dia ser exploradas devido ao seu conteúdo metálico.

Pesquisadores Mapearam a Distribuição dos Sedimentos no Oceano Profundo

Veja novamente os tipos e distribuição dos sedimentos marinhos nas Figuras 5.7 e 5.8. Note, especialmente, a ausência de depósitos de radiolários na maior parte do fundo do Pacífico Norte, a faixa de vazas silicosas que se estende a oeste da América do Sul equatorial, e as amplas extensões dos assoalhos dos Oceanos Atlântico, Pacífico e Índico cobertos por vazas calcárias. O amplo, profundo e relativamente antigo Pacífico contém extensos depósitos de argila, a maioria trazida como poeira pelo vento. Por quê? Embora alguns dos maiores e mais enlameados rios do mundo desemboquem no Pacífico, a maioria de seus sedimentos ficam presos nas fossas periféricas e não atingem as bacias médias. E como é esperado, os depósitos glaciais, com sedimentos pouco selecionados se encontram apenas em altas latitudes.

As Figuras 5.7 e 5.8 resumem o esforço dos cientistas marinhos em mais de um século. Os estudos dos sedimentos continuarão sempre devido a sua importância para o desenvolvi-

Scripps Institution of Oceanography

a

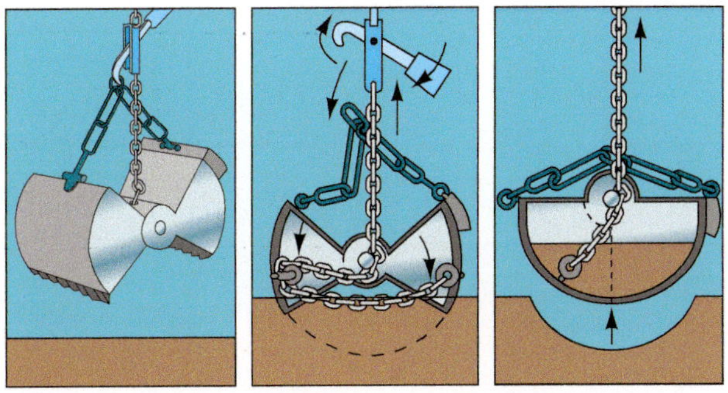

b c d

© Cengage Learning

Figura 5.13 (a) A bordo do navio de pesquisa *Robert Gordon Sproul*, uma amostra de sedimentos lamosos do assoalho oceânico, coletada com um pegador de fundo, é despejada no convés para estudo. (b) Antes da amostragem, (c) durante a amostragem e (d) após a retirada da amostra. Note que a amostra se apresenta relativamente não perturbada.

mento dos recursos naturais e porque ainda há muitos detalhes da história da Terra escondidos nas superfícies lamacentas.

BREVE REVISÃO

Antes de passar para a próxima seção, verifique seu entendimento de algumas das ideias importantes apresentadas até agora:

16. Por que os sedimentos do Atlântico geralmente são mais espessos do que os sedimentos do Pacífico?

17. Como as correntes de turbidez distribuem os sedimentos? Qual é a aparência desses sedimentos (turbiditos)?

18. Qual é a origem das vazas? Quais são os dois tipos de vazas?

19. O que é CCD? Como isso afeta a deposição da vaza em grandes profundidades?

20. Como são formados os materiais hidrogênicos? Dê um exemplo de sedimento hidrogênico.

Para verificar suas respostas, acesse a página deste livro no site da Cengage.

5.6 Os Cientistas Usam Ferramentas Especializadas para Estudar os Sedimentos Oceânicos

Câmeras fotográficas de águas profundas têm permitido aos pesquisadores obter registros dos sedimentos de fundo. A primeira dessas câmeras foi simplesmente baixada em um cabo e controlada por um cabo-guia. Outras câmeras mais elaboradas foram levadas até o fundo em trenós rebocados por navios ou submersíveis.

Amostras reais normalmente fornecem mais informações do que fotografias. Os cientistas do HMS *Challenger* usaram hastes com peso e outras ferramentas anexadas a longas linhas para obter amostras, mas atualmente os oceanógrafos têm equipamentos mais sofisticados. Amostras em águas rasas podem ser obtidas por meio de um **pegador de fundo** (assim chamado devido ao seu método de operação e não ao seu alvo; **Figura 5.13**).

Esses sedimentos podem ser separados por séries de peneiras cada vez mais finas (**Figura 5.14**). A quantidade relativa de material retido em cada malha gera informação sobre a composição e o histórico recente da amostra.

Amostras em águas mais profundas são obtidas por meio de **amostradores do tipo testemunhador a pistão** (**Figura 5.15**), um aparelho capaz de penetrar até 25 metros no sedi-

Tom Garrison

Figura 5.14 Estudantes limpam as malhas das peneiras antes de organizá-las em uma sequência de grossa a fina que irá separar as partículas do sedimento de diferentes tamanhos. A malha grossa é colocada no início.

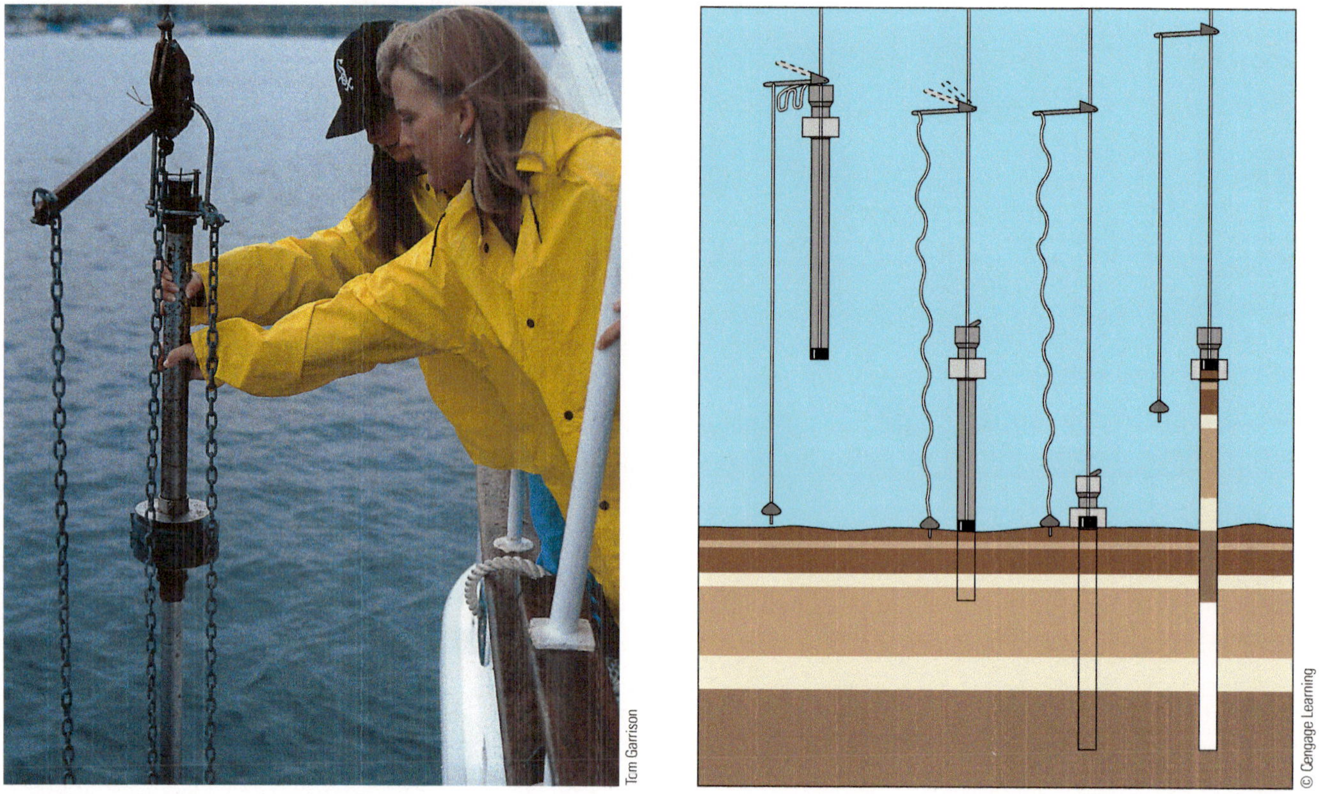

a b c d e

Figura 5.15 (a) Um testemunhador a pistão; (b) O amostrador pode ser lançado em direção ao fundo; (c) O amostrador atinge o fundo, forçando uma parte da amostra para dentro do cilindro; (d) A tensão no cabo conduz um pequeno pistão com o amostrador até o topo do cilindro, e a pressão da água circundante força o amostrador mais para o fundo do sedimento; (e) O amostrador e a amostra são puxados de volta.

mento e retornar com o material intacto. Utilizando uma técnica de perfuração similar à utilizada para perfuração de petróleo, o navio *JOIDES Resolution* **(Figura 5.16)** retornou com segmentos muito maiores, alguns com mais de 1.100 metros (3.600 pés) de comprimento![1] Esses testemunhos estão armazenados nas bibliotecas de testemunhos, um recurso científico valioso **(Figura 5.17)**. A análise dos sedimentos e fósseis dos núcleos do Projeto de Perfuração no Fundo do Oceano ajudaram a verificar a teoria das placas tectônicas. Também auxiliou no esclarecimento de aspectos da evolução das formas de vida e ajudou os pesquisadores a decifrar a história das mudanças do clima na Terra nos últimos 100.000 anos.

Novos e poderosos perfiladores sísmicos contínuos também têm sido usados para determinar a espessura e a estrutura das camadas de sedimentos na plataforma e no talude continental, além de serem úteis na procura por gás natural e petróleo. Normalmente, na perfilagem sísmica, um navio em movimento reboca um transmissor e receptor de som atrás dele. Os sons do transmissor refletem as camadas de sedimento abaixo da superfície do fundo oceânico. Aperfeiçoamentos recentes no processamento computadorizado de imagens dos ecos que retornam do leito marinho permitem, hoje, obter análises detalhadas dessas camadas mais profundas. A imagem na Figura 5.3 foi realizada dessa forma.

[1] R/V *Chikyu* (veja a Figura 2.21) assumiu essas tarefas em 2005.

BREVE REVISÃO

Antes de passar para a próxima seção, verifique seu entendimento de algumas das ideias importantes apresentadas até agora:

21. Como os sedimentos são estudados?

22. Como os estudos dos sedimentos marinhos têm contribuído para nosso conhecimento sobre as placas tectônicas?

Para verificar suas respostas, acesse a página deste livro no site da Cengage.

5.7 Os Sedimentos São Registros Históricos dos Processos Oceânicos

Pelo fato de os registros sedimentares dos assoalhos dos oceanos serem destruídos em processos de subducção, a "memória" sedimentar do oceano não é tão longa como imaginavam os cientistas marinhos. Entretanto, estudos modernos de sedimentos de mar profundo usando amostras de cores obtidas em perfurações profundas e perfilação sísmica contínua têm demonstrado que esses depósitos contêm um registro notável da história relativamente recente do oceano. A análise dos depósitos sedimentares dispostos em camadas

Figura 5.16 Perfuração no fundo do oceano.

Joint Oceanographic Institutions for Deep Earth Samplings

(a) *JOIDES Resolution*, o navio de perfuração do mar profundo operado pela Joint Oceanographic Institutions for Deep Earth Sampling. A embarcação tem 124 metros (407 pés) de comprimento e desloca 16.000 toneladas. Ela pode obter amostras até uma profundidade de 9.150 metros (30.000 pés) abaixo do nível do mar.

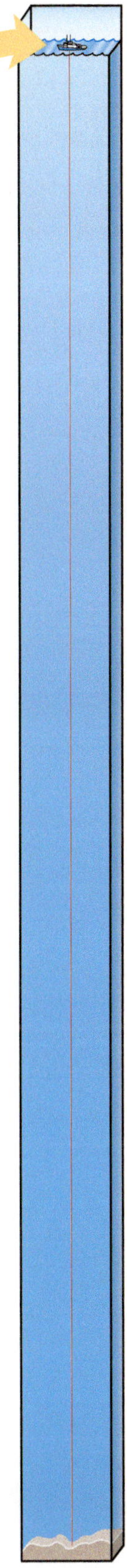

(b) A dificuldade da perfuração no fundo do oceano pode ser sentida neste desenho em escala: o comprimento do navio de perfuração é 120 metros (394 pés); a profundidade da água através da qual o perfurador deve passar para atingir o fundo é 5.500 metros (18.000 pés)!

Figura 5.17 Testemunhos de sedimentos armazenados. Os núcleos são abertos longitudinalmente, dispostos em bandejas e armazenados hermeticamente em salas refrigeradas. O armazém do Programa de Perfuração Oceânica da Costa do Golfo, localizado na Texas A&M University (nesta figura), armazena cerca de 75.000 secções retiradas de mais de 80 quilômetros (50 milhas) de testemunhos obtidos nos oceanos Pacífico e Índico. Bibliotecas de testemunhos menores são mantidas na Scripps Institution, na Califórnia (Oceanos Pacífico e Índico), e no Lamont-Doherty Earth Observatory, em Nova York (Oceano Atlântico).

Deep Sea Drilling Project, Texas A&M University

UM OLHAR MAIS ATENTO 5.1

Os Testemunhos de Sedimento Podem nos Dizer Algo Sobre a História da Terra e Oferecer uma Visão sobre Mudanças Futuras?

Figura A A concepção de um artista sobre uma catastrófica queda de asteroide. O objeto de 10 quilômetros teria evaporado acima da superfície da Terra e a atingiu com força catastrófica. A energia da colisão (imaginada aqui cerca de 45 segundos após o impacto) teria enviado ondas de choque e detritos por toda a Terra.

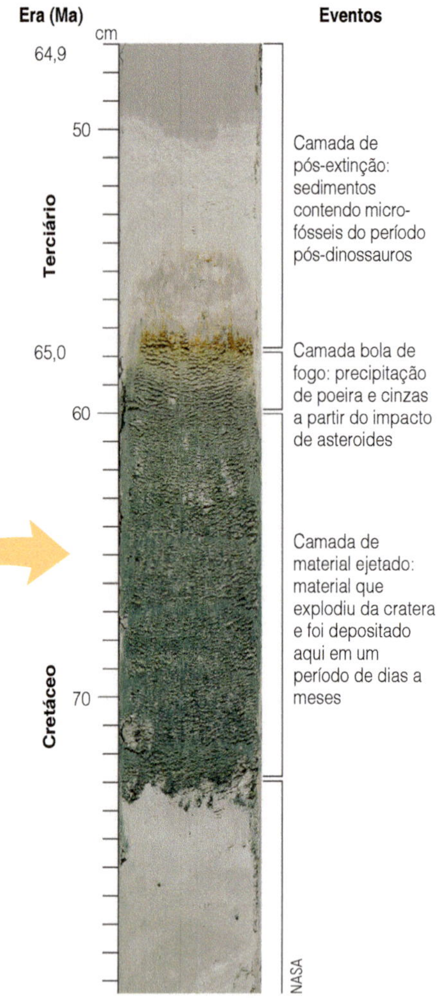

Figura B Esta seção transversal de um núcleo de leito marinho mostra evidência clara do impacto e suas consequências.

no oceano (ou em terra) é o interesse da **estratigrafia** (*stratum* significa "camada"; *graph*, "um desenho"). A estratigrafia de mar profundo utiliza variações na composição das rochas, microfósseis, padrões de deposição e características geoquímicas e físicas (densidade etc.) para definir ou correlacionar aspectos característicos de camadas sedimentares em diferentes lugares, estabelecer a idade dos depósitos e interpretar mudanças na circulação oceânica e atmosférica, produtividade e outros aspectos do comportamento do oceano no passado. Por sua vez, esses estudos e o advento da perfuração em águas profundas deram origem a uma ciência emergente, a **paleoceanografia** (*palaios* significa "antigo"), que estuda o passado dos oceanos.

As primeiras tentativas de interpretar as histórias do oceano e do clima com base em evidências presentes nos sedimentos do fundo do oceano ocorreram entre as décadas de 1930 e 1950, assim que os testemunhos se tornaram disponíveis. Esses estudos iniciais basearam-se principalmente em variações longitudinais observadas nos testemunhos, identificadas pela abundância e distribuição de sedimentos marinhos glaciais, vazas carbonáticas e silicosas, e microfósseis termos-sensíveis. Estudos paleoceanográficos modernos continuam a utilizar essas mesmas características, porém com um conhecimento muito mais aprofundado sobre seu significado e com o auxílio de imagens sísmicas dos depósitos em grandes áreas. Além disso, métodos mais novos e precisos de datação do sedimento do fundo oceânico têm permitido que os eventos sejam posicionados em um contexto temporal mais preciso. Por último, o desenvolvimento de instrumentos capazes de analisar variações muito pequenas na abundância relativa de isótopos estáveis de oxigênio preservado, presentes nas carapaças carbonáticas de microfósseis encontrados nos sedimentos do fundo do mar, permitiu aos cientistas interpretar mudanças na temperatura da superfície e das águas de fundo

Pesquisadores utilizando uma variedade de técnicas conseguiram um amplo conhecimento de duas alterações relativamente recentes e profundas nos oceanos de nosso planeta e atmosfera. Uma delas ocorreu cerca de 65 milhões de anos atrás e resultou na (entre outras coisas) extinção de quase todos os dinossauros; a outra ocorreu há 56 milhões de anos atrás, quando o clima da Terra esquentou de repente e muito. A análise dos testemunhos de sedimentos do fundo oceânico foi essencial para entender esses dois eventos dramáticos.

Nossa vida relativamente curta não permite muita perspectiva cosmológica; a maioria de nós acredita que a Terra é um local seguro e relativamente benigno para os seres vivos. Nem tanto. Desde 1992, cerca de 800 objetos – alguns maiores que Plutão e outros bem menores – foram encontrados orbitando a parte escura do Sol e atingiram, no passado mais recente, o planeta Netuno. De vez em quando, um desses corpos faz uma viagem para dentro do Sistema Solar. A grande maioria deles volta para a escuridão sem incidentes.

Mas, mesmo os visitantes comparativamente pequenos são capazes de danos consideráveis se atingirem um planeta. A Terra foi aparentemente atingida há 65 milhões de anos por um asteroide com cerca de 10 quilômetros (6 milhas) de comprimento **(Figura A)**. A colisão cataclísmica produziu ondas de choque de propulsão e enormes nuvens no leito oceânico e crosta por toda a Terra, gerando um período de frio e escuro que contribuiu para a extinção de um grande número de espécies marinhas e terrestres. A fotografia que acompanha, de um testemunho de alto-mar **(Figura B)**, mostra evidências do desastre.

Não podemos fazer muito a respeito dos asteroides, mas o evento do aquecimento global, que começou 56 milhões de anos atrás, poderia nos oferecer alguma visão e, talvez, uma lição valiosa. Durante a Máxima Térmica do Paleoceno-Eoceno (MTPE), a temperatura atmosférica subiu em mais de 5 °C (9 °F) e o gelo polar desapareceu. A causa é provavelmente uma libertação súbita e massiva de carbono (principalmente sob a forma de dióxido de carbono e metano) para a atmosfera. A fonte de carbono é incerta, mas a Terra já estava aquecendo gradualmente no início da MTPE, assim, hidratos de metano (um composto parecido com gelo) podem ter escapado de depósitos submarinos e causado o derretimento do gelo permanente acumulado na atmosfera e no oceano. Mais aquecimento liberou mais carbono e a temperatura ficou fora de controle. Ocorreram secas, inundações, pragas de insetos e extinções em massa. As formas de vida do oceano se alteraram drasticamente **(Figura C)**.

A MTPE durou mais de 150.000 anos – até que o excesso de carbono fosse absorvido por organismos e processos geológicos. A quantidade total de carbono injetado na atmosfera durante esse período foi aproximadamente equivalente à quantidade que seria liberada se todas as reservas de carvão, gás natural e petróleo da Terra fossem queimadas. Estamos trabalhando intensamente para fazer exatamente isso. Lembra-me da maldição chinesa: "Que você viva em tempos preocupantes".

Ira Block/National Geographic Creative

Figura C Este testemunho de sedimentos mostra uma mudança abrupta no Oceano Atlântico há 56 milhões de anos, no início da Máxima Térmica do Paleoceno-Eoceno. As carapaças de pequenos organismos marinhos (branco) desapareceram do sedimento do fundo do mar, mudando sua cor do branco para o vermelho. Com o aquecimento do planeta, o CO_2 subiu para a atmosfera, se infiltrou no oceano, e houve a acidificação da água e a dissolução das carapaças.

---

ao longo do tempo. Esses mesmos dados também são usados para estimar variações no volume do gelo armazenado em placas de gelo continentais e, dessa forma, reconstituir as eras glaciais. Outras evidências geoquímicas contidas nas conchas de microfósseis marinhos, incluindo variações nos isótopos de carbono e metais traço como o cádmio, subsidiam ideias a respeito dos padrões antigos de circulação, produtividade da biosfera marinha e antigas ressurgências. Tais tipos de dados já forneceram registros quantitativos dos ciclos climáticos glaciais e interglaciais dos últimos 2 milhões de anos e, com futuras perfurações e análises dos sedimentos do fundo do mar, poderão estender nossa perspectiva paleoceanográfica para um passado muito mais longínquo.

A Terra pode não ser o único planeta onde sedimentos marinhos tenham deixado registros históricos. Como visto no Capítulo 1, Marte, provavelmente, teve um oceano entre 3,2 e 1,2 bilhões de anos atrás. Em agosto de 2012, o *Curiosity*, veículo de exploração de Marte, da NASA, fotografou sedimentos litificados que parecem ser de origem marinha **(Figura 5.18)**. Só é possível imaginar o que eles podem revelar da história desse planeta.

BREVE REVISÃO

Antes de passar para a próxima seção, verifique seu entendimento de algumas das ideias importantes apresentadas até agora:

23. Você diria que a "memória" dos sedimentos é longa ou curta (em tempo geológico)?

24. Como o clima passado pode ser inferido a partir de estudos dos sedimentos marinhos?

Para verificar suas respostas, acesse a página deste livro no site da Cengage.

Figura 5.18
Sedimentos marinhos antigos em Marte? Essa foto tirada em agosto de 2012 pelo Veículo de Exploração de Marte *Curiosity*, da NASA, mostra uma área erodida nas encostas das proximidades do Monte Sharp. Sua configuração escalonada sugere deposição das camadas pela água com posterior erosão pelo vento. NASA/JPL-Caltech/MSSS

Perguntas dos Alunos

1. A questão da idade do sedimento parece tomar boa parte do tempo dos sedimentologistas. Por quê?

A datação dos sedimentos tem sido um problema central na ciência marinha por muitos anos. Em 1957, durante o Ano Geofísico Internacional, os sedimentologistas fizeram um esforço coordenado para determinar a idade do sedimento, o qual inclui planos para pesquisas de perfuração do *Glomar Explorer* e *Glomar Challenger*. Seu interesse principal era buscar evidências para a hipótese da então nova ideia de expansão dos assoalhos oceânicos. Os testemunhos obtidos pelo projeto de perfuração do fundo do oceano em 1968 permitiram que os pesquisadores, incluindo J. Tuzo Wilson, Harry Hess e Maurice Ewing, juntassem evidências. Grande parte das evidências das placas tectônicas é baseada na interpretação dos testemunhos de sedimentos.

2. Onde os sedimentos são mais espessos?

Os sedimentos são mais espessos nas proximidades dos locais de erosão e sob águas neríticas com alta produtividade biológica, e mais delgados nas cordilheiras oceânicas, onde o assoalho oceânico apresenta rápida expansão, como no leste do Pacífico Sul. As maiores acumulações de sedimento podem ser encontradas ao longo e abaixo das margens continentais (especificamente nas elevações continentais). A espessura média de sedimentos é de 1.500 metros (5.000 pés). Lembre-se de que a maior parte do material rochoso do Grand Canyon já foi um dia o topo de um leito marinho isostaticamente pressionado no fundo de um mar antigo. O Grand Canyon tem aproximadamente 2 quilômetros (1 1/4 milhas) de profundidade, e a camada superficial de rocha sedimentar já foi completamente erodida!

3. A mudança climática é atualmente um grande problema. Os sedimentos podem esclarecer o histórico da mudança climática da Terra?

Sim, de fato. A análise dos testemunhos de sedimentos do fundo do mar foi essencial para entender um dos mais drásticos eventos de mudanças climáticas do nosso planeta. Durante a Máxima Térmica do Paleoceno-Eoceno, a temperatura atmosférica subiu em mais de 5 °C (9 °F) e o gelo polar desapareceu. A causa é provavelmente uma libertação súbita e massiva de carbono (principalmente sob a forma de dióxido de carbono e metano) para a atmosfera. A fonte de carbono é incerta, mas a Terra já estava aquecendo gradualmente no início da MTPE; assim, hidratos de metano (um composto parecido com gelo que será discutido no Capítulo 15) podem ter escapado de depósitos submarinos e causado o derretimento do gelo permanente acumulado na atmosfera e no oceano. Mais aquecimento lançou mais carbono e a temperatura ficou fora de controle. Ocorreram secas, inundações, pragas de insetos e extinções em massa. As formas de vida do oceano se alteraram drasticamente.

A MTPE durou mais de 150.000 anos – até que o excesso de carbono foi absorvido por organismos e processos geológicos. A quantidade total de carbono injetado na atmosfera durante esse período foi aproximadamente equivalente à quantidade que seria liberada se todas as reservas de carvão, gás natural e petróleo da Terra fossem queimadas. Estamos trabalhando duro para fazer exatamente isso. Lembra-me a maldição chinesa: "Que você viva em tempos preocupantes".

4. Qual é a relação entre animais do fundo do mar e os sedimentos nos quais eles vivem?

Panorama Geral do Capítulo

Neste capítulo você aprendeu que os sedimentos que cobrem quase todo o assoalho oceânico constituem parte importante dos ciclos de formação e destruição garantidos pelo quente interior da Terra. O sedimento marinho é composto de partículas provindas do continente, de atividades biológicas, de processos químicos na água e até mesmo do espaço. A camada de sedimentos marinhos é mais espessa nas margens continentais e mais delgada nas cordilheiras oceânicas ativas.

O sedimento pode ser classificado pelo tamanho da partícula, pela fonte, pela localização ou cor. Os sedimentos terrígenos, os mais abundantes, têm origem nos continentes ou ilhas. Sedimentos biogênicos são compostos de restos de organismos outrora vivos. Sedimentos hidrogênicos ou autigênicos são precipitados diretamente da água do mar. Sedimentos cosmogênicos, os mais raros do oceano, provêm do espaço para o leito oceânico.

A posição e a natureza dos sedimentos fornecem pistas importantes da história recente da Terra, bem como recursos naturais valiosos que podem ser obtidos a partir deles.

No próximo capítulo você aprenderá sobre o principal personagem de nossa história – a água. Você sabe algo sobre como as moléculas de água se formaram no início da história do universo, algo sobre o funcionamento interno do nosso planeta, e algo sobre a natureza do "compartimento" oceânico. Agora vamos encher esse compartimento com água e ver o que acontece.

Embora as bactérias microscópicas e foraminíferos bentônicos possam ser muito abundantes no leito marinho, formas de vida macroscópicas e visíveis não são abundantes no fundo dos oceanos profundos. Ainda que não existam vegetais em grandes profundidades, pois a luz não atinge a região, animais podem lá viver. Alguns, como os ofiuroides, movem-se lentamente pela superfície do fundo procurando restos de matéria orgânica para comer. Outros cavam à procura de partículas de alimento. Vermes comem uma grande quantidade de sedimento para extrair os nutrientes presentes e na sequência depositam, na forma de fios de material fecal, enquanto se deslocam. As profundezas podem ser lugares pouco atraentes, porém há espécies persistentes que sobrevivem em ambientes hostis.

Termos e Conceitos para se Lembrar

areia
argila
carbonato de cálcio
cocolitoforídeo
diatomácea
estratigrafia
foraminíferos
litificação
microtectito
nódulo
paleoceanografia
profundidade de compensação do carbonato de cálcio (CCD)
radiolário
sedimento
sedimento autigênico
sedimento bem selecionado
sedimento biogênico
sedimento cosmogênico
sedimento hidrogênico
sedimento mal selecionado
sedimento nerítico
sedimento pelágico
sedimento terrígeno
silte
testemunhador a pistão
turbiditos
vaza
vaza silicosa
vaza calcária

Perguntas de Estudo

1. Como são classificados os sedimentos?
2. Relacione os quatro principais tipos de sedimentos marinhos. Explique a origem de cada um.
3. Qual é a diferença entre sedimentos neríticos e sedimentos pelágicos?
4. A espessura da vaza é sempre uma indicação precisa da produtividade biológica da superfície da água de uma dada área? (Dica: Veja a próxima pergunta.)
5. O que acontece com os esqueletos de carbonato de cálcio dos pequenos organismos à medida que eles descem para grandes profundidades? Como se comparam aos componentes silicosos de estruturas outrora vivas?
6. Quais sedimentos se acumulam mais rapidamente? E quais mais devagar?
7. Os sedimentos marinhos podem nos dizer algo sobre a história do oceano a partir do tempo de sua origem? Por quê?
8. Como os paleoceanógrafos inferem a temperatura da água, e, portanto, no clima terrestre, a partir de amostras de sedimentos?
9. Onde os sedimentos são mais espessos? Existem áreas do oceano sem sedimentos?
10. Por que não existe registro de sedimentos da época da origem do oceano?

6 A Água e a Estrutura do Oceano

CONCEITOS-CHAVE

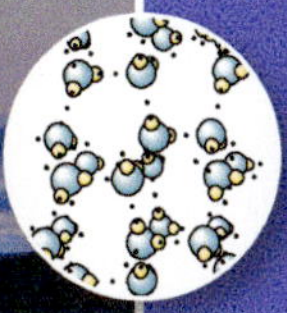

A água resiste à elevação da temperatura à medida que o calor é adicionado a ela; e também resiste à queda da temperatura quando o calor é removido dela. Essa propriedade da água modera as variações de temperatura da superfície da Terra. © Cengage Learning

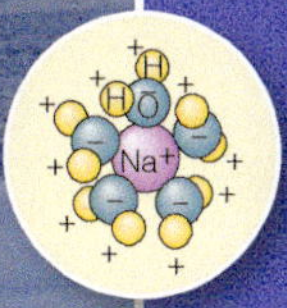

A água é um solvente poderoso. © Cengage Learning

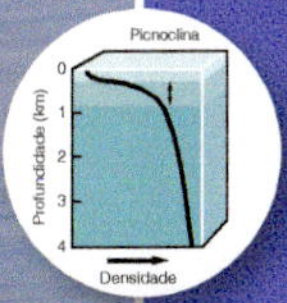

O oceano possui uma densidade estratificada. A água densa, fria e salgada fica abaixo da água menos densa, mais aquecida e menos salina. © Cengage Learning

A luz é rapidamente extinta ao passar pela água. O som, não. Gary Hincks/National Geographic

O oceano é um vasto reservatório de carbono. A dinâmica da troca de carbono entre o oceano e a atmosfera afeta o clima da Terra. © Richard Broadwell/Beateworks/Corbis

Um bloco de gelo glacial claro captura a luz do amanhecer em uma praia remota da Islândia. ©Micha Pawlitzki/Corbis

6.1 Familiar, Abundante e Intrigante

A água é tão familiar e abundante que nem sempre apreciamos suas características incomuns. Aqui você terá uma visão muito particular da água. Este capítulo introduz as características que tornam a água incomum: a polaridade das moléculas e as ligações que as mantêm juntas, e a grande quantidade de calor necessária para mudar sua temperatura e seu estado físico. E não: calor e temperatura não são a mesma coisa.

Dois ensinamentos são fundamentais. Um deles refere-se à influência da água nas temperaturas do globo. As características térmicas da água líquida evitam intensas mudanças de temperatura durante dia e noite, durante longos períodos de tempo, durante inverno e verão. O calor é armazenado nos oceanos durante o dia e liberado à noite. Uma quantidade bem maior de calor é armazenada durante o verão e liberada durante o inverno. A água líquida afeta de modo significativo o equilíbrio termostático – uma Terra sem oceano seria bem mais fria durante o inverno e muito mais quente no verão do que as temperaturas moderadas que experimentamos.

> *Parado na praia e olhando para o mar, o garoto disse: "Tem uma grande quantidade de água lá fora". E o velho sábio oceanógrafo respondeu: "E isso é somente a parte de cima".* – Richard Ellis, *Singing whales and flying squid*

O outro ensinamento refere-se à influência da densidade na estrutura oceânica. Você notará que a estrutura oceânica e os movimentos de larga escala dependem de alterações na densidade da água do mar, e no caso, a densidade depende da temperatura e do teor de sal (salinidade).

Toda essa água está em movimento constante, circulando entre o oceano, a atmosfera e a terra **(Figura 6.1)**. Cerca de 1,37 bilhão de quilômetros cúbicos (329 milhões de milhas cúbicas) de água existem na superfície da Terra, sendo a grande maioria (97,5%) no oceano. Aproximadamente 1,8% está aprisionada em geleiras e nas grandes calotas polares da Groenlândia e da Antártica. Somente cerca de 0,64% está na forma de água doce, residindo temporariamente em rios, lagos, pântanos e abaixo da superfície como águas subterrâneas.

O ciclo da água é contínuo. O **ciclo hidrológico**, como o processo é chamado, é alimentado pela radiação solar (com um pequeno auxílio da energia geotérmica). O vapor de água que se eleva da superfície do mar se condensa em nuvens e forma chuva e neve. Em torno de 80% dessa precipitação caem sobre o oceano, e os 20% que caem na terra eventualmente encontram seu caminho para o mar após passar certo tempo deslocando-se pelas plantas, por massas de gelo, sedimentos e riachos. Como veremos a seguir, o tempo médio que a água permanece no oceano (antes de ser evaporada) é de aproximadamente 4.100 anos. Uma vez no ar, seu tempo de residência é de apenas nove dias!

6.2 A Molécula de Água

Como mencionado no Capítulo 1, considera-se que a maior parte da água da superfície terrestre escapou da crosta e do manto por meio do processo de degaseificação. A degaseificação de outras substâncias, além da água, e a capacidade da água de dissolver materiais crustais adicionaram sais e outros sólidos e gases aos oceanos. Primeiro, investigaremos a estrutura da água pura e, em seguida, discutiremos algumas das

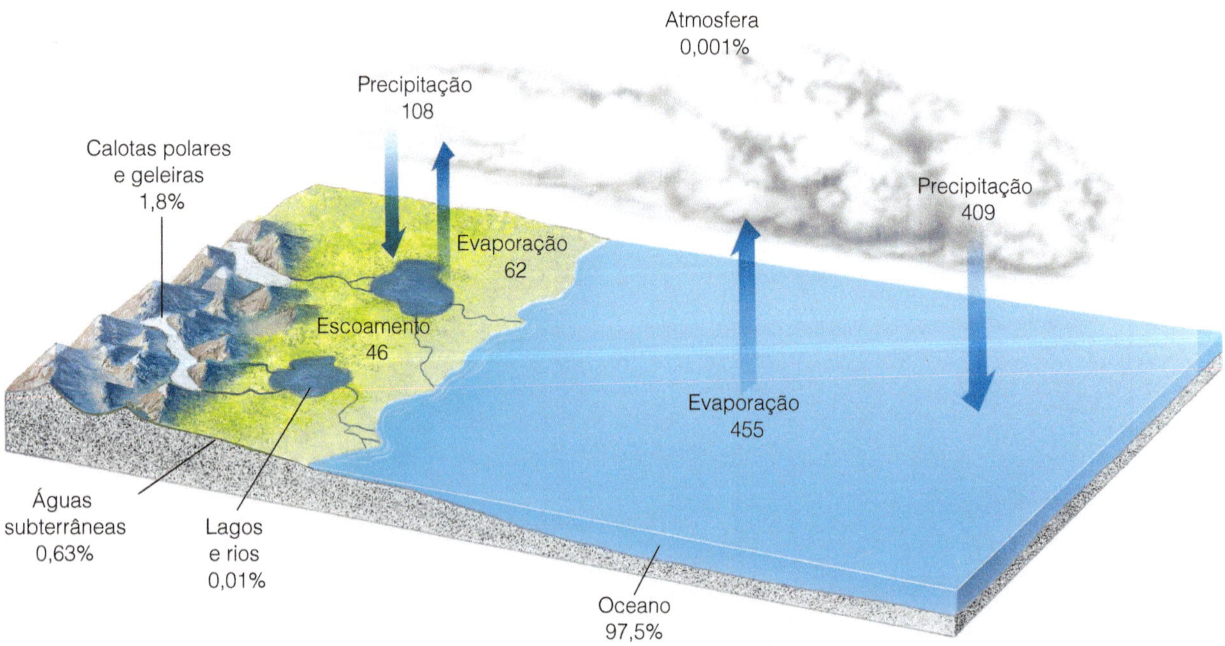

Figura 6.1 O ciclo hidrológico. A água circula constantemente entre o oceano, a atmosfera e os reservatórios de água doce. Os números inteiros representam milhares de quilômetros cúbicos de água transferida todos os anos. As porcentagens mostram as proporções da água total do planeta em partes diferentes do ciclo.

UM OLHAR MAIS ATENTO 6.1

Como Sabemos a Natureza da Água?

No século V a.C., o filósofo grego Empédocles sugeriu que toda matéria era composta por quatro substâncias primárias em diversas combinações: terra, ar, fogo e água. Divida qualquer coisa em pedaços bem pequenos, escreveu ele, e você terá um ou mais desses quatro elementos, e nenhum deles pode ser dividido ainda mais. Um século depois, esse conceito foi endossado por Aristóteles, um filósofo considerado por muitos o pai da ciência moderna. A eminência de Aristóteles deu credibilidade à ideia.

Em 1700, a teoria dos quatro elementos estava sendo seriamente desafiada. Químicos estavam fazendo inúmeras descobertas que não poderiam ser explicadas de acordo com o uso da teoria de Empédocles. Um teste que inequivocamente contesta a teoria dos quatro elementos seria a separação de um dos elementos em componentes menores, e a água se torna o alvo. Em 24 de junho de 1783, o químico francês Antoine-Laurent Lavoisier descobriu que a água podia ser subdividida, um marco na história da química.

©The Art Archive/Palais de Compiegne/Marc Charmet

Antoine-Laurent Lavoisier foi honrado pela "descoberta" da composição da água, em 1783. Apesar de ser um pioneiro da química e um dos fundadores do sistema métrico de medidas, Lavoisier não conseguiu escapar aos horrores da Revolução Francesa. Ele foi sentenciado à morte por um tribunal revolucionário e submetido à guilhotina em 8 de maio de 1794.

Lavoisier queimou dois gases em um recipiente especial. Um gás foi produzido ao pingar ácido em ferro ou cobre. Esse gás claro e inodoro foi chamado de "ar inflamável" porque queimou quando inflamado. O outro gás – também incolor e inodoro – foi produzido ao aquecer um precipitado vermelho de mercúrio. Esse segundo gás ficou conhecido como "produtor de ácido" em razão da sua tendência de combinar-se com outras substâncias para produzir ácidos fracos. Durante a combustão desses gases, gotículas de líquido condensaram no interior frio de um frasco anexado ao recipiente. Os testes mostraram que esse líquido era "tão puro quanto água destilada". Lavoisier argumentou que, na química, assim como na matemática, o todo é igual à soma de suas partes. "Uma vez que apenas água, e nada mais, foi formada... a água foi a soma das [massas] dos dois gases a partir dos quais ela foi produzida."

Em suma, a água não era o elemento irredutível que sempre se pensou que fosse. Era uma combinação – um composto – do produtor de ácido (*oxys*, "ácido"; *gen*, "produtor") e do recém-nomeado "produtor de água" (*hydro*, "água"; *gen*, "produtor"). Descobriu-se que o oxigênio e o hidrogênio eram substâncias mais simples que a água. Os elementos eram claramente mais numerosos do que Aristóteles havia imaginado; e a água era mais complexa.

---

propriedades físicas e químicas da água do mar, assim como as implicações dessas propriedades para o oceano e para a Terra como um todo.

A água é uma molécula. Uma **molécula** é um grupo de átomos mantidos unidos por ligações químicas. As **ligações químicas**, relações energéticas entre átomos que os mantêm unidos, são formadas quando os **elétrons** – minúsculas partículas carregadas negativamente encontradas nos arredores das regiões externas de um átomo – são compartilhados entre os átomos ou transferidos de um átomo para outro. Uma molécula de água é formada quando elétrons são compartilhados entre dois átomos de hidrogênio e um átomo de oxigênio. As ligações formadas por pares de elétrons compartilhados são conhecidas como **ligações covalentes**. Elas mantêm unidos os átomos formadores de muitas moléculas conhecidas, incluindo CO_2 (dióxido de carbono), CH_4 (gás metano) e O_2 (oxigênio atmosférico). Por causa da maneira como se distribuem os elétrons do átomo de oxigênio em uma molécula de água, a geometria geral da molécula é envergada ou angular. O ângulo formado pelos dois átomos de hidrogênio e o átomo central de oxigênio é de aproximadamente 105°. A formação de uma molécula de água está ilustrada na **Figura 6.2**.

O formato angular da molécula de água a torna eletricamente assimétrica ou **polar**. Cada molécula de água pode ser pensada como tendo duas extremidades positivas (1+) e uma negativa (2-). Isso ocorre porque os **prótons** – partículas de carga positiva no centro dos átomos de hidrogênio – são deixados parcialmente expostos quando os elétrons com carga negativa mantêm-se na ligação de modo mais próximo ao oxigênio. A polaridade da molécula (momento dipolar) de água age à semelhança de um ímã – sua extremidade positiva atrai partículas que possuem carga negativa, e sua extremidade negativa atrai partículas que possuem carga positiva.

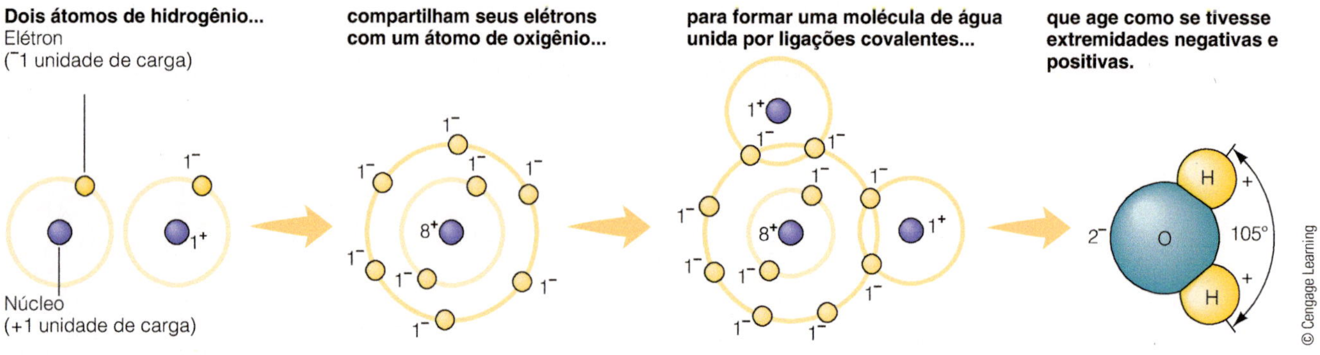

Figura 6.2 A formação de uma molécula de água.

Quando a água entra em contato com os compostos cujos elementos são mantidos unidos pela atração de cargas elétricas opostas (a maioria dos sais, por exemplo), a polaridade da molécula de água irá separar os elementos componentes daquele composto. Isso explica por que a água pode dissolver muitos outros compostos com facilidade.

A natureza polar da água também lhe permite atrair outras moléculas de água. Quando um átomo de hidrogênio (a extremidade positiva) em uma molécula de água é atraído pelo átomo de oxigênio (a extremidade negativa) de uma molécula de água adjacente, uma **ligação de hidrogênio (ponte de hidrogênio)** é formada. As moléculas de água são ligadas por meio de forças eletrostáticas. Uma rede de ligações entre moléculas de água é mostrada na Figura 6.3. As ligações de hidrogênio influenciam intensamente as propriedades da água por possibilitarem maior atratividade mútua entre as moléculas, uma propriedade denominada **coesão**. A coesão fornece à água uma tensão superficial incomum, que resulta numa "pele" superficial capaz de suportar agulhas, lâminas de barbear e até insetos caminhando sobre ela. A **adesão**, tendência de a água aderir a outros materiais, permite a ela aderir a sólidos, isto é, molhá-los. Coesão e adesão são as causas da ação capilar, a tendência de a água se espalhar em uma toalha quando um de seus cantos é mergulhado em água.

As ligações de hidrogênio também dão à água pura sua tonalidade azul-claro. Quando as moléculas de água vibram, as moléculas adjacentes são puxadas e empurradas contra seus vizinhos ligados por pontes de hidrogênio. Essa ação absorve uma pequena quantidade de luz vermelha, deixando proporcionalmente mais luz azul para ser dispersada de volta para nossos olhos. A mesma cor azul é vista em formações de gelo.

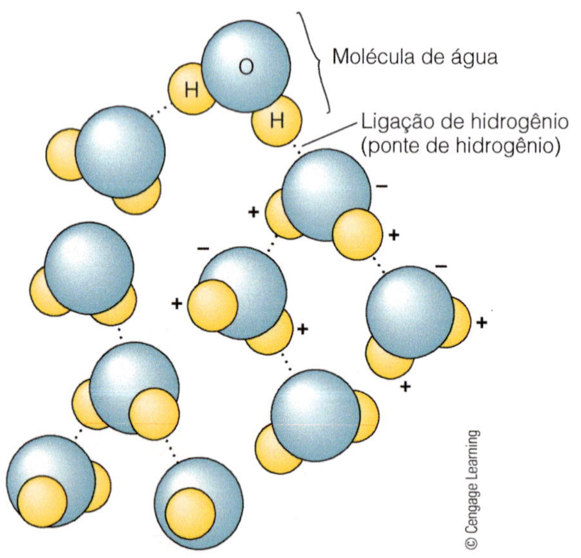

Figura 6.3 Ligações de hidrogênio na água líquida. As atrações entre moléculas polares de água adjacentes formam uma rede de ligações de hidrogênio. Essas ligações são responsáveis pela coesão e adesão, propriedades da água que causam a tensão superficial e a capacidade de molhar. As ligações de hidrogênio entre moléculas de água também dificultam o escape de moléculas individuais pela superfície.

BREVE REVISÃO

Antes de passar para a próxima seção, verifique seu entendimento de algumas das ideias importantes apresentadas até agora:

1. Dê um exemplo da água em uma parte bem longa do ciclo hidrológico.
2. Dê um exemplo da água em uma parte bem curta e rápida do ciclo hidrológico.
3. Em que os átomos diferem de moléculas?
4. O que une as moléculas?
5. Por que a água é uma molécula polar? Quais propriedades da água derivam de sua natureza polar?
6. Por que uma massa de água parece azul?

Para verificar suas respostas, acesse a página deste livro no site da Cengage.

6.3 A Água Possui Características Térmicas Incomuns

Talvez as propriedades físicas mais importantes da água estejam relacionadas ao seu comportamento à medida que ela absorve ou perde calor. As características térmicas incomuns da água evitam a ampla variação de temperatura do dia para a noite e do inverno para o verão; permitem que grandes quantidades de calor fluam de regiões equatoriais para polares; e alimentam grandes tempestades, ondas de vento e correntes oceânicas na Terra. Para saber o motivo, é preciso, primeiro, examinar as características térmicas da água mais detalhadamente.

Calor e Temperatura Não São a mesma Coisa

Calor e temperatura são conceitos relacionados, mas não são a mesma coisa. **Calor** é energia produzida pela vibração aleatória de átomos e moléculas. Em média, na água quente as moléculas de água vibram mais rapidamente que na água fria. Calor é uma medida de *quantas* moléculas estão vibrando e *com que rapidez* estão vibrando. A temperatura registra apenas a *rapidez* com que as moléculas de uma substância estão vibrando. **Temperatura** é resposta de um objeto a uma inserção (ou remoção) de calor. A quantidade de calor necessária para que uma substância atinja certa temperatura varia de acordo com a natureza da substância.

Este exemplo irá ajudar. Na chama de uma vela ou em uma banheira de água quente: em qual delas a temperatura é mais elevada? Na chama. Em qual há mais calor? Na banheira. As moléculas na chama vibram muito rapidamente, mas há relativamente poucas delas. As moléculas de água na banheira vibram mais lentamente, mas há um número imenso delas, portanto a quantidade total de energia térmica na banheira é maior.

A temperatura é medida em **graus**. Um grau Celsius (°C) = 1,8 grau Fahrenheit (°F). Embora os norte-americanos estejam mais familiarizados com a tradicional escala Fahrenheit, os graus Celsius são mais úteis na ciência porque estão fundamentados em duas das mais significativas propriedades da água pura: seu ponto de congelamento (0 °C) e seu ponto de ebulição (100 °C).

Nem Todas as Substâncias Têm o mesmo Calor Específico

A água tem um calor específico extraordinariamente elevado – ela resiste à mudança de temperatura quando *recebe* ou perde calor.

O **calor específico** é uma medida do calor necessário para aumentar a temperatura de 1 grama (0,035 onça) de uma substância em 1 °C (1,8 °F). Substâncias diferentes têm calor específico diferentes. *Nem todas as substâncias respondem a acréscimos idênticos de calor para a elevação da temperatura ao mesmo número de graus* (Tabela 6.1). O calor específico é medido em calorias por grama. Uma **caloria** é a quantidade de calor necessária para elevar a temperatura de um grama de água pura em 1 °C.[1]

Em razão da grande força e do grande número de ligações de hidrogênio entre as moléculas de água, mais energia térmica deve ser acrescentada para acelerar o movimento molecular e elevar a temperatura da água que seria necessária em uma substância unida por ligações mais fracas. O calor específico da água líquida está, portanto, entre os mais altos de todas as substâncias conhecidas. Isso significa que *a água pode absorver (ou liberar) grandes quantidades de calor mudando relativamente pouco a sua temperatura.*

Tabela 6.1 Calor Específico de Substâncias Comuns

Substância	Calor Específico[a] em calorias/grama/°C
Prata	0,06
Granito	0,20
Alumínio	0,22
Álcool (etílico)	0,30
Gasolina	0,50
Acetona	0,51
Água pura	**1,00**
Amônia (líquida)	1,13

[a] Calor específico é uma medida do calor requerido para elevar a temperatura de 1 grama (0,035 onça) de uma substância em 1 °C (1,8 °F). Substâncias diferentes têm capacidades térmicas diferentes. *Nem todas as substâncias respondem a acréscimos idênticos de calor para elevação da temperatura ao número de graus.* Observe como é pequena a quantidade de calor necessária para elevar a temperatura de um grama de prata em 1°.

Em razão da grande força e do número elevado de ligações de hidrogênio entre as moléculas de água, a água pode ganhar ou perder grandes quantidades de *calor* com alterações pequenas na *temperatura*. Essa *inércia térmica* modera as temperaturas no mundo todo. De todas as substâncias comuns, somente a amônia líquida tem um calor específico maior que a da água líquida.

Qualquer um que espera ao lado do fogão a água ferver sabe um pouco sobre o calor específico da água – parece levar muito tempo para esquentar a água para preparar uma sopa ou o café. Comparado com a água, o álcool etílico tem um calor específico bem menor. Se ambos os líquidos absorverem calor de queimadores idênticos com a mesma velocidade, o álcool etílico puro (ingrediente ativo nas bebidas alcoólicas) elevará sua temperatura aproximadamente três vezes mais rapidamente que uma massa igual de água. A areia da praia tem um calor específico ainda menor. Um grama de areia exige um pouco menos de 0,2 calorias para elevar 1 °C (1,8 °F). É por isso que, em dias ensolarados, as praias podem ficar tão quentes que fica difícil pisar na areia com os pés descalços, enquanto a água permanece agradavelmente fria.

Conforme veremos em breve, o conceito de calor específico é muito importante na Oceanografia. Mas agora, lembre-se disto: a água tem um calor específico extraordinariamente elevado – ela resiste à mudança de temperatura quando recebe ou perde *calor*.

A Temperatura da Água Afeta Sua Densidade

A singularidade da água torna-se ainda mais aparente quando consideramos o efeito da mudança da temperatura na sua **densidade** (sua massa por unidade de volume). No Capítulo 3, vimos que a densidade da água pura é 1 grama por centímetro cúbico (1 g/cm^3). A rocha granítica é mais pesada, com

[1] Uma caloria nutricional, a unidade que vemos nas caixas de cereais, também conhecida como quilocaloria, é igual a 1.000 dessas calorias. Um grama corresponde a cerca de dez gotas de água do mar. Uma caloria = 4,184 quilojoules.

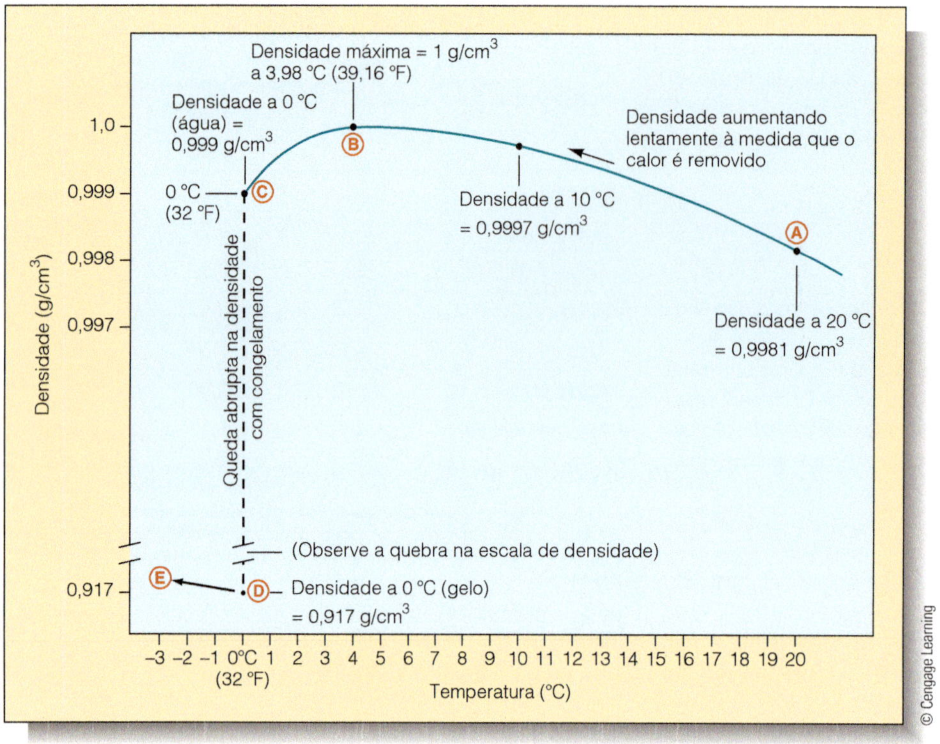

Figura 6.4 Relação entre densidade e temperatura para água pura. Observe que os pontos Ⓒ e Ⓓ representam 0 °C (32 °F), porém com diferentes densidades e estados da água. O gelo flutua porque a sua densidade é menor que a densidade da água líquida.

densidade em torno de 2,7 g/cm³, e o ar é mais leve, com densidade ao redor de 0,0012 g/cm³. A maioria das substâncias torna-se mais densa (mais massa por unidade de volume) à medida que fica mais fria. Geralmente, água pura torna-se mais densa conforme o calor é removido e sua temperatura cai, mas a densidade da água comporta-se de um modo inesperado à medida que a temperatura tende ao ponto de congelamento.

A **curva de densidade** mostra a relação entre a temperatura ou salinidade de uma substância e sua densidade. A maioria das substâncias torna-se progressivamente mais densa à medida que esfria; suas relações entre temperatura e densidade são lineares (isto é, aparecem como uma linha reta nos gráficos). Entretanto, a **Figura 6.4** mostra a relação incomum entre temperatura e densidade da água pura. Imagine o calor sendo removido de um pouco de água colocada em um congelador. Inicialmente, a água está em temperatura ambiente (20 °C ou 68 °F), ponto Ⓐ no gráfico. Como esperado, a densidade da água aumenta à medida que sua temperatura baixa ao longo da linha do ponto Ⓐ para o ponto Ⓑ. À medida que a temperatura aproxima-se do ponto Ⓑ, o aumento da densidade fica mais lento, chegando ao máximo no ponto Ⓑ de 1 g/cm³ a 3,98 °C (39,16 °F). Enquanto a água continua a esfriar, sua estrutura de ligações de hidrogênio torna-se mais rígida, o que faz que o líquido se expanda ligeiramente, porque as moléculas são mantidas um pouco separadas. A água, então, torna-se levemente menos densa à medida que o resfriamento prossegue, até o ponto Ⓒ (0 °C ou 32 °F) ser atingido. No ponto Ⓒ, a água começa a congelar – para mudar de estado por meio da cristalização em gelo.

Estado é uma expressão da forma interna de uma substância **(Figura 6.5)**. Mudanças no estado são acompanhadas por uma absorção ou liberação de energia. A água existe na Terra em três estados físicos: líquido, gasoso (vapor d'água) e sólido (gelo). Se o processo de congelamento continuar a remover calor da água no ponto Ⓒ, como na Figura 6.4, a água mudará do estado líquido para o estado sólido. Apesar dessa transição da água líquida para gelo – do ponto Ⓒ para o ponto Ⓓ –, a densidade da água *decresce* abruptamente. Portanto, o gelo é mais leve que um volume de água igual. O gelo aumenta em densidade conforme esfria abaixo de 0 °C. Todavia, não importa quão frio ele se torne, o gelo nunca atinge a densidade da água líquida. Sendo menos denso que a água, o gelo "congela e boia" como uma camada flutuante, em vez de "congelar e afundar" como as formas sólidas de virtualmente todos os outros líquidos.

Como veremos mais adiante, as implicações do elevado calor específico da água e a capacidade do gelo para flutuar são vitais na manutenção da temperatura moderada da superfície da Terra. Inicialmente, observaremos a transição do ponto Ⓒ para o ponto Ⓓ na Figura 6.4.

A Água se Torna Menos Densa Quando Congela

Durante a transição do estado líquido para o sólido no **ponto de congelamento**, o ângulo das ligações covalentes entre os átomos de oxigênio e de hidrogênio na molécula de água se expande de aproximadamente 105° para 109°. Essa alteração permite às ligações de hidrogênio a formação de um retículo cristalino no gelo **(Figura 6.6)**. O espaço ocupado por 27 moléculas de água no estado líquido seria ocupado por somente 24 moléculas no estado sólido; então, uma expansão em torno de 9% precisa ocorrer à medida que o cristal se forma. Em virtude da forma como as moléculas de água estão dispostas durante o congelamento, o gelo se torna menos denso que a água líquida – assim, ele flutua. Um centímetro cúbico de gelo a 0 °C (32 °F) tem uma massa de apenas 0,917 grama, mas um centímetro cúbico de água líquida a 0 °C tem massa de 0,999 grama.

A transição de água líquida para gelo cristalino (do ponto Ⓒ para o Ⓓ na Figura 6.4) requer remoção contínua de energia térmica; a mudança de estado não ocorre instantaneamente por toda a massa de água quando esta atinge 0 °C (32 °F). Novamente, considere a água em um congelador.

Figura 6.5 Os três estados comuns da matéria – sólido, líquido e gasoso. (Fig. 2.5, p. 29 de PHYSICAL GEOLOGY by Arthur N. Strahler. Copyright © 1981 by Arthur N. Strahler. Reimpresso com permissão de Pearson Education, Inc.)

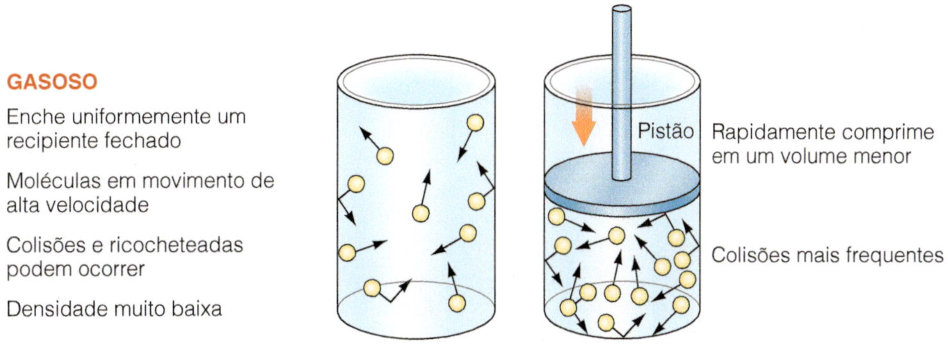

(a) Um *gás* é uma substância que pode expandir para encher qualquer recipiente vazio. Os átomos ou as moléculas de gás estão em movimento de alta velocidade e movem-se em direções aleatórias.

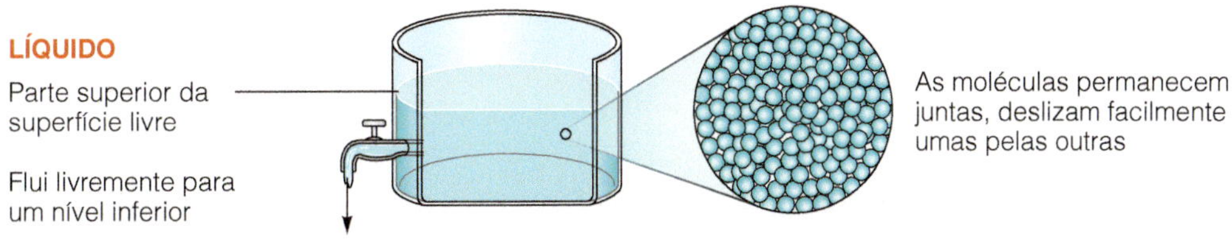

(b) Um *líquido* é uma substância que flui livremente em resposta a forças não equilibradas, mas mantém livre a superfície superior de um recipiente se ele não encher. Os átomos ou as moléculas de um líquido movem-se livremente passando uns pelos outros como indivíduos ou pequenos grupos. Os líquidos se comprimem pouco sob pressão. Os gases e os líquidos são classificados como fluidos porque ambas as substâncias *fluem* facilmente.

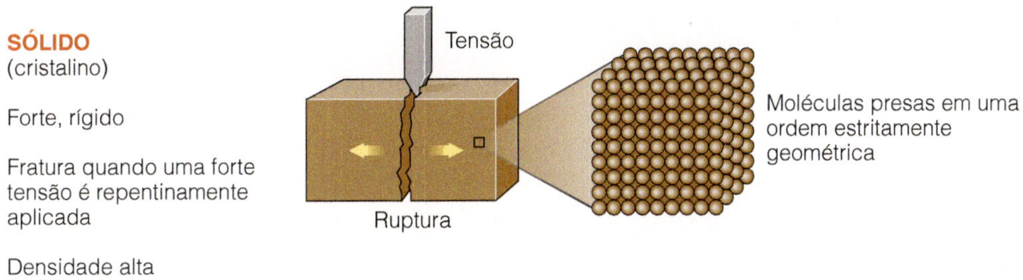

(c) Um *sólido* é uma substância que resiste às mudanças de formato ou de volume. Um sólido pode normalmente resistir a tensões sem ceder permanentemente. Um sólido geralmente quebra de modo repentino. Na Terra, a água pode ocorrer em todos os três estados: gasoso, líquido e sólido.

A **Figura 6.7**, um gráfico de calor removido *versus* temperatura, detalha o progresso da transição da água líquida para gelo. Como na Figura 6.4, o ponto Ⓐ representa água a 20 °C (68 °F) recém-colocada no congelador. A remoção de calor não cessa quando a água atinge o ponto Ⓒ, *mas o declínio da temperatura cessa.* Mesmo quando o calor continua a ser removido, a água não esfriará mais até que toda ela tenha mudado de estado físico de líquido (água) para sólido (gelo). O calor pode, dessa forma, ser removido da água quando ela está mudando de estado (isto é, quando está congelando), sem que haja redução de temperatura. De fato, a contínua remoção de calor é o que torna a mudança de estado físico possível. O calor é liberado conforme as ligações de hidrogênio se constituem para formar o gelo, e precisa ser removido para permitir a formação de mais gelo.

A remoção de calor do ponto Ⓐ ao ponto Ⓒ nas Figuras 6.4 e 6.7 produz uma redução *mensurável* da temperatura, detectável por um termômetro. Remover apenas 1 caloria de um grama de água líquida provoca queda em sua temperatura para 1 °C. Essa redução detectável no calor é chamada de perda de **calor sensível**. Entretanto, a perda de calor conforme a água congela entre os pontos Ⓒ e Ⓓ não é detectável (isto é, não é sensível) por um termômetro. A remoção de 1 caloria da água a 0 °C (32 °F) não mudará sua temperatura; 80 calorias de energia térmica devem ser removidas por grama de água pura a 0 °C (32 °F) para formar gelo. Esse calor é denominado **calor latente de fusão** (*latere*, "estar oculto"). A linha entre os pontos Ⓒ e Ⓓ na Figura 6.7 representa o calor latente de fusão da água.

Nenhum cristal de gelo pode se formar quando toda a água no congelador estiver congelada. Se o calor continuar a ser removido, o gelo esfriará e não tardará a atingir a temperatura do congelador, ponto Ⓔ nas Figuras 6.4 e 6.7.

O calor latente de fusão também é um fator importante durante o processo inverso. Quando o gelo funde, ele *absorve* grandes quantidades de calor (as mesmas 80 calorias por grama), mas não muda sua temperatura até todo o gelo tornar-se água líquida. Essa é a razão pela qual o gelo é tão eficaz em refrescar as bebidas.

A Água Remove o Calor das Superfícies no Momento em que Evapora

Agora, vamos inverter o processo e aquecer o gelo. Imagine a água a -40 °C (-40 °C; ponto Ⓔ na parte inferior esquerda da Figura 6.7). Quando se adiciona calor, o gelo aquece até o ponto Ⓓ, e então começa a fundir. A linha horizontal entre o ponto Ⓓ e o ponto Ⓒ representa o calor latente de fusão:

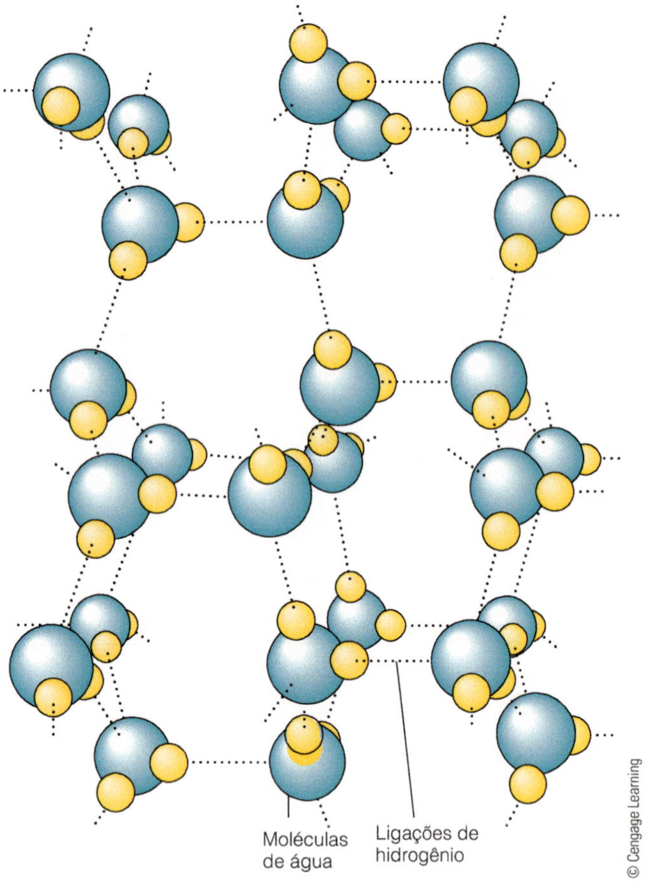

Figura 6.6 Estrutura reticular do cristal de gelo mostrando seu arranjo hexagonal no nível molecular. O espaço ocupado por 24 moléculas de água no estado sólido poderia ser ocupado por 27 moléculas de água no estado líquido; assim, a água expande cerca de 9% à medida que o cristal se forma. Em virtude da forma como as moléculas estão arranjadas durante o congelamento, o gelo é menos denso que a água líquida – assim, ele flutua.

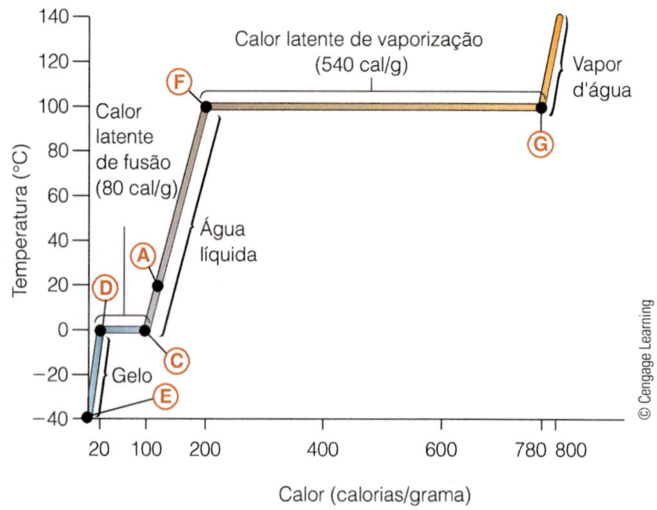

Figura 6.7 Gráfico da temperatura *versus* calor à medida que a água congela, funde ou evapora. A linha horizontal entre os pontos Ⓒ e Ⓓ representa o calor latente de fusão, quando esse está sendo adicionado ou removido, mas a temperatura não está mudando. A linha horizontal entre os pontos Ⓖ e Ⓕ representa o calor latente de evaporação, quando esse está sendo adicionado ou removido, mas a temperatura não está mudando. (Observe que os pontos Ⓐ-Ⓔ no gráfico são os mesmos da Figura 6.4.)

PENSANDO ALÉM DA IMAGEM

"Latente" significa oculto. Você vê por que as linhas horizontais entre os pontos Ⓒ e Ⓓ e os pontos Ⓖ e Ⓕ são chamadas de "calores latentes"?

O calor é absorvido, mas a temperatura não muda à medida que o gelo derrete. Agora, completamente líquida no ponto Ⓒ, a água aquecida passa pelo nosso ponto original, Ⓐ, até atingir o ponto Ⓕ. Ela começa a ferver – *vaporiza*.

Quando a água vaporiza (ou evapora), moléculas individuais de água se difundem para o ar. Pelo fato de cada molécula de água estar unida por ligações de hidrogênio às moléculas adjacentes, energia térmica é requerida para quebrar essas ligações e permitir que a molécula "voe" para longe da superfície. A evaporação esfria uma superfície úmida porque as moléculas de vapor d'água que partem carregam consigo essa energia. (Esse é o processo pelo qual o suor nos resfria quando estamos com calor. A energia térmica necessária para evaporar a água de nossa pele é levada para fora de nosso corpo, esfriando-nos.)

As ligações de hidrogênio são muito fortes, e a quantidade de energia necessária para quebrá-las – conhecida como **calor latente de vaporização** – é muito elevada. A longa linha horizontal entre os pontos Ⓕ e Ⓖ na Figura 6.7 representa o calor latente de evaporação. Como antes, o termo

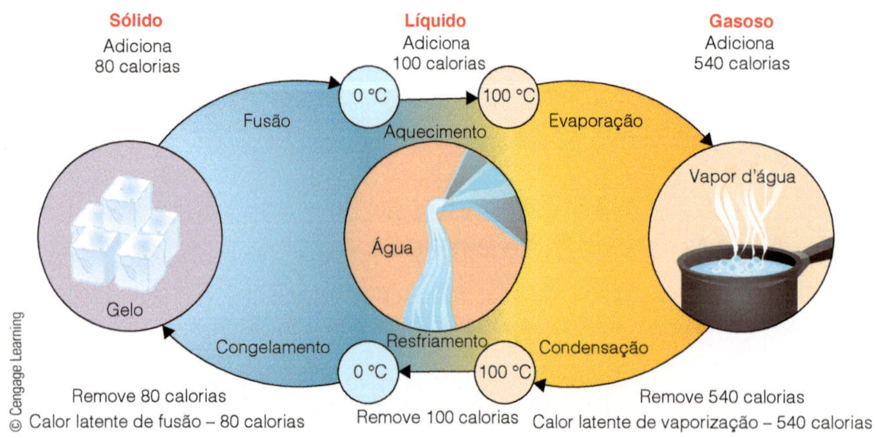

Figura 6.8 Precisamos adicionar 80 calorias de energia térmica para transformar 1 grama de gelo em água líquida. Após o gelo estar fundido, cerca de 1 caloria de calor é necessária para elevar de 1° cada grama de água. No entanto, 540 calorias devem ser adicionadas a cada grama de água para evaporá-la – para fervê-la. O processo é o inverso para condensação e congelamento.

PENSANDO ALÉM DA IMAGEM

Como a condensação do vapor d'água do lado de fora de uma lata de refrigerante pode aquecer seu conteúdo?

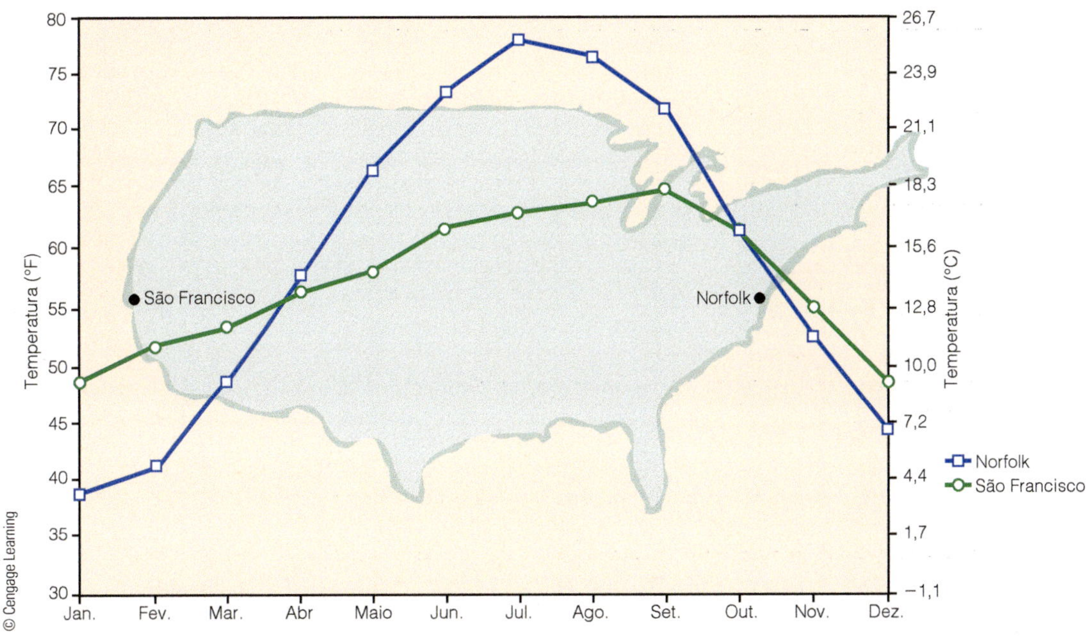

Figura 6.9 San Francisco, Califórnia e Norfolk, na Virgínia, estão aproximadamente sob a mesma latitude. Os ventos tendem a fluir de oeste para leste nessa latitude. San Francisco é mais quente no inverno e mais fria no verão do que Norfolk, em parte porque o ar em San Francisco vem do oceano, enquanto o ar em Norfolk vem do continente. A água não esquenta tanto quanto a terra no verão, nem esfria tanto no inverno – uma demonstração da inércia térmica.

PENSANDO ALÉM DA IMAGEM

Procure os lugares no continente norte-americano onde os registros mais quentes e mais frios de temperatura foram feitos. Vê alguma relação com a inércia térmica?

latente aplica-se ao calor inserido que não causa mudança na temperatura, mas produz mudança de estado – nesse caso, do estado líquido para o gasoso. Mesmo que mais calor seja inserido, a água não pode tornar-se mais quente até que toda ela tenha evaporado. Com 540 calorias por grama a 20 °C (68 °F), a água apresenta maior calor latente de evaporação que qualquer outra substância conhecida.

Cerca de 1 metro (3,3 pés) de água evapora da superfície dos oceanos a cada ano, um volume de água equivalente a 334.000 quilômetros cúbicos (80.000 milhas cúbicas). As grandes quantidades de energia solar que causam essa evaporação são extraídas dos oceanos pelo escape de vapor d'água. Quando 1 grama de vapor d'água condensa, as mesmas 540 calorias estão novamente disponíveis para realizar trabalho. Como veremos, ventos, tempestades, correntes oceânicas e ondas geradas pelo vento são potencializados por esse calor.

Por que há uma grande diferença entre o calor latente de *fusão* (80 calorias por grama) e o calor latente de *evaporação* (540 calorias por grama) da água? Apenas uma pequena porcentagem de ligações de hidrogênio é quebrada quando o gelo funde, mas *todas* devem ser quebradas durante a evaporação. A quebra dessas ligações requer energia adicional em proporção ao seu número.

A **Figura 6.8** resume essas informações.

Se as bacias oceânicas fossem completamente secas, os modelos computacionais sugerem que as temperaturas do verão em latitudes médias nos centros dos continentes seriam até 30 °C (85 °F) mais quentes do que são agora.

BREVE REVISÃO

Antes de passar para a próxima seção, verifique seu entendimento de algumas das ideias importantes apresentadas até agora:

7. Qual é a diferença entre calor e temperatura?

8. O que significa calor específico? Por que o calor específico da água é incomparável?

9. Quais fatores afetam a densidade da água? Por que o ar frio ou a água tendem a afundar? Qual é a função da salinidade?

10. Como a densidade da água é afetada pelo congelamento? Por que o gelo flutua?

11. Qual é a diferença entre calor sensível e não sensível?

12. O que é o calor latente de fusão da água? E o calor latente de evaporação? Por que usamos o termo *latente* ("oculto")?

Para verificar suas respostas, acesse a página deste livro no site da Cengage.

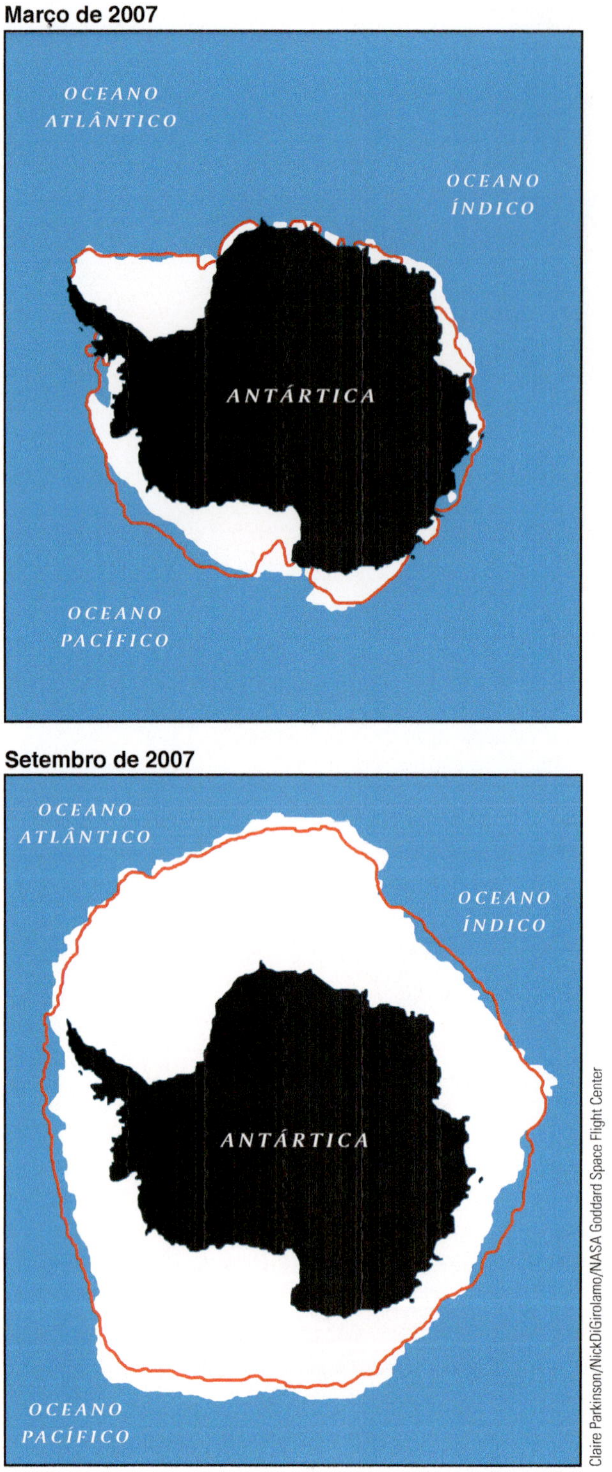

Figura 6.10 Cerca de 20 milhões de quilômetros quadrados (7,7 milhões de milhas quadradas) da superfície do oceano descongelam e congelam novamente no Hemisfério Sul todos os anos – uma área de oceano maior que a América do Sul! O resfriamento da atmosfera no outono é tardio porque a energia térmica é liberada à medida que massas de água transformam-se em gelo. O calor é absorvido durante o derretimento do gelo na primavera. Os extremos sazonais são temperados pela absorção e liberação de energia térmica à medida que o gelo descongela e congela novamente. (Lembre-se, as estações sazonais são invertidas no Hemisfério Sul.) A escala mostra o percentual da superfície do oceano completamente coberta por gelo.

6.4 A Água da Superfície Modera a Temperatura Global

As **propriedades termostáticas** da água são aquelas que agem para moderar as mudanças de temperatura. A temperatura da água aumenta à medida que a luz solar é absorvida e transformada em calor, mas, como já vimos, a água tem um calor específico bastante elevado; assim, sua temperatura não vai aumentar muito, mesmo que grande quantidade de calor seja adicionada. A tendência de uma substância resistir a mudanças na temperatura com ganho ou perda de energia térmica é denominada **inércia térmica**. Para investigar o impacto das propriedades termostáticas da água nas condições da superfície da Terra, precisamos observar o equilíbrio geral de calor do planeta.

Apenas cerca de uma parte em 2.200 milhões da energia radiante do Sol é interceptada pela Terra, entretanto, isso significa que em média 7 milhões de calorias por metro quadrado por dia atingem o topo da atmosfera ou, para a Terra como um todo, impressionantes 17 trilhões de quilowatts (23 trilhões de cavalos)! Cerca de metade dessa luz atinge a superfície, onde ela é convertida em energia térmica e, então, transferida para a atmosfera por condução, radiação e evaporação. Eventualmente, a atmosfera, o solo e o oceano irradiam essa energia térmica de volta para o espaço na forma de radiação de ondas longas (infravermelho). Como no balanço financeiro de uma pessoa, o que entra deve eventualmente ser igual ao que sai. Em períodos de tempo mais longos, a *entrada* de calor total (além daquele proveniente de fontes terrestres) é igual à *saída* de calor total, portanto a Terra está em **equilíbrio térmico**. O calor que entra vem principalmente do Sol; o fluxo de saída de calor só pode ocorrer quando há irradiação de calor no frio do espaço.

As características térmicas da água líquida evitam amplas alterações de temperatura durante o dia e a noite e por períodos mais longos, durante o inverno e o verão (veja a **Figura 6.9**). O calor é armazenado nos oceanos durante o dia e liberado à noite. Uma quantidade bem maior de calor é armazenada durante o verão e liberada durante o inverno. Se nossos oceanos fossem feitos de álcool – ou outro líquido qualquer –, as temperaturas do verão seriam muito altas e as do inverno, extremamente frias.

As geleiras nas regiões polares também contribuem para a inércia térmica. Como a água expande e flutua quando congela, o gelo pode absorver o aquecimento solar do dia, derreter e, então, congelar novamente à noite, lançando de volta à atmosfera a energia térmica armazenada durante as horas do dia. O *conteúdo de calor* da água muda durante o dia, mas sua *temperatura* não. A **Figura 6.10** mostra esse processo em ação durante o outono na Antártica.

O Movimento do Vapor d'Água dos Trópicos para os Polos também Modera a Temperatura da Água

Os polos Norte e Sul têm uma deficiência acentuada de calor, e o equador tem um nítido excesso. Por que os oceanos polares não congelam e o oceano equatorial não evapora? O motivo é que as correntes na atmosfera e no oceano estão movendo enormes quantidades de calor dos trópicos em direção aos polos.

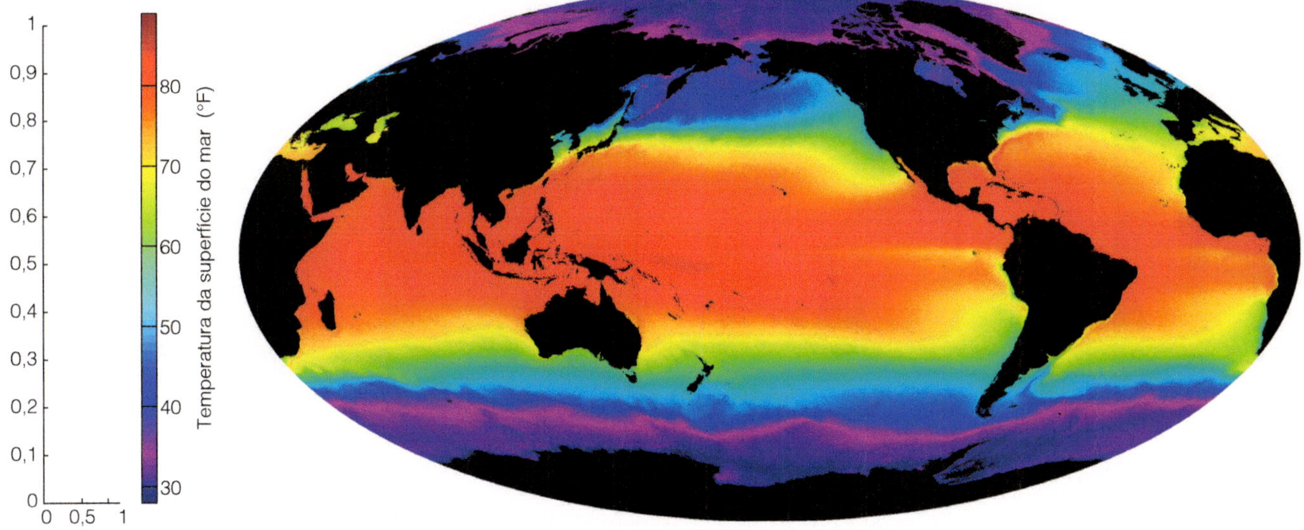

National Geographic Maps/National Geographic Creative

Figura 6.11 A imagem de satélite da temperatura da superfície do mar mostra o oceano tropical repleto de calor. Roxo, azul, verde, amarelo e vermelho representam a água progressivamente mais quente.

PENSANDO ALÉM DA IMAGEM

Quer ver a temperatura da superfície do mar agora? Acesse o site da NASA (http://ourocean.jpl.NASA.gov/SST/) para uma visualização em tempo real.

O alto calor específico da água faz dela um fluido ideal para equalizar o desequilíbrio térmico polar-tropical. As correntes oceânicas e o clima atmosférico resultam de uma resposta da água e do ar para o aquecimento solar desigual. Embora o clima e as correntes sejam discutidos mais detalhadamente nos próximos dois capítulos, eis aqui uma breve visão geral.

As correntes oceânicas transportam calor dos trópicos (onde a entrada de energia excede a saída) para as regiões polares (onde a saída de energia excede a entrada). A quantidade de calor transferido dessa forma é impressionante **(Figura 6.11)**. Por exemplo, a água "de saída" da corrente quente do Golfo (uma grande corrente oceânica que se move para o norte indo para o mar aberto, a leste dos Estados Unidos) é aproximadamente 10 °C (18 °F) mais quente que a água "de entrada", vinda do leste a partir do Atlântico para substituí-la, o que significa que cerca de 10 milhões de calorias são transportadas por metro cúbico. Como a velocidade de fluxo da corrente do Golfo é de aproximadamente 55 milhões de metros cúbicos por segundo, cerca de 550 trilhões de calorias estão sendo transportadas para o norte no oeste do Atlântico Norte por *segundo*! Quase metade dessas calorias alcança as altas latitudes acima de 40 °N. Esse aquecimento tem uma influência moderadora dramática no clima invernal do noroeste da Europa.

Tão impressionante quanto os números para as correntes oceânicas, a quantidade de calor transportado por vapor d'água na atmosfera é ainda maior. Quase metade do calor da energia solar entrando na água resulta em evaporação. A energia solar necessária para essa evaporação é posteriormente restituída durante a condensação e a formação de nuvens (e de chuva), mas, normalmente, a uma distância de onde a evaporação inicial ocorreu. Logo, a superfície oceânica próxima a Cuba atualmente pode ser resfriada por evaporação, o vapor d'água pode ser movido para o norte por ventos, e o leste do Canadá pode ser aquecido pela condensação de um pouco de água em uma tempestade no decorrer da semana.

Tanto a atmosfera quanto o oceano transferem calor por movimento, mas o calor latente de evaporação excepcionalmente alto da água significa que o vapor d'água transfere bem mais calor (por unidade de massa) do que a água líquida o faz. As massas de ar em movimento são responsáveis por cerca de dois terços da transferência de calor para os polos; as correntes oceânicas transferem a outra parte.

O Aquecimento Global Está Influenciando a Temperatura da Superfície do Oceano

A temperatura e a salinidade da superfície do oceano estão mudando com certa rapidez, provavelmente em resposta à aceleração do efeito estufa. O ano 2012 foi o mais quente já registrado, o último de uma série de recordes anuais que vêm desde o início dos anos 1980. Pesquisadores do Oceanographic Institution, em Woods Hole, Massachusetts, da Inglaterra e da Nova Escócia, Canadá, compararam as condições no Atlântico por dois períodos de 14 anos centralizados em 1962 e 1992 **(Figura 6.12)**. Ao longo do intervalo de 30 anos, as águas do oceano tropical mais rasas que 1.000 metros (3.300 pés) tornaram-se mais quentes e mais salgadas, enquanto as águas no extremo norte e sul tornaram-se menos salinas. O ciclo de evaporação e precipitação mundial movido pelo calor parece ter ficado entre 5% e 10% mais rápido durante esse período, aumentando tanto a velocidade de evaporação da água nos trópicos quanto a quantidade de precipitação nas regiões polares e subpolares. A extensão e as implicações dessas mudanças serão exploradas no Capítulo 15.

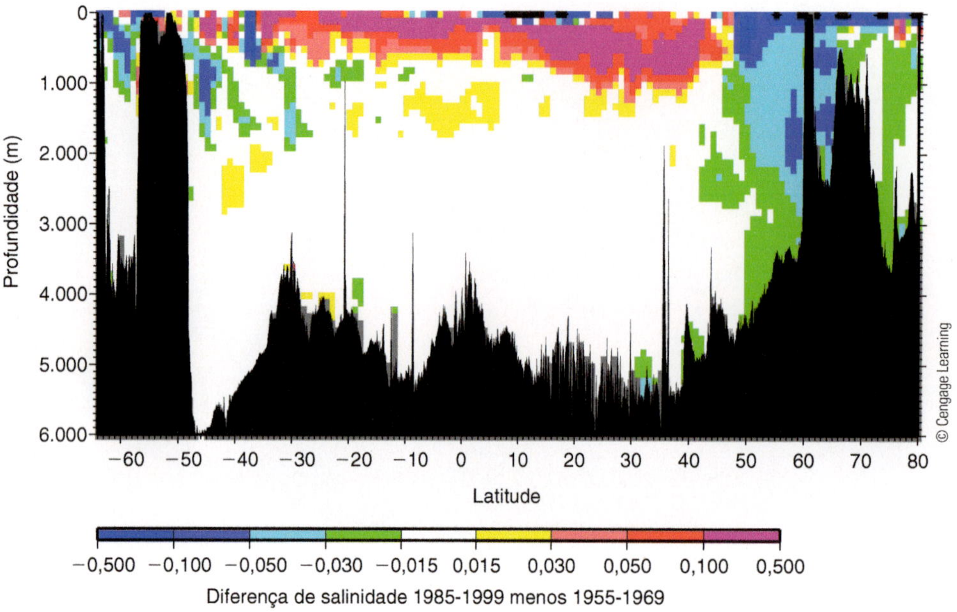

Figura 6.12 Ao longo dos últimos 40 anos, as águas do oceano tropical mais rasas que 1.000 metros (3.300 pés) tornaram-se mais quentes e mais salgadas, enquanto as águas no extremo norte e sul tornaram-se menos salinas. O ciclo de evaporação e precipitação mundial movido pelo calor parece ter ficado entre 5% e 10% mais rápido durante esse período, aumentando tanto a taxa de evaporação da água nos trópicos quanto a quantidade precipitada nas regiões de alta altitude em ambos os hemisférios.

BREVE REVISÃO

Antes de passar para a próxima seção, verifique seu entendimento de algumas das ideias importantes apresentadas até agora:

13. O que é inércia térmica?

14. Por que o fato de o gelo flutuar é importante para o clima geralmente moderado da Terra?

15. Como o calor é transportado das regiões tropicais para as regiões polares?

Para verificar suas respostas, acesse a página deste livro no site da Cengage.

6.5 A Água É um Solvente Poderoso

A água é um solvente poderoso; ela pode dissolver praticamente qualquer substância. Nada mais natural, então, que a água do mar e a maioria dos líquidos na natureza sejam soluções aquosas. O poder de dissolução da água é decorrente da natureza polar de sua molécula. Considere como a água dissolve o cloreto de sódio (NaCl), o sal mais comum. Nos cristais sólidos desse sal, os átomos de sódio no NaCl perderam seus elétrons, e os átomos de cloro os ganharam. Os átomos carregados resultantes são denominados **íons.** Quando água líquida está presente, a polaridade da água causa a separação dos íons sódio (Na^+) dos íons cloro (Cl^-) **(Figura 6.13).** Os íons movem-se para longe do cristal de sal, permitindo que a água ataque a próxima camada de NaCl. *Observe que o NaCl não existe como "sal" na água do mar* – seus componentes são separados quando os cristais de sal dissolvem-se e juntam-se quando o cristal se reconstitui.

Por outro lado, o óleo não se dissolve na água, mesmo se os dois forem vigorosamente agitados. Quando o óleo está disperso em água, uma mistura se forma porque as moléculas de óleo têm caráter não polar. Isso significa que as moléculas de óleo não possuem cargas, nem positivas nem negativas, para atrair as moléculas polares da água. De certa forma, isso é bom, os tecidos vivos se dissolveriam prontamente na água se os óleos dentro de suas membranas não bloqueassem o poderoso ataque aquoso.

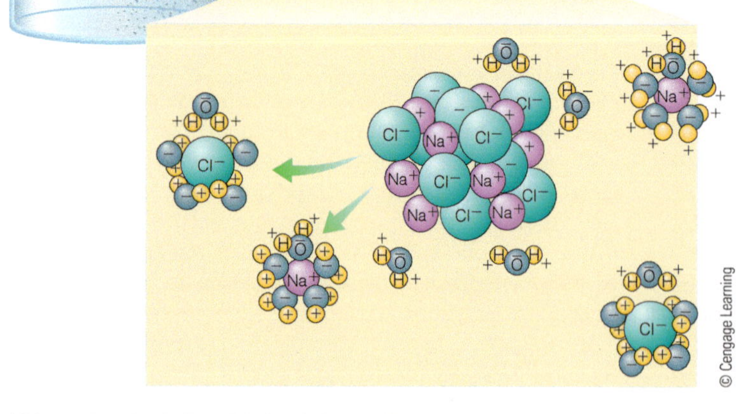

Figura 6.13 Solução salina. Quando um sal como NaCl é colocado na água, o hidrogênio da extremidade positiva da molécula polar de água é atraído pelo íon negativo, Cl^-, enquanto o oxigênio da extremidade negativa dessa molécula é atraído pelo íon positivo, Na^+. Os íons são rodeados por moléculas de água, que são atraídas para eles e tornam-se solutos iônicos no solvente.

A Salinidade É uma Medida do Total dos Sólidos Inorgânicos Dissolvidos na Água do Mar

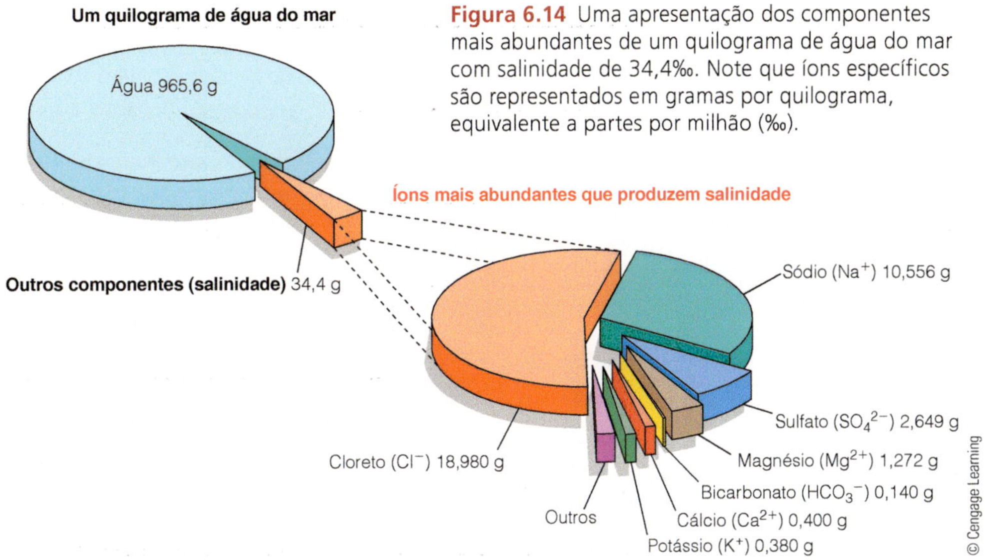

Figura 6.14 Uma apresentação dos componentes mais abundantes de um quilograma de água do mar com salinidade de 34,4‰. Note que íons específicos são representados em gramas por quilograma, equivalente a partes por milhão (‰).

A quantidade total (ou concentração) de sólidos inorgânicos dissolvidos na água é sua **salinidade**. A salinidade dos oceanos varia de cerca de 3,3% a 3,7% em massa, dependendo de fatores como evaporação, precipitação e descarga de água doce dos continentes. Entretanto, a salinidade média está geralmente ao redor de 3,5%. O conjunto dos oceanos contém cerca de 5.000 trilhões de quilogramas (5,5 trilhões de toneladas) de sal. Se a água dos oceanos evaporasse completamente, deixando somente seus sais, o resíduo seco poderia cobrir o planeta inteiro com uma camada de 45 metros (150 pés) de espessura! A maior parte dos sólidos dissolvidos na água do mar são sais que foram separados em íons. Cloreto e sódio são os mais abundantes deles.

Aproximadamente 3,5% da água do mar consistem de substâncias dissolvidas. Quando 100 quilogramas de água do mar são fervidos, teoricamente se produz um resíduo que pesa 3,5 quilogramas. As variações de 0,1% são significativas. Os sete íons mostrados à direita na **Figura 6.14** compõem mais de 99% desse material residual. Quando a água do mar evapora, seus componentes iônicos combinam-se de muitas maneiras diferentes para formar sal de cozinha (NaCl), sal amargo ($MgSO_4$) e outros sais minerais.

A água do mar também contém constituintes menores. O oceano é uma espécie de "chá de Terra" – todo elemento presente na crosta e na atmosfera está também presente no oceano, embora, algumas vezes, em quantidades extremamente pequenas. Apenas 14 elementos têm concentrações, na água do mar, maiores que uma parte por milhão. Os elementos presentes em quantidades menores que 0,001‰ (uma parte por milhão ou 1 ppm) são conhecidos como **elementos-traço**.

> *Não há nada no mundo mais suave e frágil do que a água; contudo, para atacar coisas que são duras e fortes, não há nada que a supere. Nada pode ocupar seu lugar.* – Lao Tzu, "Tao Te Ching", século VI a.C.

Os Componentes da Salinidade do Oceano São Provenientes e Foram Modificados a partir da Crosta Terrestre

Relembrando a efetividade da água como um solvente, você pode pensar que a salinidade dos oceanos resulta da habilidade da chuva, das águas subterrâneas ou das ondas marinhas em dissolver rochas crustais. Muito do material dissolvido nos oceanos se originou dessa maneira, mas seriam as rochas da crosta a fonte de todos os solutos dos oceanos? Um modo fácil de verificar seria investigar a composição dos sais nos rios e comparar esses valores com as médias globais dos oceanos. Se as rochas fossem a única fonte, os sais oceânicos equivaleriam àqueles nas águas concentradas dos rios. Mas isso não ocorre. As águas fluviais geralmente consistem em uma solução diluída de íons de cálcio e bicarbonato, no entanto, os principais íons na água do mar são cloreto e sódio. O teor de magnésio nas águas marinhas também seria maior se essas águas fossem simplesmente águas fluviais concentradas. As proporções de sais em lagos isolados, tais como o Grande Lago Salgado de Utah ou o Mar Morto, são realmente muito diferentes das proporções de sais nos oceanos. Assim, o intemperismo e a erosão das rochas da crosta não podem ser as únicas fontes de sais marinhos.

Os componentes das águas oceânicas cujas proporções não são explicadas pelo intemperismo das rochas superficiais são chamados de **voláteis em excesso**. A fim de determinar a fonte desses voláteis em excesso, devemos olhar para as camadas mais profundas da Terra. O manto superior contém maiores quantidades das substâncias encontradas nas águas marinhas (inclusive contém a própria água) do que aquelas que são encontradas nas rochas superficiais, e suas proporções são próximas daquelas encontradas nos oceanos. Como visto no Capítulo 3, as correntes de convecção agitam lentamente o manto terrestre, causando o movimento das placas tectônicas. Essa atividade possibilita o escape, para o exterior, de algumas substâncias voláteis aprisionadas nas profundezas, degaseificação pelos vulcões e fendas de hidrotermas. Esses voláteis em excesso incluem dióxido de carbono, cloro, enxofre, hidrogênio, flúor, nitrogênio e, claro, vapor d'água. Esse material, juntamente com aquele do intemperismo da superfície, explica os constituintes atuais dos oceanos.

Em relação às quantidades inferiores às previstas de íons magnésio e sulfato nos oceanos, estudos recentes em uma região importante a leste das Ilhas Galápagos sugerem que essas fendas tectônicas oceânicas podem ter influência na redução dos teores de magnésio e sulfato, aumentando os conteúdos de cálcio e potássio na água do mar. As águas que circulam nessas regiões recém-formadas do leito oceânico estão aparente-

William Cochlan, University of Southern California

Figura 6.15 Uma "Rosette" com garrafas de amostragem. Cada uma dessas garrafas de 10 litros pode ser fechada mecanicamente por um sinal enviado do navio de pesquisa quando o conjunto atingir determinada profundidade. As garrafas, então, são trazidas à superfície e seu conteúdo é analisado.

mente esgotadas em magnésio e em alguns outros elementos. O magnésio parece estar incorporado nos depósitos minerais, enquanto o cálcio seria adicionado pelas águas quentes que dissolvem as rochas adjacentes. Supõe-se que toda a água dos oceanos circula pelo leito marinho, em zonas de fendas tectônicas, em períodos entre 1 e 10 milhões de anos!

A Proporção de Sólidos Dissolvidos no Oceano É Constante

Em 1865, o químico Georg Forchhammer observou que, embora a *quantidade* total de sólidos dissolvidos (salinidade) pudesse variar entre as amostras, a *proporção* dos sais mais abundantes nas amostras de águas marinhas de muitos lugares era constante. Em outras palavras, a porcentagem dos vários sais na água do mar é a mesma em amostras de muitos lugares, independentemente de seu teor total de sal. Por exemplo, quando os sólidos são isolados de qualquer amostra de água do mar, seja do Oceano Atlântico Norte, de alta salinidade, seja dos Oceanos Árticos, de baixa salinidade, 55,04% desses sólidos serão íons de cloreto. Essa proporção constante é conhecida como **princípio das proporções constantes**.

A Salinidade É Calculada pela Condutividade da Água do Mar

A salinidade da água em peso poderia parecer uma propriedade fácil de medir. Por que não evaporar uma quantidade conhecida de água do mar e pesar o resíduo? Esse método simples gera resultados imprecisos porque alguns sais não liberarão todas as moléculas de água associada que possuem. Se esses sais são aquecidos até liberarem sua água associada, outros sais (carbonatos, por exemplo) se decomporão para formar gases e compostos sólidos não originalmente presentes na amostra de água.

Até recentemente, os oceanógrafos preferiram usar a notação partes por mil (‰) em vez da porcentagem (%, partes por cem) para tratar desses materiais.[2] Entretanto, em 1978 eles redefiniram a salinidade na *Unidade Prática de Salinidade* (UPS) (*Pratical Salinity Scale* – PSS), uma proporção da condutividade de uma amostra de água do mar para uma solução padrão de cloreto de potássio (*Standard seawater* – água normal). Isso é medido por um instrumento eletrônico chamado **salinômetro**. A condutividade varia de acordo com a concentração e mobilidade dos íons presentes e com a temperatura da água. Os circuitos do salinômetro permitem o ajuste para a temperatura da água, fazem a conversão da condutividade para salinidade e, então, apresentam o valor da salinidade (ou da própria razão da UPS). Os salinômetros também são calibrados com uma amostra com condutividade e salinidade conhecidas. Os melhores salinômetros podem determinar a salinidade com uma precisão de 0,001%. Alguns salinômetros são projetados para análise remota – a parte eletrônica permanece a bordo do navio, enquanto o sensor é lançado ao lado do navio.

As amostras de água do mar podem ser obtidas por métodos que vão do lançamento de um balde, limpo apropriadamente, ao lado do navio a sofisticados sistemas de bombeamento e tubulação. Normalmente, as amostras de água são coletadas usando um grupo de garrafas de amostragem (como na **Figura 6.15**). As garrafas descem na água a partir do navio e são controladas para fechar em profundidades específicas por um sinal eletrônico. São, então, trazidas à superfície, e seus conteúdos, analisados. A amostragem em tempo real agora é possível pelo uso de instrumentos sensíveis que passam um feixe de luz pela água enquanto o instrumento é submerso. Até mesmo os satélites podem registrar a salinidade; a **Figura 6.16** mostra uma das primeiras imagens do satélite *Aquarius*, lançado em junho de 2011.

O Oceano Está em Equilíbrio Químico

Se a degaseificação e o intemperismo químico das rochas são processos contínuos, os oceanos não deveriam se tornar progressivamente mais salinos com o tempo? Mares fechados e alguns lagos geralmente se tornam mais salinos à medida que ficam mais velhos, isso, contudo, não ocorre com os oceanos. Os oceanos parecem estar em **equilíbrio químico**, isto é, as proporções *e quantidades* de sais dissolvidos por unidade de volume de oceano são aproximadamente constantes. Evidentemente, o que é adicionado deve ser removido em algum lugar.

Os geólogos desenvolveram, nos anos 1950, o conceito de um "oceano em estado estacionário". A ideia sugere que os íons são adicionados aos oceanos na mesma velocidade em que são removidos. Essa teoria ajuda a explicar por que os oceanos não estão aumentando sua salinidade. A ideia conduz ao conceito de **tempo de residência**, o intervalo médio de tempo que um elemento permanece no mar.

As adições de sais oriundos do manto ou do intemperismo das rochas superficiais são balanceadas por subtrações de minerais para os sedimentos. Os sais dissolvidos precipitam quando fora da água, e o silício e o carbonato de cálcio – que constituem as partes duras dos organismos vivos – afundam lentamente em direção ao leito marinho. Alguns desses sedimentos são removidos dos oceanos e arrastados para o manto nas zonas de subducção por meio do ciclo das placas tectônicas. As adições, via descarga fluvial e degaseificação, são balanceadas pelas remoções (incorporações aos sedimentos) para cada componente dissolvido.

Em decorrência da evaporação e da precipitação, o próprio oceano tem um tempo de residência de cerca de 4.100 anos, e a água reside na atmosfera por cerca de nove dias.

[2] Observe que 3,5% = 35‰. Se você começasse com 1.000 quilogramas de água do mar, obteria 35 quilogramas de resíduo.

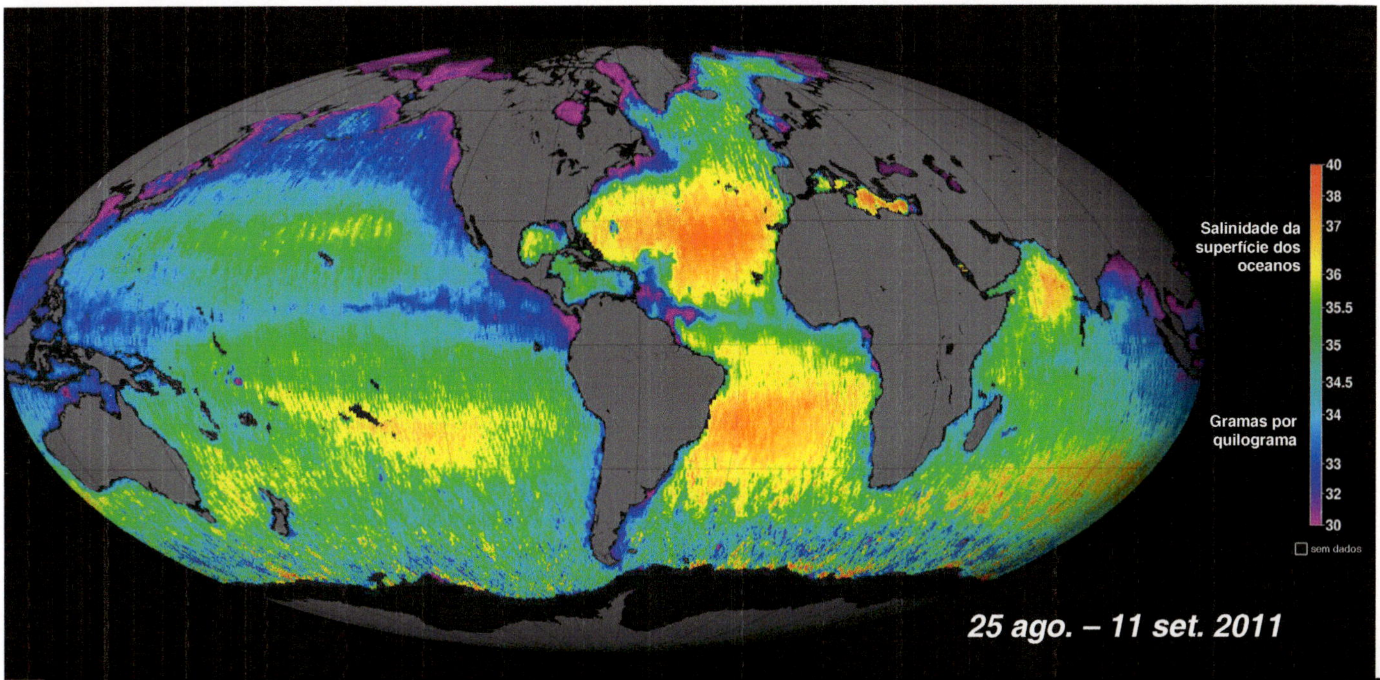

Figura 6.16 Salinidade média da superfície do mar em gramas por quilograma (partes por mil [‰]). Esta imagem estava entre as primeiras que o satélite *Aquarius* fez quando foi lançado, em junho de 2011. NASA/GSFC/JPL-Caltech

O Tempo de Mistura do Oceano É Curto

Se os constituintes minerais são adicionados à água do mar em velocidades menores que o tempo de mistura dos oceanos, eles serão uniformemente distribuídos nos oceanos. Em razão da vigorosa atividade das correntes, o **tempo de mistura** dos oceanos é estimado em aproximadamente 1.600 anos – as águas oceânicas se misturaram centenas de milhares de vezes durante sua longa história. O relativamente longo tempo de residência dos constituintes maiores da água do mar garante, por meio da mistura, a base do princípio das proporções constantes.

BREVE REVISÃO

Antes de passar para a próxima seção, verifique seu entendimento de algumas das ideias importantes apresentadas até agora:

16. Como a salinidade da água do mar é expressa?

17. Além do hidrogênio e do oxigênio, quais são os íons mais abundantes na água do mar?

18. Quais são as fontes dos sólidos dissolvidos do oceano?

19. O que diz o princípio das proporções constantes?

20. Como a salinidade é determinada?

21. O que significa "tempo de residência"? A própria água do mar tem um tempo de residência?

Para verificar suas respostas, acesse a página deste livro no site da Cengage.

6.6 Os Gases Dissolvem-se na Água do Mar

Os gases constituintes do ar dissolvem-se facilmente na água superficial dos oceanos. Plantas e animais que vivem nos oceanos necessitam desses gases para sobreviver – nenhum animal marinho tem habilidade para quebrar as moléculas de água a fim de obter oxigênio diretamente, e nenhuma planta pode produzir dióxido de carbono suficiente para manter seu próprio metabolismo. Em ordem de abundância relativa, os gases mais representativos encontrados na água do mar são o nitrogênio, o oxigênio e o dióxido de carbono. Por causa das diferenças em suas solubilidades na água e no ar, as proporções de gases dissolvidos nos oceanos são muito diferentes das proporções desses mesmos gases na atmosfera.

Ao contrário dos sólidos, os gases se dissolvem mais prontamente em águas *frias*. Um metro cúbico de água polar gelada normalmente contém um volume maior de gases dissolvidos do que um metro cúbico de água tropical quente.

Nitrogênio

O nitrogênio representa aproximadamente 48% dos gases dissolvidos na água do mar. (A atmosfera, por sua vez, tem pouco mais que 78% de nitrogênio em volume.) As camadas superficiais dos oceanos geralmente estão saturadas com nitrogênio; isto é, nenhuma quantidade a mais de nitrogênio será dissolvida. Os organismos vivos precisam de nitrogênio para construir proteínas e outras substâncias químicas com importância biológica, mas eles não podem usar diretamente o nitrogênio livre disponível na atmosfera e no oceano. Em

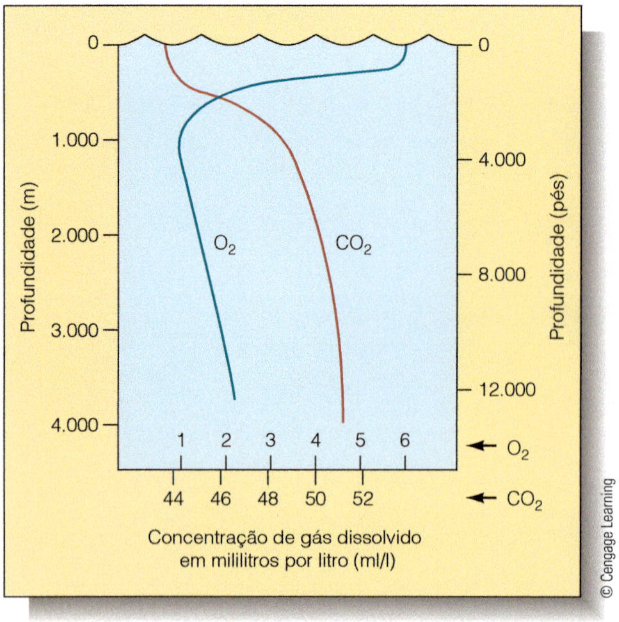

Figura 6.17 Variação das concentrações de oxigênio e dióxido de carbono (CO_2) com a profundidade. O oxigênio é abundante na superfície por causa da atividade fotossintética dos vegetais marinhos. As concentrações de oxigênio decrescem abaixo da camada fótica em virtude da respiração animal e bacteriana e de seu consumo na degradação da matéria orgânica morta que afunda lentamente na coluna d´água. Em contraste, os vegetais utilizam CO_2 durante a fotossíntese, assim os níveis de CO_2 são baixos em águas superficiais. Uma vez que a fotossíntese não pode ocorrer no escuro, o CO_2 produzido pelos animais e bactérias tende a elevar sua concentração abaixo da camada fótica. As concentrações de CO_2 também se elevam porque a solubilidade desse gás aumenta com o aumento da pressão e a diminuição da temperatura.

PENSANDO ALÉM DA IMAGEM

Como você acha que o oxigênio atinge o fundo do oceano para ser utilizado pelos animais que lá vivem?

primeiro lugar esse nitrogênio deve ser "fixado" em formas químicas utilizáveis por organismos especializados. Embora algumas espécies de bactérias residentes no fundo oceânico possam produzir nitratos assimiláveis a partir do nitrogênio molecular dissolvido na água do mar, a maior parte dos compostos nitrogenados necessários aos organismos vivos é reciclada entre os próprios organismos.

Oxigênio

Aproximadamente 36% do gás dissolvido próximo da superfície do oceano é oxigênio, porém há cerca de cem vezes mais oxigênio gasoso na atmosfera da Terra do que dissolvido no oceano inteiro. Em média, 6 miligramas de oxigênio estão dissolvidos em cada litro de água do mar (isto é, seis partes por milhão de oxigênio dissolvido por litro de água do mar, em massa). Ainda assim, essa quantidade pequena de oxigênio é um recurso vital para os animais que extraem oxigênio com as brânquias. As fontes de oxigênio dissolvido nos oceanos são as atividades fotossintéticas dos vegetais e dos organismos semelhantes a eles, seguidos da difusão do oxigênio da atmosfera para a água.

Dióxido de Carbono

A quantidade de dióxido de carbono (CO_2) na atmosfera é muito pequena (0,03%) em razão da grande demanda por esse gás pelos organismos fotossintetizantes, que têm no carbono uma fonte para crescimento. O dióxido de carbono é muito solúvel em água, e a proporção de CO_2 dissolvido na água próxima à superfície é de aproximadamente 15% do total de gases dissolvidos. Como o CO_2 combina-se quimicamente com a água para formar um ácido fraco (H_2CO_3, ácido carbônico), a água pode absorver possivelmente mil vezes mais dióxido de carbono do que absorveria de nitrogênio ou oxigênio na saturação. O dióxido de carbono é rapidamente utilizado pelos vegetais marinhos; desse modo, as quantidades CO_2 dissolvido são quase sempre muito menores que seu valor teórico máximo. Mesmo assim, atualmente a quantidade de CO_2 dissolvido nos oceanos é cerca de 60 vezes maior que aquela na atmosfera. Muito mais CO_2 se move da atmosfera para os oceanos do que dos oceanos para a atmosfera, em parte porque uma parcela de CO_2 dissolvido forma íons de carbonato, que são fixados em sedimentos, minerais, carapaças e esqueletos dos organismos vivos.

A **Figura 6.17** ilustra como as concentrações do dióxido de carbono e do oxigênio variam com a profundidade. As concentrações de dióxido de carbono aumentam junto com o aumento da profundidade, porém as concentrações de oxigênio geralmente diminuem nas profundidades médias e, em seguida, elevam novamente em direção ao fundo. Elevadas concentrações de oxigênio na superfície geralmente são resultantes da fotossíntese nas camadas superiores e bem iluminadas dos oceanos. Por causa do consumo de CO_2 pelos vegetais e por organismos assemelhados, as concentrações desse gás na superfície tendem a ser baixas. Um decréscimo nas concentrações de oxigênio abaixo da camada superior iluminada pelo sol se deve, em geral, aos processos de respiração das bactérias e dos animais marinhos, levando a maiores concentrações de CO_2. Os níveis de oxigênio são levemente maiores em águas mais profundas porque há poucos animais para consumir oxigênio nessas profundidades e porque as águas polares, que mergulham da superfície, ricas em oxigênio, constituem a maior fonte das águas profundas.

BREVE REVISÃO

Antes de passar para a próxima seção, verifique seu entendimento de algumas das ideias importantes apresentadas até agora:

22. O que dissolve mais gás por unidade de volume: a água do mar fria ou a água do mar quente?

23. O que acontece quando o dióxido de carbono se dissolve na água do mar?

24. Como as concentrações de oxigênio e dióxido de carbono variam com a profundidade do oceano?

Para verificar suas respostas, acesse a página deste livro no site da Cengage.

6.7 Equilíbrio Ácido-base

A água pode se separar para formar íons hidrogênio (H^+) e hidróxido (OH^-). Esses dois íons estão presentes em concentrações iguais na água pura. Um desequilíbrio nas proporções desses íons produz uma solução ácida (ou básica). Um **ácido** é uma substância que *libera* um íon hidrogênio em solução; uma **base** é uma substância que *se combina com* um íon hidrogênio em solução. Soluções básicas também são denominadas soluções **alcalinas**.

A acidez ou alcalinidade de uma solução é uma medida em termos da **escala de pH**, que mede a concentração de íons hidrogênio em uma solução. Um excesso de íons hidrogênio (H^+) em uma solução torna a solução ácida. Um excesso de íons hidróxido (OH^-) torna uma solução alcalina. A **Figura 6.18** mostra uma escala de pH e o pH de algumas soluções conhecidas. A escala é logarítmica, o que significa que a variação de uma unidade de pH representa uma mudança de dez vezes na concentração de íons de hidrogênio; assim, um detergente moderno não fosfatado é mil vezes mais alcalino que a água do mar, e o café é cem vezes mais ácido que a água pura. A água pura, que é neutra (nem ácida, nem alcalina), tem um pH de 7, e números menores indicam maior acidez (mais íons H^+), e números maiores, maior alcalinidade (menos íons H^+).

A água do mar é levemente alcalina, e seu pH médio é aproximadamente 7,8. Isso parece ímpar por causa da grande quantidade de CO_2 dissolvido nos oceanos. Se CO_2 dissolvido se combina com água para formar ácido carbônico, por que os oceanos são levemente alcalinos e não levemente ácidos? Quando dissolvido em água, o CO_2 está realmente presente em diferentes formas. O ácido carbônico (H_2CO_3) é apenas uma delas. Em soluções aquosas, o ácido carbônico se quebra e produz os íons hidrogênio (H^+), bicarbonato (HCO_3^-) e carbonato (CO_3^{2-}). Esse comportamento funciona como um **tampão** de água do mar, prevenindo variações muito amplas de pH quando ácidos e bases são introduzidos.

Embora a água do mar permaneça levemente alcalina, ela está sujeita a alguma variação. Em áreas de rápido desenvolvimento de vegetais, por exemplo, o pH aumentará, porque o CO_2 é usado pelas plantas para a fotossíntese. Pelo fato de as temperaturas serem, de modo geral, maiores nessas águas superficiais, menos CO_2 pode ser dissolvido; desse modo, o pH superficial em águas quentes e produtivas está, geralmente, ao redor de 8,5.

Nas águas de médias e grandes profundidades, mais CO_2 pode estar presente. Sua fonte é a respiração dos animais e das bactérias. Em baixas temperaturas, em altas pressões e sem nenhum vegetal fotossintetizante para removê-lo, o CO_2 reduzirá o pH da água, tornando-a mais ácida com a profundidade. Assim, águas profundas e frias abaixo de 4.500 metros (15.000 pés) têm um pH de aproximadamente 7,5. Esse pH menor pode dissolver os sedimentos marinhos que contêm cálcio. Uma queda para pH 7 pode ocorrer no assoalho oceânico quando as bactérias de fundo consomem o oxigênio e produzem sulfeto de hidrogênio. Como visto no Capítulo 5, os sedimentos que contêm carbonato de cálcio raramente são encontrados nas águas profundas. Agora a Figura 5.11 – a profundidade da compensação do carbonato de cálcio (CCD) – faz mais sentido?

Como veremos no Capítulo 15, uma grande quantidade de CO_2 foi produzida pela queima de combustíveis fósseis para fornecer energia para os transportes e as indústrias. O oceano serve como um sumidouro natural para esse excesso de CO_2. O ácido carbônico adicional produzido tornou o oceano menos alcalino; na realidade, desde o início da revolução industrial, estima-se que o pH da superfície do oceano caiu para um pouco menos que 0,1 (na escala logarítmica de pH), e espera-se que ainda caia mais, de 0,3 a 0,5 até 2100, à medida que o oceano absorver mais CO_2 antropogênico (gerado pelos humanos) **(Figura 6.19)**. A profundidade de compensação do carbonato de cálcio (CCD) pode subir em direção à superfície, alterando o equilíbrio ecológico dos organismos na camada produtiva superior do oceano? Nosso experimento global descuidado continua.[3]

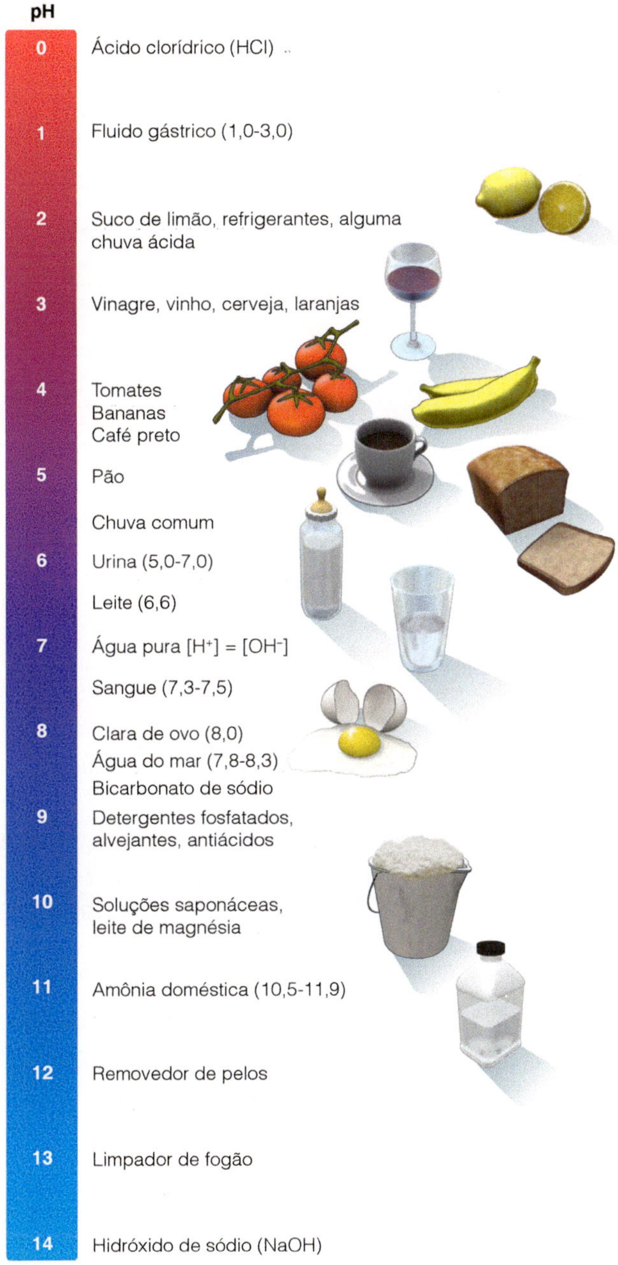

Figura 6.18 Escala de pH. O pH 7 é neutro; os números mais altos representam as bases e os números mais baixos representam os ácidos. O pH do oceano é ligeiramente alcalino, em torno de 8.
De GARRISON. Oceanography, 7e. Copyright © 2010 Brooks/Cole, uma parte da Cengage Learning, Inc. Reproduzido com permissão. www.cengage.com/permissions

[3] Se interessar, veja a discussão do Capítulo 15 sobre CO_2 e aquecimento global.

Figura 6.19 O pH do oceano está mudando.

De GARRISON. Oceanography, 7e. Copyright © 2010 Brooks/Cole, uma parte da Cengage Learning, Inc. Reproduzido com permissão. www.cengage.com/permissions

PENSANDO ALÉM DA IMAGEM

Os pterópodes são bem delicados. Você acha que a acidificação do oceano pode afetar conchas mais robustas – os moluscos, por exemplo?

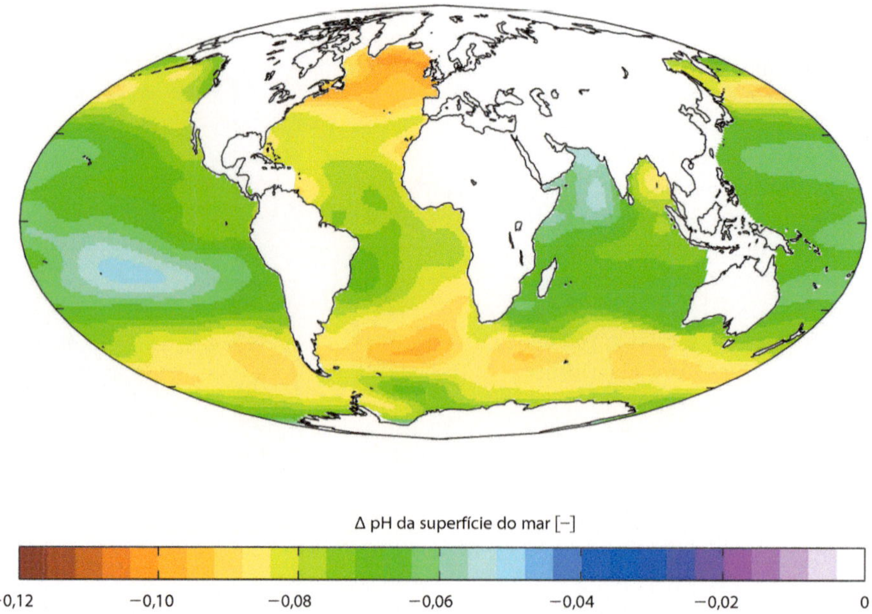

(a) O oceano está se tornando mais ácido à medida que absorve mais dióxido de carbono da atmosfera. Um ambiente menos alcalino irá dificultar a construção de estruturas duras contendo cálcio (conchas, corais etc.) pelos organismos. O gráfico mostra as mudanças no pH da superfície do mar entre os anos 1700 e o final dos anos 1990.

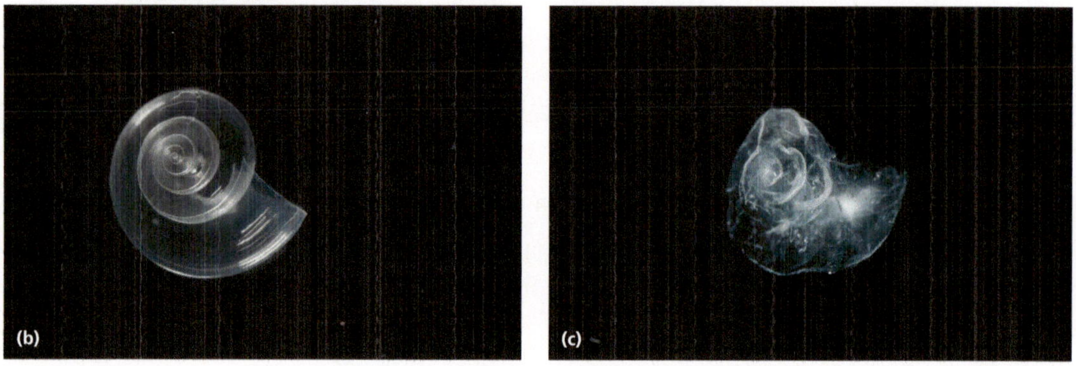

©DAVID LITTSCHWAGER/National Geographic Creative

©DAVID LITTSCHWAGER/National Geographic Creative

Dissolução progressiva de um pterópode (um pequeno animal com uma concha calcária) em água do mar acidificada.

BREVE REVISÃO

Antes de passar para a próxima seção, verifique seu entendimento de algumas das ideias importantes apresentadas até agora:

25. Como o pH é expresso? O que é neutro?

26. O que é um tampão? Qual é a importância da capacidade da água do mar em agir como uma solução tampão?

Para verificar suas respostas, acesse a página deste livro no site da Cengage.

6.8 O Oceano É Estratificado pela Densidade

A densidade da água é principalmente uma função de sua temperatura e salinidade. Um litro de água salgada pesa entre 2% e 3% a mais que um litro de água pura por causa dos sólidos (muitas vezes chamados de *sais*) dissolvidos na água do mar. A densidade da água do mar varia entre 1,020 e 1,030 g/cm^3 em comparação a 1,000 g/cm^3 para a água pura na mesma temperatura. *A água fria e salina é mais densa que a água quente e menos salina.* A densidade da água do mar aumenta com a elevação da salinidade e da pressão e o decréscimo da temperatura.

Duas amostras de água podem ter a mesma densidade em *diferentes combinações* de temperatura e salinidade.

O Oceano Está Estratificado em Três Zonas de Densidade de Acordo com a Temperatura e Salinidade

Boa parte do oceano é dividida em três zonas de densidade: a zona de superfície, a picnoclina e a zona profunda. A **zona de superfície**, ou **camada de mistura**, é a camada superior dos oceanos **(Figura 6.20a)**. Temperatura e salinidade são relativamente constantes com o aumento da profundidade na zona de superfície por causa da ação das ondas e das correntes. A zona de superfície consiste de água em contato

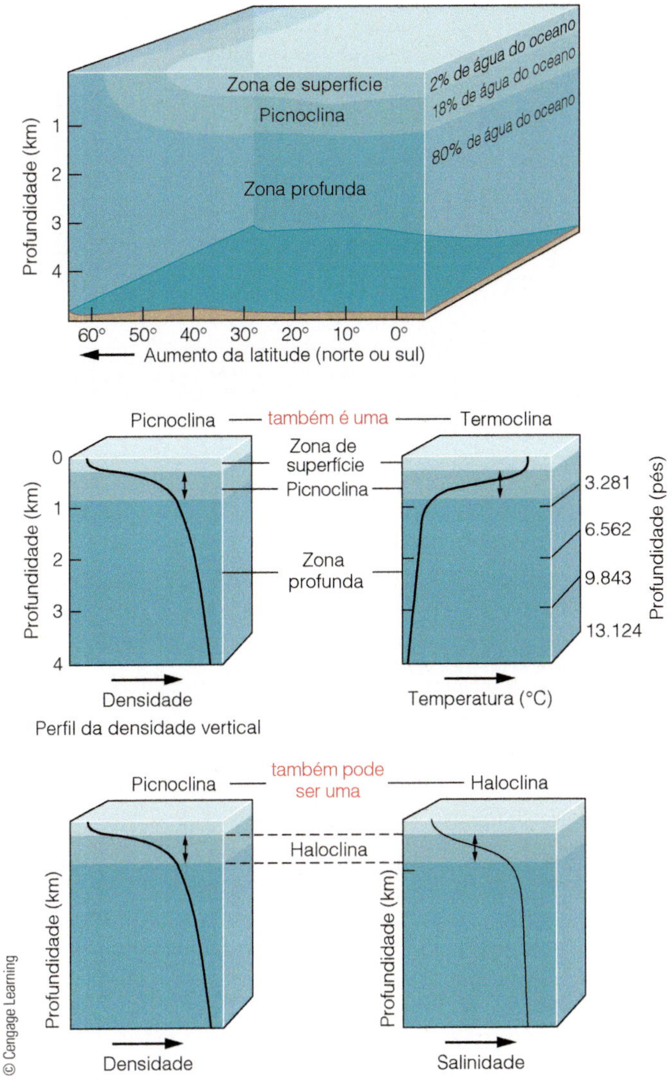

(a) Na maior parte do oceano, uma zona de superfície (ou camada de mistura) de águas relativamente quentes e de baixa densidade existe sobre uma camada denominada *picnoclina*. A densidade aumenta rapidamente com a profundidade na picnoclina. Abaixo da picnoclina situa-se a zona profunda de águas frias e densas – cerca de 80% do volume total dos oceanos.

(b) A rápida elevação da densidade na picnoclina ocorre principalmente por causa do decréscimo na temperatura, com o aumento da profundidade nesta área – a *termoclina*.

(c) Em algumas regiões, especialmente em águas rasas próximas a rios, a picnoclina pode desenvolver-se de modo que a elevação da densidade com o aumento da profundidade se deva a variações verticais na salinidade. Nesse caso, a picnoclina é uma *haloclina*.

Figura 6.20 Estratificação de densidade no oceano.

com a atmosfera e exposta à radiação solar; ela contém a água menos densa dos oceanos, e representa apenas cerca de 2% do volume total dos oceanos. A zona de superfície tipicamente se estende a uma profundidade por volta de 150 metros (500 pés), mas, dependendo das condições locais, pode atingir profundidades de 1.000 metros (3.300 pés) ou inexistir completamente.

A **picnoclina** (*pyknos*, "forte"; *clinare*, "inclinar") é uma zona em que a densidade aumenta de modo acentuado com o aumento da profundidade. Essa zona isola as águas de superfície das camadas mais densas abaixo. A picnoclina contém cerca de 18% do total das águas oceânicas.

A **zona profunda** situa-se abaixo da picnoclina, em profundidades abaixo de cerca de 1.000 metros (3.300 pés) em latitudes médias (40 °S a 40 °N). Há pouca variação na densidade da água com o aumento da profundidade nessa zona. A zona profunda contém cerca de 80% de toda água dos oceanos.

A rápida elevação da densidade da picnoclina com a profundidade se deve principalmente a um decréscimo na temperatura da água. A **Figura 6.20b** mostra a relação geral da temperatura com a profundidade no mar aberto. A zona de superfície é bem misturada, com pequeno decréscimo na temperatura com a profundidade. Na próxima camada, a temperatura cai rapidamente com a profundidade. Além desse ponto, há a zona profunda de águas frias e estáveis. A camada intermediária, a zona em que a temperatura muda rapidamente com a profundidade, é chamada de **termoclina** (*therm*, "calor"), e a temperatura em queda é o principal contribuinte para a formação da picnoclina.

As termoclinas não possuem formatos idênticos em todas as áreas ou latitudes. A temperatura da superfície está associada à disponibilidade de radiação solar. Mais energia solar está disponível nos trópicos que nos polos, o que justifica o fato de as águas nos trópicos serem mais quentes. A camada fótica oceânica também é mais profunda nos trópicos, tanto por causa do ângulo de incidência, que é mais vertical, quanto pela menor quantidade de material particulado em suspensão nessas águas (em razão disso, a água é mais clara que as águas das regiões temperadas e polares dos oceanos abertos). Como nessas regiões os oceanos são aquecidos a maiores profundidades, as termoclinas tropicais são mais profundas que aquelas em altas latitudes. Elas também são muito mais pronunciadas: a transição para as águas mais frias e mais densas localizadas em maiores profundidades é mais abrupta nos trópicos que em altas latitudes.

As águas polares, que recebem relativamente pouco aquecimento solar, não são estratificadas por temperatura, e ge-

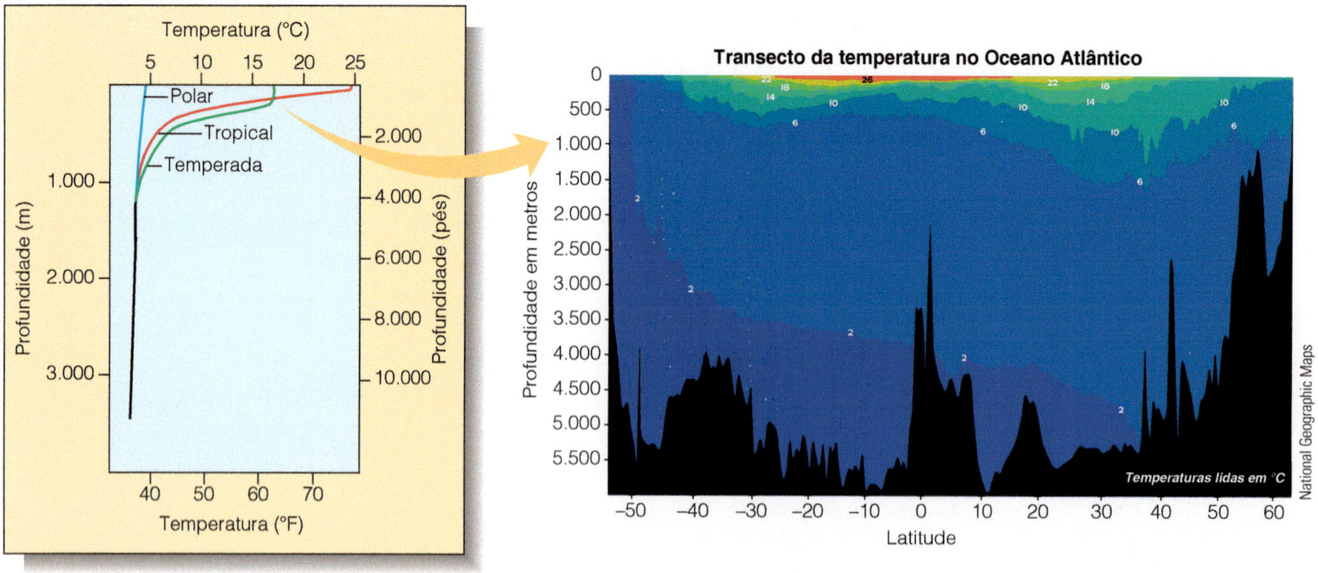

(a) Perfis típicos de temperatura nas latitudes polar, tropical e média (temperada). Observe a ausência de termoclina nas águas polares.

(b) Temperatura e salinidade através da bacia do Oceano Atlântico por volta da longitude 30° W. Há mais água do mar na escuridão fria. Uma pequena e fina camada aquecida, concentrada próximo ao equador, ilumina um pouco essa imagem sombria.
À medida que a Terra esquenta, essa camada se entende em direção ao polo. As formas pretas irregulares na parte inferior do gráfico representam o leito oceânico na latitude mostrada.

Figura 6.21 A temperatura do oceano diminui à medida que a profundidade aumenta.

ralmente há falta de uma termoclina, porque as águas superficiais, em regiões polares, são tão frias quanto as águas em grandes profundidades.

A **Figura 6.21** contrasta os perfis térmicos polares, tropicais e temperados, mostrando que a termoclina é, em princípio, um fenômeno de média e de baixa latitudes. A profundidade e a intensidade da termoclina também variam de acordo com as estações sazonais, condições locais (tempestades, por exemplo), correntes e muitos outros fatores.

Abaixo da termoclina, a água é bem fria, variando de -1 °C a 3 °C (30,5 °F a 37,5 °F). Como essa camada fria e profunda contém a maior parte da água do oceano, a temperatura média do oceano mundial é fria, com 3,9 °C (39 °F). Baixa salinidade também pode contribuir para a picnoclina, sobretudo em regiões mais frias, sujeitas a frequentes precipitações, ou ao longo das costas, onde águas continentais misturam-se com águas superficiais. Sempre que a precipitação exceder a evaporação, a salinidade será baixa. Essas diferenças produzem a **haloclina** (*halos*, "sal"), uma zona de rápido crescimento da salinidade com o aumento da profundidade **(Figura 6.20c)**. A haloclina geralmente coincide com a termoclina, e a combinação produz uma picnoclina pronunciada.

As Massas de Água Possuem Temperatura, Salinidade e Densidade Características

As camadas que estamos discutindo são massas de água distintas. Uma **massa de água** é um corpo de água com temperatura e salinidade, e, portanto, densidade, características. Curiosamente, mesmo a mais profunda dessas camadas origina-se na superfície do oceano. A água muito fria e salina produzida durante a formação de gelo marinho na superfície do oceano polar é mais densa que a água circundante e afunda para o leito marinho. Em algumas bacias marginais, das quais a mais notável é o Mar Mediterrâneo, a evaporação também pode produzir água mais salina e densa, que vai direto para o fundo até atingir uma camada de água de densidade igual.

A estratificação pela densidade aprisiona as massas de água densa em grandes profundidades, onde não são expostas ao aquecimento e resfriamento diário, da circulação na superfície, movida por ventos e tempestades, ou da luz. A picnoclina isola com eficácia 80% da água do oceano mundial dos 20% envolvidos na circulação da superfície. Densas massas de água se formam próximas às plataformas continentais polares (à medida que a água fria congela e exclui o sal) ou em áreas fechadas, como o Mar Mediterrâneo (onde a evaporação excede a precipitação e a entrada de água doce por rios, aumentando a salinidade). Essas densas massas de água afundam, às vezes umas sobre as outras, frequentemente mantendo sua identidade por longos períodos. Massas de água separadas e abaixo da picnoclina tendem a não se misturar porque há pouca energia disponível para a mistura nessas profundidades calmas. (As diferenças da densidade nas massas de água alimentam as correntes do oceano profundo, como veremos no Capítulo 8.)

BREVE REVISÃO

Antes de passar para a próxima seção, verifique seu entendimento de algumas das ideias importantes apresentadas até agora:

27. Como o oceano é estratificado pela densidade? Quais nomes são dados às zonas separadas pela densidade no oceano?

28. No geral, quais são as características da água da *zona de superfície*? Essas condições diferem significativamente entre as regiões polares e os trópicos?

Absorção da Luz em Diferentes Comprimentos de Onda (Cores) pela Água do Mar

Cor	Comprimento de Onda (nm)	% Absorvida em 1 m de Água	Profundidade em que 99% É Absorvida (m)
Ultravioleta (UV)	310	14,0	31
Violeta (Vi)	400	4,2	107
Azul (Az)	475	1,8	254
Verde (Ve)	525	4,0	113
Amarelo (Am)	575	8,7	51
Laranja (L)	600	16,7	25
Vermelho (Vo)	725	71,0	4
Infravermelho (IR)	800	82,0	3

(a) A tabela mostra a porcentagem de luz absorvida no primeiro metro dos oceanos e as profundidades em que apenas 1% da luz de cada comprimento de onda permanece.

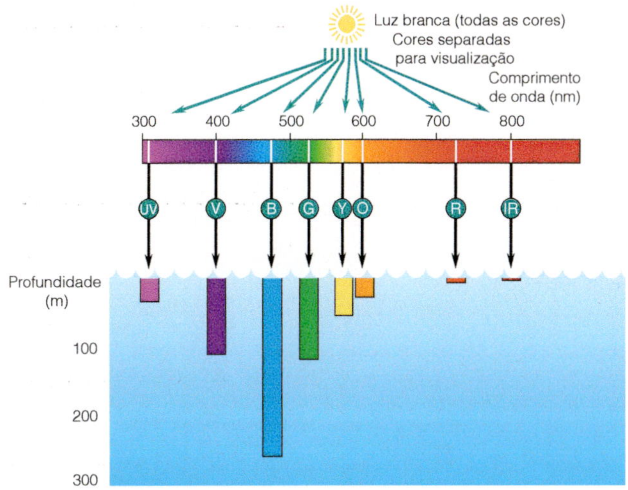

(b) As barras mostram as profundidades de penetração de 1% da luz de cada comprimento de onda (como indica a última coluna da tabela).

Figura 6.22 Apenas uma camada delgada das águas marinhas é iluminada pelo Sol. Exceto pela luz gerada por organismos vivos, a maior parte dos oceanos está em completa escuridão.

29. No geral, quais são as características da água da *zona profunda*? Essas condições diferem significativamente entre as regiões polares e os trópicos?

30. Qual é a relação entre a picnoclina, a termoclina e a haloclina?

31. Como é definida a massa de água?

32. Como a estratificação da densidade do oceano limita o movimento vertical da água do mar?

Para verificar suas respostas, acesse a página deste livro no site da Cengage.

6.9 A Luz Não se Propaga muito Longe pelo Oceano

A **luz** é uma forma de radiação eletromagnética, ou energia radiante, que se propaga como ondas pelo espaço, pelo ar e pela água. O espectro visível – os comprimentos de onda de luz que os olhos humanos podem detectar – é apenas uma pequena parte do espectro eletromagnético, que também inclui ondas de rádio, infravermelho, ultravioleta e raios X, por exemplo. O comprimento de onda da luz determina sua cor: os comprimentos de onda mais curtos são mais azuis; os comprimentos de onda mais longos são mais vermelhos. Exceto pelas ondas de rádio muito longas, a água rapidamente absorve quase toda a radiação eletromagnética. Somente os comprimentos de onda azuis e verdes passam pela água em quantidade apreciável ou por distância significativa.

A Zona Fótica É a Superfície do Oceano Iluminada pelo Sol

Conforme vimos, a luz solar tem certa dificuldade para atingir e penetrar o oceano; as nuvens e a superfície marinha refletem a luz, enquanto os gases e as partículas atmosféricas a espalham e absorvem. Uma vez que atravesse a superfície marinha, a luz é rapidamente atenuada em razão da dispersão e da absorção. A **dispersão** ocorre à medida que a luz é desviada entre as moléculas de ar ou de água, as partículas de poeira, as gotas de água ou outros objetos antes de ser absorvida. A maior densidade da água (acompanhada de maior número de partículas suspensas e dissolvidas) torna a dispersão mais intensa na água que no ar. A **absorção** de luz é regida pelo rompimento da estrutura formada pelas moléculas de água. Quando a luz é absorvida, as moléculas vibram e a energia luminosa é convertida em calor.

Mesmo as águas perfeitamente claras não são completamente transparentes. Se fossem, os raios solares iluminariam profundidades maiores dos oceanos, e florestas de algas marinhas preencheriam suas bacias aquecidas. A fina camada de água iluminada no topo da zona de superfície é chamada de **zona fótica** (*photo*, "luz"). Em águas tropicais claras, a zona fótica pode se estender a uma profundidade de 600 metros (2.000 pés), entretanto, um valor típico para o oceano aberto é de 100 metros (330 pés). Em contrapartida, a luz normalmente penetra nas águas costeiras em que nadamos apenas a cerca de 40 metros (130 pés). Toda a produção de alimento por organismos marinhos fotossintéticos ocorre nessa fina e aquecida camada da superfície. Aqui, a água é aquecida pelo Sol, o calor é transferido do oceano para a atmosfera e o espaço, e os gases são trocados com a atmosfera. Os efeitos termostáticos que discutimos funcionam em larga escala nessa zona. A maior parte da vida do oceano é encontrada aqui. A zona fótica não é apenas muito delgada, como também extraordinariamente importante.

O oceano situado abaixo da zona fótica permanece na escuridão. Exceto pela luz gerada pelos organismos vivos, a região é perpetuamente escura. Essa região escura além da zona fótica é chamada de **zona afótica** (*a*, "sem"; *photo*, "luz").

A Água Transmite a Luz Azul com mais Eficiência que a Luz Vermelha

A energia luminosa de algumas cores é convertida em calor – isto é, seus comprimentos de onda são absorvidos – mais perto

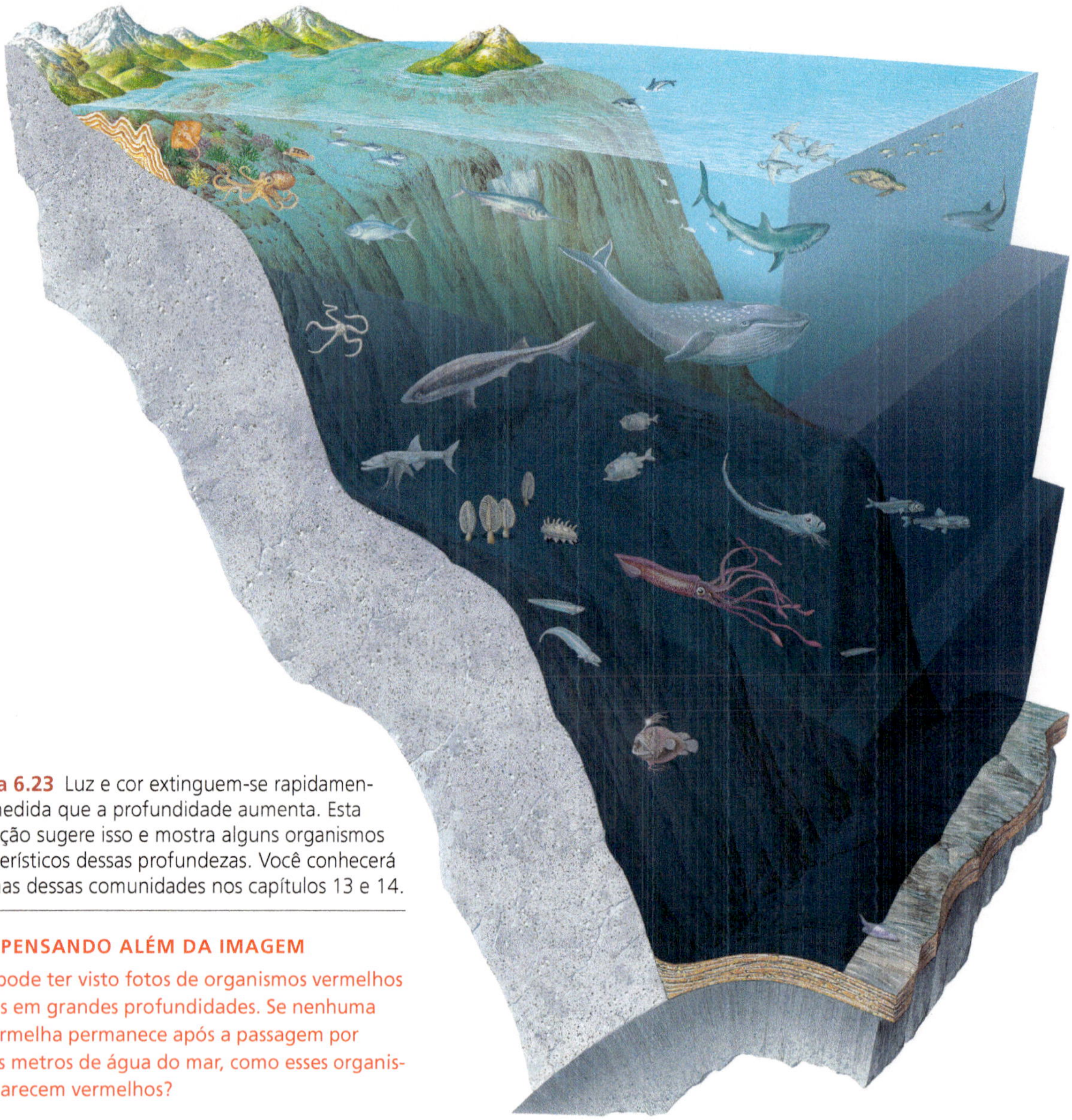

Gary Hincks/National Geographic

Figura 6.23 Luz e cor extinguem-se rapidamente à medida que a profundidade aumenta. Esta ilustração sugere isso e mostra alguns organismos característicos dessas profundezas. Você conhecerá algumas dessas comunidades nos capítulos 13 e 14.

PENSANDO ALÉM DA IMAGEM

Você pode ter visto fotos de organismos vermelhos tiradas em grandes profundidades. Se nenhuma luz vermelha permanece após a passagem por alguns metros de água do mar, como esses organismos parecem vermelhos?

da superfície que a energia luminosa de outras cores. A **Figura 6.22** mostra essa absorção diferencial por cores. O primeiro metro (3,3 pés) dos oceanos absorve aproximadamente toda a radiação infravermelha que atinge a superfície oceânica, contribuindo significativamente para o aquecimento da superfície. Esse primeiro metro também absorve 71% da luz vermelha. O espectro luminoso torna-se azulado com a profundidade porque os comprimentos de onda da luz vermelha, da amarela e da laranja vão sendo absorvidos. Ao redor de 300 metros (1.000 pés), até a luz azul já se converteu em calor.

Acima, as águas claras oceânicas parecem azuis porque a luz azul pode se propagar o suficiente pela coluna d'água para ser espalhada de volta para a superfície até nossos olhos. Quando nos aproximamos da superfície, é possível ver uma cor azul mais brilhante. Como aproximadamente toda luz vermelha é convertida em calor nos primeiros metros do oceano, os objetos vermelhos, a pequena distância além da superfície, aparecem como cinza. Um mergulhador que estiver trabalhando em uma profundidade de 10 metros (33 pés) e que, por qualquer motivo, cortar a mão, verá sangue cinza e não vermelho, porque não há luz vermelha suficiente nessa profundidade para refletir o pigmento vermelho do sangue e estimular o olhar do mergulhador. As imagens submersas de organismos vermelhos observados são possíveis apenas porque o fotógrafo levou consigo uma fonte de luz branca (que contém todas as cores). A **Figura 6.23** sugere cores na profundidade e mostra alguns organismos dessas profundezas.

Partículas suspensas dispersam algumas cores de luz e absorvem outras. Alguns sedimentos refletem a luz amarela, dando ao oceano um matiz amarelo. O Mar Vermelho tem esse nome por causa de sua abundância de cianobactérias, pequenos organismos semelhantes a plantas que contêm um pigmento avermelhado.

relato de
um explorador da national geographic 6.1

©Dan Tchernov

DAVID GRUBER: Biólogo marinho/escritor, voluntário National Geographic

Durante a exploração da Bloody Bay Wall nas Ilhas Cayman em 2012 para registrar suas criaturas biofluorescentes, o biólogo marinho Gruber experimentou a estranha sensação de pisar em seu quintal e vislumbrar um universo desconhecido e surpreendente.

Apenas algumas horas após essa foto ser tirada, a escuridão caiu e eu desci pela face íngreme da parede de corais, junto com meus colegas Jim Hellemn e John Sparks. A parede desce por 1.000 pés, mas nós paramos a apenas 90, capturando o grande mural biofluorescente que agora aparece na exposição itinerante "Criaturas da Luz". Naquela noite, sem querer fotografamos muitos animais biofluorescentes enigmáticos cuja luz secreta nunca havia sido vista por olhos humanos.

As proteínas fluorescentes das espécies marinhas já forneceram à ciência uma das ferramentas mais valiosas para o processo de iluminação em células vivas e neurônios. Então, quando foi anunciado que o governo do presidente Obama estava planejando lançar uma iniciativa de uma década de duração para mapear o cérebro humano, fui inspirado por novas possibilidades. Assim como a biofluorescência desempenha muitos papéis para os corais e os peixes em sua escuridão, o mundo iluminado por azul, ela também pode ter um papel importante na compreensão de como as células de nosso cérebro se comunicam.

Por exemplo, quando um pensamento surge na minha cabeça, meus neurônios pegam fogo (um processo iluminado pela ciência por marcações biofluorescentes decodificadas do DNA de organismos marinhos). Imaginei um papel inverso: um par de Warteye stargazers *(Gillellus uranidea)* explorando a Vila de Greenwich com luzes e câmeras especiais, tentando descobrir como nos comunicamos para, assim, melhor nos compreenderem. Este planeta é repleto de conexões biológicas ignoradas e estamos apenas começando a explorar o universo bioluminescente e biofluorescente no fundo do mar.

A fluorescência natural ilumina esta colônia de corais em um recife das Ilhas Cayman.

©David Gruber

BREVE REVISÃO

Antes de passar para a próxima seção, verifique seu entendimento de algumas das ideias importantes apresentadas até agora:

33. Quais fatores influenciam a intensidade e a cor da luz no mar?

34. Sendo as intensidades iguais, qual cor de luz atinge maior distância na água do mar? E menor distância? O que acontece com a energia luminosa quando a luz é absorvida na água do mar?

35. Quais fatores afetam a profundidade da zona fótica? Pode haver uma fotoclina no oceano?

Para verificar suas respostas, acesse a página deste livro no site da Cengage.

6.10 O Som Percorre uma Distância Bem Maior que a Luz no Oceano

O **som** é uma forma de energia transmitida por meio de rápidas alterações de pressão em um meio elástico. A intensidade do som diminui conforme ela viaja pela água por causa da propagação, da dispersão e da absorção. A perda de intensidade causada pela propagação é proporcional ao quadrado da distância da fonte. A dispersão ocorre quando o som se choca contra bolhas, partículas suspensas, organismos, superfície, fundo ou outros objetos. Eventualmente, o som é absorvido e convertido pelas moléculas em uma quantidade muito pequena de calor. A absorção do som é proporcional ao quadrado da frequência do som: altas frequências são absorvidas mais prontamente. As ondas sonoras podem viajar distâncias muito mais longas na água que as ondas luminosas antes de serem absorvidas. Pelo fato de as ondas sonoras viajarem pela

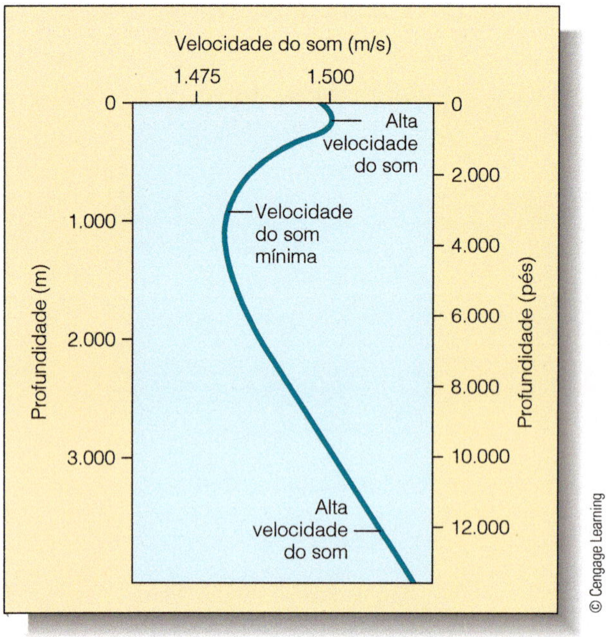

Figura 6.24 Relação entre profundidade da coluna d'água e velocidade do som.

água de modo tão eficiente, muitos animais marinhos usam o som, e não luz, para "ver" nos oceanos.

A velocidade do som na água do mar de salinidade média é de aproximadamente 1.500 metros por segundo (3.345 milhas por hora), na superfície, quase cinco vezes a velocidade do som no ar. A velocidade do som na água do mar aumenta com a temperatura e a pressão. O som viaja mais rapidamente nas águas quentes superficiais do que nas mais profundas e mais frias. Sua velocidade decresce com a profundidade, eventualmente atingindo um mínimo em torno de 1.000 metros (3.300 pés). No entanto, abaixo dessa profundidade, o efeito do aumento da pressão compensa o de diminuição da temperatura; então, a velocidade aumenta novamente. Próximo ao fundo de uma bacia oceânica, a velocidade do som pode ser maior que na superfície. Embora essas variações sejam importantes no comportamento oceânico do som, elas representam apenas 2% ou 3% da velocidade média do som nas águas marinhas. A relação entre profundidade e velocidade do som é apresentada na **Figura 6.24**.

A Refração Pode Desviar as Trajetórias da Luz e do Som por Meio da Água

Algumas vezes, o anel de luz visto ao redor da Lua e a ocultação segura de um submarino sob as águas podem pare-

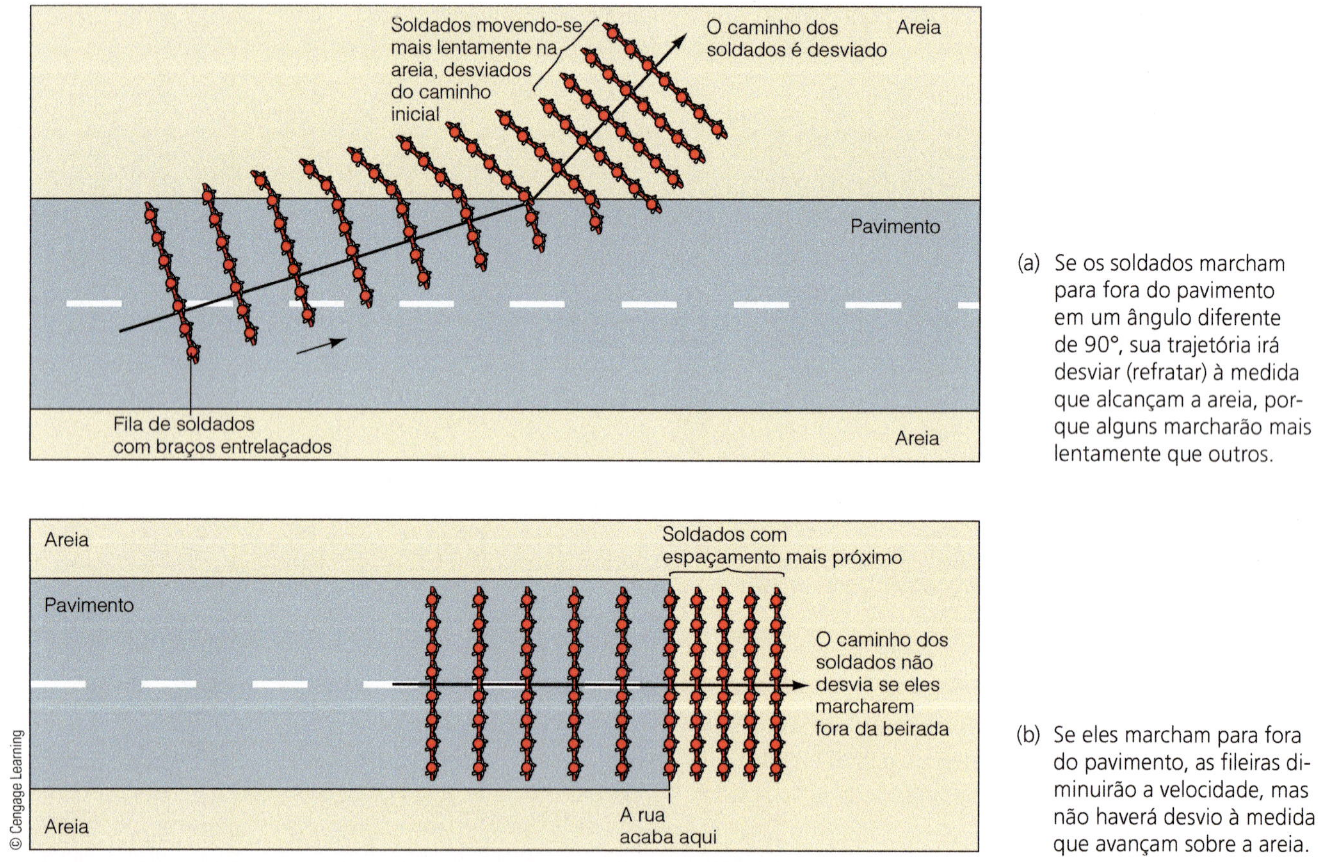

Figura 6.25 Analogia para a refração. A coluna de soldados enfileirados representa as ondas de luz ou de som; o pavimento e a areia representam meios diferentes.

PENSANDO ALÉM DA IMAGEM

Imagine a luz atingindo a borda de um prisma. Desenhe o caminho da luz pelo prisma utilizando o modelo dos soldados.

Figura 6.26 Camada SOFAR, na qual as ondas sonoras viajam a uma velocidade mínima. A transmissão do som é particularmente eficiente – isto é, o som pode ser ouvido a grandes distâncias – porque a refração tende a manter as ondas sonoras dentro da camada.

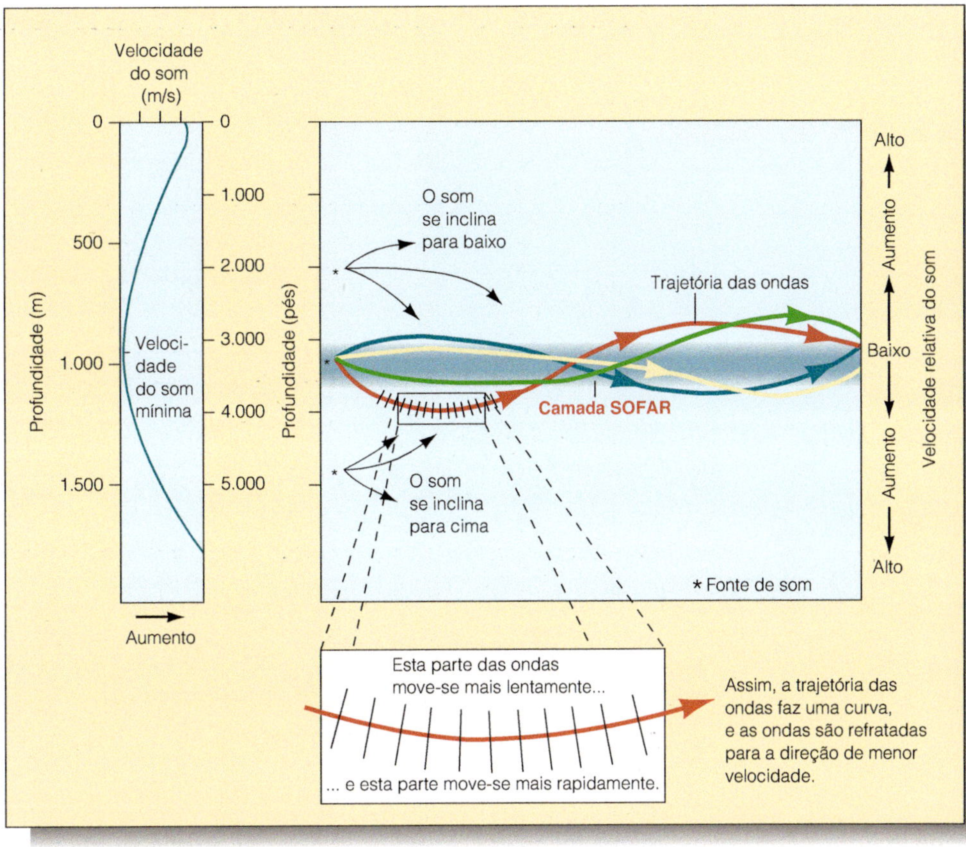

PENSANDO ALÉM DA IMAGEM

O princípio SOFAR funcionaria se a velocidade do som dentro da camada fosse *maior* que na água circundante?

cer não relacionados, mas ambos os eventos dependem da **refração**, a mudança de direção das ondas. Luz e som são fenômenos ondulatórios. Quando uma onda de luz ou de som deixa um meio de determinada densidade – como ar – e entra em um meio de densidade diferente – como água – com um ângulo distinto de 90°, ela é desviada de seu caminho original. A razão desse desvio é que ondas de luz ou de som viajam com velocidades diferentes em meios distintos.

A situação é análoga a uma linha de pessoas marchando ao longo de uma estrada no deserto com os braços sobre os ombros uns dos outros. Os soldados podem andar mais rápido se permanecerem na estrada do que se caminharem na areia próxima à estrada. Sua velocidade sobre o pavimento, então, é maior que sua velocidade na areia. Enquanto permanecerem na estrada, não mudarão sua direção. Entretanto, se o ângulo de marcha mudar e, gradualmente, direcioná-los para fora da estrada (por um meio no qual sua velocidade é *menor*), aqueles que atingirem a areia primeiro diminuirão, repentinamente, sua velocidade e o alinhamento irá mudar, prontamente, fora da estrada. Eles foram refratados. Seu progresso é ilustrado na Figura 6.25a. Observe que a transição de um meio para outro deve ocorrer em outro ângulo que não 90° para a refração ocorrer; nossos soldados não irão mudar de direção se eles marcharem fora do asfalto para a areia. No entanto, eles ainda irão reduzir a velocidade (veja a Figura 6.25b).

Exemplos de refração da luz pela água estão em toda parte. Um lápis colocado em um copo de água parece curvo por causa da refração; os degraus submersos da escada de uma piscina parecem mais próximos do que de fato estão por causa da refração; e a refração aumenta os objetos e faz que o pescador exagere no tamanho do peixe que escapou.

A Refração Provoca as Camadas SOFAR e as Zonas de Sombras

A profundidade na qual a velocidade do som atinge seu mínimo varia de acordo com as circunstâncias, mas normalmente está localizada ao redor de 1.200 metros (3.900 pés) no Atlântico Norte ou aproximadamente 600 metros (2.000 pés) no Pacífico Norte. Embora a velocidade do som seja relativamente lenta, a transmissão do som nessa camada de velocidade mínima é muito eficiente porque a refração tende a manter a energia sonora dentro da camada. As bordas externas das ondas sonoras que fogem dessa camada irão entrar na água onde a velocidade do som é maior. Isso fará que a onda acelere, porém gire de volta para a camada de velocidade mínima, como mostrado na Figura 6.26. As ondas sonoras que viajam para cima, que são geradas dentro da camada de velocidade mínima, tendem a ser refratadas para baixo, e as ondas sonoras que viajam para baixo tendem a ser refratadas para cima. Em resumo, as ondas sonoras tendem a ser *redirecionadas* para a camada de menor velocidade, permanecendo nessa zona. Desse modo, estrondos ocorridos nessa profundidade podem ser ouvidos por milhares de quilômetros.

Cargas navais de profundidade que foram detonadas nessa camada de velocidade mínima no Pacífico foram ouvidas a 3.680 quilômetros (2.290 milhas) da explosão. Em um teste recente, o som gerado por um navio da Marinha dos Estados Unidos no Oceano Índico foi ouvido na costa do estado do

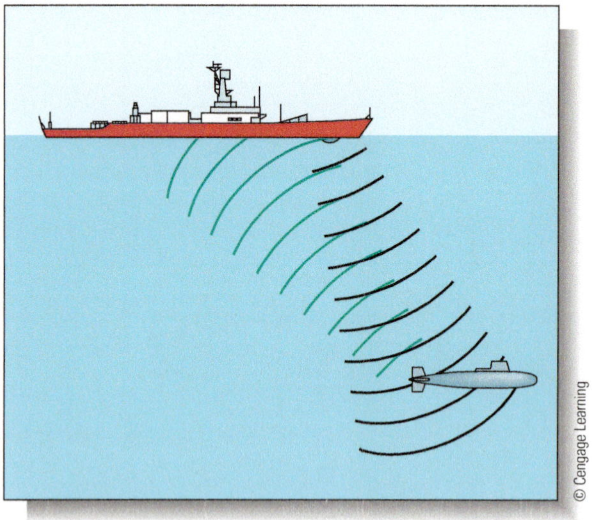

Figura 6.27 O princípio do sonar ativo. Pulsos sonoros de alta frequência são radiados do sonar do navio emissor. Parte da energia desses pulsos é refletida pelo submarino e retorna para um receptor no navio emissor. O eco é analisado a fim de localizar a posição do submarino.

Oregon! No início dos anos 1960, a Marinha dos Estados Unidos testou a transmissão do som na camada de velocidade mínima como uma ferramenta de salvamento. Sobreviventes em um bote salva-vidas soltariam uma pequena carga na coluna d'água programada para explodir na profundidade adequada. Inúmeros sensores sonoros amplamente posicionados nas águas comparariam as diferenças nos tempos de chegada do sinal e, então, poder-se-ia calcular a posição do bote. O projeto, que desde então foi abandonado em favor dos sinais de rádio, foi chamado de **SOFAR** (*so*und *f*ixing *a*nd *r*anging). A camada de velocidade mínima ficou conhecida como **camada SOFAR**.

Os Sistemas de Sonar Utilizam o Som para Detectar Objetos Embaixo d'Água

A tripulação a bordo de navios e submarinos emprega o **sonar ativo** (*sound navigation and ranging*), a projeção e o retorno por meio da água de pulsos curtos *(pings)* de som de alta frequência a fim de localizar objetos no oceano (Figura 6.27). Nos sistemas modernos, uma corrente elétrica é passada pelos cristais, que respondem produzindo poderosos pulsos sonoros emitidos acima do limite de detecção humana natural. (Embora esse som de alta frequência seja absorvido rapidamente no oceano, seu uso melhora muito a resolução das imagens.) Parte do som emitido pelo transmissor encontra qualquer objeto maior que o comprimento do som empregado e retorna ao sensor. O processador de sinais, então, amplifica o eco e reduz a frequência do som para um limite audível. Um bom sonar pode determinar a direção do contato, seu tamanho e principais características, e até algo sobre sua composição (baleia, submarino ou cardume), pela análise do pulso retornado.

O *sonar de varredura lateral* é um tipo de sonar ativo. Operando com nada menos que 60 transmissores/receptores ajustados para altas frequências sonoras, os sistemas de varredura lateral, voltados para as águas silenciosas, posicionados abaixo do navio, às vezes são capazes de fornecer resolução fotográfica (Figura 6.28). Esses sistemas (*Side-scan sonar*) são usados para investigações geológicas, estudos arqueológicos e na localização de navios e aviões naufragados. O sistema de ecossonda multifeixe, abordado no Capítulo 4, é uma forma de sonar ativo.

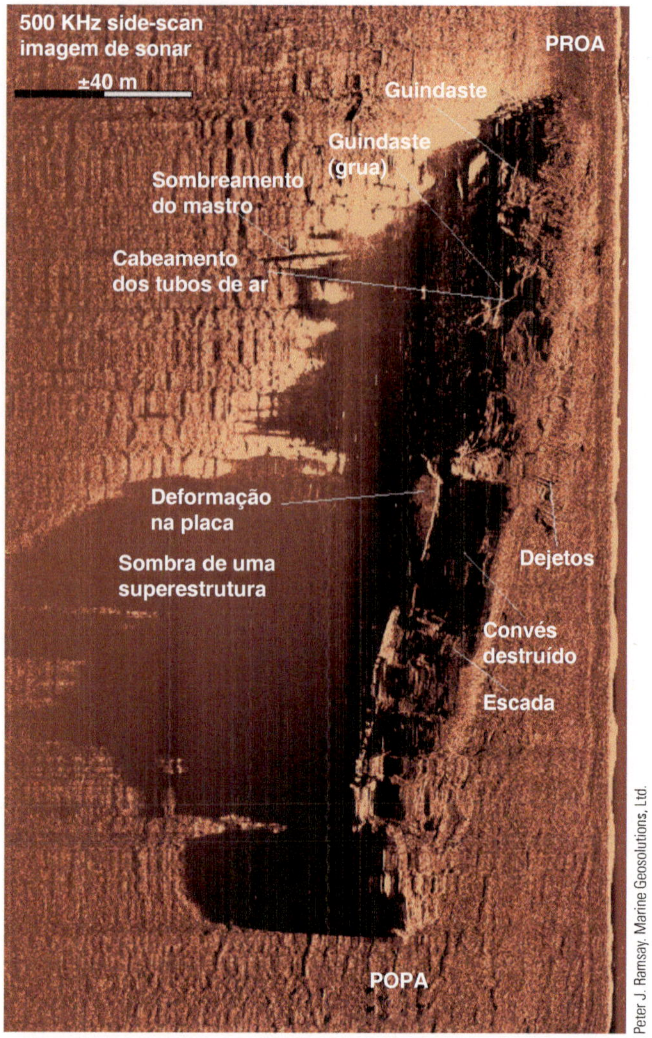

Figura 6.28 Uma imagem de sonar de varredura lateral (*Side-scan sonar*) do *SS Nailsea Meadow* repousando no leito oceânico a uma profundidade de 113 metros (367 pés). O navio foi naufragado por um submarino U-boat alemão em 1942, na costa da África do Sul. Muitos detalhes delicados dos destroços são claramente visíveis.

Para sons mais profundos, ou para "ver" as camadas sedimentares abaixo da superfície, os geólogos utilizam os *perfis de reflexão sísmica* empregando poderosas faíscas elétricas, explosivos ou ar comprimido para gerar um pulso sonoro de baixa frequência bem energético. Mais uma vez, o tempo de viagem de ida e volta das ondas sonoras é crucial. O som de baixa frequência não pode solucionar grandes detalhes, mas o eco normalmente pode fornecer uma imagem das camadas sedimentares sob a superfície (veja novamente a Figura 5.3). O som de baixa frequência também tem a vantagem da viagem eficiente com menor absorção.

Os humanos não são os únicos organismos a usar um sonar. Baleias e outros mamíferos marinhos usam estalos e assovios para localizar alimento e evitar obstáculos. Abordaremos essa forma de sonar ativo no Capítulo 13.

BREVE REVISÃO

Antes de passar para a próxima seção, verifique seu entendimento de algumas das ideias importantes apresentadas até agora:

36. O que se move mais rápido pelo oceano: a luz ou o som?

37. Quão maior é a velocidade do som na água em relação ao ar?

38. A velocidade do som é a mesma em todas as profundidades do oceano?

39. O que é uma camada SOFAR?

40. Como um sonar funciona? Quais tipos de sistemas de sonar são usados na pesquisa oceanográfica?

Para verificar suas respostas, acesse a página deste livro no site da Cengage.

Perguntas dos Alunos

1. Quanta água há na Terra?

Se toda a água na superfície terrestre fosse combinada para formar uma esfera, ela teria somente cerca de 1.380 quilômetros (860 milhas) de diâmetro. A Terra não é a esfera com mais água no sistema solar – Europa, a Lua de Júpiter, tem de duas a três vezes mais água em sua crosta de gelo e abaixo dela.

2. Vejo que há cem vezes mais oxigênio na atmosfera que nos oceanos. Como isso é possível? A água não possui 86% de oxigênio em massa?

Sim, mas o oxigênio da água (H_2O) está firmemente ligado aos átomos de hidrogênio. Ao contrário do oxigênio atmosférico, o oxigênio existente nas moléculas de água não pode ser usado pelos organismos para respiração. Os peixes não podem extraí-lo com suas brânquias. Os animais marinhos dependem do oxigênio dissolvido e das moléculas de oxigênio (O_2) presentes na água e livres para se moverem pelas membranas das brânquias. Comparado ao oxigênio da atmosfera, muito pouco desse oxigênio livre está presente nos oceanos.

3. Por que água quente congela mais rapidamente que água fria?

Isso não acontece! Se duas quantidades iguais de água são colocadas em um congelador e uma está mais quente que a outra, a mais fria sempre congelará primeiro. Água quente deve perder calor para chegar à temperatura inicial da água fria, e naquele momento a água que começou fria já estará quase no ponto de congelamento.

Assim, você poderia fazer cubos de gelo com água quente? Não. Primeiro você paga para a companhia de energia (ou de gás) para aquecer sua água. Depois, paga a companhia de energia para ligar o congelador e reduzir a temperatura da água ao máximo. Agora você congela a água. Se começar com água quente, você terá menos gelo porque a maior parte da água quente terá evaporado antes de finalizar o congelamento.

4. Não consigo saber de onde o som está vindo quando estou debaixo d'água. Parece que está vindo da minha cabeça. O que é isso?

Nossa sensação normal de audição estéreo depende, em parte, da diferença nos tempos de chegada do som de uma orelha para outra. A velocidade do som na água, contudo, é mais que quatro vezes maior que sua velocidade no ar, por isso nosso cérebro não consegue sentir as diferenças do tempo de chegada dos sons que estão próximos. Seria preciso um processamento de sinal quatro vezes mais rápido – ou ter uma cabeça quatro vezes maior – para ouvir estereofonicamente embaixo d'água.

5. Se nossos dias mais longos ocorrem próximo do final de junho, nossos dias mais quentes não deveriam ocorrer nessa época também? E, pensando a respeito, nossos dias mais frios também não são os mais curtos. Por que isso ocorre?

Por causa da inércia térmica. Há um atraso entre o máximo de radiação solar e o máximo de aquecimento por causa do grande calor específico da água. O Sol deve brilhar sobre esse planeta água durante muitas semanas para aumentar a temperatura do hemisfério em período de verão. Naturalmente, a água também retém bem o calor; assim, os dias mais frios no hemisfério de período de inverno sobrevêm depois dos dias menos iluminados.

6. Se a água possui o maior calor latente de evaporação, por que, ao molhar as mãos com álcool, sinto-as mais frias, quando ele evapora, que ao molhá-las com água?

Trata-se, novamente, da relação calor *versus* temperatura. O álcool torna suas mãos *mais frias*, mas evapora muito *mais rapidamente*. A água permanece um pouco mais (demora mais para evaporar), e, embora possa não causar a sensação de tornar a pele mais fria, ela removerá mais calor.

7. Aprendi em física que o calor latente de vaporização da água é de 585 calorias por grama. Neste capítulo, você disse que é de 540 calorias por grama. Como assim?

Na verdade, escrevi que o calor latente de *vaporização* da água é de 540 calorias por grama. O calor latente de vaporização é a quantidade de calor que deve ser acrescentada a 1 grama de uma substância, ao seu ponto de ebulição, para mudá-la completamente de um líquido para um gás. Mas a água não precisa estar em seu ponto de ebulição para vaporizar. Quando as moléculas de água evaporam a temperaturas abaixo do ponto de ebulição (como de sua pele após um

Panorama Geral do Capítulo

Neste capítulo, você aprendeu sobre as características incomuns da água. Água, um composto químico constituído de dois átomos de hidrogênio e um de oxigênio, é abundante dentro e sobre a Terra. A natureza polar da molécula de água e as ligações de hidrogênio que se formam entre as moléculas de água resultam em algumas propriedades físicas e químicas incomuns (ou anômalas).

As propriedades térmicas da água são responsáveis pelas condições físicas amenas na superfície da Terra. A água líquida é marcadamente resistente às variações de temperatura com a adição ou a remoção do calor; e o gelo, com seu elevado calor latente de fusão e baixa densidade, funde-se e congela sobre vastas áreas oceânicas para absorver ou liberar calor sem mudança na temperatura. Esses efeitos termostáticos, combinados com a movimentação das massas de água e de vapor, previnem intensas variações na temperatura da superfície da Terra.

As características físicas dos oceanos são fortemente determinadas pelas propriedades físicas da água. Essas propriedades incluem o calor específico da água, a densidade, a salinidade e a habilidade para transmitir a luz e o som.

As mudanças na temperatura e salinidade influenciam muito a densidade da água. A água do oceano normalmente é estratificada pela densidade, com a água mais densa localizada no fundo ou próxima a ele.

O som e a luz nos oceanos são afetados pelas propriedades físicas da água, com a refração e os efeitos de absorção cumprindo papéis muito importantes.

A água também tem a importante habilidade de dissolver mais substâncias que qualquer outro solvente natural. Embora a maioria dos sólidos e gases seja solúvel em água, a água do mar está em equilíbrio químico, e nem as proporções nem as quantidades da maioria das substâncias dissolvidas variam significativamente com o tempo. A maioria das propriedades da água do mar é diferente das propriedades da água pura em decorrência das substâncias dissolvidas na água do mar.

No próximo capítulo, você aprenderá como a atmosfera e o oceano trabalham juntos para moldar a temperatura, o clima e a história natural da Terra. Nossas discussões anteriores sobre calor, temperatura, convecção, gases dissolvidos e ciclos geológicos serão colocadas em prática. Você descobrirá conexões surpreendentes entre as tempestades, os organismos tropicais, os desertos e as corridas de barcos à vela!

exercício físico), mais calor deve ser fornecido para evaporar cada molécula do que é necessário para vaporizá-la no ponto de ebulição. O calor latente da vaporização aumenta com a diminuição da temperatura – a 20 °C (68 °F), o calor latente de vaporização é de 585 calorias por grama. Isso às vezes é chamado de **calor latente de vaporização.**

Termos e Conceitos para se Lembrar

absorção
ácido
adesão
alcalino
base
calor
calor específico
calor latente de evaporação
calor latente de fusão
calor latente de vaporização
calor sensível
caloria
camada de mistura (ou zona de superfície)
camada SOFAR
ciclo hidrológico
coesão
curva de densidade
densidade
dispersão
elementos-traço
elétron
equilíbrio químico
equilíbrio térmico
escala de pH
estado
graus
haloclina
inércia térmica
íon
ligação covalente
ligação de hidrogênio
ligação química
massa de água
molécula
picnoclina
polar
ponto de congelamento
princípio das proporções constantes
propriedades termostáticas
próton
refração
salinidade
salinômetro
SOFAR
som
sonar ativo
tampão
temperatura
tempo de mistura
tempo de residência
termoclina
voláteis em excesso
zona afótica
zona de superfície (ou camada de mistura)
zona fótica
zona profunda

Perguntas de Estudo

1. Por que a água é uma molécula polar? Quais propriedades da água derivam de sua natureza polar?
2. Além do hidrogênio e do oxigênio, quais são os elementos/íons mais abundantes na água do mar?
3. Como a salinidade é determinada? Como os métodos modernos dependem do princípio das proporções constantes?
4. Qual gás dissolvido é representado no oceano em uma proporção maior que na atmosfera? Por que a disparidade?
5. Quais fatores afetam o pH da água do mar? Como o pH da água do mar muda com a profundidade? Por quê?
6. Qual é a diferença entre calor e temperatura?

7. Como o alto calor específico da água influencia o oceano? Deixando de lado seu efeito em festas na praia, como você acha que as condições da Terra seriam diferentes se nosso oceano fosse constituído por álcool etílico?
8. Por que o gelo flutua? Por que esse fato é importante para as condições térmicas da Terra?
9. Quais fatores afetam a densidade da água? Por que o ar ou a água frios tendem a afundar? Qual é a função da salinidade na densidade da água?
10. Como o oceano é estratificado pela densidade? Quais fatores físicos estão envolvidos? Quais nomes são dados às zonas de densidade do oceano?
11. Se o tempo de residência da água no oceano é de aproximadamente 4.100 anos, quantos anos em média uma molécula de água leva para evaporar do oceano e voltar para ele?
12. Quais fatores influenciam a intensidade e a cor da luz no mar? Quais fatores afetam a profundidade da zona fótica? Pode haver uma "fotoclina" no oceano?

7 Circulação Atmosférica

CONCEITOS-CHAVE

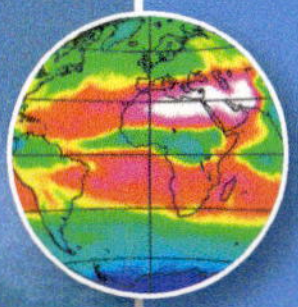

O oceano e a atmosfera da Terra são aquecidos pelo Sol de forma desigual – maior quantidade de energia solar é absorvida próximo ao equador do que próximo aos polos. A atmosfera se move em resposta a essa diferença de aquecimento. NASA

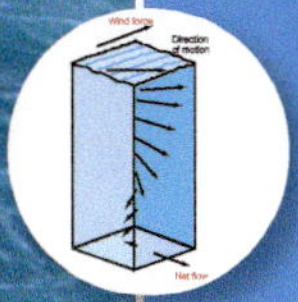

Objetos em movimento tendem a se mover para a direita de seu curso inicial no Hemisfério Norte (e para a esquerda no Hemisfério Sul). Essa tendência é chamada de *efeito de Coriolis*. © Cengage Learning

A atmosfera circula em seis grandes circuitos (três em cada hemisfério). NASA

Podem ocorrer tempestades entre duas massas de ar (tempestades frontais) ou dentro de uma massa de ar (ciclone tropical).
Imagem do observatório da Terra da NASA, feita por Robert Simmon, com dados cortesia da equipe científica do projeto NASA/NOAA GOES.

Circulação atmosférica em ação. Ventos de tempestade atingindo uma velocidade constante de 80 nós (148 quilômetros por hora, ou 92 milhas por hora) direcionando a superfície oceânica na Passagem de Drake, no Oceano Antártico, sul do Cabo Horn, Chile.
Imagens de Colin Monteath/Minden

7.1 A Interação entre a Atmosfera e o Oceano

A **atmosfera** é composta pelo volume de gases, vapor d'água e partículas suspensas no ar que envolvem a Terra. A atmosfera da Terra e o oceano estão intimamente interligados, trocando livremente gases e água. Os gases que entram na atmosfera a partir do oceano têm efeitos importantes no clima, e os gases que entram no oceano a partir da atmosfera podem influenciar a deposição de sedimentos, a distribuição de vida e algumas das características físicas da própria água do mar.

A atmosfera é supreendentemente fina – cerca de 80% de sua massa reside em 15 quilômetros (9 milhas) da superfície da Terra. Enquanto o oceano é aquecido por cima, pelo Sol (e portanto, de modo relativamente estável), a atmosfera é aquecida por baixo, a partir da absorção da luz solar pela terra e pelo oceano. Como o ar quente sobe, a baixa atmosfera é consequentemente *instável*, suas condições são alteradas rapidamente, diariamente, de acordo com o local.

A **Figura 7.1** ilustra as camadas da nossa atmosfera. A **troposfera** (*trope*, "reverter"), a camada turbulenta na qual ocorrem quase todas as condições meteorológicas, tem início na superfície da Terra e se estende por 9 quilômetros (30.000 pés) nos polos e 17 quilômetros (56.000 pés) no Equador. A *estratosfera*, menos turbulenta, se estende por aproximadamente 51 quilômetros (32 milhas ou 170.000 pés). A pressão atmosférica no topo da estratosfera é de aproximadamente 1/1.000 daquela do nível do mar. A fria e tênue mesosfera está situada acima da estratosfera. Sua parte superior gradualmente se mistura ao espaço.

A água que evapora da superfície do oceano e é movida pelo **vento**, o movimento da massa de ar, ajuda a minimizar os extremos de temperatura ao redor do mundo; por meio da chuva, fornece umidade para a agricultura. As condições do tempo, que afetam tão profundamente nossas vidas diárias, são moldadas na junção do vento com a água, e o fluxo de ar tem grande influência sobre o movimento da água no oceano. A **condição meteorológica** é o estado da atmosfera em um dado momento e local, o **clima** é a soma estatística em longo prazo da condição do tempo em uma área. Para entender as interações entre atmosfera e oceano que produzem as condições do tempo e o clima, iniciamos examinando a composição e propriedades da atmosfera.

BREVE REVISÃO

Antes de passar para a próxima seção, verifique seu entendimento de algumas das ideias importantes apresentadas até agora:

1. Qual é a diferença entre condição meteorológica (tempo) e clima?

Para verificar suas respostas, acesse a página deste livro no site da Cengage.

(a) Pôr do sol visto a partir da Estação Espacial Internacional. A espessura da atmosfera é claramente visível.
(b) A fria e tênue *mesosfera* é a camada superior da atmosfera. Nuvens noctilucentes compostas por vapor d'água congelada às vezes se formam na mesosfera, e a maioria dos meteoros se queima nessa altitude.
(c) Pilotos e passageiros apreciam a calma *estratosfera*, onde o fluxo de ar é menos turbulento do que na troposfera.
(d) A maioria das condições do tempo ocorre na agitada *troposfera*, a camada mais próxima à superfície da Terra e a que contém a maior parte da massa da atmosfera.

Figura 7.1 As camadas da atmosfera.

7.2 A Atmosfera é Composta Principalmente de Nitrogênio, Oxigênio e Vapor d'Água

A baixa atmosfera é praticamente uma mistura homogênea de gases, composta em sua maioria por nitrogênio (78,1%) e oxigênio (20,9%). Outros elementos e compostos, conforme mostrado na **Figura 7.2**, constituem menos de 1% da composição da baixa atmosfera.

O ar nunca está completamente seco; o **vapor d'água**, a forma gasosa da água, pode ocupar até 4% de seu volume. Algumas vezes, gotículas líquidas de água podem ser vistas como nuvens ou neblina, porém frequentemente a água está simplesmente presente – na forma invisível de vapor, tendo entrado na atmosfera a partir do solo, das plantas e da superfície do mar. O tempo de residência do vapor d'água na baixa atmosfera é de aproximadamente 10 dias. A água abandona a atmosfera ao se condensar em orvalho, chuva ou neve.

O ar tem massa. Uma coluna de ar seco com 1 centímetro quadrado (0,16 polegadas quadradas), e estendendo-se do nível do mar ao topo da atmosfera, pesa cerca de 1,04 quilogramas (2,3 libras). Uma coluna de ar com 1 pé quadrado da mesma altura pesa mais de 1 tonelada.

A temperatura e o conteúdo de água do ar afetam significativamente sua densidade. Uma vez que o movimento molecular associado à temperatura faz que uma massa de ar quente ocupe mais espaço do que a mesma massa de ar frio, o ar quente é menos denso do que o ar frio. Porém, ao contrário do que podemos imaginar, o ar úmido é *menos* denso do que o ar seco na mesma temperatura – já que as moléculas de vapor d'água pesam menos que as de nitrogênio e oxigênio que o vapor d'água desloca.

Próximo à superfície da Terra, o ar é compactado densamente pelo seu próprio peso. O ar erguido de perto do nível do mar até uma altitude maior está sujeito a uma pressão menor e irá se expandir. Como bem sabe qualquer pessoa que já tenha sentido o ar frio saindo da válvula de um pneu, o ar se torna mais *frio* quando ele se *expande*. O efeito oposto é também verdadeiro: o ar *comprimido* em uma bomba de pneu se torna mais *quente*. O ar que desce de altas temperaturas se aquece conforme é comprimido pela pressão atmosférica mais elevada quando se aproxima da superfície da Terra.

O ar quente pode armazenar mais vapor d'água do que o ar frio. O vapor d'água presente no ar ascendente, em expansão, a medida que o ar esfria se condensa em nuvens (agregados de gotículas), pois o ar frio se torna incapaz de conter tanto vapor d'água **(Figura 7.3)**. Se o ar continuar ascendendo e esfriando, as gotículas podem se transformar em gotas de chuva ou flocos de neve. A atmosfera então perderá água por meio da **precipitação**, água líquida ou gelo que cai do ar sobre a superfície da Terra. Essas relações ascensão-expansão--resfriamento e precipitação-compressão-aquecimento são importantes na compreensão da circulação atmosférica, das condições do tempo e do clima **(Figura 7.4)**.

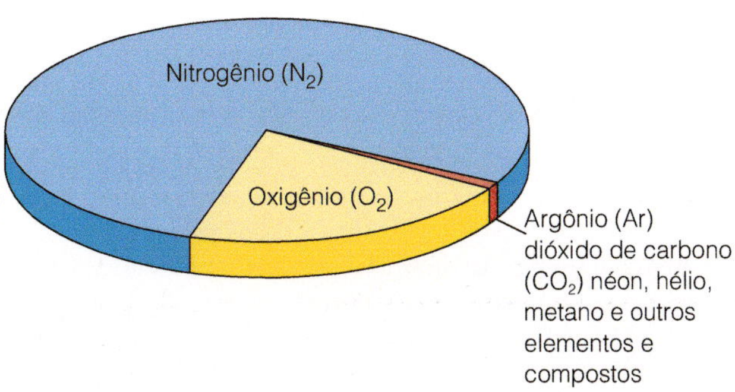

Figura 7.2 A composição média do ar seco, por volume.

BREVE REVISÃO

Antes de passar para a próxima seção, verifique seu entendimento de algumas das ideias importantes apresentadas até agora:

2. O que apresenta maior densidade à mesma temperatura e pressão: o ar úmido ou o ar seco?
3. Como a temperatura do ar muda quando o ar se expande? E quando ele é comprimido?
4. O ar quente pode armazenar mais vapor d'água do que o ar frio?
5. O que acontece quando o ar contendo vapor d'água sobe?

Para verificar suas respostas, acesse a página deste livro no site da Cengage.

7.3 A Atmosfera se Movimenta em Resposta às Diferenças no Aquecimento Solar e à Rotação da Terra

Aproximadamente metade da energia irradiada pelo Sol em direção à Terra é absorvida pelo nosso planeta, mas essa energia não é distribuída uniformemente pela sua superfície. A quantidade de energia solar que atinge a superfície da Terra por minuto varia de acordo com o ângulo do Sol sobre o horizonte, a transparência da atmosfera e a refletividade local da superfície. Os fatores mais importantes que afetam o ângulo do Sol sobre o horizonte são a latitude e a estação do ano. Como podemos observar, a rotação da Terra também atua na circulação atmosférica.

A atmosfera, assim como o solo e o oceano, irradiam essa energia térmica de volta para o espaço na forma de radiação infravermelha de ondas longas. A entrada de calor e o fluxo de saída de calor "contabilizam" o **balanço de calor** da Terra. Como no balanço financeiro de uma pessoa, o que entra deve eventualmente ser igual ao que sai. Em longo prazo, o total de entrada de calor (mais aquele de fontes terrestres) se iguala ao total de calor irradiado no espaço frio. Portanto, a Terra está em **equilíbrio térmico**: nem mais quente nem mais fria.[1]

1 Alterações no balanço de calor ocorrem em curtos períodos de tempo geológico. A elevação das quantidades de dióxido de carbono e metano na atmosfera terrestre certamente contribui para um aumento na temperatura da superfície denominado *efeito estufa*. Mais informações sobre esse assunto podem ser obtidas no Capítulo 15.

Figura 7.3
Ar instável sobre o oceano tropical quente. Conforme o ar sobe, se expande e resfria, o vapor d'água nele contido se condensa em gotículas (nuvens). © Richard Broadwell/Beateworks/Corbis

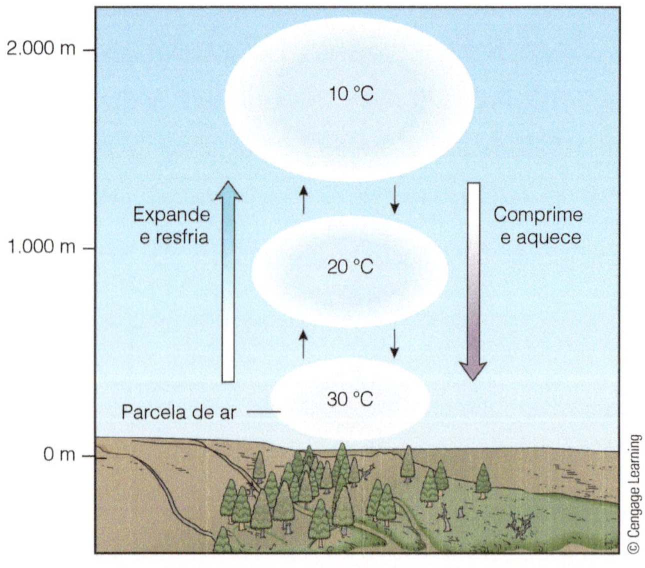

Figura 7.4 O ar em ascensão se resfria conforme expande. O ar mais frio pode armazenar menos água em solução, e, portanto, o vapor d'água (um gás invisível) se condensa em minúsculas gotas – nuvens. O ar descendente se aquece conforme é comprimido – e as gotículas (nuvens) evaporam.

PENSANDO ALÉM DA IMAGEM

Se você expirar lentamente em um dia frio, sua respiração se torna visível. Por quê? Ela não está ascendendo ou se precipitando a uma grande distância?

O Aquecimento Solar da Terra Varia com a Latitude

Conforme pode ser observado na **Figura 7.5**, a luz solar que atinge as latitudes polares se espalha sobre uma área maior (ou seja, as regiões polares recebem menos radiação por unidade de área) do que a luz solar nas latitudes tropicais. Próximo aos polos, a luz é filtrada por uma camada maior de atmosfera e atinge a superfície em um ângulo inferior, favorecendo a reflexão. As regiões polares não recebem luz solar durante o inverno local. Por outro lado, a luz solar atinge as latitudes tropicais em um ângulo mais vertical, o que distribui a mesma quantidade de luz solar sobre uma área muito menor. A luz passa através de uma camada mais fina de atmosfera e minimiza a reflexão. As latitudes tropicais recebem significativamente mais energia solar do que as regiões polares, e as áreas de latitude média recebem mais calor no verão do que no inverno.

A **Figura 7.6** mostra o calor recebido *versus* o calor irradiado em diferentes latitudes. Próximo ao equador, a quantidade de energia solar recebida pela Terra excede em grande parte a quantidade de calor irradiado para o espaço. Nas regiões polares, ocorre o oposto.

Então, por que o oceano polar não congela e o oceano equatorial evapora? O motivo é que a água em si move enormes quantidades de calor entre os trópicos e os polos. As propriedades térmicas da água a tornam um fluido ideal para equalizar o desequilíbrio polar-tropical. O calor específico da água move o calor em direção aos polos nas correntes marinhas, mas o calor latente de vaporização excepcionalmente alto da água (540 calorias por grama) significa que o vapor d'água transfere muito mais calor (por unidade de massa) do

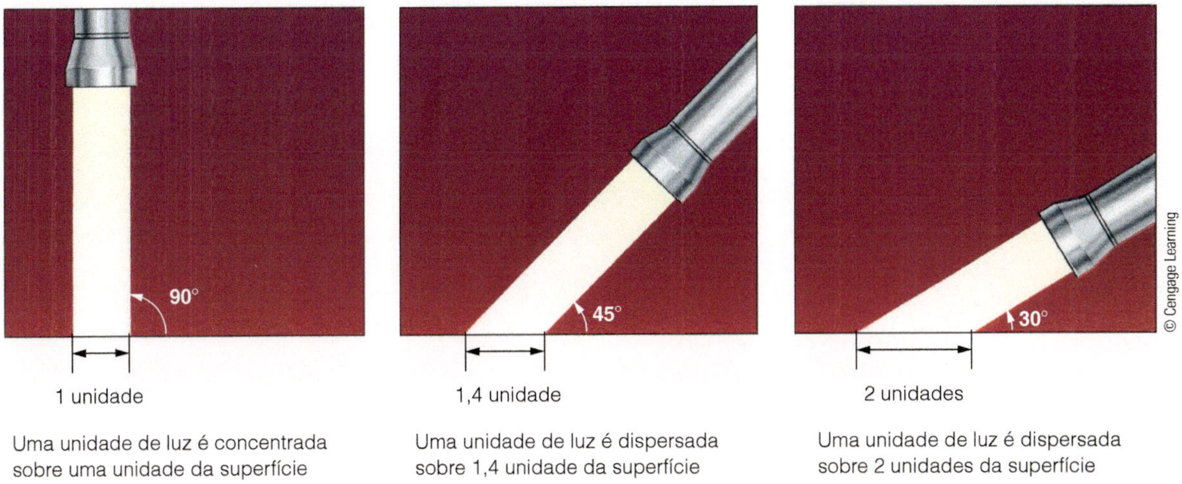

Figura 7.5 Como o aporte de energia solar varia de acordo com a latitude. Quantidades iguais de luz solar são distribuídas sobre uma superfície maior nos polos do que nos trópicos. O gelo próximo aos polos reflete grande parte da energia que atinge a superfície polar.

que a água líquida. As massas de ar em movimento contribuem com cerca de dois terços das transferências de calor em direção aos polos; as correntes oceânicas movem o outro terço.

O Aquecimento Solar da Terra Também Varia com as Estações Sazonais

No mês de junho, o Hemisfério Norte recebe, em latitudes médias, cerca de três vezes a energia solar recebida em dezembro. Essa diferença é causada pela inclinação de 23½° no eixo de rotação da Terra com relação ao plano de sua órbita ao redor do Sol **(Figura 7.7b)**. À medida que a Terra realiza sua translação ao redor do Sol, a inclinação constante do seu eixo rotacional faz que o Hemisfério Norte se incline em *direção* ao Sol em junho, mas para *longe* dele em dezembro. O Sol, portanto, parece alto no céu no verão e baixo no inverno. A inclinação do eixo da Terra também faz que os dias se tornem mais longos conforme o verão se aproxima e mais curtos com a chegada do inverno. Dias mais longos significam mais tempo para o Sol esquentar a superfície da Terra. A inclinação causa as estações sazonais.

O aquecimento nas latitudes médias é altamente afetado pela estação sazonal: as latitudes médias do Hemisfério Norte recebem cerca de três vezes mais energia solar em junho do que em dezembro.

O Aquecimento Solar Desigual da Terra Resulta na Circulação Atmosférica em Larga Escala

Imagine a circulação de ar em um quarto com radiador quente oposto à janela fria **(Figura 7.8)**. O ar se aquece, se expande, se torna menos denso e *ascende* sobre o radiador. O ar se esfria, se contrai, se torna mais denso e cai próximo à janela de vidro frio. A corrente de ar circulante no quarto, uma **corrente de convecção**, é causada pela diferença de temperatura entre as extremidades do quarto. Um processo semelhante ocorre na superfície da Terra. Como já vimos, as temperaturas superficiais são mais elevadas no equador do que nos polos, e o ar pode ganhar calor de regiões quentes adjacentes. Considerando que o ar tem liberdade para se mover na superfície da Terra, seria razoável assumirmos que um padrão de circulação de ar como o mostrado na **Figura 7.9** se desenvolvesse sobre a Terra. Nesse modelo idealizado, o ar aquecido nos trópicos iria se expandir e tornar-se menos denso, atingir altas altitudes, voltar para os polos e se acumular ao convergir próximo aos polos. O ar então iria esfriar e se contrair ao irradiar calor para o espaço, afundar em direção à superfície, ir em direção ao equador, fluindo ao longo da superfície de volta para os trópicos para completar o circuito.

Não é isso, no entanto, o que acontece. A circulação global de ar é regulada por dois fatores: o aquecimento solar desigual *e* a rotação da Terra. A rotação da Terra para leste em

Figura 7.6 Áreas de ganho e perda de calor na superfície da Terra.

PENSANDO ALÉM DA IMAGEM

Por que o oceano não ferve no equador e não congela nos polos?

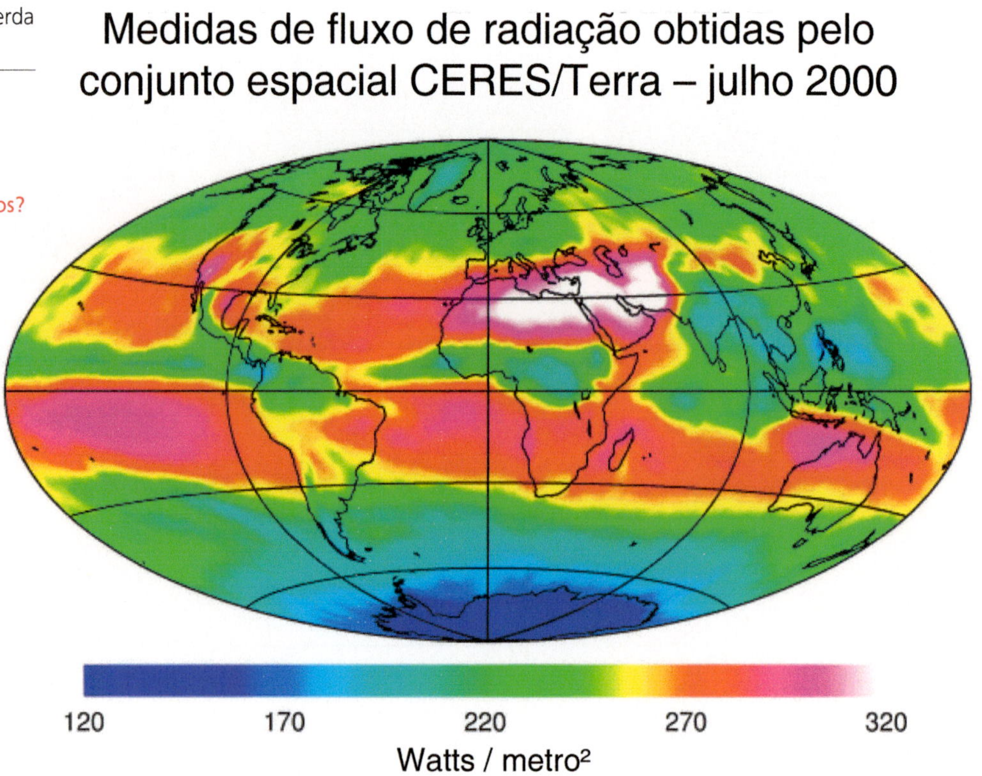

(a) Dados do satélite "Terra" referentes ao mês de julho de 2000 exibem áreas da Terra onde a entrada de calor solar excede a irradiação de volta para o espaço (vermelho, laranja), e áreas onde a irradiação de calor para o espaço excede a entrada de calor solar (azul).

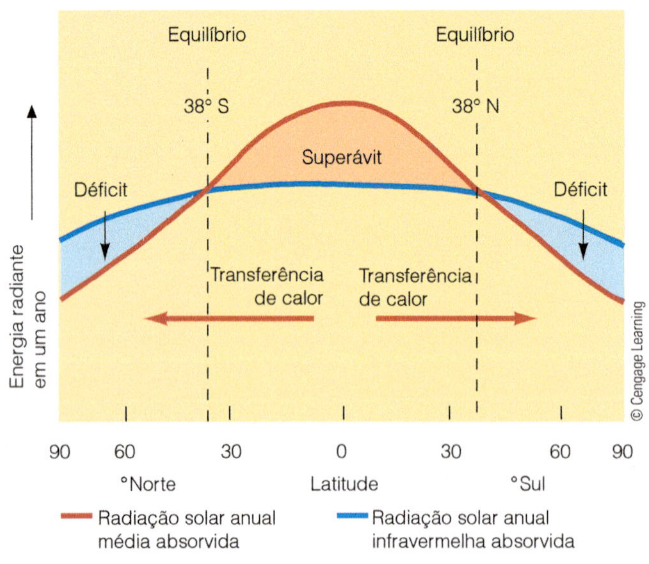

(b) A média anual da radiação solar incidente (linha vermelha) *absorvida* pela Terra aparece juntamente com a média anual da radiação infravermelha (linha azul) *emitida* pela Terra. Observe que, conforme em (a), as latitudes polares perdem mais calor para o espaço do que ganham, e latitudes tropicais ganham mais calor do que perdem. Somente ao redor de 38 °N e 38 °S a quantidade de calor recebido se torna igual à de calor perdido. Uma vez que a área de calor recebido (área laranja) é igual à área de calor perdido (áreas azuis), o balanço de calor total da Terra é equilibrado com o tempo.

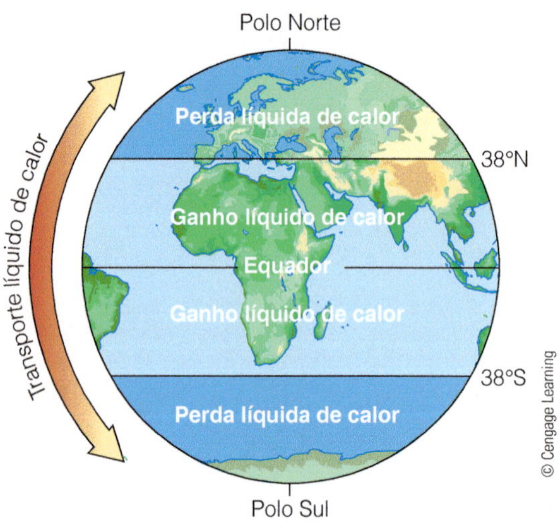

(c) O oceano não ferve próximo ao equador ou congela completamente próximo aos polos porque o calor é transportado por ventos e correntes oceânicas da região equatorial para as regiões polares.

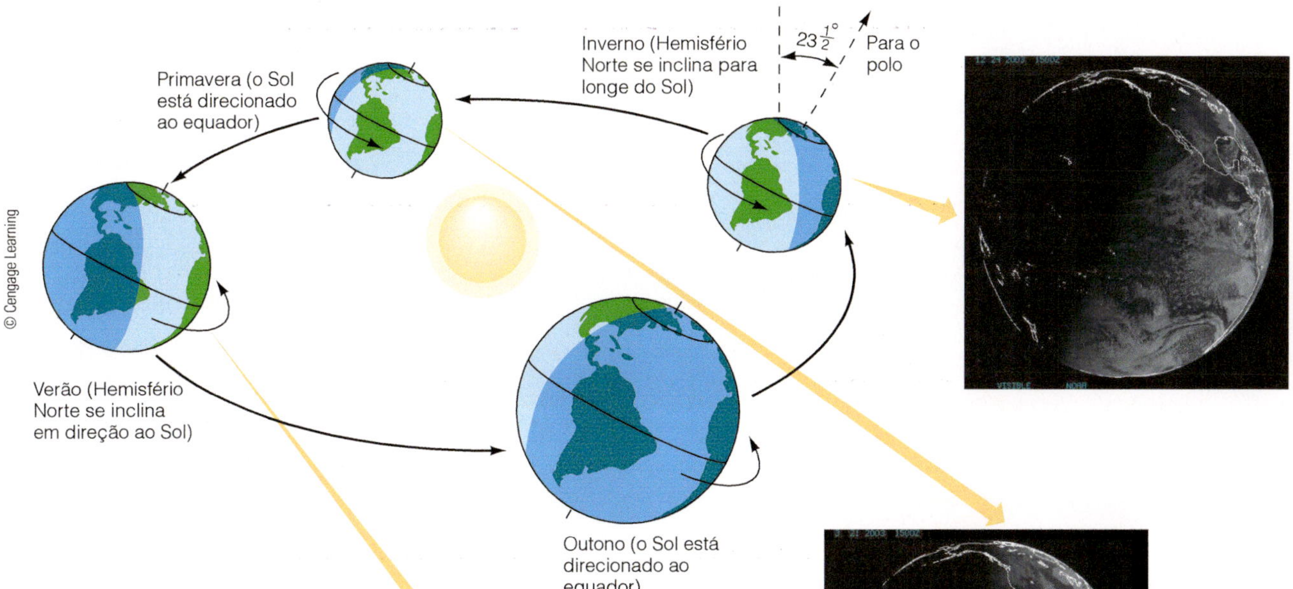

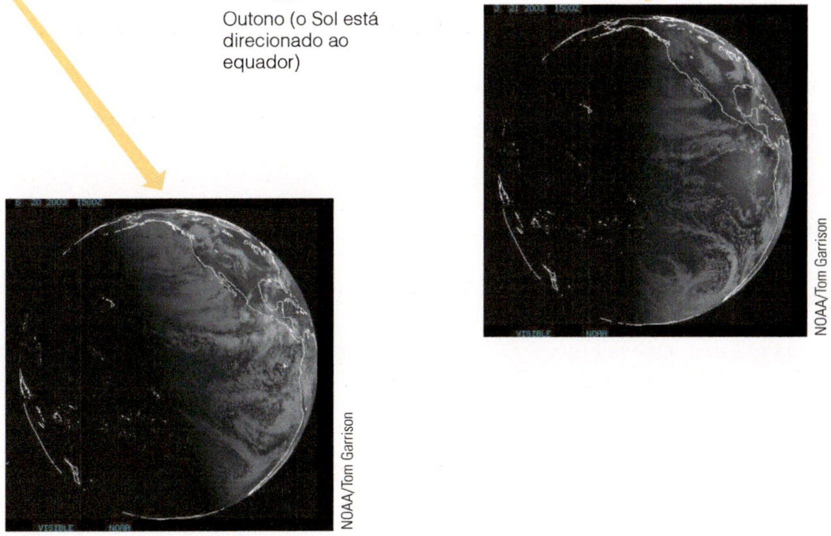

Figura 7.7 As estações sazonais (mostradas para o Hemisfério Norte) são causadas pelas variações na quantidade de incidência de energia solar conforme a Terra faz sua rotação anual ao redor do Sol em um eixo inclinado em 23½°. Durante o inverno no Hemisfério Norte, o Hemisfério Sul é inclinado em direção ao Sol e o Hemisfério Norte recebe menos luz e calor. Durante o verão do Hemisfério Norte, a situação se inverte. As imagens de satélite mostram claramente a diferença significativa no ângulo de iluminação nos meses de dezembro, setembro e junho.

PENSANDO ALÉM DA IMAGEM

Por que as estações sazonais são invertidas no Hemisfério Sul?

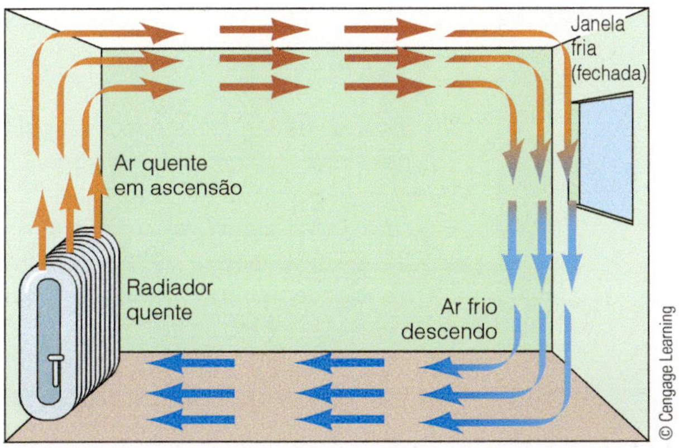

Figura 7.8 Uma corrente de convecção se forma em uma sala quando o ar flui de um radiador quente para uma janela fria e de volta para o radiador. (Para uma aplicação prática desse princípio no oceano, veja a Figura 8.22.)

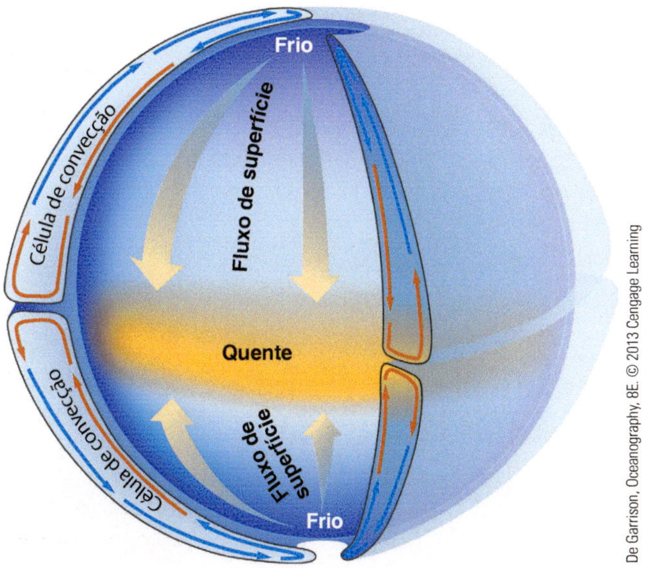

Figura 7.9 Um modelo hipotético da circulação de ar da Terra, considerando apenas o aquecimento solar diferenciado. (A espessura da atmosfera está significativamente exagerada.)

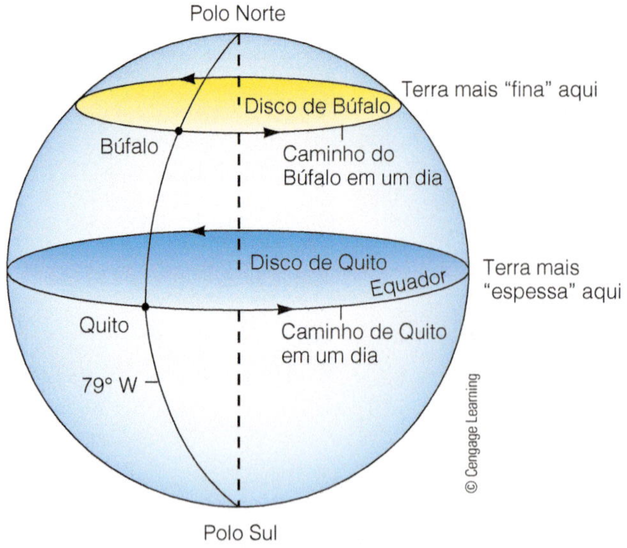

Figura 7.10 Esquema do experimento apresentado no texto que mostra que Búfalo percorre um caminho *menor* em torno da Terra do que o percorrido pelo Quito.

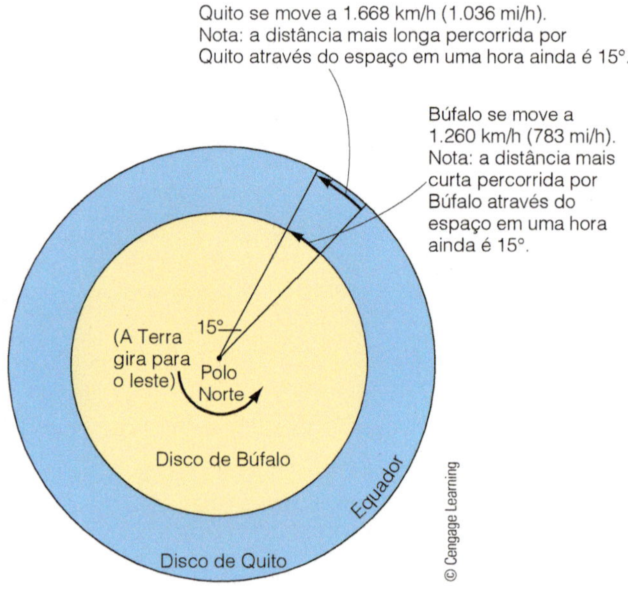

Figura 7.11 Continuação do experimento apresentado. Uma observação da Terra por sobre o Polo Norte mostra que Búfalo e Quito se movem em velocidades *diferentes*.

seu eixo deflete o movimento do ar ou água (ou qualquer objeto com massa que se mova) para longe de seu curso inicial. Essa deflexão é chamada de **efeito de Coriolis** em homenagem a **Gaspard Gustave de Coriolis**, o cientista francês que desenvolveu sua matemática em 1835. A compreensão do efeito de Coriolis é importante para entendermos as circulações atmosférica e oceânica.

BREVE REVISÃO

Antes de passar para a próxima seção, verifique seu entendimento de algumas das ideias importantes apresentadas até agora:

6. O que significa equilíbrio térmico? O balanço de calor da Terra está em equilíbrio?
7. Como o aquecimento solar varia com a latitude? E com as estações sazonais?
8. O que é uma corrente de convecção? Você consegue pensar em exemplos de correntes de convecção ao redor de sua casa?

Para verificar suas respostas, acesse a página deste livro no site da Cengage.

7.4 O Efeito de Coriolis Deflete a Trajetória de Objetos em Movimento

Para um observador fixo na Terra, qualquer objeto movendo-se livremente ao longo do globo parece se curvar levemente com relação à sua trajetória inicial. No Hemisfério Norte, essa curva é para a direita, ou *sentido horário*, do caminho esperado; no Hemisfério Sul, para a esquerda, ou *sentido anti-horário*. Para observadores fixos na Terra, essa deflexão é bem real: ela não é causada por alguma força misteriosa nem se trata de uma ilusão de óptica ou algum truque causado pelo formato do globo terrestre. *A deflexão observada é causada pelo fato de o sistema de referência do observador estar em movimento, pela rotação da Terra.*

Para um observador fixo na Terra, qualquer objeto se movendo livremente ao longo do globo parece se curvar levemente com relação à sua trajetória inicial. No Hemisfério Norte, essa curva é para a direita, ou *sentido horário*, do caminho esperado; no Hemisfério Sul, para a esquerda, ou *sentido anti-horário*.

A influência dessa deflexão pode ser ilustrada pelo desempenho de um experimento mental envolvendo objetos concretos – nesse caso, cidades e bolas de canhão – e então aplicando o princípio da circulação atmosférica. (Leia a próxima seção com cuidado, frase por frase – a ideia é realmente interessante.)

Vamos escolher como exemplos para nosso experimento a cidade equatorial de Quito, a capital do Equador, e Búfalo, Nova York. Ambas as cidades estão quase na mesma linha de longitude (79 °W), então Búfalo está quase exatamente ao norte de Quito (como mostra a **Figura 7.10**). Como tudo que está fixo à Terra gira, as duas cidades percorrem uma volta ao redor do mundo a cada 24 horas. No decorrer de um dia, a relação norte-sul das duas cidades nunca é alterada: Quito está sempre ao sul de Búfalo.

Uma volta completa ao redor do mundo corresponde a 360°, portanto cada cidade se move para leste com uma velocidade angular de 15° por hora (360°/24 horas = 15°/hora). Embora suas velocidades angulares sejam iguais, as duas cidades se movem para leste em velocidades diferentes. Quito está no equador, a parte "mais rápida" da Terra. Búfalo está mais ao norte, em uma parte mais "fina". Imagine as duas cidades isoladas em discos planos e suponha a esfera terrestre sendo feita de um grande número desses discos, presos por um eixo que conecta o Polo Norte, ao Polo Sul. Na Figura 7.10, é possível ver que o disco de Búfalo é menor que o de Quito. Ao longo de um dia, Búfalo não tem que percorrer a mesma distância que Quito, já que seu disco não é tão grande. Portanto, Búfalo deve se mover para leste *mais* lentamente do que Quito para manter sua posição sempre ao norte de Quito.

Agora observe a Terra por cima do Polo Norte, conforme exibido na **Figura 7.11**. Os discos de Quito e de Búfalo devem girar 15° de longitude a cada hora (caso contrário, a Terra se romperia), mas a cidade localizada no equador deve se mover mais rápido em direção a leste para percorrer 15° em uma hora, já que sua "fatia de torta" é maior. Búfalo deve se mover a 1.260 quilômetros (783 milhas) por hora para dar a volta ao mundo em um dia, enquanto Quito deve se mover a 1.668 quilômetros (1.036 milhas) por hora para fazer o mesmo.

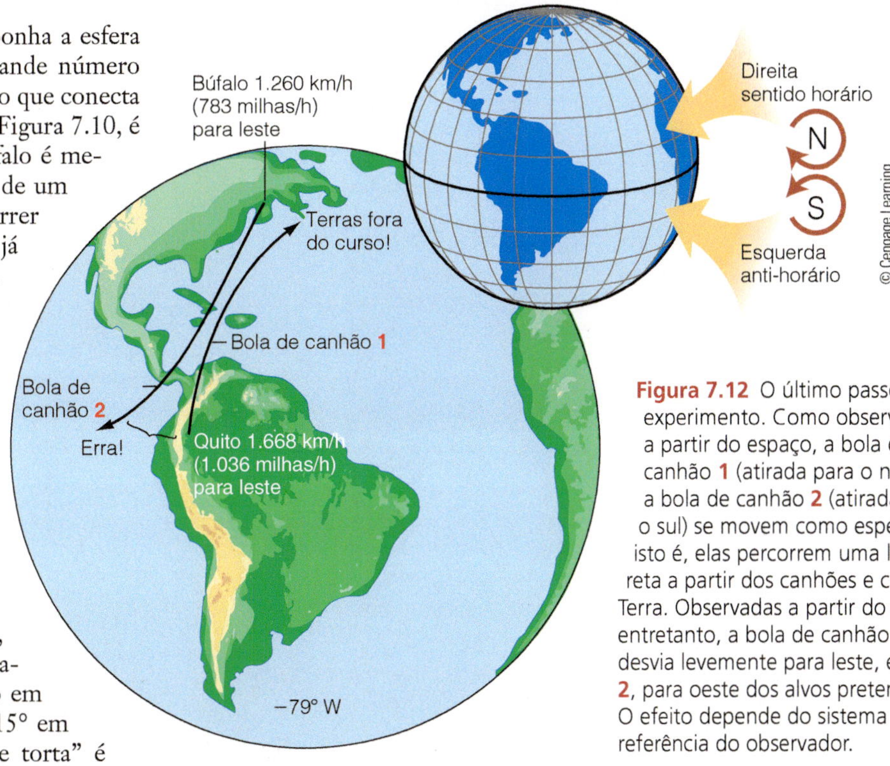

Figura 7.12 O último passo do experimento. Como observado a partir do espaço, a bola de canhão 1 (atirada para o norte) e a bola de canhão 2 (atirada para o sul) se movem como esperado, isto é, elas percorrem uma linha reta a partir dos canhões e caem na Terra. Observadas a partir do chão, entretanto, a bola de canhão 1 desvia levemente para leste, e a bola 2, para oeste dos alvos pretendidos. O efeito depende do sistema de referência do observador.

Agora, imagine um objeto maciço se movendo entre as duas cidades. Uma bola de canhão disparada de Quito em direção a Búfalo levaria a componente para leste de Quito ao longo de sua viagem, ou seja, independentemente da sua velocidade para o norte, a bola de canhão também está se movendo para leste, a 1.668 quilômetros (1.036 milhas) por hora. O fato de a bola ter sido disparada para o norte pelo canhão não muda em nada seu movimento para leste. Uma coisa estranha acontece conforme a bola de canhão viaja para o norte. A bola de canhão desvia de seu caminho original, inclinando levemente para a direita (leste) **(Figura 7.12)**. Na verdade, essa primeira bola de canhão está se movendo exatamente como um observador no espaço esperaria, mas, para nós que estamos no chão, a bola "chega em frente à Terra". Conforme a bola de canhão 1 se move para o norte, o chão abaixo não está mais se movendo para o leste a 1.668 quilômetros por hora. Durante o tempo de voo da bola, Búfalo (em seu disco menor) *não se moveu para leste o suficiente para chegar ao ponto em que a bola deveria cair*. Se o tempo de voo da bola for de 1 hora, uma cidade a 408 quilômetros ao leste de Búfalo (1.668 [velocidade de Quito] – 1.260 [velocidade de Búfalo] = 408) terá uma surpresa. A Albânia vai passar por emoções!

Ainda com problemas? Experimente isso: lembre que a bola de canhão se movendo para o *norte*, de certa forma, possui a velocidade para *leste* que tinha antes de ser atirada da boca do canhão em Quito. Quando ela atinge seu alvo, o alvo está atrasado (porque aquela parte da Terra está se movendo para o leste mais lentamente). A bola de canhão irá atingir a Terra à direita de sua posição-alvo. Melhorou?

Agora, se a bola de canhão fosse para o sul de Búfalo, em direção a Quito, a situação seria revertida. Essa segunda bola de canhão tem um componente para leste de 1.260 quilômetros (783 milhas) por hora, mesmo enquanto ela está parada dentro do canhão. Se disparada e movendo para o sul, a bola de canhão 2 viaja sobre partes da Terra que se movem mais rapidamente para leste. Novamente, a bola parece desviar de curso para a direita (veja a Figura 7.12 novamente), caindo no Pacífico, a oeste do equador. Não se deixe enganar pela palavra *parece* na última sentença. As bolas de canhão realmente se desviam para a direita, ou no *sentido horário*. Apenas para um observador no espaço elas traçariam uma trajetória reta, enquanto pontos sobre a Terra pareceriam se mover debaixo delas.

O efeito de Coriolis é um efeito real que depende do nosso sistema de referência que roda. Parte desse sistema de referência envolve a direção a partir do qual você vê o problema. Portanto, na Figura 7.12, a bola de canhão 2 parece estar virando para a esquerda do seu ponto de vista, mas, para os habitantes de Búfalo voltados para o sul que veem a bola desaparecer, ela se move para a direita (oeste). A deflexão de Coriolis funciona no *sentido anti-horário* no Hemisfério Sul, porque lá o sistema de referência é invertido. Exceto no Equador (onde não existe o efeito de Coriolis), o efeito de Coriolis também influencia a trajetória de objetos que se movem de leste para oeste ou de oeste para leste.

Uma vez que o efeito de Coriolis influencia todos os objetos com massa – *desde que estes estejam se movendo* – ele tem papel importante nos movimentos do ar e da água na Terra. O efeito de Coriolis é mais aparente em situações em médias latitudes que envolvem o fluxo de fluidos quase sem atrito: entre camadas de água no oceano e no caminho dos ventos. O efeito de Coriolis influencia também a direção de carros e aviões? Sim, mas nesses casos o atrito (dos pneus no asfalto, das asas no ar) é muito maior do que a influência do efeito de Coriolis, e, portanto, a deflexão não é perceptível.

NASA

Figura 7.13 Atmosfera da Terra vista do espaço. Observe como é fina; se a Terra encolhesse ao tamanho de uma bola de praia, sua atmosfera inabitável seria mais fina do que uma folha de papel. Compare com a Figura 7.9.

O efeito de Coriolis influencia o movimento do ar nas células de circulação atmosférica

Agora podemos modificar nosso primeiro modelo de circulação atmosférica (Figura 7.9) para uma representação mais correta. De fato, o ar se aquece, se expande e sobe no equador; assim como ele também se resfria, se contrai e desce nos polos. Mas, ao invés de continuar seu caminho a partir do equador até os polos de maneira contínua em cada hemisfério, o ar que ascende na região equatorial é gradualmente defletido para leste ao se mover em direção aos polos, isto é, o ar vira para a *direita* no Hemisfério Norte e para a *esquerda* no Hemisfério Sul. Essa deflexão para leste é causada pelo efeito de Coriolis. (Note que o efeito de Coriolis não *causa* o vento, ele apenas *influencia* sua direção.)

Lembre-se, a atmosfera é muito fina **(Figura 7.13)** – nada como a visão exagerada da Figura 7.9. Não há espaço para uma ininterrupta alça de vento do equador ao polo e de volta. Conforme o ar ascende no equador, ele perde umidade pela precipitação (chuva) causada por expansão e resfriamento. Em seguida, esse ar mais seco se torna mais denso na atmosfera superior à medida que irradia calor para o espaço e se resfria. Quando ele já viajou *cerca de um terço do caminho* do equador ao polo – ou seja, cerca de 30 °N e 30 °S de latitude –, o ar se torna denso o bastante para cair de volta na superfície da Terra. A maior parte do ar descendente volta em direção ao equador quando atinge a superfície. No Hemisfério Norte, o efeito de Coriolis novamente deflete o ar superficial para a direita, fazendo que o ar sopre pela Terra ou pelo mar vindo do nordeste. Embora ele tenha sido aquecido pela compressão durante sua descida, esse ar geralmente é ainda mais frio do que a superfície pela qual ele flui. O ar logo esquenta ao se mover em direção ao equador, porém evapora a água superficial e se torna úmido. Esse ar quente, úmido e menos denso então começa a ascender ao se aproximar do equador, fechando, assim, o circuito.

Qual a aparência desse padrão global?

Três Células de Circulação Atmosférica Circulam em Cada Hemisfério

Existe um par de células como aquelas descritas nos trópicos, um em cada lado do equador. Elas são conhecidas como **células de Hadley**, em homenagem a George Hadley, o advogado e filósofo britânico que trabalhou no esquema geral da circulação do vento em 1735. Procure por elas na **Figura 7.14**. Essa figura exibe os grandes circuitos de ar chamados de **células de circulação atmosférica**, e existem seis dessas células em nosso modelo global.

Um par mais complexo de células de circulação opera em latitudes médias em cada um dos hemisférios. Parte do ar que descende em 30° de latitude se desvia em direção aos polos, em vez de se voltar para o equador. Antes que esse ar retorne à superfície, ele se encontra em grandes altitudes, com o ar que está retornando dos polos. Como pode ser visto na Figura 7.14, uma alça de ar se forma entre 30° e por volta de 50° a 60° de latitude. Como antes, esse ar é forçado pelo aquecimento desigual e influenciado pelo efeito de Coriolis. O vento de superfície nesse circuito é novamente defletido para a direita no Hemisfério Norte e, dessa vez, para o oeste para completar o circuito (o oeste está representado na Figura 7.14). As células de circulação de latitude média de cada hemisfério são chamadas **células de Ferrel**, em homenagem a William Ferrel, o americano que descobriu seu funcionamento interno na metade do século XIX. Essas células também podem ser vistas na Figura 7.14.

Enquanto isso, o ar que foi resfriado sobre os polos começa a soprar em direção ao equador, na superfície, voltando-se para o oeste ao longo do percurso. Por volta da latitude de 50° a 60° em cada hemisfério, esse ar já adquiriu umidade e calor suficientes para ascender. O ar polar, entretanto, é mais denso que o ar da célula de Ferrel adjacente, e não se mistura facilmente com ele. A zona instável entre essas duas células gera a maior parte dos eventos meteorológicos em latitudes médias. Em grande altitude, o ar ascendente da latitude de 50° a 60° é direcionado ao polo para completar o terceiro circuito. Essas são as **células polares**.

BREVE REVISÃO

Antes de passar para a próxima seção, verifique seu entendimento de algumas das ideias importantes apresentadas até agora:

9. Descreva o efeito de Coriolis para a próxima pessoa que você encontrar. Vá em frente, tente!
10. Se toda a Terra girar para o leste a 15° por hora, por que a velocidade para leste dos locais na Terra varia com sua latitude?
11. Quantas células de circulação atmosférica existem em cada hemisfério?
12. Como o efeito de Coriolis influencia a circulação atmosférica?

Para verificar suas respostas, acesse a página deste livro no site da Cengage.

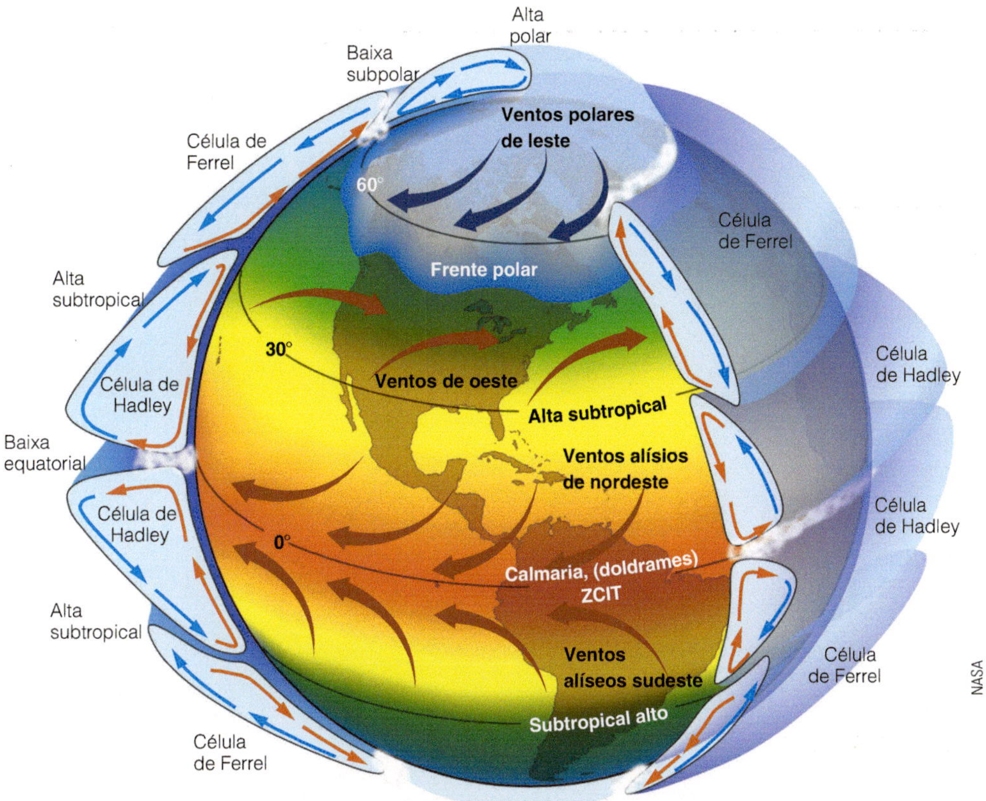

Figura 7.14 Circulação global do ar conforme descrito no modelo de seis células. Como na Figura 7.9, o ar ascende no equador e descende nos polos. Porém, no lugar de *um* circuito único em cada hemisfério do equador ao polo, existem três circuitos em cada hemisfério. Atente para a influência do efeito de Coriolis na direção do vento. A circulação apresentada aqui é idealizada, isto é, um fluxo médio de longo prazo. Compare esse esquema com o da Figura 7.15, uma foto de 1996.

7.5 A Circulação Atmosférica Gera Padrões de Vento Superficiais de Larga Escala

O modelo de circulação atmosférica descrito anteriormente tem vários aspectos interessantes. Observe a Figura 7.14 novamente. Nos limites entre células de circulação, o ar se move *verticalmente*, e os ventos superficiais são fracos e instáveis. Essas condições existem no equador (onde o ar ascende e a pressão atmosférica normalmente baixa) ou por volta de 30° de latitude em cada hemisfério (onde o ar descende e a pressão atmosférica é geralmente baixa). As regiões dentro dessas células de circulação, em que o ar se move *horizontalmente* com grande velocidade ao longo da superfície, de zonas de alta pressão para zonas de baixa pressão, são caracterizadas por ventos fortes e seguros.

Os navegantes têm um termo especial para a região equatorial onde os ventos superficiais das duas células de Hadley convergem: zona equatorial de baixa pressão, a chamada **doldrames** (ou **calmaria**). No inglês, a palavra *doldrums* (doldrames) acabou associada a um humor apático, modorrento, talvez refletindo o ar abafado e as brisas variáveis encontradas por lá. Os cientistas que estudaram a atmosfera chamam essa área de **zona de convergência intertropical (ZCIT)** [*intertropical convergence zone* – ITCZ], para refletir a influência da convergência do vento sobre as condições próximas ao equador. O forte aquecimento da ZCIT faz que o ar se aqueça e se expanda. O ar úmido se expande e sobe, perdendo sua umidade na forma de chuva, parte da qual contribui para o sucesso das florestas tropicais úmidas.

O ar descendente, ao contrário, geralmente é árido. Os grandes desertos em ambos os hemisférios, faixas secas centradas por volta de 30°, marcam a intersecção das células de Hadley e Ferrel. O ar desce em direção à superfície terrestre nessas áreas, causando um aquecimento por compressão. Como a evaporação é maior do que a precipitação nessas áreas, a salinidade da superfície do mar tende a ser maior nessas latitudes. No mar, essas áreas de alta pressão atmosférica e ventos de superfície fracos são chamadas de *alta subtropical ou latitude dos cavalos*. Navios espanhóis carregados com suprimentos para o Novo Mundo ficaram, muitas vezes, parados nessa região, ocasionalmente por semanas. Quando os marinheiros ficavam sem água e alimentos em estoque para os animais, eram forçados a comer os animais ou jogá-los na água.

Muito mais interessante para os mestres da navegação eram as faixas de ventos confiáveis entre as zonas de ar ascendente e descendente. A mais constante dessas faixas é a dos persistentes **ventos alísios**, ou ventos de leste, centrados por volta de 15 °N e 15 °S de latitude. Os ventos alísios são os ventos superficiais das células de Hadley, que se movem das altas pressões subtropicais para a zona equatorial de baixa pressão (calmaria). No Hemisfério Norte, eles são ventos alísios de nordeste; os ventos alísios de sudeste são, por contrapartida, do Hemisfério Sul. Os **ventos de oeste** da superfície das células de Ferrel, centrados em latitudes de aproximadamente 45° N e 45° S, fluem entre as latitudes subtropicais e as fronteiras das células polares em cada hemisfério. Assim, os ventos de oeste aproximam-se do sudoeste no Hemisfério Norte, e do noroeste no Hemisfério Sul. Os navegantes que partiam da Europa para o Novo Mundo aprenderam a rumar para o sul a fim de pegar os ventos alísios e regressar para casa por uma rota mais ao norte para se beneficiar dos ventos de oeste. Os ventos alísios e os de oeste aparecem na Figura 7.14.

O modelo de circulação atmosférica com seis células (três em cada hemisfério) apresentado anteriormente representa o fluxo *médio* de ar ao longo de vários anos no planeta. Embora, de um modo geral, o modelo seja preciso, os detalhes locais da circulação da célula variam em razão de as condições da superfície serem diferentes nas diversas longitudes. O efeito termostático do oceano é o principal fator que atua na redução das irregularidades da circulação nas células sobre a água. A **Figura 7.15** é uma representação dos ventos sobre o Pacífico em dois dias em setembro de 1996. Conforme pode ser observado, os padrões partem substancialmente do esperado de um modelo de seis células da Figura 7.14. A maioria das diferenças é causada pela distribuição geográfica das massas de terra, e pelas diferentes respostas da terra e do oceano ao aquecimento solar e ao fluxo caótico. Porém, conforme observado anteriormente, em longos períodos de tempo (muitos anos), o fluxo *médio* se parece excepcionalmente com o esperado.

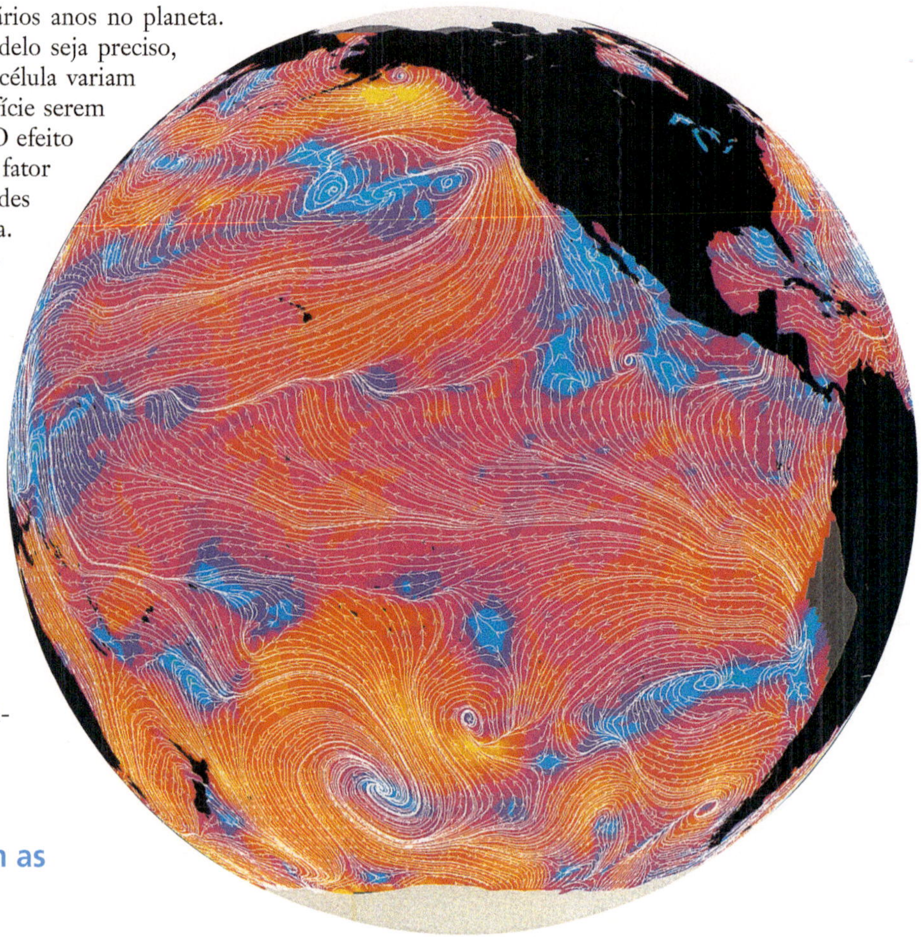

Figura 7.15 Ventos sobre o Pacífico em 20 e 21 de setembro de 1996. A velocidade do vento aumenta conforme a cor muda de azul-roxo para amarelo-laranja, com os ventos mais fortes a 20 metros por segundo (45 milhas por hora). A direção do vento é exibida pelas pequenas setas brancas. As medidas foram feitas com o radar escaterômetro da NASA a bordo do satélite japonês (Advanced Earth Orbiting Sattelite), lançado na órbita da Terra, em 16 de agosto de 1996. Observe as ilhas do Havaí, no meio dos persistentes ventos alísios de nordeste, os vigorosos ventos vindos do oeste em direção ao oeste do Canadá, um grande ciclone extratropical ao leste da Nova Zelândia, e os últimos remanescentes de um ciclone tropical na costa do Japão. Embora uma visão *instantânea* como essa tenha origem no fluxo de vento previsto no modelo de seis células desenvolvido na Figura 7.14, o fluxo de vento *médio* em vários anos parece excepcional diante do esperado pelo modelo.

As Monções São Padrões de Vento que Mudam com as Estações Sazonais

Uma **monção** é um padrão de circulação do vento que varia com a estação do ano. (A palavra monção é derivada de *mausim*, o termo árabe para "estação"). Áreas sujeitas a monções geralmente têm verões úmidos e invernos secos.

As monções estão ligadas à diferença de calor específico da Terra e da água, bem como ao movimento norte-sul da ZCIT. Na primavera, os continentes se aquecem mais rapidamente do que o oceano adjacente. O ar sobre o continente se torna mais quente e ascende. O ar relativamente frio sobre o oceano flui para a Terra para ocupar o lugar do ar que ascendeu. O aquecimento contínuo faz que esse ar úmido também ascenda e se condense, formando nuvens e chuva. No outono, o continente se resfria mais rapidamente do que o oceano adjacente. O ar resfria-se e descende sobre o continente, e ventos secos superficiais fluem em direção ao oceano. A intensidade e a localização da atividade das monções dependem da posição da ZCIT. Observe que as monções seguem a ZCIT para o sul quando é inverno no Hemisfério Norte e para o norte quando é verão **(Figura 7.16)**.

Na África e na Ásia, mais de 2 bilhões de pessoas dependem das chuvas das monções de verão para beber água e para a agricultura. As monções de verão mais intensas ocorrem na Ásia. O aquecimento da grande massa de Terra da Ásia atrai vastas quantidades de ar quente e úmido do Oceano Índico. Ventos do sul carregam essa umidade em direção à Ásia, onde eles ascendem e se condensam para produzir dilúvios que duram meses. O volume de vapor d'água carregado para a terra é impressionante – a cidade de Cherrapunji, nas encostas de Khasi Hills, no nordeste da Índia, recebe aproximadamente 10 *metros* (425 polegadas) de chuva a cada ano, a maioria entre abril e outubro! Monções menores ocorrem na América do Norte, quando o ar quente e ascendente sobre o sul e o oeste atrai ar úmido e tempestades do Golfo do México.

El Niño, La Niña

Algumas vezes, a célula de circulação atmosférica parece fugir às regras. Em ciclos que variam de três a oito anos, a circulação atmosférica varia significativamente em relação aos padrões apresentados na Figura 7.14. Uma inversão na distribuição da pressão atmosférica entre as margens leste e oeste do Pacífico faz que os ventos alísios se enfraqueçam ou revertam completamente. Os ventos alísios normalmente

Figura 7.16 Padrão de circulação das monções. Durante a circulação das monções de janeiro (a) a julho (b), os ventos são defletidos para a direita no Hemisfério Norte e para a esquerda no Hemisfério Sul. Detalhe da monção Asiática (c) mostrando a localização de Cherrapunji, na Índia, um dos lugares mais chuvosos do mundo. A quantidade de chuva lá pode superar 10 metros por ano!

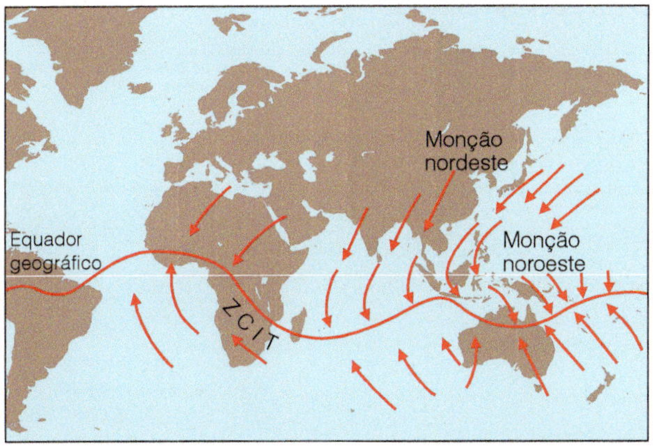

(a) Janeiro

Reimpresso com permissão de Alan D. Iselino

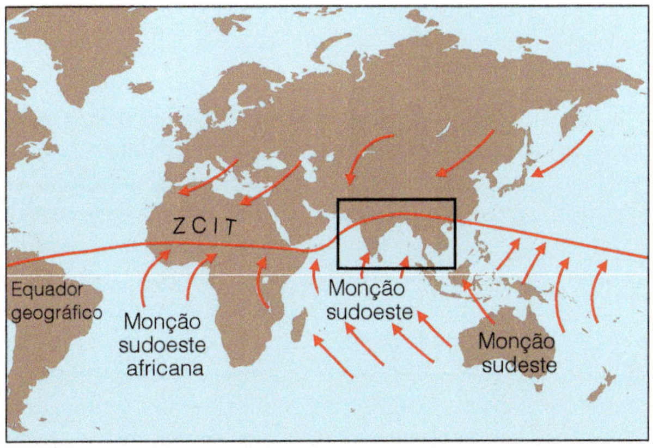

(b) Julho

Reimpresso com permissão de Alan D. Iselino

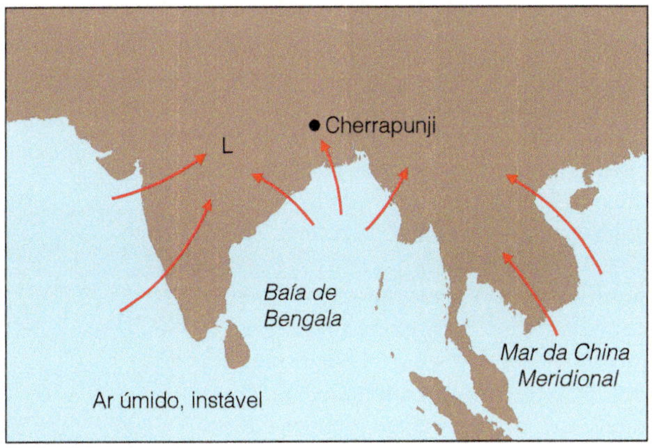

(c)

Cengage Learning 2014

transportam grandes quantidades de água para oeste ao longo da superfície do oceano próximo ao equador, e sem esses ventos as correntes equatoriais param. A água quente que normalmente se acumula na margem oeste do Pacífico pode então fluir para leste ao longo do equador, atingindo a costa da América Central e da América do Sul, e alterando enormemente as condições do oceano na região.

El Niño e La Niña são, em princípio, fenômenos de corrente marítima, portanto os estudaremos na discussão do Capítulo 8, sobre as correntes oceânicas.

BREVE REVISÃO

Antes de passar para a próxima seção, verifique seu entendimento de algumas das ideias importantes apresentadas até agora:

13. O que acontece com o fluxo de ar *entre* as células de circulação? (Dica: qual é a causa os climas desérticos da Terra?)

14. Desenhe o padrão geral para a circulação atmosférica do Hemisfério Norte (sem olhar a Figura 7.14). Agora localize estas características: a calmaria (ou *doldrums*) (ou ZCIT), as latitudes dos cavalos, de ventos predominantes de oeste, e os ventos alísios.

15. O que é uma monção? Existem monções nos Estados Unidos?

Para verificar suas respostas, acesse a página deste livro no site da Cengage.

7.6 As Tempestades São Variações em Larga Escala da Circulação Atmosférica

As **tempestades** são perturbações atmosféricas regionais caracterizadas por fortes ventos normalmente acompanhados por precipitação. Poucos eventos naturais realçam tanto a insignificância humana como uma grande tempestade. Quando alimentados pela energia solar acumulada, a combinação da atmosfera com o oceano pode causar danos assustadores.

Em 13 de novembro de 1970, em Bangladesh, um ciclone tropical (um furação) de ventos com velocidade de mais de 200 quilômetros por hora avançou pela boca do Rio Ganges, carregando com ele massas de água do mar de até 12 metros de altura. A água e o vento atacaram o conjunto de pequenas ilhas, a maioria quase na altura do nível do mar, que compõem a região costeira desse país empobrecido. Em apenas 20 minutos, pelos menos 300.000 vidas foram perdidas, e as estimativas sobem para 1 milhão de mortos! Os danos materiais foram totais. Fotografias tiradas logo após a tempestade mostraram o solo completamente retalhado e alagado, sendo torturado por ventos furiosos. Quase não havia traço de habitantes humanos, fazendas, animais domésticos ou vilas. Outra grande tempestade em maio de 1991 matou cerca de 200.000 pessoas. A economia desse país destruído deve levar décadas para se recuperar.

Um tipo bem diferente de tempestade atingiu a costa leste dos Estados Unidos em março de 1993. Montes de neve desde Nova York até a Carolina do Norte (1,3 metro no Monte Mitchell), ventos de 175 quilômetros (109 milhas) por hora na Flórida e frio recorde no Alabama (–17 °C ou

Figura 7.17 Formação de um ciclone em latitude média. Essas tempestades ciclônicas (movimento giratório) se formam entre massas de ar quentes e frias e são responsáveis pela maior parte das condições meteorológicas (tempo) nas zonas temperadas.

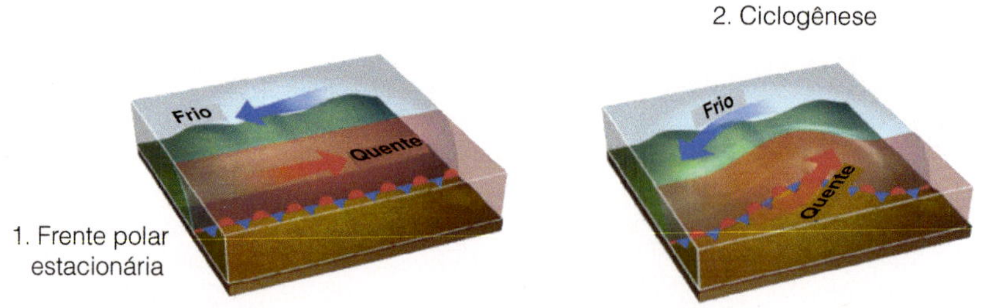

Os ciclones de latitude média são encontrados entre latitudes de 35° e 70° em zona de ventos oeste. A maioria é de ventos oeste. A maioria é de frentes oclusas. (1)

Caracterizados por chuva intensa e aguaceiro, onde o ar frio polar encontra o ar tropical quente – o limite entre os dois é conhecido como uma frente. (2) Uma onda

2 °F em Birmingham) caracterizaram a tempestade de quatro dias que espalhou caos do Canadá até Cuba. Pelo menos 238 pessoas morreram em terra, e outras 48 se perderam no mar. Em certo momento, mais de 100.000 pessoas ficaram trancadas em escritórios, fábricas, veículos e casas; 1,5 milhão ficaram sem eletricidade. O prejuízo passou de US$ 1 bilhão.

Essas duas grandes tempestades são exemplos de *ciclones tropicais* e *ciclones extratropicais* em seus extremos. Conforme indicado pelos seus nomes, os ciclones tropicais, como o furacão que atingiu Bangladesh, são fenômenos tipicamente tropicais. Ciclones extratropicais – as perturbações de clima no inverno familiar aos moradores da costa leste dos Estados Unidos e de outros países em latitudes médias – são encontrados principalmente nas células de Ferrel de cada hemisfério. (Observe que o prefixo *extra* significa "fora" ou "além", portanto *extratropical* se refere à localização da tempestade, não à sua intensidade.)

Os dois tipos de tempestade são **ciclones**, enormes massas de ar com baixa pressão em rotação, nas quais os ventos convergem e ascendem. A palavra ciclone é derivada do termo grego *kyklon* (que significa "um objeto que se movimenta em círculo"), e caracteriza a natureza giratória desses distúrbios. (Não confunda um ciclone com um **tornado**, um funil muito menor com ventos giratórios rápidos associados com fortes tempestades.)

Poucos eventos naturais realçam tanto a insignificância humana como uma grande tempestade. Quando alimentada pela energia solar acumulada, a combinação da atmosfera com o oceano pode causar danos assustadores.

Tempestades se Formam Dentro ou Entre as Massas de Ar

Tempestades ciclônicas se formam entre massas de ar ou dentro delas. Uma **massa de ar** é um grande corpo de ar com temperatura, umidade e, portanto, densidade praticamente uniformes. O ar parado sobre terra ou água tende a adquirir as características da superfície abaixo dele. A terra fria e seca faz que a massa de ar acima se torne fria e seca. O ar sobre uma superfície quente do oceano vai se tornar quente e úmido. Massas de ar frias e secas são densas e formam zonas de alta pressão atmosférica. Massas de ar quentes e úmidas são menos densas e formam zonas de baixa pressão atmosférica.

As massas de ar podem se mover dentro de células de circulação ou entre elas. A diferença de densidade, entretanto, evita que massas de ar se misturem quando se aproximam uma da outra. É preciso energia para misturar massas de ar. Como a energia nem sempre está disponível, uma massa de ar mais densa pode deslizar por baixo de uma massa de ar mais leve, erguendo-a e fazendo que seu ar se expanda e se resfrie. O vapor d'água no ar ascendente pode condensar. Todos esses efeitos contribuem para a turbulência nas fronteiras entre massas de ar.

A fronteira entre massas de ar de densidade diferentes é chamada de **frente**. O termo foi cunhado por um meteorologista norueguês que percebeu a semelhança entre a região onde as massas de ar se encontram e as violentas frentes de batalha na Primeira Guerra Mundial.

Ciclones extratropicais formam-se na frente entre duas massas de ar. Os ciclones tropicais são formados a partir de perturbações dentro de *uma* massa de ar quente e úmida.

Os Ciclones Extratropicais São Formados entre Duas Massas de Ar

Ciclones extratropicais são formados na fronteira entre as células polar e de Ferrel, em cada hemisfério – a **frente polar**. Essas grandes tempestades ocorrem principalmente no inverno de cada hemisfério, quando diferenças de temperatura e de densidade na frente polar são mais pronunciadas. Lembre-se de que o vento frio da frente próximo ao polo geralmente se move a partir do leste; o ar mais quente da frente, próximo ao equador, geralmente provém do oeste (veja a Figura 7.14 novamente). O fluxo suave de ventos na frente, um em direção ao outro, pode ser interrompido por zonas alternadas de alta e baixa pressão atmosférica, que se curvam a frente em uma série de ondas. Por causa da diferença na direção do vento nas massas de ar ao norte e ao sul da frente polar, a forma da onda vai crescer, e uma torção vai se formar ao longo da frente. As diferentes densidades das massas de ar evitam a mistura, portanto a massa de ar fria densa deslizará sob a mais quente e mais leve. A formação

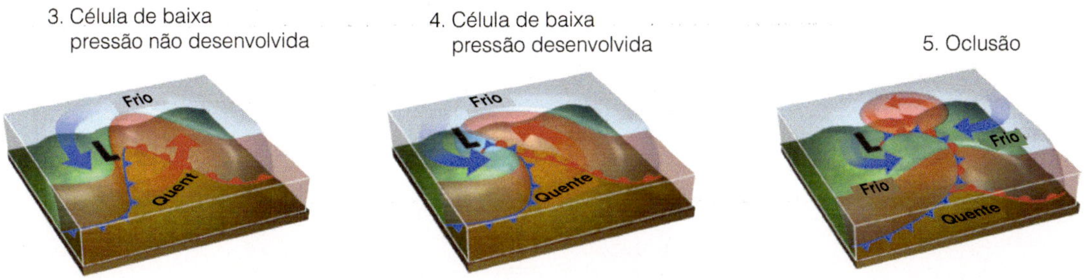

é desenvolvida ao longo do limite frontal conforme as massas de ar opostas interagem. A ciclogênese (nascimento de um ciclone) se inicia. (3) O ar frio com rápida movimentação força o ar quente a ficar acima do frio. (4) Ocorre a rotação total, anti-horária no Hemisfério Norte e horária no Hemisfério Sul. (5) Oclusão completa ocorre conforme o ar quente, captado pelo ar frio, é suspenso da superfície. Como o ar quente é completamente separado da superfície, as características do ar frio são sentidas no solo na forma de ventos instáveis e períodos de chuva.

NG Collegiate Atlas p. 33

dessa torção no Hemisfério Norte, conforme observado antes, é mostrada na Figura 7.17. A massa de ar torcida se torna um ciclone extratropical.

A torção que gera o ciclone extratropical gira no sentido anti-horário no Hemisfério Norte, aparentemente em oposição ao efeito de Coriolis. Os motivos para esse paradoxo se tornam claros, no entanto, quando consideramos as direções dos ventos e a natureza da interrupção do fluxo de ar entre as células. (De fato, o movimento anti-horário do ciclone é direcionado pelo efeito de Coriolis em razão do padrão de fluxo de ar em larga escala nas bordas das células, gerado em parte pelo efeito de Coriolis.) A velocidade do vento aumenta conforme a tempestade "se enrola", da mesma forma que um *skatista* em giro aumenta sua velocidade de rotação ao puxar seus braços para perto do corpo. O movimento do ar em direção ao centro da tempestade giratória aumenta para formar uma zona de baixa pressão no centro. Os ciclones extratropicais estão embutidos nos ventos que vêm do oeste, movendo-se para o leste. Eles apresentam normalmente 1.000 a 2.500 quilômetros (620 a 1.600 milhas) de diâmetro e duram de dois a cinco dias. A Figura 7.18 oferece um belo exemplo. O vento e a precipitação associados a essas frentes são às vezes referidos como **tempestades frontais**. Elas são a principal causa das condições do tempo nas regiões de latitudes médias, onde a maioria das pessoas vive.

Os ciclones extratropicais mais violentos da América do Norte são os **nor'easters (ventos de nordeste)**, que varrem a costa leste do país durante o inverno. O nome indica a direção a partir da qual os ventos mais poderosos da tempestade vêm. Cerca de 30 vezes por ano, os nor'easters que se movem ao longo do Atlântico e da costa da Nova Inglaterra geram ventos e ondas com força suficiente para erodir praias e ilhas barreiras, afetar comunicações e o horário de barcos, danificar instalações costeiras e portuárias, e romper linhas de energia. Aproximadamente a cada 100 anos um nor'easter devasta as regiões costeiras. Apesar da longa história de destruição dessas áreas pelos nor'easters, as pessoas continuam construindo em regiões costeiras.

Os Ciclones Tropicais São Formados em Uma Massa de Ar

Ciclones tropicais são grandes massas de ar quente, úmido, em rotação. Eles correm em todos os oceanos tropicais, mas são muito raros no Atlântico Sul equatorial. Os grandes ciclones tropicais são chamados de **furacões** (*Huracan* é o deus do vento do povo Taino, do Caribe) no Atlântico Norte e no Pacífico leste, de *tufões* (*Tai-fung* em chinês significa "grande vento") no Pacífico oeste, de *ciclones tropicais* no Oceano Índico, e de *willi-willis* nas águas próximas à Austrália. Para ser considerado formalmente um furacão ou tufão, o ciclone tropical deve ter ventos contínuos de pelo menos 119 quilômetros (74 milhas) por hora. Cerca de 100 ciclones tropicais tornam-se furacões a cada ano. Alguns poucos se desenvolvem em supertempestades, com ventos que excedem 250 km/h próximo ao núcleo! (Para imaginar como seriam os ventos de uma tempestade dessas, imagine-se preso à asa de um avião bimotor comercial em voo!) Ciclones tropicais com ventos mais fracos do que os de um furacão são chamados de *tempestades tropicais* e *depressões tropicais*.

Vistos de cima, os ciclones tropicais se parecem com espirais circulares (Figura 7.19). Eles podem ter até 100 quilômetros (620 milhas) de diâmetro e 15 quilômetros (9,3 milhas ou 50.000 pés) de altura. O centro calmo, ou *olho* da tempestade – uma região com aproximadamente 13 a 16 quilômetros (8-10 milhas) de diâmetro –, chega a ser rodeado por nuvens tão altas e densas que o céu fica escuro mesmo durante o dia. Além disso, quando esse centro é agitado por ventos violentos, as nuvens que formam a faixa de chuvas condensam grandes quantidades de vapor d'água em precipitação. A Figura 7.20 mostra o diagrama de um ciclone tropical maduro.

Ao contrário dos ciclones extratropicais, essas grandes tempestades se formam dentro de *uma* massa de ar quente, entre as latitudes de 10° e 25° em ambos os hemisférios. (Embora as condições do ar sejam favoráveis, o efeito de Coriolis próximo ao equador é fraco demais para dar início ao movimento de rotação do ar.)

Você pode ter percebido que os ciclones tropicais viram para o sentido *anti-horário* no Hemisfério Norte e para o *sentido horário* no Hemisfério Sul. Isso significa que o efeito de Coriolis não se aplica aos ciclones tropicais? Não. Essa aparente anomalia é causada pela deflexão de Coriolis dos ventos que se aproximam do centro de uma área de baixa pressão a partir de grandes distâncias. No Hemisfério Norte, ocorre uma deflexão para a direita do *ar que se aproxima*. Essa deflexão na borda do ciclone, realizada pelo ar que chega,

NASA

Figura 7.18 Um ciclone extratropical bem desenvolvido gira sobre o Pacífico norte em 27 de outubro de 2000. Parecendo com uma enorme vírgula, a frente fria densa se estende ao sul e oeste do centro da tempestade. As nuvens e tempestades foram formadas a partir do ar frio e instável atrás da frente. Esta foto foi tirada pelo *GOES-10* em luz visível.

PENSANDO ALÉM DA IMAGEM

Com base em sua compreensão sobre ciclones extratropicais, que tipo de condições climáticas os moradores da Califórnia poderiam presenciar nas próximas horas?

faz que a tempestade se vire para o sentido anti-horário no Hemisfério Norte **(Figura 7.21)**.

As origens dos ciclones tropicais não são bem compreendidas. Um ciclone tropical normalmente se desenvolve a partir de uma pequena depressão tropical. As depressões tropicais são formadas por ondas de leste, áreas de menor pressão dentro das monções de leste que provavelmente se originam sobre uma grande massa de terra aquecida. Quando o ar que contém a perturbação é aquecido sobre águas tropicais com temperatura em torno de 26 °C (79 °F) ou mais, ventos circulares começam a soprar nas redondezas da onda, e parte do ar quente e úmido é forçada para cima. Tem início a condensação, e a tempestade adquire forma.

Embora seu processo de nascimento seja um pouco misterioso, a origem do poder das tempestades é bem conhecida. Sua força vem do mesmo processo aparentemente inofensivo que aquece uma lata de refrigerante gelada quando a água da atmosfera condensa em sua superfície. Como visto no Capítulo 6, é preciso bastante energia para quebrar a ligação que une as moléculas de água e fazer que a água evapore para a atmosfera – o calor latente de evaporação da água é muito alto. Essa energia é liberada quando o vapor d'água se condensa em líquido. Ele tende a esquentar sua bebida rapidamente, e quanto mais úmido for o ar, mais rápidos serão a condensação e o aquecimento. Imagine a situação como um secador de cabelo. A energia do calor gerado pelo secador evapora a água do cabelo rapidamente. Quando a água recondensa para líquido (em uma lata de refrigerante próxima, por exemplo), o calor original utilizado para evaporar a água é liberado. O ciclo de evaporação e condensação carregou o calor do secador para seu refrigerante. Nos ciclones tropicais, a energia de condensação gera o movimento do ar (vento), em vez de calor. Felizmente, apenas 2% a 4% dessa energia de condensação são convertidos em energia móvel!

Um ciclone tropical é uma máquina ideal para se beneficiar do calor latente de evaporação do vapor d'água. O ar quente e úmido se forma em grandes quantidades sobre o oceano quente. Conforme observado, os ciclones tropicais têm origem em áreas oceânicas com temperaturas superficiais acima de 26 °C (79 °F). Quando quente, o ar úmido

Figura 7.19 O furacão Alberto gira no Atlântico Norte, a leste das Bermudas. Observe novamente a espessura da atmosfera da Terra nesta visão oblíqua.

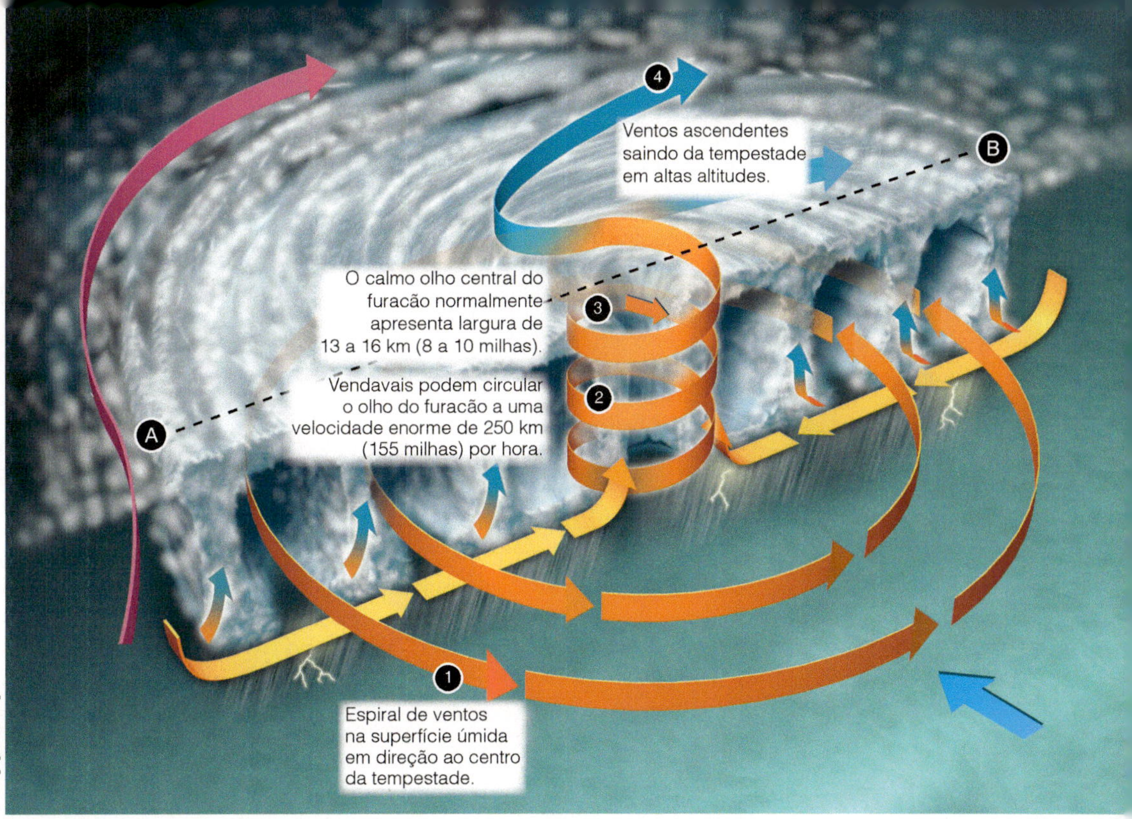

Figura 7.20 Estrutura interna de um ciclone tropical maduro, ou furacão. (A dimensão vertical está imensamente exagerada neste desenho.)

© Cengage Learning

dos trópicos ascende e se expande, ele se resfria e é incapaz de reter a umidade armazenada quando quente. Assim começa a chuva. A taxa de precipitação em algumas partes da tempestade frequentemente excede os 2,5 centímetros por hora (1 polegada), e 20 bilhões de toneladas de água podem cair de um grande ciclone tropical em um único dia! Uma quantidade tremenda de energia é liberada conforme essa umidade passa de vapor d'água para o estado líquido. Em um dia, um grande ciclone tropical gera cerca de 2,4 trilhões de quilowatts-hora de potência, o equivalente ao consumo de energia elétrica dos Estados Unidos em um ano! A energia solar, em última instância, alimenta, portanto, a tempestade por meio de um ciclo de absorção de calor, evaporação, condensação e conversão de energia térmica em cinética. Essa energia fica disponível enquanto a tempestade estiver sobre águas quentes e tiver uma fonte de calor e ar úmido.

Em condições ideais, o embrião da tempestade atinge o *status* de furacão – isto é, a velocidade do vento passa de 119 quilômetros (74 milhas) por hora – em dois ou três dias. O *spray* espalhado para cima aumentou quando os ventos lubrificaram a junção entre o ar e o oceano, "desacoplando" efetivamente o vento da fricção da superfície irregular do oceano. Em condições ideais, a tempestade está livre para atingir grandes proporções. Os centros da maioria dos ciclones tropicais movem-se para oeste e em direção aos polos à razão de 5 a 40 quilômetros (3-25 milhas) por hora. As trajetórias características dessas tempestades aparecem na **Figura 7.22**.

Três aspectos de um ciclone tropical podem causar danos materiais e perda de vida: vento, chuva e vagalhões. A força destrutiva dos ventos de 250 quilômetros (155 milhas) por hora – ou mais – é muito evidente. A rápida chuva pode causar graves enchentes quando a tempestade se move para a terra. Mas o maior perigo está em um **vagalhão de tempestade**, uma massa de água direcionada pela tempestade. A baixa pressão atmosférica no centro da tempestade produz um domo de água do mar que pode atingir uma altura de até 1 metro (3,3 pés) em mar aberto. A altura da água aumenta quando as ondas e os ventos fortes do furacão empilham a massa de água contra a costa. Se uma maré alta coincidir com a chegada de toda essa água na costa, ou se a linha da costa convergir (como é o caso da boca do Rio Ganges, em Bangladesh), ocorrerá um alagamento rápido e catastrófico. Em 1970, verificaram-se vagalhões de até 12 metros em Bangladesh. A maior parte do dano catastrófi-

NASA

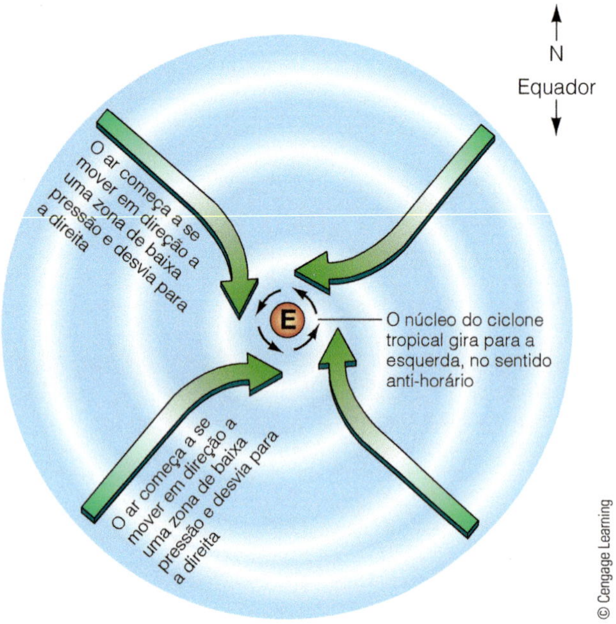

© Cengage Learning

Figura 7.21 A dinâmica de um ciclone tropical mostrando a influência do efeito de Coriolis. Veja que a tempestade gira para o lado "errado" no Hemisfério Norte (ou seja, no sentido anti-horário), mas pelos motivos "certos".

PENSANDO ALÉM DA IMAGEM

Como giram os ciclones tropicais no Hemisfério Sul?

co causado pelos furacões Katrina e Rita na costa do Golfo do Mississippi em 2005 foi causada por um enorme vagalhão chegando perto da maré alta.[2]

Ciclones tropicais duram de três horas a três semanas, a maioria tem uma duração de cinco a dez dias. Eles eventualmente se resfriam quando se movem sobre terra ou sobre água fria demais para manter o suprimento de ar úmido que os sustenta. O atrito com a terra drena rapidamente a energia do ciclone, e temperaturas do oceano abaixo de 24 °C (75 °F) são um prenúncio certo do fim do ciclone. Ao perder sua energia, a tempestade para de girar e se torna uma massa de ar instável, precipitando chuva, relâmpagos e mesmo tornados de suas nuvens. Os ciclones tropicais podem ser perigosos em seu final: as chuvas torrenciais remanescentes do furacão Agnes, em 1972, causaram mais de US$ 2 bilhões de danos, a maioria na Pensilvânia; as baías de Chesapeake e Delaware foram alagadas com água doce e sedimentos, destruindo grande parte de sua produção de moluscos.

Os ciclones tropicais são válvulas de escape naturais, arremessando em direção aos polos a energia solar dos trópicos. São exemplos belos e perigosos da energia representada pelo calor latente de evaporação da água.

BREVE REVISÃO

Antes de passar para a próxima seção, verifique seu entendimento de algumas das ideias importantes apresentadas até agora:

16. Quais são os dois tipos de grandes tempestades? Quais são as diferenças entre elas? Quais são suas semelhanças?

17. O que é a massa de ar? Como se formam as massas de ar?

18. O que causa um ciclone extratropical? Como as massas tropicais estão envolvidas?

19. O que é uma frente climática? Ela é típica de ciclones tropicais ou extratropicais?

20. Por que os ciclones extratropicais giram no sentido anti-horário no Hemisfério Norte?

[2] Você aprenderá mais sobre os vagalhões na discussão das grandes ondas no Capítulo 9.

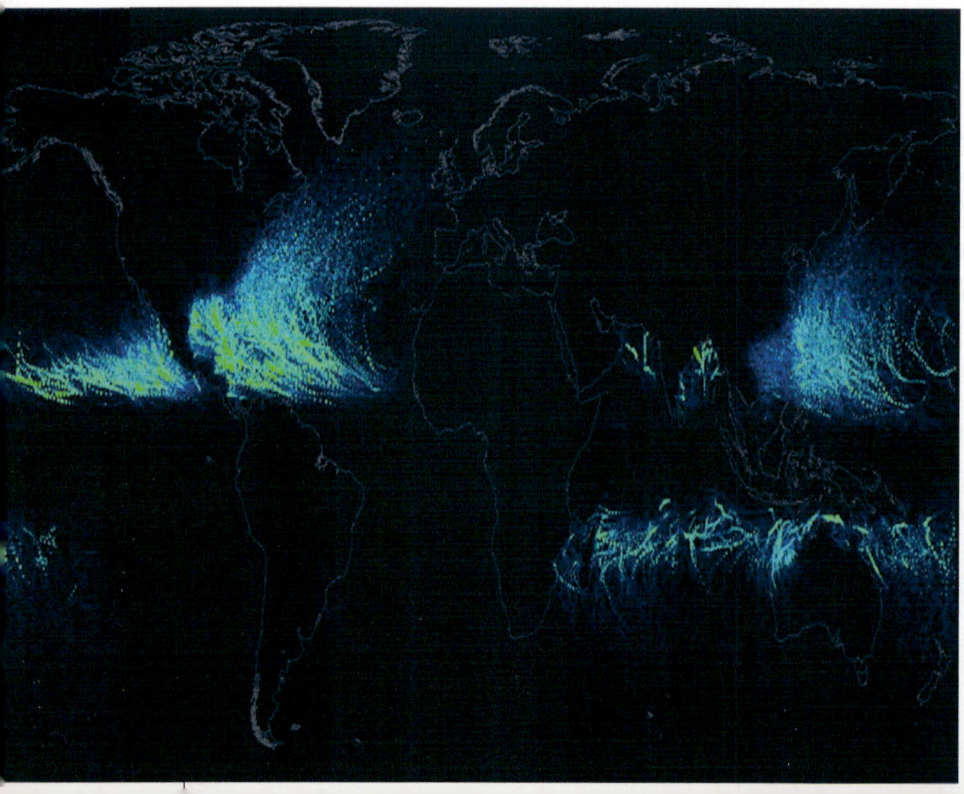

©John Nelson, IDV Solutions

Figura 7.22 Os rastros dos ciclones tropicais. Este mapa exibe o caminho de cada furacão relatado desde 1851. Observe que essas tempestades se formam sobre água oceânica quente e daí se movem em sentido oeste e para o polo. Nenhuma delas se forma no equador, onde a água e as condições atmosféricas são ideais, porém a força do efeito de Coriolis é zero.

PENSANDO ALÉM DA IMAGEM

Você acha que um furacão poderia atravessar o equador e continuar no hemisfério oposto?

21. Qual é a principal causa de mortes e de danos materiais quando um ciclone tropical atinge a terra?

Para verificar suas respostas, acesse a página deste livro no site da Cengage.

7.7 Katrina e Sandy

A Terra está aquecendo. No mundo todo, 2012 foi um dos anos mais quentes já registrados.[3] No continente norte-americano, foi o ano mais quente já registrado – o registro anterior (1998) foi superado em 0,6 °C (1 °F). As marcas de 2012 são impressionantes: 34.008 altas diárias onde foram definidas estações climáticas nos Estados Unidos, comparado com apenas 6.664 baixas. Na Austrália, o Serviço de Meteorologia adicionou uma nova cor ao mapa de meteorologia (roxo) para indicar temperaturas excessivas 50 °C (122 °F).

Conforme sobe a temperatura da atmosfera, aumenta a capacidade de reter água, ocasionando tempestades mais fortes e maiores quantidades de chuva. Existe uma relação entre o aquecimento do oceano e o aumento da intensidade dos ciclones tropicais? Embora o *número* de tempestades tenha se mantido relativamente constante (ou diminuído levemente) nos últimos 35 anos, os meteorologistas relataram um aumento impressionante de 80% dos ciclones tropicais *mais poderosos* (categorias 4 e 5) nos últimos 35 anos. Modelos matemáticos sugerem que existe uma relação entre o aquecimento climático e a intensificação dos ciclones tropicais.

O furacão Katrina, que atingiu o solo em agosto de 2005, foi a causa do desastre natural mais dispendioso para os Estados Unidos.[4] Os ventos de 200 quilômetros (125 milhas) por hora do Katrina e chuvas torrenciais atingiram a costa do Golfo por quase um dia. Um **vagalhão**, um enorme domo de água do mar direcionado pela tempestade, se ergueu a 10,4 metros (34 pés), essencialmente apagando as cidades de Gulfport e Biloxi, no Mississippi. (Você aprenderá mais sobre os vagalhões no Capítulo 9).

Modelos matemáticos sugerem que existe uma relação entre o aquecimento climático e a intensificação dos ciclones tropicais.

A cidade de Nova Orleans, ligeiramente a oeste do ponto de aterragem do furacão, sobreviveu ao vento inicial. Embora quase não atingida por ventos e chuva, as bombas que drenam a cidade em grande parte funcionaram conforme o planejado. Porém vários diques de proteção de Nova Orleans falharam no dia seguinte, e a cidade, que possui 80% do território abaixo do nível do mar, foi rapidamente alagada **(Figura 7.23)**.

Uma parte da intensidade do Katrina foi devida ao acaso. A posição e o aquecimento anormal do Golfo contribuíram para a rápida intensificação da tempestade. A ausência de ventos de cisalhamento permitiu que a tempestade se formasse e crescesse sem interferência. A energia da tempestade aumentou rapidamente para a categoria 5 sustentada por ventos com máximo de 280 quilômetros (175 milhas) por hora, e depois enfraqueceram conforme foram passando sobre a água fria, antes de atingir novamente a terra na costa do Golfo perto de Buras-Triumph, Louisiana. Com ventos de 200 quilômetros (125 milhas) por hora, o Katrina foi um dos maiores e mais fortes furacões já registrados **(Figura 7.24a, b)**. A chuva do Katrina foi intensa (em média 25 centímetros, ou 10 polegadas, em uma hora de queda), mas o grande vagalhão gerado pelo vento e pela pressão central extremamente baixa da tempestade causaram muitas mortes imediatas e perdas de propriedades.

Por sua vez, a supertempestade Sandy resultou de uma colisão rara e violenta entre uma tempestade clássica nor'easter (frontal) e uma **tempestade tropical** (furacão Sandy).

Sandy tornou-se uma tempestade tropical de categoria 1 em 22 de outubro de 2012, próximo a Jamaica. Conforme se moveu pela costa leste dos Estados Unidos, o furacão se intensificou no Golfo, em grande parte por causa da energia adicional injetada na tempestade a partir da água anormalmente quente. Um alto bloqueio a nordeste então causou o desvio do furacão para o oeste, com uma massa linear de ar frio na direção leste. Os resultados comparativos podem ser observados nos gráficos de ventos na **Figura 7.24c** e **7.24d**. Para o Katrina, os ventos acima de 65 quilômetros (40 milhas) por hora percorreram 500 quilômetros (300 milhas) de ponta a ponta. Mas para o Sandy, os ventos dessa intensidade percorreram 1.500 quilômetros (900 milhas)! Em razão de sua natureza híbrida incomum (mistura de ciclone tropical circular com tempestade frontal linear), Sandy tornou-se o maior furacão Atlântico já registrado (medido por diâmetro), com ventos com força de furacão percorrendo 1.800 quilômetros (1.100 milhas). Uma boia no porto de Nova York registrou uma onda de 10 metros (32,5 pés) de altura em 30 de outubro! Sandy afetou 24 estados, incluindo toda a costa leste, da Flórida ao Maine, e a costa do Canadá, e através das montanhas Apalache, até Michigan e Wisconsin.

Figura 7.23 Casas alagadas pelo furacão Katrina. O centro de Nova Orleans, Louisiana, está nas terras mais altas próximas ao Rio Mississippi.

[3] Dados de temperatura estão disponíveis desde 1880.

[4] Pelo menos 1.836 pessoas morreram em razão do furacão Katrina, e os danos materiais foram estimados em US$ 81 bilhões. Estimativas preliminares para a supertempestade Sandy estimaram que os danos materiais chegariam a US$ 66 bilhões e que 253 vidas seriam perdidas.

FIGURA DESTAQUE 7.24 Comparando o Furacão Katrina

(a) Katrina como uma tempestade de categoria 5, horas antes de atingir o solo, em 28 de agosto de 2005. A tempestade é relativamente compacta, com fortes ventos confinados a aproximadamente 500 quilômetros (300 milhas) de ponta a ponta. A forma geral do Katrina e o olho bem formado são exibidos em **(b)**. Compare com a Figura 7.19. O campo de vento de Sandy foi muito maior **(c)** e atingiu cerca de 1.500 quilômetros (900 milhas) em 30 de outubro de 2012. Em **(d)**, o grande tamanho e a natureza híbrida da tempestade estão claramente visíveis. O nor'easter é observado ao redor, e o ciclone tropical, de oeste a sul.

Furacão Katrina 28 de agosto de 2005

a

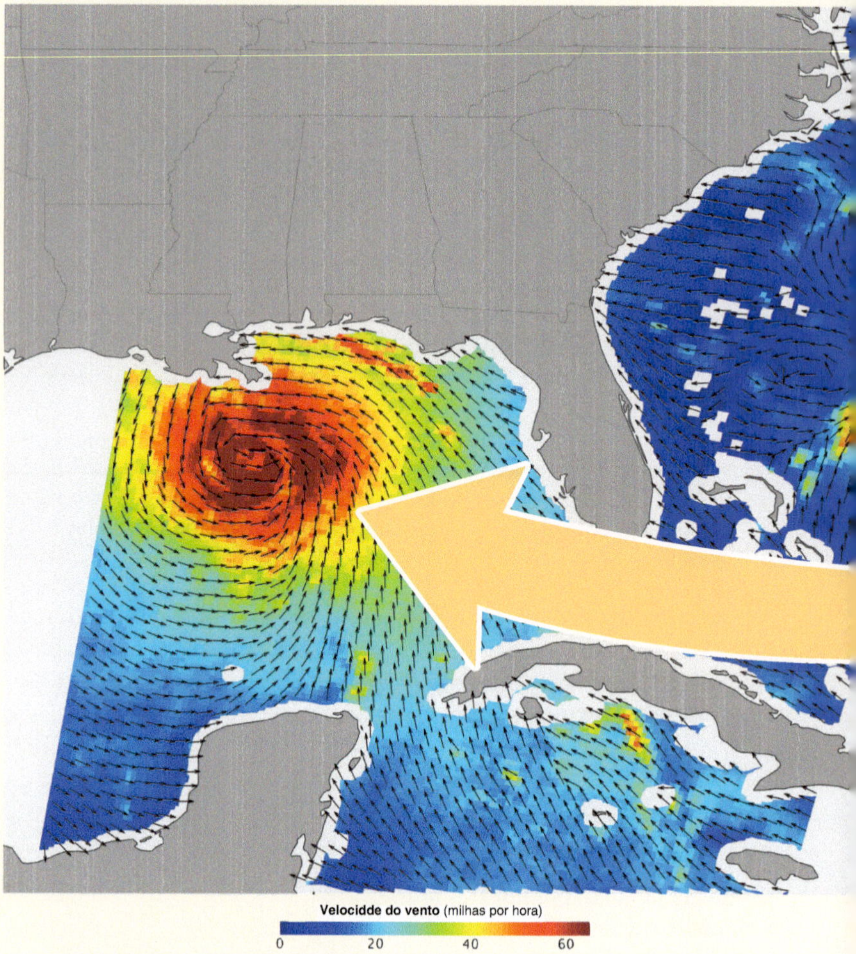

©NASA

Furacão Sandy 30 de outubro de 2012

c

©NASA

Naval Research Laboratory-Monterey

NASA Earth Observatory, imagem de Robert Simmon com dados cortesia da NASA/NOAA GOES Project Science team

Existe também um fator humano para explicar as mortes e os danos dessas grandes tempestades. As marismas e ilhas barreira que antes protegiam a costa vêm sendo alvo do desenvolvimento habitacional, a deposição natural de sedimentos diminuiu e os canais de navio e de drenagem foram dragados. Na última década (para os Estados Unidos como um todo), cerca de mil novos moradores se mudaram para áreas costeiras sujeitas a danos por furacão todos os dias! Mais exposição significa mais morte e destruição. À medida que aumenta o valor da propriedade privada e pública, aumentam também as possibilidades de perdas. Esses moradores enfrentam questões bem complexas: os cidadãos de Nova Orleans devem reconstruir uma cidade que está, em grande parte, abaixo do nível do mar? Os residentes na costa leste devem construir habitações em zonas sujeitas a ondas de tempestades catastróficas? Como os custos devem ser partilhados? O que devemos fazer agora?

BREVE REVISÃO

Antes de passar para a próxima seção, verifique seu entendimento de algumas das ideias importantes apresentadas até agora:

22. Existe uma relação comprovada entre o aquecimento global e a intensidade aparentemente crescente de furacões?

23. Entre as três propriedades mais perigosas de uma tempestade (vento, chuva e vagalhão), qual característica causa o maior número de mortes? E de danos materiais?

24. Quais condições são exclusivas da supertempestade Sandy? Qual a diferença entre um ciclone tropical e uma tempestade frontal?

25. Como os grandes ciclones tropicais afetam as construções na zona costeira? E a zona costeira natural?

Para verificar suas respostas, acesse a página deste livro no site da Cengage.

Perguntas dos Alunos

1. A órbita da Terra deixa o Hemisfério Norte mais perto do Sol no inverno do que no verão. Mesmo assim, faz mais calor durante o verão. Por quê?

A órbita da Terra ao redor do Sol é elíptica, não circular. A Terra como um todo recebe cerca de 7% a mais de energia solar durante metade de sua órbita, quando está mais perto do Sol, do que durante a outra metade. A época de maior entrada de energia é durante nosso inverno, mas todo o Hemisfério Norte está inclinado em direção ao Sol durante o verão, o que resulta em mais luz. No ápice do verão, há três vezes mais energia no Hemisfério Norte do que no ápice do inverno.

2. Como os ventos alísios ganharam esse nome? Seu nome é um lembrete à assistência que oferecem aos comerciantes interessados em vender os seus produtos em cantos distantes do mundo?

Os ventos alísios não são nomeados em homenagem à sua contribuição para o comércio nos dias de navegação. Esse uso da palavra *alísio* é derivado de um significado anterior do inglês equivalente ao nosso advérbio *de forma constante* ou *constante*. Esses ventos persistentes eram chamados de “comércio do vento”.

3. O oceano é capaz de afetar as condições do tempo no interior dos continentes?

Com certeza. De certa maneira, todas as condições do tempo em larga escala na Terra são controladas pelos oceanos. O oceano atua como um coletor de energia solar e depósito de calor, armazenando e liberando calor. A maioria das grandes tempestades (ciclones tropicais e extratropicais) se forma sobre o oceano e se desloca para o continente.

4. É possível observar algum dos efeitos da circulação atmosférica de larga escala?

Sim, a visão da circulação atmosférica desenvolvida neste capítulo explica alguns fenômenos que você pode ter vivenciado. Por exemplo, viajar de Los Angeles a Nova York leva cerca de 40 minutos menos do que voar de Nova York a Los Angeles por causa dos fortes ventos oeste (indicado na Figura 7.14).

Por causa da predominância dos mesmos ventos de oeste, a maioria das tempestades nos Estados Unidos viaja de oeste para leste. A previsão do tempo é baseada em observações e amostragens feitas em massas de ar enquanto estas se movem. Normalmente, é mais fácil prever o tempo no leste e centro-oeste dos Estados Unidos do que no oeste, porque mais dados estão disponíveis quando uma massa de ar está sobre o continente.

5. Qual é a distância do horizonte quando estou em pé na praia e olhando para o mar?

Depende de sua altura. Se você tiver cerca de 1,80 m, a distância até o horizonte é de cerca de 3 milhas (4,8 quilômetros). Para uma estimativa mais precisa, subtraia 4 polegadas (um terço de um pé) para encontrar a altura de seus olhos (em pés) acima do solo, então divida esse número por 0,5736. Tire a raiz quadrada do resultado, e este é o número de milhas do horizonte. Guardas salva-vidas em uma torre de 10 pés (3 metros) veem um horizonte aproximadamente a 8,5 quilômetros (5,3 milhas) de distância.

6. Você andou sugerindo que as alterações causadas pelos humanos na atmosfera (aumento dos níveis de CO_2 etc.) estão causando o aquecimento global e intensificando as tempestades. Por quê?

Eu sou um cientista. Como os outros, analiso os dados, busco padrões, e avalio visões alternativas ao chegar a conclusões. Conforme você aprendeu no primeiro capítulo deste livro, a ciência progride como uma cadeia contínua de questionamentos, testes e teorias de correspondências com as observações. Uma teoria se fortalece quando novos fatos a comprovam. Caso contrário, ela é modificada ou procura-se obter nova explicação (portanto, a ciência é “autocorretora”). Estamos certos de que a temperatura da superfície da Terra está aumentando em um ritmo sem precedentes, e estamos certos de que uma proporção significativa do aumento é atribuível à atividade humana. No momento, a evidência é forte de que essas mudanças atmosféricas induzidas pelo homem estão afetando o clima da Terra.

O último capítulo deste livro aborda esta questão em mais detalhes.

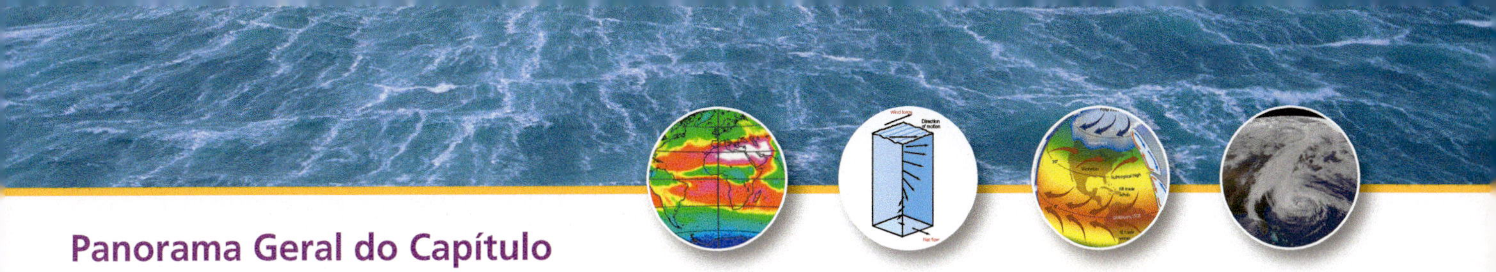

Panorama Geral do Capítulo

Neste capítulo você aprendeu que a Terra e o oceano estão em permanente contato, e as condições de um certamente influenciarão o outro. A interação entre o oceano e a atmosfera ameniza as temperaturas superficiais, molda as condições do tempo e o clima da Terra e cria a maior parte das ondas e correntes marinhas.

A atmosfera responde ao aquecimento solar desigual fluindo em três grandes células de circulação que existem em cada hemisfério. Essa circulação do ar é responsável por cerca de dois terços do transporte de calor das regiões tropicais para as polares. O fluxo de ar dentro dessas células é influenciado pela rotação da Terra (efeito de Coriolis). Para observadores na superfície, a rotação da Terra faz que o ar em movimento (ou qualquer corpo que se mova) se curve para a direita de sua trajetória no Hemisfério Norte e para a esquerda no Hemisfério Sul. A curvatura aparente da trajetória é conhecida como efeito de Coriolis.

O fluxo irregular de ar dentro das células é uma das causas das mudanças atmosféricas que chamamos de condições do tempo. Grandes tempestades são áreas instáveis de ar em rotação que se desenvolvem entre massas de ar ou dentro delas. Ciclones extratropicais originam-se na fronteira entre duas massas de ar; ciclones tropicais, as tempestades mais poderosas da Terra, ocorrem dentro de uma única massa de ar úmido. A imensa energia dos ciclones tropicais vem do calor latente de evaporação da água.

No próximo capítulo você aprenderá como o movimento da atmosfera pode causar o movimento da água do oceano. O vento soprando sobre o oceano cria correntes superficiais, e correntes profundas são formadas quando a superfície do oceano é aquecida ou resfriada conforme as estações do ano mudam. As correntes aderem à atmosfera para formar um motor de calor gigante que move a energia de regiões de excesso (trópicos) para regiões de escassez (polos). Essa energia evita que os oceanos tropicais fervam e que o oceano polar congele em suas bacias.

As correntes da superfície oceânica são governadas por alguns dos princípios que você aprendeu aqui – o efeito de Coriolis e o aquecimento solar desigual continuam a ser conceitos importantes em nossa discussão. Um entendimento da circulação do ar e da água está no centro da Oceanografia Física.

Termos e Conceitos para se Lembrar

alta subtropical
atmosfera
balanço de calor
calmaria (ou *doldrames*)
célula de circulação atmosférica
célula de Ferrel
célula de Hadley
célula polar
ciclone
ciclone extratropical
ciclone tropical
clima
condições meteorológicas (ou do tempo)
Coriolis, Gaspard Gustave de
corrente de convecção
efeito de Coriolis
equilíbrio térmico
frente
frente polar
furacão
latitude alta subtropical (latitude dos cavalos)
massa de ar
monção
nor'easter (ventos de nordeste)
precipitação
tempestade
tempestade frontal
tempestade tropical
tornado
troposfera
vagalhão de tempestade
vapor d'água
ventos alísios
ventos de oeste
zona de convergência intertropical (ZCIT)

Perguntas de Estudo

1. O que acontece quando o ar contendo vapor d'água ascende?
2. Quais fatores contribuem para o aquecimento desigual da Terra pelo Sol?
3. Como a atmosfera responde ao aquecimento solar desigual? Como a rotação da Terra afeta a circulação resultante? Quantas células de circulação atmosférica existem em cada hemisfério?
4. Descreva as células de circulação atmosférica no Hemisfério Norte. Em quais latitudes o ar se move verticalmente? E horizontalmente? O que são ventos alísios? Ventos oeste?
5. Olhe para as áreas em torno de 30° N e 30° S na Figura 7.14. Onde estão localizados os maiores desertos do mundo? Qual é a correlação disso? Qual relação você acha que existe entre a salinidade da superfície oceânica e essas faixas desérticas?
6. Quais as diferenças entre os dois tipos de grandes tempestades? Quais suas semelhanças? O que causa um ciclone extratropical? O que ocorre em comum?
7. O que desencadeia um ciclone tropical? De qual grande energia ele deriva? Qual a principal causa de mortes e danos materiais quando um ciclone tropical atinge a terra?
8. Se o efeito de Coriolis causa a deflexão à direita de objetos em movimento no Hemisfério Norte, por que o ar gira para a esquerda em zonas de baixa pressão naquele hemisfério?
9. Qual é a diferença entre a supertempestade Sandy e um ciclone extratropical ou tropical "normal"?
10. Qual é a diferença entre um ciclone e um tornado?

8 Circulação Oceânica

CONCEITOS-CHAVE

A circulação oceânica é dirigida pelos ventos e pelas diferenças na densidade da água. Imagens de Colin Monteath/Minden

Com auxílio dos ventos, as correntes oceânicas distribuem o calor tropical ao redor do mundo. NASA/JPL

As grandes correntes superficiais se movem em rotas circulares – giros – ao longo das bordas das principais bacias oceânicas. © Cengage Learning

Os fenômenos El Niño e La Niña afetam o oceano e a atmosfera. Eles provocam alterações nos padrões normais de vento e fluxo das correntes. Imagens NASA

O vento soprando pela corrente oceânica fria envolve São Francisco com uma névoa fria de verão.
JAMES A. Sugar/National Geographic Creative

8.1 O Fluxo de Massas d'Água do Oceano é Dirigido pelo Vento e pela Gravidade

Marinheiros sabem, há muito tempo, que o oceano está sempre em movimento. Os primeiros comerciantes a navegar com cautela para fora do mar Mediterrâneo, através do estreito de Gibraltar, notaram um movimento persistente da água para o sul – eles muitas vezes ficavam à deriva ao longo da costa Africana, mesmo estando na direção dos ventos. Pytheas de Massalia, um capitão de navio grego que explorou o Atlântico Nordeste no século IV a.C., foi o primeiro observador a registrar esse movimento lento, contínuo, e a estimar sua velocidade.

Até o início do século XVII, as frotas de pesca do Japão estavam utilizando intensivamente uma correnteza para norte para chegar com vantagem aos melhores locais de pesca na Península Kamchatka. (Eles voltavam para casa navegando perto da costa, onde a correnteza era fraca.)

Mais recentemente, Sir John Murray observou, no Relatório da expedição *Challenger*, que a temperatura da água de superfície do oceano foi quase sempre superior à temperatura das águas profundas, e que existia uma zona de rápida mudança de temperatura (conhecida como termoclina) na maioria das áreas amostradas.

Ainda mais tarde, em um artigo fundamental de 1961, Klaus Wyrtki respondeu a uma persistente pergunta: o que mantém a termoclina? Por causa da condução de calor por contato, a temperatura da água não deveria cair *gradual* e *continuamente* conforme a profundidade aumenta? A água fria está, de alguma forma, subindo para levar a água quente até a superfície do oceano. De onde vem essa água fria?

Essas ideias estão relacionadas. A deriva horizontal dos navios e o movimento vertical da água fria são causados pelo fluxo de massa de água – um fenômeno conhecido como **correntes** oceânicas.

As *correntes superficiais* são movimentos da água conduzidos pelo vento na, ou perto da, superfície do oceano, e *correntes* termohalinas (assim chamadas porque dependem de diferenças de densidade causadas por variações de temperatura e salinidade da água) são as correntes lentas, profundas, que afetam a vasta massa de água oceânica abaixo da picnoclina. Ambas têm influências muito importantes sobre a temperatura da Terra, o clima e a produtividade biológica.

BREVE REVISÃO

Antes de passar para a próxima seção, verifique seu entendimento de algumas das ideias importantes apresentadas até agora:

1. Quais as causas dos dois principais tipos de correntes oceânicas?

Para verificar sua resposta, acesse a página deste livro no site da Cengage.

8.2 As Correntes de Superfície São Direcionadas pelos Ventos

Cerca de 10% da água do oceano no mundo estão envolvidas em **correntes de superfície**, fluxos de água horizontal nos primeiros 400 metros (1.300 pés) da coluna d'água oceânica, comandados principalmente pela fricção do vento. A maioria das correntes de superfície se move acima da picnoclina, a zona em que a densidade varia rapidamente com a profundidade descrita no Capítulo 6.

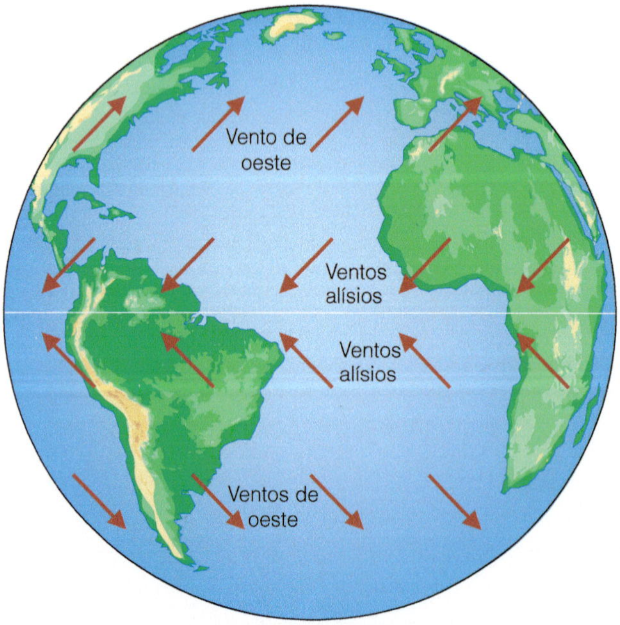

Figura 8.1 Ventos direcionados pelo aquecimento solar desigual e pela rotação da Terra causam o movimento das correntes superficiais nos oceanos. Os principais fatores de movimentação são os poderosos ventos de oeste e os persistentes ventos alísios (do leste).

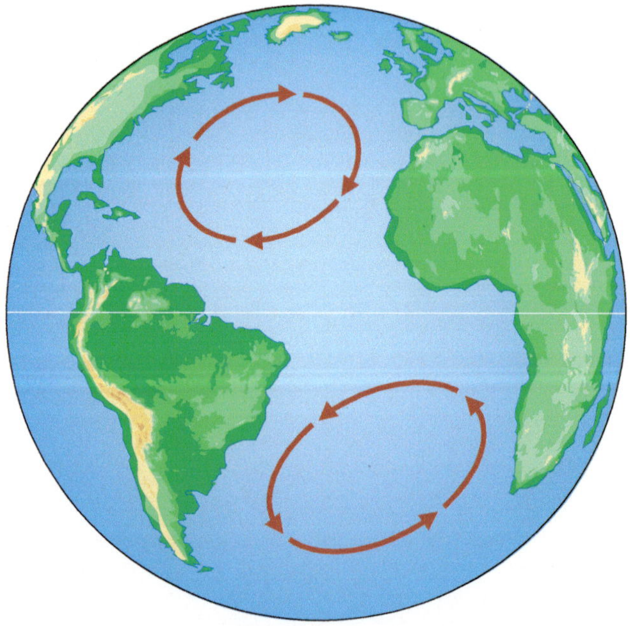

Figura 8.2 Uma combinação de quatro forças – ventos superficiais, o calor do Sol, o efeito de Coriolis e a gravidade – faz que as correntes oceânicas circulem no sentido horário no Hemisfério Norte, e anti-horário no Hemisfério Sul, formando giros.

A principal força responsável pelas correntes de superfície é o vento. Como já visto no Capítulo 7, os ventos de superfície formam padrões globais dispostos em faixas de latitudes (**Figura 8.1**; veja também a Figura 7.14). A maior parte da energia eólica da superfície da Terra está concentrada nos ventos alísios (de leste) e nos ventos de oeste de cada hemisfério. Ondas na superfície do mar transferem parte da energia do ar em movimento para a água por meio do atrito. O arrasto do vento na superfície do oceano dá início ao fluxo de água. A água que flui sob o vento forma uma corrente de superfície.

A água em movimento irá "empilhar" na direção em que o vento está soprando. A pressão da água é maior no lado "empilhado", e a força da gravidade puxa a água para baixo da inclinação – contra o gradiente de pressão –, na direção de onde ela veio. Mas o efeito de Coriolis intervém. Por causa do efeito de Coriolis (discutido no Capítulo 7), as correntes de superfície no Hemisfério Norte fluem para a *direita* da direção do vento; correntes do Hemisfério Sul fluem para a *esquerda*. A topografia dos continentes e bacias muitas vezes bloqueia o fluxo contínuo e ajuda a defletir a água em movimento para um padrão circular. Esse fluxo ao redor das bordas de uma bacia oceânica é chamado de **giro** (*gyros*, "um círculo"). A **Figura 8.2** mostra dois giros.

As Correntes de Superfície Fluem em Torno da Borda das Bacias Oceânicas

A **Figura 8.3** exibe o giro do Atlântico Norte com mais detalhes. Embora o giro flua continuamente, sem regiões claras onde uma corrente termina e outra começa, os oceanógrafos subdividem o giro do Atlântico Norte em quatro correntes interconectadas, uma vez que cada uma possui características de fluxo e temperaturas distintas. (Os giros de outros oceanos são divididos de maneira semelhante.) Repare que as correntes leste-oeste no giro do Atlântico Norte fluem para direita do vento forçante; uma vez iniciado, o fluxo da água nessas correntes permanece aproximadamente na direção leste-oeste. As correntes viram no sentido horário, onde o fluxo para completar o circuito é bloqueado pelos continentes.

Por que a água flui ao redor da borda da bacia oceânica em vez de espiralar para o centro? O efeito de Coriolis influencia qualquer corpo em movimento *enquanto este se mover*, portanto, espera-se que a água em um giro se curve para o centro do Atlântico Norte até parar. Para entender esse aspecto do movimento da corrente, imagine as forças agindo na água de superfície em uma latitude de 45 °N (ponto **A** na **Figura 8.4**). Nesse ponto, os ventos do oeste fluem a partir do sudoeste, portanto inicialmente a água se move na direção nordeste. A deflexão de Coriolis para a direita faz que a água flua quase que totalmente para leste. Uma partícula em 15 °N de latitude (ponto **B**) responde ao empurrão dos ventos alísios de nordeste; no entanto, por causa da deflexão de Coriolis, ela vai fluir na direção oeste. A água na superfície pode fluir a uma velocidade que não deve ultrapassar cerca de 3% da velocidade do vento que a dirige.

Quando forçada pelo vento, a camada mais superficial do oceano no Hemisfério Norte flui a aproximadamente 45° para a direita da direção do vento, um fluxo consistente com as setas que apontam o caminho de **A** e **B** na Figura 8.4. Mas o que acontece com a água na camada abaixo desta? A água não pode "sentir" o vento que sopra na superfície; ela "sente" somente o movimento da água imediatamente acima dela. Essa camada de água mais profunda se move formando *um ângulo para a direita* em relação à água sobreposta. O mesmo acontece em relação à camada abaixo dela e à seguinte, e assim por diante, até uma profundidade de cerca de 100 metros em latitudes médias. Cada camada desliza horizontalmente sobre a que está abaixo, como cartas em um bara-

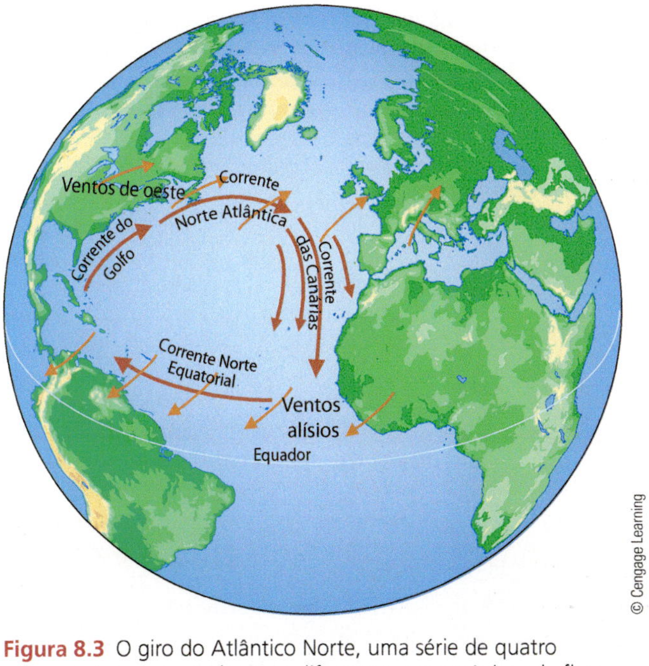

Figura 8.3 O giro do Atlântico Norte, uma série de quatro correntes interconectadas com diferentes características de fluxo e de temperatura.

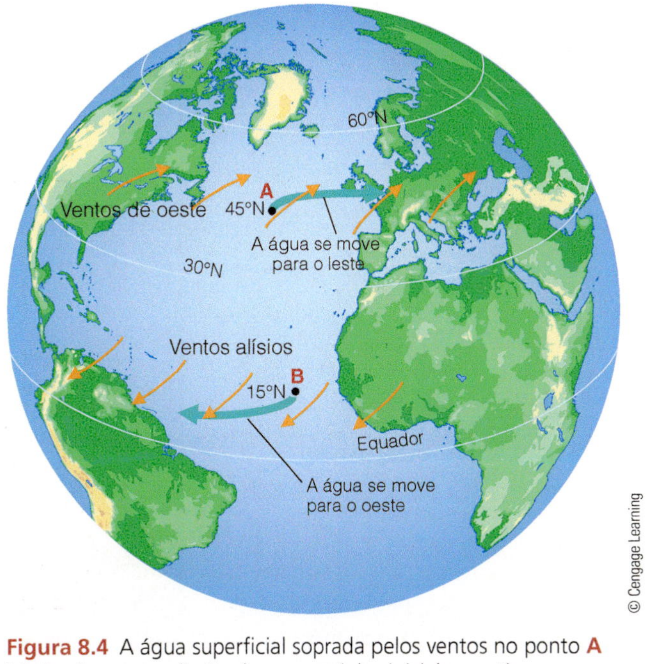

Figura 8.4 A água superficial soprada pelos ventos no ponto **A** irá desviar para a direita de seu caminho inicial e continuar em direção a leste. A água no ponto **B** desviará para direita e seguirá, em direção a oeste.

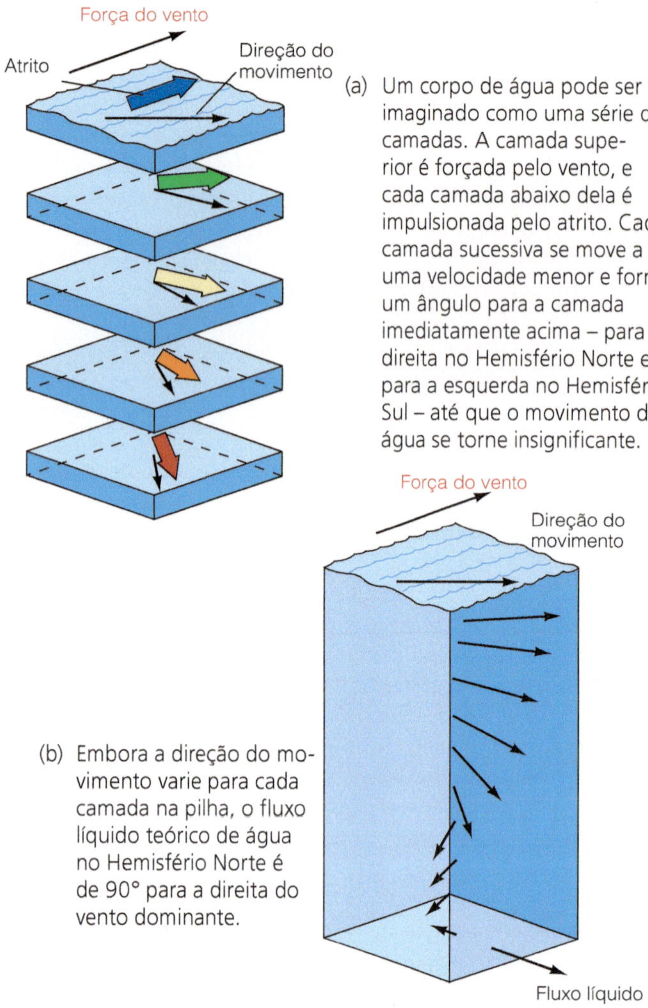

(a) Um corpo de água pode ser imaginado como uma série de camadas. A camada superior é forçada pelo vento, e cada camada abaixo dela é impulsionada pelo atrito. Cada camada sucessiva se move a uma velocidade menor e forma um ângulo para a camada imediatamente acima – para a direita no Hemisfério Norte e para a esquerda no Hemisfério Sul – até que o movimento de água se torne insignificante.

(b) Embora a direção do movimento varie para cada camada na pilha, o fluxo líquido teórico de água no Hemisfério Norte é de 90° para a direita do vento dominante.

Figura 8.5 A espiral de Ekman e o mecanismo por meio do qual ela opera. O comprimento das setas nos diagramas é proporcional à velocidade da corrente em cada camada.

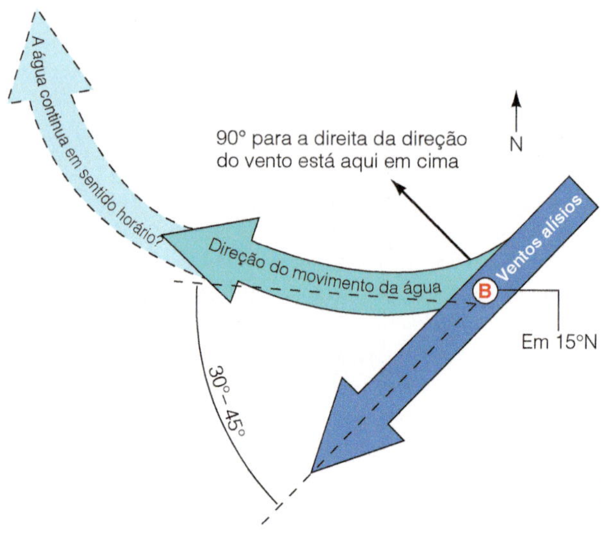

Figura 8.6 O movimento da água a partir do ponto **B** da Figura 8.4 é influenciado pela tendência de virar para a direita pelo efeito de Coriolis e pelo movimento de água contra o gradiente de pressão forçado pela gravidade.

PENSANDO ALÉM DA IMAGEM

Existe alguma profundidade na qual a água flui na posição exatamente oposta à direção do vento dominante na superfície?

lho, com cada carta se movendo em um ângulo ligeiramente para a direita da carta acima. Por causa das perdas causadas pelo atrito, cada camada também se move mais lentamente que a camada acima. A situação resultante, demonstrada na **Figura 8.5**, é conhecida como **espiral de Ekman,** em homenagem ao oceanógrafo sueco que desenvolveu a matemática envolvida no problema.

O termo *espiral* é um tanto impreciso, pois a água não se movimenta em espiral para baixo, como um redemoinho formado quando a água desce por um ralo. Em vez disso, a espiral é uma maneira de conceituar os movimentos horizontais em uma coluna de água dividida em camadas, com cada camada se movendo em uma direção horizontal levemente diferente. Um efeito inesperado da espiral de Ekman é que, em uma determinada profundidade (conhecida como profundidade de atrito), a água irá fluir na direção contrária à da corrente superficial!

O movimento *resultante* da água abaixo da profundidade de cerca de 100 metros, considerando o efeito acumulado da espiral de Ekman (a soma de todas as setas indicativas da direção da água nas camadas consideradas), é conhecido como **transporte de Ekman** (ou *fluxo de Ekman*). Teoricamente, a direção do transporte de Ekman é 90° para a *direita* do vento no Hemisfério Norte e 90° para a *esquerda* do vento no Hemisfério Sul.

De posse dessa informação, agora podemos observar mais detalhadamente a área ao redor do ponto **B** na Figura 8.4, que aparece ampliada na **Figura 8.6**. Na natureza, o transporte de Ekman nos giros forma um ângulo menor que 90°; na maioria dos casos, a deflexão dificilmente atinge 45°. Esse desvio com relação à teoria ocorre por causa da interação entre o efeito de Coriolis e o gradiente de pressão. Parte da água que flui no Atlântico foi deslocada para a direita, formando um morro de água, seguindo a seta tracejada para a direita na Figura 8.6.

Por que essa água agora flui diretamente para oeste a partir do ponto **B** sem virar? Porque, como a **Figura 8.7a** mostra, para virar mais para a *direita*, a água teria que se mover morro acima contra o gradiente de pressão (e contra a gravidade), mas, para virar para a *esquerda* em resposta ao gradiente de pressão, ela estaria desafiando o efeito de Coriolis. Assim, a água continua fluindo para oeste e em seguida no sentido horário ao redor do giro do Atlântico Norte, em um equilíbrio dinâmico entre o impulso de descer o morro gerado pelo gradiente de pressão e a tendência de subir o morro causada pela deflexão de Coriolis. O morro tam-

As correntes constituem a parte fundamental da Oceanografia Física. Seus efeitos no clima global, suas vastas massas de água, seu fluxo complexo e sua influência no comércio tornam seu estudo especialmente importante.

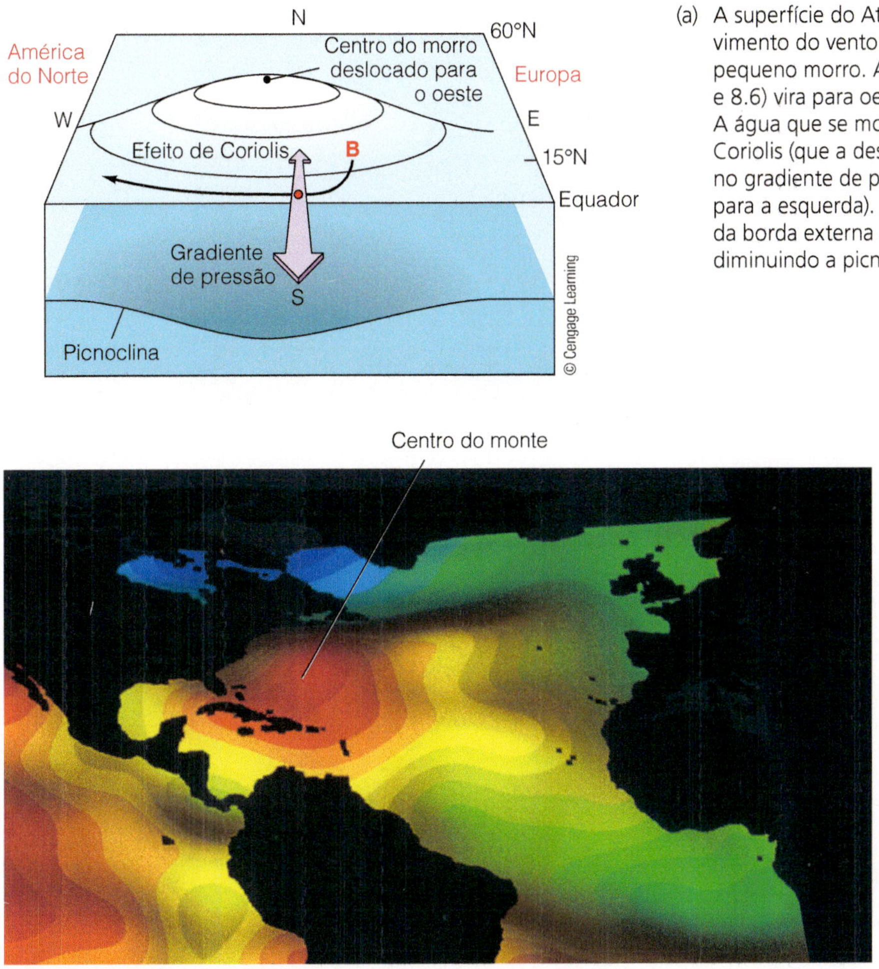

(a) A superfície do Atlântico Norte é erguida por meio do movimento do vento e do transporte de Ekman, formando um pequeno morro. A água do ponto **B** (veja também Figuras 8.4 e 8.6) vira para oeste e flui ao longo da lateral desse morro. A água que se move para oeste é equilibrada pelo efeito de Coriolis (que a desviaria para a direita) e pelo fluxo para baixo no gradiente de pressão devido à gravidade (que a desviaria para a esquerda). A água no giro, portanto, se move ao longo da borda externa da bacia oceânica. A água também desce, diminuindo a picnoclina.

(b) A altura média da superfície do Atlântico Norte é apresentada em cores nesta imagem derivada de dados obtidos em 1992 pelo satélite *TOPEX/Poseidon*. O vermelho indica a superfície mais alta; o verde e o azul, as superfícies mais baixas. Note que a posição medida do monte é deslocada para o Ocidente, como visto em (a). (O deslocamento para oeste é explicado na Figura 8.11.) A elevação gradual do monte é de apenas 2 metros (6,5 pés) e seria imperceptível para pessoas viajando de costa a costa.

Figura 8.7 O morro de água no Atlântico Norte.

PENSANDO ALÉM DA IMAGEM

Sem olhar adiante, você consegue pensar por que o pico do monte está deslocado para oeste? Ele também estaria deslocado para oeste no Atlântico Sul?

bém apresenta consequências para as águas mais profundas. A água que flui para dentro para formar o monte se dissipa e diminui a termoclina.

Sim, *de fato*, existe um morro de água próximo ao meio do Atlântico Norte, centrado na região do Mar dos Sargaço; as imagens de satélite fornecem evidências **(Figura 8.7b)**. Esse morro é formado por água de superfície acumulada no centro da circulação do oceano. Não se trata de uma montanha íngreme de água – sua altura máxima é de apenas 2 metros (6,5 pés) –, mas sim de uma gradual ondulação que parte da linha de costa, passa pelo oceano aberto e volta para a linha de costa oposta. Essa inclinação é tão gradual que você não a notaria em uma travessia transatlântica.

O morro é mantido pela energia do vento. Se os ventos não estivessem continuamente injetando nova energia nas correntes, o atrito dentro da massa de fluido e com as bacias oceânicas adjacentes reduziria a velocidade da água em movimento, gradualmente convertendo seu movimento em calor. O balanço entre a energia do vento e o atrito, e entre efeito de Coriolis e o gradiente de pressão (pelo efeito da gravidade), impulsiona as correntes do giro e as mantém ao longo das bordas externas da bacia oceânica.

A Água do Oceano Flui em Seis Grandes Circuitos Superficiais

Os giros que estão em equilíbrio entre o gradiente de pressão e o efeito de Coriolis são chamados de **giros geostróficos** (*Geos*, "Terra"; *trophe*, "girar"), e suas correntes são *correntes geostróficas*. Por causa dos padrões das forçantes do vento e da posição atual dos continentes, os giros geostróficos são em grande parte independentes um do outro, em cada hemisfério.

Existem seis grandes circuitos de correntes no oceano mundial, dois no Hemisfério Norte e quatro no Hemisfério Sul **(Figura 8.8)**. Cinco são os giros geostróficos: Giro Atlântico Norte, Giro Atlântico Sul, Giro Pacífico Norte, Giro Pacífico Sul e Giro Oceano Índico. Embora seja um circuito fechado, a sexta e maior das correntes não é, tecnicamente, um giro, porque não flui ao redor da borda de uma bacia oceânica. A **Deriva do Vento Oeste**, ou **Corrente Circumpolar Antártica**, como é chamada essa exceção, flui permanentemente para leste ao redor da Antártica, forçada por ventos fortes praticamente contínuos de oeste. Esta, que é a maior de todas as correntes superficiais do oceano, nunca é defletida por um continente.

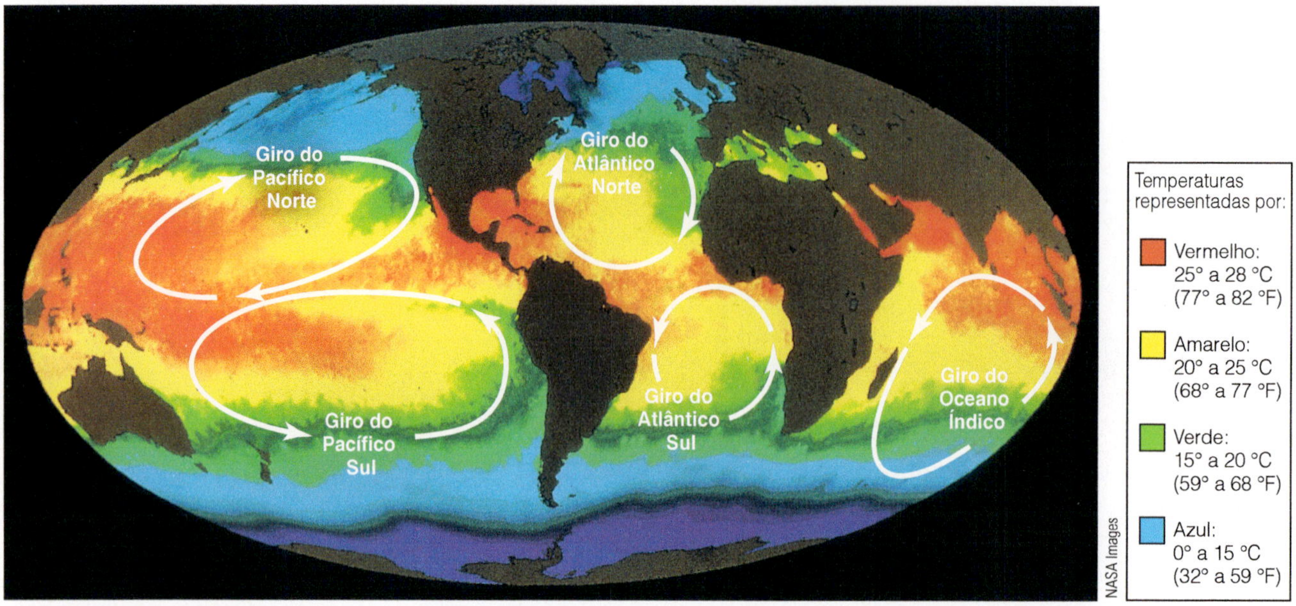

(a) Ilustração da temperatura da superfície do mar mostrando o padrão geral do fluxo da corrente de superfície. As temperaturas da superfície do mar foram medidas por um radiômetro a bordo do *NOAA-7*, em julho de 1984. A cor roxa ao redor da Antártica e a oeste da Groenlândia indica água abaixo de 0 °C, o ponto de congelamento da água doce. Observe a distorção dos padrões de temperatura que poderíamos esperar dos efeitos do aquecimento solar sozinho – os padrões giram no sentido horário no Hemisfério Norte, e no anti-horário no Hemisfério Sul.

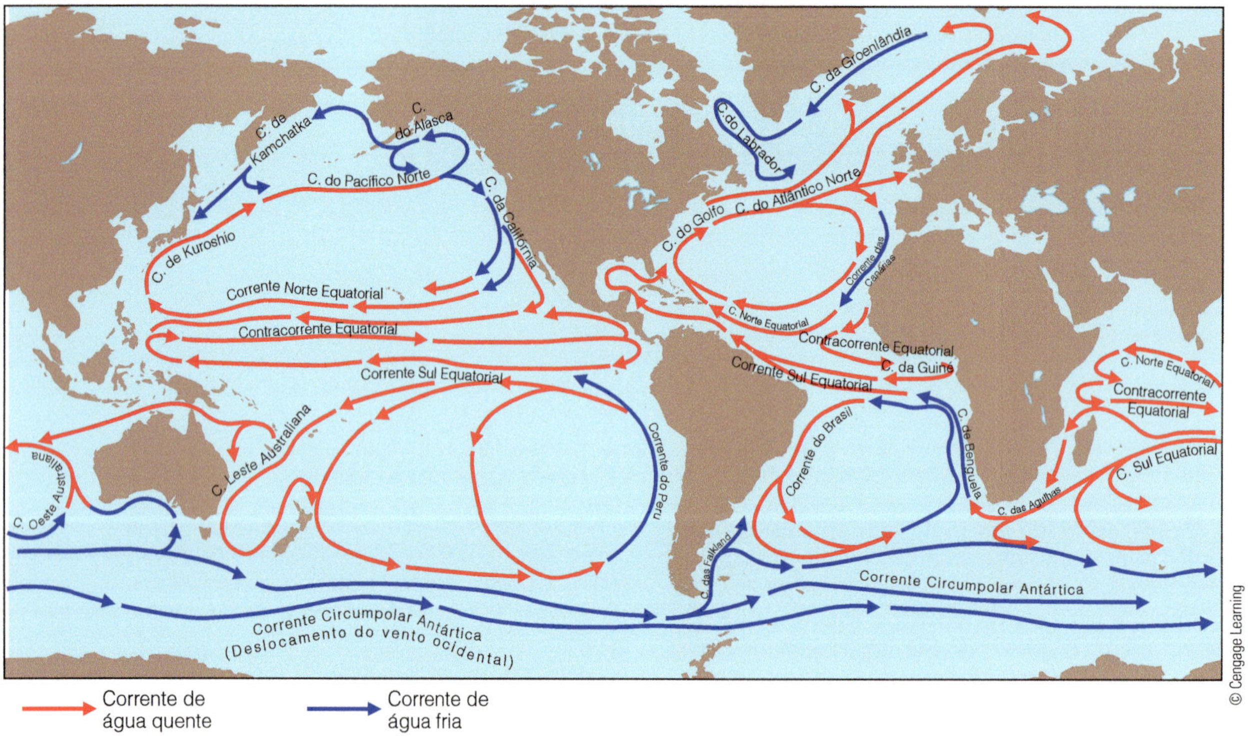

(b) Diagrama simplificado mostrando os nomes e a direção das principais correntes de superfície do oceano mundial. As fortes correntes de contorno ocidental fluem ao longo das margens oeste das bacias oceânicas em ambos os hemisférios.

Figura 8.8 Duas maneiras de visualizar as principais correntes de superfície do oceano mundial.

PENSANDO ALÉM DA IMAGEM

Quantos giros existem nos oceanos do mundo?

As Correntes de Contorno Possuem Características Diferentes

As correntes que constituem os giros geostróficos possuem características diversas em razão dos diferentes fatores que as forçam e moldam. As correntes geostróficas podem ser classificadas por sua posição no giro como correntes de contorno oeste, de contorno leste ou transversais.

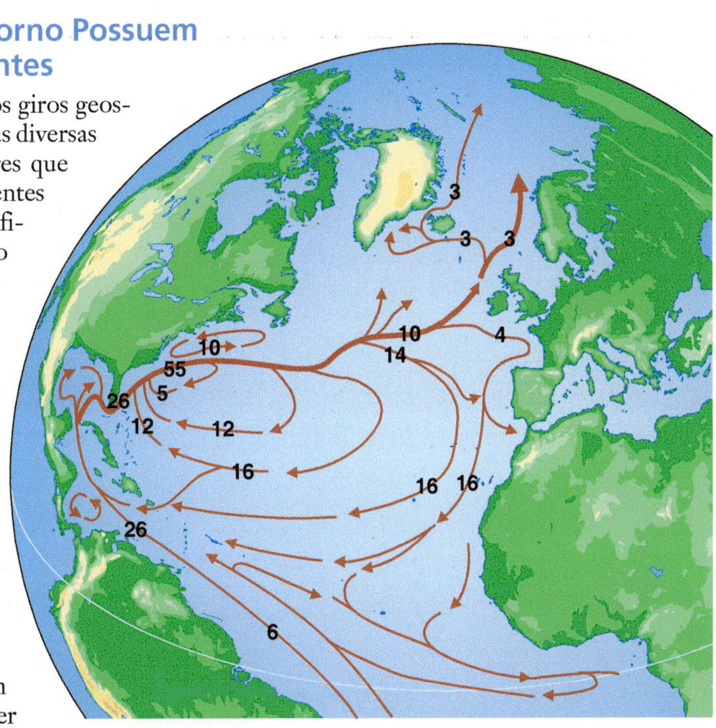

Figura 8.9 Circulação geral de superfície do Atlântico Norte. Os números indicam os transportes em sverdrups (1 sv = 5,1 milhões de metros cúbicos de água por segundo).

Correntes de contorno oeste As correntes geostróficas mais rápidas e mais profundas são encontradas na borda oeste das bacias oceânicas (ou seja, na costa leste dos continentes). Essas correntes estreitas, rápidas e profundas transportam água quente em direção aos polos, em cada giro. Conforme pode ser observado na Figura 8.8b, existem cinco grandes **correntes de contorno oeste**: a Corrente do Golfo (no Atlântico Norte), a Corrente de Kuroshio ou do Japão (no Pacífico Norte), a Corrente do Brasil (no Atlântico Sul), a Corrente das Agulhas (no Oceano Índico) e a Corrente Leste Australiana (no Pacífico Sul).

A **Corrente do Golfo** é a maior das correntes de contorno ocidental. Estudos realizados revelaram que, na costa de Miami, essa corrente se move a uma velocidade média de 2 metros por segundo (5 milhas por hora), até uma profundidade de mais de 450 metros (1.500 pés). A água na Corrente do Golfo pode se mover mais de 160 quilômetros (100 milhas) em um dia. Sua largura média é de cerca de 70 quilômetros (43 milhas).

O fluxo da Corrente do Golfo é de pelo menos 55 sv (55 milhões de metros cúbicos por segundo), cerca de 300 vezes a descarga típica do Rio Amazonas, o maior dos rios.

O volume de água transportado pelas correntes de contorno ocidental é extraordinário. A unidade usada para expressar transporte de volume nas correntes oceânicas é o **sverdrup (sv)**, assim nomeado em homenagem a Harald Sverdrup, um dos oceanógrafos pioneiros do século passado. Um sverdrup equivale a 1 milhão de metros cúbicos por segundo.[1] O fluxo da Corrente do Golfo é de pelo menos 55 sv (55 milhões de metros cúbicos por segundo), cerca de 300 vezes a descarga típica do Rio Amazonas, o maior dos rios. A **Figura 8.9** apresenta as correntes do giro do Atlântico Norte com seu transporte (em sverdrups) indicado.

A água em uma corrente, especialmente uma corrente de contorno oeste, pode viajar por distâncias surpreendentemente grandes dentro de limites bem definidos, quase como se fosse um rio. Na Corrente do Golfo, a analogia com a corrente de um rio pode ser supreendentemente apropriada: a borda ocidental da corrente muitas vezes é claramente visível. A água dentro da corrente com frequência é quente, clara e azul, normalmente carente de nutrientes e incapaz de suportar muita vida. No entanto, a água sobre o talude continental adjacente à corrente frequentemente é fria, verde e repleta de vida.

Em se tratando de contorno oeste, bordas longas e estreitas são uma exceção. Ao contrário dos rios, nos oceanos não existem margens bem definidas nas correntes oceânicas, e o atrito com a água adjacente pode fazer com que uma corrente forme ondas ao longo de suas bordas. As correntes de contorno oeste movem-se sinuosamente à medida que fluem em direção aos polos. Os meandros das correntes formam voltas que, algumas vezes, se conectam para formar anéis turbulentos, ou **vórtices**, que aprisionam água fria ou quente nos seus interiores, e em seguida se separam do fluxo principal. Por exemplo, *vórtices de núcleo frio* se formam na Corrente do Golfo à medida que esta se move em direção a leste, após abandonar a costa da América do Norte, perto do Cabo Hatteras. *Vórtices de núcleo quente* formam-se ao norte da Corrente do Golfo quando a corrente quente forma laços ao redor da água fria localizada ao norte. Quando esses laços são separados da corrente, tornam-se massas de água rodopiantes e independentes. Vórtices de núcleo quente giram no sentido horário, e os de núcleo frio, no sentido anti-horário.

Esses vórtices giram lentamente e se movem para longe da corrente, espalhando-se pelo Atlântico Norte. Alguns podem ter até 1.000 quilômetros (620 milhas) de diâmetro e manter suas características por mais de três anos. Em latitudes médias, a área coberta por resquícios de vórtices antigos de núcleo frio que se movem lentamente pode chegar a um quarto da superfície do Atlântico Norte! Tanto os vórtices de núcleos frios como os de núcleos quentes podem ser visíveis na imagem de satélite da **Figura 8.10a**. Pesquisas recentes sugerem que sua influência chega ao fundo do mar. Vórtices de núcleos quentes e frios podem ser responsáveis por lentas *tempestades abissais*, que deixam marcas onduladas que têm sido observadas em sedimentos profundos. Nutrien-

[1] Um milhão de metros cúbicos é cerca de metade do volume do Estádio da Louisiana.

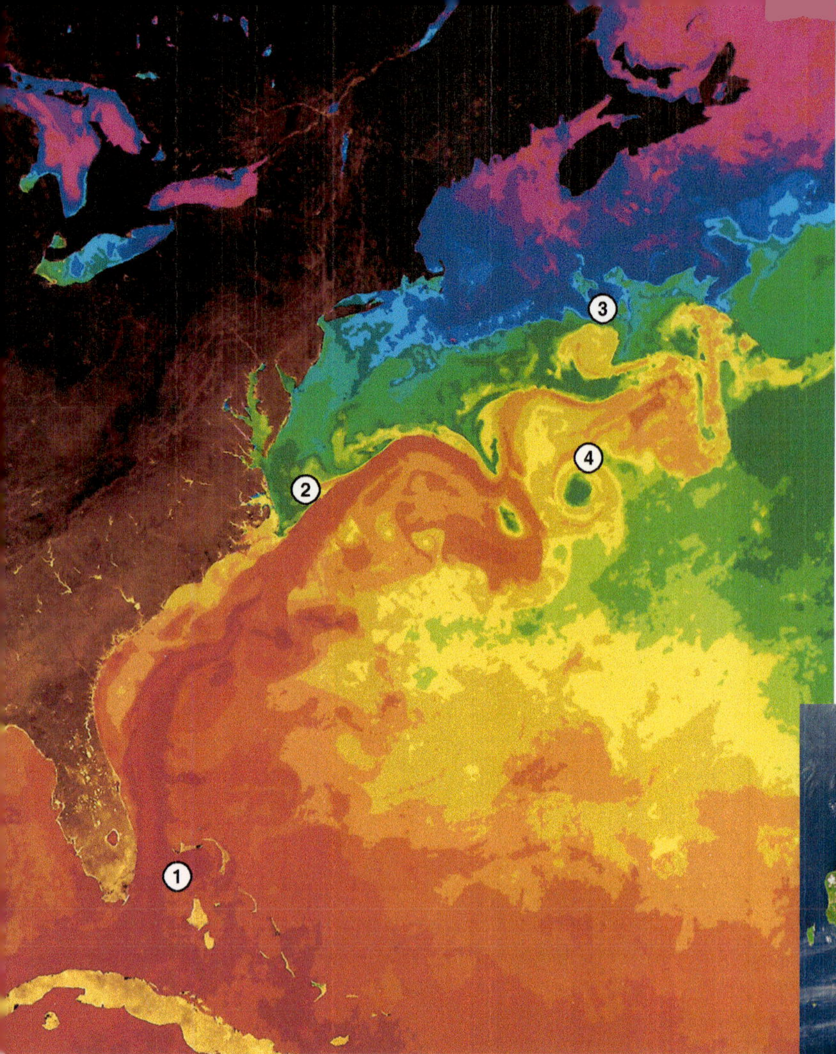

(a) A Corrente do Golfo vista do espaço. Esta imagem é uma composição de dados de temperatura obtidos pelos satélites meteorológicos de órbita polar do NOAA durante a primeira semana de abril de 1984. A imagem foi impressa com uma escala de cores artificial: vermelhos e laranjas têm temperaturas quentes, de 24 a 28 °C (76° a 84 °F); amarelos e verdes de 17° a 23 °C (63° a 74 °F); azuis de 10° a 16 °C (50° a 61 °F); e púrpura-violeta representam águas frias, de 2° a –9 °C (36° a 48 °F). A Corrente do Golfo aparece como um rio vermelho (quente) à medida que ela se move a partir do extremo sul da Flórida ① para o norte, ao longo da costa leste. Movendo-se em direção ao mar aberto no Cabo Hatteras ②, ela começa a mover-se sinuosamente, com alguns de seus meandros se destacando para formar vórtices de núcleo quente ③ e frio ④. À medida que ela se move para nordeste, a água se resfria drasticamente, liberando calor para a atmosfera e misturando-se com as águas mais frias ao redor. Ao atingir o meio do Atlântico Norte, a corrente já esfriou tanto que a sua temperatura superficial já não pode mais ser diferenciada da temperatura das águas ao seu redor.

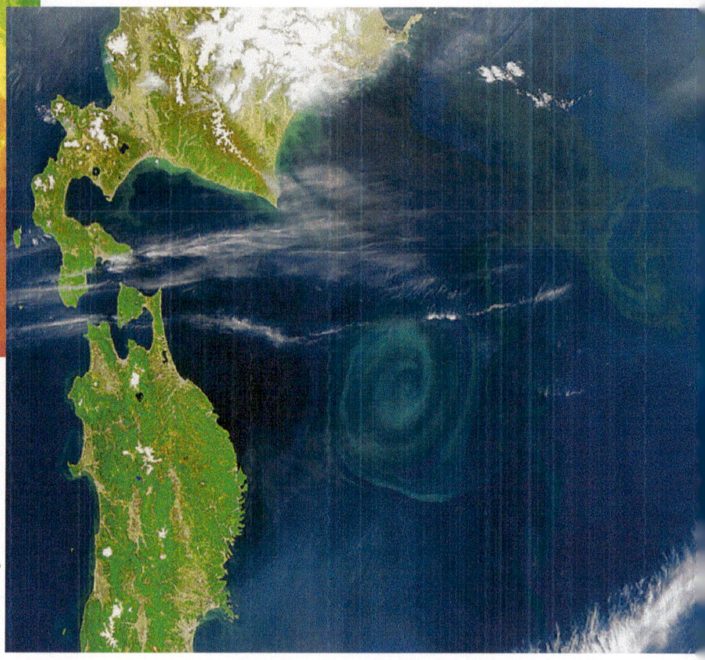

Figura 8.10 Vórtices nas correntes de contorno oeste.

Foto acima: Reproduzida com permissão de O. Brown, R. Evans, and M. Carle, University of Miami Rosenstiel School of Marine and Atmospheric Science.

(b) Vórtices em outra corrente de contorno oeste, a Corrente de Kuroshio, na costa leste do Japão. A cor verde nessa fotografia com cores naturais indica áreas onde o crescimento de pequenos organismos vegetais foi estimulado por nutrientes trazidos para a superfície pela turbulência.

NASA/Orbimage

tes trazido para a superfície por turbulência nos vórtices por vezes estimulam o crescimento de pequenos organismos semelhantes aos vegetais planctônicos marinhos **(Figura 8.10b)**.

Correntes de contorno leste Conforme mostrado na Figura 8.8b, existem cinco **correntes de contorno leste** na borda oriental das bacias oceânicas (ou seja, ao longo da costa oeste dos continentes): a Corrente das Canárias (no Atlântico Norte), a Corrente de Benguela (no Atlântico Sul), a Corrente da Califórnia (no Pacífico Norte), a Corrente Ocidental Australiana (no Oceano Índico) e a Corrente do Peru ou Corrente de Humboldt (no Pacífico Sul).

As correntes de contorno leste são o oposto dos seus homólogos de contorno oeste em quase todos os sentidos: elas carregam água fria em direção ao equador; são rasas e amplas, às vezes com mais de 1.000 quilômetros (620 milhas); seus limites não são bem definidos; e tendem a não formar vórtices. Seu fluxo total é menor que o de seus correspondentes na margem oeste. A Corrente das Canárias, no Atlântico Norte, carrega apenas 16 sverdrups de água a cerca de 2 quilômetros (1,2 milha) por hora. A corrente é tão rasa e ampla que navegantes podem até nem percebê-la. Compare as taxas de fluxo das correntes de contorno oeste e de leste do Atlântico Norte na Figura 8.9. A **Tabela 8.1** resume as principais diferenças entre as correntes de contorno no Hemisfério Norte.

Correntes transversais Como vimos anteriormente, a maior parte da energia que movimenta as correntes oceânicas vem dos ventos alísios nas margens dos trópicos e dos ventos do oeste em latitudes médias. O atrito do vento sobre o oceano nessas faixas dá origem às **correntes transversais** – correntes que fluem de leste para oeste e de oeste para leste, ligando as correntes de contorno leste e oeste.

As correntes Norte Equatorial e Sul Equatorial, forçadas pelos ventos alísios e presentes tanto no Atlântico como no

Tabela 8.1 **Correntes de Contorno no Hemisfério Norte**

Tipo de Corrente (exemplo)	Características Gerais	Velocidade	Transporte (milhões de metros cúbicos por segundo)	Características Especiais
Correntes de Contorno Oeste				
Corrente do Golfo Corrente de Kuroshio (Japão)	Estreita, < 100 km; profunda – transporte substancial até profundidades de 2 km	Rápidas, centenas de quilômetros por dia	Grande, normalmente 50 sv ou mais	Limite bem definido com sistema de circulação costeiro; pouca ou nenhuma ressurgência costeira; águas tendem a ser pobres em nutrientes, improdutivas; águas vêm da região dos ventos alísios
Correntes de Contorno Leste				
Corrente da Califórnia Corrente das Canárias	Ampla, ~ 1,000 km superficial, < 500 m	Lenta, dezenas de quilômetros por dia	Pequeno, tipicamente 10-15 sv	Limites difusos separando-as de correntes costeiras; ressurgência costeira comum; águas provenientes de latitudes médias

Fonte: GROSS, M. GRANT, OCEANOGRAPHY, 5. ed., © 1985. Reproduzido com permissão de Pearson Education, Inc., Upper Saddle River, NJ.

Pacífico, são relativamente rasas e extensas, mas cada uma transporta cerca de 30 sv em direção a oeste. Por causa do impulso dos alísios, a água do Atlântico é cerca de 20 centímetros mais alta, em média, do que a água do outro lado do istmo no Pacífico. A maior extensão de água no Oceano Pacífico na região do equador e os intensos alísios dão origem a correntes equatoriais mais fortes fluindo para oeste, e acredita-se que a diferença do nível do mar entre a margem leste e a margem oeste do Pacífico pode chegar a 1 metro (3,3 pés)!

Ventos de oeste conduzem as correntes transversais com fluxo nas latitudes médias. Uma vez que elas não são guiadas pelos ventos alísios, as correntes com fluxo leste são mais largas e fluem mais lentamente do que suas homólogas equatoriais. As correntes do Pacífico Norte e do Atlântico Norte são exemplos do Hemisfério Norte.

Como pode ser visto na Figura 8.8, o fluxo para oeste das correntes transversais próximo ao equador segue desimpedido por grandes distâncias, porém o fluxo para leste das correntes transversais em latitudes médias e altas na bacia norte do oceano é interrompido por continentes e arcos de ilhas. No extremo sul, entretanto, o fluxo para leste é quase completamente livre. Ventos de oeste intensos sobre o Oceano Austral forçam a maior de todas as correntes oceânicas, a Corrente do Vento Oeste, a desempedida deriva do Vento Oeste (ou Corrente Circumpolar Antártica). Essa corrente transporta mais água do que qualquer outra – pelo menos 100 sv oeste para leste na Passagem de Drake, entre a ponta da América do Sul e a Península de Palmer, do lado da Antártica.

Intensificação Oeste

Por que as correntes de contorno oeste são concentradas e as de contorno leste são difusas? As razões são complexas, mas, como você poderia esperar, o efeito de Coriolis está envolvido. Em razão do efeito de Coriolis, que aumenta conforme a água se move para longe do equador, a água que flui para leste na parte norte do giro do Atlântico Norte é defletida mais cedo em direção ao equador do que a água que flui para oeste no equador, que é defletida para o polo. Assim, o pico do morro descrito na Figura 8.7 não está no centro da bacia oceânica, mas, sim, próximo à sua margem oeste. Sua inclinação é mais acentuada no lado oeste. Se um volume de água idêntico fluir ao redor do giro, isso significa que a corrente na borda leste (na costa da Europa) é mais espalhada e mais lenta, e a corrente na margem oeste (na costa americana) é concentrada e rápida. As correntes de contorno oeste são mais rápidas (até dez vezes), mais profundas e mais estreitas (até vinte vezes) do que as correntes de limite leste. O efeito no fluxo das correntes é conhecido como **intensificação oeste** (Figura 8.11), um fenômeno claramente visível nas Figuras 8.7b e 8.9.

A intensificação oeste não acontece apenas no Atlântico Norte. As correntes de contorno oeste nos giros de ambos os hemisférios são mais intensas do que suas homólogas a leste.

Palavra Final sobre Giros

Embora tenhamos enfatizado correntes individuais em nossa abordagem, lembre-se de que os giros consistem de correntes que se misturam umas às outras. O fluxo é contínuo, sem definição clara de onde uma corrente termina e outra começa. O *balanço* da energia do vento, o atrito, o efeito de Coriolis e o gradiente de pressão propulsionam os giros e os mantêm ao longo da periferia das bacias oceânicas.

BREVE REVISÃO

Antes de passar para a próxima seção, verifique seu entendimento de algumas das ideias importantes apresentadas até agora:

2. Qual porcentagem dos oceanos mundiais está envolvida em correntes de superfície direcionadas pelo vento?
3. O que é um giro? Quantos giros grandes existem nos oceanos do mundo? Onde eles estão localizados?
4. Por que a água do oceano na maioria das correntes de superfície flui ao redor da borda das bacias oceânicas? De que forma o efeito de Coriolis está envolvido?
5. Compare e contraste as correntes de contorno oeste com as correntes de contorno leste.
6. Nomeie uma corrente de contorno oeste e uma corrente de contorno leste.

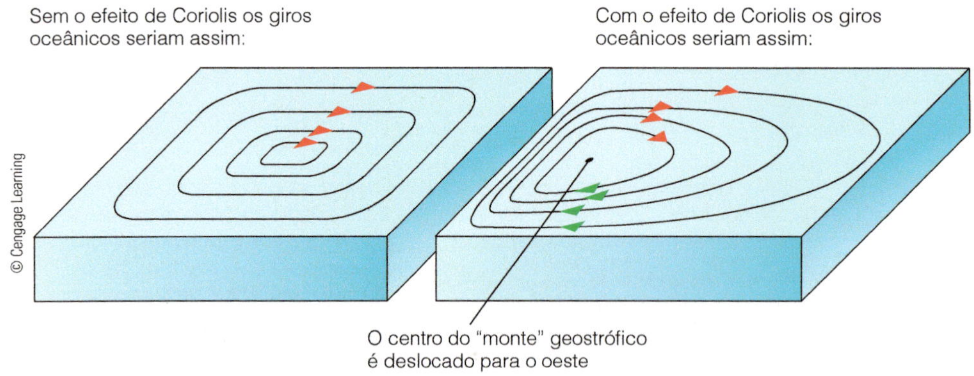

(a) Sem o efeito de Coriolis, as correntes de água formariam um giro regular e simétrico. No entanto, como o efeito de Coriolis é mais forte perto dos polos, a água que flui para o leste em altas latitudes (setas vermelhas) vira mais cedo para a direita (sentido horário), causando "curto-circuitos" no giro; como não existe efeito de Coriolis no equador, a água que flui para o oeste perto do equador (setas verdes) não tende a girar no sentido horário até que encontre o bloqueio de um continente. As correntes de contorno oeste são, portanto, mais rápidas e mais profundas do que as correntes de contorno leste, e o monte geostrófico é deslocado para o oeste.

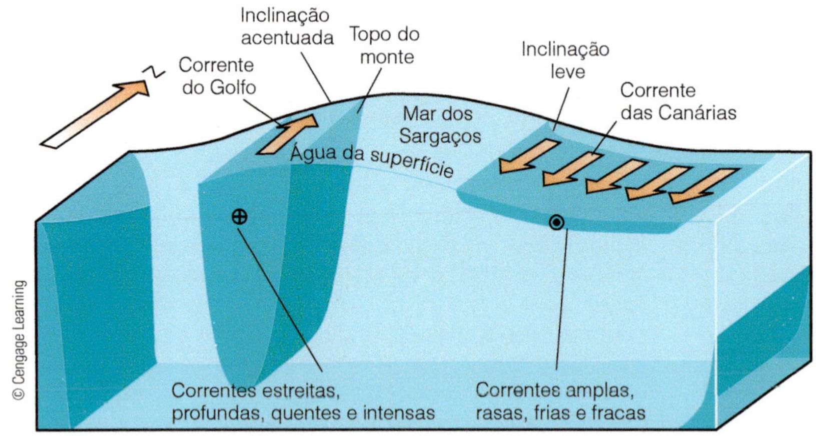

(b) Seção transversal do fluxo geostrófico no Atlântico Norte. A Corrente do Golfo, uma corrente de contorno oeste, é estreita e profunda, e carrega água quente em direção ao norte. A Corrente das Canárias, uma corrente de contorno leste, carrega água fria em um ritmo muito mais lento. Embora a elevação do morro seja de apenas 2 metros e seja imperceptível para pessoas viajando de costa a costa, ela é grande o suficiente para defletir as correntes no Atlântico Norte. (Essa figura apresenta um exagero na escala vertical.)

(c) O satélite *Aquarius*, lançado em 2011, visualiza os giros com base nos dados de salinidade relativa.

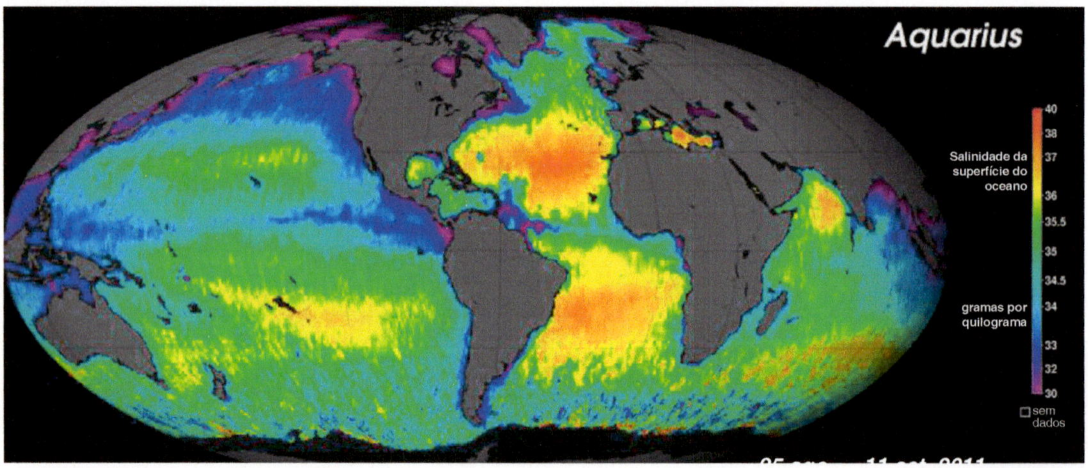

NASA Images

Figura 8.11 Influência do efeito de Coriolis sobre a intensificação oeste.

7. O que significa "intensificação oeste"? Por que as correntes de contorno oeste são tão rápidas e profundas?

Para verificar suas respostas, acesse a página deste livro no site da Cengage.

8.3 As Correntes de Superfície Afetam o Tempo e o Clima

Com os ventos, as correntes de superfície distribuem o calor tropical ao redor do mundo. Água quente flui em direção a latitudes mais altas, transfere calor para o ar, resfria-se e retorna para baixas latitudes, absorvendo novamente o calor; então o ciclo se repete. A maior quantidade de transferência de calor acontece em latitudes médias, onde cerca de 10 milhões de bilhões de calorias são transferidas a cada segundo – mais do que um milhão de vezes a energia consumida por toda a população humana no mesmo período! Essa combinação de fluxo de água e transporte de calor da e para a água influencia o clima e o tempo de diversas maneiras.

No inverno, por exemplo, Edimburgo, Dublin e Londres são banhadas por ar com deslocamento para leste que teve contato recente com a corrente do Atlântico Norte, relati-

(a) Um vento frio e seco soprando para o sudeste em toda a costa leste dos Estados Unidos em 4 de janeiro de 2012 se aquece, se torna úmido e forma nuvens à medida que passa pela corrente quente do Golfo.
Foto: Imagens NASA

(b) Apenas 48 quilômetros (30 milhas) ao largo da costa da Grã-Bretanha, a 50 °N, estão localizados esses jardins "tropicais", sobre as ilhas de Scilly, no caminho das águas quentes da Corrente do Golfo. As cidades da Europa ocidental e da Escandinávia são aquecidas pela energia da luz solar tropical, transportada para as latitudes setentrionais por ventos e massas de água que se movem, chamadas correntes.

Figura 8.12 Efeitos da Corrente do Golfo no clima.

PENSANDO ALÉM DA IMAGEM

Quais seriam os efeitos do calor da Corrente do Golfo no clima da costa leste durante o verão quando os ventos tendem a soprar para a costa?

vamente quente. Escócia, Irlanda e Inglaterra têm um clima marítimo. Como você leu na abertura deste capítulo, elas são aquecidas, em parte, pela energia da luz do sol tropical transportada para altas latitudes pela Corrente do Golfo (claramente visível na Figura 8.8b). Alguns efeitos da Corrente do Golfo no tempo são mostrados na **Figura 8.12**.

Em latitudes mais baixas na margem leste dos oceanos, a situação muitas vezes é inversa. Mark Twain disse que provavelmente o inverno mais frio que ele já passou foi num verão em São Francisco. Os meses de verão na costa oeste dos Estados Unidos são frios, enevoados e amenos; e a cidade de Washington, praticamente na mesma latitude (mas no limite ocidental de uma bacia oceânica), é conhecida pelo calor e umidade de agosto. Por que a diferença? Observe as correntes responsáveis na Figura 8.8b. A Corrente da Califórnia, que carrega água fria do norte, chega bem próxima a São Francisco. No verão, o ar normalmente flui no sentido horário ao redor de zonas de alta pressão atmosférica em alto-mar. O vento que se aproxima da Califórnia perde calor para o mar frio, chegando à costa para resfriar São

Francisco. O ar do verão, normalmente flui ao redor de uma zona de alta pressão semelhante na costa leste dos Estados Unidos (a Alta das Bermudas). Os ventos que se aproximam de Washington, portanto, sopram de sul para leste. O calor e a umidade da Corrente do Golfo contribuem para os verões opressivos da capital. (No inverno, Washington é muito mais fria do que São Francisco, porque os ventos do oeste que se aproximam de Washington são resfriados ao cruzarem o continente frio.)

BREVE REVISÃO

Antes de passar para a próxima seção, verifique seu entendimento de algumas das ideias importantes apresentadas até agora:

8. Qual é a relação entre correntes de superfície e o clima dos continentes adjacentes?

9. Como os ventos soprando sobre uma corrente de superfície podem influenciar o clima para onde o vento sopra?

Para verificar suas respostas, acesse a página deste livro no site da Cengage.

8.4 O Vento Pode Causar Movimento Vertical da Água Oceânica

O movimento *horizontal* da água causado pelo vento pode, às vezes, induzir o movimento vertical na água superficial. Esse movimento é chamado de **circulação vertical induzida pelo vento**. O movimento ascendente de água é conhecido como **ressurgência**; processo que traz água profunda, fria, normalmente rica em nutrientes para a superfície. O movimento para baixo é denominado **subsidência.**

A Água Rica em Nutrientes Surge Próxima ao Equador

As Correntes Sul Equatoriais do Atlântico e Pacífico atravessam o equador. Embora o efeito de Coriolis seja fraco próximo ao equador (e ausente *no* equador), a água movendo-

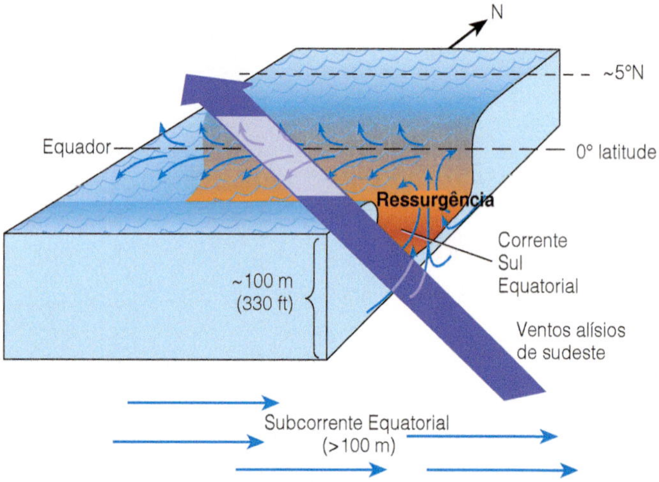

(a) A Corrente Sul Equatorial, especialmente no Pacífico, atravessa o equador geográfico (veja Figura 8.8b novamente). A água ao norte do equador desvia para a direita (em direção ao norte), e a água ao sul desvia para a esquerda (em direção ao sul). A água superficial, portanto, diverge, causando a ressurgência. A maior parte da água ressurgida vem da área acima da Subcorrente Equatorial, com origem em profundidades de 100 metros ou menos.

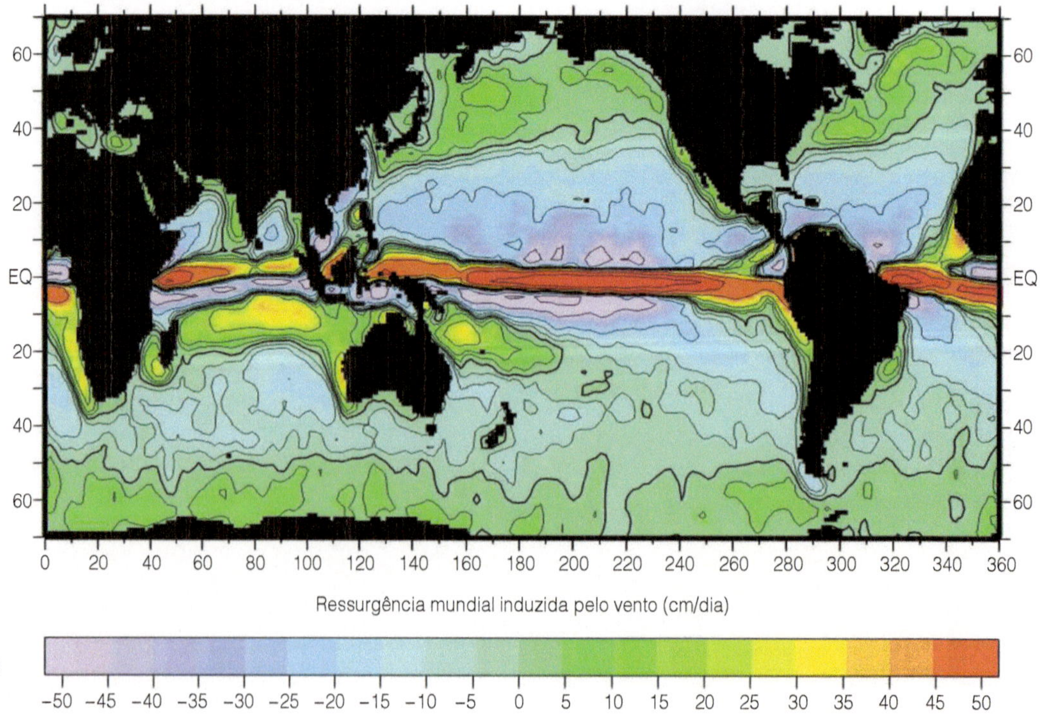

(b) O fenômeno da ressurgência equatorial é mundial, porém é mais pronunciado no Pacífico. As regiões em vermelho, laranja e amarelo marcam as áreas de intensa ressurgência, determinadas pela produtividade biológica.

Figura 8.13 Ressurgência equatorial.

-se nas correntes em ambos os lados do equador é defletida levemente em direção ao polo e substituída pelas águas mais profundas (Figura 8.13). Assim, a **ressurgência equatorial** ocorre nessas correntes superficiais equatoriais com fluxo para oeste. A ressurgência é um processo importante porque a água que vem de dentro e abaixo da picnoclina normalmente é rica em nutrientes que os organismos marinhos precisam para crescer. A faixa fina e longa de ressurgência e produtividade biológica que se estende ao longo do equador a oeste da América do Sul pode ser claramente vista nas Figuras 8.13 e 8.16. As camadas de vazas no fundo do mar do Pacífico Equatorial (Figura 5.8) são testemunho da produtividade biológica das águas de superfície locais. Por outro lado, na maior parte do oceano tropical aberto, normalmente prevalecem condições pobres para o crescimento, uma vez que a forte estratificação isola a água profunda, rica em nutrientes, da superfície do oceano iluminada pelo Sol.

O Vento Pode Induzir a Ressurgência Costeira

O vento que sopra paralelo à costa ou ao largo pode causar **ressurgência costeira**. O atrito do vento que sopra ao longo da superfície do oceano faz que a água comece a se mover, o efeito de Coriolis deflete a água para a direita (no Hemisfério Norte), e o transporte de Ekman resultante move a água em direção ao largo. Como mostra a **Figura 8.14a**, a ressurgência costeira ocorre quando a água superficial é substituída por água que ascende junto à costa. Novamente, como a nova água de superfície normalmente é rica em nutrientes, um vento prolongado pode resultar em um aumento da produtividade biológica. A ressurgência costeira junto à costa da Califórnia é claramente visível na **Figura 8.14b**.

A ressurgência também pode influenciar o tempo. O vento que sopra do norte ao longo da costa da Califórnia provoca um movimento da água de superfície em direção a alto-mar e, consequentemente, causa ressurgência costeira. O ar sobre o oceano se torna mais frio, contribuindo para os famosos nevoeiros e verões frios de São Francisco. A ressurgência induzida pelo vento também é comum na Corrente do Peru, ao longo da costa oeste da Península Palmer, na Antártica, em partes do Mediterrâneo e perto de algumas grandes ilhas do Pacífico.

O Vento Também Pode Produzir a Subsidência Costeira

A água que é forçada em direção à linha de costa será forçada para baixo, retornando em direção ao mar ao longo da plataforma continental. Essa subsidência ajuda a fornecer gases dissolvidos e nutrientes ao oceano profundo, e auxilia na distribuição dos organismos vivos. Ao contrário da ressurgência, a subsidência não tem um efeito direto sobre o clima ou na produtividade da costa adjacente.

Figura 8.14 Ressurgência costeira.

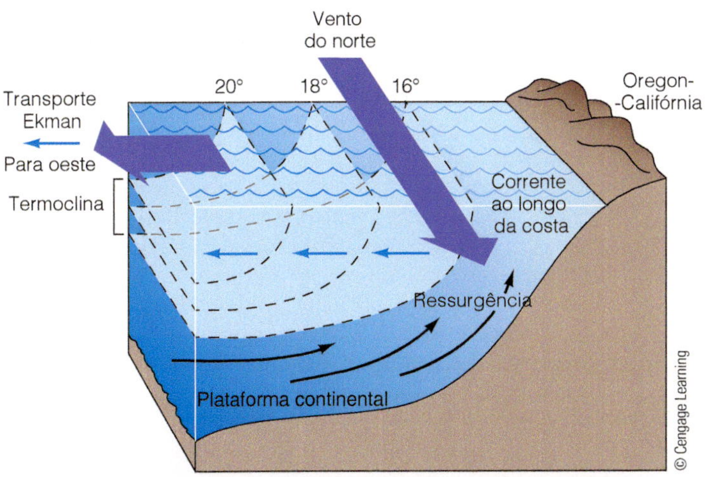

(a) No Hemisfério Norte, a ressurgência costeira pode ser causada por ventos do norte soprando ao longo da costa oeste de um continente. A água deslocada ao largo pelo transporte de Ekman é substituída por água fria, profunda e rica em nutrientes. Neste diagrama, a temperatura da superfície do oceano é apresentada em graus Celsius. (Exagero na escala vertical ~100x.)

(b) Imagem da costa oeste dos Estados Unidos (em cores artificiais) observada por satélite mostra o crescimento de pequenos organismos vegetais estimulados pela ressurgência de nutrientes. A barra de cores indica a concentração de clorofila em miligramas por metro cúbico de água. Observe que a concentração de clorofila – e a produtividade biológica – é maior perto da costa.

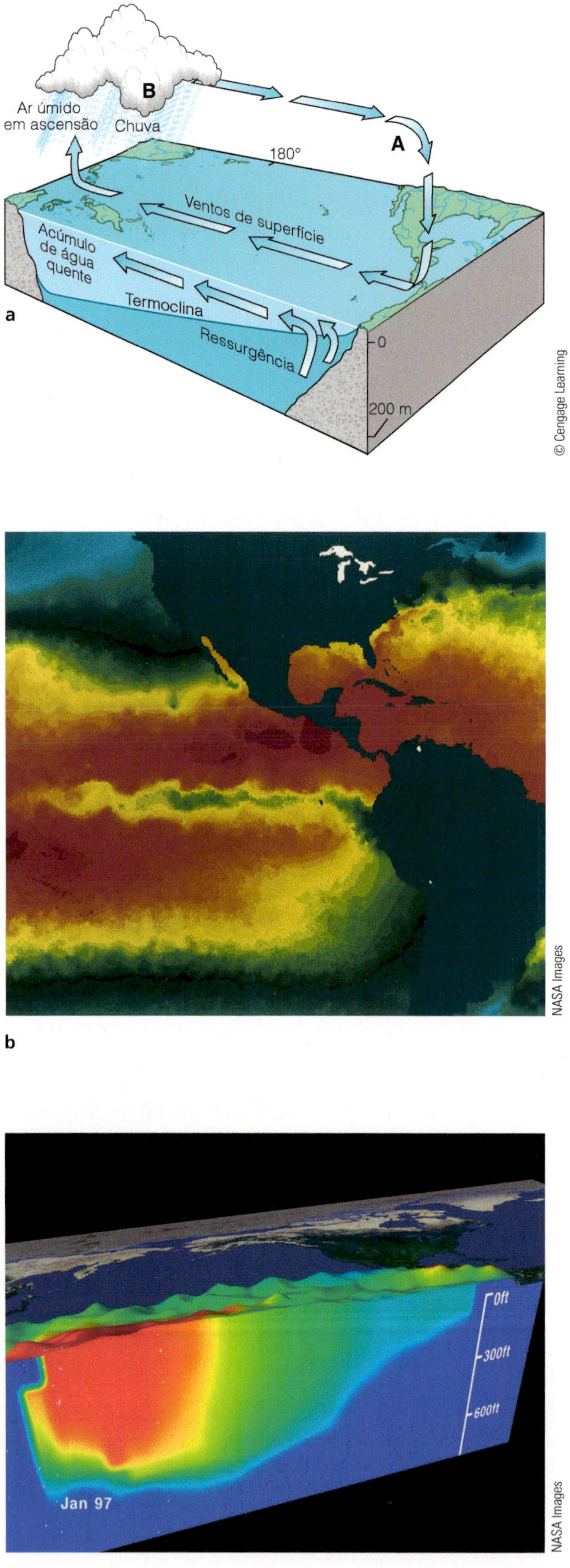

Figura 8.15 Ano sem ocorrência de El Niño.
(a) Normalmente, o ar e a água da superfície fluem para o oeste, a termoclina sobe, e a ressurgência da água fria ocorre ao longo da costa oeste da América do Sul e Central.
(b) Este mapa, gerado com base em dados de satélite, mostra a temperatura do Pacífico equatorial em 31 de maio de 1988. A água mais quente é indicada por vermelho-escuro, e a água progressivamente mais fria, por amarelo e verde. Observe a ressurgência costeira ao longo da costa na parte inferior à direita no mapa, e a língua de água recém-ressurgida se estendendo para oeste ao longo do equador, a partir da costa sul-americana.
(c) Um corte vertical através do Pacífico equatorial em um ano sem ocorrência de El Niño (janeiro de 1997) mostra uma água mais morna a oeste e águas mais frias a leste.

BREVE REVISÃO

Antes de passar para a próxima seção, verifique seu entendimento de algumas das ideias importantes apresentadas até agora:

10. Como o movimento horizontal da água causado pelo vento pode induzir o movimento vertical na água superficial?

11. De que forma o efeito de Coriolis está envolvido na ressurgência equatorial?

Para verificar suas respostas, acesse a página deste livro no site da Cengage.

8.5 El Niño e La Niña São Exceções ao Vento Normal e ao Fluxo de Corrente

Os ventos de superfície ao longo da maior parte do Pacífico Tropical normalmente se movem de leste para oeste (reveja a Figura 7.14). Os ventos alísios sopram de uma área normalmente com alta pressão sobre o leste do Pacífico (próximo às Américas Central e do Sul) em direção a uma área que é, em geral, estável e com baixa pressão sobre o oeste do Pacífico (norte da Austrália). No entanto, por razões que ainda não são claras, esses centros de pressão mudam de lugar em intervalos irregulares de cerca de três a oito anos: alta pressão consolida-se no Pacífico oeste, e baixa pressão domina o Pacífico leste. Então, os ventos através do Pacífico Tropical invertem sua direção e sopram de oeste para leste – os ventos alísios enfraquecem ou invertem a direção. Essa mudança na pressão atmosférica (e, portanto, na direção do vento) é chamada de **Oscilação Sul**. Ocorreram quinze dessas oscilações interessantes desde 1950.

Os ventos alísios normalmente carregam enormes quantidades de água em direção a oeste, ao longo da superfície do oceano, de cada lado do equador, mas, à medida que os ventos enfraquecem, essas correntes equatoriais perdem velocidade até parar. A água quente que havia sido acumulada no lado oeste do Pacífico – a água mais quente em todo o oceano – pode então se acumular a leste, ao longo do equador, em direção à costa das Américas Central e do Sul. Esse movimento da água quente para o leste normalmente atinge a costa da América do Sul na época do Natal. Na década de

Figura 8.16 Ano com ocorrência de El Niño.
(a) Quando a Oscilação Sul se desenvolve, os ventos alísios diminuem e então invertem sua direção, levando a um movimento da água quente para leste, ao longo do equador. As águas de superfície do Pacífico central e leste se tornam mais quentes, e pode haver aumento do número de tempestades sobre o continente.
(b) Temperaturas da água de superfície do mar em 13 de maio de 1992, em um período de condições de El Niño. A termoclina era mais profunda do que o normal, e a ressurgência equatorial foi suprimida. Observe a ausência de ressurgência costeira ao longo da costa e a falta da língua de água recém-ressurgida, que se estende para oeste ao longo do equador.
(c) Um corte vertical através do Pacífico equatorial em um ano com ocorrência de El Niño (novembro de 1997) mostra uma água mais morna para leste.

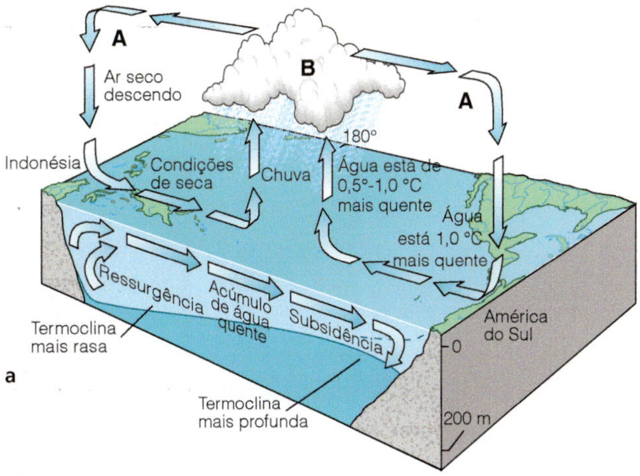

a

© Cengage Learning

1890, foi relatado que pescadores peruanos estavam usando a expressão *Corriente del Niño* ("corrente do [Cristo] menino") para descrever o fluxo, e daí veio o nome **El Niño**. Os fenômenos da Oscilação Sul e do El Niño são acoplados, portanto, os termos são frequentemente combinados para formar o acrônimo **ENOS**, para El Niño/Oscilação Sul. Um evento de ENOS normalmente dura cerca de um ano, mas alguns já persistiram por mais de três anos. Os efeitos são sentidos não somente no Pacífico, todas as regiões do oceano nas latitudes dos ventos alísios nos dois hemisférios podem ser afetadas.

Normalmente, uma corrente de água fria, rica em nutrientes da ressurgência, flui para norte e oeste, afastando-se do continente sul-americano (**Figura 8.15**). Quando os ventos alísios que impulsionam a água falham durante um evento ENOS, a água equatorial quente que normalmente fluiria em direção a oeste no Pacífico equatorial volta a fluir em direção ao leste (**Figura 8.16**). O fluxo da Corrente do Peru, normalmente para o norte, é interrompido e coberto pela água quente. A ressurgência na Corrente do Peru, rica em nutrientes, é responsável pela grande produtividade biológica do oceano ao largo das costas do Peru e do Chile. Embora a ressurgência possa continuar durante um evento ENOS, a água que ressurge vem da camada de superfície que se aproxima do oeste, carente de nutrientes. Quando a Corrente do Peru diminui sua velocidade e suas águas ficam pobres em nutrientes, os peixes e as aves marinhas que dependem da abundância de vida que ela normalmente contém morrem ou migram para outra região. Os pescadores peruanos nunca ficam felizes com esse presente de Natal!

Durante eventos ENOS mais fortes, o nível do mar no leste do Pacífico chega a subir até 20 centímetros (8 polegadas) nos Galápagos. A temperatura da água também aumenta em até 7 °C (13 °F). A água mais quente provoca mais evaporação, e a área de baixa pressão atmosférica ao longo do Pacífico Oriental se intensifica. O ar úmido ascendente sobre essa região, centrada a uns 2.000 quilômetros (1.200 milhas) a oeste do Peru, causa uma grande quantidade de precipitação em área que é normalmente seca. O aumento da evaporação intensifica as tempestades costeiras, e a precipitação sobre o continente pode ser muito maior do que a média. Hábitats marinhos e terrestres e organismos podem ser afetados por essas mudanças.

Os dois eventos de ENOS mais severos do século XX aconteceram em 1982-1983 e 1997-1998 (**Figuras 8.17** e **8.18**). Nos dois casos, os efeitos associados ao El Niño fo-

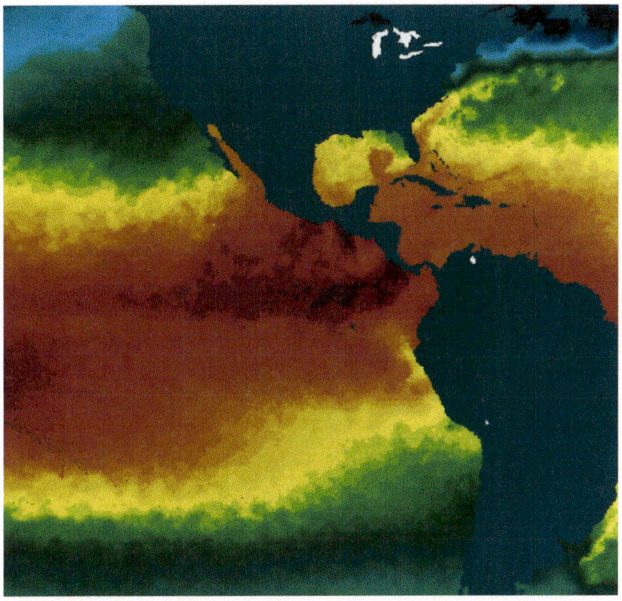

b

NASA Images

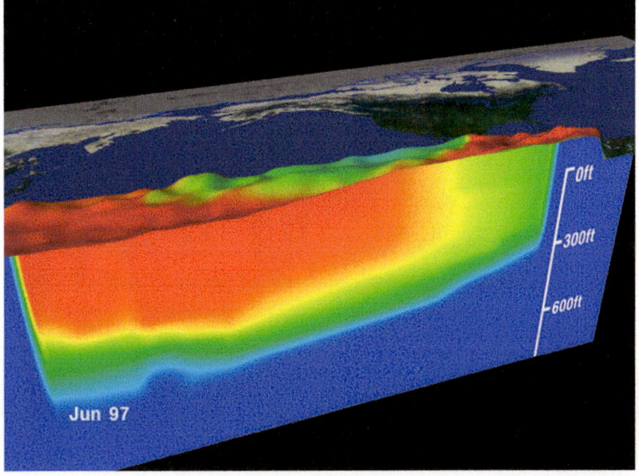

c

NASA Images

Figura 8.17 Desenvolvimento do El Niño de 1997-1998, observado pelo satélite *TOPEX/Poseidon*.

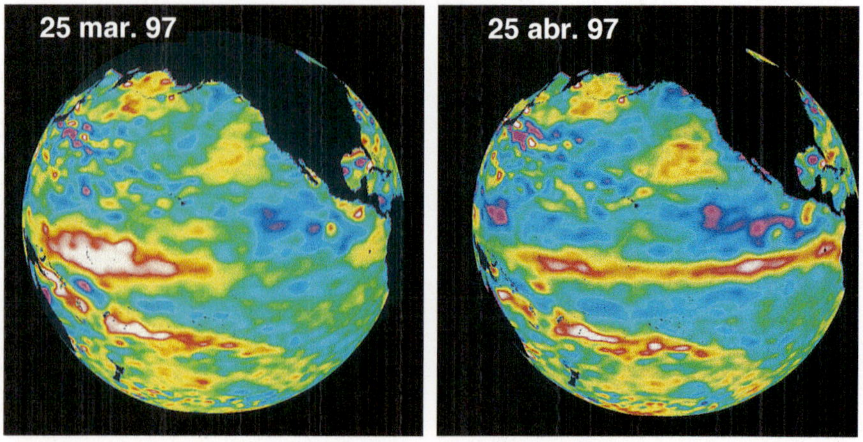

(a) Março de 1997. O enfraquecimento dos ventos alísios e os jatos para oeste permitem que a água quente se mova para longe de sua localização usual na margem oeste do Oceano Pacífico. As cores vermelha e branca indicam uma elevação do nível do mar acima da altura média.

(b) Abril de 1997. Cerca de um mês depois de começar a se mover, a borda frontal da água quente atinge a América do Sul.

TOPEX/Poseidon Team, CNES, NASA

ram espetaculares sobre a maior parte do Pacífico e em algumas partes dos oceanos Atlântico e Índico. Em fevereiro de 1998, 40 pessoas foram mortas e 10 mil construções foram danificadas por uma "parede" de tornados que avançou sobre o sudeste da América do Norte. Esse evento recorde de tornados foi gerado pela colisão de ar quente e úmido que permaneceu sobre o aquecido Pacífico com uma frente polar que chegou do norte. No leste do Pacífico, fortes chuvas durante todo o inverno 1997-1998 no Peru deixaram pelo menos 250 mil pessoas sem teto, destruíram 16 mil habitações, e levaram ao fechamento de todos os portos no país por pelo menos um mês. O Havaí, no entanto, foi atingido por uma seca recorde, e algumas partes do sudoeste africano e de Papua-Nova Guiné receberam tão pouca chuva que as plantações secaram completamente e vilas inteiras foram abandonadas por causa da fome.

A maior parte dos Estados Unidos escapou de sérias consequências – de fato, os estados no centro-oeste, no noroeste do Pacífico, e a costa leste foram beneficiados por um outono, inverno e primavera amenos, mas os transtornos na Califórnia foram amplamente divulgados. Uma maior evaporação da água da superfície quente do mar, combinada com um aumento do número de tempestades de inverno dirigidas para a região por uma corrente de jato indo para o sul dobrou quantidades de chuva na maior parte do estado. Deslizamentos de terra, avalanches e outros desastres relacionados com o clima lotaram o noticiário da noite. As condições só voltaram ao normal durante o fim da primavera de 1998. As estimativas de danos em todo o mundo relacionados ao ENOS de 1997-1998 ultrapassam 23 mil mortes e 33 bilhões de dólares de prejuízos.

Às vezes, a circulação normal volta com um vigor surpreendente, produzindo correntes fortes, ressurgência intensa e condições frias e tempestuosas ao longo da costa sul-americana. Esses eventos contrastantes, mais frios do que o normal, têm também um nome contrastante: **La Niña** ("a menina"). Conforme as condições do leste se resfriam,

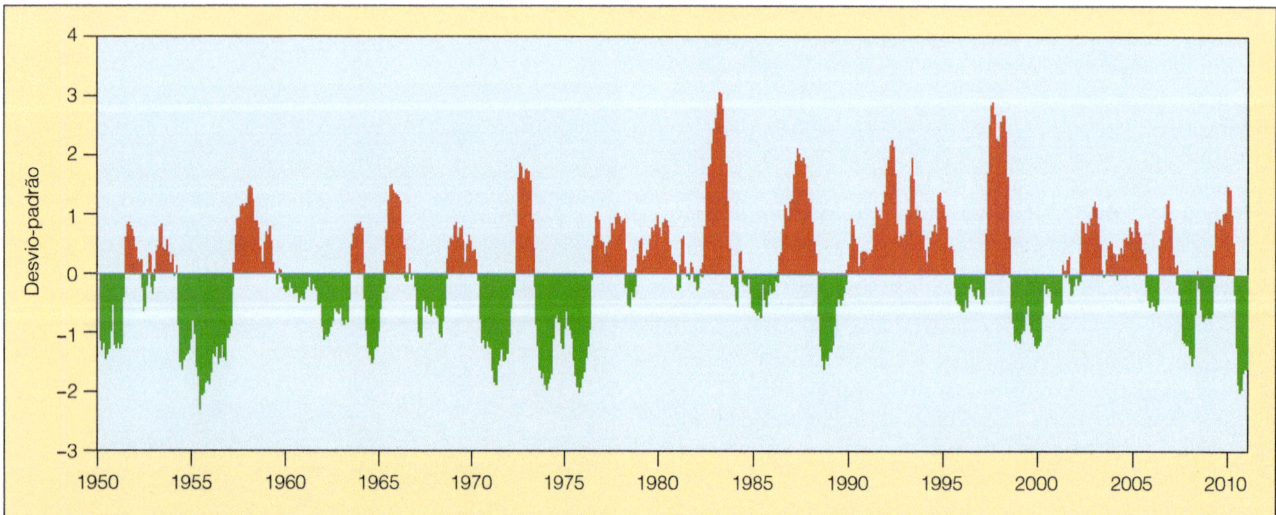

Figura 8.18 Eventos de El Niño e La Niña desde 1950.

PENSANDO ALÉM DA IMAGEM

Como o El Niño pode ser previsto?

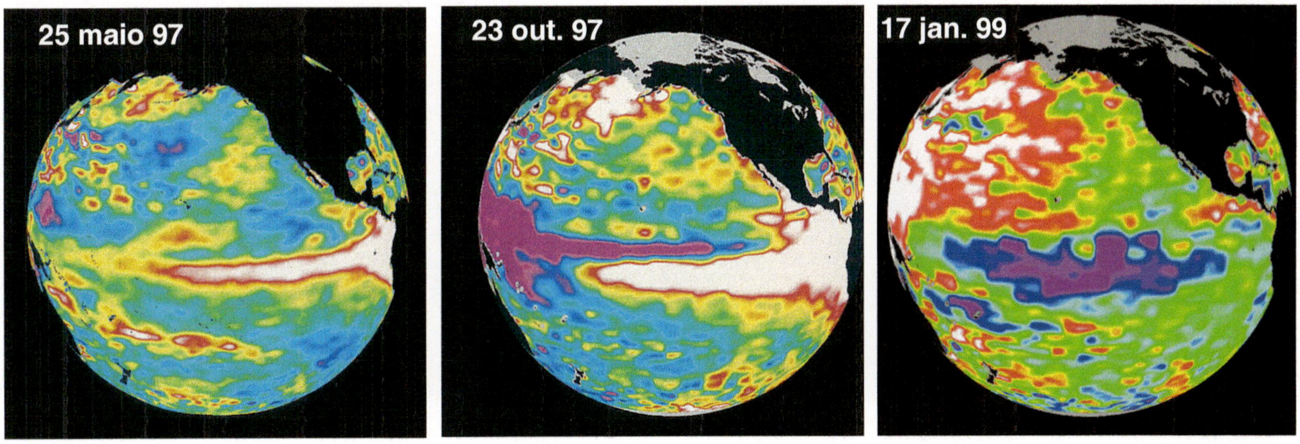

(c) Maio de 1997. A água quente se empilha contra o continente sul-americano. Na área branca, o nível do mar é 13 a 30 centímetros (5-12 polegadas) acima da altura normal, e 1,6 °C a 3 °C (3°-5 °F) mais quente.

(d) Outubro de 1997. Em outubro, o nível do mar está 30 centímetros (12 polegadas) mais baixo do que a média, próximo à Austrália. A protuberância de água quente se espalhou para o norte ao longo da costa da América do Norte, do equador até o Alasca. A pesca no Peru é severamente afetada porque a água quente impede a ressurgência de água fria, rica em nutrientes e necessária para dar suporte aos grandes estoques pesqueiros.

(e) A circulação normal, algumas vezes, retorna com vigor surpreendente após um evento de El Niño, produzindo fortes correntes, ressurgência intensa e condições frias e tempestuosas ao longo da costa sul-americana. Observe a massa de água superficial fria e o nível do mar relativamente baixo (em roxo). Águas frias assim tendem a defletir o vento ao seu redor, alterando o curso de sistemas climáticos localmente e a natureza dos padrões climáticos globalmente.

o oceano a oeste (ao norte da Austrália) se esquenta rapidamente. A força renovada dos alísios empilha a água, afundando a parte de cima da termoclina em mais de 100 metros (328 pés). Em contraste, durante La Niña no leste do Pacífico equatorial, a termoclina permanece a apenas 25 metros (82 pés) de profundidade. Depois do El Niño de 1997-1998, uma La Niña vigorosa persistiu por quase um ano (Figura 8.18). A **Figura 8.19** mostra o contraste do clima norte-americano entre os anos de El Niño e La Niña.

Estudos do oceano e da atmosfera em 1982-1983 e 1997-1998 forneceram aos pesquisadores novas informações sobre o comportamento e os efeitos da Oscilação Sul. Alguns pesquisadores acreditam que o evento de 1982-1983 foi disparado pela erupção violenta em 1982 do El Chichón, um vulcão mexicano que injetou na atmosfera enormes quantidades de gases ricos em enxofre e poeira que obstruem a luz solar. Não havia ocorrido um evento semelhante antes do ENOS de 1997-1998, no entanto. Embora a causa exata (ou causas) da Oscilação Sul ainda não sejam compreendidas, mudanças sutis na atmosfera permitem que os meteorologistas prevejam um El Niño severo com quase um ano de antecedência em relação aos seus efeitos mais graves.

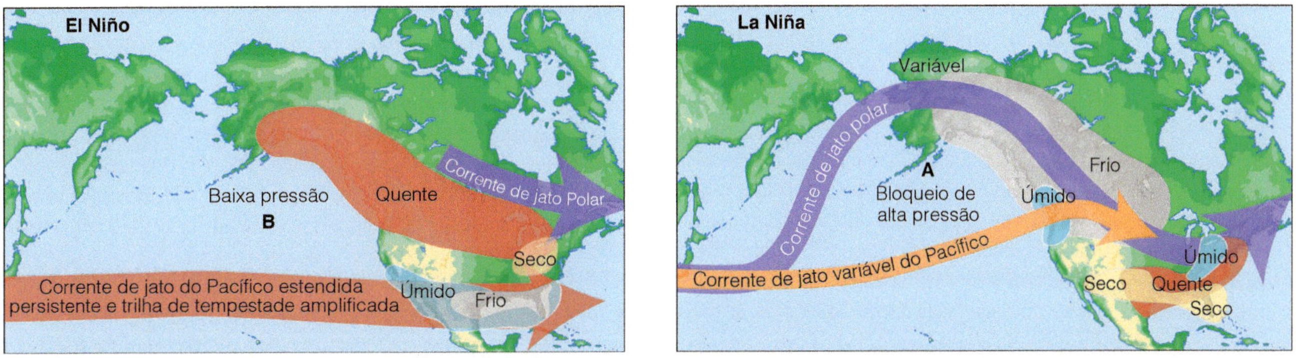

(a) Durante um El Niño, baixa pressão atmosférica no sul do Alasca permite que as tempestades circulem livremente até a costa da América do Norte, junto ao Pacífico. O clima resultante é úmido e frio para o sul, e quente e seco no norte.

(b) Em anos de La Niña, a alta pressão atmosférica ao sul do Alasca bloqueia a trilha de tempestade. Os ventos desviam para norte, perdem o seu calor ao longo do Canadá, e caminham para o sul como frentes frias. O noroeste do Pacífico recebe a chuva como de costume, mas o sudoeste sofre seca.

Figura 8.19 El Ninho muda a circulação atmosférica e os padrões do clima.

BREVE REVISÃO

Antes de passar para a próxima seção, verifique seu entendimento de algumas das ideias importantes apresentadas até agora:

12. Em qual direção o vento normalmente sopra sobre o Pacífico Tropical? Como o El Niño altera esse fluxo?

13. O que é a Oscilação Sul? Como ela está relacionada ao El Niño?

14. Por que a pesca na costa oeste da América do Sul diminui – muitas vezes drasticamente – nos anos de El Niño.

15. Qual a diferença entre La Niña e El Niño?

16. Como o clima no oeste dos Estados Unidos pode ser afetado pelo El Niño?

Para verificar suas respostas, acesse a página deste livro no site da Cengage.

8.6 A Circulação Termohalina Afeta Toda a Água do Oceano

As correntes de superfície aqui abordadas afetam a camada mais superficial do oceano mundial (cerca de 10% de seu volume), mas existem também correntes horizontais e verticais abaixo da picnoclina, nas águas mais profundas do oceano. A circulação lenta de água em grandes profundidades é impulsionada por diferenças de densidade no lugar da energia eólica. Uma vez que a densidade é, em grande parte, função da temperatura e da salinidade da água, o movimento de água causado pelas diferenças de densidade é chamado de **circulação termohalina** (*therme* "calor"; *halos*, "sal"). O oceano inteiro está envolvido na lenta circulação termohalina, um processo responsável pelo movimento vertical de água do mar em larga escala e pela circulação do oceano mundial como um todo.

As Massas de Água Possuem Características Distintas, Geralmente Exclusivas

Como visto no Capítulo 6, o oceano é estratificado em termos de densidade, com a água mais densa perto do leito do mar e a menos densa perto da superfície. Cada massa de água tem características de temperatura e salinidade específicas. A estratificação da densidade é mais pronunciada em latitudes temperadas e tropicais, uma vez que as diferenças de temperatura entre a água superficial e a água profunda são maiores nessas regiões do que nos polos.

As massas de água possuem propriedades distintas e identificáveis. Como as massas de ar, as de água não se misturam facilmente quando se encontram, por causa de suas diferentes densidades; em vez disso, elas normalmente fluem por cima ou por baixo uma da outra. Massas de água podem ser notavelmente persistentes e manter suas identidades por grandes distâncias e longos períodos de tempo. Oceanógrafos dão nomes às massas de água de acordo com sua posição relativa. Em latitudes temperadas e tropicais, existem cinco massas de água mais comuns:

- *Água de superfície*: até uma profundidade de cerca de 200 metros (660 pés).
- *Água central:* até o fundo da termoclina principal (que varia com a latitude).
- *Água intermediária*: até uma profundidade de cerca de 1.500 metros (5.000 pés).
- *Água profunda*, água abaixo da água intermediária, mas não em contato com o fundo, a uma profundidade de cerca de 4.000 metros (13.000 pés).
- *Água de fundo*: em contato com o leito do mar.

As correntes de superfície movem-se em um ambiente relativamente quente das águas de superfície e central. A fronteira entre a água central e a água intermediária é a mais abrupta e pronunciada.

Independentemente da profundidade em que as massas de água se localizam, as características de cada uma são normalmente determinadas pelas condições de aquecimento, resfriamento, evaporação e diluição que ocorreram *na superfície do oceano* quando a massa foi formada. As massas mais densas (e profundas) foram formadas em condições superficiais que fizeram que a água se tornasse muito fria e salgada. Massas de água próximas à superfície podem ser mais quentes e menos salinas, e podem ter se formado em áreas quentes, onde a precipitação excede a evaporação. Massas de água em profundidades intermediárias apresentam também uma densidade intermediária.

Apesar dessa diferenciação, as massas de água relativamente frias que permanecem abaixo da termoclina exibem variações de salinidade e temperatura menores do que a água nas correntes que se movem pela superfície do oceano.

Fluxo Termoalino e Fluxo de Superfície: A Conexão com o Aquecimento Global

Como vimos anteriormente, as correntes rápidas e estreitas ao longo das margens oeste dos continentes carregam águas tropicais superficiais quentes em direção aos polos. Em alguns lugares, a água perde calor para a atmosfera e afunda para tornar-se água profunda e de fundo. Esse afundamento é mais pronunciado no Atlântico Norte. A água fria e densa move-se até grandes profundidades em direção ao Hemisfério Sul e eventualmente ressurge nas camadas superficiais dos Oceanos Índico e Pacífico. São necessários quase mil anos para que essa água percorra um circuito completo.

O transporte de água tropical para as regiões polares faz parte de um cinturão global de transmissão de calor. A **Figura 8.20** mostra um esboço simplificado do circuito global, resultado de três décadas de esforço concentrado para compreender a circulação profunda. Essa circulação lenta ocupa os dois hemisférios e é sobreposta ao fluxo mais rápido da água nos giros superficiais. Análises recentes desse circuito global sugerem que parte do calor que esquenta a costa da Europa entra no oceano nas redondezas da Indonésia e da Austrália, viaja para o Oceano Índico e entra na Corrente do Golfo quando a Corrente de Agulhas contorna o extremo sul da África. A água superficial que sai do Pacífico é dirigida em parte pelo excesso de precipitação e de descarga fluvial em toda a bacia do Pacífico. O fluxo tridimensional lento e contínuo de água no cinturão global distribui gases e sólidos dissolvidos, mistura nutrientes e transporta estágios juvenis de organismos entre as bacias oceânicas.

A Formação e Subsidência da Água Profunda Ocorre nas Regiões Polares

Água Antártica de Fundo A mais distinta das massas de águas profundas, **Água Antártica de Fundo**, se caracteriza por uma salinidade de 34,65‰, uma temperatura de –0,5 °C (30 °F), e uma densidade de 1,0279 gramas por centímetro cúbico. Essa água é conhecida por sua densidade extremamente alta (a mais densa do oceano mundial), pela grande quantidade de água produzida perto da costa da Antártica e por sua habilidade de migrar para o norte ao longo do leito marinho.

A maior parte da Água Profunda da Antártica é formada perto da costa da Antártica no sul da América do Sul durante o inverno (Figura 8.21). O sal é concentrado em "bolsões" entre os cristais de água pura e expelido da massa congelante, para formar uma salmoura gelada. Entre 20 e 50 milhões de metros cúbicos dessa salmoura são formados a cada segundo! A grande densidade dessa água salgada faz que ela afunde rapidamente em direção à plataforma continental, onde se mistura em partes iguais com a água meridional da Corrente Circumpolar Antártica.

> Entre 20 e 50 milhões de metros cúbicos de Água Antártica de Fundo são formados a cada segundo.

A mistura ocorre ao longo da borda da plataforma continental da Antártica, ao longo da elevação continental, e se espalha ao longo do assoalho do mar profundo, escoando para o norte em lâminas lentas. A Água Antártica de Fundo flui muitas vezes tão lentamente quanto a água nas correntes superficiais: no Pacífico, ela pode demorar mil anos para chegar ao equador. Depois de seiscentos anos, ela pode estar já na altura das Ilhas Aleutas, em 50 °N de latitude! A Água Antártica de Fundo também flui para a bacia do Oceano Atlântico, onde escoa para o norte em uma taxa mais acelerada do que no Pacífico. A Água Antártica de Fundo já foi identificada até a latitude de 40° norte no assoalho do Atlântico, uma jornada que demora aproximadamente 750 anos.

Água Profunda do Atlântico Norte Parte da densa água de fundo também é formada no oceano próximo ao Polo Norte, mas a topografia da bacia do Oceano Ártico evita que a maioria dessa água escape, exceto em canais profundos formados nas cadeias submarinas que separam Escócia, Islândia e Groenlândia. Esses canais permitem que a água fria e densa formada no Ártico flua para o Atlântico Norte, formando a **Água Profunda do Atlântico Norte**.

A Água Profunda do Atlântico Norte forma-se quando o Atlântico Norte, relativamente quente e salgado, é resfriado pelos ventos frios da parte norte do Canadá soprados sobre ele. Exposta ao ar frio, a água na latitude da Islândia libera calor, resfria de 10 °C até 2 °C e afunda. (Transferido para o ar, um bônus de calor que aquece o Norte da Europa muito mais do que sua alta latitude permite.) A água da Corrente do Golfo que afunda no norte é substituída por água quente fluindo em sentido horário na costa leste dos Estados Unidos no giro do Atlântico Norte.

As Massas de Água Podem Convergir, Descer, Viajar sobre o Leito Oceânico, e Emergir Lentamente

As grandes quantidades de água densa que afundam nas bordas da bacia oceânica polar devem ser compensadas por quantidades iguais de água que emergem em algum lugar. A Figura 8.22 mostra um modelo idealizado do fluxo termoalino. Observe que a água afunda de maneira relativamente rápida em uma pequena região onde o oceano é muito frio, mas ascende de maneira mais gradual ao longo de uma área extensa nas zonas temperadas e tropicais. Ela então retorna lentamente em direção ao polo na superfície, repetindo o ciclo. A ressurgência difusa e contínua de água profunda mantém a existência da termoclina permanente encontrada por todas as latitudes médias e baixas. Esse vagaroso movimento para cima tem uma velocidade estimada em 1 centímetro (meia polegada) por dia, na maior parte do oceano. Se ele parasse, o deslocamento do calor para baixo faria que a termoclina descesse cada vez mais, reduzindo sua inclinação. De certa maneira, a termoclina é "mantida no alto" pelo movimento para cima, lento e contínuo da água fria.

Podem se passar centenas de anos até que as massas de água completem um circuito ou misturem-se, perdendo sua identidade. Lembre-se de que a Água Antártica de Fundo no Pacífico mantém suas características por até 1.600 anos! O tempo de residência da água mais profunda é menor, no entanto; e leva cerca de 200 a 300 anos a subir para a superfície. (Uma parcela de água de superfície do giro do Atlântico Norte pode levar pouco mais de um ano para completar uma volta no circuito.)

BREVE REVISÃO

Antes de passar para a próxima seção, verifique seu entendimento de algumas das ideias importantes apresentadas até agora:

17. O que impulsiona o movimento vertical da água do oceano?

18. Qual é o padrão geral da circulação termohalina?

19. O que são massas de água? O que determina a sua posição relativa no oceano?

20. Onde as diferentes massas de água são formadas?

21. Como a circulação termohalina força a termoclina em direção à superfície do oceano?

22. Compare o período de tempo necessário para completar um circuito de circulação de superfície com aquele necessário para a circulação termohalina.

Para verificar suas respostas, acesse a página deste livro no site da Cengage.

8.7 Estudando Correntes

As correntes de superfície podem ser mapeadas com garrafas ou cartões de deriva. Essas ferramentas são especialmente úteis na determinação da circulação costeira, mas não fornecem nenhuma informação sobre o caminho que a garrafa ou o cartão de deriva percorreram entre os pontos em que foram liberados e os que foram coletados. Pesquisadores que querem conhecer o trajeto preciso de um objeto à deriva podem usar dispositivos de deriva mais elaborados, como boias de deriva equipadas com rádiotransmissão mostradas na Figura 8.23.

FIGURA DESTAQUE 8.20 Circulação do Oceano ao Redor

O padrão global de circulação profunda lembra uma grande "esteira rolante" que carrega águas superficiais para as profundezas e de volta à superfície. Começa com a formação da Água Profunda do Atlântico Norte, ao norte da Islândia. Essa massa de água flui para o sul pelo Atlântico e, em seguida, flui sobre (e se mistura com) a água profunda formada próximo à Antártica. A massa de água resultante circum-navega a Antártica e, em seguida, se move para o norte dentro das bacias dos Oceanos Índico e Pacífico. A ressurgência difusa por todo o oceano devolve parte dessa água à superfície. A água no cinturão gradualmente se aquece e se mistura com a água acima, retornando ao Atlântico Norte na circulação superficial. Todo o lento sistema é importante para o transporte de água e calor.

PENSANDO ALÉM DA IMAGEM

Como o clima da Europa Ocidental seria alterado se a velocidade da Corrente do Golfo fosse reduzida?

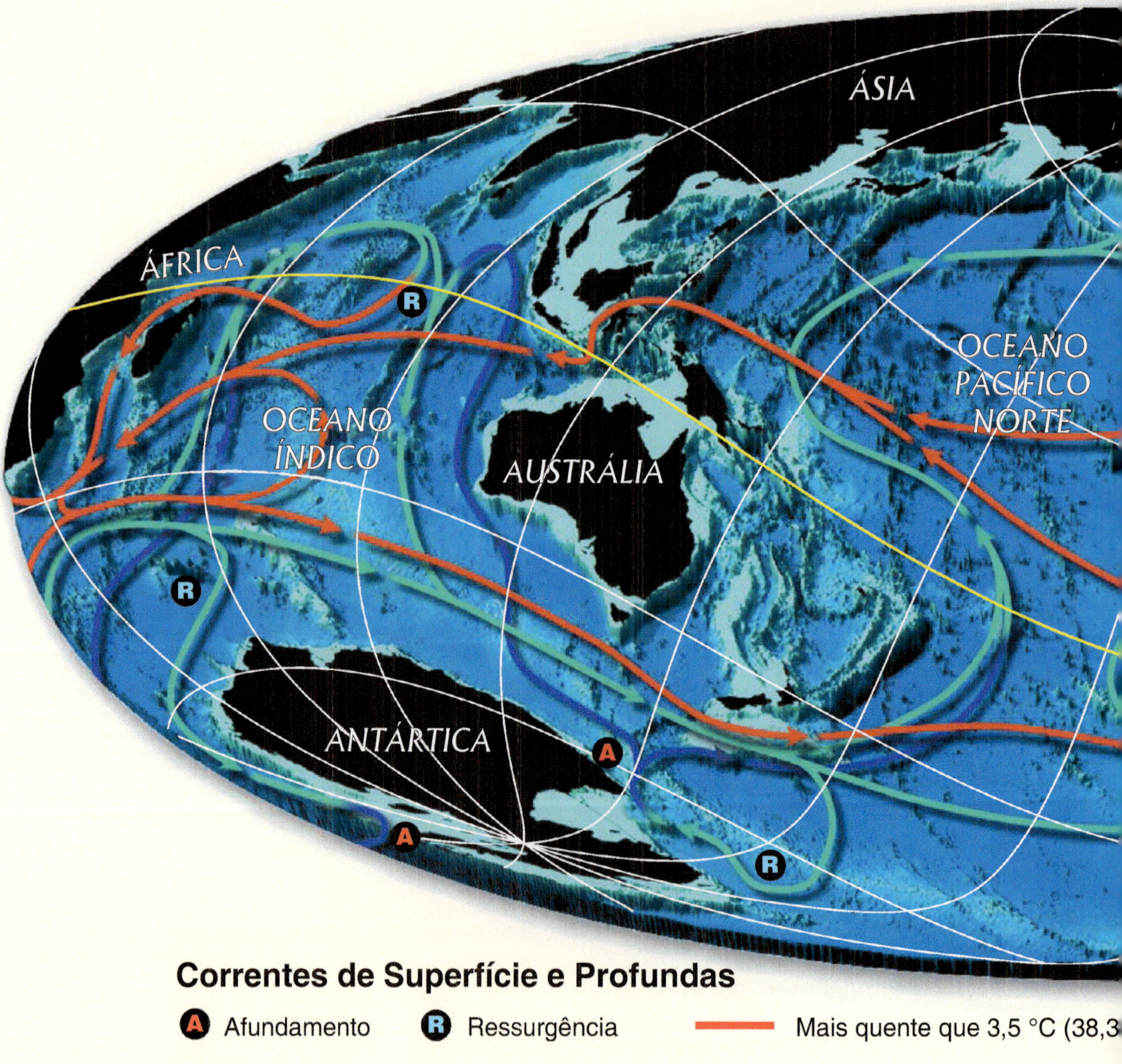

do Mundo

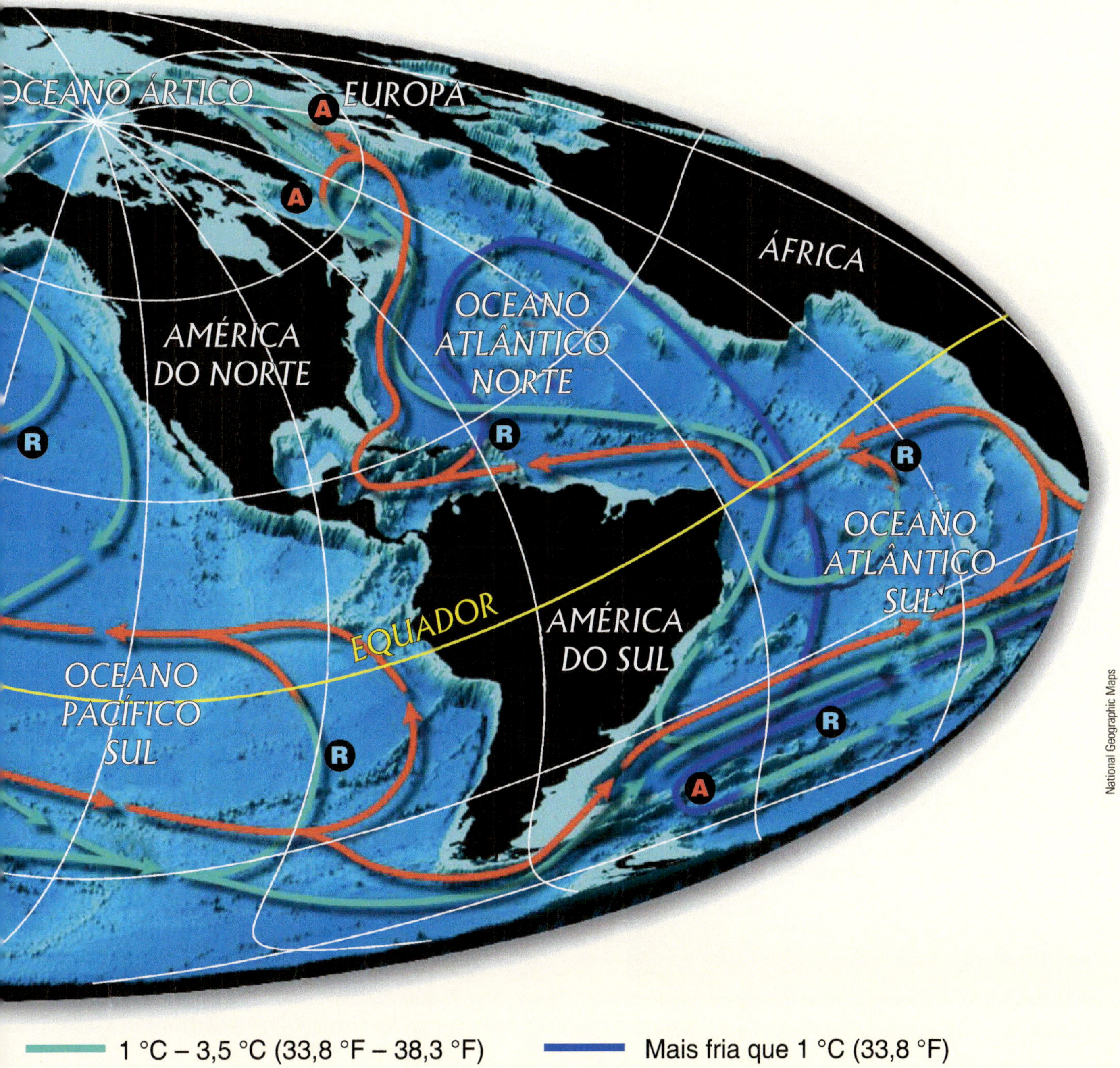
OCEANO ÁRTICO
EUROPA
ÁFRICA
AMÉRICA DO NORTE
OCEANO ATLÂNTICO NORTE
OCEANO ATLÂNTICO SUL
AMÉRICA DO SUL
EQUADOR
OCEANO PACÍFICO SUL
A
R
National Geographic Maps
1 °C – 3,5 °C (33,8 °F – 38,3 °F)
Mais fria que 1 °C (33,8 °F)

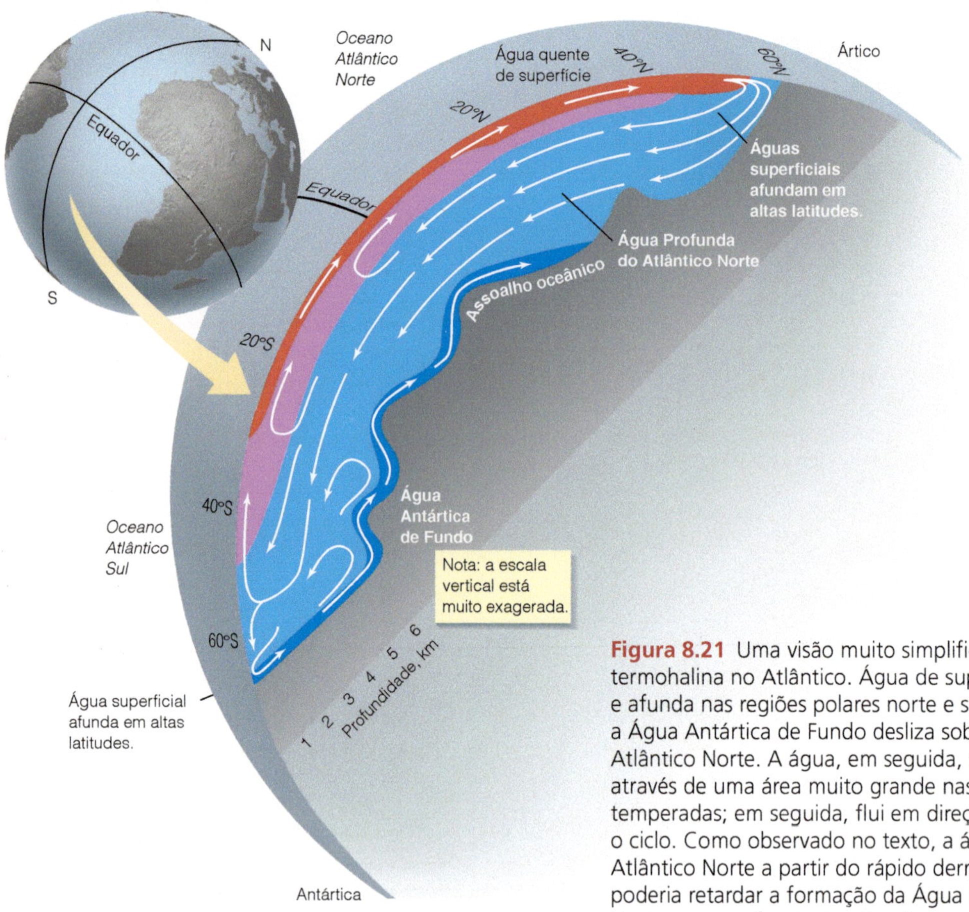

Figura 8.21 Uma visão muito simplificada da circulação termohalina no Atlântico. Água de superfície torna-se densa e afunda nas regiões polares norte e sul. Por ser mais densa, a Água Antártica de Fundo desliza sob a Água Profunda do Atlântico Norte. A água, em seguida, sobe progressivamente através de uma área muito grande nas zonas tropicais e temperadas; em seguida, flui em direção aos polos para repetir o ciclo. Como observado no texto, a água doce que chega no Atlântico Norte a partir do rápido derretimento do gelo polar poderia retardar a formação da Água Profunda do Atlântico Norte, com profundas implicações para o clima da Europa.

Essas boias podem ser monitoradas continuamente por rádioreceptores ou radar. As correntes de superfície também podem ser rastreadas observando-se a diferença diária entre a posição esperada e a observada dos navios em alto-mar.

Uma nova classe de ferramentas de investigação opera de forma autônoma, ou seja, por conta própria, sem ser conduzida pelo homem. A primeira delas, inicialmente implantada em 2003, é o Slocum, cujo nome vem de Joshua Slocum, a primeira pessoa a circum-navegar o globo sozinha. Esses pequenos gliders "voam" suavemente para cima e para baixo através da coluna de água, alimentados por gravidade e flutuabilidade (**Figura 8.24**). A energia para bombear água de lastro para o lado externo, permitindo que o glider suba, é fornecida por um motor térmico simples, alimentado pela diferença de temperatura entre a superfície do oceano e grandes profundidades. Os gliders podem afundar novamente quando a água do mar é bombeada para bordo. Pequenas frotas de gliders Slocum mapeiam perfis de profundidade das termohalinas do oceano, o teor de clorofila e outros parâmetros durante anos, e em suas visitas ocasionais à superfície transmitem os dados aos satélites.

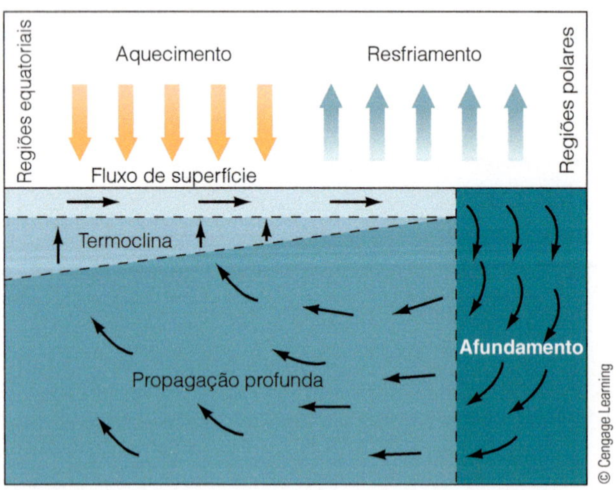

Figura 8.22 Modelo clássico de uma circulação puramente termohalina, causada por aquecimento em baixas latitudes e resfriamento em altas latitudes. Comparar esse valor à célula de convecção mostrada na Figura 7.8.

Mais numerosos, porém menos manobráveis do que os gliders Slocum, são os flutuadores 3.000+, do **sistema Argo**. Esses flutuadores menores se movem verticalmente na coluna de água (para profundidades de 2 quilômetros, cerca de 7.000 pés). Os flutuadores retornam à superfície uma vez a cada dez dias, medindo a temperatura e condutividade enquanto se movem. Os dados são enviados para os satélites e usados para calcular a salinidade. Flutuadores Argo trabalham com o satélite *Jason-1*, como parte do Sistema Integrado de Observação dos Oceanos para medir a topografia do oceano e o clima em todo o mundo.

As baterias que alimentam cada viagem vertical do flutuador Argo duram cerca de cinco anos. Cerca de 750 novos

Figura 8.23 Oceanógrafos preparam um fundeio contendo sondas de temperatura a partir do convés do R/V *Oceanus* durante um vendaval ao largo do Cabo Hatteras. Sua finalidade é medir as condições em que a Corrente do Golfo encontra uma corrente fria, fresca, movendo-se em direção ao sul do litoral.

Cortesia de Philip Richardson, Woods Hole Oceanographic Institution

Webb Research

Figura 8.24 Um hidroplanador Slocum – uma sonda que utiliza a energia de gravidade, flutuação, calor e baterias para alimentar exploração de longo-alcance das massas de água.

(a) Com início no final dos anos 1990, a equipe científica da Argo, juntamente com os participantes no World Ocean Circulation Experiment (WOCE), planejou uma frota mundial de pequenos sensores robôs colocados à deriva. O número almejado de sondas (cerca de 3.000) foi alcançado em 2007. Cerca de 750 flutuadores são adicionados a cada ano para substituir aqueles que são perdidos ou expiram. Cada flutuador Argo deriva a uma profundidade de cerca de 1.000 metros (3.300 pés) por dez dias. O flutuador desce, em seguida, a 2.000 metros (6.600 pés), em seguida, sobe, coletando dados de temperatura, pressão, densidade, salinidade, e para transmitir a sua posição para os satélites. O flutuador então afunda para repetir o processo.

Argo JAMSTEC

flutuadores são implantados a cada ano para substituir flutuadores que expiram ou são perdidos. Os flutuadores têm um espaçamento médio de 300 quilômetros (190 milhas), mas o espaçamento exato depende da natureza aleatória da deriva do flutuador. A **Figura 8.25** mostra a localização dos flutuadores do sistema 3.623 em funcionamento em janeiro de 2013.

Ainda um outro método, desenvolvido para estudar a circulação termohalina, determina a presença na água do mar de traçadores químicos – substâncias artificiais com histórias conhecidas de produção ou libertação. Como se dissolvem facilmente na água do mar, os clorofluorcarbonetos (CFC) podem ser utilizados como tais marcadores. Um produto químico totalmente artificial produzido pela primeira vez na década de 1930 para uso na refrigeração, propulsores de aerossol e agentes de expansão para a espuma, os CFCs se espalham através do oceano como se fosse um corante, seguindo a circulação oceânica. A velocidade das correntes profundas foi determinada a partir da análise cuidadosa de seu conteúdo em CFC.

As correntes constituem parte fundamental do estudo da Oceanografia Física. Seus efeitos globais, suas vastas massas de água, seu fluxo complexo e sua influência no comércio tornam seu estudo especialmente importante.

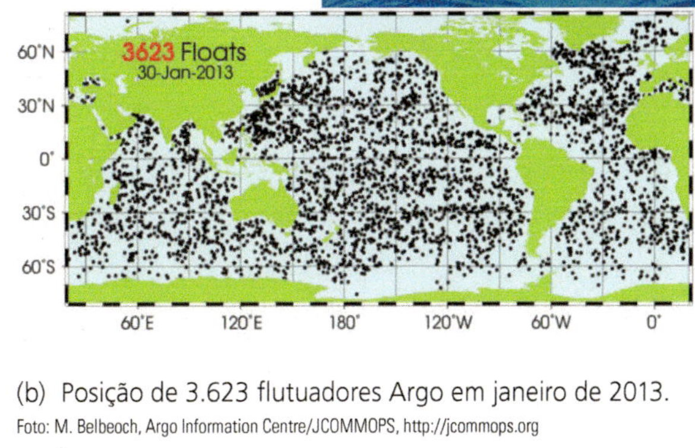

(b) Posição de 3.623 flutuadores Argo em janeiro de 2013.
Foto: M. Belbeoch, Argo Information Centre/JCOMMOPS, http://jcommops.org

Figura 8.25 O sistema Argo.

BREVE REVISÃO

Antes de passar para a próxima seção, verifique seu entendimento de algumas das ideias importantes apresentadas até agora:

23. Você pode realizar pesquisas sobre correntes oceânicas utilizando objetos comuns?

24. Os métodos tradicionais de estudar as correntes estão sendo substituídos por dispositivos de alta tecnologia. Como alguns deles funcionam?

25. Como os CFCs podem ser utilizados como traçadores? Os métodos baseados em CFCs seriam igualmente adequados para analisar as correntes de superfície e circulação termohalina?

Para verificar suas respostas, acesse a página deste livro no site da Cengage.

Perguntas dos Alunos

1. Se a Corrente do Golfo aquece a Grã-Bretanha durante o inverno e mantém os portos do Báltico livres de gelo, por que ela não ameniza os invernos da Nova Inglaterra? Afinal de contas, Boston está mais perto do núcleo quente da Corrente do Golfo do que Londres.

Sim, mas lembre-se da direção dominante dos ventos durante o inverno. Os ventos de inverno na latitude de Boston normalmente vêm do oeste, portanto qualquer calor é simplesmente soprado para o mar (conforme exibido na Figura 8.12a). No outro lado do Atlântico, os mesmos ventos sopram em direção a Londres. Chega a fazer frio em Londres, mas geralmente os invernos são muito mais amenos do que os de Boston.

2. Existem correntes não geostróficas? Existem correntes que não são influenciadas substancialmente pela gravidade, pelo efeito de Coriolis, pelo aquecimento solar desigual, por ventos planetários etc.?

Sim, existem correntes de pequena escala que não são afetadas. Correntes de água doce nas desembocaduras de rios, correntes de retorno e correntes de maré em pequenos portos são afetadas muito mais pela bacia e pela topografia de fundo do que pelo efeito de Coriolis e pela gravidade.

3. Por que as correntes de contorno oeste são intensas nos dois hemisférios? Eu achava que as coisas viravam para o outro sentido (anti-horário) no Hemisfério Sul. As correntes de contorno oriental não deveriam ser mais fortes no Hemisfério Sul?

Correntes de contorno oeste são fortes, em parte, porque o "monte de Coriolis" está deslocado para o oeste, forçando a água a se mover em um caminho relativamente estreito ao longo da fronteira oeste do oceano. Na verdade, o efeito de Coriolis funciona no sentido horário no Hemisfério Norte e no sentido anti-horário no Hemisfério Sul, de modo que o "monte" está deslocado para oeste em ambos os hemisférios. Assim, as correntes de contorno oeste são fortes nos dois hemisférios.

4. O que lidera a produção de um monte no meio de um giro geostrófico – o gradiente de pressão ou o efeito de Coriolis?

Esta pergunta me faz lembrar aquela da "galinha e do ovo" – quem veio primeiro? Em correntes oceânicas, ambos atuam em conjunto, em equilíbrio, para formar tanto o monte quanto o fluxo circular em torno de sua crista. Imagine a situação de cerca de 150 milhões de anos atrás, quando o Atlântico estava começando a se formar – Pangea foi dividida e a fenda começou a encher com água. Impulsionada pelos ventos, uma pequena quantidade de água teria virado à direita para começar a formar o monte. Um gradiente de pressão foi imediatamente formado, e água teria sido forçada a voltar para baixo pela gravidade. Em seu caminho de volta para baixo, aquela água iria alcançar um equilíbrio com o efeito de Coriolis e chegar a uma posição "de comprometimento" do fluxo no sentido horário em torno do ápice.

5. Um vento norte vem do norte, mas uma corrente norte está indo para o norte. Por que a diferença?

Parece que tradições são duras na queda. Por milhares de anos os ventos foram nomeados em razão do local de onde eles *vêm*. Um vento norte vem do norte, e um vento oeste vem do oeste. As correntes, no entanto, são nomeadas para onde elas *estão indo*. Uma corrente do sul está em direção ao sul; uma corrente oeste está se movendo para oeste. Uma exceção é a Corrente Circumpolar Antártica, ou Deriva de Ventos Oeste, que se move em direção ao leste. Essa corrente, no entanto, é nomeada segundo o vento que a impulsiona, os poderosos ventos polares vindos do oeste.

Também pode ser uma questão de perspectiva. Os povos antigos se abrigavam dos ventos (e se referiam ao lugar de origem do vento). Porém, os primeiros viajantes oceânicos estavam cientes do destino para o qual as correntes os levavam.

6. Seria possível usar as correntes como fonte de energia elétrica? Com a Corrente do Golfo tão próxima à Flórida, poderíamos desenvolver uma maneira de tirar proveito do fluxo de água para mover uma turbina.

Essa ideia já foi considerada. A energia total da Corrente do Golfo que flui fora de Miami foi estimada em 25 mil megawatts! Uma equipe do Woods Hole Oceanographic Institution propôs a criação de uma rede de turbinas em forma de colmeia para a camada entre 30 e 130 metros, por meio de 20 quilômetros da corrente. Estima-se uma produção de energia na ordem de 1.000 megawatts, equivalente ao potencial de duas grandes usinas nucleares. (Entretanto, as dificuldades de engenharia seriam consideráveis.) Arranjos mais simples de turbinas menores que operam mais perto das costas são práticos, e alguns deles estão operando agora **(Figura 8.26)**.

Foto de Jeff J Mitchell/Getty Images

Figura 8.26 Uma grande turbina projetada para gerar energia elétrica a partir do fluxo de correntes oceânicas está sendo preparada para a colocação entre as Ilhas Orkney, no norte da Escócia. A Figura 10.20 mostra turbinas ainda maiores para o uso na geração de energia elétrica a partir da subida e descida das marés.

Panorama Geral do Capítulo

Neste capítulo, você aprendeu que a água do oceano circula em correntes. Correntes de superfície afetam 10% da parte mais rasa do oceano mundial. O movimento das correntes de superfície é impulsionado pelo calor do Sol e pelos ventos. A água nas correntes de superfície tende a se movimentar horizontalmente, mas também pode fluir verticalmente em resposta ao vento que sopra próximo a costas ou ao longo do equador. Correntes de superfície transportam calor dos trópicos para as regiões polares, influenciando o tempo e o clima, distribuindo nutrientes e espalhando organismos. Elas contribuíram para a dispersão da humanidade para ilhas remotas e são fatores importantes no comércio marítimo.

A circulação de 90% do oceano abaixo da zona superficial é causada pela força da gravidade, à medida que a água mais densa afunda e a mais leve sobe. Como a densidade é em grande parte função da temperatura e da salinidade, o movimento de água profunda causado pelas diferenças de densidade é chamado de *circulação termohalina*. As correntes próximas ao fundo do mar fluem lentamente, parecidas com as águas de rio em alguns lugares, mas os maiores volumes de águas profundas fluem pelos oceanos em velocidades quase imperceptíveis. O efeito de Coriolis, a gravidade e o atrito moldam a direção e o volume das correntes superficiais e da circulação termohalina.

No próximo capítulo, você aprenderá sobre as ondas do oceano. As cristas que se deslocam produzem a aparência de movimento que vemos em uma onda. Em uma onda oceânica, uma faixa de *energia* se move na velocidade da onda, mas a *água* não. De um certo modo, uma onda do mar é uma ilusão. Como você pode ser derrubado de sua prancha por uma ilusão? Bem, há muito o que aprender!

Termos e Conceitos para se Lembrar

Água Antártica de Fundo
Água Profunda do Atlântico Norte
circulação termohalina
circulação vertical induzida pelo vento
corrente
Corrente Circumpolar Antártica (Deriva do Vento Oeste)
Corrente do Golfo
corrente transversal
corrente de contorno oeste
corrente de contorno leste
corrente de superfície
Deriva do Vento Oeste (Corrente Circumpolar Antártica)
El Niño
ENOS
Espiral de Ekman
giro
giro geostrófico
intensificação oeste
la niña
oscilação sul
ressurgência
ressurgência costeira
ressurgência equatorial
sistema Argo
subsidência
sverdrup (sv)
transporte de Ekman
vórtice

Perguntas de Estudo

1. Que forças são responsáveis pela circulação da água do oceano em correntes? Que forças e fatores influenciam a direção e a natureza das correntes oceânicas?
2. O que é um giro? Quantos giros grandes existem no oceano do mundo? Onde eles estão localizados?
3. Por que a água do oceano tende a fluir ao redor da periferia das bacias oceânicas? Por que as correntes de contorno oeste são as mais rápidas e profundas? Qual é a diferença entre elas e as correntes de contorno leste?
4. O que é El Niño? Qual a diferença entre uma situação de El Niño e de fluxo de corrente normal? Quais são as consequências comuns?
5. Qual é o papel das correntes oceânicas no transporte de calor? Como as correntes oceânicas afetam o clima?
6. Compare o clima de uma cidade costeira de latitude média no contorno oceânico oeste com uma cidade costeira de média latitude em um contorno oceânico leste.
7. O que são massas de água? Onde as distintas massas de água são formadas? O que determina a sua posição relativa no oceano?
8. O que impulsiona o movimento vertical da água do oceano? Qual é o padrão geral de circulação termohalina?
9. Quais métodos são utilizados para estudar as correntes oceânicas?
10. Você consegue pensar em como as correntes oceânicas vêm influenciando (ou podem ter influenciado) a história?

9 Ondas

CONCEITOS-CHAVE

As ondas transmitem energia, não massa de água, pela superfície do oceano. Mane/Barcroft Media/Landov

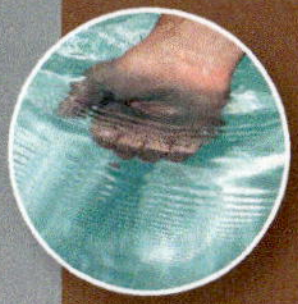

As ondas do oceano são classificadas pela força perturbadora que as cria e pelo seu comprimento da onda. Tom Garrison

A velocidade (celeridade) de uma onda oceânica é proporcional ao seu comprimento da onda. Tom Garrison

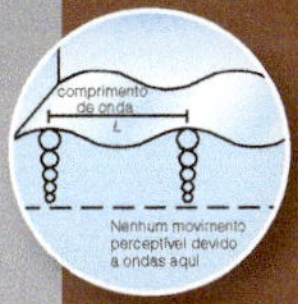

As órbitas das moléculas de água nas ondas em movimento cujas trajetórias atingem a água com profundidade de até metade do comprimento da onda não são afetadas pelo fundo. © Cengage Learning

O comprimento da onda de um *tsunami* e o das marés é tão grande que eles sempre ocorrem em águas rasas.

National/ Oceanic and Atmospheric Administration (NOAA)

Garrett McNamara quebra seu próprio recorde de maior onda já surfada. Estimada em 30 metros (100 pés) de altura, essa onda formou-se em novembro de 2012, quando o *swell* de uma tempestade a oeste da Irlanda se encontrou com um desfiladeiro submarino na costa de Nazaré, Portugal.
Mane/Barcroft Media/Landov

9.1 As Ondas dos Oceanos Deslocam Energia pela Superfície do Mar

Para a maioria das pessoas, uma onda no mar parece ser um imenso corpo de água se movendo – uma crista de água que viaja pela superfície do mar. Uma onda oceânica é apenas um dos vários tipos de **ondas**, que, de modo geral, são perturbações causadas pelo movimento de energia proveniente de uma fonte através de algum meio (sólido, líquido ou gasoso). Conforme a energia da perturbação viaja, o meio pelo qual passa a energia se desloca de maneiras específicas. Algumas vezes, esse movimento fica visível para nós como cristas ou dorsais no meio considerado. As cristas que se deslocam produzem a aparência de movimento que vemos em uma onda. Em uma onda oceânica, uma faixa de *energia* se move na velocidade da onda, mas a *água não se move*. De certo modo, a onda é uma ilusão.

Imagine uma gaivota descansando sobre a superfície ondulada do mar longe da costa. Ela se move em *círculos* – para cima e para a frente, conforme a crista da onda se aproxima da sua posição; e para baixo e para trás, à medida que a onda passa por ela. Cada círculo tem um diâmetro igual à altura da onda. Como pode ser visto na Figura 9.1, a energia da onda flui pela ave que descansa, mas a gaivota e sua porção de água se movem apenas a uma pequena distância – para a frente a cada ciclo, para cima e para a frente, para baixo e para trás – da onda. A água na qual ela repousa não se move continuamente ao longo da superfície do mar, como a ilusão da onda sugere.[1]

A transferência de energia de uma partícula de água para outra partícula de água nessas trajetórias circulares, ou **órbitas**, transmite a energia como onda pela superfície do oceano, fazendo que a forma da onda pareça se mover. Esse tipo de onda é conhecido como **onda orbital** – uma onda em que as partículas do meio (água) se movimentam em círculos fechados conforme a onda passa. Ondas orbitais oceânicas ocorrem na interface entre dois meios fluidos (entre o ar e a água) e entre camadas de água de diferentes densidades. Como a forma da onda se move para a frente, essas ondas representam um tipo chamado de **onda progressiva**.

A onda progressiva que move a gaivota provavelmente foi causada pelo vento. Outras forças podem gerar ondas progressivas muito maiores, em que as moléculas de água se movimentam em órbitas circulares ou elípticas ainda maiores. Algumas dessas ondas são tão grandes que, para nós, não parecem ondas, mas um lento espalhamento da água em um porto ou em uma baía, como perigosas enchentes, ou como as rítmicas e previsíveis marés oceânicas.

As ondas oceânicas têm diferentes partes. A **crista da onda** é a parte mais alta da onda sobre o nível médio da água, e o **vale da onda** é a depressão entre as cristas da onda, abaixo do nível médio. A **altura da onda** é a distância vertical entre a crista da onda e o vale adjacente, e o **comprimento de onda** é a distância horizontal entre duas cristas (ou vales) sucessivas. A relação entre essas partes é apresentada na Figura 9.2. O tempo necessário para a onda se mover a distância de um comprimento da onda é conhecido como o **período da onda**. A **frequência da onda** é o número de ondas que passam, por segundo, por um ponto fixo.

O movimento circular das partículas de água na superfície de uma onda continua embaixo d'água. Como mostra a Figura 9.3, o diâmetro das órbitas pelas quais as partículas

Figura 9.1 Uma gaivota boiando na água demonstra que as *ondas* viajam, mas a *água* não. Nessa sequência, uma onda se move da esquerda para a direita à medida que a gaivota (e a água onde ela descansa) gira em um círculo imaginário, movendo-se levemente para a esquerda e para a frente conforme a onda se aproxima, e finalmente para a direita e para baixo por trás da onda.

[1] Para esclarecer a importante ideia sobre a ilusão do movimento das ondas, imagine-se na arquibancada de um estádio onde os espectadores estão fazendo uma "*olla*" [onda]. Seu papel na propagação da onda é simples – você se levanta e se abaixa em sincronia perfeita com as pessoas ao seu lado. Embora você se mova menos de 1 metro verticalmente, a onda da qual você faz parte percorre toda a volta do estádio em alta velocidade. Você e todos os outros participantes permanecem no lugar, mas a onda se move mais rápido do que qualquer um poderia correr.

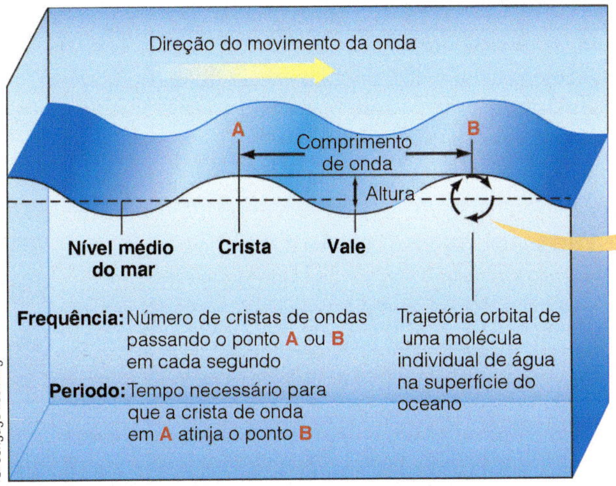

Figura 9.2 Esquema de uma onda progressiva.

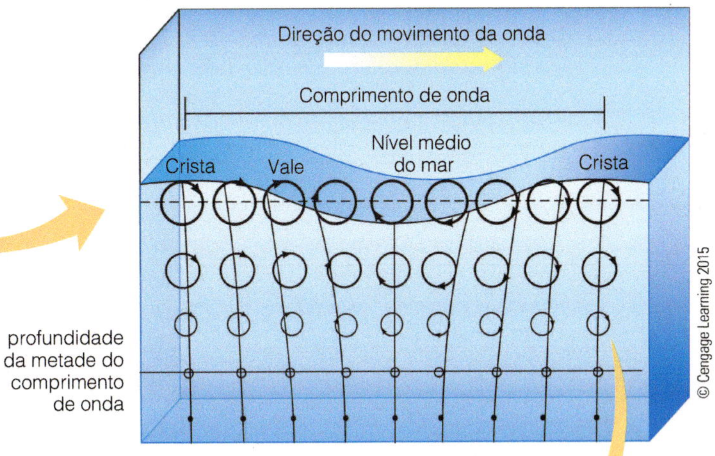

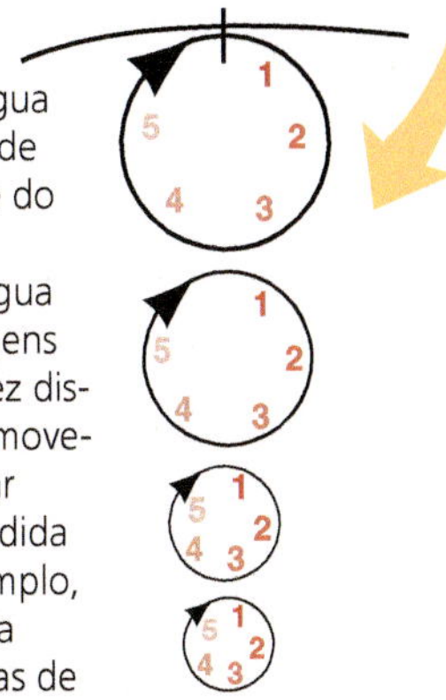

(a) O movimento orbital da água se estende a uma profundidade de aproximadamente metade do comprimento de onda.
(b) O movimento orbital da água não se assemelha a engrenagens mecânicas interligadas. Em vez disso, a água na coluna d'água move-se em um movimento circular coordenado e uniforme à medida que a onda passa. Neste exemplo, à medida que a crista da onda passa nesse local, as moléculas de água ficam nas posições marcadas com **1** em todas as profundidades. À medida que a crista passa, todas as moléculas se movem para a posição **2**, em seguida para a **3**, e assim por diante.

Figura 9.3 O movimento orbital das partículas de água em uma onda.

de água se movem diminui rapidamente com a profundidade. Na prática, o movimento da água é insignificante abaixo de uma profundidade de metade do comprimento da onda, onde os círculos têm apenas 1/23 do diâmetro dos círculos na superfície. Isso significa que mergulhadores a 20 metros de profundidade não perceberiam a passagem de uma onda oceânica de superfície com 30 metros de comprimento e dificilmente a notariam se estivessem a uma profundidade de 15 metros. Como a maioria das ondas oceânicas tem comprimentos moderados, a perturbação circular do oceano que propaga essas ondas afeta apenas as camadas mais superficiais da água. *Observe na Figura 9.3b que o movimento da água em círculos não se assemelha ao mecanismo interligado de engrenagens. Em vez disso, existe um movimento coordenado e uniforme de moléculas de água em uma única direção conforme as ondas passam.*

PENSANDO ALÉM DA IMAGEM

Até que profundidade um submarino precisa mergulhar para que seus ocupantes não sintam o movimento das ondas da superfície com um comprimento da onda de 200 metros (660 pés)?

BREVE REVISÃO

Antes de passar para a próxima seção, verifique seu entendimento de algumas das ideias importantes apresentadas até agora:

1. Escrevi que uma onda oceânica é, de certo modo, uma ilusão. O que realmente está se *movendo* em uma onda oceânica?
2. Desenhe uma onda oceânica e identifique suas partes. Inclua uma definição de *período da onda*.

Para verificar suas respostas, acesse a página deste livro no site da Cengage.

9.2 As Ondas São Classificadas por Suas Características Físicas

As ondas oceânicas são classificadas pela *força perturbadora* que as cria, a extensão em que a força perturbadora *continua* a influenciar as ondas quando estão formadas, a *força restauradora* que tenta achatá-las e o *comprimento de onda*. (A altura da onda não é usada para classificação porque varia muito, dependendo da profundidade da coluna d'água, da interferência entre ondas e de outros fatores.)

As Ondas Oceânicas São Formadas por uma Força Perturbadora

A energia que faz que uma onda oceânica se forme é chamada de **força perturbadora**. O vento que sopra pela superfície do oceano fornece a força perturbadora para formar *ondas capilares* e *ondas geradas pelo vento*. A chegada de uma ressaca ou de uma onda marinha sísmica a um porto ou a uma baía fechados, ou uma alteração brusca da pressão atmosférica, pode atuar como a força perturbadora para o movimento ressonante da água conhecido como *seiche*. Deslizamentos de terra, erupções vulcânicas e a ocorrência de falhas no leito marinho associadas a terremotos são forças perturbadoras para a formação de ondas sísmicas marinhas (também conhecidas como *tsunamis*). As forças perturbadoras para a formação das *marés* são as mudanças na magnitude e na direção das forças gravitacionais entre a Terra, a Lua e o Sol, combinadas com a rotação de nosso planeta. A **Tabela 9.1** resume as características dessas ondas.

Tabela 9.1 **Forças Perturbadoras, Comprimento de Onda e Forças Restauradoras das Ondas Oceânicas**

Tipos de Onda	Força Perturbadora	Força Restauradora	Comprimento Característico de Onda
Onda capilar	Normalmente o vento	Coesão das moléculas de água	Até 1,73 cm (0,68 pol.)
Onda oceânica de superfície	Vento sobre o oceano	Gravidade	60-150 m (200-500 pés)
Seiche	Mudanças na pressão atmosférica, ondas estacionárias, *tsunami*	Gravidade	Grande, variável; depende do tamanho da bacia oceânica
Onda sísmica marinha (*tsunami*)	Falha no leito marinho, erupção vulcânica, deslizamento de terra	Gravidade	200 km (125 mi)
Maré	Atração gravitacional, rotação da Terra	Gravidade	Metade da circunferência da Terra

As Ondas São Reduzidas por uma Força Restauradora

Força restauradora é a força dominante que achata a superfície da água depois que uma onda se formou. Se a força restauradora de uma onda fosse rápida e totalmente eficiente, a superfície perturbada do mar se tornaria imediatamente lisa, e a energia da onda embrionária seria dissipada na forma de calor. No entanto, não é isso que acontece. As ondas continuam a existir depois de serem formadas porque a força restauradora compensa a perturbação em excesso, causando uma oscilação. A situação é análoga à de um peso balançando na parte de baixo de uma mola muito flexível, constantemente se movendo para cima e para baixo do seu ponto normal de equilíbrio.

A força restauradora dominante para pequenas ondas na água – aquelas cujos comprimentos de onda são menores que 1,73 cm (0,68 pol.) – é a tensão superficial (coesão), a propriedade que permite que partículas individuais de água se juntem umas às outras por meio de pontes de hidrogênio (veja a Figura 6.3). A mesma força que faz um chá se aproximar das laterais de uma xícara puxando os minúsculos vales e cristas de onda até o nivelamento.

Somente as ondas capilares e as ondas geradas pelo vento na superfície podem se tornar ondas de água profunda.

Todas as ondas com comprimentos maiores que 1,73 centímetros dependem principalmente da gravidade como força restauradora. A gravidade puxa as cristas para baixo, mas a inércia da água faz que as cristas ultrapassem a linha de equilíbrio e se tornem vales. A natureza repetitiva desse movimento, como um peso pendurado em uma mola se movendo para cima e para baixo, dá origem às órbitas circulares das moléculas individuais de água em uma onda oceânica. Essas ondas maiores são chamadas de **ondas de gravidade**. O movimento circular das moléculas de água em uma onda acontece praticamente sem atrito, e, portanto, as ondas de gravidade podem viajar pela superfície do mar por milhares de quilômetros sem se dissiparem, para eventualmente se quebrarem em alguma costa distante.

O Comprimento de Onda É a Medida mais Prática do Tamanho da Onda

O comprimento de onda é uma importante medida do tamanho da onda. A Tabela 9.1 apresenta as causas e comprimentos de onda típicos de ondas capilares, ondas geradas pelo vento, seiches, ondas sísmicas marinhas e marés. A **Figura 9.4** mostra a relação entre as forças perturbadora e restauradora, o período e a quantidade relativa de energia presente na superfície do oceano para cada tipo de onda. Observe que existe mais energia armazenada nas ondas oceânicas geradas pelo vento do que em qualquer outro tipo de onda.

BREVE REVISÃO

Antes de passar para a próxima seção, verifique seu entendimento de algumas das ideias importantes apresentadas até agora:

3. Faça uma relação das ondas oceânicas, ordenada por força perturbadora e comprimento da onda.
4. O que é onda de gravidade?
5. O que é força restauradora?

Para verificar suas respostas, acesse a página deste livro no site da Cengage.

9.3 O Comportamento das Ondas É Influenciado pela Profundidade da Coluna d'Água através da Qual Elas Estão se Movendo

A maioria das características das ondas oceânicas depende da relação entre seu comprimento da onda e a profundidade da coluna d'água. O comprimento da onda determina o *tamanho* das órbitas de moléculas de água em uma onda, mas a profundidade da coluna d'água determina o *formato* das órbitas. As trajetórias das moléculas de água em uma onda oceânica gerada por vento são circulares apenas quando estão viajando em águas profundas. Uma onda não consegue "sentir" o fundo quando ela se move por uma camada de água mais profunda do que a metade de seu comprimento da onda, porque os pequenos círculos abaixo dessa profundidade contêm muito pouca energia de onda. As ondas que se movem em águas com profundidade maior que a metade de seu comprimento da onda são conhecidas como **ondas de águas profundas**. A onda não tem como "saber" qual é a profundidade da água, apenas que ela está nas águas mais profundas que metade de seu comprimento da onda. Um exemplo pode ajudar: uma onda gerada pelo vento com comprimento da onda de 20

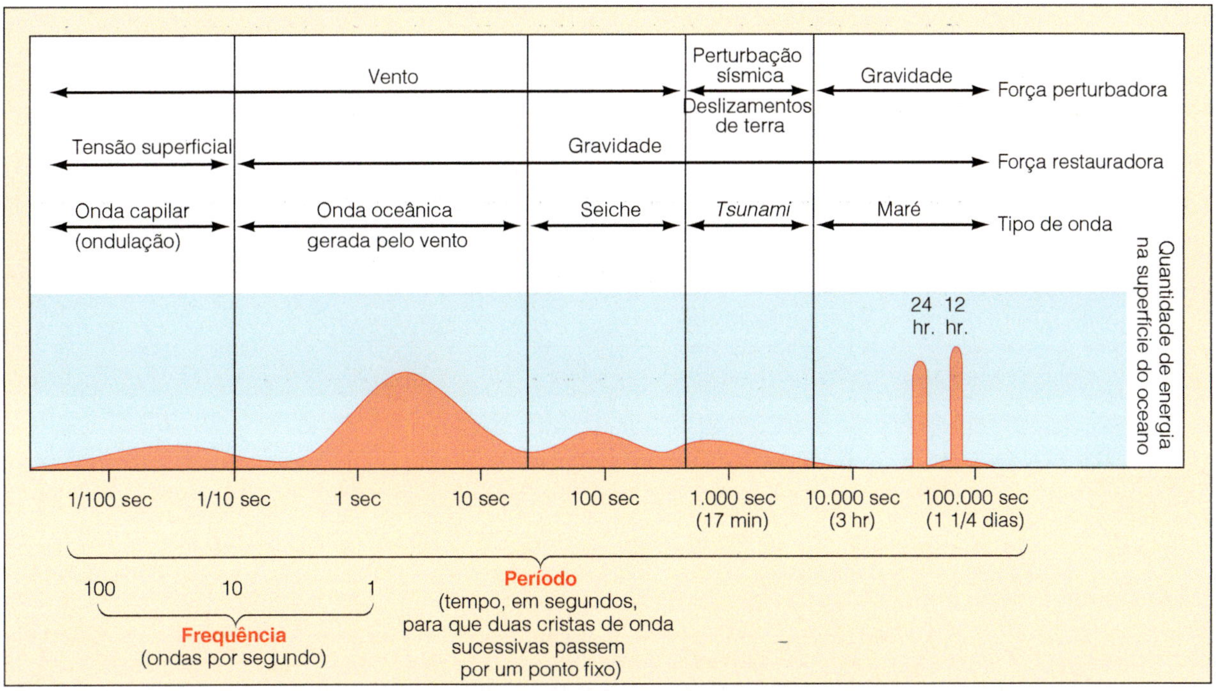

Figura 9.4 Energia de onda no oceano como uma função do período de onda. Como o gráfico mostra, a maior parte da energia de onda está tipicamente concentrada nas ondas oceânicas geradas pelo vento. Entretanto, grandes *tsunamis*, eventos raros no oceano, podem transmitir mais energia do que todas as ondas oceânicas geradas pelo vento em um breve período de tempo. Marés são ondas – sua energia é concentrada nos períodos de 12 e 24 horas.

metros vai se comportar como uma onda de água profunda ao passar para águas com mais de 10 metros de profundidade (**Figura 9.5**).

A situação é diferente para ondas geradas pelo vento próximas à costa. As órbitas das moléculas de água nas ondas que se movem em águas rasas são achatadas pela proximidade ao fundo. Águas imediatamente acima do fundo do mar não podem se mover em uma trajetória circular, e sim apenas para a frente e para trás. As ondas em águas mais rasas que 1/20 de seu comprimento são conhecidas como **ondas de águas rasas.** Uma onda com um comprimento da onda de 20 metros vai se comportar como uma onda de águas rasas se a água tiver menos de 1 metro de profundidade.

Dos cinco tipos de ondas listados na Tabela 9.1, apenas as ondas capilares e as geradas pelo vento podem ser de águas profundas. Para entender o porquê disso, lembre-se de que a maior parte do assoalho marinho está em profundidade maior que 125 metros (400 pés), o que corresponde à metade do

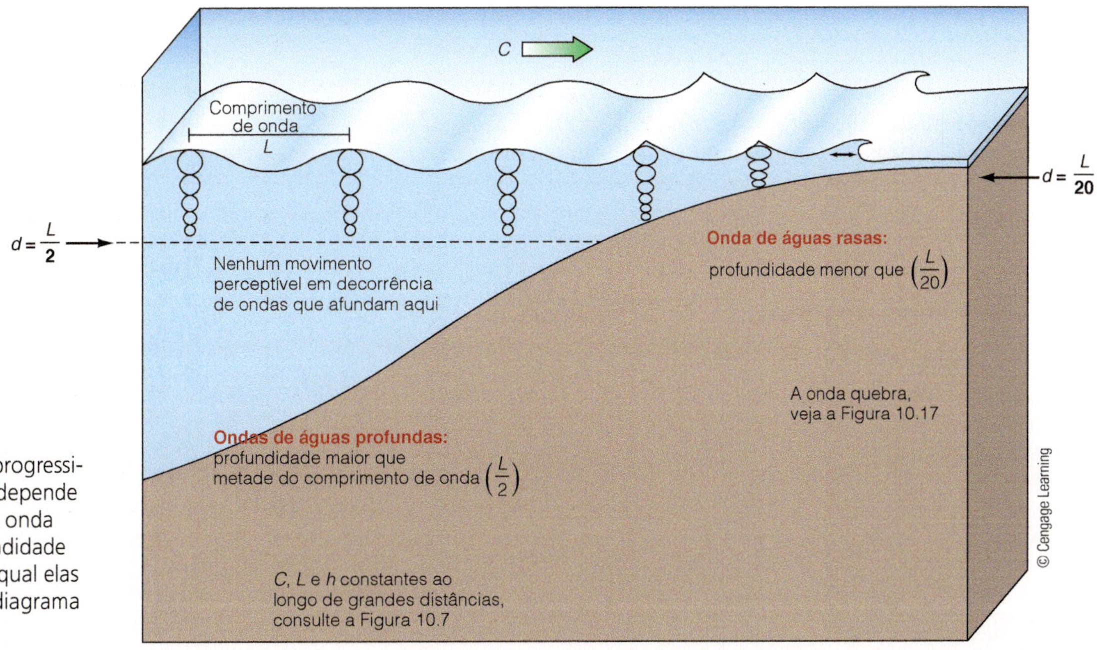

Figura 9.5 Ondas progressivas. A classificação depende do comprimento de onda em relação à profundidade da água através da qual elas estão passando. O diagrama não está em escala.

comprimento de ondas muito grandes geradas pelo vento. Os comprimentos de onda das ondas maiores são *bem* mais longos: o comprimento da onda das ondas sísmicas marinhas normalmente excede 100 quilômetros (62 milhas). Nenhuma parte do oceano tem uma profundidade de 50 quilômetros (31 milhas); assim, seiches, ondas sísmicas marinhas e marés ficam permanentemente em águas que – para elas – são rasas ou intermediárias. Suas imensas órbitas circulares são achatadas contra um fundo distante que está sempre a uma distância de menos da metade de um comprimento da onda.

De maneira geral, quanto maior for o comprimento da onda, mais rapidamente a energia da onda irá se mover pela água. Para ondas de águas profundas, essa relação é mostrada pela fórmula:

$$C = \frac{L}{T}$$

onde C representa a velocidade (celeridade), L é o comprimento da onda, e T o tempo, ou período (em segundos).

É difícil determinar o comprimento da onda no mar, mas é fácil descobrir o período – por exemplo, um observador simplesmente cronometra o movimento das ondas passando pela proa de um navio que esteja parado. Se o tempo/período (T) for conhecido, a velocidade (C) pode ser calculada a partir da relação apresentada a seguir.

$$C \text{ (em metros por segundo)} = 1{,}56T$$

ou, se preferir,

$$C \text{ (em pés por segundo)} = 5T$$

A velocidade das ondas de águas rasas é descrita por uma equação diferente, que pode ser escrita como

$$C = \sqrt{gd} \quad \text{ou} \quad C = 3{,}1\sqrt{d}$$

onde C é a velocidade (em metros por segundo), g é a aceleração da gravidade (9,8 metros por segundo) e d é a profundidade da coluna d'água (em metros). O período de uma onda permanece inalterado independentemente da profundidade da coluna d'água por onde ela se move. À medida que uma onda de águas profundas entra em águas mais rasas e passa a "sentir" o fundo, sua velocidade é reduzida e as cristas "se acumulam", até que o comprimento da onda diminua.

Comparar ondas de águas profundas geradas pelo vento com ondas oceânicas sísmicas de águas rasas é como comparar maçãs com laranjas, mas a lista a seguir demonstra a relação geral entre comprimento da onda e velocidade da onda: quanto maior o comprimento da onda, maior será a velocidade.

Ondas oceânicas geradas pelo vento (Ondas de águas profundas)

- Período de cerca de 20 segundos
- Comprimento da onda provavelmente de 600 metros (2.000 pés), em casos extremos
- Velocidades de até 112 quilômetros (70 milhas) por hora em casos extremos

Ondas sísmicas marinhas (Ondas de águas rasas)

- Período de possivelmente 20 minutos
- Comprimento da onda normalmente de 200 quilômetros (125 milhas)
- Velocidades de 760 quilômetros (470 milhas) por hora

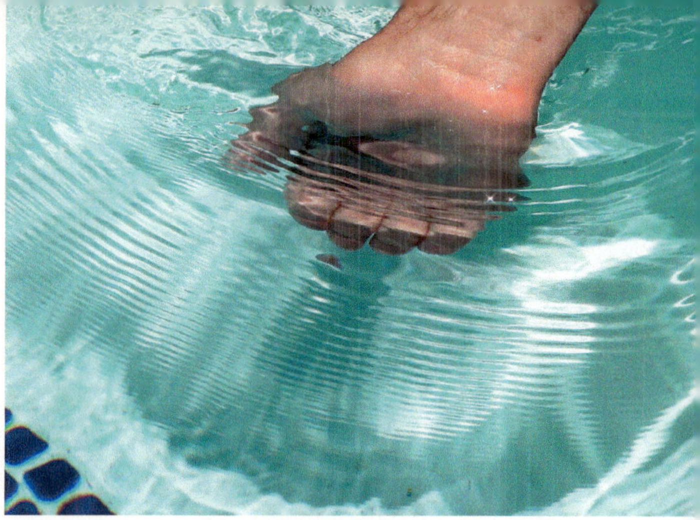

Tom Garrison

Figura 9.6 Ondas capilares se formam à frente de uma mão movimentando-se lentamente em uma piscina. Cada uma tem um comprimento da onda menor que 2 centímetros (cerca de 2/3 de uma polegada).

Lembre-se de que é a *energia* – e não a *massa* da água em si – que está se movendo na água à impressionante velocidade de 760 quilômetros (470 milhas) por hora (a velocidade de um avião a jato comercial!) nas ondas sísmicas marinhas.

BREVE REVISÃO

Antes de passar para a próxima seção, verifique seu entendimento de algumas das ideias importantes apresentadas até agora:

6. O que define uma onda de águas profundas? Há alguma onda que *nunca* pode estar em águas profundas, não importa a distância do leito marinho acima do qual ela está se movendo?

7. Qual é a relação matemática entre celeridade (velocidade), comprimento da onda e período da onda para as ondas de águas profundas? E para as ondas de águas rasas?

Para verificar suas respostas, acesse a página deste livro no site da Cengage.

9.4 O Vento Soprando sobre o Oceano Gera Ondas

As ondas geradas pelo vento (**ondas oceânicas de superfície**) são ondas de gravidade formadas pela transferência da energia do vento para a água. A maioria das ondas oceânicas de superfície tem menos de 3 metros (10 pés) de altura. Os comprimentos de onda variando de 60 a 150 metros (200 a 500 pés) são mais comuns no oceano aberto.

As ondas oceânicas de superfície surgem das **ondas capilares** (Figura 9.6). As ondas capilares (ondulações) formam-se à medida que o atrito do vento força a superfície da água e à medida que a tensão da superfície tenta restaurá-la para a forma lisa. Essas pequenas ondulações são importantes na transferência de energia do ar para a água, a fim de impulsionar as correntes oceânicas, mas sem consequências no panorama geral das ondas oceânicas, já que são minúsculas e carregam muito pouca energia.

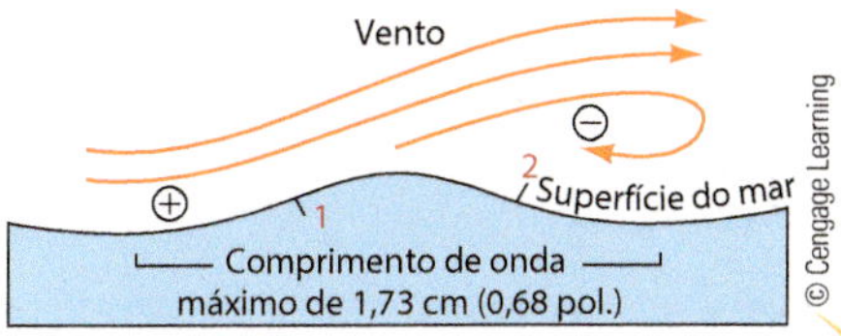

(a) Forças eólicas atuando sobre uma onda capilar. As ondas capilares perturbam a superfície lisa do mar, defletem o vento superficial para cima e freiam-no, o que permite que parte da energia da onda seja transferida para a água a fim de impulsionar a crista da onda capilar para a frente (ponto 1). O vento pode formar rapidamente um vórtice a partir da pequena crista, criando um vácuo parcial (–). A pressão atmosférica (+) empurra a crista para a frente (a favor do vento) em direção ao vale (ponto 2), adicionando ainda mais energia à superfície da água.

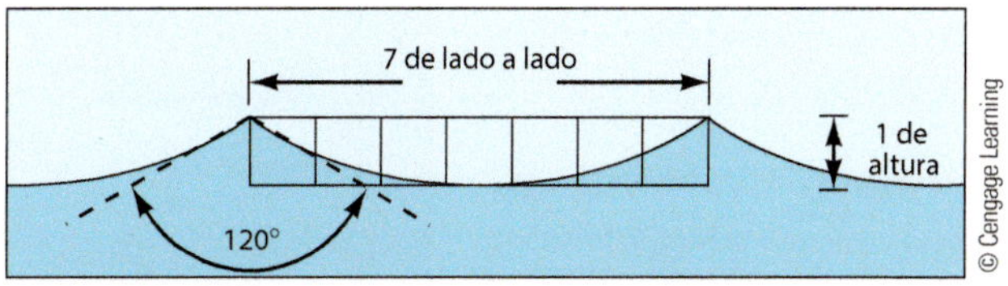

(c) Se a declividade da onda excede uma proporção de 1:7 e um ângulo de 120°, sua parte superior será soprada para formar um vagalhão ou uma crista espumosa. Nesse caso, a energia eólica é dissipada como calor e não contribui para o crescimento da onda de gravidade.

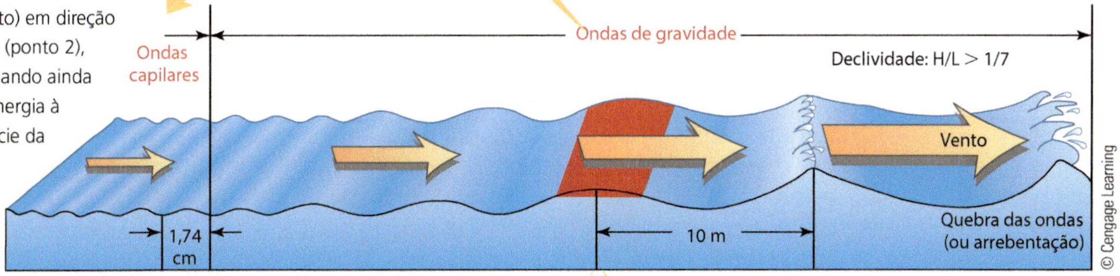

(b) As ondas capilares tornam-se ondas de gravidade assim que seu comprimento de onda excede 1,74 centímetros. Essas ondas de gravidade geradas pelo vento (ondas oceânicas de superfície) continuam a crescer contanto que o vento acima delas exceda sua velocidade.

(Veja a Figura 9.8)

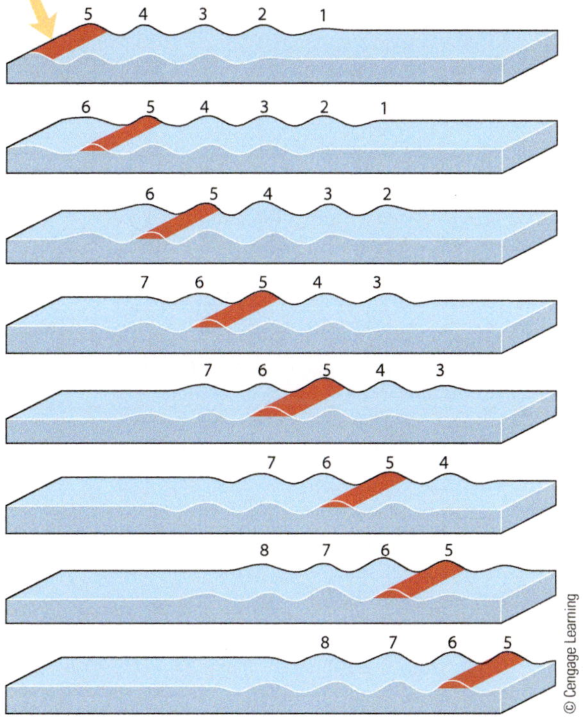

(d) Uma vez formadas, as ondas oceânicas de superfície viajam em grupos chamados de trens de ondas. À medida que a onda principal do grupo viaja para a frente, ela transfere metade de sua energia para a frente para iniciar o movimento na superfície não perturbada à frente. A outra metade é transferida para a onda de trás para manter o movimento. A onda principal no trem de ondas desaparece continuamente, enquanto uma nova onda é formada continuamente na parte de trás do trem. Siga a onda número 5 neste diagrama. O trem de ondas viaja a meia velocidade de uma onda individual, a qual é conhecida como velocidade de grupo *(V)*.

Figura 9.7 O crescimento e o progresso das ondas oceânicas de superfície.

As ondas capilares quase sempre estão presentes no oceano. Elas perturbam a superfície lisa do mar, defletem o vento superficial para cima e freiam-no, o que permite que parte da energia do vento seja transferida para a água a fim de impulsionar a crista da onda capilar para a frente **(Figura 9.7a)**. O vento pode formar rapidamente um vórtice de mesma duração a partir da pequena crista, criando um suave vácuo parcial no local. A pressão atmosférica empurra a crista para a frente (a favor do vento) em direção ao vale, adicionando ainda mais energia à superfície da água. A crescente energia na superfície da água expande as órbitas circulares das partículas de água na direção do vento, aumentando o tamanho da pequena onda. A onda capilar torna-se uma onda oceânica de superfície quando seu comprimento da onda

Figure 9.8 *Swell* – ondas oceânicas de superfície bem desenvolvidas e regulares selecionadas por dispersão – na costa de Oregon. As ondas pequenas sobrepostas no grande *swell* resultam das condições dos ventos locais.

PENSANDO ALÉM DA IMAGEM
Swells como esses são influenciados pelo efeito de Coriolis? Eles vêm diretamente de sua origem para essa costa sem mudar de direção?

passa de 1,73 cm (0,68 polegadas), a partir do qual a gravidade ultrapassa a ação capilar e torna-se a força restauradora dominante.

Se a onda oceânica de superfície permanecer em águas mais profundas do que metade de seu comprimento de onda e o vento continuar a soprar, a onda se torna maior. Sua crista é impulsionada mais para o alto, onde o vento é mais forte, extraindo ainda mais energia do ar em movimento. As órbitas circulares das partículas de água dentro da onda crescem com o aumento do aporte de energia; altura, comprimento da onda e período também aumentam proporcionalmente. As ondas de picos irregulares na área de formação das ondas de vento são chamadas de **vagas**; a superfície caótica é formada por inúmeras ondas oceânicas de superfície de diferentes períodos, comprimentos de ondas e alturas. Quando o vento diminui ou cessa, como acontece depois de uma tempestade, as cristas da onda começam a se tornar arredondadas e regulares. Esse processo é mostrado na **Figura 9.7b**.

Durante sua formação, ondas de tamanho moderado podem exibir, em oceano aberto, uma relação entre a altura e o comprimento da onda de no máximo 1:7 **(Figura 9.7c)**; essa razão é a **declividade da onda**. Ondas com 7 metros de comprimento não terão altura maior que 1 metro, e ondas com 70 metros de comprimento não passarão dos 10 metros de altura. O ângulo em sua crista não passará de 120°. A ocorrência de picos normalmente indica a injeção contínua de energia. Se uma onda atingir uma altura maior que a razão de 1:7 do seu comprimento da onda, ela quebrará, e o excesso de energia será dissipado na forma de turbulência; daí as *cristas espumosas* ou *vagalhões* associados a um mar totalmente revolto.

Um *Swell* Maior se Move com Maior Rapidez que um *Swell* Menor

Como o *swell* (ou marulho) maior se move mais rapidamente, as ondas com comprimentos mais longos deixam a área da sua formação antes. Elas passam à frente de suas parentes menores. As ondas mais desenvolvidas de uma tempestade dividem-se em grupos com comprimentos de onda e velocidades semelhantes. O processo de separação de onda, ou **dispersão**, produz uma conhecida ondulação regular da superfície do oceano chamada de ***swell*** (veja novamente a Figura 9.7b e também a **Figura 9.8**). O *swell* geralmente se move a milhares de quilômetros de distância, a partir de uma tempestade até uma praia, anunciando a chegada iminente de tempestade.

Ao contrário do que se pode imaginar, os observadores distantes da tempestade iriam inicialmente encontrar ondas longas, rápidas, de grande comprimento da onda, depois ondas de tamanho médio e, finalmente, ondas pequenas e lentas. Como o movimento circular das partículas de água nas ondas de águas profundas é praticamente livre de atrito, as ondas serão continuadas até que se quebrem em uma praia.

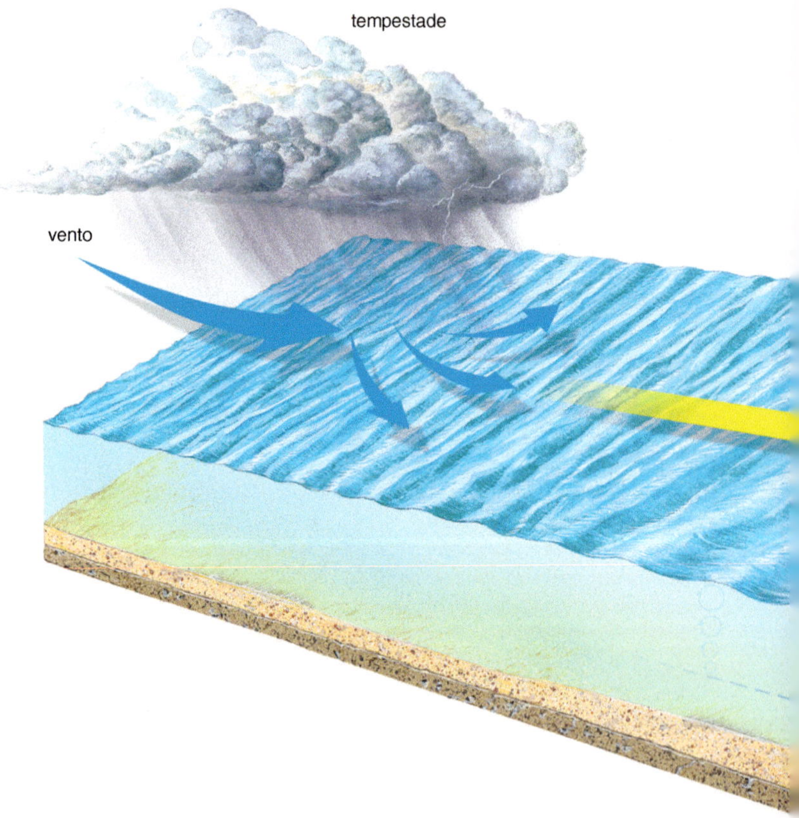

Figura 9.9 O *fetch* (pista de vento) é a distância não interrompida (contínua) ao longo da qual o vento sopra sem mudança significativa na direção. O aumento do tamanho da onda é proporcional ao da velocidade, duração e *fetch* do vento. Um vento forte deve soprar continuamente em uma direção por quase três dias para que as maiores ondas se desenvolvam totalmente.

PENSANDO ALÉM DA IMAGEM
Qual bacia oceânica tem o maior *fetch* possível?

Lá, elas liberam a energia absorvida do vento na forma de movimento aleatório, calor e som.

Os avanços de grupos de *swell* com a mesma origem e comprimento da onda são chamados de **trens de ondas**. As ondas principais do trem de ondas têm a energia esgotada porque devem dar o início ao movimento circular da água não perturbada que elas estão invadindo. Essas ondas desaparecem gradualmente, mas após a passagem do trem de ondas, parte da energia fica atrás dos círculos para formar novas ondas. Desse modo, as novas ondas são formadas na parte de trás, assim que as ondas principais desaparecem na frente do trem de ondas. Esse processo é mostrado na Figura 9.7d.

As implicações deste detalhe são surpreendentes. Embora cada onda *individual* se mova para a frente com uma velocidade proporcional ao seu comprimento da onda em águas profundas (C), o *trem de ondas* em si se move para a frente apenas à *metade* dessa velocidade. Portanto, grupos de ondas movem-se para a frente à metade da velocidade das ondas individuais dentro do grupo. O avanço a meia velocidade do trem de ondas é chamado de **velocidade de grupo** e é com essa energia que a onda avança. A velocidade de grupo muitas vezes é representada por V nas equações de onda.

Observe que as ondas individuais não persistem no oceano. Elas só duram se conseguirem passar pelo grupo. Apenas as ondas de águas profundas estão sujeitas a dispersão. À medida que as ondas de águas profundas se movem em águas rasas, a velocidade das ondas individuais no grupo diminui até que a velocidade da onda seja igual à velocidade de grupo.

O maior potencial para formação de ondas grandes ocorre sob influência dos ventos fortes e praticamente constantes de oeste que circundam a Antártica.

Muitos Fatores Influenciam o Desenvolvimento das Ondas Oceânicas de Superfície

Três fatores afetam o crescimento das ondas oceânicas de superfície (geradas pelo vento). Primeiro, o vento deve se mover mais rapidamente do que as cristas das ondas para que a transferência de energia do ar para o mar continue, portanto a velocidade média do vento, ou **força do vento**, é claramente importante para o desenvolvimento das ondas oceânicas de superfície. Um segundo fator refere-se ao período de tempo necessário para o vento soprar, ou a **duração do vento**; ventos fortes que soprem por um período curto não darão origem a ondas grandes. O terceiro fator é a distância ininterrupta ao longo da qual o vento sopra sem mudar significativamente a direção, o ***fetch* (pista de vento)** (Figura 9.9).

Um vento forte deve soprar continuamente em uma direção por quase três dias para que as maiores ondas se desenvolvam totalmente. Um **vagalhão plenamente desenvolvido** corresponde ao maior tamanho de onda teoricamente possível para um vento de força, duração e pista (*fetch*) específicos. A exposição mais longa ao vento nessa velocidade não aumentará o tamanho das ondas porque a energia é perdida em razão da quebra das partes superiores das ondas e da formação de cristas espumosas.

O maior potencial para formação de ondas grandes ocorre sob os ventos fortes e praticamente constantes vindos de oeste em torno da Antártica. O francês Jules Dumont d'Urville, um explorador dos mares do sul durante o início do século XIX, deparou com um trem de ondas com alturas estimadas "em mais" de 30 metros (100 pés) em águas antárticas. Em 1916, Ernest Shackleton disputou com ondas ocasionais de tamanhos semelhantes na Corrente Circumpolar Antártica durante uma viagem heroica para a remota ilha da Geórgia do Sul em um barco aberto. Observações de satélite (como as da Figura 9.10) mostraram que ondas com alturas de 11 metros (36 pés) são relativamente comuns nessa área.

Em zonas de ventos fortes, mesmo um mar menos desenvolvido pode chamar a atenção. Embora a velocidade do vento em tem-

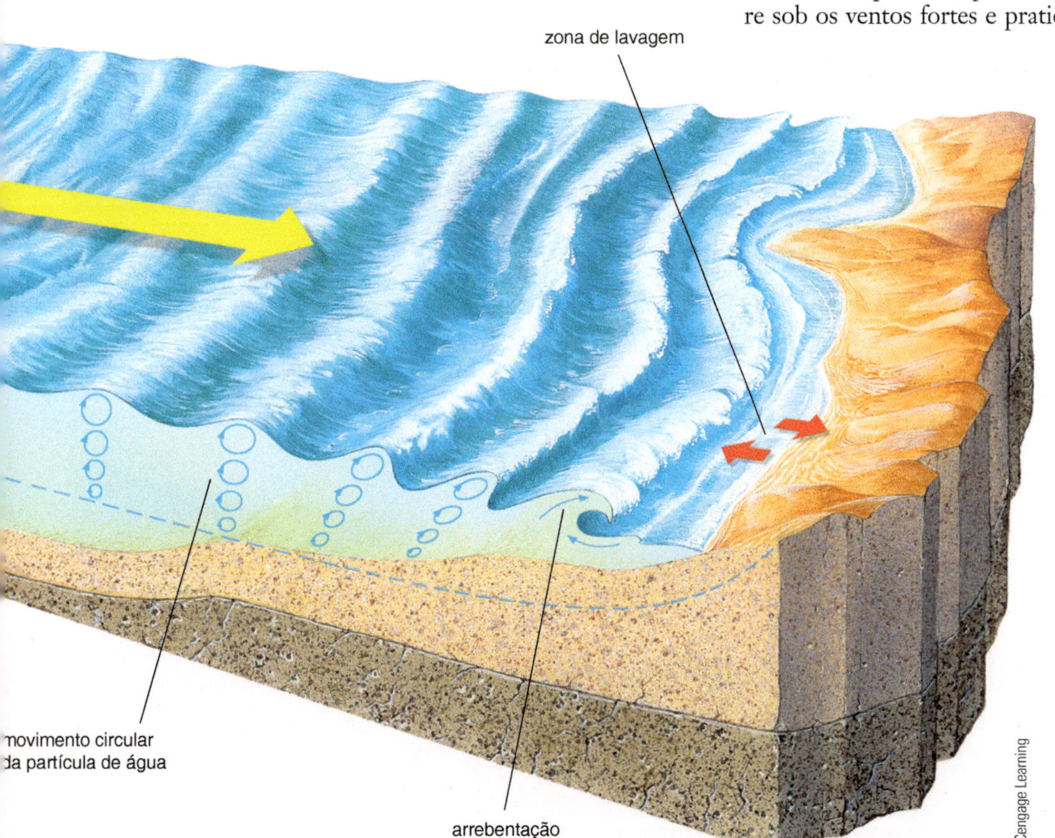

relato de um explorador da national geographic 9.1

Ben Horton/National Geographic Creative

O PONTO DE APOIO ÁRTICO de Will Steger está sendo prejudicado por ondas enormes que se movem sob o gelo.

[...] foi como um terremoto no mar. Com o som de um forte vento impetuoso, o gelo à nossa volta repentinamente começou a se deformar mediante uma força titânica. Partes de gelo do tamanho de quarteirões quebraram-se e caíram, formando dorsais de pressão como gigantes cercas vivas sobre a superfície congelada do Oceano Ártico.

De algum modo, nossa equipe – sete homens, uma mulher, cinco trenós e 49 cães – desviou e correu pelo redemoinho até que foi diminuindo gradativamente. No silêncio que se seguiu, a única mulher de nossa equipe, Ann Bancroft, comentou sombriamente: “Eu disse que o oceano estava bem vivo”.

Foi em 16 de março de 1986, nosso nono dia no gelo. Tivemos que partir da ilha canadense de Ellesmere para o Polo Norte, uma distância em linha reta de 478 milhas. Naqueles nove dias tínhamos picado, raspado e nos arrastado por 20 milhas no gelo, até um ponto conhecido como zona de cisalhamento do gelo. Aqui um trecho de gelo relativamente limitado pela costa se encontra com o gelo constantemente movido por forças poderosas de vento e de corrente. O resultado é uma área geralmente assolada por campos de gelo abertos, alguns deles com aberturas de uma milha de oceano envolto por uma névoa negra. Em 1906, um desses campos de gelo barrou a passagem do explorador Robert E. Peary por diversos dias críticos, um dos principais fatores que o fez voltar e atrasou seu conhecimento do Polo por mais três anos.

Depois de primeiro nos ameaçar, a zona de cisalhamento realmente nos ajudou em nosso trajeto. Na manhã após o terremoto gelado, a área diretamente à frente se mostrou um campo de gelo recentemente congelado, uma faixa de gelo brilhante e lisa seguindo para o norte e para bem longe do nosso campo de visão.

***Revista National Geographic*, setembro de 1986, p. 296.**

Ondas de tempestade.

Ocean/Corbis

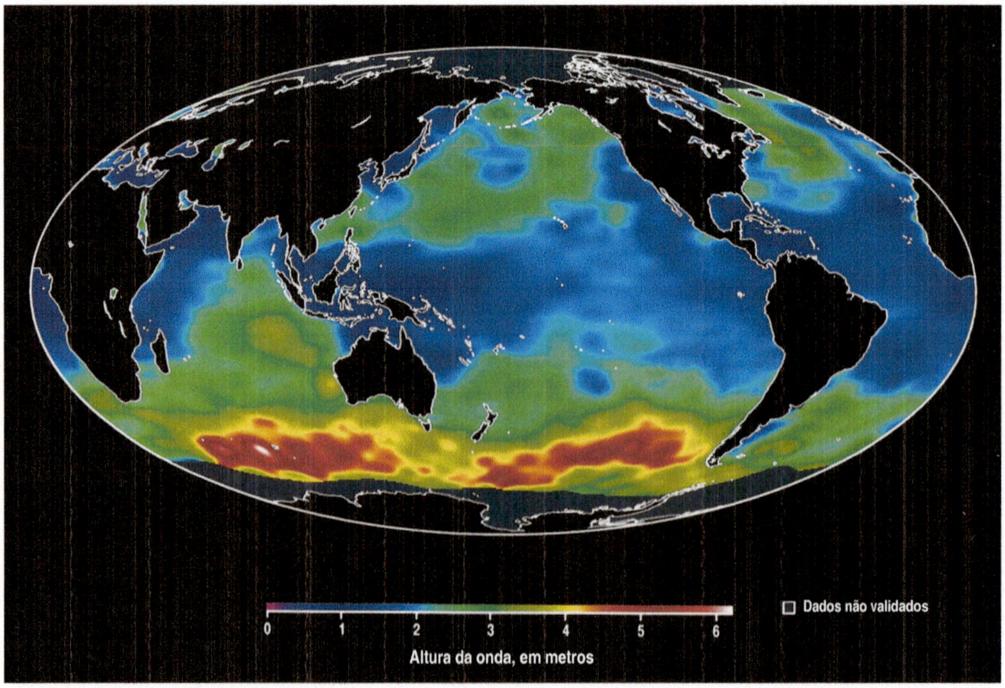

NASA Images

Figura 9.10 Altura de onda mundial obtida por um radar altimétrico a bordo do satélite *TOPEX/Poseidon*, em outubro de 1992. Nessa imagem, ondas mais altas ocorrem no Oceano Austral, onde as ondas de mais de 6 metros (19,8 pés) de altura (representadas em cores mais destacadas em amarelo e vermelho) foram registradas. As ondas mais baixas (indicadas em azul-escuro) são encontradas no oceano tropical e subtropical, onde a velocidade do vento é menor.

Figura 9.11 O navio de pesquisa *Discoverer*, da National Oceanic and Atmospheric Administration (NOAA), encontra uma onda gigante no Mar de Bering. (*Observação*: Sempre que se busca uma imagem para impressionar um "mareado", na biblioteca de fotos da NOAA, esta imagem é selecionada. É sério!)

pestades ciclônicas normalmente seja forte, o movimento circular do ar não permite que haja grandes *fetches* (*pistas de vento*), e vagalhões completamente desenvolvidos raramente ocorrem associados a elas. Oficiais de vigia durante tempestades, entretanto, raramente se preocupam com a diferença entre a altura máxima teórica e a observada. Ondas oceânicas de superfície podem ser esmagadoras mesmo quando não são totalmente desenvolvidas **(Figura 9.11)**.

As Ondas Oceânicas de Superfície Podem Adquirir um Tamanho Enorme

Qual é o tamanho máximo que as ondas oceânicas de superfície podem atingir?

A maior onda já registrada foi avistada, na noite de 7 de fevereiro de 1933, pelo tenente Frederick Marggraff, um oficial de vigia a bordo do petroleiro *Ramapo*, da Marinha dos Estados Unidos. O USS *Ramapo* estava se deslocando de Manila para San Diego durante uma tempestade violenta – que se tornou ainda mais intensa pelo encontro de três centros de baixa pressão. Por vários dias, um vento contínuo soprou a uma velocidade de 107 quilômetros (67 milhas) por hora, com rajadas de 126 quilômetros (78 milhas) por hora assolando com frequência o convés. No entanto, o vento soprou com persistência em uma única direção e, apesar das ondas monstruosas que ele gerou diante do tamanho do petroleiro, elas estavam surpreendentemente ordenadas em sua formação.

"As condições para observar os vagalhões a partir do navio eram ideais", escreveu o oficial executivo do *Ramapo*. "Estávamos nos movendo diretamente na direção do vento com o mar. Não havia sistema de ondas vindo de outras direções e, portanto, não existiam picos ao longo das cristas das ondas. Praticamente não havia ondulação, e o movimento de arfagem era tranquilo pelo fato de as laterais das ondas serem muito maiores do que o navio. A Lua havia nascido sobre a popa e facilitava as observações durante a noite. O céu estava parcialmente nublado."[2] Por volta das 3 da manhã, o tenente Marggraff observou um trem de ondas imensas brilhando sobre o luar. Conforme o vale da primeira onda se aproximou do navio, ele percebeu que a próxima crista estava na mesma altura da gávea no mastro principal. Nesse instante, a popa do navio foi coberta pela crista que se aproximava. As duas ondas seguintes tinham o mesmo tamanho. Como era esperado, essas ondas imensas deixaram uma impressão permanente em todos aqueles que testemunharam sua passagem.

Qual era o tamanho dessas ondas? Quando o oficial executivo teve um tempo livre, ele fez alguns cálculos. A **Figura 9.12** ilustra a situação do navio quando as maiores ondas foram calculadas. A altura das ondas foi determinada usando-se um conjunto de plantas do projeto do navio, o cálculo da altura do observador com relação ao nível do mar, a inclinação do navio e a vista do horizonte. A maior onda para a qual uma observação local confiável foi feita tinha 34 metros (112 pés), até hoje um recorde!

BREVE REVISÃO

Antes de passar para a próxima seção, verifique seu entendimento de algumas das ideias importantes apresentadas até agora:

8. Como são formadas as ondas oceânicas de superfície? O que é um *fetch*?

9. Como o comprimento de uma onda oceânica de superfície afeta sua velocidade?

10. O que é um vagalhão completamente desenvolvido?

11. Qual é a diferença entre a velocidade de grupo e a velocidade de uma onda individual dentro de um grupo?

Para verificar suas respostas, acesse a página deste livro no site da Cengage.

[2] Whitemarsh, R. P. *United States Naval Institute Proceedings*, v. 60, ago. 1934, p. 1097-1106.

Figura 9.12 Como a grande onda observada do USS *Ramapo* foi medida. O oficial no passadiço estava olhando para a popa e viu o ninho do corvo (gávea) na sua linha de visada para a crista da onda, que tinha se alinhado momentaneamente com o horizonte. A altura da onda foi posteriormente calculada com base nas plantas do projeto do navio e a geometria da situação.

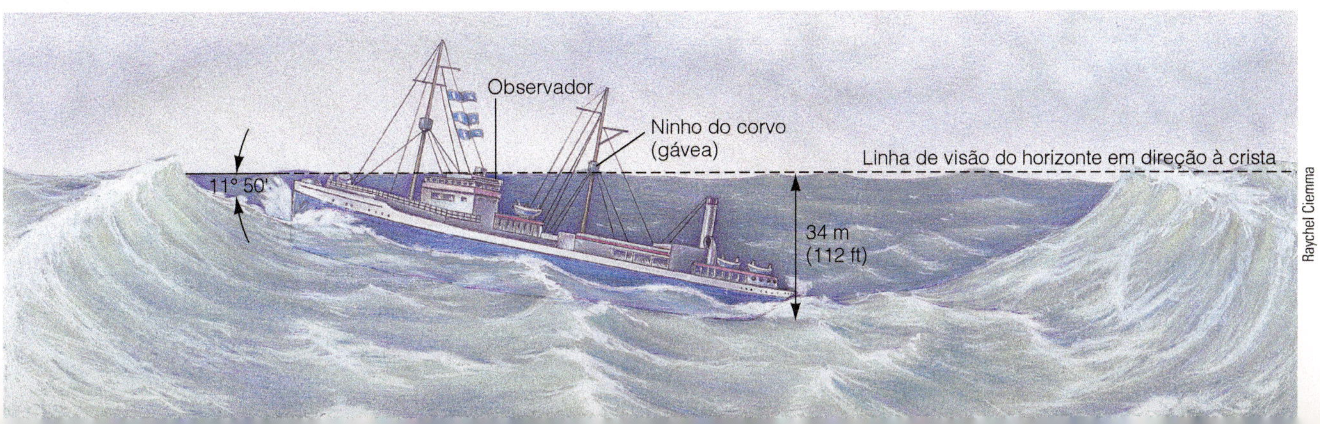

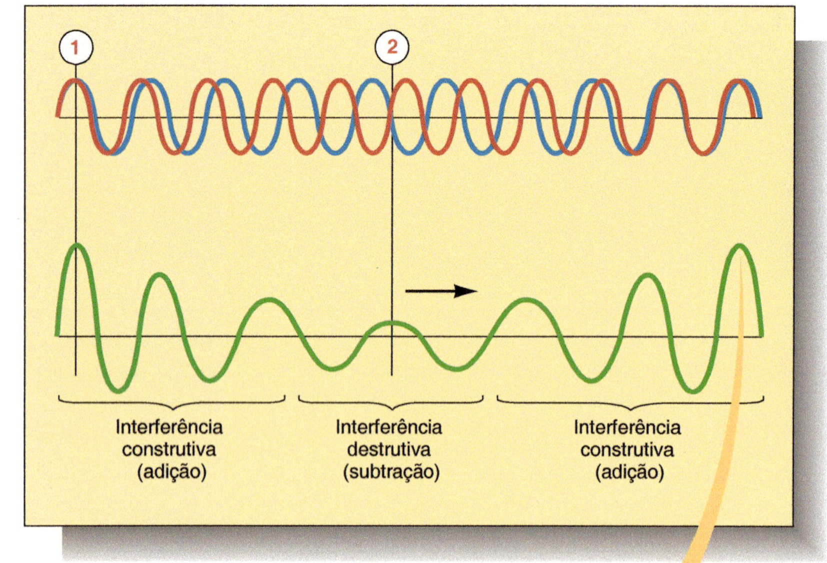

(a) Duas ondas sobrepostas de comprimentos de onda diferentes são mostradas, uma em azul e a outra em vermelho. Observe que a onda mostrada em azul tem um comprimento de onda ligeiramente mais longo.

(b) Se ambas estão presentes no oceano ao mesmo tempo, elas irão interferir uma na outra para formar uma onda composta em verde. Na posição da **linha 1**, as duas ondas em (a) vão interferir construtivamente para formar cristas e vales bem grandes, como mostrado em (b). Na posição da **linha 2**, as duas ondas vão interferir destrutivamente, e as cristas e vales serão muito pequenos (novamente mostrado em b).

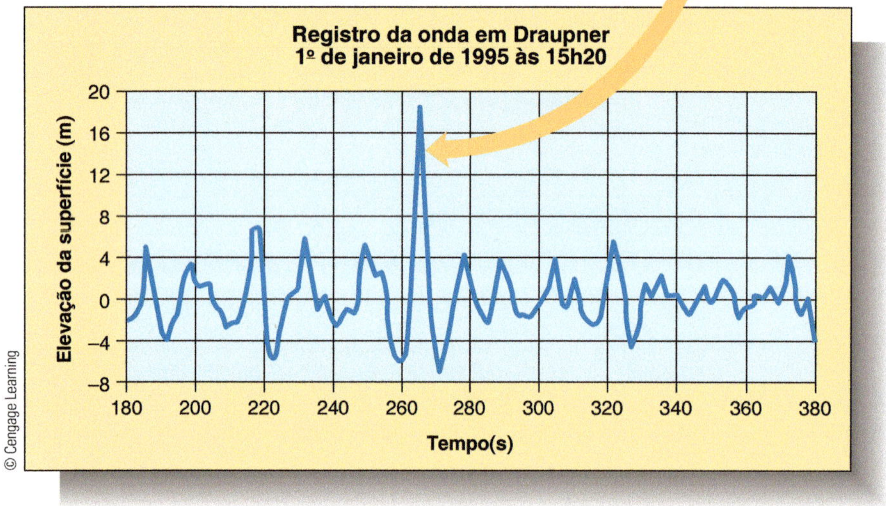

(c) Um registro do nível do mar da plataforma de petróleo Draupner, no Mar do Norte, em 1º de janeiro de 1995. A interferência construtiva foi responsável pela altura máxima de uma onda de 18,5 metros (60 pés). As ondas significativamente maiores que essas vistas antes ou depois às vezes são chamadas de *vagalhões*.

Figura 9.13 Interferência construtiva e destrutiva.

9.5 A Interferência Produz Movimentos de Onda Irregulares

A situação real das ondas oceânicas de superfície no mar não é tão simples como foi sugerido anteriormente. A visão idealizada de um conjunto de ondas se movendo em uma única direção à mesma velocidade por uma superfície lisa quase nunca é observada no oceano.

Na maior parte do tempo, trens de ondas independentes existem simultaneamente no oceano. Como as ondas longas

Figura 9.14 Um artista imagina o navio cargueiro *München* imediatamente antes de seu encontro com um vagalhão na noite de 12 de dezembro de 1978. O navio afundou rapidamente, vitimando todos os 27 membros de sua tripulação. Um barco salva-vidas desativado se elevou a 20 metros (66 pés) acima da linha da água, um de seus pinos de fixação foi dobrado por uma força extrema. Um Tribunal Marítimo concluiu que o mau tempo causou "um evento incomum" que levou ao desaparecimento do navio, provavelmente um vagalhão.

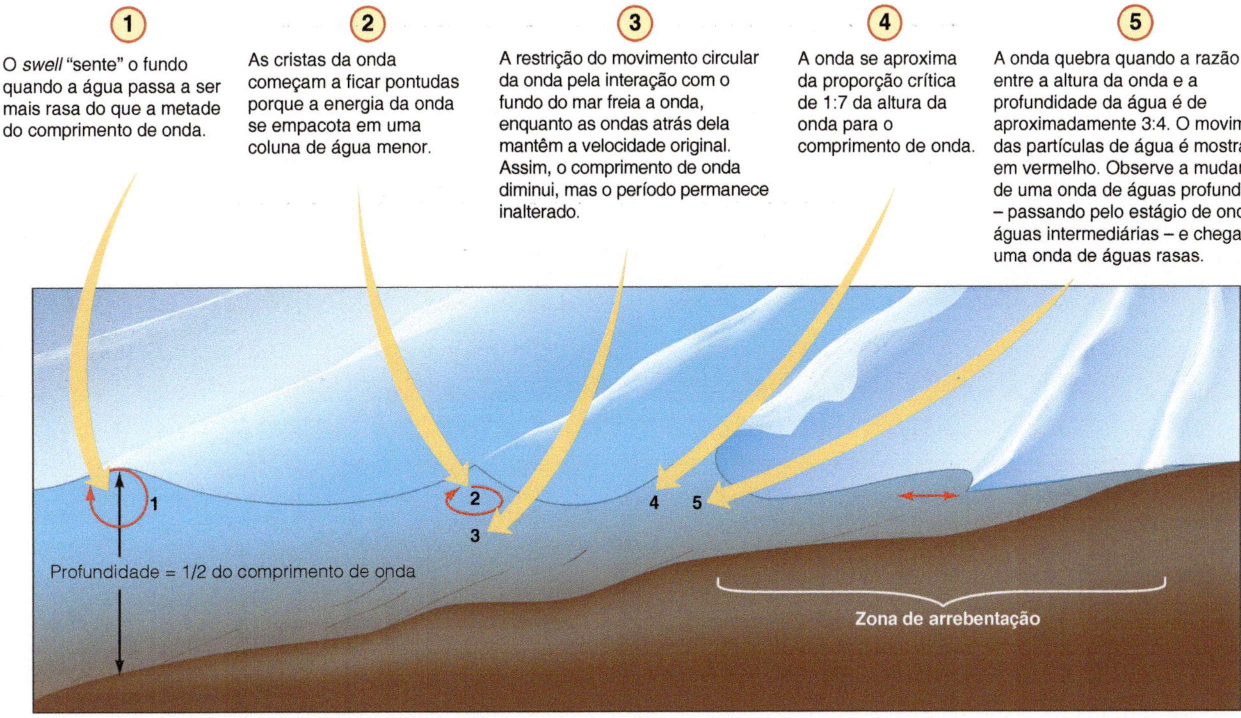

Figura 9.15 Como um trem de ondas quebra na praia.

se deslocam mais rapidamente que as mais curtas, ondas oceânicas de superfície provenientes de diferentes sistemas de tempestades podem se encontrar e interferir umas nas outras. Uma onda não passa por cima da outra quando elas se encontram; em vez disso, elas irão somar-se ou subtrair-se uma à outra. Essa interação é conhecida como **interferência**. Na **Figura 9.13a**, uma onda é representada como uma linha vermelha, e uma segunda onda, com um comprimento da onda ligeiramente mais longo, como uma linha azul. Na superfície do mar, onde essas ondas coincidem (mostradas em verde na **Figura 9.13b**), é possível notar a alternância entre soma (cristas e vales grandes) e subtração (quase sem ondas). O efeito de cancelamento pela subtração é chamado **interferência destrutiva** – não porque traz danos à vida ou ao patrimônio, mas porque a interferência das ondas destrói ou cancela as ondas envolvidas. A **interferência construtiva** é a soma resultante de grandes cristas ou vales profundos, cujo tamanho excede o de cada onda participante (como pode ser visto na **Figura 9.13c**).

Você provavelmente observou que a arrebentação ao longo da costa parece levantar algumas ondas grandes, diminuir e então erguer-se novamente. Os surfistas esperam a chegada de grandes "grupos" de ondas, se dirigem até a praia e, depois, usam o intervalo relativamente calmo para nadar e se posicionar para o próximo grande grupo de ondas. As interferências construtivas e destrutivas explicam esse comportamento, chamado de ***surf beat* (batimento)**. A interferência construtiva entre as ondas de comprimentos de onda diferentes cria as cobiçadas ondas gigantes; a interferência destrutiva diminui as ondas e facilita o nado de retorno. As características do *surf beat* explicam por que, em alguns casos, a nona onda de uma série é sempre atipicamente grande. À medida que há variação do comprimento da onda e da interferência, cada sétima onda pode ser a maior, ou cada quinta, ou cada duodécima. Ao contrário do conhecimento popular, não existe uma razão fixa.

A interferência pode ter consequências súbitas e desagradáveis em mar aberto. Dentro ou próximo de uma grande tempestade, as ondas oceânicas de superfície com comprimentos de onda e alturas diferenciados podem atingir um único local a partir de direções diferentes. Se essa confluência rara de cristas ocorrer na sua posição, uma crista de onda enorme iria surgir subitamente a partir de um mar moderado, ameaçando a embarcação. A onda anormal – chamada de **vagalhão** – seria muito maior que qualquer outra observada antes ou depois, e muito mais alta que o limite teórico máximo capaz de ser mantido em uma vaga plenamente desenvolvida (como mostrado nitidamente na Figura 9.13c). Nessas condições, uma onda em cada 1.175 tem uma altura maior que três vezes a altura média, e uma em cada 300.000 tem mais de quatro vezes a altura média! A **Figura 9.14** ilustra um vagalhão com poder suficiente para afundar um navio.

BREVE REVISÃO

Antes de passar para a próxima seção, verifique seu entendimento de algumas das ideias importantes apresentadas até agora:

12. Uma interferência construtiva ou destrutiva pode ser vista em uma visita casual à praia?

13. O que é um vagalhão? Os vagalhões são potencialmente perigosos?

Para verificar suas respostas, acesse a página deste livro no site da Cengage.

Figura 9.16
Garrett McNamara surfa uma onda gigante em Avalanche, costa de Oahu, Havaí. Seu recorde, quebrado em Portugal, é mostrado no início deste capítulo. ©Sean Davey/Corbis

PENSANDO ALÉM DA IMAGEM
Qual inovação técnica tornou possível surfar ondas dessa magnitude?

9.6 As Ondas de Águas Profundas Mudam para Ondas de Águas Rasas assim que se Aproximam da Praia

A maioria das ondas oceânicas de superfície acaba por encontrar seu caminho até quebrar na costa, interrompendo sua continuidade e dissipando sua energia. Esse processo se inicia com a transição das ondas de águas profundas conhecidas até o momento, passando para ondas de águas rasas com profundidade inferior à metade do comprimento da onda. A **Figura 9.15** resume os eventos que levam à quebra da onda:

1. O trem de ondas move-se em direção à costa. Quando a coluna d'água atinge profundidade inferior à metade do comprimento da onda, ela passa a "sentir" o fundo.
2. O movimento circular das moléculas de água na onda é interrompido. Os círculos próximos ao fundo se achatam em elipses. A energia da onda agora precisa ser compactada em uma coluna d'água mais rasa, para que as cristas das ondas se tornem pontudas em vez de arredondadas.
3. A interação com o fundo freia a onda. As ondas que ainda não chegaram continuam a viajar para a costa na velocidade original. O comprimento da onda diminui, mas o período permanece inalterado.
4. A onda fica muito alta em relação ao seu comprimento da onda, aproximando-se da proporção crítica de 1:7.

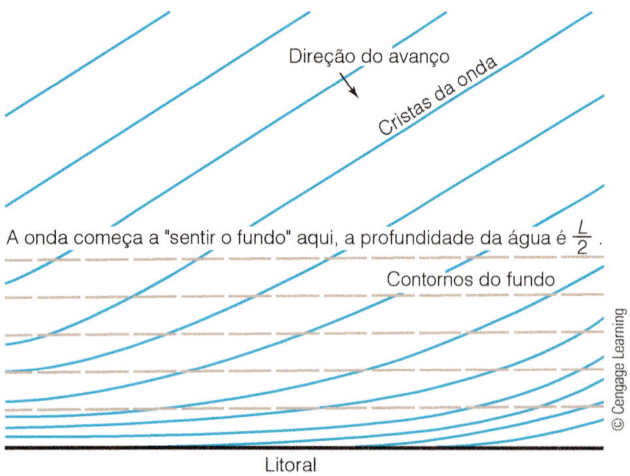

(a) Diagrama mostrando os elementos que produzem refração.

(b) A refração da onda em torno de Maili Point, O'ahu, Havaí. Observe como a refração da onda dobra as cristas da onda a quase 90° à medida que se movem em torno da ponta.

Figura 9.17 Refração de onda.

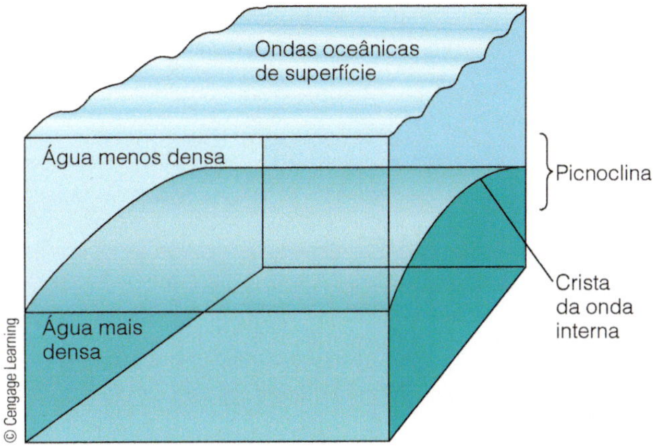

(a) A crista de uma onda interna.

Figura 9.18 As ondas internas podem se formar entre massas de água com densidades diferentes, sobretudo na base da picnoclina.

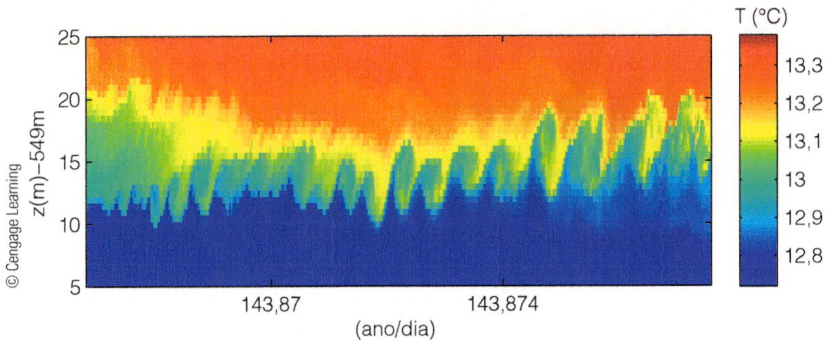

(b) Ondas internas gigantes movem-se para baixo na lateral de uma montanha submersa na Dorsal Mesoatlântica. Detectadas por diferenças de temperatura entre as camadas de água, essas ondas enormes têm um comprimento da onda de 75 metros (250 pés) e um período de cerca de 50 segundos.

(c) O Sol cintila nas manifestações das ondas internas na superfície quando se aproximam da península da Baixa Califórnia, próximo ao Point Prieta. Padrões de interferência construtiva e destrutiva podem ser vistos.

5. Conforme a água se torna ainda mais rasa, a parte da onda abaixo do nível do mar diminui sua velocidade por causa do efeito do atrito com o fundo no movimento da onda. Quando a onda estava em águas profundas, as moléculas do topo da crista eram apoiadas pelas moléculas à frente (transferindo, assim, energia para a frente). Isso agora é impossível porque a *água* está se movendo mais rapidamente que a *onda*. Como a crista se move para a frente de sua base de apoio, a onda se quebra. A quebra ocorre aproximadamente numa proporção de 3:4 da altura da onda para a profundidade da coluna d'água (isto é, uma onda de 3 metros irá quebrar). A massa turbulenta de água que corre durante e depois da quebra é conhecida como **arrebentação**. A **zona de arrebentação** é a região entre a quebra da onda e a costa.

As ondas se quebram contra a costa de diferentes maneiras, o que dependerá, em parte, da declividade do fundo. A quebra pode ser violenta, por tombamento, deixando um canal de ar (ou "tubo") entre a crista em queda e o pé da onda. Essas **ondas mergulhantes (ou tubulares)** (Figura 9.16) se formam quando as ondas se aproximam de um fundo com inclinação elevada.

Somente a inclinação não é suficiente para determinar a posição e a natureza da quebra da onda. O perfil e a composição do fundo também podem ser importantes. Fundos que vão se tornando gradualmente mais rasos podem roubar a força das ondas pela interação prolongada do fundo com a parte inferior das órbitas elípticas. A energia pode se perder ainda mais rapidamente se o fundo estiver coberto com cascalho ou corais irregulares. Massas de algas ou pedaços de gelo também podem extrair energia de uma onda. Em alguns casos raros, a costa pode estar configurada de tal maneira que as ondas não quebram – elas apenas perdem quase toda a energia quando o que sobrou delas finalmente consegue atingir a praia.

As Ondas Refratam Quando se Aproximam de uma Praia em um Determinado Ângulo

O que acontece quando uma linha de ondas se aproxima da costa com um determinado ângulo, como quase sempre ocorre (Figura 9.17)? A linha inteira não quebra simultaneamente porque suas diferentes partes estão em diferentes profundidades da água. A parte da linha de ondas em águas mais rasas diminui sua velocidade, mas o outro segmento, ainda em águas profundas, continua em sua velocidade original, de maneira que a linha se dobra ou refrata. Essa curvatura pode chegar a até 90° da direção original do trem de ondas. Essa redução na velocidade e curvatura das ondas em águas rasas é chamada de **refração da onda**.[3] As ondas refratadas se quebram em uma linha quase paralela à praia.

BREVE REVISÃO

Antes de passar para a próxima seção, verifique seu entendimento de algumas das ideias importantes apresentadas até agora:

14. Em que momento uma onda oceânica de superfície se torna uma onda de águas rasas ao aproximar-se da praia?

[3] Para revisar o princípio da refração, veja a Figura 6.25.

UM OLHAR MAIS ATENTO 9.1

O que as Ondas Fazem no Oceano Aberto?

A complexidade e as despesas das operações de um navio de pesquisa tornam impossível manter grande parte do oceano sob observação direta a todo momento. Felizmente, como você leu nos capítulos anteriores, o sensoriamento remoto – normalmente de satélites – vem aliviando a necessidade da presença dos observadores humanos para fazer as medições. A altura da onda é rotineiramente medida do espaço.

Agora uma engenhosa nova maneira de medir *diretamente* o movimento das ondas (e outros dados oceânicos) está chegando *on-line*. Robôs impulsionados pelo movimento da onda estão sendo implantados para navegar enormes distâncias oceânicas e transmitir informações para os cientistas. Os primeiros quatro dessa nova geração de sensores autônomos, conhecidos como *wave gliders* (veja a **Figura A**), foram lançados em 17 de novembro de 2011. Os *gliders* irão viajar juntos de São Francisco, Califórnia, para o Havaí, e depois tomar rumos diferentes pelo Pacífico até o Japão e a Austrália. A jornada terá uma duração de 300 dias, atravessará 40.000 quilômetros (25.000 milhas) e trará de volta mais de 2 milhões de dados de pontos discretos.

Liquid Robotics

Figura A *Wave gliders* movem-se a cerca de 3 quilômetros (2 milhas) por hora, alimentados por grupo de lâminas submersas conectadas ao barco na superfície por uma longa correia. As lâminas assemelham-se a persianas. Quando uma crista de onda levanta o *glider*, as asas inclinam para cima, subindo pela água, e puxam a embarcação para a frente. Quando a embarcação encontra um vale de onda, as asas afundam e inclinam-se para baixo, puxando-a para a frente. Se as ondas são muito grandes, o conjunto de lâminas submersas puxa toda a embarcação para baixo d'água, imitando o mergulho de um surfista. A força total de uma grande onda quebrando é, desse modo, evitada. Os painéis solares alimentam os transmissores e a instrumentação a bordo.

BREVE REVISÃO

Antes de passar para a próxima seção, verifique seu entendimento de algumas das ideias importantes apresentadas até agora:

15. Quais fatores influenciam a quebra de uma onda oceânica de superfície?

16. O que pode fazer que as ondas que se aproximam de uma praia em um determinado ângulo se dobrem para quebrar quase paralelamente à praia?

Para verificar suas respostas, acesse a página deste livro no site da Cengage.

9.7 As Ondas Internas Podem se Formar entre as Camadas de Águas Oceânicas de Densidades Diferentes

As ondas progressivas podem ocorrer na junção entre o ar e a água, como já vimos, ou podem se formar no limite entre camadas de água de densidades diferentes. Essas ondas de subsuperfície são chamadas de **ondas internas**. Como ocorre com as ondas oceânicas de superfície na interface ar-oceano, as ondas internas possuem vales, cristas, comprimento da onda e período. Os dispositivos "*desktop-ocean*", vendidos em algumas lojas de presentes, demonstram as ondas internas. Essas garrafas vedadas contêm líquidos que não se misturam, de cores contrastantes e densidades ligeiramente diferentes. Quando você inclina a garrafa, uma onda interna bem lenta se forma na junção dos líquidos, move-se lentamente para a extremidade inferior e quebra.

As ondas oceânicas normais movem-se rapidamente porque a diferença na densidade entre o ar e o oceano é relativamente grande. As ondas internas normalmente se movem bem lentamente porque a diferença de densidade entre as interfaces é bem pequena. As ondas internas ocorrem no oceano na base da picnoclina, sobretudo no limite inferior de uma termoclina acentuada **(Figura 9.18a)**. A altura das ondas internas pode ser maior que 30 metros (100 pés), fazendo a picnoclina ondular lentamente em uma profundidade considerável **(Figura 9.18b)**. Seu comprimento da onda geralmente excede 0,8 quilômetro (0,5 milha); os períodos costumam ser de 5 a 8 minutos. As ondas internas são geradas por energia do vento, energia das marés e correntes oceânicas. As manifestações das ondas internas na superfície foram fotografadas do espaço **(Figura 9.18c)**.

As ondas internas são importantes? Elas podem misturar nutrientes na água da superfície e acionar o florescimento de plâncton (*blooms* de fitoplâncton). Elas também afetam os submarinos e as plataformas de petróleo. Em 1963, o USS *Thresher*, um rápido submarino de ataque com propulsão nuclear, desapareceu na costa de Massachusetts com toda a tripulação. Em alta velocidade, o *Thresher* pode ter encontrado uma onda interna e ter sido levado para além de sua profundidade

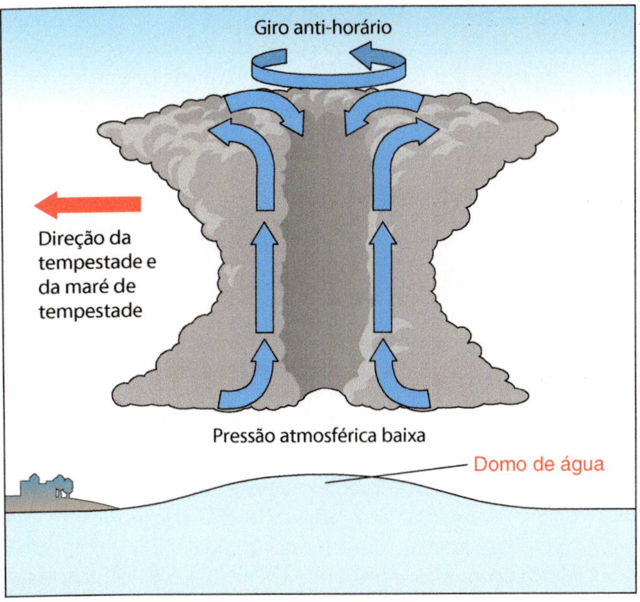

(a) A baixa pressão e os fortes ventos gerados por um furacão podem produzir vagalhões de até 9 metros (30 pés) de altura.

(b) A parte baixa do sudeste da Birmânia (Mianmar) foi destruída pelo ciclone tropical Nargis em 2 de maio de 2008. Os ventos excedendo 165 quilômetros (105 milhas) por hora impulsionaram uma maré de tempestade de 5 metros (16 pés) pelas áreas de cultivo de arroz a oeste da capital de Rangum. As áreas tomadas pela água vão demorar anos para se recuperar. Mais de 50.000 pessoas pereceram imediatamente; muito mais morreu depois por causa da fome e de doenças.

Figura 9.19 Uma maré de tempestade.

PENSANDO ALÉM DA IMAGEM

Qual foi o fenômeno mais destrutivo da supertempestade Sandy de 2012: vento ou maré de tempestade?

de teste. Em 1980, uma plataforma de petróleo de produção foi lentamente rotacionada a quase 90° de sua orientação original por uma série de ondas internas. Do mesmo modo, o lento efeito de frenagem das ondas internas na praia pode ocasionalmente aumentar exageradamente a altura da maré.

Agora vamos voltar nossa atenção para as ondas mais longas, geradas por baixa pressão atmosférica nas grandes tempestades, pelo espalhamento da água em espaços fechados e pelo deslocamento repentino da água do mar.

BREVE REVISÃO

Antes de passar para a próxima seção, verifique seu entendimento de algumas das ideias importantes apresentadas até agora:

17. A velocidade da onda e o período de uma onda interna são comparáveis aos de uma onda oceânica de superfície? E aos de um *tsunami*?

18. As ondas internas são perigosas?

Para verificar suas respostas, acesse a página deste livro no site da Cengage.

9.8 Os "Maremotos" Provavelmente Não São o que Você Pensa

A mídia popular e o público em geral tendem a rotular *qualquer* onda grande incomum como um "maremoto", independentemente de sua origem, e as ondas descritas a seguir são as principais candidatas a esse erro. Geralmente, a imprensa especializada divulga um vagalhão como sendo um maremoto, e grupos muito grandes de ondas oceânicas de superfície também acabam sendo chamados de maremotos por alguns velejadores ou surfistas. As ondas marinhas associadas a terremotos são quase sempre denominadas maremotos nos relatórios de danos divulgados pela mídia. As ondas causadas pela aproximação de um ciclone tropical junto à terra também podem ser incorretamente classificadas como maremotos. O termo *maremoto*, entretanto, *não* é um sinônimo de *onda grande*. Como veremos no próximo capítulo, as verdadeiras ondas de maré são relativamente inofensivas, e associadas, como o nome diz, às marés.

BREVE REVISÃO

Antes de passar para a próxima seção, verifique seu entendimento de algumas das ideias importantes apresentadas até agora:

19. Existe mesmo um verdadeiro "maremoto"?

Para verificar sua resposta, acesse a página deste livro no *site* da Cengage.

9.9 Marés de Tempestade São Formadas sob Fortes Tempestades Ciclônicas

O volume de água abrupto que é levado à costa por um ciclone tropical (furacão) ou uma tempestade frontal é chamado de **maré de tempestade (ou maré ciclônica)** (Figura 9.19). Sua crista pode aumentar temporariamente o nível do mar na costa em até 7,5 metros (2,5 pés). A água pode atingir al-

Figura 9.20 A barreira de marés do Tâmisa, em Londres. A forma naturalmente afunilada do estuário do Tâmisa concentra vagalhões conforme se aproximam de Londres. As divisas da barreira podem ser elevadas para evitar o alagamento a montante. Cada divisa da barreira é controlada por braços hidráulicos dentro das torres. O projeto custou 1,3 bilhão de dólares e foi finalizado em 1982. De 1982 a 19 de março de 2007, a barreira foi elevada cem vezes para evitar alagamento. Ela também é elevada uma vez ao mês para testes.

turas ainda maiores quando a maré de tempestade é afunilada em uma baía fechada ou em um estuário.

Vários fatores contribuem para a intensidade de uma maré de tempestade. O fator mais importante é a força da tempestade que a gera. A baixa pressão atmosférica associada a uma grande tempestade vai transformar a superfície do oceano em um largo domo com até 1 metro (cerca de 3 pés) de altura sobre o nível médio do mar. Esse domo de água acompanha a tempestade até a praia, tornando-se bem mais alto conforme a água fica mais rasa na costa. Lá, a água é impelida para a terra, movida para a frente por grandes ondas oceânicas de superfície geradas pela tempestade. Uma maré de tempestade é um fenômeno de curta duração. Tecnicamente, não se trata de uma onda progressiva porque ela possui apenas uma crista; não podemos associar a ela um comprimento da onda ou um período.

A água em uma maré de tempestade não chega à costa como uma única onda se quebrando, mas avança para a terra no que parece ser uma maré repentina, extremamente alta, empurrada pelo vento. Na verdade, as marés de tempestade são, às vezes, chamadas de *marés ciclônicas*, porque o volume de água que carregam para o continente é muito maior quando o vagalhão chega a um período de maré alta. A combinação ruim de baixa pressão atmosférica, fortes ventos em direção à terra, maré alta e perfil do fundo pode ser especialmente perigosa se estuários na região tiverem sido recentemente atingidos por fortes chuvas antes da tempestade.

As marés de tempestade já causaram consequências catastróficas. A temerosa tempestade tropical de novembro de 1970, em Bangladesh (descrita no Capítulo 7), gerou uma maré de tempestade de 9 metros (30 pés) de altura, que causou a morte de mais de 300.000 pessoas. Marés de tempestade associadas a ciclones extratropicais (tempestades frontais) também podem causar danos tremendos. No dia 1º de fevereiro de 1953, uma maré de tempestade chegou simultaneamente com a maré alta à costa da Holanda. As ondas oceânicas de superfície ultrapassaram os diques e alagaram o país, cobrindo mais de 3.200 quilômetros quadrados (800.000 acres) e afogando 1.783 pessoas. Os holandeses estimaram que uma coincidência de eventos como esse ocorrerá apenas uma vez a cada 400 anos. Os diques foram reconstruídos e a terra reconquistada avançando no Mar do Norte. No lado oposto do Mar do Norte, os londrinos gastaram 1,3 bilhão de dólares em um sistema de defesa contra alagamentos na foz do Rio Tâmisa. A peça central do projeto é uma imensa barreira contra marés de tempestade (Figura 9.20). Especialistas esperam que a barreira previna alagamentos devastadores que acontecem em média uma vez a cada 50 anos.

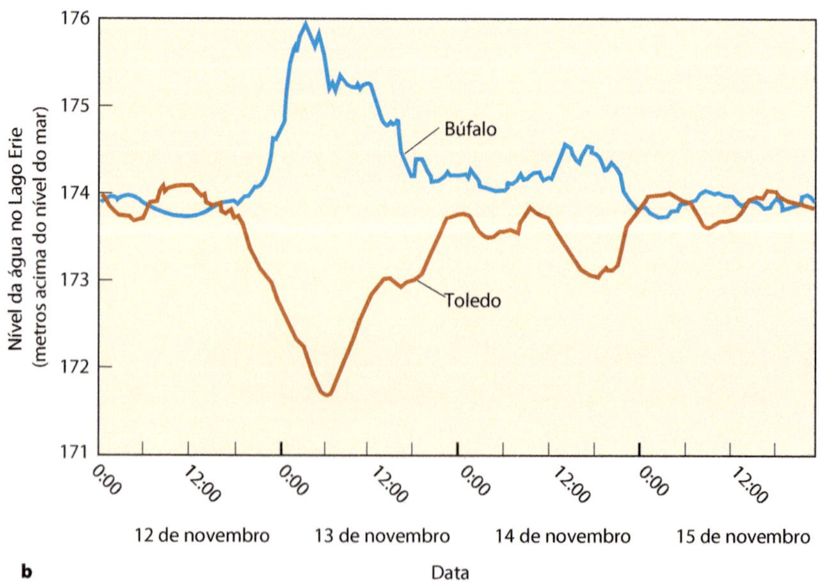

Figura 9.21 Seiches.
(a) Um seiche é uma onda longa em um lago ou bacia oceânica que oscila para a frente e para trás, de uma extremidade da bacia para outra. A frequência do movimento depende da extensão da bacia. No nó, a água se move para as laterais e não se eleva nem abaixa (veja também a Figura 9.23).
(b) Gráfico de um seiche no Lago Erie. Fortes ventos do oeste em novembro de 2003 provocaram um seiche com mais de 4 metros (13 pés) de diferença entre o nível de água em Toledo na extremidade oeste do lago e aquele de Búfalo na extremidade leste.

PENSANDO ALÉM DA IMAGEM
Um seiche é perigoso?

A costa dos Estados Unidos também corre risco. Em 1900, uma maré de tempestade passou por cima do dique Galveston, espalhou-se pela cidade e matou mais de 6.000 moradores da região. (Por outro lado, nenhuma vida foi perdida em uma tempestade semelhante no Texas, em 1961, porque barreiras costeiras tinham sido construídas, e houve um aviso prévio que permitiu preparativos e evacuação.) Como você leu no Capítulo 7, a passagem do furacão Katrina em 2005 nas costas de Louisiana e do Mississippi, a devastação de 2012 e a supertempestade Sandy na costa nordeste dos Estados Unidos foram bem mais letais por conta de suas imensas marés de tempestade.

BREVE REVISÃO

Antes de passar para a próxima seção, verifique seu entendimento de algumas das ideias importantes apresentadas até agora:

20. O que provoca uma maré de tempestade? Por que uma maré de tempestade é tão perigosa?

21. Uma maré de tempestade pode ser prevista?

Para verificar suas respostas, acesse a página deste livro no site da Cengage.

9.10 A Água Pode se Agitar em uma Bacia Confinada

Quando perturbada, a água confinada em um espaço pequeno (como um balde, uma banheira ou uma baía) irá oscilar para a frente e para trás com uma frequência de ressonância específica. A frequência varia com diferentes quantidades de água ou com variados tamanhos e formatos de recipiente. Se você carregar um recipiente raso com água (como uma forma de gelo) de um lugar para outro, terá que tomar cuidado para não mover o recipiente em sua frequência de ressonância se quiser evitar que a água se derrame. A maior parte do movimento aleatório da água cessa rapidamente depois que você coloca a forma de gelo em uma mesa, mas a água pode continuar balançando suavemente por alguns segundos nessa frequência de ressonância. Esse balanço é um **seiche**.

> O tremor de 2004 em Sumatra e o evento de 2011 no Japão foram respectivamente o terceiro e o quarto maiores terremotos já registrados. Os dois *tsunamis* resultantes tiraram as vidas de quase 300.000 pessoas.

O fenômeno dos seiches foi estudado pela primeira vez no Lago Genebra, na Suíça, por pesquisadores do século XVIII curiosos em saber por que o nível da água nos cantos do lago comprido e estreito subia e descia a intervalos regulares depois de vendavais. Eles descobriram que brisas constantes tendem a empurrar a água para um lado do lago, a favor do vento. Quando o vento para, a água é liberada para balançar lentamente para a frente e para trás na frequência de ressonância do lago, completando um ciclo de cristas e vales em pouco mais de uma hora. Nas pontas do lago, a água sobe e desce aproximadamente meio metro; no centro, move-se para a frente e para trás sem variar a altura (Figura 9.21). Esse tipo de onda é chamado de **onda estacionária**, porque ela oscila verticalmente sem se deslocar para a frente.

O ponto (ou linha) onde não existe movimento vertical na onda estacionária – o lugar no lago onde a água se move apenas para a frente e para trás – é chamado de *nó*. No Lago Genebra, o comprimento da onda do seiche é de duas vezes o comprimento do próprio lago; o nó se localiza no centro. O lago atua como uma enorme versão da forma de gelo do exemplo anterior.

Danos causados por seiches são raros. O comprimento da onda pode ser imenso, mas a altura de um seiche no oceano aberto raramente passa de alguns centímetros. Seiches maiores podem ocorrer em portos: seiches costeiros em Nagasaki, na costa sudeste do Japão, ocasionalmente chegam a 3 metros (10 pés). Os seiches podem afetar o horário de navios, interferindo nas chegadas previstas das marés, ou causar correntes em portos, que podem arrebentar linhas de amarras.

BREVE REVISÃO

Antes de passar para a próxima seção, verifique seu entendimento de algumas das ideias importantes apresentadas até agora:

22. O Lago Michigan é longo e estreito e segue na direção norte-sul. Um seiche pode se desenvolver nesse lago? Os seiches tendem a ser perigosos?

23. Com o que uma onda estacionária se pareceria em uma piscina retangular?

Para verificar suas respostas, acesse a página deste livro no site da Cengage.

9.11 *Tsunamis* e Ondas Sísmicas São Causados pelo Deslocamento de Água

Ondas progressivas de águas rasas com grande comprimento da onda, causadas pelo rápido deslocamento da água do mar, são chamadas de ***tsunamis***, um termo japonês combinando *tsu* ("porto") e *nami* ("onda"). Um *tsunami* causado pelo movimento repentino e vertical de terra ao longo de falhas (as mesmas forças que causam os terremotos) é adequadamente chamado de **ondas sísmicas marítimas**. Os *tsunamis* também podem ser causados por deslizamentos de terra, *icebergs* se soltando de geleiras, erupções vulcânicas e outros deslocamentos diretos da superfície da água. Observe que todas as ondas sísmicas marinhas são *tsunamis*, mas nem todos os *tsunamis* são ondas sísmicas marinhas.

Os *Tsunamis* Sempre São Ondas de Águas Rasas

Tsunamis "pequenos" são causados pelo deslocamento da água superficial. Embora menos energia seja liberada por deslizamentos de terra do que por outras fraturas sísmicas, as

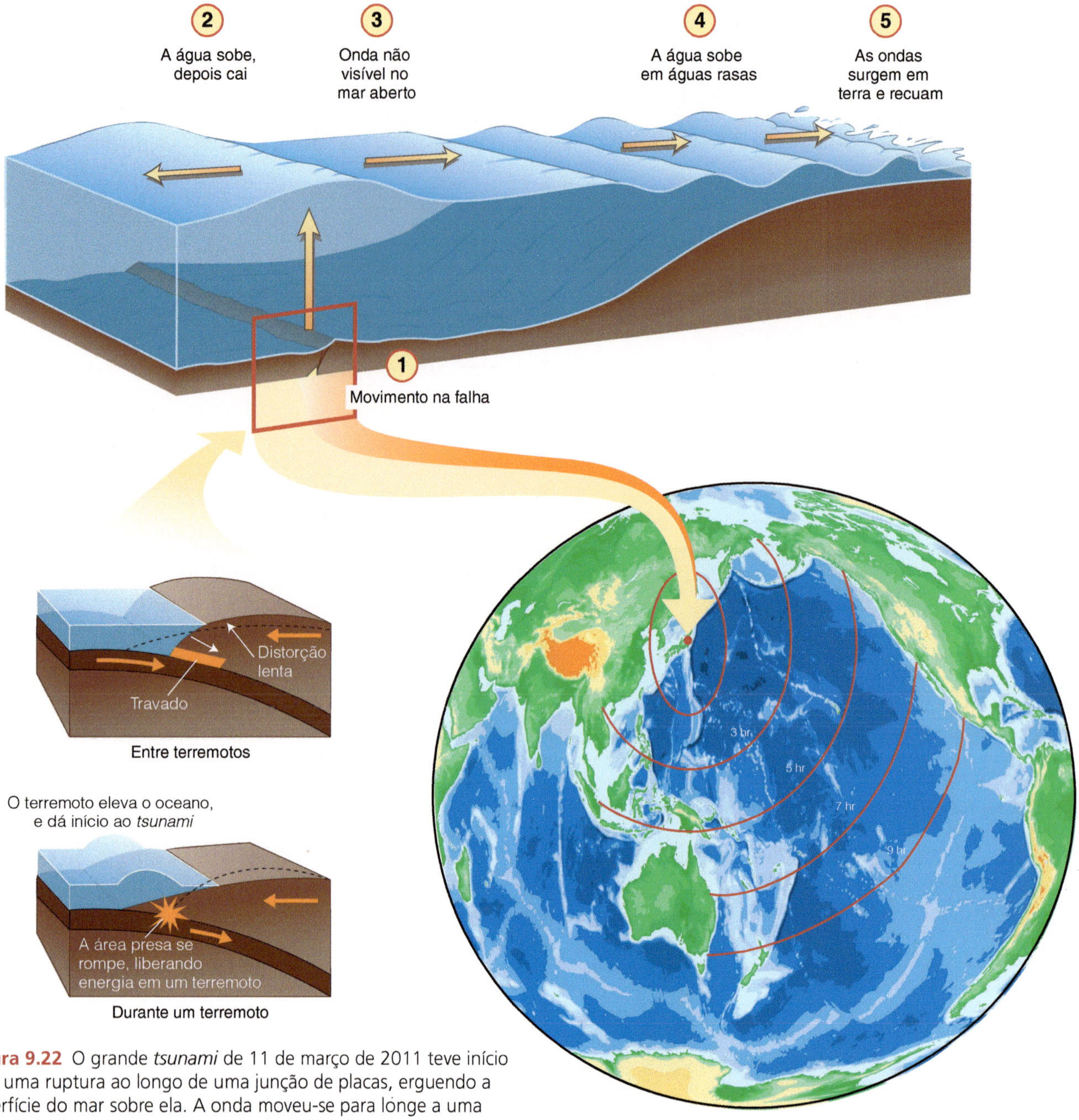

Figura 9.22 O grande *tsunami* de 11 de março de 2011 teve início com uma ruptura ao longo de uma junção de placas, erguendo a superfície do mar sobre ela. A onda moveu-se para longe a uma velocidade de 212 metros por segundo (472 milhas por hora). Nessa velocidade, levou apenas cerca de 15 minutos para atingir a costa japonesa mais próxima.

ondas resultantes são, mesmo assim, muito destrutivas para as pessoas ou estruturas próximas ao seu ponto de origem. Isso é especialmente verdadeiro se a onda for formada em uma área confinada.

Ondas sísmicas marinhas originam-se no leito marinho quando o movimento da Terra ao longo de falhas desloca a água do mar. A **Figura 9.22** mostra o nascimento da onda sísmica marinha de 11 de março de 2011 que devastou o nordeste do Japão. A ruptura ao longo de uma falha submersa elevou a superfície do mar em 6 metros (20 pés) em vários locais. A gravidade puxou a crista para baixo, mas o impulso da água fez que a crista ultrapassasse o ponto de equilíbrio original, tornando-se um vale. A superfície oscilante do oceano gera ondas progressivas que se irradiam do epicentro para todas as direções. As ondas também se formariam se o movimento da falha fosse para baixo. Nesse caso, a depressão na superfície da água se propagaria para longe como um vale. O vale seria seguido por cristas e vales menores causados pela oscilação da superfície.

Um *tsunami* ainda maior atingiu as proximidades de Sumatra, no Oceano Índico, em dezembro de 2004. Mais uma vez, uma falha submersa se rompeu e a água do mar foi deslocada – nesse caso, em aproximadamente 10 metros (33 pés). O tremor de 2004 em Sumatra e o evento de 2011 no Japão foram, respectivamente, o terceiro e o quarto maiores terremotos já registrados. Esses eventos violentos são associados

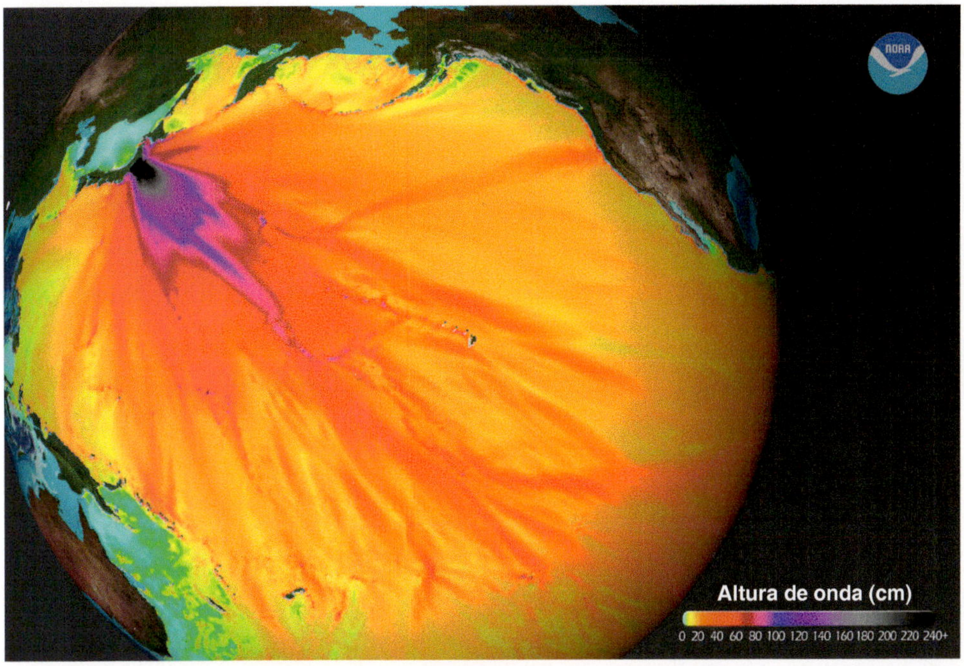

National Oceanic and Atmospheric Administration (NOAA)

Figura 9.23 Altura máxima calculada de uma onda no oceano aberto para o *tsunami* de 2011, na costa nordeste do Japão. A escala indica a altura em centímetros. Lembre-se de que a altura em mar aberto de um *tsunami* é muito menor do que a altura das ondas que ocorrem próximo à costa.

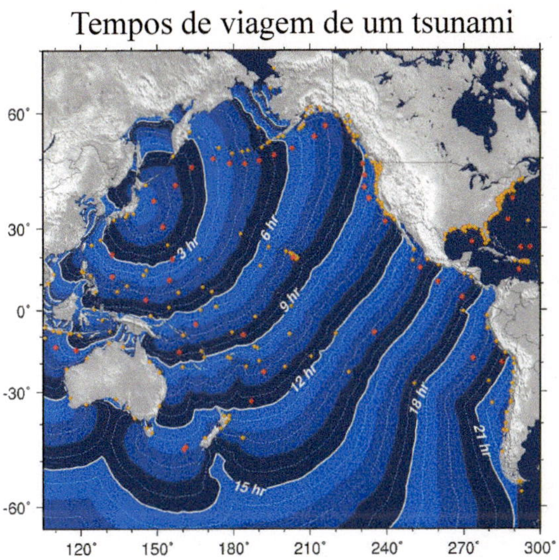

NOAA/NWS/West Coast and Alaska Tsunami Warning Center

Figura 9.24 Cada círculo concêntrico enfraquecido nesta imagem representa um tempo de trajeto de 30 minutos para o *tsunami* de 2011. As ondas de 2 metros (6,6 pés) de altura atingiram partes da costa do Chile a 17.000 quilômetros (11.000 milhas) de distância. Os pontos vermelhos indicam as posições das boias de sensoriamento como aquelas mostradas na Figura 9.30.

PENSANDO ALÉM DA IMAGEM

Quanto tempo seria necessário para um *tsunami* se propagar das Ilhas Aleutas (oeste do Alasca) até o norte da Ilha da Nova Zelândia?

Figura 9.25 A primeira onda do *tsunami* de dezembro de 2004 chega à praia de Hat Rai Lay, no sul da Tailândia. A onda foi antecedida por um vale – o oceano havia recuado, expondo rochas e atraindo turistas ainda mais longe da praia. Como observado no texto, a onda em aproximação não somente era alta (em torno de 7 metros, ou 23 pés, de altura), como também era longa. Nesta visualização (recuperada de uma câmera digital encontrada posteriormente nos escombros), vemos uma *parede* de água avançando rapidamente que continua em terra como se o oceano estivesse transbordando sua bacia, não tendo a forma de corcova típica de uma onda oceânica de superfície. Mais de 8.000 pessoas morreram somente na Tailândia.

AFP/Getty Images

AFP/Getty Images

U.S. Navy photo/Released

Figura 9.26 A cidade de Sendai fica em ruínas na tarde de 11 de março de 2011. As ondas atingiram uma altura máxima de quase 9 metros (30 pés). Essa parte da costa desceu cerca de 0,5 metro (2 pés) durante o terremoto antecedente, por isso a afluência da água foi ainda mais extensa e devastadora. O *tsunami* inundou uma área de aproximadamente 470 quilômetros quadrados (181 milhas quadradas do nordeste do Japão).

DigitalGlobe

a

Figura 9.27 A capital regional indonésia de Banda Aceh antes (a) e depois (b) do *tsunami* de 26 de dezembro de 2004, no Oceano Índico. Ondas de 12 metros (40 pés) de altura varreram a península, moveram a linha de costa e mataram milhares de pessoas em minutos.
(c) A devastação foi absoluta. Somente os retângulos no nível do solo mostram onde havia casas.
A maior parte das vítimas eram mulheres que, em sua maioria, estavam em casa quando o *tsunami* ocorreu.

DigitalGlobe

b

Tyler J. Clements/U.S. Navy

c

a zonas de subducção (sobre as quais você aprendeu no Capítulo 3). Após terem cessado os tremores no leito marinho, em 2011, partes do nordeste do Japão haviam se movido cerca de 4 metros (13 pés) para mais perto dos Estados Unidos![4]

Parece estranho nos referirmos a *tsunamis* – ondas do mar com comprimento da onda de 200 quilômetros (125 milhas) – como *ondas de águas rasas*. Além disso, metade de seu comprimento da onda seria de 100 quilômetros (62 milhas), e mesmo as fossas oceânicas mais profundas não passam de 11 quilômetros (7 milhas) de profundidade. Essas ondas imensas, portanto, nunca se encontram sobre água mais profunda do que metade de seu comprimento da onda.

Como qualquer onda de água rasa, as ondas sísmicas marinhas são afetadas pelo contorno do fundo e são normalmente refratadas, algumas vezes de maneira inesperada. Uma análise detalhada dos eventos de 2004 e de 2011 mostrou que as dorsais meso-oceânicas agiram como guias topográficos para as ondas. Essas ondas de águas rasas estavam em contato constante com o leito marinho, e as forças destrutivas das ondas foram alteradas pelos perfis do leito oceânico. A **Figura 9.23** mostra a dispersão desigual de energia das ondas pelo Pacífico.

AP Photo/Bryant Anderson

Figura 9.28 O porto e a praia em Crescent City, Califórnia, foram agitados pelo *tsunami* de 11 de março de 2011. O dano excedeu 30 milhões de dólares; uma vida foi perdida.

O *Tsunami* se Move em Alta Velocidade

A velocidade (C) de um *tsunami* é dada pela fórmula da velocidade de uma onda de águas rasas:

$$C = \sqrt{gd}$$

Como a aceleração da gravidade (**g**) é de 9,8 metros (32,2 pés) por segundo, a profundidade abissal típica do Pacífico (**d**) é de 4.600 metros (15.000 pés), o que significa que a onda se moveria a 212 metros por segundo (470 milhas por hora). Como você pode ver na **Figura 9.24**, a essa velocidade, a onda sísmica marinha de 2011 levou apenas cerca de 15 minutos para chegar à costa da Indonésia, aproximadamente 7 horas para progredir para as ilhas do Havaí e 11 horas para chegar à Califórnia.

Como É um Encontro com um *Tsunami*?

Já estamos familiarizados com a declividade de uma onda oceânica de superfície e com o curto período de alguns segundos entre suas cristas. Os *tsunamis* são muito diferentes. Quando um *tsunami* é gerado, sua declividade (a proporção da altura para o comprimento da onda) é extremamente baixa. Essa falta de declividade, combinada com o período extremamente longo da onda (5-20 minutos), permite que ela passe despercebida pelos navios em alto-mar. Um navio em oceano aberto que encontrasse um *tsunami* com período de 16 minutos iria ser erguido lenta e imperceptivelmente por cerca de 8 minutos, para uma crista de apenas 0,3 a 0,6 metros (1-2 pés) acima do nível médio do mar. Ele então iria voltar à posição normal nos 8 minutos seguintes. Com todas as ondas oceânicas de superfície ao seu redor, esse movimento não seria percebido.

À medida que a crista do *tsunami* se aproxima da costa, a situação muda muito rapidamente, em geral de maneira dramática. O período da onda permanece constante, conforme sua velocidade diminui, e a altura da onda aumenta gradualmente. Conforme a crista atinge a costa, observadores podem ver a água avançar sobre a terra da mesma forma que uma maré extremamente alta e rápida. Em águas costeiras confinadas relativamente próximas ao ponto de origem, os *tsunamis* podem atingir alturas de até 30 metros (100 pés). A onda é uma massa de água rápida que avança e alaga a terra, e não uma onda mergulhante como a de filmes populares e do folclore. As ondas vêm para a terra como uma parede de água, não como uma onda se quebrando (veja a **Figura 9.25**). Se os nativos não conseguirem atingir um terreno mais alto, não terão chance de sobreviver.

A energia da onda espalha-se na forma de uma circunferência que cresce conforme o *tsunami* se expande a partir do seu ponto de origem. As pessoas que estão na costa, perto do choque inicial, têm razão em preocupar-se, porque a energia não vai ter se dissipado muito nesse local. Em decorrência de sua baixa elevação e de sua proximidade ao epicentro do terremoto, partes das prefeituras de Miyagi e Iwate, no nordeste do Japão, foram inundadas pela onda de março de 2011. A região de Sendai, adjacente ao epicentro, sofreu o maior dano **(Figura 9.26)**. Mais de 20.000 pessoas foram mortas ou declaradas desaparecidas na área ao redor. As usinas nucleares na região foram gravemente danificadas e substâncias radioativas vazaram por ar, terra e oceano. A perda econômica quase certamente contabilizou cerca de 3% da produção anual da terceira maior economia do mundo – mais de 310 bilhões de dólares.

No *tsunami* mais poderoso de dezembro de 2004, a cidade de Banda Aceh, na Indonésia, foi essencialmente destruída nesse evento durante o qual a Placa Euroasiática foi elevada a cerca de 5 metros (16 pés). A água sobre a placa também foi elevada na mesma altura. Próximo ao epicentro do terremoto, o oceano tem cerca de 4.000 metros (13.000 pés) de profundidade, e uma coluna d'água com uma área do tamanho do estado de Delaware foi forçada para cima com uma energia equivalente a 32.000 bombas atômicas do tamanho de Hiroshima.

[4] A propósito, o balanço violento durou quase 6 minutos!

William F. Haxby & Lincoln F. Pratson

Jim Richardson/National Geographic Creative

Figura 9.29 Causa e consequência do *tsunami*. (a) A falha da borda da plataforma continental da costa do Oregon produziu um deslizamento de terra que provavelmente causou um grande *tsunami* em algum momento em torno do final da última era do gelo. O bolsão do qual os detritos foram originados tem cerca de 6 quilômetros (3,7 milhas) de largura.

(b) Sinal de alerta de perigo de *tsunami* em uma cidade na costa central do Oregon. A configuração da costa e a inclinação e instabilidade do fundo nessa área tornam o *tsunami* particularmente perigoso.

NOAA/National Weather Service

Figura 9.30 Um sensor de pressão no leito marinho detecta mudanças de pressão sutis de uma elevação e queda no nível do mar com a passagem de um *tsunami*. O sensor transmite um sinal para essa boia flutuante, que retransmite o alerta por satélite. A informação é analisada no Centro de Alertas de *tsunamis* do Pacífico. Sistemas semelhantes agora são implantados no Oceano Índico e no centro do Atlântico.

Esse enorme volume de água começou então a cair, dando origem, assim, ao maior *tsunami* da história moderna (Figura 9.27). A perda humana foi bem maior que aquela do Japão: mais de 250.000 pessoas morreram.

A destruição não foi causada por uma única onda, mas por uma *série* de ondas, uma atrás da outra, em intervalos regulares. Parte da energia do *tsunami* principal foi distribuída nas ondas menores na frente ou atrás da onda principal, conforme ela se movia. Se o epicentro do deslocamento responsável pelo *tsunami* for muito distante, o nível do mar na costa subirá e descerá conforme chegarem essas ondas. O intervalo entre as cristas (o período da onda) em geral é de aproximadamente 15 minutos. Moradores de regiões costeiras longe da origem do *tsunami* podem se enganar pensando que as ondas terminaram; voltam à costa e são feridos ou mortos pela próxima crista. Esse comportamento contribuiu para o significativo número de mortes.

O *Tsunami* Tem uma História Longa e Destrutiva

Pesquisadores estão descobrindo evidências de *tsunamis* incrivelmente destrutivos em um passado remoto. Eles encontraram sinais de uma imensa onda, talvez de até 91 metros (300 pés), que se chocou contra a costa do Texas há 66 milhões de anos. Ela pode ter sido causada por um cometa ou por asteroide que atingiu o Golfo do México próximo a Yucatán (veja o Capítulo 12). A onda lavou o leito do Golfo, transportou areia, cascalho e dentes de tubarão, e depositou o material no que agora é o centro do Texas.

Na extremidade sudeste da ilha de Madagascar (sudeste da África), sedimentos marinhos cobrem uma área de aproximadamente duas vezes o tamanho da ilha de Manhattan a uma profundidade de cerca de 330 metros (1.000 pés). As marcas dos sedimentos indicam uma cratera recém-descoberta com 29 quilômetros (18 milhas) de diâmetro e 3.800 metros (12.500 pés) abaixo da superfície do Oceano Índico. Um grande asteroide ou cometa mergulhou no leito marinho há cerca de 4.800 anos, criando ondas de pelo menos 180 metros (600 pés) de altura, em torno de 13 vezes maiores que as ondas que inundaram a Indonésia em 2004.

Mais de 300 *tsunamis* foram registrados nos últimos 3.300 anos somente no Mediterrâneo. O mais recente ocorreu em dezembro de 2002, quando um deslizamento de terra em Stromboli, um vulcão ao norte da ilha italiana da Sicília, deslocou água do mar e gerou um *tsunami* de 10 metros (33 pés) de altura. A onda rompeu as amarras dos navios em um porto a 100 quilômetros (62 milhas) de distância, mas só causou outros danos menores. Outros eventos foram bem mais destrutivos. O colapso do vulcão Strongyle, na ilha grega de Tera (atual Santorini), em aproximadamente 1600 a.C., gerou um *tsunami* que devastou a civilização minoica da Era do Bronze. Cidades da ilha de Creta foram aniquiladas por ondas com mais de 60 metros (200 pés) de altura; os minoicos nunca se recuperaram. Os gregos micênicos chegaram para dominar a área e o curso da civilização ocidental mudou, mas isso é outra história.

No Oceano Pacífico, em 27 de agosto de 1883, a enorme explosão vulcânica do Krakatoa, na Indonésia, gerou ondas de 35 metros (115 pés) que destruíram 163 vilas e mataram mais de 36.000 pessoas.

Os *tsunamis* com efeito destruidor atingem algum lugar do mundo em média uma vez por ano.

As Redes de Alerta de *Tsunamis* Podem Salvar Vidas

Desde 1948, uma rede internacional de alerta de *tsunamis* está em operação ao redor do Pacífico sismicamente ativo, para alertar os moradores de regiões costeiras de possíveis perigos. Os alertas devem ser dados rapidamente em razão da velocidade dessas ondas. As listas telefônicas das cidades costeiras do Havaí contêm mapas e instruções de evacuação no caso de as sirenes tocarem. Essa recomendação foi crucial após o terremoto de 2011 no Japão, quando *resorts* e moradias no distrito de Kona, no Havaí, foram evacuados. As perdas excederam 17 milhões de dólares, mas nenhuma vida foi perdida.

O sistema de alerta de *tsunamis* também foi responsável por evitar a morte de muitas pessoas no grande terremoto de 27 de março de 1964, no Alasca (veja o Capítulo 3). Uma onda de 3,7 metros (12 pés), provavelmente a quarta crista a atingir a costa, varreu a cidade de Crescent City, na Califórnia, cerca de seis horas depois do tremor. Embora mais de 300 prédios tenham sido destruídos ou danificados, cinco tanques de armazenamento de gasolina incendiados e 27 bairros da cidade demolidos, houve relativamente poucas mortes porque os moradores receberam um aviso para evacuar a área. Crescent City sofreu novamente em 2011 (Figura 9.28).

Alguns especialistas em segurança pública sugerem que nos tornemos sensibilizados com os riscos associados a essas ondas destrutivas. Como pode ser visto na Figura 9.29, algumas comunidades costeiras lembram os moradores e visitantes do perigo. Moradores da costa do Pacífico, ao norte dos Estados Unidos, devem ser especialmente cautelosos. Se tiver curiosidade, veja novamente a Figura 3.20 – a zona de subducção a oeste da costa do Oregon e de Washington parece suspeita?

Sistemas modernos de alerta de *tsunamis* dependem de sismógrafos no leito marinho e de instrumentos submersos e satélites que observam o formato da superfície do mar (Figura 9.30). Infelizmente, nenhum sistema de alerta estava funcionando para fornecer um alarme para a tragédia em dezembro de 2004 no Oceano Índico. Isso já mudou. Mesmo quando um *tsunami* surge de uma perturbação sísmica muito próxima da praia, algum alerta pode ser possível (consulte a questão nº 5 da seção "Pergunta dos Alunos" neste capítulo).

BREVE REVISÃO

Antes de passar para a próxima seção, verifique seu entendimento de algumas das ideias importantes apresentadas até agora:

24. O que provoca um *tsunami*? Todos os deslocamentos geológicos provocam *tsunami*?

25. Com qual rapidez um *tsunami* se move?

26. Um *tsunami* é uma onda de águas rasas ou de águas profundas?

27. Qual é a altura da onda de um *tsunami* comum distante da terra? Os *tsunamis* são perigosos no mar aberto?

28. Um *tsunami* vem para a terra firme como uma única onda? Ou como uma série de ondas? A onda de um *tsunami* quebra como uma onda de arrebentação?

29. O que provocou o *tsunami* mais destruidor dos tempos atuais? Onde as vidas e propriedades que se perderam estavam concentradas?

30. Como é possível detectar e alertar um *tsunami*?

Para verificar suas respostas, acesse a página deste livro no site da Cengage.

Perguntas dos Alunos

1. Se tanta energia é liberada quando as ondas se quebram, por que a água na zona de arrebentação não fica quente?

A quantidade de energia que se move pelo oceano em ondas progressivas é impressionante. A energia de uma onda é proporcional ao quadrado de sua altura. Cada metro linear de uma onda de 2 metros acima do nível médio do mar representa um fluxo de energia de cerca de 25 quilowatts (34 cavalo-vapor), o suficiente para acender 250 lâmpadas (100 watts cada); uma onda duas vezes mais alta contém quatro vezes mais energia. Uma única onda de 1,2 metro de altura atingindo a costa oeste dos Estados Unidos pode liberar o equivalente a 50 milhões de cavalo-vapor!

A energia das ondas oceânicas de superfície é dissipada principalmente na forma de calor na arrebentação, mas a água tem um calor específico tão grande (como discutido no Capítulo 6) que a injeção de calor na zona de arrebentação não aumenta significativamente a temperatura da água. A zona de arrebentação é também uma área de mistura intensa, portanto qualquer calor liberado é rapidamente distribuído em um grande volume de água.

2. E o que acontece com o efeito de Coriolis sobre as ondas oceânicas de superfície? As ondas viram para a direita no Hemisfério Norte à medida que elas se movem pela superfície do oceano?

O efeito de Coriolis não tem nenhuma influência nas ondas com período inferior a 5 minutos. Ondas maiores de águas rasas como *tsunamis*, seiches e marés envolvem movimentos de massa de água que são influenciados pela rotação da Terra. As ondas oceânicas de superfície, entretanto, com períodos que raramente passam de 20 segundos, não o são.

3. As pessoas na Califórnia estarão em grande perigo provocado por uma onda sísmica marítima quando um terremoto maior ocorrer na Falha de San Andreas?

Provavelmente não, por duas razões. Primeira, os tremores de San Andreas normalmente são tremores de deslocamento lateral – o solo se move repentinamente para os lados e não para cima ou para baixo. Os *tsunamis* geralmente são gerados por movimento vertical. Segunda, o movimento do terremoto ao longo da Falha de San Andreas é paralelo à costa, não aos ângulos perpendiculares a ela. Se o movimento do solo fosse em direção à costa (como aconteceria ao norte de São Francisco), o "empurrão" poderia resultar em uma onda. Pode haver algum desmoronamento em torno do litoral durante um grande terremoto, mas provavelmente não um *tsunami* clássico. Uma ressalva: se um afundamento maciço ocorrer no mar (veja a Figura 9.29a), a sorte está lançada.

4. Adoro surfar. Onde eu deveria morar?

O Pacífico tem as maiores distâncias de *fetch* em potencial, portanto as melhores chances de encontrar grandes ondas oceânicas de superfície estão lá. As maiores ondas oceânicas de superfície são criadas na Corrente Circumpolar, mas as temperaturas são muito frias para surfar confortavelmente. Além do mais, o estado do mar em áreas com vento forte e contínuo é caótico, e o surfe exige ondas ordenadas. É melhor deixar o trem de ondas se organizar. O Havaí encontra-se no meio do Pacífico, então as ondas oceânicas de superfície de tempestades polares nos dois hemisférios atingem sua costa somente depois de terem sido bem selecionadas em razão do comprimento da onda. Com certeza, a ordem será garantida. A água é quente também. Minha sugestão é que você vá morar no Havaí.

5. Os japoneses tiveram algum alerta antes da chegada do terremoto e do *tsunami* de 2011?

Os terremotos (e o *tsunami* resultante) não podem ser confiavelmente previstos. Mas em uma nota de rodapé interessante sobre o desastre japonês de março de 2011, a Agência Meteorológica do Japão imediatamente detectou as ondas P – vindas do tremor. As ondas S mais lentas – um tipo de ondas de terremoto capazes de provocar grandes estragos – levaram cerca de 90 segundos para atingir Tóquio, a aproximadamente 373 quilômetros (232 milhas) a sudeste do epicentro. Aproximadamente um minuto antes de os tremores começarem, alarmes automáticos iniciaram a parada de trens-bala, a abertura de portas de elevadores, o fechamento de válvulas de água, o desligamento da energia elétrica e a soar os alarmes. Muitas vidas foram salvas. A Cidade do México instalou um sistema semelhante.

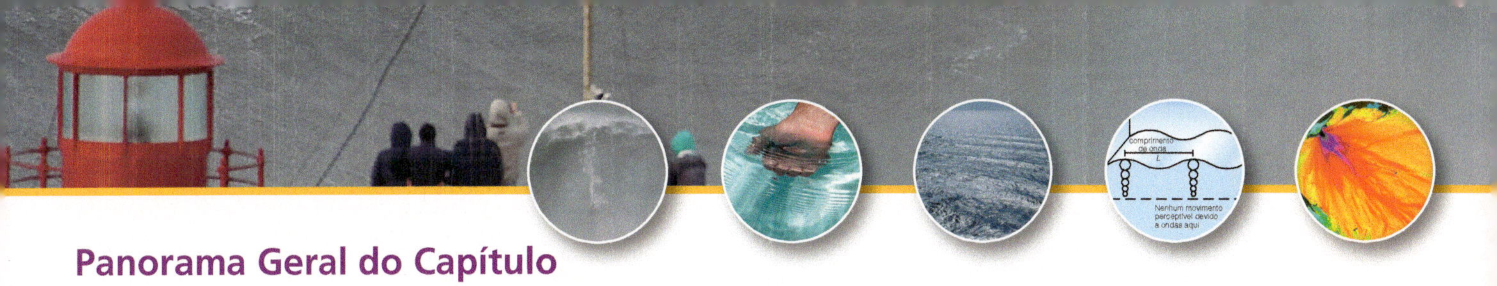

Panorama Geral do Capítulo

Neste capítulo, você aprendeu que as ondas transmitem energia, e não massa de água, pela superfície do oceano. A velocidade das ondas oceânicas normalmente depende de seu comprimento da onda, com as ondas longas se movendo com mais rapidez. Em ordem do menor para o maior comprimento da onda (e, portanto, da mais lenta para a mais rápida), as ondas oceânicas são geradas por perturbações muito pequenas (ondas capilares), pelo vento, pelo balanço da água em espaços fechados (seiches), por atividade sísmica, vulcânica, ou por outro deslocamento repentino (*tsunamis*), e pela atração gravitacional (marés). O comportamento das ondas depende, em grande parte, da relação entre o tamanho da onda e a profundidade da coluna d'água por onde ela se move. Ondas podem refratar e refletir, quebrar e interferir umas com as outras.

As ondas oceânicas de superfície podem ser ondas de águas profundas se as águas tiverem uma profundidade mais da metade superior ao seu comprimento da onda. As ondas de comprimento da onda muito grande são sempre ondas de "águas rasas" (águas com profundidade menor que a metade de seu comprimento da onda). Essas ondas longas viajam a altas velocidades, e algumas podem ter grande poder destrutivo.

No próximo capítulo, você aprenderá que ondas ainda maiores existem: as marés. Você pode se interessar em saber que dois "maremotos" se movem ao longo da maioria das costas a cada dia. Você não lê sobre o caos e destruição diários dessas passagens porque as cristas são as marés altas do dia; e os vales, as marés baixas do dia. As marés são ondas de águas rasas, não importa qual a profundidade do oceano pelo qual elas se movem. As marés podem ser destrutivas, mas dentre todas as ondas sua capacidade de causar danos felizmente não é proporcional aos seus comprimentos de onda.

Termos e Conceitos para se Lembrar

$C = \sqrt{gd}$

$C = \dfrac{L}{T}$

altura da onda
arrebentação
comprimento de onda
crista da onda
declividade da onda
dispersão
duração do vento
***fetch* (pista de vento)**
força do vento
força perturbadora
força restauradora
frequência da onda
interferência
interferência construtiva
interferência destrutiva
onda
onda capilar
onda de águas profundas
onda de águas rasas
onda de tempestade
onda de gravidade
onda estacionária
onda interna
onda mergulhante (ou tubulares)
onda oceânica de superfície (*wind wave*)
onda orbital
onda progressiva
órbita
período da onda
refração da onda
seiche
***surf beat* (batida do surfe)**
***swell* (ou marulho)**
trem de ondas
tsunami
vagalhão
vagalhão plenamente desenvolvido
vale da onda
velocidade de grupo
zona de arrebentação

Perguntas de Estudo

1. Qual é a diferença entre uma onda oceânica e uma onda em uma mola ou corda? Qual é a semelhança? Como ela se relaciona a uma "*olla* de um estádio" – uma forma de onda feita por torcedores em uma arena circular?
2. Desenhe uma onda oceânica de águas profundas e rotule suas partes. Mostre as órbitas das partículas de água. Inclua uma definição de período da onda. Como você mediria a frequência da onda?
3. Que fatores afetam o crescimento de uma onda oceânica de superfície? O que é uma vaga completamente desenvolvida? Onde seria normal esperar encontrar as maiores ondas? As ondas nos mares completamente desenvolvidos (vagas) são sempre enormes?
4. O que acontece quando uma onda oceânica de superfície quebra? Quais fatores afetam a quebra? Qual é a diferença entre as ondas mergulhantes e as ondas normais?
5. Embora se movam pelas bacias oceânicas mais profundas, os seiches e os *tsunamis* são conhecidos como "ondas de águas rasas". Por que isso acontece?
6. O que provoca um *tsunami*? Todas as ondas sísmicas marinhas são *tsunamis*? Todos os *tsunamis* são ondas sísmicas marinhas? Em qual velocidade viaja um *tsunami*? Eles se movem da mesma forma ou na mesma velocidade tanto em uma baía confinada como no oceano aberto?
7. Os *tsunamis* sempre são perigosos se encontrados no mar aberto? O que acontece quando eles atingem a terra firme?

10 Marés

CONCEITOS-CHAVE

Marés são mudanças periódicas de curto prazo na altura da superfície dos oceanos. © Tom Garrison

Marés são ondas formadas pela gravidade e pela inércia. © Cengage Learning

A *teoria de equilíbrio* das marés explica as marés considerando o equilíbrio e os efeitos de forças que permitem que nosso planeta permaneça em órbita em torno do Sol ou que a Lua orbite em torno da Terra. © Cengage Learning

A *teoria dinâmica* das marés leva em conta o relevo do leito dos oceanos, a viscosidade da água e a inércia das ondas de maré. © Cengage Learning

Turistas fogem quando uma onda de maré repentina (um macaréu ou pororoca) atinge a margem do Rio Qiantang, em Hangzhou, China. O rio possui uma foz ampla, em forma de leque, e suas marés constituem uma famosa atração.
Imagens Wang Chaoying/Color China Photo/AP

10.1 As Marés São as Ondas Mais Longas do Oceano

Marés são mudanças periódicas de curto prazo no nível dos oceanos em um determinado lugar, causadas pela combinação da força gravitacional da Lua e do Sol e do movimento da Terra (Figura 10.1). Com um comprimento de onda que pode equivaler à metade da circunferência da Terra, as marés são as ondas mais longas de todas. Diferentemente das outras ondas que analisamos, essas enormes ondas de águas rasas nunca estão livres das forças que as causam, e por isso são chamadas de ondas *forçadas*. (Depois de formadas, ondas geradas pelo vento, seiches e *tsunamis* são ondas *livres*; isto é, elas não sofrem mais a ação da força que as criou e não exigem uma força que as mantenha em movimento.)

O navegador e explorador grego Pytheas foi o primeiro a observar a conexão entre a posição da Lua e a altura de uma maré em cerca de 300 a.C., mas o entendimento total das marés só foi possível com a análise da gravitação por Isaac Newton. Entre muitas outras coisas, a brilhante obra de Newton *Princípios matemáticos de Filosofia Natural* (1687) descreveu o movimento dos planetas, luas e todos os outros corpos em campos gravitacionais. Fundamental foi a descoberta de que a atração da gravidade entre dois corpos é proporcional às massas desses corpos, mas inversamente proporcional ao quadrado da distância entre ambos. Isso significa que corpos pesados se atraem com mais intensidade do que corpos leves, e que a atração gravitacional diminui rapidamente à medida que aumenta a distância entre eles.

Embora a causa principal das marés seja a gravidade da Lua e do Sol atuando sobre o oceano, as forças que de fato geram as marés variam inversamente ao *cubo* da distância do centro da Terra até o centro do objeto que gera a maré (a Lua ou o Sol). Portanto, a distância é ainda mais importante nessa relação. A massa do Sol é aproximadamente 27 milhões de vezes maior do que a da Lua, mas o Sol está a uma distância cerca de 387 vezes maior do que a Lua, de modo que a influência do Sol sobre as marés equivale apenas à metade da influência da Lua.

Como veremos, o modelo gravitacional de Newton para as marés – a *teoria do equilíbrio* – trata essencialmente da posição e atração entre Terra, Lua e Sol e não leva em conta a influência da profundidade dos oceanos ou as posições das massas continentais sobre as marés. Com a teoria do equilíbrio, pode-se descrever com exatidão as marés sobre um planeta uniformemente coberto por água. Uma modificação proposta por Pierre-Simon Laplace cerca de um século depois – a *teoria dinâmica* – leva em conta a velocidade de uma onda de maré com um longo comprimento de onda em água relativamente rasa, a interferência dos continentes e o movimento circular ou o balanço para a frente e para trás da água nas bacias oceânicas. Iremos explorar a situação idealizada pela teoria do equilíbrio antes de passar para a visão dinâmica do mundo real.

BREVE REVISÃO

Antes de passar para a próxima seção, verifique seu entendimento de algumas das ideias importantes apresentadas até agora:

1. Qual é a diferença entre uma onda forçada e uma onda livre?
2. Quais corpos celestes são mais importantes para determinar as marés?

Para verificar suas respostas, acesse a página deste livro no site da Cengage.

Tom Garrison

Figura 10.1 A previsão dos horários de início das marés altas e baixas é possível graças ao nosso entendimento dos princípios de física envolvidos. Os turistas nesta praia em Bew Brunswick, Canadá, famosa por suas marés extremas, ignoram essas previsões e se arriscam. (A Figura 10.17 indica onde essa foto foi tirada.)

10.2 Marés São Ondas Forçadas Formadas pela Gravidade e pela Inércia

A **teoria do equilíbrio das marés** explica as principais características das marés oceânicas ao examinar o equilíbrio e os efeitos de forças que permitem que nosso planeta permaneça em órbita em torno do Sol ou que a Lua orbite em torno da Terra. A teoria do equilíbrio pressupõe que o fundo dos oceanos não interfere nas marés e que o oceano responde

(a) Se o planeta não estiver em movimento, a gravidade o atrairá para o Sol.

(b) Se o planeta estiver em movimento, a sua inércia fará que ele se desloque numa linha reta.

(c) Numa órbita estável, a gravidade e a inércia juntas fazem que o planeta se desloque numa trajetória fixa em torno do Sol.

Figura 10.2 Um planeta orbita em torno do Sol segundo um equilíbrio entre gravidade e inércia.

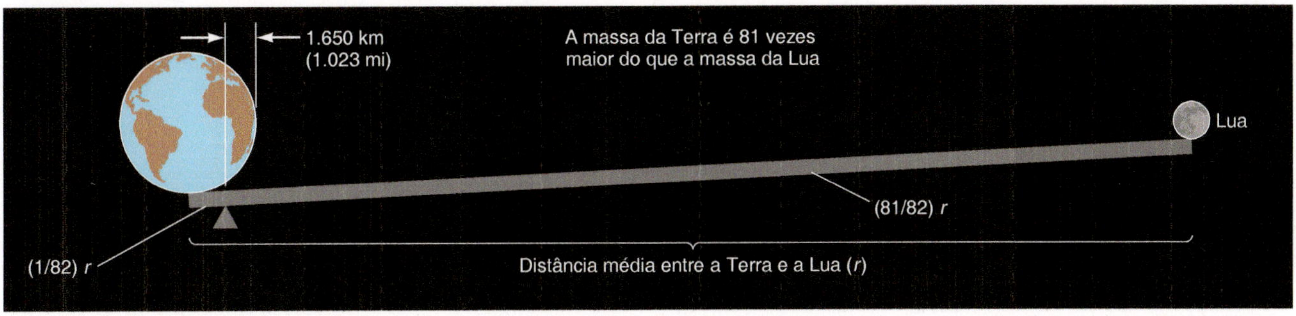

Figura 10.3 A Lua não gira em torno do centro da Terra. A Terra e a Lua juntas – o sistema Terra-Lua – giram em torno de um centro de massa comum cerca de 1.650 quilômetros (1.023 milhas) abaixo da superfície da Terra.

instantaneamente às forças que afetam a posição de sua superfície; pressupõe-se que a superfície dos oceanos sempre está em equilíbrio com as forças que atuam sobre ela.

O Movimento da Lua Gera Grandes Forças de Tração

Começaremos nossa análise dessas forças ao observar o efeito da Lua sobre a superfície do oceano. A gravidade tende a atrair a Terra e a Lua, mas a inércia – a tendência de objetos em movimento continuarem numa linha reta – as mantém longe uma da outra. (Nesse contexto, às vezes chamamos a inércia de *força centrífuga*, a "força" que mantém a água no fundo de um balde quando você o gira em círculo no ar.) A Terra e a Lua não colidem (ou se distanciam) porque estão numa órbita estável; sua atração gravitacional mútua é completamente compensada por sua inércia **(Figura 10.2)**.

> Os mares são o sangue do coração da Terra. Esticadas e comprimidas pelo Sol e pela Lua, as marés são a sístole e a diástole das veias da Terra. *Henry Beston*

Ao contrário do que você possa pensar, a Lua não gira em torno do centro da Terra. Na verdade, o *sistema* Terra-Lua evolui uma vez por mês (a cada 27,3 dias) em torno do centro de massa do sistema. Como a massa da Terra é 81 vezes maior do que a da Lua, esse centro de massa comum não está no centro da área, e sim 1.650 quilômetros (1.023 milhas) *abaixo da superfície* da Terra. A **Figura 10.3** ilustra esse centro de massa.

A gravidade da Lua atrai a superfície do oceano para a Lua. O movimento da Terra em torno do centro de massa do sistema Terra-Lua produz uma protuberância no lado oposto da Terra. O resultado são dois bojos de maré **(Figura 10.4)**.

Vamos examinar mais atentamente os dois bojos no último quadro da Figura 10.4. Na **Figura 10.5**, quatro pontos na superfície terrestre estão assinalados com os números de ① a ④. Cada local tem três setas para representar forças: a força da inércia, ilustrada em azul, aponta para fora; e a força da gravidade, que atrai para dentro, está indicada em marrom. Combinadas, são chamadas *forças de tração*. Observe que a força da gravidade, para dentro, e a tendência para fora da inércia nem sempre atuam exatamente do mesmo modo equilibrado sobre cada partícula da Terra e da Lua. A força resultante e a direção obtida quando as duas forças se combinam estão ilustradas como setas vermelhas.

Os pontos ① e ② estão mais próximos da Lua, de modo que a atração gravitacional nesses pontos é ligeiramente maior do que a tendência da inércia no sentido contrário. A água nesses locais tende a ser atraída na direção da Lua, e assim é puxada ao longo da superfície do

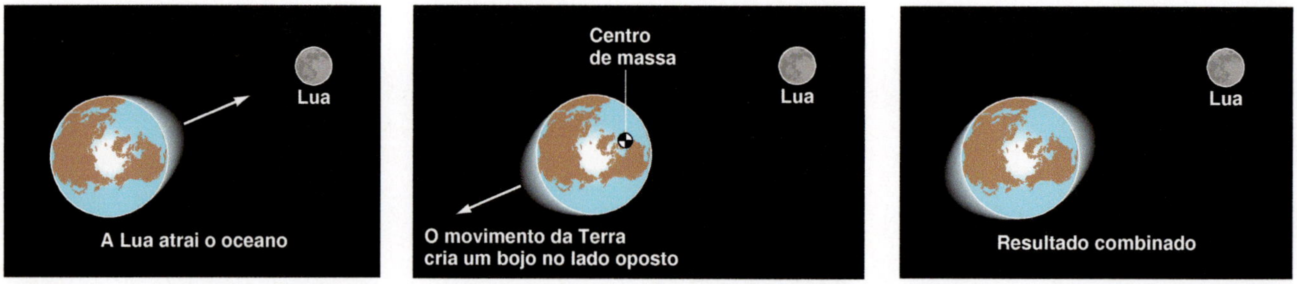

Figura 10.4 A gravidade da Lua atrai o oceano em sua direção. O movimento da Terra em torno do centro de massa do sistema Terra--Lua produz uma protuberância (ou bojo) no lado da Terra oposto à Lua. A combinação dos dois efeitos cria dois bojos de maré.

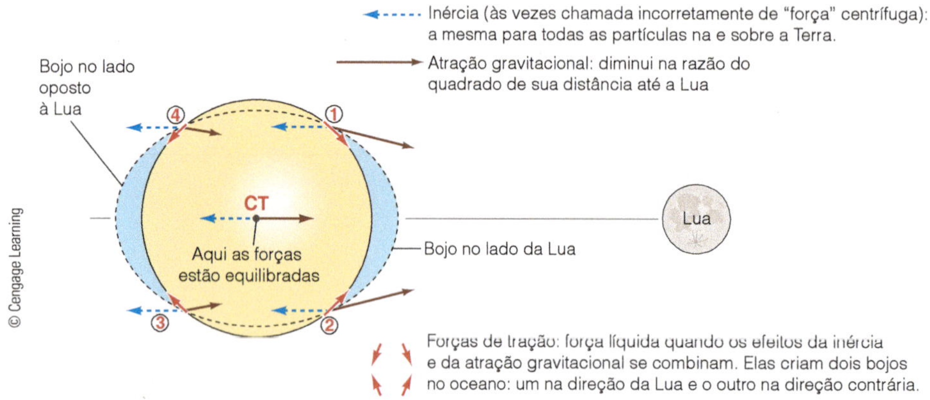

As duas forças que podem movimentar o oceano – inércia e atração gravitacional – são exatamente iguais em intensidade, mas opostas em direção, e portanto atingem seu equilíbrio somente no centro da Terra (ponto CT).

Figura 10.5 As ações da gravidade e da inércia sobre partículas em cinco locais diferentes da Terra. Nos pontos ① e ②, a atração gravitacional da Lua é ligeiramente maior do que a tendência da inércia no sentido contrário; o desequilíbrio das forças faz que a água se movimente ao longo da superfície da Terra, convergindo em um ponto na direção da Lua. Nos pontos ③ e ④, a inércia supera a força gravitacional, de modo que a água se move pela superfície da Terra para convergir em um ponto oposto à Lua. As forças se equilibram somente no centro da Terra (ponto CT).

oceano na direção de um ponto mais próximo da Lua. Nos pontos ③ e ④, um pouco mais distantes da Lua, a inércia supera a atração da gravidade. A água nesses locais tende a se afastar da Lua, e assim ela se movimenta ao longo da superfície do oceano na direção de um ponto oposto à Lua. Juntas, as forças de tração criam dois pequenos bojos no oceano: um na direção da Lua e outro na direção contrária.

Observe que não há nenhum ponto na superfície da Terra em que a força da gravidade da Lua seja exatamente igual à tendência para fora da inércia. Somente no ponto CT – o centro da Terra – a atração da gravidade para dentro e a tendência de movimento da inércia para fora são exatamente iguais e opostas. A Terra sólida não pode se deslocar muito em reação a essas forças, mas a atmosfera e o oceano são fluidos e podem. Nós não notamos as mudanças na altitude da atmosfera, mas as mudanças no nível da água são visíveis para observadores no litoral. Na **Figura 10.6**, forças de tração atraem a água para um ponto mais próximo à Lua e para um ponto oposto a ela.

Como esses bojos causam a subida e a descida rítmicas das marés? No modelo idealizado de equilíbrio que estamos analisando, os bojos tendem a manter-se alinhados com a Lua enquanto a Terra gira em torno de seu eixo. A **Figura 10.7** ilustra a situação da Figura 10.6, vista de cima do Polo Norte. Enquanto a Terra gira para leste, temos a impressão de que uma ilha no equador se move para dentro e para fora desses bojos durante uma rotação (um dia). Os bojos são as cristas das ondas planetárias que causam **marés altas. Marés baixas** correspondem às áreas baixas entre os bojos. Começando às 00h00 (meia-noite), vemos a ilha em água rasa com a maré baixa. Cerca de 6 horas depois, às 6h13, a ilha está submersa no bojo lunar, com maré alta. Às 12h26 (pouco mais de meio-dia), a ilha está dentro do vale da onda de maré, com maré baixa. Às 18h38, a ilha está submersa novamente, dessa vez na crista oposta causada pela inércia. Cerca de uma hora após a meia-noite (00h50) do dia seguinte, a ilha está mais uma vez na água rasa onde o ciclo começou.

As cristas e vales de ondas que causam as marés altas e baixas na verdade são muito pequenas. Um aumento ou decréscimo de 2 metros no nível do mar é insignificante em comparação ao tamanho do oceano. A Terra gira debaixo dos bojos (cristas da onda de maré) a cerca de 1.600 km por hora no equador. Os bojos parecem deslocar-se pela superfície do oceano a essa velocidade numa tentativa de acompanhar a Lua. Teoricamente, o comprimento dessas ondas de maré é de 20 mil quilômetros (12.500 milhas)! Os bojos tendem a manter-se alinhados com a Lua enquanto a Terra gira em torno de seu eixo. *A chave para compreender a teoria do equilíbrio das marés é ver a Terra girando abaixo desses bojos.*

Naturalmente, existem fatores complicadores. Por exemplo, **marés lunares**, marés causadas pela interação da gravidade e da inércia da Lua e da Terra, completam seu ciclo em um dia de maré (também chamado de *dia lunar*). Um dia de maré completo tem 24 horas e 50 minutos, porque a Lua,

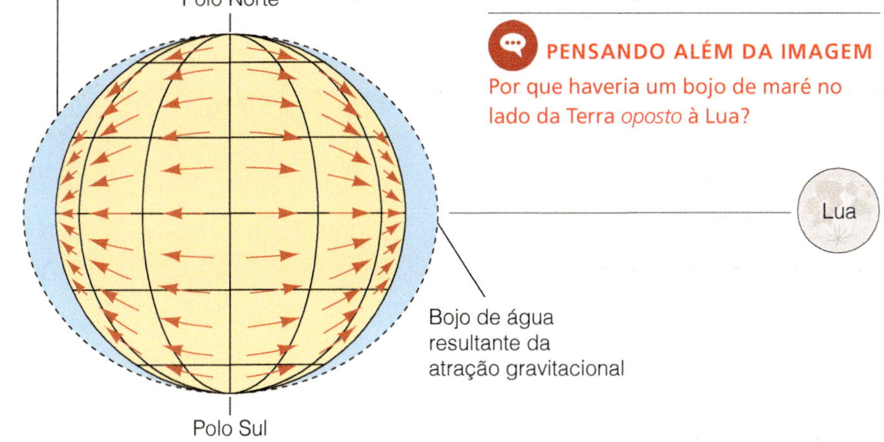

Figura 10.6 A formação dos bojos de maré em pontos na direção da Lua e em direção oposta. (Este e os diagramas semelhantes a seguir não estão em escala.)

PENSANDO ALÉM DA IMAGEM

Por que haveria um bojo de maré no lado da Terra *oposto* à Lua?

que exerce a maior influência sobre as marés, se levanta 50 minutos mais tarde a cada dia **(Figura 10.8)**. Assim, a maré mais alta também acontece 50 minutos mais tarde a cada dia.

Outra complicação decorre do fato de que a Lua não permanece exatamente acima do equador; a cada mês ela sai de uma posição de 28 1/2° acima do equador da Terra para 28 1/2° abaixo dele.[1] Quando a Lua está acima do equador, os bojos se anulam **(Figura 10.9)**. Quando a Lua está 28 1/2° ao norte do equador, uma ilha ao norte do equador passará pelo bojo em um lado da Terra, mas não pelo bojo no outro lado. Ao longo de um dia, a ilha passa por uma maré muito alta, uma maré baixa, uma maré menos alta e outra maré baixa. É o que ilustra a **Figura 10.10**.

O Sol Também Gera Forças de Tração

A gravidade do Sol também atrai partículas sobre a Terra. Lembre-se de que a proximidade é um fator muito importante para determinar a intensidade da atração gravitacional. Como vimos antes, o Sol tem aproximadamente 27 milhões de vezes mais massa do que a Lua, mas está cerca de 387 vezes mais longe da Terra do que a Lua, de modo que a influência do Sol sobre as marés é de apenas 46% da influência da Lua. As forças de tração do Sol desenvolvem-se da mesma maneira que as da Lua, e os bojos solares menores tendem a seguir o Sol ao longo do dia. Essas são as **marés solares**, causadas pela interação gravitacional e inercial do Sol e da Terra.

Como a Lua, o Sol também parece mover-se acima e abaixo do equador (23 1/2° norte para 23 1/2° sul, como vimos no Capítulo 7), de modo que a posição dos bojos solares varia como a dos bojos lunares. Entretanto, a Terra gira em

[1] Se a Terra, a Lua e o Sol se movessem no mesmo plano, eclipses lunares e solares ocorreriam a cada duas semanas.

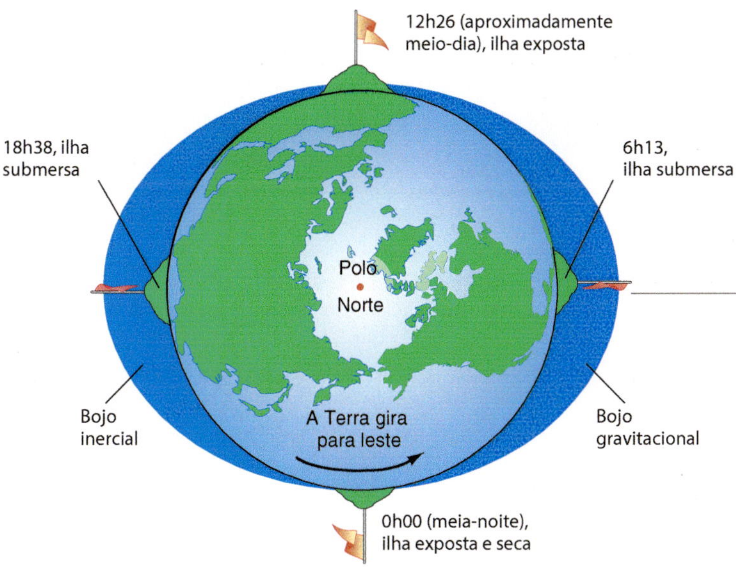

(a) Como a rotação da Terra abaixo dos bojos de maré produz marés altas e baixas. Observe que o ciclo de marés é de 24 horas e 50 minutos, porque a Lua se ergue 50 minutos mais tarde a cada dia.

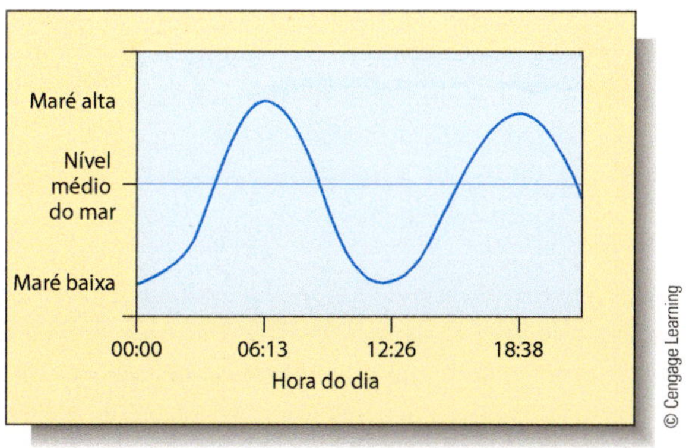

(b) Um gráfico das marés na ilha em (a).

Figura 10.7

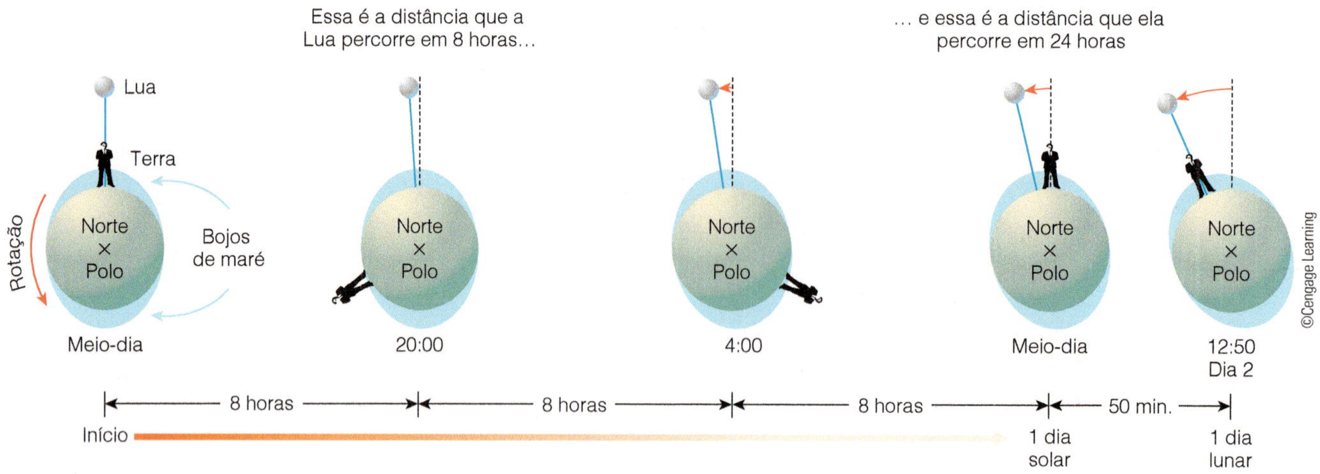

Figura 10.8 Um dia lunar é mais longo do que um dia solar. Um dia lunar é o tempo decorrido entre o momento em que a Lua está no ponto mais alto no céu e o *próximo* momento em que ela estará no ponto mais alto. Em um dia solar de 24 horas, a Lua se desloca para o leste cerca de 12,2°. A Terra precisa girar mais 12,2° – 50 minutos – para que a Lua esteja na posição mais alta no céu novamente. Por essa razão um dia lunar tem 24 horas e 50 minutos. Como a Terra precisa girar mais 50 minutos para o mesmo alinhamento de marés, as marés lunares em geral ocorrem 50 minutos mais tarde a cada dia.

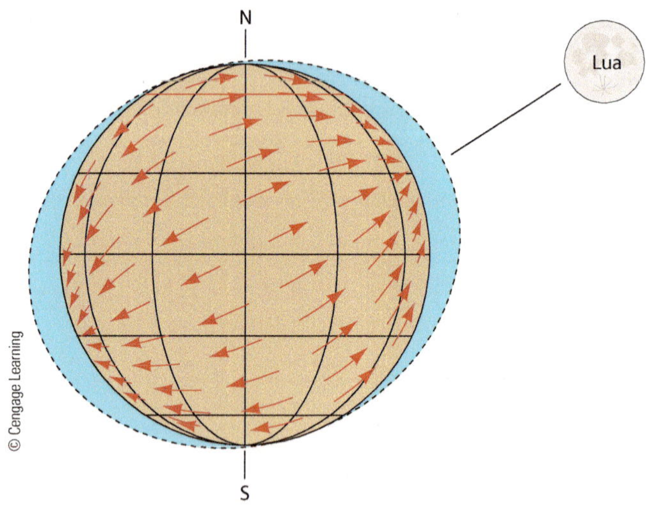

Figura 10.9 Os bojos de maré seguem a Lua. Quando a posição da Lua está ao norte do equador, o bojo gravitacional na direção da Lua também se encontra ao norte do equador, e o bojo inercial contrário encontra-se abaixo do equador. (Compare com a Figura 10.6.)

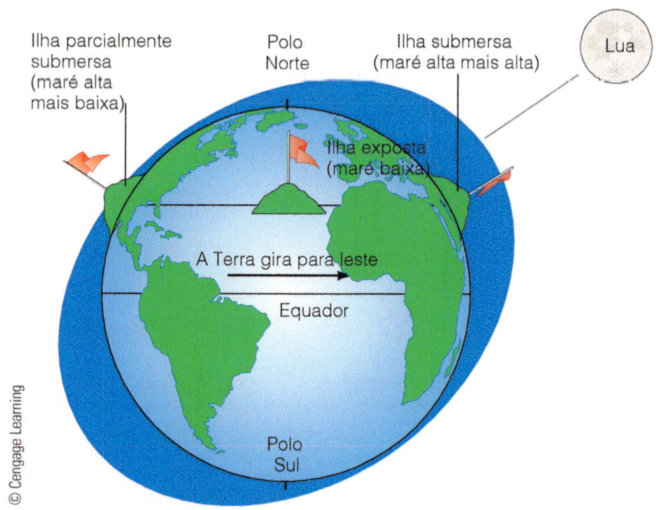

Figura 10.10 A mudança de posição da Lua em relação ao equador da Terra produz marés altas mais altas e mais baixas. Às vezes a Lua está abaixo do equador; às vezes ela está acima.

PENSANDO ALÉM DA IMAGEM

Por que existem *altas* marés altas e *baixas* marés altas – isto é, por que marés altas às vezes são muito altas e não tão altas em outras ocasiões?

torno do Sol apenas uma vez por ano, assim a posição dos bojos solares acima ou abaixo do equador muda muito mais lentamente do que a posição das marés lunares. (A Figura 7.7, usada para explicar a causa das estações do ano, ilustra bem isso.)

Juntos, Sol e Lua Influenciam as Marés

O oceano responde simultaneamente à inércia e à força gravitacional do Sol e da Lua. Se a Terra, a Lua e o Sol estivessem alinhados (como mostra a **Figura 10.11a**), as marés lunares e solares se somariam, e o resultado seriam marés altas mais altas e marés baixas mais baixas. Mas se a Lua, a Terra e o Sol formarem um ângulo reto (como indica a **Figura 10.11b**), a maré solar tenderá a diminuir a maré lunar. Como a contribuição da Lua é mais do que duas vezes maior que a do Sol, a maré solar não cancelará totalmente a maré lunar.

As grandes marés causadas pelo alinhamento linear de Sol, Terra e Lua são chamadas **marés de sizígia (*spring tides – springen = mover-se rapidamente*)**. Durante as marés de sizígia, as marés altas são muito altas e as marés baixas,

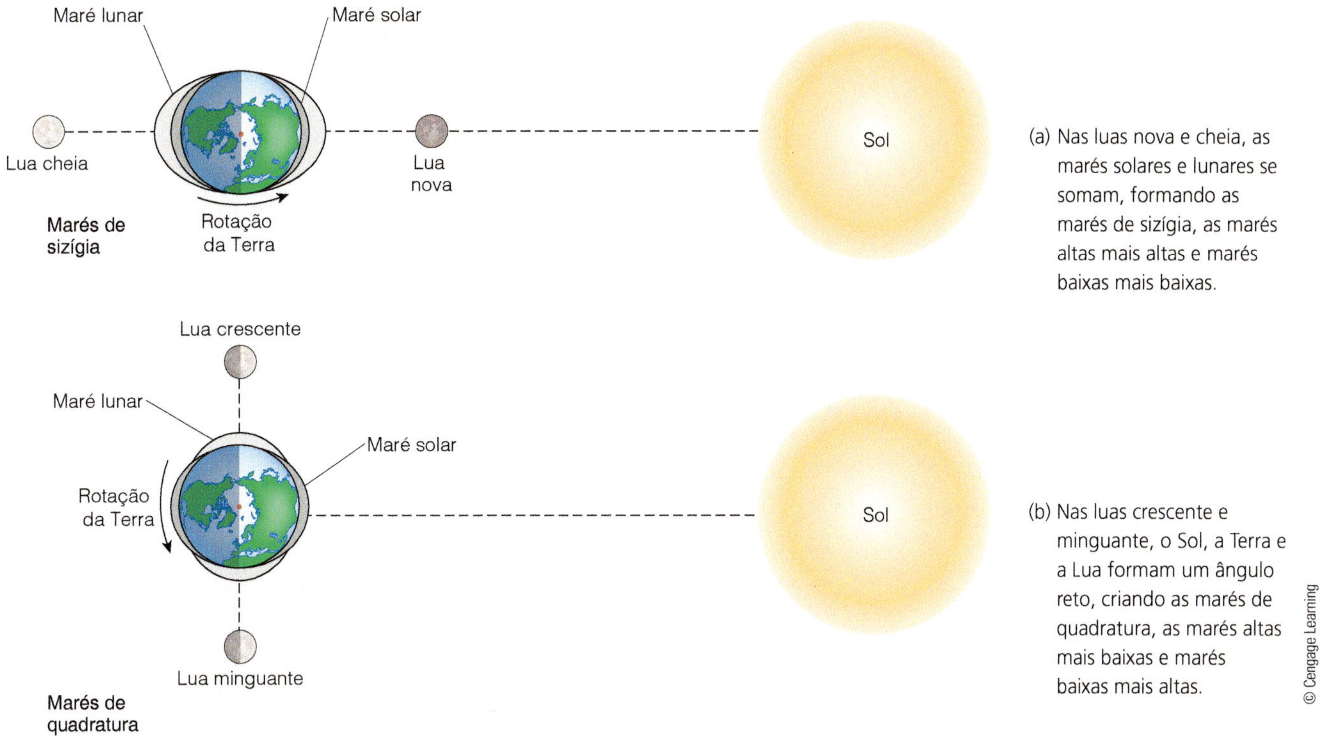

Figura 10.11 Posições relativas do Sol, da Lua e da Terra durante marés de sizígia e de quadratura.

muito baixas. Essas marés ocorrem em intervalos de duas semanas, correspondendo às luas nova e cheia. (Notem que as marés de sizígia não acontecem somente durante a primavera.) **Marés de quadratura (*neap tides – intensamente alterada*)** ocorrem quando a Lua, a Terra e o Sol formam um ângulo reto. Nas marés de quadratura, as marés altas não são muito altas e as marés baixas não são muito baixas. Marés de quadratura também ocorrem em intervalos de duas semanas, e a maré de quadratura ocorre uma semana depois da maré de sizígia. A **Figura 10.12** ilustra marés em dois lugares costeiros nos ciclos de sizígia e de quadratura.

Como suas órbitas são elipses, e não círculos perfeitos, em alguns momentos a Lua e o Sol estão mais próximos da Terra do que em outros. A diferença entre o ponto mais distante da Lua e seu ponto mais próximo é de 30.600 quilômetros (19.915 milhas). Como a força das marés é inversamente proporcional ao cubo da distância entre os corpos, a Lua mais próxima causa uma crista de maré sensivelmente maior. A diferença entre a menor distância entre a Terra e o Sol e a maior distância é de 3,7 milhões de quilômetros (2,3 milhões de milhas). Quando a Lua e o Sol estão quase na mesma latitude e a Terra também está próxima do Sol, o resultado serão marés de sizígia extremas. É interessante que as marés de sizígia têm amplitudes maiores no inverno do Hemisfério Norte do que no verão do Hemisfério Norte porque a Terra está mais perto do Sol durante o inverno setentrional. Australianos e neozelandeses chamam essas marés muito altas de **marés reais**.

Marés causadas pela inércia e força gravitacional do Sol e da Lua são chamadas **marés astronômicas**. Como explicaremos na próxima seção, tempestades podem afetar a altura das marés – um fenômeno conhecido como *maré meteorológica*.

BREVE REVISÃO

Antes de passar para a próxima seção, verifique seu entendimento de algumas das ideias importantes apresentadas até agora:

3. Em termos gerais, como a atração da gravidade entre dois corpos está relacionada à distância entre ambos?
4. O que é uma força de tração? Como ela é gerada?
5. Qual corpo gera as forças de tração mais intensas?
6. O que é uma maré de sizígia? O que é uma maré de quadratura?

Para verificar suas respostas, acesse a página deste livro no site da Cengage.

10.3 A Teoria Dinâmica das Marés Acrescenta a Dinâmica do Movimento Fluido à Teoria de Equilíbrio

Newton sabia que sua explicação estava incompleta. A variação teórica máxima de um bojo de maré lunar é de apenas 55 centímetros (cerca de 22 polegadas), e de uma maré solar, de somente 24 centímetros (cerca de 10 polegadas), ambas consideravelmente menores do que a variação média de 2 metros (7 pés) que observamos no oceano. A razão é que a superfície do oceano nunca atinge completamente o estado de equilíbrio. A Lua e o Sol mudam de posição tão rapidamente que a água não é capaz de acompanhá-los.

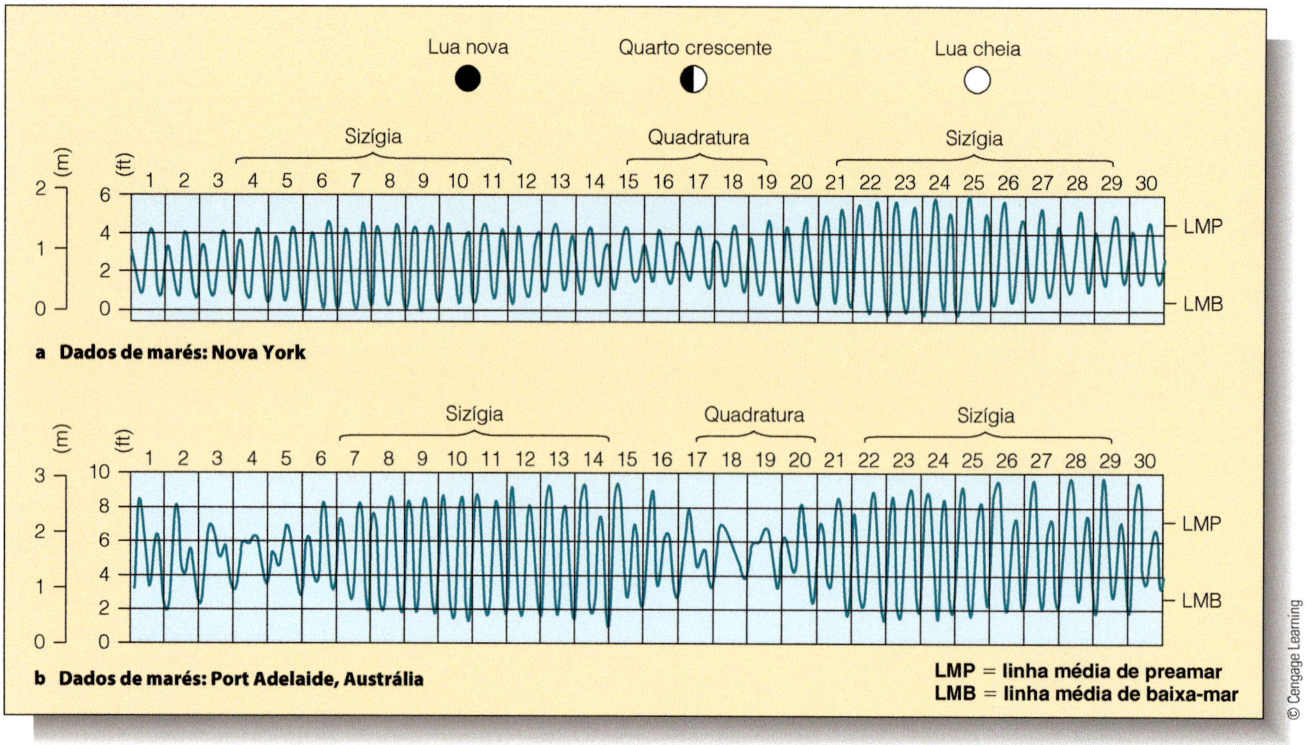

Figura 10.12 Registros de marés em um mês típico em **(a)** Nova York e **(b)** Port Adelaide, Austrália. Observe a relação das marés de sizígia e de quadratura com as fases da Lua.

A **teoria dinâmica das marés**, proposta pela primeira vez em 1775 por Laplace, complementou as descobertas de Newton sobre a mecânica celeste com um entendimento fundamental do movimento dos fluidos. A teoria dinâmica explica as diferenças entre previsões baseadas no modelo de Newton e os comportamentos observados das marés.

Lembre-se de que marés correspondem a um tipo de *onda*. As cristas dessas ondas – os bojos de marés – estão separadas por uma distância equivalente à metade da circunferência da Terra (veja novamente a Figura 10.7). No modelo de equilíbrio, as cristas ficariam estacionárias, apontando sempre na direção (ou na direção contrária) da Lua (ou do Sol) enquanto a Terra gira abaixo delas. Na Terra idealizada coberta de água, essas cristas se deslocariam a uma velocidade de cerca de 1.600 quilômetros (1.000 milhas) por hora. Mas qual teria de ser a profundidade do oceano para permitir que essas ondas se movimentassem livremente? Para que a crista de uma onda se desloque a 1.600 km/h, o oceano precisaria ter 22 quilômetros (13,7 milhas) de profundidade. Como já mencionamos, a profundidade média do oceano é de apenas 3,8 quilômetros (2,4 milhas). Assim, as cristas de marés (bojos de marés) deslocam-se como ondas forçadas, e sua velocidade é determinada pela profundidade do oceano.

Os Padrões de Maré Variam em Razão de Pontos Anfidrômicos

Esse comportamento das marés como *ondas de águas rasas* é apenas uma variação do padrão ideal explicado pela teoria dinâmica. Os continentes também interferem no padrão ideal. Enquanto a Terra gira, massas de terra obstruem as cristas de marés, desviando, retardando e complicando seus movimentos de várias maneiras. Essa interferência produz diferentes padrões na chegada das cristas de marés em diferentes lugares. Imagine, por exemplo, um continente diretamente alinhado com a Lua. Não há nenhum bojo oceânico, e as praias do continente estariam sob influência de uma maré alta. Algumas horas mais tarde, a Lua deverá estar acima do oceano. Quando o continente não está mais alinhado com a Lua, mas o oceano está, o bojo de maré se forma novamente e as bordas do continente experimentam uma maré baixa. O próprio formato da bacia tem grande influência sobre os padrões e alturas das marés. Como vimos, a água em bacias grandes pode oscilar ritmicamente para a frente e para trás em seiches. Embora sejam pequenas, cristas de marés podem estimular essa oscilação ressonante, e a configuração da costa em torno de uma bacia pode alterar seu ritmo.

Por essa e outras razões, algumas linhas costeiras experimentam **marés semidiurnas** (duas vezes por dia): duas marés altas e duas marés baixas com nível quase igual em cada dia lunar. Outras têm **marés diurnas**: uma alta e uma baixa. O padrão de marés é chamado **misto** (ou **semidiurno misto**) quando sucessivas marés altas ou marés baixas apresentam níveis muito diferentes ao longo do ciclo. Esse padrão é resultado da mistura de marés diurnas e semidiurnas.

A Figura 10.13 apresenta um exemplo de cada padrão de maré. A costa dos Estados Unidos voltada ao Pacífico apresenta um padrão de marés misto: em geral uma maré alta *mais alta*, seguida de uma maré baixa *mais baixa*, uma maré alta *mais baixa* e uma maré baixa *mais alta* a cada dia lunar. (Não é tão confuso quanto parece – veja a Figura 10.13a.) A tendência natural da água, em uma bacia oceânica fecha-

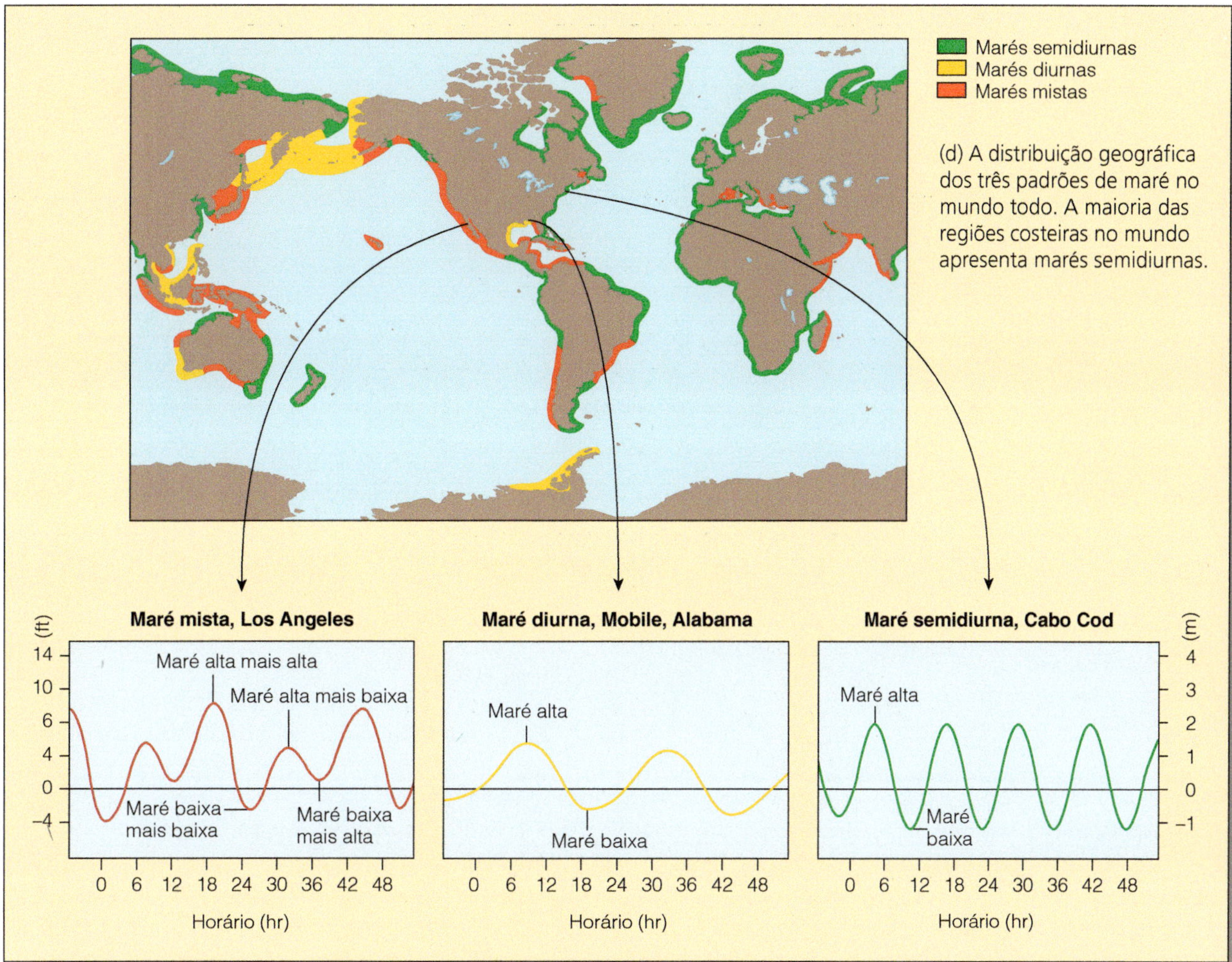

(a) Um padrão de maré mista em Los Angeles, Califórnia.

(b) Um padrão de maré diurna em Mobile, Alabama.

(c) Um padrão de maré semidiurna em Cabo Cod, Massachusetts.

Figura 10.13 Curvas de maré para os três tipos mais comuns de maré.

da, de oscilar numa frequência específica modifica o padrão no Golfo do México, de modo que Mobile, Alabama, recebe uma crista por dia lunar, um padrão diurno (veja a **Figura 10.13b**). No Cabo Cod ocorrem duas cristas de maré por dia lunar, um padrão semidiurno (veja a **Figura 10.13c**). O Oceano Pacífico possui um padrão raro de marés diurnas, semidiurnas e mistas. Como mostra a **Figura 10.13d**, ele possui o mais complexo de todos os padrões de maré. A costa leste da Austrália, toda Nova Zelândia e grande parte da costa oeste da América Central e do Sul possuem um padrão de marés semidiurnas. As Ilhas Aleutas possuem marés diurnas. A costa do Pacífico, na América do Norte e parte da América do Sul, apresenta marés mistas. *Por que a diferença?*

As maiores variações de marés ocorrem nas bordas das maiores bacias oceânicas, especialmente em baías ou reentrâncias que concentram a energia das marés em razão de seu formato.

Você se lembra da superfície do Lago Erie, mencionada no Capítulo 9, quando discutimos os seiches? O nível da água no centro do lago mantém-se na mesma altura, enquanto a água nas bordas se ergue e desce (veja mais uma vez a Figura 9.21). O eixo longitudinal do lago estende-se para leste e oeste. Por causa do efeito de Coriolis, a água que se desloca para o leste no centro do lago é ligeiramente defletida para a direita (para o sul). Se o lago fosse maior e o fluxo de água mais intenso (e, consequentemente, se o efeito de Coriolis fosse maior), a água engoliria a praia ao sul quando se deslocasse para o leste. Quando a água começasse a oscilar na outra direção – novamente para o oeste –, o efeito de Coriolis deslocaria a água para a direita na direção (e ao longo) da praia ao norte. Observe que o movimento geral da água ocorreria em sentido anti-horário.

A água que se move numa onda de maré tende a ficar no lado direito de uma bacia oceânica pela mesma razão. Quando a água se desloca para o norte em um oceano do Hemisfério Norte, ela se move para a borda leste da bacia; quando ela se desloca para o sul, move-se na direção da borda oeste. Uma crista de onda que se desloca em sentido anti-ho-

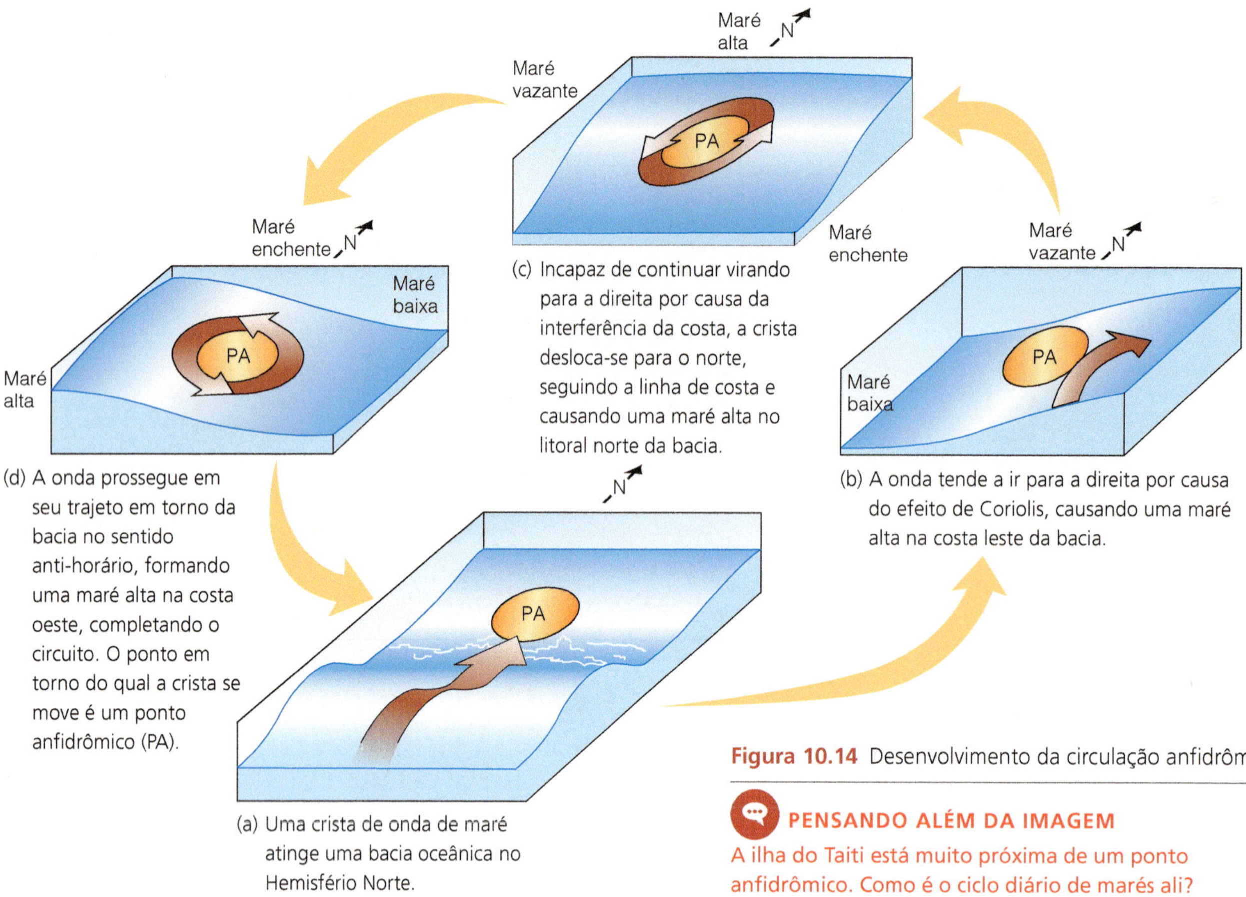

Figura 10.14 Desenvolvimento da circulação anfidrômica.

PENSANDO ALÉM DA IMAGEM

A ilha do Taiti está muito próxima de um ponto anfidrômico. Como é o ciclo diário de marés ali?

rário irá se desenvolver em torno de um nó se esse movimento continuar sendo estimulado por forças de maré. A **Figura 10.14** ilustra esse movimento rotativo.

O nó (ou os nós) perto do centro de uma bacia oceânica é chamado de **ponto anfidrômico** (*amphi*, "em torno de"; *dromas*, "pista, corrida"). Um ponto anfidrômico é um ponto no oceano sem marés, em torno do qual a crista de maré gira ao longo de um ciclo de maré. Por causa do formato e localização de massas de terra em torno de bacias oceânicas, as cristas e vales de marés se anulam mutuamente nesses pontos. As cristas se deslocam em torno de pontos anfidrômicos como uma roda em torno de um ponto central, irradiando cristas na direção de praias distantes. As ondas de maré são influenciadas pelo efeito de Coriolis porque um grande volume de

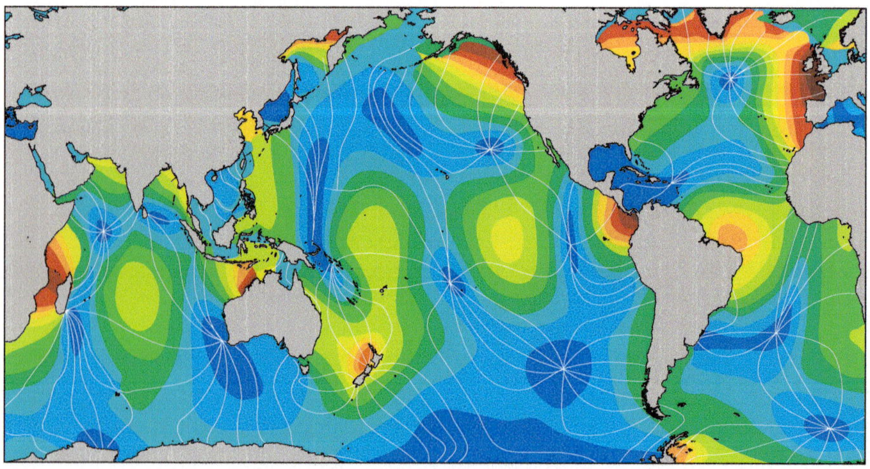

Figura 10.15 Pontos anfidrômicos nos oceanos do mundo todo. As variações de marés em geral aumentam à medida que aumenta a distância dos pontos anfidrômicos. As cores indicam onde as marés são mais extremas (maiores marés altas, menores marés baixas), o azul indica as menos extremas. Linhas brancas que irradiam dos pontos indicam ondas de maré que se deslocam em torno desses pontos. Em quase uma dúzia de locais neste mapa as linhas convergem. Observe que a cor que cerca cada um desses locais – a força das marés naquela região – é azul, indicando uma maré pequena ou não aparente. Essas áreas convergentes são chamadas *pontos anfidrômicos*. As ondas de maré se deslocam em torno desses pontos, em sentido anti-horário no Hemisfério Norte, e em sentido horário no Hemisfério Sul.

água acompanha essas ondas. Elas se deslocam em sentido anti-horário em torno do ponto anfidrômico no Hemisfério Norte, e em sentido horário no Hemisfério Sul. A altura das marés aumenta com a distância de um ponto anfidrômico.

Em nossos oceanos há cerca de uma dúzia de pontos anfidrômicos; a **Figura 10.15** indica sua localização. Observe a complexidade do Pacífico, que contém cinco. Não admira que a chegada de cristas de ondas de maré nas bordas do Pacífico produza uma mistura tão complexa de padrões de maré, dependendo da localização da linha de costa.

O Nível de Referência das Marés É Chamado de Plano de Referência

O nível de referência para a altura das marés é chamado **plano de referência.** O plano de referência é o ponto zero (0,0) (também conhecido como zero hidrográfico – ZH), indicado em gráficos de maré, como as Figuras 10.12 e 10.13. Nem sempre esse plano de referência é estabelecido com base no **nível médio do mar**, que é a média da altura da superfície do oceano ao longo de alguns anos. Em litorais com marés mistas, o nível zero das marés é o nível médio da mais baixa das duas marés baixas diárias *(média da maré baixa mais baixa).* Em litorais com marés diurnas e semidiurnas, o nível zero das marés é o nível médio de todas as marés baixas (*média das marés baixas*).

Os Padrões de Maré Variam de Acordo com o Formato e o Tamanho das Bacias Oceânicas

A **variação da maré** (diferença entre a altura da maré alta e da maré baixa) varia de acordo com a configuração da bacia. Em áreas pequenas como lagos, a variação das marés é pequena. Em áreas confinadas maiores, como os mares Báltico e Mediterrâneo, a variação das marés também é moderada. A variação das marés não é a mesma ao longo de uma bacia oceânica inteira; ela varia dos litorais para os centros dos oceanos. As maiores variações de marés ocorrem nas bordas das maiores bacias oceânicas, especialmente em baías ou enseadas que concentram a energia das marés em razão de seu formato.

Quando uma bacia é ampla e simétrica, como o Golfo de São Lourenço, no leste do Canadá, forma-se ali um sistema anfidrômico em miniatura, que lembra os grandes sistemas do oceano aberto **(Figura 10.16)**. Quando a bacia é estreita e restrita, a crista da onda de maré não consegue girar em torno de um ponto anfidrômico, e simplesmente se desloca para dentro e para fora da baía **(Figura 10.17)**. Marés extremas ocorrem em lugares em que a chegada de novas cristas de maré estimulam períodos de oscilação natural de 12 ou 24 horas. Em casos raros, a água na baía oscila naturalmente (seiches) na mesma frequência que a maré lunar (12 horas e 25 minutos). Esse balanço rítmico resulta em marés extremas. No extremo leste da Baía de Fundy, perto de Moncton, Nova Brunswick, Canadá, a variação da maré é especialmente grande: de até 15 metros (50 pés) entre as marés altas e baixas (Figuras 10.1, **10.17b** e **10.17c**). Os limites ao norte do Mar de Cortez, no leste da Baixa Califórnia, apresentam uma variação das marés de cerca de 9 metros (30 pés). Ondas de maré que se deslocam para a estreita extremidade sul do Mar do Norte são capazes de atingir grandes alturas ao longo da costa sudeste da Inglaterra e da costa norte da França.

Em condições ideais, pode ocorrer a formação de macaréus (ou pororocas) em alguns estuários (e nos rios correspondentes) expostos a grandes flutuações de maré. Aqui, finalmente, ocorre uma verdadeira **onda de maré** – uma onda íngreme que se desloca rio acima, gerada pela ação da crista da onda na área confinada da foz de um rio (como vimos na abertura deste capítulo). A foz confinada do rio obriga a onda de maré a deslocar-se na direção da terra numa velocidade superior à velocidade teórica da onda de águas rasas para aquela profundidade. Em seguida, a onda forçada quebra, formando uma ampla onda que se move rio acima. Embora a maioria tenha menos de 1 metro de altura (3 pés), alguns macaréus podem ter até 8 metros (26 pés) de altura, deslocando-se a 11 metros por segundo (25 milhas por hora). O perigo potencial que representam é reduzido devido a sua previsibilidade. Prever com exatidão a chegada de macaréus é essencial para uma navegação segura. Além desses, no sudoeste da China e na Baía de Fundy, macaréus são comuns no Amazonas, no delta do Ganges e no Rio Severn, na Inglaterra.

Ondas de Maré Geram Correntes de Maré

O aumento ou descida no nível do mar quando uma crista de maré se aproxima e se distancia causa uma **corrente de maré** na água que entra ou sai de baías e enseadas. A água que invade uma área confinada como resultado do aumento no nível do mar quando uma crista de onda se aproxima é chamada de **corrente de enchente**. A água que sai de uma área confinada como resultado da descida no nível do mar quando um vale de maré se aproxima é chamada de **corrente de vazante**. (Os termos *maré vazante* e *maré enchente* não têm um significado técnico.) Correntes de maré atingem sua velocidade máxima a meio caminho entre a maré alta e a maré baixa. **Águas paradas (estofa de maré)**, um período sem correntes, ocorrem pouco tempo após marés altas e baixas, quando a corrente muda de direção.

Todos os que já estiveram na foz estreita de uma grande baía ou enseada ficam impressionados com a velocidade e o volume da corrente de maré que ocorre entre os extremos da maré. Entre as marés de sizígia alta e baixa, a corrente vazante que sai da Baía de São Francisco atinge a base da torre sul da ponte Golden Gate com tanta força que forma uma onda em arco, causando a ilusão convincente de que a própria ponte está se deslocando com rapidez. As correntes de maré na Golden Gate podem atingir 3 metros por segundo (cerca de 7 milhas por hora) em razão do volume de água confinada e do estreitamento do canal pelo qual têm de passar. Navegantes precisam conhecer os horários das correntes de maré para combinar com segurança a entrada em qualquer porto ou em outro braço de mar – em alguns lugares, esse conhecimento pode salvar suas vidas.

As correntes de maré tornam-se mais complexas no mar aberto. Para calcular a velocidade e a direção de correntes de maré sobre um fundo de oceano muito profundo, é preciso considerar sua posição em relação a um ponto anfidrônico, o formato da bacia e a magnitude das forças da gravidade e da inércia. A velocidade das correntes de maré é menor em mar aberto porque a água não está confinada, como numa enseada. A velocidade das correntes de maré no mar aberto pode ser de apenas alguns centímetros por segundo, e tende a diminuir com a profundidade.

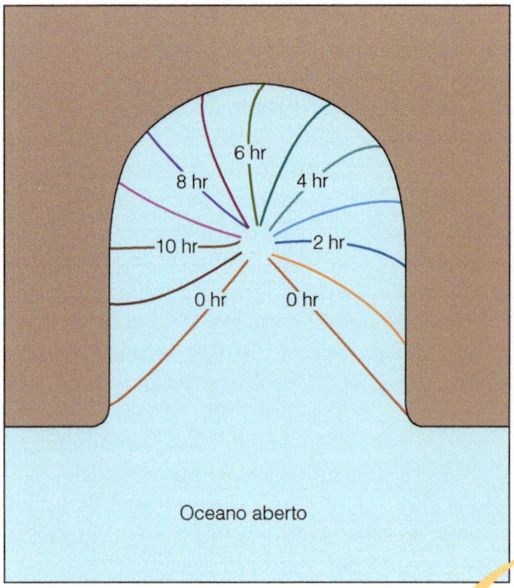

(a) Um sistema anfidrômico imaginário em uma bacia ampla e rasa. Os números indicam as posições das cristas de maré a cada hora durante um ciclo.

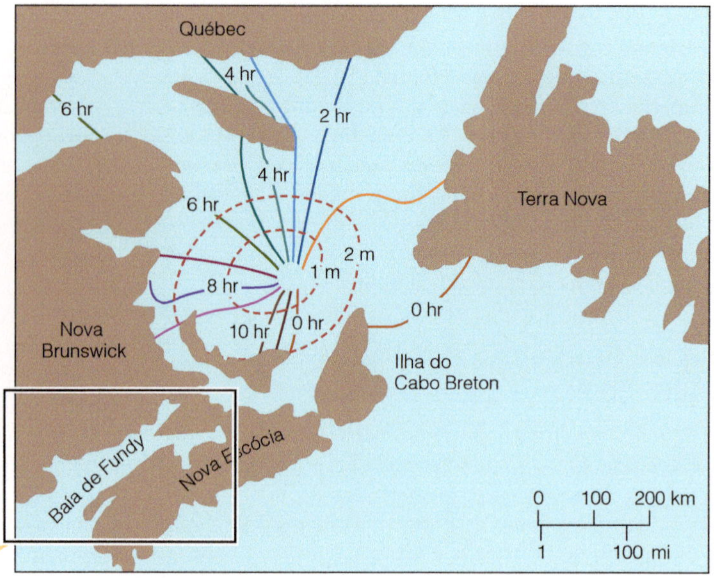

© Cengage Learning

(b) O sistema anfidrômico do Golfo de São Lourenço, entre Nova Brunswick e Terra Nova, sudeste do Canadá. As linhas tracejadas indicam as alturas da maré quando a onda de maré passa.

Figura 10.16 Marés em amplas bacias confinadas.

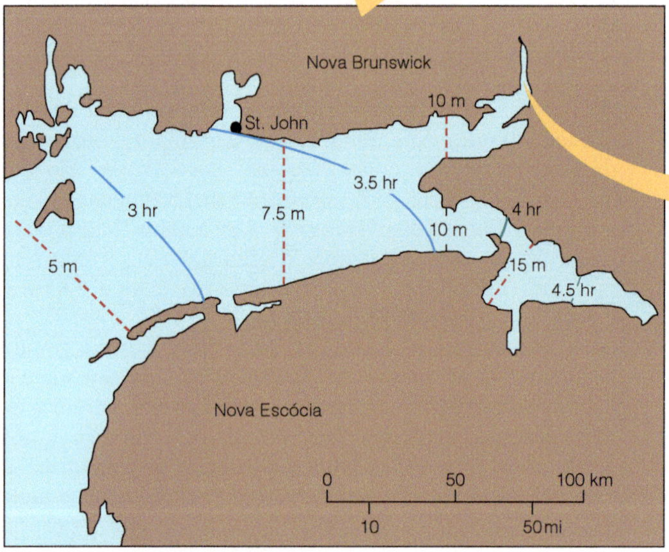

© Cengage Learning

(a) Sistemas anfidrômicos verdadeiros não ocorrem em bacias estreitas porque não há espaço para rotação. As marés na estreita Baía de Fundy, Nova Escócia, Canadá, são extremas porque a água na baía ressoa (formando seiches) na mesma frequência da maré lunar.

©Jeffrey Greenberg/Science Source

© Ray Coleman/Science Source

Aqui a variação das marés pode ser de 15 metros (b e c). No pico da maré enchente, a água sobre 1 metro em 23 minutos! Como você viu na Figura 10.1, prevenir é melhor do que remediar!

Figura 10.17 Marés em bacias estreitas e restritas.

BREVE REVISÃO

Antes de passar para a próxima seção, verifique seu entendimento de algumas das ideias importantes apresentadas até agora:

7. Em que a teoria do equilíbrio das marés se distingue da teoria dinâmica?

8. Marés são sempre ondas de águas rasas? Elas alguma vez ocorrem em águas "profundas"?

9. Quais são os padrões de marés observados nas costas do mundo todo?

10. Existem marés no oceano aberto?

11. Como o formato de uma bacia interfere na atividade das marés?

12. O que é um macaréu (ou pororoca)?

Para verificar suas respostas, acesse a página deste livro no site da Cengage.

10.4 É Possível Prever com Exatidão a Maioria das Marés

Existem pelo menos 140 forças e fatores que geram ou modificam as marés além daqueles que examinamos. É preciso considerar sete fatores importantes se quisermos prever as marés matematicamente. As interações de todas as forças e fatores são tão complexas que se descobríssemos um continente ainda desconhecido na Terra, não seria possível prever com exatidão os horários e variações de marés em suas praias, porque apenas o estudo dos registros anteriores permite projetar tábuas de marés para o futuro. A experiência permite prever a altura das marés com uma precisão de aproximadamente 3 centímetros (1,2 polegada) com anos de antecedência.

Mesmo assim, fatores alheios podem afetar as estimativas. Por exemplo, a chegada de uma borrasca terá uma grande influência sobre a altura ou horário de uma maré, assim como uma calmaria suave, atmosfericamente induzida, ou a agitação de ressonâncias em grande escala causadas por um *tsunami*. Mesmo um vento forte e constante da terra para o mar ou do mar para a terra afeta a altura da maré e o momento de chegada da crista. Às vezes as alterações relacionadas ao clima são chamadas de **marés meteorológicas** devido à sua origem.

BREVE REVISÃO

Antes de passar para a próxima seção, verifique seu entendimento de algumas das ideias importantes apresentadas até agora:

13. O que é uma maré meteorológica?

14. É possível que marés astronômicas e meteorológicas interajam?

Para verificar suas respostas, acesse a página deste livro no site da Cengage.

Figura 10.18 Durante os meses de primavera e verão, esses pequenos peixes (do gênero *Leuresthes*) nadam até a praia à noite em grandes grupos logo após as maiores marés de sizígia, depositam e fecundam seus ovos abaixo da superfície da areia e voltam para o mar. Cerca de duas semanas depois, quando as marés de sizígia retornam, os ovos se rompem. Ninguém sabe ao certo como os grunions (peixes-rei) ajustam seu comportamento reprodutivo com tanta precisão ao ciclo de marés. Os peixes-rei são encontrados somente ao longo da costa do Pacífico da América do Norte e no Golfo da Califórnia.

PENSANDO ALÉM DA IMAGEM

Como esse comportamento reprodutivo incomum beneficia esses pequenos peixes?

10.5 Os Padrões de Maré Podem Afetar Organismos Marinhos

Não admira que um fenômeno tão generalizado quanto as marés tenha uma influência significativa sobre a vida marinha costeira. Organismos que vivem entre os limites da maré alta e da maré baixa experimentam condições muito diferentes daqueles que vivem abaixo da linha de maré baixa. Na própria zona entremarés, os organismos são expostos a um número variável de emersões e submersões. Como alguns organismos são capazes de tolerar várias horas de exposição e outros conseguem tolerar apenas algumas horas por semana ou por mês, os animais e as plantas se organizam em três ou quatro faixas horizontais, ou subzonas, na zona entremarés. Cada zona distinta concentra animais e plantas que estão mais bem adaptados às condições daquele hábitat específico. Em geral, a aparência dessas zonas é muito variável, mesmo para uma pessoa que não está familiarizada com as características da costa.

Entre os mais famosos frequentadores dessas áreas estão os grunions (*Leuresthes*), pequenos peixes cujo nome vem do espanhol *gruñón*, que significa "grunho", uma referência ao som que eles às vezes fazem quando desovam. A partir do final de fevereiro até o início de setembro, um grande número desses pequenos peixes (que atingem um comprimento de 15 centímetros ou 6 polegadas) nada até a praia logo após as maiores marés de sizígia, deposita e fecunda seus ovos abaixo

Figura 10.19 Essa usina de energia de marés no Lago Sihwa, na Coreia do Sul, é a maior do mundo. Na maré alta, a água flui através de turbinas do oceano para o lago, gerando 254 megawatts de eletricidade. ANDRITZ

da superfície da areia e volta para o mar (Figura 10.18). A salvo dos predadores marinhos, os ovos se desenvolvem e estão prontos para romper nove dias após a desova. Depois de mais alguns dias, as marés de sizígia voltam, inundam e erodem a praia e estimulam o rompimento dos ovos. Ninguém sabe ao certo como os grunions (também conhecidos como peixes-rei) ajustam seu comportamento reprodutivo tão bem ao ciclo de marés, mas algumas pesquisas sugerem que eles percebem mudanças muito pequenas na pressão hidrostática causada pela mudança de maré ou que eles programam sua desova para três ou quatro noites após cada lua cheia e lua nova. Não surpreende que esses pequenos peixes tão bem adaptados fossem um alimento importante para os nativos americanos.

BREVE REVISÃO

Antes de passar para a próxima seção, verifique seu entendimento de algumas das ideias importantes apresentadas até agora:

15. Em geral é possível ver zonas distintas de organismos marinhos ao longo de praias rochosas. Como os padrões de marés podem levar a esse tipo de crescimento diferenciado?

Para verificar sua resposta, acesse a página deste livro no site da Cengage.

10.6 É Possível Obter Energia a Partir do Movimento das Marés

Os seres humanos encontraram maneiras de usar as marés. Navios saem para o mar e voltam ao porto com as marés. O encalhe intencional de um navio com a descida da maré pode oferecer um conveniente cais seco, mesmo que temporário. A esses usos tradicionais somou-se uma alternativa em potencial para nossa dependência cada vez maior de combustíveis fósseis: aproveitar a água que ficou retida com a maré alta para gerar eletricidade.

A energia das marés é a única fonte de energia marinha que tem sido explorada em grande escala, com sucesso. A primeira grande usina de energia das marés foi inaugurada em 1966 na França, no estuário do Rio Rance, onde a variação das marés atinge um máximo de 13,4 metros (44 pés). Construído ao custo de 75 milhões de dólares, esse dique de 850 metros (2.800 pés) de comprimento contém 24 turbo-alternadores capazes de gerar 240 megawatts de eletricidade. Na maré alta, a água do mar flui do oceano para o estuário, passando pelos geradores. Na maré baixa, as águas do mar e as águas de rio do estuário fluem de volta, passando pelos mesmos geradores. Nas duas direções, elas geram energia.

Uma usina semelhante, porém maior, foi construída no Lago Sihwa, perto de Inchon, na Coreia do Sul (Figura 10.19). O projeto foi concluído em 2010 e agora produz

(a) A impressão de um artista da instalação de usinas de marés na Irlanda do Norte. Pares de turbinas de até 20 metros de diâmetro giram lentamente em sentidos opostos quando a corrente de maré passa através delas.

(b) Esta foto ilustra bem o tamanho da turbina. O maquinário está sendo construído por Harlan e Wolff, o estaleiro de Belfast que construiu o RMS *Titanic*.

Figura 10.20 Correntes de maré estão sendo exploradas para fornecer energia elétrica.

254 megawatts de energia. A usina elétrica conecta o oceano com o Lago Sihwa através de um longo quebra-mar. Em Sihwa, a energia é gerada apenas na entrada da maré – na saída, a água não passa pelas turbinas.

Outra maneira de gerar energia de marés são sistemas como os desenvolvidos pela Marine Current Turbines (Turbinas de Correntes Marítimas) de Bristol, Inglaterra **(Figura 10.20)**. Diferentemente dos projetos de Rance ou Sihwa, essas turbinas estão submersas em águas abertas. Os primeiros grandes geradores foram instalados na estreita entrada para Strangford Lough, Irlanda do Norte, em agosto de 2007. Suas enormes dimensões, vistas na **Figura 10.20b**, permitirão que um conjunto de turbinas gere 1,2 megawatt de energia elétrica limpa a partir da água que flui do Mar da Irlanda pela abertura, o suficiente para cerca de mil casas. Usinas maiores estão sendo planejadas no Reino Unido e na Escandinávia.

A energia de marés tem muitas vantagens: os custos operacionais são baixos, a fonte de energia é gratuita, e nenhum dióxido de carbono ou outros poluentes são lançados na atmosfera. Mas mesmo se construíssemos usinas de energia de marés em cada local apropriado do mundo, a energia gerada seria equivalente a menos de 1% da atual necessidade mundial.

BREVE REVISÃO

Antes de passar para a próxima seção, verifique seu entendimento de algumas das ideias importantes apresentadas até agora:

16. Onde o movimento das marés está gerando energia elétrica?

17. Por que a energia de marés não está sendo explorada mais intensamente?

Para verificar suas respostas, acesse a página deste livro no site da Cengage.

Perguntas dos Alunos

1. Existem marés na terra sólida?

Sim, nem a Terra é suficientemente rígida para resistir aos impulsos de maré da Lua e do Sol. Bojos ocorrem na terra sólida assim como no oceano e na atmosfera. As cristas (bojos) em terra naturalmente são muito menores; em média 25 a 30 centímetros (10 a 12 polegadas). Elas passam despercebidas aos nossos pés duas vezes por dia. Por outro lado, a variabilidade das marés na altura da atmosfera tem sido medida em milhas.

2. Meu jornal indica que uma das marés baixas de hoje é 1,0, 1445. O que isso significa?

Nos Estados Unidos, isso significa que a água estará 1,0 pé abaixo do plano de referência de marés (isto é, abaixo da média da maré baixa mais baixa – a média de longo prazo da posição da mais baixa das marés baixas diurnas) às 14h45, horário local. Essa pode ser uma boa tarde para passar na praia desenterrando moluscos, porque uma maré tão baixa pode expor os organismos das zonas entremarés (ou intertidal), que raramente são vistos acima da água.

3. Um repórter do noticiário na TV disse esperar "marés altas astronômicas" esta noite. Devemos juntar nossas coisas e fugir para as montanhas?

Não necessariamente. O repórter está chamando a atenção para um alinhamento do Sol e da Lua que produz uma maré de sizígia alta. Nesse caso, "astronômica" refere-se a um alinhamento de corpos celestes; não é um sinônimo de "marés reais", "gigantescas" ou "espetaculares".

4. Existem marés em lagos?

Sim, mas são muito, muito pequenas. No caso do Lago Michigan (um dos maiores lagos do mundo), a variação das marés é inferior a 1 centímetro (1/2 polegada). Em marés oceânicas, uma grande massa de água do oceano espalha-se por um trecho relativamente grande do planeta, e pode sofrer a influência da combinação de gravidade e inércia que estudamos neste capítulo. O alastramento da massa de água em um lago – mesmo num lago grande – cobre uma área muito menor. A massa de água no lago é pequena, de modo que os efeitos da gravidade e da inércia também são pequenos.

É interessante saber que também existem marés na terra e na atmosfera. A crosta da terra forma bojos muito discretos duas vezes ao dia em resposta às mesmas forças que movem a água. A atmosfera também sobe e desce num ritmo de marés.

5. Alguém já surfou um macaréu?

Alguns são grandes e violentos demais para serem surfados – o "dragão de prata" de Qiantang (mostrado em seu aspecto mais violento na abertura deste capítulo) nunca foi surfado por mais de 11 segundos e um surfista, que não era do local, ficou muito machucado tentando fazer isso. O macaréu da Amazônia (a pororoca) é um pouco menor, mas acrescenta outra dificuldade na forma de pequenos peixes parasitas (gênero *Vantellia*) que podem subir pelo pênis do surfista, abrem as espinhas e exigem remoção cirúrgica. (Não, eu não estou inventando.) O tempo máximo sobre uma onda de pororoca na Amazônia é de 36 minutos **(Figura 10.21)**.

Mais seguro e com certeza mais agradável seria surfar no macaréu de Severn, em Gloucester, no começo do Canal de Bristol, no sul da Inglaterra. Surfistas começaram a praticar o surf em Severn em 1955 e ao longo dos anos isso foi se tornando cada vez mais popular. Pessoas viajam do mundo todo para surfar o macaréu, e especialistas conseguem percorrer distâncias de mais de 8 quilômetros. Nos melhores dias, pode haver cerca de 100 surfistas dedicados na água.

Sergio Moraes/Reuters/Corbis

Figura 10.21 O surfista brasileiro Alex Salazar desafia a turbulenta pororoca, um macaréu no Brasil.

Panorama Geral do Capítulo

Neste capítulo, você aprendeu que marés têm os maiores comprimentos de onda de todas as ondas oceânicas. Elas são causadas por uma combinação da força gravitacional da Lua e do Sol, do movimento da Terra e da tendência da água em bacias oceânicas confinadas para oscilar numa frequência específica. Diferentemente de outras ondas, essas enormes ondas de águas rasas nunca estão livres das forças que as causam e assim agem de maneiras incomuns, mas geralmente previsíveis. As ressonâncias nas bacias e outros fatores combinados causam diferentes padrões de maré em costas diferentes. A subida e descida das marés podem ser usadas para gerar energia elétrica, e as marés são importantes em muitos processos físicos e biológicos costeiros.

No próximo capítulo, você aprenderá como a interação de vento, ondas e clima afeta as bordas da terra seca – as costas. Costas são locais complexos e dinâmicos onde a única constante é a mudança.

Termos e Conceitos para se Lembrar

parada da água
corrente de maré
corrente de vazante
maré
maré alta
maré astronômica
maré baixa
maré de quadratura
maré de sizígia
maré diurna
maré lunar
maré meteorológica
maré mista (ou maré mista semidiurna)
maré semidiurna
maré solar
maré real
nível médio do mar
onda de maré
maré de referência
ponto anfidrômico
teoria dinâmica das marés
teoria do equilíbrio das marés
variação das marés
pororoca ou macaréu

Perguntas de Estudo

1. O que causa a subida e descida das marés? Quais corpos celestes são mais importantes para determinar as marés? Existe algo como “ondas de maré”?
2. No que a teoria do equilíbrio das marés se distingue da teoria dinâmica? Existe uma certa e uma errada?
3. O que é uma maré alta e uma maré baixa? Uma maré de sizígia e uma maré de quadratura? Um macaréu?
4. Quais são os fatores mais importantes que afetam as alturas e horários das marés? Quais são os padrões de maré observados? Existem marés no oceano aberto? Em caso afirmativo, como elas se comportam?
5. Como a latitude de uma cidade costeira afeta as marés?
6. No que uma maré astronômica difere de uma maré meteorológica? As marés são separadas e independentes uma da outra?
7. Com base no que você aprendeu sobre marés neste capítulo, onde você instalaria uma usina para gerar eletricidade a partir da energia das marés? Quais seriam algumas vantagens e desvantagens de usar as marés como fonte de energia?

11 Costas

CONCEITOS-CHAVE

A *posição* de uma costa depende principalmente da atividade tectônica global e do volume de água nos oceanos. Tom Garrison

O *formato* de uma costa é consequência do soerguimento e subsidência, abaixamento do continente por erosão e redistribuição de material por transporte e deposição de sedimento. Sunset Avenue Productions/Digital Vision/Getty Images

As praias mudam de forma e volume em função da energia das ondas e do equilíbrio entre o aporte e a remoção de sedimento. Tom Garrison

A interferência humana nos processos costeiros junto às áreas habitadas tem acelerado a erosão das costas. © BCC/Alamy

Ondas movidas por poderosos ventos de oeste atacam a costa do Oregon, em Cabo Arago.

©Gary Braasch/CORBIS

11.1 As Costas São Moldadas por Processos Marinhos e Terrestres

As áreas costeiras unem a terra e o mar. Nossa experiência pessoal com o oceano normalmente começa na costa. Já parou para pensar por que uma costa está em uma determinada localização ou por que tem aquele formato específico? Essas junções de terra e mar, temporárias, muitas vezes bonitas, estão sujeitas ao reposicionamento ocasionado pela ação de ondas e marés, por mudanças graduais no nível do mar, por processos biológicos e por atividade tectônica.

O local onde o oceano encontra o continente é normalmente chamado **litoral**, ao passo que o termo **costa** se refere à grande zona afetada pelos processos que ocorrem nesse limite. Uma praia arenosa pode fazer parte do litoral em uma área, porém a costa (ou zona costeira) inclui mangues, dunas de areia e falésias apenas considerando a parte mais interna na terra da praia, bem como bancos de areia e valas na parte mais externa perto do mar adjacente. O oceano mundial é delimitado por cerca de 440.000 quilômetros (273.000 milhas) de litoral.

Por causa de sua proximidade tanto do oceano como da terra, uma costa está sujeita a eventos naturais e processos comuns a ambos os domínios. Uma costa é um sítio ativo. É um campo de batalhas onde as ondas oceânicas de superfície quebram e gastam sua energia. As marés arrastam a água sobre a orla do continente, os rios lançam mais sedimentos na costa e as tempestades oceânicas atingem violentamente os continentes. A *posição* de uma costa depende principalmente da atividade tectônica global e do volume de água nos oceanos. O *formato* de uma costa é produto de muitos processos: soerguimento e subsidência, abaixamento do continente por **erosão** e redistribuição de material por transporte e deposição de sedimento.

Como vimos no Capítulo 3, nenhuma área da geologia foi deixada intacta pelas propagações das placas tectônicas. Nos anos 1960, os geólogos começaram a classificar as costas de acordo com a posição tectônica. *Costas ativas*, próximas a margens onde as placas continentais se movimentam, são profundamente diferentes de costas *passivas*, localizadas perto das margens expandidas. Os formatos, as composições e as idades das costas são mais bem compreendidos quando se leva em consideração os movimentos das placas. Mas, como veremos, as forças lentas que movimentam as placas são frequentemente encobertas pela ação mais rápida das ondas, pela erosão costeira e pelo transporte de sedimentos.

Outra consideração importante na compreensão das costas é a alteração em longo prazo no nível do mar. Cinco fatores podem provocar essa alteração. Três desses fatores são responsáveis pela **alteração eustática** – variações no nível do mar que podem ser medidas ao longo de todo o oceano mundial:

- A quantidade de água no oceano mundial pode variar. O nível do mar é mais baixo durante os períodos de glaciações globais (idades do gelo), pois há menos água no oceano. É mais elevado durante períodos quentes, quando as geleiras estão menores. Períodos com abundância de desgaseificação vulcânica também podem adicionar água ao oceano, aumentando o nível do mar.
- O volume do "compartimento" oceânico pode variar. Altas taxas de expansão do leito oceânico estão associadas à expansão no volume das cadeias oceânicas. Essa expansão desloca a água do oceano, que sobe mais alto nas margens dos continentes. Sedimentos provenientes dos continentes durante os períodos de rápida erosão também podem diminuir o volume das bacias oceânicas e elevar o nível do mar.
- A própria água pode ocupar mais ou menos volume conforme a variação de sua temperatura. Durante períodos

Figura 11.1 Um litoral sob alta energia na costa noroeste dos Estados Unidos. Forças violentas de ventos e ondas, amplitude das marés, raízes expostas e rios com ondulações asseguram que suas características sejam transitórias (curta escala de tempo).

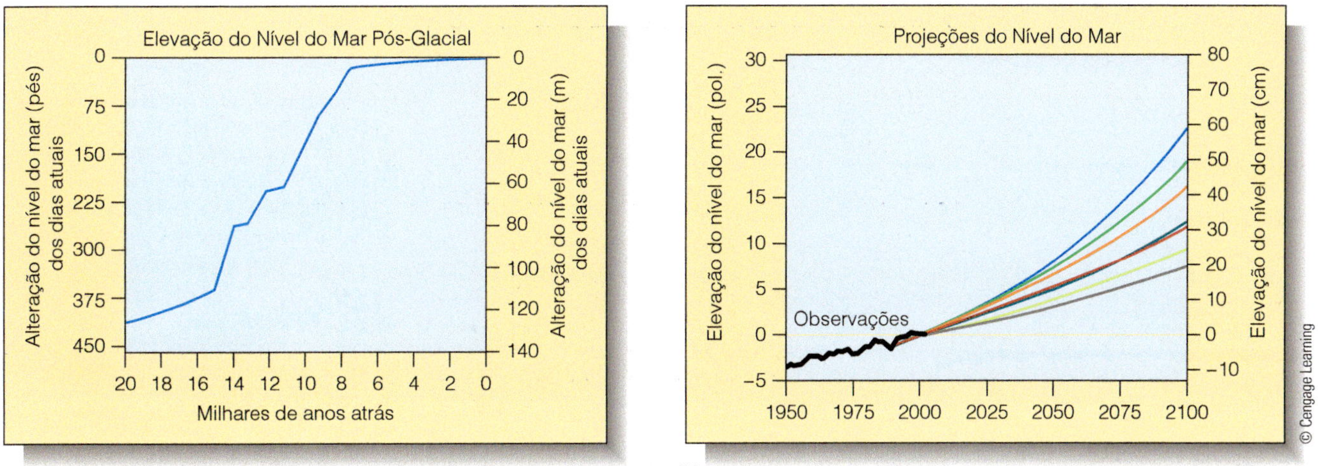

(a) O nível do mar subiu rapidamente ao final da última era do gelo à medida que geleiras e calotas polares derreteram e a água voltou para o oceano. Embora a taxa de elevação tenha diminuído ao longo dos últimos 4 mil anos, o nível global do mar está subindo de modo acelerado, a uma média de 3,3 ± 0,4 milímetros ao ano, aproximadamente 13 polegadas em um século.

(b) Projeções do nível do mar para o ano 2100. Sete grupos de pesquisa (representados aqui pelas linhas coloridas) estimam o futuro nível do mar com base em observações históricas e modelos climáticos. Mesmo a previsão mais prudente estima uma elevação de 20 centímetros (8 polegadas).

Figura 11.2 Níveis do mar no passado e no futuro.

de aquecimento global, a água do mar se expande e ocupa maior volume, aumentando o nível do mar.

Evidentemente, os continentes raras vezes permanecem tranquilos enquanto o nível do mar sobe e desce. Podem ocorrer alterações locais, e há dois outros fatores que produzem essas variações no nível do mar *local*:

- Movimentos tectônicos e o ajuste isostático podem mudar a altura e o formato da costa. As costas podem soerguer com a convergência de placas litosféricas ou podem abaixar com o peso das massas de gelo durante um período de glaciação generalizada. Os continentes ascendem lentamente quando o gelo derrete.
- Ventos e correntes, seiches, marés de tempestade, um evento tipo El Niño ou La Niña, e outros efeitos da água em movimento podem forçar a água contra o litoral ou afastá-la dele.

Há cerca de 2.500 anos, o nível do mar tem tido uma tendência à elevação (em torno de 0,5 metro ou 1,5 pé). Durante os últimos 2 milhões de anos, o nível do mar mundial tem variado, atingindo cerca de 6 metros (20 pés) acima até aproximadamente 125 metros (410 pés) abaixo de sua posição atual. Um ponto baixo recente ocorreu há aproximadamente 18 mil anos, no auge da última glaciação. Na verdade, o nível do mar atual tem se mantido "alto" apenas nos últimos 2 milhões de anos – o estado dominante na Terra é de uma posição eustática do nível do mar muito mais baixa **(Figura 11.2a)**. É importante perceber que os litorais (ou linhas de costa) ainda não chegaram a um equilíbrio com o nível do mar moderno, e que uma taxa aceleradora da elevação do nível do mar está quase certamente a caminho **(Figura 11.2b)**.

Mudanças no nível do mar produzem grandes diferenças na posição e na natureza das linhas de costa (litorais), especialmente em áreas onde a borda do continente declina gradualmente ou quando a costa está subindo ou afundando. A **Figura 11.3** mostra uma estimativa de antigas posições do litoral ao longo da costa sudeste dos Estados Unidos no passado geológico recente e uma previsão, para um futuro distante, sobre o efeito do aquecimento atual, que provavelmente provocará o derretimento do gelo polar.

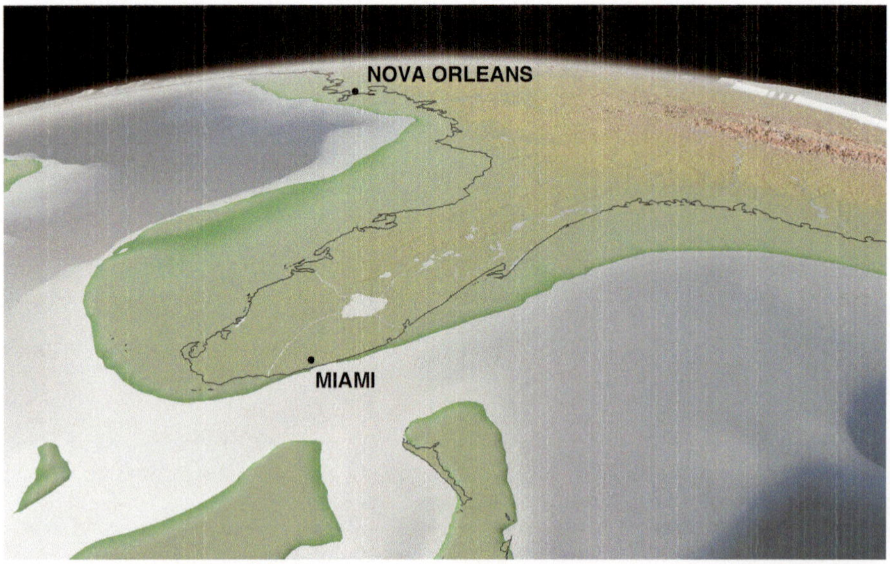

©William Haxby, Lamont/Columbia

(a) Há aproximadamente 18 mil anos, durante a última era do gelo, o nível do mar era muito mais baixo. A posição ligeiramente inclinada da costa oriental chegava a 200 quilômetros (125 milhas) em direção ao mar a partir do litoral atual, deixando grande parte da sua plataforma continental exposta.

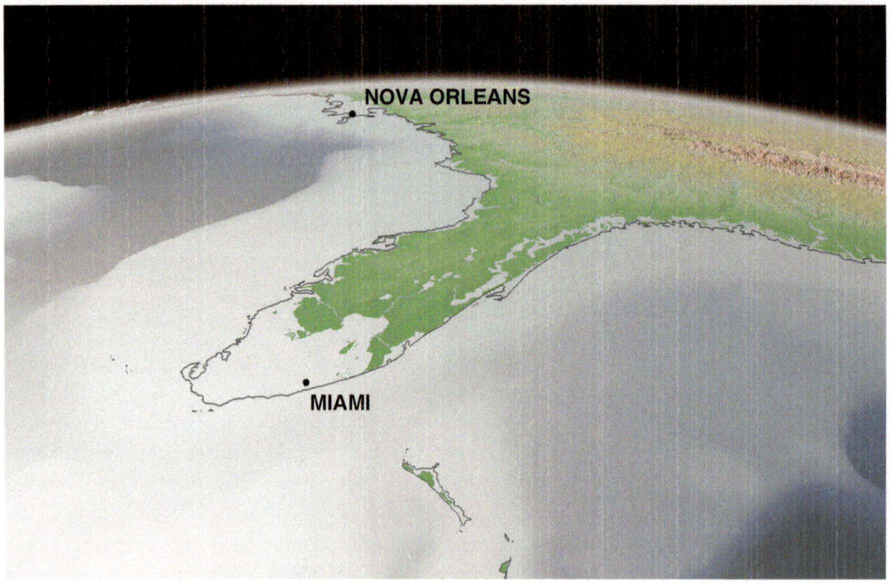

©William Haxby, Lamont/Columbia

(b) No futuro, se o oceano tiver que expandir e algumas das calotas polares tiverem que derreter por causa do aquecimento global, o nível do mar deve subir em torno de 5 metros (16,5 pés), movendo a costa em direção à terra firme cerca de 250 quilômetros (160 milhas).

Figura 11.3 A costa sudeste dos Estados Unidos, no passado e no futuro.

Como as costas são influenciadas por muitos fatores, talvez o esquema mais útil para classificar uma costa seja aquele baseado na ocorrência de eventos predominantes: erosão e deposição. **Costas erosivas** são costas novas nas quais os processos predominantes são aqueles que *removem* o material. **Costas deposicionais** são *estáveis ou crescentes* em decorrência da taxa de acúmulo de sedimentos ou da ação de organismos vivos (como os corais).

Os litorais rochosos do Maine são erosivos porque a erosão excede a deposição; o litoral arenoso de Nova Jersey à Flórida é tipicamente deposicional, pois os depósitos de sedimentos tendem a projetar o litoral a partir de uma nova erosão. A costa central rochosa da Califórnia é erosiva, e as amplas praias do sudeste da Califórnia são deposicionais. Cerca de 30% do litoral dos Estados Unidos são deposicionais e 70%, erosivos. Utilizaremos o esquema de classificação erosivo/deposicional no restante do capítulo.

BREVE REVISÃO

Antes de passar para a próxima seção, verifique seu entendimento de algumas das ideias importantes apresentadas até agora:

1. Qual é a diferença entre um litoral e uma costa?
2. Quais fatores afetam o nível do mar e a localização de uma costa?
3. Qual é a diferença entre uma costa erosiva e uma costa deposicional?

Para verificar suas respostas, acesse a página deste livro no site da Cengage.

11.2 Os Processos Erosivos Dominam Algumas Costas

Ambas as erosões, continental e marinha, atuam na modificação da natureza de uma costa rochosa. As costas erosivas são moldadas e atacadas a partir da terra por qualquer um ou todos seguintes fatores:

- Erosão por correntes.
- Abrasão da areia movida pelo vento.
- Congelamento e descongelamento alternado da água em fendas de rochas.
- Aprofundamento das raízes das plantas.
- Atividade glacial.
- Chuvas.
- Dissolução por ácidos provenientes do desmoronamento do solo (afundamento ou acomodação).

Do mar, grandes tempestades com arrebentação (ressaca) constante costumam gerar pressões enormes. O bater das ondas empurra o ar e a água para pequenas fendas nas rochas. O acúmulo e a liberação de pressão repetidos dentro dessas fendas podem enfraquecer e fraturar a rocha. No entanto, não é apenas a pressão hidráulica do movimento da água que erode as costas. Minúsculas partículas de areia, resíduos de cascalho ou pedras arremessadas pelas ondas são ainda mais eficazes na erosão do litoral. Um sinal da violência dessa atividade pode ser visto na **Figura 11.4**. A água dissolve os minerais nas rochas, contribuindo à erosão de rochas costeiras facilmente solúveis, como o calcário. Até mesmo a escavação e a raspagem realizadas por organismos marinhos produzem esse efeito.

A taxa de erosão do litoral depende da dureza e da resistência da rocha, da sua exposição ao impacto violento das ondas e do alcance local das marés. A rocha dura resiste ao desgaste. Costas constituídas por granito ou basalto talvez recuem de modo insignificante na escala de tempo da vida humana; a costa de granito do Maine erode apenas alguns centímetros por década. No entanto, costas de arenito ou outros materiais frágeis (ou solúveis) podem desaparecer em uma taxa de alguns metros por ano.

> A costa é uma espécie de terreno neutro, um ponto mais vantajoso para contemplar este mundo – *Henry David Thoreau*, 1864

A erosão marinha geralmente é mais rápida em **costas de alta energia**, áreas frequentemente atingidas por grandes ondas. Costas de alta energia são mais comuns nas imediações de áreas oceânicas tempestuosas com grande *fetch* e ao longo das bordas orientais dos continentes expostas a tempestades tropicais. As costas do Maine, da Colúmbia Britânica e do sul das pontas da América do Sul e da África do Sul são típicas costas de alta energia. **Costas de baixa energia** raramente são atingidas por grandes ondas. Em razão de sua localização normalmente protegida no Golfo do México, os estados americanos localizados no Golfo compartilham uma costa de baixa energia – pelo menos, entre furacões.

As ondas podem afetar a costa apenas onde elas a atingem, de modo que a erosão é concentrada próximo ao nível médio do mar. Um litoral com pouca variação das marés pode ser erodido rapidamente, pois a ação da onda concentra-se em torno de um mesmo nível por um longo período de tempo. Costas de baixa energia protegidas por ilhas oceânicas geralmente sofrem lenta erosão, assim como as áreas abaixo da linha de maré baixa. Algumas erosões ocorrem abaixo da superfície em decorrência do movimento orbital das águas nas ondas, mas mesmo as maiores ondas têm pouco efeito erosivo em profundidades superiores a 15 metros (50 pés) abaixo do nível médio do mar. Falésias acima do litoral estão sujeitas tanto à colisão direta das ondas quanto dos fragmentos de rochas lançados por elas.

Ocean/Corbis

Figura 11.4 O ataque do mar ocorre por ondas e correntes. Em litorais de alta energia, a ação contínua das ondas faz a maior parte do trabalho erosivo, com as correntes distribuindo os resultados do trabalho das ondas.

PENSANDO ALÉM DA IMAGEM

Onde se encontram os litorais de energia mais alta na América do Norte?

As Costas Erosivas Geralmente Têm Feições Complexas

As forças erosivas podem produzir litoral de abrasão, como mostram algumas ou todas as feições ilustradas na **Figura 11.5**. Observe as complexas irregularidades de pequena escala, deste litoral rochoso. As **falésias marinhas** inclinam-se abruptamente da terra para o oceano, e sua declividade normalmente resulta da destruição dos entalhes na base. A posição das falésias marinhas marca o limite litorâneo da erosão em uma costa. A sequência das ondas corta as **cavernas marinhas**, formando falésias aproveitando as zonas de fraqueza (ruptura) nas rochas. A maioria das cavernas marinhas é acessível apenas na maré baixa. Um respiradouro pode se formar caso ocorra erosão em uma zona de fraqueza acima da parte superior da falésia. Quando a maré está na altura certa, borrifos podem soprar pelas fissuras à medida que as ondas colidem nas falésias. Feições marítimas das costas rochosas podem incluir arcos naturais, pilares marítimos e uma **plataforma de abrasão**, que marca o limite submerso de uma rápida erosão marinha. Grande parte dos detritos retirados das falésias durante a formação dessas estruturas é depositada em águas mais calmas e mais distantes em mar aberto, mas alguns podem depositar-se no fundo das falésias, como praias expostas. Como veremos em breve, praias mais amplas são muitas vezes feições de costas deposicionais.

(a) A erosão por ondas em uma falésia marinha produz um tipo de prataleira, a plataforma de abrasão, visível na maré baixa. Os restos da falésia original podem projetar-se como pilares marinhos.

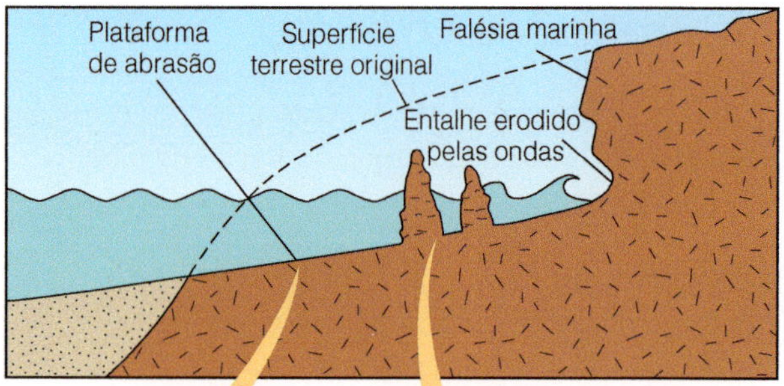

Tom Garrison

(b) Uma falésia marinha e uma plataforma de abrasão na costa sudeste da Tasmânia.

Radius Images/Corbis

(c) Pilares marinhos no Port Campbell National Park, Austrália. O maior pilar à esquerda caiu em julho de 2005.

Figura 11.5 Os resultados da ação das ondas em uma costa.

Os Litorais Podem Ser Alinhados por Erosão Seletiva

O primeiro efeito da erosão marinha sobre uma costa recém-exposta é intensificar a irregularidade do litoral. Isso acontece porque as rochas costeiras geralmente não são uniformes em sua composição ao longo de grandes extensões. Algumas rochas duras resistem bem à erosão, mas as menos rígidas na mesma costa podem desaparecer quase subitamente. (Isso explica a desigualdade das características de pilares, arcos e falésias descritos anteriormente.)

> Os três grandes sons elementares da natureza são o som da chuva, o som do vento em uma floresta virgem e o som do oceano ao largo em uma praia. – *Henry Beston*, 1928

Eventualmente, a erosão costeira tende a produzir um litoral mais liso. Por causa da refração das ondas (veja a Figura 9.17), a sua energia é concentrada nos promontórios e para longe das baías **(Figura 11.6)**. Sedimentos erodidos dos promontórios tendem a depositar-se nas praias, em baías relativamente calmas. À medida que a erosão continua, os depósitos podem vir a proteger a base das falésias litorâneas da ação das ondas. As irregularidades costeiras ficam, portanto, mais lisas com o passar do tempo. Como esperado, o alinhamento ocorre mais rapidamente em costas de alta energia.

As Costas Também São Moldadas por Erosão Terrestre e Alteração do Nível do Mar

Quando o nível do mar diminuiu durante as últimas glaciações, rios cortaram os terrenos e erodiram sedimentos para formar vales fluviais costeiros. Quando o nível do mar voltou a subir, os vales foram inundados ou *submersos* com água do mar. As Baías do Porto de Sydney, de Delaware e de Chesapeake **(Figura 11.7)** e o vale do Rio Hudson são exemplos de fozes submersas.

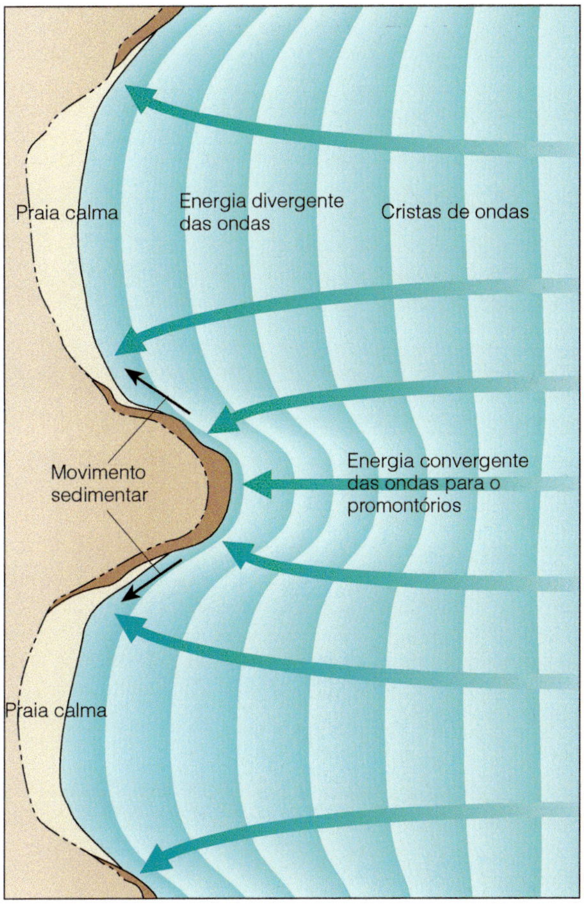

(a) As forças concentradas moldam o promontório em plataformas e pilares. O acúmulo de sedimentos do promontório nas baías tranquilas pode formar praias e alisar os contornos do litoral.

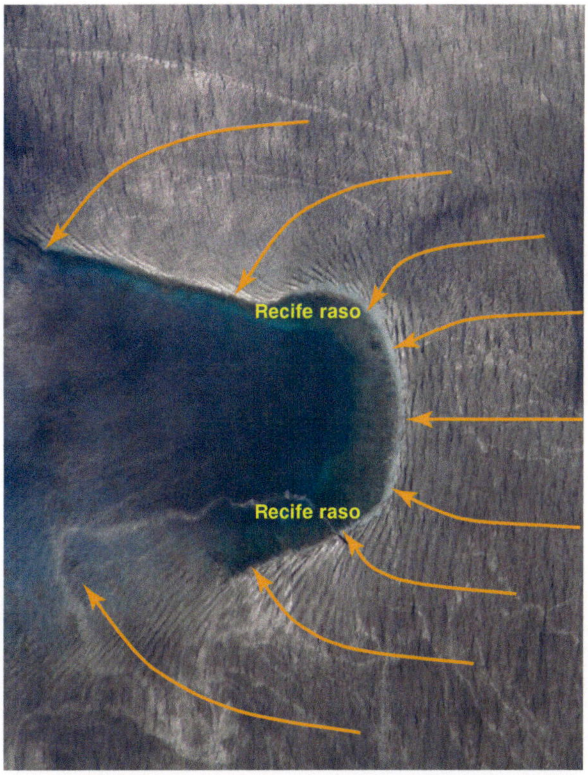

(b) As ondas que se aproximam de um recife raso no Caribe podem ser refratadas em torno dele. A energia claramente está concentrada no promontório.

Figura 11.6 A energia das ondas converge nos promontórios e diverge nas baías adjacentes.

Às vezes, as geleiras formam vales fluviais quando os rios atravessam as margens dos continentes em altas latitudes. Baías profundas e estreitas conhecidas como **fiordes** são formadas por forças tectônicas e, posteriormente, modificadas pelas geleiras que erodem vales em cavas profundas, em forma de U. Os fiordes são encontrados na Colúmbia Britânica, na Groenlândia, no Alasca, na Noruega, na Nova Zelândia e em outros lugares montanhosos gelados **(Figura 11.8)**.

O Vulcanismo e os Movimentos da Terra Afetam as Costas

Como vimos no Capítulo 4, a maioria das ilhas que se eleva do oceano profundo é de origem vulcânica. Se o vulcanismo foi recente, as costas de uma ilha vulcânica serão compostas por fluxos de lava grosseiros que se prolongam rumo ao mar, feições comuns nas ilhas havaianas **(Figura 11.9)**. As crateras vulcânicas em uma costa também podem entrar em colapso e se encher com água do mar.

BREVE REVISÃO

Antes de passar para a próxima seção, verifique seu entendimento de algumas das ideias importantes apresentadas até agora:

4. O que causa o desgaste das costas erosivas?
5. Cite algumas características comuns das costas erosivas.
6. Ao longo do tempo, a erosão costeira tende a produzir um litoral reto. Por quê?
7. Como a atividade vulcânica pode moldar uma costa?

Para verificar suas respostas, acesse a página deste livro no site da Cengage.

11.3 As Praias Dominam as Costas Deposicionais

As feições encontradas nas costas deposicionais normalmente são compostas por sedimentos, em vez de rochas. O acúmulo e a distribuição de uma camada protetora de sedimentos ao longo de uma costa podem resguardá-la de uma rápida erosão; a energia da onda, gasta pela onda agitando as partículas de sedimentos, não consegue erodir a rocha subjacente. Desse modo, com o tempo, os litorais erosivos podem evoluir para litorais deposicionais. A menos que a costa rapidamente suba ou afunde, ou haja a interferência de outros processos geológicos de grande escala, o inevitável processo de erosão poderá mudar as características de uma costa de erosiva para deposicional.

Figura 11.7 Vales fluviais submersos: costas em submersão que foram preenchidas com água assim que a era do gelo terminou.

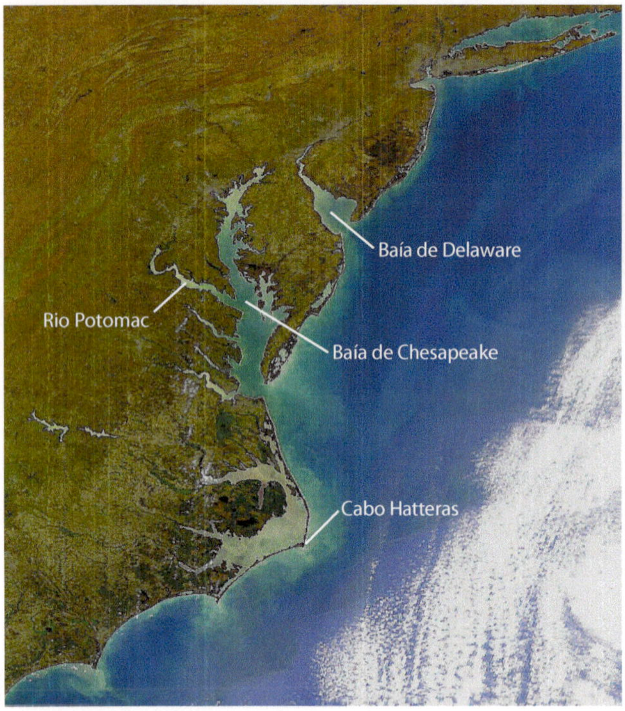

(a) Baías de Delaware e de Chesapeake, na costa leste dos Estados Unidos.

(b) Porto de Sydney, Austrália, chamado de "O porto mais belo do mundo" por seu descobridor.

As Praias Consistem de Partículas Soltas

A característica mais familiar de uma costa deposicional é a praia. Uma **praia** é uma zona de partículas soltas que cobre uma parte de um litoral ou todo ele. O limite interno de uma praia em direção à terra pode ser composto por vegetação, falésia marinha, dunas arenosas relativamente permanentes ou uma construção como um quebra-mar. O limite marinho ocorre onde cessa a movimentação de sedimento para dentro e para fora do mar costeiro – uma profundidade de aproximadamente 10 metros (33 pés) na maré baixa. A área continental dos Estados Unidos tem 17.672 km (10.9983 milhas) de praias, aproximadamente 30% de todo o litoral.

As praias se formam quando o sedimento, geralmente a areia, é transportado para lugares adequados à deposição (Figura 11.10). Esses lugares incluem os pontos calmos entre os promontórios, os litorais abrigados por ilhas litorâneas e regiões com arrebentação moderada ou amplas extensões de costas de alta energia. Às vezes, o sedimento é transportado a uma distância muito curta – as partículas podem simplesmente cair da falésia acima e se acumular no litoral –, porém o mais frequente é o sedimento de uma praia ser transportado por longas distâncias por rios ou correntes oceânicas até seu local de deposição atual.

Independentemente do local em que se encontram, as praias estão em um constante estado de mudança. Como veremos mais adiante, elas podem ser consideradas rios de areia – zonas de contínuo transporte de sedimentos.

Figura 11.8 Fiorde Tracy Arm, no sudeste do Alasca.

A Ação das Ondas, o Tamanho das Partículas e a Permeabilidade da Praia Combinam-se na Construção das Praias

O material que compõe uma praia pode variar de blocos, pedras, seixos e cascalho a um silte muito fino. As raras praias de areia preta, como as do Havaí, são formadas de lava finamente fragmentada. Algumas praias são constituídas por conchas e detritos de conchas, ou fragmentos de corais. Infelizmente,

Dorian Weisel/Corbis

(a) A lava fluindo em direção ao mar a partir de uma erupção na Ilha do Havaí forma uma nova costa exposta à erosão pela primeira vez.

Tom Garrison

(b) Dois cones vulcânicos na costa sudeste da ilha havaiana de Oahu. Um dos vulcões colapsou e sua cratera foi preenchida com água do mar.

Figura 11.9 Alterações vulcânicas nas costas.

algumas também são compostas por grandes quantidades de lixo humano – praias repletas de vidro ou plástico são bem comuns. Praias de pedras podem ser muito íngremes (ocasionalmente com declives superiores a 20°), mas praias extensas de areia fina são, às vezes, tão planas quanto o terreno de um estacionamento.

Geralmente, quanto mais plana a praia, mais fino é o material que a compõe. A relação entre o tamanho das partículas e a inclinação da praia depende da energia das ondas, formato da partícula e porosidade dos sedimentos acumulados. A água das ondas que lavam a praia – o **espraiamento** –, carrega partículas costa adentro e aumenta a declividade da praia. Se a água que retorna ao oceano – o **refluxo** – carregar de volta a mesma quantidade de material que entregou, a inclinação da praia estará em equilíbrio; ou seja, a praia não ficará maior ou mais íngreme.

Figura 11.10 Uma praia calma na fronteira entre os estados de Nova Gales do Sul e Queensland, no leste da Austrália. Banhistas reunidos na berma elevada apreciam as ondas calmas, e os mais jovens gostam das piscinas de água salgada do pós-praia.

Tom Garrison

Em praias de grãos finos, a capacidade de as partículas pequenas e angulosas agregarem-se dificulta a percolação da água para baixo da superfície da praia; assim, o fluxo das ondas rapidamente recua na praia, transportando partículas superficiais em direção ao oceano. Esse processo resulta em uma inclinação bem gradual. As praias amplas e planas também têm uma grande área em que se dissipa a energia das ondas, e elas podem produzir um ambiente calmo para a deposição das partículas de sedimentos finos. No entanto, as partículas grossas (cascalho e seixos) não se agregam e permitem que a água passe rapidamente entre elas. A água que avança desaparece *em* uma praia composta por partículas grossas, portanto uma pequena parte da água passa para baixo da inclinação, o que minimiza o transporte de sedimentos de volta ao oceano. As partículas maiores tendem a se acumular na parte de trás da praia, onde são jogadas por grandes ondas, aumentando sua declividade.

As Praias Geralmente Têm um Perfil Distinto

A **Figura 11.11** mostra um perfil, ou uma seção transversal, de uma praia afetada por ondas de pequenas a moderadas e a ação da maré. A maioria das praias possui essas características-chave:

- A **berma** (ou bermas) é um acúmulo de sedimentos que é paralela ao litoral e marca o limite normal de deposição de areia pela ação das ondas.
- O topo acentuado da berma mais alta, chamado de **crista da berma**, normalmente é o ponto mais alto em uma praia. Corresponde ao limite da ação da onda em direção ao litoral durante as últimas marés altas.
- A parte interna da crista da berma, estendendo-se até o ponto mais distante de onde a areia da praia foi depositada, é o **pós-praia**. O pós-praia é a porção relativamente inativa da praia, que pode incluir dunas sopradas pelo vento e gramíneas.

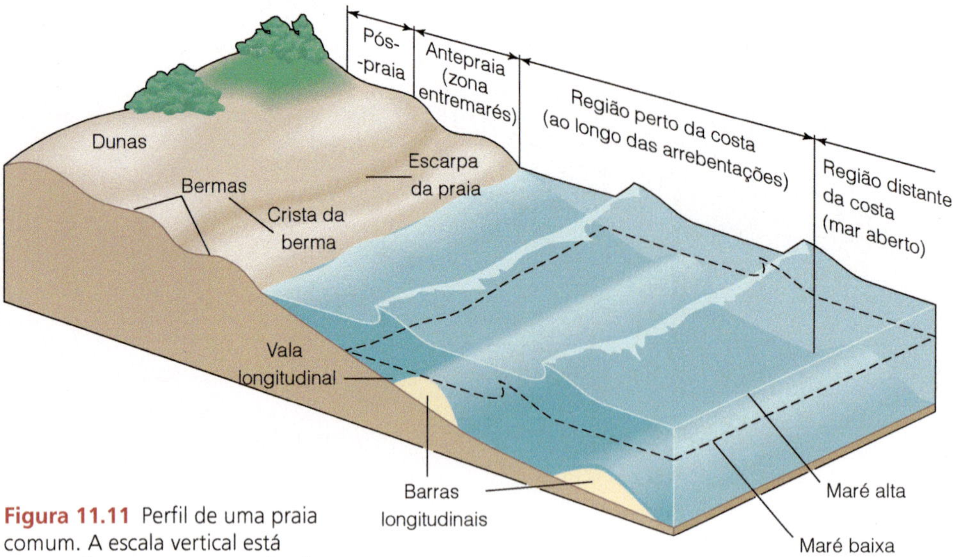

Figura 11.11 Perfil de uma praia comum. A escala vertical está exagerada para mostrar os detalhes.

- A **antepraia (zona entremarés)**, em direção ao mar a partir da crista da berma, é a zona ativa da praia, lavada pelas ondas durante a subida e a descida diárias das marés. Ela se estende da base da berma – onde a **escarpa da praia** (um talude vertical de altura variável) muitas vezes é esculpida pela ação das ondas na maré alta – até a marca da maré baixa, onde começa a zona da costa.
- Abaixo da marca da maré baixa, a ação das ondas, o refluxo turbulento e as correntes longitudinais escavam uma **vala longitudinal** paralela ao litoral.
- **Barras longitudinais** irregulares (acúmulos de areia submersos ou expostos) completam o perfil em direção ao mar.

Esse perfil de praia é apenas temporário, gerado pela interação de sedimentos, ondas e marés. Grandes ondas de tempestades podem rearranjar a praia em um dia, transportando milhares de toneladas de sedimento da praia para bancos arenosos submersos em mar aberto. A maior parte das praias de clima temperado sofre uma transformação sazonal. As praias são mais erodidas no inverno do que no verão, pois tempestades de inverno são acompanhadas de ondas altas. As mudanças do verão para o inverno em uma praia são mostradas na **Figura 11.12**.

As Ondas Transportam Sedimentos para as Praias

Se a encosta submersa do leito oceânico for íngreme, os sedimentos erodidos serão drenados rapidamente para as águas profundas. Se a encosta não for tão íngreme, os sedimentos serão transportados ao longo da costa pela ação das ondas e das correntes. O movimento dos sedimentos (geralmente areia) ao longo da costa, realizado por ação das ondas, é conhecido como **deriva longitudinal**. A deriva longitudinal ocorre de duas maneiras: o movimento da areia conduzido pelas ondas ao longo da praia exposta e o movimento da areia conduzido pelas correntes na zona de arrebentação exatamente em direção ao mar.

A maior parte das ondas oceânicas de superfície aproxima-se da costa formando um ângulo e, em seguida, sofre refração em águas rasas, quebrando quase paralela à costa. Como a refração normalmente é incompleta, algum ângulo permanece quando as ondas quebram. Se houver sedimento acumulado formando praia, a água da onda arrebentada fluirá sobre a praia em um ângulo suave, que retornará ao oceano em um movimento direto descendente sob influência da gravidade. Os grãos de areia perturbados pelas ondas seguirão o curso das águas, subindo a praia em um certo ângulo, mas recuando abaixo da encosta **(Figura 11.13)**. O transporte final dos grãos é longitudinal, paralelo à costa, contrário da direção de aproximação das ondas.

O sedimento também é transportado na zona de arrebentação em uma **corrente longitudinal**. As ondas quebram em um ângulo suave, distribuindo parte de sua energia para a direção contrária de sua aproximação. Essa energia impulsiona uma corrente estreita na qual os sedimentos já suspensos pela ação das ondas podem ser transportados costa abaixo. A velocidade da corrente longitudinal pode ser de aproximadamente 4 quilômetros (cerca de 21/2 milhas) por hora.

A areia que se move no espraiamento das ondas ao longo da praia e os sedimentos impulsionados na corrente longitudinal quase costa afora muitas vezes são unidos a cargas muito maiores de sedimentos trazidos para a costa pelos rios. O transporte resultante de todo esse material em direção ao sul ao longo da costa central da Califórnia excede 230.000 metros cúbicos (300.000 jardas cúbicas) por ano. Os números comuns para a costa Atlântica dos Estados Unidos são aproximadamente dois terços desse valor. Embora a direção possa alternar em decorrência de condições temporárias, o fluxo de areia resultante ao longo das costas do Pacífico e do Atlântico dos Estados Unidos normalmente é para o sul, pois as ondas que impulsionam o sistema de transporte aproximam-se principalmente do norte, onde as tempestades costumam ocorrer.

BREVE REVISÃO

Antes de passar para a próxima seção, verifique seu entendimento de algumas das ideias importantes apresentadas até agora:

8. As costas erosivas tendem a evoluir para costas deposicionais, ou é o contrário?

9. Qual é a característica mais comum de uma costa deposicional?

10. Quais são os dois fatores marinhos mais importantes na configuração das praias?

11. Como a areia se movimenta na praia?

Para verificar suas respostas, acesse a página deste livro no site da Cengage.

University of Washington Libraries, Special Collections, John Shelton Collection, KCS2-26

a

University of Washington Libraries, Special Collections, John Shelton Collection, KC9589

b

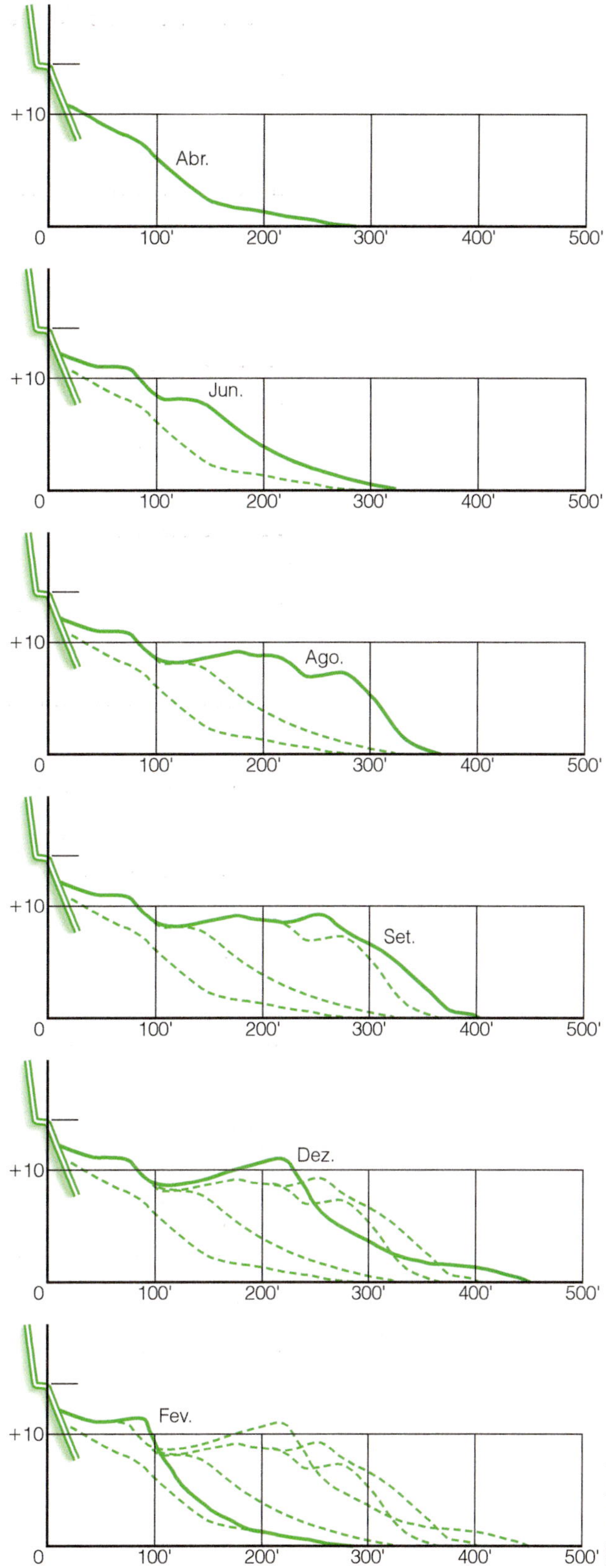

© Cengage Learning

c

Figura 11.12 As estações sazonais mudam e a areia se move para dentro e para fora da Praia Boomer, perto de La Jolla, na Califórnia. As ondas suaves de verão movem a areia em direção ao litoral (a), mas as ondas maiores de inverno removem a areia para as barras litorâneas, expondo o embasamento rochoso (b).
(c) A progressão anual da areia para dentro, e para fora do litoral em um ano típico. As praias da costa leste não costumam variar com as estações sazonais, mas podem mudar drasticamente com o advento de ciclones de nordeste ou tropicais.

11.4 Feições de Larga Escala Desenvolvem-se nas Costas Deposicionais

Além de praias, as costas deposicionais expõem outras feições de grande-escala que resultam do depósito de sedimentos. Algumas dessas feições estão ilustradas na **Figura 11.14**.

Pontais Arenosos e Barras nas Bocas de Estuários São Formados Quando a Corrente Longitudinal Diminui a Velocidade

Os **pontais arenosos (ou cordão litoral)** estão entre as feições de grande-escala mais comuns. Um cordão de areia forma-se onde a corrente longitudinal fica mais lenta, à medida que lava um promontório e se aproxima de uma baía tranquila. A corrente mais lenta na boca da baía é incapaz de transportar tanto sedimento, portanto a areia e o casca-

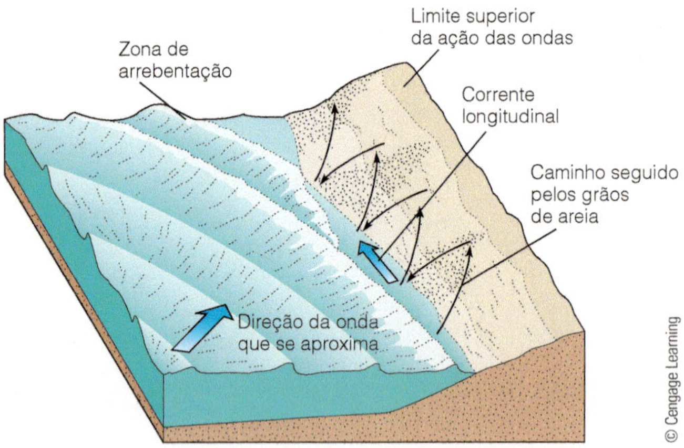

© Cengage Learning

(a) Uma corrente longitudinal movimenta o sedimento ao longo do litoral entre a zona de arrebentação e o limite superior da ação das ondas.

University of Washington Libraries, Special Collections, John Shelton Collection, KC10045a

(b) Espigões construídos em ângulos retos junto à costa do Cabo May, Nova Jersey, para reduzir a velocidade da migração de areia. Os espigões interrompem o fluxo das correntes longitudinais, portanto a areia é retida em armadilha nos seus lados a montante da corrente. Esta visão é em direção ao sul; e ao sul dos espigões, nos lados a jusante da corrente, a areia é erodida.

Figura 11.13 Transporte longitudinal.

PENSANDO ALÉM DA IMAGEM

As correntes longitudinais também tendem de norte a sul na costa oeste dos Estados Unidos?

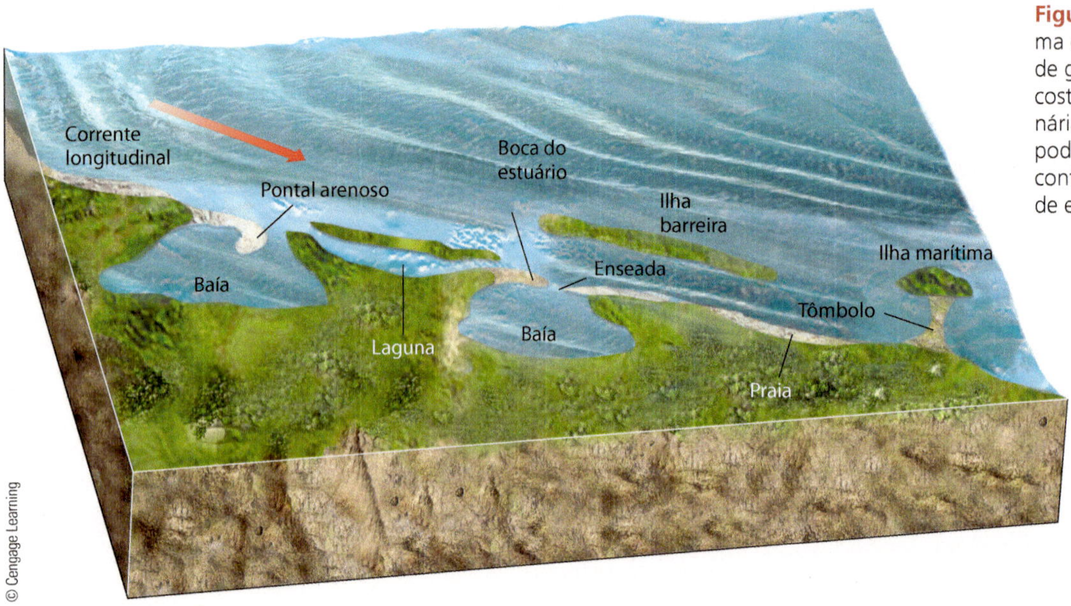

© Cengage Learning

Figura 11.14 Um diagrama composto das feições de grande escala de uma costa deposicional imaginária. Nem todas as feições podem ser encontradas confinadas com proximidade em uma costa real.

lho são depositados ao longo de um alinhamento a partir do promontório corrente abaixo. Como pode ser visto na Figura 11.14, os cordões litorais muitas vezes têm uma curva na ponta, que é causada pelas ondas que geram as correntes e são refratadas em torno da ponta do cordão.

Uma barreira na **boca do estuário** se forma quando um cordão de areia isola uma baía, afixando-se a um promontório adjacente a ela. A boca do estuário protege a baía das ondas e da turbulência e estimula o acúmulo de sedimentos lá. Uma **enseada** – uma passagem para o oceano – pode ser cortada por meio de uma boca de estuário pela ação das marés, pelo fluxo de água de um rio que deságua na baía ou por meio de fortes chuvas tempestuosas. A **Figura 11.15** mostra uma barreira na boca do estuário.

Ilhas Barreiras e Ilhas Marítimas São Separadas da Terra

As costas deposicionais também podem desenvolver barras arenosas estreitas e expostas que são paralelas, porém separadas da terra. Elas são conhecidas como **ilhas barreiras** (**Figura 11.16**). Aproximadamente 13% das costas do mundo são margeadas por ilhas barreiras.

Jack Mertz

Figura 11.15 Uma boca de estuário. A barra agora está fechada, porém o fluxo fluvial elevado (das chuvas interiores) ou as grandes ondas combinadas com marés bem altas podem quebrá-la. Para uma ideia da escala, observe as pontes da autoestrada na parte superior da fotografia.

Earth Science World Image Bank

(a) Ilhas barreiras da costa da Carolina do Norte. (Esta foto, feita do espaço, está em uma escala bem maior que a da Figura 11.15.)

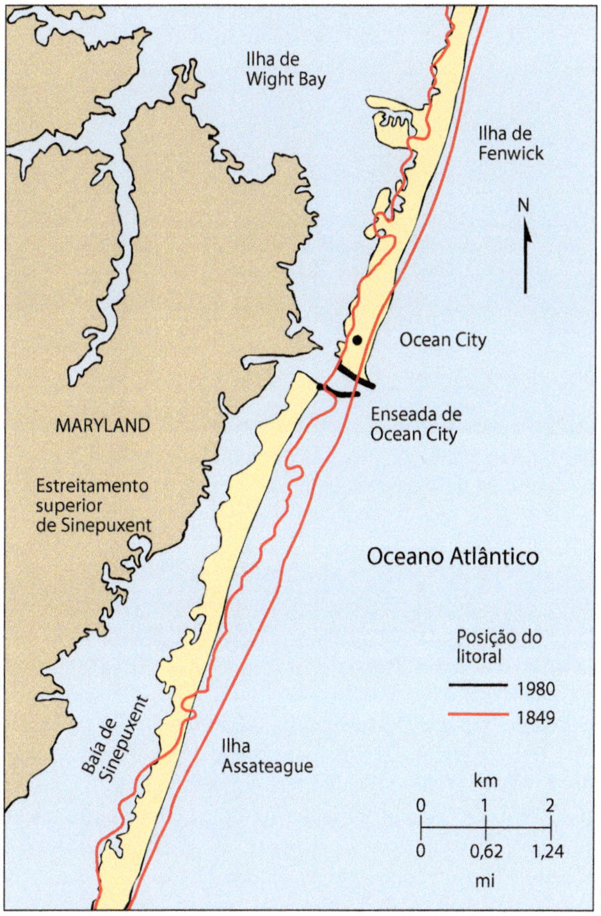

© Cengage Learning

(b) A migração das ilhas barreiras. As linhas pretas ao sul de Ocean City representam molhes construídos nos anos 1930 para proteger a barra. Os molhes rompem a corrente longitudinal de norte para sul. Como resultado, a Ilha de Assateague teve falta de sedimentos e migrou cerca de 500 metros (1.640 pés) a oeste.

Figura 11.16 Ilhas barreiras.

Ilhas barreiras podem ser formadas quando sedimentos submersos acumulados se elevam paralelos ao litoral. Algumas ilhas da costa do Mississippi-Alabama desenvolveram-se desse jeito. De qualquer forma, imagina-se que ilhas barreiras mais extensas podem ser formadas de uma maneira diferente. Próximo ao fim da última maior elevação do nível do mar, cerca de 6 mil anos atrás, as planícies costeiras próximas às margens da plataforma continental foram fronteadas por alinhamentos de dunas arenosas. A elevação do nível do mar fez que o oceano atacasse diretamente as dunas e formasse uma **laguna** – um corpo de água marinha longo e raso isolado do oceano – por trás dessas dunas arenosas. As altas cadeias de dunas costeiras tornaram-se ilhas. À medida que o nível do mar continuou a subir, a ação das ondas causou a migração das ilhas e das lagunas em direção à terra. A maior parte das ilhas barreiras da costa sudeste dos Estados Unidos originou-se dessa forma. Elas ainda migram lentamente em direção à terra à medida que o nível do mar continua a subir. O processo é acelerado se o afluxo de sedimentos for restrito **(Figura 11.16b)**.

Todos os anos, tempestades severas geram ondas intensas suficientes para erodir as praias das ilhas barreiras. A maior dessas tempestades pode gerar ondas capazes de transpor as ilhas baixas. O escoamento dos rios cheios pelas chuvas, com a água levada pelas ondas oceânicas de superfícies e pelas marés de tempestades, pode rapidamente inundar uma laguna e abrir novas enseadas através das ilhas barreiras.

Apesar desses perigos, aproximadamente 70 ilhas barreiras da costa dos Estados Unidos têm se desenvolvido comercialmente e milhões de pessoas vivem nelas. As mais famosas das ilhas barreiras incluem Atlantic City, Nova Jersey; Ocean City, Maryland; Miami Beach e Palm Beach, Flórida; e Galveston, Texas. Aproximadamente a cada cem anos, uma tempestade de inverno tem efeitos catastróficos nas áreas populosas das ilhas barreiras do Atlântico, e as costas sudeste do Atlântico e do Golfo devem lutar com grandes furacões ocasionais. A subsidência contínua dessas costas passivas (combinadas com mudanças causadas pelo desenvolvimento comercial e pela progressiva elevação do nível do mar) poderá indubitavelmente destruir propriedades e vidas na costa. A **Figura 11.17** sugere a extensão da ameaça.

Diferentemente das ilhas barreiras, as **ilhas marinhas** são estruturas compostas que contêm um núcleo central firme que foi parte do continente quando o nível do mar

PENSANDO ALÉM DA IMAGEM

Que medidas foram tomadas em 1998-1999 para preservar o farol nas proximidades do Cabo Hatteras? Por que esses esforços foram necessários?

W. Demetrakas, O. C. Camera

(a) Ocean City, Maryland, é uma ilha barreira desenvolvida. Recebe 8 milhões de visitantes por ano. Essa cidade (e outras situadas como esta) não tem nenhuma proteção eficaz contra inundação e destruição por tempestades severas.

Mark Wolfe/FEMA News Photo

(b) Este rompimento da Ilha Hatteras nos bancos externos da Carolina do Norte foi causado pela maré de tempestade e inundação do furacão Isabel, em setembro de 2003. O oceano está à direita.

Mark Wolfe/FEMA News Photo

(c) O rompimento prejudicou a única estrada ao longo da extensão da ilha e isolou muitos lares. A seta em (b) e a linha amarela em (c) marcam a linha central da estrada.

Figura 11.17 Modificação da ilha barreira: real e possível.

era mais baixo. A elevação do nível do oceano separou os pontos mais altos desses núcleos do continente, e processos sedimentares as cercaram com praias. Hilton Head, na Carolina do Sul, e Cumberland, na Geórgia, são ilhas marinhas. Se a ilha é próxima à costa, uma ponte de sedimentos chamada **tômbolo** pode se formar para conectar a ilha ao continente. Tômbolos podem igualmente conectar um afloramento rochoso ou vulcões ao continente. Uma ilha marinha e um tômbolo são apresentados na Figura 11.14.

Deltas Podem se Formar em Fozes

Em alguns poucos lugares, sedimentos que foram lavados da terra se depositaram nas costas, aumentando-as. O litoral nesses locais é muito diferente da configuração do fim da última era do gelo. As mais importantes dessas feições costeiras são os **deltas**.[1]

Os deltas não se formam na foz de todo rio carregado de sedimentos. Uma vasta plataforma continental deve estar presente para fornecer uma base na qual os sedimentos possam se acumular. Em geral, o alcance da maré é baixo, e as ondas e as correntes são suaves. Não existem grandes deltas ao longo da costa Atlântica dos Estados Unidos, pois os sedimentos que chegam ao litoral são depositados no fundo das fozes dos rios ou dispersos pelas marés e correntes. Além disso, não existem grandes deltas ao longo da margem oeste das Américas do Norte e do Sul, porque essas costas são margens convergentes, onde a placa oceânica está sendo consumida na zona de subducção e a plataforma continental é muito estreita; os sedimentos que formariam um delta são arrastados para baixo do talude continental ou dispersos ao longo da costa por ondas. Deltas são mais comuns em costas com baixa energia, em mares fechados (onde o alcance da maré não é extremo) e ao longo das margens tectonicamente estáveis de alguns continentes. Os maiores deltas são os do Golfo do México (o Mississippi, **Figura 11.18a**), do Mar Mediterrâneo (o Nilo) e do sistema do Rio Ganges-Bramaputra, na Baía de Bengala **(Figura 11.18b)**, e os grandes deltas formados pelos rios chineses que desembocam no sul do mar da China.

O formato de um delta representa um equilíbrio entre o acúmulo de sedimentos e sua remoção pelo oceano. Para um delta conservar o seu tamanho ou crescer, o rio deve transportar muitos sedimentos para manter os processos marinhos sob controle. Os efeitos combinados de ondas, marés e fluxo de rio determinam o formato de um delta. Os *deltas dominados por rio* são alimentados por um fluxo forte de água doce e de sedimento continental, e se formam em mares marginais protegidos. Eles terminam em uma série de *distributários* – as separações finais do rio – bem distribuídos, na forma característica de pé de pássaro (como mostrado no Mississippi). Em *deltas dominados por maré*, a descarga de água doce é dominada por correntes da maré que moldam o sedimento em ilhas alongadas paralelas ao fluxo do rio e perpendiculares à direção da costa. O maior delta dominado por maré formou-se nas fozes do sistema do Rio Ganges-Bramaputra. Os *deltas dominados por ondas* geralmente são menores que os de maré ou do que os deltas dominados por rio e têm um litoral suave pontuado por praias e dunas arenosas. Em vez de distributário em um padrão pé de pássaro, um delta dominado por onda tem um canal principal de saída.

[1] O termo é derivado da forma triangular da letra maiúscula grega *delta* (Δ).

U.S. Geological Survey

(a) A forma de pé de pássaro do delta do Mississippi é vista claramente na fotografia. Os deltas na forma de lóbulos e em pé de pássaro são formados onde a deposição domina os processos de erosão costeira e transporte de sedimentos. A água repleta de sedimentos parece marrom nesta fotografia tirada em órbita baixa.

USGS/EROS Data Center

(b) Fozes do sistema fluvial Ganges-Bramaputra, em 28 de fevereiro de 2000. Este delta dominado pela maré, lar de cerca de 120 milhões de pessoas, é costumeiramente inundado durante ciclones e chuvas de monções. Observe os sedimentos (de cor azul-leitoso) fluindo do delta para a Baía de Bengala.

Figura 11.18 Os deltas dos rios formam-se em lugares onde os rios carregados de sedimento entram em mares fechados ou semifechados, onde a energia das ondas é limitada.

BREVE REVISÃO

Antes de passar para a próxima seção, verifique seu entendimento de algumas das ideias importantes apresentadas até agora:

12. Diferencie pontal arenoso e barra na boca da baía.

13. Qual é a diferença entre ilhas marítimas e ilhas barreiras?

14. Por que os deltas não se formam em todas as bocas de rios?

Para verificar suas respostas, acesse a página deste livro no site da Cengage.

11.5 As Costas São Formadas e Modificadas por Atividade Biológica

As costas podem ser extensivamente modificadas pelas atividades de animais e plantas. As modificações mais significativas ocorrem nos trópicos, onde os pólipos de coral formam recifes em volta de ilhas vulcânicas ou ao longo da margem de um continente. O maior de todos os recifes é a Grande Barreira de Corais da Austrália (Figura 11.19), que começa em Torres Strait, separando a Nova Guiné e a Austrália, e segue descendo a costa nordeste da Austrália por 2.500 quilômetros (1.500 milhas). O recife não é apenas um objeto, mas uma composição de mais de três mil **recifes de corais** individuais cobrindo 350.000 quilômetros quadrados (135.000 milhas quadradas) – coletivamente é a maior estrutura feita por organismos vivos na Terra.

As Florida Keys – uma série de ilhas baixas que se estendem ao sul e a oeste da extremidade final da Flórida – constituem um excelente exemplo de costa de recife de coral na parte continental dos Estados Unidos. Como uma costa de coral pode estender-se acima do nível do mar? As Keys são relativamente altas porque formaram-se durante um período entre glaciações, quando o nível do mar estava aproximadamente 6 metros (20 pés) mais alto que o nível atual. Algumas ilhas de recife de coral dos oceanos Pacífico e Índico são muito mais baixas – uma grande tempestade pode submergi-las e fraturá-las. Aquelas que se estendem acima do nível do mar estão assim porque pedaços das margens do recife são lançados em direção ao centro dessas ilhas por ondas e ventos de tempestades. Os blocos acumulados são cimentados em conjunto pelo calcário (carbonato de cálcio) que eles contêm.

Outras costas são formadas por manguezais, árvores que podem crescer na água salgada. A costa sudoeste da Flórida tem sido formada e ampliada pela atividade dos manguezais, cujos sistemas de raiz aprisionam os sedimentos, mantendo-os em volta da planta (Figura 11.20). O complexo de raízes forma uma barreira impenetrável e se transforma em porto seguro para os organismos que vivem na base das árvores.

BREVE REVISÃO

Antes de passar para a próxima seção, verifique seu entendimento de algumas das ideias importantes apresentadas até agora:

15. Quais organismos podem afetar a configuração costeira?

Para verificar sua resposta, acesse a página deste livro no site da Cengage.

Figura 11.19
Uma pequena porção da Grande Barreira de Corais, Queensland, Austrália. Esta costa foi consideravelmente modificada pela atividade biológica.

Tororo reaction/Shutterstock.com

Como sugere a Figura 11.8, os fiordes são íngremes, sofrem erosões glaciais, com valas em forma de U. Eles têm de 300 a 400 metros (1.000 a 1.300 pés) de profundidade, mas tipicamente terminam em orla ou soleira rasa formada por depósitos glaciais terminais. Em fiordes com soleiras rasas ocorre uma pequena mistura vertical abaixo da profundidade da soleira, e as águas de fundo podem ficar estagnadas. Em fiordes com soleiras mais profundas, as águas de fundo misturam-se lentamente com águas oceânicas adjacentes. Os fiordes são comuns em países como Noruega, Groenlândia, Nova Zelândia, no Alasca e no oeste do Canadá. Eles são raros nos 48 estados mais abaixo, todavia o Estreito de Juan de Fuca, em Washington, é um bom exemplo de exceção.

Os estuários com barra formam-se quando uma ilha ou um esporão de barreira são construídos paralelos à costa, acima do nível do mar. Como esses estuários são rasos e normalmente têm apenas uma pequena entrada estreita que os conecta ao oceano, a ação da maré é limitada. As águas em estuários com barras são principalmente misturadas pelo vento. Albemarle e os Pamlico Sounds, na Carolina do Norte, e a Baía Chincoteague, em Maryland, são estuários com barra.

Os estuários gerados por processos tectônicos são reentrâncias costeiras formadas por falhas e subsidência locais. Tanto a água doce quanto a do mar fluem na depressão e formam um estuário. A Baía de São Francisco é, em parte, um estuário tectônico.

11.6 A Água Doce se Encontra com o Oceano nos Estuários

Um **estuário** é um corpo de água parcialmente rodeado por Terra, onde a água doce de um rio se mistura com a água oceânica. Os estuários são áreas de extraordinária produtividade e diversidade biológica. As costas dos Estados Unidos contêm aproximadamente 15.150 quilômetros quadrados (5.850 milhas quadradas) de águas estuarinas. A Baía de Chesapeake, a Baía de São Francisco e o Estreito de Puget são todos estuários.

Os Estuários São Classificados Segundo Suas Origens

Os estuários são classificados em quatro tipos, dependendo de suas origens **(Figura 11.21)**:

- Foz de rio inundada
- Fiordes
- Estuários com barra
- Tectônico

Os estuários formados em fozes fluviais inundadas são comuns em todo o mundo, particularmente ao longo da costa Atlântica dos Estados Unidos. É importante lembrar que o nível do mar aumentou aproximadamente 125 metros (410 metros) desde o fim do último maior período glacial, há aproximadamente 18 mil anos, o que resultou na incursão da água do mar para as fozes dos rios. As fozes dos rios York, James e Susquehanna e a Baía Chesapeake são exemplos desse tipo de estuário.

As Características dos Estuários São Influenciadas pela Densidade e pelo Fluxo da Água

Três fatores determinam as características dos estuários: o formato do estuário, o volume do fluxo fluvial na cabeceira do estuário e o alcance das marés na boca do estuário. A mistura de águas de densidades diferentes, a subida e a descida da maré e as variações no fluxo do rio – além da ação do vento e gelo, e do efeito de Coriolis – asseguram que o padrão de circulação da água em um estuário seja complexo.

Os estuários são categorizados por seus padrões de circulação. Os padrões de circulação mais comuns são observados em **estuários com cunha salina**, que se formam onde o fluxo rápido de um grande rio penetra no oceano, em área onde o alcance da maré é baixo ou moderado. A água doce que sai retém a cunha de água do mar que penetra (cunha salina) na água

Brian Parker/Tom Stack and Associates

Tom Garrison

(a) As árvores dos manguezais retêm sedimentos, construindo e estabilizando a costa. Suas raízes também oferecem um abrigo seguro para a manutenção de grande diversidade de vida marinha.

(B) Restauração costeira em andamento em um manguezal nos Novos Territórios de Hong Kong.

Figura 11.20 Costas de mangue.

do mar **(Figura 11.22a)**. Observe que as diferenças de densidade fazem que a água doce flua por cima da água salgada. A cunha de água do mar recua rumo ao mar no momento de maré baixa ou de um fluxo fluvial forte e volta em direção à terra com as subidas de maré ou quando o fluxo do rio diminui. Parte da água marinha da cunha une-se ao fluxo de água doce rumo ao mar no limite superior abruptamente inclinado da cunha, e nova água marinha proveniente do oceano toma o seu lugar. Desse modo, os nutrientes e os sedimentos do oceano podem penetrar no estuário. Os exemplos de estuários tipo cunha salina são as desembocaduras dos rios Hudson e Mississippi.

(a) Fozes de rio inundadas: as fozes dos Rios James, York e Susquehanna; Baía de Chesapeake Bay; Porto de Sydney, Austrália.

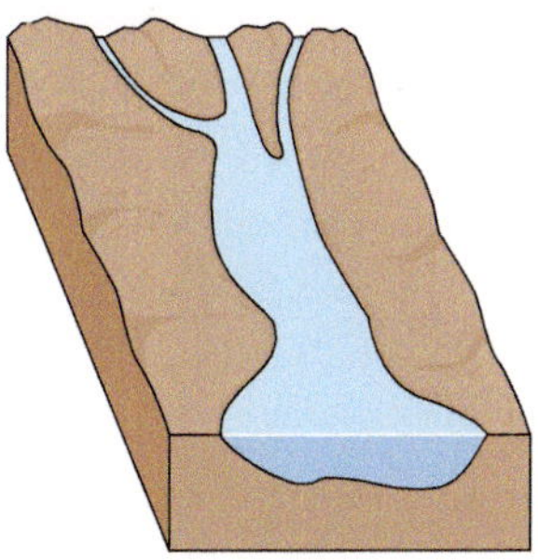

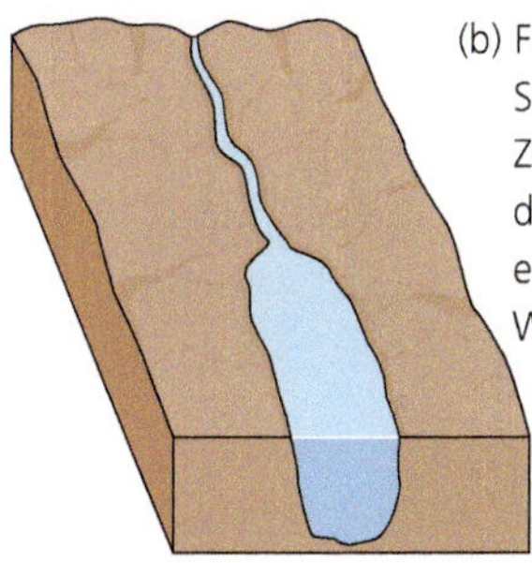

(b) Fiordes: Milford Sound, na Nova Zelândia; Estreito de Juan de Fuca, no estado de Washington.

(c) Estuários com barra: Estreitos de Albemarle e Pamlico, na Carolina do Norte.

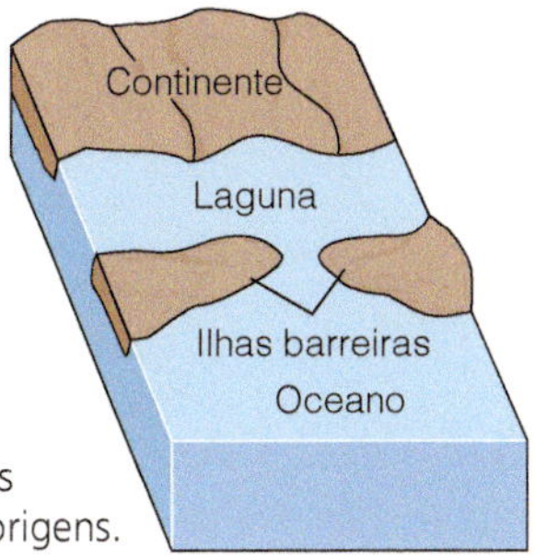

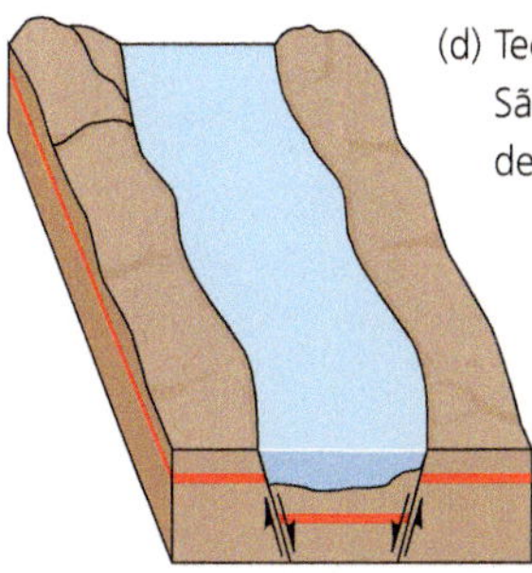

(d) Tectônico: Baía de São Francisco; Baía de Tomales.

© Cengage Learning

Figura 11.21 Estuários classificados por suas origens.

Um padrão diferente ocorre onde o rio flui mais lentamente e o alcance da maré é de moderado a alto. Como o nome indica, os **estuários bem misturados** contêm misturas diferentes de água doce e salgada ao longo da maior parte da sua extensão. A turbulência da maré agita as águas, enquanto a corrente fluvial empurra as misturas para o mar. A **Figura 11.22b** ilustra um estuário bem misturado. A desembocadura do Rio Colúmbia é um exemplo.

Os estuários mais profundos expostos a condições de maré semelhantes, porém com maior fluxo fluvial, tornam-se **estuários parcialmente misturados**. Os estuários parcialmente misturados compartilham algumas das propriedades dos estuários de cunha salina e dos estuários bem misturados. Na **Figura 11.22c**, é possível observar que o afluxo de água marinha abaixo de uma camada superficial de água doce flui para o mar, e a mistura ocorre ao longo da ligação. A energia

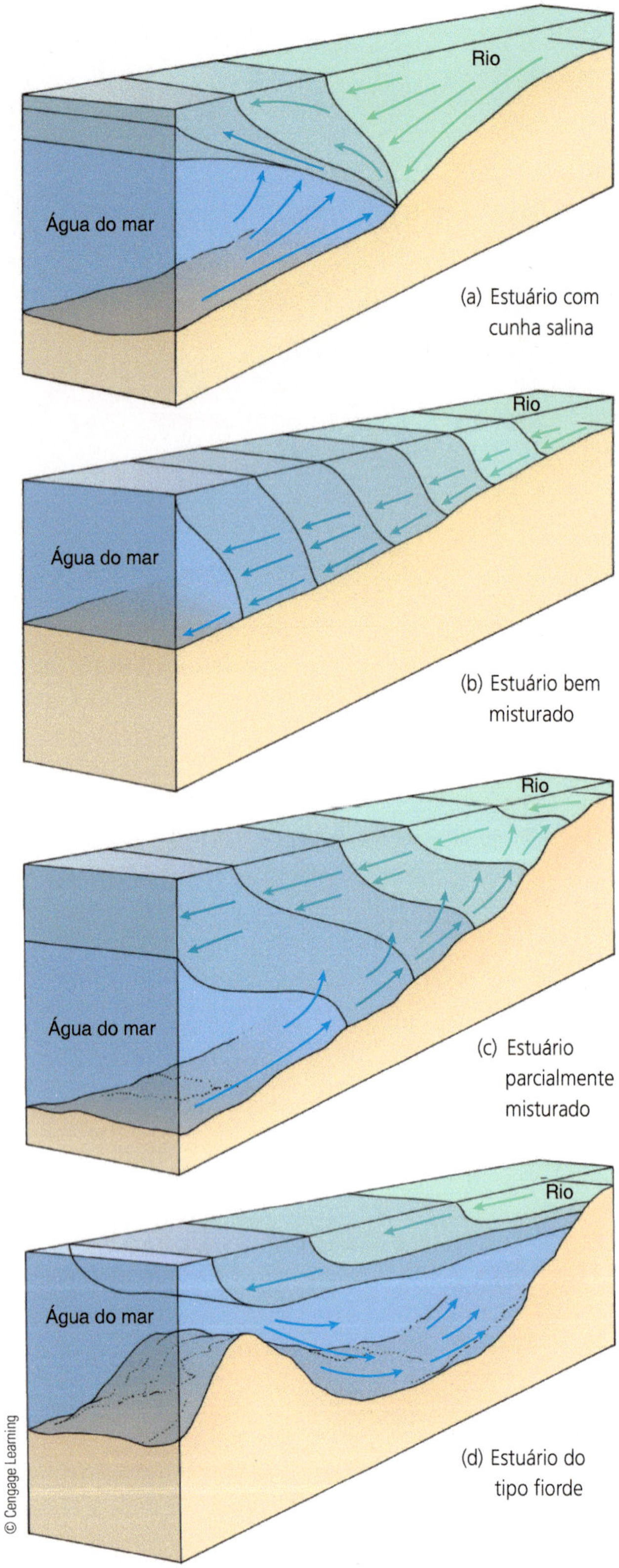

Figura 11.22 Tipos de estuários em seções transversais verticais. Os valores de salinidade mostram a quantidade de mistura entre a água doce e a água marinha nos vários tipos. A cor verde representa a água doce.

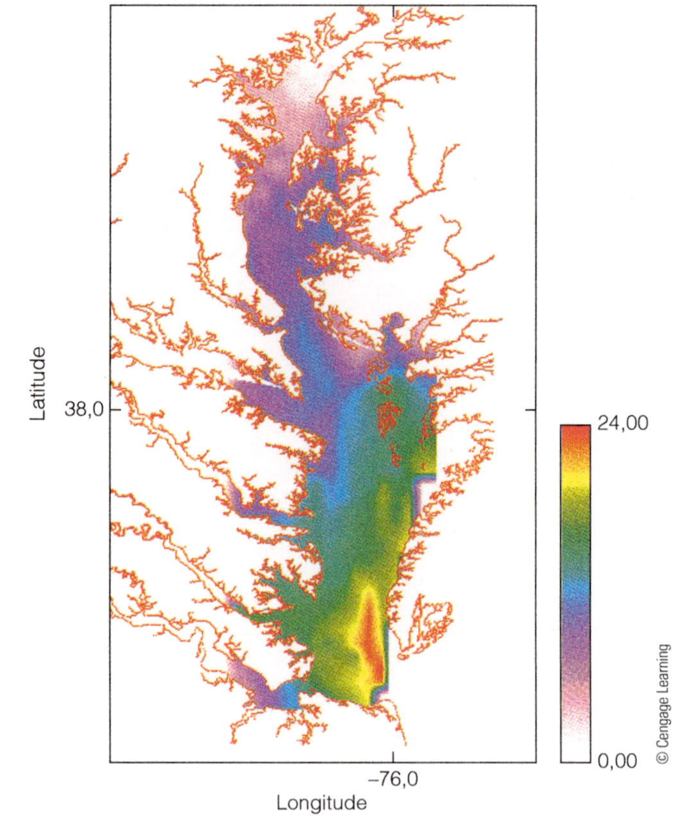

Figura 11.23 Alcance da salinidade na Baía de Chesapeake, um exemplo de um estuário parcialmente misturado. As cores indicam a salinidade em partes por mil. A distribuição comum da salinidade da superfície no estuário varia de 28‰ na foz para 1‰ próximo aos cursos superiores. O efeito de Coriolis força o afluxo de água salgada para o banco à direita (leste) – observe como as linhas de contorno de 20‰ tendem em direção do banco à direita.

da mistura vem tanto da turbulência da maré como do fluxo do rio. O Rio Tâmisa, na Inglaterra, e as Baías de São Francisco e de Chesapeake são exemplos disso.

Os **estuários do tipo fiorde** formam-se onde as geleiras escavaram vales íngremes na forma de U abaixo do nível do mar. Normalmente, os estuários do tipo fiorde têm pequenas áreas superficiais, alto aporte fluvial e um pouco de mistura pela maré. A água do rio tende a fluir para o mar na superfície com um pequeno contato com a água do mar abaixo (Figura 11.22d). Em estuários do tipo fiorde com soleiras íngremes, pode-se formar acima do assoalho uma camada de água estagnada – água fria contendo pouco oxigênio e poucos nutrientes.

Em estuários bem misturados e parcialmente misturados do Hemisfério Norte, a entrada de água marinha pressionará contra o lado direito do estuário por causa do efeito de Coriolis. O escoamento da água do rio tenderá também para a direita da sua direção de movimento. Essa deriva para a direita pode ser vista no contorno das linhas que representam a salinidade da superfície na Baía de Chesapeake (Figura 11.23).

Os Estuários Sustentam Comunidades Marinhas Complexas

Algumas das civilizações mais antigas floresceram em ambientes estuarinos. As regiões mais baixas dos Rios Tigre e

R. Ballou/animals animals/earth scenes

Figura 11.24 O desenvolvimento comercial de terras alagadas estuarinas afeta a diversidade das espécies e a produtividade biológica, e leva ao aumento da erosão costeira. O desenvolvimento imobiliário na Baía de Barnegat, em Nova Jersey, é mostrado aqui.

Eufrates, a região do delta do Rio Po, na Itália, o delta do Nilo, as fozes do Ganges e o Baixo Vale Hwang Ho têm amparado a instalação de muitas habitações humanas durante milhares de anos. Os estuários continuam sendo irresistivelmente atraentes para aqueles que promovem o desenvolvimento. Em áreas de alta densidade demográfica, os estuários são costumeiramente dragados para a implantação de portos, marinas e recursos recreativos, e aterrados para a formação de espaço para casas e terras agriculturáveis.

Os estuários geralmente mantêm um grande número de organismos vivos. A disponibilidade fácil de nutrientes e luz solar, a proteção do choque de ondas e a presença de vários hábitats permitem o crescimento de muitas espécies. A produtividade e a diversidade biológica em estuários normalmente são bem altas. Os estuários costumam ser berçários de animais marinhos: várias espécies de percas, anchovas e arenques do Pacífico têm a vantagem de possuírem alimentos em abundância nos estuários durante suas primeiras semanas de vida. Infelizmente para os seus habitantes, a alta exigência do desenvolvimento é incompatível com a manutenção de um ecossistema estuarino saudável.

Os estuários também se tornaram os mais poluídos de todos os ambientes marinhos. Algumas das plantas que crescem em estuários rasos e temperados têm a habilidade de "purificar" a água poluída – elas removem os compostos inorgânicos de nitrogênio e os metais da água do mar poluída por fontes terrígenas. As plantas utilizam a atração eletrostática e as camadas superficiais viscosas para acumular as partículas do tamanho de argila que se encontram na água e as depositam em suas superfícies. Quando a maré desce, esse material é depositado na base da planta e ajuda a protegê-la do efeito da erosão. As bactérias presentes na lama podem decompor os compostos de nitrogênio e reter os metais, deixando a água mais limpa. Ironicamente, o desenvolvimento está destruindo os muitos ecossistemas capazes de ajudar a limpar a água. Mais da metade dos estuários dos Estados Unidos e outras áreas alagadas foram perdidos. Dos 870.000 quilômetros quadrados (215 milhões de acres) originais de áreas alagadas, que existiram nos 48 estados costeiros, aproximadamente 360.000 quilômetros quadrados (90 milhões de acres) sobraram. A **Figura 11.24** sugere o tamanho da ameaça.

BREVE REVISÃO

Antes de passar para a próxima seção, verifique seu entendimento de algumas das ideias importantes apresentadas até agora:

16. O que é um estuário?

17. Os estuários são classificados por suas origens. Quais são os tipos de estuários que existem?

18. Os estuários também são classificados pelo tipo de água que eles contêm e pelas características do fluxo dessa água. Como os estuários são classificados pelos padrões de circulação da água?

19. Qual é o valor dos estuários?

Para verificar suas respostas, acesse a página deste livro no site da Cengage.

11.7 As Características das Costas dos Estados Unidos

As forças das placas tectônicas tiveram uma influência imensa nas margens continentais, e as margens dos Estados Unidos não são exceção. Os resultados do movimento das placas na costa do Pacífico diferenciam-se muito daqueles nas costas do Golfo e Atlântico, principalmente porque a costa do Pacífico está perto de uma placa de margem ativa, e as costas do Golfo e do Atlântico não.

Costa do Pacífico

A costa do Pacífico está em uma margem ativa de elevação na qual os vulcões, os terremotos e outros indicadores da atividade tectônica recente são facilmente observados. As praias da costa do Pacífico são tipicamente interrompidas por promontórios rochosos denteados, intrusões vulcânicas ou efeitos de cânions submarinos. Os terraços de abrasão por onda são assentados quase 400 metros (1.300 pés) acima do nível do mar em vários lugares, evidenciando que a elevação tectônica excedeu à subida geral ao nível do mar durante o último milhão de anos **(Figura 11.25)**.

A maior parte do sedimento na costa do Pacífico originou-se da erosão de rochas graníticas ou vulcânicas relativamente jovens de montanhas próximas. As partículas de quartzo e feldspato, que constituem a maior parte da areia, foram transportadas até a costa pelo fluxo dos rios. O volume do material sedimentar transportado das áreas interiores para as praias da costa do Pacífico excede muito o montante que se origina das falésias costeiras. Os deltas tendem a não se formar nas desembocaduras de rios da costa do Pacífico porque a plataforma continental é estreita, o fluxo fluvial é geralmente baixo (exceto o Rio Colúmbia), e as praias são normalmente de alta energia de onda. A direção predominante da deriva litorânea é para o sul, porque as tempestades do norte fornecem a maior parte da energia das ondas.

Costa Atlântica

A costa Atlântica está em uma margem passiva, tectonicamente calma em processo de subsidência por causa da sua posição de arrasto na placa norte-americana. A subsidência

Figura 11.25 Terraços de abrasão na Ilha de San Clemente, parte litorânea do sudeste da Califórnia. O soerguimento tectônico e as forças erosivas mostrados na Figura 11.5b explicam sua origem.
University of Washington Libraries, Special Collections, John Shelton Collection, KC8974

ao longo da costa é considerável – 3.000 metros (10.000 pés) durante os últimos 150 milhões de anos. Uma camada profunda de sedimento acumulou-se distante da costa, material que ajudou a formar as ilhas barreiras atuais. De qualquer modo, a subsidência relativamente recente foi muito importante na configuração da costa atual. Com exceção da costa do Maine (que está ainda na elevação isostática do relevo depois do recente afastamento das geleiras), o afundamento costeiro e a subida do nível do mar se combinaram para submergir algumas partes da costa Atlântica em uma taxa de aproximadamente 0,3 metro (1 pé) por século. Esse processo formou os enormes vales inundados das Baías de Chesapeake e de Delaware, a migração rumo ao continente das ilhas barreiras e o recuo das planícies da Flórida e da Geórgia.

As rochas ao norte (no Maine, por exemplo) estão entre as mais difíceis e mais resistentes à erosão no continente, portanto as praias são raras no Maine. Mas, ao sul de Nova Jersey, as rochas são mais facilmente fragmentadas e estão expostas a intempéries, e as praias são muito mais comuns. Assim como na costa do Pacífico, os sedimentos são transportados rumo à costa por rios a partir da erosão das montanhas interiores, mas o material transportado é retido nos estuários e, por isso, desempenha um papel menos importante nas praias. As praias do leste são tipicamente formadas do sedimento de costas próximas que sofrem erosão ou do movimento rumo à costa de depósitos distantes da costa assentados quando o nível do mar era mais baixo. A quantidade de areia em uma área, consequentemente, depende, em parte, da resistência ou suscetibilidade das costas próximas à erosão. Nessas praias, as areias movem-se geralmente para o sul, tal como na costa do Pacífico, mas no leste o volume de areia que se movimenta é menor.

Como vimos, as geleiras também contribuíram com o modelamento da parte nordeste da costa Atlântica: grandes porções de Long Island e todo o Cabo Cod são remanescentes dos detritos depositados pelas geleiras.

Costa do Golfo

A costa de Golfo está sujeita a uma pequena variação da maré e – exceto quando ocorrem furacões – as ondas médias têm menor tamanho do que as das costas do Pacífico ou do Atlântico. A corrente costeira reduzida e uma ausência de interrupção por cânions submarinos permitem o acúmulo de um grande volume de sedimentos do Mississippi e de outros rios para formar grandes deltas, ilhas barreiras e o crescimento de uma "superberma" que impede o oceano de inundar a maior parte dessa costa em afundamento.

Essas são condições favoráveis, pois a taxa de subsidência na costa de Golfo é maior do que a da maior parte da costa Atlântica (Figura 11.26). O abaixamento neste caso não é o resultado da atividade tectônica, mas ocorre por causa da compactação do sedimento, da falta de abastecimento e da remoção de óleo e de gás natural. A falta de alimentação com sedimento e a dragagem pioraram a situação no entorno de algumas grandes cidades. Em Galveston, no Texas, por exemplo, o nível do mar está quase 64 centímetros (25 polegadas) mais alto do que foi há um século, e partes de Nova Orleans estão agora 2 metros (6,6 pés) abaixo do nível do mar. Como vimos, os resultados da passagem de furacões em tais lugares podem ser trágicos. A berma protetora natural será facilmente erodida, e o fluxo de água aumentará repentinamente para o interior.

BREVE REVISÃO

Antes de passar para a próxima seção, verifique seu entendimento de algumas das ideias importantes apresentadas até agora:

20. Faça uma breve comparação das costas do Pacífico, do Atlântico e do Golfo dos Estados Unidos. Quais são as forças mais importantes que influenciam essas costas?

Para verificar sua resposta, acesse a página deste livro no site da Cengage.

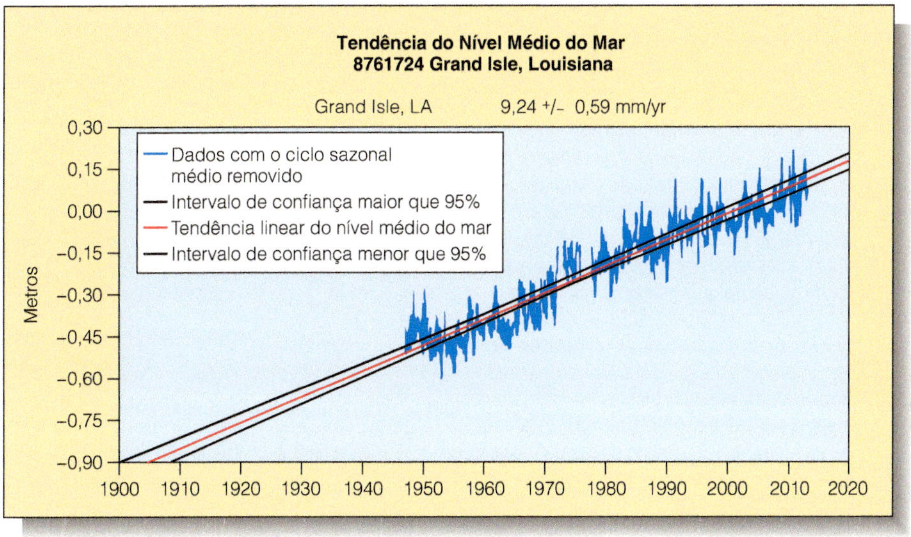

Figura 11.26 Tendência do nível médio do mar em Grand Isle, Louisiana. Esta parte da costa do Golfo está vivenciando a elevação mais rápida no nível do mar do que qualquer outra das costas dos Estados Unidos. A subsidência acelerada da terra combinada com a elevação do nível do mar provoca uma elevação equivalente a 9,24 milímetros por ano (3 pés em 100 anos).

(a) A aparência do litoral em 1931.

(b) O mesmo litoral em 1949, depois que o quebra-mar foi construído. O ancoradouro de barcos formado pelo quebra-mar está preenchido de areia depositada pela perturbação da corrente costeira.

(c) O quebra-mar deteriorou e agora pode ser coberto pelas ondas. Essa imagem de 2007 mostra que a praia voltou ao seu formato anterior.

Figura 11.27 Crescimento de uma praia protegida por um quebra-mar: Santa Mônica, Califórnia.

11.8 O Homem Interferiu nos Processos Costeiros

As costas são áreas ativas para onde fatores marinhos, terrestres, atmosféricos e humanos convergem. Nenhum desses fatores domina por muito tempo. Gostamos de visitar as regiões costeiras e de morar próximo a elas, mas a interferência humana nos processos costeiros nem sempre produz o resultado desejado. As medidas tomadas para preservar ou "melhorar" um trecho de costa rochosa ou de uma praia podem ter o efeito oposto, e os moradores costeiros nem sempre aprendem com os exemplos.

As praias existem em um equilíbrio tênue entre o acúmulo e a destruição. A atividade humana pode destruir o equilíbrio de um jeito ou de outro. Por exemplo, considere o **quebra-mar** rochoso mostrado na Figura 11.27. O quebra-

UM OLHAR MAIS ATENTO 11.1

O que Acontece Quando Humanos Alteram uma Costa?

Os Emirados Árabes, no Golfo Pérsico, embarcaram nos desenvolvimentos costeiros mais extensos do mundo feitos por humanos. A maioria de seus acréscimos foram ilhas em forma de palmeiras para maximizar a metragem da margem do mar. A construção da primeira ilha, Palm Jumeirah, começou em junho de 2001. Logo em seguida, Palm Jebel Ali foi anunciada e a reinvindicação do trabalho começou. Palm Deira, a terceira, foi planejada para ter uma superfície em área maior que a de Paris! Se concluída, se tornará a maior ilha do mundo feita por humanos, abrigando mais de 1 milhão de pessoas. As primeiras duas ilhas vão precisar de cerca de 100 milhões de metros cúbicos de rochas e areia. Esse projeto, por enquanto, está em espera.

Ele virá sem surpresas de que a dragagem em massa e as atividades de mineração em uma área relativamente confinada e rasa gerarão águas litorâneas altamente perturbadas. As rochas e a areia enterraram leitos de ostras e sufocaram recifes de corais. Correntes alteradas erodiram o litoral do continente. Em nenhum outro lugar as correntes são tão fracas: os residentes das novas ilhas estão incomodados com o odor e a paisagem desagradável provocada pelo florescimento excessivo de algas (*bloom*) que crescem nos canais entre as "frondes" das construções em formato de palmeiras. Bilhões de dólares extras foram gastos para erguer a segunda e a terceira ilhas em formato de palmeira mais um metro (3,3 pés) para vencer a elevação global prevista do nível do mar.

E o litoral original? Um trecho da Jumeirah Beach, um ímã para atração de turistas ocidentais e lar do Burj Al Arab, indiscutivelmente o hotel mais caro e mais elaborado do mundo, foi assolado por uma maré marrom e lamacenta de papel higiênico, esgoto e resíduos químicos. Essa inundação ocorreu parcialmente em decorrência do descarte ilegal, porém a circulação natural reduzida de água do mar ao longo da praia agravou ainda mais a situação.

Uma combinação de redução das economias mundiais, altos preços do petróleo, reavaliações da moeda e maturidade política estão forçando mais do que alguns residentes de Dubai a repensar suas prioridades. Os planos estão sendo refeitos. Como você aprendeu com a leitura deste capítulo, modificar qualquer costa é um esforço cheio de surpresas.

Motivate Publishing/Gallo Images/Getty Images

Figura A A costa extensivamente modificada dos Emirados de Dubai.

-mar interrompe a progressão de ondas para a praia, o que enfraquece a corrente costeira longitudinal e permite o acúmulo de areia. Sem dragagem, a praia conseguirá alcançar o quebra-mar e preencher o ancoradouro de barcos pequenos mantido com a construção do quebra-mar. Isso é um pequeno exemplo da alteração humana de uma praia e serve ainda para apresentar o problema crescente de influências humanas em processos costeiros.

Muitas vezes desviamos ou represamos rios, construímos portos e aumentamos uma propriedade com uma compreensão surpreendentemente pequena do impacto que as nossas ações terão na costa adjacente. Diante desse quadro, o nosso papel se restringe a meros observadores. Os moradores de costas erodidas só podem aceitar a perda inevitável da sua propriedade pelo ataque de forças naturais, mas os residentes de costas nas quais a deposição excede a erosão são, às vezes, presenteados com outras alternativas. As escolhas quase nunca são simples. Por exemplo, os rios devem ser represados para controlar inundações devastadoras? Se as represas forem construídas, elas reterão o sedimento no seu percurso das montanhas à costa. As praias, dentro de uma unidade costeira, alimentadas pelo rio represado, vão se retrair porque a areia da qual elas dependem (para completar o estoque das perdas na costa) é bloqueada. Então, os moradores da área costeira, alarmados, adotarão medidas para reter toda areia que sobrou. Eles podem tentar prender "suas" praias erguendo molhes ou **espigões** – extensões curtas de "muros" de rocha ou de outro material colocado em ângulos retos ao sentido da deriva costeira – para evitar o transporte costeiro de sedimento. Esse recurso temporário normalmente acelera a erosão costa abaixo no sentido da corrente **(Figura 11.28a)**. As praias reduzidas em seu tamanho expõem então as falésias costeiras à erosão acelerada. A energia das ondas de superfície que teria naturalmente deslocado grãos de areia passa a destruir rapidamente as estruturas naturais e artificiais. Os paredões também não ajudam. Eles aumentam a erosão da praia, desviando a energia da onda para a areia. Por causa desse aumento de energia, a agitação consequentemente enfraquece o quebra-mar, causando seu colapso **(Figura 11.28b)**. A importação de areia aprisionada atrás de represas (ou de outras estruturas) é uma medida igualmente temporária – e muito cara **(Figura 11.28c)**. Cenas como aquelas mostradas na **Figura 11.29** serão mais comuns.

Quais são as implicações desses movimentos arenosos não observados? Douglas Inman, ex-diretor do Centro para Estudos Costeiros do Scripps Intitution of Oceanography, acredita que *pelo menos 20% da linha costeira delimitada por praias dos Estados Unidos estão em perigo de alteração séria ou catastrófica*. Na costa oeste, um período de clima relativamente calmo pode estar terminando. Durante esse tempo, as pessoas sentiram que era seguro construir perto da costa. O aumento da construção de represas e quebra-mares, molhes e o surgimento de espigões tornaram as praias do sul da Califórnia mais vulneráveis. Por causa do El Niño de 1997-1998,

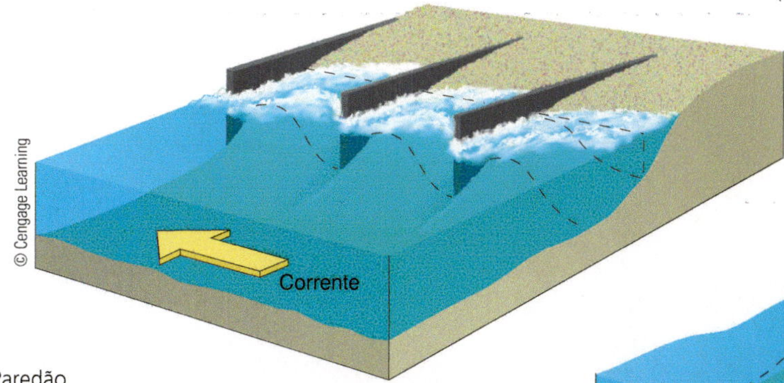

(a) Espigão ou quebra-mar
Os espigões são estruturas que se estendem da praia para dentro da água. Eles ajudam a conter a erosão retendo a areia vinda com a corrente. Os espigões acumulam a areia no seu lado a montante da corrente, mas a erosão é pior no lado a jusante da corrente, que é desprovido de areia.

(b) Paredão
Os paredões protegem a propriedade temporariamente, mas também aumentam a erosão da praia, desviando a energia da onda para a areia à frente e ao lado deles. As altas ondas podem espraiar acima dos paredões e destruir tanto eles como a propriedade.

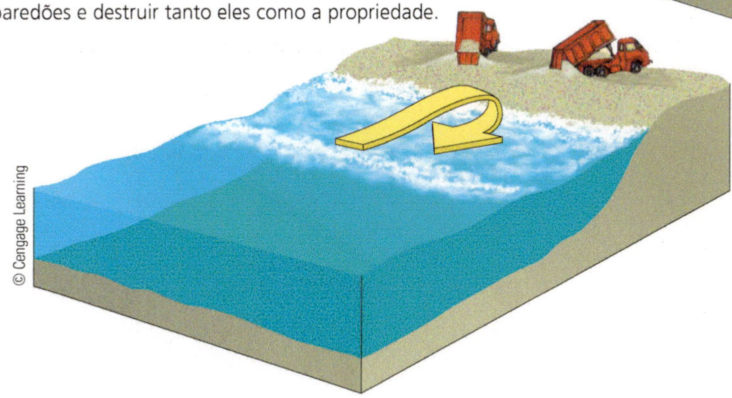

(c) Importação de areia
Importar areia para uma praia é considerada a melhor reação à erosão. A areia nova frequentemente é dragada do mar e pode custar dezenas de milhões de dólares, e pode perturbar a biodiversidade aquática. Como é normalmente mais fina que a areia da praia, a areia dragada erode mais rapidamente.

(d) Dolos
A instalação de estruturas enormes, interligadas, reforçadas com concreto, chamadas dolos, assemelha-se a uma pedrinha usada em um jogo infantil.

Figura 11.28 Algumas medidas tomadas para reduzir a erosão da praia.

só a costa da Califórnia teve um prejuízo de mais de 750 milhões de dólares. As ilhas barreiras das costas do Golfo e do Atlântico são menos vulneráveis.

As costas que parecem permanentes, pela perspectiva curta de uma vida humana, estão de fato entre as mais temporárias de todas as estruturas marinhas. Vamos aproveitá-las nos seus estágios atuais.

BREVE REVISÃO

Antes de passar para a próxima seção, verifique seu entendimento de algumas das ideias importantes apresentadas até agora:

21. De um modo geral, você diria que a intervenção humana em processos costeiros foi altamente bem-sucedida em atingir as metas de estabilização a longo prazo?

22. Novamente, de um modo geral, você diria que as praias nas costas dos Estados Unidos estão crescendo, encolhendo ou permanecem do mesmo tamanho?

Para verificar suas respostas, acesse a página deste livro no site da Cengage.

© Archive Image/Alamy

Figura 11.29 Enchentes da supertempestade Sandy invadem o litoral na Ilha de Long Beach, na costa de Nova Jersey. O dano da tempestade para as comunidades vizinhas da Ilha de Long Beach excedeu 750 milhões de dólares. A ilha é lar de aproximadamente 20 mil residentes permanentes.

PENSANDO ALÉM DA IMAGEM

Como você pode aconselhar os residentes a considerarem a reconstrução desta ilha barreira?

Perguntas dos Alunos

1. Espero um dia viver perto do oceano. O que devo observar se eu quiser comprar uma casa nessa região?

Terra firme! A costa do Maine seria uma aposta ideal. A rocha metamórfica densa da maior parte da costa do Maine é estável (de acordo com o tempo humano) e dura – ideal para a construção de uma casa. Certifique-se de que o local é bastante interno para evitara ação de ressacas, ondas de tempestade e marés. Se os invernos no Maine não o agradam, a costa da Flórida pode ser uma boa opção – se seus filhos não estiverem esperando herdar a propriedade. Se você insiste na construção em uma ilha barreira, assegure-se de que a casa esteja no lado do continente, na extremidade sul! Partes da costa do Pacífico são muito boas, mas a variabilidade local sobre o que acontece em uma margem ativa torna um pouco de conhecimento da história geológica da área muito valioso. Por exemplo, algumas partes do litoral da Califórnia estão erodindo aproximadamente 3 metros (10 pés) por ano – o que certamente não representa um investimento sólido.

Um pouco de senso de história também é útil. Sua possível casa foi pensada para construção em uma área anteriormente devastada por ventos de tempestade e águas altas? Áreas duramente atingidas pelo furacão Katrina (2005) ou pela supertempestade Sandy (2012) parecem ser bons lugares para evitar.

2. Meus pés afundam na areia sempre que estou na praia e deixo a água de uma onda alcançá-los. A areia se move para longe das bordas dos meus pés e eu afundo nela. Por quê?

Trata-se de um bom exemplo da capacidade de a água transportar mais sedimento conforme a velocidade do fluxo. Seus pés interrompem o fluxo de água para cima ou para baixo na praia depois que uma onda quebra, e a água deve apressar-se para voltar ao entorno deles. A água que corre rápido movimenta mais areia do que a água que corre lentamente, portanto a areia mais próxima de seus pés é retirada. Poderia ser esta a "ressaca" mencionada pelos nadadores inexperientes? Esse processo, denominado limpeza com água corrente, torna-se um problema quando as estruturas são colocadas em água rasa.

3. O que são aqueles pequenos grânulos brancos que encontro na praia ao longo da linha de maré alta? Os surfistas chamam isso de "*nurdles*".

Essas partículas onipresentes e traiçoeiras são a matéria-prima de mercadorias plásticas moldadas. Elas são transportadas dos produtores aos fabricantes em contêineres e transferidas para os contêineres dos navios. Se as condições do contêiner não forem muito boas, as pelotas, durante uma tempestade, escapam e invadem o mar. Praticamente indestrutíveis, os "*nurdles*" flutuam com os ventos e as correntes até encontrarem uma costa. Um pesquisador calculou que apenas 25 contêineres são suficientes para espalhar cem mil "*nurdles*" por milha ao longo de todas as costas do mundo!

4. Observei que as praias compostas por seixos e pedras tendem a ser razoavelmente íngremes, contudo as praias constituídas de areia fina são relativamente planas. Por que isso ocorre?

A inclinação de uma praia é determinada pela energia necessária para mover os grãos de areia dos quais ela é composta. As águas rasas, as ondas menores e os grãos mais grossos combinam-se para formar praias com inclinações mais íngremes, porém as ondas maiores movem partículas pequenas com muita facilidade e alisam a inclinação.

Panorama Geral do Capítulo

Neste capítulo, você aprendeu que a *localização* de uma costa depende principalmente da atividade tectônica global e do volume de água do oceano, enquanto o *formato* de uma costa é produto de muitos processos: elevação e subsidência, desgaste abaixo do continente por erosão e redistribuição de material por transporte de sedimento e deposição. As costas são classificadas como erosivas (em que a erosão domina) ou deposicionais (em que predomina a deposição). As pontas de rochas naturais, os pilares altos e as cavernas marinhas são encontrados nas costas erosivas. Muitas vezes, as costas deposicionais comportam praias, acúmulos de partículas soltas. Geralmente, quanto mais finas as partículas da praia, mais plana é sua inclinação. As praias modificam o formato e o volume como resultado da energia da onda e do equilíbrio entre a entrada e a remoção de sedimento. Os recifes de corais e os estuários estão entre as costas mais complexas e biologicamente produtivas. Em geral, a interferência humana nos processos costeiros acelera a erosão das costas perto de áreas habitadas.

No próximo capítulo, você aprenderá que o estudo da Oceanografia inclui uma maravilhosa variedade de seres vivos. A discussão do próximo capítulo sobre a natureza em geral e as características da vida marinha irá nos lançar na parte biológica de nossa jornada.

Termos e Conceitos para se Lembrar

alteração eustática (ou mudança eustática)
antepraia
barra longitudinal
berma
boca do estuário
caverna marinha
corrente longitudinal
costa de alta energia
costa de baixa energia
costa deposicional
costa erosiva
crista da berma
delta
deriva longitudinal
enseada
erosão
escarpa da praia
espigão (ou quebra-mar)
espraiamento
estuário
estuário bem misturado
estuário com cunha salina
estuário do tipo fiorde
estuário parcialmente misturado
falésia marinha
fiorde
ilha barreira
ilha marinha
laguna
litoral (ou zona litoral)
plataforma de abrasão
pontal arenoso (ou cordão litoral)
pós-praia
praia
quebra-mar
recife de coral
refluxo
tômbolo
vala longitudinal

Perguntas de Estudo

1. Qual é a diferença entre uma costa erosiva e uma costa deposicional?
2. Quais feições você esperaria ver ao longo de uma costa erosiva? E de uma costa deposicional? O que determina o tempo que as feições irão durar?
3. Quais são os dois processos que contribuem com a deriva longitudinal? O que impulsiona uma deriva longitudinal? Qual é a direção predominante da deriva nas costas dos Estados Unidos? Por quê?
4. Quais são algumas das caraterísticas de uma praia arenosa? Elas são temporárias ou permanentes? Qual é a relação entre a energia das ondas em uma costa e o tamanho (ou inclinação ou tamanho dos grãos) das praias encontradas nela?
5. Como os deltas são classificados? Por que existem deltas nas fozes dos rios Mississippi e Nilo, mas não do Rio Colúmbia?
6. Como os estuários são classificados? Do que depende essa classificação? Por que os estuários são importantes?
7. Compare e contraste as costas do oeste dos Estados Unidos, do leste e do Golfo.
8. Como as atividades humanas interferem nos processos costeiros? Quais medidas podem ser tomadas para minimizar a perda de vida e de propriedades ao longo das costas dos Estados Unidos?

12 Vida no Oceano

CONCEITOS-CHAVE

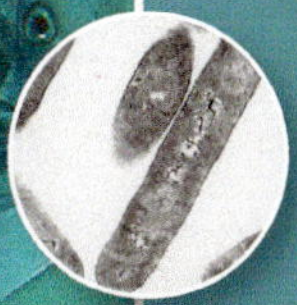

Todas as formas de vida na Terra estão relacionadas. Todas, aparentemente, evoluíram de uma única espécie de origem pré-histórica.

Henry Aldrich, Universidade da Flórida

A evolução acontece. Os organismos mudam com o passar do tempo, adaptando-se a seus ambientes pela seleção natural.

Collier, John (1850-1934) (por)/National Portrait Gallery, Londres, Reino Unido/The Bridgeman Art Library

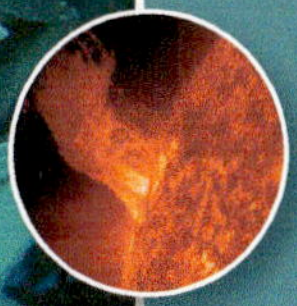

Todo tipo de vida está envolvida, direta ou indiretamente, na transformação e transferência de energia. Nasa

A produtividade primária envolve a síntese de matéria orgânica a partir de substâncias inorgânicas via fotossíntese e quimiossíntese.

© Wim van Egmond/Visuals Unlimited/Corbis

Os átomos e as pequenas moléculas que compõem as estruturas bioquímicas e, portanto, constituem os corpos dos organismos, deslocam-se entre os reinos vivos e não vivos nos ciclos biogeoquímicos. Linda E. Tway

Cardume de peixes em torno de um mergulhador no Cabo Pulmo, Baja California, México. © Octavio Aburto

12.1 A Vida na Terra é Notável por Sua Unidade e Sua Diversidade

A vida na Terra exibe unidade e diversidade: *diversidade* porque a Terra pode abrigar mais de 100 milhões de espécies (tipos) diferentes de organismos vivos; *unidade* porque todas as espécies compartilham os mesmos mecanismos fundamentais para capturar e armazenar energia, sintetizar proteínas e transmitir informações entre as gerações. *Esse conceito é muito importante: de certo modo, toda vida na Terra é fundamentalmente a mesma – apenas está embalada de maneiras diferentes.* Todas as formas de vida na Terra estão relacionadas; todas aparentemente compartilham uma origem comum. A Terra e a vida envelheceram juntas, geração após geração de forma persistente, por cerca de 4 bilhões de anos.

BREVE REVISÃO

Antes de passar para a próxima seção, verifique seu entendimento de algumas das ideias importantes apresentadas até agora:

1. O que quero dizer com "toda vida na Terra é fundamentalmente a mesma"? Um tubarão e uma alga marinha não *parecem* iguais.

Para verificar sua resposta, acesse a página deste livro no site da Cengage.

Eye of Science/Science Source

Figura 12.1 Um tardígrado, um pequeno animal aquático com oito pernas. Comumente chamados de "ursos d'água", esses minúsculos (1 milímetro; 0,04 polegada) animais são notáveis por sua habilidade de sobreviver a condições extremas de temperatura, pressão, radiação ionizante, fome e até mesmo vácuo completo. Mais de mil espécies são conhecidas, muitas das quais são marinhas.

12.2 O Conceito de Evolução Ajuda a Explicar a Natureza da Vida no Oceano

A vida marinha não foi iniciada acidentalmente em seu rico meio fluido. Os organismos da Terra não surgiram em alguns milhares de anos. A vida e a Terra modificaram-se juntas, geração após geração, nos últimos 4 bilhões de anos. A capacidade que os seres vivos têm de mudar ao longo do tempo para se adaptar ao ambiente físico e químico, para se tornar mais eficientes na extração de energia de seus arredores, para colonizar praticamente todos os locais capazes de sustentá-los e, por fim, para se investigar pela lógica científica como ela ocorreu por meio da **evolução**.

Evolução significa mudança. Os estilos de roupas evoluem, os sistemas de governo evoluem, nossas percepções do mundo evoluem; *tudo muda*. Que os animais e plantas podem ser capazes de mudar com o passar do tempo não era uma ideia popular no século XIX. Na realidade, a proposta de que os organismos *mudam* com o tempo deu início ao que desde então foi chamado de uma revolução na biologia. Os revolucionários foram Charles Darwin (Figura 12.2), um quieto e absorto naturalista inglês, e Alfred Wallace, um biólogo inglês que trabalhava no Arquipélago Malaio.

A Evolução Parece Operar por Seleção Natural

Por que a teoria da evolução de Darwin e de Wallace foi controversa na época e por que ela é capaz de inflamar paixões até hoje? Em meados de 1850, os dois tinham descoberto, de forma independente, um mecanismo – hoje chamado de **seleção natural** – de *como* os seres vivos poderiam evoluir (mudar) com o passar do tempo. Aqui estão os principais pontos de Darwin:

1. Em qualquer grupo de organismos, mais descendentes são produzidos do que podem sobreviver até a idade reprodutiva.
2. Alterações aleatórias ocorrem em todos os organismos. Algumas dessas características são hereditárias – elas podem ser passadas para os descendentes.
3. Algumas alterações hereditárias tornam o organismo mais adaptado ao seu ambiente (a maioria não).
4. Como os portadores de características favoráveis são mais passíveis de sobreviver, eles também são mais passíveis de reproduzir com sucesso do que os portadores de características desfavoráveis. As características favoráveis tendem a se acumular na população – elas são *selecionadas.* As características desfavoráveis são extirpadas pela concorrência.
5. O ambiente físico e biológico (*natural*) em si faz a seleção. As características favoráveis que contribuem com o sucesso do organismo aparecem com mais frequência nas gerações seguintes (se o ambiente permanecer o mesmo). Se o ambiente mudar, outras características tornam-se favoráveis, e os organismos com essas características vivem com mais eficácia no novo ambiente.

Collier, John (1850-1934) (after)/National Portrait Gallery, London, UK/The Bridgeman Art Library

Figura 12.2 Charles Darwin, codescobridor do princípio da seleção natural. Darwin visitou as Ilhas Galápagos, na costa Pacífica da América do Sul, durante sua viagem a bordo do HMS *Beagle*, no início de 1830; seu livro emblemático *Sobre a Origem das Espécies* foi publicado em 1859.

É fácil ver como as alterações aleatórias são selecionadas pelas pressões ambientais, mas como as características inteiramente novas surgem? Elas aparecem por **mutação** espontânea, uma mudança hereditária nos genes de um organismo (as estruturas que contêm um conjunto de instruções). A grande maioria das mutações é desfavorável, e os organismos que as possuem são eliminados por outros organismos ou pelo ambiente físico. Por exemplo, um atum nascido sem olhos não pode ver para se alimentar, então ele não viverá até a idade reprodutiva. Porém, um atum nascido com uma visão extraordinária pode ter mais alimento que seus companheiros do bando, e estando mais bem nutrido ele pode ser especialmente eficaz em seus esforços reprodutivos, espalhando seus genes por toda parte. É o acúmulo dessas características favoráveis – sejam alterações ou mutações – e a eliminação das caracteríticas desfavoráveis que tornam a vida possível nas mudanças de condições da Terra.

A evolução é a manutenção da vida sob mudanças de condições por meio da adaptação contínua de gerações sucessivas de uma espécie ao seu ambiente.

Observe-se que, embora as mutações ocorram aleatoriamente, a evolução por seleção natural é menos aleatória. O ambiente natural seleciona as mutações favoráveis em relação às desfavoráveis – daí a origem do termo *seleção natural.* O processo leva muito tempo, mas o tempo é abundante depois que os geólogos mostraram que a Terra tem cerca de 4,6 bilhões de anos de idade.

O ponto de vista evolutivo deu uma nova forma de olhar para a vida. Um organismo é um receptáculo que retém uma combinação específica de características, *testando* essa combinação. Se o organismo for bem-sucedido ele irá reproduzir, e os genes responsáveis pela expressão das características boas continuará na população. Se o organismo não for bem-sucedido, essa combinação será eliminada.

Não há predeterminação biológica. Os organismos não *querem* evoluir e os organismos individuais *não* evoluem. Em vez disso, geração após geração, grupos de indivíduos respondem às pressões ambientais pela mudança. As mudanças podem ser no formato, no tamanho, na cor, na bioquímica, no comportamento ou em qualquer outro aspecto do organismo. A evolução por seleção natural é o acúmulo dessas características estruturais ou comportamentais benéficas e hereditárias, conhecidas como **adaptações**. Mais uma vez, os organismos com adaptações favoráveis têm mais sucesso reprodutivo do que aqueles menos bem adaptados.

Uma **espécie** é um grupo de organismos efetivamente (ou potencialmente) miscigenados que é reprodutivamente isolado de todas as outras formas de seres vivos. Como surge uma nova espécie? Uma forma é por isolamento físico, como aquele criado quando os animais terrestres ou as aves são transportados ou soprados do litoral de um continente para uma ilha oceânica isolada. Como o número de animais reprodutores em espécies confinadas em uma ilha pode ser pequeno, a mudança evolutiva pode ser rápida; ou seja, as características favoráveis podem acumular-se rapidamente na população e, geração após geração, a espécie mudará relativamente rápido para adaptar-se ao seu novo hábitat. No geral, quanto menor a população reprodutora, mais rápida a taxa de mudança evolutiva.

Por exemplo, nas Ilhas Galápagos, localizadas na costa do Equador, Darwin observou tentilhões e lagartos marinhos, sendo a maioria muito parecida com seus ancestrais do continente sul-americano. Todavia, eles não eram as mesmas espécies de pássaros e répteis que ocorreram no continente sul-americano. Isso sugeriu a Darwin que o isolamento foi uma força motriz da evolução.

A evolução, portanto, é a manutenção da vida sob condições variáveis por adaptação contínua de gerações sucessivas de uma espécie em relação ao seu ambiente. É uma teoria excepcional, bela e produtiva.

A Evolução "Ajusta" os Organismos ao Seu Ambiente

A teoria evolutiva possui implicações importantes para as Ciências do Mar. O oceano tem um volume de material hereditário bem maior que a terra emersa, e nele geralmente é mais fácil manter a vida do que nos reinos terrestres ou de água doce. Existem mais maneiras de "criar uma vida" no oceano do que na terra. Na verdade, alguns estilos de vida oceânicos importantes não têm homólogos terrestres. Por exemplo, a alimentação por filtração – praticada por moluscos, cracas e algumas baleias

Figura 12.3 Na costa da Malásia, uma pequena lula (gênero *Sepioteuthis*) responde à luz do fotógrafo com uma exibição de ameaça – ou, talvez, apenas de curiosidade. © redbrickstock.com/Alamy

– depende de uma matriz fluida relativamente densa e, por isso, não é observada em terra. Do mesmo modo, as cadeias alimentares marinhas tendem a ser mais complexas do que as terrestres e contêm mais níveis tróficos. A vida marinha evoluiu de maneiras incontáveis para tirar proveito de quase todo resíduo de energia, de quase todos os cantos e recantos do seu espaço.

Como as condições físicas no oceano aberto são relativamente uniformes, grandes animais marinhos com estilos de vida semelhantes, mas heranças evolutivas diferentes, tendem a parecer-se muito. Ou seja, condições semelhantes podem resultar em organismos coincidentemente semelhantes. O tubarão (um peixe), o ictiossauro (um réptil marinho extinto), o pinguim (uma ave) e o golfinho (um mamífero) são remotamente relacionados, e se assemelham entre si na forma porque a física do movimento rápido pela água exige um corpo com perfil semelhante (veja a Figura 12.4). Os traços que levam a essa forma foram selecionados de maneira independente por condições ambientais. Essas adaptações acumuladas resultaram em animais superficialmente semelhantes, cada um derivado de uma linhagem diferente e diversa. O processo é conhecido como **evolução convergente**.

> O ambiente não é ideal aos organismos; e sim, os organismos são ideais ao ambiente.

Por meio desses processos, a vida e a Terra mudam juntas. A vida é obstinada; ela sobreviveu à catástrofe e à calmaria. Em todos os casos, no entanto, *o ambiente não é ideal aos organismos; e sim, os organismos são ideais ao ambiente*. A lembrança vem da observação do autor Pår Lagerkvist: "As coisas precisam ser o que elas são". Os seres vivos adaptaram-se às condições físicas de seu ambiente, e continuam a aumentar em número, complexidade e eficiência.

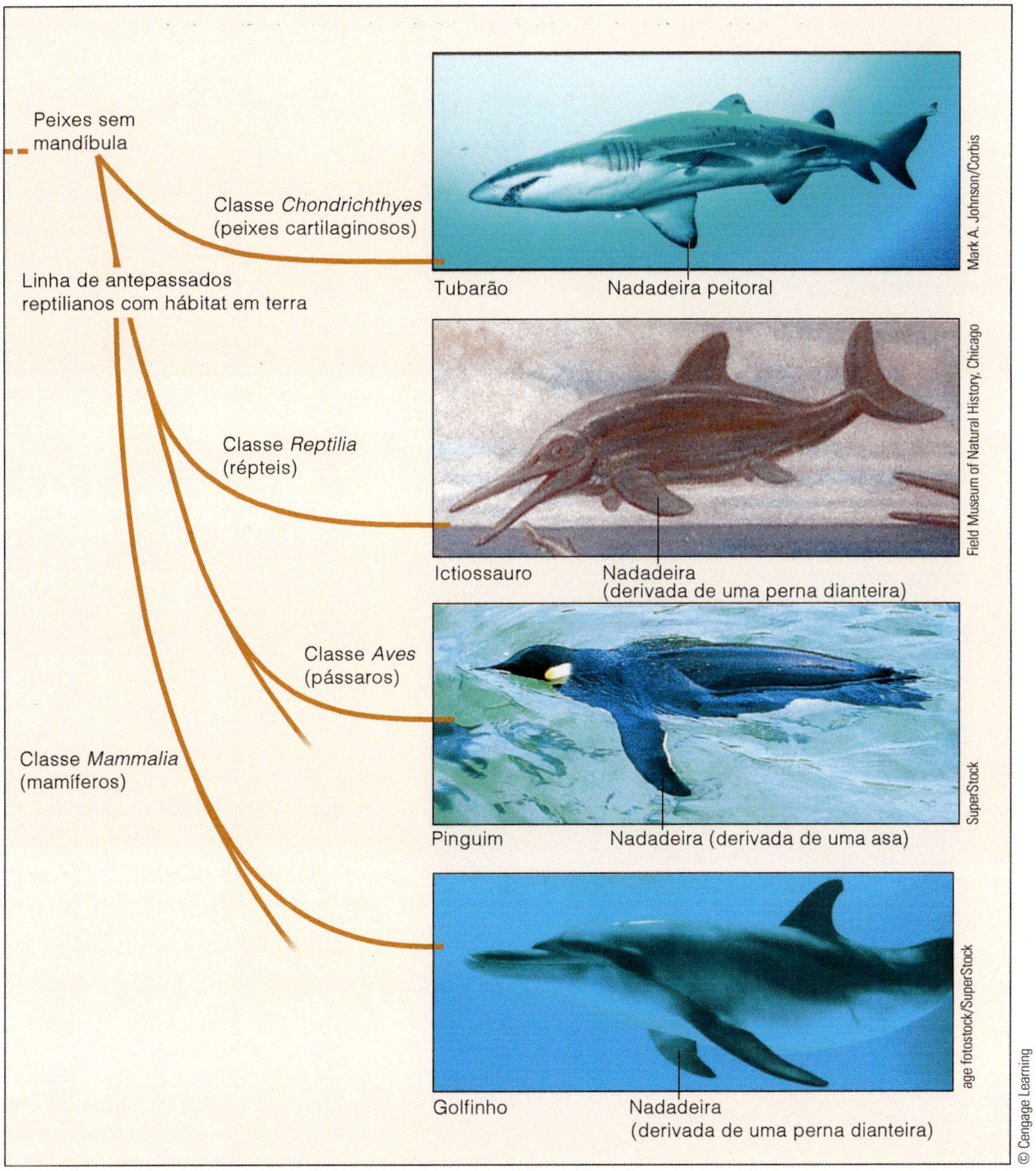

Figura 12.4 Evolução convergente em tubarões, ictiossauros, pinguins e golfinhos. A seleção via adaptações que permitiram o nado rápido resultou em formas aparentemente semelhantes dentre esses quatro tipos de vertebrados, ainda que eles estejam apenas remotamente relacionados.

BREVE REVISÃO

Antes de passar para a próxima seção, verifique seu entendimento de algumas das ideias importantes apresentadas até agora:

2. A evolução pela seleção natural é um processo aleatório?
3. Como a evolução via seleção natural funcionou?
4. Como as novas espécies se originam?
5. O que é evolução convergente?

Para verificar suas respostas, acesse a página deste livro no site da Cengage.

12.3 A Vida no Oceano É Classificada pela Herança Evolutiva

Bem antes da descoberta do mecanismo de evolução de Darwin e de Wallace, os biólogos perceberam a importância de poder classificar os seres vivos em categorias e dar-lhes nomes compreendidos universalmente. O estudo da classificação biológica é denominado **taxonomia**.

Os Sistemas de Classificação Podem Ser Artificiais ou Naturais

Esquemas de classificação existem desde que os homens iniciaram a análise das formas de vida. Por exemplo, colocar

Figura 12.5 Carolus Linnaeus – o pai da taxonomia moderna – vestido como um lapão. (Ele foi para o norte da Finlândia em uma expedição científica em 1732.) Esse quadro de 1775, de Alexander Roslin, está em exposição na Academia Real de Ciências da Suécia.

Michael Nicholson/CORBIS

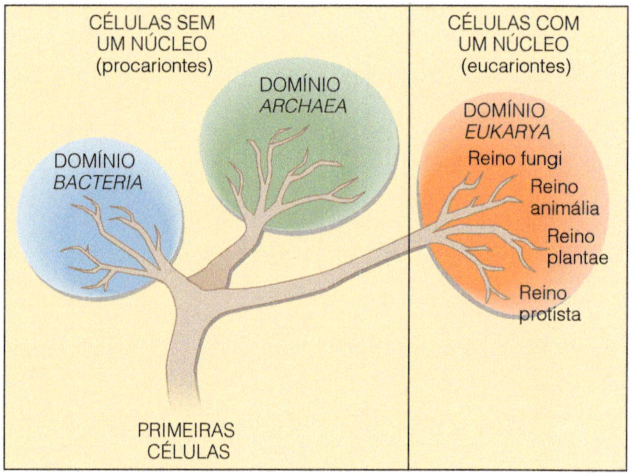

© Cengage Learning

Figura 12.6 Uma árvore genealógica mostrando a relação dos três domínios de seres vivos presumivelmente evoluídos de um ancestral distante em comum. *Bacteria* e *Archaea* contêm organismos unicelulares sem núcleos ou organelas; coletivamente, eles são chamados de *procariontes*. Os fungos, protistas, animais e plantas incluem organismos com células com núcleos e organelas; coletivamente, eles são chamados de *eucariontes*.

animais e plantas em categorias separadas é uma distinção muito antiga.

O filósofo grego Aristóteles propôs um sistema de classificação animal baseado em suas similaridades externas, mas os resultados não foram muito úteis. Empregando esse sistema, colocaríamos os pilotos aéreos, esquilos voadores, peixes voadores e gafanhotos em um mesmo grupo, já que todos podem voar! Esse arranjo é um **sistema artificial de classificação**. (Outro sistema artificial de classificação é o arranjo de livro por cor de capa, tamanho da página ou tipo de letra.) Em contraste, o **sistema natural de classificação** de organismos vivos, que é atualmente utilizado pelos biólogos, baseia-se na história evolutiva dos organismos e em suas características de desenvolvimento. Colocam-se todos os insetos em um mesmo grupo, independentemente de sua habilidade para o voo, assim como colocamos todos os livros de Melville juntos, todas as composições de Bach juntas e todas as estrelas-do-mar juntas, porque cada grupo tem *uma origem natural comum*. Os grupos são arranjados sistematicamente – ou seja, de forma que haja uma coerência estrutural evolutiva.

Um dos primeiros a classificar os grupos de organismos em categorias naturais foi o naturalista sueco do século XVIII Carl von Linné, ou como ele próprio se chamava, **Lineu** (Figura 12.5). Em seu entusiasmo de classificar cada aspecto do mundo natural, Lineu inventou três categorias superiores, ou **reinos**: animal, vegetal e mineral. Lineu agrupou os organismos por similaridades externas e semelhanças dos detalhes de desenvolvimento. A maior contribuição de Lineu foi um sistema de classificação apoiado na **hierarquia**, um agrupamento de objetos dividido pelo grau de complexidade. Nessa abordagem de caixas-dentro-de-caixas, grupos de pequenas categoriais são agrupados em categorias maiores. Lineu desenvolveu nomes para as categorias, iniciando com reino (a maior de todas as categorias) descendo para filo, classe, ordem, família e gênero, até espécie (a menor categoria). Em 1758, ele publicou um catálogo de todos os animais conhecidos àquela época, seu trabalho grandioso denominado *Systema Naturæ* (*O sistema da natureza*).

Muita coisa mudou desde a época de Lineu. Os biólogos modernos têm acesso às sequências decodificadas de ácidos nucleicos, as moléculas que determinam a herança genética de um organismo. A análise das similaridades e diferenças fundamentais nessas moléculas sugere três reinos principais de seres vivos acima do nível lineano de reino: *Bacteria*, *Archaea* e *Eukarya*. Esses grupos abrangentes foram chamados de **domínios**.

Bacteria e *Archaea* são domínios de organismos unicelulares muito pequenos que não possuem compartimentos distintos em suas células (não há núcleo celular, por exemplo). Entretanto, eles têm algumas diferenças químicas e genéticas importantes, e as paredes que circundam suas células são estruturalmente diferentes. O domínio *Bacteria* desenvolveu diversas habilidades metabólicas – alguns são fotossintetizantes, outros heterotróficos – e são familiares para nós como decompositores e agentes patogênicos. Alguns *Archaeanos* são chamados *extremófilos* por causa da habilidade de suportar ambientes extremamente quentes e corrosivos.

As células do domínio *Eukarya* são maiores que as dos domínios *Bacteria* ou *Archaea*, e cada célula possui um núcleo. A maioria dos *Eukarya* – incluindo todos os animais e as plantas – é multicelular. Alguns fungos e protistas (protozoários e algas) são multicelulares, enquanto outros são *Eukarya* unicelulares. Curiosamente, os *Eukarya* e os *Archaea*

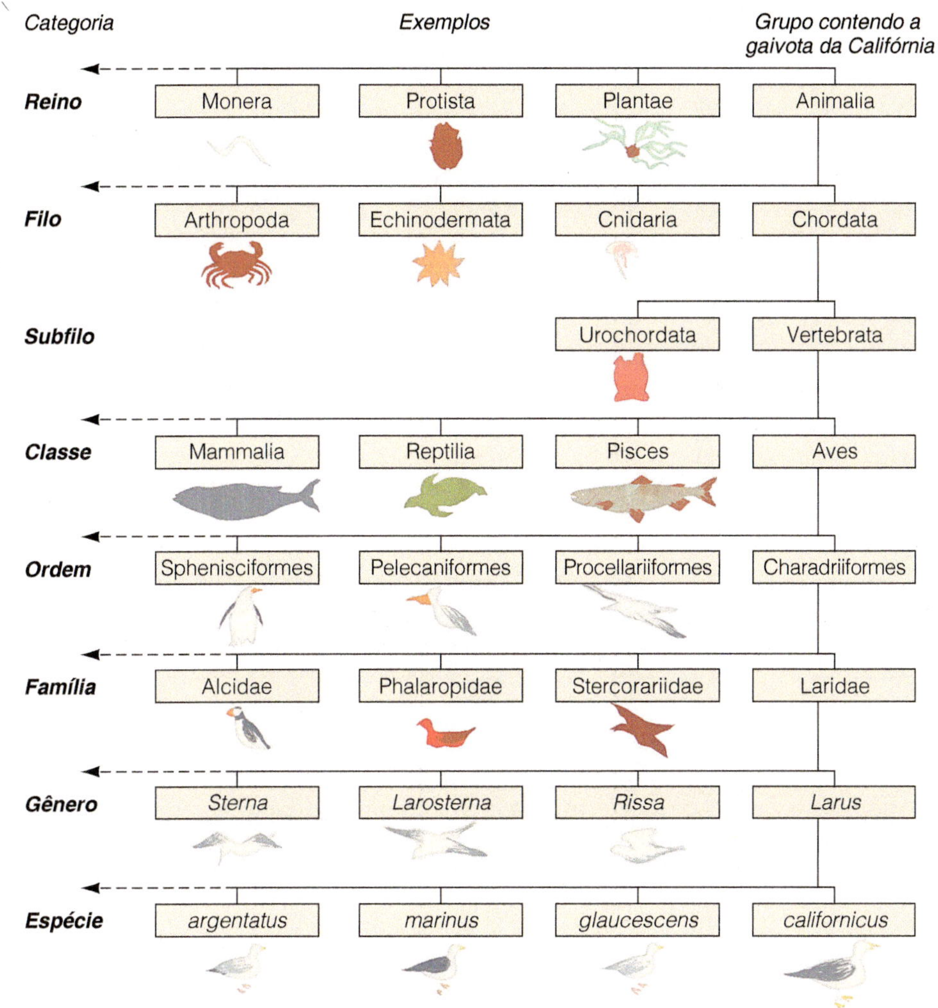

© Cengage Learning

Figura 12.7 O sistema moderno de classificação biológica utilizando a gaivota da Califórnia (*Larus californicus*) como exemplo. Observe a abordagem de caixas-dentro-de--caixas – uma hierarquia.

PENSANDO ALÉM DA IMAGEM

Você pode citar algum organismo que conheça apenas por seu nome científico?

A vantagem de um nome científico sobre um nome comum é imediatamente evidente a qualquer um que tente identificar uma concha encontrada na praia. A mesma concha pode ter inúmeros nomes em muitas línguas diferentes, mas terá *um único nome científico*. Quando você descobre esse nome, pode utilizá-lo para localizar referências que lhe dirão o que é conhecido sobre o animal, seu modo de vida, distribuição e história evolutiva.

compartilham tantas características bioquímicas que alguns pesquisadores sugerem que eles estão mais relacionados entre si do que com o domínio *Bacteria*.

Os nomes e as características dos domínios e suas maiores subdivisões estão listados na **Figura 12.6**. A **Figura 12.7** mostra a classificação de uma gaivota em que se utiliza o método de classificação de Lineu. Observe o arranjo de categorias dentro de categorias tornando-se mais específicas a cada degrau descido.

Os Nomes Científicos Descrevem os Organismos

Lineu também aperfeiçoou a técnica de nomear os animais. Os nomes de *gênero* e de *espécie* – os nomes das duas últimas categorias – constituem o **nome científico** de um organismo. *Octopus bimaculatus* é o nome científico de um polvo comum da costa oeste: *Octopus* é um nome genérico, *bimaculatus* é o nome específico. Uma espécie muito próxima, o *Octopus dofleini*, é o maior animal que pode ser encontrado na região do Alasca. *Octopus bimaculatus* e *Octopus dofleini* não se cruzam para reprodução (não são da mesma espécie), mas, como sugere o compartilhamento de um mesmo nome genérico, eles *são* intimamente relacionados.

BREVE REVISÃO

Antes de passar para a próxima seção, verifique seu entendimento de algumas das ideias importantes apresentadas até agora:

6. Como se diferencia um sistema natural de classificação de um sistema artificial?
7. Quais são os três domínios de seres vivos?
8. Como os organismos recebem seus nomes?

Para verificar suas respostas, acesse a página deste livro no site da Cengage.

12.4 O Fluxo de Energia Permite que os Seres Vivos Mantenham uma Organização Complexa

Os biólogos sabem que não existe nada de especial nos átomos ou na energia da vida e que não há como distinguir os componentes físicos da vida de seus semelhantes não vivos. O que, *de fato*, distingue a vida é a habilidade dos seres vivos

Linda E. Tway

Figura 12.8 Vivo ou não vivo? A "rocha" brilhantemente colorida nesta figura é uma colônia de pequenos organismos fotossintetizadores marinhos, essencialmente algas. A distinção entre a vida e a não vida não está na composição ou no aspecto externo, mas sim na habilidade em manipular energia.

de capturar, armazenar e transmitir energia – e sua habilidade de reprodução.

Pareceria fácil diferenciar os componentes vivos dos não vivos de um ambiente marinho, mas, como mostra a **Figura 12.8**, nem sempre podemos ver tal diferença. Os mesmos átomos movem-se continuamente entre sistemas vivos ou não. Em sua última expiração, você exalou milhões de átomos de carbono que penetraram em seu corpo como alimento em sua última refeição. Antes que o dia acabe, alguns desses átomos podem ser incorporados à uma planta próxima. A troca livre de componentes idênticos entre a vida e a não vida complica qualquer tentativa de uma definição formal. Porém, intuitivamente, todos fazemos essa distinção quando observamos a organização da matéria nos seres vivos e – como você descobrirá em algum momento –, *especialmente* quando consideramos a maneira que seres vivos manipulam a energia.

A matéria viva não pode funcionar sem **energia**, a capacidade de realização do trabalho. Os organismos vivos não podem criar nova energia, mas podem transformar um tipo de energia em outro. Uma planta pode transformar a energia da luz em energia química; um animal pode transformar a energia química em energia de movimento pelos músculos, e pode transformar energia de movimento em calor, e assim por diante. De um jeito ou de outro, toda atividade de vida está envolvida, direta ou indiretamente, na transformação e transferência de energia. Portanto, a energia deve ser fundamental à definição de toda forma de vida.

A principal forma de energia para os seres vivos na Terra é o Sol. A vida prospera, torna-se cada vez mais complexa, e progride em milhões de formas, por receber energia da luz solar e irradiar calor para o frio do espaço cósmico. Como veremos, com raras exceções, a maioria dos organismos adquire sua energia direta ou indiretamente da luz solar. A energia luminosa é transformada em energia química e finalmente em calor com o qual os organismos crescem, reproduzem e envelhecem. Como isso funciona?

A Energia Pode Ser Armazenada por meio da Fotosssíntese

O Sol produz grande quantidade de energia – em grande parte na forma de luz visível, uma pequena parte dela atinge a Terra. Somente cerca de 1 parte em 2.000 da luz que atinge a Terra é capturada pelos organismos, porém essa "pequena" entrada de energia é capaz de manter o crescimento e a atividade de quase todas as formas de vida na superfície da Terra. A energia luminosa vinda do Sol é retida pela clorofila presente em organismos chamados produtores primários (certas bactérias, algas e vegetais verdes) sendo transformada em carboidratos e outras moléculas orgânicas – alimento – as quais são usadas pelos

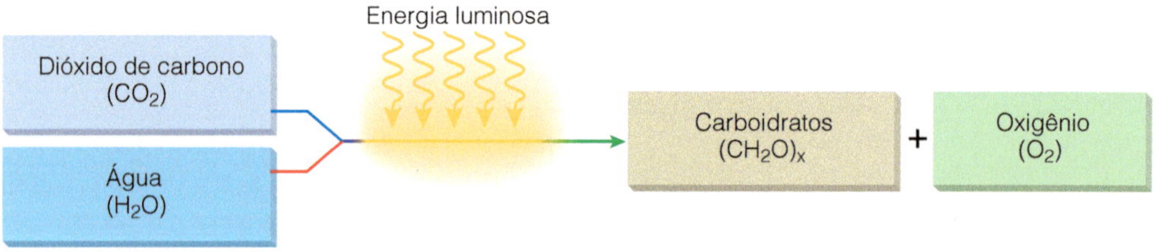

a) Na fotossíntese, a energia da luz solar é utilizada para ligar seis átomos de carbono separados (derivados do dióxido de carbono) em uma molécula única, de seis carbonos, rica em energia – a glicose –, aqui representada como $(CH_2O)_x$. O pigmento clorofila absorve e armazena a energia luminosa necessária para conduzir as reações. A molécula de água é quebrada durante o processo, e o oxigênio é liberado.

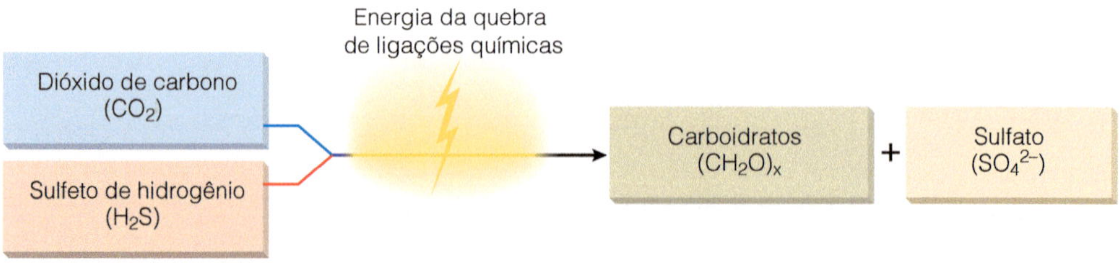

b) Uma forma de quimiossíntese. Neste exemplo, seis moléculas de dióxido de carbono combinam com seis moléculas de oxigênio e 24 moléculas de sulfeto de hidrogênio para formar a glicose – $(CH2O)_x$. (Outros produtos incluem moléculas de sulfato e de água.) A energia para ligar os átomos de carbono para formar a molécula de glicose vem da quebra das ligações químicas que mantêm os átomos de enxofre e de hidrogênio juntos no sulfeto de hidrogênio.

Figura 12.9 Fotossíntese e quimiossíntese.

De KARLESKINT/TURNER/SMALL, Introduction to Marine Biology. 3E. © Cengage Learning.

Figura 12.10 O fluxo de energia nos sistemas vivos. A cada passo, parte da energia é degradada (transformada em uma forma menos útil).

PENSANDO ALÉM DA IMAGEM

O que acontece a um organismo se ele não tem acesso à energia? O que acontece se o organismo não pode descartar o calor residual?

próprios produtores primários ou servem de alimento para outros animais (ou outros organismos) chamados consumidores. Pelo fato de a energia luminosa ser utilizada para a síntese de moléculas ricas em energia armazenada, o processo é chamado de fotossíntese. A fórmula geral da fotossíntese é mostrada na **Figura 12.9a**.

A energia armazenada é liberada quando o alimento é usado para crescimento, movimento, reprodução e outras funções dos organismos. A quebra do alimento, eventualmente, produz perdas de calor, o qual flui para o frio do espaço cósmico. O caminho unidirecional do fluxo de energia é mostrado na **Figura 12.10**.

A Energia Também Pode Ser Armazenada por Meio da Quimiossíntese

A fotossíntese parece ser o método dominante de conversão de energia em carboidratos neste planeta (pelo menos na superfície da Terra), mas não é o único. A **quimiossíntese**, utilizada por algumas espécies de *Bacteria* e *Archaea*, é a conversão biológica de moléculas simples de carbono (normalmente dióxido de carbono ou metano) em carboidrato utilizando a oxidação de moléculas inorgânicas (como o gás hidrogênio, o sulfeto de hidrogênio ou o metano) como uma fonte de energia. Não é necessária a disponibilidade de luz solar. Uma fórmula geral para a quimiossíntese é apresentada na **Figura 12.9b**.

Algumas formas incomuns de vida marinha dependem da quimiossíntese, como veremos nos próximos dois capítulos. Até aproximadamente vinte anos atrás pensava-se que a produção quimiossintetizante de alimentos no oceano não era relativamente importante. As descobertas de extensas comunidades quimiossintetizantes em fontes hidrotermais, no fundo de sedimentos marinhos e no próprio leito marinho – e a pesquisa subsequente na microbiologia de ambientes extremos –, indicam que a quimiossíntese pode ser bem mais ampla do que considerado anteriormente.

BREVE REVISÃO

Antes de passar para a próxima seção, verifique seu entendimento de algumas das ideias importantes apresentadas até agora:

9. Como um átomo de ferro no aço difere de um átomo de ferro no seu sangue?

10. Quais são os produtos iniciais necessários à fotossíntese? E os produtos finais?

11. Qual é a diferença entre quimiossíntese e fotossíntese?

Para verificar suas respostas, acesse a página deste livro no site da Cengage.

12.5 Os Produtores Primários Sintetizam Material Orgânico

A síntese dos materiais orgânicos a partir de substâncias inorgânicas por fotossíntese ou quimiossíntese é chamada de **produtividade primária** (**Figura 12.11**). A produtividade é expressa em *gramas de carbono assimilado em matéria orgânica por metro quadrado de superfície oceânica por ano* (gC/m^2/ano). O material orgânico produzido imediatamente é o carboidrato glicose. A fonte de carbono para a síntese da glicose é o dióxido de carbono dissolvido (CO_2).

O *fitoplâncton* – conjunto de organismos fotossintetizantes minúsculos que ficam à deriva, os quais você conhecerá no Capítulo 13 – é responsável por produzir entre 90% e 96% dos carboidratos da superfície do oceano. As algas marinhas – maiores fotossintetizantes marinhos – contribuem com 2% a 5% da produtividade primária oceânica. Os organismos quimiossintetizantes provavelmente representam entre 2% e 5% da produtividade total na coluna d'água. Embora as estimativas variem bastante, estudos recentes sugerem que a produtividade total do oceano varia de 75 a 150 gramas de carbono assimilado em carboidratos por metro quadrado de superfície do oceano por ano (75–150 gC/m^2/ano). (Para efeitos comparativos, um campo bem cuidado de alfafa produz cerca de 1.600 gC/m^2/ano).

Como comparar a produtividade marinha com a terrestre? Estudos recentes sugerem que a produtividade líquida global em ecossistemas *marinhos* é de 35 a 50 bilhões de toneladas métricas de carbono ligado em carboidratos por ano; a produtividade *terrestre* global é de aproximadamente 50 a 70 bilhões de toneladas métricas por ano.[1] No entanto, a **biomassa** (a massa de tecido vivo) total de produtores no oceano é de apenas 1 a 2 bilhões de toneladas, em comparação a 600 a 1.000 bilhões de toneladas métricas de biomassa viva nos continentes! Porém, o tempo de ciclagem rápido indica que o ciclo dos nutrientes do produtor para o consumidor, e o tempo de regeneração é bem mais rápido em ecossistemas marinhos.

A massa total de **produtores primários** é considerada como cerca de 10 vezes a massa de carbono convertida em

[1] Um bilhão de toneladas métricas = 1,1 bilhão de toneladas.

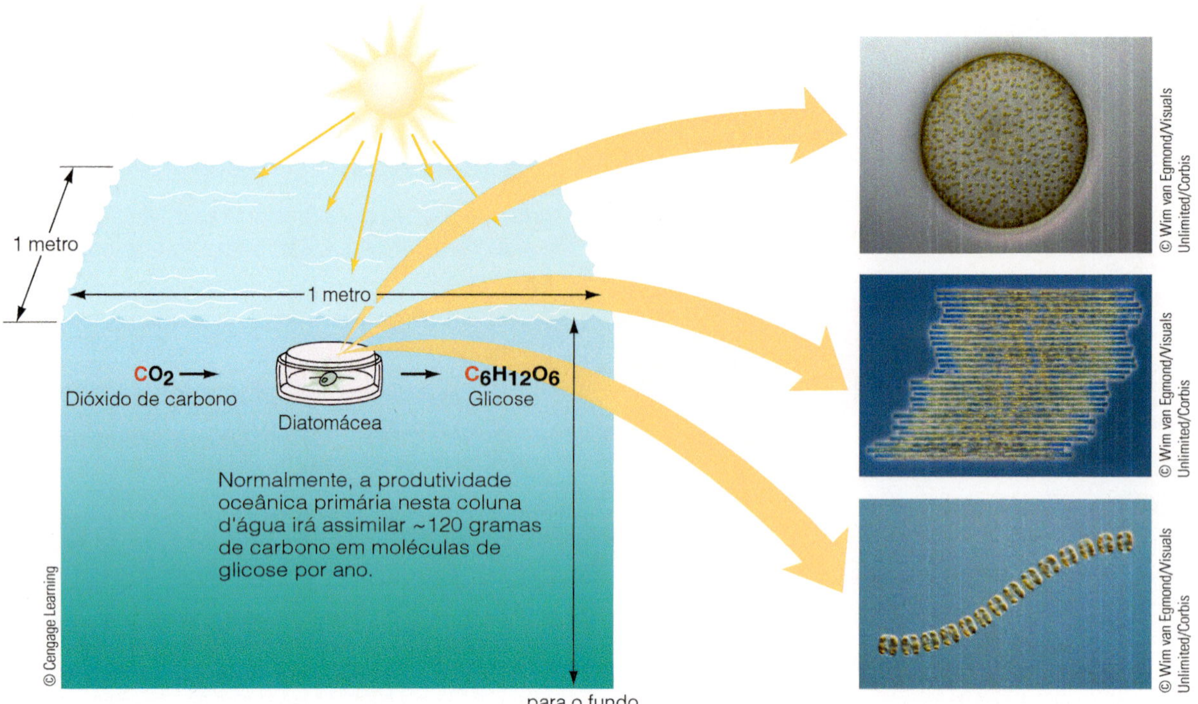

(a) Produtividade oceânica – a incorporação de átomos de carbono em carboidratos – é medida em gramas de carbono assimilados em carboidratos por metro quadrado de superfície oceânica por ano (gC/m²/yr).

(b) Diatomáceas como estas são importantes produtores primários marinhos. As maiores delas têm aproximadamente o tamanho do ponto final do fim desta frase.

Expressamos a produtividade primária em gramas de carbono assimilado em matéria orgânica por metro quadrado de superfície oceânica por ano (gC/m²/ano)

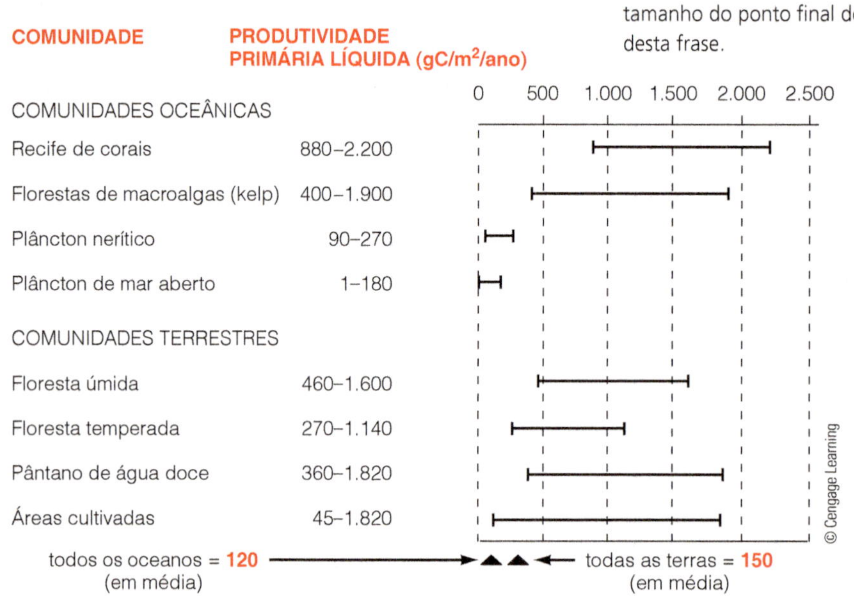

(c) Produtividade primária líquida anual em algumas comunidades marinhas e terrestres.

Figura 12.11 Expressões da produtividade oceânica.

carboidratos. Assim, uma produtividade primária de 100 gC/m²/ano representa um crescimento anual de cerca de 1.000 gramas de produtores primários para cada metro quadrado de superfície oceânica (veja a **Figura 12.12**). Acredita-se que entre 35 e 50 bilhões de toneladas métricas de carbono são assimiladas, por ano, nos oceanos, portanto entre 350 e 500 bilhões de toneladas métricas de organismos vegetais marinhos são produzidos anualmente. A cada ano, esse vasto volume é consumido pela atividade metabólica dos próprios produtores e pelos consumidores que deles se alimentam. Os átomos são rearranjados para formar carboidratos via fotossíntese, em um ciclo contínuo alimentado pela energia solar.

A Produtividade Primária Ocorre na Coluna de Água, nos Sedimentos do Leito Marinho e, Até Mesmo, na Rocha Sólida

Como seria de se esperar, a produção de carboidratos via *fotossíntese* domina a produtividade na superfície do oceano. Imagine a surpresa dos pesquisadores quando recuperaram

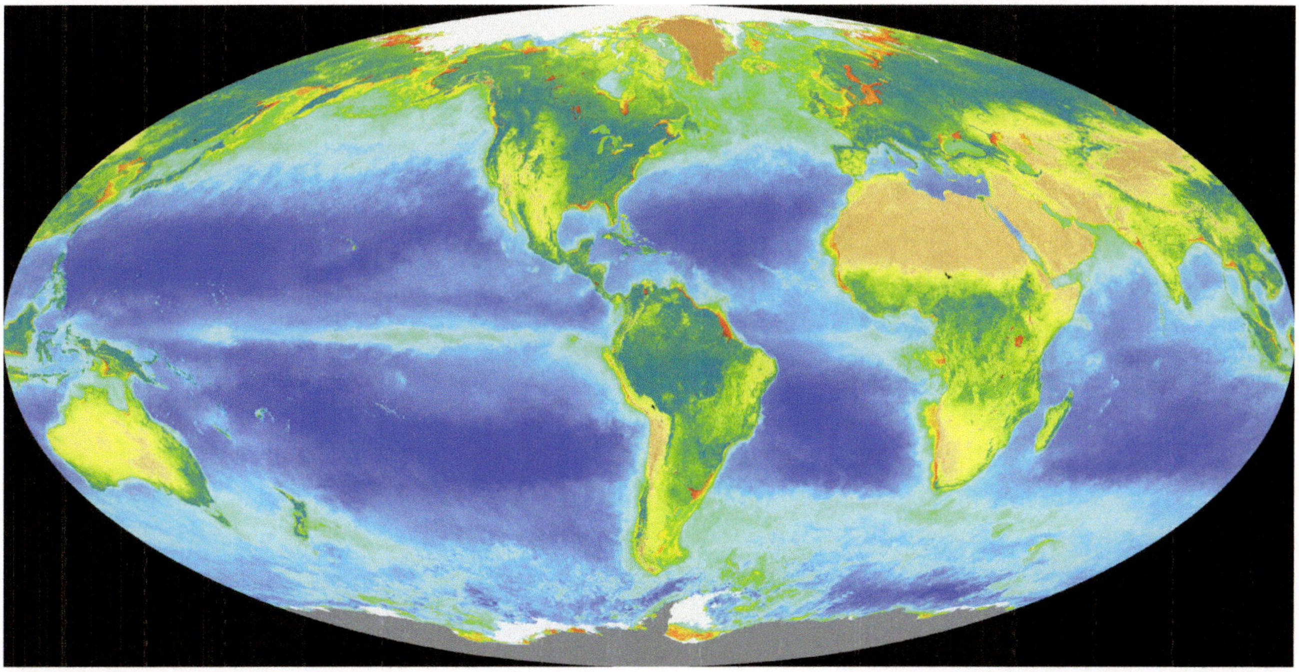

© SeaWiFS Project, NASA/Goddard Space Flight Center/GeoEye

Figura 12.12 A profundidade oceânica pode ser observada do espaço. O satélite *SeaWiFS*, da Nasa, lançado em 1997, pode detectar a quantidade de clorofila nas águas de superfície do oceano. O teor de clorofila fornece uma estimativa da produtividade. As áreas vermelha, amarela e verde indicam a alta produtividade primária; as áreas azuis indicam baixa produtividade. Essa imagem foi derivada de medições feitas entre setembro de 1997 e agosto de 1998.

PENSANDO ALÉM DA IMAGEM

Por que algumas áreas do oceano são produtivas e outras áreas oceânicas são desertas?

organismos fotossintetizantes cor verde-esmeralda vindos da escuridão a 2.500 metros (8.200 pés) abaixo da superfície sobre a Dorsal Leste do Pacífico! A água brotando de fontes hidrotermais pode alcançar 400 °C (750 °F). As fontes hidrotérmicas radiam uma luz vermelho-escuro como os elementos brilhantes de um forno elétrico quente. Os organismos recém-descobertos utilizam essa luz fraca para alimentar a fotossíntese. Os organismos fotossintetizantes podem ter sido originados no oceano profundo e, a partir daí, impelidos para cima para colonizar a superfície iluminada pelo Sol?

A extensão da produtividade primária por *quimiossíntese* no leito marinho em si foi uma outra surpresa. Elevadas populações bacterianas estão presentes em alguns sedimentos marinhos em profundidades de centenas de metros. Amostras têm sido obtidas a 842 metros (2.800 pés) abaixo do leito marinho em sedimentos de 14 milhões de anos. Essas bactérias estão prosperando em condições extremas nessas profundidades; elas possuem alta diversidade e são bem adaptadas à vida na subsuperfície.

Esses organismos especializados normalmente são chamados de **extremófilos** porque são capazes de viver sob condições extremas (**Figura 12.13**). As bactérias e os organismos semelhantes conhecidos como *Archaea* foram encontrados em mais de 3 quilômetros (1,9 milha) de rochas fraturadas na África a abaixo da superfície na mesma profundidade. Um único grama de rocha pode abrigar 10 milhões deles. Os organismos especializados foram vistos em reservatórios de petróleo quente abaixo do Mar do Norte e na encosta Norte do

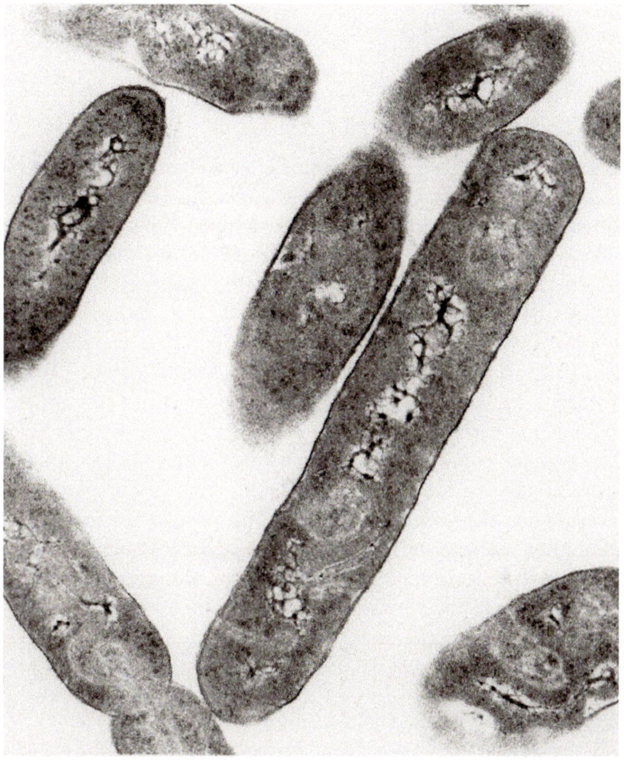

Henry Aldrich, University of Florida

Figura 12.13 Bactérias quimiossintetizantes que vivem nas profundidades crescendo em espaços minúsculos entre os cristais minerais na rocha sólida.

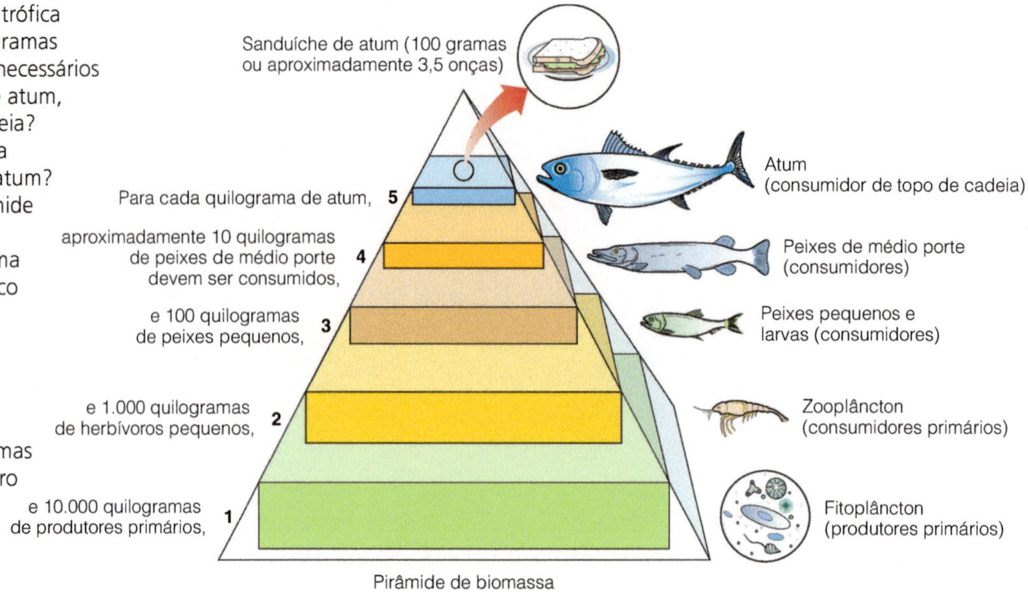

Figura 12.14 Uma pirâmide trófica generalizada. Quantos quilogramas de produtores primários são necessários para manter 1 quilograma de atum, um carnívoro de topo de cadeia? Quanta biomassa é necessária para fazer um sanduíche de atum? Utilizando o modelo de pirâmide trófica apresentado aqui, podemos ver que 1 quilograma de atum no quinto nível trófico (a quinta etapa alimentar da pirâmide) é suportado por 10 quilogramas de peixes de médio porte do quarto nível, que, por sua vez, são suportados por 100 quilogramas de pequenos peixes no terceiro nível, que se alimentaram de 1.000 quilogramas de zooplâncton (consumidores primários) no segundo nível, que consumiram 10.000 quilogramas de fitoplâncton (pequenos autótrofos, produtores primários) no início da pirâmide. Assim, um sanduíche de atum de 100 gramas tem uma longa e energética história. (Esses valores foram arredondados para ilustrar um princípio geral. As medidas exatas são difíceis de obter e são muito variáveis.)
De KARLESKINT/TURNER/SMALL, Introduction to Marine Biology, 3E. © 2010 Cengage Learning.

Alasca (onde eles fazem o petróleo "fermentar") e na rocha vulcânica a 1.220 metros (4.000 pés) abaixo da superfície da Ilha do Havaí. Alguns deles podem tolerar temperaturas de 400 °C (750 °F)! Você aprenderá mais sobre essas impressionantes formas de vida no Capítulo 14.

As Teias Alimentares Dispersam Energia pelas Comunidades

Os organismos fotossintetizantes e quimiossintetizantes podem ser chamados tanto de produtores primários quanto de **autótrofos**, uma vez que fabricam seu próprio alimento. Os corpos dos autótrofos constituem uma rica fonte de energia química para qualquer organismo capaz de consumi-los. Os **heterótrofos** são organismos, como os animais, que devem consumir outros organismos, pois são incapazes de sintetizar seu próprio alimento (moléculas alimentares). Alguns heterótrofos consomem autótrofos, enquanto outros consomem outros heterótrofos.

Podemos classificar os organismos por sua posição em uma hierarquia alimentar, do tipo "quem come quem", denominada **pirâmide trófica**. Os produtores primários representados na base da pirâmide da **Figura 12.14** são, em sua maioria, fotossintetizadores clorofilados. Os animais heterótrofos que os consomem são denominados **consumidores primários** (ou herbívoros), os animais que deles se alimentam são chamados de consumidores secundários, e assim por diante até os **consumidores de topo de cadeia alimentar** (ou carnívoros de topo de cadeia).

Observe que a massa dos consumidores diminui à medida que a energia flui para o topo da pirâmide. Há muitos pequenos produtores primários na base e poucos grandes consumidores no ápice. Somente cerca de 10% da energia dos organismos consumidos são armazenados na forma de tecido vivo; assim, cada nível tem cerca de um décimo da massa do nível inferior adjacente. O restante da energia é perdido na forma de calor, à medida que os organismos trabalham para se manter vivos.

Pirâmides como as da Figura 12.8 podem levar à concepção equivocada de que um tipo de peixe coma apenas outro tipo de peixe, e assim sucessivamente. Verdadeiramente, as comunidades são mais apropriadamente descritas como teias alimentares, como demonstra a **Figura 12.15**. Uma **teia trófica** é composta por um grupo de organismos conectados por relações alimentares complexas pelas quais o fluxo de energia pode ser traçado dos produtores primários aos consumidores. Os organismos em uma teia trófica quase sempre têm algumas possibilidades de escolha das espécies para alimento.

Os organismos interagem entre si e alimentam-se uns dos outros, e os produtores autótrofos transferem energia na forma de alimento aos consumidores heterótrofos por uma teia. Quase todas são, em última instância, dependentes da luz solar e da fotossíntese. Qual é o papel físico dos oceanos nesse processo?

BREVE REVISÃO

Antes de passar para a próxima seção, verifique seu entendimento de algumas das ideias importantes apresentadas até agora:

12. O que os produtores primários produzem? Como a produtividade é expressa?

13. O que é uma pirâmide trófica? Qual é a relação dos organismos em uma pirâmide trófica? Isso tem algo a ver com as teias tróficas? Em que sentido?

14. O que é um extremófilo?

15. O que é um autótrofo? E um heterótrofo? Qual é a semelhança entre eles? E a diferença?

Para verificar suas respostas, acesse a página deste livro no site da Cengage.

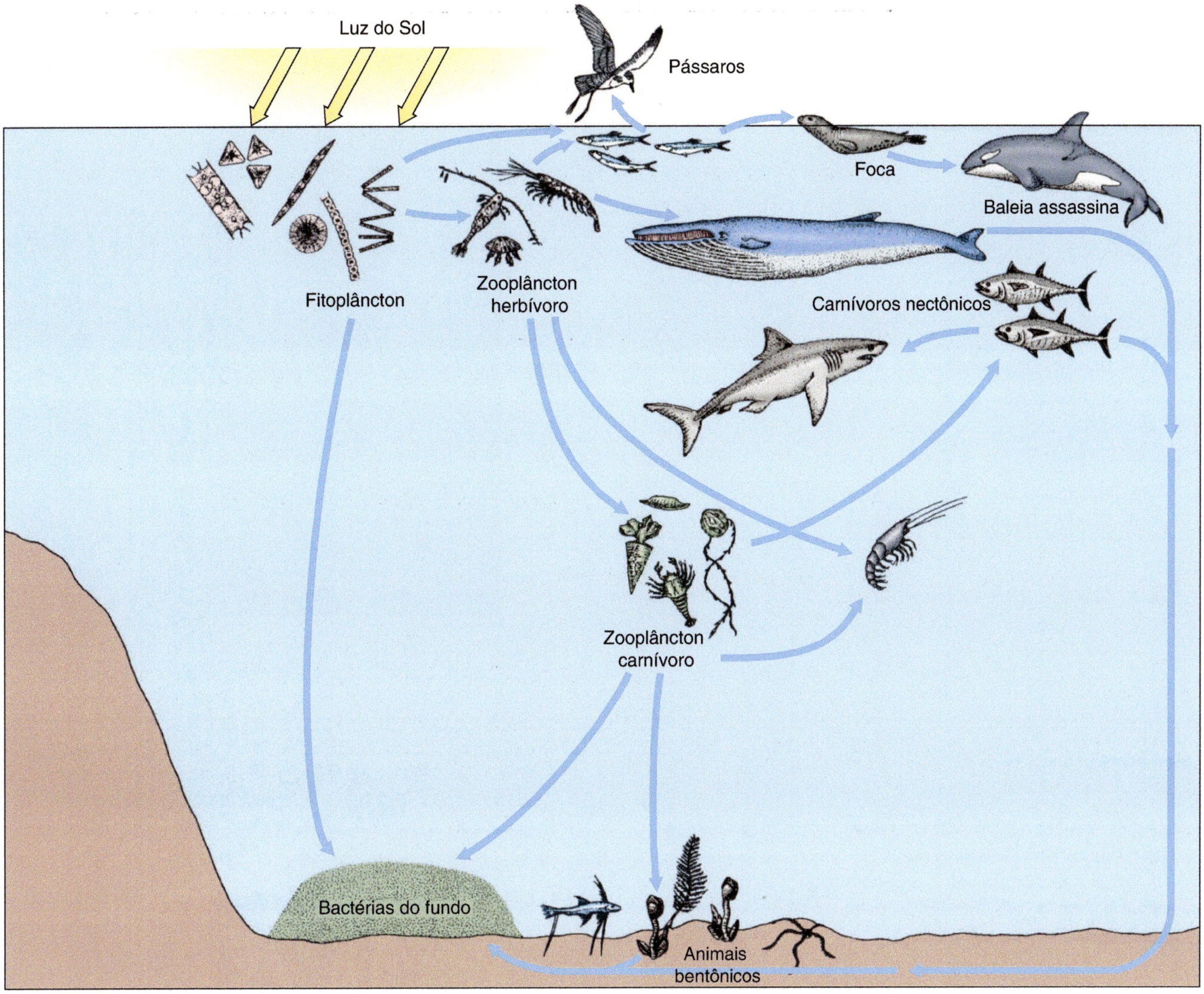

Figura 12.15 Uma teia trófica simplificada, ilustrando as principais relações tróficas levando a uma baleia assassina adulta. As setas mostram a direção do fluxo de energia. Observe que as relações alimentares não são tão simples quanto parecem na Figura 12.14.
De KARLESKINT/TURNER/SMALL, Introduction to Marine Biology, 3E. © 2010 Cengage Learning.

12.6 Os Fatores Ambientais Influenciam o Êxito dos Organismos Marinhos

Os organismos marinhos dependem da composição química e das características físicas dos oceanos para a manutenção da vida. Qualquer aspecto do ambiente físico que afeta a vida dos organismos é chamado de **fator físico**. Viver nos oceanos frequentemente apresenta vantagens em relação à vida nos ambientes terrestres – as condições físicas nos mares são normalmente mais moderadas e menos variáveis do que as condições físicas nos ambientes terrestres. Os fatores físicos mais importantes para os organismos marinhos são luz, temperatura, nutrientes dissolvidos, salinidade, gases dissolvidos, equilíbrio ácido-base e pressão hidrostática.

Os fatores físicos funcionam em conjunto para provisionar o ambiente físico para a vida oceânica. Porém, os **fatores biológicos** – os aspectos do ambiente gerados biologicamente – também afetam os organismos vivos. Esses fatores incluem difusão, osmose, transporte ativo e relação superfície-volume. Vamos examinar todos eles mais detalhadamente.

Com frequência, o excesso ou a escassez de um único fator físico pode afetar adversamente o funcionamento de um organismo. Denominamos isso **fator limitante**, uma necessidade física ou biológica cuja presença em quantidades não apropriadas limita a ação normal dos organismos. Imagine, por exemplo, uma área oceânica em que tudo está perfeito para a fotossíntese – calor, nutrientes, CO_2 adequado – tudo *exceto a luz*. Nessas circunstâncias, nenhuma fotossíntese ocorreria, pois a luz é um fator limitante. Se a luz estiver presente, mas os nitratos ausentes, os nutrientes na forma de nitrato constituirão o fator limitante. Às vezes *o excesso* de algo – calor, por exemplo – pode ser limitante.

A Fotossíntese Depende da Luz

Nos ambientes terrestres, a maior parte da fotossíntese ocorre no nível do solo ou logo acima dele. Mas a água do mar, ao contrário do solo, é relativamente transparente, permitindo

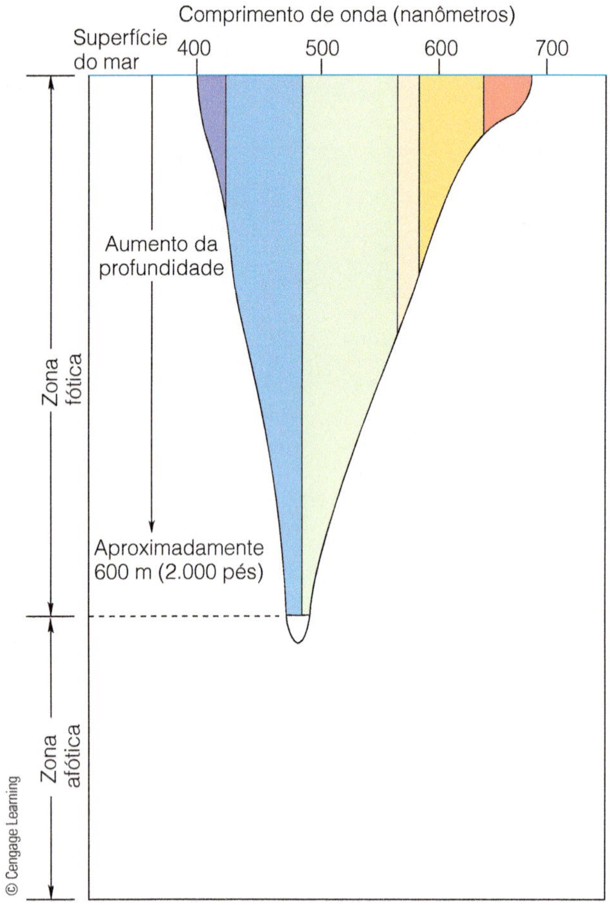

a **águas claras do oceano aberto**
Nas águas claras do oceano aberto, instrumentos sensíveis podem detectar a presença de luz em uma profundidade de 600 metros (2.000 pés).

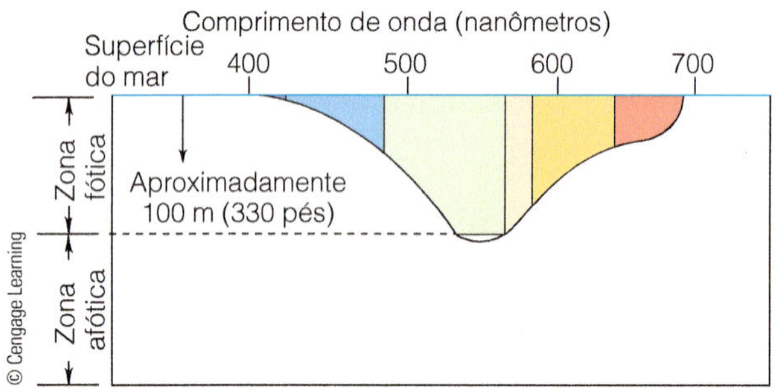

b **Águas costeiras**
Em razão das partículas em suspensão geralmente presentes em águas costeiras, a luz não pode penetrar tão profundamente – normalmente em torno de 100 metros (330 pés). A camada superior iluminada pelo Sol é chamada de zona fótica. Abaixo dela, o escuro oceano é chamado de zona afótica.

Figure 12.16 Penetração da luz no oceano.

que a fotossíntese ocorra a alguma distância da superfície dos oceanos. No entanto, a luz solar deve ultrapassar uma série de dificuldades antes de poder ser absorvida pela clorofila nos autótrofos marinhos.

A maior parte da luz solar que atinge a superfície dos oceanos em ângulo agudo (próximo ao nascer ou pôr do sol, ou nas regiões polares) é refletida e não penetra na água.

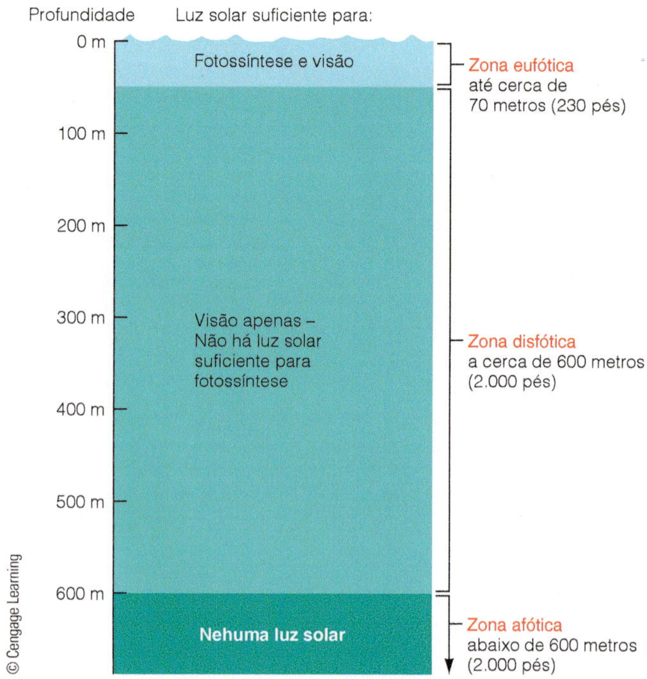

Figura 12.17 A camada superior do oceano iluminada pelo Sol é conhecida como zona fótica. Na zona eufótica, há luz suficiente para a realização da fotossíntese. Abaixo dessa profundidade, na zona disfótica, pode haver luz, mas não na quantidade adequada para a produção fotossintética de glicose de modo a exceder seu consumo. A zona afótica encontra-se em escuridão permanente. A maior parte do oceano fica sem a luz do Sol o *tempo todo*, e todo ele fica escuro *em alguma parte do* tempo.

Uma vez que atravessa a superfície, a luz é seletivamente absorvida – a água é mais transparente para algumas cores do que para outras. Em águas claras, a luz azul penetra a maiores profundidades, enquanto a luz vermelha é absorvida próximo à superfície. A energia solar absorvida pela água é transformada em calor.

A profundidade de penetração da luz é também limitada pelo número e pelas características das partículas presentes na água. Essas partículas, que podem incluir sedimento em suspensão, minúsculos fragmentos de tecido vivo, ou os próprios organismos, espalham e absorvem a luz. Grandes concentrações de partículas rapidamente absorvem grande parte das luzes azul e ultravioleta. Essa absorção, combinada à reflexão da luz verde pela clorofila dos produtores, altera a cor das águas costeiras produtivas, que se tornam verdes.

A que profundidade a luz penetra nos oceanos? A **Figura 12.16** mostra as profundidades alcançadas pela luz de vários comprimentos de onda (cores) nos oceanos. A **zona fótica** (*photos*, "luz") é a camada mais superior da água do mar iluminada pelo Sol. Em decorrência dos pequenos organismos em abundância e das partículas que dispersam a luz, a zona fótica próxima das regiões costeiras normalmente estende-se até cerca de 100 metros (330 pés), e em águas de latitude média ela alcança cerca de 150 metros (500 pés). No oceano aberto, em águas claras tropicais, instrumentos mais sensíveis que os olhos humanos detectam luz a profundidades ainda maiores – o recorde atual é de 590 metros (1.935 pés) no Pacífico tropical! A **zona afótica** (*a*, "sem") – a ca-

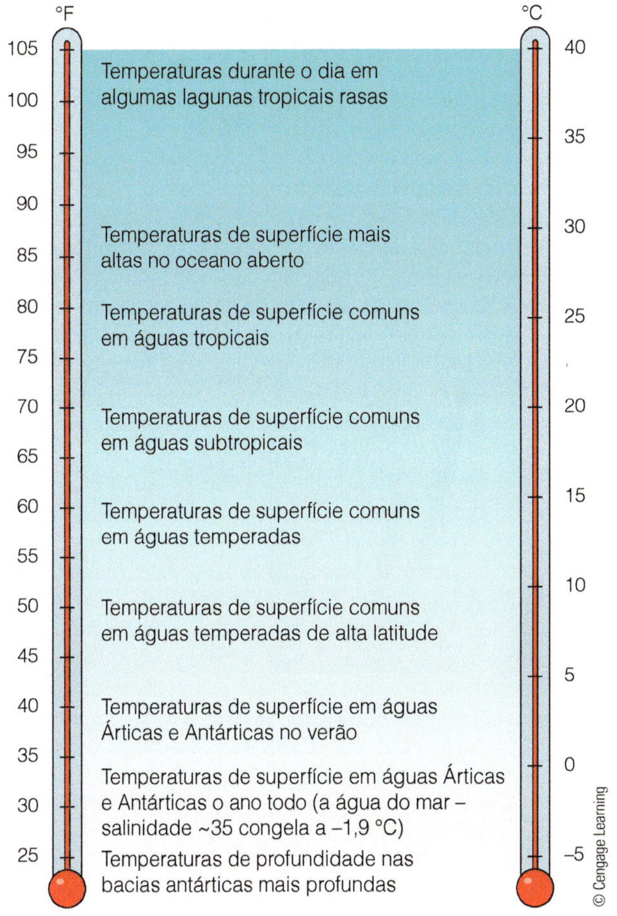

Figura 12.18 Temperaturas de águas marinhas capazes de suportar formas de vida. Algumas áreas isoladas do oceano, curiosamente em fontes hidrotermais e sob elas, organismos vivos especializados podem suportar temperaturas de 400 °C (750 °F)!

mada permanentemente escura de água abaixo da zona fótica – situa-se abaixo da superfície iluminada, estendendo-se até os fundos oceânicos. A maior parte do oceano jamais é iluminada pela luz solar.

Em baixos níveis de luz, a fotossíntese se processa lentamente. A maior parte da produtividade primária dos oceanos ocorre na região superficial da zona fótica, chamada de **zona eufótica** (*eu*, "bom"), apresentada na **Figura 12.17**. Esta é a região em que os autótrofos marinhos podem capturar energia suficiente da luz solar para a produção primária de plantas por fotossíntese para exceder a perda de carboidratos por respiração. Embora seja difícil a generalização para o oceano como um todo, a zona eufótica, em geral, se estende a profundidades de aproximadamente 70 metros (230 pés), em latitudes médias, por todo o ano. A camada superior produtiva do oceano é, de fato, uma película muito fina – a água nessa zona corresponde a menos de 1% do volume do oceano de todo o mundo – e, ainda assim, quase toda a vida marinha depende dessa estreita faixa iluminada.

Abaixo da zona eufótica (mas ainda na zona fótica) localiza-se a **zona disfótica** (*dys*, "difícil"), também vista na Figura 12.17. Embora a luz esteja presente nessa zona, ela não é intensa o suficiente para permitir que a fotossíntese produza tanto carboidrato quanto aquele utilizado por um autótrofo ao longo do dia.

A Temperatura Influencia a Taxa Metabólica

A temperatura nos oceanos varia com a profundidade e a latitude. A temperatura média do oceano mundial está apenas alguns graus acima do congelamento. A água mais quente é encontrada somente nas iluminadas zonas de superfície do oceano temperado e tropical, e em comunidades quimiossintetizantes profundas e quentes. Embora as variações de temperatura dos oceanos sejam consideráveis **(Figura 12.18)**, elas são muito mais estreitas quando comparadas com as variações nos ambientes terrestres.

Quais são as implicações da temperatura do oceano para os seres vivos? As reações químicas ocorrem nos organismos vivos a velocidades que dependem muito da vibração molecular, a qual é denominada calor. Como a agitação aproxima os reagentes, temperaturas mais elevadas aumentam a velocidade das reações químicas. Assim, a **taxa metabólica** de um organismo, ou seja, a taxa com que ocorrem as reações que liberam energia em um organismo, aumenta com a temperatura. A taxa metabólica aproximadamente duplica com uma elevação de temperatura em 10 °C (18 °F). A temperatura interior de um organismo está diretamente relacionada à taxa em que ele se move, reage e vive.

A maioria dos organismos marinhos tem "sangue frio", ou seja, são **ectotérmicos**, apresentando uma temperatura interna que permanece muito próxima da temperatura do ambiente que o rodeia. Alguns poucos animais complexos – mamíferos e aves, e alguns dos maiores e mais velozes peixes – apresentam "sangue quente", ou seja, são **endotérmicos**, o que significa que apresentam uma temperatura interna elevada e estável.

Em geral, quanto mais quente for o ambiente onde vive um organismo ectotérmico, dentro de seu intervalo de tolerância, mais acelerados serão seus processos metabólicos. Então, um peixe tropical, em um aquário aquecido, comerá mais e consumirá mais oxigênio do que um peixinho dourado de mesmo tamanho vivendo em um aquário idêntico, porém não aquecido. De maneira geral, o peixe tropical crescerá mais rápido, apresentará um batimento cardíaco mais acelerado, reproduzirá mais precocemente, nadará mais ligeiramente e viverá menos. No entanto, não podemos simplesmente regular o aquecedor e aumentar a temperatura do aquário para obtermos peixes mais velozes – isso pode matar o peixe. Em geral, o limite superior de temperatura que um organismo ectotérmico pode tolerar não é muito acima de sua temperatura ótima. O limite inferior é normalmente mais tolerante porque as moléculas são simplesmente desaceleradas.

Os organismos endotérmicos têm exigências mais restritas de intervalo de temperatura? Sim e não. Os organismos endotérmicos podem tolerar uma tremenda variação de temperatura *externa* se comparados aos ectotérmicos; pense em uma baleia migrando de águas polares aos trópicos ou em um pinguim imperador incubando um ovo a -51 °C (-60 °F). Suas temperaturas *internas*, no entanto, variam apenas ligeiramente. No nosso caso, considere a temperatura dos locais habitados por humanos, em contraste com a estreita faixa de temperatura interna considerada normal pelos médicos. Mecanismos sofisticados de regulação térmica permitem que organismos endotérmicos vivam em uma grande variedade de hábitats, mas têm um preço a pagar. Suas altas taxas metabólicas demandam, proporcionalmente, elevados suprimentos de alimento e transporte de gases, mas os benefícios de apresentar uma bioquímica finamente sintonizada para uma única e eficiente temperatura compensam as dificuldades reguladoras envolvidas.

Nutrientes Dissolvidos São Necessários para a Produção de Matéria Orgânica

Um **nutriente** é um composto necessário à produção de matéria orgânica. Alguns nutrientes contribuem para a formação de partes estruturais dos organismos, outros fazem parte dos compostos químicos que manipulam diretamente a energia, e alguns ainda têm outras funções. Alguns poucos desses nutrientes estão sempre presentes na água do mar, mas a maioria não está prontamente disponível.

Os principais nutrientes necessários à produtividade primária são o nitrogênio (como nitrato, NO_3^-) e o fósforo (como fosfato, PO_4^{3-}). Como qualquer jardineiro sabe, as plantas requerem fertilizantes – principalmente nitratos e fosfatos – para desenvolver-se. Jardineiros do oceano teriam mais problemas cultivando plantações do que seus colegas terrestres, uma vez que as águas oceânicas mais férteis contêm somente 1/10.000 do nitrogênio disponível no solo superficial. O fósforo é ainda mais escasso nos oceanos, mas, felizmente, necessário em menor quantidade pelos seres vivos que apresentam cerca de um átomo de fósforo para cada 16 átomos de nitrogênio.

Nitrogênio e fósforo são frequentemente esgotados pelos autótrofos durante períodos de alta produtividade e rápida reprodução. Silicatos dissolvidos (utilizados em carapaças e outras partes duras) e elementos-traço como ferro e cobre (utilizados em enzimas, vitaminas e outras moléculas grandes) também se apresentam em baixa oferta durante fases de crescimento rápido. Os vegetais marinhos não têm outra escolha a não ser reciclar esses nutrientes.

A Salinidade Influencia o Funcionamento das Membranas Celulares

Todas as células de todos os organismos são delimitadas pelas membranas, complexas películas através das quais algumas substâncias selecionadas podem se mover. As membranas celulares são profundamente afetadas pela salinidade da água ao seu redor.

A salinidade da água do mar (consulte o Capítulo 6) pode variar por causa da precipitação, evaporação, descarga de água e sais por meio dos rios, entre outros fatores. A salinidade superficial varia mais, com valores baixos de 6‰ ou menos ao longo da costa externa do Mar Báltico no início do verão a altos valores anuais que excedem 40‰ no Mar Vermelho. A salinidade é menos variável com o aumento da profundidade, com o oceano ficando levemente mais salgado com o aumento da profundidade.

A alteração na salinidade pode danificar fisicamente as membranas celulares, e os sais concentrados podem alterar a estrutura das proteínas. A salinidade pode afetar a gravidade específica, a densidade da água do mar e, portanto, a flutuabilidade de um organismo. A salinidade é ainda importante porque pode causar a entrada ou saída de água pela membrana celular, alterando o balanço hídrico da célula. A água do mar tem salinidade quase idêntica ao fluido interno de todas as formas mais avançadas de vida marinha, o que significa que a manutenção do balanço de sais e, portanto, do balanço hídrico é fácil para a maioria das espécies marinhas.

As Concentrações de Gases Dissolvidos Variam com a Temperatura

Praticamente todos os organismos marinhos necessitam de gases dissolvidos – em particular o dióxido de carbono e o oxigênio – para que possam se manter vivos. O oxigênio não se dissolve facilmente na água, e como resultado há cerca de 100 vezes mais oxigênio gasoso na atmosfera. Por outro lado, o CO_2, essencial à produtividade primária, é muito mais solúvel e reativo na água do mar do que o oxigênio. Embora cerca de 1.000 vezes mais dióxido de carbono possa ser dissolvido na água do que oxigênio, valores médios normais na superfície oceânica giram em torno de 50 mililitros por litro para o CO_2 e cerca de 6 mililitros por litro para o oxigênio. Atualmente, os oceanos retêm cerca de 60 vezes mais dióxido de carbono do que a atmosfera. Por causa dessa abundância, os vegetais marinhos quase nunca sofrem de falta de CO_2.

Águas profundas tendem a conter mais dióxido de carbono do que águas superficiais. Por que isso ocorre? Você deve recordar que as massas de água mais profundas e mais densas são formadas na superfície nas regiões polares, e, como vimos, mais CO_2 pode dissolver-se em um ambiente de baixas temperaturas. A água densa afunda, levando sua elevada carga de CO_2 para o fundo, e a pressão nas profundezas contribui para mantê-lo em solução. O CO_2 ainda aumenta em águas profundas porque somente os heterótrofos (animais) vivem e realizam seu metabolismo nessas regiões, e o CO_2 é produzido quando os decompositores consomem a matéria orgânica que afunda. Nenhum produtor primário fotossintetizante está presente nas profundezas escuras para utilizar esse excesso de CO_2, uma vez que não há luz solar suficiente que permita a ocorrência de fotossíntese.

Elevadas taxas de fotossíntese que ocorrem na superfície diminuem a concentração de CO_2 e aumentam a quantidade de oxigênio dissolvido. O oxigênio é menos abundante logo abaixo do limite de fotossíntese, por causa da respiração realizada por muitos animais pequenos em profundidades intermediárias. (Essas relações são mostradas na Figura 6.17.)

Baixos níveis de oxigênio podem, às vezes, ser um problema na superfície oceânica. Os vegetais produzem mais oxigênio do que consomem, mas produzem-no apenas durante as horas com luz do dia. A respiração continuada dos vegetais à noite vai remover boa parte do oxigênio que os cerca. Em casos extremos, essa diminuição do oxigênio pode levar à morte animais e vegetais dessa área, um fenômeno mais observado em águas costeiras restritas, durante as florações planctônicas de primavera e outono.

As maiores variações nos níveis de gases dissolvidos são encontradas em águas costeiras superficiais. Mudanças menos drásticas ocorrem em mar aberto.

O Equilíbrio Ácido-Base do Oceano é Influenciado pelo Dióxido de Carbono Dissolvido

Outra das condições físicas que afetam a vida no oceano é o equilíbrio ácido-base da água do mar. A complexa química das formas de vida terrestres depende de enzimas precisamente moldadas, grandes moléculas proteicas que aceleram a taxa das reações químicas. Quando o calor, ácidos ou bases fortes alteram o formato dessas proteínas vitais, elas perdem suas habilidades normais de funcionamento.

A acidez ou alcalinidade de uma solução é expressa em termos de uma *escala de pH*, uma medida logarítmica da concentração de íons hidrogênio em uma solução. Lembrem-se (na Figura 6.18) de que o 7 na escala de pH é neutro, com valores inferiores indicando maior acidez e valores superiores, maior alcalinidade. A água do mar é levemente alcalina, e seu pH médio é aproximadamente 8. As substâncias dissolvidas na água do mar agem para *tamponar* alterações de pH, prevenindo grandes variações de pH quando ácidos ou bases são introduzidos no mar. O intervalo de variação normal do pH da água do mar é muito mais estreito do aquele do solo; organismos terrestres são, algumas vezes, limitados pela presença de solos severamente alcalinos que danificam seus componentes celulares.

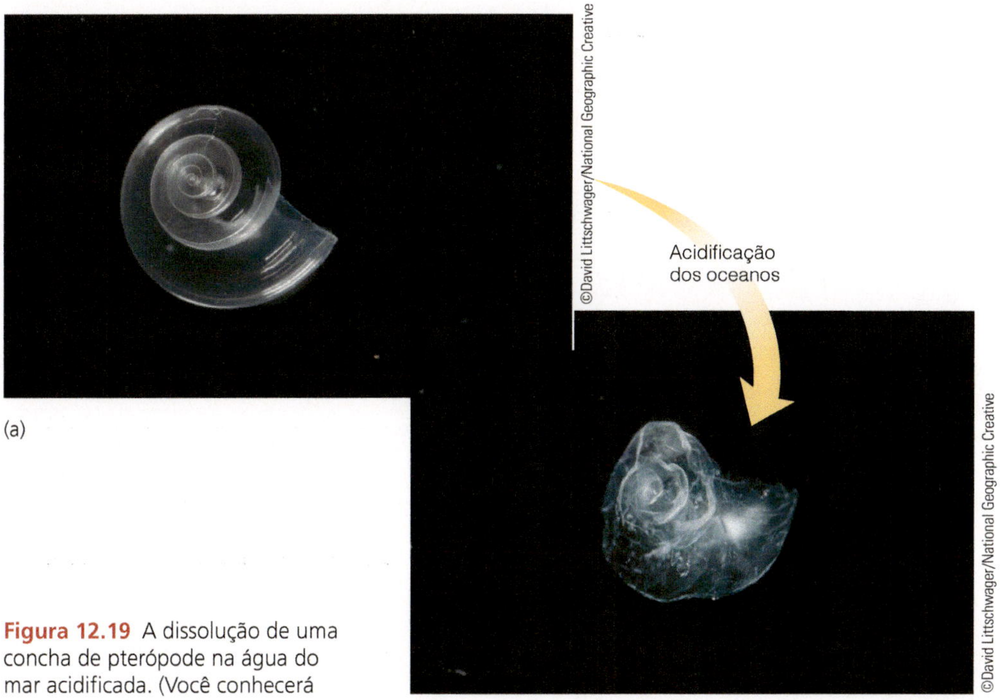

(a)

Figura 12.19 A dissolução de uma concha de pterópode na água do mar acidificada. (Você conhecerá organismos do zooplâncton como o pterópode no próximo capítulo.)

(b) Dissolução progressiva de uma concha de pterópode (zooplâncton) na água do mar acidificada.

Embora a água do mar permaneça levemente alcalina, ela está sujeita a alguma variação. Quando dissolvido na água, parte do CO_2 transforma-se em ácido carbônico. Em áreas de rápido crescimento vegetal, o pH se eleva porque o CO_2 é utilizado pelos vegetais para a fotossíntese. E como as temperaturas são geralmente mais elevadas na superfície, menos CO_2 pode dissolver-se. O pH em águas superficiais quentes e produtivas está em torno de 8,5.

Águas em médias e grandes profundidades podem conter mais CO_2. Sua fonte é a respiração dos animais e das bactérias. Em baixas temperaturas, em altas pressões e sem nenhum vegetal fotossintetizante para removê-lo, o CO_2 reduzirá o pH da água, tornando-a mais ácida com o aumento da profundidade. Assim, águas profundas e frias, abaixo de 4.500 metros (15.000 pés) têm um pH em torno de 7,5. Esse pH menor pode dissolver os sedimentos marinhos que contêm cálcio. Uma queda para pH 7 pode ocorrer no assoalho oceânico quando as bactérias de fundo consomem o oxigênio e produzem sulfeto de hidrogênio.

Como veremos no Capítulo 15, as concentrações de CO_2 estão subindo na atmosfera. Boa parte disso (talvez a maioria) ocorre em razão da queima de combustíveis fósseis para suportar a indústria e o crescimento da economia. Alguns pesquisadores acreditam que esse rápido aumento no CO_2 pode superar o sistema de tamponamento do carbonato nas águas de superfície e fazer com que o pH das águas oceânicas de superfície caia.[2] Mesmo ligeiramente mais ácida, a água do mar interferiria na formação de materiais calcários – esqueletos de corais, carapaças de plâncton e algumas outras partes duras de organismos marinhos **(Figura 12.19)**.

[2] Para uma discussão sobre o sistema de tamponamento do carbonato, consulte o Capítulo 6.

A Pressão Hidrostática Raramente é Limitante

Os organismos marinhos estão frequentemente sujeitos a grandes pressões resultantes do peso constante da água sobre seus corpos, mas essa **pressão hidrostática** provoca pouca dificuldade em suas vidas. De fato, a situação nos oceanos é paralela àquela em terra. Os animais terrestres vivem no ar pressurizado pelo peso da atmosfera sobre eles (um quilograma por centímetro quadrado, ou 14,7 libras por polegada quadrada, no nível do mar) sem nenhum problema. Na verdade, a pressão atmosférica é necessária à respiração, ao voo e a alguns outros processos físicos vitais.

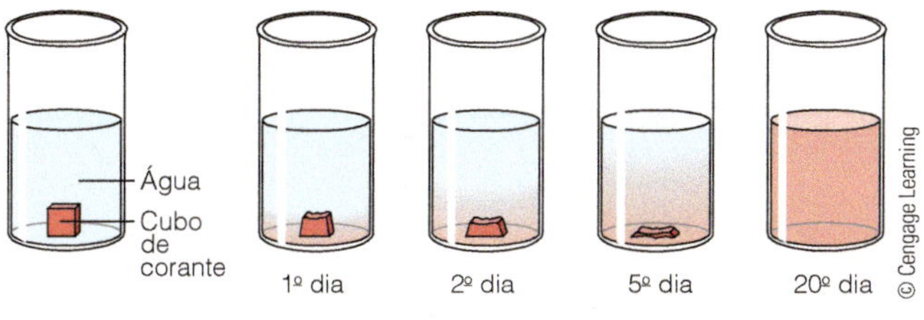

Figura 12.20 Um exemplo de difusão. As moléculas de corante gradualmente difundem pela água circundante à medida que um cubo de corante se dissolve. O movimento molecular aleatório espalha o corante a partir da região de alta concentração da superfície do cubo. Ao mesmo tempo, a água se move de sua própria região de alta concentração (próxima ao cubo de corante) para áreas de menor concentração (dentro do próprio cubo de corante em desintegração). Após muitos dias, o corante estará distribuído uniformemente por toda a água. Agitar aceleraria muito o processo de mistura, mas essa inserção de energia mecânica não é necessária se você não se importar em esperar que a difusão sozinha complete a tarefa.

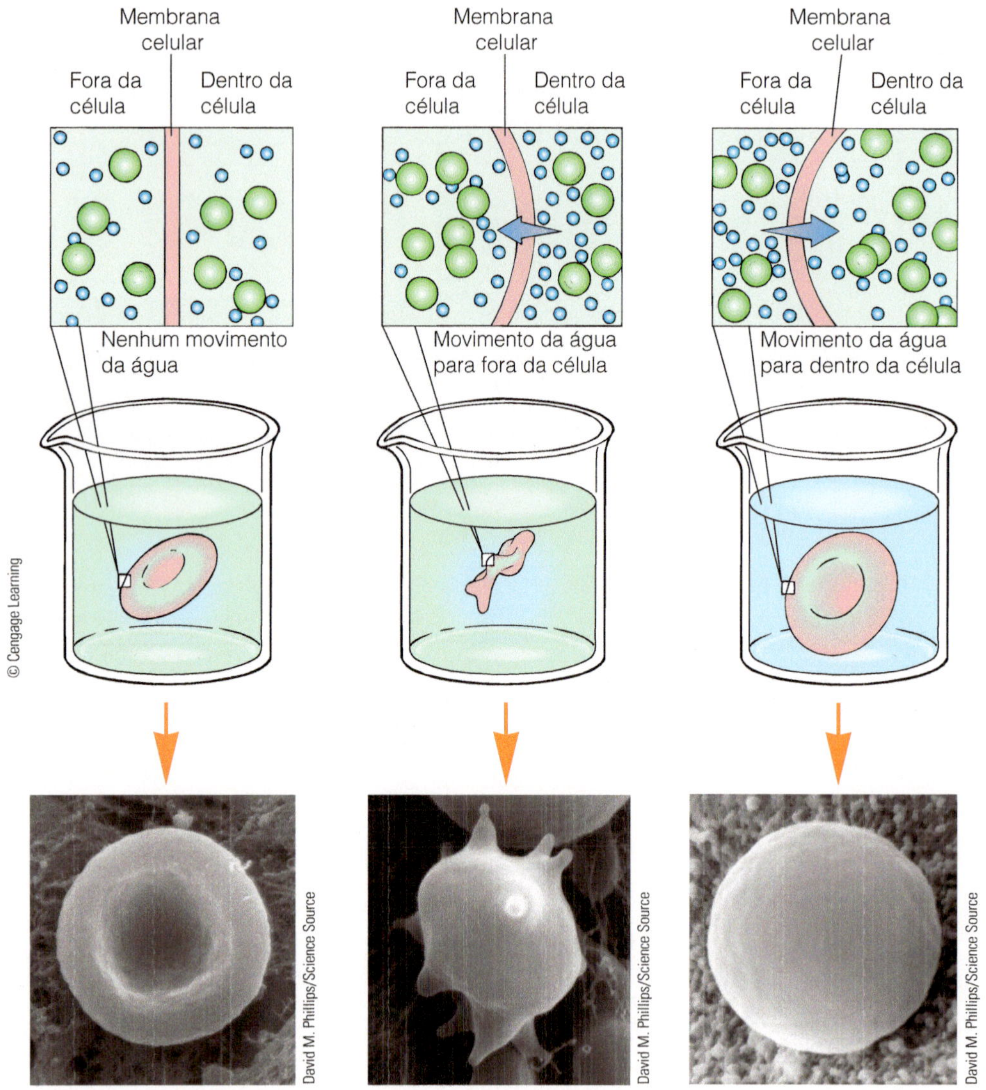

(a) Uma solução *isotônica* contém a mesma concentração de sólidos dissolvidos (verde) e moléculas de água (azul) como uma célula. As células posicionadas em soluções isotônicas não mudam de tamanho porque não há movimento líquido da água.

(b) Uma solução *hipertônica* contém uma concentração mais alta de sólidos dissolvidos do que uma célula. Uma célula posicionada em uma solução hipertônica encolherá à medida que a água se mover da célula para a solução circundante por osmose.

(c) Uma solução *hipotônica* contém uma concentração mais baixa de sólidos dissolvidos do que uma célula. Uma célula posicionada em uma solução hipotônica inchará e romperá à medida que a água se move por osmose do ambiente para a célula. As células ilustradas aqui são glóbulos vermelhos humanos imersos em água da mesma tonicidade que o sangue humano.

Figura 12.21 Efeitos da osmose em diferentes ambientes.

PENSANDO ALÉM DA IMAGEM

Como o gargarejo com água salgada reduz o inchaço de uma garganta inflamada?

pressão, algumas enzimas são inativadas e as taxas metabólicas para uma determinada temperatura tendem a ser ligeiramente mais altas. Contudo, esses efeitos são sentidos apenas a uma grande profundidade. A menos que os organismos marinhos tenham espaços cheios de gás em seus corpos (pulmões, bexiga natatória), uma mudança moderada na pressão surtirá pouco efeito.

As Substâncias Movem-se pelas Células por Difusão, Osmose e Transporte Ativo

Se um cubo de corante é deixado em repouso em um recipiente de água parada, as moléculas do corante eventualmente serão distribuídas de maneira uniforme por toda a água. Esse processo, conhecido como **difusão**, pode levar semanas para ser completado **(Figura 12.20)**. A energia para distribuir o corante vem do calor, a vibração aleatória das moléculas – quanto mais quente a água, mais rápida a difusão. A transferência líquida do material na difusão ocorre de uma região de alta concentração para regiões de menor concentração.

A difusão, um importante processo marinho, pode ser um fator físico. Por exemplo, os minerais dissolvem, e seus componentes tendem a difundir aleatoriamente por todo o meio líquido. Os líquidos e os gases também podem difundir pela água de zonas de maior concentração para zonas de menor concentração. Porém, o transporte de massa (o movimento de substâncias em correntes, por exemplo) é mais importante do que a difusão de substâncias dissolvidas em movimento ao longo de grandes distâncias.

A difusão é mais importante ao longo de pequenas distâncias, sobretudo em distâncias dentro e entre as células vivas. Substâncias selecionadas podem difundir pelas mem-

As pressões interna e externa de um organismo são essencialmente as mesmas, tanto nos oceanos como na base da atmosfera. Dessa forma, os organismos marinhos não necessitam de conchas pesadas para evitar que sejam esmagados pela pressão hidrostática. As grandes pressões têm alguns efeitos químicos. Os gases tornam-se mais solúveis em alta

branas celulares. Elas tendem a difundir das áreas onde estão altamente concentradas para áreas onde estão menos concentradas. Por exemplo, o oxigênio resultante da fotossíntese irá difundir por meio de uma membrana de dentro de uma célula vegetal (uma região de alta concentração de oxigênio) para fora (uma região da concentração menor de oxigênio). Como as membranas biológicas permitem que apenas certos tipos de moléculas pequenas passem, elas são consideradas *seletivamente permeáveis*.

A difusão da água por meio de uma membrana é chamada de **osmose** (*osmos*, "uma impulsão"). Na osmose, a água se move entre duas soluções de diferentes concentrações de água por meio de uma membrana permeável para a água, mas não para os sais. Se a água fora de uma membrana celular contiver menos sal dissolvido do que água dentro dela, a água irá difundir da região de maior concentração de água (fora da célula) para a região de menor concentração de água (dentro da célula), fazendo que a célula inche. O sal é proibido, pela natureza da membrana, de se mover para o lado de fora de modo a equilibrar a situação. É por isso que os nadadores humanos evitam deixar água doce entrar nas membranas nasais. Nossos fluidos corporais são mais salinos que a água doce, portanto as células em nossos sinos nasais absorvem a água e incham dolorosamente.

Os organismos marinhos mais simples têm quase a mesma concentração de substâncias dissolvidas em seus fluidos corporais que a água do mar. Eles são quase **isotônicos** ao seu ambiente fluido (*isos* = igual + *tonos* = força) e, por isso, experimentam um fluxo de água menor por meio de suas membranas externas. Na água doce, um animal marinho seria **hipertônico** (*hyper*, "excedente") aos seus arredores; a água se moveria *para dentro do* animal através de suas membranas celulares. Se o animal não tivesse nenhuma forma de eliminar a água, suas células explodiriam. O mesmo tipo de animal marinho levado para o Grande Lago Salgado altamente salino de Utah seria **hipotônico** (*hypo*, "inferiormente"), e a água fluiria *para fora* de suas células, fazendo-o desidratar e entrar em colapso. A **Figura 12.21** resume essas informações.

Como eles são quase isotônicos com os seus arredores, os organismos marinhos simples têm uma maior vantagem sobre seus homólogos de água doce; os animais de água doce devem gastar grandes quantidades de energia em sistemas excretores designados para transportar água de seus tecidos de volta para fora. Em razão desses mecanismos excretores especializados, pouquíssimos organismos de água doce e marinhos podem trocar de lugar com êxito.

O **transporte ativo** é o reverso da difusão passiva. No transporte ativo, as substâncias dissolvidas são bombeadas através de uma membrana "contra um gradiente" de uma região de baixa concentração para uma região de alta concentração. O transporte ativo exige energia porque esse movimento "contra um gradiente" desafia o funcionamento de "abaixamento" normal da segunda lei da termodinâmica. Quando uma célula exporta um produto finalizado (os açúcares produzidos na fotossíntese, por exemplo) por meio de uma membrana para uma área de armazenamento em que esse produto está concentrado, ela utiliza o transporte ativo. O transporte ativo é um processo comum nos seres vivos, e parte da energia de qualquer organismo é gasta para facilitar esse movimento contra o gradiente normal de concentração.

BREVE REVISÃO

Antes de passar para a próxima seção, verifique seu entendimento de algumas das ideias importantes apresentadas até agora:

16. O que é um fator limitante? Pode dar um exemplo?

17. O que caracteriza as zonas fótica, eufótica e disfótica?

18. Como a taxa metabólica varia com a temperatura?

19. Como as concentrações dos gases dissolvidos variam com a temperatura?

Agora olhe a resposta da última pergunta. Você vê um problema para os organismos marinhos?

20. A grande pressão hidrostática do leito marinho esmaga os organismos?

21. Qual é a diferença entre difusão e osmose?

Para verificar suas respostas, acesse a página deste livro no site da Cengage.

12.7 A Mudança Rápida e Violenta Causa Extinções em Massa

O ambiente físico e biológico muda com o passar do tempo, e as alterações nem sempre são graduais. A história biológica da Terra foi interrompida – catastroficamente – pelo menos seis vezes nos últimos 450 milhões de anos. Nesses eventos conhecidos como **extinções em massa**, um grande número de espécies desapareceu simultaneamente (em termos geológicos). As causas das extinções em massa não estão definidas para os cientistas, mas, para pelo menos dois desses eventos, os principais candidatos incluem a colisão de um asteroide ou cometa com a superfície da Terra.

Fragmentos de asteroides **(Figura 12.22a)** orbitam o Sol em conjunto com a Terra e outros planetas. Alguns desses asteroides têm órbitas que se cruzam com a nossa, e os encontros são inevitáveis. A Terra e seus vizinhos são marcados por crateras de impacto **(Figura 12.22b)** como prova desses encontros. As consequências da colisão da Terra com asteroides, mesmo pequenos, são quase inimagináveis. Um asteroide de apenas 10 quilômetros (6 milhas) de diâmetro poderia chocar-se com energia equivalente à explosão de meio trilhão de toneladas de TNT **(Figura 12.22c)**. Mais de 100 toneladas métricas da crosta terrestre seriam lançadas na atmosfera, obscurecendo o Sol por décadas e causando chuva ácida que poluiria a superfície do planeta. Ondas de choque destruiriam estruturas, esmagariam grandes organismos e desencadeariam terremotos em um raio de centenas de quilômetros. Por exemplo, se o impacto ocorresse no Oceano Atlântico, a 1.600 quilômetros (1.000 milhas) a leste das Bermudas, o *tsunami* gerado varreria as ilhas e os pântanos da Flórida. Boston seria atingida por uma parede de 100 metros (300 pés) de altura de água. Uma cratera de mais de 25 quilômetros (16 milhas) de largura e talvez 10 quilômetros (6 milhas) de profundidade marcaria o local do impacto. Nuvens de partículas finas, aceleradas pelo impacto, viajariam ao redor do Sol em órbitas que cruzariam com a da Terra, e

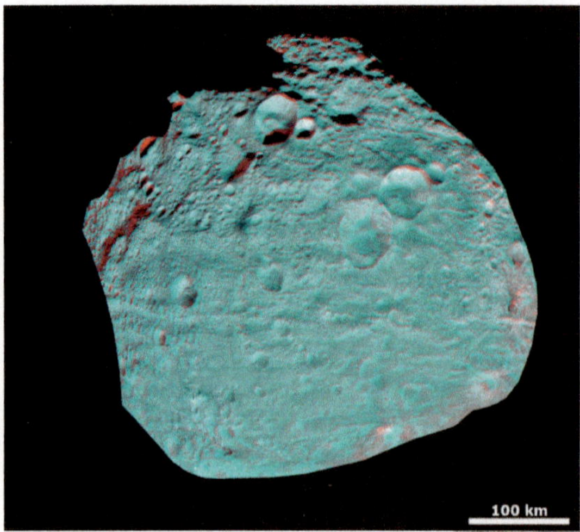

NASA, JPL-Caltech, UCLA, MPS, DLR, IDA

(a) Aparência de um asteroide, cortesia da espaçonave *Dawn*. Asteroides são corpos rochosos metálicos com diâmetros que variam de poucos metros a 1.000 quilômetros (600 milhas). A maioria foi varrida em direção aos planetas durante sua formação, mas cerca de 6.000 asteroides grandes ainda estão orbitando o Sol em um cinto entre Marte e Júpiter. Infelizmente, as órbitas de muitas dúzias deles os levam a cruzar a órbita da Terra. Este asteroide, chamado Vesta, poderia estender-se de Washington, DC, à cidade de Nova York. A imagem está em 3D – pegue seus velhos óculos vermelhos e azuis e dê uma olhada.

Figura 12.22 Extinções em massa.

Earth Sciences and Image Analysis Laboratory, NASA Johnson Space Center

(b) Aspecto de uma cratera de impacto. Visão aérea da Cratera de Manicouagan, Quebec, Canadá, onde um asteroide atingiu a Terra há cerca de 210 milhões de anos. A cratera tem quase o tamanho de Rhode Island.

(c) Concepção de um artista de um grande núcleo de um cometa, 10 quilômetros (6 milhas), assolando a Terra há 65 milhões de anos. A explosão cataclísmica produziu ondas de choque de propulsão e enormes nuvens no leito oceânico e crosta por toda a Terra, gerando um período de frio e escuridão que contribuiu para a extinção de um grande número de espécies, incluindo os dinossauros.

©Don Davis

uma chuva constante de pequenos detritos poderia cair por dezenas de milhares de anos.

Esse tipo de evento cataclísmico foi comum e inquietante no passado da Terra. Então, onde estão as crateras? Como você deve se recordar da discussão sobre placas tectônicas no Capítulo 3, muito do assoalho oceânico foi reciclado pelo movimento das placas litosféricas; assim, qualquer cratera resultante de um impacto submarino com mais de 100 milhões de anos já desapareceu. As distorções e erosões dos continentes obscureceram os contornos de crateras antigas em terra, embora elas sejam mais facilmente vistas do espaço do que da superfície, especialmente se soubermos o que deve ser procurado (veja a Figura 12.22b). Evidências de um impacto maciço têm sido sustentadas pela descoberta de uma fina camada de rochas continentais ricas em irídio, distribuída mundialmente e datada do limite entre os períodos Cretáceo e Terciário (veja o Apêndice 2). O irídio é raro na Terra, mas é comum em asteroides. A camada rica em irídio pode ter se formado da poeira que se assentou após a colisão, há cerca de 65 milhões de anos.

Inúmeros organismos marinhos pereceram em extinções em massa. (Acredita-se que as extinções de famílias e gêneros de organismos terrestres foram quase as mesmas.) No fim do período Cretáceo, há cerca de 65 milhões de anos, quase uma em cada cinco famílias, metade dos gêneros e três quartos das espécies desapareceram. Muitos cientistas acreditam que o impacto de um asteroide desencadeou a extinção em massa. Evidentemente, essas interrupções tumultuadas não representam o cotidiano biológico usual. Em algumas poucas ocasiões, visitantes rochosos do espaço apareceram para perturbar maciçamente o ambiente vital deste planeta. Os animais, os vegetais, as bactérias e os organismos unicelulares que conhecemos na Terra são descendentes de sobreviventes desses episódios.

BREVE REVISÃO

Antes de passar para a próxima seção, verifique seu entendimento de algumas das ideias importantes apresentadas até agora:

22. Você consegue pensar em alguma forma de evitar o impacto de um asteroide cataclísmico ou de um cometa uma vez que a trajetória do objeto mostrou-se em um determinado curso de colisão?

23. Você acha que toda vida da Terra pode ser exterminada por um grande impacto?

24. Por que vemos relativamente poucas crateras de impacto na Terra?

Para verificar suas respostas, acesse a página deste livro no site da Cengage.

Perguntas dos Alunos

1. Como a evolução pode chegar a produzir organismos complexos como os peixes ou as pessoas? Ouvi algo que diz que se esperar um tornado soprar por um ferro-velho o resultado parece a montagem espontânea de um Boeing 747!

Imagine uma loteria em que os números vencedores permanecem os mesmos por um ano. Você compra um bilhete por semana. De vez em quando, seu bilhete contém um dos números vencedores. Agora imagine que você *mantém* aquele número. À medida que a semana passa, você acumula a maioria dos números até que, se as coisas derem certo, o último de seus números aparece e você reivindica seu prêmio. Se não, sempre tem o próximo ano.

A evolução por seleção natural funciona de um jeito semelhante. A maioria dos números (traços genéticos) é inútil ou, até mesmo, perigosa. Mas alguns são úteis, e você tem que mantê-los. O 747 *completo* (organismo complexo) não é mostrado de uma só vez; em vez disso, ele é montado com o acúmulo de traço favorável após traço favorável, um após o outro. Passados 4,4 bilhões de anos ou mais, o processo resultou na incrível variedade de seres vivos que você vê ao seu redor.

2. A produtividade primária terrestre parece ser aproximadamente a mesma que a produtividade primária marinha total. Mas a biomassa de produtores nos oceanos é, no mínimo, 300 vezes menor (e pode ser 1.000 vezes menor) do que a biomassa de produtores terrestres! Como isso é possível? Como as produtividades terrestre e marinha podem ser tão similares?

Em decorrência da impressionante eficiência de pequenos autótrofos marinhos (fitoplâncton), as moléculas de nutrientes e carboidratos entram em um ciclo com grande velocidade e eficácia. Pode não haver a mesma biomassa de produtores nos oceanos, mas eles parecem, de fato, *muito* ocupados!

3. Qual é a proporção da produtividade total mundial atribuída à fotossíntese?

Eis uma questão interessante e controversa! Alguns oceanógrafos sugeriram que as comunidades das fontes hidrotérmicas são abundantes nas dorsais (Cordilheiras Oceânicas), e que as bactérias (e as *Archaea*) podem crescer em temperaturas bem mais quentes do que pensado anteriormente. A quimiossíntese pode, portanto, ser responsabilizada por uma proporção bem maior da produtividade oceânica total do que pensado anteriormente. E, como você leu, descobertas recentes mostram vastas comunidades quimiossintetizantes profundas *dentro* do leito marinho propriamente dito!

Lembrei-me de uma citação de Andrew Knoll de que as teias tróficas de eucariotas (isto é, ecossistemas compostos por células que contêm núcleos e organelas) "formam uma coroa – intricada e desnecessária – no topo dos ecossistemas fundamentalmente mantidos por metabolismo procariótico [bacteriano, archaeano]". Todos os animais e plantas que ve-

Panorama Geral do Capítulo

Neste capítulo, você aprendeu que a vida na Terra é notável por sua unidade e diversidade: *diversidade*, porque há, no mínimo, 50 milhões de espécies (tipos) diferentes de organismos vivos na Terra; *unidade*, porque cada espécie compartilha os mesmos mecanismos dos processos vitais básicos. Os átomos das formas vivas não são diferentes dos átomos das formas não vivas, e a energia que sustenta as formas vivas é a mesma energia encontrada nas formas inanimadas.

Por causa de sua natureza e origem aquosa, de certo modo, toda a vida deste planeta é marinha. O ambiente marinho é um local relativamente fácil para a sobrevivência das células. Pelo menos em parte, a vida nos oceanos é tão bem-sucedida – a produtividade marinha *total* é muito elevada – por causa das características físicas dos oceanos, mas essas mesmas características podem ser também fatores limitantes para um organismo.

A vida marinha não ocorreu acidentalmente em seu rico lar fluido. Os organismos da Terra não surgiram em apenas alguns milhares de anos. Eles modificaram, geração após geração, nos últimos 4 bilhões de anos. A capacidade que os seres vivos têm de mudar ao longo do tempo para se adaptar ao ambiente físico e químico, para se tornar mais eficientes na extração de energia de seus arredores, para colonizar praticamente todos os locais capazes de sustentá-los e, por fim, para investigar a si mesmos pela lógica científica surgiu por meio da evolução.

Produtores primários – autótrofos – são organismos que sintetizam alimento a partir de substâncias inorgânicas, pela fotossíntese e quimiossíntese. Organismos marinhos autótrofos transformam energia solar (ou de certas moléculas inorgânicas) em energia química para suprir seu próprio crescimento e são consumidos pelos organismos heterótrofos. As relações alimentares em uma comunidade parecem teias complexas.

Uma variedade de fatores físicos afeta a densidade, a variedade e o sucesso das formas de vida de cada hábitat marinho. Esses fatores são transparência da água, temperatura, nutrientes dissolvidos, salinidade, gases dissolvidos, pressão hidrostática e equilíbrio ácido-base.

Os organismos marinhos são naturalmente classificados por suas características físicas e pelo grau com que se assemelham a outros organismos. Os vários ambientes marinhos ocupados por formas de vida podem ser classificados por suas características físicas.

No próximo capítulo, você aprenderá que os organismos distribuem-se nos ambientes marinhos em comunidades específicas – grupos de produtores, consumidores e decompositores que interagem e compartilham um espaço comum. A localização de uma comunidade e a variedade de organismos que a compõem dependem das características físicas e biológicas do espaço ocupado.

---

mos são só a cobertura do bolo – a forma de vida dominante da Terra é simples, antiga e profundamente enterrada. Temos *muito* que aprender.

4. Qual é a diferença entre a zona fótica e a zona eufótica?

A zona fótica é a camada mais superficial dos oceanos iluminada pelo Sol. A zona eufótica é parte da zona fótica. Na zona eufótica, os organismos autótrofos recebem luz do Sol suficiente para produzir alimento suficiente (pela fotossíntese) para a manutenção de suas vidas. Durante as horas iluminadas do dia, a luz está disponível abaixo da zona eufótica, mas não é intensa o suficiente para permitir que o aparato fotossintetizante dos autótrofos produza alimento suficiente para sustentá-los indefinidamente. A menos que migrem para profundidades menores, da zona eufótica, eles eventualmente morrem.

5. Se os seres humanos têm um fluido que banha suas células muito semelhante à água do mar, por que não podemos beber água do mar e sobreviver?

A célula humana funciona em um ambiente hipotônico em relação a água do mar; ou seja, o plasma sanguíneo é menos salino que a água do mar. Então, beber água do mar causa a saída de água das paredes intestinais, inunda os intestinos e deixa o corpo. Há uma perda líquida via intestinos e rins, mesmo que a água do mar seja diluída em água doce antes de ser bebida. Moral: nunca beba água do mar em uma situação de sobrevivência no mar, e nunca dilua água salgada com água doce (em qualquer proporção) para prolongar seu suprimento.

Termos e Conceitos para se Lembrar

adaptação
autótrofo
biomassa
consumidor de topo de cadeia
consumidor primário
difusão
domínio
ectotérmico
endotérmico
energia
espécie
evolução
evolução convergente
extinção em massa
extremófilo
fator biológico
fator físico
fator limitante
heterótrofo
hierarquia
hipertônico
hipotônico
isotônico
Lineu (Carl von Linné)
mutação
nome científico
nutriente
osmose
pirâmide trófica
pressão hidrostática
produtividade primária
produtor primário
quimiossíntese
reino
seleção natural
sistema artificial de classificação
sistema natural de classificação
taxa metabólica
taxonomia
teia trófica (ou alimentar)
transporte ativo
zona afótica
zona disfótica
zona eufótica
zona fótica

Perguntas de Estudo

1. Qual é a principal fonte de energia utilizada pela maioria dos seres vivos?
2. Destaque as etapas envolvidas na evolução por seleção natural. O que significa "natural"?
3. A evolução pela seleção natural é um processo aleatório?
4. Como um sistema natural de classificação diferencia-se de um sistema artificial? Pode dar um exemplo de cada? O sistema com base na hierarquia inventado por Lineu era natural ou artificial? O que *é* um sistema com base na hierarquia?
5. O que os produtores primários produzem? Como a produtividade é expressa?
6. O que é um autótrofo? E um heterótrofo? Qual é semelhança entre eles? E a diferença?
7. O que é uma pirâmide trófica? Qual é a relação dos organismos em uma pirâmide trófica? Isso tem algo a ver com as teias tróficas?
8. Cite e discuta brevemente os cinco fatores físicos do ambiente marinho que impactam os organismos vivos. Qual é a diferença entre cada um no oceano e na terra?
9. O que é um fator limitante? Você pode pensar em alguns exemplos não fornecidos no texto?
10. Você apoiaria os gastos de fundos governamentais para buscar asteroides ou outros corpos em um curso de colisão com a Terra? Qual seria a resposta pública para a descoberta de uma ameaça grave?

13 Comunidades Pelágicas

CONCEITOS-CHAVE

Uma *comunidade* é formada por várias populações de organismos que interagem em um local específico. Tom Garrison

Os fatores físicos e biológicos no ambiente determinam a localização e a composição de uma comunidade. Tom Garrison

Plâncton — organismos à deriva — é uma categoria não fundamentada em uma relação filogenética (evolutiva), mas sim em um estilo de vida compartilhado. © Wim van Egmond/Visuals Unlimited/Corbis

A produtividade do plâncton depende altamente da disponibilidade de luz e de nutrientes. SeaWiFS Project, NASA/GGSFC e GeoEye

Os animais que nadam são chamados de *nécton*. A variedade dos animais nectônicos é impressionante, indo de minúsculos crustáceos a enormes baleias. Hal Beral/Corbis

Uma Orca macho patrulha o Estreito de Johnstone, na Colúmbia Britânica, Canadá.
©Thomas Kitchin & Victoria Hurst/First Light/Corbis

13.1 Os Organismos Marinhos Vivem em Comunidades

Os organismos distribuem-se no ambiente marinho, em grupos específicos de produtores, consumidores e decompositores que compartilham um mesmo espaço. Esses grupos são denominados *comunidades*. Uma **comunidade** compreende muitas populações de organismos que interagem entre si em uma localidade em particular. Uma **população** é um grupo de organismos de uma mesma espécie que ocupam uma área específica. A localização de uma comunidade e das populações que a compõem depende das características físicas e biológicas do espaço vivo. Neste e no próximo capítulo, estudaremos os organismos nos dois grandes domínios oceânicos: os ambientes pelágico e bentônico. Os organismos pelágicos vivem suspensos na água do mar, enquanto os bentônicos vivem sobre ou nos sedimentos dos fundos oceânicos.

A maior comunidade marinha – e a mais escassamente povoada – é a comunidade pelágica que ocupa a massa de água homogênea e permanentemente escura entre a superfície iluminada pelo Sol e as profundezas do assoalho oceânico. Poucos animais vivem lá, pois há pouco alimento disponível, mas os organismos que sobrevivem estão entre os mais estranhos dos oceanos. As oportunidades de obtenção de alimento nas comunidades de mar profundo são raras e escassas; assim, alguns animais são capazes de consumir presas maiores do que eles próprios, caso apareça oportunidade. Como poucas espécies estão presentes, o acasalamento também é um evento raro; em algumas poucas espécies, machos e fêmeas tornam-se permanentemente fundidos durante seu primeiro encontro, o macho penetra o corpo da fêmea para uma carona para o resto de suas vidas.

Em contraste, as menores comunidades evidentemente devem ser as bentônicas (fundo) estabelecidas em rochas isoladas nos leitos oceânicos, que, de outra forma, seriam inexpressivas. Larvas vagando à deriva irão colonizar esses locais; a comunidade estabelecida pode parecer um oásis de vida e atividade em um local que, de outra forma, seria um deserto sedimentar estático. Algas marinhas vão crescer, vermes vão cavar, caramujos rasparão algas instaladas em superfícies duras, e pequenos peixes se abrigarão entre as fendas. Centenas de pequenos vegetais e animais podem viver em um metro quadrado, interagindo em uma comunidade solitária compacta, sem nenhum ambiente similar disponível a milhares de metros. As larvas da geração seguinte vagarão com poucas chances de encontrar um local adequado para viver. Comunidades microscópicas também existem; populações que interagem podem existir em um simples grão de areia ou em uma escama de peixe em decomposição.

Neste capítulo, descrevo as comunidades pelágicas – criaturas suspensas na água. O próximo capítulo discute as comunidades bentônicas – as populações de organismos que vivem sobre (ou dentro) o leito oceânico.

Os Organismos Interagem nas Comunidades

Há diversos locais para viver e muitos "trabalhos" diferentes para um organismo, mesmo em uma comunidade simples. O **hábitat** de um organismo é o seu "endereço" na comunidade, sua *localização* física. Cada hábitat tem um grau de uniformidade ambiental. O **nicho** de um organismo é sua "ocupação" nesse hábitat, sua relação com o alimento e com seus inimigos, uma expressão do que o organismo está *fazendo*. Por exemplo, os pequenos peixes que vivem entre as cabeças de coral em uma comunidade de recife de coral compartilham o mesmo hábitat, mas cada espécie tem um nicho ligeiramente diferente – um peixe pode raspar as cabeças de coral enquanto seu vizinho cultiva algas encrustadas. Cada população na comunidade tem um "trabalho", de modo que seu formato, cor, comportamento, hábito alimentar e outras características sejam particularmente adaptadas a ele.

A Competição Determina o Sucesso de cada Organismo em uma Comunidade

A disponibilidade de recursos como alimento, luz e espaço em uma comunidade determina o número e a composição das populações de organismos nessa comunidade. A competição por recursos que atendam às necessidades vitais na comunidade pode ocorrer entre membros de uma mesma população ou entre membros de populações *distintas*. Sutis variações nos fatores ambientais podem dar vantagem a uma população em um momento, e no seguinte favorecer a outra.

Quando *membros de uma mesma população* (todos membros de uma mesma espécie) competem entre si, alguns indivíduos serão maiores, mais fortes ou mais aptos a obter alimento, evitar inimigos ou acasalar. Esses animais tendem a prosperar, forçando seus semelhantes menos aptos a emigrar, lutar ou mesmo morrer ao longo da competição. Esse tipo de competição ajusta continuamente as características dos indivíduos de uma população ao seu ambiente.

Quando *membros de populações diferentes* competem, uma delas pode ser tão bem-sucedida em seu "emprego" que ela elimina as populações concorrentes. Em uma comunidade estável, duas populações não podem ocupar um mesmo nicho. Eventualmente, o concorrente mais eficiente sobrepuja o menos eficiente. Extinções devidas a esse tipo de compe-

Figura 13.1 Duas comunidades marinhas: o professor e o aluno fazem o levantamento de uma zona rochosa entremarés e em um pequeno pedaço de mar aberto em uma reserva marinha na China. Dado o rigor das condições encontradas aqui, é surpreendente que hábitats rochosos temperados entremarés como esses comportem algumas das comunidades mais populosas da Terra.

PENSANDO ALÉM DA IMAGEM

Por que você acha que este hábitat turbulento comporta tanta vida?

Tom Garrison

Tom Garrison

Figura 13.2 A competição entre duas espécies evita que ambas ocupem toda a zona entremarés, contrariando o esperado. Pequenas cracas encrustadas dominam a maior parte desta rocha, mas as lapas na base da rocha provavelmente evitaram que as larvas das cracas ganhassem território na sua parte inferior, perto da base da rocha, junto ao fundo.

tição "cara a cara" são provavelmente incomuns, mas restrições de uma população impostas pela competição entre espécies não o são. Por exemplo, pequenas cracas do gênero *Chthamalus* vivem na região superior do costão rochoso em comunidades entremarés; lapas maiores (*Collisella*) vivem mais abaixo, nas rochas (veja a **Figura 13.2**). As larvas planctônicas de ambas as espécies podem assentar sobre qualquer local rochoso da região entremarés e iniciar seu crescimento. Nas zonas mais inferiores, as lapas de crescimento mais rápido forçam a retirada das cracas mais fracas, mas, em posições mais superiores, as lapas não sobrevivem, pois não são resistentes à dessecação e à exposição ao ar como as pequenas cracas. Nos limites superior e inferior de suas distribuições, as duas espécies não competem por alimento ou espaço. A competição na intersecção de suas faixas de distribuição impede que cada uma das espécies ocupe o hábitat como de outro modo seria possível.

Os Fatores Ambientais Físicos e Biológicos Afetam as Comunidades

Os fatores físicos e biológicos no ambiente determinam a localização e a composição de uma comunidade. Fatores físicos como temperatura, pressão e salinidade afetam o sucesso de um organismo. As algas marinhas adaptadas a águas frias geralmente não podem sobreviver à exposição prolongada em águas muito mais quentes, e a salinidade abaixo do normal pode romper perigosamente o equilíbrio fluido da maioria dos invertebrados marinhos. Os fatores biológicos exercem influências em um organismo por meio de membros de sua própria população ou de outras populações, em sua própria comunidade ou em outras. Os fatores biológicos incluem aglomeração, predação, pastejo, parasitismo, ofuscamento da luz, geração de substâncias residuais e competição pelo oxigênio pouco disponível.

Um equilíbrio favorável de fatores ambientais físicos e biológicos é fundamental para o sucesso de cada indivíduo e, portanto, para o sucesso e a longevidade da comunidade. O estudo desse equilíbrio, e das relações dos organismos e interações dentro das comunidades, é chamado de **ecologia**. Os ecologistas marinhos estão preocupados com os tipos de organismos existentes nas comunidades marinhas, assim como com seus hábitats, nichos, distribuição, números e reações às variações em seu ambiente.

Um equilíbrio favorável de fatores ambientais físicos e biológicos é fundamental para o sucesso de cada indivíduo e, portanto, para o sucesso e a longevidade da comunidade.

As Comunidades Marinhas Mudam com o Tempo

Assim como os organismos que as compõem, as comunidades mudam ao longo do tempo. As mudanças lentas associadas à expansão do leito marinho, aos ciclos climáticos, à composição atmosférica ou às espécies recém-evoluídas moldaram esse ajuste gradual. Como na terra, a composição de espécies e a localização de uma comunidade marinha são alteradas pelos fatores ambientais aos quais os membros da comunidade são expostos. As comunidades em si podem modificar gradualmente os aspectos físicos de seu ambiente – um recife de coral é um exemplo extremo. O acúmulo lento, porém maciço de coral e sedimentos no recife pode alterar os padrões de correntes, influenciar a temperatura do oceano e mudar a proporção de gases dissolvidos.

Mudanças rápidas também podem ocorrer em comunidades marinhas. Uma catástrofe natural – uma erupção vulcânica, um deslizamento de terra que bloqueia um rio ou a colisão de um asteroide com a Terra – pode desestruturar uma comunidade. De maneira similar, as atividades humanas, como a alteração de um estuário pelo represamento de um rio, a descarga de nutrientes em excesso em uma área costeira ou o despejo de lixo tóxico, podem ocasionar mudanças rápidas na estrutura da comunidade. A composição das comunidades litorâneas muda abruptamente próximo a novos emissários de esgoto, por exemplo.

BREVE REVISÃO

Antes de passar para a próxima seção, verifique seu entendimento de algumas das ideias importantes apresentadas até agora:

1. Qual é a diferença entre uma comunidade e uma população?
2. Qual é a diferença entre as comunidades bentônicas e as comunidades pelágicas?
3. Qual é a diferença entre um nicho e um hábitat?

4. Dê exemplos de fatores ambientais físicos e biológicos que podem influenciar as populações.

Para verificar suas respostas, acesse a página deste livro no site da Cengage.

13.2 O Ambiente Marinho é Classificado em Zonas Distintas

Os cientistas consideram útil dividir o ambiente marinho em **zonas**, áreas de características físicas homogêneas. As divisões podem ser feitas com base em luz, temperatura, salinidade, profundidade, latitude, densidade da água ou em praticamente qualquer das outras dimensões físicas já abordadas. Entretanto, algumas classificações, como as classificações por luz e localização, são especialmente úteis. Elas são mostradas na **Figura 13.3**.

A classificação pelo nível da luz, em que a divisão básica está entre as zonas afótica e fótica, já foi descrita. Isso é particularmente valioso no estudo da vida marinha porque a luz alimenta a fotossíntese e, dessa forma, a produtividade primária.

Na classificação pela localização, a divisão básica é entre a água e o fundo oceânico. A coluna d'água é chamada de **zona pelágica** e está dividida em duas subseções: a **zona nerítica**, sobre a plataforma continental, e a **zona oceânica** de águas profundas, além da plataforma continental.

A zona oceânica é ainda dividida em zonas por profundidade. A *zona epipelágica* corresponde à zona fótica iluminada. Nas profundidades afóticas, estão dispostas em camadas as zonas *mesopelágica*, *batipelágica* e *abissopelágica*. Águas abissopelágicas são as águas das fossas profundas.

As divisões do fundo são denominadas **bentônicas** e começam com a **zona litoral** entremarés, a faixa da costa alternadamente coberta e descoberta pela ação das marés. (A *zona supralitoral*, a zona dos respingos *acima* da região entremarés superior, não faz, tecnicamente, parte dos fundos oceânicos.)

Depois do litoral está a **zona sublitoral**, que é dividida em segmentos internos e externos. O *sublitoral interno* é o fundo oceânico próximo ao litoral, e o *sublitoral externo* é o leito oceânico fora da margem da plataforma continental.[1] A **zona batial** cobre o leito marinho do talude em direção a grandes profundidades, onde a **zona abissal** começa. A **zona hadal** (*Hades*, "submundo") é o leito marinho mais profundo de todos e compreende as paredes e o fundo das fossas oceânicas.

A classificação pela localização é o sistema básico e padrão mais utilizado pelos oceanógrafos para descrever tudo desde a posição de suas medições físicas e químicas até os domínios onde determinados organismos são encontrados.

BREVE REVISÃO

Antes de passar para a próxima seção, verifique seu entendimento de algumas das ideias importantes apresentadas até agora:

5. Faça a distinção entre as zonas pelágica e nerítica.
6. Onde devemos procurar por um organismo bentônico?

Para verificar suas respostas, acesse a página deste livro no site da Cengage.

13.3 As Comunidades Pelágicas Ocupam o Oceano Aberto

Os organismos **pelágicos** vivem suspensos na água do mar, enquanto os organismos *bentônicos* (que conheceremos no próximo capítulo) vivem sobre ou dentro do sedimento do fundo do oceano. Os membros da comunidade pelágica são imensamente variados, mas todos têm problemas em comum

[1] Muitos pesquisadores utilizam os termos *supratidal*, *intertidal* e *subtidal* ao invés dos termos associados a *litoral*.

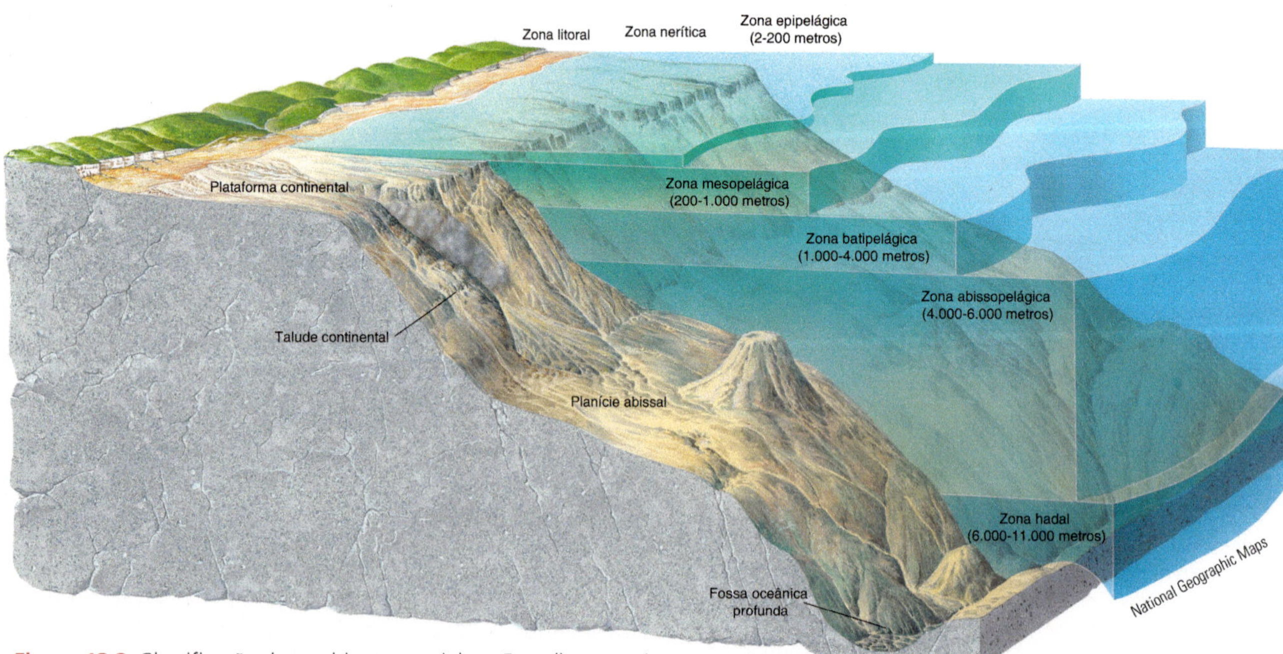

Figura 13.3 Classificação dos ambientes marinhos. Este diagrama é desenhado de modo a mostrar as divisões; suas proporções são exageradas.

de manutenção de sua posição vertical, produção ou obtenção de alimentos e sobrevivência por tempo suficiente para se reproduzirem.

Os organismos pelágicos podem ser divididos em dois grupos amplos com base em seu estilo de vida: os organismos do **plâncton** derivam ou nadam muito pouco, indo para onde o oceano vai, incapazes de se moverem consistentemente contra as ondas ou o fluxo da corrente. Os organismos do **nécton** são pelágicos que nadam ativamente. A Figura 13.4 mostra alguns representantes dos organismos pelágicos.

BREVE REVISÃO

Antes de passar para a próxima seção, verifique seu entendimento de algumas das ideias importantes apresentadas até agora:

7. O que distingue as comunidades pelágicas das comunidades bentônicas?
8. Qual é a diferença entre plâncton e nécton? Em qual categoria a maioria dos peixes se encaixa?

Para verificar suas respostas, acesse a página deste livro no site da Cengage.

13.4 Os Organismos do Plâncton Derivam com as Correntes Oceânicas

Os organismos pelágicos que constituem o plâncton são tão importantes quanto são imperceptíveis. Plâncton deriva da palavra grega *planktos*, que significa "errante".

A diversidade dos organismos planctônicos é impressionante: há águas-vivas gigantes à deriva com tentáculos de 8 metros (25 pés) de comprimento, vermes pequenos e vorazes em forma de flecha, muitas criaturas unicelulares que brilham muito quando perturbadas, moluscos que movem suas nadadeiras lentamente, lembrando o movimento das asas de borboletas, crustáceos que parecem camarões microscópicos, animais minúsculos, com propulsão por jatos, que vivem em estruturas gelatinosas e que filtram seu alimento da água, e algas com carapaças de cristal cintilante. A única característica compartilhada pelos organismos planctônicos é a inabilidade de se deslocar lateralmente de forma consistente pelo oceano. Muitos, entretanto, são capazes de mover-se verticalmente na coluna d'água.

> O plâncton é formado por muitas espécies fotossintetizantes e praticamente por todos os grandes grupos de animais. Todos derivam com as correntes.

Os organismos plânctônicos são formados por muitas espécies fotossintetizantes e praticamente por todos os grandes grupos de animais. Logo, o termo *plâncton* não é uma categoria natural coletiva, como os moluscos ou as algas, que têm uma relação de ancestralidade com os organismos; em vez disso, ele descreve uma conexão ecológica básica. Os membros da comunidade plânctônica, informalmente conhecidos como *plâncton*, podem e interagem entre si. Há pastejo, predação, parasitismo e concorrência entre os membros desse grupo dinâmico. Os organismos destacados dentro de círculos na Figura 13.4 compõem o plâncton.

BREVE REVISÃO

Antes de passar para a próxima seção, verifique seu entendimento de algumas das ideias importantes apresentadas até agora:

9. Por que escrevi que o plâncton é uma "categoria artificial" dos organismos?
10. Todos os organismos do plâncton são vegetais? Todos são animais?

Para verificar suas respostas, acesse a página deste livro no site da Cengage.

13.5 Os Métodos de Coleta de Plâncton Dependem do Tamanho do Organismo

O primeiro estudo sistemático em larga escala do plâncton foi desenvolvido por biólogos a bordo do navio de pesquisa *Meteor*, durante a Expedição Oceanográfica Atlântica Alemã de 1925-1926. Muitas das ferramentas e técnicas que eles utilizaram pela primeira vez ainda estão em uso hoje em dia. As **redes de plâncton** (Figura 13.5) do tipo aperfeiçoado a bordo do *Meteor* são essenciais para os estudos do plâncton. Essas redes cônicas são comumente feitas de náilon ou de tecido acrílico, seguindo um padrão de trançado fino para assegurar um espaçamento regular na malha. A rede é arrastada lentamente atrás do navio por uma distância conhecida, ou lançada a uma profundidade determinada, e então é recolhida. Os organismos aprisionados são lavados para a extremidade pontiaguda da rede e cuidadosamente removidos para análise. A análise quantitativa do plâncton requer a identificação dos organismos e uma estimativa do volume de água amostrado.

O plâncton de tamanho reduzido consegue escapar da rede. Para realizar sua captura e o estudo, é necessário concentrá-los por centrifugação ou captura em filtros específicos por onde a água passa. O filtro é posteriormente separado e o plâncton é estudado no local. Os menores organismos do plâncton são aprisionados por filtros de porcelana não vitrificada, produzidos especialmente para isso, pelos quais a água é forçada sob uma pressão bem alta. Como você verá, os organismos recém-descobertos dessa forma são alguns dos membros mais intrigantes da comunidade plâncton.

BREVE REVISÃO

Antes de passar para a próxima seção, verifique seu entendimento de algumas das ideias importantes apresentadas até agora:

11. Todos os membros da comunidade plâncton podem ser coletados por redes?

Para verificar sua resposta, acesse a página deste livro no site da Cengage.

(a) Representantes do plâncton e nécton do Oceano Atlântico subtropical.

Figura 13.4 Comunidades pelágicas.

13.6 A Maior Parte do Fitoplâncton É de Autótrofos Fotossintetizantes

O plâncton autótrofo é geralmente denominado **fitoplâncton**, um termo derivado da palavra grega *phyton*, que significa "vegetal". Uma grande massa quase invisível de fitoplâncton fica à deriva na camada superficial dos oceanos iluminada pela luz do Sol. O fitoplâncton é fundamental para a vida na Terra devido a sua grande contribuição às teias tróficas e sua produção de grandes quantidades de oxigênio atmosférico por meio da fotossíntese. Os autótrofos planctônicos transformam *pelo menos* 50 bilhões de toneladas métricas de carbono em carboidratos a cada ano, o que corresponde a 50% do alimento produzido pela fotossíntese na Terra! Esses seres errantes, unicelulares fotossintetizantes comumente ignorados, são muito mais importantes para a produtividade marinha do que as maiores e mais visíveis algas marinhas.

Existem pelo menos oito grandes grupos de organismos fitoplanctônicos, e os mais proeminentes são as diatomáceas e os dinoflagelados. Uma pesquisa recente sugere que produtores *muito* pequenos, sendo a maioria formada por cianobactérias e *archaea*, podem ser tão responsáveis por boa parte

1. golfinhos, Delphinus
2. aves tropicais, Phaethon
3. nautilus, Argonauta
4. anchovas, Engraulis
5. cavala, Pneumatophorus, e sardinhas, Sardinops
6. lula, Onykia
7. Sargassum
8. peixe sargaço (Histro)
9. peixe-piloto (Naucrates)
10. tubarão-galha-branca, Carcharhinus
11. pampo, Palometa
12. peixe-lua, Mola mola
13. lulas-comuns, Loligo
14. chimaera monstrosa, Chimaera
15. larva de enguia, Leptocephalus
16. peixes abissais
17. peixe-pescador, Melanocetus
18. peixe-lanterna, Diaphus
19. peixe-machadinha, Polyipnus
20. "boca grande", Malacosteus
21. krill, Nematoscelis
22. verme em forma de seta, Sagitta
23. amphipoda, Hyperoche
24. larva de linguado, Solea
25. larva de peixe-lua, Mola mola
26. larva de tainha, Mullus
27. borboleta-do-mar, Clione
28. copépodes, Calanus
29. ovas de peixes sortidos
30. larva de estomatópode
31. hidromedusa, Hybocodon
32. hidromedusa, Bougainvilli
33. salpa (tunicado pelágico), Doliolum
34. larva de estrela-do-mar
35. copépode, Calocalaus
36. pulga-d'água ou cladocera, Podon
37. foraminífera, Hastigerina
38. dinoflagelados bioluminescentes, Noctiluca
39. dinoflagelados, Ceratium
40. diatomácea, Coscinodiscus
41. diatomáceas, Chaetoceras
42. diatomáceas, Cerautulus
43. diatomácea, Fragilaria
44. diatomácea, Melosira
45. dinoflagelado, Dinophysis
46. diatomáceas, Biddulphia regia
47. diatomáceas, B. arctica
48. dinoflagelado, Lingulodinium
49. diatomácea, Thalassiosira
50. diatomácea, Eucampia
51. diatomáceas, B. vesiculosa

(b) Chave. Esta representação estilizada mostra os organismos muito mais aglomerados do que eles seriam na vida real.

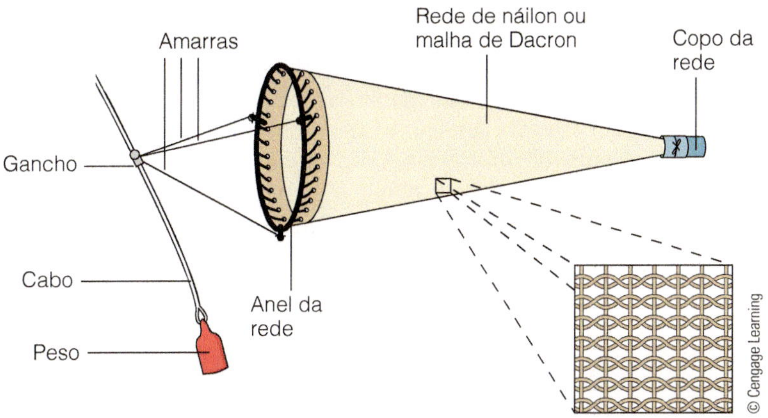

(a) A rede cônica padrão é feita de uma malha fina e tem uma boca de até 1 metro (3,3 pés) de diâmetro. A rede é arrastada atrás de um navio por uma distância estabelecida. O número de organismos presentes na água pode ser estimado se os organismos coletados forem contados e o volume de água amostrado for conhecido.

©Dennis Kelly

(b) A rede aqui mostrada possui uma malha um pouco mais grossa, pois os organismos-alvo, os crustáceos pequenos semelhantes a um camarão, conhecidos como krill, são relativamente grandes.

Figura 13.5 Redes de plâncton.

da produtividade primária oceânica quanto seus homólogos maiores e mais conhecidos!

Picoplâncton No início dos anos 1980, os oceanógrafos biológicos começaram a apreciar a contribuição para a produtividade oceânica de organismos do fitoplâncton extremamente pequenos denominados **picoplâncton**.[2] Esses organismos geralmente são muito pequenos para serem determinados via microscópio óptico e passam despercebidos

[2] Pico = uma trilionésima parte; muito pequeno.

pelos filtros mais finos. Seu tamanho, normalmente cerca de 0,2 a 2 micrômetros (4 a 40 milionésimos de uma polegada) de diâmetro, é reconhecido por sua abundância: *encontrado até a espantosa quantidade de 100 milhões em cada litro de água do mar, em todas as profundidades e latitudes!*[3]

A cianobactéria *Prochlorococcus* (Figura 13.6) é um exemplar típico desse tipo recém-reconhecido de organismo. Sua descoberta ocorreu quando células individuais – essencialmente máquinas fotossintetizantes desprotegidas – fluoresceram uma luz laranja brilhante quando atingidas por luz ultravioleta. A análise do espectro fluorescente (exemplos vivos de *Prochlorococcus* que são muito pequenos para estudar diretamente) revelou a presença de uma variante estranha de clorofila que permite que o organismo fitoplanctônico absorva luz azul sob baixa intensidade luminosa na parte mais profunda da zona eufótica.

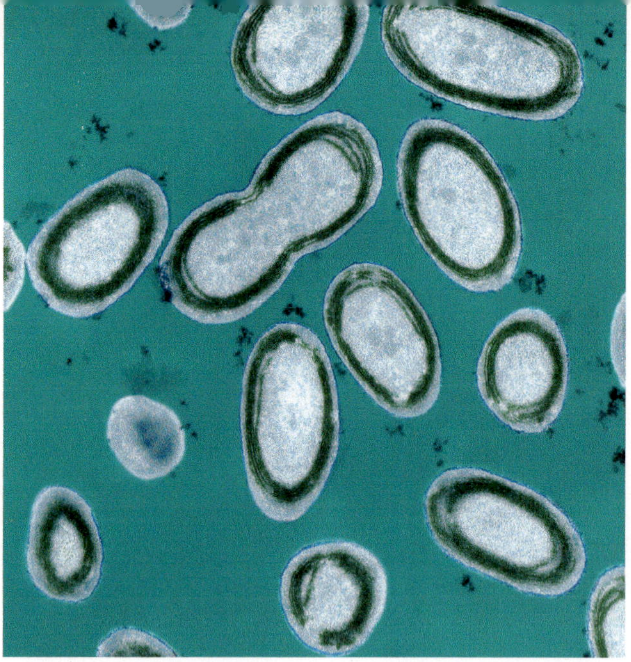

Figura 13.6 *Prochlorococcus*, uma cianobactéria. Junto com o *Synechococcus* (visto na Figura 13.7), esta extraordinária criatura minúscula (descoberta apenas em 1988) domina o picoplâncton fotossintetizante do oceano mundial. Esses autótrofos são capazes de absorver luz azul fraca na zona eufótica profunda.

Estimativas recentes sugerem que o picoplâncton pode ser responsável por até 80% de toda a atividade fotossintetizante em algumas partes do oceano aberto, sobretudo nos trópicos, onde as concentrações superficiais de nutrientes são baixas. Como uma contribuição dessa magnitude para a produtividade oceânica pode ter passado despercebida por tanto tempo? Em parte porque esses autótrofos são excessivamente pequenos, e em parte porque eles são eficientemente pastejados por microflagelados e microciliados (protistas minúsculos). Além disso (não menos surpreendente), os produtos de sua atividade fotossintetizante são imediatamente utilizados por bactérias heterotróficas *ainda menores* nas proximidades.

Eis um microecossistema completo – uma comunidade operando na menor escala possível – que fabrica e consome carbono dissolvido e particulado em quantidades quase além da compreensão. Eles funcionam como um tipo de mercado negro ecológico abaixo da "economia oficial" de diatomáceas e dinoflagelados relativamente enormes. Como se não fossem ocupadas o suficiente, essas bactérias heterotróficas também decompõem material orgânico que atinge a água quando os organismos do fitoplâncton são devorados pelo zooplâncton, retornam os materiais orgânicos solúveis liberados pelos zooplâncton à forma de nutrientes inorgânicos, e quebram a matéria orgânica particulada em uma forma dissolvida que eles podem consumir para seu próprio crescimento. Os oceanógrafos biológicos agora acreditam que a maior fração de partículas orgânicas na coluna d'água do oceano aberto é composta por células bacterianas heterotróficas metabolicamente ativas que operam nessa **alça microbiana** (Figura 13.7). Essa "economia do mercado negro" é quase certamente mais produtiva que a "economia oficial". Ela não está disponível para peixes e outros grandes consumidores porque os animais pequenos que são sua presa não podem separar esses organismos excessivamente pequenos da água circundante. Os microconsumidores simplesmente utilizam o carbono e transportam os produtos metabólicos de volta para os pequenos produtores cianobacterianos.

O que acontece com as cianobactérias? Aquelas que não são consumidas pelos microflagelados podem se tornar infectadas por vírus que fazem que as células explodam, sendo adicionadas ao suprimento de material orgânico dissolvido. Os vírus que infectam as bactérias são conhecidos como bacteriófagos; aqueles que infectam os organismos do fitoplâncton são denominados ficovírus. Os vírus são extremamente pequenos (normalmente com 20-250 nanômetros de diâmetro) e são basicamente diferentes das outras formas de vida. Os vírus não têm seu próprio metabolismo e devem depender de um organismo hospedeiro para os processos que necessitam de energia, incluindo a reprodução. Embora tenhamos conhecimento dos vírus há algum tempo, somente no final dos anos 1980 suas altas abundâncias foram confirmadas em uma ampla variedade de ambientes marinhos. Quantos deles há? Entre 10 e 100 milhões por milímetro de água – aproximadamente até 3 bilhões por onça!

Diatomáceas

Além das cianobactérias, os organismos fotossintetizantes mais produtivos no plâncton são as **diatomáceas**. As diatomáceas tiveram uma evolução relativamente recente e começaram a dominar a produtividade fitoplanctônica no período Cretáceo, há cerca de 100 milhões de anos. Sua abundância e eficiência fotossintética aumentou a proporção de oxigênio livre na atmosfera terrestre. Mais de 5.600 espécies de diatomáceas são conhecidas. As maiores espécies são praticamente invisíveis a olho nu. A maioria é arredondada, mas algumas são alongadas, ramificadas ou triangulares.

As diatomáceas comuns são mostradas na Figura 13.8. O nome significa "para cortar", uma referência aos padrões de perfurações da parede celular rígida de uma diatomácea, ou **frústula**. Mais de 95% da massa da frústula é composta por sílica (SiO_2), dando a essa cobertura as características ópticas, físicas e químicas do vidro – uma janela protetora ideal para um ser fotossintetizante. A ampliação revela que a frústula é composta de duas metades, ou **valvas**, que se encaixam perfeitamente como em uma caixa de presente, a valva superior se adere fortemente à borda da inferior. O padrão de perfurações, poros, estriações, pontos e linhas na superfície das valvas é diferente para cada espécie de diatomácea.

Dentro das valvas adaptadas das diatomáceas há uma extraordinária máquina de fotossíntese. Os 55% de energia

[3] Alguém com um pouco de tempo sobrando calculou que há 100 octilhão de organismos picoplantônicos nos 200 metros (660 pés) mais superiores do oceano global!

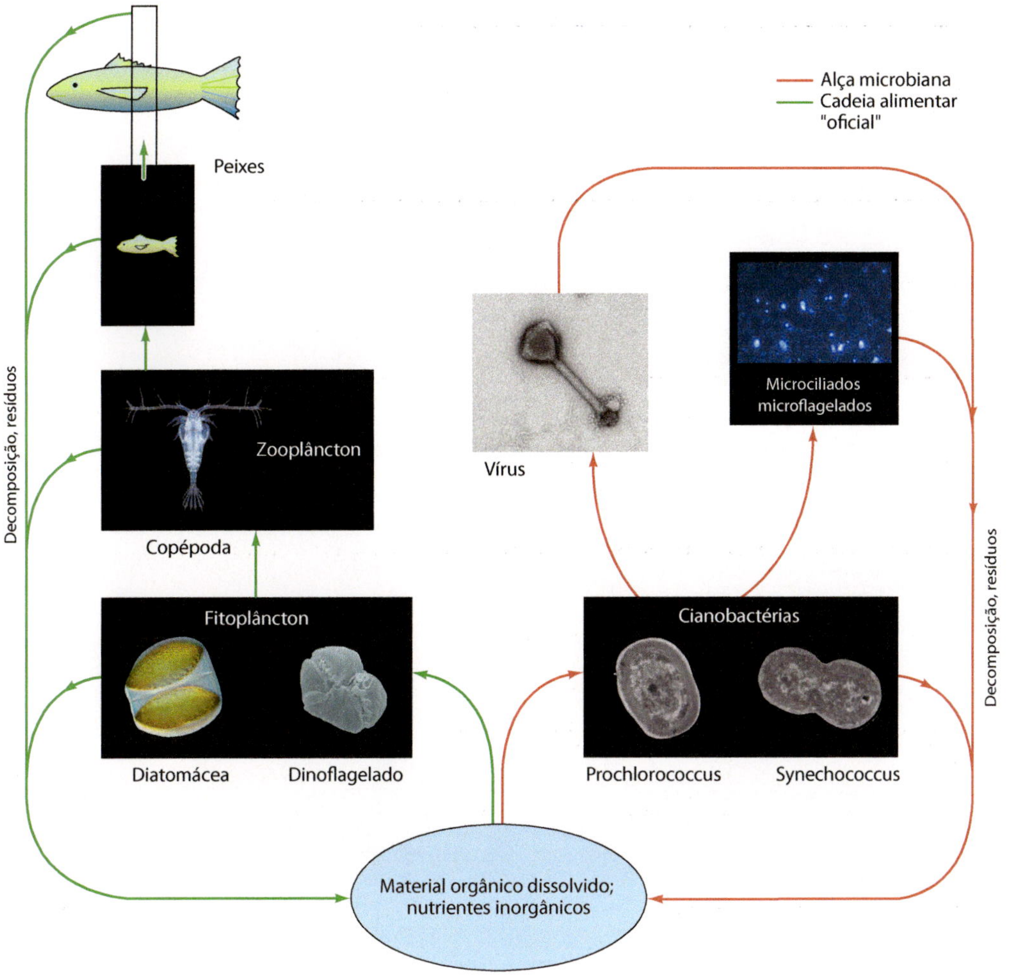

Figura 13.7 A cadeia alimentar "oficial" dos organismos planctônicos maiores (verde) contrasta com a economia do "mercado negro" da alça microbiana ("vermelho"). Os organismos planctônicos maiores não conseguem separar as cianobactérias incrivelmente pequenas e consumidores microscópicos da água e, portanto, não podem utilizá-los como alimentos. A produtividade total da alça microbiana parece ser consideravelmente maior do que a cadeia alimentar "oficial".

(Fotos: copépode, © Wim van Egmond/Visuals Unlimited/ Corbis; diatomácea, Visuals Unlimited/Corbis; dinoflagelado, Florida Fish & Wildlife Conservation Commission, Florida Marine Research Institute, St. Petersburg; prochlorococcus e synechococcus, John Waterbury, PhD/Woods Hole Oceanographic Institution; microflagelados, Gordon T. Taylor, Marine Sciences Research Center, SUNY–Stony Brook; vírus, Sullivan, M.B., Lindell, D., Lee, J.A., Thompson, L.R., Bielawski, J.P., e Chisholm, S.W. 2006. A predominância e a evolução dos genes do núcleo do fotossistema II nos vírus cianobacterianos marinhos e seus hospedeiros. *PLoS Biology* 4:e234.)

solar absorvidos por uma diatomácea podem se converter totalmente em energia de ligações químicas nos carboidratos, uma das mais eficientes taxas de conversão de energia conhecida. O oxigênio excedente não utilizado na respiração celular é liberado na água por perfurações da frústula. Parte do oxigênio é absorvida por animais marinhos, parte é incorporada ao sedimento, e parte se difunde para a atmosfera. A maior parte do oxigênio que respiramos atravessou os numerosos poros brilhantes das diatomáceas pouco tempo atrás.

Para uma absorção de luz mais eficaz, a clorofila, o principal pigmento fotossintético, nas diatomáceas é acompanhada por pigmentos acessórios. Esses pigmentos amarelos ou marrons dão à maioria das diatomáceas uma aparência verde-amarelada ou marrom-clara. As diatomáceas armazenam energia sob a forma de ácidos graxos e óleos, compostos que são mais leves do que seu volume equivalente em água, o que auxilia na flutuação. Como você pode adivinhar, a flutuação é um problema em potencial para as diatomáceas por causa do peso de suas frústulas de sílica, o que parece contrapor-se à sua necessidade de permanecer perto da superfície do oceano iluminada pelo Sol. O óleo flutua, o vidro afunda e uma quantidade equilibrada de ambos reduz a densidade celular e alivia o peso.

Quando as diatomáceas morrem, suas valvas podem se depositar no fundo marinho, acumulando-se como camadas de vazas silicosas (veja o Capítulo 5).

Dinoflagelados A maioria dos **dinoflagelados** (Figura 13.9a) é composta por organismos autótrofos unicelulares. Poucas espécies vivem associadas aos tecidos de outros organismos, a grande maioria vive livremente na água. A maior parte possui duas projeções em forma de chicotes, denominadas **flagelos**, em sulcos na porção externa de suas carapaças protetoras formadas por celulose. Um dos flagelos direciona o organismo para a frente, e o outro faz que ele gire na água. Os flagelos permitem aos dinoflagelados ajustar a orientação e a posição vertical na coluna d'água, para que façam melhor uso da luz disponível para a fotossíntese.

Algumas espécies de dinoflagelados tornam-se tão numerosas que a água passa a ter coloração avermelhada à medida que a luz é refletida dos pigmentos acessórios no interior de cada célula. Essas espécies são responsáveis por florescimentos de algas ("blooms") nocivas – **HABs (*harmful algal blooms*)** (Figura 13.9b). Durante períodos de rápido crescimento (normalmente na primavera), a concentração desses organismos microscópicos pode chegar rapidamente a 6 milhões por litro (23 milhões por galão)! À noite, a alta concentração de dinoflagelados em um HAB (também chamado de "maré vermelha") pode causar um brilho azul-claro na quebra de ondas, um fenômeno conhecido como bioluminescência.

Os HABs podem ser perigosos porque algumas espécies de dinoflagelados sintetizam toxinas potentes como subprodutos do metabolismo. Dentre os venenos mais eficazes

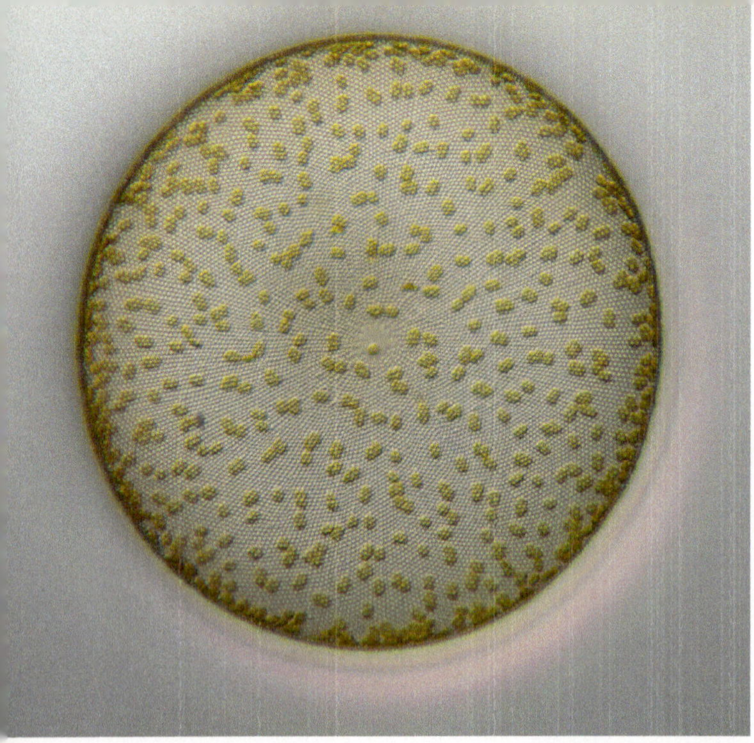

Figura 13.8 Diatomáceas.

PENSANDO ALÉM DA IMAGEM

Quais são algumas vantagens e desvantagens de um fotossintetizante ter uma cobertura vítrea clara?

(a) A frústula vítrea transparente da diatomácea *Coscinodiscus,* conforme mostrado com uma microfotografia. As diversas pequenas perfurações que dão às diatomáceas seu nome são claramente visíveis. Observe também os muitos cloroplastos verdes – organelas celulares responsáveis pela fotossíntese.

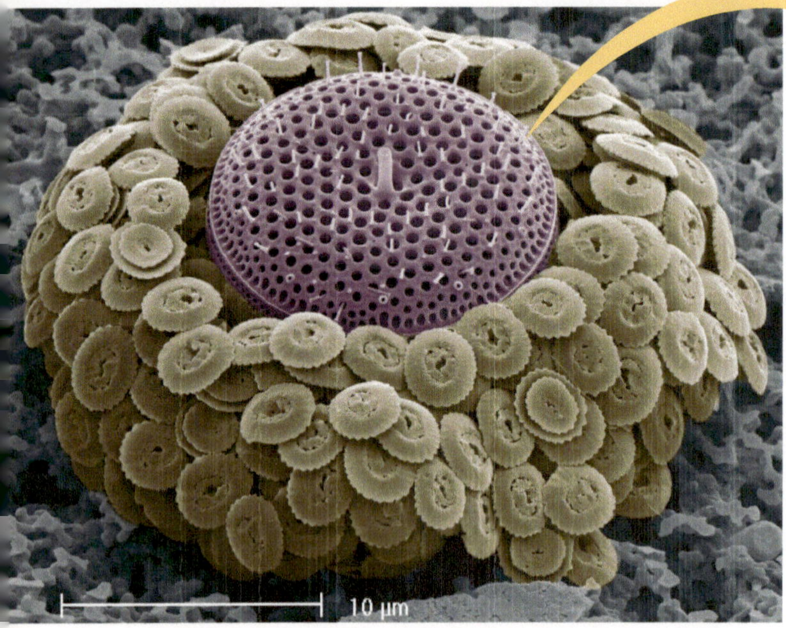

(b) Uma visualização mais aproximada utilizando um microscópio de varredura eletrônica mostra as perfurações em detalhes. Cada uma é pequena o suficiente para excluir as bactérias e alguns vírus marinhos. Os orifícios nesta diatomácea *(Thalassiosira)* permitem a passagem de gases, nutrientes e produtos residuais por meio de uma cobertura de sílica que de outro modo seria impermeável. Essa diatomácea está cercada por uma grinalda de cocólitos *(Reticulofenestra)* que pode representar uma relação simbiótica.

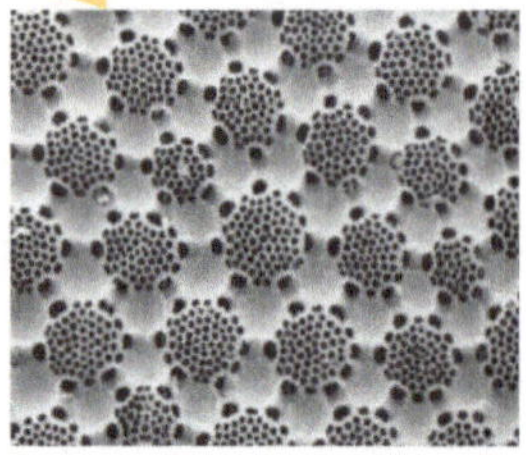

(c) Uma visualização ainda mais aproximada mostra as perfurações como grupos de orifícios estáticos menores, cada um sendo pequeno o suficiente para eliminar as bactérias e alguns vírus marinhos. Os pequenos orifícios dentro dos orifícios permitem que a diatomácea passe gases, nutrientes e produtos residuais através de uma cobertura de sílica que, caso contrário, seria impermeável.

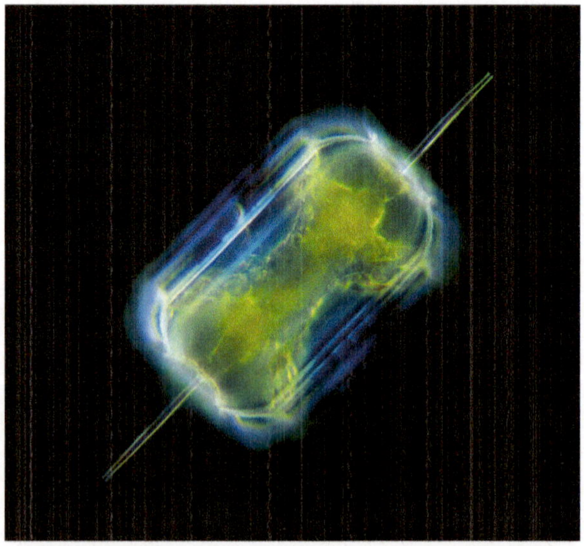

(d) *Ditylum*, uma diatomácea, fotografada em luz visível. Observe a junção entre as valvas. As células nesta figura têm aproximadamente o tamanho do ponto final ao fim desta frase.

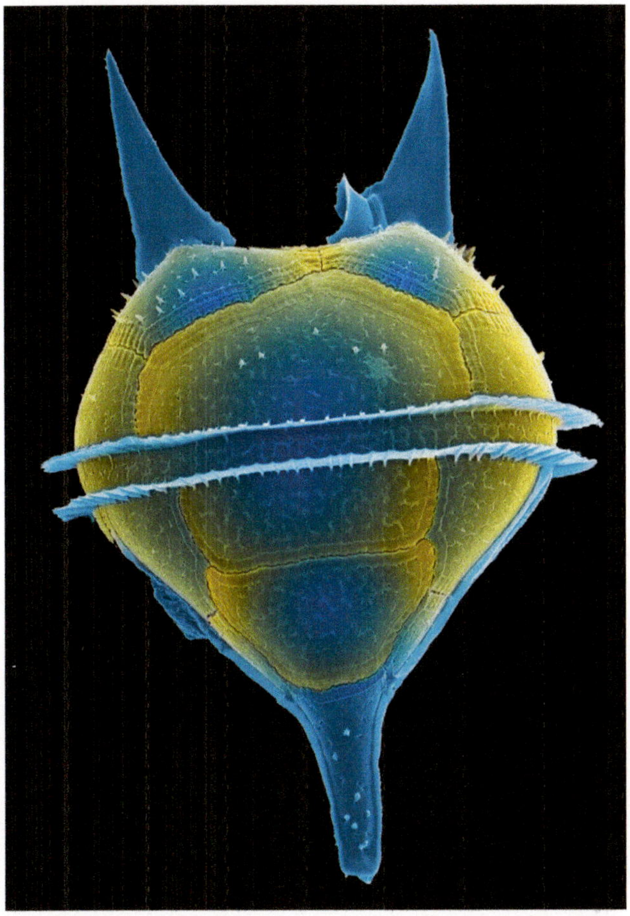

(a) *Ceratium*, um dinoflagelado fotossintetizante comum. Como seu nome indica, os dinoflagelados têm dois flagelos: um flagelo bate em um cinturão central e faz a célula rotacionar, de modo que toda a superfície seja exposta à luz do Sol; o outro estende-se para longe do organismo e age como um propulsor (nenhum dos flagelos está visível nesta microfotografia de varredura eletrônica.) Esse espécime possui aproximadamente 0,5 milímetro (0,02 polegada) de comprimento.

(b) Durante uma maré vermelha, a presença de milhões de dinoflagelados deixa a água do mar com uma cor marrom-avermelhada. O termo *maré vermelha* é errôneo – elas não são causadas por marés. *Florescimento de algas nocivas* (HAB) é o termo de preferência.

Figura 13.9 Dinoflagelados.

conhecidos, essas toxinas podem afetar a vida marinha do entorno ou até mesmo os humanos. Algumas dessas toxinas são semelhantes em termo de estrutura química ao relaxante muscular curare, mas dezenas de vezes mais poderosas. Os seres humanos devem evitar a ingestão de certas espécies de ostras, mexilhões e outros filtradores durante os meses de verão, quando dinoflagelados produtores de toxinas são abundantes no plâncton. Se os mariscos de uma determinada região não são seguros, uma agência de controle governamental deve colocar um aviso que permanecerá em vigor por seis semanas ou mais, até passar o perigo.

Os HABs dominados pelos dinoflagelados do gênero *Karenia* podem ser especialmente desagradáveis. As pessoas que sofrem de asma correm risco quando esses dinoflagelados secam sobre a praia e são soprados para a terra. Reduções significativas na função pulmonar foram medidas entre os moradores da Flórida até uma milha de distância da praia após uma hora de exposição à brevetoxina, o veneno produzido por esses organismos.

Cocolitoforídeos e outros organismos do fitoplâncton

A maioria dos outros tipos de organismos do fitoplâncton é extremamente pequena e, portanto, é chamada de **nanoplâncton**. Os **cocolitoforídeos**, por exemplo, são unicelulares minúsculos e recobertos por discos de carbonato de cálcio (cocólitos) fixados na porção externa de suas paredes celulares (**Figura 13.10a**). Os cocolitoforídeos vivem perto da superfície do oceano, em áreas iluminadas. A cobertura translúcida de cocólitos atua como uma proteção para evitar a absorção de muita luz. Em áreas com alta produtividade de cocolitoforídeos, mais frequente em áreas costeiras temperadas (**Figura 13.10b**), a quantidade ocasionalmente torna-se tão alta que a água parece leitosa ou pálida. Os cocólitos também formam vazas no leito marinho. Os famosos desfiladeiros brancos de Dover, na Inglaterra, e os extensos depósitos carbonáticos do norte do Texas são compostos principalmente por vazas de fósseis de cocólitos afloradas por forças geológicas.

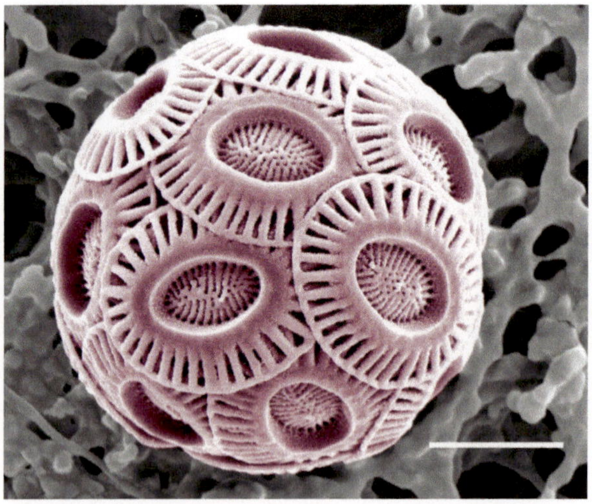

Dr. Markus Geisen and Dr. Jeremy R. Young. © Markus Geisen

(a) Esta microfotografia eletrônica dos cocolitoforídeos abundantes *Emiliania huxleyi* mostra as pequenas placas de carbonato de cálcio (cocólitos) que cobrem o exterior da célula. Os cocólitos (não as células orgânicas em si) agem como espelhos suspensos na água e podem refletir uma quantidade significativa da luz solar que entra na água. A refletância dos florescimentos pode ser captada por satélites no espaço, permitindo que a extensão dos florescimentos dessas espécies seja distinguida em grandes detalhes.

SeaWiFS Project, NASA/Goddard Space Flight Center

(b) Um florescimento de cocolitoforídeos é claramente visível no sul da Irlanda nesta imagem de satélite em cor natural.

Figura 13.10 Cocolitoforídeos.

BREVE REVISÃO

Antes de passar para a próxima seção, verifique seu entendimento de algumas das ideias importantes apresentadas até agora:

12. O que é um "autótrofo fotossintético"? Pode dar um exemplo não marinho?

13. Qual é a diferença entre o fitoplâncton e o zooplâncton? Qual categoria representa os autótrofos?

14. Por que a atividade do picoplâncton passou despercebida até pouco tempo atrás?

15. Eu escrevi sobre "economia do mercado negro" na alça microbiana. Por que essa não é uma "economia" disponível para os consumidores típicos do fitoplâncton?

16. Qual grupo de autótrofos unicelulares relativamente grandes domina o fitoplâncton? Por que eles são importantes?

17. Qual é a diferença entre a cobertura (frústula ou carapaça) de uma diatomácea e aquela de um dinoflagelado?

18. Quais organismos planctônicos geralmente são responsáveis pelos HABs? Um evento de HAB pode ser prejudicial para as pessoas?

Para verificar suas respostas, acesse a página deste livro no site da Cengage.

13.7 A Produtividade do Fitoplâncton Varia com as Condições Locais

Onde a produtividade fitoplanctônica é maior? Essa é uma das questões mais importantes da Oceanografia Biológica. Como o fitoplâncton forma a base de quase todas as teias tróficas oceânicas, as características biológicas de qualquer área do oceano dependerão fortemente da presença e sobrevivência do fitoplâncton.

Com algumas exceções, a distribuição do fitoplâncton corresponde à distribuição dos nutrientes. Em razão da ressurgência costeira e do aporte terrestre, os níveis de nutrientes são mais elevados nas proximidades dos continentes. O plâncton é mais abundante nessas áreas, e a produtividade, mais elevada. As águas acima de algumas plataformas con-

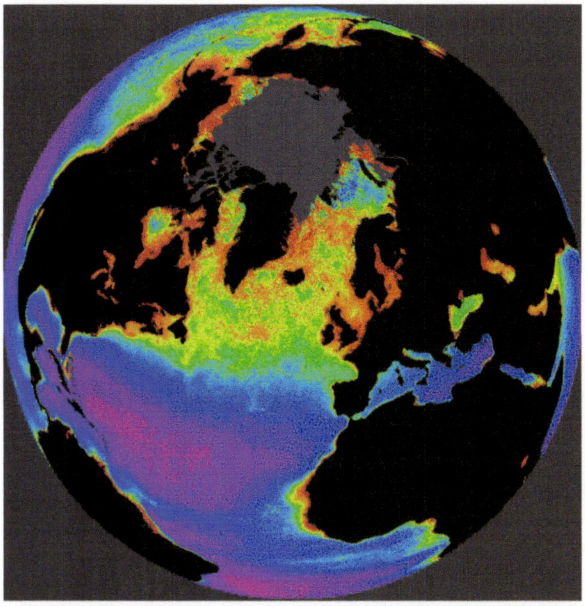

SeaWiFS Project, NASA/GGSFC and GeoEye

Figura 13.11 Medida da concentração de clorofila nas águas do oceano aberto por satélite. O *scanner* a bordo do satélite *Nimbus 7* mostra a concentração de clorofila (e, desse modo, de fitoplâncton) na camada superior do oceano, com as quantidades maiores indicadas em verde, laranja e vermelho. Observe as altas concentrações de fitoplâncton induzidas pela disponibilidade aumentada de nutrientes ao longo das costas. Como mostrado por sua tonalidade violeta, os centros dos giros oceânicos contêm relativamente poucos organismos do fitoplâncton. Compare esta imagem com a Figura 12.12.

tinentais sustentam uma produtividade elevada de 1 gC/m^2/*dia*! A produtividade do oceano todo chega a uma média de cerca de um terço dessa quantidade. (Veja a Figura 12.11 para uma revisão da avaliação e estimativas da produtividade primária.) Mas e o oceano aberto? Longe da terra, onde a produtividade é maior?

O oceano tropical possui luz solar e CO_2 abundantes, mas geralmente apresenta baixas concentrações de nutrientes na superfície, por causa da forte termoclina, que evita a mistura vertical necessária para trazer os nutrientes de águas mais profundas. Os oceanos tropicais longe da terra são, na verdade, desertos, praticamente desprovidos de plâncton visível (isto é, sem cianobactérias). As águas claras típicas dos trópicos confirmam isso. Em geral, nos trópicos a produtividade raramente excede 30 g C/m^2/ano, e a flutuação sazonal na produtividade é baixa.[4]

Em latitudes bem altas, o baixo ângulo do Sol, a penetração reduzida de luz por causa da cobertura de gelo, e as semanas e os meses de escuridão no inverno limitam severamente a produtividade. Contudo, no ponto alto do verão, dias com 24 horas de luz, a ausência de cobertura de gelo e a presença de ressurgência de nutrientes podem desencadear florescimentos planctônicos espetaculares. A superfície de algumas baías abrigadas pode parecer uma sopa de tomate devido a abundância de dinoflagelados e outros organismos do plâncton. Esse florescimento não é duradouro, pois os nutrientes não serão rapidamente reciclados e o Sol estará acima do ângulo crítico apenas por algumas poucas semanas. O curto pico de verão não compensa os meses improdutivos de inverno.

> A produtividade costeira do fitoplâncton quase sempre é maior que a produtividade no oceano aberto.

Com os trópicos fora do páreo por causa da deficiência em nutrientes, e o oceano polar norte sofrendo pela baixa ciclagem de nutrientes e a baixa iluminação, o prêmio da produtividade total vai para as zonas temperadas e subpolares do sul. Graças à luz assegurada e ao moderado suplemento de nutrientes, a produção anual das plataformas continentais em ambientes temperados e áreas subpolares do Oceano Austral é uma das maiores do oceano aberto.

A **Figura 13.11** mostra os níveis de produtividade nas áreas tropicais, temperadas e polares do oceano. Observe que a produtividade do fitoplâncton *próxima à costa* é quase tão alta quanto a produtividade do *oceano aberto*, mesmo nas zonas temperadas e subpolares do sul relativamente produtivas. As zonas de alta e baixa produtividade mudam junto com o clima. A água escoa da terra (que fornece nutrientes costeiros), aumentando ou diminuindo os níveis de luz solar em razão das variações na cobertura das nuvens, e mesmo das mudanças na potência da radiação ultravioleta em altas latitudes em decorrência de moléculas de ozônio na alta atmosfera.

Curiosamente, a área do oceano aberto com a maior produtividade anual é uma exceção ao quadro geral desenvolvido nesta seção. A estreita faixa de água mais fria com alta produtividade apontando para o oeste a partir da América do Sul ao longo do equador é um resultado de ressurgência impulsionada pelos ventos, causada pelo transporte de Ekman em ambos os lados do equador geográfico. Essa área está na Figura 12.12.

BREVE REVISÃO

Antes de passar para a próxima seção, verifique seu entendimento de algumas das ideias importantes apresentadas até agora:

19. Por que os oceanos abertos tropicais são essencialmente desertos?

20. Se os oceanos polares são iluminados 24 horas por dia no verão local, por que a produtividade anual total não é alta?

21. Escolhendo entre as zonas polares, tropicais e temperadas, qual parte do oceano é a mais produtiva ao longo de um ano?

Para verificar suas respostas, acesse a página deste livro no site da Cengage.

13.8 O Zooplâncton Consome Produtores Primários

O plâncton heterotrófico – organismo planctônico que se alimenta dos produtores primários – coletivamente chamado de **zooplâncton** (*zoion*, "animal"). Os

[4] Recifes de corais tropicais são exceções a essa regra geral. Esses locais são produtivos porque os dinoflagelados autótrofos vivem *nos* tecidos de animais que compõem os corais e não derivam com o plâncton. A ciclagem desses nutrientes ocorre intensamente nos recifes e não é perdida para o fundo do oceano.

Figura 13.12 Um copépoda do gênero *Calanus*. Apropriadamente chamado assim por causa de um andarilho místico do leste da Índia, este animal, mais numeroso e mais amplamente distribuído de todos do mundo, alcança um tamanho máximo de cerca de 0,5 milímetro (cerca de 0,02 polegada). Os copépodas pastejam no fitoplâncton. Holoplanctônicos, eles vivem toda sua vida à deriva no plâncton.

Figura 13.13 Krill *(Euphausia superba)*. Estes crustáceos semelhantes a camarões, mostrados aqui com um tamanho cerca de duas vezes maior, ocorrem por todo o oceano mundial. Eles são particularmente numerosos nos mares antárticos, onde são consumidos por baleias.

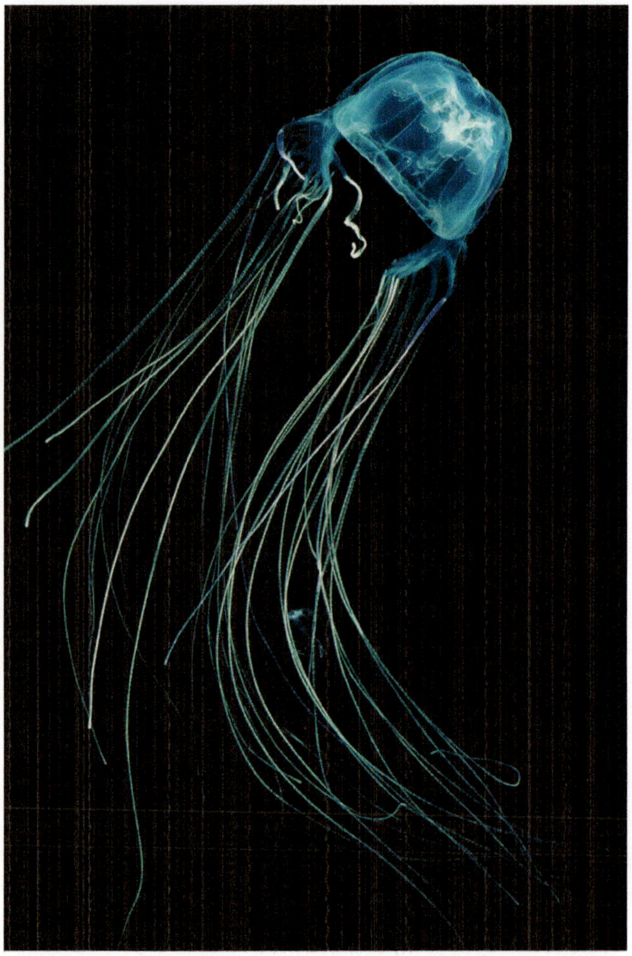

Figura 13.14 Uma vespa-do-mar *(Chironex)*, uma das águas-vivas mais perigosas. Habitante das águas tropicais da África ao nordeste da Austrália, pode matar um humano em três minutos. Os tentáculos de um grande espécime pode ter 15 metros (50 pés) de comprimento. O *Chironex* provavelmente foi responsável por mais mortes humanas que os tubarões.

membros do zooplâncton são os consumidores primários mais numerosos do oceano. Eles pastejam copiosamente cianobactérias, diatomáceas, dinoflagelados e outros organismos fitoplanctônicos da base da pirâmide trófica do mesmo modo que as vacas consomem o pasto. A massa de zooplâncton costuma ser em torno de 10% daquela do fitoplâncton, o que é razoável por causa da relação de colheita que existe entre eles.

A variedade do zooplâncton é surpreendente; quase todos os grandes grupos de animais estão representados nele. Cada um é especialista na cansativa tarefa de concentrar o alimento presente na água. Os organismos mais abundantes do zooplâncton são os pequeníssimos microflagelados e microciliados da alça microbiana. Dentre maiores consumidores, aproximadamente 70% dos indivíduos são animais pequenos, semelhantes a camarões, chamados de *copépodes* **(Figura 13.12)**. Os copépodes são crustáceos, um grupo do qual fazem parte caranguejos, lagostas e camarões.

Nem todos os membros do zooplâncton, entretanto, são pequenos. Muitos têm um tamanho que varia entre 1 e 2 centímetros (1/2 e 1 polegada). O maior é a água-viva gigante do gênero *Cyanea*; suas campânulas (mesogleia) podem ter mais de 3,5 metros (12 pés) de diâmetro! Há um termo especial para o plâncton com mais de 1 centímetro (1/2 polegada) de diâmetro: **macroplâncton**.

A maior parte dos organismos do zooplâncton passa toda vida na comunidade planctônica, sendo denominada **holoplâncton**. Mas alguns animais planctônicos correspondem a estágios juvenis de caranguejos, cracas, mexilhões, estrelas-do-mar e outros organismos que posteriormente adotarão um modo de vida bentônico ou nectônico. Esses visitantes temporários são conhecidos como **meroplâncton**. A maioria dos grupos animais está representada no meroplâncton; mesmo o poderoso atum passa por um breve estágio planctônico. Essas categorias são interessantes e podem ser aplicadas ao

Wim van Egmond/Visuals Unlimited/Corbis

Figura 13.15 Um foraminífera (gênero *Globigerina*) repousa na cabeça de um fósforo. A palavra significa "portadores de janelas". A luz passa pelo organismo pelas partes finas da concha.

© AFP Photo/Hokkaido University/Kouta Muramatsu

Figura 13.16 Quando perturbada, essa lula "voadora" de 20 centímetros (8 polegadas) surge na superfície do oceano disparando um jato d'água poderoso da cavidade de seu manto. Elas deslizam até 30 metros (100 pés), espalhando suas nadadeiras e tentáculos – uma formidável defesa contra a predação!

fitoplâncton e ao zooplâncton. Os organismos holoplanctônicos são de longe as formas mais numerosas tanto no fitoplâncton quanto no zooplâncton.

Um dos organismos planctônicos mais importantes é o artrópode pelágico, conhecido como **krill** (gênero *Euphausia*, Figura 13.13), uma peça-chave no ecossistema antártico. Esse crustáceo semelhante a um camarão e do tamanho de um polegar se alimenta das abundantes diatomáceas do oceano polar austral. Por sua vez, o krill serve de alimento para um grande número de aves marinhas, lulas, peixes e baleias. De 500 a 750 milhões de toneladas métricas (550-825 milhões de toneladas) de krill habitam o Oceano Antártico, com as maiores concentrações nas ressurgências do Mar de Weddell. O krill viaja em grandes cardumes que podem se estender por muitas milhas quadradas, e coletivamente sua biomassa excede a da população humana mundial! Eles se comportam mais como um cardume de peixes do que como crustáceos planctônicos.

A grande diversidade dos membros da comunidade planctônica talvez seja mais bem ilustrada pelos vulgarmente denominados organismos gelatinosos. Comuns em todos os oceanos, esses animais diáfanos vêm de diversas categorias taxonômicas, incluindo águas-vivas, pterópodes, salpas e ctenóforos. Eles variam em tamanho, de microscópico a imenso, e utilizam uma maravilhosa gama de adaptação para reduzir o peso, retardar o afundamento e capturar presas. Um desses animais é mostrado na Figura 13.14.

Pequenos, mas importantes, os **foraminíferos** planctônicos (Figura 13.15) estão relacionados às amebas. Tal qual as amebas, eles estendem longos filamentos protoplasmáticos para capturar os alimentos. Muitos foraminíferos possuem tecas de carbonato de cálcio. Como visto no Capítulo 5, extensos depósitos de vazas calcárias foram formados no leito marinho a partir de seus esqueletos. Como ocorreu com alguns sedimentos contendo fitoplâncton, algumas camadas foram afloradas e podem ser encontradas em terra.

É interessante notar que os maiores animais marinhos, como as baleias (o peixe que abre este capítulo) e as baleias (mamíferos), não gastam sua energia procurando e atacando grandes animais. Em vez disso, esses grandes animais se concentram no zooplâncton da água e os consomem em vastas quantidades. O zooplâncton consumido por eles geralmente não é o consumidor primário, mas o secundário, um pouco maior, mais frequentemente crustáceos, como o krill, que se alimentam de consumidores primários microscópicos. Dessa forma, as baleias e outros grandes filtradores podem captar energia mais próximo da fonte, obtendo a vantagem da eficiência e da quantidade.

BREVE REVISÃO

Antes de passar para a próxima seção, verifique seu entendimento de algumas das ideias importantes apresentadas até agora:

22. O zooplâncton pode ser produtor primário?

23. Qual é a diferença entre o holoplâncton e o meroplâncton?

24. Por que o krill é importante?

Para verificar suas respostas, acesse a página deste livro no site da Cengage.

13.9 Os Organismos do Nécton Nadam Ativamente

Algumas formas de plâncton podem nadar, mas não podem vencer efetivamente o movimento das águas, sendo levadas por elas. Por outro lado, os animais pelágicos que nadam ativamente são conhecidos como *nécton*. A maioria dos animais nectônicos são **vertebrados** (animais com coluna vertebral, como peixes, répteis, aves marinhas e mamíferos marinhos), mas alguns poucos representantes são **invertebrados** (animais sem coluna vertebral, como lulas e náutilus e algumas espécies de artrópodes semelhantes a camarões).

As Lulas e os Náutilus São Moluscos

Dentre os **moluscos** – uma categoria de animais que inclui ostras e mariscos – há um grupo mais evoluído que são os

Figura 13.17 Lula gigante.

PENSANDO ALÉM DA IMAGEM

Por que uma foto como esta demora tanto tempo para ser obtida?

Figura 13.18 Os artrópodes mostram o sucesso! Existem mais espécies de artrópodes, e mais indivíduos, do que todos os outros grupos de animais combinados. Um visitante admira o incontável número de artrópodes em uma praia deserta na Baixa Califórnia, México.

cefalópodes, predadores marinhos formado por lulas, náutilus e polvos. Esses animais possuem uma cabeça cercada por um pé subdividido em tentáculos. O náutilus permaneceu com uma concha externa grande e enrolada, mas a lula possui apenas um delgado vestígio de concha interna em seu corpo, e o polvo (quase todos são organismos bentônicos) não a possui. Os cefalópodes pelágicos nadam com nadadeiras especiais ou esguichando jatos de água de uma cavidade interior de seu corpo.

A maioria dos cefalópodes captura as presas por meio de rijos discos adesivos localizados em seus tentáculos, que funcionam como ventosas e rasgam ou mordem a carne com bicos córneos. As lulas nadam em grupos e normalmente caçam pequenos peixes **(Figura 13.16)**. Elas também podem confundir os predadores com nuvens de tinta. Alguns tipos de lula ejetam uma tinta coagulada que é uma grosseira duplicata de seu tamanho e forma. Quando o predador percebe que foi enganado, a lula já foi embora! Pelo menos uma espécie de lula que vive abaixo da zona eufótica produz uma tinta luminosa brilhante em vez de uma tinta negra (o que, claro, seria ineficaz na escuridão). As lulas podem alcançar tamanhos surpreendentes **(Figura 13.17)** – o tamanho recorde, incluindo os tentáculos, é de 18 metros (59 pés)! A maioria é bem menor.

Os Camarões e seus Parentes São os Invertebrados Nectônicos mais Bem-sucedidos

Arthropoda, a categoria que inclui os copépodes (veja Figura 13.12), krill (veja Figura 13.13), lagostas, camarões, caranguejos e as cracas, é o grupo animal mais bem-sucedido do planeta **(Figura 13.18)**. Os animais dessa categoria ocupam uma grande variedade de hábitats, consomem enormes quantidades de alimento e existem em quantidades quase inimagináveis. Sua inovação mais importante é um **exoesqueleto**. Diferente das sempre embaraçosas conchas de outros animais marinhos, o exoesqueleto de um artrópode se encaixa e se articula como uma armadura bem produzida. As três camadas que possui servem para tornar a cobertura à prova de água, conferir uma coloração protetora e torná-la resistente e forte. Os músculos do animal são ligados ao exoesqueleto para mover os apêndices.

As mais de 2.000 espécies de camarões, a maior parte pelágicos, têm tamanhos que variam de 1 a mais de 20 centímetros (1/2 polegada a mais de 8 polegadas). As espécies maiores são frequentemente denominadas *camarões grandes*. Os corpos semitransparentes são achatados de um lado ao outro, e as espécies nadadoras normalmente se movem pelo ondular rítmico de suas patas. Movimentos rápidos em uma emergência são acompanhados por uma rápida flexão do abdome e cauda.

Os Peixes São os Vertebrados mais Abundantes e mais Bem-sucedidos

Os peixes que são vertebrados usualmente vivem na água e possuem brânquias para respirar e nadadeiras para nadar. Existem mais espécies de peixes, e mais indivíduos, do que espécies e indivíduos de todos os outros grupos de vertebrados *combinados*. Esse não é um fato surpreendente conside-

relato de

um explorador da national geographic 13.1

Rolex Awards/Kurt Amsler

O DR. BRAD NORMAN, especialista em biologia do tubarão-baleia, responde às perguntas sobre sua experiência.

Quando criança, o que você queria ser?
Um aventureiro.
Como começou na sua área?
Como voluntário para um amigo que estava estudando peixes na Costa de Ningaloo, Austrália Ocidental. Fiquei animado com a natureza praticamente primitiva do recife – e, sobretudo, com seus misteriosos habitantes, os tubarões-baleia.
Como é um dia normal para você?
Um dia normal gira em torno do trabalho árduo e de uma necessidade de ficar bastante concentrado (nos tubarões-baleia). Tem muita pesquisa, muita orientação e sensibilização da comunidade, e (enfim) esforços contínuos para a conservação do tubarão-baleia. Faço muitas viagens de campo e, nesses momentos, o oceano é meu escritório.
O que inspira você para dedicar sua vida ao oceano?
É um ambiente tão fantástico, repleto de criaturas incríveis e interessantes. Adoro mergulhar. Às vezes fico concentrado em uma área um pouco menor que 1 metro quadrado durante 30 minutos, apenas olhando os minúsculos animais que habitam e interagem com o recife. Outras vezes, nado com cardumes de muitas espécies diferentes de peixes. E há o tubarão-baleia – uma criatura verdadeiramente majestosa para se ver em seu ambiente natural. Emprestando a frase de outra exploradora da *National Geographic*, a Dra. Sylvia Earle, o oceano é o "banco do mundo" e o sistema que suporta a vida de nosso planeta. Não podemos sobreviver sem ele. Acredito totalmente nisso. Devemos assegurar às futuras gerações – e garantir àqueles que vieram antes de nós – que podemos respeitar e proteger esse maravilhoso mundo subaquático.
Qual foi sua experiência favorita em campo?
Além do óbvio – nadar com uma criatura poderosa, ainda assim graciosa todos os dias (durante a temporada de tubarões-baleia) – houve um momento alguns anos atrás em que eu tive a oportunidade de nadar (sozinho) apenas a alguns metros acima de um tubarão-tigre. Isso aconteceu na laguna rasa da Costa de Ningaloo, uma experiência que provavelmente durou uns 20 minutos. Impressionante!
Você tem um herói?
Tenho um grande respeito por Sir David Attenborough. Um homem brilhante que levou a maravilha da natureza para muitas pessoas em todo o mundo.
Se você pudesse pedir às pessoas para elas fazerem uma coisa para ajudar o oceano, o que seria?
Considere-o como seu próprio lar, respeite-o e proteja-o. É um organismo vivo.

Fonte: **http://ocean.nationalgeographic.com/ocean/take-action/ocean-hero-brad-norman/**

Um tubarão-baleia deriva em silêncio em busca de alimento.
Flip Nicklin/Minden Pictures/Corbis

rando o vasto hábitat oceânico existente no planeta. Os peixes variam em comprimento quando adultos, desde menores que 10 milímetros até maiores que 20 metros (0,4 polegada a 60 pés), e pesam desde aproximadamente 0,1 grama até cerca de 41.000 quilos (0,004 onça a 45 toneladas). Algumas espécies de peixe são capazes de pequenas explosões de velocidade superiores a 113 quilômetros (70 milhas) por hora, e outras mal se movem.

Os peixes podem viver perto da superfície ou em grandes profundidades, em águas quentes, frias e mesmo congeladas, no gelo ou secos em bolas de lama. Como outros organismos ectotérmicos (de sangue frio), a grande maioria dos peixes é incapaz de gerar e manter uma temperatura interna estável a partir do calor metabólico, por isso sua temperatura corporal interna normalmente é a mesma do ambiente que o circunda. Cerca de 40% das mais de 30 mil espécies de peixes vivem pelo menos parte da vida em água doce; 60% vivem exclusivamente em água do mar. Os peixes evoluíram adaptando-se a quase todos os hábitats aquáticos concebíveis, mas são mais numerosos no fundo ou nas produtivas águas marinhas sobre as plataformas continentais. Algumas espécies têm um "sexto sentido", ou seja, uma habilidade de perceber pequenas modificações em um campo elétrico que envolve seus corpos, o que permite detectar a presa ou evitar predadores. Algumas enguias elétricas, bagres e raias podem usar eletricidade gerada internamente para defesa ou ataque.

Os peixes são divididos em dois grandes grupos com base no material que compõe seus esqueletos: cartilaginosos e ósseos.

Os Tubarões São Peixes Cartilaginosos Todos os membros da classe **Chondrichthyes** – o grupo que inclui tubarões, lampreias, raias e quimeras – possuem um esqueleto feito de um tecido resistente e elástico denominado **carti-**

lagem. Apesar da existência de alguma calcificação no esqueleto cartilaginoso, não há ossos totalmente verdadeiros nesse grupo. Esses peixes possuem mandíbulas com dentes, pares de nadadeiras e, usualmente, um estilo de vida ativo. Em geral, os tubarões e as raias são maiores do que os peixes ósseos, e, com exceção de algumas baleias, os tubarões são os maiores vertebrados viventes.

São conhecidas em torno de 350 espécies de tubarões e 320 de raias. Quase todas são marinhas, entretanto poucas habitam estuários ou são habitantes permanentes de águas doces. Apesar das muitas exceções, os tubarões tendem a nadar pelas águas do oceano, enquanto as raias, em geral, são encontradas quase sempre sobre o fundo ou próximo a este.

Os tubarões possuem uma má reputação não merecida. Mais de 80% das espécies de tubarões têm menos de 2 metros (6,6 pés) de comprimento quando adultos, e, dos 20% restantes, apenas poucos são agressivos com os humanos. Como outros peixes cartilaginosos, o tubarão não é muito inteligente e certamente não guarda rancor nem se comporta de forma maligna como tão vividamente apresentado em romances populares e filmes. Ainda assim, alguns tubarões são realmente perigosos para os humanos, e o grande tubarão-branco do gênero *Carcharodon* (**Figura 13.19**) é, talvez, entre todos, o mais perigoso.[5] Esse pesadelo dos banhistas chega a 7 metros (23 pés) de comprimento e pesa mais de 1.400 quilos (3.000 libras). O grande tubarão-branco não é branco, mas marrom-acinzentado, ou azul por cima e bege em sua metade inferior. Um perigoso parente, o tubarão-mako, alcança 4 metros (13 pés) de comprimento e é conhecido também por atacar pequenos barcos. Essas e outras espécies de predadores, como o tubarão-tigre e o tubarão-martelo, são atraídas até as presas pelas vibrações na água, detectadas por órgãos sensitivos alinhados abaixo da superfície da pele. O olfato também tem um papel importante na caça de suas presas, que é composta por peixes e mamíferos marinhos.

Apesar de mais famosos, os devoradores de homens não são as maiores espécies de tubarões. Essa honra pertence aos imensos tubarões-baleia de águas quentes do gênero *Rhincodon*.

Os Peixes Ósseos São os Peixes Mais Abundantes e Bem-Sucedidos As mais de 27 mil espécies de peixes ósseos, membros da classe **Osteichthyes**, devem parte de sua sobrevivência ao esqueleto resistente, forte e leve que as sustenta. Esses tipos de peixes – os mais abundantes, mais diversificados e mais bem-sucedidos de todos os vertebrados – são encontrados em quase todos os ambientes marinhos, de poças de maré a profundezas abissais. Fazem parte desse grupo o celacanto e os peixes pulmonados com nadadeiras lobadas, cujo ancestral se separou do caminho evolutivo dos peixes para estabelecer a dinastia dos vertebrados terrestres.

Aproximadamente 90% de todos os peixes viventes pertencem à classe Osteichthyes, ordem **Teleostei**, como bacalhau, atum, linguado, peixe-dourado, entre outros espécimes familiares. Nessa grande categoria (veja **Figura 13.20**), há variedade de peixes com nadadeiras com movimentos independentes (para um nado bem controlado), grande velocidade para perseguir ou evitar presas e predadores, respectivamente, camuflagem altamente efetiva, organização social, padrões ordenados de migração e outras características avançadas.

É grande a importância econômica desse grupo – aproximadamente 101 milhões de toneladas métricas (111 milhões de toneladas) de peixes ósseos são pescados anualmente para satisfazer a demanda humana de proteína.

© Richard Packwood/Oxford Scientific/Getty Images

Figura 13.19 O grande tubarão-branco (gênero *Carcharodon*), um predador de focas, leões-marinhos e peixes grandes. É um dos tubarões mais perigosos encontrados por nadadores humanos. Nesta foto extraordinária tirada na costa da África do Sul, um grande tubarão-branco salta do oceano com um leão-marinho recém-capturado em suas mandíbulas.

Os Peixes São Bem-sucedidos Porque Possuem Formas de Adaptação Únicas

A água do mar pode parecer um hábitat ideal para viver, mas oferece algumas dificuldades. A água é aproximadamente 800 vezes mais densa do que o ar e 100 vezes mais viscosa, o que limita o movimento, tornando-o mais lento. Como um peixe pode mover-se melhor através dela? Como um peixe pode manter a posição vertical na coluna d'água? Um peixe deve nadar constantemente para compensar o peso de seus músculos e ossos? E quanto à respiração? O oxigênio e o dióxido de carbono podem sofrer trocas eficientes na água? Como os predadores podem ser enganados? Certamente, há muitos problemas, mas os vertebrados mais bem-sucedidos desenvolveram estruturas e comportamentos para superá-los.

Movimento, Forma e Propulsão Peixes ativos normalmente possuem formas esguias que tornam seus esforços propulsivos mais eficientes. A resistência ao movimento de um peixe, ou **arrasto**, é determinada por sua área frontal, pelo contorno do corpo e pela textura superficial. O arrasto aumenta geometricamente com o aumento da velocidade. Peixes que nadam mais velozmente são, portanto, altamente modificados para minimizar os efeitos da densidade desse meio relativamente viscoso no qual vivem. A forma antiarrasto mais efetiva é a de torpedo, como a do atum.

[5] Algumas perspectivas: no mundo todo, os tubarões são responsáveis por cerca de seis mortes conhecidas de humanos por ano. Nos Estados Unidos, mais pessoas têm sido mortas por cães a cada ano do que por tubarões. Para cada humano morto por um tubarão, matam-se mais de 16 milhões de tubarões, a maioria para alimento ou produção de medicamentos. E mais, as pílulas de cartilagem de tubarão não previnem o câncer.

Figura 13.20 Parte da diversidade exibida por peixes teleósteos (ósseos). Nem todos os peixes são delgados como o atum amarelo (a). Alguns são robustos e rígidos para suportar o desgaste provocado pela rebentação no recife (b), enquanto outros, como o dragão-marinho-folhado (c), camuflam-se magnificamente com seus arredores. A enguia colorida (d) é marcada para atrair um companheiro. E ninguém sabe ao certo por que o enorme peixe-lua (e) tem uma cabeça tão grande!

Manutenção do Nível de Profundidade A densidade do tecido do peixe é tipicamente maior do que a da água que o circunda, então ele afundará a não ser que o efeito de seu peso seja minimizado por forças propulsivas, pela bexiga natatória preenchida com gases para a flutuação ou por gordura. Os peixes cartilaginosos não possuem bexigas natatórias e devem trabalhar continuamente para manter a sua posição na coluna d'água. Os tubarões ascendem na coluna d'água por meio de movimentos de uma cauda alta e de nadadeiras que atuam como asas de aviões. Os peixes ósseos que parecem pairar imóveis na água geralmente possuem uma bexiga natatória desenvolvida logo abaixo da coluna vertebral. Nessa estrutura, o volume de gases confere flutuabilidade suficiente para minimizar o efeito do peso do animal. A quantidade de gás é controlada por secreção e absorção a partir do sangue, e pela contração muscular da bexiga natatória para compensar mudanças temporárias de profundidade.

Trocas de Gás Como um peixe pode respirar embaixo da água? A **troca de gás**, processo que promove a entrada de oxigênio no corpo e a eliminação de dióxido de carbono (CO_2), é essencial para todos os animais. À primeira vista, a tarefa parece mais difícil para animais que respiram água do que para aqueles que respiram ar, mas os que respiram ar têm uma tarefa a mais. Nós, que respiramos ar, devemos primeiro dissolver os gases em uma fina película de água em nossos pulmões, antes que eles possam se difundir pela membrana.

Os peixes pegam pela boca a água contendo oxigênio dissolvido, bombeiam-na por meio de finas **membranas branquiais**, removendo o gás, e a devolvem ao meio pelas fendas voltadas para a região posterior. A alta concentração de oxigênio dissolvido livre na água permite que o gás se difunda das membranas branquiais para dentro do animal, e a alta concentração de CO_2 no sangue faz que esse gás se difunda das membranas branquiais para fora. As próprias membranas branquiais são arranjadas em filamentos finos e placas eficientemente empacotadas em um espaço bastante pequeno **(Figura 13.21)**. A água e o sangue que circulam em direções opostas – em um fluxo contracorrente – aumentam a eficiência de transferência.

UM OLHAR MAIS ATENTO 13.1

Qual É o Peixe mais Caro?

O preço recorde para um peixe – até agora – foi estabelecido em janeiro de 2013 no mercado de peixes Tsukiji, em Tóquio, quando um atum de 222 quilogramas (489 libras) foi vendido por 1,8 milhão de dólares. Isso dá 8.000 dólares por quilograma, ou cerca de 228 dólares a onça! O dono do peixe vendeu minúsculas lascas da carne rica e gordurosa para clientes consumidores de sashimi por 24 dólares no dia seguinte à compra.

O peixe era um atum-azul-do-sul *(Thunnus maccoyii)*. Dentre os maiores peixes ósseos (com 2,5 metros ou 8,2 pés de comprimento, pesando até 400 quilogramas ou 882 libras), o atum-azul-do-sul é encontrado no oceano mundial entre 30° S e 50° S. Esses poderosos animais migram por vastas distâncias e se alimentam principalmente de outros peixes, cefalópodes e salpas.

O atum-azul-do-sul está classificado como Criticamente em Perigo, na Lista Vermelha de Espécies Ameaçadas da IUCN. Como seu valor comercial é muito alto, os pescadores têm pesquisado suas rotas migratórias, territórios de desova e áreas de alimentação para aumentar o lucro em níveis insustentáveis. Um sistema de cotas está em vigor, mas é de valor questionável (embora seja parcialmente responsável pela elevação impressionante no valor dos exemplares de atuns).

A aquicultura provavelmente não é uma prática adequada para um animal tão grande e ativo. As pesquisas continuam, mas a menos que uma forma econômica de cultivar esses peixes seja criada, esse animal majestoso se tornará extinto.

©YOSHIKAZU TSUNO/AFP/Getty Images

Figura A Quer saborear uma minúscula lasca deste atum de 1,8 milhão de dólares? São 24 dólares, por gentileza.

Figura 13.21 As brânquias do peixe.

De KARLESKINT/TURNER/SMALL, Introduction to Marine Biology, 3E. © Cengage Learning

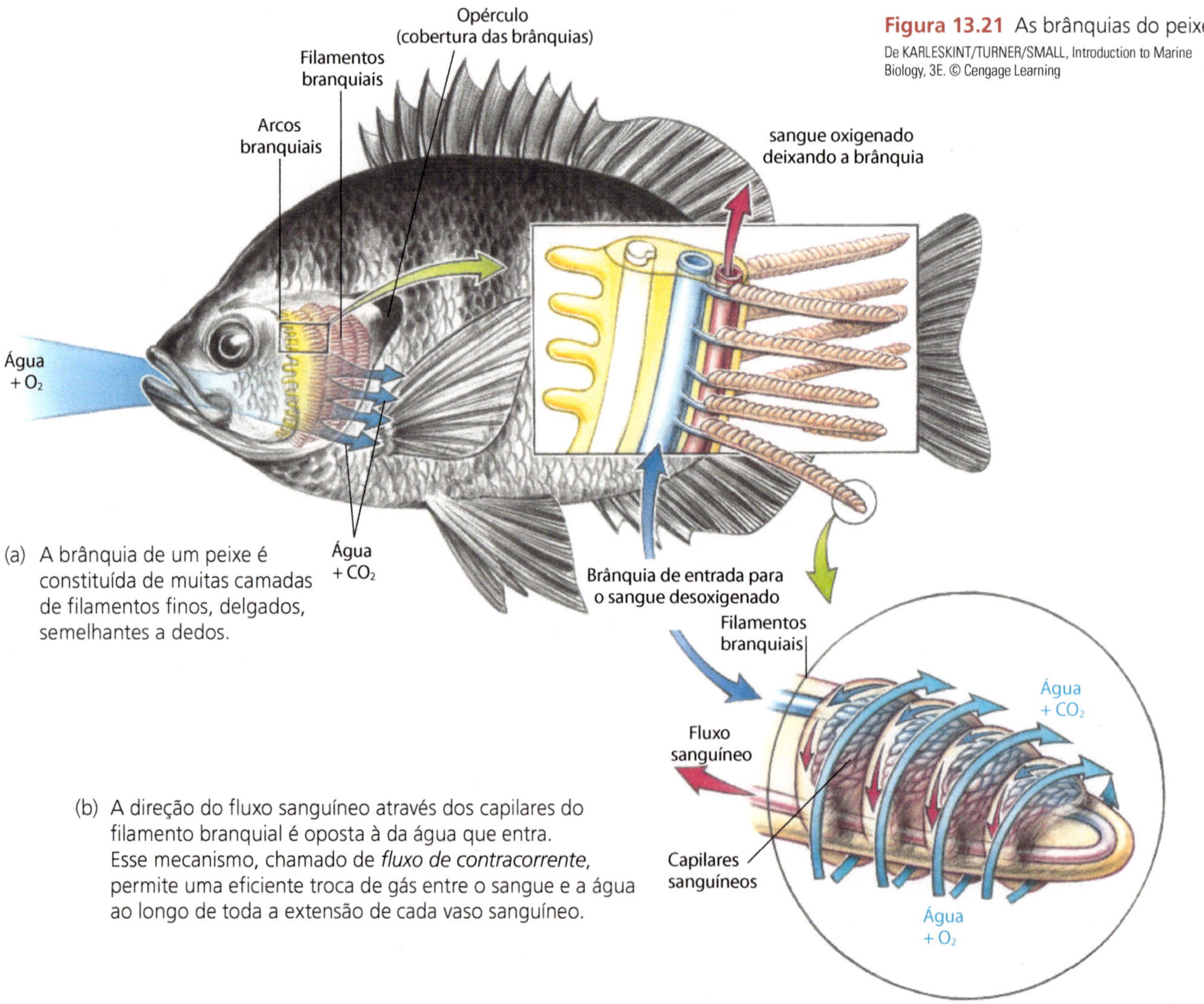

(a) A brânquia de um peixe é constituída de muitas camadas de filamentos finos, delgados, semelhantes a dedos.

(b) A direção do fluxo sanguíneo através dos capilares do filamento branquial é oposta à da água que entra. Esse mecanismo, chamado de *fluxo de contracorrente*, permite uma eficiente troca de gás entre o sangue e a água ao longo de toda a extensão de cada vaso sanguíneo.

Tom Garrison

Figura 13.22 Compare o tamanho deste crocodilo marinho com o de seu treinador, o falecido Steve Irwin. Extremamente agressivos, os crocodilos marinhos são os maiores do mundo, chegando a 7 metros (23 pés) de comprimento. Eles caçam em bandos e podem nadar longas distâncias entre ilhas tropicais.

PENSANDO ALÉM DA IMAGEM

Como você acha que os crocodilos marinhos pressentem sua presa?

Alimentação e Defesa A pressão competitiva entre um grande número de espécies de peixes deu origem a uma maravilhosa variedade de táticas de alimentação e defesa. A visão é importante para a maioria dos peixes, possibilitando que esses vejam as suas presas ou evitem seu predador. Mesmo alguns peixes de águas profundas que vivem abaixo da zona fótica possuem excelente visão para encontrar pistas luminosas de potenciais parceiros ou refeições. A audição também é bem desenvolvida e também a habilidade de detectar vibrações de baixa frequência. A bizarra cabeça achatada em cruz que dá nome ao tubarão-martelo deve conferir ao animal um tipo de olfato que lhe permita sentir diferentes substâncias interessantes na água. O salmão fareja o caminho para seu rio natal, após viver anos no mar, pela detecção de traços químicos característicos da água em que se desenvolveu.

Aproximadamente um quarto de todos os peixes ósseos exibe comportamento de **formação de cardume** em alguma fase de seu ciclo de vida. Uma formação de cardume é uma massa de seres da mesma espécie e classe de tamanho, agrupados e movendo-se como uma unidade. Não há liderança em um cardume, e o movimento parece ser controlado automaticamente pela interação direta entre os sensores da linha lateral e pelos próprios músculos locomotores. A minha experiência pode atestar a eficácia do comportamento de defesa de um cardume. Em algumas viagens de mergulho, percebi uma grande massa se movendo logo abaixo do limite de visibilidade na água. É um cardume ou trata-se de um único animal grande? Muitos predadores não se deteriam por muito tempo para averiguar! Os cardumes têm os benefícios adicionais de reduzir a chance de detecção por um predador, prover parceiros no tempo apropriado e aumentar a eficiência de alimentação.

Os peixes que vivem no mundo da penumbra, na base da zona fótica, utilizam a bioluminescência para capturar o alimento, evitar a predação e atrair parceiros. Alguns membros dessa comunidade escassa possuem órgãos luminescentes que emanam uma fraca luz azul para baixo, a qual mascara a sombra do peixe, diminuindo as chances de detecção e predação. Outros organismos de águas profundas atraem seu alimento escasso por meio de uma isca luminosa. Esses animais também utilizam padrões de manchas brilhantes ou linhas e, assim, identificam-se como membros de uma mesma espécie, um primeiro passo necessário para o acasalamento. Alguns utilizam lampejos de luz para confundir ou assustar potenciais predadores.

A Tartaruga Marinha e os Crocodilos Marinhos São Répteis Oceânicos

Cada um dos três principais grupos de répteis possui representantes marinhos: tartarugas, serpentes marinhas, lagartos marinhos (iguanas) e crocodilos marinhos **(Figura 13.22)**. Como todos os répteis, os marinhos são ectotérmicos, respiram ar pelos seus pulmões, são cobertos com escamas e uma pele relativamente impermeável, e têm **glândulas de sal** especiais para concentrar e excretar os sais dos fluidos corpóreos. Exceto por uma gama de espécies de tartarugas, todos os répteis marinhos necessitam de águas mais quentes de regiões tropicais e subtropicais.

© Joel Sartore/National Geographic Creative

Figura 13.23 Uma tartaruga-de-couro (gênero *Dermochelys*) é a maior tartaruga viva. Em vez de uma casca óssea, sua carapaça é coberta por pele e carne oleosa. Ela pode mergulhar a uma profundidade de 1.280 metros (4.200 pés).

Os répteis marinhos vivos mais conhecidos e mais bem-sucedidos são oito espécies de tartarugas marinhas. Diferente das terrestres, as tartarugas marinhas têm cascos relativamente menores e mais estreitos, sem espaço interior suficiente para retrair a cabeça ou os membros. O casco confere uma eficiente defesa passiva, e a tartaruga marinha adulta não tem predador, excetuando o homem. Os membros dianteiros são modificados como nadadeiras e dão propulsão ao animal, e os traseiros funcionam como lemes. As duas espécies de tartarugas-verdes marinhas (gênero *Chelonia*) são as mais abundantes e mais bem distribuídas. As maiores tartarugas vivas são as enormes tartarugas-de-couro **(Figura 13.23)**.

As tartarugas marinhas são famosas por seus notáveis feitos de navegação. Elas retornam em intervalos de dois, três ou quatro anos para a postura de ovos nas praias em que nasceram. O comportamento de volta ao lar pode ser uma grande vantagem para qualquer animal. Se os pais sobreviveram sua infância neste local, ele provavelmente será um bom lugar para chocar sua próxima geração. A navegação das tartarugas-verdes marinhas à pequena Ilha Ascensão, um ponto emergente da Cordilheira Mesoatlântica entre o Brasil e a África, tem sido bastante estudada. Os pesquisadores observaram que elas usam o ângulo de inclinação solar (para derivar a latitude), a direção das ondas e as pistas olfativas e visuais para primeiro encontrar a ilha e depois descobrir o ponto na praia onde os ovos dos quais nasceram foram incubados há, talvez, cerca de 20 anos!

No passado distante, os répteis marinhos dominavam os mares. Dentre os mais espetaculares estavam os plessiossauros **(Figura 13.24)**. Durante a Era Mesozoica (250 a 65 milhões de anos atrás), enquanto os dinossauros percorriam os continentes, répteis marinhos como esses eram os principais predadores do oceano. Os maiores plessiossauros tinham aproximadamente 20 metros (66 pés) de comprimento. Eles davam à luz aos filhotes e nunca iam para a terra. Sua poderosa propulsão via quatro nadadeiras, seu longo pescoço móvel e, presumivelmente, seus hábitos de caça furtiva levaram à sua diversificação em muitas espécies e hábitats. Todos foram extintos.

> Voar é o estado natural de um albatroz – o coração dessa ave bate mais lentamente durante o voo do que quando ele está parado calmamente na superfície do oceano.

Algumas Aves Marinhas São os Animais Voadores mais Eficientes do Mundo

Provavelmente, as aves evoluíram de pequenos dinossauros corredores, há aproximadamente 160 milhões de anos. A herança reptiliana é claramente visível nas pernas e garras escamosas, e na configuração de seus órgãos internos e esqueletos. O sucesso de 8.600 espécies viventes de aves se dá em grande parte pela evolução de suas penas (derivadas das escamas dos répteis), utilizadas para isolar o corpo e conferir superfícies aerodinâmicas para o voo. Aves e mamíferos são *endotérmicos*, isto é, geram e regulam o calor metabolicamente para manter uma temperatura interna em geral superior à do ambiente que os circunda.

As aves que voam têm ossos leves, finos e ocos, sem isolamento adiposo; os dentes e as mandíbulas pesadas dos répteis foram substituídos por bicos leves. Seu sistema respiratório altamente eficiente pode aceitar grandes quantidades de oxigênio, e seu coração grande com quatro câmaras é capaz de circular o sangue sob alta pressão. Todas as aves fazem a postura de seus ovos em terra, os quais devem ser chocados e depois a prole deve ser cuidada. Algumas aves marinhas podem ficar no oceano por anos, mas todas devem retornar à terra para procriação.

Apenas cerca de 270 tipos de aves, em torno de 3% das espécies conhecidas, são qualificados como aves marinhas **(Figura 13.25)**. A maioria dessas aves vive no Hemisfério Sul.

Figura 13.24 Um plessiossauro do gênero *Thalassomedon* embosca um cardume de peixes utilizando seu pescoço de 6 metros (20 pés) de comprimento para esconder sua grande massa nas águas escuras detrás.

(a) As aves que cruzam o oceano são os animais voadores mais eficientes do mundo. Buscar alimentos por meses pelo oceano em condições de ventos fortes e ondas altas, não procurar por abrigo durante as tempestades, suportar o calor tropical e o granizo polar, planar continuamente no ar com uma eficiência de deslize que excede a do planador mais eficiente já construído por humanos – os grandes albatrozes são os verdadeiros mestres do céu.

(b) Os magníficos albatrozes-errantes (gênero *Diomedea*) são as maiores dessas aves, com uma envergadura atingindo 3,6 metros (12 pés) e um peso de 10 quilogramas (22 libras). O segredo para o sucesso do albatroz é sua asa aerodinamicamente eficiente – uma estrutura muito longa, fina, estreita, envergada e pontiaguda ideal para planagem e deslizamento em alta velocidade com pouquíssimo gasto de energia. Voar é seu estado natural – o coração de um albatroz bate mais lentamente durante o voo do que quando ele está parado calmamente na superfície do oceano.

Figura 13.25 Aves marinhas.

(c) Um papagaio-do-mar retorna para seu ninho no recife rochoso com uma carga de peixes pequenos. Os papagaios-do-mar são igualmente adeptos ao "voo" embaixo d'água e pelo ar, mas não podem fazê-lo em longas distâncias.

Como os répteis marinhos, as aves marinhas possuem glândulas excretoras de sal na cabeça para eliminar o excesso proveniente de sua alimentação. A salmoura dessas glândulas pode, às vezes, ser vista gotejando das pontas dos bicos. As aves marinhas são vorazes, e o oceano geralmente é repleto de vida em qualquer lugar que as encontremos. As verdadeiras aves marinhas evitam a terra, a não ser para procriação, obtêm quase todo o seu alimento do mar e buscam áreas isoladas para reprodução.

Dos quatro grupos de aves marinhas, a gaivota e o pelicano são os mais conhecidos, pois existem muitas espécies e porque passam boa parte do tempo perto da costa. No entanto, os grupos mais adaptados ao mundo pelágico são os procelariformes (albatrozes e petréis) e os pinguins.

O pinguim perdeu completamente a habilidade de voar, mas utiliza as asas reduzidas para nadar por longas distâncias e com grande destreza de movimento. Sua incapacidade de voar torna prático ter isolamento de gordura, penas como cavilhas gordurosas, apêndices atarracados, e um grande tamanho e peso; na realidade, essas adaptações conservadoras de calor são essenciais para a sobrevivência dos organismos aquáticos em climas muito frios. A flutuabilidade neutra do pinguim é uma vantagem, uma vez que busca seu alimento sob a água. O pinguim-imperador, a maior espécie viva, pode mergulhar até 265 metros (875 pés) de profundidade e permanecer submerso por dez minutos ou mais. O pinguim alimenta-se de peixes, zooplâncton de tamanho grande, moluscos ou crustáceos associados ao fundo e lulas. Poucas das 18 espécies passam dois anos ininterruptos no mar entre períodos de procriação.

Os Mamíferos Marinhos Incluem os Maiores Animais que já Habitaram a Terra

A classe ***Mammalia***, na qual os seres humanos estão incluídos, é o grupo mais evoluído de vertebrados. São conhecidas aproximadamente 4.300 espécies de mamíferos. Os três grupos vivos de mamíferos marinhos são os botos, os golfinhos e as baleias da ordem ***Cetacea***; as focas, os leões-marinhos, as morsas e as lontras da ordem ***Carnivora***; e os manatis ou peixes-bois e os dugongos da ordem ***Sirenia***.

Cada uma dessas ordens surgiu independentemente de ancestrais terrestres. Eles exibem os traços mamíferos de serem endotérmicos; respiram ar; dão à luz a filhotes que sugam o leite de glândulas mamárias; e possuem pelos em algum momento de suas vidas. Diferente de outros mamíferos, essas criaturas extraordinárias adaptaram-se à vida no oceano.

Todos os mamíferos marinhos compartilham quatro características em comum:

- O corpo com *formato aerodinâmico* com membros adaptados para natação possibilita o estilo de vida aquático. O efeito do arrasto é reduzido devido à presença de uma pele escorregadia ou cobertura de pelos.
- Eles *geram calor corporal interno* a partir de alta taxa metabólica e *conservam* esse calor com isolamento por camadas de gordura, em alguns casos, pele. Seu grande tamanho dá a eles uma proporção superfície-volume favorável; com menor área de superfície por unidade de volume, eles perdem calor através da pele.
- O *sistema respiratório é modificado* para coletar e reter grandes quantidades de oxigênio. A bioquímica do sangue e dos músculos é otimizada para a retenção do oxigênio durante prolongados mergulhos profundos.
- Inúmeras *adaptações osmóticas* libertam os mamíferos marinhos de qualquer necessidade de água doce. A incorporação mínima de sal associada à habilidade de seus rins de excretar uma urina concentrada e altamente salina permite que a água necessária para seu metabolismo derive da oxidação dos alimentos.

Ordem *Cetacea* As 79 espécies vivas de cetáceos provavelmente evoluíram de uma linhagem inicial de ungulados – mamíferos terrestres com cascos, ancestrais dos atuais cavalos e ovelhas –, cujos descendentes passaram muito tempo em águas produtivas rasas buscando alimento. As baleias modernas têm tamanho que varia de 1,8 metro (6 pés) a 33 metros (110 pés) de comprimento e peso superior a 100.000 quilogramas (110 toneladas). Os membros dianteiros em forma de remo são utilizados primariamente para dar direção ao movimento, e os traseiros são reduzidos a ossos vestigiais e não são projetados para fora do corpo. Esses animais são propelidos pela sua cauda horizontal em um movimento para cima e para baixo por músculos poderosos situados no final do corpo. Uma camada espessa de gordura oleosa confere isolamento térmico, flutuabilidade e estoque de energia. Têm uma ou duas narinas no topo da cabeça com válvulas para evitar a entrada de água quando submersos. As baleias possuem cérebros grandes cheios de circunvoluções e formam complexos familiares e agrupamentos sociais.

Os cetáceos modernos são divididos em duas subordens. A **Figura 13.26** mostra representantes de cada divisão das baleias. Pertencentes à subordem *Odontoceti*, as baleias com dentes são predadores ativos e usam os dentes para destruir suas presas. As baleias com dentes possuem uma alta proporção de peso do cérebro – peso corporal, e muito de seu tecido cerebral é responsável por elaborar e receber os sons dos quais dependem para alimentar-se e socializar-se. Muitos pesquisadores acreditam na sua inteligência. Entre os exemplares de pequeno porte deste grupo estão a baleia-assassina (o maior de todos os golfinhos), os golfinhos e os botos de espetáculos de oceanários. A maior baleia com dentes (odontocete) tem 18 metros (60 pés), a cachalote, que pode mergulhar até 1.140 metros (3.740 pés) em busca de grandes lulas, que compõem boa parte de sua dieta.

As baleias com dentes buscam as presas utilizando a **ecolocalização**, o equivalente biológico do sonar. Elas geram ruídos agudos e outros sons que atingem as presas e retornam para que sejam reconhecidos. Atualmente, sugere-se que os odotocetes também usem o som de forma ofensiva. Pesquisas recentes indicam que algumas baleias com dentes podem gerar sons suficientemente elevados para aturdir, debilitar ou até matar suas presas. Em um experimento, golfinhos produziram sons superiores a 229 decibéis, equivalente a uma granada explodindo próximo ao organismo-alvo. Calculou-se que as cachalotes podem gerar sons que excedem 260 decibéis! (A escala de decibéis é logarítmica; compare essa informação com o ruído de 130 decibéis de um motor de um jato militar operando a toda potência e a 20 pés de distância!). Ainda não se sabe como esse ruído impressionante é gerado, nem quanta energia é irradiada da baleia sem danificar os órgãos que produzem e focam esses sons.

Da subordem Mysticeti, as baleias com barbatanas não têm dentes. Filtradoras em vez de predadoras ativas, essas baleias se alimentam principalmente de krill, um organismo zooplanctônico, grande, semelhante a um camarão, que vive em águas produtivas polares e subpolares. Essas baleias não mergulham tão profundamente e costumam se alimentar a poucos metros da superfície. A boca desses animais contém placas triangulares de **barbatanas** **(Figura 13.27)** que são usadas para filtrar o zooplâncton de suas grandes cavidades bucais cheias de água. O plâncton é concentrado à medida que a água é expelida das placas de barbatanas pela língua da baleia, comprimido para retirar o máximo possível de água e engolfado por meio de uma garganta não muito maior em diâmetro do que uma laranja. Uma grande baleia-azul, o maior de todos os animais, requer diariamente 3 toneladas métricas (6.600 libras) de krill durante a temporada de alimentação. A pequena e eficiente cadeia alimentar que parte do fitoplâncton para o zooplâncton, e daí para as baleias, confere uma enorme quantidade de alimento necessário para a sobrevivência dessa espécie.

Mysticeti é um nome excelente para esses animais singulares e maravilhosos. Pouco se sabe sobre sua estrutura social, inteligência, habilidade de produzir sons, perícia de navegação ou fisiologia. Sabe-se apenas que a baleia-jubarte utiliza canções complexas para comunicação em grupo e que a baleia-azul pode usar sons de frequência muito baixa para

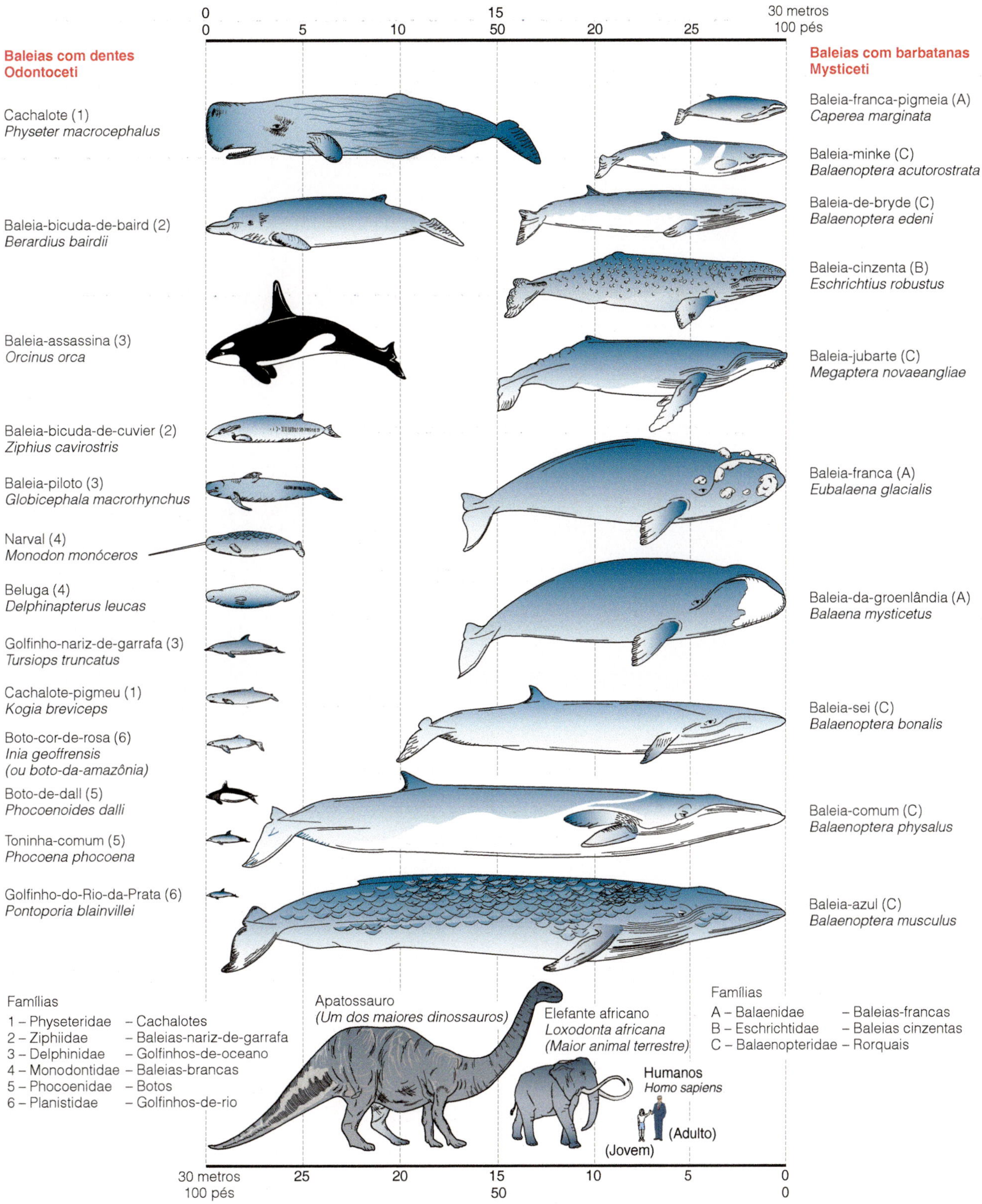

Figura 13.26 Alguns representantes da ordem *Cetacea*. Observe as diferenças entre as subordens mysticetes e odontocetis.

se comunicar a grandes distâncias. Algumas espécies migram anualmente das águas polares para as tropicais e depois retornam. Até pouco tempo, nossa principal resposta para todas essas baleias foi a matança de incontáveis números para obter carne e óleo, com pouca preocupação sobre suas habilidades e características extraordinárias. Mais informações sobre essa história deprimente podem ser encontradas no Capítulo 15.

Ordem *Carnivora* Pertencem a essa ordem os predadores terrestres, como cães, gatos, ursos e doninhas. Os membros da subordem de carnívoros Pinnipedia – como focas, leões-marinhos e morsas (veja **Figura 13.28**) – são quase que exclusivamente marinhos. Diferente dos cetáceos, os pinipédios gregários saem do oceano, por períodos variáveis de tempo, para acasalar e criar seus filhotes.

Figura 13.27
Placas do alinhamento de barbatanas da mandíbula de uma baleia-cinzenta. A baleia-cinzenta utiliza as placas rígidas e grossas para peneirar os crustáceos da lama rasa do fundo. Biosphoto

Figura 13.28 Alguns representantes da subordem Pinnipedia.

PENSANDO ALÉM DA IMAGEM
Pode imaginar o cheiro?

© Bruce Hall

(a) Um leão-marinho da Califórnia, a "foca" dos shows de focas.

(b) Elefante-marinho fêmea repousa e está na fase de muda em uma praia central da Califórnia.

Tom Garrison

Courtesy of Friends of the Sea Otter/Richard Bucich

Figura 13.29 Lontra fêmea e sua prole quase madura. As lontras têm a pele mais densa dentre os mamíferos.

A foca verdadeira tem a cabeça sem orelhas, a parte externa do ouvido foi sacrificada para conferir hidrodinâmica ao corpo. Ela é recoberta por pelos curtos e grossos, não possui pelos macios. As focas são nadadoras graciosas que vão em busca de peixes pequenos, sua presa comum, com golpes laterais de seus membros traseiros do corpo. Esses apêndices são parcialmente fundidos e sempre apontam para trás de seu corpo, portanto eles têm pouco uso na locomoção em terra. O elefante-marinho, que recebe esse nome por causa de seu longo e grande focinho, é detentor do recorde de mergulho profundo entre todos os vertebrados que respiram ar: 1.560 metros (5.120 pés). O leão-marinho, conhecido por muitos como protagonista dos espetáculos de "focas", tem os membros traseiros com maior variação de movimentos e é, portanto, mais ágil. Ele tem a cabeça esguia com pequenas orelhas e o couro com pelos macios; diferente da foca, utiliza os membros dianteiros para propulsão. A morsa é muito maior do que a foca e o leão-marinho e pode pesar até 1.800 quilos (2 toneladas).

A subordem Fissipedia possui muitos membros (como gatos, cães, guaxinins e ursos), mas apenas um representante marinho de fato, a lontra **(Figura 13.29)**, relativamente recente no ambiente marinho. A demanda humana por pele, a mais densa e quente das peles animais, levou as lontras ao quase extermínio. A população recente de lontras do Pacífico descende de poucos indivíduos acidentalmente ignorados pelos caçadores de pele do fim do século XIX e início do XX. Brincalhonas e inteligentes, as lontras raramente excedem 120 centímetros (4 pés) de comprimento; comensais vorazes, consomem até 20% de seu peso em moluscos, crustáceos e equinodermes por dia. Às vezes, ficam de barriga para cima na água, equilibram uma pedra sobre o peito, que usam para martelar a concha da presa até que essa se rompa. Pedaços de comida são extraídos com seus pequenos dedos e lavados na água para limpar os fragmentos. Observar lontras marinhas em seu ambiente costeiro é uma experiência inesquecível!

Ordem *Sirenia* Os volumosos dugongos e manatis (peixes-boi), letárgicos e de cérebro pequeno, são chamados coletivamente de *sirênios* **(Figura 13.30)** e são os únicos mamíferos marinhos herbívoros. Como os cetáceos, parecem ter evoluído dos mesmos ancestrais dos ungulados modernos. Eles pastam gramíneas marinhas, macroalgas marinhas e plantas estuarinas em águas costeiras tropicais e temperadas da América do Norte, Ásia e África. Algumas espécies vivem em água doce. Os maiores sirênios chegam a 4,5 metros (15 pés) de comprimento e pesam 680 quilogramas (1.500 libras). Inicialmente, foram comparados às sereias pelos antigos gregos, que notaram o hábito do manati fêmea (peixe-boi) de descansar em uma posição inclinada na água e segurar um filhote sugando o seu peito. Os sirênios foram intensamente caçados – hoje existem apenas cerca de 10 mil indivíduos no mundo. Mesmo protegidos atualmente, muitos são mortos ou feridos a cada ano na Flórida por motores de lanchas.

Tom and Therisa Stack/Tom Stack and Associates

Figura 13.30 Um manati (peixe-boi) (gênero *Trichechus*) do oeste da Índia.

BREVE REVISÃO

Antes de passar para a próxima seção, verifique seu entendimento de algumas das ideias importantes apresentadas até agora:

25. Qual é a diferença entre o nécton e o plâncton?

26. Quais é a diferença entre um invertebrado e um vertebrado?

27. Quais são os invertebrados nectônicos mais abundantes e mais bem-sucedidos? E os vertebrados?

28. Quais adaptações contribuem ao sucesso dos peixes?

29. Quais são os maiores animais que já habitaram a Terra?

Para verificar suas respostas, acesse a página deste livro no site da Cengage.

Perguntas dos Alunos

1. Os organismos fitoplanctônicos são responsáveis por uma porcentagem significativa da produtividade primária global. Por que o fitoplâncton é tão bem-sucedido? Existe algo no modo de vida planctônico que confere a esses organismos alta eficiência?

O fitoplâncton é formado por organismos bem-sucedidos por causa de seu tamanho. Como a água confere a esses organismos sustentação, os pequenos autótrofos marinhos não necessitam de um sistema elaborado de sustentação, como os grandes vegetais terrestres. Seus tamanhos reduzidos permitem a difusão dos nutrientes necessários para dentro das células, assim como o transporte dos dejetos para fora; vasos e seiva não são necessários. Praticamente todos os seus tecidos são fotossintetizantes.

As diatomáceas são especialmente bem-sucedidas, com suas valvas de sílica transparentes para protegê-las. A evolução relativamente recente das diatomáceas foi um ponto alto no desenvolvimento dos autótrofos marinhos, e a contribuição de oxigênio adicional por esses organismos influenciou o sucesso da vida no ambiente terrestre. Um maior número de plantas levou a um maior número de animais. Depois de algumas centenas de milhões de anos de evolução, o elegante modo de vida planctônico tornou-se o sistema produtivo complexo que agora observamos no mundo inteiro.

2. Se eu li corretamente, parece que as descobertas recentes de microrganismos muito pequenos (cianobactérias, vírus) no oceano *realmente* são muito importantes. Para onde você acha que essa linha de pesquisa está sendo conduzida?

Nós apenas raspamos a superfície. Antes de meados de 1980, esses organismos literalmente escaparam pelas fendas – as técnicas de amostragem tradicionais eram incapazes de capturá-los. Em um artigo recente, Mitchell Sogin, do Woods Hole, sugeriu que o número de diferentes tipos de bactérias no oceano poderia exceder de 5 a 10 milhões! E isso se refere a *tipos* diferentes, não organismos por mililitro. Sogin escreveu: "Isto implica que há um mundo inteiro de hábitat não explorado do qual os oceanógrafos apenas estão começando a se conscientizar".[6] Realmente!

3. Como as aves semelhantes ao albatroz-errante navegam pelo oceano sem caminhos?

Não se sabe ao certo. Experimentos realizados na Universidade Cornell, nos Estados Unidos, com pombos-correios, sugerem que eles utilizam uma combinação de orientações magnéticas e ópticas para retornar ao seu ponto de partida. Mesmo a luz polarizada e a posição de certas estrelas devem estar envolvidas nesse processo. O comportamento da ave não é aprendido, mas instintivo, porém funciona. Os estudos continuam.

4. Qual é a diferença entre um boto e um golfinho?

Golfinho e *boto* são nomes comuns de dois grupos sutilmente diferentes de pequenas baleias odontoceti (com dentes). *Boto*, como um termo, refere-se aos menores membros do grupo, que possuem dentes em formato de pá, uma nadadeira dorsal triangular e a extremidade frontal lisa afinando para a ponta. Os *golfinhos* normalmente são maiores e têm uma mandíbula estendida em formato de garrafa, cheia de dentes afiados e arredondados. As pequenas baleias saltadoras na maioria dos shows de oceanários são golfinhos, e as baleias-assassinas são uma espécie de golfinho grande. Para complicar ainda mais o assunto, o golfinho comum visto nos parques de diversão com o tema oceano, *Tursiops truncatus*, geralmente são chamados de botos, até mesmo pelos apresentadores do espetáculo. Essa confusão entre nomes comuns reforça a utilidade dos nomes científicos: o nome real do animal, *Tursiops*, é claro e não deixa dúvida.

5. Quanto tempo vivem as baleias?

A idade de uma baleia com dentes geralmente pode ser determinada pelos grupos da camada de crescimento anual dos dentes. As baleias de barbatanas não têm dentes, mas fazem depósitos anuais semelhantes de cera em seus ouvidos internos (otólitos). A idade de ambos os tipos de baleias pode ser determinada pelo exame das propriedades de aminoácidos nas lentes de seus olhos ou nos anéis de crescimento em suas vértebras.

Um método peculiar de datação foi a descoberta de um fragmento de lança-bombas em uma baleia-da-groenlândia capturada na costa do Alasca em 2007. O pedaço de ferro foi identificado como parte de um dispositivo semelhante à granada disparada na baleia para matá-la (o que, nesse caso, falhou). O formato e o tamanho do fragmento indicou que ele foi fabricado em New Bedford, Massachusetts, por volta de 1890. A idade estimada da baleia? Cento e trinta anos!

6. Poderia existir algum monstro marinho gigantesco do tipo Godzilla escondido nos oceanos profundos?

Provavelmente não, a menos que ele pudesse extrair energia diretamente das moléculas de água! A situação alimentar nas regiões pelágicas profundas não é rica o suficiente para gerar a energia necessária para uma população ativa de répteis violentos, agressivos e comedores de cidades (metrófagos?).

Os cientistas nunca dizem nunca, mas para filmes clássicos de ficção científica, isso não parece promissor. Por outro lado, dê uma olhada em nosso plessiossauro na Figura 13.24! Infelizmente, todos parecem estar extintos.

---

[6] Sogin, M., H. Morrison, e J. Huber. 2006. Diversidade microbiana no fundo do mar e a "rara biosfera" mal explorada. *Proceedings of the National Academy of Sciences.* 103(32). Disponível em: <http://www.pnas.org/content/103/32/12115.full>.

Panorama Geral do Capítulo

Neste capítulo, você aprendeu as definições de uma comunidade e de uma população, e sobre a organização das comunidades marinhas. Os seres do mundo pelágico são levados por correntes ou nadam ativamente nos oceanos. (Animais e vegetais associados ao fundo são conhecidos como organismos bentônicos.) As comunidades pelágicas (suspensas) são tratadas neste capítulo; as comunidades bentônicas (do fundo) são discutidas no próximo capítulo.

Os organismos à deriva no oceano são conhecidos coletivamente como plâncton. Os organismos que constituem o fitoplâncton são responsáveis pela produtividade primária do oceano. O fitoplâncton – e o zooplâncton, os pequenos animais à deriva ou cujo movimento de natação é incapaz de vencê-los – geralmente são os primeiros elos nas teias tróficas oceânicas. O plâncton é mais abundante nas áreas costeiras, nas camadas superiores iluminadas pelo Sol da zona temperada, em áreas equatoriais de ressurgência e no oceano subpolar austral. Os cientistas marinhos têm sido inspirados pela beleza e variedade do plâncton desde a primeira observação desses seres no microscópio, no século XIX.

Os animais que nadam ativamente constituem o nécton. Organismos nectônicos incluem invertebrados (como lulas, náutilus e camarões) e vertebrados (como peixes, répteis, aves e mamíferos). Cada organismo possui uma série de adaptações que evoluem continuamente e tornam possível que esses animais encontrem seu alimento, evitem predadores, regulem o sal e a temperatura de seus corpos – todos os desafios do ambiente marinho – sempre que precisarem.

No próximo capítulo, você aprenderá sobre a ampla diversidade das comunidades bentônicas.

Termos e Conceitos para se Lembrar

alça microbiana
arrasto
Arthropoda
barbatana de baleia
bentônica
Carnivora
cartilagem
cocolitoforídeo
cefalópode
Cetacea
Chondrichthyes
cocolitoforídeo
comunidade
diatomácea
dinoflagelado
ecolocalização
ecologia
exoesqueleto
fitoplâncton
flagelos
formação de cardume
foraminífera
frústula
glândula de sal
hábitat
HABs
holoplâncton
invertebrado
krill
macroplâncton
Mammalia
membrana braquial
meroplâncton
molusco
nadadeira
nanoplâncton
nécton
nicho
Osteichthyes
pelágico
picoplâncton
plâncton
população
rede de plâncton
Sirenia
Teleostei
troca de gás
valva
vertebrado
zona abissal
zona batial (ou batipelágica)
zona hadal
zona litoral
zona nerítica
zona oceânica
zona pelágica
zona sublitoral
zooplâncton

Perguntas de Estudo

1. Qual termo utilizamos para descrever os organismos que nadam livremente, ou os organismos que vivem suspensos no oceano? Qual termo utilizamos para descrever os organismos que vivem no fundo oceânico?
2. Qual é a diferença entre uma população e uma comunidade? E entre um nicho e um hábitat?
3. O que é um fator limitante? Dê alguns exemplos.
4. O que é plâncton? Como o plâncton é coletado? Qual é a diferença entre zooplâncton e fitoplâncton?
5. Descreva os organismos fitoplanctônicos mais importantes. Quais são os mais eficientes na conversão de energia solar para a energia em ligações químicas? Por qual meio essa conversão é realizada?
6. Em qual parte do oceano a produtividade do plâncton é maior? Por quê?
7. Descreva alguns organismos nectônicos que *não* são peixes.
8. Quais são as maiores categorias de peixes? Quais problemas os peixes superaram para serem bem-sucedidos no mundo pelágico?
9. Qual é a diferença entre uma ave marinha e uma ave terrestre – um pombo, por exemplo?
10. Quais características são compartilhadas por todos os mamíferos marinhos?
11. Compare e contraste os grupos de mamíferos marinhos vivos.
12. Qual é a diferença entre as baleias odontoceti (com dentes) e as baleias mysticeti (com barbatanas)? Quais são mais conhecidas e estudadas? Por quê?

14 Comunidades Bentônicas

CONCEITOS-CHAVE

Organismos bentônicos vivem sobre ou dentro do leito marinho. Doubilet Photography/National Geographic Creative

Aglomerações irregulares (manchas) correspondem ao padrão de distribuição mais comum para organismos bentônicos. Doubilet Photography/National Geographic Creative

Mangues, marismas e estuários estão entre os hábitats marinhos mais produtivos. ©Tom Garrison

Costas rochosas abrigam comunidades abundantes, apesar das condições geralmente rigorosas. ©De Between Pacific Tides 5/e por Edward F. Ricketts et al. Revisão: David W Phillip. Copyright © 1985 pelo Conselho de Curadores da Universidade Leland Stanford Jr. Todos os direitos reservados. Usado com permissão da Stanford University Press, www.sup.org.

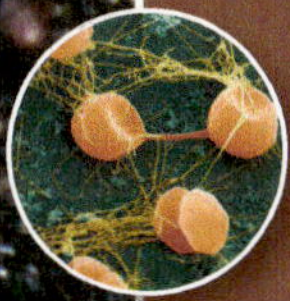

Extremófilos – organismos capazes de viver em condições incomuns – são encontrados em fontes hidrotermais, frestas e vãos no leito profundo dos oceanos, mas também muito abaixo do leito marinho, incrustados em rochas sólidas. ©Eye of Science/Science Source

Um peixe miracéu (*stargazer*), um organismo bentônico da família dos *Uranoscopidae*, disfarçadamente espera por uma presa. ©Jeffrey Rotman/Corbis

14.1 Os Organismos Bentônicos Vivem Sobre ou Dentro do Leito Marinho

Diferentemente dos organismos pelágicos, que derivam ou nadam ativamente, examinados no capítulo anterior, organismos **bentônicos** ou **bênticos** vivem sobre (ou dentro do) o fundo do oceano (Figura 14.1). O hábitat bentônico pode ser raso ou profundo, quente ou frio, repleto de alimento e vida ou quase estéril. Algumas criaturas bentônicas passam a vida enterradas no sedimento, enquanto outras raramente tocam o leito do oceano; a maioria está presa, rasteja, nada perto ou interage continuamente com o fundo do oceano ao longo de sua vida.

A diversidade de hábitats bentônicos (e dos organismos que neles vivem) é impressionante. Florestas de algas marinhas são comunidades bentônicas, assim como zonas rochosas entremarés, praias de areia, mangues, marismas e as áreas estranhamente populosas em torno de fontes hidrotermais e fendas profundas. Recifes de corais são também hábitats bentônicos, com comunidades que podem incluir um número de espécies maior do que qualquer outro hábitat em nosso planeta.

BREVE REVISÃO

Antes de passar para a próxima seção, verifique seu entendimento de algumas das ideias importantes apresentadas até agora:

1. Onde podemos esperar encontrar um organismo bentônico?

Para verificar sua resposta, acesse a página deste livro no site da Cengage.

Tom Garrison

Figura 14.1 Estudantes espreitam um polvo em seu esconderijo na poça de uma praia no Pacífico. Chaves de carro brilhantes são cobiçadas – esse polvo tem uma grande coleção delas.

14.2 A Distribuição dos Organismos Bentônicos Raramente É Aleatória

Antes de examinarmos comunidades bentônicas, investigaremos como esses organismos se distribuem numa comunidade. Os organismos individuais de uma comunidade bentônica quase nunca estão distribuídos de forma aleatória em seu hábitat. **Distribuição aleatória** significa que a posição de *um* organismo numa comunidade de fundo não interfere de maneira alguma na posição de *outros* organismos na mesma comunidade. Além disso, uma distribuição aleatória verdadeira (como a ilustrada na Figura 14.2a) indica que as condições são precisamente as mesmas por todo hábitat, uma situação muito improvável, exceto talvez nas comunidades bentônicas homogêneas das planícies abissais.

O padrão de distribuição mais comum dos organismos bentônicos é formando pequenas agregações ou aglomerados. A **distribuição em aglomerados** (manchas) (Figura 14.2b) ocorre quando as condições de crescimento são ideais em áreas pequenas por causa da proteção física (como em fendas em rochas da zona entremarés), da concentração de nutrientes (próximo a organismos mortos depositados no fundo), da dispersão inicial (perto dos pais) ou das interações sociais.

A **distribuição uniforme** com espaçamento equidistante entre os indivíduos (Figura 14.2c), tal como a disposição de árvores em pomares, é o padrão natural mais raro de todos. A distribuição de algumas enguias-de-jardim em seu território é quase uniforme, porque cada enguia pode estender-se até uma distância acima de sua toca, o suficiente para não incomodar a enguia vizinha. Às vezes há uma quebra no padrão de distribuição – pois elas não se alinham exatamente como as macieiras em uma plantação.

BREVE REVISÃO

Antes de passar para a próxima seção, verifique seu entendimento de algumas das ideias importantes apresentadas até agora:

2. O que está implícito numa distribuição aleatória de objetos?

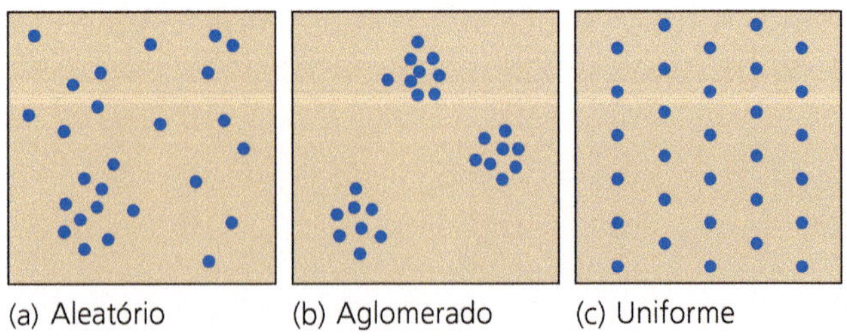

Figura 14.2 Padrões de distribuição da população: aleatórios (a), aglomerados (b) e uniformes (c). Uma distribuição aleatória – rara na natureza – significa que a posição de *um* organismo na comunidade não interfere de maneira alguma na posição de *outros* organismos daquela comunidade. O padrão de aglomerados é o mais comum.

3. Qual é o padrão mais raro de distribuição natural dos organismos?

Para verificar suas respostas, acesse a página deste livro no site da Cengage.

14.3 Algas e Plantas Marinhas São Produtores Primários Diversificados e Efetivos

Quando falamos em comunidades bentônicas, muitas pessoas que vivem no litoral de regiões temperadas logo pensam nas altas florestas de algas marinhas com seus movimentos suaves. Embora a maior parte da produtividade primária dos oceanos seja realizada pelo fitoplâncton unicelular, entre 2% e 5% devem-se a grandes **algas multicelulares**, chamadas informalmente de macroalgas (Figura 14.3).

Apesar de fotossintetizantes, tecnicamente macroalgas não são plantas. No que se refere aos aspectos estruturais e bioquímicos, elas são suficientemente diferentes de plantas vasculares sendo classificadas como protistas, outro grupo taxonômico de organismos relativamente simples que inclui a maior parte do fitoplâncton. Entre as verdadeiras plantas marinhas estão as gramas marinhas e os manguezais, que serão abordados mais adiante nesta seção.

A variedade de formas e tamanhos das algas marinhas é muito grande. As maiores podem atingir até 62 metros de comprimento (205 pés), e as menores se assemelham a manchas de células sobre as superfícies das rochas. Algumas grandes algas formam florestas subaquáticas; outras crescem isoladamente. No final da vida, algas mortas secando na praia não oferecem nenhuma indicação de sua beleza e graça naturais àqueles que frequentam as praias, mas para um mergulhador a floresta marinha de onde vieram essas algas revela formatos e graciosidade extraordinários, abriga berçários protetores, oculta relações complexas e até oferece alimento. Nenhuma dessas algas cresce abaixo da zona eufótica porque todas dependem da fotossíntese para produzir os compostos ricos em energia necessários para a vida. Já se identificaram quase 7.000 espécies de algas marinhas multicelulares.

O estilo de vida marinha oferece algumas vantagens. Algas e plantas marinhas não sofrem períodos de secas e quase sempre têm dióxido de carbono suficiente para a fotossíntese. Por estarem submersas no mar, isso permite-lhes crescer formando estruturas muito leves. Algas marinhas não exigem fortes estruturas de apoio porque sua densidade é semelhante à da água do mar à sua volta. Assim, a maior parte dessa estrutura pode se dedicar à fotossíntese. De fato, a produtividade em alguns bancos de algas marinhas pode ser a mais elevada de toda a comunidade autotrófica da Terra.

Algas São Organismos Avasculares

Organismos fotossintetizantes requerem CO_2, água, nutrientes e luz solar para produzir carboidratos. Plantas terrestres levam água e nutrientes para folhas expostas à luz e ao ar, produzem alimento e conduzem parte do alimento para as raízes, compensando-as por seus esforços. Feixes de vasos condutores realizam essa função. Esses vasos não são necessários em algas, porque todas as quatro exigências físicas necessárias para a fotossíntese estão presentes simultaneamente dentro de suas estruturas.

Termos comuns como *folha*, *caule* e *raiz* são inadequados para as algas marinhas porque a definição dessas partes pressupõe a presença de vasos. As estruturas que superficialmen-

A produtividade primária em alguns bancos de algas marinhas pode ser uma das mais elevadas de toda a comunidade autotrófica da Terra.

Figura 14.3
(a) O talo (corpo) de uma alga multicelular típica. Esses organismos podem crescer 50 cm por dia e atingir um comprimento de 40 metros.
(b) *Macrocystis*, uma alga marrom (*Phaephyta*). Graças às vesículas de gás (flutuadores) em sua base, as lâminas erguem-se na direção da luz do Sol. Essa alga produtiva de crescimento rápido é uma das espécies dominantes encontradas na espetacular floresta de Laminárias (kelp), no oeste da América do Norte. Uma foca aprecia a vista.

Figura 14.4 Ouriços-do-mar, a desgraça dos leitos das florestas de laminárias (kelp). Os ouriços são capazes de absorver os carboidratos que escorrem das algas, ou roer suas estipes e apressórios com seus dentes. Em grande número, ouriços podem destruir uma floresta de kelp ao soltar as algas de seus apressórios.

te lembram folhas são chamadas de *lâminas* (ou frondes), as estruturas semelhantes a caules são denominadas estipe, e o emaranhado em forma de raiz na base é chamado de apressório. Vesículas de gás auxiliam muitas espécies a atingir a superfície aquática intensamente iluminada. Lâminas, estipes e apressórios compõem o corpo do organismo, chamado *talo*. A **Figura 14.3a** ilustra essas partes.

O talo de uma alga pode ser grande ou pequeno, ramificado ou em tufos, ter forma de lâmina ou filamento, ser incrustado ou alongado, arredondado ou pontiagudo – a variedade de formas das algas é enorme. As lâminas das algas são providas simetricamente de tecido fotossintetizante, absorvem gases em toda sua superfície e até participam da reprodução. As estipes são elos fortes e fotossintetizantes, que absorvem impactos e conectam as lâminas (ou filamentos) em uma única unidade. O apressório não absorve água e nutrientes do substrato, como sugere sua aparência de raiz vascular, mas ele prende a planta em seu lugar e pode oferecer abrigo ocasional para uma grande variedade de vida animal.

As Algas Marinhas São Classificadas de Acordo com Seus Pigmentos Fotossintéticos

Em parte, as algas marinhas são classificadas pela presença de compostos coloridos em seus tecidos. Esses **pigmentos acessórios** (ou pigmentos "mascarados") são compostos que absorvem luz e estão estreitamente associados às moléculas de clorofila. Quimicamente, eles não se assemelham à clorofila, mas ligam-se fracamente a ela. Sua presença nas plantas aumenta muito a fotossíntese, pois eles absorvem a fraca luz azul nas profundezas e transferem sua energia para as moléculas de clorofila adjacentes. Pigmentos acessórios podem ter coloração parda (ou marrom), marrom-clara, verde-oliva ou vermelha; eles são responsáveis pela cor característica da maioria dos autótrofos marinhos, especialmente das algas.

As algas marinhas multicelulares são divididas em três categorias, com base em sua cor observável. As algas verdes, com sua clorofila indisfarçável, são as clorofíceas (*Chlorophyta*), as algas marrons são **feofíceas** (Phaeophyta) e as vermelhas são as **rodofíceas (*Rhodophyta*)**. As feofíceas são as algas mais conhecidas pelas pessoas que caminham pelas praias, e as rodofíceas são as mais numerosas.

As Feofíceas Quase todas as 1.500 espécies vivas de feofíceas são marinhas. Algumas espécies dessas algas, as maiores de todas, como os **kelps** (*Laminariales – Phaeophyta*), podem atingir 40 metros de comprimento – o maior comprimento registrado foi de mais de 60 metros. Para alcançar essas dimensões, a planta pode crescer a uma taxa espetacular de 50 centímetros ao dia. Algumas algas marrons são anuais, e outras vivem até sete anos. O pardo e o marrom das feofíceas vêm dos pigmentos acessórios, o que permite que essas algas realizem a fotossíntese em profundidades bem maiores do que as clorofíceas. Em circunstâncias ideais, algumas grandes algas marrons podem crescer em águas com até 35 metros de profundidade.

As gigantescas florestas de kelps (laminárias) do Pacífico, as maiores do mundo, são compostas pelo magnífico gênero *Macrocystis* (ilustrado na Figura 14.3). A maioria das algas marrons vive em regiões temperadas e polares em latitudes abaixo dos 30°, porém algumas vivem nos trópicos.

As Rodofíceas A maior parte das algas marinhas do mundo são algas vermelhas; há mais espécies rodofíceas do que todos os outros grandes grupos de algas combinados. Rodofíceas tendem a ser menores e mais complexas que as feofíceas. As rodofíceas se destacam na luz fraca em razão dos seus sofisticados pigmentos acessórios. Esses compostos absorvem e transferem energia luminosa suficiente para estimular a atividade fotossintética em profundidades onde olhos humanos não conseguem mais ver luz.

Comunidades de Algas Marinhas Abrigam e Alimentam Animais Bentônicos

O abrigo e a alta produtividade das florestas de kelps podem ajudar a fornecer um ambiente próximo ao ideal para animais bentônicos. Quando as condições de luz e nutrientes são ideais, essas algas gigantes são capazes de produzir moléculas de carboidratos com tanta rapidez e em tal quantidade que os açúcares escorrem de seus tecidos como o chá escorre dos sachês. Alguns animais residentes nas proximidades, como os ouriços-do-mar (**Figura 14.4**), conseguem crescer rapidamente, pois coletam essas molé-

Figura 14.5 A grama do mar verde-clara *Phyllospadix* numa poça de maré. Gramíneas do mar são plantas vasculares, não algas.

culas na superfície das algas e transportam-nas diretamente para os seus corpos. Quando as algas se enfraquecem por causa da idade e a produtividade diminui, os dentes afiados do ouriço ainda podem roer o talo. Outros animais pastam sobre as lâminas, abrigam-se nos apressórios e consomem os fragmentos e os detritos dos kelps. Às vezes lontras marinhas invadem os kelps para alimentar-se dos ouriços. Como em todas as outras comunidades, as florestas de kelps mudam à medida que seus habitantes vêm e vão e o tempo passa.

As Verdadeiras Plantas Marinhas São Plantas Vasculares

Algas marinhas podem parecer plantas, mas, na verdade, formam o grupo das algas multicelulares. As diatomáceas e os dinoflagelados, vistos no capítulo anterior, são **algas unicelulares**. Como vimos, algas não possuem sistema vascular ou outras características estruturais e químicas das plantas verdadeiras. Quase todas as grandes plantas terrestres são vasculares. Poucas espécies de plantas vasculares recolonizaram o oceano. Todas descendem de ancestrais terrestres e vivem em águas rasas e costeiras. As plantas marinhas vasculares mais notáveis são as gramíneas marinhas e os manguezais.

Talvez a gramínea marinha mais bela seja a fulgurante *surfgrass* verde-esmeralda, do gênero *Phyllospadix*, com suas flores sazonais e frutos felpudos. Essas plantas robustas sobrevivem em áreas turbulentas de zonas entremarés e sublitoral varridas por ondas nas regiões temperadas do leste asiático e do oeste da América do Norte **(Figura 14.5)**.

Figura 14.6
Uma árvore de manguezal *(Rhizophora)* crescendo na água salobra em Belize. As raízes entrelaçadas que descem dos ramos principais são chamadas de raiz em escora ou raiz em estaca. Elas prendem a árvore no mangue, retêm os sedimentos e oferecem proteção para pequenos organismos.

Os litorais baixos e lamacentos de áreas tropicais e de algumas áreas subtropicais muitas vezes são o lar de emaranhados de árvores conhecidos como **mangues** ou manguezais. Essas grandes plantas floríferas nunca estão completamente submersas mas, por sua estreita associação com o oceano, são consideradas plantas marinhas **(Figura 14.6)**. Elas crescem em lagoas, baías e estuários ricos em sedimentos do Indo-Pacífico, da África tropical e das Américas tropicais.

O sistema radicular aprisiona e retém o sedimento ao redor da planta ao interferir no transporte de partículas em suspensão trazidas pelas correntes. Assim, as florestas de mangue ajudam na estabilização e expansão de deltas e outras áreas pantanosas litorâneas. O complexo radicular também forma uma barreira de difícil penetração para muitos organismos e um abrigo seguro para outros organismos na base das árvores.

BREVE REVISÃO

Antes de passar para a próxima seção, verifique seu entendimento de algumas das ideias importantes apresentadas até agora:

4. Como as algas multicelulares conseguem sobreviver sem sistema vascular para transportar fluidos e nutrientes?
5. Como as algas são classificadas?
6. Como as algas conseguem fazer fotossíntese abaixo da zona alcançada pela luz vermelha?
7. Dê alguns exemplos de plantas marinhas vasculares. No que elas se distinguem das algas? No que são semelhantes às algas?

Para verificar suas respostas, acesse a página deste livro no site da Cengage.

14.4 Pântanos Salgados (Marismas) e Estuários São Hábitats Bentônicos Altamente Produtivos

Os pântanos salgados (marismas) lamacentos estão entre as mais interessantes e ativas comunidades bentônicas. Grande parte da alta produtividade primária de um pântano salgado vem de gramíneas marinhas, dos manguezais e de outras plantas vasculares que se desenvolvem em ambientes marinhos (ou parcialmente marinhos).

Como vimos no Capítulo 11, os pântanos salgados muitas vezes se formam em um **estuário**, uma desembocadura larga e rasa de um rio onde água doce e água salgada se misturam (veja a Figura 11.22). Em geral, o impacto das ondas é reduzido nos estuários – a arrebentação das ondas é mantida longe dos estuários por barreiras paralelas à costa ou pelos canais sinuosos que os ligam ao oceano. A salinidade da água

©Tom Garrison

Figura 14.7 (a) Um pântano no estuário. Empreiteiras urbanas frequentemente destroem os pântanos costeiros para construir marinas e casas, mas cidadãos que moram perto deste pântano em Newport Beach, Califórnia, reconheceram o seu valor natural e conseguiram transformá-lo em área de preservação marinha.

Tom Garrison

(b) Moluscos *(Cerithidea)* em um estuário revolvem a lama na superfície em busca de alimento.

em um estuário pode variar com as flutuações de maré, de salgada a doce, passando por água salobra (mistura de água salgada com doce). Muitos organismos que vivem em estuários são capazes de tolerar diferentes graus de salinidade, mas em áreas próximas à entrada de rios, a água pode ser quase doce, e perto da saída ela pode apresentar uma salinidade oceânica. Esses valores diferentes de salinidade (gradiente de salinidade) normalmente permitem classificar os organismos de acordo com uma distribuição horizontal por zonas (zonação). A variação de temperatura também pode ser extrema, especialmente nos trópicos ou nos verões de zonas temperadas, quando a maré vazante expõe os organismos do local ao calor do Sol. Correntes intensas podem se mover nos estuários à medida que a maré sobe e desce e o rio flui.

Pântanos em estuários (como o ilustrado na **Figura 14.7a**) são mais ricos e possuem uma variedade de espécies muito maior do que pântanos expostos somente à água salgada. A produtividade primária nos estuários geralmente é altíssima graças à disponibilidade de nutrientes, variedade de organismos, alta luminosidade e grande número de nichos. A biomassa por unidade de área em um estuário típico está entre as mais altas de todas as comunidades marinhas.

Organismos estuarinos apresentam adaptações únicas a esse ambiente rico e variável. Algumas plantas de estuários retêm partículas finas de lodo em suas raízes, evitando, assim, a ação erosiva do fluxo das correntes. Plantas pequenas em geral são filamentosas, cobertas por pequenas projeções usadas para prendê-las ao substrato. Plantas maiores possuem um extenso sistema de raízes para fixá-las no local e colonizar novas áreas. A maioria dos animais escava a matéria orgânica morta, corre rapidamente pela superfície ou esconde-se na vegetação. Bivalves e gastrópodes (moluscos) abrem caminho pelo substrato, obtendo ao mesmo tempo alimento e proteção (**Figura 14.7b**). Poliquetas cavam buracos em busca de alimento, e caranguejos competem pelos bocados mais interessantes. Como as larvas de plâncton seriam arrastadas para o mar, a maioria dos organismos estuarinos não produz larvas planctônicas, depositando seus ovos sobre objetos firmes ou carregando-os junto ao corpo.

Às vezes os estuários são chamados de *berçários marinhos* por causa da grande quantidade de organismos jovens encontrados neles. Isso se aplica sobretudo aos peixes. Muitas espécies pelágicas passam toda a vida larval confinadas e protegidas pelos estuários, aproveitando-se da vasta disponibilidade de alimento. A maioria das espécies de peixe exploradas comercialmente na costa atlântica dos Estados Unidos usa os estuários como área de alimentação na fase juvenil. Por isso, a pressão humana causada pelo desenvolvimento e poluição é duplamente estressante nos estuários, afetando tanto as espécies residentes quanto os estágios larvais mais sensíveis de animais de mar aberto.

BREVE REVISÃO

Antes de passar para a próxima seção, verifique seu entendimento de algumas das ideias importantes apresentadas até agora:

8. O que torna os estuários tão produtivos e ricos em biomassa?

Para verificar sua resposta, acesse a página deste livro no site da Cengage.

14.5 Comunidades da Zona Entremarés de Costão Rochoso Sobrevivem Apesar do Impacto das Ondas

Qualquer pessoa que permaneça algum tempo na costa, especialmente numa praia rochosa, depara com uma curiosa incoerência. Embora o costão rochoso pareça um lugar muito difícil para os organismos viverem, a **zona entremarés do costão rochoso** – a faixa entre os marcos das marés mais altas e mais baixas no costão rochoso – é uma das áreas mais densamente povoadas da Terra. Centenas de espécies e indivíduos aglomeram-se nesse lugar em que terra e mar se encontram.

As dificuldades para viver nessa zona são tremendas. As marés sobem e descem, ensopando e secando alternadamente os animais e as plantas. O **impacto das ondas**, a poderosa força das ondas quebrando, dilacera estruturas e os apoios dos organismos residentes. A temperatura pode mudar rapidamente quando as águas geladas atingem as conchas quentes, ou quando a luz do Sol incide diretamente sobre organismos expostos. Em altas latitudes, o gelo é triturado contra a costa rochosa, e, nos trópicos, a luz intensa do Sol seca e aquece as rochas. Predadores e herbívoros oriundos dos oceanos visitam essas áreas na maré alta, e os animais terrestres têm acesso a elas na maré baixa. Durante tempestades, os ocupantes podem sofrer choques osmóticos com a água doce da chuva. O movimento anual dos sedimentos trazidos e levados pelo mar pode cobrir ou expor hábitats. Contudo, surpreendentemente, a riqueza, produtividade e diversidade das comunidades das zonas entremarés de costões rochosos – especialmente em zonas temperadas – praticamente não encontram paralelos em nenhum outro lugar do mundo. Existe uma intensa competição por espaço. A vida abunda.

Uma das razões para a grande diversidade e sucesso dos organismos na zona entremarés dos costões rochosos é a grande disponibilidade de alimento. A passagem entre terra e oceano torna essa área um escoadouro natural de material orgânico vivo ou morto. O impacto da rebentação e as fortes correntes de marés mantêm os nutrientes circulando e garantem a alta concentração de gases dissolvidos que possibilitam a existência de uma rica população de autótrofos. Os minerais misturados na água que vem da terra servem como nutrientes tanto para os habitantes da **zona entremarés** como para o plâncton no local. Muitas formas larvais e organismos adultos da comunidade entremarés dependem do plâncton como fonte primária de alimento.

Outra razão para o sucesso dos organismos nesses locais é o grande número de hábitats e nichos disponíveis para ocupação (veja **Figura 14.8**). Os hábitats de animais e plantas da região entremarés vão de poças de maré quentes, altas e salgadas a profundas fendas frescas e escuras. Esses espaços servem como locais de esconderijo, descanso, fixação, ponto de ataque, fendas para espreitar uma refeição-surpresa, base para lançar um ataque sorrateiro, local seguro de acasalamento ou escuridão para abrigar uma retirada. Os nichos das criaturas dessas comunidades são numerosos e variados – algas incrustadas produzem carboidratos, moluscos raspam as algas das rochas, caranguejos-ermitãos comem restos de

a

Figura 14.8 Uma poça de maré e zona entremarés no litoral do Pacífico. (a) Uma visão esquemática.

PENSANDO ALÉM DA IMAGEM

Por que um hábitat tão rigoroso é tão densamente povoado e produtivo?

alimento, e polvos aguardam para surpreender uma provável refeição. Estrelas-do-mar arrombam mexilhões abertos, e cracas extraem partículas de alimentos da água.

O fator físico mais óbvio e importante nas comunidades entremarés é a subida e descida das marés (veja o Capítulo 10). Organismos que vivem na região entre as marés altas e baixas experimentam condições muito diferentes daquelas dos organismos que vivem abaixo da linha de maré baixa. Na zona entremarés, os organismos são expostos a um número variável de emersões e submersões. Por exemplo, a **Figura 14.9a** ilustra a quantidade de horas de exposição ao ar na região entremarés da Califórnia, ao longo de um período de seis meses *versus* a altura das marés. Visto que alguns organismos toleram várias horas de exposição e outros são capazes de tolerar apenas algumas horas por semana ou por mês, os animais e as plantas se organizam em três ou quatro faixas horizontais, ou subzonas, na zona entremarés. Cada zona distinta é uma agregação de animais e plantas mais bem adaptados às condições daquele hábitat limitado e específico. Em geral, as zonas são muito diferentes entre si, mesmo para uma pessoa que não está familiarizada com as características da costa. Essa zonação é bem evidente na praia rochosa ilustrada na **Figura 14.9b**.

(b) Chave.

1 algas vermelhas espessas, *Endocladia*
2 alface-do-mar, algas verdes, *Ulva*
3 fava-do-mar ou bodelha, algas pardas, *Fucus*
4 algas vermelhas iridescentes, *Iridea*
5 algas verdes incrustantes, *Codium*
6 algas vermelhas semelhantes a vesículas, *Halosaccion*
7 kelp, algas pardas, *Laminaria*
8 gaivota ocidental, *Larus*
9 intrépido biólogo marinho, *Homo*
10 mexilhões-da-califórnia, *Mytilus*
11 aglomerados de cracas, *Balanus*
12 cracas vermelhas, *Tetraclita*
13 cracas pedunculadas, *Pollicipes*
14 moluscos fixos, *Aletes*
15 litorina, *Littorina*
16 caracóis-de-turbante-preto, *Tegula*
17 quíton raiado, *Tonicella*
18 lapas-de-escudo, *Collisella pelta*
19 lapa-estriada, *Collisella scabra*
20 lapa-concha-de-vulcão, *Fissurella*
21 abalone negro, *Haliotis*
22 nudibrânquio, *Diaulula*
23 coral solitário, *Balanophyllia*
24 gigantescas anêmonas verdes, *Anthopleura*
25 algas coralinas, *Corallina*
26 esponjas vermelhas incrustadas, *Plocamia*
27 ofiúro, *Amphiodia*
28 estrela-do-mar comum, *Pisaster*
29 ouriços-do-mar púrpura, *Strongylocentrotus*
30 caranguejo-púrpura de praia de areia, *Hemigrapsus*
31 isópode ou tatuzinho-de--praia, *Ligia*
32 camarão transparente, *Spirontocaris*
33 caranguejo-ermitão, *Pagurus*, em concha de caramujo--de-turbante
34 peixe-pedra em poça de maré, *Clinocottus*

Em áreas entremarés expostas ao mar aberto, o impacto das ondas é o fator físico que representa o maior desafio. Animais **vágeis**, como caranguejos, movem-se para pontos proeminentes e fissuras protegidas, onde se escondem durante a atividade mais intensa das ondas. Animais fixos ou **sésseis** prendem-se firmemente e, em geral, protegem-

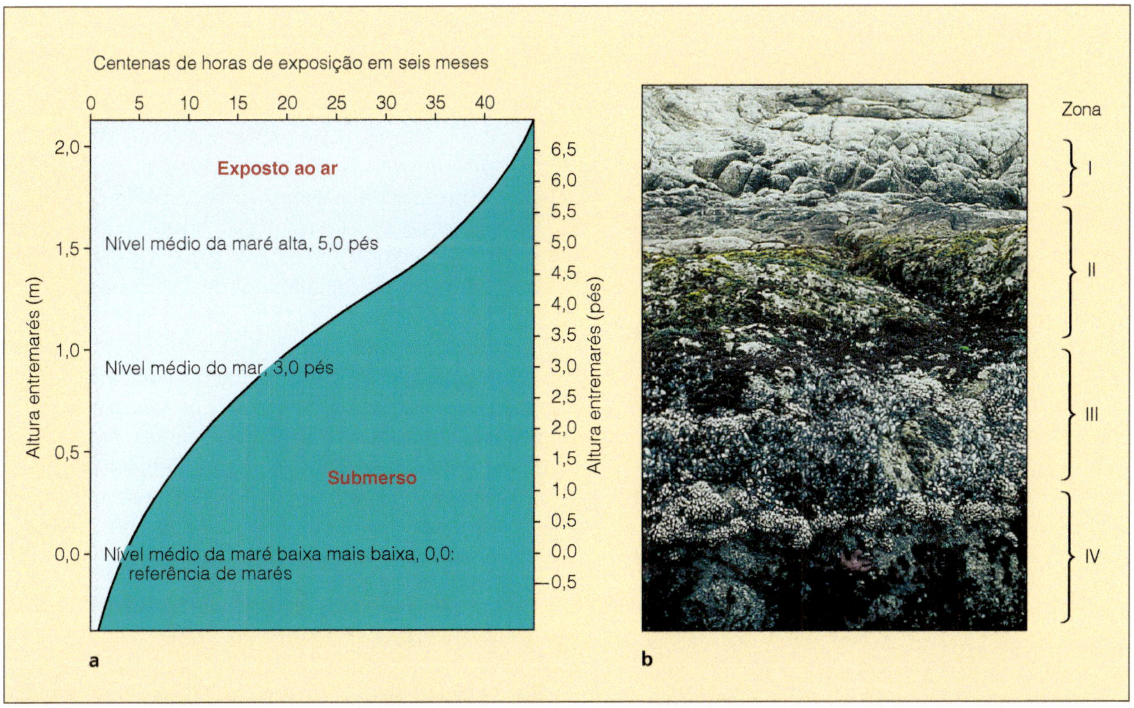

Figura 14.9 A relação entre o grau de exposição e a zonação numa comunidade da zona entremarés em costão rochoso. (a) Gráfico ilustrando a altura da maré em relação ao tempo de exposição em horas. O ponto 0,0 no gráfico, o plano de referência de marés, é a altura média da maré baixa mais baixa. (b) Zonação vertical ilustrando quatro zonas distintas. Zona superior (I) escurecida por liquens e cianobactérias; zona média (II) dominada por uma faixa escura de algas vermelhas do gênero *Endocladia*; zona inferior (III) com mexilhões e cirripédios; e a zona de fundo (IV) é o lar das estrelas-do-mar (*Pisaster*) e anêmonas (*Anthopleura*). As faixas na fotografia correspondem aproximadamente às alturas mostradas no gráfico. De Between Pacific Tides, 5ª edição, Edward F. Ricketts, Jr. Copyright © 1985 pelo Conselho de Curadores da Universidade Leland Stanford Jr. Com permissão da Stanford University Press, www.sup.org.

-se em conchas arredondadas ou pouco pontiagudas, que desviam o movimento das águas violentas ao redor de seus corpos. Alguns animais sésseis possuem pé flexível que cava pequenas fendas para obter uma boa fixação; outros, como os mexilhões, formam fios que absorvem o impacto e os prendem ao substrato sólido.

A **dessecação** (desidratação ou secagem) pela exposição ao ar e à luz do Sol é outra fonte de estresse na zona entremarés. Mais uma vez, organismos vágeis têm uma vantagem, pois podem se mover na direção da água aprisionada nas poças de marés ou dos buracos lamacentos gerados pelo recuo do oceano. Produtores e consumidores esperam o retorno das águas, amontoados em lugares baixos, bolsões úmidos, fendas nas rochas ou dentro de suas conchas hermeticamente fechadas. A água aprisionada nas conchas mantém as brânquias úmidas, o que é fundamental para as trocas gasosas. Um revestimento de muco protetor retarda a perda de água por evaporação das partes moles e expostas do animal ou das folhas cortantes das algas marinhas.

Uma praia de areia está entre os mais rigorosos de todos os hábitats marinhos.

BREVE REVISÃO

Antes de passar para a próxima seção, verifique seu entendimento de algumas das ideias importantes apresentadas até agora:

9. Poucos hábitats são tão inóspitos quanto costões rochosos, e ainda assim muitos organismos adaptaram-se a esses lugares. Que vantagem oferecem os costões rochosos?

10. Que tipo de defesas específicas os organismos desenvolvem para sobreviver no ambiente rochoso entremarés?

Para verificar suas respostas, acesse a página deste livro no site da Cengage.

14.6 As Comunidades de Praias de Areia e de Praias Pedregosas Vivem num dos Hábitats mais Inóspitos da Terra

Nem toda área entremarés é composta de rocha firme; algumas são arenosas ou lamacentas, e outras consistem de cascalho ou pedregulhos. (Poucas praias combinam esses elementos numa área pequena.) O rigor usual da zona entremarés torna-se ainda maior para organismos que vivem em substratos livres (inconsolidados). Na verdade, apesar das condições geralmente benéficas, os oceanos contêm o que podem ser os ambientes mais hostis, rigorosos e perigosos para pequenos seres vivos na Terra: as praias arenosas e pedregosas com alta energia.

As praias arenosas não parecem ser especialmente desagradáveis para o homem; a maioria de meus estudantes as considera um dos ambientes mais agradáveis do mundo. Focas e leões marinhos passam muito tempo na praia e parecem apreciar a experiência tanto quanto muitas pessoas apreciam. Resumindo, para organismos do nosso tamanho, os problemas de viver em uma praia parecem simples.

Para pequenos organismos, no entanto, a praia é um lugar ameaçador. A própria areia é o principal problema. Muitos grãos têm bordas pontiagudas e cortantes, e assim o movimento da água torna a superfície da praia uma tempestade de partículas abrasivas. Partículas irregulares penetram nos tecidos moles dos organismos e desgastam as conchas protetoras. A única verdadeira proteção para os pequenos organismos é cavar abaixo da superfície, mas isso pode ser muito difícil sem um apoio firme. Quando os grãos de areia são pequenos, forças capilares podem prender pequenos animais e impedi-los de se movimentarem.

Se esses organismos ficarem aprisionados perto da superfície da areia, podem ficar expostos à predação, ao superaquecimento ou congelamento, ao choque osmótico causado pelas chuvas ou ao esmagamento causado por animais pesados que se locomovem ou deslizam sobre a praia.

Como se isso não bastasse, os organismos que sobrevivem precisam lidar com algumas dificuldades: separar o alimento dos turbilhões de areia, não deixar sinais que indiquem sua localização aos predadores e evitar que sejam escavados pela ação da rebentação das ondas. Poucos conseguem fugir; alguns caranguejos-de-praia dependem da sua boa visão e capacidade de correr do súbito ataque das ondas.

Além de todos esses horrores, ainda há os problemas cotidianos da vida entremarés descritos anteriormente. Não admira que poucos animais tenham conseguido adaptar-se ao fluxo de ondas nas praias arenosas. Os poucos que o fizeram – em geral, pequenos e rápidos cavadores como alguns moluscos bivalves e caranguejos-de-areia **(Figura 14.10)**, poliquetas robustos e pequenos vermes – consomem uma rica colheita de plâncton e partículas orgânicas lavadas na praia e filtradas pelas camadas superficiais da areia.

Praias pedregosas são ainda mais inóspitas (e são as "assassinas" de pés descalços). As rochas arredondadas colidem e fazem barulho quando as ondas arrebentam na praia, esmagando a maioria dos animais pequenos. Com exceção de ágeis "pulgas de praia" (anfípodes) semelhantes a insetos, e poucas espécies de insetos terrestres e necrófagos, a maioria das praias pedregosas é compreensivelmente desprovida de quaisquer organismos que sejam muito maiores do que os microrganismos.

Já se descobriram **fungos** que habitam areias nas praias. Embora tenham grande importância em terra, alguns poucos fungos foram adaptados para a vida no oceano. Esses fungos desempenham o mesmo papel dos fungos em terra: eles decompõem matéria orgânica. Fungos são incapazes de realizar a fotossíntese, e estudos de DNA demonstraram que estão mais próximos dos animais do que das plantas. A **Figura 14.11** oferece um exemplo.

BREVE REVISÃO

Antes de passar para a próxima seção, verifique seu entendimento de algumas das ideias importantes apresentadas até agora:

11. Quais são os problemas enfrentados por organismos habitantes de praias de areia? Quais adaptações ocorreram para possibilitar sua sobrevivência?

©Tom Garrison

(a) Moluscos do tamanho de uma moeda de 10 centavos (*Donax*) encontram-se na superfície aguardando um passeio na praia sobre a próxima onda. Eles se enterram no sedimento solto, levantam seus sifões e filtram a água em busca de alimento. Quando a maré desce, eles sobem novamente para a superfície e deixam que as ondas os levem de volta para a praia.

© Stan Elems/Visuals Unlimited/Corbis

(b) Um caranguejo-de-areia – tatuí ou tatuíra (*Emerita*), amado por todas as crianças que frequentam praias e por alunos iniciantes em laboratório, tenta enterrar-se antes da chegada da próxima onda. Ele recolhe o alimento da água em movimento com sua antena em forma de pena.

Figura 14.10 Organismos de praias de areia.

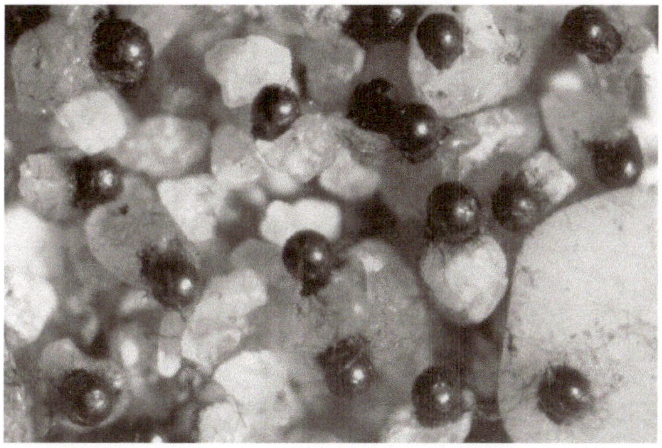

©Tokura, r. 1982 Arenicolous Marine Fungi from Japanese beaches. Transaction of the Mycological Society of Japan 23:423-433/Kyoto Kyoiku University

Figura 14.11 Um fungo marinho (*Corollospora*) se espalha pela superfície da praia de areia. Seu corpo escuro arredondado é comparável à parte superior de cogumelos terrestres.

12. Em geral, praias de areia ou pedregulho são hábitats densamente povoados?

Para verificar suas respostas, acesse a página deste livro no site da Cengage.

14.7 As Comunidades de Recifes de Corais Tropicais São Produtivas Porque os Nutrientes São Reciclados de Forma Rápida e Eficiente

Os oceanos tropicais são azuis, transparentes, possuem salinidade relativamente alta e são notáveis por apresentar uma termoclina abrupta e profunda e concentrações relativamente baixas de nutrientes e gases dissolvidos na superfície. Surpreendentemente, eles sustentam poucas formas de vida.

E os cartões-postais que trazem lindas imagens dos oceanos tropicais? E os milhares de peixes coloridos e maravilhosos, invertebrados estranhos e cenas arrebatadoras de mergulhadores nadando pelas formações de recifes vivos? Essas cenas, fotografadas em recifes na borda de ilhas e continentes, ocorrem em menos de 1% dos oceanos tropicais. A chave para a diferença entre o oceano tropical aberto e os recifes tropicais é a grande produtividade dos próprios recifes, e o fato de que os nutrientes de recifes ciclam rapidamente em águas rasas (os nutrientes não são perdidos para a região abaixo da picnoclina, como aconteceria no mar profundo). **Recifes** são estruturas resistentes a ondas dominadas por massas fortes e rígidas de organismos vivos (ou que já estiveram vivos). Nem todos os recifes são constituídos de coral – outros organismos formadores de recifes incluem algas vermelhas e verdes, cianobactérias, vermes e ostras –, contudo sempre pensamos primeiro em recifes de corais quando ouvimos as palavras *recife* e trópicos mencionadas juntas.

Os Animais dos Corais Constroem os Recifes

Embora pareçam flores, os **corais** são parentes das anêmonas e águas-vivas marinhas. Alguns corais são animais solitários, com corpos de até 30 centímetros de diâmetro (12 polegadas), mas a maioria das 500 espécies é constituída de organismos do tamanho de formigas **(Figura 14.12)** aglomerados em colônias chamadas **recifes de corais**. Os próprios animais dos corais constroem os recifes secretando um esqueleto rígido composto de uma forma cristalina de carbonato de cálcio. A matriz dos esqueletos individuais em forma de taça secretada pelos animais do coral dá à colônia sua forma característica.

Figura 14.12 Detalhes do coral hermatípico (construtor de recifes) com os pólipos expandidos. Cada um desses organismos tem o tamanho aproximado de uma formiga.

Um animal individual do coral, ou **pólipo**, alimenta-se capturando e comendo o plâncton que está ao alcance de seus tentáculos. As vítimas são aprisionadas por células urticantes (cnidócitos) localizadas em cada tentáculo, transportadas para uma cavidade gástrica central e rapidamente digeridas. Corais tropicais alimentam-se à noite; ao alvorecer, os pólipos retraem-se nas estruturas em forma de copos que formam seu esqueleto para evitar que a colônia resseque caso seja exposta ao ar na maré baixa.

Corais tropicais que formam recifes são **hermatípicos** (hoje denominados zooxantelados), termo que deriva do grego *hermatos* que significa apoio/sustentáculo. Seus corpos contêm massas de minúsculos dinoflagelados simbiontes. A sobrevivência dos corais nas águas dos trópicos, pobres em nutrientes (oligotróficas), depende da sua íntima associação biológica com os dinoflagelados especializados. Os dinoflagelados microscópicos realizam a fotossíntese, absorvem produtos residuais, crescem e se dividem no interior do coral hospedeiro. Os animais coralinos fornecem um ambiente seguro e estável, além de uma fonte de dióxido de carbono e nutrientes; os dinoflagelados retribuem fornecendo oxigênio, carboidratos e o pH alcalino necessário para aumentar as taxas de deposição de carbonato de cálcio. Às vezes, o coral absorve as células, "ceifando" os compostos orgânicos para uso próprio. Os dinoflagelados ficam presos dentro do coral; assim, nenhum de seus nutrientes se perde, como ocorreria se os dinoflagelados fossem organismos planctônicos que derivassem para longe dos recifes. Desse modo, os nutrientes são utilizados pelo coral para suas próprias necessidades. A ciclagem de materiais é curta, direta, rápida e muito eficiente.

Por causa das necessidades dos dinoflagelados residentes, os corais hermatípicos dependem de luz e calor. Recifes de corais crescem melhor em águas claras e iluminadas entre 5 e 10 metros (16-33 pés) de profundidade. Ocasionalmente formam-se recifes de corais em profundidades de 90 metros (300 pés), mas sua taxa de crescimento declina rapidamente quando ultrapassam a profundidade ideal de 5-10 metros. Em condições ideais, os animais coralinos crescem a uma taxa de 1 centímetro (1/2 polegada) ao ano. Eles preferem as águas claras porque a turbidez impede a penetração de luz, e partículas suspensas interferem na alimentação.

Corais hermatípicos também preferem as águas de salinidade normal ou ligeiramente elevada. Os corais são altamente suscetíveis ao choque osmótico, e a exposição à água doce mata-os rapidamente – recifes que vivem em águas rasas não conseguem crescer até a superfície porque a água da chuva é letal. Água doce e sedimentos em suspensão impedem que os recifes se formem perto de desembocaduras de rios ou em áreas adjacentes a ilhas ou continentes de regiões onde as chuvas são abundantes. Recifes de corais também são suscetíveis a doenças potencialmente devastadoras, como o branqueamento, sobre o qual os cientistas conhecem muito pouco.

Quase todos os corais formadores de recifes são encontrados dentro da isoterma de 21 °C (70 °F), a região que corresponde aproximadamente às latitudes de 25° em ambos os hemisférios. Depois dessas latitudes em direção aos polos, as águas são frias demais para que os dinoflagelados internos sobrevivam. No entanto, também é possível encontrar corais individuais nas águas frias das altas latitudes. Esses corais não possuem dinoflagelados internos, de modo que depositam carbonato de cálcio muito mais lentamente, e as estruturas que esses organismos constroem não se assemelham àquelas encontradas nos trópicos. Esses corais de águas profundas, conhecidos como corais **ahermatípicos**, constroem bancos de coral nos limites frios, escuros e extremos das plataformas continentais temperadas que se estendem da Noruega para as ilhas de Cabo Verde, e ao largo da Nova Zelândia e do Japão. Os corais mais raros de todos são organismos grandes e solitários que vivem no fundo do oceano abissal e na plataforma continental externa do Antártico.

Recifes de Corais Tropicais Abrigam um Grande Número de Espécies

Em geral os recifes de corais tropicais formam-se em áreas de alta energia de ondas; na verdade, os organismos de recifes preferem crescer em ambientes de muita energia, numa tentativa de serem os primeiros a obter material dissolvido e em suspensão na água. Na maioria dos recifes há um equilíbrio quase perfeito entre construção e destruição. Os recifes compõem-se de colônias de corais que crescem ativamente e de fragmentos de materiais de diferentes tamanhos, desde seixos de coral desgastados até areia fina.

Os corais não são, absolutamente, os únicos habitantes do recife, mas representam cerca de metade da biomassa dessas áreas. Outros habitantes de recifes são algas calcárias, cuja secreção ajuda a "cimentar" os recifes, além de uma impressionante variedade de criaturas que incrustam, entocam, produzem e consomem e podem ser microscópicas. Alguns organismos formam túneis dentro do coral ou o despedaçam à procura de alimento, contribuindo para a erosão do recife. Entre os organismos do coral existe uma competição impiedosa por alimento, espaço habitável, proteção contra predadores e acasalamento. As cores vivas, a camuflagem protetora, os espinhos e toxinas e venenos comuns aos organismos tropicais provavelmente estão relacionados à intensa luta pela sobrevivência que se desenrola nesse lugar maravilhoso e ilusoriamente calmo. A Figura 14.13 ilustra um cenário típico de um recife.

Recifes de Corais São Classificados por Sua História

Em 1842, Charles Darwin dividiu as estruturas de recifes tropicais em três grupos: recifes em franja, recifes de barreira e atóis (veja Figura 14.14). Essa classificação é utilizada até hoje.

Recifes em Franja Como o nome sugere, **recifes em franja** prendem-se às margens da terra. Como vemos na Figura 14.14a, um recife em franja une-se à costa próximo à superfície da água. Esses recifes formam-se em áreas de baixa precipitação, em geral a sotavento (o lado oposto ao qual o vento sopra) de ilhas tropicais. A maior concentração de material vivo ocorre na borda do recife voltada para o mar, onde o plâncton e as águas claras de salinidade normal estão sempre disponíveis. A maioria das ilhas jovens em qualquer região dos trópicos apresenta recifes em franja como sua primeira forma de recife. Recifes em franja permanente são comuns nas ilhas do Havaí e em áreas semelhantes nas proximidades dos trópicos.

Recifes de Barreiras Esse tipo de recife é separado da terra por uma laguna (Figura 14.14b). Os **recifes de barreiras** tendem a ocorrer em latitudes mais baixas do que os recifes em franja e podem se formar ao redor de uma ilha ou em linhas paralelas à costa dos continentes. A margem externa – a barreira – é elevada porque essa parte do recife voltada para o mar aberto recebe mais alimento e é capaz de crescer muito mais rapidamente do que a margem voltada para a praia. A laguna pode ter entre alguns metros de profundidade até 60 metros (200 pés) de profundidade e pode separar a barreira da costa por algumas dezenas de metros ou por 300 quilômetros (190 milhas), como é o caso da Grande Barreira de Corais a nordeste da Austrália. Os corais crescem lentamente dentro das lagunas por causa da baixa disponibilidade de nutrientes e porque sedimentos e água doce vêm da costa. Como seria de esperar, as condições e as espécies no interior da laguna são completamente diferentes daquelas da zona de rebentação das ondas. As calmas lagunas geralmente ficam entulhadas com detritos de corais retirados das barreiras pelas tempestades.

A Grande Barreira de Corais australiana é a maior construção biológica do planeta. Ela se estende ao longo do litoral nordeste de Queensland por 2.000 quilômetros (1.250 milhas), e chega a ter 150 quilômetros (95 milhas) de largura. Não se trata de um simples recife, mas sim de um conglomerado de milhares de segmentos interligados. Esses segmentos possuem uma parede externa íngreme para enfrentar fortes ventos e correntes predominantes. A uma taxa de crescimento de um centímetro (1/2 polegada) ao ano, obviamente a estrutura é muito antiga. A variedade de organismos na Grande Barreira de Corais da Austrália excede a imaginação. Nela vivem cerca de 500 espécies de corais hermatípicos, quase dez vezes mais do que o número encontrado no Atlântico Ocidental.

Atóis Um **atol** (Figura 14.14c) é uma ilha de recifes e fragmentos de corais em forma de anel que cerca parcial ou completamente uma laguna rasa sem nenhuma projeção de terra. Os detritos de corais podem ser levados para os recifes pela ação de ondas e ventos, formando um arco emerso onde palmeiras e outras plantas podem se estabelecer. Essas plantas estabilizam a areia e permitem a colonização por pássaros e outras espécies. Eis a ilha tropical dos cartões-postais.

Ainda que a lagoa no centro do atol esteja interligada com as águas profundas do lado de fora por uma série de canais ou sulcos, em geral o coral não se desenvolve ali porque a água pode ficar doce demais durante as chuvas ou quente demais, e porque as oportunidades de alimentação para o coral na lagoa fechada são limitadas. A Figura 14.14d mostra um atol.

Recifes de Corais Sofrem com a Mudança Ambiental

A acidez crescente do oceano é uma séria ameaça aos recifes de coral no mundo todo. À medida que o oceano absorve mais do dióxido de carbono resultante da queima crescente de combustíveis fósseis, mais ácido carbônico é formado e o pH da água do mar cai (conforme discutimos nos Capítulos 6 e 12). Há menos íons carbonato disponíveis para organismos que formam conchas. Finalmente, corais, plâncton e outros organismos não conseguirão mais formar esqueletos fortes. Como veremos no Capítulo 15, se a tendência atual se mantiver, os níveis de dióxido de carbono na atmosfera poderão chegar a 800 partes por milhão no final deste século, reduzindo a concentração de íons carbonato no oceano pela metade.[1] Alguns corais conseguem sobreviver em condições ácidas ao se reverter para a forma de anêmona-do-mar e recomeçam a construção do esqueleto quando as condições do pH se normalizam. A maioria não consegue.

BREVE REVISÃO

Antes de passar para a próxima seção, verifique seu entendimento de algumas das ideias importantes apresentadas até agora:

13. Nos Capítulos 6 e 13, afirmei que em geral os trópicos são pobres em nutrientes e contêm pouca vida. Por que os recifes de coral tropicais contêm uma quantidade tão grande de formas de vida?

14. Como o coral hermatípico se distingue do coral ahermatípico?

15. O que é o branqueamento dos corais? A que se atribui o branqueamento dos corais?

16. Como se classificam os recifes de corais?

17. Como se imagina que os atóis se formaram?

Para verificar suas respostas, acesse a página deste livro no site da Cengage.

---

[1] No final do verão de 2013, a concentração de CO_2 na atmosfera passou de 400 partes por milhão por volume. Jamais, nos últimos 5 milhões de anos, a concentração foi tão elevada.

a

© Cengage Learning

Figura 14.13 (a) O hábitat recife de corais.

PENSANDO ALÉM DA IMAGEM

Escrevi que o oceano tropical está entre os ambientes marinhos menos produtivos. Por que recifes tropicais são uma exceção a essa regra?

(b) Chave.

A chave para o hábitat recife de coral

1 petrel-de-capa-preta
2 urtiga-do-mar
3 peixe-anjo
4 coral cérebro lobado
5 chicotes-do-mar e corais-moles
6 peixe-porco
7 leque-do-mar
8 anêmona-tubular
9 pedra-coral-laranja
10 briozoários
11 coral-cérebro
12 peixe-borboleta
13 moreia
14 peixe-limpador
15 corais-tubulares
16 búzios
17 nudibrânquio
18 esponjas
19 colônia de tunicados
20 molusco-gigante
21 *Pseudochromis* púrpura
22 estrela-do-mar-azul-cobalto
23 corais-moles
24 camarão-barbeiro *Stenopus hispidus*
25 anêmonas-do-mar
26 peixe-palhaço
27 vermes tubulares
28 búzios
29 leque-do-mar

14.8 O Leito Marinho Profundo Abriga a Comunidade mais Homogênea da Terra

A maior parte do leito do oceano profundo é uma área de mesmice infinita. Ela é eternamente escura, quase sempre muito fria, ligeiramente hipersalina (até 36‰) e altamente pressurizada. Os cientistas chegaram a suspeitar que esses rigores pudessem limitar a riqueza e diversidade das comunidades nesse local. Nem tanto. Na década de 1980, pesquisadores que investigavam leitos oceânicos a profundidades entre 1.500 e 2.500 metros (5.000 e 8.000 pés) encontraram uma média de quase 4.500 organismos por metro quadrado. Registraram-se 798 espécies em amostras de 21 metros quadrados, 46 das quais eram novidade para a ciência!

Os organismos nas profundas regiões pelágicas e bentônicas compartilham algumas adaptações curiosas. O gigantismo é uma característica comum – indivíduos de famílias representativas em águas profundas geralmente tendem a ser muito maiores do que seus parentes de águas rasas. A fragilidade também é algo comum em profundidades. Não apenas fortes estruturas de sustentação são desnecessárias nos ambientes calmos e profundos, mas o pH baixo e a deficiência de cálcio dissolvido impedem o desenvolvimento do esqueleto. Alguns animais possuem pernas ou pedúnculos delgados que os elevam acima do sedimento, e alguns se desmancham como gelatina morna ao menor toque. Exceto por sua influência sobre a atividade enzimática, a pressão hidrostática não é um problema para esses animais. Como eles são desprovidos de cavidades internas cheias de gás, a pressão interna é exatamente igual à pressão externa de seus corpos.

As estratégias de alimentação de animais que vivem no leito dos oceanos muitas vezes são bizarras. O peixe-tripé utiliza extensões sensitivas do revestimento de suas nadadeiras e guelras para detectar o movimento das presas a vários metros de distância. Alguns organismos cuja boca se confunde com o contorno natural do lodo atuam como cavernas vivas nas quais entram pequenas criaturas em busca de proteção. O predador nem sequer precisa engolir para levar a presa ao seu intestino – espinhos voltados para trás direcionam a vítima por um caminho de mão única para o estômago! Outras espécies são capazes de sentir o odor de organismos mortos afundados a milhas de distância corrente abaixo, e passam semanas ou até meses seguindo lentamente o cheiro até a sua origem. A taxa metabólica dos organismos em águas frias tende a ser mais baixa, de modo que a maioria dos animais de mar profundo necessita de pouco alimento, move-se vagarosamente e tem uma vida muito longa. Alguns podem se alimentar menos de uma vez em um ano e viver por centenas de anos.

Entre as mais estranhas das descobertas recentes em profundezas bentônicas estão os *xenofióforos*, um grupo especializado de amebas aparentadas com foraminíferos, que vive no fundo do mar. Esses animais amplamente distribuídos consistem de enormes células únicas dobradas – algumas chegam a atingir 20 centímetros de lado a lado! Eles absorvem nutrientes da superfície dos sedimentos e podem ser os organismos dominantes em fossas profundas. A **Figura 14.15** ilustra dois representantes bentônicos das profundezas.

BREVE REVISÃO

Antes de passar para a próxima seção, verifique seu entendimento de algumas das ideias importantes apresentadas até agora:

18. Qual é a característica mais marcante do leito profundo do oceano?

19. Em geral, qual contém mais organismos por unidade de área: uma região entremarés em uma praia arenosa ou um hábitat sedimentar típico no fundo do oceano?

Para verificar suas respostas, acesse a página deste livro no site da Cengage.

FIGURA DESTAQUE 14.14 O Desenvolvimento de um Atol

Um Atol se Forma Quando um Vulcão Afunda

Inicialmente forma-se um recife em franja, seguido por um recife de barreira. Se as condições de crescimento forem ideais para o coral, quando o vulcão afunda, ficando abaixo da superfície, um recife mais ou menos circular e uma lagoa central permanecem expostos.

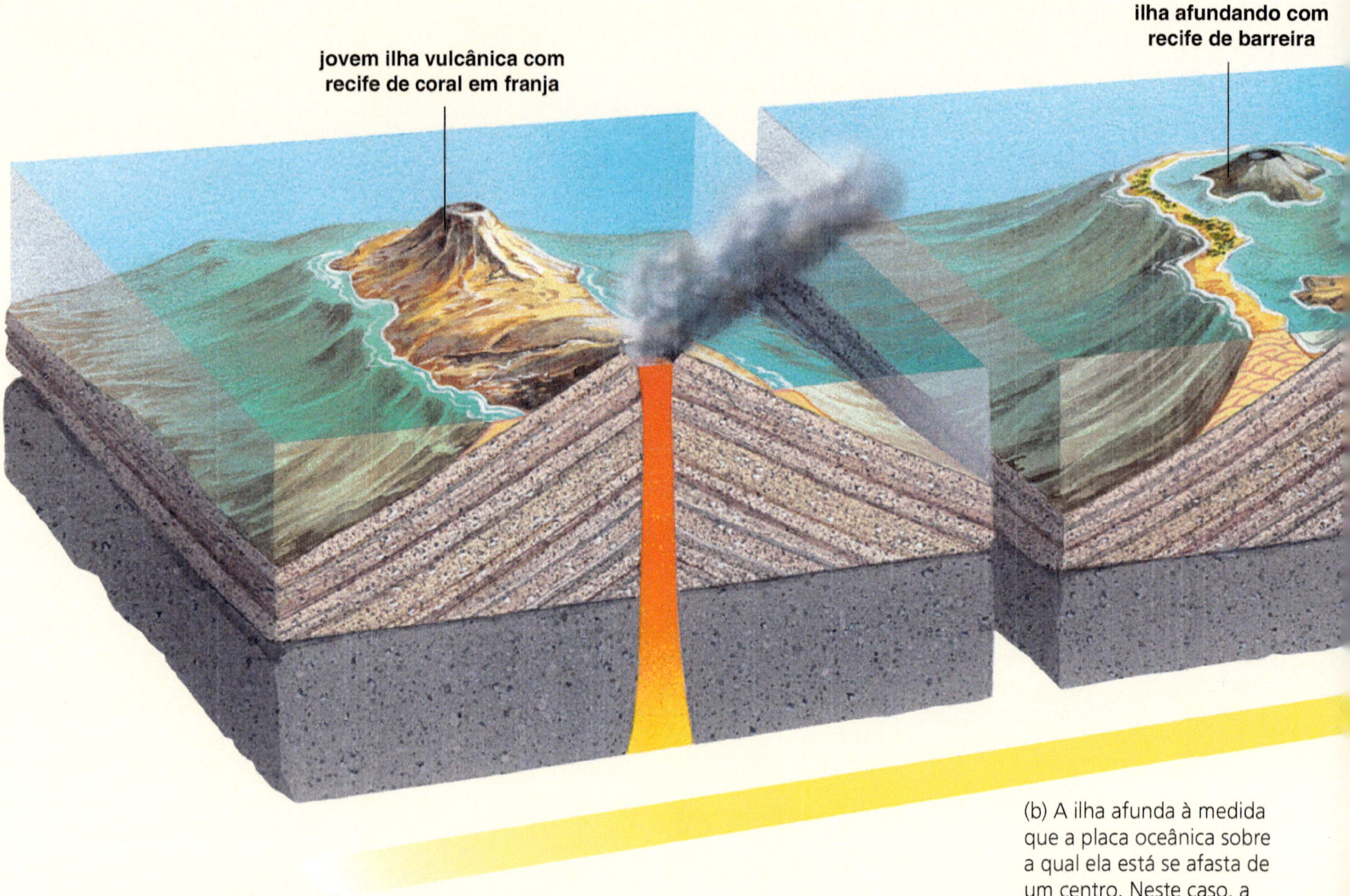

(a) Um recife em franja forma-se em torno de uma ilha nos trópicos.

(b) A ilha afunda à medida que a placa oceânica sobre a qual ela está se afasta de um centro. Neste caso, a ilha não afunda mais depressa do que os organismos de coral conseguem crescer para cima.

National Geographic Maps

(c) Finalmente a ilha desaparece abaixo da superfície, mas o coral permanece na superfície como um atol.

Douglas Faulkner, Science Source/Photo Researchers, Inc.

(d) O típico formato anelar de um atol – a ilha tropical dos cartões-postais.

relato de um explorador da national geographic 14.1

Becky Hale/National Geographic Image Collection

O DR. ENRIC SALA compartilha seus pensamentos depois de voltar de uma expedição às Ilhas da Linha Meridional, uma área pristina (intocada) de recifes de coral no Pacífico Sul.

Tudo o que é bom acaba. Depois de seis semanas extraordinárias estudando as Ilhas da Linha Meridional, estamos em casa novamente. É hora de refletir sobre o que aprendemos e quais são as implicações.

Nossa expedição foi extenuante, mas ofereceu-nos descobertas maravilhosas e o seu apoio – centenas de maravilhosas notas de boas-vindas que vocês nos enviaram – nos sustentou o tempo todo.

Começamos essa jornada para descobrir e compartilhar com vocês como os recifes de coral eram antes do impacto dos seres humanos. O que encontramos – muitos predadores de topo da cadeia alimentar e formações espetaculares de coral – superou nossas expectativas. Mais do que isso, todos os dados científicos confirmam que os seres humanos são o fator mais importante para determinar a saúde de recifes de coral. O que mata ecossistemas de recifes não são eventos naturais ou oceanográficos, mas uma combinação do impacto local de atividades humanas, como pesca e poluição, com o impacto global da mudança climática induzida pelo homem. Nós também aprendemos que os recifes precisam de todos os seus componentes, inclusive tubarões e outros predadores de topo da cadeia alimentar, para serem funcionais e resilientes – isto é, para que possam recuperar-se de eventos de aquecimento e pesca excessiva.

Como podemos garantir que todos os componentes do ecossistema estejam presentes e funcionando? Simplesmente tirando menos e descartando menos. Entre as medidas que provaram ser efetivas estão reservas marinhas que possibilitam a recuperação da vida marinha dentro e além dos seus limites.

Embora a expedição tenha terminado e estejamos de volta em terra firme agora, a *Ocean Now* está apenas começando. Não vai demorar muito até que estejamos novamente envolvidos em nossa missão: documentar os últimos locais intocados do mar, aumentar a conscientização e lutar para preservar o máximo possível do oceano. Enquanto passamos para o próximo passo, continuamos contando com seu engajamento e apoio.

Disponível em: <http://ocean.nationalgeographic.com/ocean/explore/pristine-seas-southern-line-blog-archives/>

Um recife intocado na região central do Pacífico Sul.

Frank Burek/Corbis

14.9 Extremófilos Vivem em Comunidades Rochosas Profundas

Pesquisas recentes mostraram que comunidades em leitos marinhos não estão confinadas à camada superior dos sedimentos, mas também são encontradas muito abaixo da superfície do sedimento. Apenas agora estamos descobrindo o que pode ser a maior comunidade do mundo. No final da década de 1970, pesquisadores que estudavam a qualidade da água subterrânea descobriram que microrganismos podiam viver em sedimentos profundos e formações rochosas com fontes de água (Figuras 12.13 e 14.16). Como a água que vem de grandes profundidades pode ser facilmente contaminada por bactérias de superfície, inventou-se um equipamento de perfuração especial que conseguia retirar amostras incontaminadas de rocha sólida, mesmo abaixo do fundo do oceano. Os biólogos ficaram espantados ao encontrar ecossistemas microbianos nos poros entre grãos minerais de muitas rochas em profundidades de perfuração de até 1.220 metros (4.00 pés) e temperaturas de até 400 °C (750 °F). Estudos de amostras do Programa de Perfuração do Oceano (*Ocean Drilling Program*) indicam comunidades bacterianas e arqueanas 824 metros (2.800 pés) abaixo do leito do mar, e um geólogo da Universidade de Princeton recentemente extraiu bactérias de água coletada a mais de 3,2 quilômetros (2 milhas) abaixo da costa sul-africana!

O que pode ser a maior comunidade do mundo está sendo descoberta apenas agora.

Que hábitat imenso!

Pode haver desde 100 até 10 milhões de bactérias em cada grama de rocha. O que elas fazem? Do que vivem? Como seus hábitats não recebem luz, os autótrofos precisam ser capazes de realizar a quimiossíntese. Esses produtores primários são consumidos

Foto cortesia de © Ocean Networks Canada

(a) Uma holotúria abissal (*Scotoplanes*), um parente da estrela-do-mar, cruza o leito do mar profundo em busca de bocados nutritivos. (Informalmente, são chamadas de "porcos-do-mar".)

Bahamas Deep-Sea Coral Expedition Science Party, NOAA-OER

(c) Um peixe-tripé cego. Supõe-se que as projeções curvas e muito longas das nadadeiras e guelras permitem que esse peixe perceba as vibrações distantes de uma possível presa.

© Alan Jamieson, University of Aberdeen

(b) Gigantismo abissal em anfípodes. A maioria dos anfípodes tem o tamanho de uma formiga grande. Esses, retirados da Fossa de Kermadec, mediam 28 centímetros (11 polegadas).

Imagem cortesia de IFE, URI-IAO, Lost City science party, and NOAA

(d) Um xenofióforo, o maior animal unicelular conhecido, descansa sobre o leito marinho absorvendo nutrientes. Algumas espécies atingem 20 centímetros (8 polegadas) de diâmetro.

Figura 14.15 Alguns animais representativos de zonas bentônicas profundas.

PENSANDO ALÉM DA IMAGEM

Quais vantagens organismos bentônicos abissais têm sobre seus semelhantes que vivem em águas mais rasas?

por consumidores primários igualmente pequenos. Embora existam muitos organismos presentes, suas taxas metabólicas parecem ser extremamente lentas – alguns desses organismos dividem-se apenas uma vez entre cem a 2.000 anos! Conforme a profundidade e a pressão aumentam, os poros já microscópicos nas rochas tornam-se ainda menores e a disponibilidade de matéria-prima quimiossintética diminui, mas alguns pesquisadores creem que essas comunidades tão bem escondidas representam cerca de um terço da biomassa total da Terra!

Esses agregados de produtores e consumidores foram denominados SLIMES (*subsurface lithoautotrophic microbial ecosystems* – ecossistemas microbianos litoautotróficos de subsuperfície). Entre essas comunidades, descobriram-se novas categorias de bactérias, inclusive "ultramicrobactérias", bactérias-anãs aparentemente adaptadas a poros extremamente pequenos em rochas. É quase impensável imaginar que essas células simples podem ser os remanescentes das primeiras formas de vida na Terra. As condições da Terra na época da origem da vida eram quentes e sem oxigênio, e a composição genética dessas bactérias e organismos arqueanos (período arqueano) sugere que evoluíram mais lentamente e em direções diferentes de outras formas de vida de hoje.

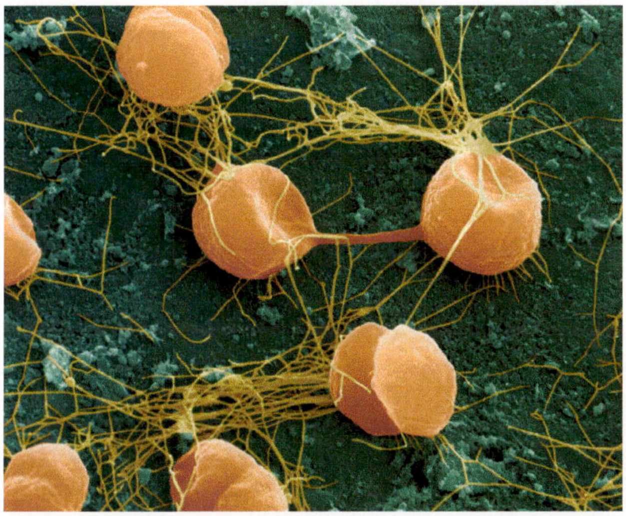

Eye of Science/Science Source

Figura 14.16 O habitante arqueano das profundezas (apropriadamente chamado) *Pyrococcus furiosus*, vive nos sedimentos em torno de respiradouros das fontes hidrotermais. Embora seu ambiente ideal seja de aproximadamente 100 °C (212 °F), esse quimiossintetizante é capaz de tolerar temperaturas muito mais elevadas.

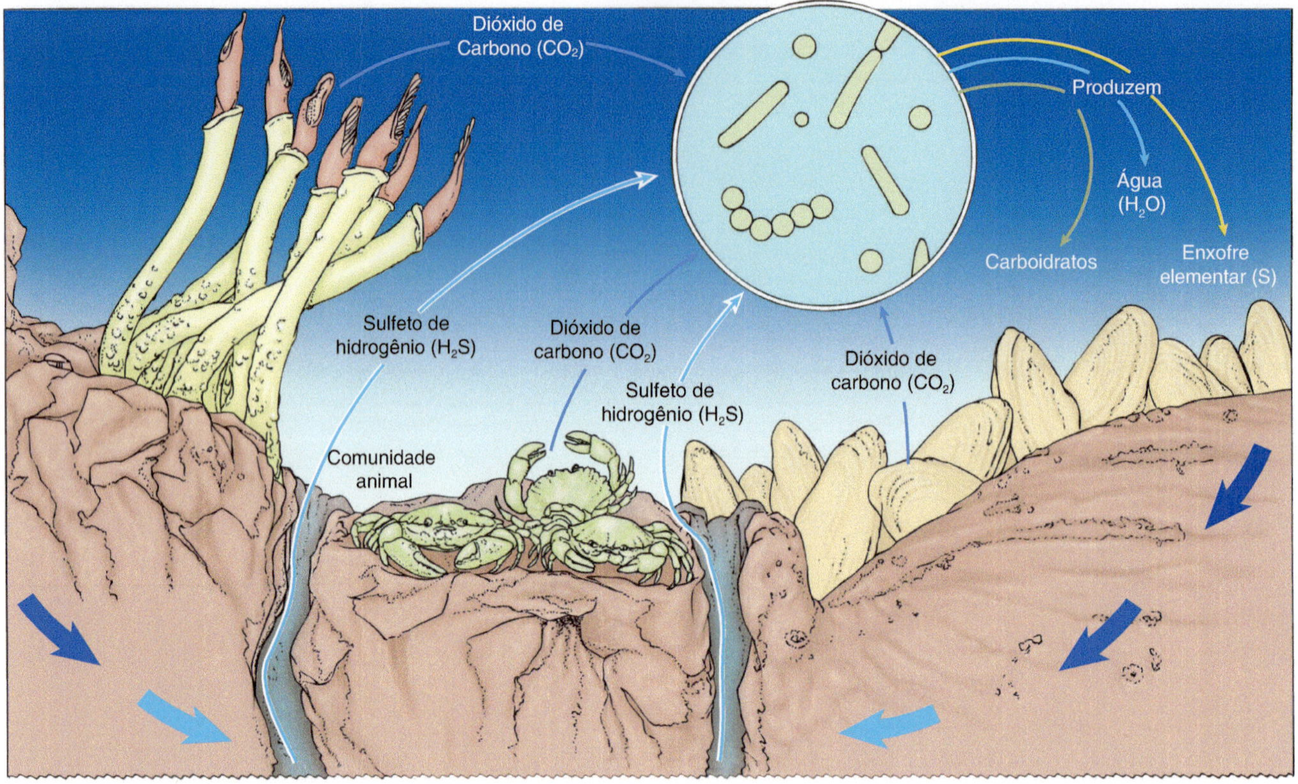

(a) O caminho da água associado à fonte hidrotermal. A água do mar penetra em fendas no leito marinho perto de um centro de propagação ativo e infiltra-se em direção ao fundo, onde entra em contato com rochas aquecidas por uma câmara magmática próxima. A água aquecida se expande e sobe numa corrente de convecção. Ao subir, a água quente dissolve minerais da rocha basáltica fresca adjacente. Quando a água sai em jato de um ponto mais fraco no leito marinho, alguns desses minerais se condensam e formam uma "chaminé" de até 20 metros de altura (66 pés) e 1 metro (3,3 pés) de diâmetro. À medida que essa água esfria, sulfetos metálicos se precipitam e formam uma camada sedimentar abaixo da corrente que sai do respiradouro. Bactérias no sedimento, na água em volta e dentro de organismos especializados usam o sulfato de hidrogênio (H_2S) presente na água para ligar ao carbono, formando glicose por quimiossíntese. Essa quimiossíntese forma a base das cadeias alimentares de organismos em respiradouros. (Essa ilustração não está em escala.)

Figura 14.17 Comunidades em fontes hidrotermais.

BREVE REVISÃO

Antes de passar para a próxima seção, verifique seu entendimento de algumas das ideias importantes apresentadas até agora:

20. Quais características raras são comuns a organismos que vivem em comunidades de rochas profundas?

Para verificar sua resposta, acesse a página deste livro no site da Cengage.

14.10 Comunidades de Chaminés e de Fendas de Infiltrações Dependem de Produtores Quimiossintetizantes

Em 1976, o mundo oceanográfico ficou empolgado quando cientistas da Scripps Institution of Oceanography descobriram um tipo de comunidade marinha completamente nova mais de 3.000 metros (10.000 pés) abaixo da superfície. Usando um observatório móvel com câmaras, esses cientistas vasculharam os fundos marinhos em torno de um ponto central 350 quilômetros (220 milhas) ao norte e a leste das Ilhas Galápagos. Eles encontraram jatos de águas superaquecidas (até 350 °C ou 650 °F) jorrando das fontes hidrotermais na jovem cordilheira oceânica. Concentradas ao redor das fontes hidrotermais havia densas aglomerações de grandes animais, anteriormente desconhecidos. A água no fundo estava carregada de sulfeto de hidrogênio, dióxido de carbono e oxigênio, possibilitando a sobrevivência de bactérias especializadas (**Figura 14.17a**). Essas bactérias formam a base da cadeia alimentar que atende animais especiais. Grandes caranguejos, moluscos, anêmonas, camarões e vermes incomuns foram encontrados nesse oásis aquecido.

Alguns desses "vermes tubulares", que vivem em seus próprios e longos tubos semelhantes a um pergaminho, mediam entre 3 e 4 metros (10-13 pés) de comprimento e tinham o diâmetro de um braço humano. Esses estranhos animais são os pogonóforos, membros de um pequeno filo de invertebrados também encontrado em águas rasas. Até agora, identificaram-se três espécies do gênero *Riftia* (**Figura 14.17b**). O tubo desses pogonóforos é flexível e capaz de

(b) Alguns grandes organismos de fontes hidrotermais. *Riftia*, grandes vermes tubulares (pogonóforos) que contêm massas de bactérias quimiossintetizantes em bolsas internas especiais.

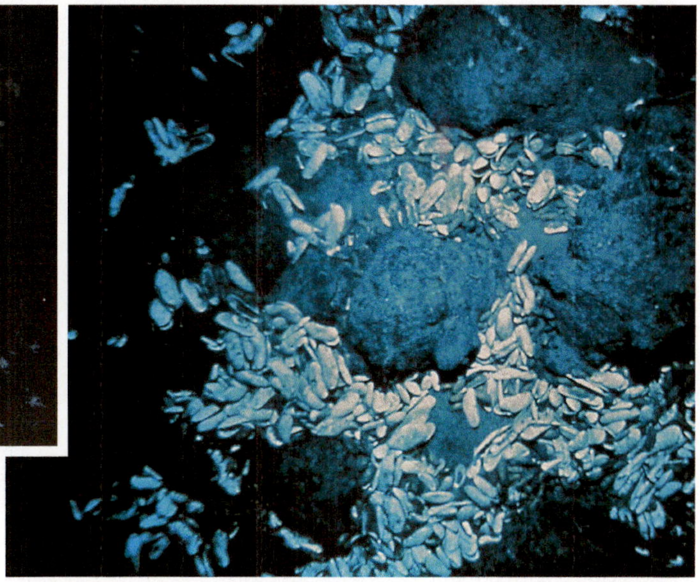

(c) Área em torno de um respiradouro dominado pelo molusco branco gigante *Calyptogena*. Cada molusco tem o tamanho aproximado de um sapato de adulto e contém bactérias quimiossintetizantes nos filamentos de suas brânquias.

abrigar o animal todo quando se retrai. Esses animais projetam tufos de tentáculos pela abertura de seus tubos. Sua alimentação parecia um mistério, porque esses animais não possuem boca, trato digestório ou ânus. Nos troncos desses vermes, descobriu-se que há grandes "corpos alimentares" (trofossoma – desvio do tubo digestivo) lotados de bactérias similares às observadas na água e no leito próximo de fontes geotérmicas. Os tentáculos do verme absorvem sulfeto de hidrogênio da água e o levam até as bactérias, que por sua vez o utilizam como fonte de energia para converter dióxido de carbono em moléculas orgânicas. A fonte primária de energia dos vermes (e da maioria dos outros organismos dessa comunidade) é esse processo de ligação de energia denominado *quimiossíntese*, que substitui a fotossíntese no mundo da escuridão. Mistério resolvido.

Os mexilhões e camarões das comunidades das fontes hidrotermais são igualmente incomuns. Por exemplo, o grande molusco branco *Calyptogena* cresce entre montes basálticos irregulares **(Figura 14.17c)**. Tendo o tamanho de um sapato, esses moluscos abrigam os mesmos tipos de bactérias que as *Riftia*. Embora os moluscos mantenham suas estruturas filtradoras de alimentos, também obtêm seus nutrientes das bactérias. Pequenos camarões descobertos nas fontes em 1985 parecem possuir órgãos especiais que permitem que eles vejam o calor das fontes hidrotermais. Essa adaptação permite que se afastem das chaminés para alimentar-se e retornem para o calor e abundância da comunidade que lhes serve de lar.

Nem todas as comunidades de chaminés vivem em cordilheiras oceânicas, e nem todas estão em áreas com fontes de água quente. Comunidades infiltradas em fendas frias são menos dramáticas, mas provavelmente mais disseminadas. Essas áreas nem sempre estão associadas às bordas de placas tectônicas, e até o momento já se descobriram 25 grandes campos. Em fendas frias, a água hipersalina rica em minerais, sulfeto de hidrogênio e, às vezes, metano, sobe de zonas abaixo do leito marinho para emergir em vastos campos à temperatura quase ambiente. A lenta subida de água fria rica em minerais estimula o crescimento de tapetes de bactérias quimiossintetizantes capazes de metabolizar compostos que contêm enxofre ou metano. O metano parece ser proveniente da decomposição de material orgânico no sedimento ou nas rochas sedimentares subjacentes. Os grandes organismos dominantes em fendas são moluscos bivalves, vermes pogonóforos e algumas espécies de esponja – mas os heróis são as bactérias quimiossintetizantes e organismos arqueanos que formam a base das cadeias alimentares nesses locais profundos e misteriosos.

Os estudos de comunidades de fontes hidrotermais e fendas frias sugerem *muitas* perguntas. Será que essas comunidades ocupam os vales de fendas ativas de uma porcentagem significativa dos 65.000 quilômetros (41.000 milhas) de fossas oceânicas da Terra? Será que respiradouros quentes ou frios – ou mesmo rochas aparentemente sólidas – serviram como berço da vida na Terra? Talvez cheguemos à conclusão de que as comunidades de chaminés e fossas profundas são mais importantes para a produtividade marinha em geral do que supúnhamos. Os biólogos marinhos estão ansiosos para continuar suas explorações.

BREVE REVISÃO

Antes de passar para a próxima seção, verifique seu entendimento de algumas das ideias importantes apresentadas até agora:

21. Por que as comunidades de chaminés profundas dependem da quimiossíntese para produzir carboidratos? Será que a fotossíntese não é mais eficiente?

22. Será que organismos de chaminés profundas poderiam colonizar ambientes na superfície do oceano – poças de marés, por exemplo?

Para verificar suas respostas, acesse a página deste livro no site da Cengage.

Figura 14.18 Comunidade numa carcaça de baleia próxima à costa da Califórnia. Essas comunidades podem atuar como "trampolim" para os organismos especializados que vivem em chaminés.

©Craig Smith and Mike DeGruy

PENSANDO ALÉM DA IMAGEM
Como funciona a teoria do "trampolim"?

14.11 Comunidades Especializadas Formam-se em Torno de Carcaças de Baleias

Você deve estar se perguntando como os organismos especializados que habitam as fontes hidrotermais e fendas se deslocam pelas grandes distâncias entre os sistemas de chaminés. O problema torna-se mais agudo com a recente descoberta de que o período de vida das próprias chaminés é de algumas décadas, no máximo. Como esses organismos especiais são recrutados? Como se dispersam?

A resposta pode estar nos "trampolins" fornecidos pelas carcaças das baleias no fundo do mar (Figura 14.18). Ainda que o homem tenha reduzido muito a quantidade de baleias vivas, pesquisadores estimam que há carcaças desses animais espalhadas em intervalos de 25 quilômetros (16 milhas) por áreas como o Pacífico Norte. Estudos sobre os esqueletos de baleias mortas indicaram a presença de bactérias quimiossintetizantes e sulfo-oxidantes. À medida que o sulfeto produzido por essas bactérias se difunde a partir dos ossos, larvas planctônicas de organismos de chaminés conseguem sentir a presença dessas bactérias, e então se estabelecem, crescem e reproduzem. Com sorte, sua prole pode derivar até a próxima carcaça de baleia e repetir o processo. Depois de várias etapas, conseguem alcançar uma nova fonte hidrotermal.

BREVE REVISÃO

Antes de passar para a próxima seção, verifique seu entendimento de algumas das ideias importantes apresentadas até agora:

23. Em sua opinião, como os organismos notam a presença de uma carcaça de baleia?

24. Por que "trampolins" são necessários entre as comunidades de respiradouros? Como uma carcaça de baleia pode funcionar como "trampolim"?

Para verificar suas respostas, acesse a página deste livro no site da Cengage.

Perguntas dos Alunos

1. Se as zonas entremarés rochosas, arenosas ou lamosas representam uma mistura de fatores ambientais tão desafiadores, por que tantos organismos vivem nesses lugares?

Em biologia, *dificuldade* é um termo relativo. Parece ser um argumento redundante, mas onde quer que os organismos vivam, as condições de vida serão biologicamente toleráveis, haverá alimento disponível, e as condições ambientais não serão extremas a ponto de impedir a sobrevivência. Organismos vivem em abundância onde há energia disponível. Onde houver alimento, luz solar ou compostos biodegradáveis, haverá vida. A seleção natural separou os mecanismos que funcionam nessa zona daqueles que não funcionam, e as adaptações que funcionam oferecem aos organismos que vivem na região entremarés muitos nichos com acesso a uma rica disponibilidade de nutrientes.

2. Será que a grande diversidade de espécies marinhas observada na superfície de algumas áreas tropicais do oceano também ocorre nas profundezas do mar?

Não, no mundo todo as regiões frias e pouco variáveis do oceano profundo são ocupadas pelos mesmos tipos de organismos especializados. Ali embaixo, abaixo da picnoclina, a água é fria, o alimento é escasso, e somente poucas espécies se adaptaram. Uma amostra do substrato de mar profundo do Taiti pode revelar a mesma seleção de ofiúros, pepinos-do-mar e cnidários incomuns como os observados em uma amostra extraída em profundidade semelhante no Oceano Ártico. As condições – e as espécies – abaixo de aproximadamente 3.500 metros (12.000 pés) são semelhantes em qualquer parte do oceano.

3. Os dinoflagelados especializados que vivem dentro dos pólipos dos corais hermatípicos podem existir fora do organismo do coral?

Em culturas de laboratório, sim. Eles mudam sua forma esférica observada no interior do coral para a forma biflagelada característica dos dinoflagelados vágeis. Os pesquisadores não têm certeza se todos os corais hospedam as mesmas espécies de dinoflagelados ou se existem várias espécies. Pelo que sabemos, normalmente eles não vivem livres nos oceanos.

4. Sem ter que transportar nutrientes e fluidos vitais para e de volta de raízes e folhas, e tendo a vantagem de ter sustentação em água do mar, uma grande "planta" avascular (como uma alga) deve ser muito produtiva. Mas quanto?

Elas são *espantosamente* produtivas. Um estudo do kelp numa baía no nordeste do Canadá sugere que mais de 10.000 gra-

Panorama Geral do Capítulo

Neste capítulo, você aprendeu que organismos bentônicos vivem sobre ou dentro do leito do mar. Eles podem estar distribuídos por todo o seu hábitat de maneira aleatória, uniforme ou (a mais comum) em aglomerados.

Nas zonas costeiras de regiões temperadas, os hábitats bentônicos geralmente contêm algas multicelulares, grandes plantas avasculares conhecidas como algas marinhas. Os carboidratos produzidos pela alta produtividade dessas grandes algas (e plantas vasculares) pode fornecer grande parte da energia necessária para os animais de comunidades bentônicas.

Marismas e estuários estão entre os hábitats mais produtivos do oceano, e os estuários abrigam uma grande variedade de formas juvenis, algumas das quais se refugiaram dos ambientes ameaçadores e competitivos do oceano aberto. Comunidades entremarés de costões rochosos estão entre as mais ricas e diversificadas do oceano. Embora os problemas da vida em costões rochosos sejam imensos, centenas de organismos conseguiram adaptar-se aos rigores desse ambiente graças à abundância de alimento disponível ali. Praias arenosas e pedregosas parecem ser mais convidativas, mas a dificuldade de manter um apoio seguro e separar o alimento de partículas não digeríveis limita significativamente o número de organismos capazes de viver nesse ambiente. Com exceção das comunidades de fontes hidrotermais das Cordilheiras Meso-oceânicas, o leito marinho profundo é o hábitat bentônico mais escassamente povoado, o que se deve sobretudo à oferta limitada de alimento. Esse ambiente contrasta significativamente com o mundo dos recifes de corais tropicais, locais de exuberante produtividade, diversidade e beleza.

No próximo capítulo, você aprenderá como os recursos do oceano têm sido explorados e – infelizmente –, em geral, mal-aproveitados.

mas de carbono estavam sendo sequestrados em glicose por metro quadrado num dia! Compare isso com uma média mundial de aproximadamente 125 gC/m^2/dia para o oceano como um todo. Algumas algas são tão produtivas que nem se incomodam em manter a glicose (e os componentes mucoides associados) em seus tecidos – o material escorre de suas vesículas como chá escorre dos sachês. Você já viu espuma em áreas em que a arrebentação das ondas encontra um núcleo de algas? Em geral ela é causada pelos carboidratos que saem de seus tecidos.

Termos e Conceitos para se Lembrar

ahermatípico
algas multicelulares
algas unicelulares
atol
bentônico ou bêntico
coral
dessecação
distribuição aleatória
distribuição em aglomerados
distribuição uniforme
estuário
Phaephyta (ou feofícea)
fungos
hermatípico
kelps
mangue (ou manguezal)
marisma (*salt marsh*)
pigmentos acessórios
pólipo
recife de corais
recifes
recifes de barreira
recifes em franja
Rhophyta (ou rodofícea)
séssil
vágil
zona entremarés
zona entremarés do costão rochoso

Perguntas de Estudo

1. Quais fatores influenciam a distribuição de organismos numa comunidade bentônica? Como se descrevem essas distribuições? Por que a distribuição aleatória é tão rara?
2. O que são algas, e no que elas diferem das plantas? Todas as algas são macroalgas? Como se classificam as macroalgas? Quais macroalgas vivem nas maiores profundezas? Por quê?
3. Quais são os problemas enfrentados pelos habitantes da zona entremarés? Como você explica a abundância de vida na zona entremarés apesar desses rigores? Qual área entremarés tem o maior número de espécies e indivíduos: praias arenosas ou rochosas? Por quê?
4. Qual hábitat bentônico marinho é o menos povoado? Por quê?
5. Se, em geral, o oceano tropical abriga pouca vida, por que recifes de coral contêm uma diversidade e densidade biológica tão impressionante?
6. Explique o esquema de classificação de Charles Darwin para recifes de coral. Essa classificação ainda é usada?
7. Qual é a fonte primária de energia biológica em comunidades de chaminés e fendas frias?
8. Como as comunidades em carcaças de baleia atuam como “trampolins” entre hábitats para organismos abissais?
9. Já se sugeriu que extremófilos são formas de vida que poderiam habitar outros planetas em nosso sistema solar (ou em outros sistemas solares). Você consegue imaginar algumas das profundas implicações desse tipo de conclusão se descobrirmos que esses alienígenas compartilham a bioquímica comum a toda vida na Terra?
10. Por que praias rochosas são tão produtivas, apesar dos rigores do impacto das ondas, exposição e predação?

15 Usos e Abusos do Oceano

CONCEITOS-CHAVE

Temos utilizado mais recursos naturais desde 1955 do que em toda a história humana registrada até aquele momento. ©Ocean/Corbis

Petróleo e gás natural são os recursos mais valiosos do oceano. Shell, U.K. Limited

Os animais marinhos fornecem pelo menos 16% da média de ingestão de proteína animal *per capita.* Tom Garrison

O clima global está mudando. Grande parte da mudança é quase certamente devida à atividade humana. John Wilson Cramer IV

Com muito poucas exceções, a taxa de crescimento e de exploração dos recursos marinhos pela humanidade é insustentável. Nasa

8.000 a.C. Depois de se abrigarem em direção à terra durante uma tempestade, um grupo de caçadores e coletores em Doggerland, retornou para encontrar seu acampamento inundado.[1] O nível do mar está subindo. Eventualmente, não haveria mais terra exposta para retornar para casa. Nós enfrentamos a mesma situação. ©National Geographic Creative

[1] Doggerland atualmente faz parte do leito marinho entre a Grã-Bretanha e a França. Ela reapareceu devido ao abaixamento do nível do mar durante a última idade do gelo.

15.1 As Coisas Estão Mudando

Embarcamos em um perigoso momento mundial de experimentação e nos encontramos em situações difíceis para as quais as soluções não vêm facilmente.

Até muito recentemente, acreditava-se que nada que fizéssemos poderia alterar o clima e a meteorologia da Terra, os padrões de circulação do oceano e da atmosfera ou a produtividade dos alimentos do vasto mar. Dois séculos atrás, o poeta Inglês Lord Byron expressou essa ideia em seu poema épico *Childe Harold's Pilgrimage:*

> Role, sobre seu azul profundo e escuro
> Oceano – role!
> Dez mil frotas varrem sobre ti em vão;
> O homem marca a terra com ruína – seu controle
> Para na costa....

E em 1951, a cientista marinha Rachel Carson ecoou o tema no seu marcante registro *The Sea Around Us:*

> Afinal homem... encontrou o seu caminho de volta para o mar... E ainda assim ele voltou para sua mãe o mar, contudo em suas condições originais. Ele não pode controlar ou alterar o oceano pois, em sua breve passagem na terra, ele subjugou e saqueou os continentes.[2]

A população humana triplicou desde 1950 e a atividade econômica aumentou dez vezes. Esse crescimento resultou em uma exploração exponencialmente acelerada dos recursos da Terra. *Segundo a maioria dos cálculos, temos utilizado mais recursos naturais desde 1955 do que em toda a história humana registrada até aquele momento.* A opinião anterior estava equivocada – seja qual for a medida que se escolha, a atividade humana está sem dúvida e irrevogavelmente alterando a vida do oceano.

Com poucas exceções, nosso nível atual de crescimento e exploração dos recursos marinhos é insustentável.

Fornecimento, Demanda, Crescimento e Estresse

Os recursos são distribuídos por sistemas de verificações e equilíbrios econômicos. Uma economia é um sistema de produção, distribuição e consumo de bens e serviços que satisfaz o que o povo quer ou precisa. Na economia marinha, indivíduos, empresas e governos tomam decisões econômicas sobre quais produtos e serviços relacionados com o oceano irão produzir, como produzi-los, quanto produzir e como distribuir e consumir esses produtos.

Em um sistema econômico de livre mercado, a compra e a venda são baseadas em pura concorrência e nenhum vendedor ou comprador pode controlar ou manipular o mercado. Decisões econômicas são regidas exclusivamente pela oferta, demanda e preço; vendedores e compradores têm pleno acesso à informação sobre os efeitos positivos e negativos de bens e serviços, para tomar as decisões esclarecidas. Idealmente, os preços refletem todos os prejuízos causados pelos produtos e serviços ao ambiente.

Mas o nosso sistema econômico não está livre do mercado puro. Os preços nem sempre refletem todos os prejuízos dos produtos e serviços ao ambiente. Os consumidores raramente têm pleno acesso à informação sobre os efeitos positivos e negativos dos bens e serviços, para tomar decisões esclarecidas.

As economias mundiais neste momento são dependentes dos produtos oceânicos – e as nações lutam entre si para ter acesso a eles. Não estamos dispostos a abandonar ou diminuir a utilização dos recursos marinhos até que vejamos sinais claros de danos ambientais graves. *Com poucas exceções, nosso nível atual de crescimento e exploração dos recursos marinhos é insustentável.* Enquanto nossos sistemas econômicos exigem crescimento contínuo, vamos continuar a onerar os mecanismos naturais que há muito tempo sustentam a vida neste planeta.

Enquanto você lê este capítulo, lembre-se da natureza da oferta e da procura dos mercados econômicos e pense sobre as implicações em longo prazo da nossa crescente depen-

[2] Carson, Rachel. 1951. *The Sea Around Us* (p. 15). New York: Oxford University Press.

Figura 15.1 Um trabalhador remove peixes mortos de uma fazenda de peixes em Wuhan, na China. Calor, poluição, superpopulação causaram suas mortes. Os recursos podem continuar a ser explorados em um ritmo acelerado?

dência dos recursos oceânicos. O que virá depois? Embora a resposta seja incerta, como você vai ver, essa história deprimente provavelmente não terá um final feliz.

Recursos Marinhos

Discutiremos quatro grupos de recursos marinhos neste capítulo:

- **Recursos físicos** resultam da deposição, precipitação ou acúmulo de substâncias úteis no leito marinho ou do oceano. A maioria dos recursos físicos consiste em depósitos minerais, mas petróleo e gás natural, principalmente restos de organismos outrora vivos, estão incluídos nessa categoria. A água doce obtida do oceano também é um recurso físico.
- **Recursos energéticos marinhos** resultam da extração de energia diretamente do calor ou do movimento da água do oceano.
- **Recursos biológicos** são animais e plantas vivos coletados para uso humano e alimentação animal.
- **Recursos não extrativistas** são os usos do oceano em seu local. Transporte de pessoas e mercadorias por via marítima, recreação e eliminação de resíduos são exemplos.

Os recursos marinhos podem ser classificados como renováveis ou não renováveis:

- **Recursos renováveis** são naturalmente repostos pelo crescimento dos organismos marinhos por processos físicos naturais.
- **Recursos não renováveis** como petróleo, gás e depósitos minerais sólidos estão presentes no oceano em quantidades fixas e não podem ser repostos em períodos tão curtos quanto o da vida humana.

Não é surpreendente que os países têm discordado por séculos sobre a distribuição e a utilização dos recursos marinhos. Conforme os recursos marinhos se tornam escassos, os tratados e acordos comerciais terão um papel cada vez mais tenso nas relações entre as nações.

BREVE REVISÃO

Antes de passar para a próxima seção, verifique seu entendimento de algumas das ideias importantes apresentadas até agora:

1. A população humana cresceu explosivamente no século passado. O número de humanos em si é o principal propulsor da demanda de recursos?
2. Faça a distinção entre os recursos físicos e biológicos.
3. Faça a distinção entre recursos renováveis e não renováveis.

Para verificar suas respostas, acesse a página deste livro no site da Cengage.

15.2 Recursos Físicos

Os recursos físicos do oceano incluem depósitos de hidrocarbonetos (petróleo, gás natural e hidrato de metano), depósitos minerais (areia e cascalho, magnésio e seus compostos, sais de vários tipos, elementos de terras raras, nódulos de manganês, fosforitos e sulfetos metálicos) e água doce.

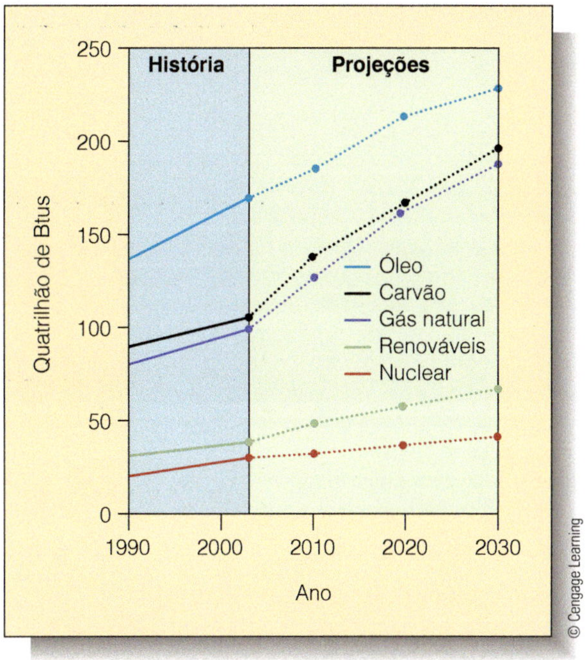

Figura 15.2 O consumo mundial de energia de 1970 a 2025 (conforme projetado pelo Departamento de Energia dos Estados Unidos).

Petróleo e Gás Natural São os Recursos Mais Valiosos do Oceano

A demanda global por petróleo cresce mais de 2% ao ano **(Figura 15.2)**. A sede acelerada do mundo por petróleo está atualmente girando em cerca de 1.000 galões por segundo (30 bilhões de barris por ano),[3] uma demanda aumentada pelas economias chinesa e indiana cada vez mais robustas e pela falta de uma política energética coerente nos Estados Unidos. Os Estados Unidos sozinhos consomem cerca de um quarto do fornecimento global do petróleo – estimado em quase 19 milhões de barris por dia em 2011, mais que as próximas quatro nações na relação de maior consumo juntas. Apesar do rápido aumento dos preços enfraquecer ligeiramente a demanda, estima-se que os cidadãos norte-americanos consumirão 25% mais petróleo em 2025 do que o fazem hoje. No mesmo ano, o consumo esperado de petróleo da China terá dobrado.[4]

As reservas comprovadas de petróleo situam-se em cerca de 1.300 bilhões de barris e as estimativas das reservas não descobertas variam de 275 a 1.470 bilhões de barris. Há um déficit crescente entre o consumo e a descoberta de novas reservas; em 2012, cerca de 33 bilhões de barris de petróleo foram consumidos em todo o mundo, ao passo que foram descobertos apenas 12 bilhões de barris de novas reservas de petróleo. Enormes campos de petróleo, facilmente exploráveis, são quase certamente coisa do passado.

[3] Um barril de petróleo = 159 litros = 42 galões norte-americanos.

[4] A maior parte do petróleo é consumida nos automóveis. Em 2009, havia 1.201 automóveis para cada 1.000 motoristas nos Estados Unidos. Em 2010, consumimos 1 bilhão de galões de gasolina a cada 30 horas e viajamos mais de 6,5 bilhões de milhas a cada dia. Na China, havia 9 veículos para 1.000 em 2007, mas em 2009 a China ultrapassou os Estados Unidos como o maior mercado de automóveis do mundo. Imagine a China em 25 anos...

UM OLHAR MAIS ATENTO 15.1

Quais Medidas Estão Sendo Tomadas para Desenvolver Novas Fontes de Petróleo?

A recompensa para qualquer descoberta significativa é potencialmente enorme, portanto, vastas somas estão sendo gastas para explorar petróleo.

Mas a questão merece alguma perspectiva.

O *U.S. Geological Survey* estima que cerca de um quarto do potencial restante de hidrocarbonetos da Terra reside no Ártico. A Exxon Mobil está começando a desenvolver um campo de petróleo de 1 bilhão de barris recém-descoberto ao largo da costa nordeste do Canadá. Um consultor de pesquisa sênior para a empresa estima que vai demorar mais de cinco anos com o gasto de pelo menos 10 bilhões de dólares para desenvolver o campo. O petróleo será extraído ao longo de um período de 40 anos. "Quando tudo que está dito for feito e as pessoas gastarem todas as suas carreiras nesse projeto, esses 40 anos de produção satisfarão 12 dias da demanda mundial atual."[5]

Um navio de perfuração em alto-mar aprofunda um furo de exploração no Mar de Beaufort, no Alasca. O poço rendeu importantes dados geológicos, mas nenhuma quantidade comercial de petróleo.

O petróleo e o gás natural em alto-mar geraram quase 620 bilhões de dólares em receitas em todo o mundo em 2011. Nesses recursos, o oceano faz uma contribuição significativa para suprir as necessidades mundiais: cerca de 34% do petróleo bruto e 29% do gás natural produzidos em 2009 vieram do fundo do mar. Cerca de um terço das reservas mundiais conhecidas de petróleo e gás natural se encontra ao longo das margens continentais. As maiores reservas marinhas dos Estados Unidos localizam-se na plataforma continental do sul da Califórnia, nos golfos costeiros do Texas e da Louisiana e no talude do norte do Alasca.

O petróleo é uma mistura química complexa contendo talvez milhares de compostos, a maioria hidrocarbonetos. O petróleo está quase sempre associado com sedimentos marinhos, sugerindo que as substâncias orgânicas das quais ele foi composto foram marinhas em algum momento. Organismos planctônicos e massas de bactérias são os candidatos mais prováveis. Seus corpos acumularam-se aparentemente em bacias calmas onde o suprimento de oxigênio era baixo e havia poucos decompositores. A ação das bactérias anaeróbicas converteu os tecidos dos organismos em compostos orgânicos mais simples e relativamente insolúveis, que foram provavelmente enterrados – possivelmente primeiro por correntes de turbidez, depois pela queda contínua de sedimentos das camadas superiores dos oceanos. A posterior conversão dos hidrocarbonetos por temperaturas e pressões elevadas deve ter ocorrido a profundidades consideráveis, provavelmente 2 quilômetros (1,2 milhas) ou mais abaixo da superfície do leito oceânico. O cozimento lento sob esse cobertor grosso sedimentar durante milhões de anos completou as mudanças químicas que produziram o petróleo.[6] Deve-se notar que foram necessários cerca de 3 milhões de anos para fazer o valor de um ano de petróleo no ritmo atual de consumo!

O petróleo é menos denso que os sedimentos circundantes, de modo que pode migrar para a superfície a partir de sua rocha fonte, por meio das formações sobrepostas porosas. Ele se acumula nos espaços porosos das rochas reservatórios quando uma camada sobreposta impermeável impede a migração contínua para cima do petróleo **(Figura 15.3)**. Quando

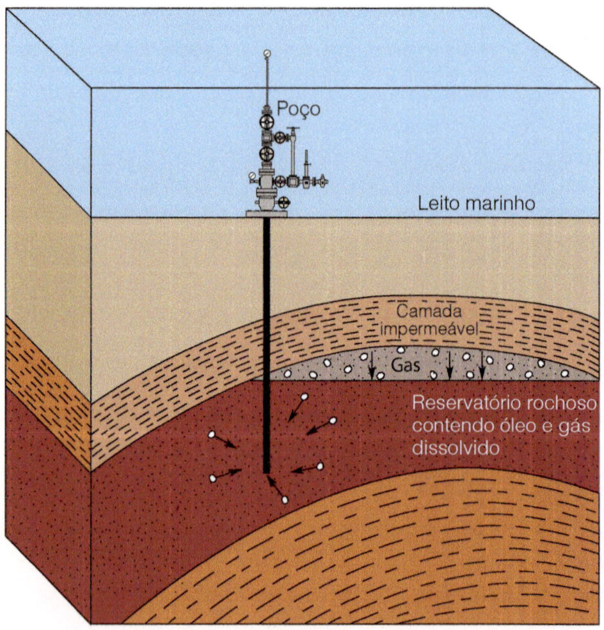

Figura 15.3 Petróleo e gás não são encontrados em vastos reservatórios ocos, mas dentro dos espaços porosos da rocha. A pressão do gás natural e a compressão pelo peso das camadas sobrejacentes conduzem o petróleo através da rocha porosa e na direção do tubo de perfuração.

[5] Citações de Jed Hamilton, consultor de pesquisa sênior da Exxon/Mobil, em um fórum patrocinado pela AAAS, em 10 de dezembro de 2012.

[6] Quanta vida marinha foi necessária para fazer um galão de gasolina? Faça uma suposição e, em seguida, leia a pergunta 2 em Perguntas dos Estudantes deste capítulo.

Figura 15.4 A plataforma Brent Charlie resiste a uma tempestade no Atlântico Norte. Cerca de 34% do petróleo bruto vêm do fundo do mar.

Figure 15.5 Um pedaço de hidrato de metano semelhante ao gelo funde à temperatura ambiente e pressão do nível do mar, liberando gás metano inflamável. Hidrato de metano só é estável sob o fundo do mar ou sob o gelo permanente (*permafrost*) do Ártico, onde existem vastos depósitos.

procuram petróleo, os geólogos usam o som refletido pelas estruturas subsuperficiais para procurar a combinação de assinatura de sedimentos em camadas, profundidade e estrutura do reservatório, antes de perfurarem.

A perfuração de petróleo em alto-mar é muito mais dispendiosa que a perfuração em terra, porque são necessários equipamentos de perfuração e sistemas de transporte especiais. A maioria dos depósitos de petróleo marítimos é explorada por plataformas em alto-mar, permanecendo em águas com menos de 100 metros (330 pés) de profundidade. Como a demanda por petróleo (e, portanto, o preço) continua a aumentar, os depósitos mais profundos, portanto longe da costa, serão explorados por plataformas maiores **(Figura 15.4)**. Atualmente, a plataforma mais alta e mais pesada é a *Troll-A*, instalada desde 1996. A base da Troll-A se apoia no fundo do mar a 303 metros (994 pés) abaixo da superfície do Mar do Norte.

Grandes Depósitos de Hidrato de Metano Existem em Sedimentos Rasos

O maior reservatório conhecido de hidrocarbonetos na Terra não é o carvão ou o petróleo, mas sim metano ligado a cristais de gelo – hidrato de metano – nos sedimentos de alguns taludes continentais. Pouco se sabe sobre a sua formação, mas os hidratos de metano existem em camadas finas de 200 a 500 metros (660 a 1.650 pés) abaixo do fundo do mar, onde são estáveis e possuem longa duração. Sedimentos ricos em hidrato de metano parecem Play-Doh verde. Quando trazidos para as condições de calor e baixa pressão na superfície do oceano, entram em efervescência à medida que o metano escapa. O gás queima vigorosamente se inflamado **(Figura 15.5)**.

Apesar de o hidrato de metano ser abundante, a exploração desse recurso seria cara e perigosa. Em 2013, engenheiros japoneses utilizando um equipamento de perfuração em alto-mar, a bordo do *R/V Chikyu* (veja a Figura 2.21), furaram através de 330 metros (1.000 pés) de sedimentos que cobrem uma camada de 60 metros (200 pés) rica em hidrato de metano. Conseguiram extrair metano da formação e estimar que o depósito contém o valor de 11 anos das atuais importações de gás natural do Japão. A exploração está sendo planejada.

A perspectiva de ampla mineração de hidrato de metano preocupa os ambientalistas. A fuga de metano de sedimentos marinhos pode ter desempenhado um papel na mudança climática antiga. O metano é um potente gás de efeito estufa (explicado mais adiante) e mudanças na circulação oceânica que resultam em aquecimento no fundo do oceano poderiam liberar grandes quantidades de metano. Cerca de 55 milhões de anos atrás, o oceano profundo aqueceu pelo menos 4 °C (7 °F). A liberação de metano em grande quantidade do fundo do mar pode ter aumentado as temperaturas da superfície de forma abrupta, derretido gelo da superfície e diminuído os níveis de oxigênio no fundo do mar. Será que o metano liberado dos sedimentos profundos acelerará o aquecimento global? Vamos discutir mais adiante neste capítulo.

Areia e Cascalho Marinho São Usados em Construções

A areia e o cascalho não são recursos marinhos muito atraentes, mas eles ocupam o segundo lugar em valor e perdem apenas para o petróleo e o gás natural. Mais de 1,6 bilhão de toneladas métricas (1,7 bilhão de toneladas) de areia e cascalho, no valor de mais de meio bilhão de dólares, foram extraídos em alto-mar em 2010. Apenas cerca de 1% da produção mundial total de areia e cascalho é removida e dragada das plataformas continentais a cada ano; todavia o leito marinho supre cerca de 20% da areia e cascalho usados nas nações insulares como Japão e Reino Unido. A maior operação mineradora mundial isolada é a extração de areias de aragonita em Ocean Cay, nas Bahamas **(Figura 15.6)**. A areia é dragada por sucção para uma ilha artificial e, então, embarcada em navios especialmente projetados. Essa areia, composta aproximadamente de 97% de carbonato de cálcio, é usada no cimento Portland, em vidro, suplementos de rações animais e na redução da acidez do solo.

A maioria dos depósitos exploráveis de areia e cascalho marinho dos Estados Unidos é encontrada ao largo das costas do Alasca, da Califórnia, de Washington, nos estados da Costa Leste da Virgínia ao Maine e Louisiana e Mississippi. Depósitos perto da costa são generalizados, de fácil acesso e amplamente utilizados em edifícios e rodovias e na suplementação de ilhas de alto-mar erodidas. Poços de petróleo em alto-mar no Alasca são construídos sobre plataformas enormes de cascalho feitas pelo homem; as grandes quantidades de cascalho disponíveis nesses locais tornam prática a perfuração em alto-mar.

Nem todo cascalho é poroso. Diamantes foram encontrados em depósitos de cascalho em alto-mar na Austrália e na África. Em 1998, o último ano para o qual estão disponíveis dados confiáveis, os navios de mineração em alto-mar dragaram 900.000 quilates de diamantes no valor de mais de 250 milhões de dólares na costa da Namíbia.

© Stan Celestian/Glendale Community College

(a) Normalmente associados com bancos e praias, oólitos são concêntricos, concreções do tamanho de areia de matéria mineral, geralmente de carbonato de cálcio. A água no giro do Atlântico Norte é forçada para pequenas profundidades, onde o carbonato de cálcio precipita e forma grãos lisos.

Onne van der Wal/Corbis

(b) Grandes depósitos de oólitos são explorados nas Bahamas, um grupo de ilhas à leste da Flórida. Essa forma quase pura de carbonato de cálcio é usada na produção de cimento Portland, rações de animais e correções de solos.

Figura 15.6 Areias de oólitos.

Mineração em Mar Profundo

Os avanços tecnológicos em controle robótico estão tornando prática a mineração abissal. A Nautilus Minerals Corporation descobriu cobre de alta qualidade e minério de ouro a uma profundidade de 1.600 metros (5.200 pés) no sudoeste do Mar de Bismarck, no Pacífico. A Nautilus propôs o projeto *Solwara 1* para extrair esse valioso material, mas disputas com o país vizinho de Papua Nova Guiné colocaram esse projeto em espera. Outras empresas privadas estão explorando avidamente infiltrações e zonas de fenda de mar profundo para extração de sulfitos, chumbo e zinco.

Relatos de uma descoberta japonesa em 2013 de altas concentrações de elementos de terras raras em sedimentos perto da ilha de Minami Torishima, no Pacífico, são particularmente interessantes. Elementos de terras raras, tais como neodímio, térbio e ítrio, são essenciais para a fabricação de telefones celulares, painéis solares, monitores de LCD e outras necessidades modernas. A China controla mais de 95% da produção mundial de terras raras e outras fontes seriam bem-vindas. A rica concentração desses depósitos de terras raras recém-descobertos – muito maior que em depósitos encontrados em outras partes do Pacífico ou em terra na China – estimulará o desenvolvimento de formas de recuperá-los de uma profundidade de 5.800 metros (19.000 pés).

Sais São Coletados de Bacias de Evaporação

Como você se lembra do Capítulo 6, a salinidade dos oceanos varia de aproximadamente 3,3% a 3,7% em peso. Quando a água do mar evapora, os íons constituintes maiores remanescentes combinam-se para formar diversos sais, incluindo o carbonato de cálcio ($CaCO_3$), o gesso ($CaSO_4$), sal de mesa (NaCl) e uma mistura complexa de sais de magnésio e de potássio. O sal de cozinha constitui pouco mais de 78% do resíduo salino total. "O sal marinho", uma alternativa cada vez mais popular ao sal de mesa, contém todos os sólidos residuais.

Tom Garrison

Figura 15.7 Lagoas de evaporação de sal, no extremo sul da Baía de São Francisco, na Califórnia. Os operadores podem separar os vários sais uns dos outros deslocando a solução salina residual de piscina para piscina no tempo certo, durante o processo de evaporação. As cores das lagoas são transmitidas por algas e outros micro-organismos que se desenvolvem em diferentes níveis de salinidade. Em geral, os tanques de maior salinidade têm um tom avermelhado.

A água do mar é evaporada em grandes piscinas de sal, em regiões áridas do planeta para recuperar os sais **(Figura 15.7)**. Os operadores podem separar os vários sais uns dos outros pelo desvio das diversas soluções de piscina para piscina no tempo certo, durante o processo de evaporação. Os sais de magnésio são utilizados como uma fonte do metal magnésio e de compostos de magnésio; os sais de potássio são processados para produção de produtos químicos e fertilizantes. O brometo (componente útil de certos medicamentos, processos químicos e gasolina antidetonante) também é extraído do resíduo. O gesso é um importante componente de revestimentos de parede e outros materiais da construção civil.

Cerca de um terço do sal de cozinha mundial é produzido pela evaporação da água do mar. Na América do Norte, parte desse sal é utilizada para a remoção de neve e gelo. O sal também é usado em amaciantes de água dura, na agricultura e no processamento de alimentos. Em 2005, os Estados Unidos produziram por evaporação cerca de 3,9 milhões de toneladas métricas (4,4 milhões de toneladas) de sal de mesa, com um valor de cerca de 160 milhões de dólares.

shao weiwei/Shutterstock

Figura 15.8 Esta usina de dessalinização em Dubai, a maior do mundo, é capaz de produzir cerca de 822.000 metros cúbicos (220 milhões de galões) de água pura por dia, cerca de 90% do consumo doméstico e da demanda industrial do emirado.

A Água Doce é Obtida pela Dessalinização

Apenas 0,017% da água terrestre é líquida, doce e disponível na superfície para uso fácil pelos seres humanos. Outro 0,6% está disponível como água subterrânea dentro de meia milha da superfície. Infelizmente, grande parte dessa água está poluída ou está em outra forma imprópria para o consumo humano. O fato de a água pura e doce geralmente ter um custo mais elevado que o da gasolina enfatiza a sua escassez e importância. Mais que qualquer outro fator na natureza, a disponibilidade de **água potável** (água adequada para beber) determina o número de pessoas que podem habitar qualquer área geográfica, os usos de outros recursos naturais e seu estilo de vida.

A água doce está se tornando um importante recurso marinho. A exploração desse recurso pela **dessalinização**, a separação da água pura da água marinha, já está em curso, principalmente no Oriente Médio, Oeste da África, Peru, Flórida, Texas e Califórnia. Mais de 15 mil instalações de dessalinização estão atualmente operando em 125 países, produzindo um total de cerca de 32,4 milhões de metros cúbicos (8,5 bilhões de galões) de água doce por dia **(Figura 15.8)**. Uma grande usina de dessalinização em Ashkelon, Israel, produz cerca de 330 mil metros cúbicos (87 milhões de galões) de pura água por dia, cerca de 13% da demanda do consumidor doméstico do país.

Diversos métodos de dessalinização estão em uso. A *destilação* pela ebulição é a mais familiar, cerca de três quartos da água dessalinizada do planeta são produzidos dessa maneira. A destilação usa uma grande quantidade de energia, tornando-a um processo muito caro. O *congelamento* é outro método efetivo, mas caro, de dessalinização; os cristais de gelo excluem o sal conforme eles se formam e o gelo pode ser "colhido" e derretido para uso. A energia solar ou geotérmica pode diminuir o custo da destilação ou do congelamento, mas mecanismos de uso menos intensivo de energia, mais eficientes, estão sendo desenvolvidos. Entre esses está a *dessalinização por osmose reversa*. Nesse processo, a água do mar é forçada contra

© National Geographic Creative

Figura 15.9 Turbinas eólicas ao largo da costa dinamarquesa. Em alguns dias de ventania, a Dinamarca tem 100% de seu suprimento de energia elétrica proveniente das usinas de vento. A geração de eletricidade pelo vento é a fonte de energia que mais cresce no planeta.

uma membrana semipermeável sob alta pressão. A água doce flui pelos poros da membrana e o sal fica para trás. Cerca de 60% da água dessalinizada são produzidos dessa forma (incluindo a instalação israelense mencionada anteriormente). A osmose reversa utiliza menos energia por unidade de água doce produzida que a destilação ou o congelamento, mas as membranas necessárias são frágeis e dispendiosas.

Dessalinização, conservação da água e talvez até a colheita em *iceberg* se tornarão mais comuns conforme a água se tornar mais poluída, mais escassa e mais valiosa.

BREVE REVISÃO

Antes de passar para a próxima seção, verifique seu entendimento de algumas das ideias importantes apresentadas até agora:

4. Quais são os três mais valiosos recursos físicos marinhos? Como é a contribuição de cada um deles para a economia mundial comparada à contribuição do recurso obtido em terra?
5. A descoberta de novas fontes de petróleo está atendendo a demanda do petróleo? O petróleo está sendo produzido (pelos processos naturais) tão rapidamente quanto ele está sendo extraído?
6. A extração de água doce a partir da água do mar é economicamente viável?

Para verificar suas respostas, acesse a página deste livro no site da Cengage.

15.3 Energia Marinha

As crises energéticas de 1973 e 1979 e o abrupto aumento no custo do petróleo bruto em 2007 chamaram a atenção pública sobre a necessidade de fontes não convencionais de energia. Fontes de energia que não são esgotadas com o uso – energia eólica ou energia solar, por exemplo – são preferíveis a fontes não renováveis, como combustíveis fósseis. Qualquer um que tenha visto o oceano sabe que um lugar tão agitado deve ser rico em energia. A energia está ali certamente, mas extraí-la de forma útil não é fácil.

Graham Roberts/Ocean Power Delivery Ltd

Figura 15.10 Grandes tubos flexionados por ondas do oceano são usados para gerar eletricidade em Portugal e na costa escocesa. Pistões que se deslocam no interior dos tubos pressurizam fluido hidráulico para fazer funcionar um gerador.

Moinhos de Ventos São Eficazes Produtores de Energia

A alternativa ao petróleo como fonte de energia que mais rapidamente cresce é a energia eólica. A maior "fazenda de vento" do planeta se estende por 130 quilômetros quadrados (50 milhas quadradas) de montanhas desertas a leste de Oregon e Washington. Suas 460 turbinas energizarão 70 mil lares e escritórios. O vento é a fonte de energia que mais cresce no mundo (**Figura 15.9**). Ao contrário do petróleo e do gás natural, o vento não pode ser esgotado. Se a taxa atual de desenvolvimento continuar, o vento poderia fornecer 12% da demanda de eletricidade em 2025.

A extração de energia eólica sobre ou próxima ao oceano é especialmente eficaz. Os ventos tendem a ser mais estáveis (menos tempestuosos) conforme eles se movem sobre a água, diminuindo a tensão sobre as lâminas e engrenagens dos moinhos de vento. Além disso, as velocidades médias do vento tendem a ser mais elevadas sobre o oceano que em terra. As estimativas sugerem que vento costeiro ao largo das costas dos Estados Unidos tem um potencial energético de 900 mil megawatts, a capacidade combinada de todas as usinas convencionais no país.

Ondas, Correntes e Marés Podem Ser Aproveitadas para Gerar Energia

As ondas são a manifestação mais evidente da energia oceânica – pergunte para qualquer surfista sobre a energia em uma onda. Como você aprendeu no Capítulo 9, as ondas de vento armazenam energia eólica e a transportam para a praia.

Muitos dispositivos têm sido propostos para aproveitar essa energia; Japão, Noruega, Grã-Bretanha, Suécia, Estados Unidos e Rússia construíram pequenas usinas experimentais para avaliar a sua eficácia. Um desses dispositivos usa a corrente de ar aprisionada pelas ondas que entram nos tubulões do quebra-mar para alimentar um gerador. Outro, mostrado na **Figura 15.10**, utiliza tubos longos ancorados, flexionados pela passagem das ondas para pressurizar o fluido hidráulico e gerar energia. Até agora nenhuma dessas usinas produziu energia a um preço competitivo, mas projetos como esses mostram ser uma promessa.

As correntes do oceano também podem ser aproveitadas. Turbinas imersas enormes, girando lentamente na Corrente do Golfo, têm sido propostas, mas a sua dimensão e

Figura 15.11 Um vendedor de calçada exibe suas sugestões de almoço na cidade costeira de Qingdao, no norte da China.

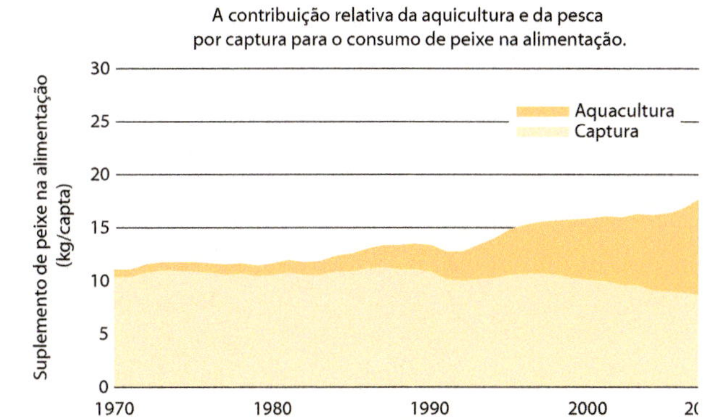

Figura 15.12 Note que a produção da aquicultura e da pesca tem mais que compensado um declínio na pesca de captura.

complexidade necessárias as tornam proibitivamente caras. Versões menores que operam em locais estreitos onde correntes de maré fluem rapidamente têm tido êxito quando experimentadas. Mostrada na Figura 10.20, a primeira usina de energia marinha comercial de sucesso começou a operar em Strangford Lough, na Irlanda do Norte, em agosto de 2007. Seu gerador de 1,2 megawatt fornece eletricidade limpa para cerca de 1.000 casas. Sistemas semelhantes, mas maiores, estão sendo planejados para a Baía de Fundy, na Nova Escócia, na costa leste do Canadá e também no oeste do Canadá, nas águas ao largo de Vancouver, British Columbia. O potencial da energia das marés foi discutido no Capítulo 10.

A maior usina hidrelétrica de maré do mundo foi ligada no final de 2009 no Lago Sihwa, na península Sul-coreana. Sua capacidade começou em 260 megawatts e aumentará para mais de 500 megawatts conforme forem implementados os planos de expansão. As estimativas sugerem que cerca de 10% das necessidades de energia elétrica dos Estados Unidos poderiam ser supridas por geração de maré, mas a infraestrutura seria proibitivamente cara para construir, ambientalmente destrutiva e difícil de manter.

BREVE REVISÃO

Antes de passar para a próxima seção, verifique seu entendimento de algumas das ideias importantes apresentadas até agora:

7. Que fonte de energia marinha renovável está atualmente dando uma contribuição significativa para a economia mundial?
8. Quais dificuldades especiais os engenheiros esperam encontrar ao projetar dispositivos de extração de energia adequados para o ambiente oceânico?

Para verificar suas respostas, acesse a página deste livro no site da Cengage.

15.4 Recursos Biológicos

Sambaquis antigos (depósitos de restos de ossos e conchas) encontrados em muitas regiões costeiras demonstram que as pessoas têm usado o mar há milhares de anos como uma fonte de alimentos e medicamentos. Atualmente, a população humana ameaça superar seu suprimento de alimento. As práticas de produção e distribuição de alimento contemporâneas são incapazes de satisfazer as necessidades nutricionais de todos os sete bilhões de pessoas do planeta e a fome e a desnutrição são os maiores problemas em muitas nações. O oceano pode ajudar?

Em comparação com a produção da agricultura baseada em terra, a contribuição direta de animais e plantas marinhos para o consumo humano de toda a proteína é pequena, provavelmente em torno de 6% **(Figura 15.11)**. As fontes marinhas representam apenas cerca de 16% da proteína *animal* total consumida pelos seres humanos. Os peixes, crustáceos e moluscos contribuem com aproximadamente 14,5% do total e os alimentos à base de peixe e seus derivados, incluídos nas dietas dos animais, aumentaram em torno de 3,5%. Cerca de 80% da captura anual de peixe, crustáceos e moluscos provêm do oceano e o restante, da água doce. No geral, em 2007, os peixes forneceram para mais de 1,5 bilhão de pessoas quase 20% do seu consumo médio *per capita* de proteína animal. Em 2009, capturamos ou criamos 263 milhões de kg (580 milhões de libras) de peixes a cada dia! O mar não será capaz de fornecer substancialmente mais alimentos para ajudar a aliviar os futuros problemas de desnutrição e fome causados pela superpopulação humana; de fato, o crescimento populacional provavelmente absorverá qualquer aumento de recursos. No entanto, esses recursos atualmente já sustentam um grande número de pessoas.

Peixes, Crustáceos e Moluscos São os Recursos Biológicos mais Valiosos do Oceano

Peixes, crustáceos e moluscos são os recursos vivos marinhos mais valiosos. Pescadores comerciais capturaram ou criaram 140 milhões de toneladas métricas (154 milhões de toneladas) desses animais em 2008 **(Figura 15.12)**. A distribuição recente da captura está demonstrada na **Figura 15.13**.

Das milhares de espécies de peixes marinhos, crustáceos e moluscos, menos de 500 espécies são regularmente captu-

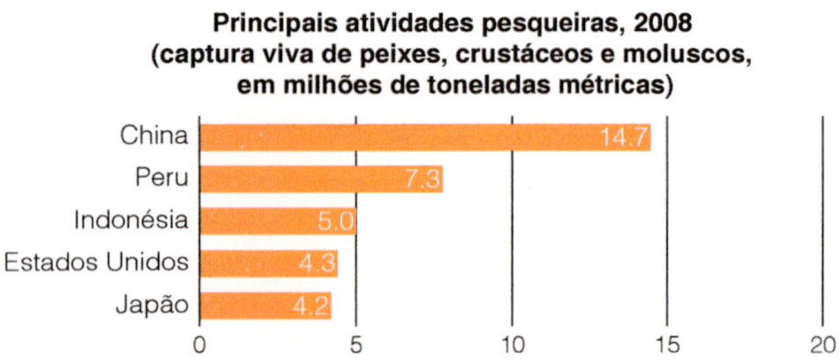

(a) Principais atividades pesqueiras em 2008 (captura viva de peixes, crustáceos, moluscos, em milhões de toneladas métricas).

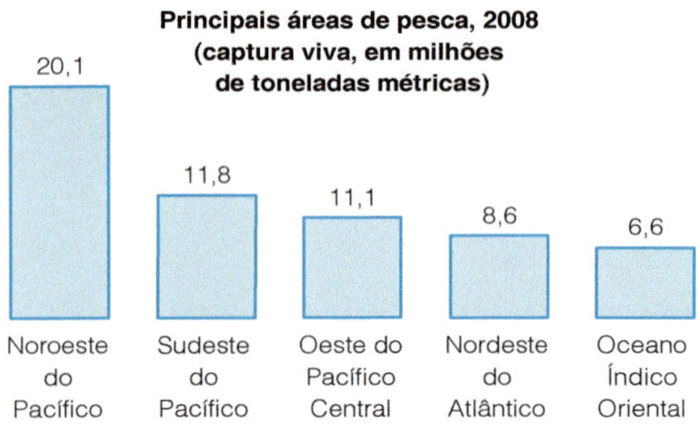

(b) Principais áreas de pesca em 2008 (captura viva de peixes, em milhões de toneladas métricas).

Figura 15.13 A produção pesqueira mundial, locais de pesca e captura.[7]

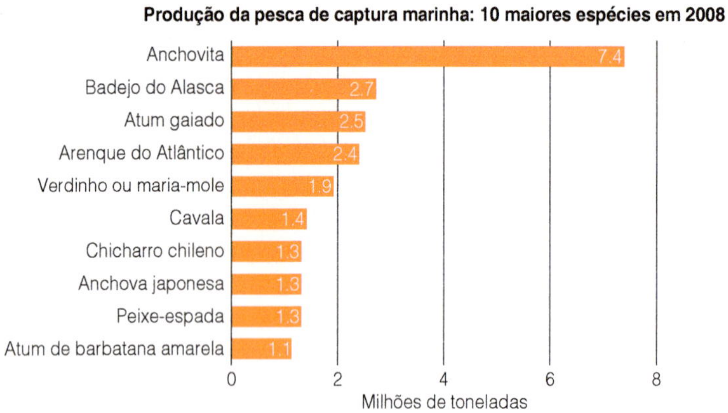

Figura 15.14 Produção da pesca de captura marinha: 10 maiores espécies em 2008.

Figura 15.15 Um modo perigoso para ganhar a vida: pescadores de caranguejo trabalham no convés com mau tempo no Mar de Bering, no Alasca. Os barcos de caranguejo de 120 pés e suas tripulações são frequentemente fustigados por tempestades de inverno – ventos mais fortes que 100 milhas por hora e mares de 50 pés não são desconhecidos. Grandes bandejas de ferro com caranguejos, alguns pesando mais de 750 libras (340 quilogramas), são movidos à mão conforme as ondas do mar jogam o barco como uma rolha em uma banheira. Um pescador de caranguejo pode conseguir 20.000 dólares por captura – em uma viagem bem-sucedida com duração de cerca de seis semanas. A pesca comercial é a profissão mais perigosa nos Estados Unidos.

radas e processadas. As dez espécies listadas na **Figura 15.14** representam quase 95% do peso vivo de todos os peixes marinhos vivos capturados a cada ano.

A pesca é um grande negócio, empregando mais de 15 milhões de pessoas em todo o mundo. Mais de 23 mil navios de pesca mecanizados (isto é, alimentados por um motor) estavam ativos em 2006. Esse é também o trabalho mais perigoso nos Estados Unidos; pescadores comerciais sofrem 155 mortes por 100 mil trabalhadores em cada ano **(Figura 15.15)**.[8] Embora as estimativas variem amplamente, o valor de primeira venda do pescado marinho em todo o mundo em 2006 foi estimado como sendo em torno de 100 bilhões de dólares. Os Estados Unidos superaram recentemente o Japão como o importador número um do mundo de frutos do mar.

Após 50 anos de pesca industrial cada vez mais agressiva, somente 10% de todos os peixes grandes permanecem no mar.

Pouco mais da metade da pesca marinha comercial do mundo é realizada pelos cinco países mostrados na Figura 15.13a, com a China respondendo pelo crescimento mais rápido de ambos, pesca e cultivo. Cerca de 75% da pesca anual é feita por pesqueiros comerciais que operam vastas frotas durante todo o ano, utilizando sensores de satélites, fotografia aérea, embarcações batedoras e sonar para determinar a localização dos cardumes. Grandes navios-fábrica geralmente seguem as maiores frotas para processar, enlatar ou congelar os animais de imediato. Os métodos de captura não dependem mais de anzóis e linhas, mas de grandes redes de arrasto **(Figura 15.16)**, redes de cerco ou redes de emalhar. Os recursos vivos do mar estão sob ataque violento: *Entre 1950 e 1997, a captura comercial de peixes marinhos mais que quintuplicou.*

O custo para se obter cada unidade de fruto do mar tem aumentado drasticamente, apesar de toda essa assistência da alta tecnologia. O aumento das despesas com combustível para a frota e fábricas de processamento, o custo dos

[7] 1 tonelada métrica = 1.000 kg = 1,1 toneladas. Toneladas métricas são por vezes escritas como "toneladas".

[8] O extraordinário livro de 1997 de Sebastian Junger (e o filme de 2000), *Mar em fúria*, recorda friamente esses perigos, como faz o programa Pesca Mortal do Discovery Channel.

© Cengage Learning

© Steven J. Kazlowski/Alamy

(a) Depois que o sonar na traineira localiza o cardume, os peixes são capturados por uma rede de arrasto que mede mais de 122 metros (400 pés) de largura. As bordas em ângulo com o fluxo da água mantêm a boca da rede aberta. As maiores redes estendem-se por 0,8 quilômetro (1/2 milha) atrás do pesqueiro e são grandes o suficiente para acomodar uma dúzia de aviões 747.

(b) Um arrasto de rede para pesca de polaca do Alasca (Gênero Gadus), no Mar de Bering. (Polaca é um peixe similar ao bacalhau, bastante popular, servido como tiras de peixes e em *fast food*.) Cerca de 60% do peixe desembarcado nos Estados Unidos são retirados do Mar de Bering, um recurso no valor de 1,1 bilhão de dólares antes do processamento. Uma vez considerados inesgotáveis, os estoques de polaca estão acabando; cerca de 25% da polaca no Mar de Bering são capturadas a cada ano, uma quantidade insustentável.

Figura 15.16 Pesca com rede de popa.

salários da tripulação e as distâncias cada vez maiores que as embarcações devem cobrir para pescar cada tonelada de peixe contribuem todos para o encarecimento do pescado. Apesar dos maiores esforços, o total das capturas marinhas estabilizou por volta de 1970 e permaneceu surpreendentemente estável até 1980, quando uma maior demanda e aumento dos preços começou a conduzir a tonelagem para cima novamente. A pesca está em declínio atualmente, apesar de tentativas cada vez mais desesperadas para aumentar os rendimentos. Desde 1972, a população humana mundial cresceu, assim a média mundial da pesca *per capita* diminuiu significativamente.

A Maioria das Pescarias de Hoje Não São Sustentáveis

Cerca de 90% dos estoques mundiais de atum, bacalhau e outros peixes grandes do oceano desapareceram nos últimos 50 anos. Podemos continuar a tirar quantidades enormes de alimento do oceano? A **produção máxima sustentável**, a quantidade máxima de cada tipo de peixe, crustáceo e molusco que pode ser capturada sem prejudicar as populações futuras, provavelmente está entre 100 e 135 milhões de toneladas métricas (110 milhões e 150 milhões de toneladas, respectivamente) anualmente. O rendimento atual ultrapassa o maior valor citado. As frotas têm obtido menores toneladas por unidade de esforço e estão avançando para regiões mais distantes em sua busca desesperada por alimento. Podemos estar perigosamente próximos de um catastrófico colapso dos estoques. Conforme dados de 2005, 30% dos estoques marinhos conhecidos estavam superexplorados ou já reduzidos, e mais 30% em seu limite estabelecido para exploração. O Serviço Nacional de Pesca Marinha dos Estados Unidos (U.S. National Marine Fisheries Service) estima que 65% dos estoques de peixes cujo manejo é conhecido agora estão sofrendo por **sobrepesca** – tantos peixes têm sido colhidos que não há suficiente estoque deixado para repor as espécies.

Algo pode ser feito? Talvez. A pesquisa mostrou que os estoques de peixe são muito menos propensos a entrar em colapso se os pescadores possuírem direitos sobre eles. Esses direitos são chamados de "ações de captura". É como possuir ações de uma empresa, isso dá aos pescadores um incentivo para não abaterem excessivamente. A pesca do linguado no Alasca, por exemplo, tornou-se mais eficiente e muito mais segura depois que um sistema de quota de captura foi criado em 1995. O que antes era uns arriscados dois ou três dias inesperados (não importa quais as condições meteorológicas) e que inundava o mercado com peixe, tornou-se uma colheita mútua estendida bem planejada e executada. Os preços para o linguado do Alasca subiram e peixe fresco está disponível durante todo o ano. Um consórcio semelhante foi proposto para a pesca em rápida expansão no degelo do Ártico. Um estudo de 2012 sugere que talvez 80% da pesca estressante podem ser reconstruídos por esses tipos de esforços cooperativos.

Boa Parte da Captura Comercial É Descartada como "Captura Acidental"

O organismo desejado não é a única vítima. Em algumas atividades de pesca, a **captura acidental** – animais mortos sem intenção durante a coleta dos organismos desejáveis – por vezes, excede em muito a captura alvo (**Figura 15.17**). Quatro libras de capturas acidentais são descartadas para cada libra de camarão capturado por pescadores de camarão da Costa do Golfo. Em 1995, a governadora do Alasca disse: "No ano passado os descartes [pesca de fundo no Alasca] teriam forne-

AP Photos

Figura 15.17 Uma consequência não intencional, mas inevitável da rede de pesca.

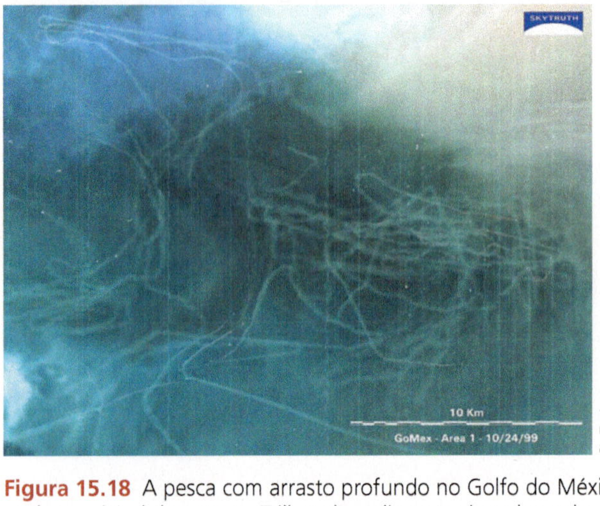

SkyTruth

Figura 15.18 A pesca com arrasto profundo no Golfo do México pode ser visível do espaço. Trilhas de sedimentos jogados pela pesca de arrasto pelo fundo podem ser rastreadas por 27 km (17 milhas). Os pontos brilhantes na imagem são navios individuais e plataformas fixas de perfuração de petróleo e gás.

cido cerca de 50 milhões de refeições". As capturas acidentais em todo o mundo atingiram 27 milhões de toneladas métricas (30 milhões de toneladas) em 1995, *uma quantidade de quase um terço do total de desembarques*! Em 2004, nos Estados Unidos, cerca de 0,9 milhão de toneladas métricas (1 milhão de toneladas) de peixes não alvo foi descartada – cerca de 25% das capturas comerciais e mais de três vezes o total das capturas da pesca recreativa.

Algum progresso foi feito para minimizar as capturas acidentais. Dispositivos de exclusão de tartarugas, rampas através das quais as tartarugas marinhas são ejetadas das redes, foram impostas para a pesca de camarão em águas territoriais norte-americanas.

A pesca de arrasto profundo tem mais problemas que as capturas acidentais; é devastadora para as comunidades do fundo. O hábitat em si é perturbado; organismos de crescimento lento e ecossistemas complexos são violentamente destruídos **(Figura 15.18)**.

Os Recursos Botânicos Marinhos Têm Muitos Usos

As algas marinhas também são exploradas comercialmente. O produto comercial mais importante é a **algina**, constituída pelo muco que se desprende das algas marinhas. Quando separadas e purificadas, grandes quantidades de algina, moléculas entrelaçadas, são usadas para engomar tecidos; para formar emulsões tais como molhos para salada, tintas para pintura e tintas de impressora; para evitar a formação de grandes cristais no sorvete; clarear cerveja e vinho; e para inibir abrasivos. A indústria de gel de algas marinhas nos Estados Unidos movimenta um valor de mais de 220 milhões de dólares em algina a cada ano e o valor anual mundial de produtos que contém algina (e outras substâncias de algas marinhas) foi estimado em cerca de 50 bilhões de dólares em 2007.

As algas também são consumidas diretamente e algumas espécies são cultivadas. As pessoas no Japão consomem 150.000 toneladas métricas (165.000 toneladas) de nori a cada ano; extratos de algas marinhas e algas marinhas também são consumidos nos Estados Unidos, Grã-Bretanha, Irlanda, Nova Zelândia e Austrália. Seu teor em minerais e fibras é útil na nutrição humana.

Os Organismos Podem Ser Cultivados em Ambientes Controlados

A **aquicultura** é o cultivo ou o desenvolvimento de plantas e animais em qualquer ambiente aquático sob condições controladas. A produção da aquicultura é atualmente responsável por metade de todos os peixes consumidos pelos seres humanos. A maioria da produção em aquicultura ocorre na China e em outros países da Ásia. Em 2008, mais de 40 milhões de toneladas métricas (44 milhões de toneladas) de peixe – principalmente peixe de água doce e camarão – foram produzidas em todo o mundo. Em 2010, a aquicultura de peixes ultrapassou a pecuária como fonte de alimento.

Maricultura é o cultivo de organismos *marinhos*, geralmente em estuários, baías ou ambientes costeiros ou em estruturas especialmente projetadas que utilizam circulação de água do mar. Por vezes, a infraestrutura da maricultura é instalada próxima de usinas geradoras de energia, com a finalidade de aproveitar a água marinha aquecida que flui de seus condensadores de resfriamento.

A produção da maricultura em todo o mundo é estimada como sendo cerca de um oitavo da aquicultura em água doce. Várias espécies de peixes, incluindo a solha e o salmão, têm sido cultivadas comercialmente e os peixes de água marinha e salobra respondem por dois terços da produção total. A maricultura do camarão (carcinicultura) é o segmento de crescimento mais rápido e mais rentável, tendo um valor anual global superior a 20 bilhões de dólares em 2006 **(Figura 15.19)**.

Nos Estados Unidos, a receita anual da maricultura já ultrapassa 210 milhões de dólares no momento, com a maior parte da receita gerada pelo cultivo de salmão, kampichi (um atum) e maricultura de ostra (ostreicultura). Mais da metade das ostras consumidas na América do Norte são cultivadas. Nem toda maricultura é para produção de alimentos; os cultivos de pérolas constituem uma importante indústria no Japão, na França, na Polinésia e no norte da Austrália.

A piscicultura marinha envolve a produção de peixe no centro de incubação e, em seguida, a criação em grandes estruturas fechadas e ancoradas ou gaiolas. Algumas preocupações com a criação de peixes incluem o consumo de farinha e óleo de peixe por espécies carnívoras e o potencial de fugas, o que pode reduzir a diversidade genética dos peixes selvagens

puwanai/Shutterstock

Figura 15.19 Fazendas de camarão na costa sul da Tailândia. Cerca de metade do camarão consumido nos Estados Unidos vem de fazendas como estas.

ou competir com eles por alimento. Tal como acontece com quaisquer animais de criação, os peixes em criadouros próximos também são mais suscetíveis às doenças e seus resíduos (e alimentos) podem contaminar as áreas em torno do cultivo. As recentes melhorias nas estratégias de gestão das fazendas de cultivo têm ajudado significativamente a aliviar muitas dessas preocupações. A criação de peixes em águas mais expostas, como a piscicultura em mar aberto, oferece ainda mais oportunidades para a piscicultura ambientalmente saudável.

A maricultura pode também incluir o aprimoramento do estoque – a produção de peixes em incubadoras que são soltos na natureza quando jovens. Uma grande proporção de salmão selvagem é originalmente criada em incubadoras, o que confere maior produtividade à pesca. O instinto migrante natural de salmão faz com que o aprimoramento do estoque de salmão seja muito bem-sucedido, mas apenas cerca de 1 em 50 dos jovens crescidos na incubadora retorna para a área de onde foram soltos.

A maricultura é uma indústria em expansão; ela está crescendo cerca de 8% ao ano, enquanto a pesca marinha no mundo como um todo está em declínio. A maricultura produz principalmente frutos do mar de alto valor, tais como ostras e abalones. Enquanto a população do mundo aumenta e a demanda por proteína cresce entre as milhões de pessoas subnutridas do mundo, haverá, talvez, aumento da demanda do cultivo de espécies de menor valor, principalmente onívoros e herbívoros. Fontes alternativas de proteínas e óleos podem também aliviar a pressão sobre a pesca, que hoje fornece a maior parte de proteína e óleo de peixe do mundo.

Claro, existem alterações ambientais. Cerca de um terço dos manguezais do Equador foram convertidos em lagoas usadas na carcinicultura. A expansão agrícola deverá acabar com todos os manguezais filipinos em dez anos.

A Caça às Baleias Continua

Desde a década de 1880, as baleias foram caçadas para fornecer carne para consumo humano e animal; óleo para lubrificação, iluminação, produtos industriais, cosméticos e margarina; ossos para fertilizantes e suplementos alimentares; e barbatanas para as cintas de espartilho. Estima-se que 4,4 milhões de baleias grandes existiam em 1900; hoje, há pouco

Kate Davidson/epa/Corbis

Figura 15.20 A tripulação de um navio baleeiro japonês espera uma baleia minke sangrar até a morte depois de ser arpoada.

mais de 1 milhão. Oito das 11 espécies de baleias grandes outrora caçadas pela indústria baleeira estão comercialmente extintas. A indústria procurou lucro imediato a despeito dos sinais óbvios de que a maioria dos "estoques" havia se esgotado.

Existem substitutos para todos os produtos da baleia, mas a captura da maioria das espécies comerciais não parou até que a caça da baleia se tornou inviável economicamente. Em 1986, a International Whaling Comission (Comissão Internacional de Baleeiros), uma organização de países que caçam baleias, estabelecida para gerenciar os estoques de baleias, interpôs uma moratória na matança de baleias grandes. Exceto por uma caça suspeitosamente grande de baleias realizada pelos pescadores japoneses para "fins científicos", a caça comercial de baleias cessou em 1987. Pouco mais que 700 das maiores baleias foram mortas em 1988.

Atualmente, no entanto, a quantidade capturada está crescendo. A proteção que existe pode ter vindo muito tarde para salvar algumas espécies da extinção – e a proteção pode ser apenas temporária. Sob intensa pressão de sua maior indústria pesqueira, a Noruega retomou a caça à baleia em 1993. O Japão nunca parou. Seu alvo principal, a baleia minke, é a menor e mais numerosa das grandes espécies de baleias (veja a Figura 13.26 e a **Figura 15.20**). A carne e a gordura dessa baleia são apreciadas no Japão como uma iguaria cara para ser consumida em ocasiões especiais. A população de baleia minke foi estimada em 1.200.000, um número que pode resistir ao presente nível de captura. O Japão já matou mais de 12.300 baleias desde o início de seu programa de caça científica em 1988, a grande maioria eram minkes (baleia anã). A Islândia matou 148 baleias de barbatana em 2010. Baleeiros no Chile, Peru, Noruega e Coreia do Norte se juntaram à caçada.

Há um vislumbre de esperança. Em 1994, a Comissão Baleeira Internacional votou esmagadoramente a proibição da caça em cerca de 21 milhões de quilômetros quadrados (8 milhões de milhas quadradas) em torno da Antártica, protegendo, assim, a maior parte das grandes baleias restantes, que se alimentam nessas águas. O santuário é frequentemente ignorado. Em sua busca pela minke (e outras baleias), baleeiros japoneses e noruegueses entraram na área e arpoaram muitos animais.

Baleeiros piratas com sede em outros países também podem caçar baleias na Antártica e vender a carne nos mercados japonês e coreano. Contudo, os esforços de conservação podem fazer algo de bom. Apesar de ter sido caçada quase à extinção, a baleia cinza da Califórnia tem estado por muito tempo fora do alcance de caça, menos para os caçadores aborígines. Seu número tem crescido e ela foi retirada da lista das espécies ameaçadas em 1993.

Tom Garrison

Figura 15.21 Medicamentos em uma farmácia chinesa em São Francisco, Califórnia. Grande parte do estoque é derivado de fontes marinhas.

Novas Drogas e Produtos Biológicos de Origem Oceânica Estão Sendo Descobertos

O primeiro uso registrado de medicamentos derivados de organismos marinhos aparece na *Materia Medica* do imperador Shen Nung, da China, 2.700 a.C. **(Figura 15.21)**. As pesquisas médicas modernas estimam que talvez 10% de todos os organismos marinhos possam gerar compostos clinicamente úteis. Um desses medicamentos é derivado de uma esponja do Mar dos Caraíbas e já está em uso: o Aciclovir, o primeiro composto antiviral aprovado para o ser humano, tem combatido as infecções de herpes da pele e do sistema nervoso desde 1982. Uma classe de drogas anti-inflamatórias conhecidas como pseudopterosinas, desenvolvida por pesquisadores na Universidade da Califórnia, também tem sido bem-sucedida e agora está incorporada em uma linha comercial popular de "cosmecêuticos".

Compostos recém-descobertos também estão sendo testados. Um briozoário comum – um pequeno invertebrado incrustante – foi apontado como capaz de produzir uma substância química potente anticâncer, que agora está sendo testada em voluntários humanos. Extratos de 30% de todas as espécies de tunicados investigados mostram atividade antiviral e antitumoral; alguns desses extratos, conhecidos coletivamente como Didemninas, se mostram como promessa de tratamento para o melanoma maligno, a forma mais letal de câncer de pele. Outro derivado de tunicados, a Ecteinascidina 743 (aprovada para utilização na Europa e na Ásia, sob a marca Yondelis), se mostrou eficaz no tratamento de câncer de pele, da mama e do pulmão. Um composto relacionado encontrado no mesmo organismo, a aplidina, mostra-se promissora em reduzir tumores no pâncreas, estômago, bexiga e câncer da próstata e pode ser útil no tratamento de linfomas e leucemia.

O câncer não é o único alvo. Um composto derivado de cianobactéria estimulou o sistema imunológico de animais em teste em 225% e células em cultura em 2.000%; a droga pode ser útil no tratamento da aids. A vidarabina, outra droga antiviral desenvolvida a partir de esponjas, pode atacar diretamente o vírus da aids. Toxinas de conchas cone espiral mostram uma grande promessa para o alívio da dor e tratamento de desordens neurológicas, tais como a epilepsia e a doença de Alzheimer. Doenças autoimunes, tais como a esclerose múltipla, a artrite reumatoide e o diabetes tipo 1 poderão em breve ser tratadas por um novo medicamento que utiliza a toxina da anêmona-do-mar para bloquear as células destruidoras. Mesmo as algas marinhas abrigam compostos ativos. A alga vermelha do gênero *Callophycus* produz uma série de moléculas descobertas recentemente com potencial para o tratamento da malária.

Cerca de 25 drogas derivadas da vida marinha – tais como bactérias, esponjas e tunicados – estão atualmente passando por ensaios clínicos. As drogas de origem marinha podem ser promissoras, mas os materiais comerciais provenientes dos extremófilos são uma realidade. As companhias de biotecnologia isolaram e modificaram levemente as enzimas de organismos primitivos que vivem nos sedimentos do oceano profundo e nas proximidades das fontes hidrotermais. Os produtos mais amplamente usados são enzimas, que funcionam como agentes de limpeza nos detergentes usados para lavar roupas e louças. Esses agentes removem manchas proteicas e gordurosas mais eficientemente e a temperaturas menores e em menores concentrações que os produtos químicos à base de fosfatos que eles substituem.

BREVE REVISÃO

Antes de passar para a próxima seção, verifique seu entendimento de algumas das ideias importantes apresentadas até agora:

9. Qual é o recurso biológico mais valioso?

10. O esforço de pesca tem aumentado consideravelmente ao longo da última década. A pesca *per capita* também aumentou?

11. O que se entende por "sobrepesca"? A maioria dos peixes marinhos do mundo são sobrepescados?

12. O que é "captura acidental"?

13. Alguém ainda mata baleias? Por quê?

14. A maricultura pode fazer uma contribuição significativa para a economia marinha?

15. Algumas drogas originadas do oceano são atualmente aprovadas para uso por seres humanos?

Para verificar suas respostas, acesse a página deste livro no site da Cengage.

15.5 Recursos Oceânicos Não Extrativos são Usados no Local

> As melhorias no Canal do Panamá realizadas em 2014 devem acomodar a passagem de navios carregando um milhão de contêineres por semana.

O transporte e a recreação são os principais recursos não extrativistas que os oceanos fornecem. As pessoas utilizam o oceano para transporte há milhares de anos. Na maior parte desse tempo, o transporte de carga produziu mais lucro que o movimento de passageiros. Atualmente, os navios petroleiros transportam a maior tonelagem bruta de qualquer tipo de carga (mais de 310 milhões de toneladas métricas – 341 milhões de toneladas – anualmente). O petróleo representa aproximadamente 65% do valor total do comércio mundial transportado pelos mares; ferro, carvão e grãos representam 24% do restante.

Mais da metade da produção de petróleo bruto do mundo é transportada para o mercado por navios. Os navios petroleiros são necessários porque muito poucos dos maiores poços de exploração estão localizados perto das áreas onde a demanda por produtos de petróleo refinado é mais alta. Os maiores navios petroleiros têm mais de 430 metros (1.300 pés) de comprimento e 66 metros (206 pés) de largura e carregam mais do que 500.000 toneladas métricas (3,5 milhões de barris) de petróleo.

Portos modernos são essenciais para o transporte. A carga não é mais carregada e descarregada peça a peça por equipes de estivadores. Os portos de hoje são equipados com terminais de carga automatizados, terminais de tanques de grande volume (tanto em alto-mar quanto no cais), infraestrutura de armazenagem de contêineres (ver detalhe na **Figura 15.22**), pontes de embarque e desembarque para automóveis e caminhões e infraestrutura para passageiros requerida por causa da crescente popularidade dos cruzeiros marítimos. A maior parte dessa construção especializada ocorreu desde 1960. O porto de Nova Orleans, atualmente, é o maior da América do Norte; aproximadamente 200 milhões de toneladas de carga – grãos, em sua maioria – passaram por suas docas em 2010. O terminal de contêineres mais movimentado do mundo é em Xangai, China. Em 2011, quase 30 milhões de contêineres passaram pelo porto (**Figura 15.23**)!

O derretimento do gelo do Ártico – um subproduto da mudança climática global que você aprenderá mais adiante neste capítulo – tornou possível para os navios passarem do Atlântico Norte para o Pacífico Norte, sem transitar pelos canais de Suez ou do Panamá. Uma empresa de navegação alemã tinha seis navios que faziam a viagem da Passagem do Noroeste acima de Canadá em 2010, com uma economia de 800.000 dólares. Um estudo de 2004 descobriu mais de cinco mil embarcações operando no ou perto do Oceano Ártico.

O transporte é, às vezes, combinado com a recreação. Na última década, a indústria do turismo de cruzeiros marítimos experimentou um crescimento espetacular. Os passageiros de transatlânticos de luxo e navios de cruzeiro podem aproveitar alguns dias relaxantes no oceano, cruzando o Atlântico Norte, visitando ilhas tropicais ou lugares turísticos acessíveis ao público apenas por navios. (De fato, o turismo é a maior indústria mundial do momento.) As atividades de lazer relacionadas ao oceano, incluindo pesca esportiva, surfe, mergulho, navegação, banho de sol e jantares em restaurantes ao lado do mar, tudo planejado para que a pessoa possa relaxar e se divertir. Além de ser produtores importantes de receita, os aquários públicos e parques marinhos (como o Sea World) são centros de educação, pesquisa e de programas de reprodução em cativeiro. Mesmo o interesse público e a curiosidade sobre as baleias são uma fonte de recreação e lucro. Nos Estados Unidos, em 2008, viagens de observação de baleias geraram uma receita anual direta estimada de 300 milhões de dólares; receitas indiretas, incluindo exibição de golfinhos, obras de arte de baleias e livros e doações de grupos de conservação, somaram outros 400 milhões de dólares.

E não se esqueça do setor imobiliário. Como os valores dos terrenos costeiros confirmam, as pessoas adoram viver perto do mar. Para 2015, havia a provisão de cerca de 165 milhões de norte-americanos vivendo em áreas costeiras, em propriedades valorizadas em mais de 7 trilhões de dólares.

BREVE REVISÃO

Antes de passar para a próxima seção, verifique seu entendimento de algumas das ideias importantes apresentadas até agora:

16. O uso do oceano no local (um recurso não extrativo) é mais valioso?

17. Como o advento do transporte em contêineres mudou a economia mundial?

18. Qual é o maior porto dos Estados Unidos? Qual é o seu principal produto de exportação?

19. Qual é a maior indústria do mundo? Ela está relacionada com o oceano?

Para verificar suas respostas, acesse a página deste livro no site da Cengage.

FIGURA DESTAQUE 15.22 O Ciclo do Contêiner

Tom Garrison

(a) Um representante de um fabricante norte-americano de capas e vestuário de alta tecnologia inspeciona materiais e negocia a produção de luvas a ser feita em uma fábrica na província de Guangdong, China.

Tom Garrison

(b) As luvas são cuidadosamente costuradas para cumprir o acordado nas especificações.

Tom Garrison

(c) Selados com segurança em um contêiner padrão, os produtos acabados são transportados por caminhão da fábrica para o porto, através de zonas econômicas especializadas na China. As luvas partirão do porto de Hong Kong, um dos portos mais movimentados em termos de contêineres do mundo (visto no fundo). Os maiores navios podem transportar 16.000 contêineres!

Tom Garrison

(f) Este cargueiro navega rápido quando retorna para a Ásia a partir do porto número um da América em exportação de contêineres: air. O ciclo do contêiner começa de novo.

Port of Long Beach

(d) Depois de uma viagem de 16 dias através do Pacífico no navio porta-contêineres Hyundai Kingdom, as luvas chegam no maior complexo portuário de contêineres dos Estados Unidos, perto de Los Angeles, Califórnia.

Port of Long Beach

(e) Ainda selados, os contêineres são colocados em caminhões (e trens) para o movimento para o interior. O tempo total desde o fabricante das luvas até que elas estejam disponíveis em uma cidade do meio oeste é de, em média, oito semanas.

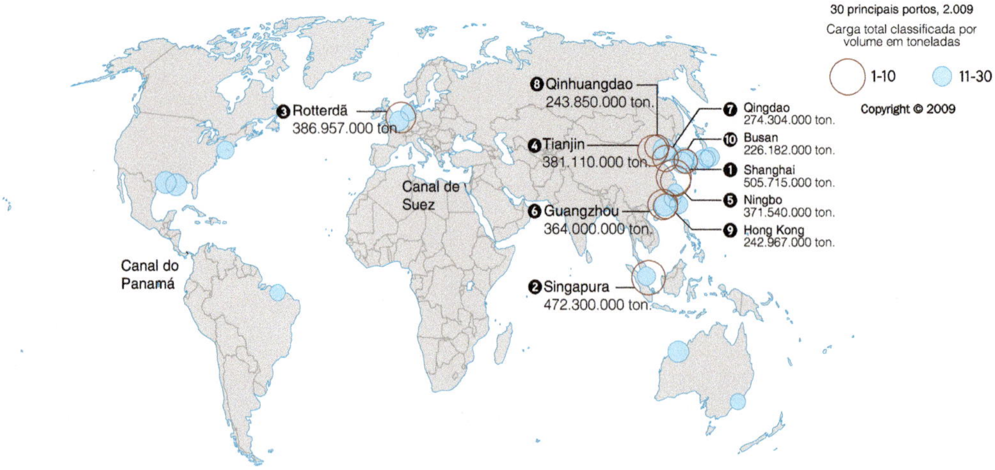

National Geographic Collegiate Atlas

Figura 15.23 Trinta principais portos de carga em 2009. Cerca de 1,2 milhão de contêineres estão a bordo de navios em rota para o seu destino, em qualquer momento.

15.6 Uma Introdução às Questões Ambientais Marinhas

A humanidade embarcou em um experimento global não intencional de exploração dos recursos marinhos e gerenciamento de resíduos. Nós apenas ajustamos o nosso rumo avançando para o desconhecido. Em março de 2005, uma comissão internacional de pesquisadores e economistas proeminentes se reuniu em Washington, DC, subsidiada pelo Banco Mundial, e, endossada pela Britain's Royal Society, advertiu que "quase dois terços do mecanismo natural que sustenta a vida na Terra estão sendo degradados pela pressão humana" (veja a Figura 15.50). O que virá depois? A resposta é incerta.

A exigência humana excedeu a capacidade da Terra de regenerar recursos, pelo menos desde o início de 1980. Desde 1961, a demanda humana de organismos e matérias-primas da Terra mais que dobrou e agora excede a capacidade de reposição natural da Terra em pelo menos 20%. Como você viu anteriormente, a nossa taxa atual de crescimento é claramente insustentável.

O restante deste capítulo discute algumas das maneiras como a espécie humana exerceu a sua capacidade de consumir recursos marinhos e poluir seus arredores.

© Photoshot Holdings Ltd/Alamy

Figura 15.24 Esgoto bruto flui em uma praia inglesa e para o Mar do Norte.

15.7 Os Poluentes Marinhos Podem Ser Naturais ou Gerados por Humanos

O grande volume do oceano e o movimento incessante dissipa e distribui substâncias naturais e sintéticas. Por essa razão, nós, seres humanos, temos utilizado o mar como uma lixeira para os nossos resíduos. A capacidade do oceano de absorver não é inesgotável.

A **poluição marinha** consiste na introdução, pelo homem, de substâncias ou de energia nos oceanos, de modo que altere a qualidade da água ou afete o ambiente biológico, físico ou químico. Nem sempre é fácil identificar um poluente; alguns materiais classificados como poluentes são produzidos em grandes quantidades, por processos naturais. Por exemplo, uma erupção vulcânica pode produzir quantidades enormes de dióxido de carbono, metano, compostos de enxofre e óxidos de nitrogênio. Quantidades excessivas dessas substâncias produzidas pela atividade humana podem causar o aquecimento global e a chuva ácida. Por essa razão, precisamos distinguir entre os *poluentes naturais* e *os gerados pelos humanos*.

Ninguém sabe ao certo qual a dimensão da contaminamos que provocamos nos oceanos. Quando os primeiros oceanógrafos começaram a realizar pesquisas mais amplas, a Revolução Industrial estava bem estabelecida e as alterações já haviam ocorrido. Traços de compostos sintéticos agora são encontrados em todos os cantos do oceano.

Costuma-se dizer que jamais saberemos como o oceano original era ou quais plantas e animais especiais podem ter se extinguido como um resultado da atividade humana. Nosso

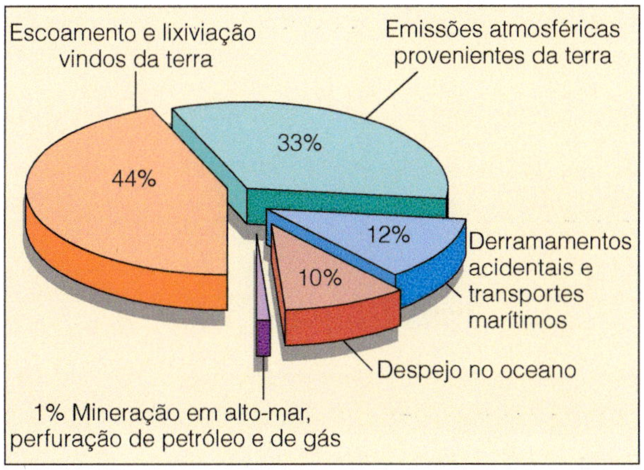

Figura 15.25 Fontes de poluição marinha.

(Fonte: Joint Group of Experts on the Scientific Aspects of the Marine Environment, "The State of the Marine Environment", UNEP Regional Seas Reports and Studies n. 115. Direitos autorais Nairobi ©1990 Programa de Meio Ambiente das U.N.).

Figura 15.26 Tempestade desagua diretamente nos rios, baías e, finalmente, atinge o oceano. A cada ano, cerca de 240 milhões de galões de óleo de motor usado – *cerca de 8 vezes o volume do vazamento de 2010 no Golfo do México* – são despejados no esgoto, derramados no lixo ou escondidos no lixo conduzido para os aterros sanitários. Grande parte disto encontra o seu destino no oceano.

conhecimento limitado das condições pristinas é pontuado de pequenas amostras de água do mar recolhidas das profundezas dentro de blocos de gelo polar e de minúsculas bolhas de ar aprisionadas nas geleiras. Há poucos hábitats originais sem perturbações que permanecem para estudo e poucos organismos marinhos estão completamente livres dos efeitos dos poluentes oceânicos.

Os Poluentes Interferem nos Processos Bioquímicos dos Organismos

Um **poluente** causa dano ao interferir direta ou indiretamente nos processos bioquímicos de um organismo. Muitos poluentes são prejudiciais à saúde humana. Algumas alterações induzidas por poluentes podem ser instantaneamente letais; outras alterações podem debilitar um organismo durante semanas ou meses ou alterar a dinâmica da população da qual ele faz parte ou, gradualmente, desequilibrar toda a comunidade.

Na maioria dos casos, a resposta de um organismo a um poluente particular dependerá de sua sensibilidade à combinação de *quantidade* e *toxicidade* desse poluente. Alguns poluentes são tóxicos para os organismos em concentrações muito baixas. Por exemplo, a habilidade fotossintética de algumas espécies de diatomáceas é diminuída quando compostos de hidrocarbonetos clorados estão presentes em quantidades em partes-por-trilhão. Outros poluentes podem parecer inofensivos, como quando os fertilizantes da agricultura fluem do solo para o estuário estimulando o crescimento de vegetais. Outros poluentes ainda podem ser prejudiciais para alguns organismos, mas não para outros. Por exemplo, o petróleo cru interfere na delicada estrutura de alimentação do zooplâncton e encharca as penas das aves, mas ele serve simultaneamente como um banquete para certas bactérias.

Os poluentes também variam em sua *persistência*; alguns persistem no ambiente por milhares de anos, enquanto outros duram apenas alguns minutos. Alguns poluentes têm rupturas em suas moléculas, formando substâncias inofensivas espontaneamente ou por meio de processos físicos (como a quebra de moléculas grandes pela luz do Sol). Às vezes, os poluentes são removidos do meio ambiente pela atividade biológica. Por exemplo, alguns organismos marinhos escapam de um dano permanente pela metabolização das substâncias nocivas em inofensivas. De fato, muitos poluentes são totalmente **biodegradáveis** – isto é, capazes de ser divididos por processos naturais em compostos mais simples e inofensivos. Todavia, muitos poluentes resistem ao ataque da água, do ar, da luz solar ou dos organismos vivos, devido aos componentes sintéticos dos quais eles são feitos não serem similares a nada na natureza.

As maneiras pelas quais os poluentes estão alterando o oceano e a atmosfera são, frequentemente de difícil compreensão pelos pesquisadores. O impacto ambiental não pode sempre ser previsto ou explicado. Como resultado, os cientistas marinhos atingem um consenso nas opiniões sobre o que poluentes estão fazendo para o oceano e para a atmosfera e o que podem fazer sobre isso. As questões ambientais frequentemente abordadas de modo emocional e os relatos da mídia tendem ao sensacionalismo de incidentes de curto prazo (como os derramamentos de petróleo) e não aos mais sérios, problemas de longo prazo (como mudanças atmosféricas ou os efeitos de compostos de hidrocarbonetos clorados de longa vida – alta persistência).

As fontes de poluição marinha estão resumidas na **Figura 15.25**.

O Petróleo Entra no Oceano a Partir de Muitas Fontes

O petróleo é uma parte natural do ambiente marinho. Infiltrações de petróleo têm introduzido grandes quantidades de petróleo no mar durante milhões de anos. A quantidade de óleo que entra no oceano tem aumentado nos últimos anos,

AP Photo/Dave Martin

a) Petróleo bruto emulsificado banha Orange Beach, Alabama, cerca de 145 quilômetros (90 milhas) a partir do local do derramamento da Deepwater Horizon, de 2010.

Al Grillo/Peter Arnold, Inc.

(b) Limpando o derramamento de petróleo do *Exxon Valdez*, em março de 1989, em Prince William Sound, no Alasca. Ironicamente, de modo geral, o dano ambiental do processo de limpeza foi tão grande quanto o derramamento de origem.

Figura 15.27 Derramamentos de petróleo.

por causa da nossa crescente dependência do transporte marítimo de produtos petrolíferos, de perfuração em alto-mar, refino próximo da costa e escoamento em ruas que carregam resíduos de óleo de automóveis.

A sede acelerada do mundo por petróleo está atualmente beirando cerca de 1.000 galões (3.800 litros) *por segundo*, pouco mais da metade dos quais é transportada para o mercado em grandes navios petroleiros. Na década de 1990, cerca de 1.300 milhões de toneladas métricas (1.430 milhões de toneladas) de petróleo entraram nos oceanos mundiais a cada ano. Infiltrações naturais representaram cerca de metade dessa entrada anual – 600.000 toneladas métricas por ano. Aproximadamente 8% do total esteve associado ao transporte marinho. Parte desse óleo não foi derramado em acidentes com navios petroleiros amplamente divulgados, mas foi liberado durante operações de carga, descarga e lavagem dos navios petroleiros. Entre 150.000 e 450.000 aves marinhas são mortas a cada ano pelo petróleo liberado de navios petroleiros.

Muito mais petróleo chega ao oceano pelas águas drenadas das ruas das cidades ou como resíduos de óleo despejado no esgoto, aderido aos grãos de poeira ou escondido no lixo destinado a um aterro. Todos os anos, mais de 900 milhões de litros (cerca de 240 milhões de galões) de óleo de motor usado – cerca de oito vezes o volume do derramamento de 2010 no Golfo do México – encontra o seu caminho para o mar **(Figura 15.26)**. Esse óleo usado é muito mais tóxico que o petróleo bruto porque ele desenvolveu componentes cancerígenos e metálicos através do calor e da pressão dentro dos motores de combustão interna.

É difícil generalizar sobre os efeitos que uma liberação concentrada de petróleo – um derramamento de petróleo de um navio petroleiro, de uma instalação de armazenagem costeira ou de uma plataforma de perfuração – terá no ambiente marinho. As consequências de um derramamento variam de acordo com vários fatores: sua localização e proximidade da costa; quantidade e composição do petróleo; estação do ano, correntes e condições climáticas na época do derramamento; e a composição e a diversidade das comunidades afetadas. As comunidades sob marés de águas rasas e de entremarés são mais sensíveis aos efeitos de um derramamento.

Os derramamentos de petróleo *cru* geralmente são maiores em volume e mais frequentes que os derramamentos de óleo refinado. A maioria dos componentes do petróleo cru não se dissolve facilmente na água, mas aqueles que o fazem podem prejudicar as formas jovens delicadas dos organismos marinhos, mesmo quando em concentrações mínimas. Os componentes insolúveis remanescentes formam camadas pegajosas na superfície que impedem a livre difusão dos gases, entopem as estruturas de alimentação de organismos adultos, matam larvas e diminuem a luz solar disponível para a fotossíntese. Mesmo assim, o petróleo cru não é altamente tóxico e é biodegradável. Embora os derramamentos de petróleo cru pareçam terríveis e gerem uma grande atenção da mídia, a maior parte das formas de vida marinha em uma área

Figura 15.28 Os maiores derramamentos de petróleo do mundo. Para efeito de comparação, o derramamento em 1989 do *Exxon Valdez*, em Prince William Sound, no Alasca, lançou cerca de 11 milhões de galões de petróleo bruto.

(Fonte: Dados do Oil Spill Inteligence Report; *Los Angeles Times*, 28 de maio de 2010).

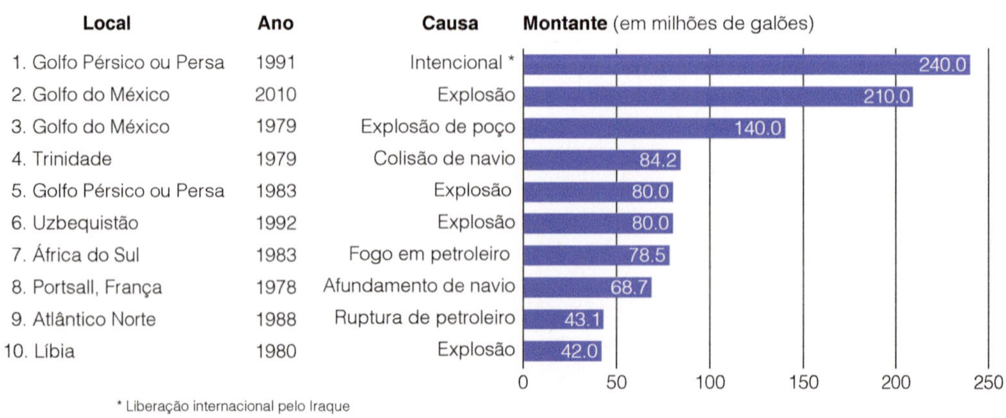

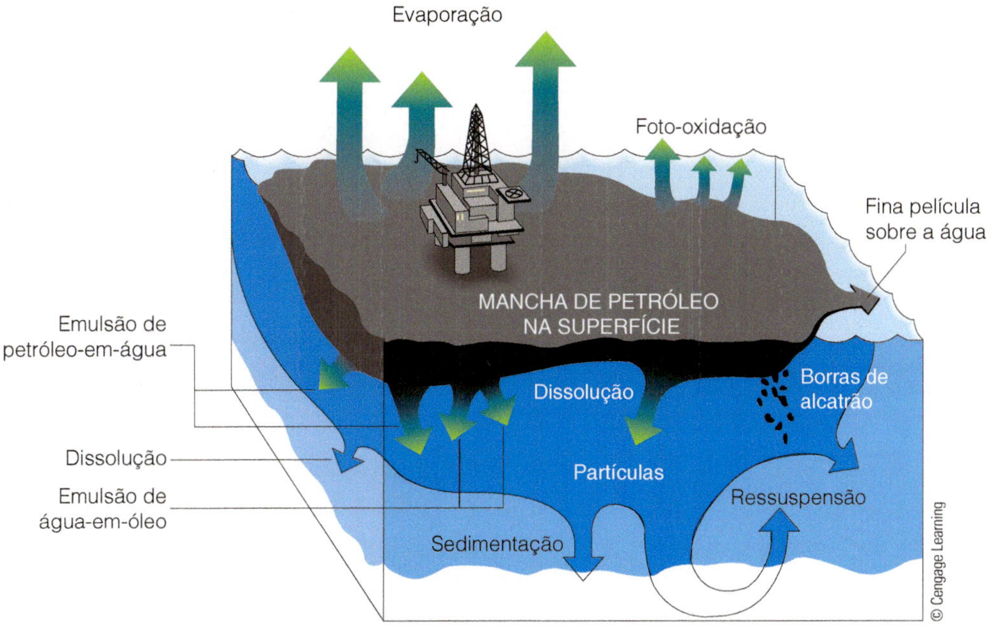

Figura 15.29 O destino do petróleo derramado no mar. As moléculas menores evaporam ou se dissolvem na água embaixo da mancha. Dentro de poucos dias, o movimento da água aglutina o óleo em borras de alcatrão e emulsões semissólidas de água-em-petróleo e petróleo-em-água. As borras de alcatrão e as emulsões podem persistir por meses depois da formação. Se o petróleo bruto é deixado sem perturbações, a atividade bacteriana, eventualmente, consumirá o óleo. O petróleo refinado, todavia, pode ser mais tóxico e os processos de limpeza naturais levam proporcionalmente mais tempo para se completar.

recupera-se dos efeitos de um derramamento moderado em aproximadamente cinco anos.

Derramamentos de petróleo *refinado*, especialmente na costa, onde a vida marinha é abundante, podem ser mais perturbadores por períodos de tempo mais longos. Os processos de refino removem e rompem os componentes mais pesados do petróleo cru e concentram os remanescentes mais leves, os biologicamente mais ativos. Os componentes adicionados ao petróleo durante o processo de refino também o tornam ainda mais mortal. Derramamentos de petróleo refinado são motivo de crescente preocupação porque a quantidade de petróleo refinado transportado para os Estados Unidos aumentou drasticamente durante os anos de 1980 e 1990.

Os componentes voláteis de qualquer petróleo derramado eventualmente evaporam para o ar, deixando o alcatrão mais pesado para trás. A ação das ondas faz que o alcatrão forme borras de tamanhos variados (borras de petróleo) (**Figura 15.27**). Parte das bolas de alcatrão afunda para o leito, onde elas podem ser assimiladas pelos organismos do fundo ou incorporadas aos sedimentos. As bactérias, eventualmente, decomporão essas esferas, mas o processo pode levar anos para se completar, em especial nas águas polares geladas. Esse resíduo oleoso – especialmente se derivado do petróleo refinado – pode ter efeitos de longa duração nas comunidades do fundo oceânico. Grandes derramamentos estão listados na **Figura 15.28** e o destino do óleo está resumido na **Figura 15.29**.

A Limpeza de um Derramamento Sempre Envolve Permuta

Os métodos utilizados para conter e limpar um derramamento de óleo, por vezes, causam mais danos que o próprio petróleo. Os detergentes utilizados para dispersar o óleo (dispersantes) são especialmente prejudiciais aos seres vivos. A limpeza do acidente do *Torrey Canyon*, em 1969, ao largo da costa sul da Inglaterra, um dos primeiros grandes acidentes com petroleiros, causou muito mais danos ambientais que as 100.000 toneladas métricas (110.000 toneladas) de petróleo bruto liberadas. Algumas praias de lazer no sul da Inglaterra foram fechadas por duas temporadas, não por causa do resíduo de petróleo, mas sim pelo cheiro da decomposição dos organismos marinhos mortos pelos produtos químicos usados para fazer a costa parecer limpa.

Mesmo os produtos e métodos mais sofisticados que foram usados para lidar com o derramamento de petróleo no Golfo do México, em 2010, o pior vazamento de petróleo na história dos Estados Unidos (e o pior vazamento dos 19 já acontecidos), parecem ter causado mais danos. Um acidente

Figura 15.30 A plataforma de petróleo Deepwater Horizon momentos antes de afundar. Onze trabalhadores perderam sua vida no incidente.

na plataforma de petróleo Deepwater Horizon, ao largo da costa da Louisiana, em 20 de abril de 2010, resultou na maior liberação acidental de petróleo na história da indústria do petróleo dos Estados Unidos. Onze trabalhadores morreram, 17 ficaram feridos e a plataforma em si enfraqueceu e afundou (Figura 15.30). O petróleo sob alta pressão geológica espirrou da ponta do tubo de perfuração quebrado. A melhor estimativa da liberação total de petróleo durante os 85 dias necessários para tampar o poço é de cerca de 4,9 milhões de barris (206 milhões de galões) de petróleo bruto, dos quais 800.000 barris (33 milhões de galões, cerca de 16%) foram capturados pela recuperação direta a partir da cabeça da perfuração. Raspagem e queima na superfície também foram empregados (recuperando um adicional de 8%). O restante do petróleo foi dispersado no oceano e na atmosfera circundantes. Cerca de 26% deste formou borras de alcatrão, arrastadas para a costa, e foram enterradas em sedimentos ou permaneceram brilhando na superfície. Componentes mais leves do petróleo (cerca de 25%) evaporaram ou dissolveram na água do mar.

Aproximadamente 8% do petróleo foi disperso por produtos químicos injetados na cabeça do poço ou pulverizados na superfície do oceano. Como foi o caso com o derramamento no *Torrey Canyon*, os dispersantes eram tóxicos para os próprios organismos que poderiam metabolizar o óleo naturalmente. Uma vasta quantidade de dispersante, principalmente o produto químico Corexit, foi espalhado; estimativas sugerem que cerca de 2 milhões de galões foram pulverizados sobre a água ou injetados diretamente na cabeça do poço jorrando no fundo do mar. Quando misturado com o dispersante, o petróleo que normalmente flutua foi capaz de permanecer muito abaixo da superfície e afetar peixes e organismos que vivem no fundo. A pesquisa continua, mas um toxicologista da Universidade do Sul de Mississippi sugere que o petróleo disperso é provavelmente mais tóxico que o petróleo bruto por si só.

O que fazer? Parece que um programa de limpeza demasiado ambicioso pode ser contraproducente. Sylvia Earle, uma cientista da Administração Oceânica e Atmosférica Nacional (National Oceanic and Atmospheric Administration - NOAA), disse: "Às vezes a melhor, e ironicamente a mais difícil, coisa a fazer diante de um desastre ecológico é não fazer nada".[9]

Naturalmente, a melhor maneira de lidar com a poluição por petróleo é preveni-la. O projeto de construção de navios petroleiros está sendo modificado para limitar a quantidade de petróleo intencionalmente liberada no transporte. A legislação está sendo considerada, de modo que limitaria novas construções de petroleiros para projetos com casco duplo e plataformas de exploração mais fortes, para evitar as redundantes falhas. Talvez o mais importante, o teste e o treinamento da tripulação foram atualizados.

Substâncias Químicas Orgânicas Sintéticas Tóxicas Podem Ser Biologicamente Magnificadas

Muitos produtos químicos orgânicos sintéticos diferentes entram no oceano e se tornam incorporados em seus organismos. A ingestão de até mesmo pequenas quantidades desses compostos pode causar doenças ou morte. A discussão alarmante de Rachel Carson em seu livro de 1962, *Silent Spring*, sobre os efeitos desses compostos deu início ao movimento ambiental.

Figura 15.31 Para as pessoas de Minamata, no Japão, que foram envenenadas por mercúrio liberado para o oceano por uma fábrica próxima à baía, a poluição por metais pesados é uma contínua história de horror. Entre 1953 e 1960, mais de 100 pessoas que comeram mariscos retirados da Baía de Minamata foram atingidas por uma forma de intoxicação por mercúrio, hoje conhecida como doença de Minamata. Seus sintomas incluíam danos nos rins, deterioração neuromuscular, defeitos congênitos, insanidade e eventualmente a morte.

AP Photo

Hidrocarbonetos halogenados – uma classe de compostos de hidrocarbonetos sintéticos que contêm cloretos, brometos ou iodetos – são usados em pesticidas, retardadores de chamas, solventes industriais e fluidos de limpeza. A concentração de **hidrocarbonetos clorados** – os mais abundantes e perigosos hidrocarbonetos halogenados – é tão alta nas águas do estado de Nova York que as autoridades locais alertaram as mulheres em idade fértil e menores de 15 anos para não consumirem mais que 220 gramas de anchova local por semana. (Foi dito para elas que *nunca* consumissem robalo seco pescado na área.)

O teor de substâncias químicas orgânicas sintéticas na água do mar geralmente é muito baixo, mas alguns organismos nos níveis mais altos da cadeia alimentar podem concentrar essas substâncias tóxicas em seus tecidos. Esta **biomagnificação** é especialmente perigosa para os carnívoros de topo de cadeia alimentar. A biomagnificação de **bifenilas policloradas** (PCBs), fluidos amplamente utilizados para resfriar e isolar dispositivos elétricos e para reforçar a madeira ou concreto, pode ser responsável pelas alterações de comportamento e diminuição da fertilidade de algumas populações de focas e leões marinhos nas ilhas ao largo da costa da Califórnia. Os PCBs também estiveram relacionados a uma epidemia viral mortal entre os golfinhos no Mediterrâneo ocidental. A ingestão de substância química pode ter enfraquecido severamente o sistema imunológico dos golfinhos e tornado impossível para eles combater a infecção – mais de 10 mil golfinhos morreram durante o verão de 1990. Ainda mais alarmante para os biólogos é a recente descoberta de que os golfinhos costeiros ao largo das costas dos Estados Unidos estão intensamente contaminados. A concentração de hidro-

[9] O público normalmente exige uma limpeza. No pico do derramamento de 2010 no Golfo mais de 23 mil trabalhadores da limpeza estavam de plantão. Até o momento o derramamento está resolvido, a British Petroleum, a empresa locadora da Deepwater Horizon quando ocorreu o acidente, teria pago cerca de 60 bilhões de dólares em multas, despesas de equipamento e custos de limpeza.

Figura 15.32 A floração de algas (*bloom*) tóxicas sufoca as águas de Little Gasparilla Island, Flórida.

carbonetos clorados nesses animais excede 6.900 partes por milhão (ppm), concentrações altas o suficiente para perturbar o sistema imunológico, a produção de hormônio, o sucesso reprodutivo, a função neural e a capacidade de evitar canceres em golfinhos.[10] Esses níveis excedem amplamente o limite de 50 ppm que o governo dos Estados Unidos considera perigoso para os animais, e o de 5 ppm considerado o nível máximo aceitável para os seres humanos! Mesmo os cachalotes – animais que raramente frequentam as águas costeiras – estão contaminados. As pesquisas continuam, assim como as provas sobre os efeitos da dioxina e de outros venenos orgânicos sintéticos se acumulam nos receptáculos oceânicos.

Os Metais Pesados Podem Ser Tóxicos em Quantidades Muito Pequenas

Produtos químicos orgânicos sintéticos não são os únicos venenos que contaminam a vida marinha. Pequenas quantidades de metais pesados são capazes de causar danos para os organismos por interferir no metabolismo da célula normal. Entre os metais pesados mais perigosos introduzidos no oceano estão mercúrio, chumbo, cobre e estanho.

A atividade humana libera cerca de cinco vezes mais mercúrio e 17 vezes mais chumbo no oceano que o derivado de fontes naturais, e as incidências de envenenamento por mercúrio e chumbo – principais causas de danos cerebrais e distúrbios comportamentais em crianças – têm aumentado drasticamente ao longo das últimas duas décadas. As partículas de chumbo de rejeitos industriais, aterros e resíduos da gasolina atingem o oceano por escoamento sobre a terra durante as chuvas e a concentração de chumbo em algumas espécies que vivem em água rasa e se alimentam no fundo, junto aos sedimentos está aumentando a uma velocidade alarmante.

O mercúrio é um poluente especialmente tóxico. A exposição no útero ou na infância a uma pequena quantidade de mercúrio pode resultar em consequências neurológicas graves **(Figura 15.31)**. O mercúrio entra no oceano pelas atividades de mineração, fumaça da queima de carvão e como um subproduto da produção industrial. As espécies de peixes maiores, como o atum ou o espadarte, geralmente apresentam maior preocupação que as espécies menores, porque o mercúrio se acumula no topo da cadeia alimentar. O órgão administrativo voltado para a liberação de drogas e alimentos dos Estados Unidos (Food and Drug Administration – FDA) aconselha as mulheres em idade fértil e crianças a evitar completamente o consumo de espadarte, tubarão, cavala e namorado, e limitar o consumo de caranguejo-rei, caranguejo, atum-voador e filés de atum a 170 gramas ou menos por semana.

Consumidores conscientes em relação à saúde vêm os peixes como um alimento seguro e saudável. Mas com o oceano ainda recebendo metal pesado – o escoamento de material contaminado vindo de terra, uma chuva de poluentes do ar e as consequências de navios naufragados – , podemos apenas imaginar quanto tempo ainda os frutos do mar serão considerados seguros para o consumo humano. Os consumidores devem ser especialmente cuidadosos com os frutos do mar apanhados próximo da costa nas regiões industrializadas.

A Eutrofização Estimula o Crescimento de Algumas Espécies em Detrimento de Outras

Nem todos os poluentes matam os organismos. Algumas substâncias orgânicas dissolvidas agem como nutrientes ou fertilizantes que aceleram o crescimento dos autótrofos marinhos, causando a eutrofização. **Eutrofização** (*eu*, "bom, bem"; *trophos*, "alimentação") é um conjunto de características físicas, químicas e mudanças biológicas que ocorre quando excesso de nutrientes é liberado na água. A fertilização exagerada pode ser tão destrutiva quanto pouca fertilidade. A eutrofização estimula o crescimento de algumas espécies em detrimento de outras, destruindo o equilíbrio biológico natural de uma área oceânica. Os nutrientes extras provêm de estações de tratamento de esgotos, efluentes industriais, erosão acelerada do solo ou contaminação por espalhamento de excesso de fertilizantes na terra. Eles geralmente chegam ao oceano pela descarga fluvial e são particularmente comuns em estuários. A eutrofização ocorre nas bocas de quase todos os rios do planeta.

As manifestações mais visíveis de eutrofização são as marés vermelhas, as espumas amarelas e as lamas verdes e espessas de vigorosas florescências de plânctons (*blooms*) **(Figura 15.32)**. Essas florescências consistem tipicamente de uma espécie de fitoplâncton dominante que cresce de forma explosiva, suplantando completamente outros organismos. Um

[10] Se você devolver um golfinho encalhado na praia para o mar poderá, teoricamente, receber uma multa de 10.000 dólares por disposição imprópria de materiais poluentes!

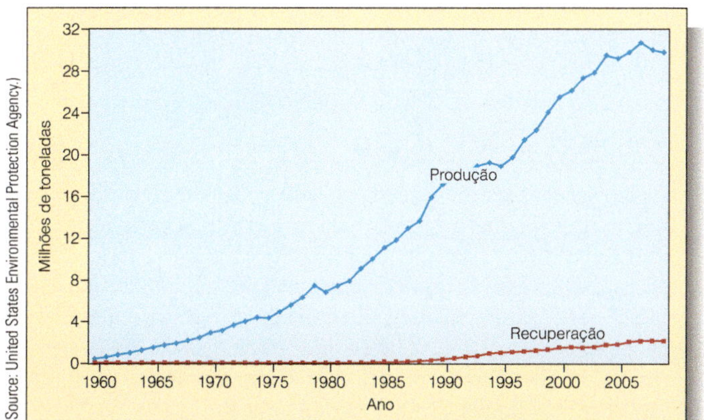

Figura 15.33 Produção e recuperação (reciclagem) de plásticos nos Estados Unidos desde 1960. Os plásticos geralmente não são biodegradáveis e eles se acumulam no ambiente marinho.

Shirley Richards/UNEP/Peter Arnold, Inc.

Figura 15.34 Rejeitos plásticos descartados lotam a foz do Rio Los Angeles, em Long Beach, Califórnia. Algumas cidades da Califórnia têm proibido a venda de sacos de plástico finos descartáveis.

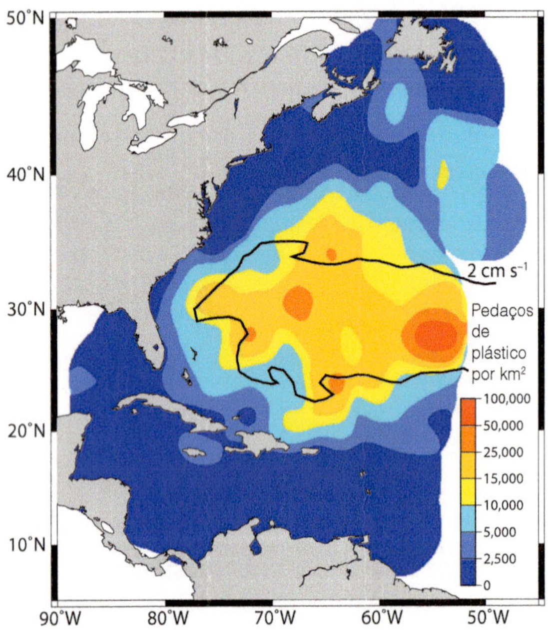

(Data from Law et al. 2010. "Plastic accumulation in the North American gyre." *Science* 329:5996. Copyright © 2010 by the American Association for the Advancement of Science, reimpressa com permissão.)

Figura 15.35 Peças de plástico no giro do Atlântico Norte. A quantidade total estimada de plástico na área mostrada (a maioria dos quais consiste de partículas de cerca de 1 milímetro, 1/16 de uma polegada, em tamanho) é de 1.100 toneladas métricas (1.210 toneladas).

grande número de células de algas pode sufocar as brânquias de alguns animais e (à noite, quando a luz solar não está disponível para a produção de oxigênio fotossintético) esgotar o conteúdo livre de oxigênio das águas de superfície. Nas águas costeiras, o baixo nível de oxigênio é atualmente responsável por causar mais mortandade em massa de peixes que qualquer outro agente isolado, incluindo os derramamentos de petróleo. Trata-se de uma ameaça suprema à captura comercial de crustáceos.

Foto tirada no Kure Atoll por Cynthia Vanderlip para Algalita Marine Research Foundation

Figura 15.36 Plásticos descartados podem representar perigos diretos ou indiretos. Aqui, um albatroz em decomposição revela a causa de sua morte. Lixo plástico (confundido com alimento) bloqueou seu sistema digestivo. No Atol de Midway, cerca de 40% dos albatrozes morrem dessa maneira.

O Plástico e as Outras Formas de Dejetos Sólidos Podem Ser Especialmente Prejudiciais à Vida Marinha

Nem todos os poluentes entram no oceano em um estado dissolvido; muito do que é carregado chega na forma sólida. Cerca de 120 milhões de toneladas métricas de plástico são produzidas a cada ano e cerca de 10% acabam no oceano. Os norte-americanos usam mais plástico por pessoa que qualquer outro grupo humano **(Figura 15.33)**, gerando cerca de 31 milhões de toneladas métricas de plástico, cerca de 120 kg (240 libras) por pessoa, por ano. Ligeiramente mais do que 4% da produção mundial de petróleo são usados para o fabrico de plásticos.

Os atributos que tornam os itens de plástico úteis para os consumidores são a sua durabilidade e estabilidade, o que também os torna um problema em ambientes marinhos. Os cientistas estimam que alguns tipos de materiais sintéticos – pacotes com seis embalagens de plástico, por exemplo – não vão se decompor em cerca de 400 anos! Apesar dos derramamentos de petróleo receberem mais atenção como uma potencial ameaça ambiental, o plástico é um perigo muito mais grave. O petróleo é prejudicial, mas, ao contrário do plástico, ele eventualmente é biodegradável. Despejado no mar por navios ou varrido para o mar em rios inundados, as massas de detritos de plástico podem crescer em proporções surreais (veja a **Figura 15.34**).

O problema não está confinado às regiões costeiras. O giro subtropical do Pacífico Norte cobre uma grande área do Pacífico, na qual a água circula no sentido horário em uma espiral lenta (ver novamente a Figura 8.8). Os ventos lá são fracos. As correntes tendem a mover qualquer material flutuante para o centro de baixa energia do giro. Há poucas ilhas nas quais o material flutuante pode aportar, assim ele permanece lá no giro. Essa área, aproximadamente do tamanho do Texas, foi apelidada de "a Trilha Asiática do Lixo", o "Vórtice do Lixo" ou a "Porção de Lixo Leste". (Um equivalente menor se formou no Pacífico Oeste, a meio caminho entre São Francisco e o Havaí; outro se situa ao largo da costa leste dos Estados Unidos **[Figura 15.35]**.) Uma pesquisa estima que

Figura 15.37 Conforme o plástico degrada, ele se quebra em pedaços cada vez menores, mas não desaparece por completo. Mesmo fiapos de lavanderia contendo fibras sintéticas fazem o seu caminho para o mar. Grandes áreas do oceano agora contêm mais plástico do que plâncton vivo, conforme ilustrado nesta amostra concentrada.

o peso dos detritos presos nos giros é de cerca de três milhões de toneladas métricas, comparáveis com a deposição de um ano no maior aterro sanitário de Los Angeles.[11]

Centenas de mamíferos marinhos e milhares de aves marinhas morrem a *cada ano* após a ingestão ou ser capturados por detritos de plástico. As tartarugas marinhas confundem sacolas de plástico com sua presa, as águas-vivas e morrem de complicações intestinais. Focas e leões-marinhos morrem de fome após ficarem presos nas redes ou terem os focinhos presos em anéis de embalagens diversas. Esses anéis também estrangulam peixes e aves marinhas. Cerca de 250 mil filhotes de albatroz de Laysan morrem a cada ano por serem alimentados por seus pais com pedaços de plástico em vez de alimentos **(Figura 15.36)**.

E tudo ainda pode piorar. A luz solar, a ação das ondas e a abrasão mecânica quebram o plástico em partículas ainda menores. Esses pequenos pedaços tendem a atrair resíduos oleosos tóxicos como PCBs, dioxinas e outros produtos químicos orgânicos nocivos. No meio do Oceano Pacífico, um milhão de vezes mais toxinas estão concentradas nos detritos de plástico e partículas de plástico do que na água do mar local. As partículas de plástico microscópicas superam o zooplâncton em seis vezes na água retirada do giro subtropical do Pacífico Norte (a "Mancha de Lixo do Pacífico Leste") **(Figura 15.37)**. Não é de admirar que os produtos químicos orgânicos tóxicos tenham se acumulado biologicamente na cadeia alimentar em proporções alarmantes?

Nem todos os plásticos flutuam. Cerca de 70% dos plásticos descartados vão para o fundo. No Mar do Norte, cientistas holandeses têm contado cerca de 110 peças de lixo para cada quilômetro quadrado de fundo do mar, cerca de 600 mil toneladas métricas (660 mil toneladas) apenas no Mar do Norte. Esses plásticos podem sufocar as formas de vida bentônicas.

O que deveríamos fazer com o plástico e outros resíduos sólidos, como vidro e papel, fraldas descartáveis, fragmentos metálicos, resíduos de construção civil e todo o restante? Despejá-los no oceano é claramente inaceitável, contudo os lugares para depositar esse material estão se tornando escassos. Em 2004, o nova-iorquino médio jogou fora mais de uma tonelada métrica (2,2 toneladas) de resíduos por ano. Os condados de Orange e Los Angeles na Califórnia geram resíduos sólidos suficiente para encher o Dodger Stadium a cada oito dias. O transporte de resíduo para os aterros sanitários torna-se mais caro à medida que os aterros sanitários vizinhos atingem sua capacidade.

A reciclagem é a solução? Os japoneses atualmente reciclam cerca de 50% de seus resíduos sólidos e estão importando ainda mais; sucata de metal e resíduos de papel dirigidos para a Ásia são as duas maiores exportações partindo do Porto de Nova York. Os norte-americanos estão comprando de volta seu próprio lixo na forma de eletrodomésticos, automóveis e as caixas de papelão que alojam seus aparelhos de MP3 e telefones celulares. Massachusetts e Califórnia estabeleceram um objetivo de reciclar 25% de seu resíduo; a cidade de Seattle está se aproximando dos 30%. As vantagens diretas para os consumidores, bem como as recompensas para o oceano e para o ar serão significativas.

A *melhor* solução é uma combinação de reciclagem e redução da quantidade de detritos que geramos em nossas atividades diárias. Em breve não teremos outra escolha.

A Poluição Custa Caro

Em 2004, o governo e a indústria dos Estados Unidos gastaram cerca de 310 bilhões de dólares no controle das poluições atmosférica, terrestre e marinha – uma média de quase 900 dólares para cada norte-americano. Esse valor foi equivalente a aproximadamente 1,6% do produto interno bruto ou 2,8% do capital demandado pelos negócios dos Estados Unidos. Naquele mesmo ano, o país perdeu 4% de seu produto interno bruto por causa dos danos ambientais. Evidentemente, os custos financeiros da poluição continuarão a crescer.

A poluição na China, especificamente fumaça e neblina intratáveis nas áreas urbanas, causam doença e morte prematura. O Banco Mundial estima que a doença relacionada com a poluição minou a China em 120 bilhões de dólares ou pouco menos de 3% do produto interno nacional bruto do país, em 2010. A China é a sede de sete das dez cidades mais poluídas do mundo.

E existem outros custos. A falha no controle da poluição eventualmente ameaçará nosso suprimento de alimentos (marinho e terrestre), destruirá indústrias inteiras, produzirá uma maior disparidade entre as nações ricas e pobres e causará um declínio na saúde de todos os cidadãos do planeta.

A esses custos, deve ser adicionado o custo estético de um oceano depauperado pela poluição; poucos de nós estaríamos ansiosos para compartilhar a praia com aves embebidas em óleo, fraldas descartáveis usadas ou montes de resíduos médico-hospitalares.

BREVE REVISÃO

Antes de passar para a próxima seção, verifique seu entendimento de algumas das ideias importantes apresentadas até agora:

20. O que é poluição? Quais fatores determinam a periculosidade de um poluente?

[11] Contrariamente à crença popular, esses detritos de plástico não formam grandes tapetes que se poderiam facilmente ver ou mesmo andar em cima. As partículas são pequenas – geralmente muito pequenas para serem vistas do convés de um navio – e amplamente espaçadas.

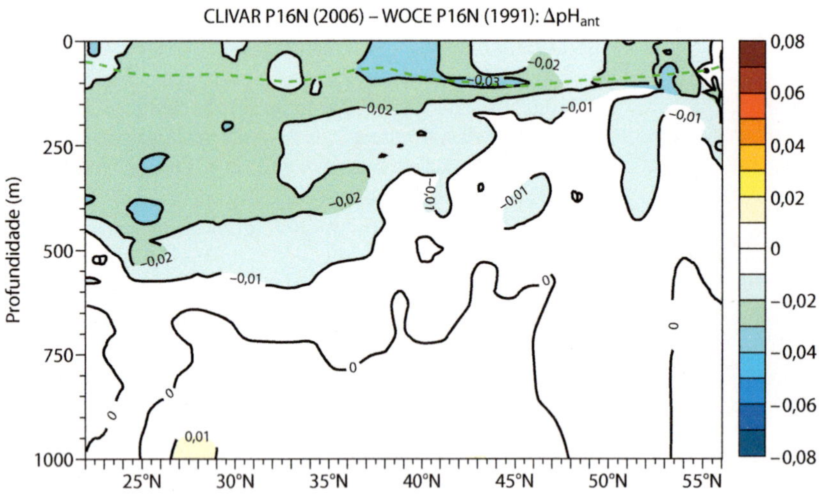

Figura 15.38 Medidas em todo o Pacífico Norte revelaram que, em 15 anos, as emissões de dióxido de carbono abaixaram o pH (azul) em todas as águas de superfície e aquelas nas profundidades de 550 metros (1.800 pés). A acidez crescente do oceano pode interferir com a deposição de cálcio em conchas e esqueletos.

R. H. Byrne et al. 18 de junho de 2010. "Geophysical research letters", *Science*, vol. 328. ©2.010 American Geophysical Union.

21. Como o petróleo entra no ambiente marinho? Qual fonte contribui para a maior quantidade de petróleo introduzida?

22. O que é biomagnificação? Por que ela é perigosa?

23. Como os metais pesados entram na cadeia alimentar? Quais podem ser os resultados?

24. Por que o plástico é tão perigoso para os organismos marinhos?

Para verificar suas respostas, acesse a página deste livro no site da Cengage.

15.8 Os Organismos Não Podem Prosperar se Seus Hábitats Forem Perturbados

Os processos de poluição que discutimos não afetam os organismos individuais apenas. Eles influenciam hábitats inteiros, especialmente os hábitats de água rasa mais complexos e biologicamente sensíveis.

As Baías e os Estuários São Especialmente Sensíveis aos Efeitos da Poluição

Os hábitats mais atingidos são os estuários, áreas costeiras extremamente produtivas na foz dos rios onde a água doce e a água do mar se encontram. Poluentes descendo rio abaixo entram no oceano por meio dos estuários e os estuários muitas vezes contêm portos, com o seu potencial para derramamentos de petróleo. Apenas 1 parte de petróleo para cada 10 milhões de partes de água é suficiente para afetar seriamente a reprodução e o crescimento das espécies de organismos mais sensíveis de uma baía e de um estuário. Alguns dos estuários ao longo de Prince William Sound, no Alasca, local do acidente de 1989 com o *Exxon Valdez*, estavam cobertos de petróleo em locais com uma profundidade de 1 metro (3,3 pés). Os efeitos do derramamento sobre a pesca de salmão, arenque e camarão foram estimados em mais de 150 milhões de dólares por ano e serão sentidos por anos a frente.

Estuários e baías ao longo da Costa do Golfo nos Estados Unidos, um dos corpos de água mais poluídos da Terra, também estão sendo severamente perturbados. Cerca de 40% das áreas de pesca mais produtivas do país, incluindo os seus mais valiosos leitos de camarão, são encontradas no Golfo. Quase 60% das áreas de colheita de ostras e camarão do Golfo – cerca de 13.800 quilômetros quadrados (5.300 milhas quadradas) – estão ou permanentemente fechadas ou têm restrições colocadas sobre elas por causa do aumento das concentrações de produtos químicos tóxicos e esgoto. Metade da Baía de Galveston, já classificada como o segundo mais produtivo estuário nos Estados Unidos, está fora dos limites para os coletores de ostras devido as descargas de esgoto.

Estuários ao longo da costa leste também estão ameaçados. Do sul da Flórida para o centro da Geórgia, mais de 325 quilômetros quadrados (125 milhas quadradas) de "gramas" marinhas (*seagrass*) (que funcionam como berçários para uma grande variedade de organismos marinhos) foram mortas por um vírus. Os cientistas especulam que os poluentes de escoamento urbano e agrícola têm enfraquecido a resistência das plantas. Pescadores do norte da Baía de Chesapeake foram assustados por um súbito declínio na abundância de peixes e crustáceos, uma mudança que os cientistas marinhos atribuem ao aumento da poluição na área. Pescadores de lagosta na Nova Inglaterra têm notado um aumento alarmante na incidência de tumores na cauda e juntas das "pernas" das lagostas. Poderiam essas mudanças também ser causadas por resíduos tóxicos? A população de baleias beluga do estuário de St. Lawrence, no Canadá, entrou em colapso no início de 1980. Altos níveis de PCBs, DDTs e metais pesados – substâncias biologicamente magnificadas na alimentação das baleias – foram responsabilizadas pelos tumores, úlceras, doenças respiratórias e sistemas imunizantes falhos descobertos durante as autópsias de 72 baleias mortas.

As pessoas também "constroem" estuários em portos e marinas (veja novamente a Figura 11.24). Em 1960 e 1970, a Califórnia se destacou no mundo com o aumento da superfície de baías e estuários cheios de marinas de recreação. Portos ficaram menores à medida que suas áreas foram sendo ocupadas por docas e instalações de armazenamento. Cento e cinquenta anos atrás, a baía de São Francisco cobria 1.131 quilômetros quadrados (437 milhas quadradas). Hoje, apenas 463 quilômetros quadrados (179 milhas quadradas) permanecem – o restante foi preenchido. O preenchimento de estuários é tão ameaçador para os ciclos reprodutivos naturais de camarões e peixes como o envenenamento por resíduos tóxicos.

© Allen Pleus/Washington Department of Fish and Wildlife

Figura 15.39 Como resultado do desastroso tsunami japonês de 2011, centenas de organismos marinhos alienígenas estão sendo transportados para as costas da América do Norte. Organismos agarrados em detritos nas correntes oceânicas podem entrar em ecossistemas nos quais eles não têm predadores – eles podem dominar os habitantes locais. Este beakfish listrado foi encontrado em um compartimento submerso de um barco abandonado na costa de Washington. Dezenas de outras espécies estrangeiras também foram juntas para o passeio.

Alguns estados controlam o desenvolvimento das regiões costeiras. Uma iniciativa de cidadania passada pelos californianos em 1972 limitou o desenvolvimento das zonas costeiras desse estado. As leis de Massachusetts tornam ilegal ocupar qualquer região de pântano ou de estuário, mesmo áreas que são propriedade privada. Legislação semelhante está pendente em alguns outros estados costeiros.

A Crescente Acidez do Oceano Está Colocando em Risco os Hábitats e as Teias Alimentares

O aumento da acidez dos oceanos é uma séria ameaça para os recifes de coral e outros organismos que constroem estruturas rígidas de compostos de cálcio. A queima de combustíveis fósseis emite cerca de 35 bilhões de toneladas métricas (39 bilhões de toneladas) de dióxido de carbono na atmosfera a cada ano. Como você pode lembrar do Capítulo 6 (veja a Figura 6.18), conforme o oceano absorve esse dióxido de carbono, forma o ácido carbônico e o pH da água do mar cai. Ao longo dos últimos 200 anos, o oceano tem absorvido cerca de 35% do excesso de dióxido de carbono gerado pela queima de combustíveis fósseis – a acidez da superfície do oceano aumentou em quase 30% desde o século XVII. O pH oceânico médio diminuiu em 0,025 unidades desde o início de 1990 e espera-se diminuir para pH 7,7 em 2100, inferior a qualquer momento nos últimos 420 mil anos (**Figura 15.38**). Menos íons de carbonato estarão disponíveis para os organismos construtores de conchas calcárias. Eventualmente, os corais, o plâncton e outros organismos terão deficiência para formar esqueletos fortes.

Alguns corais podem sobreviver às condições ácidas, revertendo para a forma de anêmona do mar e, em seguida, retomando a construção do esqueleto quando as condições do pH se tornarem mais normais. A maioria não faz isso. O efeito da acidificação marinha nas teias alimentares marinhas pode ser grave: Grupos inteiros de fitoplâncton com carapaças calçarias podem diminuir em número e os consumidores dependentes deles seriam obrigados a encontrar outras fontes de alimento.

Espécies Introduzidas Podem Desestruturar Ecossistemas Estabelecidos

Vários milhares de espécies estão em trânsito todos os dias na água de lastro de navios petroleiros e outros navios. Formas jovens de organismos marinhos podem facilmente pegar carona através das barreiras oceânicas de outra forma intransponíveis e iniciar o serviço de limpeza em praias distantes. Esses organismos estrangeiros – chamados **espécies introduzidas** ou espécies exóticas – às vezes superam as espécies nativas e reduzem a diversidade biológica em seus novos hábitats. Novas doenças marinhas também podem ser introduzidas dessa maneira. Mesmo a construção de canais e implantação de projetos de melhoria da pesca podem introduzir novas espécies potencialmente desestabilizadoras.

O caranguejo chinês mitten (gênero *Eriocheir*), uma alga de aquário decorativa comum (gênero *Caulerpa*) e a alga marinha marrom *Undaria* (usada na sopa de miso e agora invadindo a baía de São Francisco) são bons exemplos de espécies marinhas exóticas que estão se mostrando destrutivas em ecossistemas não adaptados a elas.

O desastroso *tsunami* de 2011 no Japão colocou à deriva grandes quantidades de detritos e a corrente do Pacífico Norte está trazendo pedaços carregados de organismos para a terra no noroeste do Pacífico. Pelo menos 30 espécies exóticas acompanharam um grande segmento de um cais para uma praia no centro de Oregon (**Figura 15.39**). Voluntários rasparam tanto do material quanto possível e maçaricos foram usados para esterilizar o restante. Algumas larvas, sem dúvida, escaparam.

BREVE REVISÃO

Antes de passar para a próxima seção, verifique seu entendimento de algumas das ideias importantes apresentadas até agora:

25. Quais os benefícios que os estuários fornecem? Quais são algumas das ameaças aos estuários marinhos?

26. Que perigos ameaçam as comunidades de recifes de coral?

27. O oceano está se tornando mais ácido conforme ele absorve mais dióxido de carbono. Que efeitos no aumento da acidez pode ter nos organismos marinhos?

28. Que áreas estão com maior risco de desestruturação por espécies invasoras?

Para verificar suas respostas, acesse a página deste livro no site da Cengage.

15.9 As Áreas Marinhas Protegidas Oferecem um Indício de Esperança

Começando em 1972, o governo federal dos Estados Unidos estabeleceu uma dúzia de áreas marinhas nacionais protegidas (National Marine Protected Area – MPAs ou santuários). Essas áreas são destinadas a refúgios seguros para a vida marinha. Elas variam em tamanho, mas agora cobrem cerca de

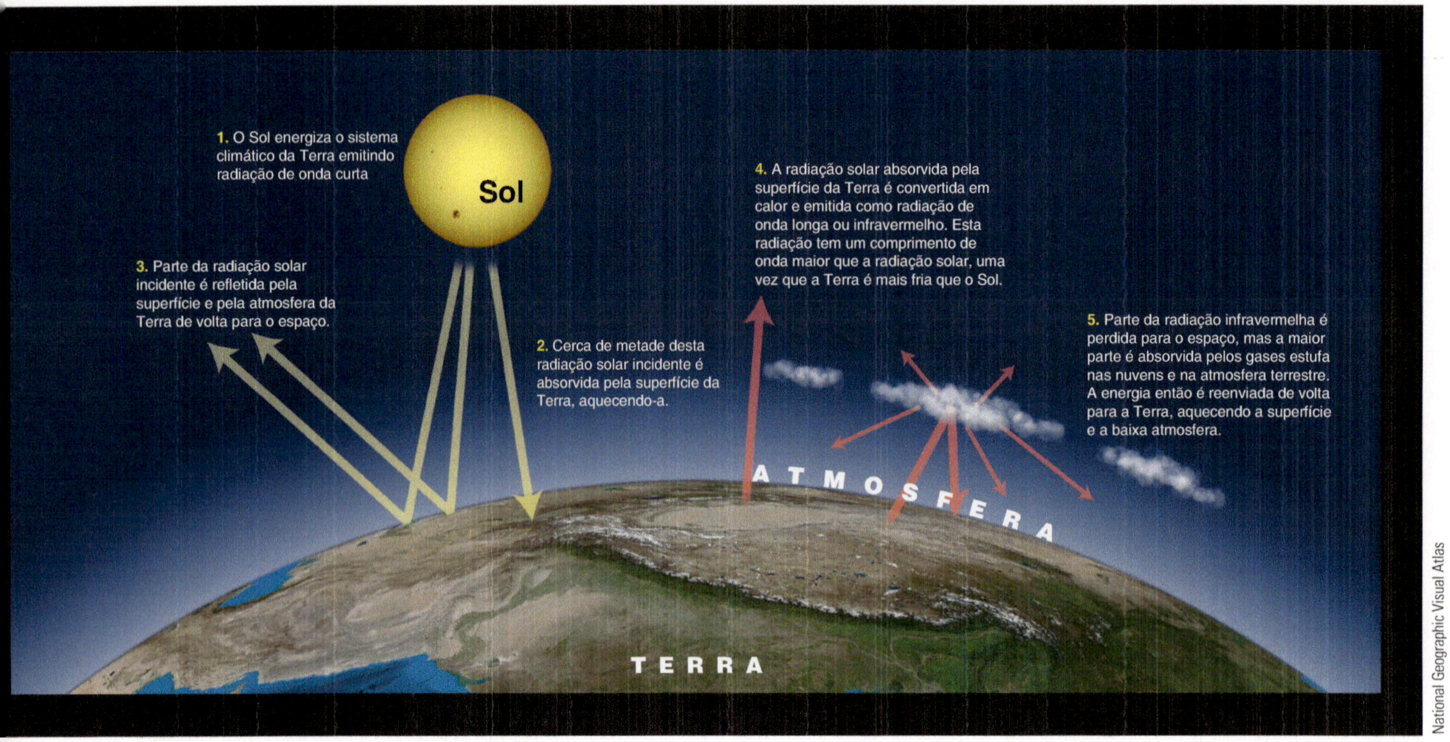

National Geographic Visual Atlas

Figura 15.40 Como funciona o efeito estufa

410.000 quilômetros quadrados (158.000 milhas quadradas) de recifes de coral, corredores de migração de baleias, sítios arqueológicos submarinos, desfiladeiros profundos e zonas de extraordinária beleza e biodiversidade. Os Estados Unidos estabeleceram mais de 1.600 MPAs cobrindo 36% das águas marinhas do país. Essas variam amplamente em propósito, autoridades legais, órgãos gestores, abordagens de gestão, nível de proteção e restrições às utilizações humanas. Em todo o mundo, a partir de 2010, foram organizadas mais de 5 mil MPAs, abrangendo 0,8% da superfície do oceano. Apesar de seu nome, essas áreas protegidas não estão sempre fora dos limites para a pesca comercial, pesca de arrasto ou dragagem.

Em 15 de junho de 2006, os Estados Unidos criaram uma grande MPA. Situada ao largo da costa das Ilhas Havaianas do Norte, a preservação abrangerá aproximadamente 364.000 quilômetros quadrados (140.000 milhas quadradas) de águas norte-americanas, incluindo 11.700 quilômetros quadrados (4.500 milhas quadradas) do relativamente imperturbado hábitat de recife de coral que é o lar para mais de 7 mil espécies. O monumento será gerido pelo Department of the Interior's U.S. Fish and Wildlife Service and the Commerce Department's NOAA, em estreita coordenação com o estado do Havaí. Essa designação foi seguida em janeiro de 2009 por uma outra área ainda maior do Pacífico (505.775 quilômetros quadrados ou 195.280 milhas quadradas), que inclui partes da Fossa das Marianas.

Em 2013, a Austrália anunciou a criação de uma reserva enorme que cobre 3,1 milhões de quilômetros quadrados (1,2 milhão de milhas quadradas) de oceano, incluindo todo o Mar de Coral!

Listadas por razões de diversidade de espécies, área e hábitats únicos, outras MPA importantes são:

- O Bowie Seamount, na costa da Colúmbia Britânica, Canadá.
- A Grande Barreira de Coral, em Queensland, Austrália.
- O Santuário de Cetáceos no Mar da Ligúria, nos mares da Itália, Mônaco e França.
- O Dry Tortugas, em Florida Keys, Estados Unidos.
- A Área Protegida das Ilhas Phoenix, Kiribati.

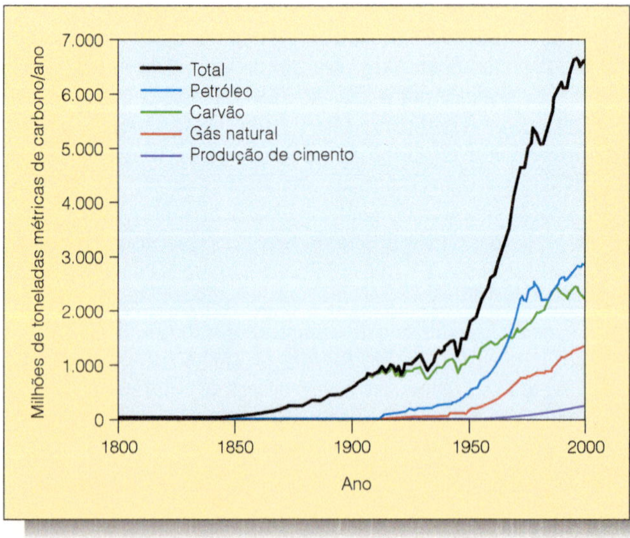

Figura 15.41 Emissão mundial de carbono por fonte, 1800-2000.

(Fonte: A Figura foi preparada por Robert A. Rohde a partir de dados acessíveis ao público e é parte do Projeto de Arte do Aquecimento Global. Dados originais de G. Marland, T.A. Boden e R. J. Andres, 2003. "Global, regional, and national CO_2 emissions". Em *Tends: A compendium of Data on Global Change.* Carbon Dioxide Information Analysis Center, Oak Ridge National Laboratory, U.S. Department of Energy, Oak Ridge, TN. Disponível em: <http://cdiac.esd.ornl.gov/trends/emis/tre_glob.htm>.)

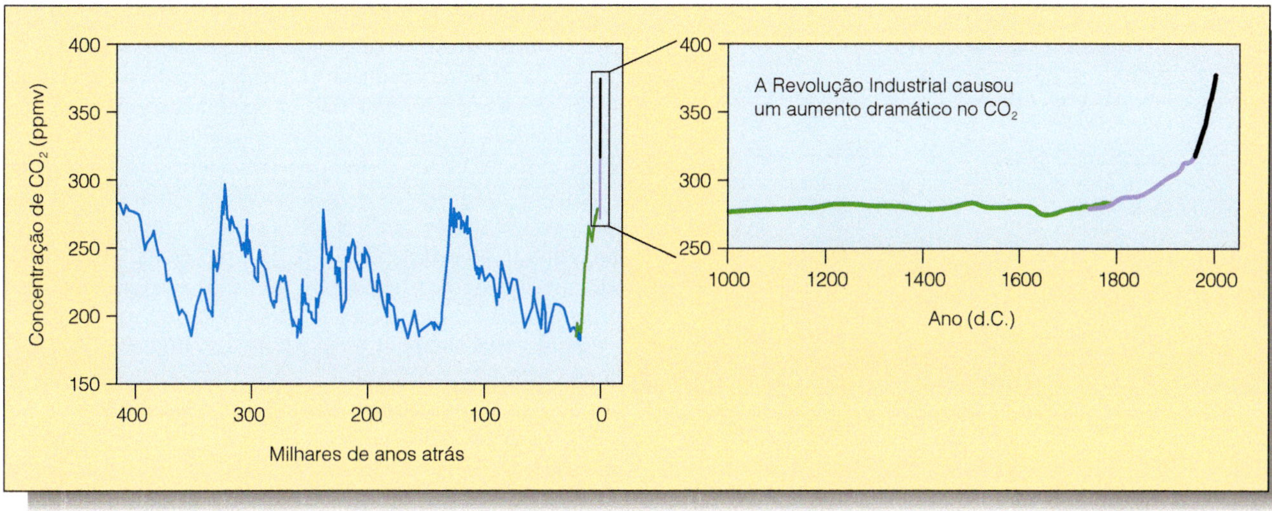

Figura 15.42 Variações de dióxido de carbono através do tempo. A concentração de dióxido de carbono na atmosfera está agora em 393 partes por milhão por volume e está aumentando. Em nenhum momento nos últimos 10 milhões anos a concentração foi tão alta.

- As Áreas Marinhas Protegidas das Ilhas do Canal, na Califórnia, Estados Unidos.
- A Reserva de Pesca de Baleia da Antártica.[12]

BREVE REVISÃO

Antes de passar para a próxima seção, verifique seu entendimento de algumas das ideias importantes apresentadas até agora:

29. As zonas reservadas como áreas de proteção marinha (APMs) e santuários têm aumentado em número no mundo ou tornaram-se menos numerosas na última década?

Para verificar suas respostas, acesse a página deste livro no site da Cengage.

[12] Em 1994, a International Whaling Commission votou para banir a caça da baleia em cerca de 21 milhões de quilômetros quadrados (8.000.000 milhas quadradas) em torno da Antártica, protegendo, assim, a maior parte das grandes baleias restantes, que se alimentam nessas águas. A proibição de matar não é obrigatória.

15.10 O Clima da Terra Está Mudando

O clima variável do nosso planeta é formado por centenas de fatores físicos e biológicos interligados. Desses, a interação entre a atmosfera e o oceano é o mais importante. O oceano e a atmosfera são extensões um do outro e processos naturais (juntamente com a atividade humana) mudaram a atmosfera bem como eles mudaram o oceano. Substâncias injetadas no ar podem ter consequências globais para o oceano e para todos os habitantes da Terra. Entre as mudanças oceano-atmosfera recentes mais problemáticas estão as alterações climáticas e o aquecimento global.

A Temperatura da Superfície da Terra Está Aumentando

A temperatura superficial da Terra varia lentamente com o tempo. A tendência da temperatura global de um modo geral tem sido crescente nos 18 mil anos, desde o último período glacial, mas a *taxa* de crescimento foi acelerada

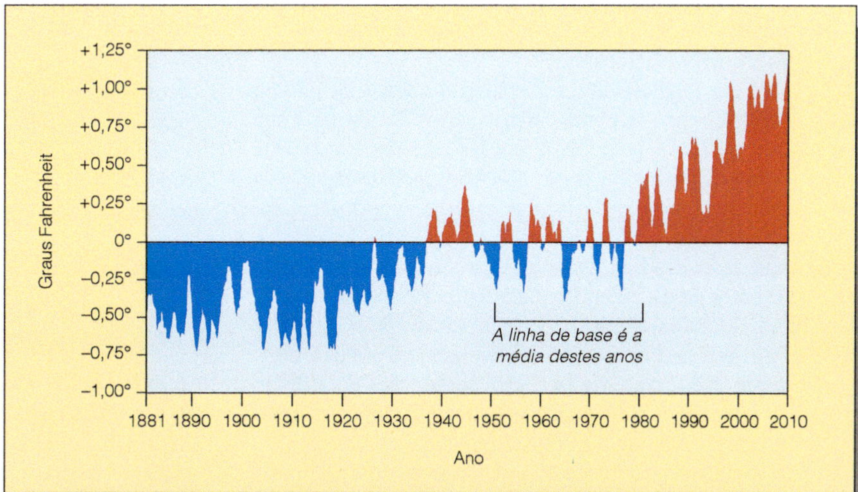

Figura 15.43 As temperaturas médias mundiais do ar na superfície, 1881-2010, mostram como uma média se move em 12 meses. O gráfico mostra como as temperaturas variaram em relação à média dos anos de 1951 a 1980 (a linha de base). Esses dados baseiam-se em medições do ar da superfície em estações meteorológicas e medições por satélite da temperatura da superfície.

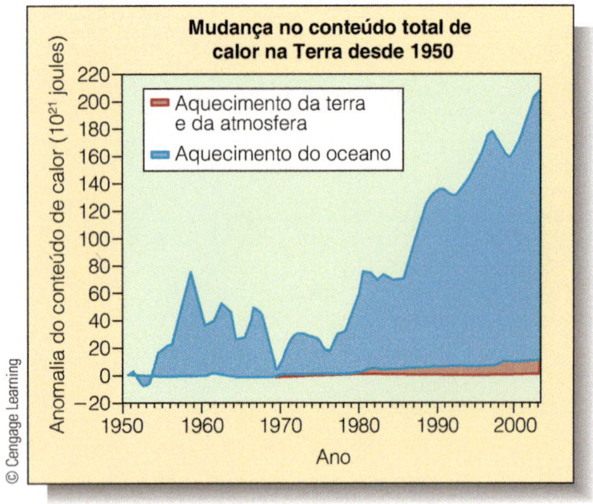

(a) O conteúdo total de calor na Terra está aumentando. Cerca de 90% do excesso de aquecimento da superfície da Terra desde 1950 está armazenado nos 700 metros superiores (2.330 pés) do oceano.

Figura 15.44 O aquecimento do oceano.

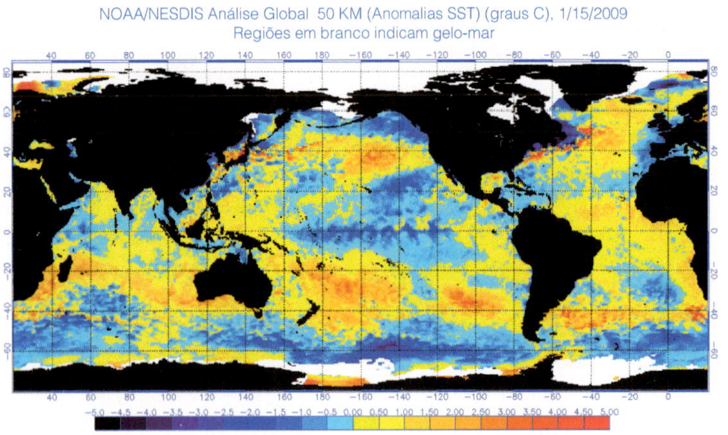

(b) O aumento da temperatura da superfície do oceano é mostrado em uma escala colorida indicando a mudança (em graus Celsius) em relação às temperaturas médias obtidas em longo prazo. Observe como a água quente está se estendendo na direção dos polos.

recentemente. Esse aquecimento rápido é, provavelmente, o resultado de um aumento do **efeito estufa**, o aprisionamento do calor pela atmosfera.

O vidro em uma estufa é transparente à luz, mas não ao calor. A luz é absorvida pelos objetos dentro da estufa e sua energia é convertida em calor. A temperatura dentro de uma estufa aumenta porque o calor não consegue escapar. Na Terra, os **gases estufa** – dióxido de carbono, vapor de água, metano, clorofluorocarbonos e outros – substituem o vidro. O calor que seria irradiado para fora do planeta é absorvido e preso por esses gases, fazendo que a temperatura da superfície suba. A **Figura 15.40** mostra esse mecanismo.

O efeito estufa é necessário para a vida; sem ele, a temperatura atmosférica média da Terra seria cerca de –18 °C (0 °F). A Terra tem sido mantida quente devido aos gases de efeito estufa naturais. As fontes desses gases são os processos vulcânicos e geotérmicos, a decomposição e a queima de matéria orgânica, a respiração e outras fontes biológicas. A remoção desses gases pela fotossíntese e pela absorção pela água do mar parece evitar o superaquecimento do planeta.

Mas a demanda humana por energia rápida para abastecer o crescimento industrial, especialmente desde o início da Revolução Industrial, injetou quantidades não naturais de dióxido de carbono novo na atmosfera, proveniente da queima de combustíveis fósseis. Em 2009, o mundo queimou cerca de 31 bilhões de barris de petróleo, 6 bilhões de toneladas de carvão e 100 trilhões de pés cúbicos de gás natural. Isto produziu cerca de 33 bilhões de toneladas de excesso de dióxido de carbono para a atmosfera. Se a atual taxa de crescimento econômico for mantida, estes números vão subir cerca de 2% a cada ano.

O dióxido de carbono atualmente é produzido a uma taxa maior que a que pode ser absorvida pelo oceano (**Figura 15.41**). A **Figura 15.42** mostra quanto as concentrações de dióxido de carbono aumentaram na atmosfera nos últimos 400 mil anos. No início da Revolução Industrial, no século XVIII, quando a queima de combustíveis fósseis começou a subir, a concentração atmosférica de CO_2 era de cerca de 280 partes por milhão por volume (note o pico começando por volta de 1750). O teor de dióxido de carbono da atmosfera agora sobe a uma taxa de 0,4% a cada ano. No fim do verão de 2013, a concentração atmosférica de CO_2 passou de 400 partes por milhão por volume. Em nenhum momento nos últimos 5 milhões de anos a concentração foi tão alta.

A Terra está agora absorvendo cerca de 0,85 watts por metro quadrado a mais de energia do Sol do que está emitindo para o espaço. Tem havido um aumento de 5 °C (9 °F) na temperatura global desde o final da última era do gelo até hoje; a maior parte desse aumento ocorreu apenas nos últimos 200 anos. O dióxido de carbono e outros gases com efeito de estufa gerados pelos humanos desde 1880 são admitidos como sendo responsáveis por grande parte desse aumento repentino. (Como veremos em breve, outros fatores também contribuem para as alterações climáticas.)

A **Figura 15.43** mostra as mudanças observadas na temperatura atmosférica global desde 1881. Globalmente, o ano 2010 foi o mais quente já registrado; os anos mais quentes registrados ocorreram todos a partir de 1998. O ano 2012 foi o mais quente registrado na história dos Estados Unidos.

Como a **Figura 15.44** indica, o oceano está esquentando, demais. As observações sugerem que cerca de 90% do excesso de aquecimento da superfície da Terra desde a década de 1950 estão sendo armazenados no oceano. Embora o aumento de temperatura medido seja pequeno (0,1 °C ao longo dos últimos 50 anos), lembre-se de que a água tem uma capacidade *muito* elevada de calor – alto calor específico (discutido no Capítulo 6) – uma grande quantidade de calor é necessária para elevar a temperatura da água.

O Nível do Mar Está Subindo

Gelo polar flutuante está derretendo rapidamente, e quando o gelo refletivo branco é substituído por água escura do oceano, mais luz solar pode ser absorvida. A **Figura 15.45** indica a extensão do problema. Quando a água do mar aquece, o oceano expande e o nível do mar sobe.

Setembro de 1997

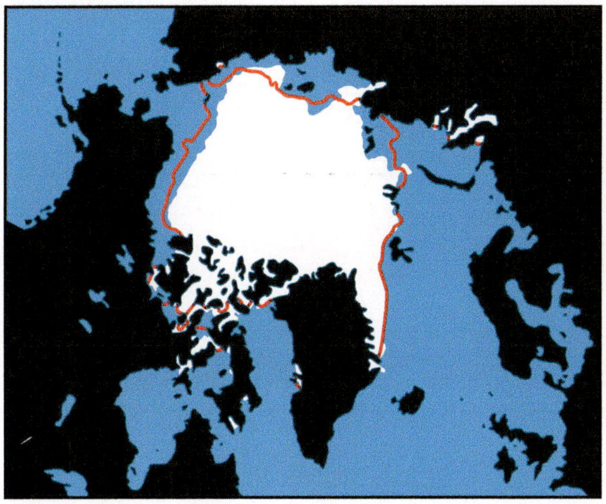

Cortesia de Claire Parkinson e Nick DiGirolamo, NASA Goddard Space Flight Center.

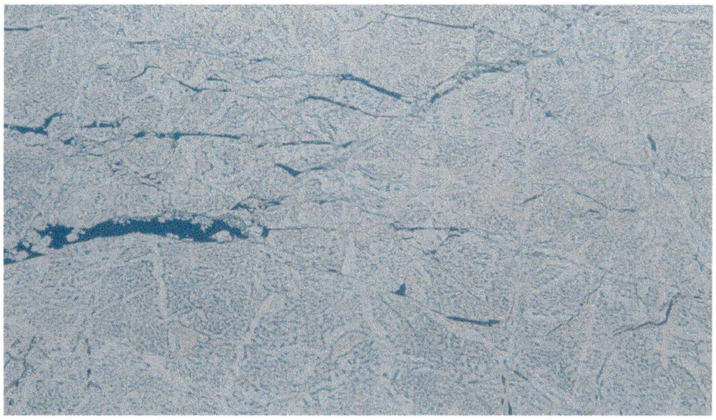

John Wilson Cramer IV

(b) Uma foto tirada a 3° ao sul do Polo Norte no verão de 2011. Cursos de água abertos são claramente visíveis.

Setembro de 2007

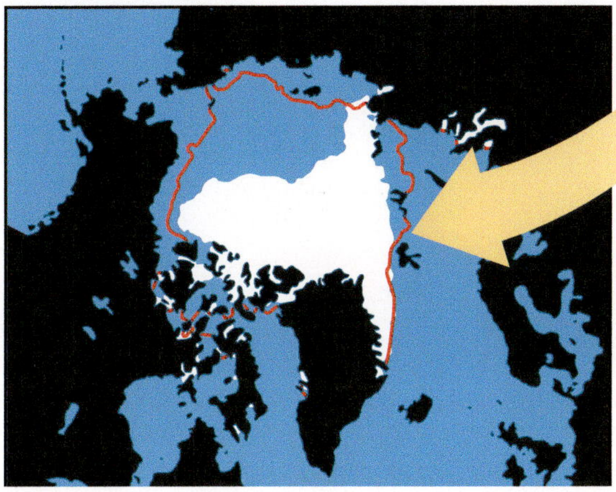

(a) A mudança no gelo ártico de setembro de 1997 a setembro de 2007.

Figura 15.45 Um Ártico derretendo.

O oceano também está aumentando, porque água está sendo adicionada pelo derretimento acelerado das calotas de gelo da Groenlândia e da Antártica estabelecidas sobre terra e as geleiras continentais estão adicionando água ao oceano. Em média, o nível do mar global atualmente está subindo cerca de 3,3 ± 0,4 milímetros por ano ou cerca de 33 centímetros a cada século.

O número de pessoas que vive a menos de 10 metros (33 pés) do nível do mar é de aproximadamente 700 milhões, cerca de 12% da população do mundo. Imagine o efeito de um aumento significativo do nível do mar nos portos, cidades costeiras, deltas de rios e pântanos onde essas pessoas vivem agora. Os efeitos serão sentidos mais fortemente nas áreas onde a terra está sendo reduzida devido a ajustes tectônicos ou isostáticos – Nova Orleans, Tóquio, Houston, Xangai, Bangkok e especialmente Veneza vêm à mente. Como a **Figura 15.46** sugere, os custos para a sociedade poderão ser enormes.

Esses e outros problemas associados com um clima mais quente são mostrados na **Figura 15.47**.

Modelos Matemáticos Preveem os Climas Futuros

Como estamos nos preparando para tomar decisões de modo a responder às alterações climáticas diante de tanta incerteza? Podemos utilizar modelos matemáticos.

Um **modelo matemático** é um conjunto de equações que tenta descrever o comportamento de um sistema. Você usa um modelo matemático para prever o valor futuro de sua conta de poupança, com base no tipo de conta que você tem, no tempo que você pretende manter seu dinheiro no banco, a experiência com outras contas bancárias que você possuiu e outros fatores. Com base em suas suposições sobre a importância relativa dos fatores individuais que contribuem para o clima, os pesquisadores construíram modelos matemáticos de interação atmosfera e oceano, em uma tentativa de prever as condições futuras com base na história passada e em suposições sobre a importância relativa dos fatores individuais que contribuem para o clima.

Considere, por exemplo, que esses fatores que podem afetar o clima da Terra sejam incluídos em modelos climáticos, como mostrado na **Figura 15.48:**

- Os seres humanos geram dióxido de carbono através da queima de combustíveis fósseis e o gado gera metano no curso da digestão. Como vimos, o efeito estufa é intensificado pelo aumento da quantidade desses gases, que retêm o calor na atmosfera, mas qual porcentagem do aquecimento global observado parece ser devida à nossa influência?
- As erupções vulcânicas muitas vezes injetam enormes quantidades de gases e partículas na atmosfera superior. Esses materiais refletem a luz solar, por isso menos luz solar atinge a superfície da Terra. Grandes erupções têm sido relativamente pouco frequentes desde a erupção do Monte Tambora, em 1815, e do Krakatoa, em 1883.[13]

[13] O ano 1816 ficou conhecido como o "ano sem verão" por causa do efeito devastador sobre o clima da América do Norte e da Europa. O cultivo fracassou e o gado morreu em grande parte do Hemisfério Norte, resultando na pior fome do século XIX. No ano que seguiu a erupção do Krakatoa, as temperaturas médias globais caíram em até 1,2 °C (2,2 °F). As temperaturas do Hemisfério Norte não voltaram ao normal até 1888.

FIGURA DESTAQUE 15.46 Elevação do Nível do Mar

(a) Elevação do nível do mar desde 1880. As medições foram feitas em 23 locais de maré geologicamente estáveis com registros de longo prazo. Um aumento do nível do mar de 18,5 centímetros (7,3 polegadas), vem ocorrendo desde 1900.

(b) Para as nações insulares, como as Maldivas, mesmo um pequeno aumento no nível do mar poderia significar um desastre. Espalhada através de 880 km (550 milhas) do Oceano Índico, 80% desta nação insular de 263.000 pessoas encontra-se a menos de um metro (3,3 pés) acima do nível do mar. Das 1.180 ilhas do país, apenas um punhado sobreviveria à média das estimativas de aumento do nível do mar até 2100. A maioria da população vive em aldeias de pescadores em ilhas baixas como a mostrada aqui, onde já se fizeram sentir os efeitos da subida do nível do mar neste século de 10 a 25 centímetros (4-10 polegadas).

(c) Veneza, uma das mais belas cidades do mundo, está afundando a uma taxa de cerca de 3 milímetros (0,12 polegadas) por ano – cerca de 30 centímetros (1 pé) por século. O fundo do mar em que assenta também está se inclinando em direção ao leste um milímetro ou dois a cada ano. Durante os tempos de marés altas e tempestades, o oceano penetra nas salas do andar térreo de moradias, tornando-as inabitáveis. Observe que a parte alta do "anel do tubo da banheira" nesta foto se sobrepõe às portas e escadarias. A população da cidade está caindo conforme os residentes mais antigos abandonam esta grande cidade para terrenos mais elevados.

(d) As fortes chuvas combinadas com uma maré alta e maré de tempestade inundam Veneza, em dezembro de 2010.

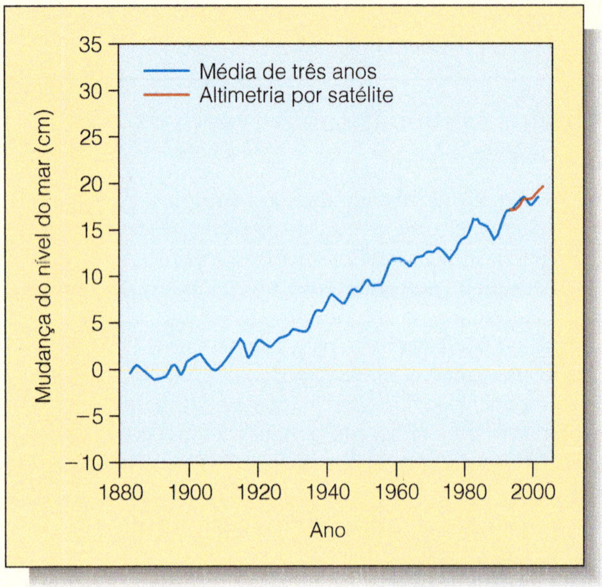

© Cengage Learning

a

Fraser Hall/Robert Harding World Imagery/Getty Images

b

Tom Garrison

c

Tom Garrison

d

© Carlo Morucchio/Robert Harding World Imagery/Corbis

Figura 15.47 Alguns efeitos potenciais do aquecimento global.

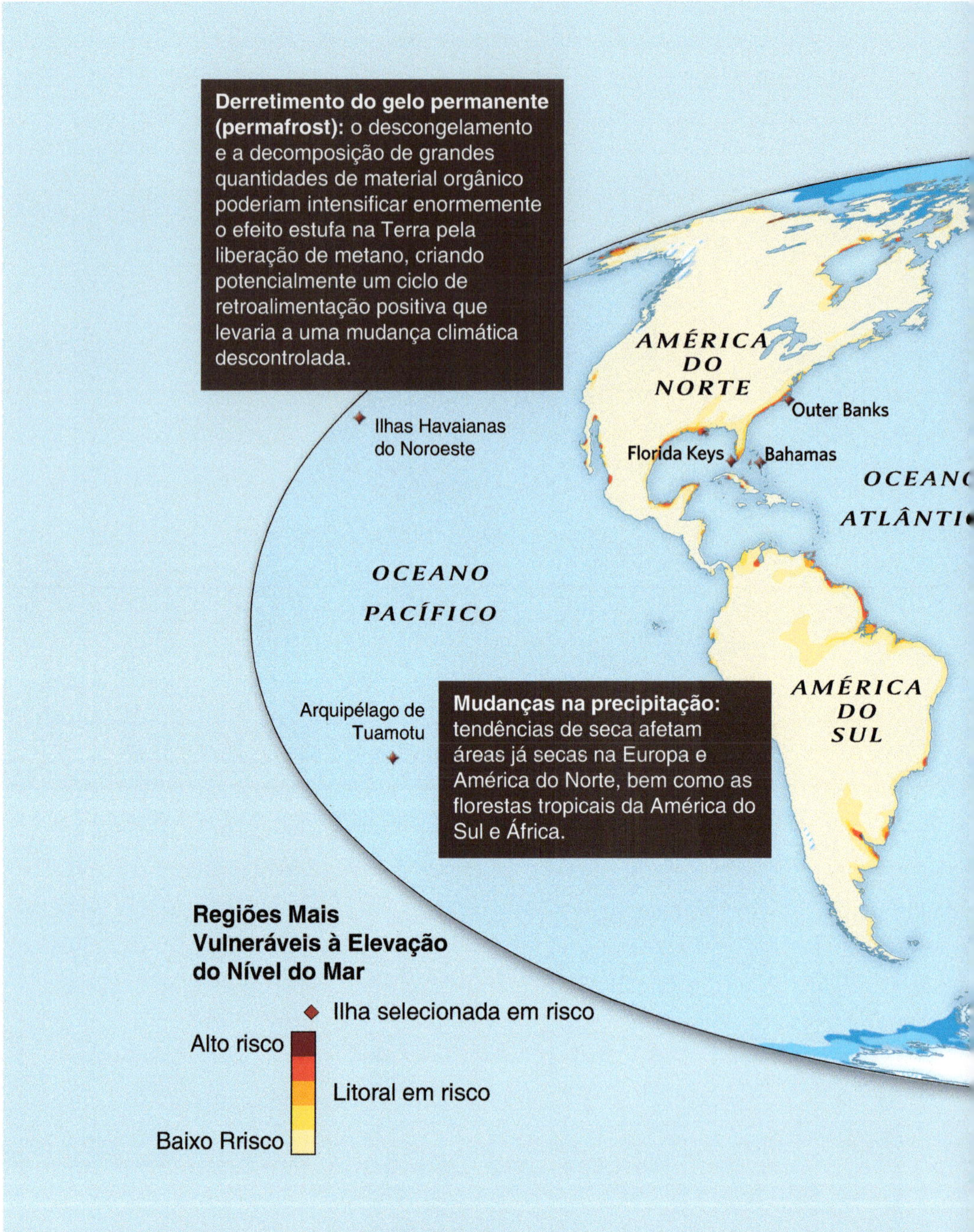

O recente aquecimento global pode ser devido a uma atmosfera mais clara? Em caso afirmativo, qual percentagem de aquecimento que estamos medindo é devida a esse fator?

- O Sol é uma estrela variável. Sua irradiação (brilho em todo o espectro de luz) não muda muito – geralmente menos de 1% ao longo de um ciclo de manchas solares de 11 anos. Existe uma conexão de causalidade entre as baixas atividade das manchas solares e as temperaturas do inverno?

> Temos um longo caminho a percorrer para fazer as pazes com o planeta e uns com os outros... Não é tarde demais para nós mudarmos, sem perder a qualidade de vida já ganha. *E. O. Wilson*

- A radiação ionizante atingindo a atmosfera pode formar núcleos de condensação que estimulam a formação de nuvens que refletem a luz solar. A flutuação no vento solar (uma corrente de partículas que sopra constantemente para longe do Sol) provoca alterações na quantidade de radiação que atinge a estratosfera e, assim, muda a formação das nuvens. Pode a mecânica planetária influenciar o clima da Terra?

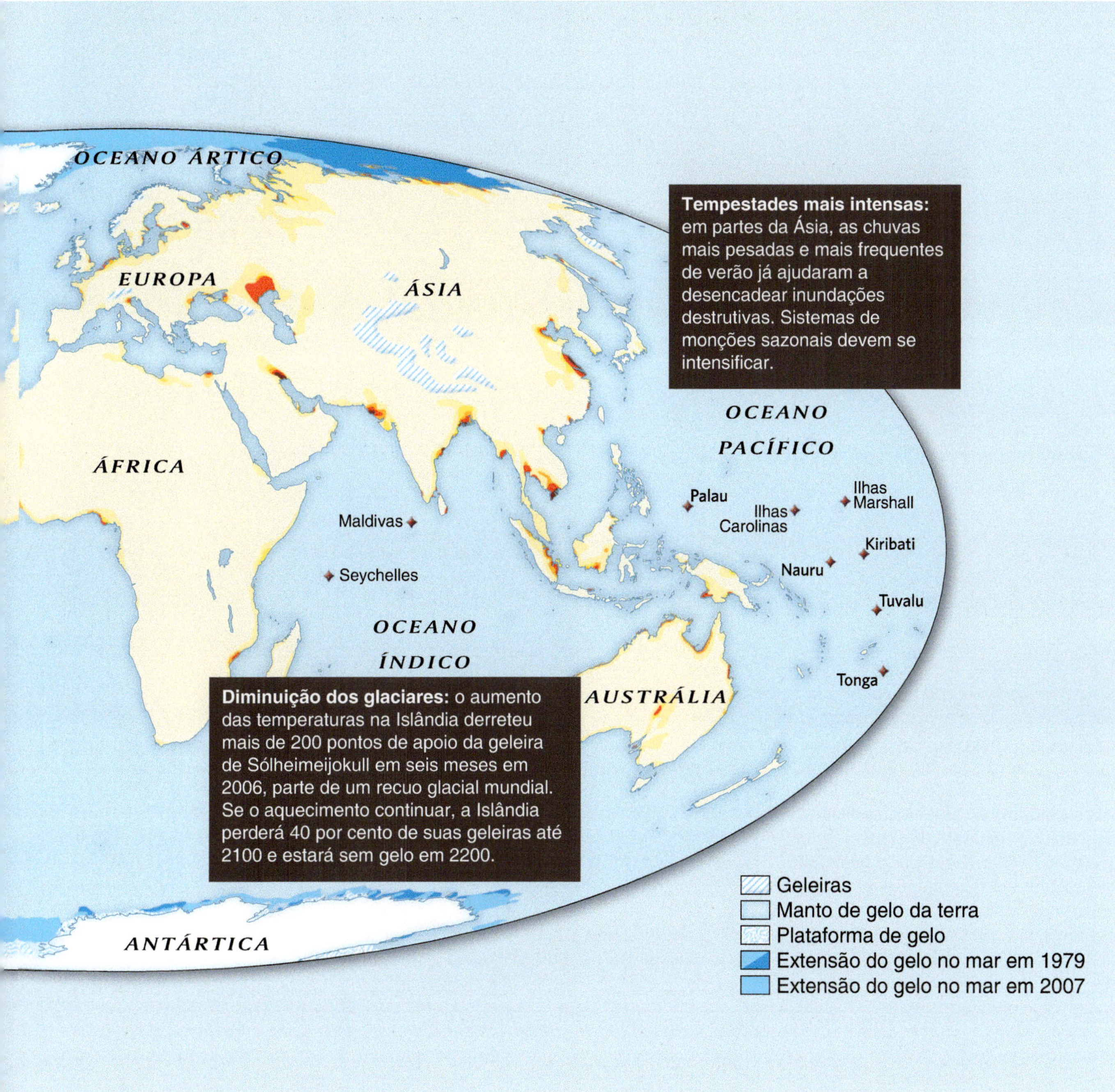

- Quão rápido o dióxido de carbono está sendo transferido da atmosfera para o oceano? Conforme a superfície da Terra aquece ou conforme a velocidade do vento muda ou conforme cai o pH do oceano, a taxa de remoção mudará?

A importância relativa dada por um modelo climático para cada um desses fatores (e um grande número de outros) influenciará as previsões feitas por esse modelo. Acrescente a isso a surpreendente complexidade inerente da interação oceano-atmosfera e se começa a entender a difícil tarefa enfrentada pelos pesquisadores do clima. Os políticos, os gestores políticos e o público procuram os especialistas para que façam declarações definitivas sobre as futuras alterações climáticas, mas nossa compreensão atual do peso de cada variável faz essa definição ser extremamente difícil.

O Aquecimento Global Pode Ser Reduzido? Ele Deve Ser Reduzido?

Então, qual percentagem do aquecimento global observado é causada pelos seres humanos? Ninguém sabe ao certo. Alguns pesquisadores do clima estão confiantes de que a atividade humana é de longe o principal contribuinte, respondendo por mais de 90% do aquecimento observado. Alguns me disseram que a atividade humana é "trivial". A maioria dos especialistas assume a posição de que as atividades humanas contribuem significativamente para o aquecimento observado. O clima muda. A vida se adapta. Mas até que aprendamos mais sobre os fatores que influenciam o clima (assim poderíamos modelar o clima mais precisamente), podemos não ter escolha, a

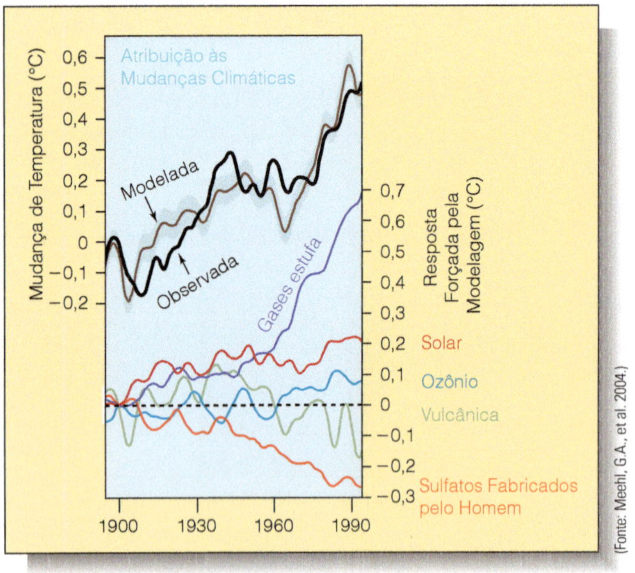

Figura 15.48 Um modelo matemático de alteração climática. Cinco fatores capazes de alterar o clima são somados para fornecer uma estimativa da mudança (linha marrom). O modelo é testado contra as observações reais (linha preta). Quanto mais próxima a concordância, mais preciso o modelo é considerando para prever as condições futuras.

Figura 15.49 Nossa Terra à noite. Feixes de luz emitidos pelos humanos de áreas povoadas na superfície, uma exposição marcante da extensão da industrialização e do uso dos recursos. Nasa

não ser errar no sentido da almejada segurança e reverter a produção de gases de retenção de calor.

Será extremamente difícil limitar o aquecimento global através da diminuição da produção de dióxido de carbono. Nos últimos cem anos, a produção industrial aumentou 50 vezes; temos queimado quantidades verdadeiramente surpreendentes de combustível fóssil. O dióxido de carbono é um dos principais produtos da combustão para todos estes compostos de hidrocarbonetos. Geramos mais de 71 milhões de toneladas métricas (78 milhões de toneladas) de dióxido de carbono *por dia*! A demanda de energia do mundo é projetada para aumentar 3,5 vezes até 2025, com emissões de dióxido de carbono 65% mais elevadas que hoje. Só a China planeja acrescentar 18 mil megawatts de capacidade de geração elétrica acionada a carvão a cada ano – igual a rede de energia total da Louisiana. Para cada quilowatt-hora de energia elétrica produzida, cerca de 631 gramas (1,39 libras) de CO_2 são liberadas no ar.

A solução para os problemas ambientais, se existir, está na educação e ação.

Dada toda a controvérsia, temos nós a vontade política e econômica para prosseguir? Em uma reunião em Kyoto, Japão, em 1997, os líderes e representantes de 160 países estabeleceram metas de emissão de dióxido de carbono para cada país desenvolvido. Os Estados Unidos, por exemplo, teriam que reduzir as suas emissões de dióxido de carbono para 7% menos que os níveis de 1990 até 2012. Essa meta foi pensada como economicamente insustentável e o Protocolo de Kyoto não foi ratificado pelo Senado dos Estados Unidos. De toda forma, esses níveis provavelmente só *retardariam* o aquecimento do clima da Terra.

Teremos que encontrar alternativas para os combustíveis fósseis, se quisermos manter a economia mundial e evitar um aumento acelerado da temperatura global com todas as suas incertezas. A única fonte alternativa de energia que atualmente produz quantidades significativas de energia é a **energia nuclear**, que agora gera cerca de 19% da eletricidade produzida nos Estados Unidos. (As energias solares e eólicas geraram menos de 2% do consumo total de energia dos Estados Unidos em 2011.) Apesar de muita publicidade em contrário, os reatores de água pressurizada atualmente em uso têm bons registros de produção de energia confiável e segura.[14] O problema com a energia nuclear não está tanto na operação diária dos reatores, mas na eliminação dos resíduos nucleares que elas produzem. Até 2006, cerca de 72 mil conjuntos de combustível usado (lixo) altamente radioativos estavam em armazenamento temporário em piscinas profundas de água refrigerada; eles devem ser armazenados por 10 mil anos até que seus níveis de radioatividade sejam abaixados o suficiente para não representarem qualquer perigo para o ambiente. As substâncias radioativas emitem **radiação ionizante**, uma forma de energia que é capaz de penetrar e danificar permanentemente as células. É obrigatório que as fontes artificiais de radiação ionizante sejam isoladas do ambiente.

Os cidadãos dos países industriais (e países que desejam se tornar industrializados) concordarão em diminuir o perigo do aumento do aquecimento global abrandando seu crescimento econômico, limitando o crescimento da população, diminuindo a sua dependência dos combustíveis fósseis e desenvolvendo fontes alternativas seguras de energia? Alguma reflexão pode ser feita observando o comportamento dos pecuaristas e industriais nas florestas tropicais da Nova Guiné, Filipinas e Brasil. A floresta tropical amazônica está sendo

[14] O reator soviético de Chernobyl que explodiu em 1986 era de um projeto muito diferente.

relato de
um explorador da national geographic 15.1

Becky Hale/National Geographic Image Collection

O DR. JARED DIAMOND olha para a frente.

"... porque estamos avançando rapidamente ao longo deste curso não sustentável, os problemas ambientais do mundo serão resolvidos, de uma forma ou de outra, durante o tempo de vida das crianças e jovens adultos vivos hoje. A única questão é se eles estarão resolvidos de maneiras agradáveis, de nossa própria escolha ou de maneiras desagradáveis, não de nossa escolha, como guerra, genocídio, fome, epidemias de doenças e colapsos de sociedades. Enquanto todos esses fenômenos sombrios têm sido endêmicos para a humanidade ao longo da nossa história, a sua frequência aumenta com a degradação ambiental, a pressão populacional e a pobreza e instabilidade política resultantes."

Diamond, Jared. 2005. *Collapse*. New York: Viking Press.

©Tom Garrison

queimada a uma taxa de aproximadamente 12 quilômetros quadrados (quase 5 milhas quadradas) *por hora*, área equivalente à da West Virginia por ano. Enormes quantidades de árvores que poderiam contribuir para absorção do excesso do dióxido de carbono estão sendo destruídas. A área de floresta derrubada é usada como fazendas, sítios, estradas e cidades. As prioridades são claras.

BREVE REVISÃO

Antes de passar para a próxima seção, verifique seu entendimento de algumas das ideias importantes apresentadas até agora:

30. O que é "efeito estufa?" Quais gases são os maiores responsáveis por ele?

31. O efeito estufa é sempre prejudicial?

32. O que provoca o aquecimento global?

33. Quais efeitos podem ter sido causados pelo aquecimento global?

34. Que alternativas existem para a queima de combustíveis de hidrocarbonetos fósseis para a obtenção de energia?

Para verificar suas respostas, acesse a página deste livro no site da Cengage.

15.11 O Que Pode Ser Feito?

Em um artigo fundamental publicado em 1968, o biólogo Garrett Hardin examinou o que ele chamou de "A Tragédia dos Comuns". O título de Hardin foi sugerido por seu estudo das sociedades nas quais algumas áreas agrícolas foram mantidas *em comum* – isto é, eram de propriedade conjunta de todos os residentes. Os cidadãos dessas sociedades possuíam pequenas casas, terrenos e talvez uma vaca que foi colocada para pastar nas terras comuns. Cada fazendeiro *guardou* o leite e queijo dado por sua vaca, mas *distribuiu* os custos de propriedade da vaca – sobre pastoreio nas terras comuns, excrementos de vaca, água potável contaminada e assim por diante – entre todos os cidadãos. Esse arranjo funcionou bem durante séculos porque as guerras, as doenças e a caça mantiveram os números de pessoas e vacas bem abaixo da capacidade de carga da terra. Mas, eventualmente, a estabilidade política e a relativa isenção de doenças permitiu que a população humana (e de vacas) aumentasse. Os agricultores passaram a ter mais vacas pastejando nas terras comuns e ganhavam mais benefícios. Logo as terras comuns sobrecarregadas já não podiam sustentar o crescente número de vacas e a área mantida comum foi arruinada. E, finalmente, nenhuma vaca poderia sobreviver lá.

A lição se aplica à nossa situação atual. Hardin observou que, em nosso sistema social, cada indivíduo tende a agir de forma a maximizar o seu ganho material. Cada um de nós com prazer mantém o benefício *positivo* do trabalho, mas de bom grado distribui os *custos* entre todos. Por exemplo, esta manhã eu dirigi para o meu escritório na faculdade; o benefício para mim foi uma viagem para o meu escritório. Um custo desta curta viagem foi a poluição do ar gerada pela queima de combustível no motor do meu carro. Eu encaminhei os gases de escape através de uma mangueira para uma máscara mantida firmemente sobre meu nariz e boca? (Isto é, eu reservei os custos ambientais de minhas ações para meu próprio uso, assim como eu tinha reservado para mim mesmo, o benefício de minha viagem para o trabalho?) Não, eu compartilhei esses gases com os meus colegas californianos, assim como você compartilhou o esgoto de sua manhã com os seus concidadãos ou justamente como uma fábrica no caminho compartilhou seu dióxido de carbono com todo o mundo. Na verdade, *o próprio mundo* é o nosso bem comum. A tragédia moderna dos comuns repousa sobre esses tipos de ações.

A capacidade de suporte de todos os bens comuns da Terra já deve ter sido ultrapassada. Agora os nascimentos excedem as mortes em cerca de três pessoas por segundo, 10.400 por hora. *Cada ano* existem mais de 95 milhões de

FIGURA DESTAQUE 15.50

Impacto Humano no Oceano Mundial

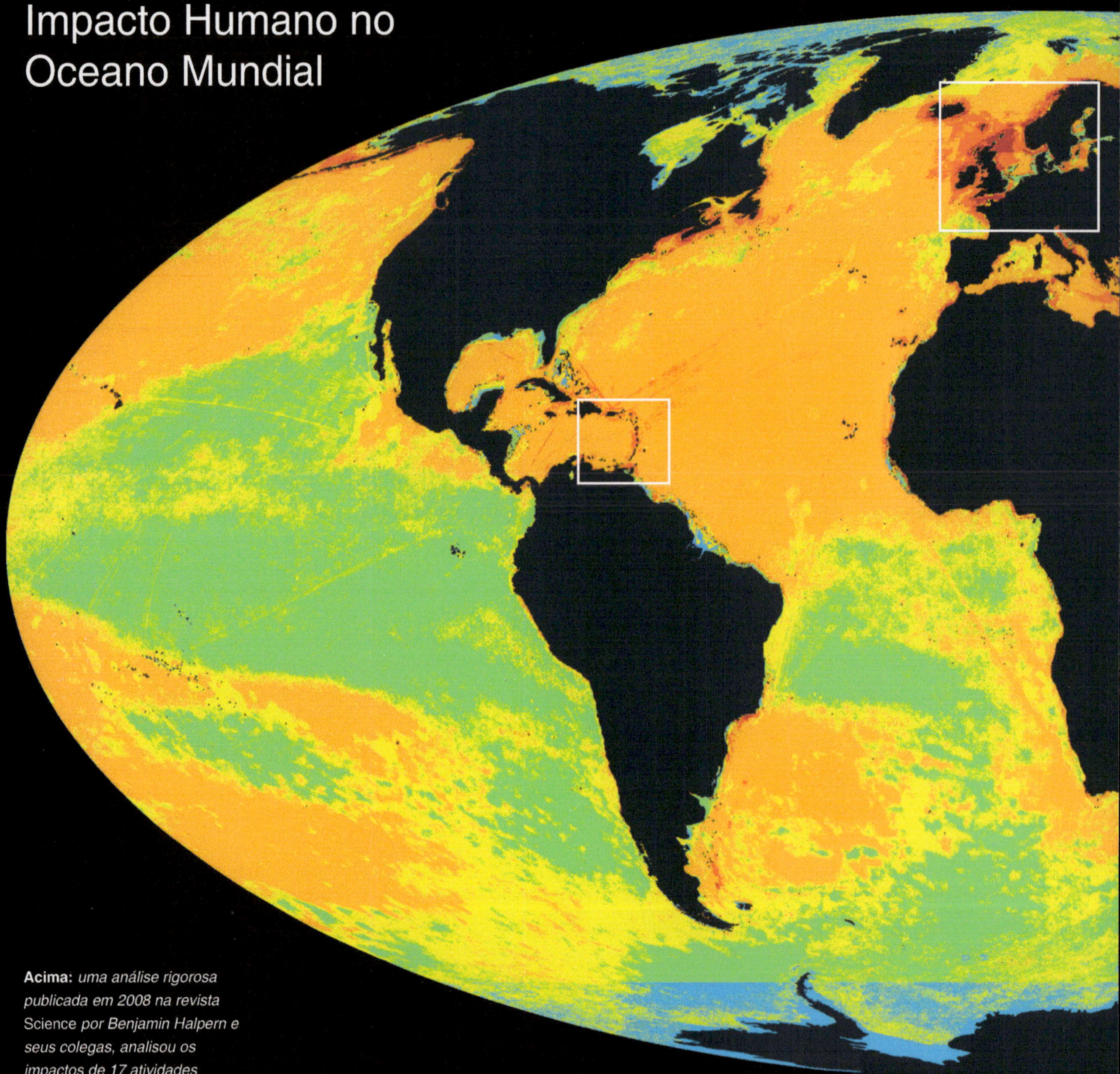

Acima: *uma análise rigorosa publicada em 2008 na revista* Science *por Benjamin Halpern e seus colegas, analisou os impactos de 17 atividades humanas diferentes, incluindo vários tipos de poluição, pesca, transporte, petróleo e gás em alto-mar e as alterações climáticas, em 20 tipos de regiões costeiras e oceânicas, que variam de mangues costeiros a recifes de coral e aos montes submarinos profundos. Eles encontraram os mais altos impactos nas zonas costeiras, mas também descobriram que nenhuma parte do oceano do mundo, ainda que remota, está livre dos impactos humanos negativos.*

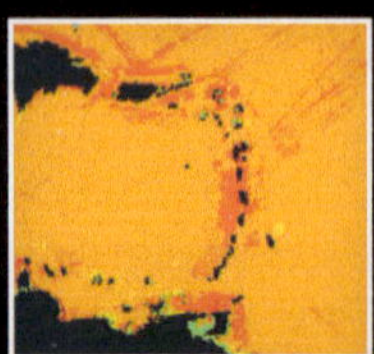

Esquerda: *as águas do leste do Caribe e em torno das Ilhas Antilhas Menores mostram impactos surpreendentemente elevados de uma matriz de atividades humanas, apesar de seu isolamento do continente.*

Direita: *o Mar do Norte também mostra altos impactos da pesca, poluição, transporte e operações industriais em alto-mar.*

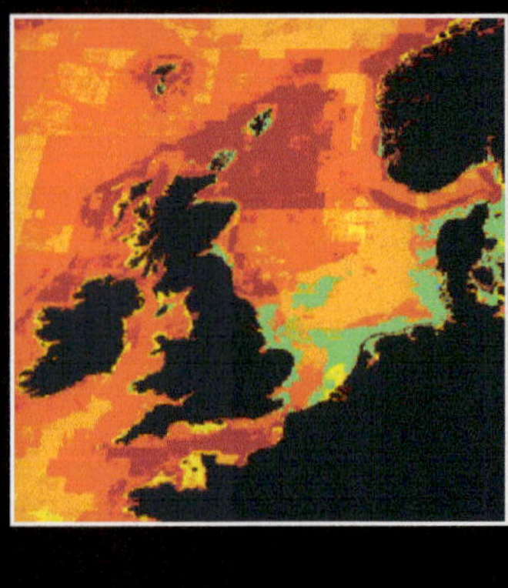

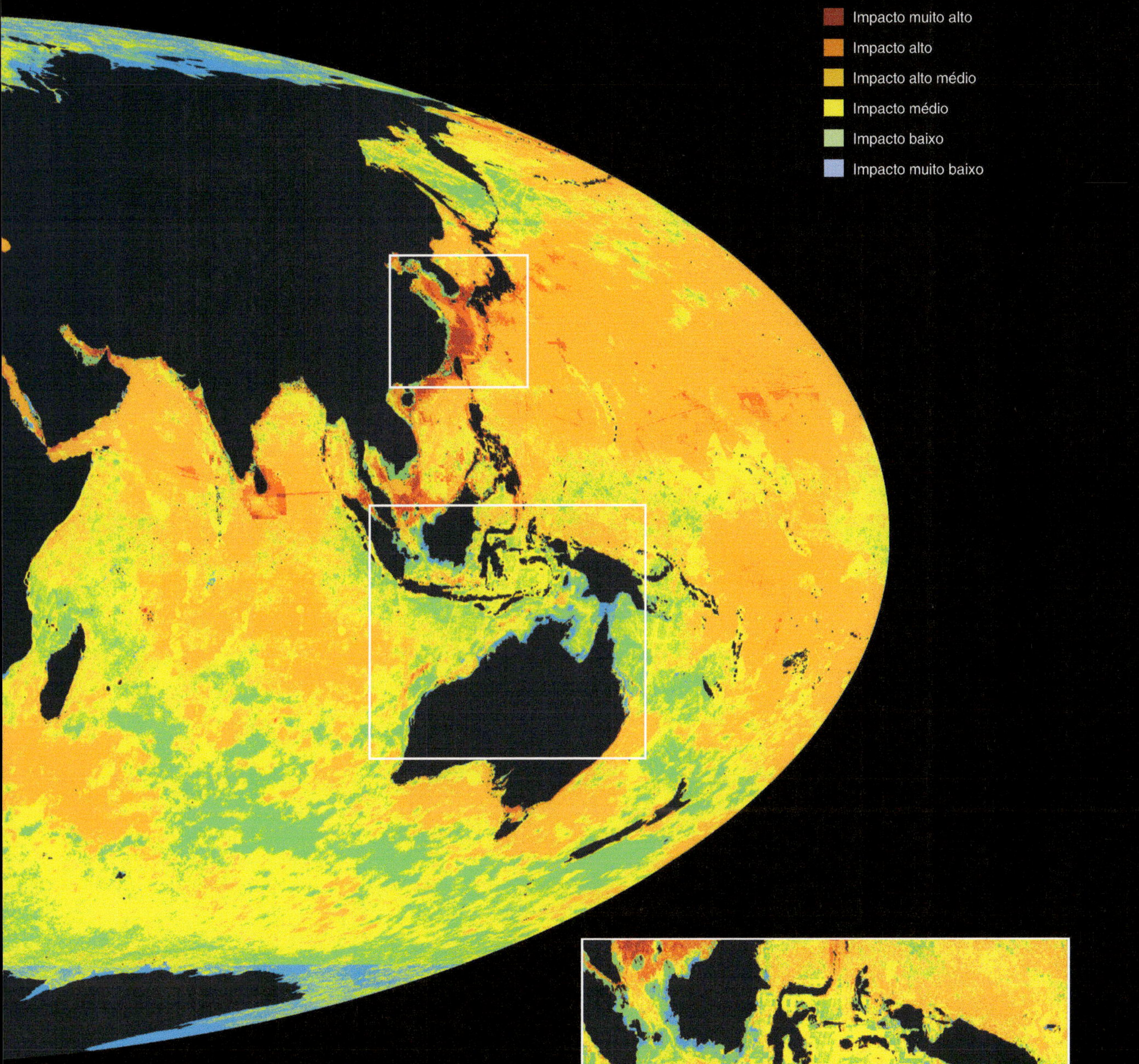

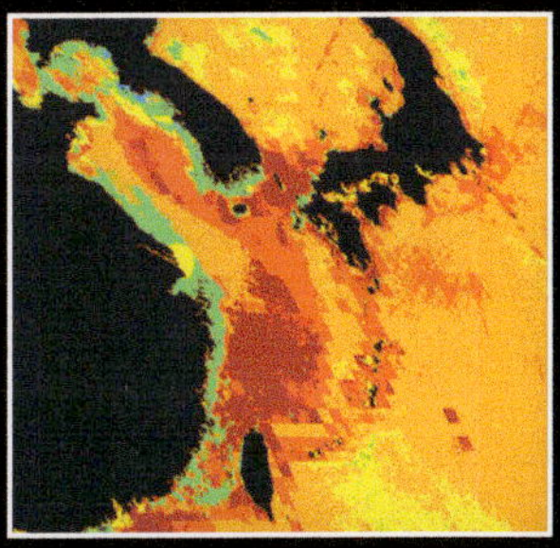

Esquerda: *o Mar do Japão é outra área de alto impacto com uma grande população dependente de muitos usos de suas águas circundantes.*

Direita: *as águas do norte da Austrália, incluindo a parte norte da Grande Barreira de Corais, é uma das áreas do oceano do mundo menos impactada pelas atividades humanas.*

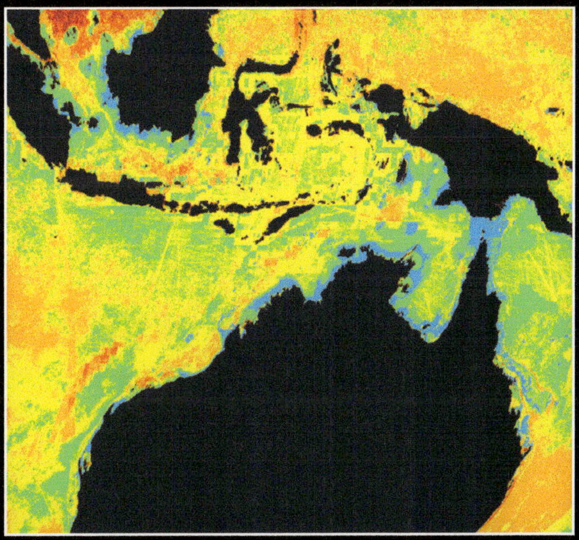

"nós", um total igual a aproximadamente um terço da população dos Estados Unidos. O número de pessoas triplicou no século XX e se espera que dobre novamente antes de atingir um platô em algum momento deste século. Outro bilhão de seres humanos irá se juntar a presente população mundial de 7 bilhões nos próximos 10 anos, 92% deles nos países do terceiro mundo.[15] Um quinto da população do mundo já sofre de pobreza e fome extrema.

Essa explosão populacional não se contenta com usar a mesma proporção de recursos usados hoje. Os cidadãos dos países menos desenvolvidos do mundo são influenciados pela educação e pela publicidade para exigir um padrão de vida de mundo desenvolvido. Eles olham com inveja equivocada para os Estados Unidos, um país com 5% da população do planeta, que consome 32% dos recursos de matéria-prima e 24% de sua energia, enquanto gera 22% do dióxido de carbono relacionado com a indústria.

A procura humana excedeu a capacidade da Terra de regenerar recursos, pelo menos desde o início de 1980. Desde 1961, a demanda humana sobre os organismos da Terra e matérias-primas mais que duplicou e agora excede a capacidade de reposição da Terra em pelo menos 20%.

Não podemos esperar que a ciência resolva o problema para nós. A maioria das decisões e ações necessárias está fora da alçada da ciência pura nas áreas de valores, ética, moralidade e filosofia. *A solução para os problemas ambientais, se ela existe, está na educação e na ação.* Cada um de nós tem o dever de se informar sobre as questões que afetam a Terra, seu oceano e seu ar – aprender os argumentos e pesar as evidências. Uma vez informados, devemos agir de maneira racional. Acorrentar-se em um navio petroleiro não é racional, mas selecionar produtos bem projetados, duradouros, recicláveis, fabricados por empresas responsáveis com o mínimo impacto ambiental (e incentivando outras a fazê-lo) é certamente um passo na direção certa.

Respostas óbvias e soluções rápidas são muitas vezes enganosas; uma grande quantidade de pesquisa e trabalho são necessários para dar uma visão confiável para as muitas questões difíceis que nos confrontam. O presente intercâmbio entre as considerações financeiras e ecológicas é muitas vezes fortemente inclinado em favor do ganho imediato, lucro em curto prazo e conveniência imediata. Garrett Hardin sugere que a liberdade absoluta em um bem comum traz ruína para todos. A *educação* pode ser a única maneira de modificar esses comportamentos destrutivos.

A humanidade embarcou em um experimento global não intencional de exploração dos recursos marinhos e gerenciamento de resíduos. Nós apenas ajustamos o nosso percurso com hesitação para o desconhecido. O que virá depois? Embora a resposta seja incerta, como você viu neste capítulo, essa história provavelmente terá um final infeliz.

Nossas cidades estão lotadas e nossos ânimos estão curtos. Tempos de mudanças turbulentas estão diante de nós. Os futuros desafios serão severos.

O que fazer? Cada um de nós, individualmente, precisa tomar uma posição. Devemos preservar o pôr do sol e a névoa, as ondas para surfar, o frio, receber o sopro de vento limpo em nossos rostos – nosso oceano do mundo único **(Figura 15.50)**. Margaret Mead resumiu nosso potencial para fazer a diferença: "Nunca duvide que um pequeno grupo de cidadãos preocupados e comprometidos pode mudar o mundo. Na verdade, é a única coisa que poderia".

Veja a Figura 15.50 mais uma vez. Como você pode fazer a diferença como um indivíduo? Precisamos começar agora. *Precisamos começar agora.*

[15] Nos Estados Unidos apenas, a população está crescendo o equivalente a quatro Washington, DC todos os anos, outra Nova Jersey a cada três anos, outra Califórnia a cada 12 anos.

BREVE REVISÃO

Antes de passar para a próxima seção, verifique seu entendimento de algumas das ideias importantes apresentadas até agora:

35. Qual era a "tragédia" implícita em "A Tragédia dos Comuns" de Hardin?

36. Existe uma solução para as questões ambientais difíceis nas quais atualmente nos encontramos? De qual forma esta solução pode ser tomada? Quais são as alternativas?

Para verificar suas respostas, acesse a página deste livro no site da Cengage.

Perguntas dos Alunos

1. Quando ficaremos sem petróleo?

Em um momento em que o fornecimento de petróleo bruto do mundo tem sido substancialmente reduzido, a quantidade total de petróleo estimado pode variar de 1,6 a 2,4 trilhões de barris. Se essa estimativa estiver correta, o consumo poderia continuar no nível atual até por volta de 2025, época em que cairia muito rapidamente. Mas, na verdade, nós nunca ficaremos completamente sem petróleo – sempre haverá um pouco de petróleo no interior da Terra para recompensar um grande esforço na extração. Entretanto, os dias de queima ilimitada de um produto tão valioso estão se aproximando do fim. As civilizações futuras certamente olharão para trás com horror pelo fato de seus ancestrais realmente queimarem algo tão valioso como óleo lubrificante.

2. Quanto da vida marinha teve que morrer para fornecer ao meu carro um galão de gasolina?

Jeffrey Dukes, um ecologista da Universidade de Massachusetts, recentemente perguntou a mesma coisa. Ele estima que cerca de 2% do fitoplâncton morto atinge o fundo do mar para serem enterrados nos sedimentos. O calor transforma cerca de 75% dessa massa em petróleo, mas apenas uma pequena fração do petróleo se acumula onde os seres humanos podem explorar. Dependendo da qualidade do petróleo bombeado do solo, cerca de metade pode ser refinada para gasolina. Cálculos informais mostram que cerca de 90 toneladas métricas (99 toneladas) de fitoplâncton morto foram usados para cada galão de gasolina – seu tanque pode conter os restos de mais de 1.000 toneladas métricas de diatomáceas antigas, dinoflagelados, cocolitoforídeos e outros produtores planctônicos.

De repente, o custo de um galão de gasolina superior sem chumbo soa como uma pechincha!

3. Bem, então, qual fruto do mar eu posso comer? Quais escolhas terão o menor impacto sobre o oceano?

Fonte: Monterey Bay Aquarium Institute

A Vigilância de Frutos do Mar da Califórnia no Aquário da Baía de Monterey foi projetada para ajudar os consumidores e as empresas a fazerem escolhas que estimulem o uso sustentável de frutos do mar. O grupo aumenta a consciência de quais frutos do mar podem ser considerados "melhores escolhas", "boas alternativas" ou candidatos para se "evitar" pela divulgação de guias de bolso, aplicativos de iPhone e comunicados de imprensa. Os guias são adaptados para seis regiões dos Estados Unidos e podem ser baixados da página do aquário na rede (www.montereybayaquarium.org). Esses excelentes guias compactos podem ser dobrados para o tamanho da carteira e convenientemente consultados em um restaurante ou mercado de frutos do mar. Uma lista atualizada de frutos do mar seguros pode ser obtida na página do Monterey Bay Aquarium (http://www.mbayaq.org/cr/seafoodwatch.asp).

4. Quais frutos do mar são os favoritos nos Estados Unidos?

Em 2002, o camarão substituiu o atum enlatado como fruto do mar favorito dos Estados Unidos. Nós ingerimos um recorde de 1,5 kg (3,4 libras) de camarão por pessoa naquele ano. O atum enlatado, por muito tempo o campeão reinante, caiu de 1,6 kg (3,5 libras) *per capita* para 1,3 kg (2,9 libras). Cada norte-americano come cerca de 1,8 kg (4 libras) de camarão por ano, cerca de metade do que é criado em fazendas.

5. O que uma pessoa pode fazer para minimizar o seu impacto sobre o oceano e a atmosfera?

Lembre-se de que a Terra e todos os seus milhões de formas de vida estão interligados. Não existem verdadeiros consumidores, somente usuários: nada pode realmente ser jogado fora (não há "fora"). Devemos abandonar a ética de poluir e seguir em frente, que tem norteado as ações da maioria dos seres humanos por milhares de anos. *Nossa tarefa não é de nos multiplicarmos e dominar a Terra*; devemos trabalhar em direção a uma sociedade mais em harmonia com os ritmos fundamentais da vida que nos sustenta. Pode não ser tarde demais para mudar os nossos hábitos. Precisamos agir individualmente para efetuar a mudança. Deveríamos pensar globalmente e agir localmente.

6. O que acontece com todas essas garrafas plásticas de água?

Os Estados Unidos têm o mais seguro abastecimento de água no mundo. Apesar desse fato, o consumo norte-americano de água engarrafada aumentou cerca de 65% em cinco anos. Nós agora consumimos cerca de 29 bilhões de garrafas de água *por dia* – quase todas embaladas em plástico descartável. Água da torneira filtrada e engarrafada, brilhantemente comercializada como uma alternativa à velha água pura de torneira entediante, pode custar mais de 4 mil vezes que o material que flui da torneira da cozinha. Ela muitas vezes custa mais que a gasolina superior sem chumbo!

A fabricação do plástico para essas garrafas utiliza 17 milhões de barris de petróleo bruto por ano – o equivalente ao combustível necessário para manter um milhão de veículos na estrada por 12 meses. Se você fosse encher um quarto de uma garrafa de água de plástico com petróleo, você estaria olhando mais ou menos para a quantidade utilizada para produzir a garrafa.

Agora, adicione o custo de distribuição (alguma água chega nas prateleiras das lojas de grandes distâncias) com o preço dos produtos petrolíferos necessários para a fabricação da garrafa. Apenas cerca de 13% das garrafas acabam no fluxo da reciclagem, onde são transformadas em produtos como roupas de lã, carpetes, prateleiras, equipamentos de recreação e novas embalagens e garrafas. Talvez seja a hora de salvar uma dessas garrafas e recarregá-la na pia.

Eco Images/Universal Images Group/Getty Images

7. Pensei que o aquecimento global estivesse essencialmente comprovado. Agora você escreve que não temos a certeza de quanto os poluentes gerados pelo homem estão contribuindo para o processo. Em que acreditar?

O consenso entre os pesquisadores do clima é claro: a superfície da Terra está ficando mais quente.[16] O que é controverso é a *importância relativa* dos fatores antropogênicos (causados pelo homem), como o desmatamento, a produção de gases de efeito estufa, a produção de alimentos, poluentes vestigiais e outros disruptores para o aquecimento observado. Conhecer o percentual é de importância crucial para entender a necessidade de mitigar nossa contribuição para o aquecimento, mas, seja ela qual for, vai ser extremamente cara.

Às vezes eventos localizados, como tempestades extremas (como a supertempestade Sandy de 2012) ou anos excepcio-

[16] O consenso não é, por si só, um argumento científico e não faz parte do método científico; no entanto, o *conteúdo* do consenso, pode ele próprio ser baseado em ambos, argumentos científicos e método científico.

nalmente frios como 2010, quando a costa leste dos Estados Unidos sofreu as piores nevascas registradas e a costa oeste foi inundada com a chuva, distraem a atenção pública do quadro geral.

Aqui está um trecho de um documento de 2010 elaborado por James Hansen, do Goddard Space Flight Center, da Nasa. Ninguém poderia colocar melhor:

> A comunicação do estado do aquecimento global para o público sempre foi dificultada pela variabilidade do tempo. A percepção das pessoas leigas tende a ser fortemente influenciada pela mais recente flutuação local. Essa dificuldade pode ser aliviada, salientando a necessidade de se concentrar sobre a frequência e a magnitude das anomalias quentes e frias, que mudam visivelmente em escalas de tempo de décadas, conforme o aquecimento global aumenta.
>
> Outros obstáculos para a comunicação pública incluem a dificuldade da mídia na elaboração de problemas de longo prazo como "notícia", uma preferência por sensacionalismo, geralmente um baixo nível de familiaridade com a ciência básica e uma preferência por "equilíbrio" em cada história. As dificuldades são agravadas pela politização dos relatórios do aquecimento global, uma consequência talvez inevitável das implicações econômicas e sociais dos esforços necessários para alterar o curso da alteração do clima feita pelo homem.[17]

8. Você acredita que o horário de verão poderia contribuir para o aquecimento global? Obviamente, quanto mais tempo temos a luz solar, mais ela aquece a atmosfera.

O quê?

9. Quais são as ameaças *mais* perigosas para o ambiente em geral?

As causas subjacentes dos problemas discutidos neste capítulo são o crescimento da população humana e uma economia dependente do crescimento. O professor de Stanford, Paul Ehrlich, disse: "Controlar o crescimento da população global deve ser o segundo item em importância na agenda da humanidade, perdendo apenas para evitar a guerra nuclear". A população mundial atual, agora mais do que 6,9 bilhões, parece condenada a atingir pelo menos 10 bilhões antes de estabilizar. E se todos querem viver no conforto do primeiro mundo?

[17] Hansen, J., Ruedy, R., Sato, M., Lo, K. 2010. Mudança de temperatura da superfície global. *Rev. Geophys*, 48, RG4004. DOI: 10.1029/2010RG00034

Termos e Conceitos para se Lembrar

água potável
algina
aquicultura aquacultura
bifenilas policloradas (PCBs)
biodegradável
biomagnificação
captura acidental ou não intencional
dessalinização
efeito estufa
energia nuclear
espécies introduzidas
eutrofização
gases estufa (ou gases de efeito estufa)
hidrocarbonetos clorados
maricultura
modelo matemático
poluente
poluição marinha
produção máxima sustentável
radiação ionizante
recursos biológicos
recursos energéticos marinhos
recursos físicos
recursos não extrativistas
recursos não renováveis
recursos renováveis
sobrepesca

Perguntas de Estudo

1. Como se supõe que petróleo e gás natural foram formados? Como essas substâncias podem ser extraídas do fundo do mar? Por que as características físicas da rocha ao redor são importantes?
2. O oceano fornece uma percentagem substancial de toda a proteína necessária à alimentação humana? De toda a proteína animal? Qual é o recurso biológico mais valioso?
3. Quais são os sinais da sobrepesca? Como é que a indústria da pesca muitas vezes responde a esses sinais? Qual é o resultado de costume? O que é captura acessória?
4. Imagine uma conversa entre o proprietário de uma frota de pesca e um oficial governamental responsável pela gestão da pesca. Liste cinco pontos de conversa que cada um deles traria para uma mesa de conferência. Qual seria o resultado provável da discussão final?
5. Por que o petróleo refinado é mais perigoso para o ambiente marinho que o petróleo bruto? Qual é derramado com mais frequência? O que acontece com o petróleo após a sua entrada no meio marinho?
6. Quais metais pesados são mais tóxicos? Como essas substâncias entram no oceano? Como elas se movem do oceano para os organismos marinhos e para as pessoas?
7. Poucos produtos químicos orgânicos sintéticos são perigosos em concentrações muito baixas nas quais eles entram no oceano. Como essas concentrações são aumentadas? Qual pode ser o resultado quando estas substâncias são ingeridas por organismos em uma cadeia alimentar marinha?
8. O que é o efeito estufa? Ele é sempre prejudicial? Quais gases contribuem para o efeito estufa? Por que a maioria dos cientistas acredita que a temperatura média da superfície da Terra aumentará ao longo das próximas décadas? O que isso pode acarretar?
9. O que é a tragédia dos comuns? Você acha que Garrett Hardin foi correto em aplicar essa velha ideia aos tempos modernos? O que você fará para minimizar o seu impacto negativo sobre o oceano e a atmosfera?
10. Como o aquecimento global pode afetar diretamente o oceano?
11. O custo da poluição e da má gestão do hábitat ao longo do tempo será maior que o custo de não fazer nada. Mas o custo *agora* é mais barato. Argumentando apenas do ponto de vista prático (isto é, evitando um apelo à emoção), como você poderia convencer o conselho executivo de uma corporação industrial de primeiro mundo dependente de um recurso do oceano a reduzir ou eliminar os efeitos negativos de suas atividades.
12. Considerando a mesma pergunta, como você convenceria o conselho de uma empresa em um país em desenvolvimento (por exemplo, a China)?

Panorama Geral do Capítulo

Neste capítulo, você viu dois lados do uso do oceano pela humanidade. Por um lado, encontramos os recursos do oceano úteis, convenientes e essenciais. Por outro lado, descobrimos que não podemos explorar esses recursos sem prejudicar a sua fonte. A economias mundial hoje dependente de materiais oceânicos e não estamos dispostos a abandonar ou diminuir o seu uso, até que vejamos sinais inequívocos de dano ambiental grave. Sendo assim, a mitigação é normalmente muito demorada.

Os recursos marinhos incluem recursos físicos, tais como petróleo, gás natural, materiais de construção e produtos químicos; energia marinha; recursos biológicos, tais como frutos do mar, algas e produtos farmacêuticos; e os recursos não extratistas, como o transporte e o lazer. A contribuição dos recursos marinhos para a economia mundial tornou-se tão ampla que leis internacionais agora governam sua alocação.

Apesar de sua abundância, os recursos marinhos fornecem apenas uma fração da demanda mundial por matérias-primas, alimentação humana e energia. Recursos similares em terra normalmente podem ser obtidos de forma mais segura e com menor custo. A gestão dos recursos marinhos – especialmente recursos biológicos – para benefício a longo prazo não tem sido amplamente bem-sucedida.

Nossa espécie tem sempre exercido a sua capacidade de consumir recursos e poluir seus arredores, mas apenas nas últimas poucas gerações, os nossos esforços têm afetado o oceano e a atmosfera em uma escala planetária. A introdução de compostos não naturais na biosfera (ou compostos naturais em quantidades não naturais) tem tido – e continuará a ter – efeitos prejudiciais inesperados. A destruição dos hábitats marinhos e a retirada descontrolada dos recursos vivos do oceano, também têm perturbado os delicados equilíbrios ecológicos. Embarcamos em um tempo de experimentação mundial inadvertida e nos encontramos em situações difíceis, para as quais as soluções não vêm facilmente.

A humanidade embarcou em um experimento global não programado de exploração dos recursos marinhos e gerenciamento de resíduos. Estamos demorando para ajustar o curso conforme corremos para o desconhecido.

O próximo capítulo é com você.

Posfácio

As Ciências do Mar estão no limiar de uma nova era. As recentes revoluções na biologia e na geologia estão sendo assimiladas, e a estrada à frente parece mais clara. A revolução no projeto de instrumentos de amostragem, os veículos submersíveis robóticos e o processamento de dados trouxeram um novo vigor para a Oceanografia. Dados obtidos por sensores e transmitidos por satélite podem fornecer informações instantâneas que levariam anos para serem coletadas em superfície com o uso de navios. A tecnologia de bordo tornou-se tão sofisticada que Wyville Thomson ou Fridtjof Nansen dificilmente reconheceriam nossos sensores ou instrumentos de amostragem.

As ferramentas podem ser diferentes, mas os espíritos daqueles que as utilizam permanecem os mesmos. Os cientistas marinhos de hoje são como todos os homens e mulheres que vieram antes: *queremos saber sobre o oceano*. Buscamos ansiosamente em nossas caixas de correio por jornais trazendo as últimas notícias sobre pesquisas, passamos por sites da internet todos os dias à procura de descobertas, inspecionamos novas amostras com o entusiasmo de crianças e compartilhamos nossas ideias com qualquer um num piscar de olhos. Eu, pessoalmente, estou encantado por você ter viajado comigo até aqui. Aqueles de nós que gostam de um fundo oceanográfico (e isso agora inclui você) olham para a Terra com uma compreensão maior do que costumávamos ter antes de começarmos. Todo o conceito de um oceano mundial nos atrai, nos dá um profundo prazer e nos preenche com um completo senso de responsabilidade. Em nenhum outro campo da ciência tantas ideias se entrelaçam para tecer uma tapeçaria tão rica.

Nossa jornada juntos acabou, mas antes de seguirmos cada um o seu caminho, tenho mais quatro ideias para compartilhar:

- *Mudança* tem sido um tema recorrente deste livro. O clima da Terra mudou com o tempo, assim como sua composição atmosférica, sua química oceânica, o tamanho e as posições dos continentes e as formas de vida. Nossa Terra parece um lar calmo e estável, mas é, na verdade, um lugar violento para a habitação de objetos aparentemente delicados como os seres vivos. Mesmo assim, a vida e o oceano envelheceram juntos. A história da Terra é a história de mudança e de oportunidade; sua história está escrita nas rochas, na água e nos genes de milhões de organismos que evoluíram aqui. Somos sobreviventes.

  Essa sobrevivência pode estar sendo questionada agora. A mudança atualmente está progredindo a uma velocidade anormal, e essas mudanças induzidas por humanos estão impondo uma tensão nos sistemas naturais. O que fazemos *com* e *para* o oceano é literalmente de consequência planetária. No século passado, desenvolvemos um maquinário físico, químico e biológico para neutralizar ou rejuvenescer o oceano mundial e toda a vida que ele contém. Um período doloroso de experimentação global inadvertida está à nossa frente.

  Todos nós que amamos as cores e as texturas deste pequeno mundo líquido precisamos agir para moderar os efeitos negativos da crise ambiental iminente. Em chinês, o caractere escrito para a palavra *crise* tem dois componentes: perigo e oportunidade. Cidadãos informados expressarão a preocupação, discutirão essa preocupação com os outros e agirão sempre que possível para minimizar as ameaças e aproveitar as novas oportunidades. Inteligência e beleza devem triunfar; não temos outra alternativa racional.
- A apreciação do oceano não vem exclusivamente do reino da ciência. Filósofos, artistas, compositores e poetas tiveram muito a dizer sobre o mar. Leia a descrição do mar feita por Homero em *A Odisseia* (tente os Livros IV, X e XI). Veja como se sentia Lord Byron com as cores do oceano na poesia (veja, por exemplo, *A peregrinação de Childe Harold*, estrofes 183 e 184). Leia *Continent's end*, do vigoroso poeta moderno Robinson Jeffers. Compartilhe a magia marinha de Próspero em *A tempestade*, de Shakespeare. Veja o que o filósofo chinês Lao Tzu tinha a dizer sobre nossa necessidade de encontrar consolo no mundo natural. Desfrute de algumas xilogravuras sugestivas de Rockwell Kent e das pinturas impressionistas do oceano do artista inglês J. M. W. Turner. Ouça *Quatro interlúdios do mar*, de Benjamin Britten, da ópera *Peter Grimes*, e *Sinfonia do mar* e *Sinfonia Antártica*, de Ralph Vaughan Williams (mas tome cuidado para não estourar seu sistema de som). Leia as novelas oceânicas de Herman Melville e Jack London, e tente ler os diários e os relatos dos famosos exploradores e cientistas que você conheceu neste livro. Sente-se em uma praia tranquila à noite com as estrelas da Via Láctea brilhando suavemente sobre sua cabeça. A inspiração penetrante do oceano respirando as ondas nunca está distante.
- Não deixe seu envolvimento parar por aqui. O aprendizado perpétuo é a verdadeira alegria, um prazer que não diminui com a idade, uma fonte de sabedoria e quietude. Podemos aprender muito sobre paciência, esperança e otimismo com o oceano. Podemos aprender muito sobre o mundo – e sobre nós mesmos – ao olhar para as conexões oceânicas entre as coisas. Espero que seu interesse em aprender sobre o oceano tenha apenas sido estimulado. Há muita coisa boa no mundo. Vá e acrescente a ele.
- Compartilhe sua visão com a família e os amigos. *Use* seu novo conhecimento – torne-o seu. Você não precisa ser um professor universitário para falar com as pessoas sobre a beleza, a história e o futuro do oceano. Minha esposa tem sido paciente e receptiva com minha inclinação oceânica. Nossos filhos e netos são meus alunos próximos e pacientes. Nossa filha e filho, genro e netos participam do Prefácio e das Figuras 1.1 e 15.22a. Junto com seus filhos, eles herdarão o mundo.

No Prefácio, escrevi "Os leitores estão convidados a verem as conexões entre astronomia, economia, física, química, história, meteorologia, geologia e ecologia – áreas que já estudaram separadamente". Thomas Traherne, poeta e naturalista inglês, condensou essa ideia unificadora em seu longo poema *Séculos de meditação* (*c.* 1670).

Você nunca aprecia o mundo corretamente,
até o mar manar em suas veias,
até você estar vestido pelos céus
e coroado com as estrelas.

Aproveite seu novo conhecimento sobre Oceanografia. Como você sabe, este é apenas um pequeno planeta, mas como ele é *lindo*!

APÊNDICE 1

Medidas de Conversões

Além dos Estados Unidos, apenas dois países no mundo – Libéria e Myanmar (antiga Birmânia) – não utilizam medidas métricas. O sistema métrico, uma contribuição da Revolução Francesa, conquistou a Europa junto com Napoleão. Ele tem como base o sistema decimal, um sistema familiar aos americanos por causa de seu sistema monetário decimal: 10 centavos para um dime, 10 dimes para um dólar.

O primeiro movimento rumo a um sistema racional de medição foi feito em 1670 por Gabriel Mouton, o vigário da Igreja de St. Paul, em Lyon, França. Em vez do sistema de medidas prevalente na época com base na largura da mão do rei, no comprimento de seu braço direito estendido ou no peso de determinado cesto de pedras mantido no palácio, Mouton sugeriu uma medida de comprimento com base no arco de 1 minuto de longitude, para ser subdividido decimalmente. Outras medidas iriam seguir a partir dessa unidade de comprimento. A proposta continha as três principais características do sistema métrico: usar a própria Terra como base para medição, subdividir decimalmente (por 10) e usar prefixos-padrão (*quilo*, *centi*, *mili*, e assim por diante). Essas ideias foram debatidas durante 125 anos antes de serem implantadas por uma comissão nomeada por Luis XVI em um de seus últimos atos oficiais antes de ser preso durante a Revolução Francesa. Foi selecionado um décimo milionésimo da distância do Polo Norte ao equador (na linha de longitude passando por Paris) como a unidade de comprimento-padrão, o metro. A nova unidade de peso foi derivada do peso de 1 metro cúbico de água pura. A temperatura foi fundamentada nos pontos de ebulição e de congelamento da água pura. Foi proposta uma lista de prefixos para múltiplos e submúltiplos decimais. Em 1795, uma decisão firme foi tomada para estabelecer o sistema em toda a França, e em 1799, o sistema métrico foi implantado "para todas as pessoas, o tempo todo".

No início, as pessoas se opuseram às mudanças, mas o governo insistiu que as medidas antigas seriam incluídas lado a lado com as novas (métricas) equivalentes. Em concorrência diária, as vantagens do sistema métrico se mostraram decisivas; em 1840 foi declarado um monopólio legal na França. Os franceses haviam sido conquistados pelo novo, simples e racional sistema de medição. Toda a Europa – e, por fim, praticamente todos os outros países – seguiram.

Menos os Estados Unidos. Embora Ben Franklin houvesse proposto que o país utilizasse a conversão no século XVIII, o povo dos Estados Unidos continuou a insistir que o sistema métrico – agora conhecido como o Sistema Internacional (SI) – era muito difícil de aprender e de trabalhar. O governo federal pediu a conversão para unidades métricas com o intuito de aumentar as oportunidades para o comércio internacional. Em agosto de 1988, o presidente Ronald Reagan assinou o *Omnibus Trade and Competitiveness Act*. Essa lei alterou a Lei de Conversão Métrica de 1975, afirmando que até 1992 todas as agências federais devem, sempre que possível, utilizar o sistema métrico (SI) nas compras, concessões e em outros negócios.[1] (Observe que o Canadá começou a converter em 1970 e tem usado o sistema métrico desde 1980.)

O governo pode estar fazendo a mudança, mas o público se apega tenazmente às polegadas, *pints* e libras. Por quê? É realmente mais simples de adicionar 1/16 de uma polegada, 1/32 de uma polegada e 3/8 de uma polegada para ajustar o comprimento de uma estante? Você consegue se lembrar de quantas xícaras tem um quarto? Quantos *pints* tem um galão? Quantas milhas tem uma légua? A razão pela qual continuamos a utilizar o antigo sistema imperial inglês (o qual, é claro, os ingleses abandonaram há muito tempo) é que ele nos é familiar. Sabemos qual é o comprimento de 5 polegadas, quanto é um quarto e o que 72° Fahrenheit representa. Talvez, seguir o exemplo francês – em ter as medidas expressadas em todos os lugares em inglês *e* medidas métricas – pode nos tornar aptos a fazer uma conversão completa dentro de uma ou duas gerações. É por isso que as medidas americanas e métricas são usadas em conjunto ao longo deste livro. O processo já começou, é claro: você usa uma película de 35 mm, recipientes de refrigerantes de 2 litros, garrafas de vinho de 750 mililitros, lâmpadas de 100 watts – e pode fazer uma corrida de 10 k (10 quilômetros) no sábado.

Os fatores de conversão listados aqui lhe darão uma ideia de como as unidades americanas e métricas (SI) são equivalentes. Não entre em pânico – o sistema é tão racional e lógico quanto sempre foi. Observe que 1 metro é igual a 100 centímetros e que 1 centímetro é igual a 10 milímetros. Observe que 2,54 centímetros é igual a 1 polegada. (Veja a tabela de fatores de conversão se desejar converter de um sistema para o outro.) Alguns dados oceanográficos numéricos estão incluídos em tabelas complementares.

[1] Infelizmente, o Congresso cancelou a maioria das provisões da Lei de Conversão Métrica em 2000.

Notação Científica

Múltiplos e Submúltiplos	Nome	Prefixos Comuns
10^{18} = 1.000.000.000.000.000.000		hexa
10^{15} = 1.000.000.000.000.000		peta
10^{12} = 1.000.000.000.000	trilhão	tera
10^{9} =1.000.000.000	bilhão	giga
10^{6} = 1.000.000	milhão	mega
10^{3} = 1.000	mil	quilo
10^{2} = 100	cem	hecta
10^{1} = 10	dez	deca
10^{-1} = 0,1	décimo	deci
10^{-2} =0,01	centésimo	centi
10^{-3} = 0,001	milésimo	mili
10^{-6} = 0,000001	milionésimo	micro
10^{-9} = 0,000000001	bilionésimo	nano
10^{-12} = 0,000000000001	trilionésimo	pico

Fatores de Conversão

Área

1 polegada quadrada (pol.^{2})	6,45 centímetros quadrados
1 pé quadrado (ft^2)	144 polegadas quadradas
1 centímetro quadrado (cm^2)	0,155 polegada quadrada 100 milímetros quadrados
1 metro quadrado (m^2)	10^4 centímetros quadrados 10,8 pés quadrados
1 quilômetro quadrado (km^2)	247,1 acres 0,386 milha quadrada 0,292 milha náutica quadrada

Massa

1 quilograma (kg)	2,2 libras 1.000 gramas
1 tonelada métrica	2.205 libras 1.000 quilogramas 1,1 tonelada
1 libra	16 onças 454 gramas 0,45 quilograma
1 tonelada	2.000 libras 907,2 quilogramas 0,91 tonelada métrica

Pressão

1 atmosfera (nível do mar)	760 milímetros de mercúrio a 0 °C 14,7 libras por polegada quadrada
	33,9 pés de água (doce)
	29,9 polegadas de mercúrio
	33 pés de água salgada

Comprimento

Comprimento	
1 micrômetro (m)	0,001 milímetro 0,0000349 polegada
	1 milímetro (mm) 1.000 micrômetros 0,1 centímetro 0,001 metro
1 centímetro (cm)	10 milímetros 0,394 polegada 10.000 micrômetros
1 metro (m)	100 centímetros 39,4 polegadas 3,28 pés 1,09 jarda
1 quilômetro (km)	1.000 metros 1.093 jardas 3.281 pés 0,62 milha estatuária 0,54 milha náutica
1 polegada (pol.)	25,4 milímetros 2,54 centímetros
1 pé (ft)	30,5 centímetros 0,305 metro
1 jarda	3 pés 0,91 metro
1 braça	6 pés 2 jardas 1,83 metro
1 milha estatuária	5.280 pés 1.760 jardas 1.609 metros 1,609 quilômetro 0,87 milha náutica
1 milha náutica	6.076 pés 2.025 jardas 1.852 metros 1,15 milha estatuária
1 légua	15.840 pés 5.280 jardas 4.804,8 metros 3 milhas estatuárias 2,61 milhas náuticas

Volume	
1 polegada cúbica (pol.^{3})	16,4 centímetros cúbicos
1 pé cúbico (ft^3)	1.728 polegadas cúbicas 28,32 litros 7,48 galões
1 centímetro cúbico (cc; cm^3)	1.000 milímetros cúbicos 0,061 polegada cúbica
1 litro	1.000 centímetros cúbicos 61 polegadas cúbicas 1,06 quarto 0,264 galão
1 metro cúbico (m^3)	10^6 centímetros cúbicos 264,2 galões 1.000 litros
1 quilômetro cúbico (km^3)	10^9 metros cúbicos 10^{15} centímetros cúbicos 0,24 milha cúbica

Temperatura

$$°C = \frac{°F - 32\ w}{1,8}$$

$°F = (1,8 \times °C) + 32$

$K = °C + 273,2$

100 °C = 212 °F
(ponto de ebulição da água)

40 °C = 104 °F
(condições de ondas de calor)

37 °C = 98,6 °F
(temperatura corporal normal)

30 °C = 86 °F
(muito morno – quase quente)

20 °C = 68 °F
(um dia ameno de primavera)

10 °C = 50 °F
(um dia quente de inverno)

0 °C = 32 °F
(ponto de congelamento da água)

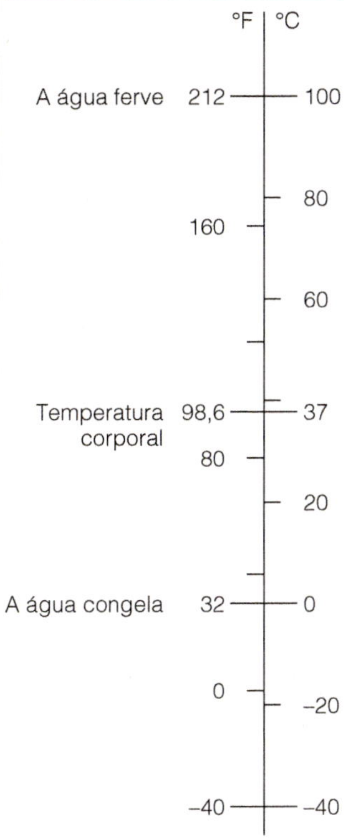

Algumas Aproximações Métricas Familiares

Medida	Unidade Métrica	Tamanho Aproximado da Unidade
Comprimento	milímetro	diâmetro de um clipe de papel
	centímetro	um pouco mais do que a largura de um clipe de papel (cerca de 0,4 polegada)
	metro	um pouco mais que uma jarda (cerca de 1,1 jarda)
	quilômetro	um pouco mais distante que 1/2 milha (cerca de 0,6 milha)
Massa (Peso)	grama	um pouco maior que a massa (peso) de um clipe de papel
	quilograma	pouco mais que 2 libras (cerca de 2,2 libras)
	tonelada métrica	um pouco mais que uma tonelada (cerca de 2.200 libras)
Volume	mililitro	cinco deles formam uma colher de chá
	litro	um pouco mais que um quarto (cerca de 1,06 quarto)
Pressão	quilopascal	a pressão atmosférica tem aproximadamente 100 quilopascais

Fonte: U.S. Metric Board Report.

Hora	
1 hora	3.600 segundos
1 dia	86.400 segundos 1.440 minutos 24 horas
1 ano civil	31.536.000 segundos 525.600 minutos 8.760 horas 365 dias

Velocidade	
1 milha estatuária por hora	1,61 quilômetro por hora 0,87 nó
1 nó (milha náutica por hora)	51,5 centímetros por segundo 1,15 milha por hora 1,85 quilômetro por hora
1 quilômetro por hora	27,8 centímetros por segundo 0,62 milha por hora 0,54 nó

Dados Oceanográficos Numéricos

Equivalência na Concentração de Água do Mar	
Água do mar com 35 gramas de sal por quilograma de água do mar	3,5 por cento 35 partes por mil (‰) 35.000 partes por milhão (ppm)

Velocidade do Som	
Velocidade do som na água do mar a 34,85 partes por mil (‰)	4.945 pés por segundo 1.507 metros por segundo 824 braças por segundo

Área, Volume e Profundidade do Oceano Mundial

Corpo d'Água	Área (10^6 km^2)	Volume (10^6 km^3)	Profundidade Média (m)
Oceano Atlântico	82,4	323,6	3.926
Oceano Pacífico	165,2	707,6	4.282
Oceano Índico	73,4	291,0	3.963
Todos os oceanos e mares	361	1.370	3.796

APÊNDICE 2

Era Geológica

Como vimos no Capítulo 1, os astrônomos e geólogos determinaram que a Terra originou-se há cerca de 4,6 bilhões de anos. Eles dividiram a idade da Terra em eras, que correspondem aproximadamente às grandes mudanças geológicas e evolutivas que ocorreram, como mostrado na figura que segue. Observe que os intervalos de tempo das diferentes eras não são mostrados em escala; se fossem, o gráfico sairia da página.

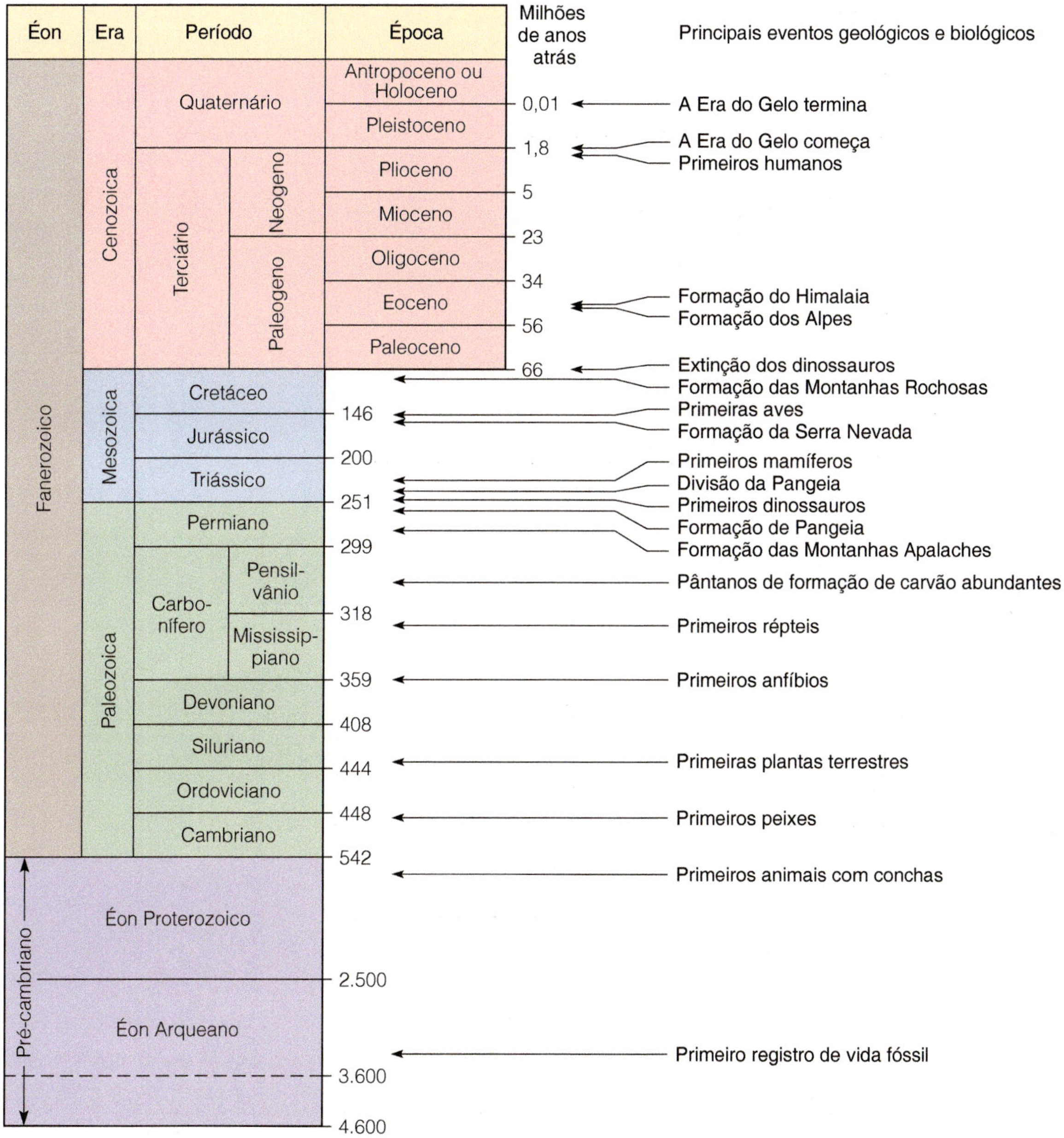

APÊNDICE 3

Datações Absoluta e Relativa

O decaimento radioativo é o processo pelo qual os núcleos atômicos instáveis se partem. Como já vimos, o decaimento radioativo está acompanhado pela liberação do calor, parte do qual aquece o interior da Terra e ajuda a impulsionar os processos das placas tectônicas. Embora seja impossível prever exatamente quando qualquer núcleo instável em uma amostra irá decair, é possível descobrir o tempo necessário para metade de todos os núcleos instáveis em uma amostra decair. Esse tempo é chamado de meia-vida. Cada elemento radioativo tem sua própria meia-vida específica. Por exemplo, uma das formas radioativas do urânio tem meia-vida de 4,5 bilhões de anos, e uma forma radioativa do potássio tem meia-vida de 8,4 bilhões de anos. Durante cada meia-vida, metade da quantidade remanescente do elemento radioativo decai para tornar-se um elemento diferente.

A datação radiométrica é o processo que determina a idade das rochas por meio da observação da taxa de decaimento de elementos radioativos instáveis para produtos de decaimento estáveis. Os geólogos consideram datação radiométrica uma forma de *datação absoluta*, porque a idade de uma rocha que contém um elemento radioativo pode ser determinada com uma precisão de 1% a 2% da idade real. A figura mostra como as amostras podem ser datadas dessa forma. Usando a datação radiométrica, os pesquisadores identificaram pequenos grãos de zircão de arenito australiano ocidental que têm 4,2 bilhões de anos de idade. Os zircões provavelmente foram erodidos das rochas continentais próximas e depositados pelos rios. (A crosta mais antiga ainda não foi datada, pois foi alterada e convertida em outras rochas por processos geológicos.)

A *datação relativa* é um método para datar uma amostra por comparação de sua posição com as posições de outras amostras. Os sedimentos mais jovens são geralmente colocados sobre depósitos mais antigos – as ocorrências são dispostas na sequência correta. Se um grupo de rochas ou restos fossilizados não contém elementos radioativos, os pesquisadores podem determinar se a amostra é mais antiga ou mais jovem que uma outra amostra diferente e próxima a elas, porém não determinam a idade real do conjunto. Os dois métodos de datação podem trabalhar juntos para determinar a idade dos materiais.

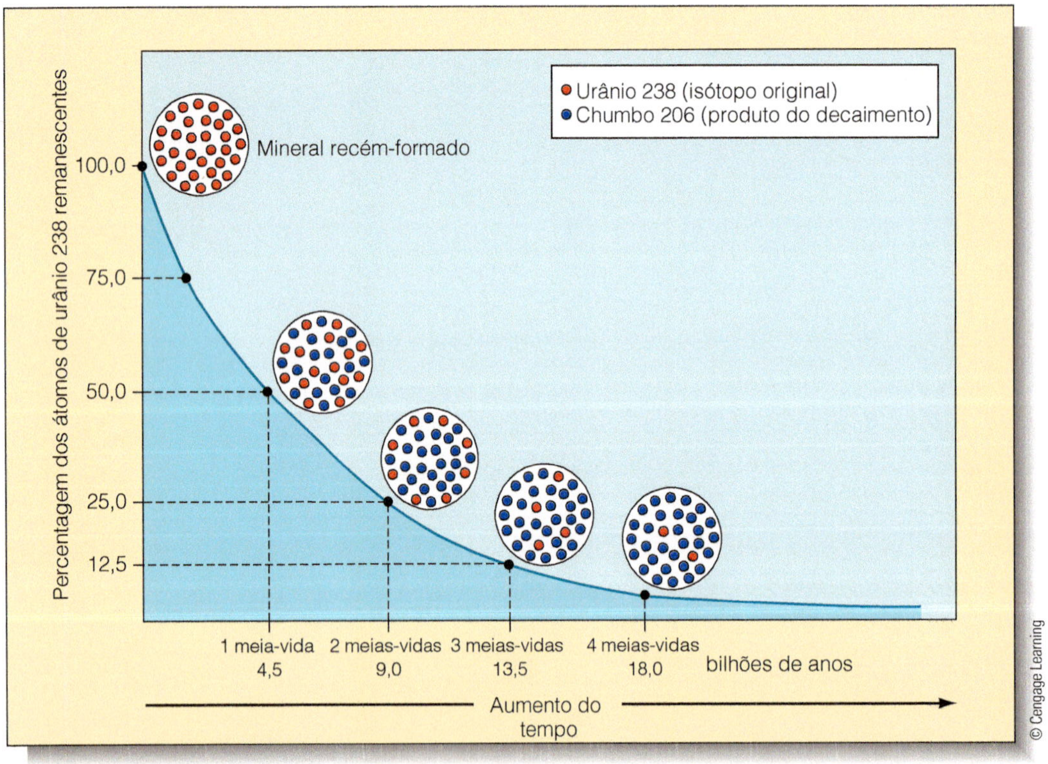

A taxa do decaimento radioativo de uma forma radioativa do urânio ($_{238}U$) em chumbo. A meia-vida de $_{238}U$ é 4,51 bilhões de anos. Durante cada meia-vida, uma metade da quantidade remanescente do elemento radioativo decai para tornar-se um elemento diferente. Assume-se que o sistema se manteve fechado – nenhum átomo radioativo ou produto do decaimento foi acrescentado ou removido da amostra. As idades obtidas a partir da datação absoluta e relativa das rochas continentais e rochas e sedimentos do leito marinho coincidem com as idades previstas pela teoria das placas tectônicas.

APÊNDICE 4

Mapas e Cartas

É mais fácil desenhar um diagrama para mostrar a alguém como chegar a um lugar do que descrever o processo em palavras. Durante séculos os viajantes fizeram diagramas especiais – mapas e cartas – para refrescar as próprias memórias e mostrar aos outros como chegar a destinos distantes. Um **mapa** é uma representação de uma parte da superfície da Terra, mostrando as fronteiras políticas, características físicas, cidades e outras informações geográficas. Uma **carta** também é uma representação da superfície da Terra, mas tem sido especialmente concebida para o uso conveniente na navegação. Destina-se ao trabalho, não apenas à observação. Uma **carta náutica** preocupa-se principalmente com as áreas de águas navegáveis. Ela inclui informações como litorais e portos, canais, obstruções, correntes, profundidades de água e as posições de auxílio à navegação.

Qualquer mapa plano ou carta é necessariamente uma distorção da Terra esférica. Se rolarmos uma folha de papel plana em torno de um globo para formar um cilindro, o papel entrará em contato com o mundo apenas ao longo de uma curva. Suponhamos que isso seja o equador. Se as linhas de latitude e longitude no globo são cobertas com tinta, apenas o equador entrará em contato com o papel e imprimirá uma réplica exata de si mesmo. Desenrole o cilindro, e a parte registrada no novo mapa será uma representação perfeita da Terra. Para incluir as áreas ao norte e ao sul do equador, teremos que "jogá-las para frente" sobre o papel; precisamos *projetá*-las de alguma forma.

Agora imagine o nosso globo como uma esfera translúcida. Se colocarmos uma luz brilhante no centro, podemos projetar as linhas de latitude e longitude sobre o cilindro de papel laminado **(Figura 1)**. O rastreamento cuidadoso dessas linhas resultará em um mapa, porém as áreas distantes do equador serão distorcidas: quanto mais distantes do equador, maior será a distorção. Uma modificação útil desta projeção – uma que não distorça as altas latitudes tão dramaticamente – foi concebida por Gerardus Mercator, um cartógrafo flamengo que publicou um mapa do mundo em 1569. Apesar de as massas de terra e as áreas oceânicas não serem retratadas com precisão em uma projeção de Mercator como seriam em um globo, um mapa ainda é útil, pois permite que os marinheiros se orientem em um curso em longas distâncias representando graficamente linhas retas.

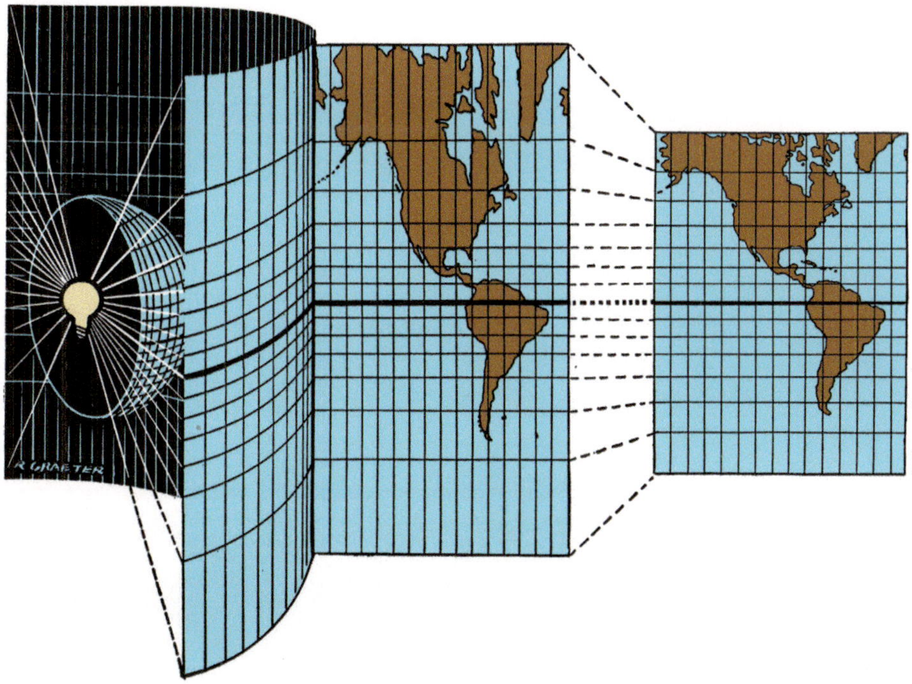

Figura 1 Projeção central de um globo sobre um cilindro, e uma estrutura modificada no mapa, o Mercator, feita para a mesma escala ao longo do equador.

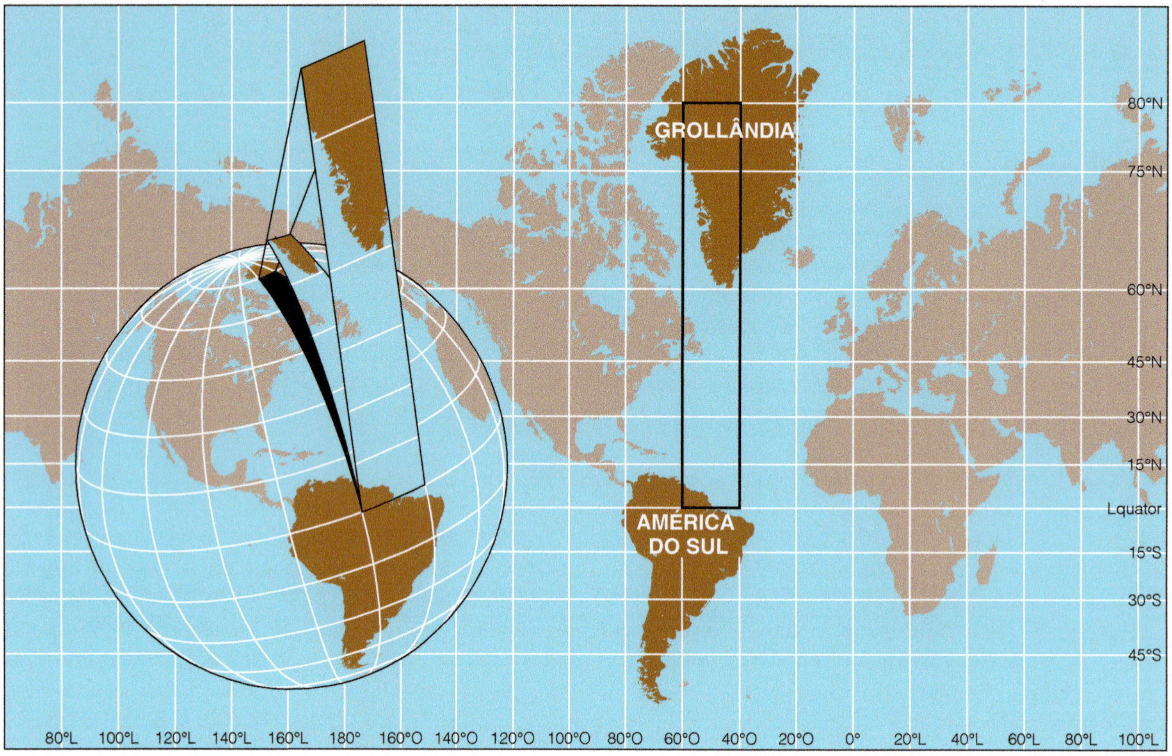

Figura 2 Uma tira do globo destacada e projetada de acordo com o esquema planejado por Gerardus Mercator. Esta é a projeção usada em cartas náuticas modernas. Observe que a distorção desta projeção em altas latitudes faz a Groenlândia e a América do Sul parecerem ter aproximadamente o mesmo tamanho. Da próxima vez que você estiver perto de um globo, verifique os tamanhos reais.

A distorção nas projeções de Mercator levou gerações de alunos a acreditar que a Groenlândia é do mesmo tamanho que a América do Sul **(Figura 2)**. As cartas de Mercator podem distorcer nossa percepção sobre o oceano também: a área das plataformas continentais em latitudes elevadas, a quantidade da produtividade primária nas regiões polares, e a importância das correntes oceânicas nos extremos norte e sul de uma bacia oceânica podem ser exageradas se apresentadas na projeção de Mercator. A projeção usada neste livro – outra modificação da projeção de Mercator conhecida como a projeção de Miller – foi escolhida pela representação mais precisa da área de superfície em altas latitudes.

Os cartógrafos inventaram outras projeções, cada uma com vantagens e desvantagens para usos particulares. Algumas são projeções cônicas: uma folha plana de papel embrulhada em um cone com a borda tocando o globo em uma linha de latitude norte (ou sul) do equador e o ponto do cone acima do Polo Norte (ou Sul). As projeções cônicas não distorcem áreas de alta latitude da mesma forma que uma projeção de Mercator faz e, se atraídas para a área do oceano em que um marinheiro está navegando, podem ser usadas para desenhar grandes rotas circulares como linhas retas. No

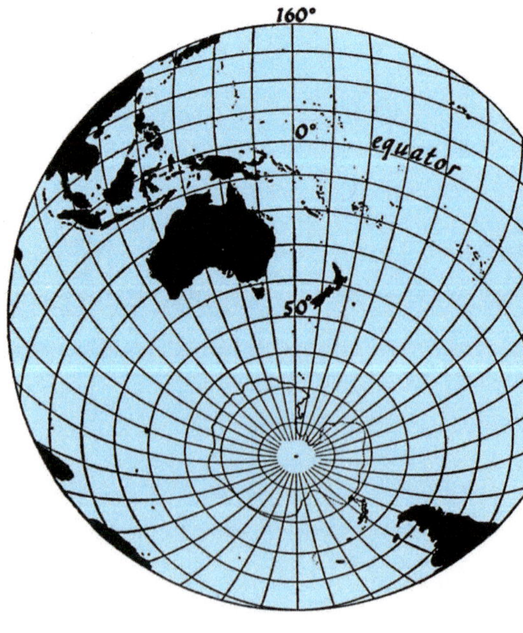

Figura 3 A projeção de área igual de Lambert (um tipo de projeção de ponto de contato), centrada em 50°S 160°L.

entanto, as distorções inerentes a uma projeção cônica impedem que elas sejam utilizadas para representar mais do que cerca de um terço do globo em uma única folha de papel. Outras projeções, como a projeção do ponto de contato mostrada na **Figura 3**, tentam minimizar a distorção em torno de um local específico. Todas as projeções em mapa e carta são distorcidas de alguma forma; uma esfera não pode ser achatada em um plano sem deformação. Os cientistas marinhos necessariamente se familiarizam com diversas projeções em carta e têm o cuidado de usar a carta apropriada para a finalidade pretendida.

A **Figura 4** é uma projeção de Mercator do mundo. Nela estão as áreas de interesse discutidas neste livro.

Figura 4 Um mapa do mundo, com muitas características oceânicas indicadas.

Para Mais Conhecimento

Herring, T. 1996. "The Global Positioning System." *Scientific American* 274 (n. 2): 44-50.

Krause, G., M. Tomczak. 1995. "Do Marine Scientists Have a Scientific View of the Earth?" *Oceanography* 8 (n. 1): 11-16. As distorções da carta muitas vezes distorcem nossa interpretação dos dados, como esse documento bem ilustrado demonstra.

Wilford, J. N. 1998. "Revolution in Mapping." *National Geographic* 193 (n. 2): 6-39. O tratamento meticuloso normal de um tema em constante mudança.

APÊNDICE 5

Latitude e Longitude, Tempo e Navegação

O oceano é grande e fácil de se perder. Um quintal, como o mostrado na **Figura 1**, é menor, mas ainda podemos nos perder nele se não tivermos um quadro de referência. Observe que o quintal é enquadrado por uma cerca. Podemos nos referir a este quadro para estabelecer nossa posição – nesse caso, na intersecção de linhas perpendiculares aos postes 2 e C da cerca. Muitas cidades estão dispostas desta forma: as Ruas Quatro e D interceptam em um ponto preciso com base no quadro de referência municipal.

Mas o Mundo é Redondo: Coordenadas Esféricas

Se o mundo fosse plano, um esquema simples de coordenadas retangulares serviria a todos os propósitos de mapeamento – um retângulo, como o quintal na Figura 1, tem quatro lados para serem medidos. Uma esfera não tem arestas, nem começo ou extremidades, então o que devemos usar como um quadro de referência para a Terra? Como a Terra gira, os polos – o eixo de rotação – são os únicos pontos absolutos de referência. Podemos traçar uma linha imaginária equidistante dos Polos Norte e Sul, uma linha *equidistante* que divide igualmente o globo em norte e sul: o equador. Outras linhas, paralelas ao equador, dividem ainda mais a esfera norte e ao sul do equador. Estas linhas, ou paralelas, são linhas de **latitude** **(Figura 2)**.

Podemos subdividir a Terra desenhando linhas em intervalos regulares por meio de ambos os polos. Observe que ao contrário dos paralelos, essas linhas, chamadas meridianos, são igualmente longas. Meridianos são linhas de **longitude** **(Figura 3)**.

Se você viajar ao norte do equador, pode contar os paralelos (linhas de latitude) que cruzam seu caminho para descobrir o quão longe você foi. Da mesma forma, se você viajar para o leste a partir de um meridiano de referência, pode contar os meridianos (linhas de longitude) que cruzam seu caminho para descobrir o quão longe foi. Assim como um jogador de futebol americano em campo sabe a distância da linha de gol pelas linhas de jardas que atravessam a sua corrida, você sabe o quão longe para o norte ou leste você foi passando pelas linhas que cruzaram o caminho.

Como não há linhas contínuas dos postes da cerca na Terra esférica, nosso quadro de referência para a latitude e longitude deve ser marcado a partir do equador e dos polos por alguns outros meios. Isto é feito por graus.

Por que Graus?

Os graus medem as frações de um círculo. Precisamos saber qual fração da circunferência da Terra nos separa do equador e do meridiano de referência para ter uma ideia definitiva da nossa localização.

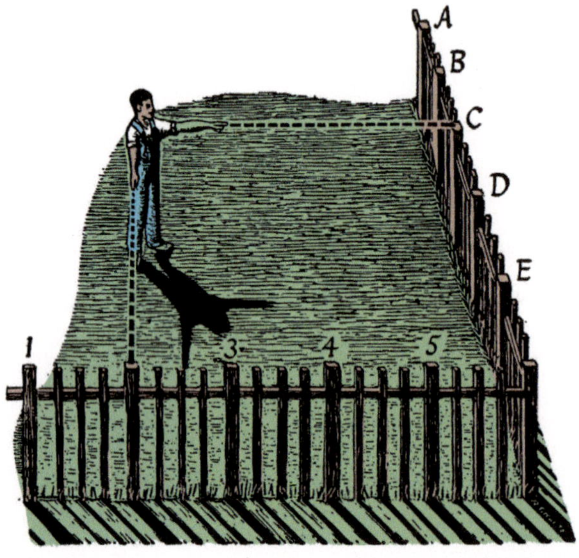

Figura 1

Figura 2

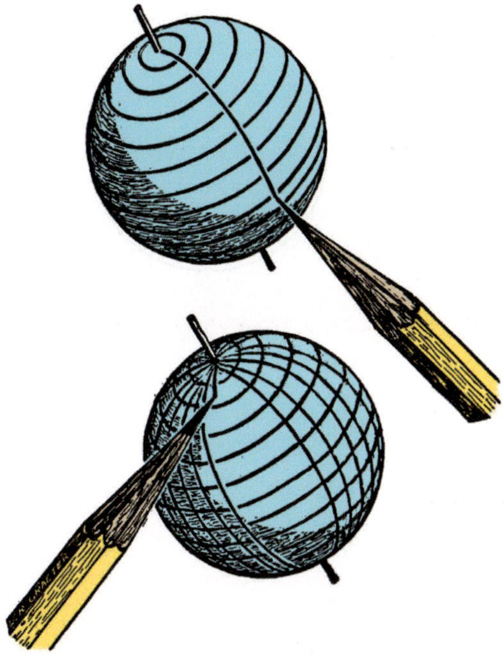

Figura 3

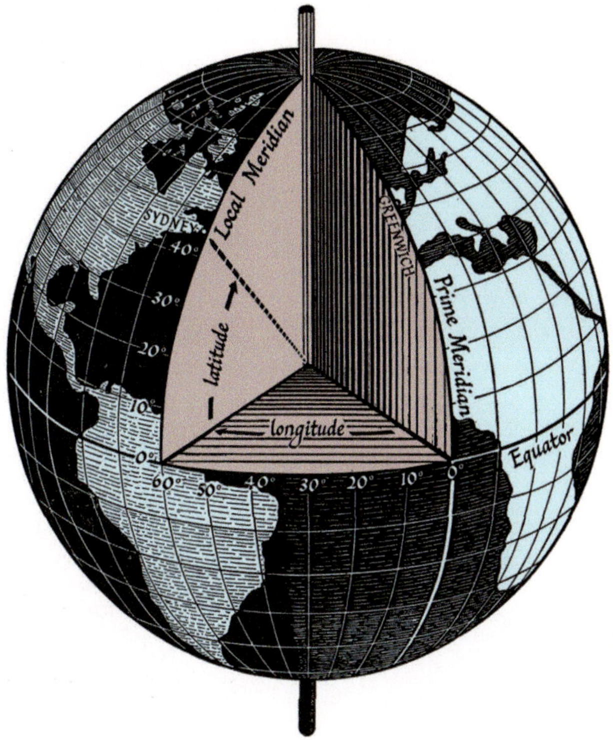

Figura 4

Os astrônomos babilônios primeiro dividiram o círculo em 360 graus (°). Por que 360? Os ciclos da Lua ao redor da Terra se dão a cada 30 dias. Demora cerca de 12 meses ("months") para compor um ano. Desse modo, 30 × 12 = 360, o número de dias em que foi suposto compor um ano. Os círculos foram divididos da mesma forma. Como vimos no Capítulo 2, o astrônomo grego Hiparco aplicou esta divisão para a superfície da Terra.

Na **Figura 4** marcamos a posição de Sydney, Canadá. A linha traçada de Sydney para o centro da Terra intercepta o plano do equador a um ângulo de 46° para o norte. Ou seja, sua latitude.

O meridiano de referência, o meridiano a partir do qual todos os outros são marcados, é conhecido como o primeiro meridiano. Ao contrário do equador, não há nenhuma razão terrena para que o meridiano principal deva passar por qualquer lugar particular. Ele passa por Greenwich, Inglaterra, por causa de um acordo internacional assinado em 1884 que decretou dessa forma. O meridiano em que Sydney, Canadá, intercepta o plano do meridiano principal em um ângulo de 60°. A distância angular de Sydney a partir do meridiano principal é 60° para oeste. Ou seja, sua longitude. Portanto, sua posição é 46 °N 60 °O.

Podemos fazer isso para cada hemisfério. Uma linha desenhada para o centro da Terra a partir de Sydney, Austrália, intercepta o plano do equador a um ângulo de 34° da latitude sul. Sydney, Austrália, está 151° a leste do meridiano principal. Desse modo, sua posição é 34°S 151 °L. (Observe que a maior longitude possível tem 180°; ao passarmos de 180°, a linha oposta ao meridiano principal, começamos a chegar do outro lado da Terra e o ângulo de Greenwich diminui.)

O que o Tempo Tem a Ver com Isso?

Os meridianos frequentemente são contados a partir do meridiano principal em incrementos de 15°. A Terra leva 24 horas para completar uma rotação de 360°. Divida 360° por 24 horas e você terá 15, o número de graus que o Sol se move pelo céu em 1 hora. Os meridianos em um globo são frequentemente espaçados para representar o giro de 1 hora da Terra em direção ou para longe do Sol, em direção ou para longe da Lua.

Você pode usar este fato para encontrar sua posição leste-oeste, sua longitude. Imagine que você tem um rádio que possa lhe dizer a hora precisa do meio-dia em Greenwich.[1] Se seu meio-dia local vem *antes* do meio-dia de Greenwich, você está a leste de Greenwich. Por exemplo, se o Sol está mais alto em seu céu, às 10 horas do horário de Greenwich, você está a 2 horas antes – 30° leste – de Greenwich. A Terra deve girar mais 2 horas antes de o Sol brilhar diretamente acima do meridiano de Greenwich. Se seu meio-dia local está *depois* do meio-dia de Greenwich, você está a oeste de Greenwich. Suponha que o Sol ao meio-dia está alto e seu cronômetro, definido no horário de Greenwich, marca 18 horas. Isso significa que a Terra girou 6 horas desde o meio-

[1] Qualquer rádio de ondas curtas o fará. Ajuste-o para 2,5, 5, 10, 15 ou 20 mHz para as estações de rádio WWV (Colorado) ou WWVH (Havaí). Essas estações transmitem sinais de hora que dão uma medida do tempo universal coordenado, um padrão internacional de tempo com base no tempo em Greenwich. Para um relatório por telefone do tempo universal coordenado, ligue WWV em (303) 499-7111 ou acesse o www.time.gov na Internet.

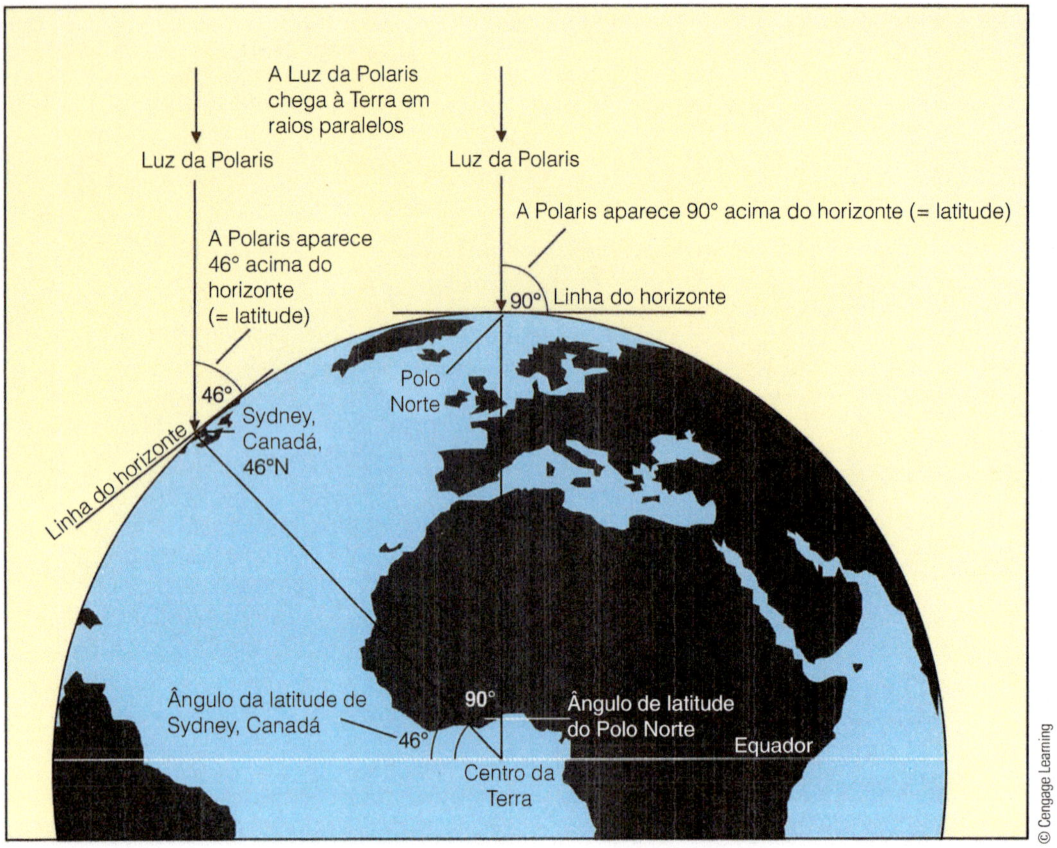

Figura 5 A estimativa da latitude em Sydney, Canadá, usando a Estrela do Norte.

-dia em Greenwich, e 6 horas vezes 15° por hora é 90°. Essa é sua longitude em relação a Greenwich: 90° O.

Navegação

A longitude é metade do problema. Para encontrar a latitude e obter uma posição, é preciso medir o ângulo ao norte ou ao sul do equador. Mas não podemos usar a diferença de tempo entre o meio-dia local e o meio-dia de Greenwich para determinar a latitude porque o Sol se move de leste a oeste e queremos medir a posição norte-sul. Em vez disso, usamos o ângulo da Estrela do Norte acima do horizonte. Polaris, a Estrela do Norte atual, está quase exatamente acima do Polo Norte. Se estivéssemos no Polo Norte, a Estrela do Norte apareceria quase diretamente sobre nossas cabeças; de modo ideal, o ângulo do horizonte para a estrela seria de 90°, o mesmo que o da latitude do Polo Norte **(Figura 5)**. Em Sydney, Canadá, o ângulo entre o horizonte e a estrela seria de aproximadamente 46° – novamente, o mesmo que o da latitude. Qual seria o ângulo de Polaris no equador, 0° latitude? (Se você gostou do seu curso de geometria do ensino médio, pode tentar provar que o ângulo entre o horizonte para Polaris é igual à latitude em qualquer posição no Hemisfério Norte.)

A Polaris não é visível no Hemisfério Sul, então, como podemos encontrar a latitude sul? Ao encontrar o ângulo acima do horizonte de outras estrelas. Na prática, os navegadores em ambos os hemisférios utilizam um sextante para medir os ângulos do horizonte para as estrelas selecionadas, planetas, Lua e Sol. O tempo de observação é cuidadosamente anotado. O navegador leva essas leituras para a cabine, consulta uma série de tabelas matemáticas, faz alguns cálculos relativamente simples para compensar erros de observação, e vai até a cabine do piloto com a latitude e a longitude do navio, precisos (na melhor das hipóteses) para cerca de [1/2] milha, marcado em um pequeno pedaço de papel. Os resultados diários sempre são inseridos no diário de bordo.

Novos Truques

Descobrir a posição pela medição das posições angulares dos corpos celestiais – navegação celestial ou astronômica – é uma arte em extinção. Os satélites de posicionamento global, Loran-C, plataformas inerciais, radar e outras maravilhas eletrônicas substituíram amplamente o romance de um navegador sobre a ponte de comando usando um sextante. O pedaço de papel foi suplantado pelo brilho das leituras de cristal líquido à contraluz ou uma carta com marcação X na posição do navio, com precisão de cerca de 2 metros (6 pés), alimentada por sinais de um satélite. Ainda assim, quando a força falhar, o navegador humano torna-se a pessoa mais popular a bordo.

APÊNDICE 6

Trabalhando com Ciências do Mar

Trabalhar com Ciências do Mar é maravilhosamente atraente para muitas pessoas. Elas, às vezes, vislumbram uma vida de mergulho em águas mornas e claras cercadas por peixes tropicais, descidas para o leito marinho em um submarino exótico equipado como o submarino fictício do Capitão Nemo em *20.000 léguas submarinas*, ou a vivência com golfinhos inteligentes em um parque de vida marinha. Então, a realidade chega. Há recompensas por trabalhar nas Ciências do Mar, mas elas tendem a ser menos espetaculares do que os primeiros sonhos dos estudantes à procura do oceano para o trabalho de uma vida inteira.

Um trabalhador das Ciências do Mar é pago para trazer um conhecimento específico para resolver um problema. Se esse problema estiver em água quente e tropical ou em um parque marinho, tudo bem. Mas, o mais provável é que o problema produzirá material apenas para o estudo prolongado em um ambiente desconfortável, frio ou perigoso. As recompensas intangíveis podem ser grandes; as recompensas físicas geralmente são escassas. Dito isso, deixe-me acrescentar que nenhum esforço é mais interessante ou emocionante, e poucos são mais intelectualmente estimulantes. Trabalhar em Ciências do Mar tem sua própria recompensa.

Treinamento para um Trabalho em Ciências do Mar

As Ciências do Mar, naturalmente, constituem ciência. E a ciência requer matemática – você precisa de matemática para fazer química, física, medições e estatísticas que estão no cerne da ciência. Seu primeiro passo na faculdade deve ser fazer um teste de matemática, se inscrever em uma aula de matemática adequada e aplicar tempo com matemática. *A matemática é a chave para novos progressos em qualquer área das* Ciências do Mar.

Com suas habilidades em matemática afiadas, inicie as aulas de química, física e biologia básica. Curiosamente, com exceção de uma ou duas aulas de Ciências do Mar introdutórias, você provavelmente não fará muitos cursos de Ciências do Mar até seu penúltimo ano. Essas aulas introdutórias serão especialmente valiosas porque uma pesquisa equilibrada em Ciências do Mar pode ajudá-lo na escolha de uma especialidade atraente. Então, com uma boa base em ciência básica, você pode começar a se concentrar nessa especialidade.

Outras habilidades também são importantes. A capacidade de escrever e falar bem é fundamental em qualquer trabalho científico. Conhecimento em informática também é importante. Perícia em fotografia ou idiomas estrangeiros, ou a habilidade de segmentação geográfica e reconstrução de um motor a diesel ou guincho hidráulico, irá colocá-lo um passo à frente da concorrência no momento da contratação. Uma certificação como mergulhador é quase obrigatória; nunca é demais ter experiência em mergulho. (Lembre-se, porém, de que o mergulho é apenas uma ferramenta, uma maneira de entregar um conjunto de informações visuais e um cérebro educado para um local de trabalho.) Você deve estar com boa saúde. Na verdade, boa forma física aeróbica é essencial para a maioria dos trabalhos de Ciências do Mar; resistência muitas vezes é um fator crucial em longos experimentos em condições difíceis no mar. Também é desejável ser fisicamente forte – os equipamentos marinhos são pesados e muitas vezes confusos. E isso ajuda muito se você não estiver propenso a enjoos.

Decidir em qual escola entrar dependerá de suas habilidades. Os leitores deste livro, provavelmente, estarão matriculados em um curso geral de Oceanografia em uma faculdade ou universidade. O primeiro passo seria discutir seus interesses com seu professor (ou seus assistentes). Você vai precisar fazer um curso de 4 anos para completar a primeira fase do treinamento. Se você estiver fazendo um curso de 2 anos, e escolher uma certa instituição para transferência mais tarde, tenha algumas coisas em mente: não importa onde você faça os 2 anos de treinamento, você precisa de uma preparação cuidadosa em ciência básica. Você deve comparecer a uma instituição com pontos fortes na área de sua especialidade (como geologia, biologia e química marinha). E você deve ser razoável em suas expectativas de aceitação, caso seja um estudante de transferência (isto é, não tente Stanford ou Yale com uma média B).

Outra coisa: a maioria dos cientistas marinhos concluiu uma pós-graduação (diploma de mestrado ou doutorado). A maioria dos estudantes de pós-graduação leciona ou é assistente de pesquisa (isto é, eles são pagos para serem estudantes de pós-graduação). No geral, o progresso para um diploma final é um longo caminho, mas a viagem em si é um prazer.

Se o pensamento de quatro ou mais anos de ensino superior não atrai você, significa que não há esperança? De modo algum. Muitos estudantes começam um programa com o objetivo de se tornar um técnico marinho, treinador de animais em parques de vida marinha, funcionário ou gerente em uma marina ou estaleiro, ou membro da tripulação de um iate privado. Esses trabalhos nem sempre exigem um bacharelado.

Os cargos no SeaWorld e outros parques temáticos marinhos exigem habilidade atlética, extrema paciência, habilidades de falar em público, amor pelos animais e, normalmente, experiência de mergulho. Poucos cargos estão disponíveis, mas há alguma rotatividade nos postos de treinadores juniores, e a contratação certamente é possível.

Tornar-se um técnico marinho é uma alternativa especialmente atraente para fugir de toda a rotina acadêmica de química-física-matemática. Para cada cientista marinho altamente treinado, talvez haja cinco assistentes técnicos que realmente fazem os experimentos, mantêm os equipamentos, trabalham diariamente com organismos e constroem aparelhos especiais. Os técnicos marinhos tendem a passar mais tempo em tarefas práticas do que os cientistas marinhos. A maioria dessas pessoas (incluindo o autor da carta que encerra este apêndice) tem o equivalente a um diploma técnico de dois anos, geralmente de uma faculdade comunitária.

Não desista do seu trabalho, não se precipite, não abandone sua família, não venda seus bens e não se dedique como um monge às Ciências do Mar. Investigue. Nada é tão valioso quanto *realmente sair e conversar com as pessoas sobre as coisas de que gosta de fazer*. Pergunte a elas se gostam do que fazem. O salário é bom? Será que elas começariam do zero se tivessem que fazer tudo de novo? Você pode decidir expandir seu envolvimento nas Ciências do Mar de uma maneira mais informal, tornando-se voluntário; entrando para o Sierra Club, Audubon Society, Greenpeace, ou outro grupo ambiental; trabalhando para seu escritório local de pesca e caça como um assessor sazonal; ou participando de palestras em faculdades e universidades locais.

Se você decidir continuar sua formação, não desanime pelo tempo que vai levar. Tenha uma visão geral do processo todo, porém prossiga um semestre de cada vez. Mais uma vez, lembre-se de que a jornada educacional é por si só um grande prazer. Don Quixote nos lembra sobre as alegrias da estrada, não da pousada.

Mercado de trabalho

A ciência marinha é muito atraente para o público em geral. As pessoas naturalmente são atraídas quando pensam no trabalho em campo. Infelizmente, não há um grande número de cargos na área das Ciências do Mar. Mas sempre haverá alguns cargos, e as pessoas irão preenchê-los. Essas pessoas serão as mais bem preparadas, as mais versáteis e as mais motivadas de todas aquelas que se inscrevem. Talvez não seja tão surpreendente, mas a biologia marinha é a especialidade mais popular das Ciências do Mar. Infelizmente, também é a área com o menor número de cargos não acadêmicos. Museus, aquários e parques temáticos marinhos empregam biólogos para cuidar de animais e supervisionar os programas interpretativos para o público. Alguns biólogos marinhos são empregados como especialistas de monitoramento pelos órgãos de gestão das águas, como os distritos de saneamento, que despejam resíduos no oceano. As empresas de serviços elétricos que utilizam a água do mar para resfriar os condensadores em usinas de geração de energia quase sempre têm um punhado de biólogos marinhos na equipe para observar os efeitos do calor eliminado sobre a vida marinha local e para escrever os relatórios exigidos pelos órgãos de fiscalização. As agências estaduais e federais empregam biólogos marinhos para ler e interpretar esses documentos e estabelecer normas. Empresas relativamente pequenas, como estaleiros privados, prestadoras de serviços agrícolas e fábricas de produtos químicos, não podem pagar os seus próprios biólogos da equipe, por isso têm surgido empresas de consultoria privadas integradas por biólogos marinhos e outros especialistas para auxiliar na preparação dos relatórios de impacto ambiental exigidos nas empresas sob diversos tipos de legislação.

Há mais trabalhos na Oceanografia Física: geologia marinha, engenharia oceânica, e química e física marinha. Milhares de geólogos marinhos trabalham para empresas de petróleo e minerais; de fato, com a crescente ênfase em recursos *offshore*, o mercado para essas pessoas pode estar aumentando. Os engenheiros navais são necessários para projetar, construir e manter plataformas *offshore* de petróleo, navios e estruturas portuárias. Os químicos marinhos trabalham arduamente para descobrir maneiras de parar com a corrosão e extrair substâncias químicas da água do mar. Os físicos estão vitalmente interessados na transmissão do som e da luz debaixo d'água, no movimento do oceano e no papel que o oceano desempenha no clima global. Economistas, advogados, escritores e matemáticos também trabalham no campo das Ciências do Mar.

Muitos oceanógrafos biológicos e físicos são professores. Na verdade, há quase tantos cientistas marinhos empregados no mundo acadêmico como há no setor privado e no governo. Se você gosta da ideia de ensinar, pode considerar este caminho. A demanda por professores de ciências em todos os níveis educacionais já é grande e espera-se que aumente.

Quatro fatores serão significativos para influenciar a sua empregabilidade:

1. *Experiência.* Os empregadores impressionam-se com experiência, sobretudo experiência de trabalho relacionada às atribuições do cargo para o qual você está se candidatando. O trabalho voluntário conta.
2. *Notas.* Boas notas são importantes, especialmente para cargos em órgãos do governo. A média de notas de 3,0 ou mais em todos os trabalhos da faculdade aumenta suas chances de emprego e deve dar-lhe um salário inicial mais elevado.
3. *Disponibilidade geográfica.* Não se restrinja geograficamente. Nem todo mundo pode trabalhar no Havaí ou na Califórnia, mas quatro em cada dez cientistas marinhos trabalham em apenas três estados: Califórnia, Maryland e Virgínia.
4. *Diversificação.* Mais uma vez, o domínio de mais de uma especialidade lhe dá uma vantagem no emprego. Ser um conhecedor de plâncton e também ser capaz de consertar um computador teimoso enquanto solicita provisões para o porto em um radiotelefone em espanhol deixa uma impressão duradoura.

Relatório de um Estudante

Os estudantes de programas de Ciências do Mar se formam, conseguem emprego e seguem em frente. Um dos prazeres de ser um professor é ouvir isso deles. Um de nossos ex-alunos, um funcionário do Instituto de Ciências do Mar da Universidade da Califórnia, Santa Bárbara, relatou suas atividades como parte de uma equipe usando o submersível *Alvin* para investigar plumas de águas quentes emitidas de fontes hidrotermais ao longo do Sudeste da Dorsal de Juan de Fuca. A natureza de seu de trabalho – e seu entusiasmo por ele – é claramente evidente neste trecho. Dan Dion escreve:

> O experimento com a pluma flutuante não estava indo muito bem. Os mergulhos dos químicos atrasaram por causa de dificuldades técnicas e do mau tempo (o mar agitado impediu dois mergulhos). Os dois primeiros mergulhos na pluma flutuante terminaram em fracasso. O primeiro foi por causa de problemas mecânicos/elétricos; e o segundo, por causa de uma pane

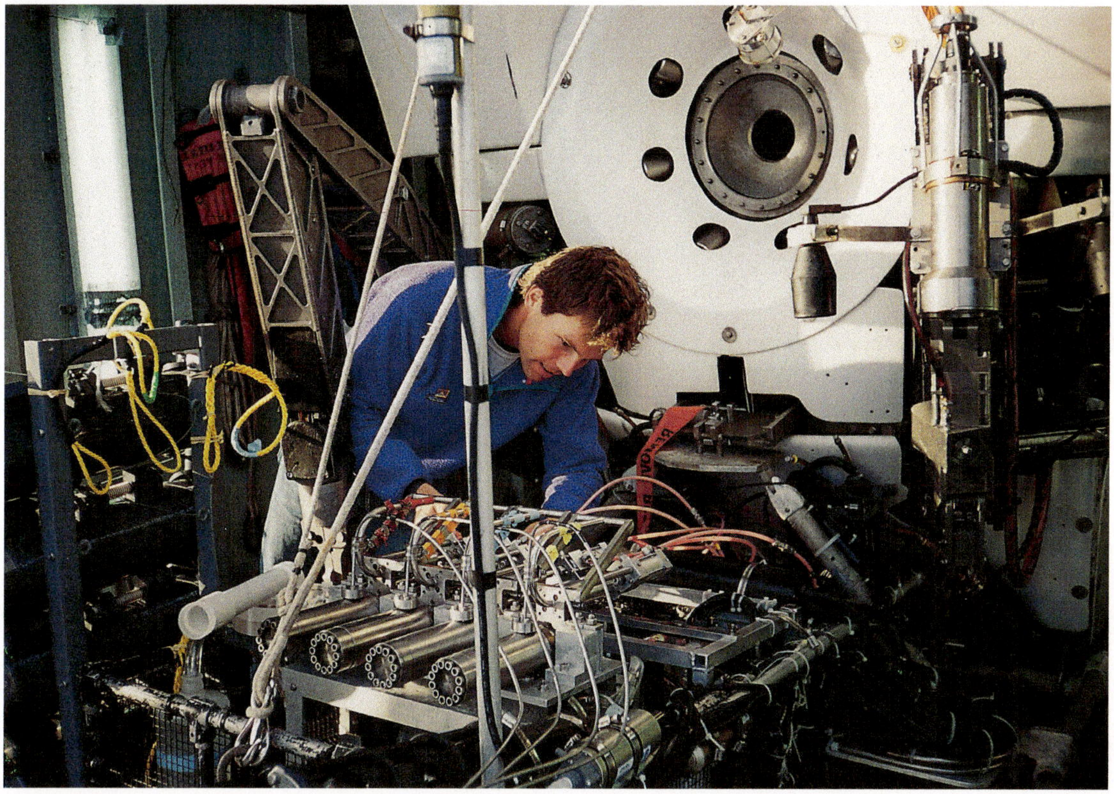

Figura 1 Dan Dion fixando atuadores hidráulicos em frascos de amostragem de água, em preparação para um mergulho pelo *Alvin*. Os frascos eram parte de um programa de amostragem que incluía medidas de condutividade da água, condutividade, temperatura e teor de íon de ferro e manganês próximo a uma fonte hidrotermal. Essas informações foram posteriormente fundidas com os dados do *transponder* (transceptor de rádio) de navegação para obter um mapa tridimensional da estrutura e da química da pluma.

no computador. Todos trabalharam dia e noite para colocar as coisas em ordem para o mergulho 2440. Eu estava programado para descer com John Trefrey, do Instituto de Tecnologia da Flórida. Cindy Van Dover era nosso piloto. Lançamos o *Alvin* na programação a 0800 e descemos pela água azul da geleira para a "tempestade de neve" bioluminescente da zona eufótica. Durante a hora e meia de descida, ouvimos a música da Enya na luz suave do submersível à medida que nos preparávamos para o experimento: ligar os computadores, carregar o filme nas câmeras, colocar as fitas nos gravadores etc. Tínhamos que trabalhar com três computadores portáteis dentro do espaço apertado do sub. Eu estava no comando de dois deles, um que plotava nossa navegação dentro do submersível (a partir de *transponders*) e o outro que controlava e registrava os dados a partir da [sonda contínua de temperatura-profundidade-condutividade]. O terceiro computador estava conectado ao analisador químico, e John estava no controle dele. Todos os instrumentos estavam operando perfeitamente. Periodicamente, eu salvava o arquivo do computador em caso de outra pane. Chegamos à parte inferior direita do alvo; a fonte hidrotermal de Monolith estava à vista, 2261 metros abaixo da superfície. Fizemos uma pesquisa de vídeo da fonte, sobretudo de uma chaminé que estava crescendo rapidamente na parte de trás depois que os geólogos a haviam decapitado apenas alguns dias antes. Subimos 55 metros do fundo e começamos nossas incursões. Para mim, o navegador era um supervideogame. Pela tela do computador eu guiaria

Figura 2 Os cientistas marinhos nem sempre estão envolvidos em uma pesquisa emocionante. Às vezes, pilhas de equipamentos precisam ser desembaladas e de uma calibragem tediosa, desordens precisam ser arrumadas, suprimentos precisam de ordenação e motores precisam voltar a funcionar.

o *Alvin* por um abismo escuro, descobrindo posições que manobrariam em um padrão de "cortador de grama" entrecruzando a pluma. Ficou bastante visível, e até mesmo belo; os padrões delgados e intricados da "fumaça" que pareciam dançar como fantasmas graciosos. Concluímos as passagens em 35, 20, 10 e 5 metros acima do fundo, então uma última a 45 metros. Oito horas de submersão passaram tão depressa! Nosso mergulho foi um tremendo sucesso; além de todas as amostras que obtivemos, geramos mais de 25 megabytes de dados. Usei tudo o que aprendi ... dos conhecimentos em informática a navegação e arte de marinheiro (e, é claro, de química!).

As Ciências do Mar são compostas por sessões de treinamento em equipamentos, cruzeiros longos, seminários e palestras, visitas a especialistas, jogos de voleibol na areia quente e laboratórios congelantes com música clássica. Ciência marinha é formada por uma estrada longa e exigente, mas é, honestamente, muito divertida. O Capitão Nemo e seu submarino não tiveram a mesma sorte!

Para mais informações

Dois sites úteis

Este site, hospedado por Joe Wible, Hopkins Marine Station da Universidade de Stanford, contém links para muitos sites relacionados a carreiras:

http://hopkins.stanford.edu/careers.htm

Este site lista as instituições membros dos Joint Oceanographic Institutions, universidades na vanguarda da pesquisa oceanográfica:

www.oceanleadership.org

Órgãos

Association for the Sciences of Limnology and Oceanography Uma sociedade científica profissional sem fins lucrativos que busca promover os interesses da limnologia e Oceanografia e ciências relacionadas, e trocar informações por meio das mais diversas disciplinas das ciências aquáticas.

www.aslo.org

Association for Women in Science Uma associação sem fins lucrativos dedicada a alcançar a igualdade e a participação total para as mulheres nas ciências, matemática, engenharia e tecnologia.

www.awis.org

The Ocean Conservancy Um órgão de associação sem fins lucrativos dedicado a proteger a fauna marinha e os seus hábitats e a conservar os recursos costeiros e oceânicos.

www.oceanconservancy.org

Marine Advanced Education Technology Training Center Para treinamento de técnicos marinhos – especialistas na implantação e manutenção de ferramentas usadas nas Ciências do Mar.

www.marinetech.org

Marine Technology Society Sociedade internacional e interdisciplinar dedicada ao oceano e às ciências da engenharia marinha e política.

www.mtsociety.org

National Marine Educators Association Uma organização que reúne os interessados no estudo e apreciação do mundo aquático – seja a água doce ou salgada.

www.marine-ed.org

National Oceanic and Atmospheric Administration Uma agência governamental norte-americana que orienta o uso e a proteção de nossos oceanos e recursos costeiros, adverte sobre o clima perigoso, faz gráficos dos mares e dos céus, e realiza pesquisas para melhorar nossa compreensão e gestão do meio ambiente.

www.noaa.gov

Oceanic Engineering Society Uma organização que promove o uso de engenheiros eletrônicos e elétricos para trabalho de instrumentação e medição no ambiente oceânico e na interface oceano/atmosfera.

www.oceanicengineering.org

The Oceanography Society Uma sociedade profissional para cientistas no campo da Oceanografia.

www.tos.org

The Society for Marine Mammalogy Uma organização profissional que apoia a preservação dos mamíferos marinhos e o avanço educacional, científico e gerencial das ciências dos mamíferos marinhos.

www.marinemammalogy.org

Joint Oceanographic Institutions O Joint Oceanographic Institutions (JOI) é um consórcio de instituições acadêmicas dos EUA que dá suporte às capacidades coletivas dos institutos oceanográficos individuais no planejamento de pesquisas e na gestão das ciências oceânicas.

www.oceanleadership.org

Observação: os órgãos listados aqui são apenas uma amostra dos recursos disponíveis para ajudá-lo a aprender mais sobre carreiras na área das Ciências do Mar. Cada contato que fizer em sua busca por informações irá levá-lo a mais contatos e mais informações.

Glossário

Absorção Conversão da energia do som ou da luz em calor.

Ácido Uma substância que libera o íon hidrogênio (H^+) em solução.

Acreção Um aumento na massa de um corpo por acúmulo ou aglutinação de partículas menores.

Adaptação Modificação estrutural ou comportamental hereditária. Uma adaptação favorável oferece às espécies uma vantagem de sobrevivência e reprodução. Uma adaptação desfavorável diminui a capacidade de sobrevivência e reprodução da espécie.

Adesão Ligação das moléculas de água a outras substâncias pelas ligações de hidrogênio (pontes de hidrogênio); umectante.

Afundamento Padrão de circulação no qual a água superficial se move verticalmente para baixo.

Agnata Classe de peixe sem mandíbula: feiticeiras e lampreias.

Água Antártica de Fundo (AAF) A água oceânica mais densa (1,0279 g/cm^3), formada essencialmente no Mar de Weddell, na Antártica, durante os invernos do Hemisfério Sul.

Agricultura Cojunto de técnicas utilizadas para cultivar plantas com objetivo de obter alimentos, fibras, energia, medicamentos e várias matérias-primas.

Água potável Água própria para beber.

Água Profunda do Atlântico Norte Água densa fria formada no Ártico que flui para o assoalho do Oceano Atlântico Norte.

Águas territoriais Águas com extensão de 12 milhas da costa e sobre as quais uma nação tem direito de jurisdição.

Ahermatípico Designação de espécie de coral sem simbiose com zooxantelas e incapaz de secretar carbonato de cálcio em uma taxa suficiente para a construção de recifes de coral.

Alcalino Básico. *Veja também Base.*

Alça microbiana Etapa da cadeia alimentar na qual bactérias heterótrofas produzem e consomem carbono orgânico.

Alga marrom ou kelp Nome informal para qualquer espécie de Phaephyta.

Algas Termo coletivo para plantas avasculares que possuem clorofila e são capazes de fazer fotossíntese.

Algas marinhas Termo informal para a grande alga marinha multicelular.

Algas multicelulares Algas formadas por mais de uma célula. São exemplos: laminárias (kelp) e ulva.

Algas unicelulares Algas formadas por uma única célula. São exemplos: as diatomáceas e os dinoflagelados.

Algina Um produto comercial mucilaginoso extraído de algas marinhas multicelulares; amplamente utilizado como agente espessante ou emulsificante.

Alimento Fonte de energia para os heterótrofos.

Alta subtropical Latitudes dos cavalos – Zonas de circulação de ar superficial horizontal errática próximas às latitudes de 30 °N e 30 °S. Sobre a terra, o ar seco que desce de altas altitudes produz desertos nestas latitudes (por exemplo, o Saara).

Alteração estática *Veja Mudança eustática.*

Alteração evolutiva é a manutenção da vida sob condições variantes por adaptação contínua de gerações sucessivas de uma espécie para seu ambiente.

Alto-mar Aquela parte do oceano após a zona econômica exclusiva (ZEE) que é considerada propriedade comum, que deve ser compartilhada por todos os cidadãos do mundo; cerca de 60% da área oceânica.

Altura da onda Distância vertical entre uma crista de onda e os vales de ondas adjacentes.

Amostrador de fundo (tipo pegador) Equipamento utilizado para coletar amostras de sedimentos do fundo oceânico.

Amostragem sinóptica Amostragem simultânea em muitos locais.

Amplificação biológica (biomagnificação) Aumento na concentração de certos compostos químicos solúveis em gordura, tais como DDT ou compostos de metais pesados em níveis tróficos sucessivamente mais elevados dentro de uma cadeia alimentar.

Amplitude de maré A diferença de altura entre marés altas e baixas consecutivas.

Anel de Fogo do Pacífico A zona de atividade sísmica e vulcânica que circunda o Oceano Pacífico.

Angiosperma Uma planta vascular com floração que se reproduz através da produção de frutos com semente. Os exemplos são gramíneas marinhas e manguezais.

Ângulo de incidência Na meteorologia, o ângulo do sol acima do horizonte.

Animal Um organismo multicelular incapaz de sintetizar seu próprio alimento e geralmente capaz de se mover.

Animalia O reino ao qual pertencem os heterótrofos multicelulares.

Annelida O filo de animais ao qual pertencem os vermes segmentados.

Antepraia Região entremarés.

Apoio Uma estrutura de ramificação complexa que prende vários tipos de algas multicelulares ao substrato.

AQUA Satélite da Nasa projetado para obter dados do ciclo da água na Terra.

Aquicultura ou aquacultura O cultivo ou desenvolvimento de plantas e animais em qualquer ambiente aquático sob condições controladas. *Compare com Maricultura.*

Arco de ilhas Cadeia de ilhas vulcânicas e montes submarinos em curvatura que geralmente são paralelos às bordas côncavas das fossas submarinas.

Areia Partículas de sedimentos entre 0,062 e 2 milímetros de diâmetro.

Areia de oólito Sedimento hidrogenoso formado quando o carbonato de cálcio é precipitado da água do mar aquecida, conforme o pH é elevado, formando grãos redondos ao redor de um fragmento de concha ou outra partícula.

Argila Partícula de sedimento com diâmetro inferior a 0,004 milímetros; a menor categoria de tamanho de sedimento.

Arrasto Resistência ao movimento de um organismo oferecida pelo fluido no qual ele nada.

Arrebentação *Veja Surfe.*

Arthropoda O filo de animais que inclui camarões, lagostas, krill, cracas e insetos (artrópodes). O filo Arthropoda é o mais bem-sucedido do mundo.

Astenosfera A camada quente, plástica do manto superior abaixo da litosfera, com 350 a 650 quilômetros (220-440 milhas) de extensão abaixo da superfície. Correntes de convecção dentro da astenosfera potencializam a tectônica das placas.

Asteroidea A classe do filo Echinodermata à qual pertence a estrela do mar.

Atmosfera O envelope de gases que circunda um planeta e são mantidos nele pela atração gravitacional do planeta.

Atol Uma ilha de recifes e fragmentos de corais em forma de anel ou circular que isola, ou quase isola, uma laguna rasa da qual não se projeta nenhuma terra. Atóis geralmente são formados sobre vulcões inativos afundandos.

Átomo A menor partícula de um elemento que exibe a característica daquele elemento.

Autótrofo Um organismo que produz seu próprio alimento através de fotossíntese ou quimiossíntese.

Auxósporo Uma célula diatomácea nua sem frústulas; geralmente um estágio dormente do ciclo de vida após a reprodução sexual.

Aves Classe de aves.

Bacia oceânica Assoalho oceânico feito de crosta basáltica. *Compare com Margem continental.*

Bactéria Procariotos unicelulares, organismos com ausência de organelas ligadas à membrana.

Balanço de calor Uma expressão da energia solar total recebida pela Terra durante algum período de tempo e o total de calor perdido pela Terra por reflexão e radiação para o espaço durante o mesmo período.

Barbatanas de baleia Filtros intercalados, rígidos, fibrosos, em forma de lâminas dentro da boca de baleias de barbatanas (sem dentes).

Barra da entrada da baía Uma barra de areia exposta anexada à cabeceira adjacente à baía que se estende através da entrada da baía.

Barra de areia Uma linha de areia submersa ou exposta acumulada pela ação das ondas.

Barra longitudinal Uma linha de areia submersa ou exposta paralela à costa e acumulada por ação da onda.

Barreira de recife *Veja Recife de barreira.*

Basalto A rocha crostal reativamente pesada que forma os leitos oceânicos, composta principalmente por oxigênio, silício, magnésio e ferro. Sua densidade é cerca de 2,9 g/cm^3.

Base Uma substância que combina com um íon de hidrogênio (H^+) em solução.

Bathybius Nome dado por Thomas Henry Huxley para um artefato de preservação de espécie marinha que ele pensou ser um remanescente do "limo primitivo vivo."

Batida do surfe Padrão de interferências construtivas e destrutivas que causam as sucessivas arrebentações das ondas, crescendo de diminuindo e crescendo novamente em poucos minutos.

Batimetria A descoberta e estudo de contornos ("relevo") submersos.

Batiscafo Submersível de mergulho profundo projetado como um dirigível, que usa gasolina para flutuabilidade e pode atingir o fundo das trincheiras oceânicas mais profundas. Do grego *batheos* ("profundo") e *skaphidion* ("um pequeno navio").

Bentônico (ou bêntico) De, no ou próximo ao assoalho oceânico.

Berma Uma zona de acúmulo de sedimentos quase horizontal que é paralela à costa, ao longo da praia; marca o limite normal da deposição de areia pela ação da onda.

Biblioteca de Alexandria A maior coleção de escrituras do Mundo Antigo (manuscritos), fundada no século terceiro a.C., a mando de Alexandre, o Grande; pode ser considerada a primeira universidade.

Bifenilos policlorados (PCB) ou bifenilas policloradas (moléculas) Hidrocarbonetos clorados, uma vez amplamente utilizados para resfriar e isolar dispositivos elétricos e aumentar a resistência de madeira ou concreto. BPCs podem ser responsáveis pelas alterações ou redução da fertilidade de alguns animais marinhos.

Big bang Evento hipotético que iniciou a expansão do universo a partir de um ponto geométrico; o início dos tempos.

Biodegradável Capaz de ser degradado em compostos mais simples por processos naturais.

Biodiversidade A variedade de espécies diferentes dentro de um hábitat.

Bioluminescência Luz produzida biologicamente.

Biomagnificação A capacidade de alguns organismos em níveis mais elevados na cadeia alimentar de concentrar substâncias tóxicas em organismo.

Biomassa A massa de material vivo em uma dada área ou volume do hábitat.

Biossíntese Formação inicial da vida na Terra.

Bivalvia A classe do filo Mollusca que inclui mariscos, ostras e mexilhões.

Boca do estuário Entrada do estuário

Brisa marinha Movimento do ar em direção ao continente conforme o ar quente se eleva.

Brisa terrestre Movimento do ar para o alto-mar conforme o ar marinho se aquece e se eleva.

Bússola Um instrumento para mostrar a direção por meio de uma agulha magnética que gira livremente em um eixo e aponta para o norte magnético.

$C = \sqrt{gd}$ Relação de velocidade (*C*), aceleração devido à gravidade (*g*) e profundidade da água (*d*) para ondas de águas rasas.

$C = [L/T]$ Relação de velocidade (*C*), comprimento de onda (*L*) e período (*T*) para ondas de águas profundas; velocidade aumenta conforme o comprimento de onda aumenta. Normalmente medido em metros por segundo.

Caballing ou densificação Mistura de duas massas de água de densidades idênticas, mas de temperaturas e salinidades diferentes, de forma que a mistura resultante é mais densa que seus componentes.

Calmaria *Veja Doldrames.*

Calor Uma forma energia produzida pela vibração aleatória de átomos e moléculas.

Caloria A quantidade de calor necessária para elevar a temperatura de um grama de água pura (0,035 onça) em 1 °C (1,8 °F).

Calor latente de evaporação Calor adicionado a um líquido durante evaporação (ou liberado a partir de um gás durante a condensação) que produz uma mudança no estado físico mas não muda a temperatura. Para água pura, 585 calorias por grama a 20 °C (68 °F). *Compare com Calor latente de vaporização.*

Calor latente de fusão Calor removido a um líquido durante o congelamento (ou adicionado a um sólido durante o descongelamento) que produz uma mudança no estado físico mas não altera temperatura. Para água pura, 80 calorias por grama a 0 °C (32 °F).

Calor latente de vaporização Calor adicionado a um líquido durante evaporação (ou liberado a partir de um gás durante a condensação) que produz uma mudança no estado mas não altera a temperatura. Para água pura, 540 calorias por grama a 100 °C (212 °F). *Compare com Calor latente de evaporação.*

Calor sensível Calor cujo ganho ou perda é detectável por um termômetro ou outros sensores.

Calota de gelo Cobertura permanente de gelo; formalmente limitado ao gelo sobre a terra, mas informalmente aplicada também para o gelo que flutua no Oceano Ártico.

Camada de dispersão profunda (CDP) Uma agregação relativamente densa de peixe, lula e outros organismos mesopelágicos capazes de refletir um pulso sonar parecendo ser um fundo falso no oceano. Sua posição varia com a hora do dia.

Camada de mínimo de oxigênio (ou Zona de mínimo de oxigênio) Uma zona em que o oxigênio é esgotado pelos animais e não é reposto pelo fitoplâncton.

Camada de mistura *Veja Zona superficial.*

Camada de ozônio Uma camada difusa de ozônio misturada com outros gases que rodeia o planeta em uma altitude ao redor de 20 a 40 quilômetros (12-25 milhas).

Camada SOFAR Camada de velocidade mínima de som no qual a transmissão de som é extraordinariamente eficiente para longas distâncias. Sons deixando essa profundidade tendem a ser refratados de volta para ele. A camada "*SOFAR*" geralmente ocorre em profundidades de latitude média de cerca de 1.200 metros (4.000 pés).

Cânion submarino Um vale profundo, em forma de V, que corre perpendicularmente até a linha de costa e cortando a borda da plataforma e do talude continentais.

Calor específico O tamanho no qual uma população, em um ambiente particular irá se estabilizar quando seu suprimento de recursos – incluindo nutrientes, energia e espaço para sobreviver – permanecer constante.

Capacidade térmica O calor, medido em calorias, necessário para elevar 1 °C em 1 grama de uma substância. A adição de 1 caloria de energia eleva a temperatura de 1 grama de água pura em 1 °C.

Captura acidental ou não intencional Animais mortos acidentalmente quando organismos desejáveis são coletados.

Carbonato de cálcio Composto com fórmula $CaCO_3$ que precipita em altas temperaturas e dissolve em águas frias e ligeiramente ácidas.

Cardume Tendência de pequenos peixes de uma única espécie, tamanho e idade a formar grupos. O cardume se move como uma unidade, o que confunde o predador e reduz o esforço na busca por parceiros.

Carnivora A ordem dos mamíferos que inclui focas, leões marinhos, morsas e lontras do mar.

Carta Mapa que descreve principalmente água e áreas de terra adjacentes.

Carta náutica Um gráfico usado para a navegação marítima.

Cartilagem Um tecido elástico, resistente, que enrijece ou sustenta.

Cartógrafo Uma pessoa que desenha mapas e gráficos.

Catastrofismo A teoria que as feições da superfície da Terra são formadas por forças catastróficas, tais como a inundação bíblica. Os catastrofistas acreditam em uma Terra jovem e em uma interpretação literal do relato bíblico da Criação.

Caverna marinha Uma caverna próxima ao nível do mar em uma falésia marinha lapidada pelo processo de erosão marinha.

Cefalópode Classe de moluscos incluindo lulas, polvos e náutilos. *Veja Cephalopoda.*

Célula A unidade organizacional básica da vida neste planeta.

Célula costeira O setor natural da linha de costa no qual os fluxos de entrada e saída de areia são equilibrados.

Célula de circulação atmosférica Grande circuito de ar direcionado pelo aquecimento solar não uniforme e pelo efeito de Coriolis. Cada hemisfério é formado por três células de circulação. *Ver também Células de Ferrel; Célula de Hadley; Célula polar.*

Célula de Hadley Célula de circulação atmosférica mais próxima do equador em cada hemisfério. O ar nestas células próximas ao equador se eleva devido ao forte aquecimento solar neste local e desce devido ao resfriamento que ocorre em cerca de 30° de latitude. *Ver também Ventos alísios.*

Células de Ferrel A célula de circulação atmosférica central em cada hemisfério. O ar nestas células se eleva em 60° de latitude e desce em 30° de latitude. *Ver também Ventos de oeste.*

Célula polar A célula de circulação atmosférica localizada sobre cada polo.

Centro de expansão Limite entre as placas divergentes onde novo fundo oceânico está sendo formado; também chamado *zona de espalhamento.*

Cephalopoda A classe do Filo Mollusca que inclui os cefalópodes: lula, polvo e náutilo.

Cetacea A ordem dos mamíferos que inclui cetáceos, como botos, golfinhos e baleias.

CFC *Ver Clorofluorcarbonos.*

***Chlorophyta* – Clorofíceas** Algas verdes.

Chondrichthyes Classes de peixes com esqueleto cartilaginoso: tubarões, arraias e quimeras.

Choque de onda Movimento físico, muitas vezes súbito, violento e de grande força, causado por uma onda que atinge um organismo.

Chordata O filo de animais ao qual pertencem os tunicados, anfioxos, peixes, anfíbios, répteis, aves e mamíferos.

Chuva ácida Chuva contendo ácidos ou compostos formadores de ácidos como dióxido de enxofre e óxidos de azoto.

Ciclo biogeoquímico Processo natural que recicla nutrientes em várias formas químicas do ambiente não vivo (abiótico) para organismos vivos (biótico) e então de volta para o ambiente não vivo (abiótico).

Ciclo de carbono O movimento do carbono dos reservatórios (sedimento, rocha, oceano) pela atmosfera (como dióxido de carbono), porteias alimentares e seu retorno aos reservatórios.

Ciclo hidrológico Ciclo contínuo da água da atmosfera para a terra e o oceano através da precipitação e o retorno à atmosfera via evaporação.

Ciclone Um sistema meteorológico com uma área de baixa pressão no centro, ao redor do qual os ventos sopram em sentido anti-horário no Hemisfério Norte e em sentido horário no Hemisfério Sul. Não confundir com um tornado, um fenômeno meteorológico muito menor associado a fortes tempestades. *Ver também Ciclone extratropical; Ciclone tropical.*

Ciclone extratropical Um sistema meteorológico de latitude média e baixa pressão, caracterizado por ventos convergentes e ar ascendente girando no sentido anti-horário no Hemisfério Norte e horário no Hemisfério Sul. Um ciclone extratropical é formado na fronteira entre as células polares e de Ferrel.

Ciclone tropical Um sistema meteorológico com uma área de baixa pressão no centro, ao redor do qual os ventos sopram em sentido anti-horário no Hemisfério Norte e em sentido horário no Hemisfério Sul. Origina-se nos trópicos dentro de uma única massa de ar, mas pode mover-se em águas temperadas, se a temperatura da água for alta o suficiente para sustentá-lo. Pequenos ciclones tropicais são chamados de depressões tropicais; as maiores são tempestades tropicais e grandes furacões, tufões, ou willi-willis, dependendo da localização.

Ciência Processo sistemático de questionar sobre o mundo natural e testar as respostas para esses questionamentos.

Ciência Marinha O processo (ou resultado) da aplicação do método científico no oceano, em seus arredores e nas formas de vida que o habitam; também chamada de *Oceanografia ou Oceanologia.*

Circulação de Langmuir Circulação da água da camada superficial, direcionada pelo vento, em bandas horizontais, formando vórtices.

Circulação termohalina Circulação da água produzida por diferenças na temperatura e/ou salinidade (e, portanto, densidade).

Circulação vertical induzida pelo vento O movimento vertical na água superficial (ressurgência ou subsidência) causado pelo vento.

Círculo Polar Ártico A linha imaginária ao redor da Terra paralela ao Equador a 66°33′N, marcando o limite setentrional da luz solar durante o solstício de dezembro. O Círculo Polar Ártico marca o limite sul da área dentro da qual, por um ou mais dias em cada ano, o Sol não se põe (por volta de 21 de junho) ou nasce (por voltade 21 de dezembro).

Círculo Polar Antártico A linha imaginária ao redor da Terra paralela ao Equador a 66°33′S, marcando o limite meridional da luz solar durante o solstício de junho. O Círculo Polar Antártico marca o limite norte da área dentro da qual, por um ou mais dias em cada ano, o Sol não se põe (por volta de 21 de dezembro) ou nasce (por volta de 21 de junho).

Círculo microbiano (alça microbiana) A via (alimentação) trófica em que bactérias heterotróficas fabricam e consomem carbono orgânico dissolvido.

Classificação Uma forma de agrupar objetos de acordo com algum critério.

Clima A média das condições meteorológicas em uma área obtida em longo prazo.

Clorinidade é uma medida da massa total de íons cloretos, brometos e iodetos na água marinha. A salinidade é derivada da multiplicação da clorinidade por 1,80655.

Clorofila Um pigmento responsável por capturar a luz do Sol e transferir sua energia para elétrons, iniciando, portanto, a fotossíntese.

Clorofluorcarbonos (CFC) Uma classe de hidrocarbonetos halogenados considerados responsáveis por danos na camada de ozônio da atmosfera terrestre. CFCs são utilizados como agentes de limpeza, agentes refrigeradores, fluidos, propelentes em latas *spray* e espumas de isolamento.

Cnidria O filo de animais ao qual pertencem os corais, águas-vivas e anêmonas do mar.

Cnidoblasto Tipo de célula encontrada nos membros do filo Cnidaria que contém uma cápsula com substância tóxica. Os filamentos com "ferrões" evertem da cápsula e auxiliam a captura de presas a repelir agressores.

Cocolitoforídeo Uma alga planctônica muito pequena que possui discos de carbonato de cálcio, que contribui para formação de sedimentos biogênicos.

Coesão Ligação de moléculas de água umas às outras através de pontes de hidrogênio.

Colina abissal Pequeno vulcão inativo coberto por sedimentos, ou intrusão de rocha magmática com cerca de 200 metros de altura (650 pés), geralmente associado ao espraiamento do assoalho oceânico. Estas colinas são comuns em planícies abissais.

Colombo, Cristovão (1451-1506) Explorador italiano a serviço da Espanha que descobriu ilhas no Caribe em 1492. Embora tradicionalmente creditado por descobrir a América, ele nunca avistou de fato o continente norte-americano.

Coloração de contraste Um padrão de camuflagem caracterizando por uma superfície superior escura e uma superfície inferior mais clara.

Comensalismo Uma interação simbiótica entre duas espécies na qual apenas uma das espécies se beneficia e nenhuma é prejudicada.

Composto Uma substância composta de dois ou mais elementos em uma proporção fixa.

Comprimento de onda A distância horizontal entre duas cristas de onda sucessivas (ou vales) em uma onda progressiva. Comprimentos de onda variando de 60 a 150 metros (200 a 500 pés) são mais comuns no oceano aberto.

Comunidade As populações de todas as espécies que ocupam um hábitat particular e interagem dentro daquele hábitat.

Comunidade clímax Uma comunidade estável, estabelecida há muito tempo, formada por organismos com autoperpetuação que tende a não sofrer alterações com o tempo.

Condição meteorológica (do tempo) O estado da atmosfera em um lugar e hora específicas.

Condução A transferência de calor através da matéria por meio da colisão entre átomos.

Constituinte conservativo Elemento maior que ocorre em proporção constante na água do mar; por exemplo, cloro, sódio e magnésio.

Constituinte não conservativo Elemento cuja proporção na água do mar varia com o tempo e lugar, dependendo da demanda biológica ou reatividade química. Elemento com um curto tempo de residência; por exemplo, ferro, alumínio, silício, micronutrientes, oxigênio dissolvido e dióxido de carbono.

Consumidor Um organismo heterótrofo.

Consumidor de topo de cadeia Um organismo no topo de uma pirâmide trófica, normalmente um carnívoro.

Consumidor primário Consumidor de produtores primários. Os consumidores de autótrofos; o segundo nível nas cadeias alimentares.

Consumidor secundário Consumidor de consumidores primários.

Contracorrente Uma corrente superficial fluindo na direção oposta da corrente superficial adjacente.

Convecção Movimento dentro de um fluido resultante de um aquecimento e resfriamento diferencial do mesmo. A convecção produz transporte de massa ou mistura do fluido.

Convergência Antártica Zona de convergência que circunda a Antártica entre cerca de 50°S e 60°S, formando o limite entre a Agua da Corrente Circumpolar Antártica e a Água Subantártica de Superfície.

Convergência Ártica Zona de convergência entre a Água Ártica e a Água Subártica de Superfície.

Convergência subtropical Zona de Convergência que marca o limite entre a Água Central e a Água de Superfície Subártica ou Subantártica. Ao norte a Convergência Subtropical está em torno de 45°N no Pacífico e 60°N no Atlântico, enquanto a Convergência Subtropical ao sul está entree 40° a 50°S.

Cook, James (1728-1779) Oficial na Marinha Real Britânica que liderou as primeiras viagens europeias de descobertas científicas.

Copépodo Artrópodo planctônico pequeno, um dos principais consumidores primários marinho.

Coral Uma das mais de 6 mil espécies de pequenos cnidários, muitos dos quais são capazes de gerar esqueletos calcários rígidos (aragonita, $CaCO_3$).

Cordão litoral Um acúmulo de areia e cascalho depositado corrente abaixo de um promontório. Os cordões litorais geralmente se curvam em suas pontas.

Cordilheira continental Cadeia extensa de montanhas localizada sobre o continente. A Cordilheira do Andes é a mais extensa da América do Sul.

Cordilheira Oceânica (ou Dorsal Oceânica) Leito oceânico jovem no centro de expansão ativo de um oceano, geralmente camuflado pelo sedimento, em uma protuberância acima da planície abissal. O limite entre as placas divergentes. Geralmente chamado de Cordilheira Meso-oceânica, embora menos de 60% de seu comprimento esteja no meio do oceano.

Coriolis, Gaspard Gustave de (1792-1843) O cientista francês que, em 1835, desvendou a matemática do movimento dos corpos em uma superfície em rotação. *Ver Efeito de Coriolis.*

Corrente Fluxo de massa de água. (O termo é normalmente usado para movimento horizontal.)

Corrente Circumpolar Antártica A corrente direcionada pelos fortes ventos de oeste no norte da Antártica. A maior de todas as correntes oceânicas, ela continua permanentemente para o leste sem alterar sua direção.

Corrente de contorno Uma corrente profunda composta por água densa que flui ao redor (em vez de sobre) as projeções do leito oceânico.

Corrente de contorno leste (bordo leste) Corrente fria, fraca, difusa no limite leste de um oceano (partirão longo da costa oeste de um continente). Exemplos incluem a Corrente das Canárias e a Corrente de Humboldt.

Corrente de contorno oeste (bordo oeste) Corrente quente, forte, concentrada, rápida, no limite oeste de um oceano (partirão longo da costa leste de um continente). Exemplos incluem a Corrente do Golfo e a Corrente do Japão (Kuroshio).

Corrente de convecção Um circuito único de fluxo fechado em que o material quente ascende e o material frio desce.

Corrente de Deriva Oeste Corrente dirigida pelos poderosos ventos de oeste ao norte da Antárica. A maior de todas as correntes oceânicas, ela é permanente em direção oeste sem mudança em sua direção. *Veja Corrente Circumpolar Antártica.*

Corrente de maré Fluxo de uma massa de água induzida pelo aumento ou diminuição do nível do mar devido à passagem de uma crista ou vale de maré.

Veja também Corrente de maré enchente e corrente de maré vazante.

Corrente de maré vazante Água saindo de um porto fechado ou baía devido à redução do nível do mar, como um vale de maré que se aproxima.

Corrente de maré enchente Água saindo de um porto fechado ou baía devido à elevação do nível do mar, como uma crista de maré que se aproxima.

Corrente de maré Fluxo de massa de água induzido pela elevação ou abaixamento do nível do mar devido à passagem das cristas ou vales de ondas de marés. *Ver também Corrente de maré enchente e corrente de maré vazante.*

Corrente de retorno Uma corrente forte, estreita de superfície que flui em direção ao mar através da zona de arrebentação e é causada pela fuga do excesso de água que se acumulou em uma vala costeira.

Corrente de turbidez Uma "avalanche" submarina de sedimentos abrasivos considerada responsável pela intensa "escultura" de cânions submarinos e um meio de transporte para sedimentos que se acumulam em planícies abissais.

Corrente de vazante Água que sai de uma área confinada como resultado da descida no nível do mar quando um vale de maré se aproxima.

Corrente do Golfo A corrente do limite oeste mais forte do Atlântico Norte, ao largo da costa Atlântica nos Estados Unidos.

Corrente longitudinal Uma corrente paralela à costa na zona de arrebentação, causada pela refração incompleta de ondas se aproximando da praia em um determinado ângulo.

Corrente submarina Uma corrente que flui abaixo de uma corrente de superfície, normalmente na direção oposta.

Corrente de superfície Fluxo horizontal de água na superfície oceânica.

Corrente transversal Corrente leste-oeste ou oeste-leste ligando as correntes de bordo leste e oeste. Um exemplo é a Corrente Equatorial Norte.

Costa A zona que se estende do oceano para o continente até onde o ambiente é diretamente afetado pelos processos marinhos. O lugar onde o oceano encontra a terra. Em cartas náuticas, o limite das marés altas.

Costa de alta energia Uma costa exposta a grandes ondas.

Costa de baixa energia Uma costa raramente exposta a grandes ondas.

Costa de deposição (deposicional) A costa na qual os processos que depositam sedimentos excedem os processos erosivos.

Costa erosiva Uma costa na qual os processos erosivos excedem os deposicionais.

CPD *Veja Camada de dispersão profunda.*

Crista *Veja Crista de onda.*

Crista da berma O topo da berma; o ponto mais alto na maioria das praias; corresponde ao limite da ação da onda em direção à praia durante as marés mais altas.

Crista de onda Parte mais alta de uma onda progressiva acima do nível médio da água.

Cromatóforo Uma célula da pele pigmentada que se expande ou contrai para alterar a cor.

Cronômetro Um relógio muito preciso. Não é necessário ser preciso para mostrar o horário, mas sua taxa de ganho ou perda deve ser constante e conhecida exatamente para que o tempo possa ser calculado de forma precisa.

Crosta A camada sólida mais externa da Terra, composta principalmente por granito e basalto; o topo da litosfera. A densidade da crosta é de 2,7–2,9 g/cm^3 e corresponde a 0,4% da massa da Terra.

Crosta continental As massas sólidas dos continentes, composta principalmente de granito.

Crosta oceânica A superfície sólida mais externa da Terra sob os sedimentos do assoalho do oceano, composta principalmente de basalto.

Crustacea A classe à qual pertencem os crustáceos como lagostas, camarões, caranguejos, cracas e copépodes.

Curva de densidade Um gráfico que exibe a relação entre a temperatura ou a salinidade de um fluido e sua densidade.

Datação radiométrica O processo que determina a idade das rochas por meio da observação da taxa de decaimento de elementos radioativos instáveis para formar seus derivados estáveis.

Datação absoluta Determinação da idade da amostra geológica através do cálculo da deterioração radioativa e/ou seu posicionamento com relação a outras amostras.

Datação relativa Determinação da idade de uma amostra geológica por comparação de sua posição no testemunho com a de outras amostras.

Darwin, Charles (1809-1882) Biólogo britânico e codescobridor (com Alfred Russell Wallace) da evolução através da seleção natural.

Decaimento radioativo A desintegração de formas instáveis de elementos, a qual libera partículas subatômicas e calor.

Declividade da onda Relação entre a altura e o comprimento da onda de no máximo 1:7.

Degaseificação Liberação de substâncias voláteis por aberturas vulcânicas.

Delta Depósito de sedimentos encontrado em uma foz de rio, as vezes com formato triangular (nomeada em homenagem à letra grega Δ).

Densidade A massa por volume de unidade de uma substância, normalmente expressa em gramas por centímetro cúbico (g/cm^3).

Densidade estratificada Divisão em camadas por densidade

Densidade populacional O número de indivíduos por unidade de área.

Dependência Uma relação de alimentação onde um organismo está limitado a se alimentar de uma espécie ou, em casos extremos, de uma fase de tamanho de uma determinada espécie.

Deposição Acúmulo, normalmente de sedimentos.

Deriva continental A teoria de que os continentes se movem lentamente sobre a superfície terrestre.

Deriva do vento oeste *Veja Corrente Circumpolar Antártica.*

Deriva longitudinal Movimento de sedimentos paralelos à costa, direcionados pela energia da onda.

Deslocamento por Stokes (deriva de Stokes) Uma pequena rede de transporte de água na direção de uma onda de vento em movimento.

Dessalinização O processo da remoção do sal da água do mar ou da água salobra.

Dessecação Secagem.

Diagrama Um mapa que retrata em sua maioria a água e suas áreas continentais adjacentes.

Diatomácea Fitoplâncton unicelular mais abundante, bem-sucedido e eficiente da Terra. As diatomáceas possuem duas frústulas interligadas (carapaças) feitas principalmente de sílica. As carapaças contribuem para a formação dos sedimentos biogênicos.

Difração de onda Flexão de ondas em torno dos obstáculos.

Difusão O movimento – direcionado pelo calor – das moléculas de uma região de alta concentração para uma região de baixa concentração.

Dinoflagelado Uma das classes de flagelados unicelulares microscópicos, dos quais nem todos são autotróficos. O revestimento externo é geralmente celulose rígida. Dinoflagelados planctônicos são responsáveis pelas "marés vermelhas."

Dispersão[1] A dispersão (ou "desvio") de ondas sonoras ou de luz quando elas atingem partículas em suspensão na água ou no ar. A quantidade de dispersão depende do número, do tamanho e da composição das partículas.

Dispersão[2] Separação das ondas de vento pelo comprimento da onda (e, portanto, velocidade da onda) conforme elas se distanciam do seu local de formação (*fetch*). A dispersão ocorre porque as ondas com longos comprimentos de onda se movem mais rapidamente do que as ondas com curto comprimento de onda.

Dissolução A dissolução de minerais das rochas pela água.

Distribuição aleatória Distribuição de organismos dentro de uma comunidade em que a posição de um organismo não é influenciada pelas posições de outros organismos ou por variações físicas dentro dessa comunidade; um padrão de distribuição raro.

Distribuição em aglomerados Distribuição de organismos em agregações pequenas, irregulares, ou aglomerados em uma comunidade; o padrão de distribuição mais comum.

Distribuição uniforme Distribuição de organismos dentro de uma comunidade caracterizada por espaço uniforme entre indivíduos (o arranjo de árvores em um pomar); o padrão de distribuição natural mais raro.

Diversidade da espécies Número de espécies diferentes em uma dada área.

Doldrames A zona de ar em elevação próxima ao equador, conhecida pelo ar abafado e brisas variáveis. *Veja Zona de Convergência Intertropical (ZCIT).*

Domínios Os três primeiros tipos de seres vivos acima do nível de Reino estabelecido por Lineu. Os três domínios são *Bacteria*, *Archaea* e *Eucarya* (Bactéria, Arquea e Eucariota).

Drumlin Uma colina alongada formada por uma geleira.

Duração do vento duração de tempo que o vento sopra sobre a superfície oceânica, um fator no desenvolvimento da onda.

Echinodermata O filo de animais exclusivamente marinhos ao qual estrelas do mar, ofiuroides, ouriços do mar e pepinos-do-mar (equinodermes) pertencem.

Ecobatímetro Um equipamento que reflete o som no fundo do oceano para medir a profundidade da coluna de água. Sua precisão é afetada pela variabilidade da velocidade do som através da água.

Ecolocalização O uso do som refletido para detectar objetos no ambiente. Cetáceos usam a ecolocalização para detectar presas e evitar obstáculos.

Ecologia Estudo das interações dos organismos entre si e com seu meio ambiente.

Ectotérmico Um organismo incapaz de gerar e manter a temperatura interna constante a partir do calor metabólico e, portanto, cuja temperatura interna do corpo é aproximadamente a mesma que a do meio circundante; um organismo de sangue frio.

Efeito de Coriolis A aparente deflexão de um objeto em movimento a partir de um curso inicial quando sua velocidade e direção são medidos com referência à superfície da Terra em rotação. Objetos em movimentos tendem a se mover para a direita de seu curso inicial no Hemisfério Norte e para a esquerda no Hemisfério Sul. A deflexão ocorre para movimentos horizontais de objetos com massa e não tem efeito no Equador.

Efeito estufa Aprisionamento de calor na atmosfera. A radiação solar de comprimento de onda curto penetra na atmosfera, mas a radiação de comprimento de onda longa da saída é absorvida pelos gases de efeito de estufa e novamente irradiada para a Terra, provocando um aumento na temperatura da superfície.

Elementos-traço Um constituinte menor de água do mar presente em quantidades inferior a 1 parte por milhão.

Elétron Uma pequena partícula com carga negativa em um átomo responsável pela ligação química.

Elevação continental (ou sopé) Um leque de sedimentos que forma a suave transição da borda externa (inferior) do talude continental para a planície abissal; normalmente associada com as margens passivas.

El Niño A corrente que flui para o sul, pobre em nutrientes, de água quente ao largo da costa oeste da América do Sul, causada por um colapso na circulação do vento.

Endotérmico Um organismo capaz de gerar e regular o calor metabólico para manter a temperatura interna uniforme. As aves e os mamíferos sãos os únicos animais capazes de manter uma verdadeira endotermia. Um organismo de sangue quente.

Energia A capacidade de realizar trabalhos.

Energia nuclear Energia liberada quando núcleos atômicos são submetidos a uma reação nuclear, como a emissão espontânea de radioatividade, fissão nuclear ou de fusão nuclear. Cerca de 17% da energia elétrica gerada nos Estados Unidos é fornecida pela fissão nuclear do urânio em reatores de energia civis.

ENOS Acrônimo para o fenômeno conjunto do El Niño e da Oscilação Sul. *Veja também El Niño; Oscilação Sul.*

Enseada Uma passagem que dá acesso ao oceano a uma lagoa fechada, porto, ou baía.

Entropia Uma medida da desordem em um sistema.

Epicentro O ponto da superfície terrestre diretamente acima do foco de um terremoto.

Equador *Veja Equador geográfico; Equador meteorológico.*

Equador geográfico 0° de latitude, uma linha imaginária equidistante dos polos geográficos.

Equador meteorológico A linha imaginária irregular do equilíbrio térmico entre os hemisférios. Situada a cerca de 5° ao norte do equador geográfico e sua posição muda com as estações, movendo levemente para o norte no verão. Também chamado de *Equador térmico.*

Equador térmico *Veja Equador meteorológico.*

Equilíbrio isostático Suporte balanceado de um material mais leve em um material mais pesado, matriz de apoio deslocada; semelhante à flutuabilidade em um líquido.

Equilíbrio químico Em água do mar, a condição na qual a proporção e quantidade de sais dissolvidos por volume de unidade do oceano é aproximadamente constante.

Equilíbrio térmico A condição na qual o calor total que entra em um sistema (tal como um planeta) é equilibrado pelo total de calor que sai do sistema.

Equilíbrio térmico Uma expressão da energia solar total recebida na Terra durante algum período de tempo e do calor total perdido pela Terra por reflexão e radiação para o espaço durante o mesmo período

Echinoidea A classe do filo Echiinodermata à qual pertencem os ouriços-do-mar e estrela-do-mar.

Era do gelo ou glacial Um dos vários períodos (durando vários milhares de anos cada) de baixa temperatura durante os últimos milhões de anos. As geleiras e o gelo polar foram formados a partir da água oceânica, abaixando o nível do mar em, pelo menos, 100 metros (328 pés). (Ver Apêndice 2, "Era Geológica")

Eratóstenes de Cirene (276-194 a.C.) Estudioso grego e bibliotecário em Alexandria que primeiro calculou a circunferência da Terra cerca de 230 a.C.

Erosão Processo de desgastar lentamente, corroer.

Escala de pH Uma medida da acidez ou alcalinidade de uma solução; numericamente o logaritmo negativo da concentração de íons de hidrogênio numa solução aquosa. O pH 7 é neutro; abaixo indica acidez e acima indica basicidade.

Escala Richter Uma medida logarítmica da magnitude de terremotos. Um grande terremoto acusa valor acima de 8 na escala Richter.

Escarpa de praia Uma parede vertical de altura variável que marca o limite terrestre das alturas mais recentes das marés; corresponde à berma nas marés altas extremas.

Especiação A formação de novas espécies. Charles Darwin sugeriu que isto é realizado através do isolamento e da seleção natural.

Espécies introduzidas Espécies removidas de sua região de origem e estabelecidas em um novo local; também chamadas de *espécies exóticas*.

Espécies Qualquer grupo de organismos efetiva ou potencialmente acasalando reprodutivamente isolados de todos os outros grupos e capaz de produzir descendentes férteis.

Espigão *Veja Quebra-mar.*

Espiral de Ekman Um modelo teórico de como o vento que sopra sobre o oceano afeta a água. Devido ao efeito de Coriolis, é esperado que a camada superficial se desloque em um ângulo de 45° à direita do vento no Hemisfério Norte e 45° à esquerda no Hemisfério Sul. Água em camadas sucessivamente inferiores se deslocam progressivamente para a direita (N) ou esquerda (S), embora não tão rapidamente como o fluxo superficial.

Espraiamento Água das ondas lavando a praia.

Estado Uma expressão do arranjo interno de uma substância. A água existe em três estados: sólido, líquido e gasoso. Um sólido tem um volume fixo, um líquido tem um volume fixo, mas não um formato e um gás não possui nem volume nem formato fixo.

Estado do mar Condições das ondas do oceano em um lugar e tempo específico, geralmente indicado na escala de Beaufort.

Estenoalina Descreve um organismo incapaz de tolerar uma ampla gama de salinidade.

Estenotérmico Descreve um organismo incapaz de tolerar uma ampla variedade de temperatura.

Estipe algas multicelulares com estrutura semelhante à haste de uma planta vascular.

Estratificação da densidade A formação de camadas em um material, onde a densidade aumenta com a profundidade da camada (pesando mais por unidade de volume) do que a camada acima.

Estratigrafia O ramo da geologia que estuda a definição e a descrição das divisões naturais das rochas; especificamente, a análise das relações dos estratos de rocha.

Estrela Uma grande esfera maciça formada de gases incandescentes que produz energia pela conversão do hidrogênio em hélio e outros elementos pesados.

Estuário Um corpo de água parcialmente rodeado por Terra, onde a água doce de um rio se mistura com a água oceânica, criando uma área de produtividade biológica marcante.

Estuário bem misturado Um estuário em que o lento fluxo do rio e a turbulência da maré misturam a água doce e água salgada em um padrão regular na maior parte de sua extensão.

Estuário com cunha salina Um estuário em que o rápido fluxo do rio e a pequena amplitude das marés formam uma cunha inclinada de água do mar na boca do estuário.

Estuário tipo fiorde Um estuário em um fiorde, um vale íngreme, submerso e em formato de U.

Estuário parcialmente misturado Um estuário em que um influxo de água do mar ocorre sob uma camada superficial de água doce fluindo em direção ao mar. A mistura ocorre ao longo da junção dos fluxos.

Estuário reverso um estuário ao longo da costa no qual a salinidade aumenta do oceano para a parte mais alta do estuário devido à evaporação da água do mar e falta de entrada de água doce.

Eurialino Descreve um organismo capaz de tolerar uma ampla faixa de salinidade.

Euritérmico Descreve um organismo capaz de tolerar uma ampla variedade de temperatura.

Eutrofização Um conjunto de alterações físicas, químicas e biológicas que ocorrem quando nutrientes em excesso são liberados na água.

Evaporito Depósito formado pela evaporação da água do oceano.

Evolução Mudança; a manutenção da vida sob constante modificação pela contínua adaptação das gerações sucessivas de espécies ao seu ambiente

Evolução convergente A evolução de características similares em organismos de ancestralidade diferente; o formato do corpo de um boto e de um tubarão, por exemplo.

Evolução divergente Radiação evolucionária de espécies diferentes a partir de um mesmo ancestral.

Exoesqueleto Um revestimento externo forte, leve, anatômico que cobre e dá suporte, comum aos animais do filo Arthropoda. O exoesqueleto é feito parcialmente de quitina e pode ser fortalecido por carbonato de sódio.

Expansão do fundo oceânico A teoria de que novas crostas oceânicas são formadas em centros de expansão, a maioria das quais no assoalho oceânico e deslocam o continente. A energia vem das correntes de convecção no manto terrestre superior.

Expedição *Challenger* A primeira expedição científica inteiramente oceanográfica, 1872-1876; nomeada assim em homenagem à corveta a vapor utilizada na viagem.

Expedição Exploradora dos Estados Unidos A primeira viagem de pesquisa oceanográfica dos Estados Unidos, iniciada em 1838.

Expedição *Meteor* Expedição do Atlântico realizada pelos alemães e iniciada em 1925 a bordo do navio *Meteor*; o primeiro a usar um ecobatímetro e outros instrumentos ópticos e eletrônicos modernos.

Experimentos Testes que simplificam a observação na natureza ou no laboratório ao manipular ou controlar as condições sob as quais as observações são feitas.

Extinção em massa Um evento catastrófico, global, no qual os principais grupos de espécies são extintos abruptamente.

Extremófilo Um organismo capaz de tolerar condições ambientar extremas, especialmente de temperatura ou nível de pH.

Falésia marinha Uma falésia que marca o limite terrestre da erosão marinha em uma costa erosiva.

Falha Uma fratura na massa rochosa, na qual ocorreu movimento.

Falha de transformação Um plano no qual as massas rochosas deslizam horizontalmente umas sobre as outras.

Fator biológico Um aspecto ambiental gerado biologicamente, tal como predação ou produtos eliminados pelo metabolismo, que afetam os organismos vivos. Os fatores biológicos geralmente atuam em associação com os fatores puramente físicos, tais como luz e temperatura.

Fator físico Um aspecto do ambiente físico que afeta os organismos vivos, tais como luz, salinidade ou temperatura.

Fator limitante Um fator ambiental físico ou biológico cuja ausência ou presença em uma quantidade inadequada limita as ações normais de um organismo.

Fetch A distância ininterrupta sobre a qual o vento sopra sem uma alteração significativa em sua direção, uma condição ao desenvolvimento onda-vento.

Feofíceas (*Phaeophyta*) Algas marrons; são as mais conhecidas pelas pessoas que caminham pelas praias.

Ferrel, William (1817-1891) O cientista americano que descobriu as células de circulação de latitude média de cada hemisfério.

Ficobilina Um pigmento acessório avermelhado encontrado em algas vermelhas.

Filo Um dos principais grupos do reino animal, cujos membros compartilham um plano corporal, nível de complexidade e história evolutiva semelhantes. (Plural, *filos*). (Os principais grupos do reino vegetal são chamados *divisões*).

Filtradores em suspensão Animais que se alimentam por filtração ou acumulando o plâncton e pequenas partículas presentes na água.

Fiorde Um estuário profundo e estreito em um vale, originalmente cortado por uma geleira.

Fissipedia a subordem carnívora que inclui as lontras marinhas.

Fitoplâncton Semelhante ao plâncton, os membros vegetais geralmente unicelulares da comunidade plâncton.

Flagelo Uma estrutura em forma de chicote utilizada por alguns organismos e gametas para se mover no ambiente. (Plural, *flagelos*).

Floração de fitoplâncton (*bloom*) Aumento repentino no número de células de fitoplâncton no volume de água.

Flutuabilidade é a capacidade que um objeto tem de flutuar em um fluido devido ao deslocamento de um igual volume de fluido e cujo peso semelhante ao peso do próprio objeto que está flutuando.

Flutuador Estrutura contendo ar filtrado que auxilia na flutuação de algas multicelulares.

Fonte hidrotermal ou hidrotérmica Fonte de água marinha quente, mineral ou rica em gás encontrada em alguma cordilheira oceânica nas zonas de expansão do assoalho oceânico ativo.

Foraminíferos Um grupo de animais parecidos com uma ameba planctônica com uma concha calcária, o que contribui para sedimentos biogênicos.

Força de distribuição A energia que causa a formação de uma onda.

Força do vento A velocidade média do vento, um fator de desenvolvimento das ondas oceânicas de superfície

Força naval Meios pelo qual uma nação aumenta a capacidade militar no oceano.

Força perturbadora Energia que faz que uma onda oceânica se forme.

Força restauradora A força dominante que faz com que a água retorne ao nível normal após a formação da onda.

Forças primárias As forças que induzem e mantém o fluxo de água nos sistemas de correntes oceânicas: expansão térmica, fricção do vento e diferenças de densidade.

Formação de cardume Massa de seres da mesma espécie e classe de tamanho, agrupados e movendo-se como uma unidade.

Fossa Uma depressão em forma de arco no assoalho, no fundo do oceano com lados muito íngremes e um fundo plano cheio de sedimentos coincidindo com uma zona de subducção. A maioria das fossas ocorrem no Pacífico.

Fossa tectônica Uma planície linear entre cadeias de montanhas geralmente causada por extensão crustal.

Fóton A menor unidade de energia luminosa.

Fotossíntese Processo pelo qual autótrofos transformam a energia da luz em ligações químicas de compostos nutrientes com o auxílio da clorofila e outras substâncias. O processo utiliza dióxido de carbono e água como matéria-prima e produz glicose e oxigênio.

Franklin, Benjamin (1706-1790) Publicou a primeira carta de uma corrente marítima em 1769.

Frente A fronteira entre duas massas de ar de densidades diferentes. A diferença de densidade pode ser causada pelas diferenças em temperatura e/ou umidade.

Frente polar Limite entre a célula polar e a célula de Ferrel em cada hemisfério.

Frequência da onda O número de ondas que passam, por segundo, por um ponto fixo.

Frústula A parede celular externa de sílica biogênica de uma diatomácea, que consiste de duas valvas interligadas, encaixadas como duas metades de uma caixa.

Fucoxantina Um pigmento acessório marrom ou castanho encontrado em várias espécies de algas marrons e algumas espécies de diatomáceas.

Fungo Um organismo heterótrofo multicelular que obtém nutrientes através da digestão e absorção extracelular.

Furacão Um grande ciclone tropical comum ao Atlântico Norte ou leste do Pacífico, cujos ventos superam 118 quilômetros (74 milhas) por hora.

Galáxia Uma concentração de estrelas, poeira, gás e outros fragmentos em rotação agrupados pela gravidade. Talvez existam 50 bilhões de galáxias no universo e 50 bilhões de estrelas em cada uma delas.

Garrafa de Nansen Um instrumento de amostragem de água aperfeiçoado no início deste século pelo cientista e explorador norueguês Fridtjof Nansen.

Gases de efeito estufa Gases na atmosfera terrestre que causam o efeito estufa; incluem dióxido de carbono, metano e CFCs.

Gástropode A classe do filo *Mollusca* que inclui mariscos, ostras e mexilhões.

Gelo marinho Gelo formado pelo congelamento da água marinha.

Giro Circuito de correntes de latitudes médias ao redor da periferia de uma bacia oceânica. A maioria dos oceanógrafos reconhece cinco giros mais a Corrente Circumpolar Antártica.

Giro geostrófico Descrição de um giro ou corrente em equilíbrio entre o efeito de Coriolis e a gravidade; literalmente, "a rotação da Terra".

Glândula de sal Tecido animal especializado responsável pela concentração e a excreção de excesso de sal do sangue e outros fluidos corporais.

GPS *Veja Sistema de Posicionamento Global.*

Grama marinha Algumas das várias angiospermas marinhas. São exemplos Zostera (gramínia filamentosa) e phyllospadix (gramíneas de arrebentação). As gramas marinhas não são algas marinhas.

Granito Rocha crustal relativamente leve – composta principalmente de oxigênio, silício e alumínio – que forma os continentes. Sua densidade é cerca de 2,7 g/cm^3.

Grau Uma medida arbitrária de temperatura. Um grau Celsius (°C) = 1,8 grau Fahrenheit (°F).

Gravímetro Um dispositivo sensível que mede as variações na força da gravidade em diferentes lugares na superfície da Terra.

Guyot Um vulcão inativo, de topo plano, submerso.

HAB's (*Harmful Algal Blooms*) Florescimento de algas nocivas.

Hábitat O local onde um indivíduo ou população de uma dada espécie vive; seu "endereço de correspondência".

Hadley, George (1685-1768) Um advogado e filósofo de Londres que elaborou o esquema geral de circulação dos ventos como uma contribuição para explicar os ventos alísios.

Haloclina A zona do oceano em que a salinidade aumenta rapidamente com a profundidade. *Veja também Picnoclina.*

Harrison, John (169-1776) Relojoeiro britânico que inventou o cronômetro moderno em 1760.

Hermatípico Descreve espécies de coral com zooxantelas em seus tecidos e são capazes de secretar carbonato de cálcio em uma taxa adequada para a produção de recife.

Heterótrofo Um organismo que alimenta-se de outros organismos porque não é capaz de sintetizar seu próprio alimento.

Hidrocarbonetos clorados A classe mais abundante e perigosa de hidrocarbonetos halogenados, compostos químicos orgânicos sintéticos perigosos para o ambiente marinho.

Hierarquia Agrupamento de objetos por graus de complexidade, categoria, ou classe. Um sistema hierárquico de nomenclatura é baseado em distinções dentro dos grupos e entre os grupos.

Hipertônico Referente a uma solução com uma concentração de substâncias dissolvidas maior do que a solução ao seu redor.

Hipótese de trabalho Uma especulação sobre o mundo natural que pode ser verificada ou desaprovada pela observação e experimento.

Hipotônico Referente a uma solução com uma concentração de substâncias dissolvidas menor do que a solução ao seu redor.

Holoplâncton Membros permanentes da comunidade planctônica. São exemplos os diatomáceas e copépodes. *Compare com Meroplâncton*.

Holothuroidea A classe do filo Equinodermata à qual pertence o pepino-do-mar.

Iceberg Uma grande massa de gelo flutuando no oceano que foi formada sobre ou adjacente ao continente. *Icebergs* tabulares são como mesas ou planos; icebergs pontiaguldos são acastelados ou irregulares. *Icebergs* do sul são muitas vezes tabulares; *icebergs* do norte são muitas vezes pinaculados.

Ilha de barreira Uma ilha longa, estreita, construída pelas ondas, paralela ao continente e separada dele por uma lagoa ou baía. *Compare com Ilha marinha*.

Ilha marinha Uma ilha onde o núcleo central foi conectado ao continente quando o nível do mar estava mais baixo. A elevação do oceano separou os pontos mais altos do continente e processos sedimentares as cercaram com praias. *Compare com Ilha de barreira*.

Inclinação da onda Relação altura-comprimento de onda de uma onda. A inclinação máxima teórica de ondas de águas profundas é de 1: 7.

Inclinação orbital A inclinação de 23°27′ no eixo de rotação da Terra com relação ao plano de sua órbita ao redor do Sol.

Índice refrativo O grau de refração de um meio para outro expresso como uma razão. Quanto maior a razão (índice refrativo), maior a flexão das ondas entre os meios.

Inércia térmica Tendência de uma substância resistir a mudanças na temperatura com ganho ou perda de energia térmica.

Infante Dom Henrique, o Navegador (1394-1460) Príncipe de Portugal, que estabeleceu uma escola para estudo da geografia, marinharia, construção naval e navegação.

Intensificação Oeste O aumento da velocidade das correntes geostróficas à medida que passam ao longo da fronteira oeste de uma bacia oceânica.

Interferência Adição ou substituição da energia de onda conforme a interação das ondas; também chamada de *ressonância*. *Veja também Interferência construtiva; Interferência destrutiva*.

Interferência construtiva A soma de energia de onda conforme as ondas interagem, produzindo ondas maiores.

Interferência destrutiva A subtração da energia de onda conforme a interação das ondas, produzindo ondas menores.

Invertebrados Animais desprovido de coluna vertebral.

Íon Um átomo (ou pequeno grupo de átomos) que se torna eletricamente carregado por ganhar ou perder um ou mais elétrons.

Isotônico Referente a uma solução com a mesma concentração de substâncias dissolvidas que a solução ao seu redor.

Jason-1 Um satélite de missão de acompanhamento para o *TOPEX/Poseidon*.

Kelps Nome informal para algumas espécies de grandes algas do grupo das *Phaeophyta*, As "florestas" de kelps normalmente são formadas por laminárias.

Krill *Euphausia superba*, um crustáceo do tamanho de um polegar, comum nas águas da Antártica.

La Niña Um evento durante o qual a circulação atmosférica e oceânica tropical normal do Pacífico se fortalece e a temperatura superficial do leste do Pacífico Sul cai abaixo dos valores médios; normalmente ocorre no final de um evento de ENOS. *Veja também ENOS*.

Laguna Um corpo raso de água do mar geralmente isolado do oceano por uma ilha de barreira. Também, um corpo de água fechado dentro de um atol, ou a água dentro de um estuário inverso.

Lâmina Equivalente das algas às folhas nas plantas vasculares; também chamada de fronde.

Laminárias (kelp) Algas marrons, *Phaephycea*.

Latitude Linhas imaginárias com espaçamento regular na superfície terrestre, paralelas ao equador.

Latitudes dos cavalos *Veja* Alta subtropical.

Lei do mar Termos coletivos para leis e tratados que governam o uso comercial e prático do oceano.

Leis Princípios que explicam os eventos da natureza que, segundo a observação, ocorrem com uniformidade invariável sob as mesmas condições.

Ligação *Veja Ligação química*.

Ligação covalente Ligação química formada entre dois átomos através do compartilhamento de elétrons.

Ligação de hidrogênio *Veja Ponte de hidrogênio*.

Ligação iônica A ligação química resultante da atração entre íons de cargas opostas. Essas forças são de natureza "eletrostática".

Ligação química Uma relação energética que segura dois átomos juntos como resultado da troca de sua distribuição de elétrons.

Limites de placas convergentes Região que placas convergentes se pressionam e uma cadeia de montanhas, arco de ilhas, e/ou trincheira, eventualmente, formará; geralmente um local de muita atividade sísmica e vulcânica.

Limites de placas transormantes Local onde as placas crustais se distorcem lateralmente ao passar uma pela outra. A crosta não é produzida nem destruída neste tipo de junção.

Limites de placas divergentes Região onde as placas se distanciam e onde será formado, eventualmente, um novo oceano ou fossa tectônica. Um centro de espraiamento forma a junção.

Lineu (Linnaeus, Carolus ou Carl von Linné) (1707-1778) Sueco, "pai" da taxonomia moderna.

Litificação Conversão de sedimentos em rocha sedimentar pela pressão ou pela introdução de um cimento mineral.

Litoral Local onde o oceano encontra o continente.

Litosfera A camada frágil, relativamente fria externa da Terra, que consiste na crosta oceânica e continental e a camada mais externa, rígida do manto.

Lodo Sedimento de pelo menos 30% de origem biológica.

Lodo de esgoto Mistura semissólida de matéria orgânica, microrganismos, metais tóxicos e produtos químicos orgânicos sintéticos removido de águas residuais em uma usina de tratamento de esgoto.

Longitude Linhas imaginárias com espaçamento regular na superfície terrestre, passando de norte a sul e convergindo nos polos.

Luz Radiação eletromagnética propagada como partículas pequenas, quase sem massa que se comporta tanto como uma onda como um fluxo de partículas.

Macroplâncton Animais planctônicos maiores que 1 a 2 centímetros (1/2 a 1 polegada). Um exemplo é a água-viva.

Magalhães, Fernão (c. 1480-1521) Navegador português a serviço da Espanha, que liderou a primeira expedição para circunavegar a Terra, 1519-1522. Ele foi morto nas Filipinas.

Magma Rocha derretida capaz de fluir; chamada de *lava* quando acima do solo.

Magnetômetro Um dispositivo que mede a quantidade e a direção do magnetismo residual em uma amostra de rocha.

Mahan, Alfred Thayer Um oficial da Marinha Americana e estrategista; o autor do influente *The Influence of Sea Power upon History, 1660-1783*.

Mammalia A classe dos mamíferos.

Manguezal ou mangue Vegetação arbustiva de florescência grande ou formada por árvores que crescem em moitas densas ou florestas ao longo das costas tropicais lamacentas ou siltosas expostas à maré.

Manto Camada da Terra entre a crosta e o núcleo, composto por silicatos de ferro e magnésio. O manto tem uma densidade média de aproximadamente 4,5 g/cm^3 e corresponde a 68% da massa da Terra.

Manto inferior A porção rígida do manto da Terra abaixo da astenosfera.

Mapa Uma representação da superfície da Terra, normalmente descrevendo sobretudo as áreas de terra. *Veja também Carta.*

Mar Vagas simultâneas com vários comprimentos de onda, formando uma superfície oceânica caótica. Essas vagas são comum em uma área de origem de onda se superfície.

Mar plenamente desenvolvido Maior altura de onda teoricamente possível considerando um vento de força, duração e pista específicos. Neste caso, uma exposição mais longa a este tipo de vento não aumentará o tamanho das ondas.

Maré Alteração periódica de curto prazo na altura da superfície oceânica em um determinado local, gerada por ondas progressivas de comprimento longo que são causadas pela interação da força gravitacional e inércia. O movimento da Terra abaixo das cristas de maré resulta na elevação e abaixamento rítmicos do nível do mar.

Maré alta A posição mais alta do mar correspondente à uma crista da maré.

Maré astronômica Maré causada pela inércia e pela força gravitacional do Sol e da Lua. *Compare com Maré meteorológica.*

Maré baixa A posição mais baixa do mar correspondente ao vale da maré.

Maré de quadratura O tempo da maior variação entre as marés alta e baixa que ocorrem quando a Terra, Lua e Sol se alinham em ângulos retos. Marés mortas se alternam com as marés vivas durante o ano, que ocorrem em intervalos de duas semanas.

Maré de sizígia Períodos de maiores variações entre as marés altas e baixas ocorre quando a Terra e a Lua estão alinhadas. Marés de sizígia se alternam com marés de quadraturas durante o ano ocorrendo com duas semanas de intervalo.

Maré de referência Nível de referência (0,0) a partir do qual a altura da maré é medida.

Maré de tempestade (ou maré ciclônica) Volume de água abrupto que é levado à costa por um ciclone tropical (furacão) ou uma tempestade frontal.

Maré diurna Um ciclo de maré comum a maré alta e uma maré baixa por dia.

Maré lunar Maré causada pela interação gravitacional e inercial da Lua e da Terra.

Maré meteorológica Maré influenciada pelas condições meteorológicas (tempo). A chegada de uma tempestade assim como um vento forte e constante em direção à costa ou ao mar irá alterar a estimativa da altura e horário da maré .

Maré mista Um ciclo de maré complexo, geralmente com duas marés altas e duas marés baixas de altura desigual por dia.

Marés reais É um nome informal para marés extraordinariamente altas. *Veja também Maré meteorológica.*

Maré semidiurna Um ciclo de maré de duas marés altas e duas marés baixas a cada dia lunar, com as marés altas de quase da mesma altura.

Maré solar Maré causada pela interação gravitacional e inercial entre o Sol e a Terra

Marés reais Marés muito altas (conhecidas por australianos e neozelandeses como marés reais).

Margem ativa Margem continental próxima a uma área de convergência da placa litosférica; também chamada *margem do tipo Pacífica.*

Margem continental A borda externa submersa de um continente, feita de crosta granítica; inclui a plataforma continental e o talude continental. *Compare com Bacia Oceânica.*

Margem passiva A margem continental próxima a uma área de divergência da placa litosférica; também chamada *margem do tipo Atlântica.*

Maricultura Cultivo de organismos marinhos, geralmente em estuários, baías, ambientes costeiros ou estruturas especialmente projetadas que utilizam circulação de água do mar. *Compare com Aquacultura.*

Marismas Pântanos salgados.

Massa Uma medida da quantidade de matéria.

Massa da água Um corpo de água identificável pela sua salinidade e temperatura (e, portanto, sua densidade) ou pelo seu teor gasoso ou outro indicador.

Massa de ar Uma grande massa de ar com temperatura, umidade e, portanto, densidade praticamente uniformes.

Maury, Matthew (1806-1873) "Pai" da Oceanografia Física. Provavelmente, a primeira pessoa a realizar o estudo sistemático do oceano como uma ocupação integral, e, provavelmente, o primeiro a compreender o entrelaçamento global das correntes, do fluxo do vento e do tempo.

Medusa Forma livre-nadante de muitos membros do filo *Cnidaria.*

Meia-vida O tempo necessário para que metade de todos os núcleos radioativos instáveis numa amostra decaia.

Membrana Uma estrutura complexa de lipídeos e proteínas que se forma em torno e dentro dos limites da célula. É geralmente semipermeável, permitindo que alguns tipos de moléculas atravessem-na, mas não outros.

Membrana brânquial O fino limite das células vivas separando o sangue da água nas brânquias dos peixes (ou de animais aquáticos).

Meroplâncton A fase planctônica do ciclo de vida dos organismos que passam apenas parte de sua vida à deriva no plâncton.

Mesosfera Parte interior rígida do manto, com composição química semelhante à astenosfera.

Metamerismo Segmentação; repetição de partes do corpo.

Método científico O processo ordenado pelo qual as teorias que explicam o funcionamento do mundo natural são verificadas ou rejeitadas.

Método de flutuação Um método de estudo da corrente com base no movimento de uma garrafa à deriva ou de outros objetos flutuando livremente.

Método de fluxo Um método de estudo de corrente que mede a corrente conforme ela passa por um objeto fixo.

Metrofagia Tendência de grandes répteis destruírem cidades inteiras.

Microtectito Partículas de vidro translúcidas e alongadas, componente de sedimentos cosmogênicos.

Milha náutica O comprimento de 1 minuto de latitude, 6.076 pés, 1,15 milhas terrestres, ou 1,85 km. *(Veja o Apêndice 1)*

Mineral Um material cristalino inorgânico que ocorre naturalmente com uma composição química e estrutura específica.

Misticetes A subordem de baleias de barbatanas.

Mistura Mistura das diferentes substâncias que ainda mantêm identidades separadas. As propriedades de uma mistura são heterogêneas; elas podem variar dentro da mistura.

Modelo matemático Conjunto de equações que tentam descrever o comportamento de um sistema.

Molécula Um grupo de átomos unidos por ligações químicas. A menor unidade de um composto que mantém as características do composto.

Molécula polar Uma molécula com carga não balanceada. Uma extremidade da molécula tem uma carga levemente negativa e a outra tem uma extremidade levemente positiva.

Molhe Uma projeção curta, artificial de material durável colocado em um ângulo reto para a praia em uma tentativa de retardar o transporte costeiro de areia de uma praia; geralmente implantadas em unidades de repetição.

Mollusca O filo de animais que inclui quítons, caracóis, mariscos e polvos.

Molusco Animais que contenham conchas como bivalves, gastrópodes, lulas e polvos.

Monção Um padrão de circulação do vento que varia com a estação do ano. Também refere-se a estação chuvosa em áreas com padrões de ventos de monção.

Monte submarino Projeção circular ou elíptica do assoalho oceânico, com mais de 1 quilômetro (0,6 milha) de altura, com taludes relativamente inclinados de 20° a 25°.

Morainas Cumes de sedimentos depositados por geleiras.

Muda Processo de troca de cobertura externa (animais).

Móvel Capaz de se mover.

Mudança eustática Alteração global do nível do mar, diferente de alteração local.

Multicelular Organismos com mais de uma célula.

Mutação Uma alteração hereditária nos genes de um organismo.

Mutualismo Interação simbiótica entre duas espécies que é benéfica para ambos.

Nanoplâncton Pequenos organismos do plâncton entre 0,02 e 0,002 milímetro de tamanho.

Não vascular Autótrofos fotossintéticos sem vasos para o transporte de fluidos. São exemplos as algas.

Navegação Viagem (geralmente pelo mar) com um propósito definido.

Navegação celestial A técnica de encontrar a posição na Terra através da referência da posição aparente das estrelas, planetas, Lua e Sol.

Navegadores chineses Exploradores da dinastia Ming, ativos entre 1405 e 1433.

Nebulosa Nuvem difusa de poeira e gás.

Nebulosa solar A nuvem difusa de gás e poeira a partir da qual o sistema solar se originou.

Nécton Organismos em deriva.

Nefélio Nuvem difusa de poeira e gás.

Nematoda O filo de animais ao qual pertencem as lombrigas.

Nerítico Da costa ou do litoral; refere-se a margens continentais e a água cobrindo plataformas que os cobre ou para os organismos costeiros.

Nicho Descrição do papel funcional de um organismo em um hábitat; seu "trabalho".

Nível do mar A altura da superfície oceânica. *Ver também Nível médio do mar.*

Nível médio do mar A altura média da superfície oceânica calculada ao longo de alguns anos.

Nível trófico Posição de alimentação dentro da pirâmide trófica.

Nó Uma velocidade de 1 milha náutica por hora. *Veja também Milha náutica.*

NOAA A National Oceanic and Atmospheric Administration do governo dos Estados Unidos.

Nódulo Ponto sem ação das ondas em um padrão vertical. *Veja também Ponto anfidrômico.*

Nódulo metálico Massa sólida de sedimento hidrogênico, mais comumente conhecido como nódulos de manganês ou ferro-manganês e fosforite.

Nome científico O nome do gênero e espécie de um organismo.

Nor'easter (de nordeste) Qualquer ciclone extratropical energético que varra a costa leste da América do Norte no inverno.

Notocorda Estrutura enrijecida encontrada em algum momento no ciclo de vida de todos os membros do filo *Chordata.*

Núcleo (física) Pequeno e denso centro de um átomo que contém os prótons e nêutrons, carregado positivamente.

Núcleo da Terra A camada mais interna da Terra, composta principalmente de ferro, com níquel e elementos pesados. O núcleo interno é considerado como uma esfera sólida a 6.000 °C (11.000 °F) e o núcleo externo uma massa líquida a 5.000 °C (9.000 °F). A densidade média do núcleo externo é de cerca de 11,8 g/cm³ e a do núcleo interno é de cerca de 16 g/cm³.

Nutriente Qualquer substância necessária que um organismo obtém a partir do seu ambiente, exceto oxigênio, dióxido de carbono e água.

Nutriente não conservativo Um composto ou íon necessário aos autótrofos para a produtividade primária, cuja concentração é alterada com a atividade biológica.

Oceano (1) O grande corpo de água salina que cobre 70,78% da superfície terrestre. (2) Qualquer uma de suas subdivisões primárias (grandes oceanos) são delimitadas por continentes, pelo equador e por outras linhas imaginárias.

Oceano Antártico Um oceano no Hemisfério Sul delimitado ao norte pela Convergência Antártica e ao sul pela Antártica.

Oceano Ártico Um oceano coberto por gelo ao norte dos continentes da América do Norte e Eurásia.

Oceanografia A ciência do oceano. *Veja também Ciência Marinha.*

Oceano mundial (ou global) O grande corpo de água salina que cobre 70,78% da superfície terrestre.

Oceanus Forma latina de *Okeanos*, o nome grego para o "rio mar" do antigo Gibraltar.

Odontoceti A subordem de baleias de dentadas.

Ofiólito Porções de litosfera oceânica subduccionada arrastadas (obduccionadas) às bordas dos continentes.

Onda Perturbação causada pelo movimento da energia através de um meio.

Onda capilar Pequena onda com um comprimento de onda inferior a 1,73 centímetros (0,68 polegadas), cuja força de restauração é a tensão superficial; o primeiro tipo de onda a se formar quando o vento sopra.

Onda de afluência Uma onda que atinge a terra sem quebrar.

Onda de águas profundas Onda em águas mais profundas do que metade do seu comprimento de onda.

Onda de águas rasas Onda em águas mais rasas do que 1/20 do seu comprimento de onda.

Onda de gravidade Onda com comprimento de onda superior a 1,73 centímetros (0,68 polegadas), cujas forças de restauração são a gravidade e o ímpeto.

Onda de maré Crista das ondas que causam as marés; outro nome para Pororoca; não *tsunami* ou onda de maré sísmica.

Onda de Tempestade Onda que se eleva atipicamente acima do nível do mar como resultado da baixa pressão atmosférica e de fortes ventos associados com ciclones tropicais. As ondas lançam-se sobre a terra e causam donos à vida e às propriedades.

Onda estacionária Onda na qual a água oscila sem que haja movimento adicional progressivo da onda. Não há transmissão da energia em uma onda estacionária.

Onda interna Uma onda progressiva ocorrendo no limite entre líquidos de densidades diferentes.

Onda livre Uma onda progressiva livre do processo que a formou.

Onda marinha sísmica *Tsunami* causado pelo deslocamento de terra ao longo de uma falha. (Terremotos e ondas marítimas sísmicas são causados pelo mesmo fenômeno.)

Onda mergulhante Uma onda quebrando em que a secção superior tomba para a frente e para longe da parte inferior, formando um tubo cheio de ar.

Onda orbital Uma onda progressiva na qual as partículas do meio se movem em círculos fechados.

Onda-P Onda primária; uma onda de compressão que está associada a um tremor de terra e que pode se mover através do líquido da rocha.

Onda progressiva Onda de energia que move as ondas formadas em uma única direção ao longo da superfície (ou saída) do meio de transmissão (ou meios).

Onda-S Onda secundária; uma onda transversa, que está associada a um terremoto e que não pode se mover através do líquido.

Onda sísmica Uma onda de baixa frequência gerada pelas forças que causam os terremotos. Alguns tipos de ondas sísmicas podem passar pela Terra. *Veja também Onda-p; Onda-S.*

Ondas de tempestade (Ondas gigantes de rebentação) Uma elevação anormal do nível do mar como resultado da baixa pressão atmosférica e fortes ventos associados a um ciclone tropical. A aterrissagem do ciclone tropical é precedida por águas impetuosas que causam a maior parte dos danos à vida e às propriedades.

Ondas oceânicas de superfície Ondas de gravidade formadas pela transferência da energia do vento para a água. Comprimentos de onda de 60 a 15 metros (200-500pés) são mais comuns no oceano aberto.

Ondas transicionais Uma onda de água que viaja pela água com profundidade maior que 1/20 do seu comprimento de onda original, porém mais raso que a metade desse valor original.

Ophiuroidea A classe do filo Equinodermata à qual pertence os ofiuroides.

Órbita Nas ondas do mar, o padrão circular do movimento de partículas de água na interface ar-mar. O movimento orbital contrasta com o movimento lateral e de vaivém de ondas transversas puras ou longitudinais.

Orla costeira Areia no lado voltado para o mar da berma, em direção ao oceano, para a marca da maré baixa.

Oscilação Sul A reversão do fluxo de ar entre a pressão atmosférica, normalmente baixa sobre o oeste do Pacífico e, pressão normalmente alta sobre o leste do Pacífico oriental; a causa do El Nino. *Veja também El Niño.*

Osmorregulação A capacidade de ajustar a concentração interna de sal.

Osmose A difusão da água a partir de uma região de alta concentração de água para uma região de concentração de água inferior através de uma membrana semipermeável.

Osteichthyes A classe de peixe com esqueletos ósseos.

Ozônio O_3, a forma triatômica de oxigênio. O ozônio na atmosfera superior protege os seres vivos de alguns dos efeitos nocivos da radiação ultravioleta do sol.

Paleoceanografia O estudo do passado do oceano.

Paleomagnetismo Estudo do campo magnético de uma rocha, fósseis ou remanescentes.

Pangeia Nome dado por Alfred Wegener ao "protocontinente" original. A ruptura da Pangeia deu origem ao Oceano Atlântico e aos continentes que vemos hoje.

PAN Proliferação de Algas Nocivas.

Pantalassa Nome dado por Alfred Wegener ao oceano ao redor da Pangeia.

Parada da água ou estofa de maré Um momento das correntes de maré que ocorre quando a corrente muda de direção.

Parasitismo Relação simbiótica na qual uma espécie passa parte ou todo seu ciclo de vida sobre ou dentro da outra, utilizando a espécie hospedeira (ou alimento dentro do hospedeiro) como fonte de nutrientes; a forma mais comum de simbiose.

PCBs *Veja Bifenilos policlorados.*

Pelágico Do oceano aberto; se refere à água acima das bacias oceânicas profundas, sedimentos de origem oceânica, ou organismos do oceano aberto.

Periélio O ponto na órbita de um satélite mais próximo ao Sol; oposto ao *afélio.*

Perigeu O ponto na órbita de um satélite mais próximo ao corpo principal; oposto ao *apogeu.*

Período *Veja Período de onda*

Período de onda Tempo que leva para duas cristas de onda sucessivas passarem por um ponto fixo.

Phaeophyta Algas multicelulares marrons, incluindo kelps.

Picnoclina A zona intermediária do oceano (coluna vertical) em que a densidade aumenta rapidamente com a profundidade. A temperatura diminui e a salinidade aumenta nesta zona.

Picoplâncton Membros extremamente pequenos da comunidade planctônica, tipicamente com 0,2 a 2 micrômetros (4-40 milionésimos de polegada) de diâmetro.

Pigmentos acessórios Uma das classes de pigmentos (tal como fucoxantina, ficobilina e xantofila) presentes em vários vegetais fotossintéticos e que auxiliam na absorção de luz e transferência de sua energia para clorofila; também chamado de pigmento de camuflagem.

Pigmento de camuflagem *Veja Pigmentos acessórios.*

Pinnipdia A subordem da Ordem carnívora que inclui as focas, leões-marinhos e morsas.

Pirâmide trófica Um modelo de relações de alimentação entre os organismos. Produtores primários formam a base da pirâmide; consumidores que comem uns aos outros formam os níveis mais elevados, com o consumidor de topo de cadeia no ápice.

Placa Um de cerca de uma dúzia de segmentos rígidos da litosfera da Terra que se move independentemente. A placa consiste de uma crosta continental ou oceânica e o manto frio, rígido superior diretamente abaixo da crosta.

Placas tectônicas A teoria de que a litosfera terrestre é fraturada em placas que se movem umas em relação às outras e são orientadas pelas correntes de convecção no manto. A maioria da atividade vulcânica e sísmica ocorre nas margens da placa.

Plâncton Organismos à deriva ou fracos nadadores suspensos na água. A sua posição horizontal depende mais do fluxo de massa de água do que de seus próprios esforços de natação.

Planeta Um corpo pequeno, geralmente não luminoso na órbita de uma estrela.

Planície abissal Solo oceânico, plano, frio e coberto por sedimento entre a elevação continental e a borda oceânica a uma profundidade de 3.700 a 5.500 metros (12.000-18.000 pés). As planícies abissais são mais extensas nos oceanos Atlântico e Índico do que no Pacífico.

Planctônico Do plâncton.

Plano de referência Nível de referência para a altura das marés.

Planta vascular Planta com vasos para o transporte do fluido através das folhas, caules e raízes. Exemplos sãos gramíneas marinhas, mangues e árvores.

Plantae O reino ao qual pertencem os autótrofos multicelulares vasculares.

Plataforma continental A extensão continental submersa com declive suave, composta de rocha granítica coberta por sedimentos; apresenta características similares à borda do continente próximo.

Plataforma de abrasão de ondas Área nivelada em terraço suave, algumas vezes encontrada em costas de erosão que marca o limite submerso da rápida erosão marinha.

Platyhelmintes O filo de animais ao qual pertencem as planárias.

Plumas mantélicas Colunas de manto superaquecido originárias do limite do manto central.

Polar Referente às áreas próximas aos polos Norte e Sul da Terra.

Polinésia Um grande grupo de ilhas do Pacífico situada a leste da Melanésia e Micronésia e que se estende desde as ilhas havaianas ao sul até a Nova Zelândia e leste da Ilha de Páscoa.

Polinésios Habitantes das ilhas do Pacífico, que se encontram dentro de um triângulo formado pelo Havaí, Nova Zelândia e Ilha de Páscoa.

Polínia Uma abertura contendo água em um bloco de gelo polar na qual a água líquida entra em contato com a atmosfera.

Pólipo Uma das duas formas do corpo de Cnidarios. Os pólipos são em forma de copo e possuem anéis em forma de tentáculos. Animais que formam corais são pólipos.

Poliqueta (*Polychaeta*) A maior e mais diversa classe do filo Anelídeos. Aproximadamente todos os poliquetas são marinhos.

Poluente Uma substância que causa danos através da interferência direta ou indireta nos processos bioquímicos de um organismo.

Poluição marinha A introdução pelo homem de substâncias ou energia no oceano que altera a qualidade da água ou afeta o ambiente físico e biológico.

Pontal arenoso *Veja Cordão litoral.*

Ponte de hidrogênio Uma ligação relativamente fraca formada entre a carga parcial positiva de um átomo de hidrogênio e a carga parcial negativa de um átomo oxigênio, flúor, ou um átomo de nitrogênio (elementos muito eletronegativos) de uma molécula adjacente.

Ponto anfidrômico Um ponto "de elevação zero de maré" em um oceano causado por ressonância, fricção e outros fatores da bacia ao redor do qual a maré oscila. Existem aproximadamente uma dúzia de pontos anfidrômicos nos oceanos do mundo. As vezes chamados de nódulos.

Ponto de congelamento A temperatura na qual o líquido resfriado começa a se solidificar.

Ponto de Curie A temperatura acima da qual um material perde seu magnetismo.

Ponto de referência da maré Nível de referência (0,0) pelo qual a altura é medida.

Ponto quente (*hot spot*) Uma manifestação superficial de uma pluma ascendente de magma surgindo de uma fonte estacionária de calor no manto.

População Um grupo de organismos de uma mesma espécie que ocupam uma mesma área.

Porifera O filo de animais ao qual pertencem as esponjas.

Pororoca ou macaréu Uma onda alta, muitas vezes arrebentando e provocando barulho gerada por uma crista de maré que avança rapidamente em um estuário ou rio.

Pós-praia Areia a partir da crista do berma, subindo em direção oposta ao oceano.

Praia Uma zona de partículas não consolidadas (soltas) que se estendem do nível abaixo da água até os limites da zona costeira.

Precipitação Água líquida ou sólida que cai do ar e atinge a superfície como chuva, granizo, ou neve.

Precipitado (1) Uma substância sólida formada em uma reação aquosa. (2) O processo pelo qual um soluto se forma e afunda na solução. A queda de água ou gelo da atmosfera.

Presa Um organismos consumido por um predador.

Pressão força por unidade de área.

Pressão hidrostática A pressão constante da água ao redor de um organismo submerso.

Príncipe Henrique, o Navegador Estabeleceu um centro, em Sagres, para estudo das Ciências do Mar e da navegação "por todas as vias aquáticas" nos meados de 1450.

Princípio das Proporções Constantes As proporções dos principais elementos conservativos (elementos maiores) na água do mar permanecem praticamente constante, apesar de a salinidade total poder mudar com a localização; também é chamado de *Princípio de Forchhammer.*

Princípio de Forchhammer *Consulte* o *Princípio das Proporções Constantes.*

Produção máxima sustentável A quantidade máxima de cada tipo de peixe, crustáceo e molusco que pode ser capturado sem prejudicar as populações futuras.

Produtividade primária A síntese de materiais orgânicos a partir de substâncias inorgânicas por fotossíntese ou quimiossíntese; expressa em gramas de carbono ligado em carboidrato por unidade de área por unidade de tempo ($gC/m^2/yr$).

Produtor primário Organismo capaz de utilizar energia da luz ou de substâncias químicas ricas em energia do ambiente para produzir compostos orgânicos ricos em energia; um autótrofo.

Profundidade de compensação A profundidade da coluna de água na qual a produção de carboidratos e oxigênio pela fotossíntese é exatamente igual ao consumo de carboidratos e oxigênio pela respiração. O ponto de equilíbrio para autótrofos. Geralmente depende do nível de luz.

Profundidade de compensação do carbonato de cálcio (CCD) A profundidade na qual a taxa de acúmulo dos sedimentos calcários se iguala à taxa de dissolução daqueles sedimentos. Abaixo desta profundidade, o sedimento contém pouco ou nenhum carbonato de cálcio.

Propriedade termostática Uma propriedade da água que age para moderar as alterações na temperatura.

Propriedades coligativas Aquelas características de uma solução que diferem daquelas da água pura devido ao material mantido em solução.

Protista O reino de organismos unicelulares nucleados ao qual os protozoários, diatomáceas e dinoflagelados pertencem; também chamado Protoctista.

Protoestrela Um nó firmemente condensado de material que ainda não atingiu a temperatura de fusão.

Próton A Uma partícula carregada positivamente no centro de um átomo.

Protossol Massa densa e luminosa de gás em posição central da nebulosa protossolar.

Pteropoda Molusco planctônico muito pequeno com uma concha calcária, a qual contribui para a formação de sedimentos biogênicos.

Quebra da plataforma O aumento abrupto da inclinação na junção entre plataforma e talude continental.

Quebra-mar Uma estrutura artificial de material durável que interrompe o progresso das ondas em direção à costa. Portos são muitas vezes protegidos por um quebra-mar.

Quimiossíntese A síntese dos compostos orgânicos a partir de compostos inorgânicos usando energia armazenada em substâncias inorgânicas tais como enxofre, amônia e hidrogênio. A oxidação dessas substâncias por certos organismos libera energia.

Quiton Um molusco marinho da classe *Polyplacophora.*

Quitina Um complexo carboidrato rico em nitrogênio usado para construir os exoesqueletos dos artrópodes.

Radiação ionizante Partículas em movimento rápido ou irradiação eletromagnética de alta energia emitida conforme núcleos atômicos instáveis se desintegram. A radiação tem energia suficiente para desalojar um ou mais elétrons dos átomos em que bate para formar íons carregados, com o qual podem reagir e danificar o tecido vivo.

Radiolário Um dos grupos de animais parecidos com amebas planctônicas com conchas de silício, que contribuem para a formação de sedimentos biogênicos.

Razão superfície-volume Uma restrição física do tamanho das células. Conforme as dimensões lineares da célula crescem, a área superficial não aumenta na mesma proporção que o seu volume. Conforme a dimensão superfície-volume diminui, cada unidade quadrada da membrana externa deve suprir o aumento do volume interior.

Recife Um perigo para a navegação; um banco de areia, uma área rasa, ou uma massa de peixes e outras espécies marinhas.

Recife de barreira Um recife de coral ao redor de ilha ou paralelo à costa de um continente, separado da terra por uma lagoa profunda. Podem ser formadas ilhas de detritos de corais ao longo do recife.

Recife de corais Uma massa linear de carbonato de cálcio (aragonita e calcita) formado a partir de organismos como corais, algas, moluscos, vermes etc. Os corais podem compor menos da metade do material do recife.

Recife em franja Um recife ligado à costa de um continente ou ilha.

Recurso biológico Animal ou planta viva coletado para uso humano; também chamado de recurso vivo.

Recurso de energéticos marinhos Qualquer recurso resultante da extração direta da energia a partir do calor ou movimento da água do oceano.

Recurso físico Qualquer recurso que resultou da deposição, precipitação, ou da acumulação de substância não viva útil no leito do mar ou oceano; também chamado de um *recurso não vivo*.

Recurso não extrativistas Qualquer uso do oceano feito no local, tais como o transporte de pessoas e mercadorias por via marítima, recreação ou eliminação de resíduos.

Recurso não renovável Qualquer recurso presente na Terra em quantidades fixas e que não pode ser reposto.

Recurso renovável Qualquer recurso que é naturalmente reposto em uma base sazonal pelo crescimento de organismos vivos ou por outros processos naturais.

Rede de deriva Rede fina, verticalmente suspensa que pode ter 7 metros de altura (25 pés) e 80 quilômetros (50 milhas) de comprimento.

Rede de plâncton Rede cônica de náilon fino ou tecido de Dacron utilizado para coletar plâncton.

Reflexão da onda A reflexão de ondas progressivas por uma barreira vertical. Reflexão ocorre com pouca perda de energia.

Refluxo Movimento de retorno da água ao oceano como ondas lavando a praia.

Refração Flexão das ondas de luz ou de som à medida que avançam em um ângulo diferente de 90° entre mídia de diferentes densidades ópticas ou acústicas. *Veja também Refração de onda.*

Refração da onda Desaceleração e flexão de ondas progressivas em águas rasas.

Refractômetro Um dispositivo óptico compacto que determina a salinidade de uma amostra de água pela comparação do índice de refração da amostra com o índice de refração da água com salinidade conhecida.

Reino A maior categoria da classificação biológica. Existem cinco reinos atualmente reconhecidos.

Relações específicas de espécies Um relação exclusiva entre duas espécies. Parasitas são normalmente espécies específicas; quer dizer, eles podem normalmente parasitar apenas uma espécie de hospedeiro principal.

Reptilia A classe de répteis, incluindo tartarugas, crocodilos, iguanas e cobras.

Resistência ambiental Todos os fatores limitantes que agem, juntos para regular o tamanho máximo permitido, ou capacidade de carga de uma população.

Respiração Liberação de energia estocada em ligações químicas nos alimentos; gás carbônico e água são formados como subprodutos (respiração é um processo bioquímico e não é simplesmente processo mecânico de respiração).

Ressurgência Padrão de circulação no qual, geralmente, água profunda, fria e rica em nutrientes, se move em direção à superfície. A ressurgência pode ser causada por ventos paralelos à costa ou de alto-mar.

Ressurgência costeira Ressurgência adjacente à costa, normalmente induzida pelo vento.

Ressurgência equatorial A ressurgência na qual a água que se move na para oeste em ambos os lados do equador geográfico, tende a ser levemente defletida em direção ao polo e substituída por água profunda, geralmente rica em nutrientes. *Ver também Ressurgência*

Revolução do oxigênio O intervalo de tempo, de cerca de 2.000 a 400 milhões de anos atrás, durante o qual autótrofos fotossintéticos mudaram a composição da atmosfera da Terra para a mistura atual, rica em oxigênio.

Rhodophyta Algas vermelhas, multicelulares.

Rift Valley Uma planície entre cordilheiras de montanhas, geralmente formadas pela extensão da crosta.

Rodofíceas (*Rhodophyta*) Algas vermelhas; são as mais numerosas.

Salinidade Medida dos sólidos dissolvidos na água do mar, geralmente expressa em gramas por quilograma ou partes por milhão em peso ou ainda unidade prática de salinidade (UPS). A água do mar padrão tem uma salinidade de 35‰ a 0 °C (32 °F).

Salinômetro Equipamento eletrônico que determina a salinidade por medição da condutividade elétrica de uma amostra de água do mar.

Salobro Descreve a salinidade intermediária da água entre água do mar e água doce.

Saturação Estado de uma solução em que não há mais dissolução do soluto no solvente. A taxa na qual as moléculas do soluto são dissolvidas é igual à taxa na qual elas são precipitadas a partir da solução.

SeaStar Satélite capaz de medir a distribuição da clorofila na superfície do oceano, uma medida de produtividade marinha.

Sedimento Partículas inorgânicas e orgânicas que se acumulam de uma forma solta, não consolidada.

Sedimento autigênico Sedimento formado diretamente por precipitação de material a partir da água do mar; também chamado *sedimento hidrogênico*.

Sedimento bem selecionado Sedimento no qual as partículas apresentam tamanho uniforme.

Sedimento biogênico Sedimento de origem biológica. Os organismos podem depositar resíduos calcários (contendo cálcio) ou silicosos (contendo silício).

Sedimento cosmogênico Sedimento de origem extraterrestre.

Sedimento hidrogênico Um sedimento formado diretamente pela precipitação de material a partir da água do mar; também chamado *sedimento autigênico*.

Sedimento mal selecionado Sedimento no qual estão presentes partículas de diversos tamanhos.

Sedimento nerítico Sedimento de plataforma continental que consiste principalmente de material terrígeno.

Sedimento pelágico Sedimentos do talude, elevação e assoalho oceânico profundo que originam o oceano.

Sedimento terrígeno Sedimento derivado da terra e transportado para o oceano pelo vento e fluxo de água.

Segunda lei de termodinâmica A desordem (entropia) em um sistema fechado deve aumentar ao longo do tempo. Se a desordem diminui, isso custará energia. Uma vez que o universo como um todo pode ser considerado como um sistema fechado, resulta que um aumento da ordem de um lado deve resultar numa diminuição na ordem do outro.

Seiche movimento oscilatório da água em uma área fechada; uma forma de onda estacionária que pode ser causada por forças sísmicas ou meteorológicas, ou que pode resultar de ressonâncias normais excitadas pelas marés.

Seleção natural Mecanismo de evolução que resulta na continuidade apenas das formas de vida mais bem adaptadas para sobreviver e se reproduzir em seu ambiente.

Sentido anti-horário Rotação ao redor de um ponto na direção oposta àquela dos ponteiros do relógio.

Sentido horário Rotação ao redor de um ponto na direção

que os ponteiros do relógio se movem.

Séssil Fixo; imóvel; incapaz de se mover.

Silicoflagelado Minúsculo organismo unicelular do fitoplâncton com um esqueleto silicioso (sílica biogênica).

Silte Partículas de sedimentos entre 0,004 e 0,062 milímetros de diâmetro.

Simbiose A ocorrência simultânea de duas espécies em que a vida de uma está estreitamente entrelaçada com a vida de outra; mutualismo, comensalismo ou parasitismo.

Simetria bilateral Estrutura do corpo com laterais esquerda e direita que são imagens espelhadas aproximadas entre si. Caranguejos e humanos são exemplos. *Compare com Simetria radial.*

Simetria radial Estrutura do corpo em que as partes do corpo irradiam a partir de um eixo central, como os raios de uma roda. Um exemplo é uma estrela do mar. *Compare com Simetria bilateral.*

Sirenia A ordem de mamíferos que inclui peixes-boi, dugongos e as extintas vacas-marinhas.

Sísmico Referente a terremotos e ao choque dos terremotos.

Sismografia Um instrumento que detecta e registra os movimentos da terra associado a terremotos e outros distúrbios.

Sismógrafo Um instrumento de detecta e registra o movimento da terra associado a terremotos e outros distúrbios.

Sistema água-vascular Sistema de tubos e canais cheios de água encontradas em alguns representantes do filo Equinodermata e usados para o movimento, de defesa e de alimentação.

Sistema Argo Uma rede de mais de 3.000 registradores de dados oceânicos à deriva.

Sistema artificial de classificação Um método de classificar um objeto com base em atributos ao invés de ser feito com base na razão de sua existência, sua ancestralidade ou sua origem. *Compare com Sistema natural de classificação.*

Sistema de linha lateral Um sistema de sensores e nervos na cabeça e na altura mediana ao longo do corpo do peixe e em alguns anfíbios que detecta vibrações de baixa frequência na água.

Sistema de Posicionamento Global (GPS) Sistema de navegação que oferece uma posição geográfica – longitude e latitude – precisão inferior a 1 metro.

Sistema natural de classificação Um método de classificação dos organismos com base na origem e ancestralidade.

Sistema solar O Sol com os planetas e outros corpos que giram em torno dele.

Sobrepesca Pesca excessiva, ou seja, de tantos peixes que não restam animais reprodutores para manter a espécie.

SOFAR Abreviatura de *Sound Fixing and Ranging*. Determinação de posição e distância pelo som. Uma técnica experimental da Marinha dos Estados Unidos para a localização de sobreviventes em botes salva-vidas, com base no fato de que o som de cargas explosivas que caia na camada de velocidade mínima de som pode ser ouvido a grandes distâncias.

Solstício Uma das duas épocas do ano, quando a posição do Sol está mais distante do equador. A época do solstício é a metade do caminho entre equinócios.

Solução Substância homogênea contendo dois componentes, o solvente e o soluto.

Soluto Substância dissolvida num solvente. *Veja também Solução.*

Solvente Substância capaz de dissolver outras substâncias. *Veja também Solução.*

Som Uma forma de energia transmitida por meio de rápidas alterações de pressão em um meio elástico.

Sonar (*Sound Navigation and Ranging*) Navegação e determinação da distância pelo som.

Sonar ativo Um dispositivo que gera som subaquático a partir de transdutores especiais e analisa os ecos que retornam para adquirir informações de importância geológica, biológica ou militar.

Sonar de varredura lateral Um sistema de alta resolução de imagem de som utilizado para investigações geológicas, estudos arqueológicos e a localização dos navios e aviões afundados.

Sonar passivo Um dispositivo que detecta a intensidade e direção dos sons subaquáticos.

Subducção O movimento descendente de uma placa litosférica em direção à astenosfera.

Subsidência Afundamento, muitas vezes, de origem tectônica.

Sucessão As alterações na composição da espécie que levam ao clímax da comunidade.

Supernova O colapso explosivo de uma estrela maciça.

Superpluma Uma pluma de manto muito grande.

Surfe Massa confusa de água agitada correndo em direção ao continente durante e após a quebra das ondas de superfície.

Surf beat O padrão de interferência construtiva e destrutiva que causa sucessivas arrebentações de onda e o crescimento, encolhimento e crescimento novamente em poucos minutos. *Veja Batida do surfe.*

Sverdrup (sv) Uma unidade de transporte de volume nomeada em homenagem ao oceanógrafo Harald U. Sverdrup: 1 milhão de metros cúbicos de água fluindo por um ponto a cada segundo.

***Swell* ou marulho** Onda de superfície sazonal com um comprimento de onda que forma ondulações ordenadas na superfície do mar.

Talo Corpo de uma alga ou outra planta simples.

Talude continental Área inclinada entre o granito do continente e o basalto do leito oceânico; o verdadeiro limite de um continente.

Tampão Um grupo de substâncias que tendem a resistir a alteração de pH de uma solução através da combinação de íons livres.

Taxa metabólica Taxa com que ocorrem as reações que liberam energia em um organismo.

Taxonomia Em biologia, as leis e princípios que abrangem a classificação de organismos.

Tectitos Pequeno componente circular, vítreo, de sedimentos cosmogêneos, normalmente inferior a 1,5 milímetros (1/20 polegadas) de comprimento; considerado como formado a partir do impacto de um asteroide ou meteoro sobre a crosta da Terra ou da Lua.

Teia trófica (ou aimentar) Um grupo de organismos associados por relações alimentares complexas pelas quais o fluxo de energia pode ser traçado dos produtores primários aos consumidores.

Teleostei Ordem *osteichthyes* que contém bacalhau, atum, halibute, perca e outras espécies de peixes ósseos.

Telepresença A extensão dos sentidos de uma pessoa por sensores ou manipuladores remotos.

Temperatura A resposta de um sólido, líquido ou gás à entrada ou remoção de energia de calor. Uma medida da vibração atômica e molecular em uma substância, indicada em graus.

Tempestade Perturbação atmosférica local ou regional caracterizada por fortes ventos normalmente acompanhados por precipitação.

Tempestade frontal Precipitação e vento causado pelo encontro de duas massas de ar, associada a um ciclone extratropical. Geralmente, uma massa de ar irá se deslocar sobre ou abaixo da outra e a expansão de ar resultante causará o resfriamento e, consequentemente, chuva ou neve.

Tempo de mistura O tempo necessário para misturar uma substância no oceano, cerca de 1.600 anos.

Tempo de residência O tempo médio que uma substância dissolvida passa no oceano. Energia das ligações químicas no alimento; dióxido de carbono e água são formados como coprodutos. (A respiração é um processo bioquímico e não é o mesmo que o processo mecânico de respirar).

Teoria Uma explicação geral de uma característica da natureza consistentemente suportada pela observação ou experimento.

Teoria de condensação Premissa de que as estrelas e os planetas resultam do acúmulo da contração e acreção de nuvens de gases, poeiras e detritos galácticos.

Teoria dinâmica das marés Modelo das marés que leva em consideração os efeitos da profundidade oceânica finita, ressonâncias das bacias e interferência dos continentes nas ondas da maré.

Teoria do equilíbrio das marés Modelo idealizado das marés que considera que a Terra é coberta por um grande oceano com profundidade uniforme, capaz de responder instantaneamente às forças gravitacionais e de inércia do Sol e Lua.

Termoclina A zona do oceano em que a temperatura diminui rapidamente com a profundidade. *Ver também Picnoclina.*

Terraço da maré baixa A praia suave, de camada endurecida, em direção ao mar, da escarpa de praia, na qual as ondas despendem a maior parte de sua energia. Local do movimento de areia em direção à terra e ao mar mais vigoroso.

Terremoto Um movimento súbito da crosta terrestre resultante de ondas na Terra causadas por falhas na atividade rochosa ou vulcânica.

Terreno Um segmento isolado de assoalho oceânico, arco insular, platô, crosta continental, ou sedimento transportado pelo assoalho oceânico, espalhado para uma posição adjacente para uma massa continental maior; normalmente com composição diferente da massa maior.

Testeminhador a pistão (*piston corer*) Um aparelho de amostragem do leito oceânico capaz de penetrar até 25 metros no sedimento e retornar com o material intacto (estruturado).

Tômbolo Ponte de areia acima da água que conecta uma feição costeira ao continente. (p. ex. uma ilha ao continente).

TOPEX/Poseidon Satélite conjunto França-EUA, com radares que podem determinar a altura da superfície oceânica com precisão nunca vista. Outros experimentos do programa, que durou cinco anos, incluem detectar o vapor de água sobre o oceano, indicar a localização precisa das correntes e determinar a velocidade e a direção dos ventos.

Tornado Funil de vento localizado, estreito e violento em rápida rotação, normalmente gerado quando duas massas de ar colidem; não deve ser confundido com ciclone. (O equivalente oceânico ao tornado é uma tromba d'água.)

Transporte ativo O movimento das moléculas de uma região de baixa concentração para uma região de alta concentração através de uma membrana semipermeável com gasto de energia.

Transporte de Ekman Valor líquido do transporte de água, a soma do movimento em camadas devido à espiral de Ekman. A teoria do transporte de Ekman no Hemisfério Norte é de 90° para a direita da direção do vento.

Trem de onda Um grupo de ondas de comprimento e período similares que se deslocam no mesmo sentido através da superfície do oceano. A velocidade do grupo de um trem de onda é a metade da velocidade das ondas individuais.

Troca de gás (gasosa) Passagem simultânea, através da membrana semipermeável, de oxigênio para dentro de um animal e dióxido de carbono para fora.

Trópico de Câncer Linha imaginária ao redor da Terra paralela ao Equador a 23°27'N, marcando o ponto onde o Sol brilha diretamente acima, no solstício de junho.

Trópico de Capricórnio Linha imaginária ao redor da Terra paralela ao Equador a 23°27'N, marcando o ponto onde o Sol brilha diretamente acima no solstício de dezembro.

Trópicos A área entre o Trópico de Câncer e o Trópico de Capricórnio.

Troposfera Camada atmosférica mais próxima da superfície da Terra.

Tsunami Onda de longo comprimento, em águas superficiais, causada por deslocamento rápido da água. *Veja também Onda marítima sísmica.*

Tufão O nome comum de ciclones tropicais no Pacífico.

Tunicado Um tipo de invertebrado cordado que se alimenta de material em suspensão.

Turbidito Sedimentos terrígenos depositados por uma corrente de turbidez; normalmente, camadas de granulação grossa de origem costeira intercaladas com sedimentos mais finos.

Turbulência Fluxo caótico de fluido.

Ultraplâncton Plâncton extremamente pequeno, menor do que nanoplâncton.

Unicelular Consiste em uma única célula.

Uniformitarismo Teoria de que as feições geológicas e a história da Terra podem ser explicadas por processos que ocorrem hoje e que esses processos devem ter atuado por um tempo muito longo.

Vagalhão Uma crista de onda única muito mais elevada do que o habitual, causada por interferência construtiva.

Vagalhão plenamente desenvolvido Maior tamanho de onda teoricamente possível para um vento de força, duração e pista (*fetch*) específicos.

Vágil Móvel, dotado de movimento.

Vala longitudinal Escavação submersa paralela à costa, adjacente a uma praia de areia exposta; causada pela turbulência da água retornando ao oceano após cada onda.

Vale de onda O vale entre as cristas das ondas abaixo do nível médio da água em uma onda progressiva.

Valva Em diatomáceas, cada metade da parede externa protetora, rica em sílica, da célula. O revestimento externo completo é chamado de frústula.

Vapor d'água A forma gasosa, invisível da água.

Variação da altura da maré Diferença de altura entre consecutivas marés altas e baixas.

Vaza Sedimento com pelo menos 30% de material de origem biológica.

Vaza calcária Vaza composta principalmente dos restos rígidos de organismos contendo carbonato de cálcio.

Vaza silicosa Vaza composta principalmente dos restos rígidos de organismos contendo sílica.

Velocidade Rapidez numa direção específica.

Velocidade do grupo Velocidade do avanço de um trem de ondas; para ondas de águas profundas, é a metade da velocidade de ondas individuais dentro do grupo.

Vento O movimento da massa de ar.

Ventos alísios Ventos de superfície dentro das células Hadley, centrados em torno de 15° de latitude, que vêm de nordeste no Hemisfério Norte e de sudeste no Hemisfério Sul.

Ventos de oeste Ventos de superfície dentro das células Ferrel, centrados em torno de 45° de latitude, que vêm de sudoeste no Hemisfério Norte e de noroeste no Hemisfério Sul.

Vertebrados Cordados com uma coluna vertebral segmentada.

Via Láctea O nome da nossa galáxia; por vezes aplicada ao campo de estrelas em nosso braço espiral, que é corretamente chamado *o braço de Orion.*

Viscosidade Resistência ao fluxo de fluido. Uma medida de fricções internas nos fluidos.

Vikings Navegadores escandinavos que desbravaram a costa europeia em torno de 780-1070 d.C.

Voláteis em excesso Compostos encontrados no oceano e na atmosfera em quantidades superiores àquelas explicadas pelo intemperismo de rochas superficiais. Tais componentes provavelmente foram inseridos na atmosfera e no oceano a partir da crosta profunda e do manto superior por vulcanismo.

Vórtice Um movimento circular da água geralmente formada onde as correntes passam por obstruções ou entre duas correntes adjacentes fluindo em direções opostas, ou ao longo da borda de uma corrente permanente.

Voyaging Viajar (geralmente pelo mar) com um propósito específico.

Wegener, Alfred (1880-1930) Cientista alemão que propôs a teoria da deriva continental em 1912.

Willi-willi O nome comum de ciclones tropicais ao redor da Austrália.

Wilson, John Tuzo (1908-1993) Geofísico canadense que propôs a teoria da tectônica de placas em 1965.

Xantofila Um pigmento acessório amarelo ou marrom que dá a alguns autótrofos marinhos uma aparência amarela ou acastanhada.

ZCIT *Veja Zona de Convergência Intratropical.*

ZEE *Veja Zona Econômica Exclusiva.*

Zona Divisão ou província do oceano com características homogêneas.

Zona abissal O oceano entre cerca de 4.000 e 5.000 metros (13.000 e 16.500 pés) de profundidade.

Zona afótica O oceano escuro abaixo da profundidade à qual a luz pode penetrar.

Zona batial O oceano entre cerca de 200 e 4.000 metros (700 e 13.000 pés) de profundidade.

Zona bêntica A zona do assoalho oceânico. *Veja também Zona pelágica.*

Zona de arrebentação Região entre a quebra da onda e a costa.

Zona de convergência A linha ao longo da qual as águas de diferentes densidades convergem. As zonas de convergência se formam nos limites das áreas tropicais, subtropicais, temperadas e polares.

Zona de Convergência Intertropical (ZCIT) A área equatorial na qual os ventos alísios convergem. A ZCIT está localizada normalmente no, ou próxima ao, equador meteorológico, também chamada de *doldrames* (calmaria).

Zona de fratura Área de topografia irregular, sismicamente inativa, que marca a posição de uma falha transformante que já foi ativa.

Zona de sombra (1) A banda larga na superfície da Terra 105 ° a 143 ° longe de um terremoto no qual as ondas sísmicas são quase ausentes. As ondas P estão ausentes porque são refratada por núcleo externo líquido da Terra; as ondas-S estão ausentes desta banda e a zona imediatamente em frente ao local do sismo porque são absorvidos pelo núcleo exterior. (2) Em sonar, o volume do oceano a partir do qual as ondas sonoras divergem e que um submarino pode esconder.

Zona de subducção Uma área na qual a placa litosférica descende até a astenosfera. A zona é caracterizada por dobras lineares (trincheiras) no assoalho oceânico e fortes terremotos com foco profundo; também chamada de *zona Wadati-Benioff.*

Zona de superfície A camada superior de água oceânica na qual a temperatura e a salinidade permanecem relativamente constantes com o aumento de profundidade. Dependendo das condições locais, esta zona pode atingir 1.000 m (3.300 pés) ou pode estar totalmente ausente. Também chamada de *camada de mistura.*

Zona de surfe É a região entre a quebra da onda e a costa.

Zona de Wadati-Benioff *Veja Zona de subducção.*

Zona disfótica A parte inferior da zona fótica, onde não há luz suficiente para a fotossíntese.

Zona Econômica Exclusiva [dos Estados Unidos] A região que se estende em direção ao mar a partir da costa dos Estados Unidos por 200 milhas náuticas, sobre a qual o Estados Unidos reivindica direitos de soberania e jurisdição sobre todos os recursos marinhos.

Zona econômica exclusiva (ZEE) A zona em alto mar reivindicada pelos signatários do Projeto de Convenção das Nações Unidas de 1982 sobre o Direito Marítimo. A ZEE se estende por 200 milhas náuticas (370 quilômetros) a partir da linha costeira. *Veja também Zona Econômica Exclusiva [dos Estados Unidos].*

Zona entremarés (intertidal) A zona marinha entre o ponto mais alto de maré alta a longo da linha de costa e o ponto de maré baixa. A zona intertidal é, às vezes, subdividida em quatro hábitats separados pela altura acima do ponto de referência das marés, normalmente numerado de 1 a 4 do continente ao mar.

Zona entremarés do costão rochoso A banda entre a maior maré alta e menores marcas de maré baixa em uma costa rochosa.

Zona epipelágica A zona iluminada ou fótica no oceano.

Zona eufótica A camada superior da zona fótica na qual ocorre atividade fotossintética. *Compare com Zona fótica.*

Zona euritérmica A camada superior de água, onde a temperatura se altera de acordo com as estações do ano (estações sazonais).

Zona fótica Uma fina película de água iluminada no topo do oceano mundial. A zona fótica raramente se estende mais profundamente do que 200 metros (660 pés). *Compare com Zona eufótica.*

Zona hadal A zona mais profunda do oceano, profundidade superior a 5.000 metros (16.500 pés).

Zona litoral A faixa da costa alternadamente coberta e descoberta pela ação das marés; a zona intertidal.

Zona nerítica Zona de mar aberto próxima à costa, sobre a plataforma continental.

Zona oceânica Zona de mar aberto, longe da costa, após a plataforma continental.

Zona pelágica Região de mar aberto. *Ver também Zona bêntica.*

Zona profunda A zona do oceano abaixo da picnoclina, na qual existe pouca chance de aumento da densidade com o aumento da profundidade; contém cerca de 80% da água do oceano mundial.

Zona sublitoral O assoalho oceânico próximo à costa. O sublitoral interno se estende da zona litoral (entremarés) até a profundidade na qual as ondas de superfície não têm influência; a zona sublitoral externa se estende para a borda da plataforma continental.

Zona superficial Camada superior do oceano na qual a temperatura e salinidade são relativamente constantes com o aumento da profundidade. Dependendo das condições locais, a zona superficial pode atingir 1.000 metros (3.300 pés) ou estar totalmente ausente. Também chamada de *camada de mistura.*

Zona supralitoral Zona dos respingos acima da parte superior da região entremarés, não faz, tecnicamente, parte dos fundos oceânicos.

Zona temperada Áreas de latitude média entre o Trópico de Câncer e o Círculo Ártico e entre o Trópico de Capricórnio e o Círculo Antártico.

Zooplâncton Membros animais da comunidade planctônica.

Zooxantelas Dinoflagelados unicelulares que são simbióticos com coral e que produzem um pH relativamente elevado e algumas das enzimas essenciais para a deposição rápida de carbonato de cálcio em recifes de corais.

Índice remissivo